U0170386

21世纪科学版化学专著系列

稀土光功能材料

洪广言　刘桂霞　李艳红　倪嘉缵　编著

科学出版社

北京

内容简介

稀土元素的特殊电子构型及其光谱性质为它作为光功能材料奠定了基础。本书结合当前高技术、新材料发展趋势及现状，较全面而系统地介绍稀土光功能材料的相关知识和进展，将为人们深入了解稀土光功能材料和开发新型稀土光功能材料提供必要的基础知识。

本书共 15 章，除了按激发条件对稀土发光材料进行系统的介绍，如高能粒子、阴极射线、真空紫外、气体放电、发光二极管等激发的稀土发光材料外，更多地介绍高技术发展所需的稀土光功能材料，如太阳光转换稀土材料、稀土长余辉发光材料、红外变可见上转换发光材料、稀土电致发光材料、稀土磁光材料、稀土光化学材料、稀土激光材料和稀土非线性光学材料等以及它们的原理和应用。

本书可供稀土材料和光功能材料科研、生产、管理等相关人员阅读，也可供大专院校相关专业师生参考。

图书在版编目（CIP）数据

稀土光功能材料 / 洪广言等编著. —北京：科学出版社，2021.7
（21 世纪科学版化学专著系列）
ISBN 978-7-03-068988-7

Ⅰ. ①稀… Ⅱ. ①洪… Ⅲ. ①稀土族-发光材料-功能材料 Ⅳ. ①TB34

中国版本图书馆 CIP 数据核字(2021)第 104366 号

责任编辑：杨 震 刘 冉 / 责任校对：杜子昂
责任印制：吴兆东 / 封面设计：时代世启

科学出版社 出版
北京东黄城根北街 16 号
邮政编码：100717
http://www.sciencep.com

北京盛通商印快线网络科技有限公司 印刷
科学出版社发行 各地新华书店经销
*
2021 年 7 月第 一 版 开本：720×1000 1/16
2021 年11月第二次印刷 印张：37 1/2
字数：756 000

定价：198.00 元

（如有印装质量问题，我社负责调换）

前　言

稀土元素因其特殊的电子构型具备优异的光、电、磁特性，为稀土功能材料奠定了理论基础，并成为新材料的宝库。稀土光、电、磁功能材料，特别是稀土光功能材料是新材料宝库中最有价值的瑰宝，已在众多的高技术、新材料领域中获得重要应用，是最具有创新性的稀土功能材料之一。

我国稀土资源的储量、产量、应用量均占世界首位，这为我国稀土光功能材料的发展奠定了物质基础，同时稀土光功能材料的广泛应用，不仅使其在国民经济和国防建设中占有越来越重要的地位，而且也加速推进了我国稀土产业的发展，大大提高了稀土产品的附加值。

稀土光功能材料涵盖稀土光-光、光-电、光-磁和光化学等各种功能材料。其形态可以是晶体、玻璃、粉末、液体和气体。长期以来在稀土科研、生产和应用中比较关注稀土发光材料，特别是在照明、显示和检测中应用的稀土发光材料，而忽视了在高技术、新材料领域有重要应用价值的其他稀土光功能材料，也缺乏相应的介绍，目前尚无稀土光功能材料专著。

我国稀土光功能材料早期应用于稀土光学玻璃。20 世纪 60 年代以后由于稀土分离技术的提高，一些较高纯度的稀土化合物能够大量制备，为稀土光功能材料提供了物质基础，使其得到很大的发展。20 世纪 60 年代出现稀土激光材料、彩电红色荧光粉，进入 70 年代研制出稀土灯用三基色荧光粉、稀土电致发光材料、红外变可见上转换材料，80 年代开发出 X 射线增感屏、稀土长余辉材料、稀土闪烁体、稀土光转换农用薄膜、稀土磁光材料等，90 年代开发出等离子体平板显示（PDP）用稀土荧光粉、稀土有机电致发光材料，21 世纪大力发展白光发光二极管（LED）用稀土荧光粉，目前稀土光功能材料正在向众多高技术领域拓展。

根据实际应用的需要，本书除了按激发条件对稀土光功能材料进行系统的介绍，如高能粒子、阴极射线、真空紫外、气体放电等激发的稀土发光材料以及白光 LED 用稀土发光材料，更多地介绍某些高技术发展所需的稀土光功能材料，如太阳光转换稀土材料、稀土长余辉发光材料、红外变可见上转换发光材料、稀土电致发光材料、稀土磁光材料、稀土光化学材料、稀土激光材料和稀土非线性光学材料等。

稀土光功能材料内容较为丰富，涉及的知识面极为广泛，目前散见于一些文献和专著中。作者结合科研与教学工作的实践，通过查阅大量文献，并针对当前高技术新材料现状及发展趋势，对稀土光功能材料进行归纳总结，编写成本书。

本书首次较全面而系统地介绍稀土光功能材料的相关知识。在编写时从基础知识出发，深入浅出，力求通俗易懂。也期待着人们能够对稀土光功能材料有一个较全面的认识。

本书由中国科学院长春应用化学研究所、深圳大学倪嘉缵院士，长春应用化学研究所洪广言研究员，长春理工大学刘桂霞教授，沈阳化工大学李艳红教授共同编写。作者长期以来从事稀土光功能材料方面的研究，积累了一些经验。但由于光功能材料涉及基础与应用领域众多，知识面广泛，各类文献也较丰富，而作者能力有限，知识不足，因此，在编写过程中难免有不当及疏漏之处，诚请读者批评指正。

在编写过程中得到各单位许多同志的关心和帮助，特别是感谢韩彦红女士在编写工作中给予的帮助。

本书得到中国科学院长春应用化学研究所和稀土资源利用国家重点实验室的支持，并得到张吉林研究员的帮助。在此谨致衷心的感谢。

作　者

2021 年 3 月

目　录

第1章 稀土光功能材料基础

稀土元素具有特殊的光、电、磁性能，成为新材料的宝库，并已在众多功能材料中获得重要应用，也已不断派生出新的高科技产业。

稀土功能材料可分为电学功能材料（稀土储氢合金和镍氢电池，稀土电子陶瓷）、磁学功能材料（钕铁硼永磁材料，钐钴永磁材料）、热学功能材料（热障材料，铬酸镧加热元件）、声学和振动功能材料（磁致伸缩材料）、力学功能材料、化学功能材料（三效汽车尾气净化催化剂）、生物功能材料（稀土农用）、光学功能材料等。

在稀土功能材料中以稀土光学功能材料发展最快。稀土光学功能材料是最能体现稀土特征的功能材料，已在照明、显示、检测等领域广泛应用，如透光材料、导光材料、光导纤维、反光材料和光选择性吸收材料、光偏振材料、光半导体材料、光致发光材料、闪烁材料、电子发光材料、核辐射探测材料、多光子上转换发光材料、激光材料、感光材料、光信息存储材料、非线性光学材料、集成光学材料、光波导材料、微波吸收材料、液晶材料、美学功能材料等。

稀土光学功能材料有不同的分类方法，可按其功能、形态、机理、所用光的波段等分类。例如，按其形态可分为晶体、多晶粉末、玻璃、陶瓷、液体、气体、薄膜等。其中稀土光功能晶体材料，如激光晶体、闪烁晶体、电光晶体、磁光晶体、非线性光学晶体以及复合光功能晶体等应用愈加广泛和重要。

在讨论稀土光功能材料时，务必先了解光的相关常识。

1.1 光与光学功能材料[1]

1.1.1 光的本质

在17世纪，关于光的本性问题，有两派不同的学说，一派是牛顿所主张的光的微粒说，认为光是从发光体发出、以一定速度向空间传播的一种微粒，另一派是惠更斯所倡议的光的波动说，认为光是在媒质中传播的一种波。微粒说与波动说都能解释光的反射与折射现象。

19世纪，初步发展起来的波动光学的体系已经形成。1801年托马斯·杨作了著名的“杨氏双缝干涉实验”，并第一次成功地测定了光的波长。1815年菲涅耳用杨氏干涉原理补充了惠更斯原理，形成了人们所熟知的惠更斯-菲涅耳原理，它成为波动光学的一个重要原理。1808年马吕斯偶然发现了光的偏振现象，1845

年法拉第发现了光的偏转，从而揭示了光学现象和电磁现象的内在联系。1865 年麦克斯韦发展了光的波动说，建立了光的电磁理论。麦克斯韦认为光波是电磁波的一种，从本质上证明了光和电磁现象的统一性。电磁波理论又指出，光波照射到物体表面上，物体表面将受到压力的作用，即光压。麦克斯韦的理论研究说明光是一种电磁波，这个理论被赫兹的实验所证实，至此，确立了光的电磁理论基础。光的电磁理论使人们对光的本性方面的认识向前迈了一大步。但光的电磁理论的主要困难是不能解释光和物质相互作用的某些现象。

为了解释一系列新发现的现象(如光电效应等)，必须假定光是具有一定质量、能量和动量的粒子所组成的粒子流，这种粒子称为光子。19 世纪末到 20 世纪初，光学的研究深入到光的发生、光和物质的相互作用的微观机制中。1900 年普朗克提出了辐射的量子论，开始了量子光学时期。1905 年爱因斯坦发展了普朗克提出的能量子假说，称为光子假说。把量子论贯穿到整个辐射和吸收过程，提出了杰出的光量子(光子)理论，圆满地解释了光电效应，并被后来的许多实验所证实。1924 年德布罗意创立了物质波学说，他大胆地设想每一物质的粒子都和一定的波相联系，这一假设在 1927 年被戴维逊和革末的电子束衍射实验所证实。1925 年玻恩提出了波粒二象性概念，光和一切微观粒子都有波粒二象性，这个认识推动人们进一步探索光和物质相互作用的本质。光的波动和粒子两方面的相互并存的性质，称为光的二象性。波和粒子的二象性是近代物理的基础。

1. 光性质

光是一种电磁波，把波长在 10^2～10^4 nm 范围的电磁波定义为光。光分为紫外光、可见光和红外光。图 1-1 示出紫外光、可见光、红外光的波长和波数。

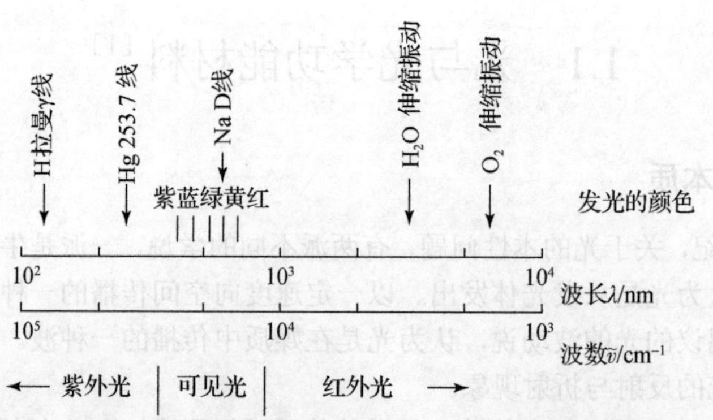

图 1-1　紫外光、可见光、红外光的波长和波数

真空中的光速为 2.99792×10^8 m/s(光每秒约走 30 万千米)

2. 光的量子性

金属中的自由电子，在光的照射下，吸收光能而逸出金属表面的现象，称为光电效应。在光电效应中，光明显地表现出粒子性。

光电效应第一条基本定律：单位时间内，受光照射的电极上释出的电子数和入射光的强度成正比。

光电效应第二条基本定律：光电子的初动能随入射光的频率ν线性地增加，而与入射光的强度无关。

光电效应第三条基本定律：当光照射某一给定金属(或某种物质)时，无论光的强度如何，如果入射光的频率小于这一金属的极限ν_0，将不会产生光电效应。

实验证明，从光线开始照射直到金属释出电子，无论光的强度如何，几乎是瞬时的，并不需要经过一段显著的时间，据现代的测量，这时间不致超过 10^{-9} s。

爱因斯坦认为，光不仅像普朗克已指出过的，在发射或吸收时，具有粒子性，而且光在空间传播时，也具有粒子性，即光是一粒一粒以光速 c 运动的粒子流。这些光粒子称为光量子，也称为光子。每一光子的能量也是$\varepsilon = h\nu$(h 是普朗克常量，ν是频率)，不同频率的光子具有不同的能量。光的能流密度 S(即单位时间内通过单位面积的光能)取决于单位时间内通过单位面积的光子数 N。频率为ν的单色光的能流密度为 $S=Nh\nu$。

光电效应都发生在金属表面层上，光电子逸出表面层，在空间内形成运流电流，所以称为外光电效应。光也可深入到物体的内部，例如晶体或半导体的内部，在光的照射下，内部的原子可释出电子。这些电子仍留在物体的内部，使物体的导电性增加，这种光电效应称为内光电效应。内光电效应的应用更为广泛。

正是在量子力学建立以后，发光学从观察、归纳、总结的经验科学中找到了它的物理内涵，确定能级与能级间的跃迁是发光现象的核心，这样发光学的物理机理及应用都得到了很大的发展。

3. 热辐射(基尔霍夫定律)

任何固体或液体，在任何温度下都发射电磁波；向四周所辐射的能量称为辐射能。在一定时间内辐射能量的多寡，以及辐射能按波长的分布都与温度有关。例如对于金属和碳，如果温度低于 800 K，绝大部分的辐射能分布在光谱的红外长波部分，肉眼看不到，可用专门仪器来测定。自 800 K 起，如果逐渐增加温度，一方面发射的总辐射能增加，另一方面，能量也逐渐更多地向短波部分分布。用肉眼观察辐射体时，先看到由红色变为黄色，再由黄色变为白色，最后，在温度极高时变为青白色。这种辐射在量值方面和按波长分布方面都取决于辐射体的温度，所以叫做热辐射。

实验指出，热辐射和温度是密切相关的。一物体在一定温度下和在一定时间内，从物体表面的一定面积上所发射的在任何一段波长范围内的辐射能量，都具有一定的量值。

如果有一物体，在任何温度下对任何波长的入射辐射能的吸收系数都等于 1，那么这物体称为绝对黑体。绝对黑体的吸收系数 a_0=1，而反射系数 r_0=0。显然，绝对黑体实际上是不存在的。

当某一物体从外界吸收的能量恰好补偿这物体因辐射而损失的内能时，此物体的热辐射过程达到平衡，称为平衡热辐射。

4. 光学分类

人们总结出多种光的性质，按其表现可归纳为四类，即几何光学、波动光学、量子光学和现代光学，而每一类又可再细分如下：

(1)几何光学：直线传播、有限速率、反射、折射、色散等。几何光学时期，建立了光的反射定律和折射定律，为提高人眼的观察能力，发明了光学仪器，第一代望远镜的诞生促进了天文学和航海事业的发展，显微镜的发明给生物学的研究提供了强有力的工具。

(2)波动光学：干涉、衍射、电磁特性、偏振、双折射等。

(3)量子光学：光量子、原子轨道、能级等。

(4)现代光学：激光、非线性光学等。

从 20 世纪 60 年代起，特别是激光问世以后，由于光学与许多科学技术紧密结合、相互渗透，光学以空前的规模和速度发展，它已成为现代物理学和现代科学技术中一块重要的前沿阵地，同时又派生出许多崭新的分支学科。光学纤维已成为一种新型的光学元件，为光学窥镜和光通信的实现创造了条件，并逐渐成为远距离、大容量通信的“主角”，光信息存储可以预期光计算机将成为新一代的计算机；传统光学的观察技术和其他新技术的结合，红外波段的扩展将使红外技术成功应用于夜视、导弹制导、环境污染检测、地球资源考察及遥感遥测技术；时间和空间相干性的高强度激光的出现，为研究强光作用下的非线性光学的发展创造了条件。

总之，现代光学与其他科学和技术的结合，在人们的生产和生活中发挥着日益重大的作用和影响，也成为人们认识自然、改造自然以及提高劳动生产率的越来越强有力的武器。

1.1.2 光学介质材料

1. 光的单色性、色散

具有一定频率的光称为单色光。光源中一个分子在某一瞬时发出的光具有一定的频率，原是单色性的。但是光源中有大量分子或原子，所发出的光具有各种不同的频率，这种由不同的单色光(各种频率)复合起来的光称为复色光(例如太阳光、白炽灯光等)。当复色光通过疏密不同介质交界面时，由于各种频率的光在介质中的传播速度各不相同，不同波长的光的折射率也不同，当复色光中各种不同频率的光按不同的折射角展开，称为一个光谱，这种现象称为“色散”。

2. 棱镜

色散可通过棱镜或光栅等作为“色散系统”的仪器来实现。例如，一细束阳光通过棱镜后，光线被分散为由不同颜色光组成的色彩光谱，即分为红、橙、黄、绿、蓝、靛、紫七色光。从而实现分光的功能。棱镜作为一种分光器件要求棱镜的色散率大而吸收系数小。因此，在各种波长区域内所有的棱镜材料应该有所选择。玻璃在可见光区内色散率是最大的，水晶在紫外光区内色散率是最大的，萤石在近红外区内色散率是最大的，岩盐在紫外和远红外区内色散率很大。根据以上的规律，在各种波长区域中最好选用下列材料：

紫外可见光区	1200~2000 Å	用LiF或萤石
	2000~4000 Å	用石英
可见光区	4000~8000 Å	用玻璃
红外光区	0.8~2.7 μm	用石英
	0.7~5.5 μm	用LiF
	8~16 μm	用岩盐或KCl晶体
	15~28 μm	用KBr晶体
	24~40 μm	用溴碘化铊

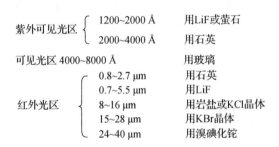

在1200 Å以下或40 μm以上的波长区域，目前还没发现适用的透明介质。

除了上述性质以外，对于棱镜材料的选择还要考虑到下列在实际应用时起很大作用的一些特性：

(1) 晶体的各向同性；

(2) 能否制造大块、均匀的晶体；

(3) 对于空气、水蒸气以及其他气体的抗腐性或潮解性；

(4) 适用于加工(磨光)的性质；

(5) 折射率不随温度变化。

按照这些性质，玻璃是使用价值最大的棱镜材料，其次是石英晶体，其他晶体的最大缺点是不容易制造大块、均匀的材料，而岩盐(NaCl)等晶体还容易潮解。

3. 透镜——光学成像材料

透镜是光学仪器的一种重要元件，由透明物质(如玻璃、水晶等)制成。光线通过透镜折射后可以成像。按照其形状或成像要求的不同，透镜可分为许多种类，如两面都磨成球面，或一面是球面另一面是平面的称“球面透镜”；两面都磨成圆柱面，或一面是圆柱面一面是平面的称“柱面透镜”。球面透镜一般可分为凸透镜和凹透镜两大类。凸透镜是中央部分较厚的透镜。凸透镜分为双凸、平凸和凹凸(或正弯月形)等形式，薄凸透镜有会聚作用，故又称聚光透镜，较厚的凸透镜则有望远、发散或会聚等作用，这与透镜的厚度有关。凸透镜可用于放大镜、老花眼及远视的人戴的眼镜、显微镜、望远镜的透镜等。凹透镜又称为发散透镜。两侧面均为球面或一侧是球面另一侧是平面的透明体，中间部分较薄。分为双凹、平凹及凸凹透镜三种。三种发散透镜(或负透镜)的中心部分都比较薄。这些透镜通常用非常均匀的光学玻璃制成，有时也用其他透明材料，如水晶、萤石、岩盐、塑料等。

1.1.3 光的偏振性和相干性

光是电磁波的特例，可见光是波长在 400～760 nm 之间的电磁波。电磁波是横波，由两个互相垂直的振动矢量即电场强度 $\boldsymbol{E}$ 和磁场强度 $\boldsymbol{H}$ 来表征，而 $\boldsymbol{E}$ 和 $\boldsymbol{H}$ 都与电磁波的传播方向垂直。在光波中，产生感光作用于生理作用的是电场强度 $\boldsymbol{E}$，因此我们常将 $\boldsymbol{E}$ 称为光矢量，$\boldsymbol{E}$ 的振动称为光振动。

1. 光的偏振性

如果光矢量 $\boldsymbol{E}$ 在一个固定平面内只沿着一个固定方向做振动，这种光称为线偏振光或面偏振光(简称偏振光)。偏振光的振动方向和传播方向所成的面称为振动面；与振动方向相垂直而包含传播方向的面称为偏振面。一个分子在某一瞬时所发出的光源是偏振的，光矢量 $\boldsymbol{E}$ 具有一定的方向。但是光源中大量分子和原子所发出的光是间歇的，一个“熄灭”，一个“燃起”，在接替时，其光矢量 $\boldsymbol{E}$ 不可能保持一定的方向，而是以极快的不规则的次序取所有可能的方向，没有一个方向较其他方向更占优势。所以，自然光是非偏振的，在所有可能的方向上，$\boldsymbol{E}$ 的振幅都可看作完全相等的。我们将 $\boldsymbol{E}$ 矢量分作两个互相垂直而振幅相等的独立的分振动，如果能完全地(或部分地)移去这两个相互垂直的分振动之一，就获得所谓完全偏振光(或部分偏振光)。至于纵波，由于振动方向就是传播方向，因此纵波是没有偏振可言的。

自然光是非偏振光，自然光在两种媒质的分界面上反射和折射时，反射光和折射光就能成为部分偏振光或完全偏振光。如图 1-2 所示，MM'是两种媒质(如空气和玻璃)的分界面，SI 是一束自然光的入射线，IR 和 IR'分别为反射线和折射线，入射角、反射角用 i 表示，折射角用 r 表示。自然光的振动可分解为两个振幅相等的分振动。我们采用这样的分解方法：其一和入射面垂直(即与纸面垂直)，称为垂直振动，用点表示；另一和入射面平行(即在纸面上，振动方向和分界面 MM' 成 i 角，称为平行振动，用短线表示。点和短线的多寡形象地表示上述两个分振动的强弱(振动的强弱与振幅平方成正比)。在自然光的射线中，点与短线是均匀配置的。

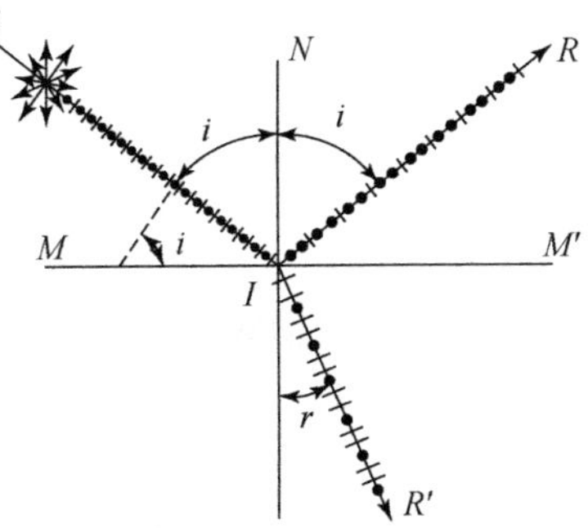

图 1-2　自然光反射和折射后产生的部分偏振光

实验证明，上述两分振动的光波从空气入射玻璃后，在反射光束中垂直振动多于平行振动，而在折射光束中，平行振动多垂直于振动，可见反射光和折射光都将成为部分偏振光。

1812 年，布儒斯特(Brewster)指出，反射光偏振化的程度取决于入射角 i。当 i 等于某一定值 i_0(图 1-3)，即满足 $\mathrm{tg}i_0=n_{21}$ 时，反射光成为完全偏振光，振动面与入射面垂直。这时平行振动，即以入射面为振动面的分振动，已完全不能反射。上式称为布儒斯特定律。式中 n_{21} 是折射媒质对入射媒质的相对折射率，i_0 称为起偏振角。例如光线自空气射向玻璃而反射时，n_{21}=1.50，因此起偏振角为 $i_0\approx 56°$。

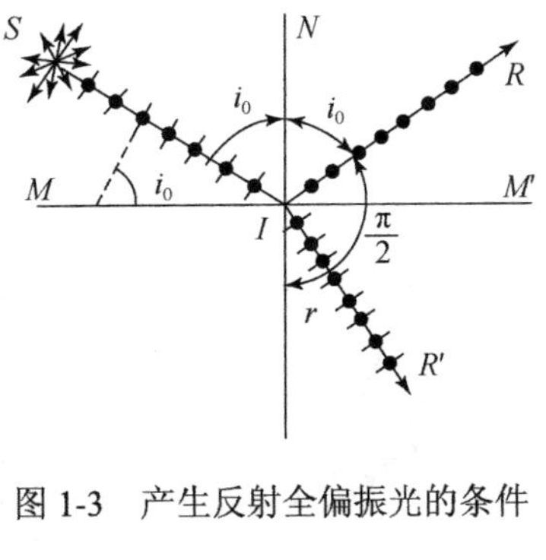

图 1-3　产生反射全偏振光的条件

还须指出，自然光按起偏振角入射时，在一次反射、折射后，反射光仅占入射光中垂直振动的一小部分，而无平行振动；折射光占有入射光的全部平行振动和大部分垂直振动。所以折射光还远不是完全偏振光。但是自然光连续通过许多平行玻璃片(玻璃堆)时，折射光的偏振化程度将逐渐增加，因为光从一块玻璃片透过而进入另一块玻璃片，又将发生反射而增加折射光的偏振化的程度。玻璃片数愈多，透射光的偏振化程度也愈高。当玻璃片足够多时，最后透射出来的光称为完全偏振光，透射光的振动面就在折射面(即折射线和法线所成的面，在这里也就是入射面)内。同时，由于玻璃片堆的各层反射光的累加，反射光的强度也增加，振动面与入射面垂直。

利用玻璃片或玻璃片堆的反射和折射，可以获得偏振光，玻璃片或玻璃堆就是所谓起偏振器。玻璃片或玻璃堆也可以用作检偏振器，亦即可以用来检查光线是否偏振。

光偏振化的实验事实正说明了光的横波性质。

2. 光的双折射现象

一束自然光线在两种各向同性媒质的分界面上折射时，遵守通常的折射定律，这时只有一束折射光线在入射面中传播，方向由下式决定：$\dfrac{\sin i}{\sin r}=n_{21}$。

但是，当一束光线射入各向异性的媒质(晶体)时，将产生特殊的折射现象。

光线进入方解石晶体中，分裂成为两束光线，这是沿着不同方向折射而引起的，因此称为双折射现象。除立方晶体外，光线进入一般晶体时，都将产生双折射现象。显然，晶体愈厚射出的光线分得愈开。

当改变入射角 i 时，两束折射线之间一恒遵守通常的折射定律，这束光线称为寻常光线，通常用 o(ordinary)表示，另一束光线不遵守折射定律，也不一定在入射面内，而且对不同的入射角 i，$\dfrac{\sin i}{\sin r}$ 的量值也不是恒量，这束光线称为非常光线，用 e(extraordinary)表示［图 1-4(a)］。甚至在入射角 i=0 时，寻常光线沿着原方向前进。

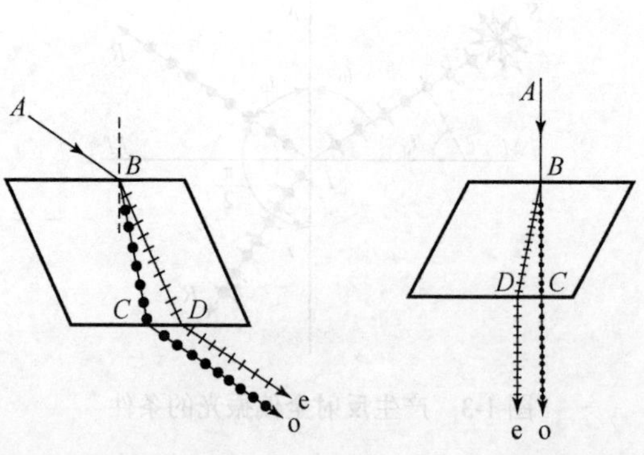

图 1-4 寻常光线和非常光线

产生双折射现象的原因是晶体对寻常光线与非常光线具有不同的折射率：寻常光线在晶体内部各个方向上的折射率是相等的，而非常光线向晶体内部各个方向上的折射率是不相等的，因为折射率取决于光线的速度，寻常光线在晶体中各个方向上的传播速度都相同，而非常光线的传播速度却随着方向而改变。

改变入射方向时，我们将发现在晶体内部有一确定的方向，在这一方向上寻常光线和非常光线的折射率相等。这一方向称为晶体的光轴。在晶体光轴等方向上不产生双折射现象。

光轴表示晶体内一个方向，因此在晶体内任何一条与上述光轴方向平行的直线都是光轴。晶体中仅具有一个光轴方向的，称为单轴晶体(例如方解石、石英等)。有些晶体具有两个光轴方向，称为双轴晶体(例如云母、硫黄等)。

寻常光线和非常光线都是偏振光。寻常光线的振动面垂直于晶体的主截面，而非常光线的振动面在主截面内，两者的振动面是互相垂直的。

晶体对互相垂直的两个分振动具有选择吸收的这种性能，称为二色性。电气石的二色性可用来产生偏振光。

利用晶体的双折射现象，从一束自然光可以获得振动面相互垂直的两束偏振光。

3. 光的相干性(光的干涉)

波动是具有叠加性的，光是一种波动，所以，两束单色自然光在空间相遇处的 $\boldsymbol{E}$ 振动，将是各自的 $\boldsymbol{E}$ 振动的矢量和。

光的干涉现象是波动过程的基本特征之一。如果能在实验中实现光的干涉，就能证实光的波动本性。只有振动频率相同、振动方向相同、周相位相等或周相位差恒定的相干波才会产生干涉现象。

来自同一光源的两束相干光，相当于来自两个周相位相等或周相位差恒定的光源，这一对光源称为相干光源。

托马斯·杨(Thomas Young)在 1802 年首先用实验法研究了光的干涉现象，称为杨氏双缝实验。如图 1-5 所示，在单色平行光前放一狭缝 S，S 前又放有与 S 平行而且等距离的两条平行狭缝 S_1 和 S_2，这时 S_1 和 S_2 构成一对相干光源，从 S_1 和 S_2 散出的光将在空间叠加，形成干涉现象，如果在 S_1 和 S_2 前放置一屏幕 EE'，屏幕上将出现一系列稳定的明暗相间的条纹，称为干涉条纹，这些条纹都与狭缝平行，条纹间的距离彼此相等。实验结果是：①干涉条纹是以如图 1-5 中所示的 P_0 点(与 S_1 及 S_2 等距离)为对称点而明暗相间的。P_0 处的中央条纹是明条纹。②用不同的单色光源做实验时，各明暗条纹的间距并不相同。波长较短的单色光如紫光，条纹较密；波长较长的单色光如红光，条纹较稀。③如用白光做实验，在屏幕上只有中央条纹是白色的，在中央白色条纹的两侧，由于各单色光的敏感条纹的位置不同，形成由紫而红的彩色条纹。

关于干涉条纹形成的原因，可用惠更斯原理说明如下：如图 1-5 所示，狭缝 S_1 与 S_2 上各点都可看作子波波源，发出一系列的圆柱形波前，在图中用实线圆弧

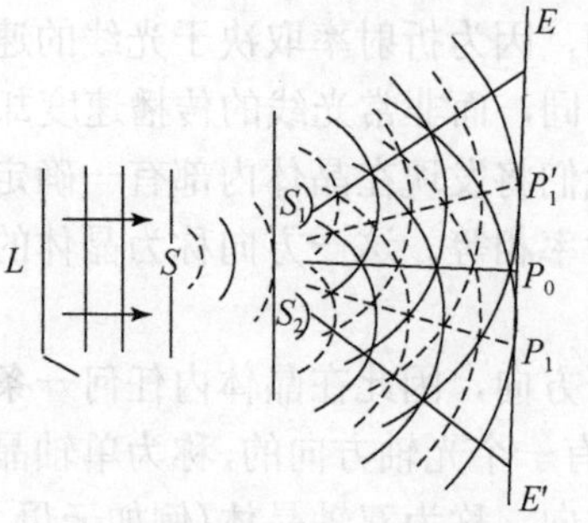

图 1-5　双缝干涉实验简图

表示波峰，虚线圆弧表示波谷。两相邻波峰或波谷之间的距离是一个波长。如果屏幕上某点与 S_1 和 S_2 的距离之差等于波长的整数倍，两个光波的波峰或波谷各相重合。在这些位置上，两个光波是同周相的，因而合振幅最大。如果与 S_1 和 S_2 的距离之差等于半波长的奇数倍，波峰与波谷相重合，两个光波的周相恰好相反，因而合振幅最小，由于光的强度与振幅的平方成正比，所以在合振幅最大处，最为明亮，而在合振幅最小(或几近于零)处，差不多完全黑暗。

当两束光通过彼此相交的区域后，其中任一光束都没有因另一光束的存在而发生任何改变(传播方向、振幅、频率等)。就这点而言，两束光是互不干扰的，这就是波动独立性的表现；在相遇区域内，介质质点的合位移是各波分别单独传播时在该点所引起的位移矢量和，因此，可以简单地、没有任何畸变地把各波的位移按矢量加法叠加起来。这就是波动的叠加性。如果两波的频率相等，在观察时间内波动不中断，而且在相遇处振动方向几乎沿着同一直线，那么，它们叠加后产生的合振动可能在有些地方加强，有些地方减弱。这一强度按空间周期性变化的现象称为干涉。在叠加区域内各点处的振动强度如果有一定的非均匀分布，那么这种分布的整体图像称为干涉花样。例如水面上两波的干涉和声波的干涉等都是常见的例子。

在众多的机械波与电磁波的干涉现象中，光波干涉具有明显的可用性。因为，光波在可见光波段的干涉图样易于被人们观察检测，而且，干涉计量还具有不同于一般的机械计量的高度灵敏(如干涉条纹对物体的位移或长度变化的响应是以光波波长来计算的)。干涉仪在工业生产、实验研究、物理学及天文学探索领域得到了广泛的应用。

4. 光的衍射

光的干涉现象和衍射现象都是波动过程的特征。

在一般光学实验中，都表明光在均匀媒质中是直线传播的。但是，当那个障碍物的尺寸比光的波长大得不多时，例如小孔、狭缝、小圆屏、毛发、细针等，也就会观察到明显的光衍射现象，亦即光线偏离直线路程的现象。

实验指出，当障碍物或小孔的线度远大于波长时，光波是直线传播的，仅当障碍物或小孔的尺寸足够小时，才能发现衍射图样(图 1-6)。

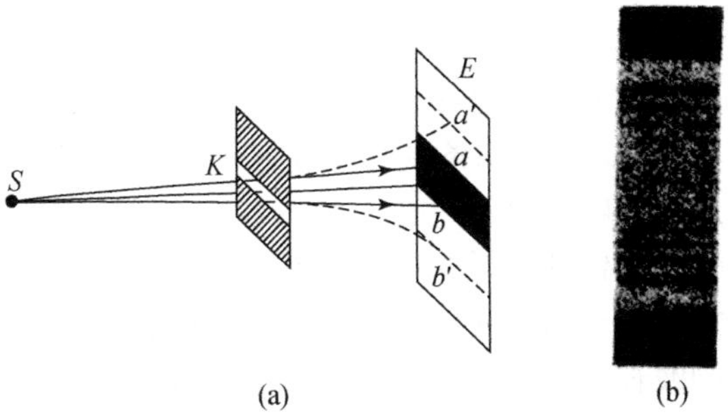

图 1-6　(a) 光的衍射现象的演示实验；(b) 衍射条纹

根据惠更斯原理，某一时刻，波振面上各点所产生的子波的包面，就决定后一时刻新的波振面，根据惠更斯原理可以说明在障碍物后面拐弯的现象。

菲涅耳用波的叠加与干涉充实了惠更斯原理，为衍射理论奠定了基础。菲涅耳假定：从同一波振面上各点所发出的子波，经传播而在空间某点相遇时，也可相互叠加而产生干涉现象。经过这样发展了的惠更斯原理，称为惠更斯-菲涅耳原理。

由大量等宽等间距的平行狭缝所组成的光学系统称为衍射光栅(图 1-7)。常用的光栅是用玻璃片制成的。玻璃片上刻有大量等宽等间距的平行刻痕。在每条刻痕处，入射光向各个方向散射，而不易透过。两刻痕之间的光滑部分可以透光，与单缝相当。精制的光栅，在 1 cm 内，刻痕可以多达一万条以上。缝的宽度 a 和刻痕的宽度 b 之和，即 $a+b$，称为光栅常数。

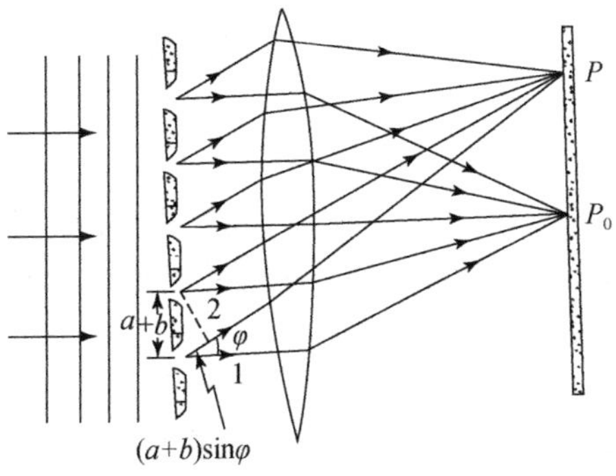

图 1-7　衍射光栅

总之，光栅的衍射条纹应看作衍射与干涉的总效果。

衍射角φ符合条件

$$(a+b)\sin\varphi=\pm 2k(\lambda/2) \qquad k=0,\ 1,\ 2 \tag{1-1}$$

在光栅衍射中，仅当φ角满足式(1-1)时，才能形成条纹，而形成暗条纹的机会远较形成明条纹的机会为多，这样就在明条纹之间充满大量的暗条纹，实际上形成一片黑暗的背景。

对给定入射单色光波来说，光栅上每单位长度的狭缝数愈多，亦即光栅常数$a+b$愈小。按式(1-1)可知，各级明条纹的位置将分得愈开。光栅上狭缝总数愈多，透射光束愈强，因此所得明条纹也愈亮。

光栅的衍射光谱和棱镜的色散光谱有所不同，主要是：在棱镜光谱中，各谱线间的距离取决于棱镜的材料和棱镜顶角的大小，谱线的分布规律比较复杂；而在光栅光谱中，不同波长的谱线按式(1-1)所示的简单规律分布。

波的传播过程中通常表现出衍射现象，即不沿直线传播而向各个方向绕射的现象。光绕过障碍物偏离直线传播而进入几何阴影，并在屏幕上出现光强度不均匀的现象，叫做光的衍射，如图 1-8 所示。光的衍射现象的发现，与光的直线传播现象表观上是矛盾的，但从波动观点能对两者作统一的解释。衍射现象出现与否，主要取决于障碍物线度和波长大小的对比。只有在障碍物线度和波长可以比拟时，衍射现象才明显地表现出来。可见光波的波长约为$3.9\times10^{-5}\sim7.6\times10^{-5}$ cm。一般的障碍物或孔隙都远大于此，因而通常都显示出光的直线传播现象。一旦遇到与波长差不多数量级的障碍物或孔隙时，衍射现象就变得显著起来。

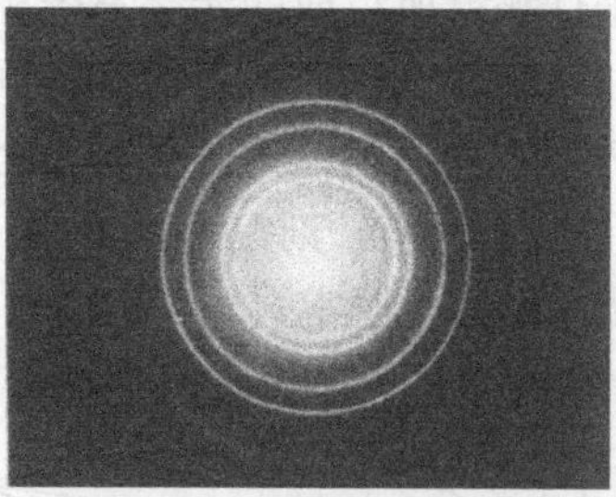

图 1-8　光的衍射

当光线遇到与其波长接近的障碍物时，将发生衍射，在屏幕上出现有规则的强度不同的光线。根据$2d\sin\theta=n\lambda$，当一束复色光通过一光栅时，将使光线分离，形成色谱，具有分光作用。

伦琴射线又称 X 射线，是伦琴在 1895 年发现的。伦琴射线发现后，由于这种射线不受电场或磁场的影响，所以认为在本质上和可见光一样，是一种波长极短的电磁波。

晶体由无数晶格组成，可看作光栅常数很小(数量级为 Å)的空间衍射光栅。因此晶体可作 X 射线的衍射光栅。

1.1.4 光和固体的相互作用

传统光学材料主要应用是作为光学介质材料，如仪器的透镜、棱镜和窗口材料，其光学性质和材料的各种物理化学性质应满足相关应用的要求。

光照射到固体时，如图 1-9 所示，会发生各种现象(从①到⑫)。首先，当光线入射到两种不同媒质的分界面上时，从入射角 i 照射到固体表面的一部分光以相同的角度被反射①。照射光量对反射光量的比率即为反射能，依固体的种类而异。固体表面不平整时，则有一部分光被散射②。光在反射过程中遵守反射定律：

(1) 入射光线、反射光线与法线同在一平面内，且入射光线和反射光线在法线的两侧；

(2) 反射角等于入射角。

在同一条件下，如果光沿原来的反射线的逆方向射到界面上，这时的反射线一定沿原来的入射线的反方向射出。这一点谓之“光的可逆性”。一部分光线在通过疏密不同介质交界面时改变方向的现象，称为光的折射。光的折射实验指出：当光由第一媒质(折射率 n_1)射入第二媒质(折射率 n_2)时：①折射光线位于入射光线和界面法线所决定的平面内；②折射线和入射线分别在法线的两侧；③入射角 θ 的正弦和折射角 θ' 的正弦的比值，对折射率一定的两种媒质来说是一个常数，即 $\dfrac{\sin\theta}{\sin\theta'}=\dfrac{n_2}{n_1}=$常数。

光进入固体时，其前进方向会改变。这就是光的折射③。这时，折射角 r 是入射角 i 及固体的介质的函数。此外，由于固体的晶体结构和入射角的不同，入射光有被折射而分为两个部分的情况③和④，这种现象称双折射。双折射的产生是由于入射光被分为互相正交的两个平面偏振光的缘故。

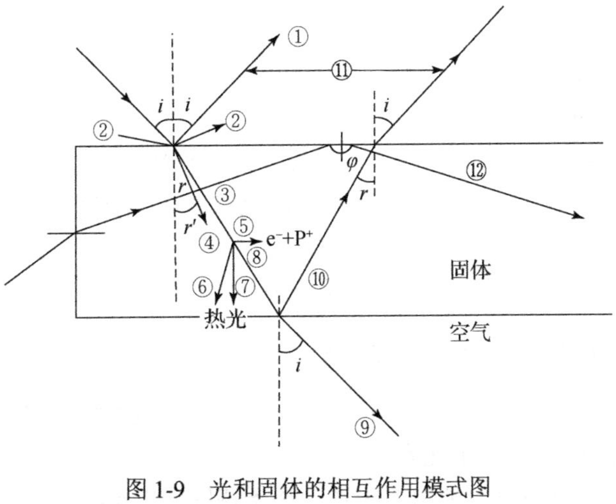

图 1-9　光和固体的相互作用模式图

折射光在固体内部行进时，和内部的电子或晶格等的振动子互相作用，使其激发为高能级状态，即为光的吸收⑤，其强度衰减服从朗伯定律。被激发的振动子经过弛豫振荡⑥、发光⑦、光离子化或其他的光化学反应⑧等诸过程，失去能量而回复到原来的状态。

没有被吸收而透过固体的一部分光，以其原状离开固体⑨，剩余的部分再被反射⑩，在回到表面后射出固体外。这时，被再反射到外面的光与在固体表面定反射的光相互之间产生干涉⑪。

上述现象是光由空气入射到固体，即从低密度介质入射到高密度介质时发生的现象。与此相反，光由高密度介质入射到低密度介质时，若入射角φ在某角度上，则光全部被反射(全反射)，产生了光不逸出固体外的现象⑫，这种现象有许多重要的应用。

光学的研究内容十分广泛，它包括光的发射、传播和接收等规律，光和其他物质的相互作用(如光的吸收、散射和色散，光的机械作用和光的热、电、化学和生理效应等)，光的本性问题以及光在生产和社会生活中的应用。光学是当前科学领域中最活跃的前沿阵地之一，具有强大的生命力和不可估量的发展前途。

光与物质的相互作用将产生一系列功能特性，由于介质不同，相互作用不同，将产生不同的功能特性，而成为不同的光功能材料。稀土光功能材料的特性源于稀土离子的光谱特征，为此，对稀土离子的光谱特性进行简要介绍。

1.2　稀土离子的光谱特性

稀土光功能材料特性来源于：

(1)稀土元素的电子结构；

(2)稀土元素及其化合物的晶体结构；

(3)稀土离子的价态；

(4)稀土原子和离子的半径和尺寸效应；

(5)稀土离子的光谱特性；

(6)稀土离子与光的相互作用，以及介质的光学效应。

稀土离子的光谱特性是稀土光功能材料主要来源，故简要介绍稀土离子的光谱特性[2-5]。

17 个稀土元素有丰富的能级，实现各种功能特性，与其电子组态有关。

1.2.1　稀土元素和离子的电子组态

稀土元素是一组化学性质十分相似的元素。它们由钪(21)、钇(39)和从镧(57)到镥(71)的镧系元素等 17 个元素组成。

稀土离子的光谱特性主要取决于稀土离子特殊的电子组态。

钪原子的电子组态为：

$1s^22s^22p^63s^23p^63d^14s^2$　（或［Ar］$3d^14s^2$）

钇原子的电子组态为：

$1s^22s^22p^63s^23p^63d^{10}4s^24p^64d^15s^2$　（或［Kr］$4d^15s^2$）

镧系原子的电子组态为：

$1s^22s^22p^63s^23p^63d^{10}4s^24p^64d^{10}4f^n5s^25p^65d^m6s^2$　（或［Xe］$4f^n5d^m6s^2$）

镧系元素之间的差别仅仅在于 f 壳层中电子填充数目的不同。f 轨道的轨道量子数 l=3，故其磁量子数 $m_l(2l+1)$，共有+3，+2，+1，0，−1，−2，−3 七个子轨道，按照泡利(Pauli)不相容原理，每个子轨道可以容纳两个自旋方向相反的电子，则在镧系元素的 4f 轨道中可容纳 14 个电子，即 $n=2(2l+1)=14$。当镧系原子失去电子后可以形成各种程度的离子状态，各类离子状态的电子组态和基态的情况列于表 1-1。

表 1-1　镧系原子和离子的电子组态

镧系	RE	RE^+	RE^{2+}	RE^{3+}
La	$4f^05d6s^2(^2D_{3/2})$	$4f^06s^2(^1S_0)$	$4f^06s(^2S_{1/2})$	$4f^0(^1S_0)$
Ce	$4f5d6s^2(^1G_4)$	$4f5d6s(^2G_{7/2})$	$4f^2(^3H_4)$	$4f(^2F_{5/2})$
Pr	$4f^36s^2(^4I_{9/2})$	$4f^36s(^5I_4)$	$4f^3(^4I_{9/2})$	$4f^2(^3H_4)$
Nd	$4f^46s^2(^5I_4)$	$4f^46s(^6I_{7/2})$	$4f^4(^5I_4)$	$4f^3(^4I_{9/2})$
Pm	$4f^56s^2(^6H_{5/2})$	$4f^56s(^7H_2)$	$4f^5(^6H_{5/2})$	$4f^4(^5I_4)$
Sm	$4f^66s^2(^7F_0)$	$4f^66s(^8F_{1/2})$	$4f^6(^7F_0)$	$4f^5(^6H_{5/2})$
Eu	$4f^76s^2(^8S_{7/2})$	$4f^76s(^9S_4)$	$4f^7(^8S_{7/2})$	$4f^6(^7F_0)$
Gd	$4f^75d6s^2(^9D_2)$	$4f^75d6s(^{10}D_{5/2})$	$4f^75d(^9D_2)$	$4f^7(^8S_{7/2})$
Tb	$4f^96s^2(^6H_{15/2})$	$4f^96s(^7H_8)$	$4f^9(^6H_{15/2})$	$4f^8(^7F_6)$
Dy	$4f^{10}6s^2(^5I_8)$	$4f^{10}6s(^6I_{17/2})$	$4f^{10}(^5I_8)$	$4f^9(^6H_{15/2})$
Ho	$4f^{11}6s^2(^4I_{15/2})$	$4f^{11}6s(^5I_8)$	$4f^{11}(^4I_{15/2})$	$4f^{10}(^5I_8)$
Er	$4f^{12}6s^2(^3H_6)$	$4f^{12}6s(^4H_{13/2})$	$4f^{12}(^3H_6)$	$4f^{11}(^4I_{15/2})$
Tm	$4f^{13}6s^2(^2F_{7/2})$	$4f^{13}6s(^3F_4)$	$4f^{13}(^2F_{7/2})$	$4f^{12}(^3H_6)$
Yb	$4f^{14}6s^2(^1S_0)$	$4f^{14}6s(^2S_{1/2})$	$4f^{14}(^1S_0)$	$4f^{13}(^2F_{7/2})$
Lu	$4f^{14}5d6s^2(^2D_{3/2})$	$4f^{14}6s^2(^1S_0)$	$4f^{14}6s(^2S_{1/2})$	$4f^{14}(^1S_0)$

镧系离子的特征价态为+3，当形成正三价离子时，其电子组态为：

RE^{3+}　$1s^22s^22p^63s^23p^63d^{10}4s^24p^64d^{10}4f^n5s^25p^6$

从表 1-1 中可知，镧系离子的 4f 电子位于 $5s^25p^6$ 壳层之内，稀土离子径向波函数的分布情况如图 1-10 所示。4f 电子受到 $5s^25p^6$ 壳层的屏蔽，故受外界的电场、磁场和配位场等影响较小。即使处于晶体中也只能受到晶体场微弱作用，故它们的光谱性质受外界的影响较小，使得它们形成特有的类原子性质。4f 壳层内电子之间屏蔽作用是不完全的，因此，随着原子序数的增加，有效电荷增加，引起 4f 壳层的缩小，出现了所谓镧系收缩。也就是说，随着 4f 电子数的增加，稀土离子的半径减小。

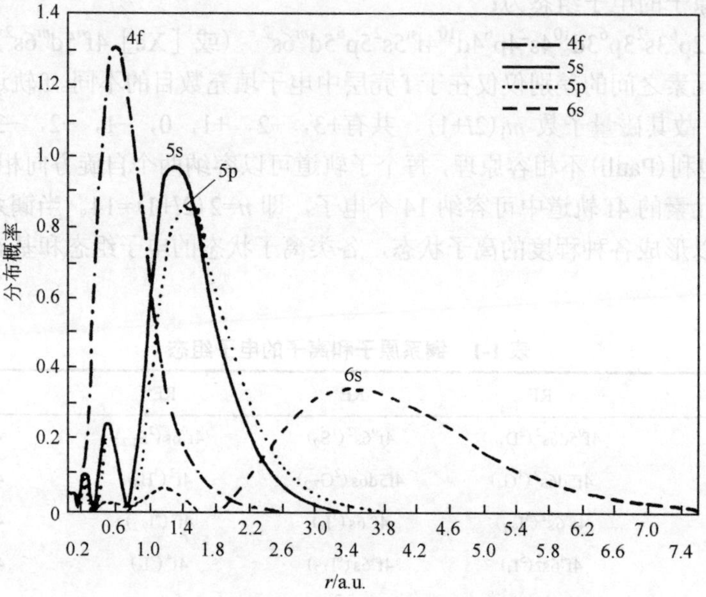

图 1-10 不同波函数的电子密度的径向分布概率 P^2

在三价稀土离子中，没有 4f 电子的 Sc^{3+}、Y^{3+}和 La^{3+}($4f^0$)及 4f 电子全充满的 Lu^{3+}($4f^{14}$)都具有密闭的壳层，因此它们都是无色的离子，具有光学惰性，很适合作为发光材料的基质。而从 Ce^{3+}的 $4f^1$ 开始逐一填充电子，依次递增至 Yb^{3+}的 $4f^{13}$，在它们的电子组态中，都含有未成对的 4f 电子，利用这些 4f 电子的跃迁，可以产生发光和激光。因此，它们很适合作为激光和发光材料的激活离子。

当 4f 电子依次填入不同 m_l 值的子轨道时，组成了镧系离子基态的总轨道量子数 L、总自旋量子数 S、总角动量量子数 J 和基态的光谱项 $^{2S+1}L_J$。

1.2.2 稀土离子的光谱项与能级

稀土离子在化合物中一般呈现三价，在可见区或红外区所观察到的跃迁都属于 $4f^n$ 组态内的跃迁，即 f-f 跃迁，$4f^n$ 组态和其他组态之间的跃迁一般在紫外区。由于 4f 壳层的轨道量子数 L=3，在同一壳层内 n 个等价电子所形成的光谱项数目相当庞大，按目前确定光谱项的一般方法相当麻烦且容易出错。Judd 利用 Racah 群链分支法求 f^n 组态的光谱项比较成功。通常用大写的英文字母 S，P，D，F，G，H，I，K，L…分别表示总轨道量子数 L=0，1，2，3，4，5，6，7，8…；用 $2S$+1

表示光谱项的多重性，用符号 ^{2S+1}L 表示光谱项，若 L 与 S 产生耦合作用，光谱项将按总角动量量子数 J 分裂，得到光谱支项用符号 $^{2S+1}L_J$ 表示。

根据光谱项和量子力学知识可以计算出各种稀土离子 $4f^n$ 组态的 J 能级的数目，稀土离子的几个最低激发态的组态 $4f^{n-1}5d$、$4f^{n-1}6s$、$4f^{n-1}6p$ 的能级数目，结果均列于表 1-2 中。

表 1-2　稀土离子各组态的能级数目

RE^{2+}	RE^{3+}	N	基态	能级数目				总和
				$4f^n$	$4f^{n-1}5d$	$4f^{n-1}6s$	$4f^{n-1}6p$	
	La	0	$^1S_0$	1	—	—	—	1
La	Ce	1	$^2F_{5/2}$	2	2	1	2	7
Ce	Pr	2	$^3H_4$	13	20	4	12	49
Pr	Nd	3	$^4I_{9/2}$	41	107	24	69	241
Nd	Pm	4	$^5I_4$	107	386	82	242	817
Pm	Sm	5	$^6H_{5/2}$	198	977	208	611	1994
Sm	Eu	6	$^7F_0$	295	1878	396	1168	3737
Eu	Gd	7	$^8S_{7/2}$	327	2725	576	1095	4723
Gd	Tb	8	$^7F_6$	295	3006	654	1928	5883
Tb	Dy	9	$^6H_{15/2}$	198	2725	576	1095	4594
Dy	Ho	10	$^5I_8$	107	1878	396	1168	3549
Ho	Er	11	$^4I_{15/2}$	41	977	208	611	1837
Er	Tm	12	$^3H_6$	13	386	82	242	723
Tm	Yb	13	$^2F_{7/2}$	2	107	24	69	202
Yb	Lu	14	$^1S_0$	1	20	4	12	37

三价镧系离子的能级图[6]示于图 1-11，该图对研究和探索稀土发光材料具有重要的指导作用。从图 1-11 可见，Gd 以前的 f^n(n=0～6)元素与 Gd 以后的 f^{14-n} 元素是一对共轭元素，它们具有类似的光谱项，只是重镧系元素的自旋轨道耦合系数 ζ_{4f} 大于轻镧系元素，致使 Gd 以后的 f^{14-n} 元素的 J 多重态能级之间的间隔大于 Gd 以前的 f^n 元素。

镧系自由离子受电子互斥(库仑作用)、自旋−轨道耦合、晶体场和磁场等作用，对其能级的位置和劈裂都有影响(图 1-12)。从图 1-12 可见，这些微扰引起 $4f^n$ 组态劈裂的大小顺序为，电子互斥作用＞自旋−轨道耦合作用＞晶体场作用＞磁场作用。

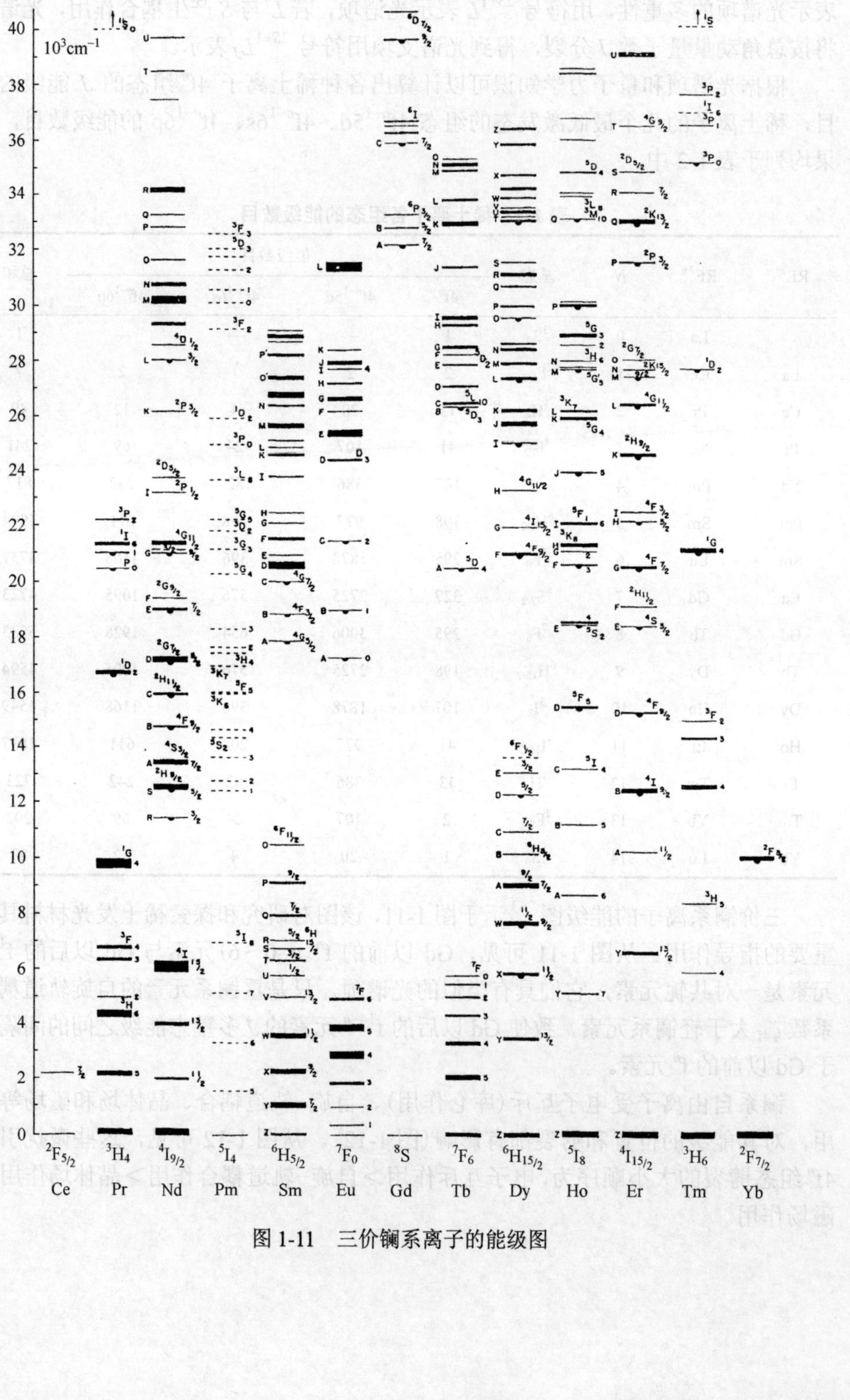

图 1-11　三价镧系离子的能级图

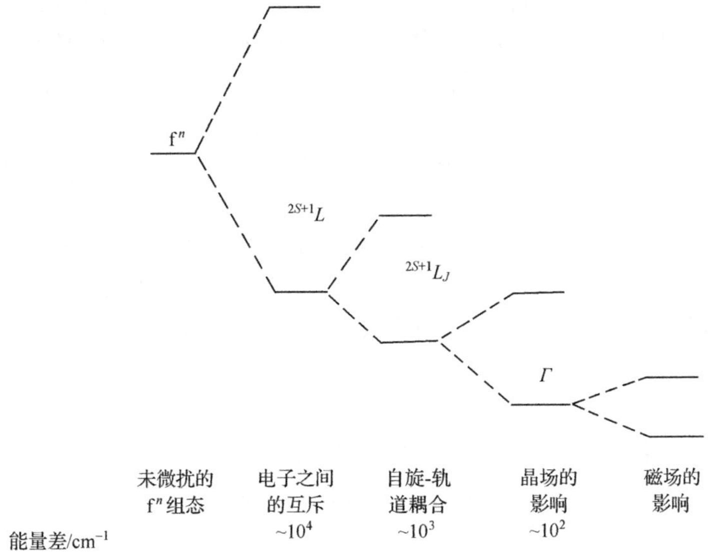

图 1-12　$4f^n$ 组态受微扰所引起的劈裂的示意图

由于 $4f^n$ 轨道受 $5s^25p^6$ 的屏蔽，故晶体场对 $4f^n$ 的电子的作用要比对 d 过渡元素的作用小，引起的能级劈裂只有几百个波数。

能级的简并度与 $4f^n$ 中的电子数 n 的关系呈现出奇偶数变化，当 n 为偶数时(即原子序数为奇数，J 为整数时)，每个态是 $2J+1$ 度简并。在晶体场的作用下，取决于晶体场的对称性，可劈裂为 $2J+1$ 能级。当 n 为奇数时(即原子序数为偶数，J 为半整数时)，每个态是 $(2J+1)/2$ 度简并(Kremers 简并)，在晶体场作用下，取决于晶体场时对称性，只能劈裂为 $(2J+1)/2$ 个二重态。

从基态或下能级吸收能量跃迁至上能级称为光的吸收，测得吸收光谱可以计算出能级。从上能级或激发态放出能量跃迁至下能级或基态时产生光的发射，可测得其发射光谱(也常称为荧光光谱)。稀土元素除了 f-f 跃迁外，还有 d-f 跃迁和电荷迁移带跃迁等。已查明[7]，在三价稀土离子的 $4f^n$ 组态中共有 1639 个能级。能级之间可能跃迁数高达 199177 个。由此可见，稀土是一个巨大的光学材料宝库。可发掘出更多的新型发光材料。

1.2.3　稀土离子的 f-f 跃迁

1. 稀土离子的 f-f 跃迁的发光特征

通常见到的稀土离子发光能分为两类，第一类是线状光谱的 f^n 组态内跃迁，称为 f-f 跃迁，另一类是宽带光谱的 f-d 跃迁。大部分三价稀土离子的吸收和发射主要发生在内层的 4f-4f 能级之间的跃迁。根据选择规则，这种 $\Delta l=0$ 的电偶级跃迁原属禁戒的，然而，在固体或溶液中之所以能方便地观察到可见区或红外区的 $4f^n$ 组态内的 f-f 跃迁完全是由于晶体场奇次项作用的结果，其原因在于 4f 组态与相反宇称的组态发生混合，或对称性偏高反演中心，使原属禁戒的 f-f 跃迁变为允许跃迁，导致镧系离子的 f-f 跃迁的光谱呈现窄线状、谱线强度较弱（振子强度约 10^{-6}）和荧光寿命较长的特点。f^n 组态内的各种状态的宇称是相同的，在原子和离子状态，跃迁矩阵元等于零，所以 $4f^n$ 组态内各状态之间的跃迁是禁戒的，但在凝聚态中，由于奇次项晶体场的作用，相反宇称的 $4f^{n-1}n'l'$ 组态混入到 $4f^n$ 组态之中，这使原来 $4f^n$ 组态内的状态不再是单一的状态，而是两种宇称的混合态，这样，在凝聚态中 $4f^n$ 组态内的电偶极跃迁才成为可能。这方面的理论计算工作于 1962 年由 Judd 和 Ofelt 同时解决。

稀土离子的 f-f 跃迁的发光特征归纳如下：

(1) 发射光谱呈线状，受温度的影响很小；

(2) 由于 f 电子处于内壳层，被 $5s^25p^6$ 所屏蔽，故基质对发射波长的影响不大；

(3) 浓度猝灭小；

(4) 温度猝灭小，即使在 400～500℃仍然发光；

(5) 谱线丰富，可从紫外一直到红外。

三价稀土离子在 Y_2O_3 中的激发和发射光谱[8]列于图 1-13。

2. 谱线位移

由于镧系离子的 4f 轨道在空间上被 $5s^25p^6$ 轨道所屏蔽（图 1-10），总的说来基质（或晶体场）对谱线的影响不大。但大量事实表明，屏蔽并不完全，配位场的作用仍不可忽略。如以前认为稀土化合物均属于离子型化合物，后来发现有一些镧系化合物并不是纯离子型的，而有一定程度的共价性。此事也可以从 f-f 跃迁的光谱谱线在晶体场的作用下发生位移得到佐证。

苏锵总结了某些含钕体系的吸收光谱中 $^4I_{9/2}\rightarrow{}^2P_{1/2}$ 跃迁所产生的谱线位移，选择 $^2P_{1/2}$ 能级是因为它不被配位场所劈裂，是一个二重简并的能级，只有一条谱线[3]。其结果列于图 1-14，由图 1-14 可见，在不同配位场的作用下谱线位移可达几百波数，而且位移的大小与稀土离子的近邻及次近邻的配位原子电负性有关。

实际中观察到，稀土离子次近邻的第二配位体对谱线位移也有影响。因此，可根据谱线的红移估计镧系离子与配体之间的共价程度。

光谱谱线位移的原因理论上归于电子云扩大效应（nephelauxetic effect）。它是指金属离子的能级（或谱线）在晶体中相对于自由离子状态产生红移。长期以来的工作总结了若干规律，并将这种现象进一步归于晶体中电子间库仑作用参数 Slater 积分或 Racah 参数比自由离子状态减小。其原因众说不一，Jϕrgensen 认为是与金属离子和配位体之间的共价性有关[9]，Newman 认为与配位的极化行为有关[10]，

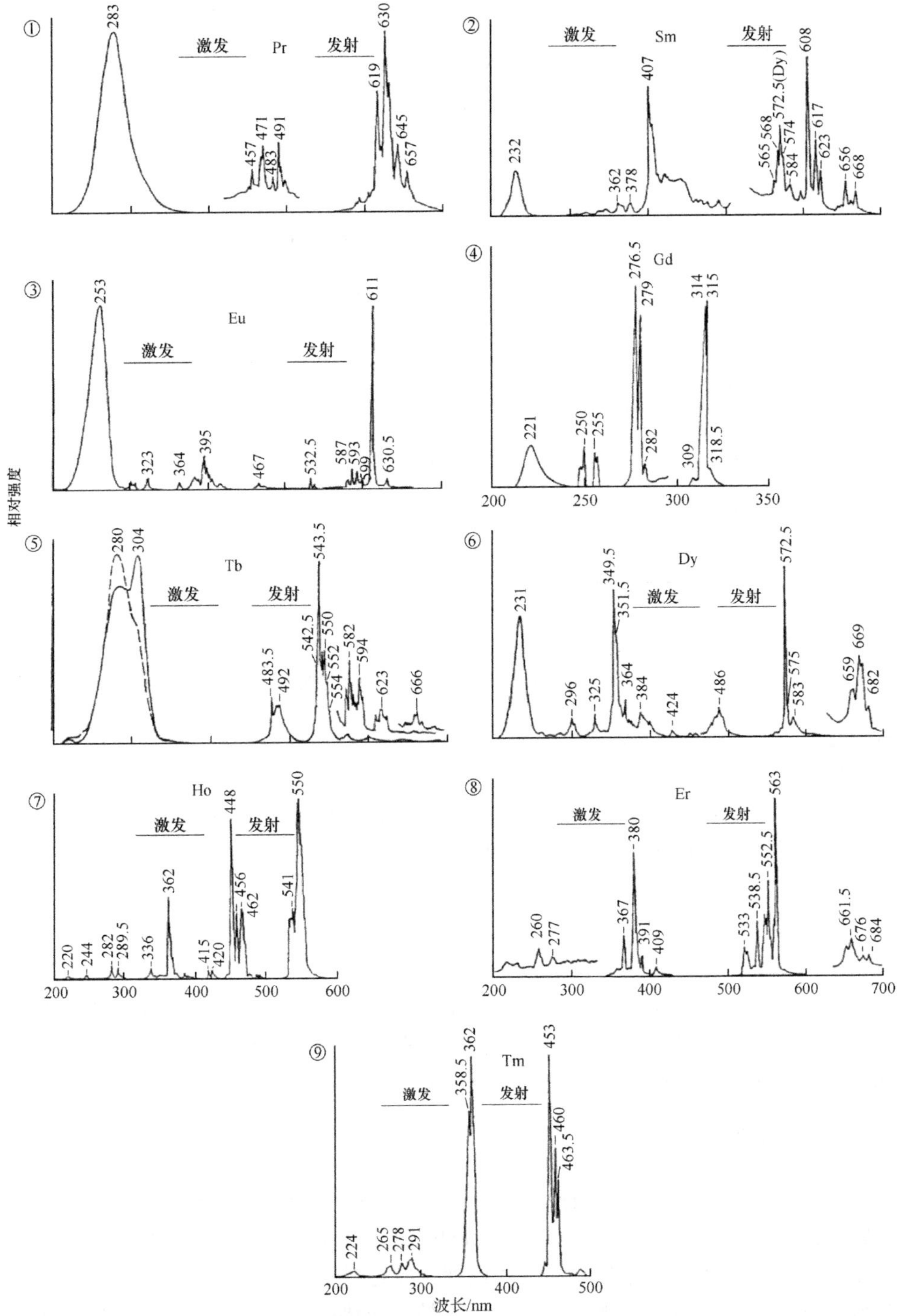

图 1-13 三价稀土离子在 Y_2O_3 中的激发和发射光谱

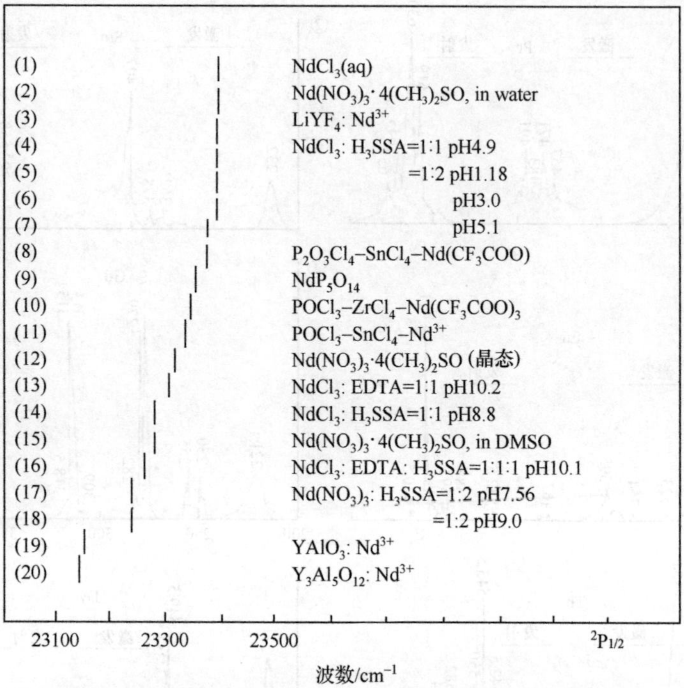

图 1-14　Nd^{3+}的 ${}^4I_{9/2}\rightarrow{}^2P_{1/2}$ 的谱线位移

张思远[3] 认为这是一种晶体场效应，直接原因是晶体场的零次项，微观机理是配位体的极化作用。

根据实验数据按 Slater 参数或 Racah 参数比自由离子减少的数值大小排出下列配位体的次序，称为电子云扩大效应序列：

自由离子 $< F^- < O^{2-} < Cl^- < Br^- < I^- \leqslant S^{2-} < Se^{2-} < Te^{2-}$

电负性　3.9　3.5　3.1　2.9　2.6　2.6　2.4　2.1

此次序与元素的电负性相一致。

引起谱线位移的电子云扩大效应除了与配位原子的电负性有关外，还与配位数、稀土离子与配体之间的距离有关。随着配位数的减少和稀土离子与配位体之间的距离缩短，电子云扩大效应增大，从而也增大了谱线的红移。

3. 谱线强度

镧系离子的 f-f 跃迁主要有电偶极跃迁、磁偶极跃迁和电四极跃迁。按照电偶极跃迁的选择规则：$\Delta l=\pm 1$，$\Delta S=0$，$|\Delta L|$和$|\Delta J| \leqslant 2$ 是宇称禁戒的，对于镧系离子的 f 组态，$l=3$，f-f 之间的跃迁$\Delta l=0$ 则属于宇称禁戒的跃迁。但在实验上却可观察到这些跃迁所产生的光谱，这可解释为晶体场势的展开中由于奇宇称项，或由于晶格振动的作用，使相反宇称的 $4f^{n-1}5d$ 和 $4f^{n-1}n'l'$组态混入 $4f^n$ 组态中，从而产

生弱的“强制”的电偶极跃迁(其振子强度为 $10^{-5}\sim10^{-6}$)。这方面的理论计算工作于 1962 年由 Judd[7] 和 Ofelt[11] 同时解决，此后对 f-f 跃迁的振子强度和光谱参数进行了大量的定量计算。

在 f-f 跃迁中电四极跃迁也是宇称允许的，其振子强度很弱，估计约为 10^{-11}。因此，在实验上探测不出来，可以忽略。

4. 超敏跃迁

稀土离子大多数的 f-f 跃迁受周围环境的影响很小，然而，在大量的实验中发现某些跃迁对周围环境十分敏感，并且可以产生很强的跃迁，这类跃迁称做超敏跃迁。1964 年 Judd[12] 总结实验规律发现，这种跃迁的选择规则遵循 $|\Delta J|=2$，$|\Delta L|\leqslant2$，$\Delta S=0$，这个选择定则和电四极跃迁的选择定则相同。对应于这些跃迁的谱线强度随着环境的不同可改变 2～4 倍，甚至可以比溶液中相应的跃迁强度大 200 倍以上。同时，由电偶极的 Judd-Ofelt 公式可知，其与 Ω_2 参数有关，这说明 Ω_2 参数对周围环境具有特殊的敏感性。人们对这类特殊的跃迁进行仔细研究发现，这类跃迁与稀土离子所处的局部对称性有关，当稀土离子处于对称中心位置时，这类跃迁不存在，如在 Y_2O_3∶Eu 中的 S_6 格位和 $Cs_2NaEuCl_6$ 中处于 O_h 格位的 Eu^{3+} 都观察不到 $^7F_0\rightarrow{}^5D_2$ 跃迁。研究结果表明，只有稀土离子所处的局部对称性的晶体场具有线性晶体场项时才能发生这种跃迁。具有线性晶体场项的对称性共有 10 个点群，它们是 C_1、C_2、C_3、C_4、C_6、C_{2v}、C_{3v}、C_{4v}、C_{6v} 和 C_s。

根据超敏跃迁的选择规则 $\Delta J=2$，镧系离子中的超敏跃迁如表 1-3 所示。

表 1-3　镧系离子的超灵敏跃迁

Ln^{3+}	跃迁	能量/cm^{-1}
Pr^{3+}	$^3H_4\rightarrow{}^3P_2$	22500
	$^3H_4\rightarrow{}^1D_2$	17000
Nd^{3+}	$^4I_{9/2}\rightarrow{}^4G_{7/2}$, $^2K_{13/2}$	19200
	$^4I_{9/2}\rightarrow{}^4G_{5/2}$, $^2G_{7/2}$	17300
Sm^{3+}	$^6H_{5/2}\rightarrow{}^6P_{7/2}$, $^4D_{1/2}$, $^4F_{9/2}$	26600
	$^6H_{5/2}\rightarrow{}^6F_{1/2}$	6200
Eu^{3+}	$^7F_0\rightarrow{}^5D_2$	21500
Dy^{3+}	$^6H_{15/2}\rightarrow{}^6F_{11/2}$	7700
	$^6H_{15/2}\rightarrow{}^4G_{11/2}$, $^4I_{15/2}$	23400
Ho^{3+}	$^5I_8\rightarrow{}^3H_6$	28000
	$^5I_8\rightarrow{}^5G_6$	22200
Er^{3+}	$^4I_{15/2}\rightarrow{}^4G_{11/2}$	26500
	$^4I_{15/2}\rightarrow{}^2H_{11/2}$	19200
Tm^{3+}	$^3H_6\rightarrow{}^3H_4$	12600

超敏跃迁与稀土离子配位体的种类有关，定量研究光谱强度的数据表明，不同配位体的跃迁强度不同，实验总结的次序是 I＞Br＞Cl＞H_2O＞F。产生这样次序的原因是配位体的极化效应所致[13]。

Henrie[14]等对镧系离子的超敏跃迁作过评论，认为影响超敏跃迁的光谱强度的因素有：

(1)配位体的碱性越大，超敏跃迁的谱带强度也越大。例如 Al_2O_3 的酸性比 Y_2O_3 大，故碱性按下列的顺序：Y_2O_3＞$Y_2O_3\cdot Al_2O_3$＞$3Y_2O_3\cdot 5Al_2O_3$，所以 Nd^{3+} 的超敏跃迁($^4I_{8/2}\rightarrow {}^4G_{7/2}$，$^2K_{15/2}$)的谱带强度随 Y_2O_3＞$YAlO_3$＞$Y_3Al_5O_{12}$ 而下降。

(2)当近邻配位原子是 O 时，镧系离子与 O 的键长 Ln—O 越短，超敏性越大。例如在上述 $Y_2O_3\cdot Al_2O_3$ 体系中，以 Nd^{3+}取代了 Y^{3+}，故可以认为 Nd—O 的键长相当于 Y—O 的键长。在 Y_2O_3 中 Y^{3+}是 6 配位的，处于 C_2 格位的 Y^{3+}，其键长分别为 224.9 pm(2 个 Y—O 键)、226.1 pm(2 个)和 227.8 pm(2 个)；处于 S_6 格位的 Y^{3+}，其 6 个 Y—O 键长为 226.1 pm。而 Y^{3+}在 $Y_3Al_5O_{12}$ 中是 8 配位的，其 Y—O 键长分别为 230.3 pm(4 个 Y—O 键)和 243.2 pm(4 个 Y—O 键)。可见，在 Y_2O_3 中的 Y—O 键长明显地短于在 $Y_3Al_5O_{12}$ 中的键长，也即配位数越小，键长越短，超敏性越大。

(3)共价性和轨道重叠越大，超敏跃迁的谱带强度也越大。例如在氧化物中的超敏跃迁的强度大于在氟化物中，即 $Y_2O_3:Nd^{3+}$＞$LaF_3:Nd^{3+}$，以及 NdI_3 的超敏跃迁强度大于 NdBr。

5. 光谱结构与谱线劈裂

如图 1-12 所示，由于晶体场的作用和周围环境对称性的改变，稀土离子的谱线发生不同程度的劈裂。对称性越低，越能解除一些能级的简并度，而使谱线劈裂越多。

由于能级劈裂数目和跃迁数目都与稀土离子周围环境的对称性有关。因此，可以建立光谱结构和对称性的联系。具有奇数电子的稀土离子产生 Kramars 简并，能级分裂数目少，能级间跃迁特征对晶体对称性的依赖关系也不明显，具有偶数电子的稀土离子由于 Jahn-Teller 效应，使简并能级尽量解除为单能级，降低局部对称性、能级数目增多，并且能级间的跃迁特征和晶体结构有着明显的依赖关系。为了研究这种关系，需要选择偶数电子且能级结构简单的稀土离子作为例子进行说明，其中 $4f^6$ 组态的 Eu^{3+}(或 Sm^{2+})是一个理想的离子，它通常作为荧光探针，通过 Eu^{3+}的荧光光谱结构来探测被取代离子周围的对称性。由于荧光比 X 射线具有更高的灵敏度，探针离子的掺杂量可以很低，并且这种方法方便而直观，因此，获得广泛的应用。

在不同点群的对称性中，Eu^{3+}离子(或 f^6 离子)的不同跃迁所产生的荧光谱线的数目已被计算出来，结果见表 1-4。因此，根据 Eu^{3+}的能级荧光特性和谱线数目，可以很灵敏地了解 Eu^{3+}离子近邻环境的对称性、所处格位及不同对称性的格位数目和有无反演中心等结构信息。由于 Eu^{3+}的基态能级 $^7F_0$ 和主要发射能级 $^5D_0$ 的总角动量量子数 J 都为零，因此都不被晶体场所劈裂，而其余的 ^7F_J 的能级则可利用。根据下列的规则可利用荧光光谱进行结构分析。

(1) 当 Eu^{3+}处于有严格反演中心的格位时，将以允许的 $^5D_0 \rightarrow {}^7F_1$ 磁偶极跃迁发射橙光(590 nm)为主，此时属于 C_i、C_{2h}、D_{2h}、C_{4h}、D_{4h}、D_{3h}、S_6、C_{6h}、D_{6h}、T_h、O_h 11 种点群对称性。当 Eu^{3+}处于 C_i、C_{2h}、D_{2h} 点群对称性时，由于 $^7F_1$ 能级完全解除简并而劈裂成为三个状态，故 $^5D_0 \rightarrow {}^7F_1$ 的跃迁可出现三根荧光谱线。当 Eu^{3+}处于 C_{4h}、D_{4h}、D_{3h}、S_6、C_{6h}、D_{6h} 点群对称性时，$^7F_1$ 能级劈裂为两个状态而出现两根 $^5D_0 \rightarrow {}^7F_1$ 的谱线。当 Eu^{3+}处于对称性很高的立方晶系的 T_h、O_h 点群时，$^7F_1$ 能级不劈裂，此时只出现一根 $^5D_0 \rightarrow {}^7F_1$ 的谱线。

Eu^{3+}在 Y_2O_3 基质中占有两种不同的格位，一种是 C_2 对称性，另一种是 S_6 对称性，从表 1-4 可知这两种对称性中所预期的 ^7F_J 的能级数目以及 $^5D_0 \rightarrow {}^7F_J$ 的跃迁数目。实验的荧光光谱可见，在 580.6 nm 出现 1 根属于 $Eu^{3+}(S_6)$ 的 $^5D_0 \rightarrow {}^7F_0$ 跃迁的谱线；在 $^5D_0 \rightarrow {}^7F_1$ 区域观察到 5 根谱线，其中 3 根(587.5 nm、593.1 nm、599.5 nm)属于 $Eu^{3+}(C_2)$，其他两根(582.2 nm、595.8 nm)属于 $Eu^{3+}(S_6)$。由于 S_6 对称性具有对称中心，$^5D_0$ 能级只有磁偶极跃迁 $^5D_0 \rightarrow {}^7F_1$ 是允许的，因此具有较长的荧光寿命(～7 ms)，而位于 C_2 对称性的 $Eu^{3+}(C_2)$ 则不具有对称中心，可观察到更多的 $^5D_0 \rightarrow {}^7F_1$ 跃迁，它的荧光寿命较短(～0.9 ms)。因此，可从荧光寿命和时间分辨光谱的测量来区分出这两种不同格位 $Eu^{3+}(C_2)$ 和 $Eu^{3+}(S_6)$ 的 $^5D_0 \rightarrow {}^7F_1$ 跃迁的谱线。也可根据其荧光谱线的劈裂数目，了解 Eu^{3+}离子周围环境的对称性。

表 1-4　32 点群中 f^6 组态的 $^5D_0 \rightarrow {}^7F_J$

晶系	点群		^7F_J(J=0，1，2，4，6)的能级数目					$^5D_0 \rightarrow {}^7F_J$ 的跃迁数目				
			0	1	2	4	6	0→0	0→1	0→2	0→4	0→6
三斜	C_1	1	1	3	5	9	13	1	3	5	9	13
	C_i	$\bar{1}$	1	3	5	9	13	0	3	0	0	0
单斜	C_s	M	1	3	5	9	13	1	3	5	9	13
	C_2	2	1	3	5	9	13	1	3	5	9	13
	C_{2h}	$2/m$	1	3	5	9	13	0	3	0	0	0
正交	C_{2v}	Mm^2	1	3	5	9	13	1	3	4	7	10
	D_2	222	1	3	5	9	13	0	3	3	6	9
	D_{2h}	mmm	1	3	5	9	13	0	3	0	0	0
四角	C_4	4	1	2	4	7	10	1	2	2	5	6
	C_{4v}	$4mm$	1	2	4	7	10	1	2	2	4	5

续表

晶系	点群		$^7F_J(J=0, 1, 2, 4, 6)$ 的能级数目					$^5D_0\rightarrow{}^7F_J$ 的跃迁数目				
			0	1	2	4	6	0→0	0→1	0→2	0→4	0→6
四角	S_4	$\bar{4}$	1	2	4	7	10	0	2	3	4	7
	D_{2d}	$\bar{4}2m$	1	2	4	7	10	0	2	2	3	5
	D_4	422	1	2	4	7	10	0	2	0	3	4
	C_{4h}	$4/m$	1	2	4	7	10	0	2	0	0	0
	D_{4h}	$4/mmm$	1	2	4	7	10	0	2	0	0	0
三角	C_3	3	1	2	3	6	9	1	2	3	6	9
	C_{3v}	$3m$	1	2	3	6	9	1	2	3	5	7
	D_3	32	1	2	3	6	9	0	2	2	4	6
	D_{3d}	$\bar{3}m$	1	2	3	6	9	0	2	0	0	0
	S_6	$\bar{3}$	1	2	3	6	9	0	2	0	0	0
六角	C_6	6	1	2	3	6	9	1	2	2	2	5
	C_{6v}	$6mm$	1	2	3	6	9	1	2	2	2	4
	D_6	622	1	2	3	6	9	0	2	0	0	3
	C_{3h}	$\bar{6}$	1	2	3	6	9	0	2	1	4	4
	D_{3h}	$\bar{6}m2$	1	2	3	6	9	0	2	1	3	3
	C_{6h}	$6/m$	1	2	3	6	9	0	2	0	0	0
	D_{6h}	$6/mmm$	1	2	3	6	9	0	2	0	0	0
立方	T	23	1	1	2	4	6	0	1	1	2	3
	T_d	$\bar{4}3m$	1	1	2	4	6	0	1	1	1	2
	T_h	M^3	1	1	2	4	6	0	1	0	0	0
	O	432	1	1	2	4	6	0	1	0	0	0
	O_h	M^3m	1	1	2	4	6	0	1	0	0	0

同样，从 $^7F_0\rightarrow{}^5D_1$ 的激发光谱也可观察到对称性为 S_6 时，$Eu^{3+}(S_6)$ 的 $^5D_1$ 能级劈裂为2；而对称性为 C_2 时，$Eu^{3+}(C_2)$ 的 $^5D_1$ 能级劈裂为3（表1-5）。由于 $^7F_0\rightarrow{}^5D_1$ 与 $^5D_0\rightarrow{}^7F_1$ 同属 $J=0\rightarrow J=1$ 的跃迁，所以谱线的劈裂数与对称性的关系是一样的。

表 1-5　Eu^{3+} 的 $^7F_0\rightarrow{}^5D_1$ 的激发光谱（8 K）

$Eu^{3+}(S_6)$/nm		$Eu^{3+}(C_2)$/nm	
526.3	ΔE=88 cm^{-1}	528.0	ΔE=76 cm^{-1}
		527.4	
523.9		525.9	

(2)当 Eu^{3+} 处于偏离反演中心的位置时，由于在4f组态中混入了相反宇称的组态，使晶体中的宇称选择规则放宽，将出现 $^5D_0\rightarrow{}^7F_2$ 等电偶极跃迁。当 Eu^{3+} 处

于无反演中心的格位时，常以 $^5D_0 \to {}^7F_2$ 电偶极跃迁发射红光(约 610 nm)为主。

图 1-15 中列出 Na(Lu，Eu)O_2 和 Na(Gd，Eu)O_2 的发射光谱[15]。从图 1-15 可见，在 Na(Lu，Eu)O_2 中 Eu^{3+} 处于具有反演对称中心的位置，其主要发射峰是 $^5D_0 \to {}^7F_1$ 跃迁，而在 Na(Gd，Eu)O_2 中 Eu^{3+} 处于无反演中心的格位，其主要发射峰为 $^5D_0 \to {}^7F_2$ 跃迁，发射波长在 610 nm 附近。

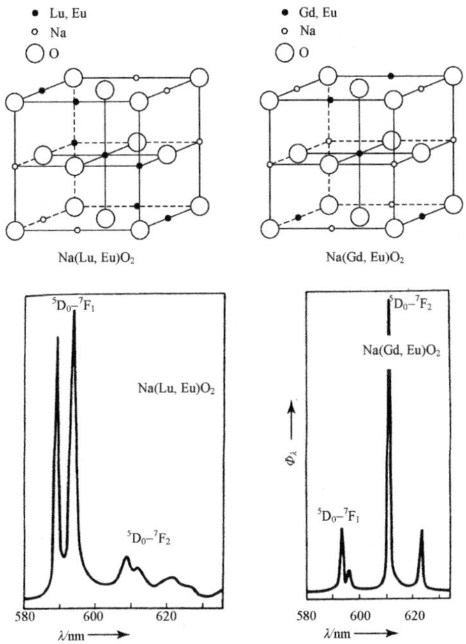

图 1-15　Eu^{3+} 在 $NaLuO_2$ 和 $NaGdO_2$ 中的发射光谱

目前常用的红色荧光粉如 Y_2O_3：Eu^{3+} 中 Eu^{3+} 占据 C_2 位置，Y_2O_2S：Eu 中 Eu^{3+} 占据 C_{3v} 位置、YVO_4：Eu 中 Eu^{3+} 占据 D_{2d} 位置，这些点群 C_2、C_{3v}、D_{2d} 均无反演对称中心，故 Eu^{3+} 的主要发射峰位于 610 nm 附近。

(3) $J=0 \to J=0$ 的 $^5D_0 \to {}^7F_0$ 跃迁不符合选择规则，原属禁戒跃迁。但当 Eu^{3+} 处于 C_s、C_1、C_2、C_3、C_4、C_6、C_{2v}、C_{3v}、C_{4v}、C_{6v}(即 C_s、C_n、C_{nv}) 10 种点群对称的格位时，由于在晶体场势展开时需包括线性晶体场项，将出现 $^5D_0 \to {}^7F_0$ 发射(约 580 nm)。因为 $^5D_0 \to {}^7F_0$ 跃迁只能有一个发射峰，故当 Eu^{3+} 同时存在几种不同的 C_s、C_n、C_{nv} 格位时，将出现几个 $^5D_0 \to {}^7F_0$ 发射峰，每个峰相应于一种格位，从而可利用荧光光谱中 $^5D_0 \to {}^7F_0$ 发射峰的数目了解基质中 Eu^{3+} 所处的格位数。

(4) 当 Eu^{3+} 处于对称性很低的三斜晶系的 C_1 和单斜晶系的 C_s、C_2 三种点群的格位时，$^7F_1$ 和 $^7F_2$ 能级完全解除简并，分别劈裂为三个能级有五个状态，在荧光光谱中出现一根 $^5D_0 \to {}^7F_0$，三根 $^5D_0 \to {}^7F_1$ 和五根 $^5D_0 \to {}^7F_2$ 的谱线，并以 $^5D_0 \to {}^7F_2$ 跃迁发射红光为主。

1.2.4 稀土离子的 f-d 跃迁

1. 稀土离子的 f-d 跃迁的发光特征

稀土离子除了上述的 f-f 跃迁外，某些三价稀土离子，如 Ce^{3+}、Pr^{3+}和 Tb^{3+}的 $4f^{n-1}5d$ 的能量较低（＜$50\times10^3cm^{-1}$），在可见区能观察到它们的 4f-5d 的跃迁，而其他三价稀土离子的 5d 态能量较高难以可见区观察到。其中最有价值的是 Ce^{3+}，它的吸收和发射在紫外和可见区均可观察到。对比 Ce^{3+}、Pr^{3+}、Tb^{3+}的 4f-5d 吸收带能量可知[6]，当阴离子 X 相同时，4f-5d 谱带的位置随 Pr^{3+}-Tb^{3+}-Ce^{3+}的顺序降低，即越易氧化的三价稀土(Ce^{3+})，其 4f-5d 谱带的能量越低。

有些能稳定存在的二价稀土离子，如 Eu^{2+}、Sm^{2+}、Yb^{2+}、Tm^{2+}、Dy^{2+}、Nd^{2+}等也观察到 4f-5d 的跃迁。二价稀土离子的电子结构与原子序数比它大 1 的三价稀土离子的电子结构相同。例如，二价钐离子的组态和三价铕离子的组态都是 $4f^6$，因此，其光谱项的情况可以从相同组态的三价离子得出，但是由于电子数相同、中心核电荷不同，造成二价稀土离子相应光谱项的能量都比三价离子降低，约降低 20%左右，同样 $4f^{n-1}5d$ 的组态能级也相应大幅度下降。导致一些二价离子的 5d 组态的能级位置比三价状态时 5d 能级位置低得多。因此，在光谱中能够观察到。

$4f^n$-$4f^{n-1}5d$(或 $4f^n$-$4f^{n-1}n'l'$)的组态间的跃迁是允许跃迁，所以具有相当高的跃迁强度，通常比 f-f 跃迁要强 10^6 倍。其跃迁概率也比 f-f 跃迁大得多，一般跃迁概率为 10^7 数量级，并且是宽的发射。

$4f^{n-1}5d$ 组态的能级是二价稀土离子最低激发组态，在发光光谱中十分重要，所涉及这个组态的相互作用比单纯的 $4f^n$ 组态要复杂得多，因为它包含两种轨道，对它们能级的计算只能采用近似方法。

在稀土发光材料中最有价值的 f-d 跃迁是三价铈离子和二价铕离子的 f-d 跃迁。总的说来，稀土离子的 f-d 跃迁的发光特征为：

(1)通常发射光谱为宽带；

(2)由于 5d 轨道裸露在外，晶体场环境对光谱影响很大。其发射可以从紫外到红外；

(3)温度对光谱的影响较大；

(4)属于允许跃迁，荧光寿命短；

(5)总的发射强度比稀土离子的 f-f 跃迁强。

由于二价稀土离子的激发组态 $4f^{n-1}n'l'$能级位置降低，特别是在固体中由于晶体场作用，使 $4f^{n-1}5d$ 组态更加下降，McClure 和 Kiss[16] 测得了二价稀土离子在 CaF_2 晶体中的吸收光谱(图 1-16)，图 1-16 中的带状光谱是属于 f-d 跃迁。由于 5d 轨道裸露在外，它受晶体场的影响较大。因此，在不同基质中其能级位置将有所有变化、光谱图也不完全相同。图 1-17 列出 Ce^{3+}、Eu^{2+}和 Tb^{3+}在氧化物基质中的能级图。

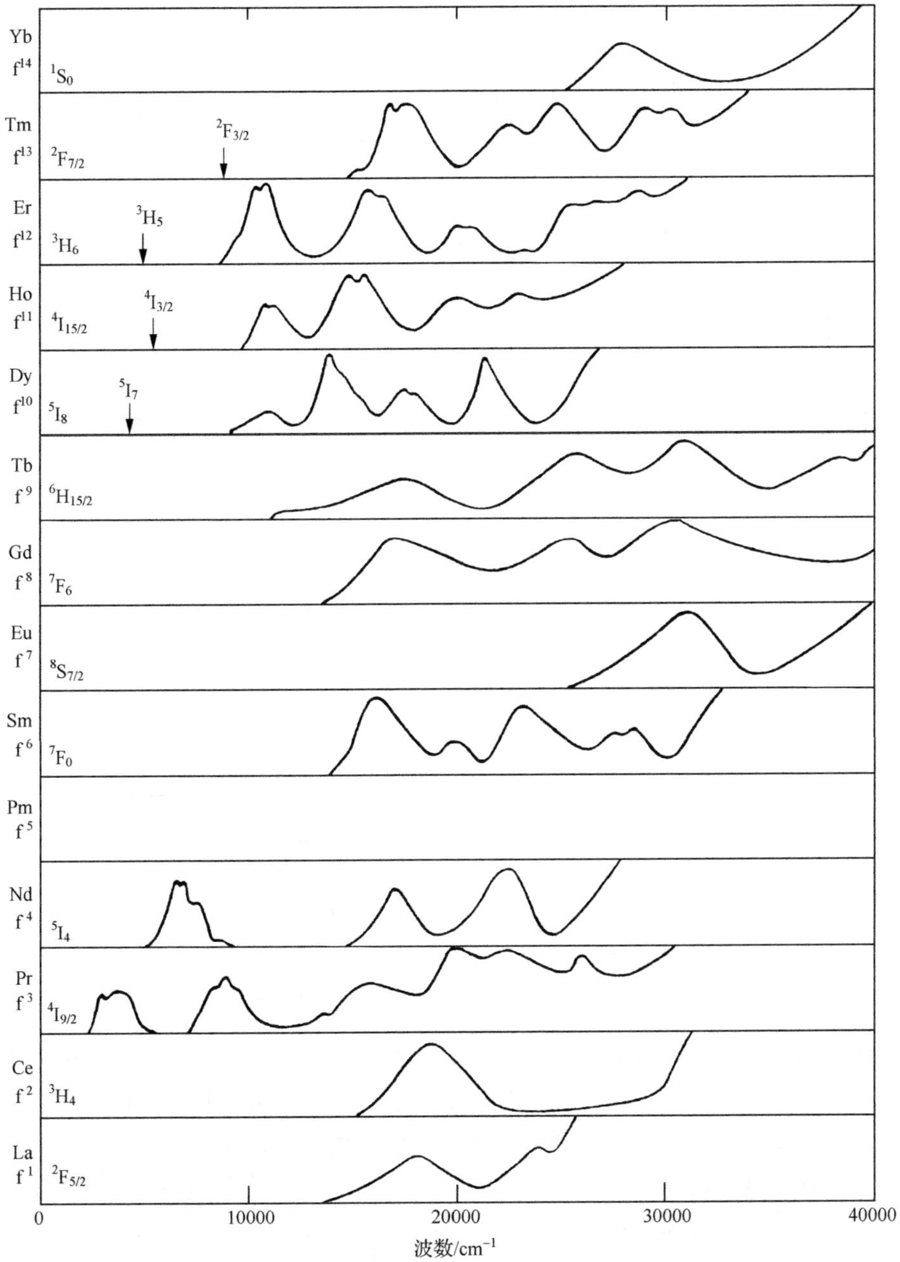

图 1-16　二价稀土离子在 CaF_2 晶体中的吸收光谱[16]

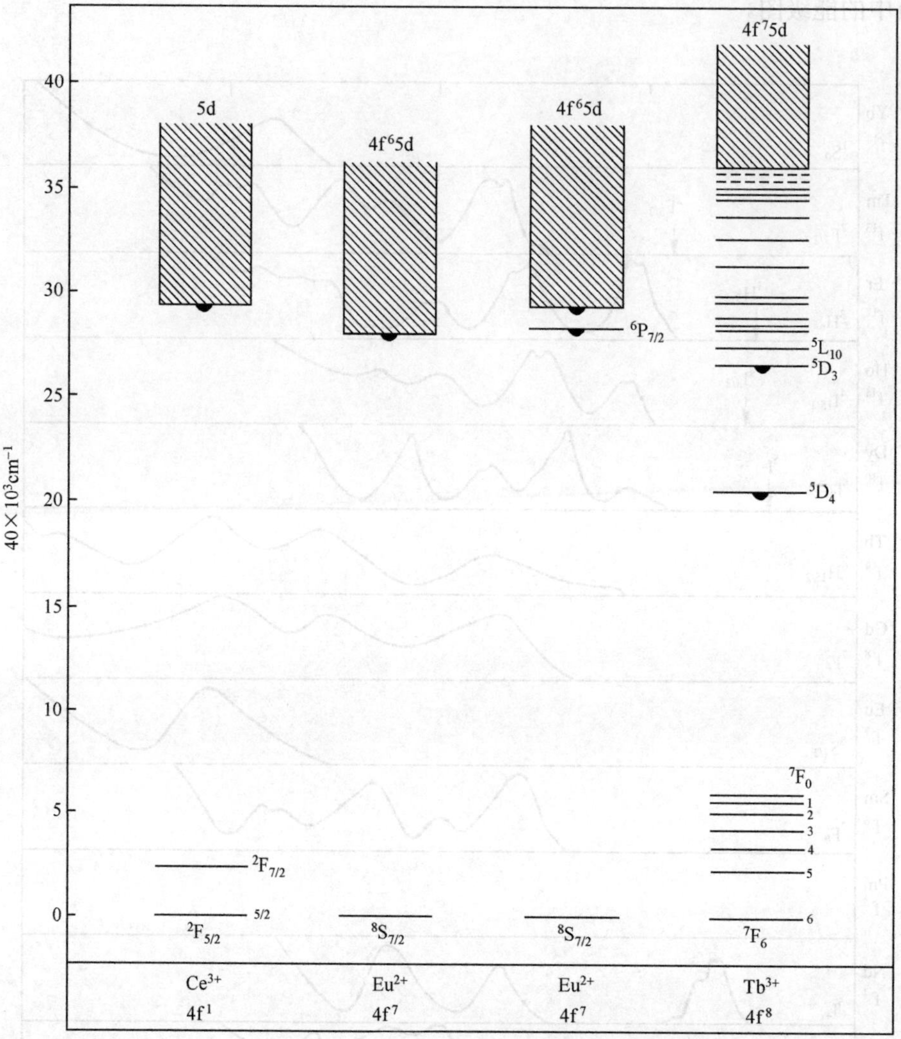

图 1-17 Ce^{3+}，Eu^{2+}和 Tb^{3+}在氧化物基质中的能级图

Dorenbos [17-19] 在总结前人大量光谱研究的基础上，对二价稀土自由离子的 $4f^{n-1}5d$ 组态的最低能级位置进行了总结如图 1-18 所示。图中黑点表示每种二价稀土自由离子 $4f^{n-1}5d$ 组态的最低能级位置，并用实线连接起来，对于组态 $n>7$ 的稀土离子，$4f^{n-1}5d$ 组态的最低能级位置到基态的跃迁是自旋禁戒跃迁，自旋允许的 $4f^{n-1}5d$ 组态能级比它要高，图中黑色方点表示，虚线连接的黑色方点为自旋允许的能级位置。

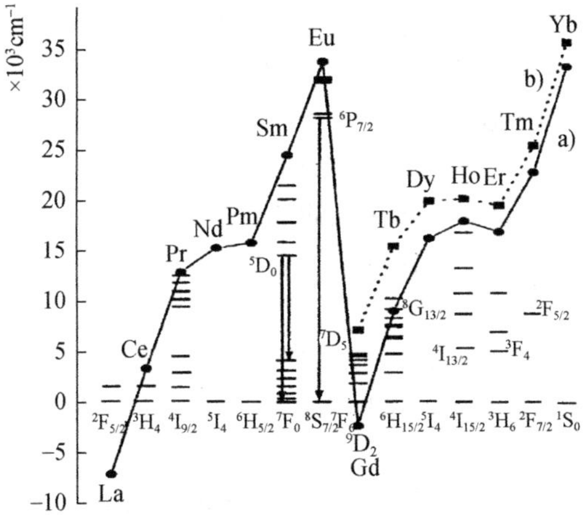

图 1-18　二价稀土自由离子的能级示意图

2. Ce^{3+}的 f-d 跃迁发光

(1) Ce^{3+}离子发光的基本特征[20-22]。绝大多数三价稀土离子的发射是属于 4f 层内的 f-f 跃迁，而 Ce^{3+}离子的发射是属于 f-d 跃迁，与其他三价稀土离子不同。由于铈在地壳中的丰度较高，容易提取分离、价格便宜，并且有许多特点，不仅引起人们的重视，也已获得广泛的应用。

铈原子的电子组态为［Xe］$4f5d6s^2$，而在 Ce^{3+}离子中除失去最外层的两个 6s 电子外，还失去一个 5d 电子，并留下一个 4f 电子，故 Ce^{3+}离子的电子组态为［Xe］4f。Ce^{3+}离子的基态光谱项为 ^2F_J，由于自旋–轨道(即 S、O)耦合作用使 ^2F 能级分裂成两个光谱支项，即 $^2F_{7/2}$ 和 $^2F_{5/2}$，在 Ce^{3+}的自由离子中，它们的能级差约为 2253 cm^{-1}。Ce^{3+}离子的 4f 电子可以激发到能量较低的 5d 态，也可以激发到能量相当高的 6s 态或电荷转移态。Ce^{3+}自由离子 5d 激发态的电子组态为［Xe］5d，其光谱项为 ^2D_J，由于自旋–轨道耦合作用使其劈裂为两个光谱支项 $^2D_{5/2}$ 和 $^2D_{3/2}$，其能级分别位于基态能级 $^2F_{5/2}$ 之上的 52226 cm^{-1} 和 49737 cm^{-1}，而 6s 态则位于 86600 cm^{-1}。

由于 5d 轨道位于 5s5p 轨道之外，不像 4f 轨道那样被屏蔽在内层，因此，当电子从 4f 能级激发到 5d 态后，该激发态容易受到外场的影响，使 5d 态不再是分立的能级，而成为能带，由此从 5d 能级到 4f 能级的跃迁也就成为带谱。

一般说来，Ce^{3+}离子的 5d 态能量还是比较高的。因此，5d→$^4F_{7/2}$ 和 $^4F_{5/2}$ 所产生的两个发射带通常位于紫外或蓝区范围内，但在 5d 能级受外场的作用时，其能级位置会降低很多，甚至使其发射带延伸至红区。所以 Ce^{3+}离子的发射带位置在不同基质中的差别很大，它可以从紫外一直到红区，其覆盖范围＞20000 cm^{-1}，如此宽的变动范围是其他三价稀土离子所不及的。由于 Ce^{3+}离子的发光是属于

5d-4f 跃迁的带状发射，所以它总的发射强度比三价稀土离子的 f-f 跃迁的线状发射要强。温度对发光强度的影响也比三价稀土离子大。

Ce^{3+}离子的一个电子在 4f 组态时 L=3，而在 5d 组态时 L=2，它们的宇称不一样。Ce^{3+}离子的 5d-4f 跃迁是容许的电偶极子跃迁，在这种容许的 5d-4f 跃迁中，5d 组态的电子寿命非常短，一般在低的 5d 能级中为 30～100 ns。虽然 Eu^{2+}也是属于 5d-4f 跃迁但 Eu^{2+}有 7 个 4f 电子，它的 5d-4f 跃迁比较复杂，电子寿命就不像 Ce^{3+}离子那么短。

对于 4f-5d 能级之间的跃迁，很多研究选择 Ce^{3+}作为研究对象。Ce^{3+}只有一个 4f 电子，电子跃迁情况较为简单，这就为在 UV-vis 区内研究其能级位置提供了方便。

基质组成、结构、格位占据等因素，对 Ce^{3+}离子的 f-d 跃迁能量和 Ce^{3+}离子 5d 电子的电–声作用影响较大，因而对激发光谱、发射光谱及其浓度猝灭和温度猝灭等发光行为有较大影响。

根据晶体场理论容易理解，在强场作用下，Ce^{3+}离子 5d 轨道产生较大的晶体场劈裂。对系列基质化合物来说，通常随着配位数的增多，中心阳离子与配位阴离子之间键长变长，使中心阳离子的晶体场劈裂程度明显下降[23]。另外，5d 轨道能级重心与中心离子与配体之间的电子云扩大效应(nephelauxetic effect)、稀土离子与配体间化学键的共价性及配位原子的光谱极化率密切相关，电子云扩大效应、共价性及光谱极化率的增大会导致 5d 轨道能级重心下降。

由于基质晶格的变化，导致在特定基质中 Ce^{3+}的最低 5d 轨道发生下移，这部分下移量被称为光谱红移值 D。光谱红移值可以通过比较自由 Ce^{3+}能量最低 f-d 跃迁(6.12 eV)与特定基质中 Ce^{3+}能量最低 f-d 跃迁 E_{fd}之间的能量差值得到，如式（1-2）所示[24]。

$$D = 6.12 - E_{fd} \tag{1-2}$$

(2) Ce^{3+}离子发光的某些规律。

①基质的影响。大多数三价稀土离子的能级劈裂受自旋–轨道的影响约为 10^3 cm^{-1}，受晶体场的影响约为 10^2 cm^{-1}。而 Ce^{3+}离子的 5d 组态却不同，其能级劈裂受自旋–轨道的影响约为 10^3 cm^{-1}，但晶体场影响的能级劈裂的总量可达 10^4 cm^{-1} 或更大，由此导致 Ce^{3+}离子在不同的基质中的发射带可能出现于从紫外到可见的一个相当宽的范围。现将某些基质中 Ce^{3+}离子的发光特性列于表 1-6，以及在某些基质中 Ce^{3+}离子的发射光谱列于图 1-19。

从表 1-6 可知，在不同的基质中 Ce^{3+}离子最短的发射峰位于 300 nm 左右，而最长的发射峰位于 668 nm 左右，其发射带可能出现的范围是从紫外一直到可见，约跨越 400 nm。Ce^{3+}离子的激发峰的最短波长位于 190 nm 左右，而最长的激发峰约 490 nm，其激发峰可能出现的范围是从短波紫外到可见，也约跨越 300 nm。

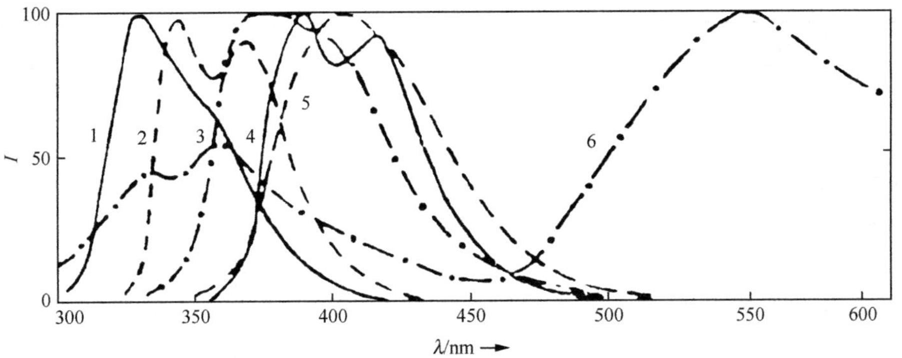

图 1-19　某些基质中 Ce^{3+}的发射光谱

1. YPO_4：Ce；2. $YAl_3B_4O_{17}$：Ce；3. YOCl：Ce；4. YBO_3：Ce；5. $Ca_2Al_2SiO_7$：Ce；6. $Y_3Al_5O_{12}$：Ce

这与其他三价稀土离子相比，可变范围要大得多。对于一个离子在不同的基质中有如此宽的、连续可变的发射峰还是少见的。上述结果表明，基质对 Ce^{3+}离子的吸收和发射起着十分重要的作用，因此可以选择合适的基质以获得所需的发射波长。

从表 1-6 中的数据能够看出，与 Ce^{3+}离子直接配位的阴离子的电负性，对 Ce^{3+}离子发射峰位移起着十分重要的作用。比较 LaF_3：Ce、SrF_2：Ce、Y_2O_3：Ce 和 CaS：Ce 的数据可见，随着阴离子的电负性由 F、O、S 依次降低，Ce^{3+}离子的发射峰和激发峰位置向长波移动。比较 LaF_3：Ce 和 $LaCl_3$：Ce 或 LaOCl：Ce 和 LaOBr：Ce 的数据，也能观察到，当用 Cl^-离子取代 F^-离子或用 Br^-离子取代 Cl^-离子时，随着阴离子的电负性减小，Ce^{3+}离子的发射峰向长波移动。这一现象说明，基质中直接配位的阴离子的电负性减小，它们与 Ce^{3+}离子的共价程度增加，从而降低了 5d 组态与 4f 组态之间的能量差。通常，Ce^{3+}在不同基质中的发光特征可由 Ce 与直接配位的阴离子的共价程度来决定，如 Ce^{3+}离子在硫配位的化合物中发光位于可见区，在氧配位的化合物中发光出现在蓝绿或紫外区，而在氟化物中发光一般位于紫外或近紫外。

表 1-6　Ce^{3+}离子在某些基质中的发光特性

基质(Host)			能量转换效率 η/%	量子效率 q/%	发射峰 (Emission) /nm	激发峰 (Excitation) /nm	Stokes 位移 /(10^3 cm^{-1})	荧光寿命 τ/ns	
组成	晶系	空间群						阴极射线 (CR)	紫外激发 (UV)
LaF_3：Ce	六方	Pb_3/mcm			300，280				
SrF_2：Ce	立方	$Fm3m$			310	293，205，199，187			
$LiYF_4$：Ce	四方	$I4_1/a$			325，305	290，240，205，195			40

续表

基质(Host)			能量转换效率 η/%	量子效率 q/%	发射峰 (Emission) /nm	激发峰 (Excitation) /nm	Stokes 位移 /(10^3 cm^{-1})	荧光寿命 τ/ns	
组成	晶系	空间群						阴极射线 (CR)	紫外激发 (UV)
$LaPO_4$：Ce	六方	Pb_122	2	40	336，317	276，258，240	4.7		35
YPO_4：Ce	四方	I_{41}/amd	2.5	30	353，333	305，292，253	2.8	25	25
CeP_5O_{14}：Ce	单斜	$P2_1/c$			335，314	305，247		12	
$LaBO_3$：Ce	正交	$Pnma$	0.2	35	376，352，317	325，271，241	2.4	25	
YBO_3：Ce	六方	$R\bar{3}C$	2	50	415，390	365，345，270，245	2.0	60	30
$ScBO_3$：Ce	六方	$R3C$	2	70	420，385，330	357，321，277，260	1.2	40	35
$LaAlO_3$：Ce	六方	$R3m$				413，321，250			
$Y_4Al_2O_9$：Ce	单斜	$P2_1/C$			357，321	307，294，241	～4.5		
$YAl_3B_4O_{12}$：Ce	四方	$R32$	2	40	368，344，305	290，240，205，195	1.9	30	25
$Y_3Al_5O_1$：Ce	立方	Ia/d	3.5	～70	549，360，342	456，340，270，227	3.8	70	55
$Sc_1Si_2O_7$：Ce	单斜	$C2/m$	1.5	65	420，390，335	345，300，230	3.6	35	30
$Ca_2Al_2SiO_7$：Ce	四方	$P\bar{4}2_1m$	4.5		405			50	50
Ca_2MgSiO_7：Ce			4		395，370			80	45
LaOCl：Ce	四方	$P4/nmm$	0.4	30	360，305	286，279，252	5.2		
LaOBr：Ce	四方	$P4/nmm$	0.2	25	439	352，288	5.8		
YOCl：Ce	四方	$P4/nmm$	3.5	60	400，380	316，279	5.3	25	25
$NaYO_2$：Ce					469，438				
SrY_2O_4：Ce					575	397	8		
Y_2O_3：Ce	立方	$I2_13$			517，510				
CaS：Ce	立方	$Fm3m$			550，505，500	462，271			40
ZnS：Ce	六方	$Pbmc$			520				
$CaLa_2S_4$：Ce	立方				554	460，380			
$SrLa_2S_4$：Ce	立方				560	370，490			
$BaLa_2S_4$：Ce	立方				570	470，378			
BaY_2S_4：Ce	正交				664	472，360			
$BaLuS_4$：Ce	正交				668	460，350			
Lu_2S_3：Ce	三方				576	480			
α-La_2S_3：Ce	正交				630	400			

Reisfeild[9, 25, 26]用电子云扩大效应解释了 Ce^{3+}在不同阴离子配位环境中的光

谱位移时，提出了电子云扩大效应参数β的计算公式：

$$\beta=(\sigma_f-\sigma)/\sigma_f$$

式中，σ为激活离子在最低能量处的吸收峰位；σ_f为激活离子近于自由离子态的吸收峰位。Reisfeild 将 Ce^{3+}在不同的含氧酸盐基质中的β值进行分析比较，指出随着电子云扩大效应的增加，Ce^{3+}的发射波长红移。

从表 1-6 中可见，对均有氧离子直接配位的基质中，Ce^{3+}离子的发射峰位置在不同的基质中也有很大的变化。Blasse[21]曾指出，只有当基质的影响使 Ce^{3+}离子的 Stokes 位移较大时才可能获得可见区的发射。表 2-10 中 SrY_2O_4∶Ce 的 Stokes 位移达 8×10^3 cm^{-1}，Ce^{3+}离子的发射峰可达到 575 nm。

深入观察基质对 Ce^{3+}离子发光的影响时，可以看到 Ce^{3+}离子周围的配位环境以及所处的点阵对称性所引起的晶体场劈裂对 Ce^{3+}离子发射峰的位置也有显著的影响。表 1-7 中列出在某些基质中 Ce^{3+}离子的 5d 能级和晶体场劈裂的结果。

表 1-7　在某些基质中 Ce^{3+}离子的 5d 能级和立方晶体场劈裂（10^3cm^{-1}）

磷光体组成	Ce^{3+}的配位情况与点阵	测得的 5d 能级	立方晶体场的 5d 能级	立方晶体场的劈裂Δ	5d 能级的重心
$Y_3Al_5O_{12}$∶Ce	畸变的立方体(D_2)	22.0，29.4，|37.4	25.7(e_g)～40(t_{2g})	～14	～34.5
$YAl_3B_4O_{12}$∶Ce	三方棱柱体(D_{3h})	31.0，36.6，39.2		～6.5	～35.4
$ScBO_3$∶Ce	畸变的八面体(D_{3d})	28.0，31.2|36.1，38.5	～29.5(t_{2g})，37.2(e_g)	～8	～32.5
$Sc_2Si_2O_7$∶Ce	畸变的八面体(D_2)	29.0，33.1|43.5	～31(t_{2g})，～43.5(e_g)	～12.5	～35
CeP_5O_{14}	(C_1)	33.4|43.5		～10	
$LiYF_4$∶Ce	(S_4)	34.5，41，7|48.8，51.3	38.1～50	12	
SrF_2∶Ce	畸变的立方体	33.6，48.8|50，3，53.4	41.2(e_g)，52.4(t_{2g})	11.2	48
自由离子		33.5			51

从表 1-7 可见，Ce^{3+}离子的配位环境和点阵对称性对 Ce^{3+}离子的 5d 能级有较明显的影响。对于同是氧离子配位的情况下，由于周围配位环境和点阵对称性不同，所引起 Ce^{3+}的 5d 能级的晶体场劈裂不同，有可能使 5d 能级下降很多，以至于使 Ce^{3+}的发射峰出现在可见区。表 1-7 中还列出了 Ce^{3+}离子的 5d 能级的重心；对于气态时自由 Ce^{3+}的 5d 能级的重心位于 51000 cm^{-1}。当 Ce^{3+}离子在晶体场的作用下产生了劈裂，使其 5d 能级的重心下降。在氟化物中约为 48000 cm^{-1}，较自由离子时降低约 6%，而在氧化物中约为 35000 cm^{-1}，比自由离子时降低约 30%。这一结果与前面所提到的 Ce^{3+}离子发射峰位移与直接配位的阴离子的电负性大小有关的结论相一致。从表 1-7 可知，对氟化物而言，即使晶体场劈裂很大，也难以获得 Ce^{3+}的可见区发射。因此可以认为，在寻找 Ce^{3+}的可见区发光材料时，应选择氧化物而不选择氟化物，也可选择比氧电负性更小的元素如硫等作为配位阴离子，这样能使化合物的共价程度增加，Ce^{3+}的 5d 能级的重心降低。

②基质中阳离子的影响。稀土离子对 Ce^{3+}的发光强度和寿命的影响。汤又文等[27]研究了晶体中 Ln^{3+}对 Ce^{3+}发光强度和寿命的影响。所得结果表明，La^{3+}、Lu^{3+}和 Y^{3+}起稀释作用，使 Ce^{3+}的发射强度降低；加入一定量的 Pr^{3+}或 Gd^{3+}能使 Ce^{3+}的发射增强；Nd^{3+}、Sm^{3+}、Tb^{3+}、Dy^{3+}、Ho^{3+}、Er^{3+}或 Tm^{3+}等离子与 Ce^{3+}的能级有重叠，它们之间存在着竞争吸收或能量转移，从而使 Ce^{3+}的发射减弱；首次注意到 Eu^{3+}和 Yb^{3+}对 Ce^{3+}的发光存在着严重的猝灭作用，其原因在于 Eu^{3+}、Yb^{3+}和 Ce^{3+}的价态变化，如(Ce, Yb)P_5O_{14}中可能形成 Ce^{4+}和 Yb^{2+}。

在掺 Ce^{3+}的稀土硼酸盐磷光体中(表 1-8)，改变基质中的稀土离子时，随着阳离子半径增大，电负性减小，磷光体的发射峰向短波方向移动。类似的情况在 Ce^{3+}离子激活的稀土磷酸盐磷光体中也能观察到，YPO_4：Ce 的发射峰位于 353 nm 和 333 nm，而用离子半径大、电负性小的 La 替代 Y 时，得到的 $LaPO_4$：Ce 发射峰位于 336 nm 和 317 nm。由此结果给我们的启示是，当需要在一个小范围内改变发射峰位置时，可采取改变基质中阳离子的方法。

表 1-8 稀土硼酸盐磷光体中 Ce^{3+}离子的发光

磷光体	Ln^{3+}离子半径/Å	电负性	激发峰/nm	发射峰/nm
$LaBO_3$：Ce	1.02	1.1	331，280	380，356
$GdBO_3$：Ce	0.94	1.2	361	411，384
YBO_3：Ce	0.89	1.2	365	415，391
$ScBO_3$：Ce	0.73	1.3	357	420，385，330

基质中阳离子的另一个重要作用是作为稀释离子。对于 Ce^{3+}激活的磷光体，往往需要有一个合适的 Ce^{3+}浓度才能获得最佳的发光效率。Ce^{3+}离子浓度偏低，可能造成激活离子浓度过低，发光中心偏少，发光强度低，Ce^{3+}离子浓度过高时将可能由于浓度猝灭等原因而使发光效率降低。

③基质中阴离子基团部分取代的影响。基质中阴离子基团有时包括两个部分，一是与阳离子直接配位的离子，二是间接配位的离子。对于直接配位的离子通常起主导作用。对于间接配位离子的变化对 Ce^{3+}离子发光的影响虽然报道不多，但从 $Y_3(Al, Ga)_5O_{12}$：Ce 磷光体的阴离子基团中 Al 和 Ga 的比例发生变化，对 Ce^{3+}离子发光性能的影响(表 1-9)可以得知，当用 Ga^{3+}(离子半径 0.62 Å，电负性 1.6)部分取代基质中阳离子 Y^{3+}时，仍能观察到，随着取代阳离子的电负性增加，化合物共价程度增加，Ce^{3+}的发射峰向长波方向移动。当 Ga 部分取代阴离子基团中的 Al(电负性 1.5)时，则发生了相反的情况，即随着 Ga 的含量增加使 Ce^{3+}离子的吸收和发射峰向短波方向移动。这可解释为：在阴离子基因中由于 Ga^{3+}的增加，增加了基团中 O^{2-}的负电性，使整个阴离子基团的相对电负性增大，化合物的共价程度减弱，使 Ce^{3+}的发射峰向短波方向移动。由此可知，采用取代阴离子基团

中部分间接配位离子的方法能在一定范围内改变 Ce^{3+}发射峰的位置。

表 1-9 $Y_3(Al, Ga)_5O_{12}$：Ce 磷光体的发光性能

磷光体组成	阴极射线激发效率 η/%	较低的吸收带位置 /(10^3cm^{-1})		吸收带之间差值 /(10^3cm^{-1})	可见区的发射带 /(10^3cm^{-1})
$Y_{1.5}Ga_{1.5}Al_5O_{12}$：Ce	—	21.5	29.6	8.1	17.4
$Y_3Al_5O_{12}$：Ce	3.5	22.0	29.4	7.4	18.2
$Y_3Al_4GaO_{12}$：Ce	1.9	22.5	29.1	6.6	18.5
$Y_3Al_3Ga_2O_{12}$：Ce	1.7	23.0	28.8	5.8	19.2
$Y_3Al_2Ga_3O_{12}$：Ce	1.2	23.3	28.6	5.3	19.6
$Y_3Ga_5O_{12}$：Ce	—	23.8	28.1	4.3	—

④温度的影响。温度对 Ce^{3+}离子的发射光谱的影响与其他离子相同，一般在低温下发射峰的位置不变，而其强度增加。SrY_2O_4：Ce 磷光体在 200 K 时的发光强度仅为在 100 K 时的 20%。在不少情况下，一些在室温下观察不到 Ce^{3+}离子的发射峰，如 $LaAlO_3$：Ce，而在低温下才能观察到较弱的发射峰。

(3) Ce^{3+}离子的能量传递与敏化作用。Ce^{3+}离子具有强而宽的 4f-5d 吸收带，该吸收带可能有效地吸收能量，使 Ce^{3+}离子本身发光或将能量传递给其他离子起敏化作用；Ce^{3+}离子所具有的宽带发射随着基质不同而变化，则有利于与激活离子的吸收带匹配，保证具有高的能量传递效率；Ce^{3+}离子的 5d-4f 跃迁是容许的电偶极子跃迁，其 5d 组态的电子寿命非常短(一般为 30～100 ns)，具有较高的能量传递概率；在大多数基质中 Ce^{3+}离子的吸收带在紫外或紫区，而其发射峰在紫区和蓝区，因此在灯用发光材料中更多地用作敏化离子。由于铈提取容易、价格便宜，用于取代价格较贵的其他稀土元素更有其实用意义，目前已广泛应用。

由于 Ce^{3+}离子在不同的基质中有不同的吸收和发射峰位置，因此能量传递或敏化作用需要在一定的基质中才能实现。表 1-10 列出在某些基质中 Ce^{3+}对 Tb^{3+}、Eu^{3+}、Sm^{3+}或 Dy^{3+}实现敏化的可能性。从表 1-10 可见，在不同基质中，Ce^{3+}离子的敏化作用各异。

表 1-10 在某些基质中 Ce^{3+}→A 的能量传递

敏化剂 S	激活剂 A	YOCl	YBO_3	$YAl_3B_4O_{12}$	YPO_4
Ce	Tb	+	+	+	+
Ce	Eu	—	—	—	—
Ce	Dy	+	+	+	+
Ce	Sm	—	+	+	—

注：+代表能够实现敏化，—代表不能起敏化作用

Ce^{3+}离子的能量传递和敏化作用在文献中已有不少报道。Ce^{3+}离子不仅能敏化Nd、Sm、Eu、Tb、Dy和Tm等稀土离子，它也能敏化Mn、Cr、Ti等非稀土离子。在某些基质中Ce^{3+}离子也能被Gd^{3+}、Th^{4+}等离子所敏化。现仅举一些具有实用意义的典型例子来说明。

①$Ce^{3+}\rightarrow Nd^{3+}$的能量传递。$Nd^{3+}$离子的吸收属于f-f跃迁，其主要吸收峰位于340～360 nm、500～530 nm、550～590 nm、710～760 nm和800～860 nm。在大多数基质中Ce^{3+}的发射带位于紫区、易与Nd^{3+}的340～360 nm吸收峰相匹配，但其能量转换效率较低。若Ce^{3+}的发射与Nd^{3+}的500～590 nm吸收相匹配，则能更有利于Nd^{3+}的1.06 μm激光发射。根据Ce^{3+}在$Y_3Al_5O_{12}$中发射带位于549 nm附近，生长出Ce、Nd共掺的$Y_3Al_5O_{12}$激光晶体，获得预期的效果。在该晶体中Ce^{3+}不仅吸收了有害的紫外光，防止晶体产生色心，而且能将能量有效地传递给Nd^{3+}，使晶体的激光效率提高50%。这种新型激光晶体已获得应用。

②$Ce^{3+}\rightarrow Eu^{2+}$的敏化作用。$Ce^{3+}$与$Eu^{3+}$共掺的体系中对$Ce^{3+}$和$Eu^{3+}$常发生严重的猝灭现象。但$Ce^{3+}$对$Eu^{2+}$的敏化作用已在CaS：$Ce^{3+}$，$Eu^{2+}$中观察到，当$Ce^{3+}$加入到CaS：$Eu^{2+}$中能使磷光体的发光效率明显提高。在碱金属氟硼酸盐中掺入Ce^{3+}和Eu^{2+}后，在254 nm激发时由于猝灭作用使Eu^{2+}的发光强度降低，而用阴极射线或远紫外激发时，Eu^{2+}的发光强度却有数倍的增强。实验现象解释为，当用254 nm激发时，Ce^{3+}离子的发射很弱，而Eu^{2+}离子却有很强的吸收和发射，两者相互竞争吸收能量。当Eu^{2+}的浓度到一定值时，由于Eu^{2+}的吸收几乎完全抑制了Ce^{3+}的吸收，则Ce^{3+}对Eu^{2+}起不了敏化作用，也难以观察到Ce^{3+}离子的发射；但当用203 nm激发时，由于Ce^{3+}相对于Eu^{2+}具有更强的吸收，并能将吸收的能量传递给Eu^{2+}，使Eu^{2+}离子发光强度增强数倍。

③$Ce^{3+}\rightarrow Tb^{3+}$的敏化作用。$Ce^{3+}\rightarrow Tb^{3+}$的磷光体是最有实用意义的高效绿色发光材料。已作为灯用发光材料的有$LaPO_4$：Ce, Tb，Y_2SiO_5：Ce, Tb，$CeMgAl_{11}O_{19}$：Tb等。人们曾对磷酸盐、硼酸盐、铝酸盐、溴氧化镧和硅酸盐等基质中Ce^{3+}对Tb^{3+}的敏化作用进行过研究。文献报道，Tb^{3+}的$^5D_4$能级的发光可由480 nm来敏化，它的$^5D_3$能级可由340～370 nm的光来敏化。在(Ce, Tb)$MgAl_{11}O_{19}$磷光体中Tb^{3+}离子在350～370 nm处有一个弱的线性吸收带，而此谱线恰好与在此基质中Ce^{3+}的365 nm发射带重合，因此Tb^{3+}能被Ce^{3+}敏化，并激发到$^5D_3$能级上。Tb^{3+}离子的$^5D_3$能级产生两种跃迁，一是由$^5D_3$直接跃迁到基质，另一个是$^5D_3$弛豫到$^5D_4$，再由$^5D_4$跃迁到基态产生荧光，在此基质中$^5D_4$的发射强度比前者大得多。在Tb^{3+}浓度较高时$^5D_3$往往产生浓度猝灭，只能观察到$^5D_4\rightarrow {}^7F_J$的跃迁。

④$Ce^{3+}\rightarrow Mn^{2+}$的能量传递。$Ce^{3+}\rightarrow Mn^{2+}$的能量传递是研究得较早和具有实用意义的课题。在不同的基质中可根据锰离子的价态变化得到红、橙、黄或绿色的发光，洪广言等[28]研究了CeP_5O_{14}：Mn^{2+}晶体的发光，观察到当用254 nm激发

时，CeP_5O_{14} 中 Ce^{3+} 离子在 332 nm 处有发射峰，而 LaP_5O_{14}：Mn^{2+} 不发光，但当合成 CeP_5O_{14}：Mn^{2+} 晶体时则呈现较强的绿色荧光。这说明 Ce^{3+} 把一部分能量传递给 Mn^{2+}，并使 Mn^{2+} 发光。可见，随着锰含量的增加，Mn^{2+} 的 545 nm 的发射增强，与此同时 Ce^{3+} 的 332 nm 发射减弱，这表明 Mn^{2+} 离子越多，Ce^{3+} 传递的能量越多，使 Ce^{3+} 的发射减弱。

⑤Ce^{3+} 同时敏化 Tb^{3+} 和 Mn^{2+}。值得注意的新动向是人们注意研究 Ce^{3+}、Tb^{3+} 和 Mn^{2+} 的三元体系。已报道在 $CaSO_4$ 基质中以 Ce^{3+} 作敏化剂敏化 Tb^{3+} 和 Mn^{2+}，利用 Ce^{3+} 对 Tb^{3+} 和 Mn^{2+} 的有效的能量传递，已获得一种新的绿色磷光体，其量子效率可达 100%。

Ce^{3+} 既能敏化 Tb^{3+} 又能敏化 Mn^{2+}，而在实际应用中作为敏化剂的 Ce^{3+} 往往过量，为充分利用过量的 Ce^{3+}，我们提出了在多元体系中发光增强作用的设想，即可用一个敏化剂如 Ce^{3+} 来敏化两个相近波长发射的激活剂使发光增强，这设想在掺 Ce^{3+}、Tb^{3+}、Mn^{2+} 的多铝酸盐中得以实现，在该磷光体中不仅有 Tb^{3+} 的 490 nm、541 nm、585 nm 和 625 nm 的发射峰，而且呈现在 510 nm 附近的 Mn^{2+} 的发射。所研制的绿色发光材料的亮度优于掺 Ce^{3+}、Tb^{3+} 的多铝酸盐。该发光材料已用于灯用稀土三基色荧光粉和测汞仪的显示材料[29]。

⑥$Th^{4+}\rightarrow Ce^{3+}$ 的能量传递。用 Th^{4+} 来敏化 YPO_4：Ce 得到一种高效的黑光灯材料，其积分发射强度比 YPO_4：Ce 高出 4 倍多，为常用的 $BaSi_2O_5$：Pb 发射强度的 1.5 倍。其能量传递过程是 Ce^{3+} 和 Th^{4+} 吸收能量后，Ce^{3+} 离子由高能级的 $^2D_{5/2}$ 跃迁到 $^2D_{3/2}$，此时 Th^{4+} 离子也由高能级经无辐射跃迁到低能级，Th^{4+} 的低能级与 Ce^{3+} 的 $^2D_{3/2}$ 能级相近，Th^{4+} 把能量传递给 Ce^{3+}，由此加强了 Ce^{3+} 的发射强度。

3. Eu^{2+} 的光谱[30, 31]

由于多数二价稀土离子不稳定，所以只有少数可以作发光中心。Eu^{2+} 离子具有 $4f^7$ 结构，由于电子云扩大效应和晶体场劈裂等因素的共同作用，在很多氧化物基质中 Eu^{2+} 离子的最低 5d 能级通常低于其 ^6P_J 激发态能级位置，所以 Eu^{2+} 离子具有显著的 f-d 跃迁发射。由于 Eu^{2+} 离子 4f 轨道存在 7 个电子，所以会导致其 4f-5d 激发峰出现一定的展宽(约 0.8 eV)。在理想状态下，这七个近似的 f-d 跃迁是相互独立的，此时的激发光谱会出现明显的阶梯形状。然而由于这些跃迁可能和更高能量的 f-d 跃迁重叠，所以实际情况下，这部分实验数据带有一定的误差。对于 Eu^{2+}，可以将激发光谱中长波长一侧 f-d 跃迁峰值的 15%～20%处的能量值认定为 Eu^{2+} 最低 f-d 跃迁能量。

在二价稀土离子的 4f-5d 跃迁中，特别是 Eu^{2+} 的光谱近年来更引起人们的重视。一方面是因为 Eu^{2+} 在很多基质中表现为宽带的荧光光谱(d-f 跃迁)，发射蓝光，其中 $BaMgAl_{10}O_{17}$：Eu^{2+} 已作为一种重要的灯用蓝色发光材料，BaFCl：Eu^{2+} 已作为 X 射线增感屏材料。另一方面，1971 年 Hewes 和 Hoffman[32] 发现 Eu^{2+} 在碱土金属氟铝酸盐中的荧光光谱呈现尖峰发射，其原因是在 Eu^{2+} 的 $4f^7$ 组态内发生 ${}^6P_{7/2}\rightarrow{}^8S_{7/2}$ 的 f-f 跃迁。

(1) Eu^{2+} 离子发光的基本特性。Eu^{2+} 离子的电子构型是 (Xe) $4f^7 5S^2 5P^6$ (与 Gd^{3+} 离子的电子构型相同)。Eu^{2+} 离子的基态中有七个电子，这七个电子自行排列成 $4f^7$ 构型，基态的光谱项为 ${}^8S_{7/2}$，最低激发态可由 $4f^7$ 组态内层构成，也可由 $4f^6 5d^1$ 组态构成。因此，Eu^{2+} 离子所处的晶体场环境不同，其电子跃迁形式也会不同。已观察到的 Eu^{2+} 的电子跃迁主要有两种：

①f-d 跃迁：从 $4f^6 5d^1$ 组态到基态 $4f^7({}^8S_{7/2})$ 的允许跃迁。

② f-f 跃迁：同一组态内的禁戒跃迁，包括 $4f^7({}^6P_J)\rightarrow 4f^7({}^8S_{7/2})$ 和 $4f^7({}^6I_J)\rightarrow 4f^7({}^8S_{7/2})$ 跃迁。

一般情况下，室温时 Eu^{2+} 离子的 $4f^6 5d$ 组态能量比 $4f^7$ 组态的能量低，Eu^{2+} 自由离子的 5d 能级为 50803 cm^{-1}，因此在大多数 Eu^{2+} 离子激活的材料中都观察不到 f-f 跃迁。

Blasse 指出，稀土离子的发光行为，本质上都取决于占据晶格的稀土离子本身的性质，周围环境只起到干扰作用。但是，对于 Eu^{2+} 离子来说，与 Ce^{3+} 一样，具有裸露在外层未被屏蔽的 5d 电子，因此受晶体场的影响较为显著。一般地在固体中 5d 能级受晶体场影响而产生的劈裂大约为 10000 cm^{-1} 左右，由此导致其激发态的总构型非常复杂[32]。

关于 Eu^{2+} 组态内的 f-f 跃迁，Sugar 和 Spector[33] 曾作过详细讨论。表 1-11 中给出几种晶体中 ${}^6I_J\rightarrow{}^8S_{7/2}$ 和 ${}^6P_J\rightarrow{}^8S_{7/2}$ 的跃迁能量。由表 1-11 中可见，在各种基质中 Eu^{2+} 离子的 f-f 跃迁能量变化很小。

表 1-11　两种 f-f 跃迁的能量 (cm^{-1})

晶体	$E({}^6I_J)\rightarrow E({}^8S_{7/2})$	$E({}^6P_J)\rightarrow E({}^8S_{7/2})$
$MgS:Eu^{2+}$	29400	27800
$CaS:Eu^{2+}$	29100	27300
$CaSe:Eu^{2+}$	29400	27400
$BaFCl:Eu^{2+}$	31400	28000
自由离子 Eu^{2+}	31700	28200

Eu^{2+} 离子的吸收带为宽带，在大多数基质中吸收带位于 240～340 nm 之间。值得注意的是，有时所测的漫反射光谱和激发光谱包含着基质的吸收和 Eu^{2+} 离子的 4f-5d 吸收，要严格区分。实验中 Eu^{2+} 的粉末多晶可通过漫反射光谱测得吸收带，但有时因为基质的吸收强烈，在光谱曲线上无法准确认定反射的最小值，也难以确定 Eu^{2+} 的吸收带，因此采用激发光谱来测得 Eu^{2+} 的吸收带较为有效。

与 Ce^{3+} 离子的发光规律相似，Eu^{2+} 的 5d 电子易受到各种因素的影响。例如，

Eu^{2+}离子的光谱不仅取决于于基质晶格的晶体结构，而且也取决于所选择的阳离子。对 $BaAl_{12}O_{19}$：Eu^{2+}磷光体很容易用 365 nm 激发，而用同样波长激发 $CaAl_{12}O_{19}$：Eu^{2+}和 $SrAl_{12}O_{19}$：Eu^{2+}则不发光(图 1-20)。其原因可能是由于 Ba^{2+}离子半径比较大，在此结构中比较匹配，而 Ca^{2+}、Sr^{2+}离子的半径较小，导致结构畸变，这种畸变影响 Eu^{2+}离子的光谱。

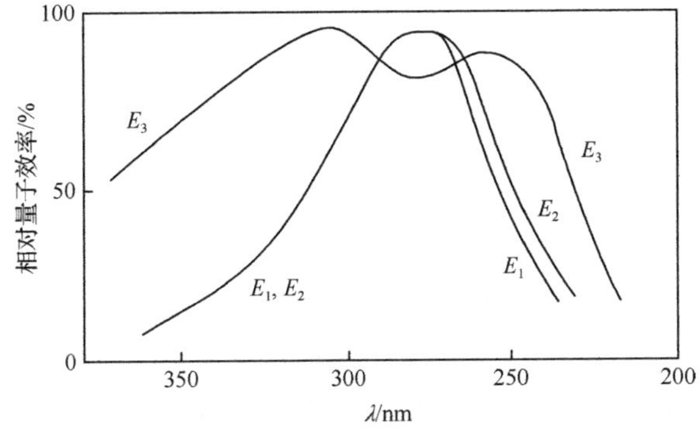

图 1-20　$MAl_{12}O_{19}$：Eu^{2+}(M=Ca(E_1)、Sr(E_2)、Ba(E_3))的激发光谱

Blasse[34]在讨论 Eu^{2+}的发光性质时指出，在大多数基质中 Eu^{2+}离子的 $4f^6$ 组态与 5d 组态是重叠的，因此由 $4f^65d$ 组态跃迁形成的发射光谱是带状谱。由于 5d 电子裸露在 $5s^25p^6$ 的屏蔽之外，f-d 跃迁能量随环境改变而明显变化，所以可通过合理选择基质的化学组成，有可能得到具有特定发射波长的磷光体，如在 $Sr_{1-x}Ba_xAl_{12}O_{19}$：$Eu^{2+}$中，随着 X 射线发射波长有规律地向长波方向移动；而在 $Sr_{1-x}Ba_xAl_2O_4$：Eu^{2+}中发射带随 X 射线增加而有规律地向短波移动。在紫外光激发下 Eu^{2+}激活的碱土硼磷酸盐磷光体随基质中碱土离子半径增加，发射波长向短波移动(图 1-21)。相反，在 Eu^{2+}激活的碱土铝酸盐中，随着碱土离子半径增加，

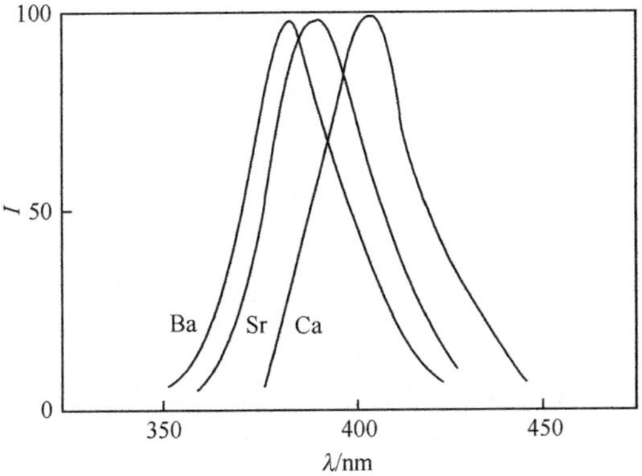

图 1-21　254 nm 激发的 $MEuBPO_5$(M=Ca、Sr、Ba)发射光谱

发射波长却向长波方向移动(图 1-22)。光谱上这种规律性的变化一定程度反映出晶体结构、组成与发光性能之间的相互关系，但是 Brixner 等[35]认为，荧光光谱变化的某些规律性常常是不可靠的。因为往往会由于原子局部位置对称性微小畸变产生的细小晶体场变化而使这些规律遭到破坏。

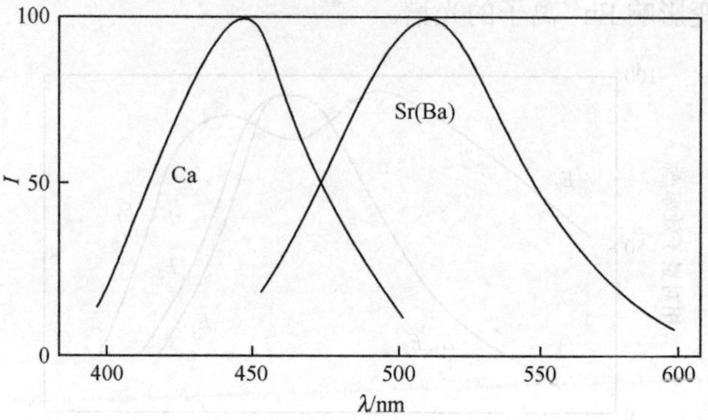

图 1-22　254 nm 激发的 MAl_2O_4：Eu^{2+}(M=Ca、Sr、Ba)发射光谱(Sr、Ba 重叠)

Eu^{2+}离子发光的浓度猝灭已经过广泛的研究。实验表明，浓度猝灭的临界浓度大约为 2%(摩尔分数)铕。

Blasse[36]指出，在临界浓度范围内相邻铕离子之间平均距离大约等于激活中心之间产生能量传递的临界距离。由猝灭浓度的临界值可以得知 Eu^{2+}-Eu^{2+}平均距离大约是 20 Å，而这个值与理论计算值相当接近。

通常 Eu^{2+}离子激活的磷光体在低温下都具有较高的量子效率，因为温度对发光的影响十分显著，而这种温度效应又同基质结构密切相关。

温度猝灭是 f-d 跃迁的重要特征。Blasse[37, 38]从理论上指出，猝灭温度强烈地依赖于基质晶格的化学组成，而且也取决于激活离子的大小和邻近阳离子电荷高低。设基态与激发态平衡距离为Δr，Δr 的符号取决于发光中心的性质。对 Eu^{2+}离子而言，因为激发是产生在 4f-5d 吸收带上，所以Δr 是负值。如果这时激活剂离子大于基质晶格离子，则猝灭温度低；如果激活剂离子小于基质晶格离子，则猝灭温度高；如果在 Eu^{2+}激活的磷光体基质中，含有高电荷的小离子(如硼酸盐、硅酸盐、磷酸盐)时，则猝灭温度也高。实验中观察到在一系列 Eu^{2+}激活的碱土金属化合物中，发光的猝灭温度随碱土金属离子半径增加而增加(图 1-23)。

Eu^{2+}激活的磷光体，其 $4f^6 5d$ 组态的多重态跃迁到基态是一个复杂的允许跃迁，因而寿命很短，但比 Ce^{3+}离子要长，大都在微秒级。

Verstegen[39]测得 $SrAl_{12}O_{19}$：Eu^{2+}的荧光寿命，300 K 时为τ=8 μs，77 K 时为τ=700 μs。由这些值和激发态 5d 与 4f 能级之间能量差ΔE，可以计算出 f-d 和 f-f 的跃迁概率，计算结果为 f-f 跃迁概率是 $1\times10^3 s^{-1}$，f-d 跃迁概率是 $1\times10^6 s^{-1}$。由此可见，温度会影响光谱结构。

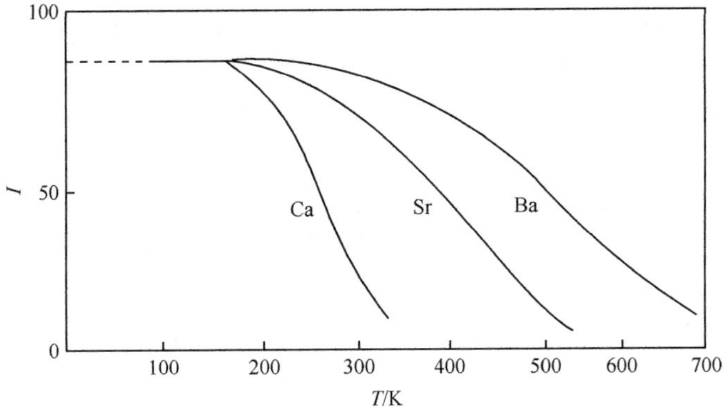

图 1-23　$MBPO_5:Eu^{2+}$(M=Ca、Sr、Ba)发射强度与温度关系

压力对 Eu^{2+}发光也有影响。Tyner 等[40]研究了高温高压对 Eu^{2+}激活的碱土磷酸盐发光的影响，发现压力增加能使激发态的一个状态能量转移到另一状态，致使在光谱上发射峰增多。

Machida 等[41]研究了 $SrB_2O_4:Eu^{2+}$高压相的发光性质。实验证明，量子效率随着高压相的形成而猛烈增加，并使发射峰位置向长波移动(图 1-24)，量子效率也由 1%以下提高到 39%。

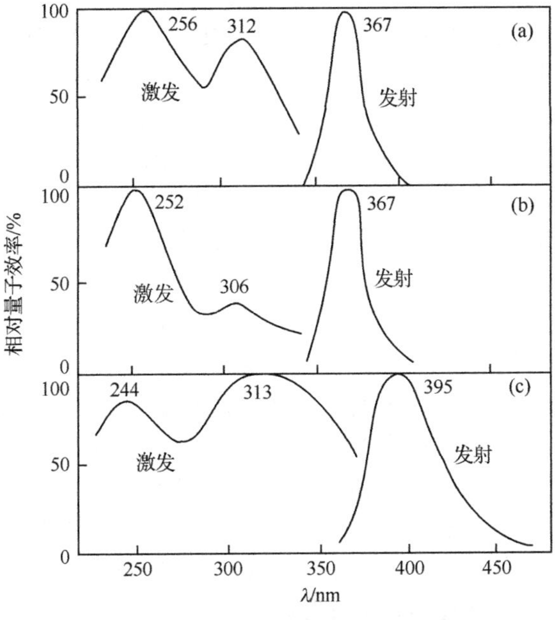

图 1-24　$SrB_2O_4:Eu^{2+}$各相的激发光谱与发射光谱

(a)未加压；(b)加压 15 kbar；(c)加压 30 kbar

通常，认为 Eu_2O_3 纯度只影响磷光体的亮度，而不影响光谱发射特性。因此要求稀土杂质含量小于 $10^{-4}\%$。

还原条件的选择和控制是合成 Eu^{2+} 激活磷光体的关键，所选择基质的阳离子半径及价态对还原条件的影响也不可忽视。

还原能力强弱直接影响磷光体中铕离子的发光行为和价态。例如在 NH_3 气流中 1300℃灼烧 $(Sr, Mg)_3(PO_4)_2：Eu^{2+}$，流速为 400 mL/min 时，样品在 365 nm 激发下发黄光。流速为 130 mL/min 时，样品在 365 nm 激发下发紫光。据认为，在过强气流时，虽然 Eu^{3+} 能充分还原，但在 Eu^{2+} 附近的晶格产生缺陷，并由缺陷形成发光中心，产生新的发射峰。而在太弱气流下灼烧，还原不充分，呈现出 Eu^{3+} 和 Eu^{2+} 的混合光。

(2) Eu^{2+} 离子的 f-f 跃迁[31]。Eu^{2+} 离子在大多数基质中均表现为宽带的 $4f^65d$-4f 的跃迁。然而在某些基质中 Eu^{2+} 离子的光谱中有尖峰出现，其来源于：①在某些特定条件下，少数基质中 Eu^{2+} 离子的 f→d 跃迁也会产生尖峰结构；②许多情况下是 Eu^{2+} 离子的 f-f 跃迁。

Blasse[34] 指出，Eu^{2+} 离子产生 f-f 跃迁发射的重要条件之一是 4f5d 组态晶体场劈裂的重心应当位于高能态，即 $4f^65d$ 激发态最低能级位于 $4f^7$ 激发态最低能级 $^6P_{7/2}$ 之上。

Fouassier[42] 实验结果表明，当 5d 能带的下限低于 27000 cm^{-1} 时，只能观察到 Eu^{2+} 离子的 d→f 跃迁发射；当 5d 能带的下限位于 27000～30000 cm^{-1} 之间时，室温下可同时观察到 Eu^{2+} 离子的 d→f 和 f→f 跃迁；当 5d 能带下限位于 30000 cm^{-1} 以上时，即使在室温下也能观察到 $4f^7$ 组态内的 f→f 跃迁发射以及伴随的振动耦合线。据文献报道，Eu^{2+} 离子在各种基质中 5d 能带的下限所处的最高能态是 32000 cm^{-1}，而 $^6P_{7/2}$ 平衡能量一般在 27700～28000 cm^{-1} 之间，其 5d 与 $^6P_{7/2}$ 之间能量差最大可达 4000～4300 cm^{-1}。要使 5d 能级下限上升到这样高能态，必须提供一个特殊的结晶学和化学环境，降低晶体场强度，使 5d 能级下限向上移动，得以实现 $^6P_{7/2}$→$^8S_{7/2}$ 的 f→f 跃迁。因此 Blasse 提出的 Eu^{2+} 离子出现 f→f 跃迁的条件中，特别强调基质的化学组成。Eu^{2+} 离子可以实现 f→f 跃迁(包括同时有 d→f 跃迁)发射的基质已有数十种，主要是氟化物、氯化物、氧化物和硫酸盐等。

表 1-12 中列出了各种基质中不同温度下 Eu^{2+} 离子可产生 f→f 跃迁发射时 5d 能带下限能量和 5d 与 $^6P_{7/2}$ 之间能量差。由表 1-12 中可知，当 5d 与 $^6P_{7/2}$ 之间能量差在+2000 cm^{-1} 以上，室温下就可以观察到单纯的 f→f 跃迁的尖锋发射，能量差在+2000～0 cm^{-1} 之间，两种跃迁都可观察到。当能量差为较大负值时，即使低温下也只能观察到 d→f 跃迁的宽带发射。

表 1-12　某些基质中 Eu^{2+} 离子 $5d$-$^6P_{7/2}$ 能量差和跃迁形式

含 Eu^{2+} 的化合物	测量温度*	4f→5d 吸收能级的下限能量/cm^{-1}	$^6P_{7/2}$ 能级/cm^{-1}	5d→$^6P_{7/2}$ 能量差/cm^{-1}**	电子跃迁形式	参考文献
$BaSiF_6$	R.L	31000	27950	+3050	f→f	[7]
$SrSiF_6$	R.L	31000	27920	+3080	f→f	[7]
BaY_2F_8	R.L	30000	27920	+2080	f→f	[8]
$BaAlF_5$	R	29850	27910	+1940	f→f	[2]
$SrAlF_5$	R	28571	27778	+793	f→f　d→f	[2]
γ-$SrBeF_4$	L	28990	27770	+1220	f→f　d→f	[9]
β-$SrBeF_4$	R.L	28990	27778	+1212	f→f　d→f	[9]
$BaBeF_4$	L	28000	27880	+120	f→f　d→f	[9]
$LiBaF_3$	R	29400	27693	+1707	f→f　d→f	[10]
EuFCl	L	28000	27500	+452	f→f　d→f	[11]
CaFCl	R.L	27400	27400	0	f→f　d→f	[10]
SrFCl	R.L	28400	27525	+875	f→f　d→f	[10]
BaFCl	R.L	28700	27601	+1099	f→f　d→f	[10]
$KMgF_3$	R.L	28412	27816	+1596	f→f　d→f	[12，13]
$NaMgF_3$	R.L	28702	27722	+980	f→f　d→f	[12]
KLu_3F_{10}	R.L	29420	27879	+1541	f→f　d→f	[14]
KY_3F_{10}	R.L	29850	27886	+1964	f→f　d→f	[14]
$BaCaLu_2F_{10}$	R.L	28571	27855	+1964	f→f　d→f	[14]
$LiBaAlF_6$	R.L			+1210	f→f　d→f	[15]
$SrCaAlF_7$	L		27816		f→f　d→f	[16]
$BaCaAlF_7$	L		27920		f→f　d→f	[16]
$SrBe_2Si_2O_7$	L			+1210	f→f　d→f	[17]
$BaBe_2Si_2O_7$	L			+726	f→f　d→f	[17]
$SrAl_{12}O_{19}$	R.L			+484	f→f　d→f	[18]
$CaBeF_2$	L	26600	27700	−1100	d→f	[9]
CaF_2	R.L	24200	27700	−3500	d→f	[19]
SrF_2	R.L	25000	27700	−2700	d→f	[19]
BaF_2	R.L	25500	27700	−2200	d→f	[19]

* R 为室温，L 为液氮温度；**+为 5d 下限位于 $^6P_{7/2}$ 之上，−为 5d 下限位于 $^6P_{7/2}$ 之下

在 Eu^{2+} 的 d-f 和 f-f 两种跃迁发射都能观察到的情况下，由于 5d 与 $^6P_{7/2}$ 之间能量差不同，5d 受晶体场影响造成的谱带宽度不同，因此锐线峰值位置与宽带最

大中心位置之间距离也有所不同。有时尖峰与宽带中心重叠；有时尖峰重叠在宽带的短波一侧。一般情况下，f-f 跃迁发射峰的位置都在 360 nm 附近。

基质的晶体结构是影响 Eu^{2+}离子电子跃迁的关键因素。Eu^{2+}离子所受晶体场影响取决于 Eu^{2+}离子在基质晶体中所占据的格位及其所具有的结晶学对称性。

Fouassier 等[42]的实验结果表明，在碱土金属复合氟化物中，配位场强度随碱土金属离子半径增大而减弱。因此，在某些体系中，Eu^{2+}离子的 f-f 跃迁发射性质与被取代离子半径之间具有许多有趣的规律性。如在 $MAlF_5$(M=Ca，Sr，Ba)中，由于 M^{2+}离子半径不同，当被 Eu^{2+}离子取代后，产生的电子跃迁形式也不同，因此光谱结构也会不同，即取代 Ca^{2+}时，Eu^{2+}是 d→f 跃迁发射；取代 Sr^{2+}时，d→f 和 f→f 跃迁发射均有；取代 Ba^{2+}时，主要是 f→f 跃迁发射(图 1-25)。

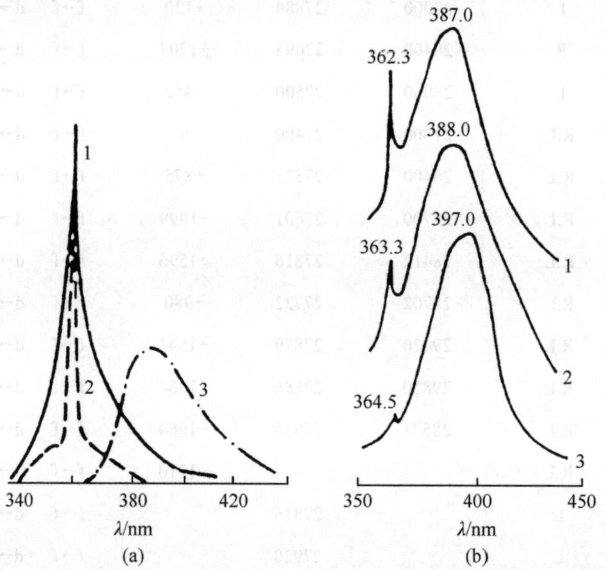

图 1-25　$MAlF_5$：Eu^{2+}和 MFCl：Eu^{2+}的荧光光谱(λ_{ex}=254 nm，300 K)

(a) 1-$SrAlF_5$，2-$BaAlF_5$，3-$CaAlF_5$；(b) 1-BaFCl，2-SrFCl，3-CaFCl

在 MFCl(M=Ca、Sr、Ba)中，由于这种化合物具有各向异性，所以 Eu^{2+}离子取代 M^{2+}之后也有两种跃迁形式发射，并且和 d→f 跃迁发射的最大中心位置都随 M^{2+}离子半径增大向短波方向移动(图 1-25)。

Blasse 曾经指出，要使 $4f^65d$ 组态晶体场劈裂重心处于高能态，基质化合物的电子云扩大效应必须很弱，即要含有电负性大的阴离子(如 F^-、Cl^-或 O^{2-}等)。Fouassier[42]等指出，基质中被取代的阳离子的元素电负性变小，Eu^{2+}离子 5d 能级下限也会升高，有利于 f→f 跃迁产生。例如含 Ca^{2+}离子的复合氟化物中，强的晶体场使 5d 能级产生严重劈裂，致使其激发态最低能级位于 ^6P_J之下，所以不易实现 f→f 跃迁。若用离子半径大、电负性小的 Ba^{2+}离子取代半径小、电负性大的 Ca^{2+}离子，则 5d 能级下限会上升到 ^6P_J之上，于是可以产生 f→f 跃迁，这就是含 Ba^{2+}离子的复合氟化物中 Eu^{2+}离子荧光光谱中一般都有尖峰结构，而含 Ca^{2+}离子的氟化物中 Eu^{2+}离子都是带状谱的原因。

Eu^{2+}离子的配位数对电子跃迁形式的影响是显著的。配位数越大，5d 能级下限升高越多，越有利于 f→f 跃迁的产生。例如氟化物中 Eu^{2+}离子的实际配位数为 8 时，不产生 f→f 跃迁；配位数为 12 时，即使在室温下也可观察到 Eu^{2+}离子的 f→f 跃迁，而配位数介于 8 至 12 时，其发射光谱可能是 f→f，也可能是 d→f 的带状谱，或者是两种跃迁射的谱线均有。

基质中阳离子摩尔比的改变也会明显影响 Eu—F 键的离子性特征和配位场。Blasse[38]指出，产生 f→f 跃迁的基质中，邻近 Eu^{2+}离子的阳离子应当半径小、电荷高。这种阳离子的存在可以降低 Eu^{2+}离子周围的配位场强度。如果适当增大这种阳离子数目，在一些基质中会使 Eu^{2+}离子的配位场强度降得更低，以致使 f→f 跃迁发射成为可能。例如，Eu^{2+}离子在 $BaYF_5$ 中，即使低温下也观察不到 f→f 跃迁发射，但增大 Y/Ba 比，使 Y/Ba≥2 时，室温下就可观察到单纯的 f→f 跃迁发射。

Blasse 最初假定，只有强离子性化合物才有可能实现 Eu^{2+}的 f→f 跃迁[30]。因为离子性增强，会减少电子云扩大效应。因此通常选择电负性大的阴离子配位，尤其是电负性最大的氟离子。

在探讨 Eu^{2+}离子能否实现 f→f 跃迁的判据上，石春山等[31]认为，实现 f→f 跃迁，需要综合考虑如下诸因素：①Eu^{2+}离子必须处于弱晶体场之中；②Eu^{2+}离子一般取代基质中离子半径大、电负性小于或等于 1.0 的阳离子格位；③Eu^{2+}离子的配位数要高；④基质中阳离子摩尔比要适当大；⑤基质中阴离子的元素电负性要大。

1.2.5　稀土离子的电荷迁移带[5]

所谓电荷迁移带(CTS)是指电子从一个离子上转移到另一个离子时吸收和发射的能量。对于稀土发光材料而言则是电子从配体(氧或卤素等)充满的分子轨道迁移至稀土离子内部的部分填充的4f壳层，从而在光谱上产生较宽的电荷迁移带，其中宽度可达 3000～4000 cm^{-1}，谱带位置随环境的改变位移较大。目前已知 Sm^{3+}、Eu^{3+}、Tm^{3+}、Yb^{3+}等三价离子和 Ce^{4+}、Pr^{4+}、Tb^{4+}、Dy^{4+}、Nd^{4+}等四价离子具有电荷迁移带。图 1-26 列出三价稀土离子的电荷迁移带和 4f→5d 跃迁的能级位置。

稀土离子的电荷迁移带与同为宽带的 4f→5d 跃迁谱带的区别在于：

(1) f-d 跃迁带取决于环境而发生劈裂，随环境对称性的改变，5d 轨道类似于 d 区过渡离子的 d 轨道而发生劈裂，因此 4f→5d 跃迁是有结构的，可分解为几个峰的宽带；而电荷迁移带无明显的劈裂。

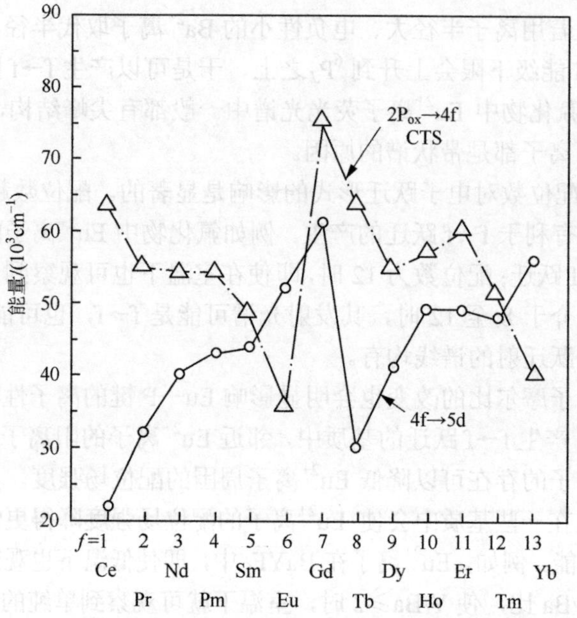

图 1-26 三价稀土离子的电荷迁移带和 4f→5d 跃迁的能级位置

(2) f→d 跃迁带的半峰宽一般较小约 1300 cm^{-1}；而电荷迁移带的半峰宽较大，为 3000～4000 cm^{-1}。

由于在稀土离子的激发光谱中，其 f→f 跃迁都属禁戒跃迁的线带，强度较弱，不利于吸收激发光，成为稀土离子的发光效率不高的原因之一。因此，研究并利用稀土离子的电荷迁移带对激发光的吸收和对稀土激活离子的能量传递，将可能成为提高稀土离子发光效率的途径之一。

1. 稀土离子的电荷迁移带与价态和光学电负性

稀土离子的光谱中电荷迁移带所处位置的能量是衡量稀土中心离子从其配体中吸引电子的难易程度；稀土离子的变价是获得电子或失去电子的过程，而电负性是衡量吸引电子能力的大小的参数。三者应有必然的联系。

电荷迁移带的能量 E_{ct} 可以通过吸收光谱或激发光谱求得。Jorgensen 等[43]提示了电荷迁移带的能量(cm^{-1})与配体(X)及中心离子(M)的电负性存在下列关系，这种由光谱法求得的电负性称为光学电负性。

$$E_{ct}=[\chi_{opt}(X)-\chi_{uncorr}(M)]\times 30\times 10^3\ cm^{-1}$$

其中，X 为卤素离子，它们的光学电负性 χ_{opt}(X)与 Pauling 的电负性相同，即 $\chi(F^-)=3.9$，$\chi(Cl^-)=3.0$，$\chi(Br^-)=2.8$，$\chi(I^-)=2.5$。χ_{uncorr}(M)是中心离子未校正的光学电负性。因镧系的配位场效应可忽略、故不需校正。

根据 $LnBr^{2+}$ 在乙醇溶液中的吸收光谱测得的电荷迁移带 E_{ct} 和 $\chi(Br^-)$求得

Sm^{3+}、Eu^{3+}、Tm^{3+}和 Yb^{3+}的光学电负性可知，对于三价 Sm、Eu、Tm、Yb 离子，电荷迁移带的能量 E_{ct} 越小，镧系离子的光学电负性越大，则标准还原电位 E°_{Ln} $(M^{3+}\rightarrow M^{2+})$越大，其还原形式的离子越稳定，即还原态的二价稀土离子的稳定性按 $Eu^{2+}>Yb^{2+}>Sm^{2+}>Tm^{2+}$顺序递减。离子的 E_{ct}越低，越易被还原。

根据研究的结果可知，对于四价 Ce、Pr、Nd、Tb 和 Dy 离子，其电荷迁移带的能量 E_{ct} 越小，稀土离子的光学电负性越大，则标准还原电位 $E^{\circ}_{Ln}(M^{4+}\rightarrow M^{3+})$的正值越大($Ce^{4+}$为 2.14，$Pr^{4+}$为 2.6，$Nd^{4+}$为 3.03，$Tb^{4+}$为 2.55，$Dy^{4+}$为 3.05)，其还原形式的离子越稳定，即氧化态的四价稀土离子的稳定性按 $Ce^{4+}>Tb^{4+}>Pr^{4+}\gg Nd^{4+}\approx Dy^{4+}$的顺序递减。离子的 E_{ct}越高，越易被氧化。

稀土离子的价态增大为四价时，电荷迁移带移向低能。当稀土离子的价态增大时，由于离子半径收缩和正电荷增大，增强了它们对 O^{2-}和卤素 X^{-}离子中电子的吸引能力，从而降低了电荷迁移带的能量 E_{ct}。在四价稀土离子 Ce^{4+}、Pr^{4+}、Tb^{4+}、(Nd^{4+}、Dy^{4+})中都可观察到电荷迁移带。Hoefdraad 等[44]曾对它们在复合氧化物中的 E_{ct}进行了研究，其中以 Ce^{4+}的 E_{ct}能量最高，一般在 $31\times10^3\sim33\times10^3$ cm^{-1}之间。其原因在于 Ce^{4+}的离子半径较大(92 pm)，因而正电势较其他四价稀土离子小，为使电子从 O^{2-}或 X^{-}迁移至 Ce^{4+}需要较高的能量。而且 Ce^{4+}处于较稳定的 $4f^0$组态中，故四价状态的 Ce^{4+}较稳定，不易接受电子而被还原。值得注意的是 Ce^{3+}的 f-d 跃迁的吸收带也位于 30×10^3 cm^{-1}附近，当 Ce^{3+}和 Ce^{4+}共存时，给研究和测定 Ce^{4+}的电荷迁移带带来了一定困难。

由于四价的 Pr^{4+}和 Tb^{4+}一般只稳定存在于固体化合物中，而且它们不产生光致发光，不能用激发光谱测定其电荷迁移带，因此，只能用反射光谱法进行测定。在复合氧化物中 Tb^{4+}的 E_{ct}为 $20\times10^3\sim30\times10^3$ cm^{-1}；Pr^{4+}的 E_{ct}为 $18.4\times10^3\sim30\times10^3$ cm^{-1}。

目前已知的四价 Nd^{4+}和 Dy^{4+}的化合物只有一种 Cs_3LnF_7(Ln=Nd、Dy)，其 E_{ct}约为 $26\times10^3cm^{-1}$[44]。

2. Eu^{3+}在复合氧化物中的电荷迁移带

具有电荷迁移带的稀土离子中，对 Eu^{3+}的含氧化合物研究最多。由于 Eu^{3+}在彩色电视和灯用发光材料中广泛应用，因此对 Eu^{3+}的电荷迁移带的研究也更为重要。

Eu^{3+}在复合氧化物中与近邻的 O^{2-}和次邻近的 M 形成 Eu^{3+}-O^{2-}-M，O^{2-}的电子从它的充满的 2P 轨道迁移至 Eu^{3+}离子的部分填充的 $4f^6$ 壳层，从而产生电荷迁移带。此 P 电子迁移的难易和所需能量的大小，取决于 O^{2-}离子周围的离子对 O^{2-}离子所产生的势场。如果周围的离子 M 是电荷高和半径小的阳离子，则在 O^{2-}离子格位上产生的势场增大，因而需要更大的能量才能使电子从 O^{2-}迁移至 Eu^{3+}的 4f 壳层中，故电荷迁移带将移向高能短波长区域。当 M 的电负性大时，由于 O^{2-}

的电子被拉向 M 阳离子的一方，致使 Eu^{3+}-O^{2-}的距离增大，O^{2-}的波函数与 Eu^{3+}的波函数混合减小，也即 Eu^{3+}与晶格的耦合减小，Eu^{3+}—O^{2-}键的共价程度减小和电子云扩大效应减小，这将引起 Eu^{3+}的 $^5D_0 \rightarrow {}^7F_0$ 的红移减小，荧光谱线变窄和相对强度变弱。电荷迁移带将向短波方向移动。

Blasse 等发现 Eu^{3+}离子发光的量子效率和猝灭温度随着 Eu^{3+}的电荷迁移带向短波长移动而增高[45, 46]。因此，他提出了获得高效的 Eu^{3+}的光致发光材料的条件之一是与 Eu^{3+}配位的 O^{2-}离子必须处于尽可能高的势场之中。关于 Eu^{3+}的电荷迁移带的位置(E_{ct})与配位数的关系、Hoefdraad[47] 认为：Eu^{3+}的配位数为 6 的八面体中，其电荷迁移带的位置几乎固定，平均为 $42\times10^3\ cm^{-1}$；当配位数为 7 或 8 时，E_{ct} 随基质的不同而异，随 Eu—O 的键长增大而移向低能。

苏锵[48] 对 Eu^{3+}的电荷迁移带进行深入研究，并总结如下规律。

(1) 在 Sc-Lu-Y-Gd-La 的序列中，Eu^{3+}在含 La^{3+}的基质中的电荷迁移带的 E_{ct} 最低，红移最大(表 1-13)。其原因可能是由于稀土离子半径的大小是按上述顺序从左到右递增，致使在阴离子 O^{2-}的格位上所产生的势场递减，因此，使电子从 O^{2-}迁移至 Eu^{3+}所需的能量 E_{ct} 也按此顺序递减，使含 La^{3+}的基质时 E_{ct} 最小。

表 1-13 Eu^{3+}在不同基质中的电荷迁移带

RE^{3+}	电荷迁移带的位置 E_{ct} / ($10^3 cm^{-1}$)									
	RE_2O_3	RE_2O_2S	RE_2SO_6	$REPO_4$	$REBO_3$	$REAlO_3$	REOCl	REOBr	REOI	$MREO_2$
La^{3+}	33.7	27.0	34.5	37.0	37.0	32.3	33.3	30.7	30.6	36.0 (Na)
Gd^{3+}	41.2	—	—	—	42.6	38.0	35.0	34.2	—	41.1 (Na)
Y^{3+}	41.7	28.2	37.0	45.0	42.7	—	35.4	34.6	—	42.0 (Li)
Lu^{3+}	—	—	37.0	—	—	—	—	—	—	43.0 (Li)
Sc^{3+}	—	—	—	48.1	42.9	—	—	—	—	—

从表 1-13 的数据可知，Eu^{3+}在含 La 的复合氧化物中的电荷迁移带的能量 E_{ct} 还没有超过 $37\times10^3\ cm^{-1}$ (270 nm) 的[49]，故 Eu^{3+}在其中的发光也是很弱的。

(2) 电负性小的元素和 d 区元素 M(Ti^{4+}、Zr^{4+}、Nb^{5+}) 使 Eu^{3+}的电荷迁移带 E_{ct} 的红移大于电负性大的元素和 P 区元素 M(Si^{4+}、Sn^{4+}、Sb^{5+})。

在复合氧化物中，Eu^{3+}不仅处在近邻的配体 O^{2-}的包围之中，而且它的次近邻还有一个离子 M 存在，M 的不同将在 O^{2-}离子格位上产生不同的势场。因此，电荷迁移带的位置 E_{ct} 还取决于 M 的性质。

(3) 在三价稀土离子中，Eu^{3+}的电荷迁移带具有最低的能量。

在三价稀土离子中，可被还原的 Sm^{3+}、Eu^{3+}、Tm^{3+}、Yb^{3+}离子具有电荷迁移带。因为当这些三价稀土离子接受一个电子时可被还原成二价。因此，电荷迁移带的位置 E_{ct} 与这些离子的氧化还原电位 E°_{Ln} (Ⅱ-Ⅲ) 之间应存在一定的关系。Ln^{3+}

离子的电荷迁移带的能量越低，越容易被还原。由于 Eu^{3+}的 $4f^6$ 组态最被接受来自配体的电子而形成稳定的半充满的 $4f^7$ 组态，故在 Sm^{3+}、Eu^{3+}、Tm^{3+}、Yb^{3+}离子中，Eu^{3+}的电荷迁移带的能量最低，也最易被还原成二价，因而它的标准还原电位 E°_{Ln}(Ⅱ-Ⅲ)的负值最小。

在含氧的化合物中，对 Eu^{3+}和 Sm^{3+}在正交晶系的 $M_3RE_2(BO_3)_4$(M^{2+}=Ca^{2+}、Sr^{2+}、Ba^{2+}；Re^{3+}=La^{3+}、Gd^{3+}、Y^{3+})中电荷迁移带的研究结果表明(表 1-14)，Eu^{3+}的 E_{ct}低于 Sm^{3+}的 E_{ct}，而且它们的 E_{ct}都按 Ca^{2+}(1.0)-Sr^{2+}(1.0)-Ba^{2+}(0.9)的顺序随电负性的减小和离子半径的增大而下降。这可能是由于在 Eu^{3+}-O^{2-}-M 中，M 的电负性的减小，减弱了 M 对 O^{2-}的相互作用，从而有利于 O^{2-}中的电子迁移至 Eu^{3+}，因而降低了 E_{ct}。与此同时，碱土金属离子半径随 Ca^{2+}-Sr^{2+}-Ba^{2+}的顺序增大，也减弱了在 O^{2-}离子格位上所产生的势场，从而引起 E_{ct}按此顺序下降。

表 1-14　Eu^{3+}和 Sm^{3+}在 $M_3RE_2(BO_3)_4$ 中的电荷迁移带

(M^{2+}=Ca^{2+}，Sr^{2+}，Ba^{2+}；RE^{3+}=La^{3+}，Gd^{3+}，Y^{3+})

RE^{3+}	La^{3+} [51]			Gd^{3+} [45]			Y^{3+}		
M^{2+}	Ca^{2+}	Sr^{2+}	Ba^{2+}	Ca^{2+}	Sr^{2+}	Ba^{2+}	Ca^{2+}	Sr^{2+}	Ba^{2+}
M 的电负性	1.0	1.0	0.9	1.0	1.0	0.9	1.0	1.0	0.9
Eu^{3+}的 $E_{ct}/10^3cm^{-1}$	37.9	36.0	34.2	38.0	37.0	36.4	37.3	37.0	36.6
Sm^{3+}的 $E_{ct}/10^3cm^{-1}$	44.4	43.9	43.3	44.3	43.8	43.4	44.4	43.8	43.3

参 考 文 献

[1] 程守洙，江之永. 普通物理学. 北京：高等学校出版社，1961.

[2] Kaminskii A A. Phys State Salid，1985，87：11.

[3] 张思远. 稀土离子的光谱学——光谱性质和光谱理论. 北京：科学出版社，2008.

[4] 洪广言. 稀土发光材料——基础与应用. 北京：科学出版社，2011.

[5] 苏锵. 稀土化学. 郑州：河南科学技术出版社，1993：261-333.

[6] Dieke G H. Spectra and Energy Levels of Rare Earth Ion in Crystals. New York：John Wiley & Sons，1968.

[7] Judd B R. Phys Rev，1962，127：750.

[8] Yen W M，Shionoya S，Yamamoto H. Phosphor Handbook. Second Edition. New York：CRC Press，Taylor & Francis Group，2006.

[9] Reisfeld R，Jϕrgensen C K. Laser and Excited State of Rare Earths. New York：Springer-Verlas Berlia，1977.

[10] Newman D J. Aust J Phys，1977，30：315.

[11] Ofelt G S. J Chem Phys，1962，37：511.

[12] Judd B R，Joegensen C K. Mol Phys，1964，8：281.

[13] 张思远. 化学物理学报，1990：3113.
[14] Henrie D E，Fellows R L，Choppin G R. Coord Chem Rev，1976，18(2)：199.
[15] Blasse G，Grabmaier B C. Luminescent Materials. Verlag Berlin Heidelberg：Springer，1994.
[16] McClure D S，Kiss I. J Chem Phys，1963，39(12)：3251.
[17] Dorenbos P. J Phys Condens Matt，2003，15：575.
[18] Dorenbos P. J Phys Condens Matt，2003，15：2645.
[19] Dorenbos P. J Lumin，2003，104：239.
[20] 洪广言，李有谟. 发光与显示，1984，5(2)：82.
[21] Blasse G，Bril A. J Chem Phys，1967，47(12)：5139.
[22] Bril A，Blasse G. J Electrochem Soc，1970，117(3)：346.
[23] Dorenbos P. Phys Rev B，2001，64(12)：125117.
[24] Dorenbos P. J Lumin，2000，91(1)：91-106.
[25] Reisfeild R. Chem Phys Lett，1972，17(2)：248.
[26] Reisfeild R. Struct Bond，1973，13：53.
[27] 汤又文，洪广言，王文韵. 中国稀土学报，1990，8(4)：320.
[28] Hong G Y，Li Y M，Yue S Y. Chimica Acta，1986(118)：81-83.
[29] Hong G Y，Jia Q X，Li Y M. J Lumin，1988，40/41：661-662.
[30] 石春山，叶泽人. 发光与显示，1982(4)：1.
[31] 石春山，叶泽人. 中国稀土学报，1983(1)：84.
[32] Hewes R A，Hoffman M V. J Lumin，1971(3)：261.
[33] Sugar J，Spector C. J Opt Soc Amer，1974，64：1484.
[34] Blasse G. Phys Status Solid，1973，B55：k131.
[35] Brixner L H，Bierlein J D，Johnson V. Curr Top Mater Sci(NLD)，1980，4：47-87.
[36] Blasse G. J Electrochem Roc，1968，115：1067.
[37] Blasse G// Gschneidner Jr K A，Eying L. Handbook on the Physics and Chemistry of Rare Earths. North-Holland Publishing Company，1979：237.
[38] Blasse G. J Chem Phys，1969，51(8)：3529.
[39] Verstegen J M P J. J Lumin，1974，9：297.
[40] Tyner C E. J Chem Phys，1977，9：4116.
[41] Machida K，Adachi G，Shiokawa J，et al. J Lumin，1980，21：233.
[42] Fouassier C. Mater Res Bull，1976，11(8)：933.
[43] Reisfeld R，Jorgensen C K. Lasers and Excited States of Rare Earths. Berlin：Springer-Verlag，1977.
[44] Hoefdraad H E，Inorg J. Nud Chem，1975，37：1917.
[45] Blasse G. J Chem Phys，1966，45(7)：2356.

[46] Blasse G，Bril A. J Chem Phys，1966，45(9)：3327.
[47] Hoefdraad H E. J Sodid State Chem，1975，15：175.
[48] Su Q. Rare Earths Spectroscopy. Singapore：World Scientific，1990：214.
[49] 裴治武，苏锵. 发光与显示，1985，6(4)：329.

第 2 章　高能粒子激发的稀土发光材料

2.1　闪　烁　体[1-3]

19 世纪末期，人们相继发现了放射线和 X 射线，在这些射线的激发下许多物质能发光，被称为放射线发光或 X 射线发光。对于放射线发光，随着作用于发光体上的射线强度的不同，有时发光是不连续的闪光，这种现象称为闪烁。在高能粒子(射线)作用下发出闪烁光的材料称为闪烁体(或称闪烁材料)。由此，这种发光材料成为人们发现和研究看不见的射线的重要工具之一。闪烁计数器也成为原子核物理中研究放射性同位素测量的重要探测器之一。

高能粒子包括带电粒子(如α粒子，β粒子)以及不带电的粒子(如 X 射线，γ 射线)，当它们穿过发光材料时，其能量吸收的过程也不相同。

带电粒子经过发光材料时，与组成材料的原子发生碰撞，引起原子(或分子)的激发和离化，同时带电粒子的能量逐渐降低，经过多次碰撞之后，带电粒子的全部能量就消耗在这一过程中。与此同时，材料吸收带电粒子的能量，当这些激发或离化状态的原子重新回到平衡状态时，就会产生发光。

X 射线和γ射线是不带电的粒子流，也称为高能光子流。材料对高能光子的吸收与射线的能量、材料的密度、组成元素的原子序数及原子量有关。高能光子与介质作用主要有三种效应：光电效应、康普顿效应和电子对效应。

光电效应：高能光子与物质相互作用时被吸收，而原子的某一电子克服原子核束缚，以光电子形式发射出去的过程。通常是原子内层电子吸收入射光子能量 E，一部分用于克服原子束缚的电离能 E_b，余下部分为光电子的动能($E_k=E-E_b$)。有时也伴有外层电子返回内层的跃迁，从而发射出特征的 X 射线。若入射光与原子外层电子碰撞，电子吸收部分能量而射出，成为反冲电子，入射光也被改变方向而成散射光子。

康普顿效应：高能光子和外层电子碰撞而引起的散射现象。碰撞后入射光子的能量减小，使电子获得能量，脱离原子而成为反冲电子。两者的方向改变，但总能量不变。

电子对效应：光子通过原子核或电子附近的强电场时，转化成一对正、负电子的过程。当光子能量足够高($E>1.02$ MeV)时，与介质原子核作用而产生正负电子(e^+-e^-)对，正负电子能量之和等于入射光子能量。当入射光的能量较低(小于

1.02 MeV）时，可同时产生前两种效应。

闪烁体吸收高能光子后的闪烁发光过程可以分为转换、传递和发光三个阶段，如图 2-1 所示[4]。在第一个阶段，高能光子与闪烁材料的晶格发生一系列复杂交互作用，包括光电效应、康普顿散射和电子对效应。当高能粒子能量低于 100 keV 的时候，光电效应是最主要的作用机制。在该过程中，闪烁材料在导带和价带中形成很多电子空穴对并被激发。这一过程很短，在 1 ps 内就能够完成。随后进入第二个阶段，电子和空穴在材料中发生迁移，并被禁带中的陷阱所捕获。由于材料中的点缺陷、位错以及界面都可能在材料的禁带中引入陷阱能级，因此这一过程并不完全依赖于材料的本征特性，很大程度上也与材料的制造工艺有关，该过程可能存在较长时间的延迟。第三个阶段，在发光中心的电子和空穴连续被捕获并发生辐射跃迁，形成闪烁发光。在一些特定的材料中，还会发生价带和芯带能级之间的辐射跃迁发光。这种发光非常快，可以达到亚纳秒级，但是通常伴随一些很慢的与激子相关的发光。

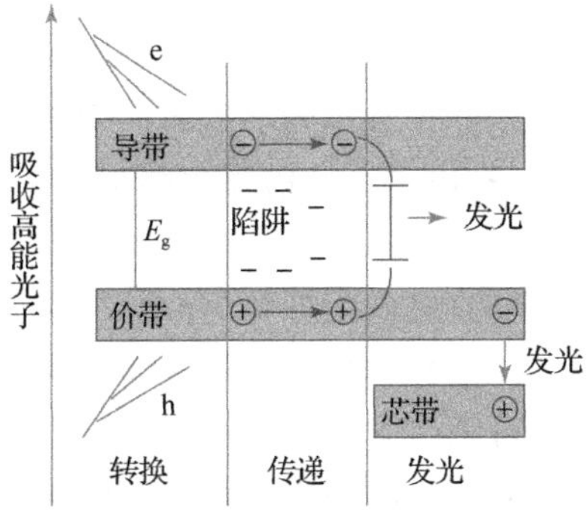

图 2-1　闪烁材料在高能光子作用下的发光过程

因此，闪烁体本质上是将电离辐射（ionizing radiation）能转化为光能（主要是可见光）的物质。按物态可将其分为固体、液体、气体闪烁体；按化学成分可分为有机、无机闪烁体；按结构、形态可分为单晶、微晶粉末、玻璃、陶瓷闪烁体。目前，应用最普遍的是无机相的单晶态闪烁体，即无机闪烁晶体。

无机闪烁体的电离辐射作用[5]可归纳如下：

（1）带电粒子与固体介质的作用　带电粒子进入固体介质时产生各类电磁作用会引起能量损失和不同的辐射，如电离损失、库仑散射、韧致辐射、切连科夫辐射和穿越辐射等。

电离损失是高能带电粒子穿越介质时与原子的电子碰撞，使原子电离而损失能量。损失的能量随粒子的速度而变化，与粒子电荷数的平方成正比，而与其质量无关。

当带电粒子与介质中的原子核碰撞，因核的质量大，碰撞时入射粒子的能量损失小，但运动方向产生偏离的散射，称为库仑散射。

高能快速电子在介质原子核场中受阻损失能量而产生的辐射或者快电子在介质中做负加速运动产生的辐射(如γ射线)称为韧致辐射。犹如X射线管中快电子作用于金属靶上产生X射线一样。

切连科夫辐射是带电粒子在介质中的速度超过光在介质(折射率 n)中的速度($v=c/n$，c为真空中的光速)时产生的辐射。

穿越辐射是带电粒子穿越两种介质的界面时(两者的介电常数不同，$\varepsilon_1\neq\varepsilon_2$)必须重新调整介质的电磁场而损失的能量以辐射形式放出。

(2) 高能光子与固体介质的作用 高能光子(γ、X射线)入射强度(I_0)随介质距离x的增加而指数式地衰减($I = I_0 e^{-\mu x}$)，吸收系数或衰减系数μ来自高能光子与介质作用的三种效应——光电效应、康普顿效应和产生电子对效应。

(3) "γ光子–电子"级联簇射 高能光子与电子在介质中会产生"光子–电子"雪崩式级联簇射或喷淋(shower)效应。当高能γ光子入射于介质中时产生的"e^+-e^-"都具有足够高的能量，各自又可以产生韧致辐射，发射γ光子，它又产生"e^+-e^-"对，高能电子又产生γ光子和电子。如此重复倍增，直到穿越介质的距离足够大，簇射粒子的平均能量减小到不能再产生簇射时停止。随后的电子和光子分别以电离损失和"光子–电子"散射损失能量为主。最终簇射粒子被介质全部吸收。

高能粒子(带电或不带电的)进入闪烁体(介质)后通过各种作用而损失能量。最后阶段则因电离损失能量，沿粒子径迹使发光体的原子(分子、离子)被激发或离化。高能粒子激发有以下特点：

①高激发密度与高量子效率 因为入射粒子的能量高，在闪烁体内形成了级联簇射，产生了大量次级粒子(光子、电子)，引起了多次激发。从而形成了高密度激发区和高量子效率。如一个0.2 Å的硬X射线光子激发$CaWO_4$，其发射峰值波长为440 nm，平均发射光子能量约2.8 eV，若其能量效率为10%，则可发射约2000个可见光子，即量子效率为2000(可见光子/X光子)。

②激发无选择性 高能粒子对闪烁体所有元素的原子及其任何能态都可无选择地激发，不像低能光子(可见光、紫外线甚至真空紫外线)可选择地激发某些能态，这必然带来分析上的复杂性。而且高能粒子可引起原子、离子位移，产生新的缺陷和发光中心，甚至改变发光体的组成、局域结构，可能引起永久性破坏。

③激发区的不均匀性 高能粒子进入闪烁体后只能沿其径迹周围激发原子(分子、离子)，从而在空间上形成激发区(带)，随着入射粒子能量不同，激发区的直径、体积、形状以及离化浓度都不同，粒子射线的强度越大，激发区的体积越大。如5.3 MeV的α粒子激发ZnS晶体的激发区直径为10^{-5} cm，激发区体积为

5×10^{-3} cm^3，离化浓度为 $10^{14} \sim 10^{18}/cm^3$。而 35 keV 的 X 射线激发时激发区直径为 9×10^{-5} cm，激发区体积为 7×10^{-12} cm^3，离化浓度为 $10^{15} \sim 10^{16}/cm^3$。若用 3.5 keV 的 X 射线激发时激发区体积为 $3 \times 10^{-13} cm^3$。

人们对闪烁体的研究已有 100 多年，大致可分为三个阶段[6]。

第一阶段从 1896 年至 20 世纪 40 年代末，以 $CaWO_4$ 和 ZnS 为代表，$CaWO_4$ 是最早的闪烁体。

第二阶段从 20 世纪 40 年代末至 80 年代，以 R. Hofstedter(1948 年)发现的 NaI∶Tl 为代表的碱卤晶体，因其高发光效率而备受重视，几十年来长盛不衰。随后发现 $Bi_4Ge_3O_{12}$(BGO)；碱土卤化物以及 Ce^{3+} 玻璃等新闪烁体。

第三阶段是 20 世纪 80 年代至今，以大力发展纳秒(ns)级快衰减、高密度、高效率和高辐照硬度闪烁体为目标，适应迅速发展的高能物理和核医学之需。1962 年发现 BaF_2 具有 0.6 ns 的快发光是最快的无机闪烁晶体。$PbWO_4$ 是具有高密度($8.28\ g/cm^3$)的重闪烁体。Ce^{3+} 掺杂的 Lu_2SiO_5 是目前最佳的高效医用闪烁晶体。

无机闪烁体的主要应用领域包括高能物理、核医学、安全检查、石油测井、地质勘探、空间物理、工业 CT 等。20 世纪八九十年代以前，高能物理和大型科学工程是支撑闪烁晶体材料发展的主要动力。随着核医学技术的快速发展，X 射线计算机断层扫描(X-CT)和正电子发射断层扫描(positron emission tomography，PET)等医疗诊断设备对闪烁晶体产生了巨大需求，核医学成为闪烁晶体材料最主要的应用领域。进入 21 世纪，国际恐怖主义活动日益猖獗，国土安全和反恐斗争对闪烁晶体的性能提出了新的要求，安检也成为当前闪烁晶体材料的一个重要应用方向[7]。

理想的闪烁体应具有以下性能：

(1) 高的发光效率(发光效率=发光光子的能量/被吸收射线的能量)；

(2) 短的发光衰减时间；

(3) 高的能量分辨率；

(4) 较好的能量线性响应；

(5) 较高的密度；

(6) 无自吸收；

(7) 发光光谱易于与光电倍增管等光电转换器件的光谱灵敏区间相匹配；

(8) 物化性能稳定；

(9) 易于制造，成本低。

同时满足上述条件的理想闪烁体并不存在，且不同应用领域对闪烁体的性能要求存在较大的差异。人们通常根据不同的用途对上述参数作出取舍，以选择最合适的闪烁体。表 2-1 列出了各种常见应用领域对闪烁体的基本要求[8]。

表 2-1 不同应用领域对闪烁体的性能要求

		光产额 /(ph/MeV)	衰减时间 /ns	密度 /(g/cm³)	有效原子序数	发射峰/nm
计数技术	高能物理	>200	≪20	高	高	>450
	核物理	高	不同	高	高	>300
	工业应用	高	不同	高	高	>300
	PET	高	<1	高	高	>300
	空间物理	高	不重要	高	不同	>450
	γ相机	高	不重要	高	高	>300
	中子探测	高	10～100	低	Li，Bi，Gd	>300
积分技术	X-CT	高	无余辉	>4	>50	>450
	工业应用	高	不重要	高	高	>450
	中子探测	高	不重要	低	Li，Bi，Gd	>450
	X 射线成像	高	不重要	高	高	>450

2.2 高能物理用闪烁体

高能物理又称粒子物理或基本粒子物理，主要研究比原子核更深层次的微观世界中物质的结构性质和在很高的能量下这些物质相互转化的现象，以及产生这些现象的原因和规律。高能物理研究中需要精确测量实验中基本粒子衰变的产物或次级粒子的能量，测量粒子能量的探测器称为量能器(calorimeter)。粒子穿过介质时，因粒子的能量、特性以及介质特性的不同而发生不同的电磁作用、强作用、弱作用，因此量能器又分为电磁量能器(electromagnetic calorimeter，EMC)和强子量能器(hadron calorimeter，HAC)两类。

电磁量能器又称簇射计数器，是利用γ光子和高能电子等在介质中会产生电磁簇射的原理，通过测量电磁簇射的次级粒子的沉积能量得到γ光子和电子等的能量，它是鉴别γ光子和电子等电磁作用粒子与其他种类粒子的主要探测器。

强子量能器利用强子在介质中产生复杂的强子簇射的原理，通过测量强子簇射过程(也包括少量电磁簇射)次级粒子的沉积能量得到入射强子的能量。它是鉴别强子和其他种类粒子的主要探测器。它不但可以测量带电粒子，也可测量中性强子(如中子)。一个适中规模的强子量能器，其能量的测量范围可以覆盖几个量级。

无机闪烁体作为电磁量能器的核心探测材料，在高能实验物理研究中起到了重要作用并为很多科学发现做出了重大贡献。如 L3-LEP 型实验加速器使用了 11400 根锗酸铋晶体，晶体总体积达到了 1.5 m^3 [9]；欧洲大型强子对撞机(Large

Hardron Collider，LHC）上的 CMS 探测器使用了 76000 根钨酸铅晶体，晶体总体积达到了 11 m^3[10]。钨酸铅晶体电磁量能器在运行过程中展现了极为优异的性能，为 2013 年希格斯玻色子的发现作出了重要贡献。

为了研究物质的基本组成以及组成物质处于原子核内的基本粒子，需要加速器的能量越来越大，目前已达 TeV（10^{12}eV）量级。由于未来的大型加速器具有高能量（E>10 TeV）、高亮度、强束流，对闪烁晶体的要求之高是前所未有的。目前对闪烁体的基本要求如下：

（1）高密度（>6 g/cm^3）　高密度材料对高能粒子有大的阻止本领。故宜选择材料原子序数 Z 值大的重元素。

（2）快衰减（<100 ns）　具有纳秒级衰减的快闪烁体才能有高的时间分辨，否则前一脉冲信号尚未结束，后一脉冲又来了，形成重叠，而无法分辨。获得快发光的主要途径是：①选择具有允许跃迁的发光中心，最典型的是 Ce^{3+}，衰减时间通常为几十纳秒。②发光中心具有强猝灭（无辐射跃迁）通道，可大大加快发光衰减，如 Ce^{3+}近旁有猝灭发光的缺陷中心，Ce^{3+}的发光可短至几纳秒。$PbWO_4$ 在室温下有强的温度猝灭，其发光衰减时间为几纳秒至几十纳秒，比低温（10 K，几十微秒）时短；这种情况必然是低发光效率。③价带电子与芯带空穴复合，即“价带→芯带”跃迁的本征发光，可达亚纳秒级，如 BaF_2 的 220 nm 快发光带为 0.6～0.8 ns。

（3）高光效（>6000 光子/MeV）　高发光效率必然能获得高光强，高光产额（LY）是发光材料始终追求的目标。

闪烁体发光过程如图 2-1，其内量子效率 $\eta=\beta SQ$，β为产生“e-h”对的转换效率；S 为传递效率；Q 为发射效率，因入射粒子的能量 E_i 高达 keV、MeV 甚至 GeV（基本粒子）量级，大大高于闪烁体的能级 E_g，所以它们产生的“e-h”对以及最终激发的闪烁体光子（能量 E_s）数都很大，可达 10^3～10^5 光子/MeV，具有高量子效率，但其能量效率 η_E 则低得多，最大的能量效率为 30%～50%，实际的能量效率最佳值约 20%，如 $CaWO_4$ 为 14%。

（4）高辐照硬度（≥10^6rad）　高辐照硬度指在强辐射环境中具有抗辐射能力强，要求可抗累计剂量≥10^6 rad（1 rad=1 mJ/g）。如要求能量达 10^5eV 闪烁晶体在使用的剂量范围内不改变闪烁机制，光输出稳定，饱和光输出的损失小于 5%，物理损伤的恢复时间长于 1 h。

其他，还有高稳定性、低价格，其光学、化学、力学性质稳定，空气中不吸潮、光照下无光化学反应、不开裂、不变形，发射波长与现有光电探测元件的光谱灵敏度曲线匹配，（一般在 300～650 nm）等。表 2-2 列出高能物理实验中用主要闪烁体的特性。

表 2-2 高能物理实验中用主要闪烁晶体特性比较

性质	NaI(Tl)	BaF_2	CsI(Tl)	CeF_3	BGO ($Bi_4Ge_3O_{12}$)	PWO ($PbWO_4$)
辐射长度 x/cm	2.59	2.03	1.86	1.66	1.12	0.92
密度 ρ/(g/cm^3)	3.67	4.89	4.53	6.16	7.13	8.2
衰减时间 τ/ns	230	0.6/620	1050	30	340	15
发光波长 λ/nm	415	230/310	550	310/340	480	420
光产额 LY(%NaI：Tl)	100	5/16	85	5	10	0.5
光产额(ph/MeV)	45000	2000/10000	56000	1500～4500	8000	200
吸湿性	吸湿	不吸湿	轻微吸湿	不吸湿	不吸湿	不吸湿

2.3 核医学成像用闪烁体

核医学成像是 X 射线计算机断层扫描成像(X-CT)、γ 相机、正电子发射断层扫描成像(PET)等射线投影成像和放射性核素成像的统称。核医学成像所探测的 X、γ 光子能量大多为 15～1000 keV(在人体内的衰减长度为 2～10 nm)，少数(如 γ 相机)可扩展到 2 MeV，因而射线(E<1.02 MeV)对医用闪烁体的三种作用中主要是光电效应和康普顿效应。又由于组成人体组织的元素(C，H，O，N)均是低原子序数，大多数入射光子会经过多次康普顿散射后离开人体，作为成像背景，被探测器接收的光子仅有 10%～15%未被散射而构成精确的成像。

典型的 X-CT 系统由旋转的 X 射线和圆形探测元件阵列组成，探测器由闪烁晶体(或透明陶瓷)与相应的光电元件构成，其工作基本原理是：患者静躺着，由 X 射线光源绕患者旋转时从不同方向(或不同角度)观测患者上千幅的二维横截面内部结构图。经数据处理重建患者体内的三维器官结构形貌。图像的空间分辨由探测单元的宽度、X 射线光源、准直器和探测器的几何构型所决定。一般为毫米量级，但对比度对图像的分辨更重要。由于 X 射线的线性动态范围达 10^6，灰度等级多，对比度必须在千分之几内。

单光子发射计算机断层扫描成像(single photon emission computed tomography, SPECT)工作原理是：由患者服用或注射含有放射性同位素的药物，此药物分布于人体不同部位并发射单个γ 光子，通过围绕患者旋转的一台或多台高灵敏度γ 相机拍摄，用 X-CT 方法可得到体内不同方位、不同截面的药物位置与γ 射线强度分布图。常用的放射性药物 ^{99m}Tc，其发射的γ 光子能量为 140 keV。

PET 的工作原理与 SPECT 基本相似，只是药物类型不同，是发射正电子的放射性同位素(如 ^{18}F，^{11}C，^{13}N，^{15}O)，这类药物发射的 e^+不会穿透人体组织，只能在几毫米内，e^+就会与人体组织中的 e 相遇而湮灭，正负电子湮灭时的能量转变为一对方向相反的γ光子同时射出(γ光子能量为 511 keV)，被围绕患者的圆形探测器所接收。PET 通常与 X-CT 或磁共振(magnetic resonance imaging，MRI)联用。PET 特别适用于在没有形态学改变之前的早期诊断，在肿瘤、冠心病和脑部疾病这三大类疾病的诊疗中具有重要的价值。

目前闪烁晶体很重要的应用是 PET，它对闪烁晶体的性能提出了很高的要求[11]：

(1) 高密度。PET 系统采用符合探测技术，系统灵敏度与单个探测器灵敏度的平方成正比。密度大的闪烁晶体有较高的阻止本领，γ射线的射程短，被完全吸收的概率大，因此使用高密度晶体的 PET 探测器能获得较高的灵敏度和探测效率。

(2) 高光输出。光输出直接影响探测器的能量、时间及空间分辨率。闪烁晶体吸收γ射线后产生的光子数 N 越大，则探测γ射线的作用位置越准确。能量分辨率与 $1/N$ 成正比，时间分辨率与 τ/N 成正比，其中，τ 为衰减时间。

(3) 短的衰减时间。闪烁晶体受激后不立即发射全部光子，单位时间内放出的光子数随时间变化较为复杂。在一级近似下，可表示成两个指数过程的组合，即分别描述闪烁增长和闪烁下降(衰减)。增长时间一般小于 10^{-12} s，远小于衰减时间。因此，闪烁晶体的衰减时间十分重要，其数值大小直接影响探测器的时间分辨率与死时间。衰减时间愈短，时间分辨率愈好。

(4) 发射光谱易与光电传感器匹配。闪烁晶体的发射光谱应与相耦合的光电传感器的光谱响应曲线吻合，这样才有高的探测效率。例如，双碱光阴极光电倍增管所期望的光谱范围为 300～500 nm，而光电二极管所要求的光谱范围则为 400～900 nm。

此外，还要求闪烁体具有稳定的物化性质，易于切割加工，且成本尽可能低廉。

1948 年 Hofstandfer 发明 NaI：Tl 闪烁体以来，由于它具有高发光效率，将其光产额作为以后几十年的标准，一直使用至今，但遗憾的是，它的密度太低，仅为 3.67 g/cm^3，辐射长度大(2.59 cm)，限制了能量分辨率的提高，也降低了成像质量。1973 年 Weber 和 Monchamp 提出了新型高密度闪烁体锗酸铋($Bi_4Ge_3O_{12}$，BGO)，不仅被用于高能加速器 LEP 的电磁量能器，而且是当前医用闪烁体的主角，占有 PET 市场的 50%以上。但 BGO 的光产额仅为 NaI：Tl 的 20%～25%，发光衰减也慢(约 300 ns)，有碍于时间分辨率的提高，也将会被新一代的医用 Ce^{3+}掺杂的重金属氧化物的闪烁体所替代，如硅酸钆(Gd_2SiO_5：Ce，GSO)、硅酸镥(Lu_2SiO_5：Ce，LSO)和硅酸钇镥($Lu_{2-x}Y_xSiO_5$：Ce，LYSO)等，其中以 LYSO 综合性能最为优异。而且铝酸镥($LuAlO_3$：Ce，LuAP)和溴化镧($LaBr_3$：Ce)晶体在 PET 的应用方面已展现出了很大的潜力。目前用于 PET，SPECT，γ相机中最有发展潜力的闪烁体是 Ce^{3+}掺杂的稀土硅酸盐、铝酸盐，特别是 $LuAlO_3$：Ce(LAP：Ce)和 Lu_2SiO_5：Ce(LSO：Ce)。主要的医用闪烁晶体的性质列于表 2-3。

表 2-3 医用闪烁晶体的性质比较

闪烁体	光产额 光子/MeV	密度 /(g/cm^3)	衰减 /ns	波长 /nm	辐射长度 /cm	有效原子数	折射率	能量分辨率 ^{137}Cs/%	吸湿性
NaI(Tl)	38000	3.7	230	415	2.59	51	1.85	7.0	强
CsI(Tl)	60000	4.5	1000	545	1.85	54	1.80	9.0	稍微
BGO	8000	7.13	300	480	1.12	74	2.15	9.5	不
LSO：Ce	25000	7.35	11/36	420	1.14	66	1.82	12.0	不
GSO：Ce	8000	6.7	56/60	440	1.38	59	1.85	7.8	不
YSO：Ce	10000	4.54	0	420				9.0	不
YAP：Ce	16000	5.37	37/82	360	2.24	34	1.93	11.0	不
LuAP：Ce	9600	8.34	28	380					不
$Lu_{0.3}Y_{0.7}AP$：Ce	14000	6.19	11/28	360		53			不
$Lu_{0.3}Gd_{0.7}AP$：Ce	10800	7.93	25	360		63			不
$LaBr_3$：Ce	65000	5.1		380		30			

由于人体可接受剂量有严格限制，因而高发光效率最重要。现有的无机闪烁体主要是氧化物、氟化物次之。氧化物基质的发光效率一般都高于氟化物是其能带结构(E_g，ΔE_v)所决定，氧化物的能隙 E_g 较小(约为 4～7 eV)，价带宽度ΔE_v较大(约 10 eV)，而氟化物的 E_g 约为 6～14 eV，ΔE_v 约为 6 eV。若 E_g 大，在电离辐射激发时用于无辐射的损失增大，相对的能效降低。若ΔE_v 大，激发能弛豫时就可能有效地激发发光中心(如 Ce^{3+}，4f-5d)，如图 2-2。

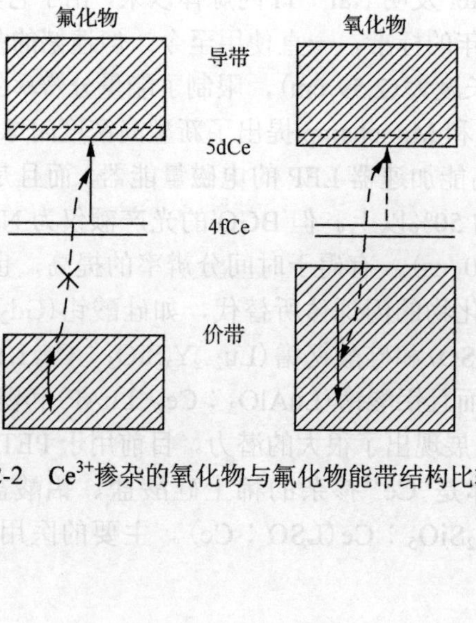

图 2-2 Ce^{3+}掺杂的氧化物与氟化物能带结构比较

2.4　稀土闪烁材料

传统的闪烁晶体以 NaI：Tl 和 CsI：Tl 为代表。自 20 世纪 40 年代发现至今，NaI：Tl 一直是用量最大、用途最广的闪烁晶体。其他的早期闪烁晶体如 $PbWO_4$、BGO 等，都基本不含稀土。但自 20 世纪 90 年代以来，一大批性能优异的稀土闪烁体涌现出来，成为当前无机闪烁材料的重要组成部分，在核医学、高能物理、工业 CT、石油勘探等民用领域取得了广泛应用，在军事、国防、安全检查等涉及国家安全的领域也发挥着重要作用。目前常用的稀土闪烁体按照化学成分来划分，主要可分为稀土硅酸盐、稀土铝酸盐和稀土卤化物三大类。

2.4.1　稀土硅酸盐闪烁体

重要的稀土硅酸盐闪烁体主要有硅酸钆(Gd_2SiO_5：Ce，GSO)、硅酸镥(Lu_2SiO_5：Ce，LSO)、硅酸钇镥($Lu_{2-x}Y_xSiO_5$：Ce，LYSO)和焦硅酸镥($Lu_2Si_2O_7$：Ce，LPS)等，它们都主要应用于核医学成像领域。

1. 硅酸钆(Gd_2SiO_5：Ce，GSO)

GSO 晶体由日本 Hitachi 公司的 Takagi 和 Fukazawa[12] 于 1983 年发明。他们采用提拉法生长出直径 1 英寸①的 Gd_2SiO_5：1%Ce 晶体，并对其闪烁性能进行了研究，发现其光输出是 BGO 的 1.3 倍，密度与 BGO 相当，而衰减时间仅为 60 ns，远优于 BGO，因而迅速引起人们的广泛关注。Melcher 等[13] 研究表明，GSO 晶体还具有良好的能量分辨率(7.8%)。采用 GSO 晶体研制的 PET 设备，可大幅缩短全身扫描时间(由 BGO 晶体的 1～1.5 h 缩短到 0.5 h)并提高图像分辨率[14]。最重要的是，其良好的时间和空间分辨特性为 3D-PET 的技术实现提供了可能，从而促使 PET 迈入 3D 时代。

GSO 晶体属于单斜晶系，$P2_1/c$ 空间群。Gd 离子在晶体结构中具有 7 配位和 9 配位两种格位，因此发光中心 Ce^{3+}也有两种格位，具有不同的发光特征。1992 年，Suzuki 等[15]通过研究低温下 GSO 晶体的光谱特征，阐述了 GSO 晶体中 Ce1(9 配位)和 Ce2(7 配位)发光中心的性质，并指出室温下 GSO 晶体的发光与衰减主要是靠 Ce1 发光中心。GSO 晶体在不同激发条件下(γ 和 UV)条件下衰减时间有显著区别，说明 Gd 离子到 Ce 离子之间存在能量传递现象。此外，GSO 晶体的闪烁性能对 Ce^{3+}浓度具有明显的依赖性，因此晶体中 Ce^{3+}分布的不均匀，会严重影响晶体的光输出和衰减时间等闪烁性能。

RE^{3+}SO：Ce 晶体中 RE^{3+}有两种格位，发光中心 Ce^{3+}替代基质 RE^{3+}中的两种

① 1 英寸=2.54 cm

格位，如图 2-3。从低温 11 K 到近室温 296 K，在 GSO：Ce 中两种 Ce^{3+}格位的发射谱差别显著。345 nm 激发下的 Ce(Ⅰ)发射峰，在 11 K 时为双峰，在室温时略向红移，强度也略有下降。而 Ce(Ⅱ)在 378 nm 激发下其强度随温度升高衰减显著，且峰位蓝移，低温下无明显分裂。Ce^{3+}的格位在 LSO：Ce 闪烁机制中有极其重要的作用。

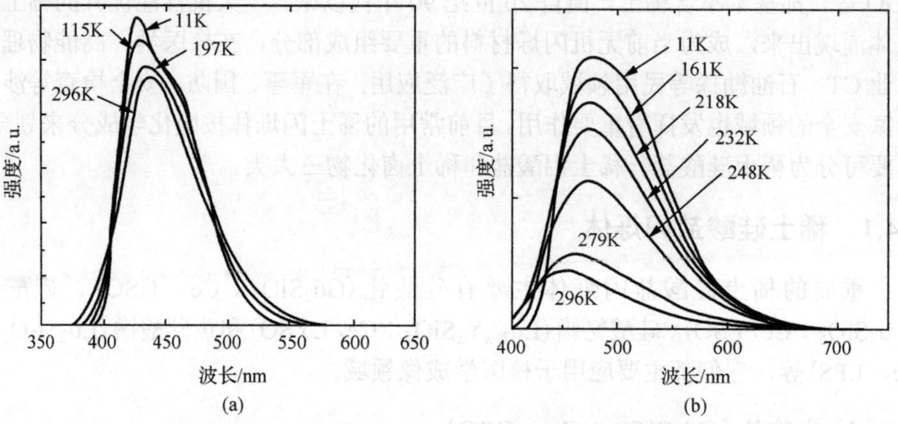

图 2-3　不同温度下 GSO：Ce 的发射光谱[15]

GSO 晶体具有很高的辐照硬度(10^9 rad)，比 BGO 高 2～3 个数量级，而且其光产额对质子束流(0～160 MeV)的反应十分灵敏，在 30～160 MeV 能量范围内具有很好的线性响应，因此也被认为是良好的可用于高能量强辐射环境下的高精度电磁量能器用闪烁材料。此外，GSO 还有很好的温度属性，广泛用于制作石油测井用γ 射线探测器。

GSO 晶体存在的主要问题在于单晶生长困难。GSO 晶体具有层状结构，存在(100)解理面，单晶生长、切割时均容易沿该面开裂。同时，GSO 晶体不同方向的热膨胀系数差异较大，晶体生长时轴心方向易出现空洞、云雾等缺陷，因此其大尺寸、高质量单晶的生长较为困难。晶体生长问题在很大程度上制约了 GSO 晶体的应用。而随着 PET 技术的进一步发展，GSO 晶体光输出偏低的缺陷也开始逐渐凸显出来。

2. *硅酸镥*(Lu_2SiO_5：Ce，LSO)*和硅酸钇镥*($Lu_{2-x}Y_xSiO_5$：Ce，LYSO)

1992 年 Melcher 等[16, 17]首次报道了 LSO 晶体，发现 LSO 的光输出为 GSO 的 3 倍，衰减时间仅为 40 ns，密度也更高(7.4 g/cm^3)，综合性能相比 GSO 有很大提高，因而迅速成为新的研究热点[18]。

LSO：Ce 的低温与室温发射谱[19](图 2-4)表明，4 K 时在 188 nm(接近带隙能量)激发下，发射峰为 393 nm，423 nm(Ce(Ⅰ)的双峰)和 460 nm(Ce(Ⅱ)极弱)，

室温时发射合并为宽带，峰值为 400～440 nm。LSO∶Ce 中 Ce(Ⅰ)的τ为 28 ns，Ce(Ⅱ)的τ为 54 ns，平均为 41 ns。

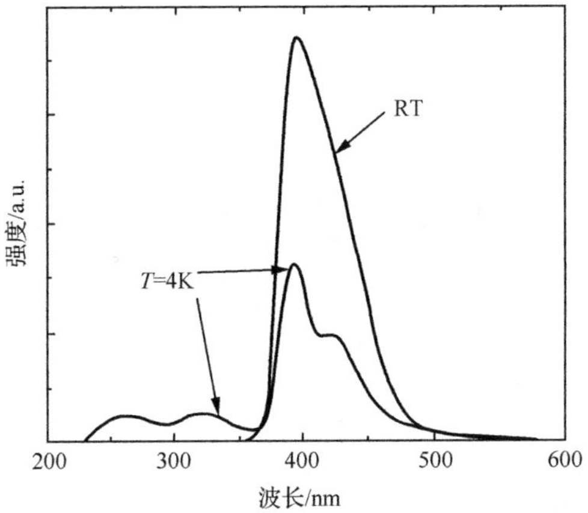

图 2-4　室温和低温下 188 nm 激发时 LSO∶Ce 的发射光谱

LSO∶Ce 和 LAP∶Ce 一样有丰富的深陷阱态，有若干室温(300 K)以上的热释光谱，如图 2-5，它是 LSO∶Ce 的热释光三维图，即 $I(\lambda, T)$。约 378 K 的强峰(P-1)在“热清除”时除去了，只有 P-2，P-3，P-4，P-5 峰。热释光曲线的分布和晶体结构及其缺陷和对称性有关[20]。

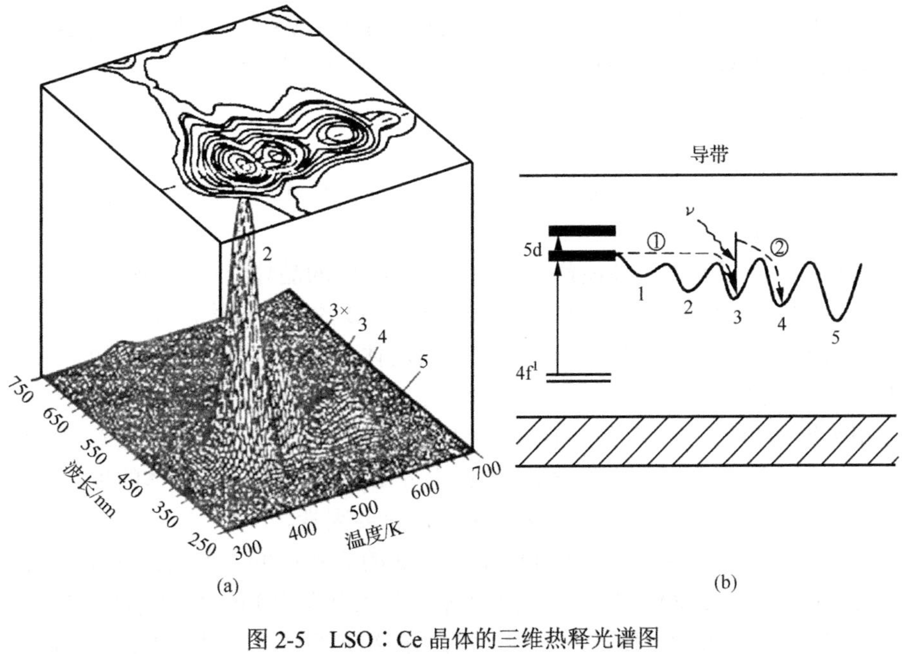

图 2-5　LSO∶Ce 晶体的三维热释光谱图

对 LSO：Ce，LYAP：Ce 和 BGO 用于高分辨 PET 系统的性能进行比较研究[21]，其激发波长分别为 359 nm，317 nm 和 365 nm，发射峰分别为 404 nm，367 nm 和 478 nm。以 ^{22}Na(511 eV)放射源激发测得的光子数和能量分辨与温度依赖关系如图 2-6。对比结果 LSO：Ce 最佳。

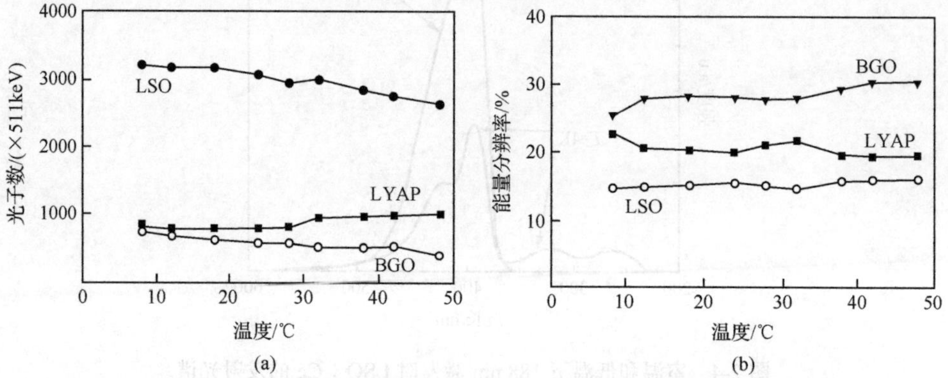

图 2-6 LSO：Ce，LYAP：Ce 和 BGO 的光子数和能量分辨率与温度依赖关系

理想闪烁体发射的闪烁光子数都应与入射能量成正比，即具有线性关系，但实际情况并非如此，都存在一定的非线性响应。近年来对医用闪烁体的非线性效应研究甚多，如 LSO：Ce 的光产额随入射能量呈亚线性增长[22]，高于 800 MeV 时，光产额趋于饱和，但 YAP：Ce 例外，几乎是线性增加，闪烁体的非线性效应与基质结构有关，而与掺杂剂无关，故 LSO，GSO，YSO 有着相似的能量响应。尽管 LuAP 与 YAP 有相同的结构，但能量响应却有显著不同，LuAP 无线性响应被认为可能是晶体缺陷甚多所致。

值得重视的是材料长期经受射线粒子的轰击会发生变质，一般情况发光性能会衰减。其原因在于在高能粒子的轰击下，有时会造成原子位移，产生间隙原子和空穴，形成缺陷，产生猝灭中心等。

尽管化学组成和闪烁性能都十分相似，但 LSO 的晶体结构与 GSO 完全不同。LSO 晶体属于单斜晶系 *C*2/*c* 空间群，不具有 GSO 的层状结构，因此 LSO 晶体具有良好的生长习性，能够生长出优质、大块晶体，且具有很好的机械加工性能。但 LSO 晶体的熔点比 GSO 高，达到 2150℃，这一温度已经十分接近提拉法生长时常用铱坩埚和氧化锆绝缘材料的温度承受极限，因此单晶生长的技术难度较大且能耗很高。同时，LSO 中所含 Lu 元素十分昂贵，造成 LSO 晶体的生产成本居高不下。价格因素成为制约 LSO 晶体应用的首要因素。

考虑到 GSO 的熔点只有 1900℃，且 Gd 的成本更低，人们试图在 Lu 位掺入部分 Gd 以降低 LSO 的生长温度和成本，从而开发出 $Lu_{1-x}Gd_xSi_2O_5$(LGSO) 晶体[23]。实验结果表明，LGSO 晶体的熔点在 2000℃以下，晶体生长难度确有降低。随着 Gd 掺杂量的增加，晶体的光产额呈直线下降趋势。当 Gd 的掺杂量 $x<0.5$ 时，晶体的结构、硬度和闪烁性能都接近于 LSO 晶体，其中以 $x=0.2$ 时综合性能最佳，光产额为 LSO 的 77%。

$Y_2Si_2O_5$(YSO)具有与 LSO 相同的晶体结构，可与 LSO 形成连续固溶体。但由于其密度偏小，用于闪烁材料的价值不大。选用 Y 对 LSO 晶体进行掺杂，也可以起到降低生长温度和成本的作用。因此，人们继 LGSO 晶体之后，又开发出了 LYSO 晶体[24]。与 LGSO 不同的是，Y 的掺入并不显著降低 LSO 的光产额，在某些情况下还会对光产额有所增加。表 2-4 给出了不同 Y 掺杂的 LYSO 晶体性能的对比情况[25]，可见，Y 掺杂形成的 LYSO 晶体，闪烁性能与 LSO 晶体基本一致，而生长难度和成本均有显著降低，更有利于实际应用。

表 2-4　不同 Y 含量的 LYSO 晶体性能参数

Lu/Y	密度/(g/cm^3)	辐射长度/cm	光产额/BGO	能量分辨率(@662 keV)
100	7.4	1.49	5.7	10%
70/30	6.5	1.84	6.1	10%
50/50	6.0	2.19	5.8	9.7%
30/70	5.4	2.66	6.2	8.6%
15/85	4.9	3.20	4.5	12%

LSO 和 LYSO 的出现，有力促进了具有飞行时间(Time-of-Flight，TOF)技术的新一代 PET 设备的发展[26, 27]。TOF 技术可大大降低 PET 设备的噪声信号，从而有效提高成像精度。目前西门子和飞利浦的商用 TOF-PET 设备，分别采用 LSO 和 LYSO 晶体。

LSO 和 LYSO 晶体优异的综合闪烁性能，使其在其他领域特别是高能物理领域也展现出良好的应用前景[28]。研究表明，LSO 和 LYSO 晶体对γ射线、中子以及强子都具有很好的探测效率和极高的抗辐照损伤硬度，因而在高亮度大型强子对撞机(High Luminosity Large Hadron Collider，HL-LHC)方面具有重要应用前景。

3. 焦硅酸镥($Lu_2Si_2O_7$：Ce，LPS)

除 GSO、LSO、LYSO 等正硅酸盐之外，焦硅酸盐晶体 LPS 也是一种具有良好应用前景的稀土硅酸盐闪烁晶体。2003 年 Pidol 等[29]首先报道了这种新型的闪烁晶体材料，发现其具有十分优异的闪烁性能。与 LSO 相比，LPS 主要具有以下特点[30]：

(1) LPS 晶体为单斜晶系 $C2/m$ 空间群，Lu 只有一个晶体学格位，被 Ce 取代后，只有一个发光中心；而 LSO 中，Lu 有 6 配位、7 配位两种晶体学格位，被 Ce 取代后有两个发光中心。

(2) LPS 的光输出约为 26000 ph/MeV，能量分辨率约为 10%，均与 LSO 相当；密度为 6.23 g/cm^3，比 LSO 略低。

(3) LPS 的衰减时间为 38 ns 且没有余辉，衰减特性优于 LSO 晶体。

(4) LPS 晶体具有良好的高温特性，在 180℃的情况下仍具有很高的发光效率，而 LSO 晶体的发光效率随温度的升高而显著下降。

(5) LPS 为同成分熔融化合物，熔点 1900℃，温度适中，适合采用提拉法进行生长。且 Ce 离子在 LPS 中的分凝系数(0.5%)要比在 LSO 中的分凝系数(0.2%)大得多，所以用提拉法生长的 LPS 晶体比 LSO 晶体质量更好、缺陷更少。

(6) LPS 中 Lu 的含量比 LSO 要低，因此 LPS 晶体生长所需原料成本比 LSO 低。

总的来看，LPS 的性能与 LSO 较为接近，部分参数甚至优于 LSO，因此在 PET 领域具备较强的潜在应用价值。此外，LPS 良好的高温特性，使其在石油测井中也具有很好的应用前景。

2.4.2 稀土铝酸盐闪烁体

铝酸盐闪烁晶体是氧化物类闪烁晶体的重要组成部分。稀土铝酸盐闪烁体主要分为两类，一类具有钙钛矿结构，另一类具有石榴石结构。铝酸盐闪烁体的主要应用在核医学成像领域。

1. 钙钛矿型稀土铝酸盐闪烁晶体

钙钛矿型稀土铝酸盐闪烁晶体主要包括铝酸钇($YAlO_3$：Ce，YAP)、铝酸镥($LuAlO_3$：Ce，LuAP)和铝酸钇镥($Lu_xY_{1-x}AlO_3$：Ce，LuYAP)。

1973 年 Weber 等[31]用 Ce^{3+}对 YAP 晶体进行了掺杂，并研究了其发光性质，指出该晶体具有用作闪烁体的潜在价值，从而揭开了 YAP 作为闪烁晶体的研究序幕。YAP 晶体具有较大的密度(5.37 g/cm^3)、较高的光输出(～20000 ph/MeV)、很短的衰减时间(～25 ns)以及稳定的物化性能，整体性能较为符合核医学成像领域的要求[32]。

在 YAP 基础上，Moses 等[33]于 1995 年发明了 LuAP 晶体(LAP：Ce 或称 LuAP：Ce)。LuAP 晶体具有极高的密度(8.34 g/cm^3)和极短的衰减时间(～17 ns)，光输出约 11000 ph/MeV，综合性能甚至超越了 LSO 晶体，因此一度被认为是下一代 PET 用热门晶体[34]。同时，LuAP 晶体的超高密度和快衰减特性使其在高能物理领域也具有良好的应用前景。但人们很快发现，该晶体的生长十分困难，虽然生长温度并不高(1960 ℃)，但晶体生长时极易于析出石榴石相，很难获得大尺寸的纯相 LuAP 单晶。

$LuAlO_3$：Ce 在 4 K 时 Ce^{3+}的发射为双峰结构(约 350 nm 和 381 nm)，室温下为单峰发射带。为克服在生长中出现石榴石相，采用掺 Y 或 Gd 制得混晶

$Lu_xRE_{1-x}AP$：Ce，如 $Lu_{0.7}RE_{0.3}AP$：Ce。LuYAP：Ce 室温下吸收谱和发射谱如图 2-7 所示[35]。

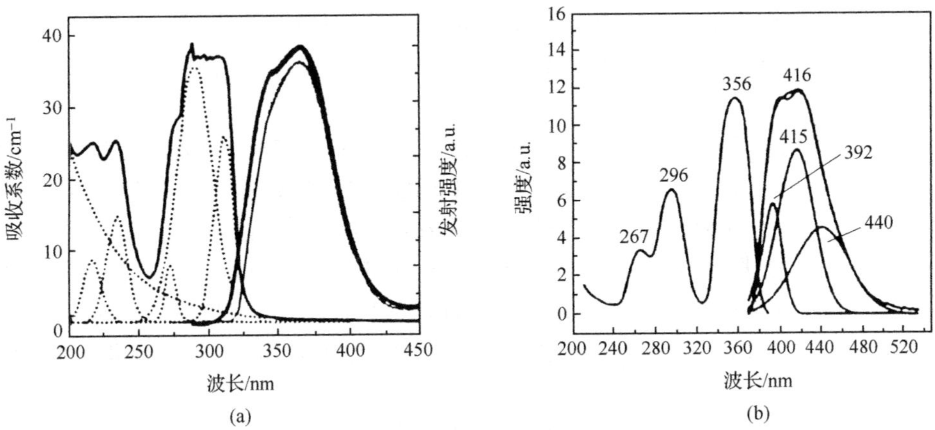

图 2-7　LuYAP：Ce 的吸收和发射谱

(a) 未经处理；(b) 经高斯分解处理

LuYAP：Ce 主激发峰为 289 nm，312 nm(经高斯分解)，发射谱位于 320～420 nm。LuAP：Ce 发光强度随温度升高而增长，室温以上更显著，主要是其结构缺陷形成的缺陷所致，与生长技术欠成熟有关。通过热释光谱分析可知，室温以上有丰富的热释光峰(360 K，500 K，600 K，700 K)，必将导致余辉比例增高，不利使用。据最新报道，$Lu_{0.7}RE_{0.3}AP$：Ce 混晶已用于动物 PET 成像，效果良好，并建议与 LSO：Ce 结合使用更好。$Lu_xY_{1-x}AP$：Ce 的光效高于 $Lu_xGd_{1-x}AP$，但后者有更高的密度和更短的辐射长度，可减少单晶厚度，有利于提高空间分辨率。晶体用提拉法或坩埚下降法生长。

由于 YAP 晶体相对而言更易于生长，人们生长出不同 Lu/Y 比的 LuYAP 晶体[36]。研究表明，Y 的掺入可以在一定程度上帮助稳定 LuAP 的相结构，但并不能完全避免物相偏析。同时，在应力诱导作用下，低镥含量的 LuYAP 晶体易于在〈110〉方向上形成孪晶[37]。Y 掺杂对 LuAP 晶体的闪烁性能也有一定影响，随着 Y 掺杂量的增加，LuYAP 的光产额有所增加，密度下降，慢衰减成分也有所增多[38]。尽管如此，LuYAP 仍不失为一种优秀的 PET 用闪烁材料。欧洲核子中心(CERN)于 2004 年启动的 ClearPET 小动物用高分辨 PET 项目中，选用了 LSO 和 LuYAP 两种晶体组成的复合探测器，其位置分辨率可达 1.5 mm[39]。俄罗斯 BTCP 公司 2005 年为 ClearPET 项目提供了 60 根 $Lu_{0.7}Y_{0.3}AlO_3$：Ce 晶体并将其加工成 9000 个像素器件，这些晶体的平均光输出可达 12000 ph/MeV，具有三个衰减成分，衰减时间分别为 20 ns(85%)、70 ns(12%)和 400 ns(3%)[40]。LuYAP 具有良好的高温特性，在核测井方面具有一定的应用潜力。

2. 石榴石结构稀土铝酸盐闪烁晶体

石榴石结构稀土铝酸盐闪烁晶体主要包括钇铝石榴石（$Y_3Al_5O_{12}$：Ce，YAG）、镥铝石榴石（$Lu_3Al_5O_{12}$：Ce/Pr，LuAG）和钆镓铝石榴石（$Gd_3Al_{5-x}Ga_xO_{12}$：Ce，GAGG）等。

Ce^{3+}激活的 YAG 晶体具有较高的光输出（16700 ph/MeV）和较短的衰减时间（88 ns），但密度偏小（4.55 g/cm^3），相比 LuAG 和 LuYAG 晶体，总的闪烁性能并不十分突出[41]。其最大的特点是对γ射线和α粒子具有不同的脉冲响应，因此可以利用脉冲分形技术（pulse shape discrimination，PSD）实现对不同的轻带电粒子的探测[42]。相比 YAG：Ce，Ce^{3+}激活的 LuAG 晶体具有更大的密度（6.67 g/cm^3），其他性能则与 YAG：Ce 基本相同，因而在 X 射线和γ射线探测方面具有良好的应用前景。

2005 年 Nikl 等生长了 Pr^{3+}激活的 LuAG 晶体[43]，发现这种晶体具有比 Ce^{3+}激活的晶体更快的衰减时间（20 ns），同时具有较高的光产额（20000 ph/MeV）和很好的能量分辨率（4.6%），因而在 PET 方面具有很好的潜在应用。在 LuAG 基础上通过 Y 掺杂开发出的 LuYAG 晶体[44]，也具有很好的性能。

为进一步改善石榴石结构晶体的性能，日本、捷克和美国的研究人员采用能带工程学（band engineering）方法，通过元素替代和掺杂，开发出了一系列石榴石结构的新型闪烁晶体[45]，如 GAGG、$Gd_{3x}Y_{3(1-x)}Ga_{5y}Al_{5(1-y)}O_{12}$：Ce（GYGAG）等。相比于 YAG 和 LuAG 晶体，这些新晶体的闪烁性能有显著改善，特别是光输出得到了大幅提高。相比于LSO和LYSO晶体，GAGG晶体光产额更高（可达到40000 ph/MeV 以上），能量分辨率也更好（4.9%～5.5%），成本有显著优势，且不含有 ^{176}Lu 这样的同位素本底辐射背景，因而在 PET、SPECT、γ相机等核医学应用方面具有很好的应用前景。

在石榴石结构的稀土铝酸盐闪烁晶体中，普遍存在一种特殊的缺陷，即稀土离子与 Al 离子互换位置而形成的反位缺陷（antisite defect）。激活离子通常占据稀土格位，但少量激活离子也会占据 Al 离子的位置。反位缺陷会在价带与导带之间引入陷阱能级，造成衰减时间的延长[45]。

相对于其他闪烁材料，石榴石结构铝酸盐闪烁材料还具有一个巨大的潜在优势，即它们的立方相结构使其易于制成透明陶瓷，因而在大尺寸闪烁器件制备方面相比单晶材料更具优势。对这些材料的闪烁陶瓷研究也是当前国际上一个重要研究方向[46, 47]。几种主要的铝酸盐闪烁晶体的性能参数列于表 2-5。

表 2-5　铝酸盐闪烁晶体性能参数

闪烁体	密度 /(g/cm³)	光产额 /(ph/MeV)	衰减时间 /ns	发光波长 /nm	能量分辨率 (@662 keV)/%
YAP	5.37	20000	25	365	4.4
LuAP	8.34	11000	17	365	6.8
LuYAP	—	12000	20(85%)	365	9.7
YAG	4.55	16700	88	550	3.5
LuAG：Ce	6.67	18000	55～65	510	5.5
LuAG：Pr	6.67	20000	20	310	4.6
GAGG	6.63	46000	88	535	4.9

2.4.3　稀土卤化物闪烁体

早期的稀土卤化物闪烁晶体以稀土氟化物为主，典型代表是 CeF_3。其特点是衰减快(2～30 ns)，密度大(6.16 g/cm^3)，对温度的依赖性小，热中子俘获截面高，因而在高能物理实验领域内有较好的应用前景，曾被列为欧洲核子中心大型强子对撞机装置用候选闪烁体[48]。但其光输出低(4000 ph/MeV)，高质量的大尺寸单晶生长困难，限制了其在各领域的实际应用。20 世纪末和 21 世纪初，一大批性能优异的新型稀土非氟卤化物闪烁晶体涌现，使卤化物闪烁晶体重新成为近十几年来的研究热点。按照这些新型卤化物闪烁晶体的化学组成，可将其大致分为简单稀土卤化物、复合稀土卤化物和 Eu^{2+}激活的碱土金属卤化物三类。

1. 简单稀土卤化物型

此类卤化物主要包括氟化铈(CeF_3)、氯化镧($LaCl_3$：Ce)、溴化镧($LaBr_3$：Ce)、溴化铈($CeBr_3$)、碘化镥(LuI_3：Ce)、碘化钆(GdI_3：Ce)和碘化钇(YI_3：Ce)等。

CeF_3 和掺 Ce^{3+}的材料(BaF_2：Ce，GSO：Ce，LSO：Ce，YAG：Ce，YAP：Ce 等)在快闪烁体中占有极重要的位置，其发光中心是 Ce^{3+}，Ce^{3+}属于 4f→5d 跃迁，而 5d 能级处于外层，受晶场影响大，其发射是由最低 5d 态到 4f($^2F_{7/2}$，$^2F_{5/2}$)的跃迁，故低温(6 K)下 CeF_3 的发射谱为双峰(285 nm 和 301 nm)，如图 2-8。室温以上则交叠为峰值在约 290 nm 的宽带(源于正常格位的 Ce^{3+})，同时在长波端有峰值为 340 nm 的弱带，源于受周围缺陷影响的 Ce^{3+}发射。340 nm 发射带可以被正常 Ce^{3+}的 290 nm 发射带激发，而低温下 340 nm 发射带又可激发可见区(475 nm，535 nm)发射带，它们均来自 CeF_3 晶体中的缺陷中心；室温下可见光发射被猝灭。也就是 CeF_3 中 Ce^{3+}发光中存在“级联”能量传递[49](图 2-9)，即 Ce^{3+}发光→缺陷影响的 Ce^{3+}发光→缺陷发光→猝灭中心(室温)。这种级联传递可能是减弱 CeF_3

发光的主要通道，使其光产额的实验值（1500～4500 光子/MeV）比其理论值（7500～12000 光子/MeV）低得多。CeF_3 晶体中除 Ce^{3+}的近紫外发光外，还包括了各种缺陷发光（可见光），分布很宽。

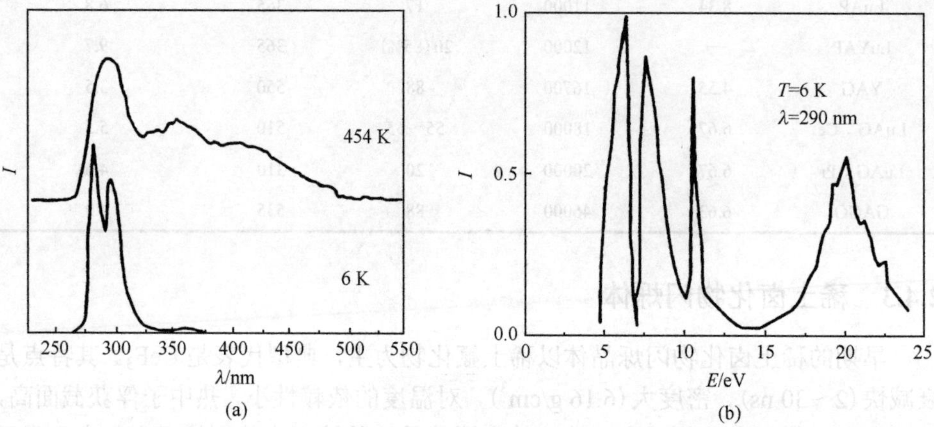

图 2-8　(a) CeF_3 在不同温度下的发射光谱；(b) CeF_3 的激发光谱

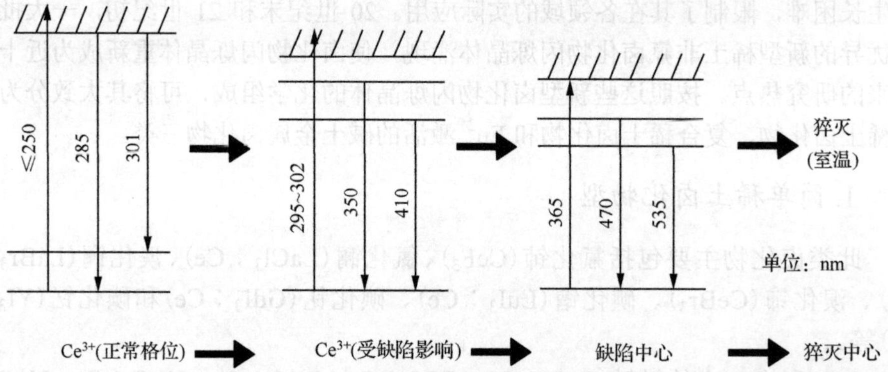

图 2-9　CeF_3 晶体发光中的级联传递

Ce^{3+}发光来自 5d→4f 宇称允许的电偶极跃迁，故发光衰减时间一般为几十纳秒。闪烁体的衰减时间随激发波长不同、温度不同而改变[50]（图 2-10），这表明其能量传递过程也不同。

$LaCl_3$：Ce 和 $LaBr_3$：Ce 晶体于 2000 年和 2001 年先后被 van Loef 等报道[51,52]，它们都具有高光输出、快衰减、高能量分辨率的特点，其中又以 $LaBr_3$：Ce 晶体的性能更为突出。其光输出可达 65000 ph/MeV，衰减时间短于 30 ns，能量分辨率约 3%，各单项指标都达到了当前无机闪烁体的最好水平，综合性能更是全面超越了已有的各种闪烁体，因而一经面世，迅速成为闪烁晶体材料领域的研究热点，

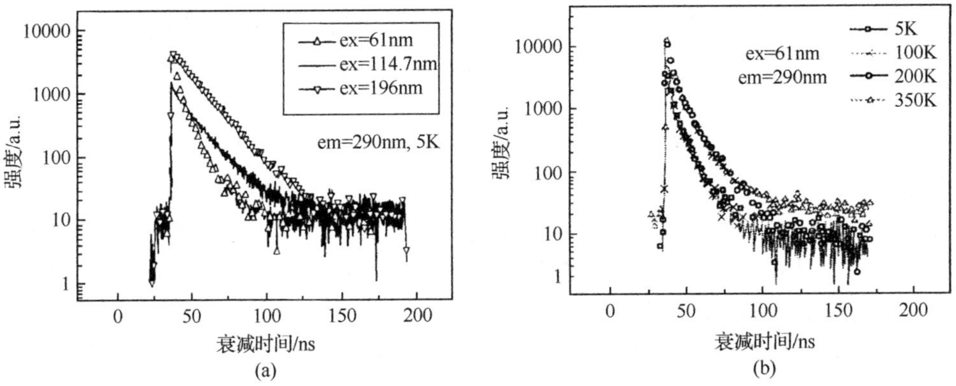

图 2-10　不同波长激发(a)与不同温度下(b) CeF_3 中 Ce^{3+} 离子发光的衰减曲线

被认为是下一代 TOF-PET 用闪烁晶体的有力候选者。2010 年的研究表明，采用 $LaBr_3$：Ce 探测器，可将现有基于 LSO 和 LYSO 晶体的 TOF-PET 的时间分辨率由 550～600 ps 提高至 375 ps 甚至 100 ps [53, 54]。2012 年的研究表明 [55]，在采用单块晶体的新型 PET 探测技术中，$LaBr_3$：Ce 探测器也展现出比 LYSO 探测器更好的性能。LYSO 探测器的空间分辨率为 1.58 mm，能量分辨率为 14.2%，时间分辨率为 960 ps，而 $LaBr_3$：Ce 探测器的空间分辨率为 1.7 mm，能量分辨率为 6.4%，时间分辨率为 198 ps，性能全面占优。2013 年 Alekhin 等 [56, 57] 通过 Ca^{2+}、Sr^{2+} 等共掺杂对 $LaBr_3$：Ce 闪烁性能进行了优化，将晶体的能量分辨率进一步提高到 2%左右。随后，他们对 Ca^{2+}、Mg^{2+}、Sr^{2+}、Ba^{2+}、Li^{+}、Na^{+}共掺杂的 $LaBr_3$：Ce 晶体进行了更深入的研究，发现 Ca^{2+}、Sr^{2+}、Ba^{2+}共掺杂会显著地改善晶体的光输出以及能量分辨率，但伴随有衰减时间的延长。

$LaBr_3$：Ce 晶体也存在一个显著的缺点，即极易吸潮，造成晶体原料制备困难、成本昂贵，且晶体必须封装使用。吸潮和成本问题限制了该晶体的大范围使用，目前其应用仅限于少量前沿科技领域。欧美国家利用 $LaBr_3$：Ce 晶体开展了大量的γ谱学研究，我国于 2010 年发射的嫦娥二号卫星上所配备的最新γ谱仪，即采用溴化镧晶体作为探测核心。$LaBr_3$：Ce 晶体的另一个缺点是具有较大的各向异性，导致大尺寸单晶生长易于开裂，同时晶体性质较脆，机械加工性能不佳。

$LaBr_3$：Ce 晶体熔点较低，在 780℃左右，通常采用垂直 Bridgman 法进行生长。除了易于开裂之外，整体来看生长难度并不算大，晶体质量主要受原料纯度的影响较为明显。Higgins 等于 2008 年报道了 2 英寸 $LaBr_3$：Ce 晶体的生长 [58]。目前 $LaBr_3$：Ce 晶体市场主要由法国 Saint-Gobain 公司所垄断，其提供的晶体器件尺寸最大已可达 3 英寸。

$CeBr_3$ 晶体的发现略晚于 $LaBr_3$：Ce，其光产额和能量分辨率与 $LaBr_3$：Ce 相当，发光衰减时间更短(17 ns) [59]。其特点在于不含 ^{138}La 天然放射性元素，因而在某些对辐射背景要求较为严格的场合有其独特优势 [60]。

继 $LaBr_3$：Ce 晶体之后 LuI_3：Ce、YI_3：Ce、GdI_3：Ce 等晶体也相继出现。它们都具有高光输出、快衰减的特点，但普遍缺点是极易吸潮，高纯无水原料制备困难，成本昂贵。

LuI_3：Ce 晶体发明于 2004 年[61]，具有极高的光输出和很快的发光衰减时间，性能十分优异，在 PET 领域具有潜在应用价值[62]。LuI_3 熔点较高(1050℃)，具有层状生长习性，加上高纯原料难以制备，因此其单晶生长存在困难，目前尚没有生长出大尺寸、高质量晶体的报道。此外，原料价格极其昂贵，在一定程度上削弱了这种晶体的开发价值。GdI_3：Ce、YI_3：Ce 这两种晶体文献报道[63, 64]较少，初步研究表明也都具有优异的性能，但目前尚没有得到高质量、大尺寸的晶体的报道。GdI_3：Ce 晶体可用于中子探测，发光效率为 5000 ph/n[63]。

上述几种简单稀土卤化物型闪烁晶体的基本性能参数总结于表 2-6。

表 2-6 几种简单稀土卤化物闪烁晶体的性能参数

闪烁体	密度 /(g/cm^3)	光输出 /(ph/MeV)	衰减时间 /ns	发光波长 /nm	能量分辨率 (@662 keV)/%
$LaBr_3$：Ce	5.1	65000	30	380	3
$LaCl_3$：Ce	3.8	48000	17	350	3.1
$CeBr_3$	5.2	60000	17	371	4.1
CeF_3	6.16	4000	2～30	285，301	
LuI_3：Ce	5.6	115000	33(74%)	505	3.6
YI_3：Ce	4.6	99000	45	532	9.3
GdI_3：Ce	5.2	90000	43(77%)	552	8.7

2. 复合稀土卤化物型

van't Spijker 等[65]于 1995 年首次报道了 K_2LaCl_5：Ce 晶体的闪烁性能，后续研究发现其具有很高的光输出，是一种可用的闪烁材料。van Loef 等[66]于 2005 年报道了 K_2LaX_5：Ce(X=Cl，Br，I)系列晶体的闪烁性能，结果如表 2-7 所示。随着卤素原子序数的增大，三种晶体的光产额呈增加趋势，而衰减时间呈缩短趋势。K_2LaI_5：Ce 晶体展现出了最佳的综合闪烁性能。

表 2-7 K_2LaX_5：Ce(X=Cl，Br，I)的闪烁性能比较

闪烁体	密度 /(g/cm^3)	光产额 /(ph/MeV)	衰减时间 /ns	发光波长 /nm	能量分辨率 (@662 keV)
K_2LaCl_5：Ce	2.9	30000	80+slow	347，372	5%
K_2LaBr_5：Ce	3.9	40000	50	359，391	5%
K_2LaI_5：Ce	4.4	55000	24	401，439	4.5%

继 K_2LaCl_5：Ce 之后，Dorenbos 等[67]于 1997 年报道了 $RbGd_2Br_7$：Ce[68]晶体。该晶体具有很高的光输出(56000 ph/MeV)和很高的能量分辨率(4.1%@662 keV)，密度为 4.79 g/cm^3，整体性能尚佳，美中不足的是衰减性能一般，虽然主衰减成分较快(43 ns)，但同时存在一些慢衰减成分(～400 ns)。

与此同时，一系列具有钾冰晶石(elposolite)结构的复合稀土卤化物闪烁晶体材料也相继被发现[69, 70] (表 2-8)，并引起了人们的广泛关注。这些晶体可以用通式 A_2BREX_6：Ce 来表示，其中 A 为 Cs 或 Rb，B 为 Li 或 Na，RE 为 La、Gd、Y、Lu 中的一种，X 为 Cl、Br、I 中的一种。各种元素排列组合之后，可以得到数十种不同的化合物。目前已发现的具有良好闪烁性能的就有十余种，典型代表包括 Cs_2LiYCl_6：Ce(CLYC)、$Cs_2LiLaCl_6$：Ce(CLLC)、$Cs_2LiLaBr_6$：Ce(CLLB)等。它们普遍具有很高的光输出和很好的能量分辨率，且具备很好的中子探测能力。CLYC 的中子探测效率为 70000 ph/n，高于常用的中子探测材料 ^{6}LiI：Eu。Cs_2LiYBr_6：Ce 的中子探测效率更高，可达 88200 ph/n。CLYC 和 CLLC 晶体在γ射线激发下可产生超快(～1 ns)的芯带–价带发光(Core-to-Valence Luminescence，CVL)，可利用这一点，通过脉冲分形技术实现对γ射线和中子的双敏探测(dual sensation)[71]。Glodo 等[72]于 2013 年对 CLYC 的研究历史和闪烁性能进行了较为详细的总结。近期的研究表明，$Cs_2NaGdBr_6$：Ce[73]、$Cs_2NaLaCl_6$：Ce[74]、$Cs_2NaLaBr_6$：Ce[74]等晶体也都具有优异的闪烁性能。但所有的复合稀土卤化物都是易潮解的，需密封使用。

表 2-8 几种钾冰晶石结构复合稀土卤化物闪烁晶体的性能参数

闪烁体	密度 /(g/cm^3)	光输出 /(ph/MeV)	衰减时间 /ns	发光波长 /nm	能量分辨率 (@662 keV)/%
Cs_2LiYCl_6：Ce	3.31	20000	2800	390	3.9
$Cs_2LiLaCl_6$：Ce	3.3	35000	450(71%)	400	3.4
$Cs_2LiLaBr_6$：Ce	4.2	60000	55，>270	410	2.9
Cs_2LiYBr_6：Ce	4.15	24000	85(39%)+slow	389，423	7.0
$Cs_2NaGdBr_6$：Ce	4.18	48000	65(48%)+slow	393，422	3.3
$Cs_2NaLaCl_6$：Ce	3.26	26400	66(26%)+slow	373，400	4.4
$Cs_2NaLaBr_6$：Ce	3.93	46000	48(18%)+slow	387，415	3.9

复合稀土卤化物是新型闪烁晶体材料的宝库，预计未来几年仍将是闪烁晶体领域一个不可忽视的重要发展方向。

3. Eu^{2+}激活的碱土金属卤化物型

该类型闪烁晶体以 SrI_2：Eu 为典型代表，还包括 CaI_2：Eu、BaI_2：Eu、$CsBa_2I_5$：Eu 和 BaBrI：Eu 等。它们都采用 Eu^{2+}作为激活剂，通常具有极高的光

输出以及优异的能量分辨率。Eu^{2+}激活的闪烁晶体通常具有发光衰减时间较长的缺点，其发光衰减时间通常达到微秒级，这可能会限制这类晶体在一些快计数领域的应用，但并不妨碍其在安全检查、核素甄别、工业探伤等领域的应用。

CaI_2：Eu和SrI_2：Eu晶体最早由Robert Hofstadter分别发现于1964年和1968年，但一直未能引起人们的关注。2008年，Cherepy等[75, 76]对SrI_2：Eu晶体进行了进一步的研究，发现其具有优异的闪烁性能，光输出甚至超过了$LaBr_3$：Ce，这才使碱土金属卤化物闪烁晶体重新受到关注。CaI_2：Eu闪烁晶体具有极高的光输出(110000 ph/MeV)，但是由于层状生长习性，晶体生长以及晶体后期的加工都很困难，限制了其实际应用。SrI_2：Eu 晶体没有层状习性，但高质量单晶的生长也并不容易，这主要是由于单晶生长用无水 SrI_2、EuI_2 原料极易吸潮、氧化，纯度不足。通过对原料的深度提纯，研究人员[77, 78]于 2013 年采用垂直 Bridgman 法成功生长出了直径最大达 2.5 英寸 SrI_2：Eu 单晶。测试结果证实，SrI_2：Eu 的光输出在 90000 ph/MeV 以上，能量分辨率可达 2.6%(@662 keV)，闪烁性能极为优异。

在 SrI_2：Eu 晶体的基础上，LBNL 的研究人员[79, 80]在 2009 年和 2010 年相继报道了$CsBa_2I_5$：Eu 和 BaBrI：Eu 两种新型闪烁晶体[81]。这两种晶体同样具有很高的光输出和优秀的能量分辨率，且衰减速度比 SrI_2：Eu 有所加快，具有很大的发展潜力。

所有的碱土金属卤化物也都是极易吸潮的，因此单晶生长用高纯无水原料的制备也存在很大困难。对上述晶体更全面的性能研究，有待于高纯无水原料制备技术和大尺寸单晶生长技术的进展。

几种主要的碱土金属卤化物型闪烁晶体的性能参数列于表 2-9。

表 2-9 碱土金属卤化物闪烁晶体的性能参数

闪烁体	密度 /(g/cm³)	光输出 /(ph/MeV)	衰减时间 /ns	发光波长 /nm	能量分辨率 (@662 keV) / %
CaI_2：Eu	3.96	110000	790	470	5.2
SrI_2：Eu	4.55	>90000	1200	435	2.6
BaI_2：Eu	5.1	40000	317(36%) 646(42%)	420	8
$CsBa_2I_5$：Eu	4.9	102000	284(10%) 1200(58%) 14000(32%)	435	2.55
BaBrI：Eu	5.2	97000	70(1.5%) 432(70%) 9500(28.5%)	413	3.4

2.5　陶瓷闪烁体

无机闪烁体大多以单晶的形式进行应用。单晶闪烁体固然性能优良，但存在成本高、各向异性和大尺寸晶体生长困难、设备要求高、生成速度慢等问题。与之相比，闪烁陶瓷具有各向同性、易加工和易于获得大尺寸产品等优点，在医用 X-CT 闪烁屏等特定应用领域比单晶更有优势。

透明闪烁陶瓷具有陶瓷固有的耐高温、耐腐蚀、高绝缘、高强度等特性，又具有玻璃的光学性能，是单晶闪烁体的有力竞争者。大尺寸的单晶材料生长需要特殊的设备和复杂的工艺，生产周期长、成本高、成品率低。对于具有复杂掺杂状态的新型光功能材料，传统的晶体生长技术难以保证掺杂离子的高浓度和均匀分布，对材料光学性能的调控受到了限制。透明陶瓷可以在大大低于材料熔点的温度下完成高致密度光学材料的制备，制备时间远低于提拉晶体所需时间，易于实现批量化低成本生产，特别是能够根据器件应用要求较方便地实现高浓度离子的均匀掺杂，避免由于晶体生长工艺限制所造成的掺杂浓度低、分布不均匀的状况，这对材料发光性能的提高至关重要。

陶瓷闪烁体是介于粉末与单晶之间的一种形态，其性能大大优于粉末微晶。透明陶瓷将是单晶闪烁体的替代品和有力的竞争者，不仅制备方法简单、成本低，而且各向同性，便于应用。与粉末微晶相比，它可以减少光散射，使闪烁光完全透射出，又便于加工成有一定间隙的微米级小条，可提高图像的分辨率。陶瓷的透光性主要取决于其组成相的折射率之差，差值越大，二次相越多，透光性越差。最有利的晶体结构是沿光轴方向的折射率之差为 0，即各向同性的立方晶体是最佳结构。由于陶瓷结晶的多相性特点，玻璃相与气相的存在是影响透光性的主要因素，透明陶瓷的透过率必须＞40%。另外，透过波段是可见光区(0.4～0.8 μm)，故透明陶瓷的颗粒必须避免 0.4～0.8 μm 大小的晶体存在，这是因为入射光波长与晶粒尺寸相当时，形成的散射最大。

近十年来，美国、日本、德国等国家相继开展了闪烁陶瓷的研究，并已经实现部分产品的工业化生产。GE、Siemens、Hitachi 等公司以及一些研究单位相继开展了陶瓷闪烁体的研究，开发出 $(Y, Gd)_2O_3$：Eu, Pr(YGO)[82]、Gd_2O_2S：Pr, Ce, F(GOS)[83]、$Gd_3Ga_5O_{12}$：Cr, Ce(GGG)[84]、$BaHfO_3$：Ce[85]、Lu_2O_3：Eu[86]等稀土氧化物陶瓷闪烁体。这些材料不仅密度高，吸收系数大，而且发光效率接近同成分的闪烁单晶。其中西门子公司已经在医学 X-CT 成像系统上成功地应用了 GOS 陶瓷闪烁体。

对闪烁陶瓷的性能要求与闪烁晶体大致相同，额外增加的指标主要是透明性。透明性对陶瓷闪烁体材料十分重要。闪烁体发出紫外或可见光后，光子需要高效地传输到光二极管，因此要求闪烁陶瓷具有高的透明度，尽可能地减少光的反射、散射以及对发射波长的光吸收等现象。此外，针对闪烁陶瓷在 X-CT 等医学方面的应用特点，通常还要求其具有快的衰减速度和短的余辉，以满足其快速扫描应用的要求。余辉现象会致使重构图像产生变形或失真，所以通常在制备陶瓷闪烁体材料时掺加余辉抑制剂。

目前已有的陶瓷闪烁体主要是稀土掺杂的氧化物、硫化物和含氧酸盐——Y_2O_3、Gd_2O_3、Lu_2O_3、Gd_2O_2S、$Gd_3Ga_5O_{12}$、YAG 等。正在研制中的有 $BaHfO_3$：Ce^{3+}和 $Gd_{3-x}Ce_xAl_ySi_zGa_{5-y}O_{12}$ [87] 陶瓷闪烁体，为了减少余辉而采用了共掺杂，如 $(Y, Gd)_2O_3$：Eu 和 Gd_2O_2S：Pr 共掺 Ce 和 F，它们都有各向同性的特点。

影响陶瓷透明性的主要因素如下[88]：

(1) 晶界结构：陶瓷材料通常有两相或多相的结构，从而导致了光在相界表面上发生散射。透明陶瓷材料是单相的，晶界和晶体的光学性质差别不大，晶界模糊，而非透明材料具有多相结构，晶界清晰。

(2) 气孔率：气孔率是对透明陶瓷透光性能影响最大的因素。普通陶瓷中存在大量封闭气孔，即使其具有很高的致密度，往往也难以透明。多晶和气孔的折射率相差很大，使入射光发生强烈的散射。

(3) 第二相杂质：由杂质生成的异相会导致光散射，使入射方向上透射光的强度被削减，使制品的透明度明显降低，甚至不透明。因此，透明陶瓷的结构须是连续、均一的单相，这就要求原料必须有很高的纯度，以避免杂质和杂相的生成。

(4) 晶粒尺寸：研究表明，晶粒的尺寸和分布也能影响陶瓷的透明性。入射光波长大于晶粒直径时光线容易通过。分散性良好且粒度小的原料微粒经过烧结时可以使气孔的扩散途径有效缩短，这样得到的陶瓷结构均匀，透明度高。因此，超细、高分散粉体制备技术是透明陶瓷制备过程中的一项关键技术。

(5) 添加剂：为了获得透明陶瓷，有些条件下需加入少量添加剂，从而抑制晶粒的生长，通过晶粒边界的缓慢移动减少气孔。但添加剂还应完全溶于主晶相且保证系统的单相性。

主要的陶瓷闪烁体的基本性能示于表 2-10 中。

表 2-10 陶瓷闪烁体基本性能比较

闪烁体	晶体结构	密度 /(g/cm³)	发射(峰) /nm	相对光产额 /%	衰减时间 /s	余辉[a] /%
CsI：Tl(单晶)用于比较	立方	4.51	550	100	1×10^{-6}	0.3
Lu_2O_3：Eu(5%)	单斜	9.4	610	39	$>1\times10^{-3}$	>0.3
YAG：Ce	立方	4.68	520	20	85×10^{-9}	
$Y_{1.34}Gd_{0.6}Eu_{0.06}O_3$	立方	5.92	610	70	$>1\times10^{-3}$	<0.01
Gd_2O_2S：Pr, Ce, F	六角	7.34	510	80	3×10^{-6}	<0.01

续表

闪烁体	晶体结构	密度 /(g/cm³)	发射(峰) /nm	相对光产额 /%	衰减时间 /s	余辉[a] /%
$Gd_3Ga_5O_{12}$：Cr, Ce	立方	7.09	730	40	14×10^{-5}	0.01
$BaHfO_3$：Ce	立方	8.35	400	15	25×10^{-9}	

a. X 射线脉冲激发停止后 100ms 时室温下测得。

一些重要的稀土闪烁陶瓷介绍如下：

1. Gd_2O_2S：Pr^{3+}, Ce^{3+}, F^-(GOS)[89]

GOS 是一种很好的 X 射线探测材料。Pr^{3+}的 $^3P_0 \rightarrow {}^3H_J$ 跃迁的发射光谱分布较宽，从 470 nm 延伸到 900 nm，峰值发射位于 510 nm。GOS 陶瓷闪烁体和硅光电二极管配合使用，探测灵敏度是 $CaWO_4$ 晶体探测器的 1.8～2.0 倍，由此可以提高低对比度的可探测性和减少 X 射线透射剂量。在 GOS 闪烁体中，Pr^{3+}是主要的发光离子，Ce^{3+}和 F^-主要用来缩短余辉时间。由于无法获得 X-CT 所要求的足够大的 GOS 单晶，人们在 1101.325 kPa 氩气中采用 1300℃的热静压技术，制备了致密的 GOS 陶瓷闪烁体。助溶剂 Li_2GeF_6 对于这种半透明陶瓷的性质影响很大。

X 射线激发时 Gd_2O_2S：Pr 的发光过程如下[90]：

(Ⅰ) $\text{X-rays} \longrightarrow e^- + h^+$

(Ⅱ) $Pr^{3+} + h^+ \longrightarrow Pr^{4+}$

(Ⅲ) $Pr^{4+} + e^- \longrightarrow (Pr^{3+})^* \longrightarrow Pr^{3+} + h\nu$

GOS 闪烁体用于 X-CT 技术具有以下优点：①有效原子序数约为 60，具有高的 X 射线吸收系数，即对 X 射线的阻止本领高；②X 射线的转换效率高，约为 15%；③发光中心 Pr^{3+}的余辉相当短，10%余辉时间为 3～6 μs；④发射光谱分布宽，从 470 nm 延伸到 900 nm，可与硅光电二极管的光谱灵敏度较好匹配；⑤无毒、不潮解、化学性质稳定。

其主要缺点包括：①GOS 为六方晶体结构，光学各向异性，双折射效应导致该陶瓷仅能做成半透明，较高的光散射降低了探测效率，逸出光还会对光探测器造成损害；②在单元闪烁体中存在晶粒边界，增加了对光的吸收，与单晶相比，光的透射率低，其光学透射率约为 60%；③辐照损伤值相对较高(−3%)和 $CdWO_4$ 相当。

2. $(Gd, Y)_2O_3$：Eu(YGO)[91]

第一块陶瓷闪烁体 YGO 是由美国 GE 公司为高性能医学 X-CT 特制的，商品名为 HiLighit™，主要应用于 CT 探测器上，它是 Eu 掺杂的 Y_2O_3 和 Gd_2O_3 固溶体的透明陶瓷。HiLighit™ 的化学计量比为：$Y_{1.34}Gd_{0.6}Eu_{0.06}O_3$，是在 Y_2O_3：Eu

中添加 Gd_2O_3 用来提高密度并增加对 X 射线阻止本领。由于 Y^{3+}、Gd^{3+} 和 Eu^{3+} 的离子半径相似（Y^{3+} 0.0892 nm，Gd^{3+} 0.0938 nm，Eu^{3+} 0.095 nm），Gd^{3+} 和 Eu^{3+} 可以很好地固溶到 Y_2O_3 晶格中得到立方相的 $(Y, Gd)_2O_3$：Eu^{3+} 晶体[82]。

Gd_2O_3 和 Eu_2O_3 在低温下是立方相结构，但在 1570 K 和 1670 K 温度下处理后会变成单斜相的结构，而 Y_2O_3 则是稳定的立方相结构[92]。一些学者对不同化学剂量比的 YGO 的粉体和陶瓷的晶体结构进行了研究。含 10 mol% Y_2O_3 的 YGO 粉体和陶瓷烧结体在 1300℃都会从立方相向立方单斜的混合相转变，并在 1400℃时完全转变成为单斜相[82]。Roh 等[93]以喷雾热解法制备了 $(Gd_xY_{1-x})_2O_3$：Eu 粉体，XRD 显示不同 Gd 含量下所得粉体均为立方相结构，但其结晶度会随着 Gd 含量的增加而降低。

在 X 射线或紫外光激发下，YGO 的发射光谱的特征峰位于 610 nm 附近，对应 Eu^{3+} 的 4f-4f（$^5D_0 \rightarrow {}^7F_2$）跃迁。室温下的特征衰减时间约为 1 ms，这个余辉时间对于闪烁体而言太高，会导致重建 CT 图像的扭曲和失真[94]。快速发展的医疗诊断技术要求不断降低探测时间，从而减少人体对 X 射线的吸收。一般通过共掺杂其他离子来解决余辉时间过长的问题。常用的掺杂离子主要是 Pr^{3+} 和 Tb^{3+}。Eu^{3+} 作为激活剂具有向 Eu^{2+} 的价态转变趋势，因此是一种很强的电子陷阱；而 Pr^{3+} 却有俘获空穴变成 Pr^{4+} 的趋势，[Pr^{4+}-Eu^{2+}] 对可通过无辐射过程衰减，因此不会发生新陷阱的热化，从而降低余辉。通过共掺杂 Pr^{3+} 可以降低余辉近两个数量级。Tb^{3+} 共掺杂也有类似的效应，因为 Tb^{3+} 也有向 Tb^{4+} 转变的趋势。

3. Lu_2O_3：Eu

Lu_2O_3：Eu 是一种新型的透明闪烁陶瓷材料。Lu_2O_3 的熔点高达 2450℃，因此其单晶生长是极为困难的，但其稳定的立方相结构使其透明陶瓷的制备成为可能。2002 年，Lempicki 等[95]利用高温高压法制得了 Lu_2O_3：Eu 陶瓷，其密度高达 9.4 g/cm^3，光产额接近于 CsI：Tl 晶体。Shi 等于 2009 年在无压力条件下，经 1850℃烧结出透光率在 80%以上的 Lu_2O_3：Eu 透明陶瓷，其在 X 射线激发下的发光强度可达 BGO 单晶的 10 倍[96]。Lu_2O_3：Eu 的发射谱峰值为 610 nm，与 CCD 探测器的光谱灵敏度匹配良好。因而用它成像具有高的对比度和高分辨率。Lu_2O_3：Eu 的一些基本性能超过了许多现有的闪烁晶体，但是它的衰减时间偏长（1.3 ms），不宜用作动态的快速成像，而只能由于静态γ射线成像。

4. $Gd_3Ga_5O_{12}$：Cr, Ce（GGG）

GGG 为立方石榴石结构，密度 7.09 g/cm^3，八配位的 Cr^{3+} 在 GGG 内处于弱晶体场中，呈现一个中心位于 730 nm 的宽带发射，特征衰减时间为 0.14 ms。Ce 掺杂可大幅度降低余辉，但掺 Ce 同时也会显著降低光输出（降低至原来的 40%），这主要是由无辐射跃迁增加造成的[97]。

表 2-11　列出一些典型的稀土闪烁材料性能

闪烁体	有效原子序数(Z_{eff})	密度/(g/cm^3)	辐射长度/cm	衰减时间/ns	发射峰/nm	光产额/(ph/MeV)	折射率(n)	吸湿性	熔点/℃	辐照硬度/Gy	应用
无机晶体											
$LiI:Eu^{2+}$	52.3	4.08	2.18	1400	470～485	12	1.96	强	446		中子
$CaF_2:Eu^{2+}$	17.1	3.19	6.72	940	420	19	1.47	不吸湿	1403		核医学
CeF_3	53.3	6.16	1.66	30	375	2	1.68	不吸湿	1443	10^3～10^4	核医学
$LaBr_3:Ce^{3+}$	46.9	5.3	1.88	30(90%)	370	61	～1.9	强	783		PET，核医学
$Gd_2SiO_5:Ce^{3+}$	59.5	6.71	1.38	30～60/600	430	9	1.85	不吸湿	1900	$>10^6$	PET，核医学
$Lu_2SiO_5:Ce^{3+}$	66.4	7.40	1.14	40	420	27	1.82	不吸湿	2050	10^6	PET，核医学
$YAlO_3:Ce^{3+}$	33.5	5.35	2.77	28	370	16	1.94	不吸湿	1875	10^2～10^3	PET，核医学
$LuAlO_3:Ce^{3+}$	64.9	8.34	1.08	18(75%)	350	10	1.97	不吸湿	1960		PET，核医学
$Lu_3Al_5O_{12}:Ce^{3+}$	62.9	6.73	1.45	70	535	12	1.84	不吸湿	2043		XCT，核医学 PET
$LuBO_3:Ce^{3+}$	66.0	6.8	1.28	21	375，410	50	1.59(D)	不吸湿	1650		XCT
陶瓷和玻璃闪烁体											
$Y_{1.34}Gd_{0.6}O_3:Eu^{3+}, Pr$	51.5	5.92	1.74	10^6	610		1.96	不吸湿	～2400		XCT
$Gd_2O_2S:Pr^{3+}, Ce$	61.1	7.34	1.16	3000	510	28	2.2	不吸湿	>2000	10^2～10^3	XCT
$SCG1:Ce^{3+}$	44.4	3.49	4.14	100	430	0.5	1.61	不吸湿		10^4	核医学
Li-glass：Ce^{3+}(GS20)	25.2	2.48	10.9	100	395	6/nth	1.55	不吸湿	1200		中子
Gd_2O_3-glass：Ce^{3+}	59.0	5.63	1.84	＜500	380	1		不吸湿			核医学

5. 铪酸盐系列

近几年，铈激活的碱土铪酸盐 $MHfO_3$(M=Ba，Ca，Sr)系列[85]闪烁陶瓷引起了广泛关注。它们能产生高强快速荧光，余辉很低，发光效率高。美国通用公司在 2003 年公开了透光度得到改善的掺铈碱土二氧化铪闪烁体的专利[98]。获得高活性的铪酸盐粉体，是制备铪酸盐透明陶瓷的关键，可用喷雾干燥法、燃烧法、共沉淀法、溶胶–凝胶法、固相法制备铪酸盐粉体。如巴学巍等[99]以氨水为沉淀剂，沉淀经 1200℃下煅烧制备出粒径范围在 15～30 nm 的近球形 $SrHfO_3$：Ce 纳米粉体；Villanueva-Ibanez 等[100]选用 $Hf(OC_2H_5)_4$、$Sr(OC_2H_5)_2$ 和 $Ce(NO_3)_3$ 为原料，以 $CH_3OCH_2CH_2OH$ 为溶剂，制备出 $SrHfO_3$：Ce 纳米粉体，并讨论了不同 Hf/Sr 比对粉体相组成的影响。

新型闪烁体研究的三大基本目标是高效率、高密度、快衰减。至今虽无非常满意的全能闪烁体，但比较而言，LSO：Ce 最好。就无机材料基质而言，目前仍是重金属(Bi，Pb，W，RE^{3+}…)，特别是重稀土的含氧酸盐或氧化物 LSO、GSO、LGSO、LAP、YAP、LYAP、YAG 等。最近又报道了 $Lu_2Si_2O_7$：Ce，LaBr：Ce 新型高效快闪烁体，掺杂 Ce^{3+}作发光中心为优。就新型闪烁体的形态结构而言，透明陶瓷闪烁体是后起之秀，包括氧化物、硫氧化物、含氧酸盐，如 RE_2O_3(RE：Y，Gd，Lu)，Gd_2O_2S，$Gd_3Ga_5O_{12}$，$Gd_3Al_3Ga_2O_{12}$。作为发光中心的掺杂离子仍为 RE^{3+}(Ce^{3+}，Pr^{3+}，Eu^{3+}，…)，由于制备相对容易、成本低，其发展趋势是逐渐替代某些单晶闪烁体。表 2-11 列出一些典型的稀土闪烁材料性能。

目前，稀土闪烁陶瓷都主要用于 X-CT 领域。近几年来，用于γ射线探测的石榴石结构闪烁陶瓷取得了很大进展，成为当前闪烁材料领域的一个研究热点。

2.6 X 射线发光材料

2.6.1 X 射线发光

X 射线又称为伦琴射线，其本质与紫外线和γ射线一样，均是电磁波。不过 X 射线属于高能电磁辐射，它的能量约在 30～120 keV，它的波长介于两者之间。虽然 X 射线、γ射线和紫外线都是电磁辐射，但它们产生的机理各不相同。γ射线是原子核内部能量状态的改变而产生的电磁波；X 射线是由于高速的电子流轰击某些固体材料时，引起固体中原子的内壳层电子的能量状态的改变，而产生的电磁辐射；紫外线则是由于原子外壳层电子的能量状态的改变而产生的电磁辐射(按照电磁理论，高速运动的电子流速度突然发生变化时，也会产生电磁辐射，即所谓韧致辐射，辐射波长也在 X 射线源范围，为连续谱)。图 2-11 示出特征的 X 射线谱。

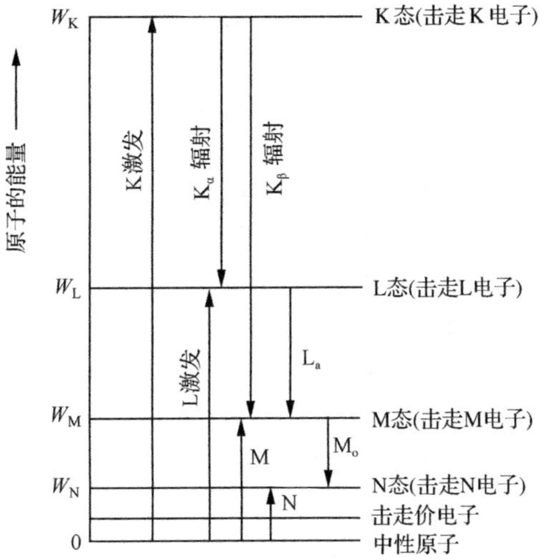

图 2-11　标识 X 射线谱

实验证明，各种激发方式下的发光光谱，其基本形状是相同的，这说明一个重要的事实，即在各种激发方式下的发光的最后阶段，本质上是一样的，即各种形式的发光都是起源于某些能量之间的跃迁。从某种意义上说，X 射线和放射性激发过程与紫外线激发不同，而与阴极射线却很接近。

根据发光材料组成的质量吸收系数μ、材料的密度ρ、材料的厚度 x，可以利用下式计算出发光材料的吸收率：

$$I / I_0 = e^{-\mu\rho x}$$

式中，I_0为入射的 X 射线强度；I为透过材料后的 X 射线强度。

伦琴(W. C. Roentgen)于 1895 年发现 X 射线，其后根据这种特殊的辐射线能够透过一些物质，他将 X 射线照射到人手，在胶片上得到第一张 X 射线透视图像。但由于照相胶片的感光光谱与 X 射线的波长不匹配，因此，需要照射很长时间才能使胶片感光而形成影像。1895 年伦琴提出应寻找某种发光材料，它能吸收 X 射线并能有效地发射可见光，从此开始了 X 射线发光材料的研究与应用。第一种 X 射线发光材料是钨酸钙($CaWO_4$)，是由普平(M. Pnpin)在 1896 年发现的。以后又发现 $BaPt(CN)_4 \cdot 4H_2O$，1930 年开发出$(Zn, Ca)S : Ag^+$，在 20 世纪 60 年代又研制出许多稀土化合物 X 射线发光材料，具有很高的发光效率。

与光致发光相比，X 射线发光的特点是作用于发光材料的激发光子能量非常大，其发光机制也不同，X 射线发光不是直接由 X 射线本身引起的，主要是靠 X 射线激发产生的大量次级电子直接或间接地作用于发光中心而产生发光。与阴极射线发光机制的不同之处在于，X 射线激发概率随发光物质对 X 射线吸收系数的增大而增大，这个系数又随元素的原子序数的增大而增大。因此，X 射线发光宜采用含有重金属元素的化合物。稀土元素的原子序数大，其化合物密度高，非常适用于X射线发光材料，因此，稀土发光材料在此领域又显示出它独特的优越性[101]。

X射线、γ射线激发发光材料产生发光的机理和阴极射线类似。这类电离辐射被发光材料吸收、激发晶体中发光中心原子的内层电子，同时激发价电子产生等离子体。内层电子的激发发生在较重原子中，如稀土原子和钨原子。内层电子激发需要较高能量，等离子体激发所需辐射能低。被激发出的电子在晶体中散射，又撞击诱发一系列电离过程，产生更多的次级电子。次级电子能量高，足以通过俄歇效应产生更多的次级电子。次级电子倍增的结果是激发晶体价带顶的电子到导带底，产生许多能量接近禁带宽度的自由电子和自由空穴，即所谓热激发电子和空穴。这些热激活电子–空穴对互相复合时，释放出能量传递给晶体中的发光中心，就产生发光现象。这个过程叫做基质敏化过程(host sensitization)，类似于ⅡB-ⅥA和ⅢA-ⅤA族化合物的光致发光过程。

X射线作用于发光材料上，除了一部分透过，一部分被吸收转化为可见光发射之外，对某些具有存储发光的物质(引起缺陷产生和电离)，可以把吸收的X射线能量以激发态的电子和空穴的形式，暂时存储在晶体的某些陷阱中。根据陷阱深度不同，电子和空穴在室温下存储时间长短也有差别，可从几小时到几天。当晶体被加热或受到可见光的激励时，存储在陷阱中的电子和空穴就会跃出陷阱，或者发生带间复合而发光，或者在发光中心上复合而发生分立中心发光。受到加热而发光称为热释发光(thermoluminescence)，受可见光或红外线照射而发光叫做X射线诱导光激励发光(X-ray induced photostimulated luminescence)，简称为光激励发光(photostimulated luminescence)或X射线存储发光(X-ray storage luminescence)。前者应用于辐射剂量检测，后者可应用于医学检测的X射线计算影像技术(computed radiography，CR)。

X射线荧光屏(X-ray fluorescent screens)主要用于健康检查时X射线透视、机场、车站旅客的行李物品的安全检查，以及工业产品的无损伤检查。这种荧光屏的发光材料要求具有高的X射线吸收效率、高的发光效率、荧光屏的发光光谱应与人的视觉函数相匹配，照相胶片或摄像机的感光光谱相匹配，以及发光的余辉时间较短，以避免物体移动时产生影像重叠。

荧光屏(图2-12)是由粉末状的X射线发光材料悬浮在高分子胶黏剂胶液中，再涂覆在高质量的白卡纸上面制成。干涸后的发光粉层厚度约200～300 μm，在发光层的上面再涂覆一层约2 μm厚的透明保护膜。

20世纪20年代最早使用的荧光屏中的发光材料是$CaWO_4$和Zn_2SiO_4：Mn^{2+}。从1935年起，一直使用(Zn, Cd)S：Ag^+，它在X射线激发下发射明亮的黄绿色荧光。其荧光发射波长取决于ZnS和CdS的含量比。当ZnS/CdS的摩尔比为7：3时，光谱的峰值波长为540 nm，正好与人眼的视觉函数相匹配。1977年开始使

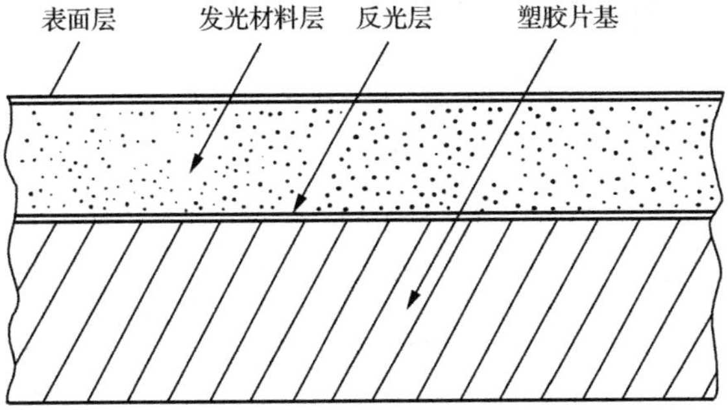

图 2-12　X 射线荧光屏的结构

用 $Gd_2O_2S:Tb^{3+}$作为 X 射线荧光屏的发光材料。$Gd_2O_2S:Tb$ 荧光屏可以和 X 射线影像照相机或摄像机结合使用。$Gd_2O_2S:Tb^{3+}$荧光屏的吸收效率、发光效率均优于(Zn, Cd) S：Ag^+荧光屏(图 2-13 和图 2-14)。

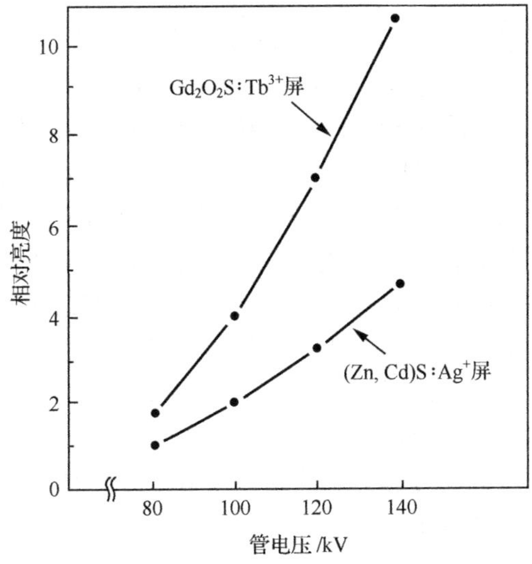

图 2-13　$Gd_2O_2S:Tb^{3+}$和(Zn, Cd) S：Ag^+荧光屏亮度的对比

因为荧光屏是用肉眼直接观察，所以荧光屏应具有较高的亮度，发光材料的粒度应比较大，平均粒径为 20～40 μm。

目前，目视检测的荧光屏医学诊断技术已逐步被镜面照相、影像增强管技术所取代。用于机场的行李检查和工业产品无损检查时的 X 射线荧光探测，则采用摄像机读取荧光屏上的影像，传输到电视显示器上观察。

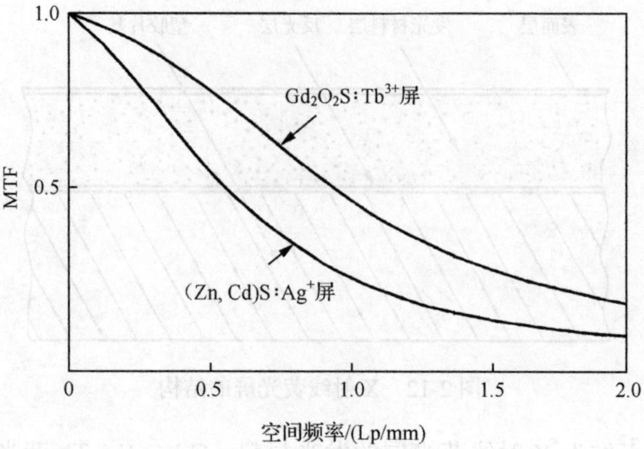

图 2-14 Gd_2O_2S：Tb^{3+}和(Zn，Cd)S：Ag^+荧光屏锐度的对比

2.6.2 X 射线增感屏

在进行 X 射线照相时，若用 X 射线直接照射胶片，则大部分 X 射线透过，仅有少部分使胶片感光。这就是说，需要延长 X 射线的辐照时间或加大 X 射线的辐射剂量，才能拍摄一张好的 X 射线医疗诊断图像，由此将对人体产生很大的危害。利用发光材料增感的方法可以增加 X 射线对胶片的曝光，以缩短摄影时间或减少辐照剂量。1896 年麦迪生发现 $CaWO_4$ 在 X 射线激发下产生可见的蓝紫荧光，与 X 射线胶片配合使用，大大缩短了 X 射线的辐照时间。从 20 世纪初开始，医疗诊断 X 射线照相技术一直沿用由 $CaWO_4$ 制成的 X 射线增感屏(X-ray intensifying screens)，其成像质量好，价格便宜，但相对增感倍数低，将 X 射线转换为可见光的效率低，仅为 6%。20 世纪 70 年代初，人们研制开发出转换效率高的稀土发光材料，某些稀土发光材料不仅具有与 $CaWO_4$ 相同的照相效果，而且在 X 射线的激发下呈现相当高的发光效率，用此增感屏可以明显地降低 X 射线的辐照剂量，不仅引起人们极大的关注，并实现了商品化。

X 射线增感屏的结构(图 2-15)类似于 X 射线荧光屏，其包括：

(1)发光材料层。由荧光粉和黏结剂(如聚甲基丙烯酸乙酯、硝酸纤维、醋酸纤维或聚醋酸乙烯等聚合物)组成，以有机溶剂混合均匀，平整地涂敷在基片上。

(2)乳胶保护层。涂在发光层之上，以防发光层受到污染或损坏。保护层很薄，为可透过 X 射线和可见光的聚合物材料，要求透光度高、光滑、耐磨、防水、防尘、防静电及强度高。

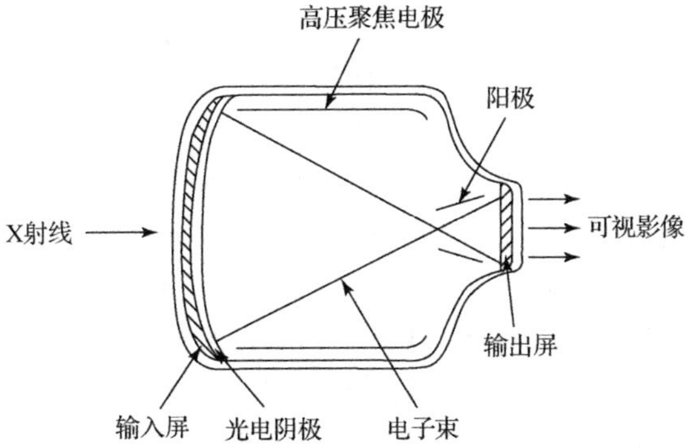

图 2-15　X 射线增感屏的结构

(3) 片基。片基是增感屏的结构支撑部分，可由白色、强度高的硬卡纸或塑料制成，现多采用涤纶、聚酯或聚苯乙烯，可提高制屏效率和改善屏的防潮性能。

(4) 底层。在片基与发光层之间涂有底层，底层有反射层和吸收层两类。反射层由反射系数高的白色颜料(如钛白粉、碳酸镁)和胶黏剂组成，或采用电镀铝膜，作用是增强屏的亮度；吸收层是为了防止背向散射荧光干扰成像，在片基与发光层之间衬一层防反射层，可增加影像锐度，提高成像质量。

X 射线增感屏通常采用流延涂布法制作，首先选择合适的高分子胶黏剂和合适的有机溶剂将它们配制成胶液，把 X 射线发光材料的粉体置于胶液中，充分搅拌均匀形成浆液(悬浮液)，减压除去浆液中的气泡，以备涂布。在流延涂布机上，将浆液均匀地涂布在厚度约 250 μm 的塑胶片基上，浆液中发光材料粉粒逐渐沉降到底部，浆料中的有机溶剂逐渐挥发掉，最后在塑胶片基上形成一层由发光材料粉末和高分子胶黏剂构成的发光层。其厚度在 50～500 μm 之间，一般是 200 μm。再在发光层表面贴上或涂布上一层很薄的透明塑胶保护膜，这样就制得 X 射线增感屏。

X 射线增感屏的主要性能：

(1) 增感因数。增感因数是指在产生同一摄影密度的情况下，不用增感屏照射所需的曝光量与用增感屏照射所需曝光量的比值。它表征增感屏的发光效率。在实际工作中一般以“相对曝光因数”代替增感因数。增感屏的发光效率受三个因素的影响：①荧光粉对 X 射线的吸收效率；②荧光粉将 X 射线转换成可见光的转换效率；③可见光在屏中的传输效率(荧光粉颗粒和胶黏剂对可见光的散射和吸收)。

(2) 增感速度。增感速度为材料的 X 射线吸收系数与发光效率的乘积。测试表明，$BaFCl:Eu^{2+}$的增感速度和增感因数是 $CaWO_4$ 屏的 4～5 倍。

(3) 分辨率。分辨率表示增感屏重现被摄物体细微部分的能力，反映影像的清晰程度，一般以每毫米能显示的平行线对数来表示。影响分辨率的主要因素有发光层厚度，荧光粉类型及其晶体粒径，是否有防反射层。显然发光层薄、荧光粉粒径小，有防反射层，有利于提高增感屏的分辨率。稀土增感屏的极限分辨率比 $CaWO_4$ 增感屏低，而其中以 $La_2O_2S:Tb^{3+}$ 屏的极限分辨率最低。

(4) 光谱性质。根据吸收光谱的波长范围 X 射线胶片可分为感蓝和感绿两大类型。增感屏的发射光谱必须与 X 射线胶片的吸收光谱相匹配，才能获得高的增感效果。例如感蓝胶片，可采用发蓝光的 $LaOBr:Tb^{3+}$、$BaFCl:Eu^{2+}$；而对于感绿的胶片，则用发绿光的 $Gd_2O_2S:Tb^{3+}$。目前，X 射线胶片以感绿片居多。1992 年杜邦公司利用 $YTaO_4$ 荧光粉将 X 射线转换成紫外光，紫外光比可见光的分辨率高，清晰度提高 40%。部分用于 X 射线增感屏的荧光粉的发射光谱列于图 2-16。

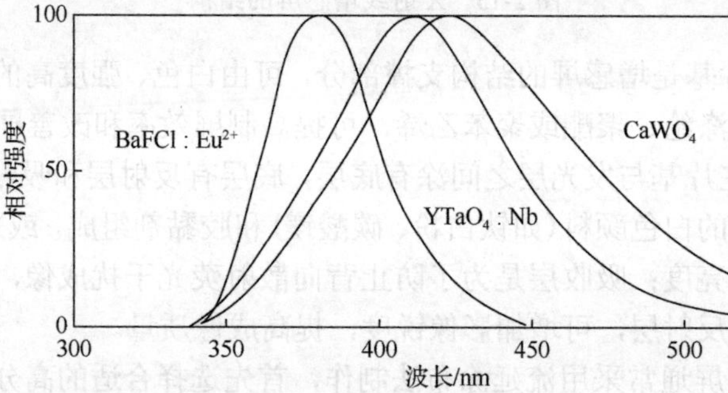

图 2-16　部分用于 X 射线增感屏的荧光粉的发射光谱

(5) 余辉特性。发光材料的余辉时间长，在照相时会影响下一张 X 射线照片的清晰度，因此，余辉时间不得超过 30 s。

X 射线通过增感屏在胶片上形成影像的质量，是由发光材料的品质、增感屏的结构、胶片乳剂的品质等因素共同决定的，表现为影像的噪声斑(noise mottle)、分辨率(resolution)、对比度(contrast)和锐度(sharpness)等。成像的质量用影像的锐度对比表示。

2.6.3　X 射线增感屏用发光材料

1. 用于 X 射线增感屏的发光材料应有的性质

(1) 高的 X 射线吸收效率。多数物质对 X 射线是透过的，但 X 射线发光材料需吸收 X 射线，并将其转变为可见光，只有有效地吸收 X 射线的能量，才能有效地发光。一般原子序数较大的重元素(如钨、钼、钒、稀土、钡、锶等)组成相对密度较大的化合物，对 X 射线吸收较为有效。

(2) 对 X 射线转换可见光的效率高。这需要 X 射线的能量在晶体中能有效传输和对发光中心离子能有效激发。

(3) 发光材料具有高的发光效率。

(4) 发射光谱与 X 射线照相胶片的感光光谱灵敏度互相匹配。目前有两种胶片，一种是感蓝的胶片，其光谱灵敏度峰值在 350～430 nm，另一种是全色胶片，它的感光光谱灵敏度可以扩展到绿光范围。

(5) 短的余辉时间。增感屏是要反复使用，如果前一次曝光使用后，增感屏上的发光影像持续存在，就会在下一次使用时使胶片上产生“重影”，而且由于胶片本底密度增加也会降低影像的对比度。

(6) 耐 X 射线辐照。能长期反复使用，并具有较好的耐湿性。

(7) 发光材料应有适当的粒度(最佳成像平均粒径为 5～10 μm) 和形貌(球形或多面体)；粒度应分布均匀，有利于紧密堆积，有利于提高分辨率。

(8) 发光材料的折射率低，以减少散射。

(9) 价格适当，便于实际应用。

增感屏用发光材料的功能效率可表示为：

$$\eta=\eta_a\eta_c\eta_t$$

式中，η_a 为发光材料对 X 射线吸收效率；η_c 为发光材料将 X 射线转变为可见光发射的效率；η_t 为可见光从增感屏传输到照相胶片上的效率。

根据上述要求，某些稀土发光材料非常适合于作 X 射线发光材料。其原子序数大，化合物密度高，对 X 射线吸收效率高；将 X 射线转换为可见光辐射的效率高；稀土离子的发射光谱分布范围宽，可有利于与胶片匹配；其余辉时间短，有利于提高图像的清晰度。因此，使用稀土 X 射线增感屏具有一系列优点：

(1) 由于具有高的吸收效率、转换效率和发光效率，可减少辐射剂量、缩短曝光时间，减少 X 射线对人体的辐射伤害。

(2) 使乳胶感光增强、感光度提高，胶片影像清晰度高、层次丰富、改善图像的质量。

(3) 可以大大降低 X 射线机的管电压、管电流，且曝光时间缩短，减少设备损耗，有利于延长 X 射线管的寿命，减少电能消耗。

(4) 可以配合低功率的 X 射线机使用，扩大了小型 X 射线机应用范围，如 50 mA 机器可当 200 mA 用，200 mA 可当 500 mA 用。

(5) 由于曝光时间明显缩短，能够减少动模糊，提高动态部分影像的清晰度，可清楚地显示体内活动部分。

表 2-12 中列出不同发光材料增感屏的性能数据，从中可以看出，稀土增感屏的性能明显优于传统的 $CaWO_4$ 增感屏。但稀土增感屏目前价格比较昂贵。尽管如此，稀土增感屏推广使用正在扩大，一些医院已普遍使用。

表 2-12 各种 X 射线发光材料的特性[102]

发光材料	发射光谱		发光效率/%	X 射线吸收		密度/(g/cm^3)	晶体结构
	发光颜色	谱峰波长/nm		有效原子数	K 吸收边/keV		
$BaFCl:Eu^{2+}$	紫色	380	13	49.3	37.38	4.7	四方
$BaSO_4:Eu^{2+}$	紫色	390	6	45.5	37.38	4.5	斜方
$CaWO_4$	蓝色	420	5	61.8	69.48	6.1	四方
$Gd_2O_2S:Tb^{3+}$	绿色	545	13	59.5	50.22	7.3	六方
$LaOBr:Tb^{3+}$	蓝色	420	20	49.3	38.92	6.3	四方
$LaOBr:Tm^{3+}$	蓝色	360，460	14	49.3	38.92	6.3	四方
$La_2O_2S:Tb^{3+}$	绿色	545	12.5	52.6	38.92	6.5	六方
$Y_2O_2S:Tb^{3+}$	蓝白	420	18	34.9	17.04	4.9	六方
$YTaO_4$	紫外	337	—	59.8	67.42	7.5	单斜
$YTaO_4:Nb^{5+}$	蓝色	410	11	59.8	67.42	7.5	单斜
$ZnS:Ag$	蓝色	450	17	26.7	9.66	3.9	六方
$(Zn, Cd)S:Ag$	绿色	530	19	38.4	9.66/26.7	4.8	六方

2. X 射线增感屏用稀土发光材料

(1) 钨酸钙($CaWO_4$)。$CaWO_4$是 1896 年第一个用作 X 射线发光材料的化合物，而且经过一个多世纪后仍在使用。它含有重原子钨，密度 $6.1g/cm^3$，对 X 射线的吸收效率为 35%，其吸收效率并不高，而且它的 X 射线发光效率也仅为 5%。但是它的发光光谱是一个宽带，谱峰波长位于 420nm，和感蓝胶片的光谱灵敏度非常匹配。它的另一个优点晶体具有多面体形，有利于涂屏时密集堆积，其折射和散射均较轻微，能在胶片上产生较高分辨率的影像。另外 $CaWO_4$ 化学性质和耐辐照性非常稳定，价格便宜、容易制备。

钨酸钙是一种典型的自激活发光材料，其发光中心是 WO_4^{2-} 离子。WO_4^{2-} 离子具有四面体结构，W^{6+} 离子位于四面体中心，4 个 O^{2-} 位于四面体的 4 个顶角。在基态的 W^{6+} 离子的外层轨道是充满电子的($5s^25p^6$)，受激发时，O^{2-} 离子($2s^22p^6$)中 1 个 2p 电子跃迁到 W^{6+} 离子的 5d 空轨道，为电荷迁移态激发，形成 $W^{5+}(5s^25p^65d^1)$，随即又回到基态，产生跃迁辐射。因为钨离子的位形坐标中激发态和基态能级抛物线之间的距离 ΔR 较大，导致斯托克斯位移较大，因而钨酸钙的蓝光谱带较宽。

(2) 氟卤化钡。氟卤化钡 BaFX(X=Cl，Br 或 I) 以及它们生成的二元固溶体 $BaFCl_{1-x}Br_x$、$BaFCl_{1-x}I_x$ ($x<2$) 和 $BaFBr_xI_{1-x}$ 等，都是良好的 X 射线发光材料基质[103，104]。Eu^{2+} 在其中均产生有效的 $4f^65d \rightarrow 4f$ 跃迁的带状发射[105]。$BaFCl:Eu^{2+}$

作为一种价廉、优良的 X 射线发光材料已经广泛地用于医用 X 射线增感屏[106]。它的发光光谱峰值波长位于 390nm，发光衰减时间 8.0 μs，影像锐度较好，谱带较宽，呈蓝色，与感蓝 X 射线胶片的光谱灵敏度非常匹配。BaFCl∶Eu^{2+}屏的增感因数是 $CaWO_4$ 屏的 4 倍。

由于氟卤化钡晶体结构的特点，生长的晶粒呈鳞片状，且常叠加在一起，使得颗粒形貌很不规则，粒度分布较宽，导致制屏时发光层排列不够致密，散射增加，影响其图像的分辨率。

BaFCl∶Eu^{2+}早期采用高温固相反应法合成，即称取等摩尔量的 BaF_2 和 $BaCl_2 \cdot 2H_2O$ 以及 0.1%(摩尔分数)的 $EuCl_3 \cdot 6H_2O$ 混合，研磨均匀，在 760℃和 H_2-N_2 混合气体的还原下焙烧 2 h。冷却后经过粉碎、研磨、筛分而制得。此工艺虽简单，但需要在还原气氛中进行焙烧，设备较复杂、产物颗粒粗大、存在余辉。苏勉曾等对 BaFCl∶Eu^{2+}合成反应的机制进行了深入的探讨，提出两种在水溶液中合成的方法[106]。其一是沉淀转化法，在不断搅拌下，将温热的浓 $BaCl_3$ 溶液(超过计算量 10%)缓慢地加入到 BaF_2 的悬浮水溶液中，继续搅拌 4 h，生成 BaFCl。另一种是均相沉淀法，在不断搅拌下，将 NH_4F 和 $BaCl_2$(过量 10%)溶液同时缓慢地加入到少量纯水中，最初生成 BaF_2，然后转化为溶解度更小的 $BaFCl_2$。经过沉降、过滤和干燥，上述两种方法得到的 BaFCl 晶粒小于 0.5μm。以此细颗粒的 BaFCl 中加入约 0.005mol 的 $EuCl_2$ 和少许 KCl，研磨混匀，置于刚玉坩埚中，在箱式电炉中焙烧即可生成 BaFCl∶Eu^{2+}。在空气中发生下列歧化反应[107]使 Eu^{3+}还原为 Eu^{2+}：

$$EuCl_3 \longrightarrow EuCl_2+1/2Cl_2$$

$$x EuCl_3+BaFCl \longrightarrow Ba_{1-x}Eu_xFCl+x/2Cl_2+x BaCl_2$$

BaFCl∶Eu^{2+}在 X 射线或紫外线激发下，除了发射 390nm 带状荧光之外，在 362.2 nm 处还有一个弱的锐线发射，其属于 Eu^{2+}的 $4f^7(^6P_{7/2}) \rightarrow 4f^7(^8S_{7/2})$能级间的跃迁辐射。

氟卤化钡还具有 X 射线存储发光的性能，即可将 X 射线激发产生的电子和空穴俘获在晶体的某些缺陷形成的陷阱中，当再次受到红光的激励时，电子和空穴跃出陷阱在 Eu^{2+}离子上发生复合，可释出 Eu^{2+}的蓝光。例如，BaFBr∶Eu^{2+}，$BaFBr_{0.85}I_{0.15}$∶Eu^{2+}以及 BaFI∶Eu^{2+}都已应用于计算 X 射线影像系统中。

(3) 溴氧化镧。1984 年 Brixner[108]发现 LaOCl∶Bi 是一种很有效的 X 射线发光材料，它的增感速度超过 $CaWO_4$ 的 2 倍。Rabatin[109]发现整比性的 LaOBr∶Tb 是非常有效的发光材料，紫外线激发发光的量子效率达 100%。当掺 Tb^{3+}浓度＜0.01 mol 时，LaOBr∶Tb 主要产生 Tb^{3+}的 $^5D_3 \rightarrow {}^7F_J$ 跃迁辐射(图 2-17)，当掺 Tb^{3+}浓度为 0.03 mol 时，主要产生 Tb^{3+}的 $^5D_4 \rightarrow {}^7F_J$ 跃迁辐射发射强的绿光。随后通用电器公司生产了 LaOBr∶Tb 的 X 射线增感屏。

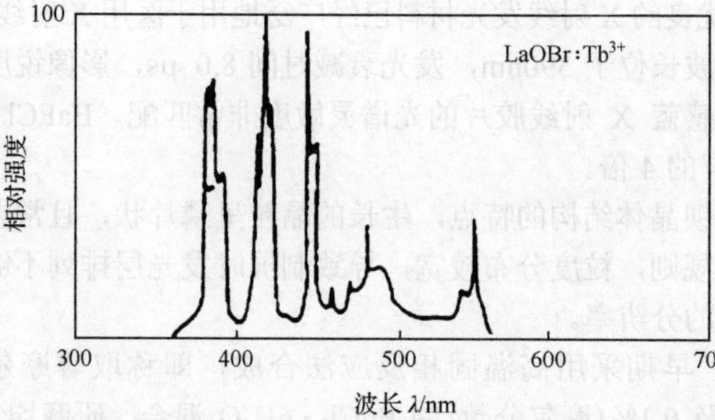

图 2-17　用于 X 射线增感屏的 LaOBr：Tb^{3+}的发射光谱（Tb^{3+}浓度＜0.01 mol 时）

1975 年 Rabatin 发现 LaOBr：Tm^{3+}比 LaOBr：Tb^{3+}具有更好的发光[109]，发射峰分别位于 309 nm、374 nm、405 nm、462 nm 和 483 nm，其中以 462 nm 和 374 nm 为最强，呈蓝光，如图 2-18 所示。LaOBr：Tm^{3+}增感屏的商品名称为 Quanta Ⅲ，是增感速度最快的 X 射线增感屏，是 $CaWO_4$ 增感屏的 4 倍，它的影像锐度也好。Tm^{3+}的最佳含量为 0.002 mol。

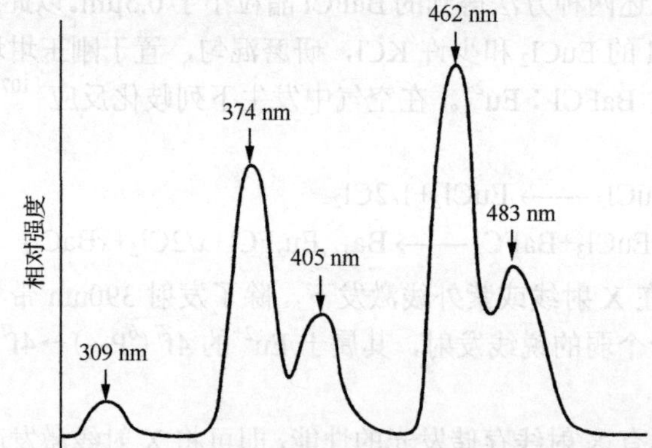

图 2-18　LaOBr：Tm^{3+}X 射线激发的发光光谱

溴氧化镧铽的制备过程是由计算量的 La_2O_3、NH_4Br、0.03 mol Tb_4O_7 以及少量 KBr 混合均匀，装入带盖的 Al_2O_3 坩埚中，于 450℃恒温 2 h，再升温至 1000℃后恒温 30 min，冷却后经稀盐酸浸泡、水洗和乙醇洗涤，再经真空干燥，得到 LaOBr：Tb^{3+}。LaOBr 晶体结构与 BaFCl 的结构相同，均属四方晶系。其晶粒的形貌也呈鳞片状，不利于制备致密的增感屏发光层。

LaOBr：Tb 增感屏经过长期使用，会产生发光衰减的现象，甚至部分屏面变为不发光，这是由于 LaOBr 发生潮解，即 $LaOBr+H_2O \longrightarrow LaOBr \cdot H_2O \longrightarrow La(OH)_2Br \longrightarrow La(OH)_3$。中间产物 $La(OH)_2Br$ 一旦生成，进一步水解就会加速进行，发光也很快衰减。因此制备 LaOBr 时，控制其物相纯度十分重要，可用稀乙酸洗涤 LaOBr 以除去其中可能已有的水解中间产物，这样得到较纯净的 LaOBr 会更稳定[110，111]。

(4) 稀土硫氧化物。稀土硫氧化物 Y_2O_2S、La_2O_2S、Gd_2O_2S 是一类发光材料的良好基质，它们的密度分别为 4.90 g/cm^3、5.73 g/cm^3 和 7.34 g/cm^3，它们对阴极射线和 X 射线都有较高的吸收效率。Eu^{3+}、Tb^{3+}等稀土离子容易掺入其中，可以产生高效发光材料，如 Gd_2O_2S：Tb^{3+}是发绿光的 X 射线发光材料。

稀土硫氧化物化学性质非常稳定，熔点都很高，在惰性气氛中熔点＞2000℃，不潮解，不溶于水。Gd_2O_2S：Tb^{3+}的晶粒形貌呈多面体，很适合于制备增感屏，能形成致密的发光层。

Gd_2O_2S 的合成方法是：用计算量的 Gd_2O_3 和 Tb_4O_7 与过量的高纯硫粉末均匀混合，并加入适量的 Na_2CO_3 作为助熔剂，在 1100℃下加热 4～6 h，硫与碳酸钠生成的多硫化钠 Na_2S_x 和 Gd_2O_3 发生硫化反应，硫离子取代部分的氧原子，便生成硫氧化钆。冷却后用水浸泡、分散反应物，洗去其中多余的硫化物、过滤、干燥，便制得白色的 Gd_2O_2S：Tb^{3+}。激活离子 Tb^{3+}的浓度应大于 0.03 mL，以促进 Tb^{3+}的 $^5D_4 \rightarrow {}^7F_J$ 的跃迁发射，使 $^5D_3 \rightarrow {}^7F_J$ 的跃迁发射猝灭，而产生绿光。Gd_2O_2S：Tb^{3+}的 X 射线激发的发光效率高达 18%。

用于 X 射线增感屏的掺铽稀土硫氧化物的发射光谱示于图 2-19。

(5) 稀土钽酸盐。稀土钽酸盐荧光粉是 20 世纪 80 年代由杜邦公司开发的，通式为 $RETaO_4$：Ln^{3+}(RE=La，Gd，Y；Ln^{3+}=Eu，Tb，Tm 或 Nb^{5+})。

$YTaO_4$ 有两种不同的晶体结构，一种是 M 型 $YTaO_4$，相当于畸变的白钨矿 $CaWO_4$ 结构，另一种是 M′型 $YTaO_4$。M′-$YTaO_4$ 中 Ta 原子被 6 个氧原子以八面体方式配位，这是和 M-$YTaO_4$ 主要不同之处。M′-$YTaO_4$ 的密度为 7.55 g/cm^3，用 M′-$YTaO_4$ 作为基质的发光材料的发光效率 2 倍于 M-$YTaO_4$。值得注意的是当温度高于 1450℃时 M′-$YTaO_4$ 会转变为 M-$YTaO_4$，而降低温度时，不会再转变为 M′-$YTaO_4$。$GdTaO_4$ 和 $LuTaO_4$ 也有类似的相变，M′型→M 型转变温度分别为 1400℃和大于 1600℃。它们的密度分别为 8.81 g/cm^3 和 9.75 g/cm^3。

$YTaO_4$ 是由 Y_2O_5 和 Ta_2O_5 在高温下通过固−固相之间扩散反应生成的。先将反应物 Y_2O_3 和 Ta_2O_5 分别在 1000℃预烧 12 h，以分解其中可能残留的草酸盐，并使晶体活化(产生缺陷)，然后将计算量的 Y_2O_3、Ta_2O_5 和 20%(质量分数)的

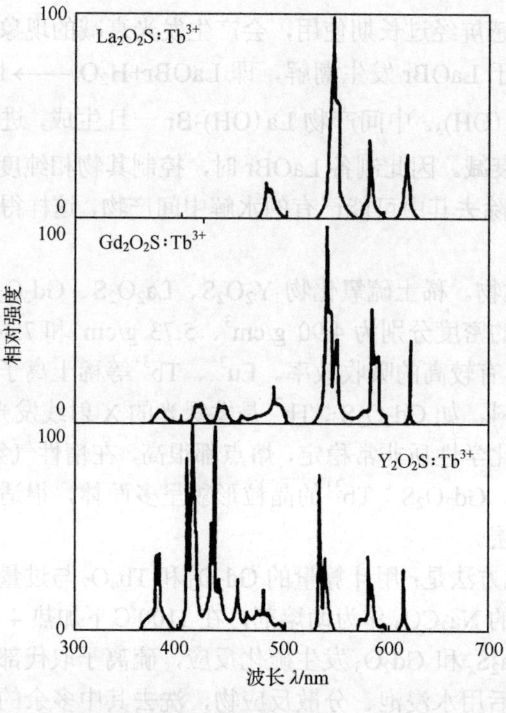

图 2-19　用于 X 射线增感屏的掺铽稀土硫氧化物的发射光谱

Li_2SO_4(作为助熔剂)一起研磨并混合均匀，在 1000℃温度熔烧 12 h，冷却后洗掉助熔剂。可以得到纯的 M′-$YTaO_4$ 产物。纯的 M′型 $YTaO_4$ 在 X 射线激发下产生紫色发光(图 2-20)，宽带发射峰值位于 337 nm，有时在 312 nm 处会见到锐线发射，主要是微量杂质 Gd^{3+}的发射。M′-$YTaO_4$ 的发光机理是自激活发光，是由 TaO_4^{3+} 复合离子中 2P(O^{2-})→5d(Ta^{5+})电荷迁移态跃迁辐射。

如果原料 Ta_2O_5 中含有 2%～5%的 Nb_2O_5 和 Y_2O_3 反应，生成 Y(Ta, Nb)O_4，即得到 Nb 激活的 M′-$YTaO_4$：Nb，它的 X 射线激发发光效率是 8.9，是一种高效的 X 射线发光材料，它的发光是由 NbO_4^{3-}离子中电荷迁移态的跃迁辐射，峰值波长位于 410nm 的宽带发射(图 2-16)。

如果用 Lu_2O_3 与 Ta_2O_5 反应可以制得 $LuTaO_4$。它的密度为 9.75 g/cm^3，是已知非放射性化合物中密度最大的一种，它的 X 射线吸收效率更高，发光更强。但由于 Lu_2O_3 的藏量少、价格昂贵，$LuTaO_4$ 不可能成为大量应用的发光材料。

在 $RETaO_4$(RE=Y，La，Gd，Lu)中掺入稀土离子如 Sm，Eu，Tb，Dy，Tm 等可制成多种发光材料[112]。Brixner[113]报道了 $Y_{0.998}Tm_{0.002}TaO_4$ 是一种分辨率很好的 X 射线材料，其发射波长位于 349 nm 和 450 nm。M′-$Gd_{0.95}Tb_{0.05}TaO_4$ 在 X 射线激发下，发射很强的绿色荧光，源于 Tb^{3+}的 ^5D→^7F_J 跃迁。

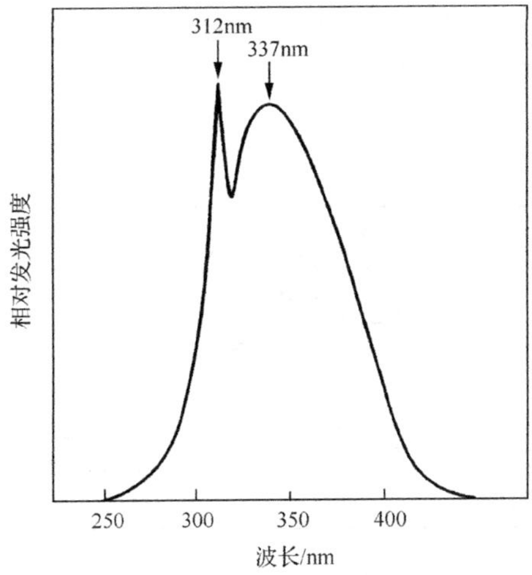

图 2-20　M′-$YTaO_4$ X 射线激发的发射光谱

2.6.4　X 射线存储发光材料

X 射线存储发光材料(X-ray storage phosphars)又称为光激励发光材料(photostimulable phosphors，photostimulated Luminescence，PSL)。

光激励发光是指一类材料在受到 X 射线等电离辐射(包括γ、中子束等)作用时，产生大量的俘获态电子和空穴，从而将能量(光子、电离辐射能等)以亚稳态的形式存储起来。当材料受到一定的低能量的光(如长波可见光或红外光)激励时，电子或空穴又从陷阱中被释放出来，存储的能量分别以一定强度的光发射出来。即存储能量又以发光的形式释放出来。

光激励发光过程对能量或信息有储存和再现的能力受到人们广泛重视。以这一特性为基础的低剂量 X 射线成像系统已取代传统的 X 射线成像系统，从而大大地减少 X 射线对患者和医务人员的伤害。光激励发光机理示于图 2-21。

光激励发光与光致发光的本质区别在于[114]：

(1) 光致发光一般其激发光能量大于发射光的能量，而光激励发光的激发光能量小于发射光能量。

(2) 光激励发光必须预先经一定能量的电离辐射的作用，在晶体中产生可激励的发光中心，而光致发光无须此过程。

光激励发光的发光强度与晶体所吸收的电离辐射剂量在很宽的范围内(例如 5～8 个量级)呈线性关系，可以利用此特性，制成电离辐射的探测器。

已经报道的具有 X 射线诱导光激励发光的化合物有 20 多种，如 $Ba_5SiO_4Br_6$：Eu^{2+}、RbX：Tl^+(X=Br，I)、LaOBr：Bi^{3+}，Tb^{3+}，Pr^{3+}[115]，Y_2SiO_5：Ce^{3+}、Y_2SiO_5：Ce^{3+}，Sm^{3+}[116]，$Ba_5(PO_4)_3Cl$：Eu^{2+}[117]，BaFCl：Pr^{3+}，BaFX：Eu^{2+}[118]，BaFCl：Tb^{3+}[119]、$Sr_3Ca_2(PO_4)_3X$：Eu^{2+}(X=F，Cl，Br)[120]。$M_5(PO_4)_3X$：Eu^{2+}(M=Ca，

Sr；X=F，Cl，Br)[121]。但是能够实用于计算 X 射线摄影的很少。大多数是掺杂稀土离子或以稀土为基质的化合物。

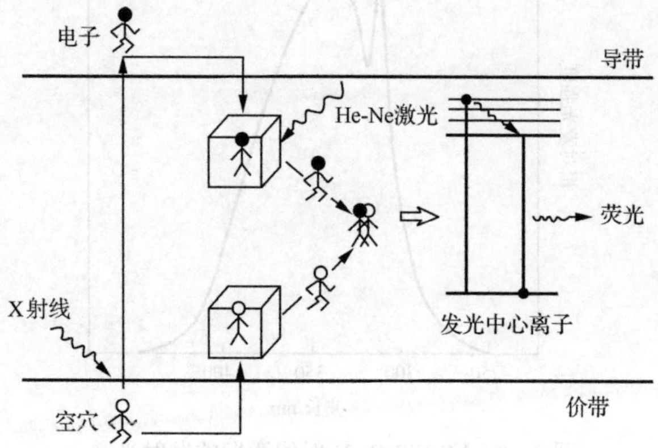

图 2-21　X 射线存储发光机理示意图

能够实际应用的光激励发光材料必须具备以下条件：

(1) 组成中包含重原子，有较高的 X 射线吸收效率和光激励发光效率。

(2) 晶体中存在有特点的点缺陷(色心)，可以作为电子和空穴的陷阱。陷阱的能级深度要适当，既要保证将俘获态载流子在室温下稳定存在，又能用红光将其激励出陷阱。

(3) 晶体的激励光谱波长应位于红光或红外区，其激励发光光谱波长应在蓝绿色光区。二者峰值波长应相距较远，以避免强的激励光干扰发光的接收，同时也可以适宜选用轻便的半导体固体激光器做激励光源。光激励的最佳波长与现有的激光器的波长匹配，光激励的发光波长应尽可能远离光激励的最佳波长。

(4) 快速的响应时间，发光的衰减时间应短于 1 μs，以利于激励光束快速行帧扫描，避免相邻扫描点发光重叠(造成影像模糊不清)。

(5) 晶体发光随 X 射线辐照剂量的改变呈宽的线性关系。

(6) 简单的制备工艺，具有良好的化学稳定性和热稳定性。

碱土金属卤化物 MFX(M=Ca、Sr、Ba：X=Cl、Br、I) 是一类稳定存在的化合物。MFX 是二价稀土离子良好的基质材料。二价稀土离子(Eu^{2+}、Sm^{2+})激活的 MFX 作为一类重要的发光材料具有多重性能，不但可用作 X 射线发光材料，而且还可用于光激励发光材料和热释发光材料。这类材料还具有闪烁性能和光谱烧孔特性，可望用于开发三维空间的信息存储光谱[114]。

MFX 的晶体结构属于四方晶系的 PbFCl 型结构，空间对称群为 $D_{4h}^7(P_{4/nmm})$，晶体结构如图 2-22(a) 所示。阳离子 M 有着特殊的九配位，4 个 F^- 和 5 个 X^- 离子。5 个 X^- 离子中只有 4 个是等距离的，第 5 个 X^- 离子与 M 在同一轴上，距 M 离子较远。阳离子格位对称性为 C_{4v}。从图 2-22(b) 可以看出，这类化合物可看作为一类层状化合物。由 X^- 离子组成的双层夹在有 M 和 F 离子组成的层之间。

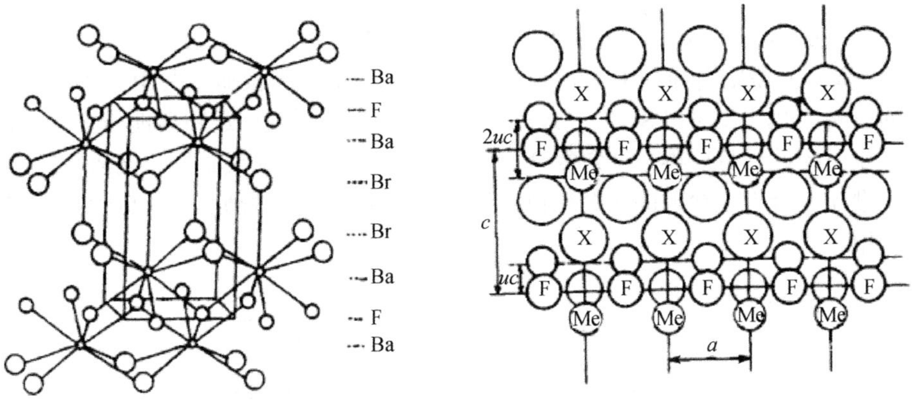

图 2-22　(a) BaF (Cl，Br) 的晶体结构；(b) MeFX 晶体结构在 (a，c) 平面上的投影

晶体内键强度的分别可得到下面两个结论：

(1) 由 M-F 组成的层内键较强；

(2) 由 X^- 离子组成的双层间的原子相互作用较弱。

BaFX：Eu^{2+} 在 X 射线医学诊断系统中应用的基本原理是光激励发光 (PSL)。光激励发光过程是复杂的，苏勉曾对 PSL 机理进行过深入研究。认为 PSL 过程是电子/空穴复合带到 Eu^{2+} 离子之间的能量传递和色心在 PSL 过程中起着重要的作用。

BaFCl：Eu^{2+} 和 BaFBr：Eu^{2+} 以及它们的固溶体 $BaFCl_{1-x}Br_x$：Eu^{2+} 都可以产生强的光激励发光，其中 BaFBr：Eu^{2+} 已经成为商品。

BaFCl：Eu^{2+}、BaFBr：Eu^{2+} 和 BaFI：Eu^{2+} 的发射光谱与激励光谱示于图 2-23 中。

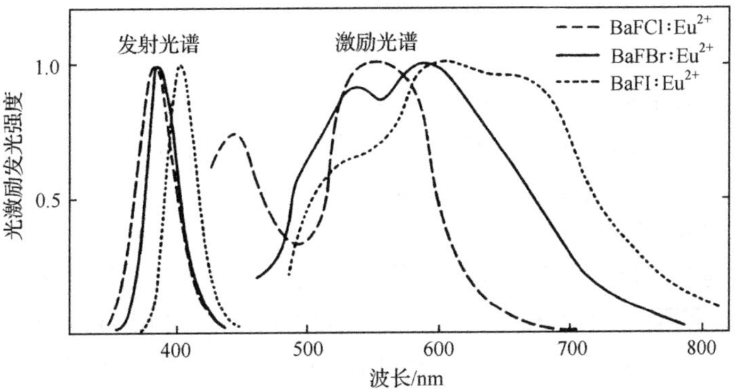

图 2-23　BaFCl：Eu^{2+}、BaFBr：Eu^{2+} 及 BaFI：Eu^{2+} 的发射光谱和激励光谱

BaFBr：Eu^{2+} 光激励发光的发明者及应用者 Takahashi 等[122]众多学者，对

BaFBr：Eu^{3+}的 X 射线存储及光激励发光的机理提出不同的模型(图 2-24)。苏勉曾等[123]发现，BaFBr：Eu^{2+}的光激励发光的寿命和它的光致发光以及 X 射线发光的寿命都等于 0.75 μs，因此认为它们都属于 Eu^{2+}的 $4f^65d\rightarrow4f^7$ 壳层内电子激发跃迁；而且光激励电导(PSC)随温度的升高而增大，但光激励发光(PSL)并不受温度的影响[124]。这证明 PSL 发光过程中电子是通过隧道效应近距离地与空穴复合，而不是先经过导带后再与空穴复合。BaFBr：Eu^{2+}的 X 射线激发和光激励发光过程机理还有待于更深入的研究探讨，这也有益于新的光激励发光材料的发现和开发应用。

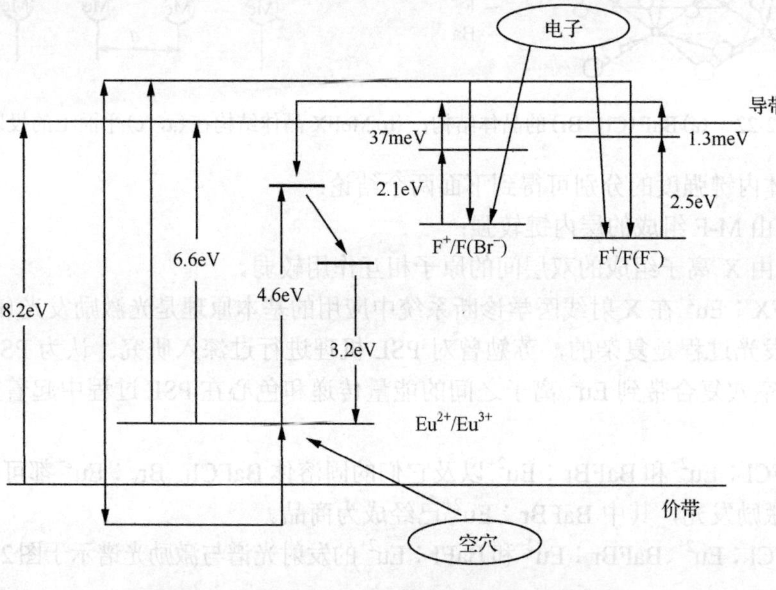

图 2-24　BaFBr：Eu^{2+}的能级和光激励发光过程

已经研究报道的多种 X 射线存储发光材料及其基本性质列于表 2-13，比较广泛使用的只有 BaFBr：Eu^{2+}和 $BaFBr_{0.85}I_{0.15}$：Eu^{2+}。BaFX：Eu^{2+}(X=Cl，Br)的制备是将 BaF_2、$BaCl_2$ 或 $BaBr_2$ 与 EuF_3 按化学计量比混合均匀，在氮气或氩气(含体积分数为 2%的氢气)中进行常规的高温固相反应。

BaFBr：Eu^{2+}的光激励波长范围可与氩离子激光器(488 nm)、He-Ne 激光器(632.8 nm)匹配，但这些激光器使用不太方便。半导体激光器性能良好，且价格便宜，为与之匹配，须使 BaFBr：Eu^{2+}的光激励峰移到比 650 nm 更长的范围。可采取两个措施：①添加碘，使形成 BaFBrI：Eu^{2+}；②改变电子陷阱深度[125]。

Schweizer 对 X 射线存储发光材料机理的研究作了详细的回顾和综述[126]，Rowlands 对于计算 X 射线影像技术的局限性和可能的改进做了长篇综述[127]。

利用 X 射线存储发光材料，制成一种影像板(image plate，IP)，与计算机结合发展成一种新的计算 X 射线影像技术(computed radiography，CR)。其摄取 X 射线辐照的影像，首先在图像板中形成色心(被俘获的激发态电子和空穴)构成潜影，随后运用精密光学机械和数字成像技术，把影像板中的潜影读取出来并显示为可视图像。计算 X 射线影像和常规的 X 射线透视或照相不同之处在于：它不是用发光屏或增感屏接收 X 射线辐射影像及时地直接转变为可视光学影像，而是存储发光材料。存储的 X 射线信息再用光激励的方式再释放出来，经过光/电转换以及模/数变换，在计算机显示器上构成光学图像。其具有如下优点：

(1) 灵敏度高，可以缩短曝光时间，降低患者接受的 X 射线辐照剂量。

(2) IP 对 X 射线辐照剂量响应的线性范围可达 5 个量级，例如，在 10^{-1}～10^{4} μGy 范围内，经由 IP 形成影像的密度和灰阶均呈直线性，而屏-片组合摄取在胶片上的影像响应的线性范围仅 1～2 量级。IP 摄影宽的动态响应范围可以保证，即使在曝光过度或曝光不足的情况下，经过数字图像处理都可以获得清晰的影像。

(3) IP 可以反复使用万次以上，每次摄取读取之后，只需将 IP 用强白光照射 1～2 s，即可消除其残留的潜影，再次使用。这样可以大大节省 X 射线检查的费用。

(4) 经过计算机处理这种数字信息，可以储存在光盘中，也可以进入医学图像存储和传输系统(PACS)，便于病历存档，也利于疾病的远程诊断和多科医生同时会诊。

(5) 除在医学诊断上的优越性之外，还可以高效地应用于 X 射线单晶结构的测定，以及应用于探测宇宙线等微弱的辐射。

表 2-13 典型的光激励发光材料

发光材料	激励光谱峰值波长/nm	发射光谱峰值波长/nm	PSL 发光寿命/μs
$Ba_2B_5O_9Br:Eu^{2+}$	<500，620	430	1.0
$BaBr_2:Eu^{2+}$	580，760	400	0.5
$BaFBr:Eu^{2+}$	600	390	0.8
$BaFCl:Eu^{2+}$	550	385	7.4
$Ba_{12}F_{19}Cl_5:Eu$		440	
$BaFI:Eu^{2+}$	610，660	410	0.6
$BaLiF_3:Eu^{2+}$	660	360～415	
$Ba_5(PO_4)_3Cl:Eu^{2+}$	680	435	
$Ba_5SiO_4Br_6:Eu^{2+}$	<500，610	440	0.7
$Ca_2B_5O_9Br:Eu^{2+}$	500	445	
$CaS:Eu^{2+}, Sm^{3+}$	1180	630	0.05

续表

发光材料	激励光谱峰值波长/nm	发射光谱峰值波长/nm	PSL 发光寿命/μs
$CsBr:Eu^{2+}$	680	440	0.7
$CsI:Na^{+}$	720	338	0.7
$KCl:Eu^{2+}$	560	420	1.6
$LaOBr:Bi^{3+}$, Tb^{3+}, Pr^{3+}	(565～650)	360	10
$LiYSiO_4:Ce$	＜450	410	0.038
$M_5(PO_4)_3X:Eu^{2+}$ (M=Ca，Sr；X=F，Cl，Br)	550～650	450	
$RbBr:Tl^{+}$	680	360	0.3
$RbI:Tl^{+}$	730	420	
$SrAl_2O_4:Eu^{2+}$, Dy^{3+}	(532，1064)	(520)	0.108
$Sr_2B_5O_9Br:Eu^{2+}$	＜500	423	
$SrBPO_5:Eu^{2+}$	640	390	
$SrFBr:Eu^{2+}$	530	390	0.6
$SrS:Eu^{2+}$, Sm^{3+}	1020	590	0.05
$Y_2SiO_5:Ce^{3+}$	＜500，620	410	0.035
$Y_2SiO_5:Ce^{3+}$, Sm^{3+}	670	410	0.035

2.6.5 X 射线发光玻璃

X 射线发光应用于探测的第二大领域是工业上的 X 射线无损检测。这种检查手段主要利用增感屏-胶片组合进行 X 射线平面摄像，近年来已开始采用 X 射线存储发光材料的计算 X 射线影像系统。但后者的影像板中的荧光粉对荧光发生散射而造成影像的分辨率不高，而且厚度仅 0.2 mm 的荧光粉层的 X 射线吸收率很低，但又不能太厚，太厚的发光层由于其中晶粒的光折射和散射，导致形成的影像分辨率很低。所以这种系统只适合于低能 X 射线(100 kV 以下)探测。对于高能 X 射线探测则多使用发光玻璃板或光导纤维闪烁玻璃板作为探测器，将 X 射线影像在玻璃上转换为荧光影像，通过光纤与电荷耦合器件(CCD)摄像机耦合，在电视显示器上得到可视的光学图像。

用发光玻璃板作为 X 射线影像的转换屏，其密度和厚度(6 mm 或 12 mm)均大于荧光粉制成的 X 射线增感屏或影像存储板，因此，对 X 射线的吸收大于 X 射线增感屏或影像存储板。

因为发光玻璃板吸收的X射线光子多，可以减少影像中由于X射线量子涨落，引起的量子噪声；因为玻璃中没有荧光粉粒和胶黏剂，X 射线可以直接激发发光中心离子；产生的荧光也不发生折射和散射，可以直接传输到光电接收器中，发光玻璃板还特别耐摩擦，抗刻画、耐化学物质浸蚀。

但是发光玻璃作为 X 射线影像转换器也有缺点，其发光效率比 $Gd_2O_2S:Tb^{3+}$ 增感屏低，容易产生磷光和余辉。在被 X 射线长时间辐照后，玻璃变为棕色，其绿色发光也衰减。这是由于电离辐射在玻璃中造成了许多深的陷阱，俘获了自由电子和空穴，部分的电子和空穴又不断地跃出陷阱，发生复合而产生磷光。将已着色的玻璃板在 375℃退火 4 h 可以消除棕色。

X 射线无损检测系统中的主要部件是发光玻璃，这种发光玻璃应对 50 keV～15 MeV 能量范围内的 X 射线具有高的吸收效率，因此玻璃中必须含有原子序数大的元素，有高的密度和适当的厚度。其次玻璃中必须有某种稀土离子作为发光中心，发光玻璃也应具有高的 X 射线转换发光的效率。Berger 等报道[128]，掺 Tb^{3+} 的硅酸盐玻璃具有很好地吸收 X 射线发射绿光的性质。其摩尔组成为：SiO_2 79.8%、BaO 6.9%、Cs_2O 3.7%、Gd_2O_3 1.2%、Al_2O_3 1.2%、Na_2O 3.9%、K_2O 1.2%、Tb_2O_3 2.1%。其制备工艺如下：将各种组分的氧化物或其他化合物混合均匀，置于石英、铂或氧化铝的坩埚中，在 1400～1500℃熔融 3 h，将熔融体倾倒在石墨板上，形成一块厚的圆饼，将圆饼立即置于 850℃的退火炉中，冷却后按照常规玻璃工艺加工成玻璃板。

此玻璃在 X 射线激发下产生 Tb^{3+}离子 $^5D_4 \to {}^7F_J$ 跃迁辐射、发绿光，Tb^{3+}的几条谱线比在晶体中的谱线有所展宽(图 2-25)。

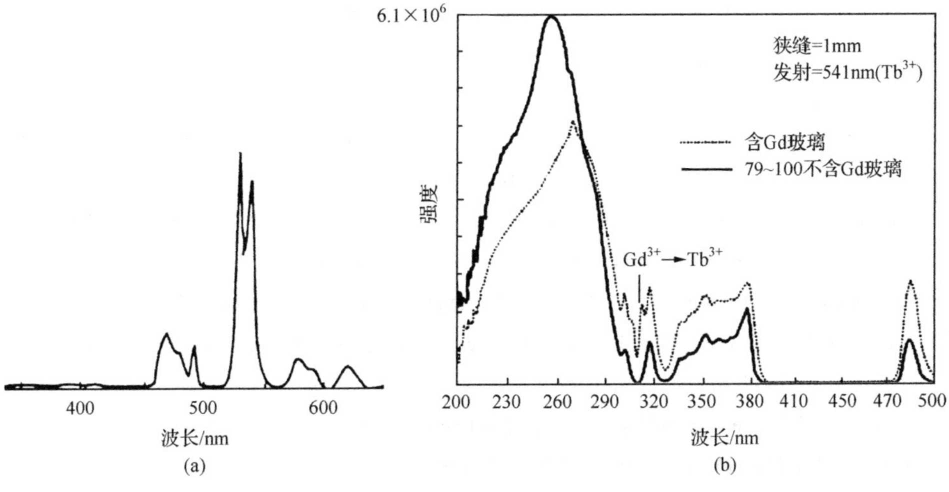

图 2-25　Tb^{3+}激活硅酸盐玻璃的 254 nm 激发的发射光谱(a)与激发光谱(b)

参考文献

[1] 洪广言. 稀土发光材料——基础与应用. 北京：科学出版社，2011.

[2] Yen W M，Shionoya S，Yamamoto H. Phosphor Handbook. Second Edition. CRC Press Taylor & Francis Group，2006.

[3] 徐叙瑢，苏勉曾. 发光学与发光材料. 北京：化学工业出版社，2004.

[4] Nikl M. Scintillation detectors for X-rays. Meas Sci Technol，2006，17：R37-R54.

[5] 唐孝威. 离子物理实验方法. 北京：高等教育出版社，1982.

[6] Wber M J. J Luminescence，2002(100)：35-45.

[7] 任国浩. 人工晶体学报，2012，41(S)：184-188.

[8] 张明荣，葛云程. 新材料产业，2002，3：15-20.

[9] 朱人元. 中国计量学院学报，2014，25(2)：107-121.

[10] 姜春华，杨民，王征. 物理，2010(7)：476-479.

[11] 刘华锋，叶华俊，鲍超. 原子能科学技术，2001，35(5)：476-480.

[12] Takagi，Fukazawa T. Cerium-activated Gd_2SiO_5 single crystal scintillator. Appl Phys Lett，1983，42(1)：43-45.

[13] Melcher C L，Schweitzer J S，Utsu T，et al. IEEE Trans Nucl Sci，1990，37(2)：161-164.

[14] 介明印，赵广军，何晓明，等. 人工晶体学报，2005，34(1)：136-143.

[15] Suzuki H，Tombrello T A，Melcher C L. Nucl Instrum Meth A，1992，320：263-272.

[16] Melcher C L，Schweitzer J S. Nucl Instrum Meth A，1992，314(1)：212-214.

[17] Melcher C L，Schweitzer J S. IEEE Trans Nucl Sci，1992，39(4)：502-505.

[18] 周娟，华王祥，徐家跃. 无机材料学报，2002，17(6)：1105-1111.

[19] Lempicki A，Glodo J. Nucl Instrum Meth Phys Res A，1998(416)：333-344.

[20] Dorenbos P，van Eijk C W E，Bos A J J，et al. J Phys：Condens Matter，1994(6)：4167-4180.

[21] Weber S，Christ D，Kurzeja M，et al. IEEE Trans Nucl Sci，2003，50(5)：1370-1372.

[22] Balcerzyk M，Moszynski M，Kapusta M，et al. IEEE Trans Nucl Sci，2000，47：1319-1323.

[23] Loutts G B，Zagumennyi A I，Lavrishchev SV，et al. J Cryst Growth，1997，174：331-336.

[24] Cooke D W，McClellan K J，Bennett B L，et al. J Appl Phys，88(12)：7360-7362.

[25] Kimble T，Chou M，Chai B H T. IEEE Nuclear Science Symposium Conference Record，2002，3：1434-1437.

[26] Moses W W，Derenzo S E. IEEE Trans Nucl Sci，1999，46(3)：474-478.

[27] Ziegler S I. Nucl Phys A，2005，752：679c-687c.

[28] Mao R H，Zhang L Y，Zhu R Y. J Phys：Conference Series，2011，293：012004.

[29] Pidol L，Kahn-Harari A，Viana B. IEEE Trans Nucl Sci，2004，51(3)：1084-1087.

[30] 严成锋，赵广军，杭寅，等. 人工晶体学报，2005，34(1)：144-148.

[31] Weber M J. J Appl Phys，1973，44(7)：3205-3208.

[32] Lempicki A，Randles M H，Wisniewski D，et al. IEEE Trans Nucl Sci，1995，42：280-284.

[33] Moses W W，Derenzo S E，Fyodorov A. IEEE Trans Nucl Sci，1995，42(4)：275-279.

[34] Moszyriski M，Wolski D，Ludziejewski T，et al. Nucl Instrum Meth A，1997，385：123-131.

[35] Kuntner C，Auffray E，Dujardin C，et al. IEEE Trans Nacl Sci，2003，50(5)1477-1482.

[36] Belsky A N，Auffray E，Lecoq P，et al. IEEE Trans Nucl Sci，2001，48：1095-1100.

[37] 丁栋舟，李焕英，秦来顺，等. 无机材料学报，2010，25(10)：1020-1024.

[38] Petrosyan A G，Ovanesyan K L，Shirinyan G O，et al. Opt Mater，2003，24：259-265.

[39] Mosset J B，Devroede O，Krieguer M，et al. IEEE Trans Nucl Sci，2006，53(1)：25-29.

[40] Annenkov A，Fedorov A，Korzhik M，et al. Nucl Instrum Meth A，2005，537：182-184.

[41] Moszynski M，Kapusta M，Mayhugh M，et al. IEEE Trans Nucl Sci，1997，44：1052-1061.

[42] Ludziejewski T，Moszyhsk M，Kapust M. Nucl Instrum Meth A，1997，398：287-294.

[43] Nikl M，Ogino H，Krasnikov A，et al. Phys Stat Sol A – Appl Res，2005，202：R4-R6.

[44] Drozdowski W，Brylew K，Wojtowicz A J，et al. Opt Mat，2014，4(6)：1207-1212.

[45] Nikl M，Yoshikawa A，Kamada K，et al. Prog Cryst Growth Ch，2013，59：47-72.

[46] Mihokova E，Nikl M，Mares J A，et al. J Lumin，2007，126：77-80.

[47] Cherepy N J，Kuntz J D，Tillotson T M，et al. Nucl Instrum Meth A，2007，579：34-81.

[48] 张明荣，韦瑾. 硅酸盐学报，2004，32(3)：384-391.

[49] Shi C S，Deng J，Wei Y G. Chin Phys Lett，2000，17：532-534.

[50] Shi C S，Zhang G B，Wei Y G，et al. Surf Rev Lett，2002，9(1)：371-374.

[51] van Loef E V D，Dorenbos P，van Eijk C W E，et al. Appl Phys Lett，2000，77(10)：1467-1468.

[52] van Loef E V D，Dorenbos P，van Eijk C W E，et al. Appl Phys Lett，2001，79(10)：1573-1575.

[53] Daube-Witherspoon M E，Surti S，Perkins A，et al. Phys Med Biol，2010，55：45-64.

[54] Schaart D R，Seifert S，Vinke R，et al. Phys Med Biol，2010，55：N179-N189.

[55] Seifert S，van Dam H T，Huizenga J，et al. Phys Med Biol，2012，57：2219-2233.

[56] Alekhin M S，De Haas J T M，Khodyuk I V，et al. Appl Phys Lett，2013，102(16)：161915.

[57] Alekhin M S，Biner D A，Kramer K W，et al. J Appl Phys，2013，113(22)：224904.

[58] Higgins W M，Churilov A，van Loef E，et al. J Cryst Growth，2008，310：2085-2089.

[59] Shah K S，Glodo J，Higgins W，et al. IEEE Trans Nucl Sci，2005，52(3)：3157-3159.

[60] Quarati F G A，Dorenbos P，van der Biezen J，et al. Nucl Instrum Meth A，2013，729：596-604.

[61] Shah K S，Glodo J，Klugerman M，et al. IEEE Trans Nucl Sci，2004，51(5)：2302-2305.

[62] Birowosuto M D，Dorenbos P，van Eijk C W E，et al. J Appl Phys，2006，99：123520.

[63] Glodo J，Higgins W M，van Loef E V D，et al. IEEE Nucl Sci Symp Conf，2006，3：1574-1577.

[64] van Loef E V，Higgins W M，Glodo J，et al. J Cryst Growth，2008，310：2090-2093.

［65］van't Spijker J C，Dorenbos P，van Eijk C W E，et al. J Lumin，1999，85：1-10.
［66］van Loef E V D，Dorenbos P，van Eijk C W E，et al. Nucl Instrum Meth A，2005，537（1）：232-236.
［67］Dorenbos P，van't Spijker J C，Frijns O W V，et al. Nucl Instrum Meth B，1997，132：728-731.
［68］Guillot-Noel O，van't Spijker J C，de Haas J T M，et al. IEEE Trans Nucl Sci，1999，46（5）：1274-1284.
［69］Combes C M，Dorenbos P，van Eijk C W E，et al. J Lumin，1999，82：299-305.
［70］van Eijk C W E，de Haas J T M，Dorenbos P，et al. IEEE Nucl Sci Symp Conf，2005，1：239-243.
［71］Glodo J，van Loef E，Hawrami R，et al. IEEE Trans Nucl Sci，2011，58（1）：333-338.
［72］Glodo J，Hawrami R，Shah K S. J Cryst Growth，2013，379：73-78.
［73］Samulon E C，Gundiah G，Gascon M，et al. J Lumin，2014，153：64-72.
［74］Gundiah G，Brennan K，Yan Z，et al. J Lumin，2014，149：374-384.
［75］Cherepy N J，Hull G，Drobshoff A D，et al. Appl Phys Lett，2008，92：083508.
［76］Cherepy N J，Payne S A，Asztalos S J，et al. IEEE Trans Nucl Sci，2009，56：873-880.
［77］Boatner L A，Ramey J O，Kolopus J A，et al. J Cryst Growth，2013，379：63-68.
［78］Hawrami R，Glodo J，Shah K S，et al. J Cryst Growth，2013，379：69-72.
［79］Bourret-Courchesne E D，Bizarri G，Borade R，et al. Nucl Instrum Meth A，2009，612：138-142.
［80］Bourret-Courchesne E D，Bizarri G，Hanrahan S M，et al. Nucl Instrum Meth A，2010，613：95-97.
［81］Bizarri G，Bourret-Courchesne E D，Yan Z，et al. IEEE Trans Nucl Sci，2011，58：3403-3410.
［82］Kim Y K，Kim H K，Cho G，et al. Nucl Instrum Meth B，2004，225（3）：392-396.
［83］Yamada H，Suzuki A，Uchida Y，et al. J Electrochem Soc，1989，136（9）：2713-2716.
［84］Tsoukala V G，Greskovich C D. US Patent：US 5318722，1994.
［85］Grezer A，Zych E，Kępinski L. Radiation Meas，2010，45（3-6）：386-388.
［86］Seeley Z M，Kuntz J D，Cherepy N J，et al. Opt Mat，2011，33（11），1721-1726.
［87］Nakamura Ryouhei，et al. US 6，479，420 B2（2002）.
［88］施剑林，冯涛. 无机光学透明材料：透明陶瓷. 上海：上海科学普及出版社，2008.
［89］陈启伟，施鹰，施剑林. 材料科学与工程学报，2005，23（1）：129-132.
［90］Nakamura R，Yamada N，Ishi M. Jpn J Appl Phys，1999，38：6923-6925.
［91］沈世妃，马伟民，闻雷，等. 人工晶体学报，2009，38（2）：465-470.
［92］Sun L D，Liao C S，Yan C H. J Solid State Chem，2003，171：304-307.
［93］Roh H S，Kang Y C，Park S B. J Coll Inter Sci，2000，228：195-199.
［94］陈积阳，施鹰，冯涛，等. 硅酸盐学报，2004，32（7）：868-872.

[95] Lempicki A，Brecher C，Szupryczynski P. Nucl Instrum Meth A，2002，488(3)：579-590.
[96] Shi Y，Chen Q W，Shi J L. Opt Mat，2009，31(5)：729-733.
[97] Jahnke A，Ostertag M，Ilmer M，et al. Radiation Eff Def S，1995，135(1-4)：401-405.
[98] Subramaniam V V，Martins L S，Vishwanath R M. US Patent，US 6706212，2003.
[99] 巴学巍，柏朝晖，张希艳. 中国稀土学报，2007，25(1)：111-114.
[100] Villanueva-Ibanez M，Luyer C L，Parola S，et al. Opt Mat，2005，27：1541-1546.
[101] Yen W M，Weber M J. Inorganic Phosphors. Boca，Raton，London，New York，Washington，D. C. ：CRC Press，2004.
[102] Shionoya，Yen. Phosphor Handbook. CRC Press，1999：528.
[103] 林建华，苏勉曾. 高等学校化学学报，1985，6(11)：957.
[104] 林建华，苏勉曾. 发光与显示，1985，6(4)：1-7.
[105] Su M Z，Lin J H. Luminescence of MFX：Eu^{2+}，In：New Frontiers in Rare Earth. Sciences and Applications. Ed by Xu Guangxian and Xiao Jimei. Vol. Ⅱ. Beijing：Science Press，1985：757-761.
[106] 苏勉曾，龚曼玲，阮慎康. 化学通报，1980：656.
[107] Su M Z，Xu X L，Ruan S K，et al. J Less-Common Metals，1983，93：361.
[108] Brixner L H. U. S 4488983，1984.
[109] Rabatin J G. Electrochem. Soc. Spring Meeting，New York. 1969，Extended Abstract，189.
[110] 苏勉曾，王彦吉. 高等学校化学学报，1982，3(专刊)：7.
[111] Su M Z，Wang Y J. Electrochem. Soc. Spring Meeting，Tallahashi，1983，Extended Abstracts，83-1：614.
[112] 李博，顾镇南，林建华，等. 高等学校化学学报，2001，22(1)：1.
[113] Brixner L H. Materials Chem Phys，1987，16(4)：277.
[114] 陈伟，宋家庆，苏勉曾. 功能材料，1994，25(3)：197-205.
[115] Rabatin J G，Brins M. 170th Electrochem Soc. Meeting，San Diego，Oct，1986，Extended Abstracts.
[116] Meijerrrik A，Schipper W J，Blasse G. J Phys D：Appl Phys，1981，24：997.
[117] Sato M，Tanaka T，Chta M. J Electrochem Soc，1994，141(7)：1851.
[118] Zhao W，Mi Y-M，Su M-Z，et al. J Electrochem Soc，1996，143(7)：2346.
[119] 林建华，苏勉曾. 高等学校化学学报，1989，10(5)：491.
[120] 滕玉洁，黄竹玻. 中国稀土学报，1992，10(4)：331.
[121] 滕玉洁，黄竹玻. 北京大学学报(自然科学版)，1992，28(4)：469.
[122] Takahashi K，Miyahara J. Shibahara Y. J Electrochem Soc，1985，132：1493.
[123] Zhao W，Su M-Z. Mater Res Bull，1993，28(2)：123.
[124] Dong Y，Su M-Z. Lumin，1995，65：263.
[125] 熊光楠，徐力，刘俊英. 中国稀土学报，2001，19(6)：494-497.

[126] Schweizer S. Phys Stat Sol Appl Res，2001，187：335-393.
[127] Rowlands J A. Phys Med Biol，2002，47：R123-166.
[128] Bueno C，Buchanan R A，Berger H. SPIE，1990，1327，Properties and Characteristics of Optical Glass Ⅱ，79.

第 3 章　阴极射线用稀土发光材料

3.1　阴极射线发光与阴极射线管

阴极射线发光是电子束激发材料的发光。其名称来源于 19 世纪末在研究低压气体放电时观察到从阴极射出一种射线，射在玻璃上产生荧光，该射线被称为阴极射线。不久发现这种射线是由微小的带负电粒子——电子组成。以后人们沿用这个古老的名称，将电子束激发发光称为阴极射线发光。

通常使用电子束激发发光材料时，电子的能量在几千至几万电子伏特。与光致发光相比，这个能量是巨大的，常用的紫外光子能量不过 3～6 eV，真空紫外光光子能量也只有十几电子伏特。因此，阴极射线发光的激发过程与光致发光不同。在光致发光中，一个光子被发光材料吸收后，通常只能产生一个光子，而一个高速电子的能量是可见光子的几千倍，从能量的观点来看，它足以产生千百个光子，事实上也是如此，但其过程是很复杂的。高速电子将使原子的电子离化，并使它们获得很大的动能，也成为高速电子，通常把这些电子称为次级电子。这些次级电子，又可以产生次级电子，由此，产生的次级电子密度很大，这些次级电子最终将激发材料发光。同时，阴极射线激发和光致激发的另一个重要差别是激发密度大。

由于激发过程的差异，同一发光材料的阴极射线发光与光致发光有如下的不同[1-5]：

(1) 不同发光谱带的相对强度不同。即有时对具有两个或两个以上谱带的发光材料，它们的谱带的光谱强度比例不同。例如 ZnS：Cu 的蓝带在电子束激发下可以变得较强。

(2) 发光效率不同。阴极射线发光的功率效率一般在 5%～25%之间，而有些光致发光材料的功率效率可达 40%～50%，甚至更高。

(3) 余辉不同。阴极射线发光的余辉明显变短，以致光致发光的长余辉材料在电子束激发下不再显现出长的余辉。

(4) 在电子束激发下，许多材料容易有发光。因此，有些材料观察不到光致发光，却可以有阴极射线发光。

高速电子打到固体上时，只有一部分进入固体内部，而有相当一部分被反射，称为反向散射。被反射的电子尚有相当大的能量，且对发光是无用的，故影响发光效率。反向散射的电子所占的比例 ζ 只与物质的原子序数 Z 有关(如果是化合物可取 Z 的平均值)，而与电子能量关系不大。

电子束激发发光的过程大致是，入射电子进入发光材料后产生次级电子，或者激发晶格离子(原子)，与此同时，也可以激发(不产生自由电子)发光中心。次级电子又产生次级电子，所有这些电子都可以激发、离化各种中心，逐渐丧失能量，直至最后一批能量很低的次级电子，它们没有能力再离化晶格离子或发光中心，只能和空穴复合或激发发光中心(不离化)，或者将剩余的功能变成热。能够离化晶格离子的最低限度的能量，Garlick 估计是三倍于禁带宽度 E_g[6]。也就是说，要产生一对电子和空穴，所需的电子能量至少应为 $3E_g$。能量小于 $3E_g$ 的电子就不能离化晶格离子。电子的方向因碰撞而不断改变，整个过程非常复杂。

阴极射线发光在国防和生产上占有重要的地位，利用阴极射线发光的原理制成阴极射线管已广泛地应用于电视、雷达、示波器、计算机、照相排版、医学电子仪器、飞机驾驶船表盘等等。而人们最熟悉的是电视显示屏和计算机显示屏。

阴极射线管(cathode ray tube，CRT)是将电信号转换为光学图像的一类真空型电子束管的总称。在显示技术中泛指阴极射线显像管、显示管、示波管、雷达管、存储管、飞点扫描管等。

阴极射线管主要由电子枪(包含灯丝、阴极、控制栅极组成的电子发射系统和起聚焦透镜作用的几个阴极)、偏转系统(偏转线圈或导向板)和荧光屏组成(图 3-1)

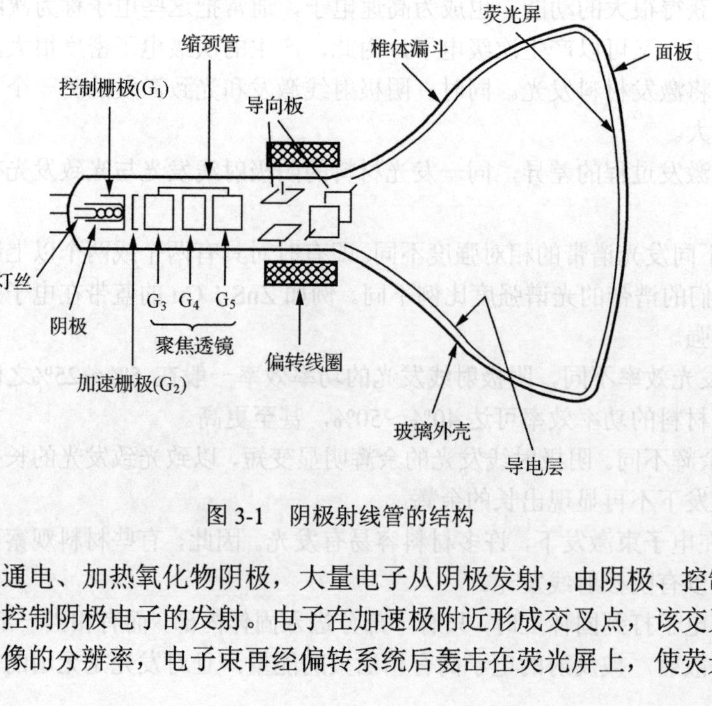

图 3-1　阴极射线管的结构

当灯丝通电、加热氧化物阴极，大量电子从阴极发射，由阴极、控制栅极和加速极共同控制阴极电子的发射。电子在加速极附近形成交叉点，该交叉点的截面将影响图像的分辨率，电子束再经偏转系统后轰击在荧光屏上，使荧光粉产生光输出，完成电信号向光信号的转换。

若不加偏转系统(磁场)时，从电子枪射出的三条电子束集中在荧光屏上一点，当加上偏转磁场时，三条电子束同时在水平或垂直方向偏转，偏转时要使电子束以正确的角度穿过荫罩，才能使三条电子束分别打到正确颜色的荧光粉上。

各种 CRT 显示器有其各自的特点：

显示管——可作字符、图形和图像的显示。用于计算机终端等方面，与普通彩色电视管相比，这类 CRT 具有更高的分辨率。

示波管——仪器中显示电学信号的 CRT 通常称为示波管。其基本结构与单色 CRT 一样，但有更高的束偏转灵敏度、线性和高频响应。

雷达管——雷达发射机经天线向空中发射一系列方向性很强的脉冲电波，这些电波遇到目标时，一部分电波被反射回来，由天线接收，在显示器上显示目标的方向、距离、高度和速度。平面位置显示器同时显示目标的距离和方位，采取磁偏转、长余辉、亮度调制的显示管。

存储管——具有一种可以记忆建立在 CRT 内的电子信息功能的显示器。存储图像与文字的原理是在荧光屏前端放置一个介电靶，管内有两支电子枪，一支是写入枪，一支是读出枪。写入枪上的扫描电子束经电子信息的调制，在介电靶上形成不同的电势。相当于一个控制栅，读出枪的电子束经过这个控制栅到达荧光层，产生的信息与写入的相同。

飞点扫描管——扫描胶片图像，使之转换成电子信息，从而可以再现到显示器上。这种 CRT 要求荧光粉的衰减时间小于 10^{-7} s，束斑很小。由 CRT 产生一个窄束扫描光源，扫描光透过被扫描的彩色胶片被光电探测器探测，用扫描信号和对应的透过光强，可以得到电子学影像信号。

信息显示技术是将图像、图形、数据和文字等各种形式的信息作用于人的视觉而使人们感知的手段。该技术是通过光电显示器件和发光材料来实现的，发光材料是信息显示系统的核心，发光材料的功能是将电信号转换为光信号，因此，发光材料不仅是信息显示技术的基础，它的发现和发展也推动信息显示技术的发展。稀土发光材料，在显示技术中占据着极其重要的地位。

世界上第一台电子显示器是 1907 年德国人 K. F. Braum 发明的示波管，首次实现了由电信号向光输出的转换。近百年来，显示技术发展很快，从第一支阴极射线管的问世至今，已出现了上千个品种的电子显示器件，而且其原理不同于阴极射线管的新型显示器也相继出现，有些已达到实用化，显示技术已形成一个庞大的产业。

显示技术可以根据不同的方法进行分类，但每一种分类都不十分完善。

若按显示器件分类，可分为真空型显示器件和非真空型显示器件，前者指发展历史最长的阴极射线管显示；后者泛指非真空型的各种显示。

如按显示器件是否自动发光，又可分自发光型(或称为主动发光型)和非自发光型(或称被动发光型)两类。前者将电信号在显示器件屏幕上发光显示，如阴极射线管(CRT)、等离子体显示(PDP)、电致发光显示(ELD)、发光二极管显示(LED)、真空荧光显示(VFD)、投影显示、激光显示、场发射显示(FED)等；而后者是显示器件的工作媒质由于反射、散射、干涉等现象而控制环境光束显示信息，如液晶显示(LCD)、电致变色显示(ECD)、电泳显示(EPID)、铁电陶瓷显示(PLZT)和光阀显示等等。

根据观看的方式，显示器件可分为投影式、直视式和虚拟式(无屏幕式)。投影显示主要包括阴极射线管型、反射镜阵列和 LCD；虚拟显示包括头盔显示和全息显示；直视式显示分为阴极射线管显示和 PDP、LCD、FED 等平板显示。

也可根据不同的激励方式进行分类，如电子束激发(包括阴极射线显示，真空荧光显示、场发射显示等)；光激发(如等离子体显示等)；电场激发(电致发光显示和发光二极管显示等)。尽管各种显示器的原理不同，并且各有特点，但作为图像显示，它们有着共同的性能要求。

(1) 亮度。亮度是指显示器在垂直于光束传播方向的单位面积上的发光强度，单位为 cd/m^2。在室内照度下，70 cd/m^2 的亮度图像清晰可见，而室外观看，则要求 300 cd/m^2 以上。

(2) 对比度。对比度为图像中最亮处与最暗处亮度之比值。对比度通常是 30∶1。在阴极射线显示中借助“滤光技术”提高显示器件的对比度，主要有两种方法[7]。一种是在荧光粉表面“着色”，例如在 $Y_2O_2S:Eu^{3+}$表面涂覆红色颜料α-Fe_2O_3，此法将牺牲荧光粉的亮度；另一种是用微滤光膜(microfilter)。

(3) 灰度。灰度是眼睛视觉范围特性所确定图像的亮度等级，它是指从亮到暗之间的亮度层次，亮暗之间的过渡色称为灰色。灰度用以表征显示屏上亮度的等级，应有八级左右。灰度越高，图像的层次越分明，在彩色显示中色彩也越丰富和柔和。灰度等级用亮度的 $2^{0.5}$ 倍的发光强度来划分。在显示技术中，重现图像的相对明暗层次即对比度和灰度，是十分重要的。对比度的减小会使显示图像的灰度减小。

(4) 分辨率。分辨率是指显示器的像素密度(单位长度或单位面积内像元电极数或像素数量)和器件包含的像元总数(显示器含有像元电极数或像元数量)。一般比较大的直视电视显像管的光点直径约 0.2～0.5 mm，这可以由光栅高度除以扫描线数得出。

(5) 颜色。显示色彩是衡量显示器性能的重要参数。显示颜色分为黑白、单色、多色、全色。发光显示以红、绿、蓝光三基色加法混色得到 CIE 色度图舌形曲线上的任意颜色。复合光光谱丰富程度取决于三基色光光谱纯度和饱和度以及三基色发光像元的灰度级别。红、绿、蓝三种基色在 CIE 色坐标图中构成一个三角形。红、绿、蓝三点越接近曲线顶角，颜色越纯(即颜色越正)，饱和度越好。

(6) 余辉时间。余辉时间是指切断电源后到显示消失所需的时间。它主要由荧光粉决定，根据不同的需要，余辉时间从几十纳秒到几十秒。

(7) 响应时间。响应时间是指从施加电压到显示图像所需要的时间。

(8) 发光效率。发光效率是指显示器件单位能量(*W*)所辐射出的光通量，单位lm/W。

(9) 寿命。发光型显示器的寿命一般是指半寿命，即其初始亮度衰减为原来的一半所需要的时间，受光型显示器的寿命是指使用寿命，即器件的主要显示指标保持正常的时间。

此外，视角、工作电压、功耗等也是衡量显示器性能的重要参数。

3.2　阴极射线管用稀土发光材料

稀土元素及其化合物具有吸收能力强、转换效率高，在可见区有很强的发射、色纯度高、物理化学性质稳定等特点，已在阴极射线发光材料中获得重要的应用，并已部分取代非稀土元素，特别是在彩色电视的发展进程中，稀土发光材料曾起着举足轻重的历史作用。

阴极射线用荧光粉曾是应用最广泛的发光材料之一，除发光材料通常的技术要求如激发和发射波长、发光强度、效率、余辉等之外，对其作为图像显示在性能上还有特殊的要求。

(1) 色调。为了满足图像颜色重现范围宽的需要，红、绿、蓝三基色粉应具有良好的饱和度，使其在 CIE 色坐标图中的范围更大，色彩丰富、图像逼真。为实现所要求的色调，需要调整荧光粉的组成和改进荧光粉的着色颜料。例如，Y_2O_2S∶Eu 红粉可以通过增加蓝色颜料的附着量来提高色饱和度。

(2) 亮度−电流饱和特性。亮度−电流饱和效应是指荧光粉的发光效率，当电流密度超过一定值后，随电子束电流密度的增加而下降的现象，简称电流饱和效应。导致电流饱和效应的因素包括：①基态电子的耗尽；②更高能级复合作用增强；③荧光粉的温度猝灭效应；④荧光粉颗粒表面的电荷积累等。目前所采用的三基色荧光粉中，红粉电流饱和特性较好；而蓝粉、绿粉电流饱和特性较差，由此造成高亮度图像中三基色失衡，白场略显粉红，画面出现色差。

(3) 温度猝灭特性。温度对 CRT 荧光粉的影响很大，特别是大功率显示器件要求高亮度时，温度的影响就更为显著。荧光粉层在高负载下因温度猝灭使亮度下降，而且红、绿、蓝三种粉的亮度损失程度各有所不同，使得白场发生偏高，图像质量变差。

(4) 耐老化特性。荧光粉在长期的电子束轰击下，发光亮度逐渐下降的现象称为老化。老化现象阻碍了 CRT 在大功率条件下长期工作。导致荧光粉老化的主要原因是荧光粉表面存在或产生的缺陷和化学成分变化(被分解或还原)及形成色心。

荧光粉的耐老化性能与其寿命密切相关。荧光粉寿命指发光强度下降到一半时所受到电子束的辐照量，通常以 C/cm^2 表示。若荧光屏电流密度为 1 $\mu A/cm^2$，则 1 C/cm^2 相当于工作 280 h。目前，雷达用的长余辉荧光粉寿命最差。

(5) 荧光粉的粒径。荧光粉的粒径关系着图像的清晰度，一般说来，荧光粉粒径越小，显示的清晰度越高，但又会造成发光效率降低。荧光粉晶粒表面的变化也影响发光效率，提高晶体质量，减少晶体缺陷，有助于改善荧光粉的细颗粒性能。

由于各种 CRT 器件的使用要求和荧光粉均不同，现将一些主要 CRT 器件使用稀土发光材料的情况分述如下。

3.2.1　电视显像管用荧光粉

1. 黑白电视显像管用荧光粉

20 世纪 30 年代到 50 年代初是黑白电视的全盛时代。黑白电视显像管用的荧光粉可以分成三种。第一种是由单一组分化合物来实现白光，例如 (Zn, Cd) S：Ag, Au, Al 其颜色可以用改变锌镉比来调节，也可用改变激活剂 Ag、Au 比来实现，但要达到理想的色坐标有一定难度。第二种是由两种颜色荧光粉混合来达到，主要由发蓝光和发黄绿光两种荧光粉混合而成白光荧光粉（称为白场粉），蓝与黄绿的混合比在 55：45 左右。发蓝光的荧光粉发光光谱峰值通常在 450 nm 左右，通常选用的荧光粉为 ZnS：Ag，而发黄光的荧光粉发光峰值在 550～650 nm 之间可调，实用的荧光粉为 (Zn, Cd) S：Cu，Al 或 (Zn, Cd) S：Ag，可以调节锌镉比，也可以调节蓝粉和黄绿粉的混合比例来改变颜色。第三方案则用三种荧光粉混合来配成白光，通常采用彩色电视三基色荧光粉，即 ZnS：Ag（蓝）+ZnS：Cu, Al（绿）+Y_2O_2S：Eu^{3+}（红）。

2. 彩色电视显像管用荧光粉

20 世纪初就发现了 Gd_2O_3：Eu^{3+}的阴极射线发光，由于当时分离、提纯的技术水平有限，得不到高纯度的单一稀土氧化物，而且生产成本高，致使稀土发光材料研究进展缓慢。20 世纪 50 年代末解决了高纯稀土的制备工艺，促进了稀土发光材料的研究。60 年代期间，随着 YVO_4：Eu^{3+}，Y_2O_3：Eu^{3+}和 Y_2O_2S：Eu^{3+}等高效稀土红色 CRT 荧光粉的相继问世，突破了彩色电视红粉亮度上不去的障碍，使图像亮度提高 1 倍以上，亮度–电流饱和特性得到改善，画面彩色失真减小，而且由于 Eu^{3+}的窄带发射，使色纯度得到很大提高，很快便取代了非稀土红粉，使彩色电视显示技术发生了一次巨大的飞跃。正是由于稀土红色荧光粉的发现与应用，20 世纪 70 年代初期彩色显像管进入大规模生产的时期。表 3-1 中列出稀土红色荧光粉与 (Zn, Cd) S：Ag 的性能比较。

表 3-1　几种稀土红色发光材料与(Zn, Cd)S：Ag 的性能比较

发光材料	能量效率	流明效率/(lm/W)	色坐标	
			x	y
$Cd_{0.8}Zn_{0.2}S$：Ag	0.17	13.6	0.66	0.34
YVO_4：Eu	0.062	15.5	0.67	0.33
Y_2O_3：Eu	0.071	21.6	0.64	0.36
Y_2O_2S：Eu	0.073	18.6	0.66	0.34

从表 3-1 可见，虽然稀土材料的能量效率较低，但它们的光度效率(流明效率)都超过硫化物，色坐标也符合要求，且化学稳定性好。

彩色电视显像管用荧光粉由红、绿和蓝三基色荧光粉组成。目前采用的蓝粉为 ZnS：Ag，绿粉有 ZnS：Cu, Al, ZnS：Au, Cu, Al，而红粉则是稀土荧光粉。Y_2O_2S：Eu^{3+}，Y_2O_3：Eu^{3+}或 YVO_4：Eu^{3+}三种稀土荧光粉的阴极射线发射光谱分别示于图 3-2、图 3-3 和图 3-4。它们都呈现出三价铕的特征发射，但由于基质的不同而呈现一定的差别。

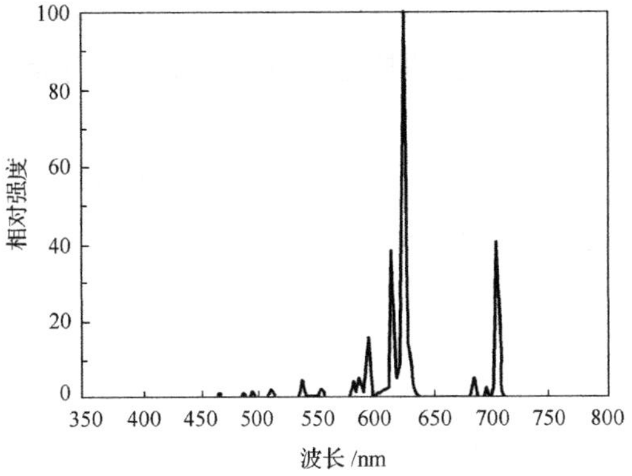

图 3-2　Y_2O_2S：Eu^{3+}的发射光谱

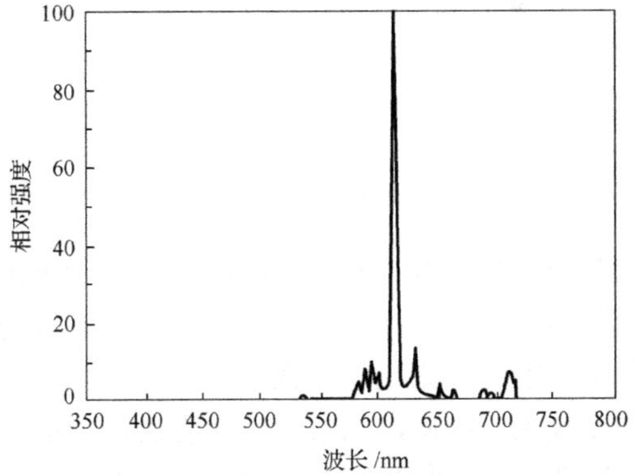

图 3-3　Y_2O_3：Eu^{3+}的发射光谱

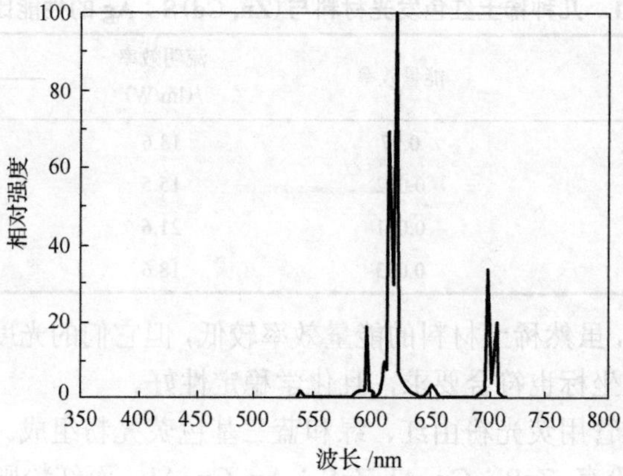

图 3-4　$YVO_4:Eu^{3+}$的发射光谱

按适当比例混合红、绿、蓝三种颜色荧光粉，基本上可以获得自然界中的各种颜色。这三种基色在 CIE 色坐标图中构成一个三角形(图 3-5)。红、绿、蓝三种材料的基色越接近三角形的顶角，色纯度越高，即颜色越正，色饱和度越好。从图 3-5(b) 中可见，红、蓝荧光粉接近三角形的顶角，而绿色荧光粉尚有差距。

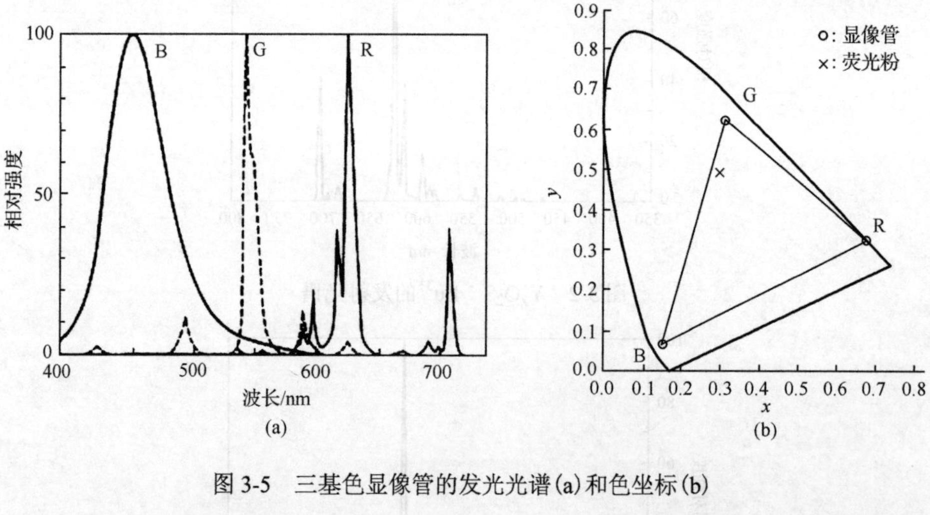

图 3-5　三基色显像管的发光光谱(a)和色坐标(b)

在彩色电视显像管用三基色荧光粉的选择时，首先考虑色坐标必须符合相关要求；其次是在保证色坐标的前提下，每种单色荧光粉的发光效率要高；第三激发红、绿、蓝三基色荧光粉的三束电流比在显示白场时，要接近 1∶1∶1，但目前绿粉需要的电流强度较大，因此，探索新的绿粉也是一项重要的课题。

在 $YVO_3:Eu^{3+}$，$Y_2O_3:Eu^{3+}$和 $Y_2O_2S:Eu^{3+}$这三种彩色电视用红色荧光粉中，普遍采用 $Y_2O_2S:Eu^{3+}$。$Y_2O_2S:Eu^{3+}$色纯度高，在电子束激发下发出鲜艳的红色

荧光，色彩不失真，亮度高，使当时的彩色电视亮度提高 1 倍，亮度–电流饱和特性好，稳定性高。$Y_2O_2S:Eu^{3+}$的亮度要比以 $YVO_4:Eu^{3+}$荧光粉高 40%。尽管 $Y_2O_2S:Eu^{3+}$价格稍贵，但综合各种因素，$Y_2O_2S:Eu^{3+}$在彩色电视显像管和显示器中均得到广泛使用，仍是 CRT 中不可替代的红色发光材料。

$Y_2O_2S:Eu^{3+}$发现于 1966 年，$Y_2O_2S:Eu^{3+}$为白色晶体，具有六方晶体结构，不溶于水，熔点高(2000℃以上)，化学性质稳定。图 3-2 为 $Y_2O_2S:Eu^{3+}$的阴极射线发射光谱[5]，主峰位于 626 nm，为 Eu^{3+}的 $^5D_0\rightarrow{}^7F_2$ 跃迁。尽管 Eu^{3+}较高能级 $^5D_1$ 和 $^5D_2$ 到基态的跃迁能发射蓝光和绿光，将会影响荧光粉的色度，但采取较高的 Eu^{3+}浓度，产生 Eu^{3+}的交叉弛豫，致使 Eu^{3+}较高能级发射发生猝灭，从而得到较纯的红色和较高的发光强度。

关于 $Y_2O_2S:Eu$ 的制备方法报道甚多[8]，如微波辐射法、溶胶–凝胶法等。而目前一般采用硫熔法，将 Y_2O_3、Eu_2O_3 与硫黄、Na_2CO_3 按一定比例混合，加入适量助熔剂 K_3PO_4，研磨混匀后在大约 1200℃下灼烧而成，其反应如下：

$$Na_2CO_3+S \longrightarrow Na_2S+Na_2S_x+CO_2$$

$$Y_2O_3+Eu_2O_3+Na_2S_x+Na_2S \longrightarrow (Y,Eu)_2O_2S+Na_2O$$

在反应过程中为了防止 $Y_2O_2S:Eu$ 进一步被氧化成 $Y_2O_2SO_4$，需要向反应管中通入氮气将空气赶掉，当反应达到设定温度后将管的两端封住，此时管内气压稍高于大气压。在反应初始阶段形成大量晶格缺陷，接着 Eu^{3+}离子迅速扩散，当 1180℃时 10 min 反应完全，晶体开始加速生长。硫化反应在 700℃时即可进行，但反应速率慢，产物发光效率低，随着反应温度的提高，硫化反应速率加快，发光效率也提高，适宜的反应条件是 1200℃，2 h。若反应时间过长将导致 Y_2O_3 的产生。

当稀土氧化物、Na_2CO_3 与硫黄的摩尔比为 1∶1.5∶4 时，产物的粒径为 3～50 μm。用 Y_2O_3 和 Eu_2O_3 机械混合物，与用共沉淀$(Y,Eu)_2O_3$ 作原料合成时产物粒度分布会有所不同。添加助熔剂 K_3PO_4 有助于反应进行，也会改变产物的粒度分布。加助熔剂时，各组分的摩尔比为 $Na_2CO_3:S:K_3PO_4=1:2.97:X$，$X=0$～0.192。

在荧光粉的制备过程中，必须严格控制杂质的含量，如 Fe、Co、Ni、Mn 含量不得超过 0.1 mg/kg，Cu 的含量不得超过 0.01 mg/kg。即使含量很低的其他稀土杂质和非稀土杂质也会引起猝灭作用，例如，当 Ce 的含量为 1 mg/kg 时，对 $Y_2O_2S:Eu^{3+}$的发光会有明显的猝灭作用。Ti、Zr、Hf 和 Th 的含量为 1 mg/kg 时也会对发光有猝灭作用。尽管有些杂质，如碱金属、碱土金属、硅酸盐、硫酸盐及卤素等对材料的发光性能影响较小，但会影响颗粒的生长与分布[4]。

人们发现加入痕量 Tb^{3+}和 Pr^{3+}时，可使 $Y_2O_2S:Eu^{3+}$的阴极射线发光的效率成倍增加，因此，采用高纯 Y_2O_3 作原料时，一般额外加入 0.001%～0.1%的铽。

文献报道适当浓度的 Gd^{3+}引入 Y_2O_2S：Eu^{3+}中会明显提高荧光粉的相对亮度(约 5%)，同时可在一定程度上改善其电压特性[9]。研究表明，低浓度的 Gd^{3+}对 Y_2O_2S：Eu^{3+}的发射光谱不产生影响，而引入 Gd^{3+}浓度较大时，会造成亮度降低和色坐标的偏离。文献认为适当浓度的 Gd^{3+}对 Y_2O_2S：Eu^{3+}的发光增强作用的原因在于 Gd^{3+}对 Y^{3+}的置换，减小了 Eu^{3+}取代 Y^{3+}所造成的晶格畸变，Gd^{3+}起到改善晶格完整性的作用。

对于彩色电视的蓝粉尽管出现了 ZnS：Tm^{3+}和 $Sr_5(PO_4)_3$：Eu^{2+}的稀土蓝粉，但其发光效率和价格成本都不及 ZnS：Ag，故未能实际应用。

硫化锌型绿粉(Zn, Cd)S：Cu, Al 的光衰比蓝粉和红粉快，是彩色电视荧光粉所面临的另一个课题。因此，亟待开发新型绿粉，研制的稀土绿粉其光谱特性优于传统硫化物荧光粉，电流饱和特性也较好，但仍存在一些问题，例如，La_2O_2S：Tb^{3+}的性能较好，但发光效率偏低；而 CaS：Ce^{3+}的发光效率高，但色饱和度较差，且材料性能不稳定。

随着电视技术的普及和发展，人们对图像的质量提出更高的要求，彩色显像管向大屏幕、超大屏幕与高分辨方向发展。在 20 世纪 70 年代提出高清晰度电视(high definition television，HDTV)的概念。HDTV 的定义是当观看距离为屏面高度的 3 倍时，HDTV 系统的垂直与水平方向的分辨率为现行电视的两倍(水平扫描线数，日本 HDTV 为 1125 行)，电视画面宽高比为 16：9(而普通电视是 4：3)，并配有多声道的优质伴音。对于普通电视的视角为 10°，而人眼的水平清晰度范围是 17°，比电视视角大不少，因此，难以产生逼真感。为了适应 HDTV 的要求，对荧光粉提出了更高的要求。

由于直观式 CRT 屏的扩展有限，进一步增大屏幕只能通过投影 CRT 来实现。

3.2.2 投影电视用荧光粉

与普通直观式彩色电视相比，投影电视屏幕大、信息容量大、图像清晰。CRT 投影显示系统是将投影管屏面上高亮度、高分辨率，但尺寸较小(一般 12.7～17.8 cm，即 5～7 英寸)的图像通过透镜系统放大投影到屏幕上，从而获得大屏幕显示。投影显示适应了大屏幕显示的要求，特别是 HDTV 的要求，是实现 102 cm(40 英寸)以上高分辨率大屏幕显示的最佳选择，彩色投影电视的图像质量已可与 35 mm 电影胶片相媲美。目前投影电视大多采用三管投影方式，红、绿、蓝三支单色投影管的三基色图像经光学透镜投影在屏上，组合成精确的彩色图像。为了获得清晰的高亮度图像显示，投影管必须具有足够高的亮度和分辨率，具有相当于普通彩色显像管峰值亮度的数十倍。为此，除了在投影管的结构上有所改变外，其电子束激发功率比普通电视要大得多，其特点是大电子束流和高屏压，一般显像管的阳极电压为 20 kV，而高清晰投影管的阳极电压高达 35 kV，而且电子束直径又比前者小 10 多倍，发光材料所承受的激发密度最大约为 2 W/cm^2 比在普通直观式彩电显像管内大 100

倍左右，外屏面温度较高可达 100℃以上，会引起荧光粉严重的温度猝灭。

制备彩色投影屏时，要求荧光粉层致密，粉层厚度也比一般显像管发光粉层厚 1 倍左右，约 7 mg/cm^2。涂屏后，再涂上一层铝膜，以防止屏在工作时多余电荷的积累。

与彩电荧光粉相比，投影管荧光粉又有下列要求：

(1) 在高密度电子束激发下，具有良好的亮度–电流饱和特性，在高激发强度下，光输出的线性好；

(2) 具有良好的温度猝灭特性，大的电子束功率会使屏面温度升高，要求荧光粉在高温(100℃)时亮度不衰减；

(3) 可耐大功率电子束长时间轰击，而保持性能稳定，有尽可能高的能量转换效率；

(4) 分辨率高，色纯度高。

彩色投影管用稀土荧光粉主要有如下几种。

1. Y_2O_3：Eu 红色荧光粉

Y_2O_3：Eu 红色荧光粉，由于其良好的温度猝灭性能和电流饱和特性，已成为投影管首选的红粉。图 3-6 示出 Y_2O_3：Eu^{3+}，Y_2O_2S：Eu^{3+}和 ZnS：Ag, Cl 等红粉的亮度与阴极电流的关系，从图 3-6 可见 Y_2O_3：Eu^{3+}具有较好的亮度–电流饱和特性。

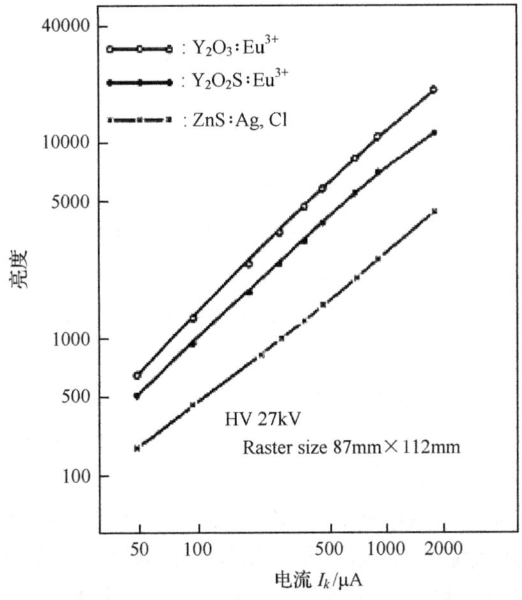

图 3-6　Y_2O_3：Eu^{3+}，Y_2O_2S：Eu^{3+}和 ZnS：Ag, Cl 的亮度–电流饱和特性

Y_2O_3：Eu^{3+}是一种较为理想的投影电视和计算机终端显示用红色荧光粉，关于Y_2O_3：Eu^{3+}的制备报道很多。

为防止Y_2O_3：Eu^{3+}在涂屏时与聚乙烯醇和$(NH_4)_2Cr_2O_7$涂敷液在混合时发生水解，对其进行包膜处理。即将荧光粉置于K_2SiO_3和$Al_2(SO_4)_2$混合溶液中，搅拌数分钟，SiO_3^{2-}和Al^{3+}发生强烈水解而生成$Al_2(SiO_3)_3$沉淀，附着于Y_2O_3：Eu^{3+}颗粒表面，静置，待其澄清后，将颗粒水洗2～3次。于搅拌下加入CeO_2饱和溶液，CeO_2附着于颗粒表面，可以防止Y_2O_3：Eu^{3+}在感光胶中水解。

研究发现，采用高温(1500～2000℃)，高压(不低于10.1 Pa)条件烧结Y_2O_3：Eu^{3+}，可改善亮度–电流饱和特性。当Y_2O_3：Eu^{3+}粒子呈球形，而且颗粒为正态分布，有利于提高其发光强度。

碱金属和碱土金属离子是有害的，它们的不等价掺杂将使Y_2O_3：Eu^{3+}红粉余辉延长。

2. $Y_3Al_5O_{12}$：Tb和$Y_3(Al, Ga)_5O_{12}$：Tb等绿色荧光粉

在全色视频显示中，绿光对亮度的贡献最大，约占60%左右。因此对绿粉的选择尤为重要。曾研制过多种稀土绿粉，都存在不同程度的缺点，例如Y_2O_2S：Tb^{3+}和Gd_2O_2S：Tb^{3+}的温度特性不好，Y_2SiO_4：Tb^{3+}的色纯度不高，Zn_2SiO_4：Mn^{2+}和$InBO_4$：Tb^{3+}的余辉太长，LaOCl：Tb^{3+}化学稳定性不好，通过比较认定$Y_3Al_5O_{12}$：Tb^{3+}在彩色直视电子束管及投影管中呈现出较好的性能。

$Y_3Al_5O_{12}$：Tb^{3+}(简称YAG：Tb)是投影电视普遍使用的绿色荧光粉，它表现出良好的电流饱和特性(图3-7)，温度猝灭特性(图3-8)和老化特性[10]。

YAG：Tb的猝灭温度较高，在200℃时亮度只下降约5%，如此微小的变化不会对白场造成不良影响。在30 kV，50 μA/cm^{2}时，YAG：0.05Tb，只出现轻微的亮度饱和。YAG：Tb的老化特性好。

YAG：Tb^{3+}的发光源自于Tb^{3+}的f-f电子跃迁，在低浓度时，如YAG：0.001Tb^{3+}时出现$^5D_3 \rightarrow {}^7F_J$的跃迁，发蓝光，而随着Tb的浓度增加，由于浓度猝灭效应$^5D_4 \rightarrow {}^7F_J$的发射增强，发射绿光，其亮度也提高。其典型的组分为YAG：0.05Tb^{3+}，在阴极射线激发下的发光光谱示于图3-9，其色坐标x=0.365，y=0.539；余辉时间$\tau(1/10)$为7 μs。

为获得发光性能优良的YAG：Tb，人们进行了广泛的研究，采用多种方法制备YAG：Tb，如燃烧法、喷雾热分解法、溶胶–凝胶法或高温固相反应法。

YAG：Tb通常采用高温固相反应制备：按照$Y_3Al_5O_{12}$：0.05Tb的化学计量比，将Y_2O_3(99.99%)、Al_2O_3(99.9%)和Tb_4O_7(99.99%)混合均匀(为提高混料的均匀性，也可采用共沉淀法)，装入刚玉坩埚，在炭还原气氛中灼烧至1500℃，保温2 h，冷却后取出，粉碎、过筛，用254 nm紫外灯检查发光情况，如此反复烧几次，直到相对亮度达到最高。将产物粉碎，过350目筛，最后用20%硝酸洗

涤一次，再用去离子水洗至中性，干燥后即得产品。

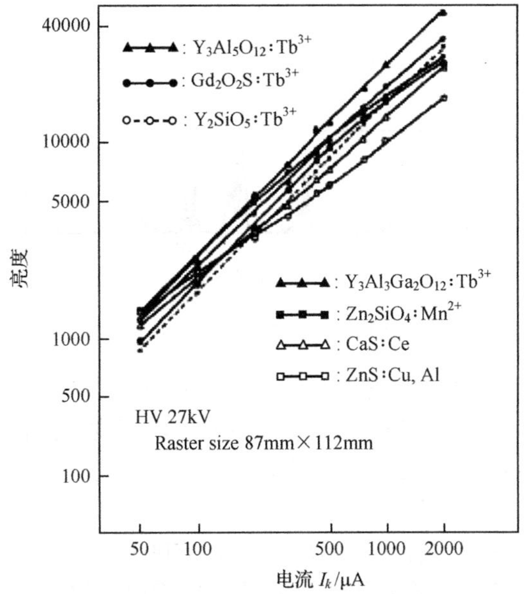

图 3-7　YAG：Tb^{3+}和各种绿色荧光粉的亮度-电流关系

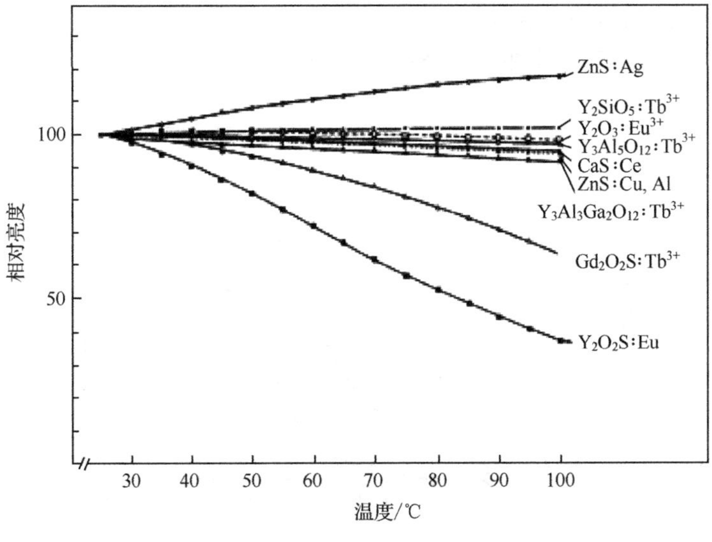

图 3-8　各种荧光粉的温度对发光强度的影响

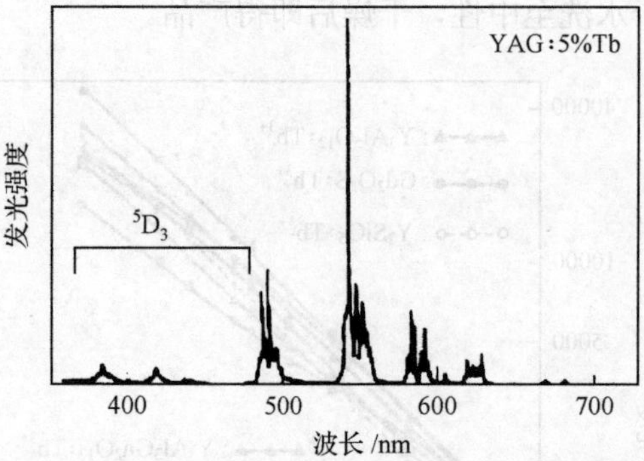

图 3-9　$Y_3Al_5O_{12}$：Tb^{3+}的阴极射线发光光谱

采用高温固相反应法，即使在1500℃的高温下，晶体中仍然不可避免地存在$YAlO_3$、$Y_3Al_2O_9$和残余的Al_2O_3，也影响荧光粉的纯度，而且所得到的产物易成块状，需经研磨方可使用，难以获得均匀而分布合理的粒度。这些都直接影响荧光粉的颜色和密度，影响荧光粉的分辨率。

用BaF_2作助熔剂可以促进固相反应，在1500℃只烧一次，就可得到单一立方相的YAG：Tb。在BaF_3存在下，在低于1000℃时就生成部分YAG，而不添加BaF_2则先生成杂相，直到1400℃才出现YAG相。BaF_2能使杂相在1500℃时全部转变为YAG，残余的BaF_2可用酸洗掉，获得纯单相产物。从图3-10可见，无BaF_2助熔剂时产物的相对亮度也较低。

此法也适用于Ga部分取代的YAGG：Tb。

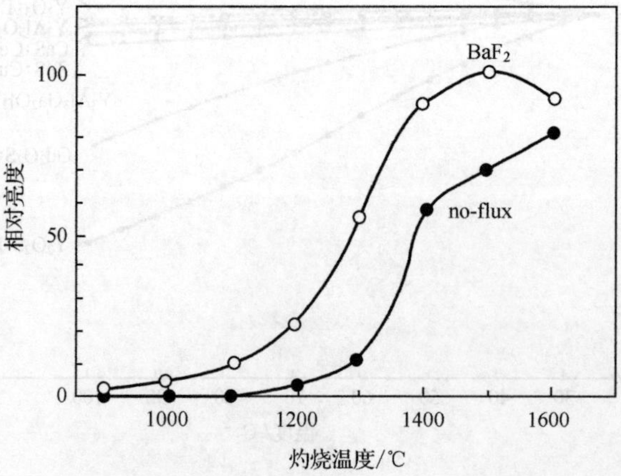

图 3-10　以BaF_2为助熔剂时灼烧温度对YAG：Tb^{3+}相对亮度的影响

以Ga部分取代$Y_3Al_5O_{12}$中的Al，得到$Y_3(Al, Ga)_5O_{12}$：Tb^{3+}(简称YAGG：Tb)，可以改善电流饱和特性。在YAGG：Tb中，Tb^{3+}离子$^5D_4 \rightarrow {}^7F_6$跃迁的490 nm

发射猝灭，使 545 nm 发射的光色更纯。YAGG：Tb 的电流饱和特性十分优越，在 30 kV，50 μA/cm^2 时 YAG：0.05Tb 出现饱和，而 YAGG：0.05Tb 的饱和点超过了 100 μA/cm^2。YAGG：Tb 是一种耐高能量密度激发的材料，当 2/5 的 Al 被 Ga 取代后，在 5 μA/cm^2 电子束的激发下，YAGG：0.05Tb 的亮度是 YAG：0.05Tb 的 1.2 倍。但 YAGG：Tb 的老化特性方面比 YAG：Tb 稍差。

熊光楠等发现，掺杂稀土离子 Gd^{3+}，Ce^{3+}，Tm^{3+}，Nd^{3+}，Pr^{3+}对 YAGG：Tb 的发光性能有明显的影响，共掺前后激发与发射光谱形状相似，但强弱有所不同，其中掺 Gd^{3+}对发光有增强作用，其原因可能是 Gd^{3+}的 $^6P_{7/2}$ 能级与 Tb^{3+}的 $^5D_4$ 能级有重叠，因而产生 $Gd^{3+}\rightarrow Tb^{3+}$的能量传递[11]。

对 YAGG：Tb 进行着色，混以 7%的 Zn_2SiO_4：Mn^{2+}作为 18 cm 投影管的绿色成分，可使管子的亮度在高分辨率下得到提高[12]。有报道在 YAGG：Tb 中混以少量纯度高的其他绿粉如将 0.65YAGG：Tb^{3+}+0.30$InBO_3$：Tb^{3+}+0.05Zn_2SiO_4：Mn^{2+}混合成绿色荧光粉，可以改善其色度。

Y_2SiO_5：Tb^{3+}的亮度优于 YAG：Tb，而且能承受大功率激发，温度猝灭特性好，能量效率高达 10%也被用作投影电视绿色荧光粉，但其合成温度高于 1600℃。

LaOBr：Tb^{3+}和 LaOCl：Tb^{3+}具有良好的温度猝灭特性，能量效率达 10%，其缺点是化学稳定性差，遇水易分解，为片状晶体，使用困难。

$InBO_3$：Tb^{3+}具有很高的发光效率和良好的温度猝灭特性，常与 YAGG：Tb 混合用于绿色荧光粉。

3. 投影电视蓝色荧光粉

目前投影电视用的蓝色荧光粉是 ZnS：Ag，但它受高密度电子束激发时产生强的亮度饱和，呈现明显的非线性，尽管采用 Al^{3+}共激活的 ZnS：Ag, Al，可在一定程度上有所改善，但 ZnS：Ag 的亮度饱和仍然是限制投影电视亮度的主要因素，而且 ZnS：Ag 的发射为带谱，经光学系统投影后，易于出现色差，影响图像质量。由于大多数稀土为窄带发射，引起人们重视，其中 Tm^{3+}是最为理想的蓝色荧光粉激活剂。但目前 ZnS：Tm^{3+}的能量效率低于 ZnS：Ag。人们也在研制 Eu^{2+}和 Ce^{3+}激活的蓝色荧光粉，如 $M_5(PO_4)_3Cl$，Eu^{2+}(M=Sr，Ca，Ba)、$M_3MgSi_2O_8$：Eu^{2+}(M=Sr，Ca，Ba)和 LaOB：Ce^{3+}，尽管它们在大电流密度的激发下几乎不产生电流饱和现象，温度猝灭特性较好，其图像具有良好的平衡特性，但发光效率低于 ZnS：Ag，在电子束长时间轰击下都不够稳定，颗粒呈片状也是宽带发射，而 LaOB：Ce^{3+}尽管能量效率高约 5%，通过掺 Y 或 Gd 能使能量效率更大地提高，但其缺点是化学性质不稳定，遇水分解。

近百年来 CRT 材料的种类不断增多、性能不断完善、技术不断改进，到 20 世纪 80 年代已经相当成熟。这种显示器的性能好(诸如发光效率高、色彩丰富、亮度高、分辨高、工作可靠、寿命长、响应速度快等)和工艺成熟、制作比较简单、廉价等诸多优点，至今 CRT 的性能价格比要比其他显示器高得多，并广泛地应用于电视、示波器、雷达和计算机监视器等领域。但由于 CRT 工作电压高、功耗高、体积大且笨重，100 cm 以上 CRT 质量超过 100 kg，以及辐射 X 射线等不足又限制了它的更广泛应用。特别是集成电路技术问世以来，CRT 已远远不能适应电子产品小型化、低功耗和高信息密度的发展趋势；从大屏幕显示的要求，也不能适应高清晰度和大屏幕显示器的要求。

3.2.3　超短余辉发光材料

根据余辉的长短可以将阴极射线发光材料分为下列几类：

(1) 极长余辉材料，余辉 $\tau>1$ s；

(2) 长余辉材料，100 ms $\leqslant\tau<1$ s；

(3) 中余辉材料，1 ms $\leqslant\tau<100$ ms；

(4) 中短余辉材料，10 μs $\leqslant\tau<1000$ μs (1 ms)；

(5) 超短余辉材料，$\tau<1$ μs。

对于某些特殊应用的发光器件而言，余辉(即衰减时间)显得特别重要，如彩色电视飞点扫描管、束电子引示管、电子计算机终端显示系统、扫描电子显微镜探测镜等都需要超短余辉发光材料($\tau<1$ μs)。目前主要的超短余辉荧光粉都是 Ce^{3+}激活的发光材料(表 3-2)。Ce^{3+}的发光属于 4f-5d 的允许跃迁，其寿命非常短，一般为 30～100 ns。图 3-11 示出部分发绿光的飞点扫描管的发射光谱。

表 3-2　超短余辉荧光粉

荧光体	能量效率 η /%	衰减时间 τ/ns	余辉水平 δ/%	光谱峰值波长 λ/nm	备注
$(Y, Ce)_3Al_5O_{12}$	4.5	70	6	550	新的飞点扫描材料与 $(Y, Ce)_3Al_5O_{12}$ 合用新的电子束引示管材料
$(Y, Ce)_2SiO_5$	6.0	30	0.1	415	
β-$(Y, Ce)_2SiO_7$	8.0	40	0.1	380	
γ-$(Y, Ce)_2SiO_7$	6.5	40	0.1	375	
$(Ca, Ce)_2Al_2SiO_7$	4.5	50	5～10	400	
$(Ca, Ce)_2MgSi_2O_7$	4.0	80	3	370	
$(Y, Ce)PO_4$	2.5	25	1.5	330	
$(Y, Ce)OCl$	3.5	25	1.5	380，400	
$LaBO_3$-Ce	0.2	25		310，355，380	
$ScBO_3$-Ce	2	40		385，415	
ZnO：Zn	2.5	～1000		505	

注：τ为发光强度衰减到 1/e 时所需的时间；δ为在 20 μs 间隔脉冲结束后，80 μs 时剩余发光强度所占的百分比，又称“余辉水平”。

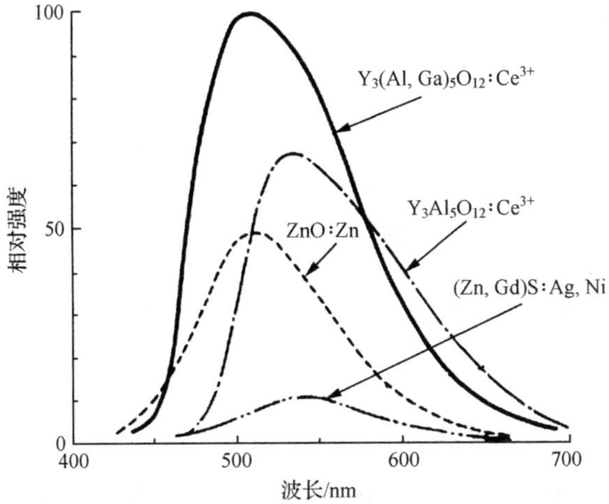

图 3-11 部分发绿光的飞点扫描管的发射光谱

彩色电视飞点扫描荧光粉的发展很快。最初是使用发绿光的 ZnO：Zn，它的发射带很宽，也可以产生少量红色和蓝色信号，但衰减时间较长一些，约 1 μs。已研制出性能更好的荧光粉 $(Y, Ce)_3Al_5O_{12}$ 和 $(Y, Ce)_2SiO_5$，把它们组合起来使用可满足彩电飞点扫描管的要求。这两种荧光粉的制备工艺如下：

1. 发黄光的 $(Y, Ce)_3Al_5O_{12}$ 荧光粉

$(Y, Ce)_3Al_5O_{12}$ 也可以写成 $Y_3Al_5O_{12}$：Ce，即铈 Ce 激活的钇铝石榴石。它的通式为［$Y_{3-x}Ce_x$］Al_5O_{12}，Y 还可以用 Gd 取代，写成 $Y_{3-x-y}Gd_yCe_xAl_5O_{12}$，含量一般为 Y 的 2%摩尔分数左右。也可用 Ga 来取代 Al，写成 $Y_3(Al, Ga)_5O_{12}$：Ce^{3+}。

用共沉淀法制备 $Y_3Al_5O_{12}$：Ce，其原料纯度都在 99.9%以上。按原子百分比计算 Y_2O_3，$Ce(NO_3)_3 \cdot 6H_2O$ 和 $Al(NO_3)_3$ 的比例称量后，把它们溶于 0.4*N* 的硝酸溶液，再将它们加到 0.4*N* 的 NH_4OH 溶液中使其生成氢氧化物沉淀，控制 pH 值略高于 9，过滤，使沉淀干燥，装入氧化铝舟，放进管式炉里，于 1400～1500℃的高温下，还原气氛中灼烧 1～2 h，烧好后在 253.7 nm 紫外光下选粉。

2. 发蓝光的 Y_2SiO_5：Ce 荧光粉

按其分子式中原子百分比计算所需的 Y_2O_3 和 SiO_2。以 Li_2CO_3 作助熔剂，Ce_2O_3 作激活剂(占基质的 1.5%～2%)，把这些原料充分混合研磨均匀，压成片状。在 1500～1650℃之间多次长时间灼烧，烧好后，水洗，干燥，紫外灯下选粉。

3. 其他的飞点扫描荧光粉

Ce 激活的硅酸铝钙 $Ca_2Al_2SiO_7$：Ce 可以代替发蓝光的 Y_2SiO_5：Ce。它的阴极射线发射光谱峰在 400 nm 左右，基本部分在光谱的紫外区。而 $Y_3Al_5O_{12}$：Ce 的发射峰在 520 nm，基本部分在光谱的黄区，少部分延到红区。一般把 25%左右的硅酸铝钙和 75%左右的钇铝石榴石混合使用，可以获得近白色的发光。

3.3　场发射显示用发光材料

3.3.1　场发射显示的基本原理

阴极射线管(CRT)显示技术在 20 世纪 80 年代已经相当成熟，由于 CRT 显示的质量好和工艺成熟、廉价等诸多优点，其已广泛地应用于电视、示波器、雷达监视器和计算机监视器。但由于其工作电压高、功耗高、体积大且笨重，又限制了它的更广泛应用。早在 20 世纪 70 年代人们就在努力探索新的显示技术以克服 CRT 的缺点，并出现 PDP、LCD 等新的平板显示技术。如何将阴极射线管平板化一直是人们努力的方向，场发射显示就是最可能的方案之一。

电子从固体表面逸出，被称为电子发射。由于固体表面有一势垒，在没有外界的作用时(诸如光、热、电场等)，电子是不能从固体表面逸出的。把固体加热，使电子获得足够高的能量，从固体表面逸出，这就是热电子发射；用光照射固体，固体中的电子吸收光子的能量从固体表面逸出，称之为光电子发射；用具有一定能量的电子轰击固体而产生的电子发射，叫做二次电子发射；当加上一个很强的电场，固体表面势垒变低、变薄，电子穿透势垒的概率大大增加，使电子从固体表面逸出，就形成场致电子发射，简称为场发射。

能够实现场发射的材料有许多种，如难熔金属(钼、钨等)和半导体(硅、金刚石等)。

场发射显示(field emission display，FED)就是利用能够实现场发射的冷阴极替代 CRT 的热阴极作电子源，用 *x-y* 驱动代替电子束扫描，是 CRT 平板化的一种显示手段。

图 3-12 给出场发射显示器件的原理图。图示的是一个显示单元，它包括阴极、阳极和隔离柱三部分。由于是一个显示单元，未画出隔离柱。图中的阴极为微尖(microtips)，也可以用其他阴极，如碳纳米管。阴极的作用是在外电场的作用下发射电子。阳极上有发光单元，它在电子流的激发下发出荧光。隔离柱(spacer)起着把阳极与阴极隔离开来避免短路和支撑的作用。在场发射显示器件中使用的是 X-Y 交叉电极，假如 X 电极在阳极的 ITO(透明电极)上，而 Y 电极在阴极，当我们在选择的某一组 *x*，*y* 坐标加上电压时，它们的交叉点处的微尖就会发射电子，

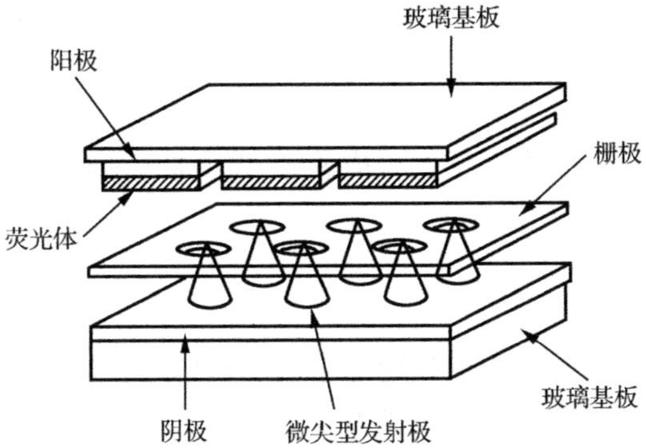

图 3-12　场发射显示器件的原理图

所发射的电子汇成电子流向阳极运动，打在阳极的单元上，引起荧光粉发出荧光。当我们输入不同的图像信号时，阴极上不同的部位发射电子，阳极上相应的部位在电子流的激发下发出荧光，我们则看到不同的图像，图中还示出栅极，它与真空管中的栅极起完全相同的作用。

场发射阴极材料不仅要有好的电子发射特性，而且材料的物理、化学性质要稳定，这样才能获得高效的、稳定的电子发射。

从场发射现象可知，场发射电流主要取决于两个因素，一是阴极材料应有小的功函数，另一个是要有高的表面场强。有些材料(如金刚石)具有负电子亲和势，即电子的真空能级低于固体的导带底，因此只要在固体上加一个电场，电子就可以从固体中逸出，形成电子的场发射。一般地说，应该选取功函数小的材料作为场发射阴极。

为了获得高的电场，人们利用微尖结构的场增强效应，即人们熟知的“尖端放电”现象。如果一微尖的高度为 1 μm，顶端的曲率半径为 1 nm，则在顶端处电场可增强 1000 倍(场增强因子$\rho=h/r$，h 为微尖的高度，r 是微尖顶端的曲率半径)。

1995 年，Walt，de Heer 等和 Rinzler 等同时利用碳纳米管作为场发射阴极，其特点是，第一它有很大的长度/端口曲率半径比(约大于 1000)，因而有很大的场增强因子；第二它有很高的化学稳定性和力学稳定性；第三在适度的、实用的电场下，可产生大的发射电流密度。

场发射阳极与阴极射线管的阳极是很相似的，在导电的衬底上沉积荧光粉即可制成。在器件工作时，由阴极发出的电子在电场的加速下打到阳极上，引起荧光粉发光。

对场发射显示用荧光粉的特殊要求是：低电压 300 V～10 kV，大电流(10～100 μA/cm^2)激发；应具有较好的导热和导电性能；同时电子容易穿透；荧光粉的放气量要小，其原因在于器件空间小，而且阴极需要较高的真空和清洁表面。

FED 的工作电压一般只有 300～2000 V，这就要求 FED 器件荧光屏的发光层厚度更薄，一般在 2～6 μm，而构成发光层的荧光粉应具有更小的粒径（1～3 μm），以最大限度地利用电子束能量。

FED 常用的制屏工艺有涂浆法、撒粉法和电泳法，新技术之一是光刻结合电泳法。

3.3.2 FED 荧光粉

目前场发射显示阳极上的荧光粉通常用阴极射线荧光粉替代。由于 FED 与 CRT 的工作环境不同，在 CRT 中荧光粉都是高压激发的，而场发射中荧光粉是在较低的电子能量下激发，故将 CRT 用的荧光粉用于 FED 时效果并不理想。在 FED 的工作条件下，使用高压荧光粉会导致严重的电流饱和现象，并且使荧光粉严重劣化。

由于 FED 工作时屏的电压限制在 1000 V 以内，因此，都使用低压荧光粉。但与用于 CRT 的高压荧光粉相比，低压荧光粉目前存在饱和度差、转换效率低、寿命短等问题。图 3-13 是低压荧光粉 SnO：Eu^{3+}的阴极射线发光谱，与 Y_2O_3：Eu^{3+}相似，但发光效率不及 Y_2O_3：Eu^{3+} [7]。

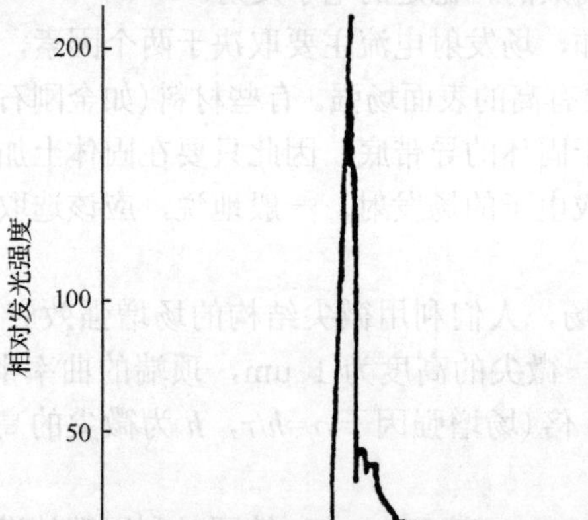

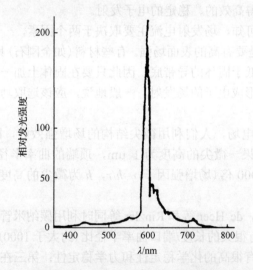

图 3-13　SnO：Eu^{3+}的阴极射线

荧光粉在不同的工作电压下表现不同的性能。图 3-14 示出几种荧光粉发光效率与电压的关系 [7]。

在 FED 显示器中使用的高压荧光粉时，在荧光粉中掺入导电粉末或掺入一定的杂质以降低其电阻率是一种提高发光亮度的非常有效的方法。如在 Y_2O_2S：Eu^{3+}中掺入导电性物质 In_2O_3 粉末，可使亮度提高，能使高压 Y_2O_2S：Eu^{3+}荧光粉

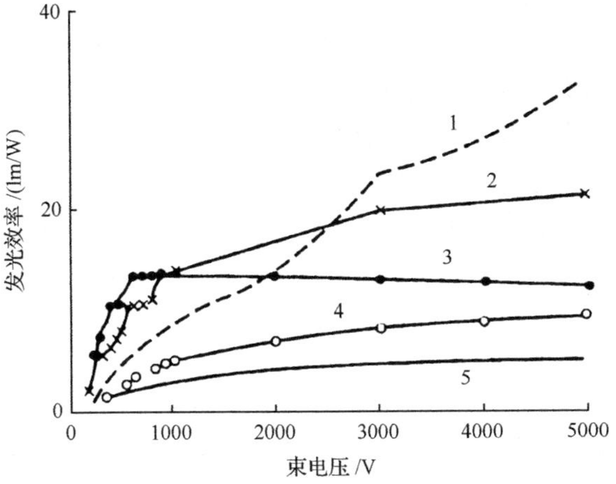

图 3-14　荧光粉发光效率与电压的关系

1. (ZnCd)S∶Cu，Al；2. Gd_2O_2S∶Tb；3. ZnO∶Zn；4. Y_2O_3∶Eu；5. $ZnGa_2O_4$∶Mn

用于低压场合。在 $SrTiO_3$∶Pr^{3+}及与之相似的荧光粉中添加铝可显著提高荧光粉的光效，适用于 FED。对铝离子的作用有两种解释，其一 Al^{3+}取代 Ti^{4+}后，Sr^{2+}格位上的 Pr^{3+}起电荷补偿作用；其二形成铝酸锶，使 $SrTiO_3$ 晶格中的 SrO 层消失[13]。

另外，FED 的荧光粉还需要选择适合于高分辨显示的荧光粉粒度，通常高分辨彩色 FED 用荧光粉的粒度为电子束径的 1/10[13]。

在高电流密度的轰击下，FED 荧光粉的劣化问题比较突出，发光层表面变粗糙，散射增加形成无辐射中心，致使发光效率降低。在荧光粉的劣化方面，低压阴极射线轰击下材料的稳定性随基质的递变规律是：氟化物＜硫化物＜硅酸盐＜钇铝石榴石和铝酸盐[14]。

FED 荧光粉的劣化主要表现在电子轰击荧光粉表面形成非发光层。非发光层影响能量传递，导致光效降低。在低加速电压下，电子在非弹性散射后射入荧光粉的深度很浅(约 2～10 nm)，对荧光粉的表面变化相当敏感。

目前，用于 FED 的荧光粉主要有 Y_2O_2S∶Eu(红)，$ZnGa_2O_4$∶Mn(绿)，Gd_2O_2S∶Tb(绿)，ZnO∶Zn(蓝绿)、$ZnGa_2O_4$(蓝)。这些荧光粉的亮度都偏低，不能满足中、大型显示器件的要求，因此，开发新型 FED 发光材料是当务之急。稀土发光材料在 FED 荧光粉中占有很大的比例。表 3-3 列出常用彩色 FED 荧光粉的性能数据。其中 Y_2O_3∶Eu^{3+}是当前发光性能最好的荧光粉之一，当电流密度由 10 mA/cm^2 增至 100 mA/cm^2 时，发光效率降低 60%；$SrGa_2S$∶Eu^{2+}是一种很好的低压阴极射线绿色荧光粉，与 Ga_2O_2S∶Tb^{2+}、ZnS∶Cu，Al 相比，其色度和电流饱和特性最好，在 1 kV 的电压下，可承受高的电流密度；Y_2SiO_5∶Ce^{3+}是人们熟知的 CRT 蓝色荧光粉；$SrTiO_3$∶Pr^{3+}则是新开发的红色荧光粉。

在多色显示器中，绿粉的亮度占总亮度的 40%。目前 FED 所用的 ZnO∶Zn 亮度、色纯度和导电性能都较好，但在高电流密度的电子束激发下易发生电流饱和现象，长期使用会产生不可恢复的损伤。熊光楠等[15]利用投影电视荧光粉 YAGG∶Tb^{3+}，Gd^{3+}在高能量电子束激发下具有很好的亮度和色纯度，针对其激发阈值高的缺点，对其进行表面修饰，在保证亮度的条件下，降低发光阈值，扩大激发范围，适合于 FED 的工作电压范围(0～3000 V)。处理后的 YAGG∶Tb^{3+}，Gd^{3+}的阈值电压可以达到 300 V，发光性能显著优于 ZnO∶Zn，且不存在电压和电流饱和效应。

表 3-3　用于 FED 的荧光粉

颜色	荧光粉	流明效率 η /(lm/W)*	色坐标		响应时间/μs	
			x	y	上升	下降
红	$SrTiO_3$∶Pr	0.4	0.670	0.329	105	200
	Y_2O_3∶Eu	0.7	0.60	0.371	273	2000
	Y_2O_2S∶Eu	0.57	0.616	0.368		900
绿	Zn(Ga，Al)$_2$O$_4$∶Mn	1.2	0.118	0.745	700	9000
	Y_3(Al，Ga)$_5$O$_{12}$∶Tb	0.7	0.354	0.553	650	6500
	Y_2SiO_5∶Tb	1.1	0.333	0.582	400	3900
	ZnS∶Cu，Al	2.6	0.301	0.614	27	35
蓝	Y_2SiO_5∶Ce	0.4	0.159	0.118	<2	<2
	$ZnGa_2O_4$	0.15	0.175	0.186	800	1200
	ZnS∶Ag，Cl	0.75	0.145	0.081	28	34
	GaN∶Zn	0.20	0.166	0.126	5	5

图 3-15 为 YAGG∶Tb^{3+}，Gd^{3+}在电子束激发下的发射光谱，最大发射峰位于 544 nm，窄带发射与图 3-16 的 ZnO∶Zn 的发射光谱相比，色纯度明显优于后者。

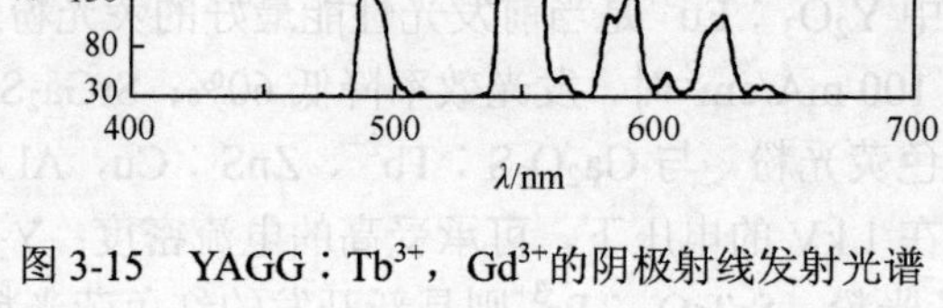

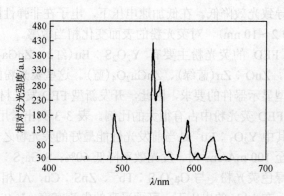

图 3-15　YAGG∶Tb^{3+}，Gd^{3+}的阴极射线发射光谱

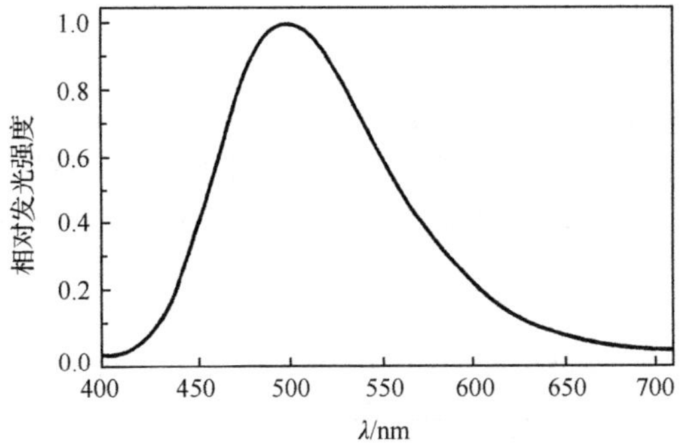

图 3-16　ZnO∶Zn 的阴极射线发射光谱

FED 与 CRT 和 VFD(真空荧光显示)等均属于电子束激发发光，但是它们的电子束加速电压不同，CRT 为 15～30 kV，FED 为 300 V～10 kV，VFD 为 20～100 V。FED 兼备 CRT 亮度高、清晰度高、视角宽、工作温度范围大，响应速度快，图像质量可接近和达到 CRT 水平和平板显示质量轻、体积小、超薄、工作电压低、功耗小的优点。FED 易于拼接，可能制成大屏幕显示器件，成品率高，被认为是理想的显示器件。FED 目前面临的主要问题是缺乏适用的新型发光材料，荧光粉效率低，尤其是蓝粉和红粉更低，而且阈值电压高。同时，随着 LCD 显示的发展，FED 已失去存在的空间。

3.4　低压阴极射线发光和真空荧光显示

3.4.1　真空荧光显示器

真空荧光显示器件(vacuum fluorescent display，VFD)是由置于密封的玻璃腔体内的阴极、栅极和表面涂覆有发光材料的阳极构成。发光材料在电子的轰击下发光。阳极电压一般为 10～20 V，是一种低能电子发光，也称为荧光显示屏(fluorescent indicator panel，FIP)。

VFD 有一系列优点：

(1) 工作电压低，20 V 左右，每一路的驱动电流几毫安，家电中的 IC 可以直接驱动；

(2) 亮度高，蓝绿色为 1000～2000 cd/m^2，红色和蓝色为几百 cd/m^2；

(3) 视角大于 160°；

(4) 平板结构，体积小，厚度为 6～9 mm；

(5) 显示图案灵活，可以做成笔段和符号的形状，也可以点矩阵显示和全矩阵显示。

典型的 VFD 是三极结构，如图 3-17 由丝状直热式氧化物阴极(亦称灯丝)，网状或丝状栅极和表面涂有荧光粉的阳极组成。阴极发射的电子在阳极和栅极的正电位吸引下形成电子流，其中一部分穿过栅网轰击阳极表面的荧光粉发光。栅极的电子渗透系数很小，只有当栅极上加一正电位时，相对位置的阴极发出的电子才有可能向栅极移动；当栅极加负电压时，电子不能流向阳极，发光被截止，这就是栅极的选址。

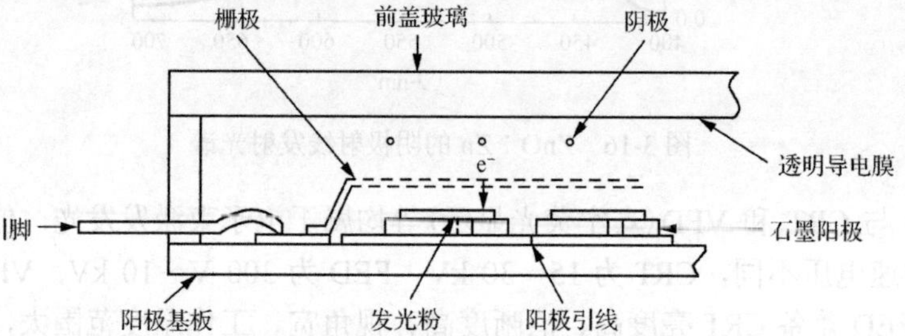

图 3-17 真空荧光显示器件结构示意图

低压阴极射线发光器件与 CRT 高压器件不同，被加速的电子可以穿透到荧光粉体内比较深的区域，有许多不同发光颜色的材料可选用，发光效率高。当荧光粉受到入射电子的轰击时，还会发射次级电子。次级电子的发射系数δ随着入射电子的能量变化，典型的曲线如图 3-18 所示。一般地说，VFD 中阳极电压为 10～20 V，加速后的电子能量小于 E_{crl}，即次级电子的发射系数$\delta<1$。大部分发光材料是绝缘体，电导率为 10^{-1} S/cm。在受电子轰击后，荧光粉表面积累电荷，电位下降，产生排斥电场，当入射电子能量大于 E_{crl} 时，荧光粉表面才能保证正电位。对绝缘体和半导体来说，E_{crl} 在 2.0～5.0 eV 的范围内。低能电子发光的另一个问题是能量太小，不能穿过铝膜层；因而 VFD 也不能像 CRT 那样，在荧光粉表面镀铝膜保护荧光粉层表面的电位，只能依赖荧光粉本身良好的导电性能，让入射电子穿过粉层，流向阳极。

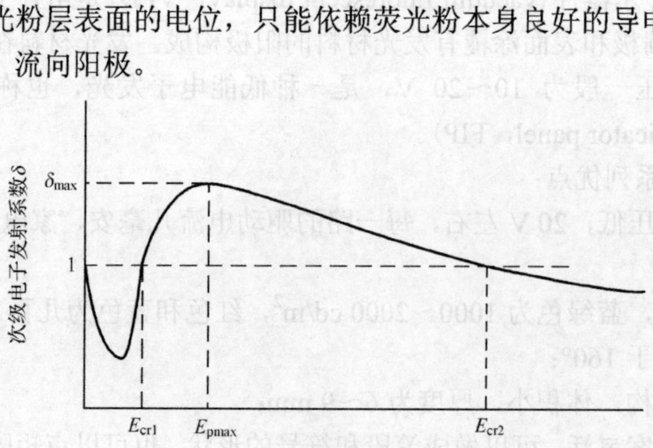

图 3-18 次级电子发射系数与初始电子能量的关系

在低能电子激发中，电子的穿透深度很小。如对阴极电压 12 V 就正常发光的 ZnO：Zn 而言，此时的电子渗入到发光体内的深度还不到 0.005 nm。500 eV 的电子在 ZnO：Zn 和 ZnS 类的发光粉内的电子穿透深度也不超过 8.1 nm 和 6.0 nm。荧光粉的粒径一般为几微米，因而发光只限于荧光粉的表面，这要求 VFD 中使用的荧光粉有比较好的表面发光效率。对于 CRT 中使用的大部分发光粉来说，表面电子的无辐射跃迁使其在小于 2 kV 的阳极电压下不发光或效率很低，这个电压称为"死电压"，而 ZnO：Zn 的死电压几乎不存在或接近 0。

VFD 的电压低，是 CRT 的 1/100，即使在发光效率相当时，要得到相同的亮度也必须要有几百倍的平均阳极激发电流密度，属于低压大电流的发光器件。需要能提供较大电流的阴极和能耐电流轰击的发光器件。

3.4.2 VFD 发光材料

ZnO：Zn 是一种极短余辉的阴极射线发光材料，用于阴极射线飞点扫描管中。由于它在低加速电压的电子束激发下就能发光，又称为低压荧光粉。它被广泛地用于低压荧光显示器件。ZnO：Zn 是极少数本身导电的荧光粉之一，发蓝绿色光，色坐标 x=0.24，y=0.48，峰值波长 505 nm，是一种 n 型半导体。

ZnO：Zn 荧光粉的特性：

(1) 光谱特性：ZnO：Zn 具有 390 nm 和 500 nm 两个谱带，在低压加速的电子激发下，只有峰值在 500 nm 的谱带。制成荧光管后，谱带的长波边略向长波方向扩展，相对能量 20%处从 590 nm 移到 600 nm。

(2) 衰减特性：ZnO：Zn 是一种衰减很快的荧光材料。室温下测量时，激发停止后 1 μs 就衰减到起始亮度的 1/e (e 为自然对数底)，由于它衰减快，故用于快速显示器件。

(3) 环境温度对发光亮度的影响：在低电压激发下，发光效率随环境温度而变，在−15℃左右时发光效率最高。一般在 40℃以下使用较为适宜。

(4) 电导率及光电导特性：ZnO：Zn 与一般发光粉相比，有较高的电导率，并且有较好的光电导性能。它可以制成光电导材料。

对于 ZnO：Zn 的发光机理已有一些作者提出了假设，认为在 ZnO 中存在着大量的 Zn 和氧空位，过量的 Zn 占据了晶格点阵或处于晶格间隙中，它们引起了晶格的畸变，破坏了晶体的周期性，在局部地区成了束缚电子状态，这些状态位于禁带中，形成定域能级，构成发光中心。

ZnO：Zn 荧光粉在烧粉或制作显示器的过程中会吸收大量的气体，如水汽，CO_2，CO，O_2。高能量电子激发下的能量转换效率一般为 7%，流明效率为 25 lm/W；而在 VFD 中一般不超过 15 lm/W。由于 ZnO：Zn 的发光光谱几乎包含了整个可见光，可以用滤光片得到不同颜色的显示屏，目前常用的除本身的蓝绿色外，还有加滤色片得到绿色、黄色和白色。本身导电的发光材料还有 SnO_2：Eu(红)和

$(Zn, Mg)O$：Zn, Cl（浅黄）。

导电性差的荧光粉通常加入 In_2O_3、SnO_2 或 ZnO 导电微粒，以改善导电性，这是获得更多的低压荧光粉的有效方法。表 3-4 列出部分加导电粉的发光材料。ZnS：Ag，ZnS：Cu, Al 和 Y_2O_2S：Eu 是常用的 CRT 三基色粉，加入 In_2O_3 后，可以在低压下发光，起亮电压为十几伏。

表 3-4 加导电粉的发光材料

发光材料	导电粉粒	导电粉粒径/μm	阳极电压/V	发光亮度 [a] /fL [b]	发光颜色
ZnS：Ag	In_2O_3	8	60	60	蓝
	In_2O_3	4.5	60	70	
	Sn_2O_3	8	60	70	
$(Zn_{0.95}, Cd_{0.05})S$：Cu, Al	In_2O_3	8	60	200	绿
	In_2O_3	4.5	60	235	
	Sn_2O_3	8	60	180	
Y_2O_2S：Eu	In_2O_3	8	90	100	红
	In_2O_3	4.5	90	117	
	Sn_2O_3	8	90	90	
$Zn(S_{0.75}, Se_{0.25})$：Cu	In_2O_3	8	60	240	黄
	In_2O_3	4.5	60	280	
	Sn_2O_3	8	60	250	

a. 测量条件：阴极电位=1.2 V，阳极电流密度=2 mA/cm^2

b. 1 fL=3.426 cd/m^2

为降低荧光粉受电子激励放出硫化物气体，致使氧化物阴极中毒和发光效率下降，开发了非硫化物荧光粉 $ZnGa_2O_4$，其发光呈蓝色，色坐标 x=0.18，y=0.17。

目前，要求 VFD 的蓝绿光亮度为几百到 1000 cd/m^2。当发光材料的效率为 15 lm/W，阳极电压为 20 V，可以估计出占空比为 1 时所需阳极电流密度约 1 mA/cm^2。

VFD 以亮度高、体积小、成本低，大量用于家用电器、仪器仪表。现已有各种产品，应用最广泛的是字符显示屏，VCD、DVD、音响的功率放大器、空调中有大量应用。

虽然低阳极电压有很多好处，但也有致命的弱点。在阴极射线发光中通常认为 2～3 kV 以下属于不能发光或发光效率很低的“死电压”范围，VFD 受其基本法则的约束。目前，VFD 还是存在如下主要问题：

(1) 表面无辐射跃迁使得大部分发光材料在低能电子轰击下的发光效率极低，虽已开发了多种颜色 VFD 用荧光粉，但至今数量不多，对全色显示用的三基色粉还不理想。因此，开发低压、高效、长寿命的彩色荧光粉仍是今后的一个重点课题。

(2) 阴极的功耗大、可靠性差。阳极电流是由阴极提供的，阳极电流越大，所需的阴极功耗也越大。一般阴极的加热功率占全屏功率的 1/3～1/2，而阴极的加热电源还必须常开。每平方厘米阴极耗电约 50 mW。

(3) 分辨率受限制。阴极不是真正的平板电子源，是由相隔 3～5 mm 的细丝构成，要把这些阴极上的电子聚集到一个点或一条线上都是有困难的，因而栅极的控制不能得到很高的分辨率。

参 考 文 献

[1] 洪广言. 稀土发光材料：基础与应用. 北京：科学出版社，2011.
[2] 李建宇. 稀土发光材料及其应用. 北京：化学工业出版社，2003.
[3] 徐叙瑢，苏勉曾. 发光学与发光材料. 北京：化学工业出版社，2004.
[4] Yen W M，Shionoya S，Yamamoto H. Phosphor Handbook. 2en Ed. CRC Press Taylor & Francis Group，2006.
[5] Yen W M，Weber M J. Inorganic Phosphors. Boca Raton London New York Washington，D. C.：CRC Press，2004.
[6] Garlick G F J//Goldberg Ed. Luminescence of Inorganic Solids. Am J Phys，1966：698.
[7] 高玮，古宏晨. 稀土，1998，19(4)：243-254.
[8] 李灿涛，袁剑辉，张万锴，等. 发光学报，1999，20(4)：316-319.
[9] 郑慕周. 光电技术，2001，42(1)：47-54.
[10] 李岚，熊光楠，赵新丽. 发光学报，1998，19(3)：242-244.
[11] 郑慕周. 液晶与显示，1996，11(2)：144-148.
[12] 刘行仁. 液晶与显示，1996，11(1)：61-68.
[13] 卢有祥. 光电技术，2001，42(3)：35-39.
[14] 刘行仁，王晓君，谢宜华，等. 液晶与显示，1998，13(3)：155-162.
[15] 李岚，梁翠果，谢宝森，等. 发光学报，2002，23(3)：252-254.

第 4 章　真空紫外激发的稀土发光材料

紫外辐射是指 4～400 nm 波长范围内的电磁辐射。紫外区可大致分为近紫外(400～300 nm)、远紫外(300～200 nm)和深紫外(低于 200 nm)三个区。因为波长小于 200 nm 的紫外光会被空气强烈地吸收，只有在真空环境中才能观察到，故这个区又称为真空紫外区。因此，真空紫外光(vacuum ultraviolet)一般指小于 200 nm 的紫外光或者能量高于 50000 cm^{-1} 的紫外光。为获得真空紫外光一般需要较高的激发态能级作为产生真空紫外光的上能级(例如，原子较内层电子的激发态、某些惰性气体电离后的激发态等)。产生真空紫外光有多种方法，其中利用某些惰性气体电离后复合时辐射出真空紫外光是一种重要的手段。

航天技术的飞速发展使人们的活动范围从地表扩展到空间，在高空中不仅有较高的真空度，而且具有强的辐射。为了利用和开发空间资源，就需要研究高真空和强辐射状态下物质的性质；在高技术的发展中，人们不断扩展对各种电磁波的研究利用，如根据光刻技术应用的需要，正在对真空紫外光如 193 nm 和 157 nm 等所用的新材料开展研究；在信息显示方面，发展最迅速的是彩色等离子体平板显示(PDP)，以及正在研发用真空紫外光激发的无汞荧光灯[1, 2]。

同时，通过对高激发态能级的研究已发现一些新现象，如 Meijerink 等提出[3]，高能光子下转换(downconversion)，即吸收高能光子通过合适的途径剪裁成两个或两个以上的可见光子，称为量子剪裁(quantum cutting)，这一现象的发现将有助于提高显示和照明器件的效率。

4.1　等离子体平板显示(PDP)及其发光材料

4.1.1　等离子体平板显示(PDP)[4, 5]

等离子体(plasma)是区别于固体、液体和气体的另一种聚集状态。当物质的温度从低到高时，它将逐次经过固体、液体和气体三种聚集状态。当温度再升高时变成电离气体，即电子从原子中剥离出来，成为带电粒子(电子和离子)组成的气体。电离气体只有在满足一定条件时才称为等离子体。

等离子体可作如下定义：它是由大量的接近自由运动的带电粒子所组成的体系，在整体上是准中性的，粒子的运动主要由粒子间的电磁相互作用决定，由于这是长程的相互作用因而使它显示出在各种振荡、辐射及其相互作用等方面的集体行为。

等离子体概念的形成与气体放电的研究及天文学的发展密切相关。除闪电时形成的瞬时等离子体外，地球表面上几乎没有自然存在的等离子体，但在宇宙的深处，物质几乎都是以等离子体的状态存在着。有人估计，宇宙中 99%以上的物质都处于等离子状态。

等离子体发射的辐射，一般包括受激离子、原子、分子的跃迁引起的辐射、复合辐射、加速粒子引起的辐射，以及等离子体的集体效应引起的辐射等，如当电子从某一高束缚态向另一低束缚态跃迁、自由电子复合到束缚态、自由电子在离子的库仑场作用下等都将产生电磁辐射。辐射的形式包括线状谱、带状谱和连续谱。

随着显示技术的发展，等离子体的研究和应用日益广泛。目前，发展最迅速的是彩色等离子体平板显示。等离子体平板显示器(plasma display panels，PDPs)是一种基于气体放电的平板显示器。等离子体显示技术是 1964 年美国 Bitzer 及 Slottow 发明的。其结构原理示于图 4-1。等离子体显示屏由上百万个发光池组成，每个发光池相互隔开成为一个单元，池内涂有红、绿、蓝三色荧光粉，小池内部充有惰性气体，在电压的作用下发生气体放电，使惰性气体变为等离子体状态，辐射紫外线，紫外线激发荧光粉发出各种颜色的光。控制电路中电压和时间可以得到各种彩色的画面。

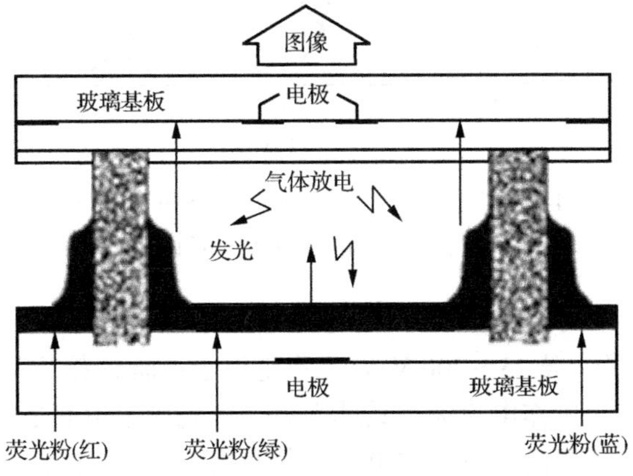

图 4-1　PDP 显示屏原理结构图

PDP 和荧光灯(FL)都是光致发光(photoluminescence)器件，PDP 主要用于显示，而 FL 主要用于照明。两者的工作原理相同，都是由气体放电产生的紫外光作为激发源，激发荧光粉，以获得所需颜色的发光。两者的主要差别在于荧光灯中的气体是 Hg 蒸气，利用(Ar+0.1%Hg 蒸气)的气体放电发射波长为 254 nm 的紫外线(UV)激发荧光粉而发光；而 PDP 中的则是用惰性气体 Xe，如利用 Ne+(3%～

5%) Xe 或 He+(5%～7%) Xe 的混合气体(充气压力为 40～80 kPa) 的放电来发射波长为 147 nm 的真空紫外线(VUV) 激发荧光粉而发光。使用混合惰性气体(如 Ne+Xe) 放电的彭宁效应(Penning effect) 以降低着火电压和提高电离雪崩效应的效率。使 Ne 的亚稳态在与 Xe 的碰撞中产生彭宁电离反应，使 Xe 电离成 Xe^+，然后经内部能量弛豫到 Xe 的 1s 激发态，它跃迁到基态时发出 147 nm 的真空紫外光。

在 PDP 中惰性气体发射的波长位于真空紫外(VUV)。通常采用 Xe 或 Xe-He 混合气体，其主要发射波长为 147 nm，还有 130 nm 和 172 nm。不同气体组分、压力对发光亮度均有显著影响(图 4-2)，且随着 Xe 气压的增大，172 nm 处的发射峰增强。

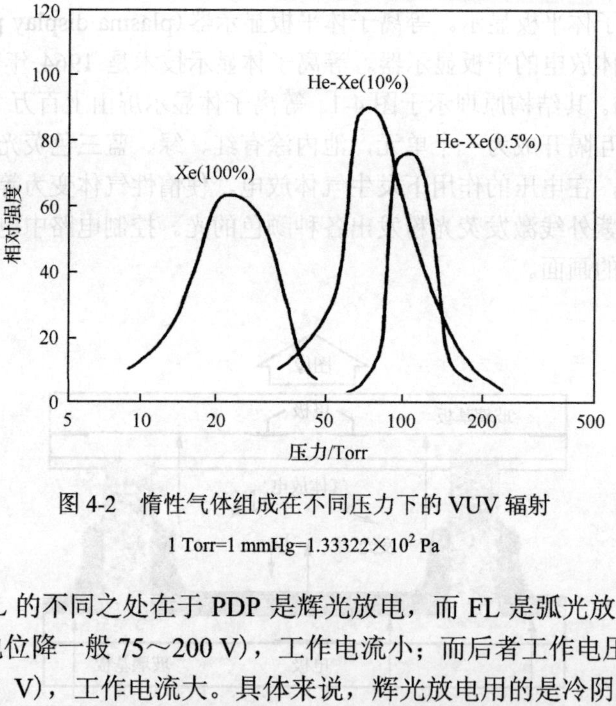

图 4-2　惰性气体组成在不同压力下的 VUV 辐射

1 Torr=1 mmHg=1.33322×10^2 Pa

PDP 和 FL 的不同之处在于 PDP 是辉光放电，而 FL 是弧光放电。前者工作电压高(阴极电位降一般 75～200 V)，工作电流小；而后者工作电压低(阴极电位降一般小于 25 V)，工作电流大。具体来说，辉光放电用的是冷阴极，阴极电子发射是依靠正离子激发而发射二次电子，并在惰性气体(如 He、Ne)中进行；FL 用的是热阴极，它是依靠正离子轰击 Ba-Sr-Ca 阴极形成热发射电子。比较 PDP 的效率与荧光灯的效率，发现 PDP 的效率比荧光灯差百倍。

单色 PDP 的发展迄今已有 30 多年的历史，主要应用于计算机、医疗及军事方面，直到 20 世纪 80 年代末期，彩色 PDP 才有较大的进展，但其荧光粉主要都沿用荧光灯的发光材料，由于 PDP 是用 147 nm 真空紫外线(VUV)激发荧光粉的研究较少，所报道这类荧光粉的发光效率都是相对的，故难以确定 PDP 用的荧光粉在同样条件(充气压力、灯管长度等)以 147 nm 激发的发光效率(lm/W)。

提高 PDP 的发光效率及亮度可从下列四个方面着手：①提高放电效率；②提高荧光粉发光效率；③改进放电单元的形貌或结构；一般来说，单元的窗口开口率越大，VUV 与荧光粉的接触面积越大，发光效率越高；④在电子电器设计上改进 PDP 的存储特性。

总之，要使 PDP 的发光效率达到 2～5 lm/W，PDP 亮度达到 500～700 cd/m^2。应该提高放电效率，尤其是降低阴极电位降；探索充气的组成和压力；改进放电单元的形貌和结构；探索新型发光材料及其保护层等。

彩色等离子体平板显示的主要优点：

(1) PDP 的结构简单，易于制成大屏幕。

(2) 重量轻，厚度小。由于 PDP 是一种平板显示器，没有发射管，厚度大大减小，与 CRT 相比，PDP 非常薄。与相当尺寸的 CRT 相比，PDP 的重量是 CRT 重量的十分之一。

(3) 显示亮度高、图像清晰。PDP 属于主动发光，显示所用的光是 PDP 自发射的，不需要外来光的照明，因而显示的信息清晰可见。

(4) 可用各种荧光粉使色彩丰富，且颜色稳定，无失真。PDP 是纯平的，显示的图像在任何区域都非常逼真，即使在平面角端也一样。

(5) 信号响应快。由于 PDP 具有内在的记忆性能，发光室的开和关没有必要每一次都更新信号，因而响应非常迅速。

(6) 结构整体性能好，抗震能力强。由于 PDP 中的电极之间必须有一定的空隙，该空隙一般为 0.08 mm。同时，发光室内充的是低压的惰性气体。

(7) 分辨率高，对比度高，PDP 具有内在的记忆功能，图像无闪烁。

(8) 视角大。PDP 的视角可达 160°。

(9) 不产生有害的辐射，显示图像不受磁场及 X 射线的影响，工作温度范围也宽。

(10) 寿命长，可达 5 万小时。

目前彩色等离子体平板显示存在的主要问题：

(1) 电压要求高。PDP 的工作电压高，AC-PDP 要求的电压达 50～150 V，DC-PDP 则高达 180～250 V。相比之下，液晶显示的工作电压只需要 2～5 V。

(2) 电路系统复杂。高电压的要求使得 PDP 的驱动电路非常复杂，成本也高。

(3) 荧光粉的性能有待改进。现用的 PDP 荧光粉还存在色纯度低、衰减时间长、稳定性差等问题，因此，荧光粉性能的提高是 PDP 发展一个关键的因素。

鉴于液晶显示技术的迅猛发展，阻碍了等离子体平板显示技术的发展，但是在某些特殊领域，特别是外空间科学领域等离子体技术将有其重要的应用前景。

4.1.2 PDP 用稀土荧光粉

PDP 荧光粉的发光是在 Xe 气体放电产生的真空紫外线的激发下产生的。它与过去研究的在紫外激发下发光的灯用荧光粉有相当大的差别，同时由于汞在室温是液态，它放电时首先得变成气态，因而启动慢，故灯用荧光粉并不适用于 PDP 中。另外，由于实验条件的限制，以往对真空紫外区荧光粉的研究较少。

PDP 荧光粉应具备以下要求：

(1) 荧光粉在真空紫外区有较强的吸收，荧光粉基质应具有宽禁带。由于 PDP 荧光粉的激发波长位于真空紫外区，这就要求荧光粉在真空紫外区（147 nm 和 172 nm）有较强的吸收。在 PDP 荧光粉的真空紫外激发光谱中，通常见到的较强的激发带来自基质的吸收带。因此，PDP 荧光粉的基质需要选择基质吸收在真空紫外区的材料。并能将所吸收的能量有效地转移给激活离子以提高发光效率。

(2) 高发光效率。为了清晰地显示图像，等离子体平板显示必须具有一定的光发射亮度。目前 PDP 的显示亮度还较弱，只有 1 lm/W 左右，而 CRT 的显示亮度为 5 lm/W 左右。尽管 PDP 的显示亮度不仅仅由荧光粉的发光效率决定，但高发光效率的荧光粉无疑会提高 PDP 的显示亮度并节约能源。就目前使用的 PDP 荧光粉来说，它们在真空紫外线的激发下发光的能量效率较低，如果将一个 VUV 光子能通过量子剪裁发射两个可见光子，则 PDP 荧光粉的发光的能量效率将得到大大提高。

(3) 色纯度好。要实现 PDP 的全色显示，要求三基色荧光粉都具有较好的色纯度。目前的 PDP 显示的色域与 CRT 的显示色域比较见图 4-3。PDP 绿粉的色纯度较好，使得 PDP 的显示色域比 CRT 大，但 PDP 蓝粉以及 PDP 红粉的色纯度仍比相应的 CRT 荧光粉稍差。只有提高 PDP 蓝粉，特别是红粉的色纯度，才能进一步改善 PDP 的全色显示。

(4) 稳定性好。由于真空紫外线波长位于深紫外区能量较高。因此在 PDP 中所用的荧光粉要能忍受能量较高的真空紫外光的辐射，PDP 荧光粉必须具备良好的稳定性。这种高能射线容易使荧光粉产生 F 色心或其他缺陷，从而影响荧光粉的色纯度和寿命。同时，由于在 PDP 的涂粉过程中需要用到高达 600℃的烘烤温度，所以 PDP 荧光粉还必须具有较高的热稳定性。

(5) 衰减时间短。用于显示用的荧光粉的 $\tau_{1/e}$ 的值一般要求小于 5 ms 或 $\tau_{1/10}$ 的值小于 10 ms，否则容易引起前后显示图像的重叠，因此 PDP 荧光粉必须具备短的衰减时间。

(6) 荧光粉粒度的大小及其表面的完美性。由于真空紫外线穿透固体表面的能力较差，一般只能穿透 0.1～1 μm。因而真空紫外荧光粉的表面性质对其发光有较大的影响。荧光粉粒度的大小、表面的完整性都影响其发光。特别是对于高清晰度的显示用的 PDP 荧光粉需要有均匀的粒度分布。采用精确的合成手段和不同的制备方法可以控制荧光粉粒度的大小以及其表面的完美性。

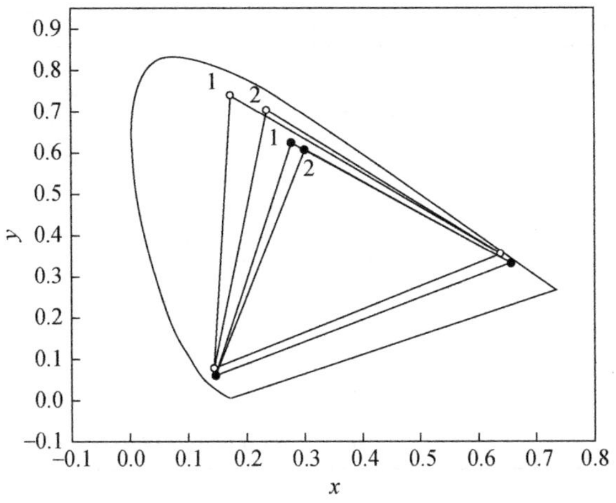

图 4-3　显示用三基色荧光粉的色坐标

阴极射线管 CRTs(●)和等离子体平板显示 PDPs(□)

CRTs：B-ZnS：Ag，Cl-, G-(1)ZnS：Cu, Al；(2)ZnS：Cu, Au, Al, R-Y_2O_2S：Eu

PDPs：B-$BaMgAl_{10}O_{17}$：Eu, G-(1)$BaAl_{12}O_{19}$：Mn；(2)Zn_2SiO_4：Mn, R-(Y, Gd)BO_3：Eu

PDP 是将氙(Xe)基等离子体放电产生的 147 nm 和 172 nm 真空紫外光通过荧光粉转换为可见光而实现显示的，因此荧光粉的优劣直接影响 PDP 器件的性能。目前，商用红粉(Y, Gd)BO_3：Eu^{3+}(YGB)、绿粉 Zn_2SiO_4：Mn^{2+}(ZSM)、蓝粉 $BaMgAl_{10}O_{17}$：Eu^{2+}(BAM)，三基色荧光粉在 147 nm 真空紫外光激发下的发射光谱如图 4-4 所示。

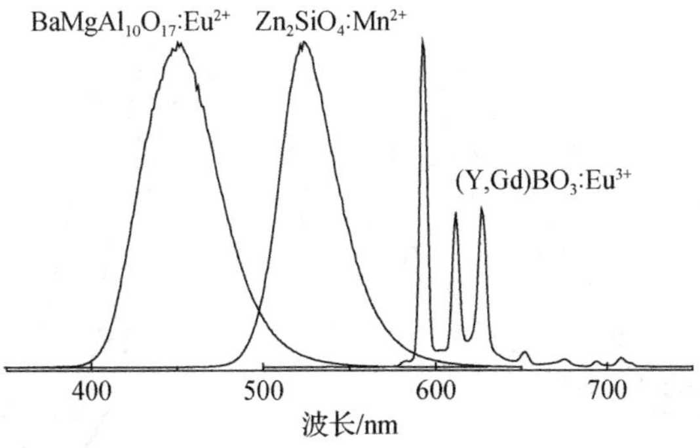

图 4-4　PDP 常用三基色荧光粉的发射光谱

尽管在 PDP 中发光材料受到比荧光灯中更强的 VUV 的激发，要求具有性能更好的荧光粉，但是，目前无奈地仍沿用通常的灯用发光材料。表 4-1 列出目前所使用 PDP 荧光粉的光输出效率(LO)和量子效率(QE)。

表 4-1　目前所使用的 PDP 荧光粉的光输出效率(LO)和量子效率(QE)

荧光粉	发光颜色	LO_{147}	LO_{172}	LO_{254}	QE_{147}	QE_{172}	QE_{254}
$BaMgAl_{10}O_{17}$：Eu	蓝	0.93	0.96	0.81	0.96	0.99	0.88
$LaPO_4$：CeTb	绿	0.69	0.87	0.84	0.74	0.92	0.87
$CeMgAl_{11}O_{19}$：Tb	绿	0.47	0.85	0.86	0.48	0.87	0.89
$GdMgB_5O_{10}$：CeTb	绿	0.65	0.76	0.89	0.67	0.82	0.95
Zn_2SiO_4：Mn	绿	0.74	0.78	0.75	0.77	0.82	0.80
(Y, Gd)BO_3：Eu	红	0.78	0.75	0.26	0.84	0.82	0.77
Y_2O_3：Eu	红	0.52	0.60	0.70	0.56	0.65	0.85
Y(V, P)O_4：Eu	红	0.68	0.74	0.78	0.71	0.78	0.81

1. 红粉

目前PDP用红色荧光粉主要有(Y, Gd)BO_3：Eu^{3+}、Y_2O_3：Eu^{3+}和Y(P, V)O_4：Eu^{3+}，它们的相对发光效率高，色品坐标接近国际电视标准委员会(NTSC)基色坐标。

在可用的PDP红粉中，(Y, Gd)BO_3：Eu^{3+}在真空紫外区激发(图 4-5)具有最高的发光效率[6]。在它的发射光谱中，最强的发射线在 595 nm，其次在 612 nm 和 627 nm。前者来自 Eu^{3+}的磁偶跃迁 $^5D_0 \rightarrow {}^7F_1$，而后者则来自 Eu^{3+}的电偶跃迁 $^5D_0 \rightarrow {}^7F_2$。该物质具有假碳酸钙矿型结构，$Eu^{3+}$离子在该物质中占据两种不同的格

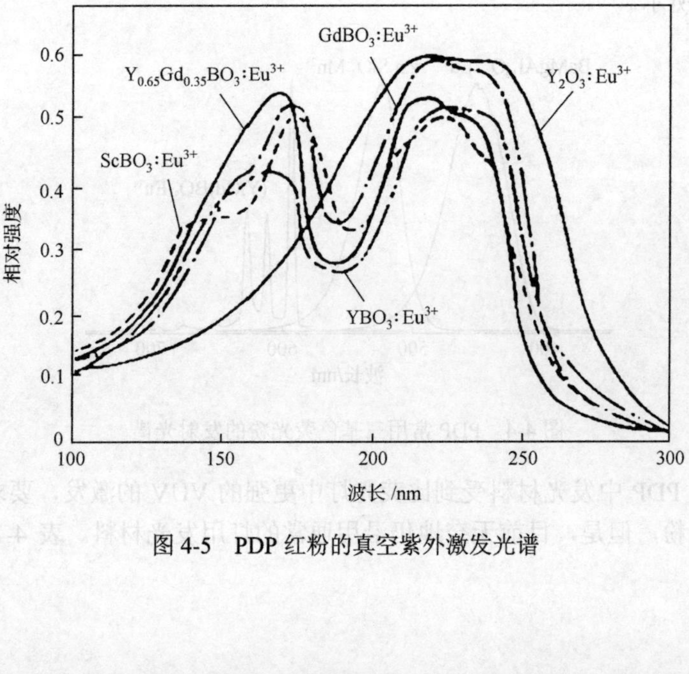

图 4-5　PDP 红粉的真空紫外激发光谱

位，一种具有对称中心，另一种则没有。由于 Eu^{3+}的磁偶跃迁是一种允许跃迁，几乎不受格位对称性的影响。而 Eu^{3+}的电偶跃迁是一种禁阻跃迁，受格位对称性的影响较大，只有在非对称格位的情况下，跃迁概率才能超过磁偶跃迁。所以，595 nm 发射线被认为主要来自对称格位的 Eu^{3+}的发射，而 612 nm 和 627 nm 的发射线则主要来自非对称格位的 Eu^{3+}的发射。

由于(Y, Gd)BO_3：Eu^{3+}的最强发射在 593 nm，比 Y_2O_3：Eu 的最强发射 611 nm 偏短，作为彩色显示中红粉成分来说波长稍短。就色纯度而言，(Y, Gd)BO_3：Eu^{3+}不太适宜作为彩色显示用红粉。但由于(Y, Gd)BO_3：Eu 在 130～170 nm 处有一个较强的基质敏化带(图 4-5)，所以，其效率高于 Y_2O_3：Eu。由于(Y, Gd)BO_3：Eu^{3+}在 VUV 区激发的发光强度比其他荧光粉高得多，它仍是最常用的 PDP 红粉。Y_2O_3：Eu^{3+}红粉的最强发射峰在 611 nm，其色纯度比(Y, Gd)BO_3：Eu^{3+}好，但它在真空紫外区激发的发光较弱。为了扩大图像的显色区域，有时也用 Y_2O_3：Eu^{3+}作为 PDP 红粉使用，但 PDP 的显示亮度会降低。因此，提高红色荧光粉的色纯度就成为改善 PDP 质量的关键之一。

2. 绿粉

通常使用的 PDP 绿粉有 Zn_2SiO_4：Mn^{2+}和 $BaAl_{12}O_{19}$：Mn^{2+}两种，它们在 VUV 激发下都具有较强的发光以及较好的色纯度，见图 4-6。

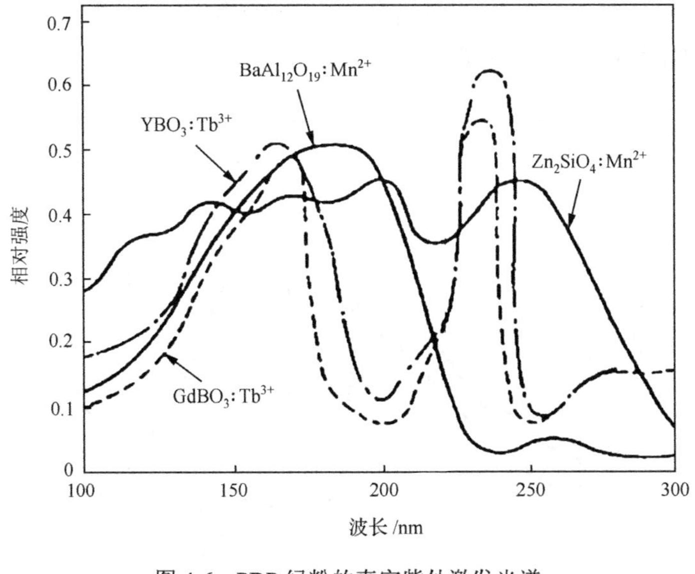

图 4-6　PDP 绿粉的真空紫外激发光谱

Zn_2SiO_4：Mn^{2+}具有带状发射，其中心发射峰在 525 nm，其色纯度和发光效率都较高，但该荧光粉的衰减时间较长。衰减时间较长将会使显示的前后图像重叠。一般来说，作为显示用荧光粉，要求其光衰减时间$\tau_{1/e}\leqslant 5$ ms 或$\tau_{1/10}\leqslant 10$ ms[7]。Zn_2SiO_4：Mn^{2+}(3%)的衰减时间($\tau_{1/10}$)高达 30 ms，这是由于 Mn^{2+}的发射跃迁$^4T_1\rightarrow {}^6A_1$是自旋禁阻的[8]。该自旋跃迁的禁阻性可以通过Mn^{2+}之间的交换作用给以解除，因此随着 Mn^{2+}离子浓度的增加，Zn_2SiO_4：Mn^{2+}的衰减时间将缩短。当掺杂的 Mn^{2+}浓度较低时，Mn^{2+}以单个离子的形式存在，随着 Mn^{2+}浓度的提高，Mn^{2+}离子将形成离子对，由于浓度猝灭效应，此时 Mn^{2+}离子的发光减弱。当 Mn^{2+}浓度达到 10%～12%时，Zn_2SiO_4：Mn^{2+}还具有相当高的量子效率且光衰减时间降低至 10 ms，从而成为典型的 PDP 绿粉。Zn_2SiO_4：Mn^{2+}色坐标最好且价格低廉，而 Zn_2SiO_4：Mn^{2+}的余辉过长。

$BaAl_{12}O_{19}$：Mn^{2+}的发射带半峰宽为 30 nm，发射峰在 515 nm。它同样在 VUV 区域内具有较强的发光，且光衰减时间略低于 Zn_2SiO_4：Mn^{2+}。在该荧光粉中，Mn^{2+}离子取代 Al^{3+}离子占据四配位体格位。绿粉中 $BaAl_{12}O_{19}$：Mn^{2+}的性能有一定优势，能扩大 PDP 彩色显示的色域。缺点是在 UV 激发下的发光较弱。

3. 蓝粉

PDP 荧光粉的蓝粉一般使用 $BaMgAl_{10}O_{17}$：Eu^{2+}，但也有报道使用 $BaMg_2Al_{16}O_{27}$：Eu^{2+}和 $BaMgAl_{14}O_{23}$：Eu^{2+}。它们的发射主波长位于 445～455 nm，在 VUV 激发均有较强的发光，一些曾经作为 PDP 蓝粉的真空紫外光谱示于图 4-7，其中以 $BaMgAl_{10}O_{17}$：Eu^{2+}为最好。

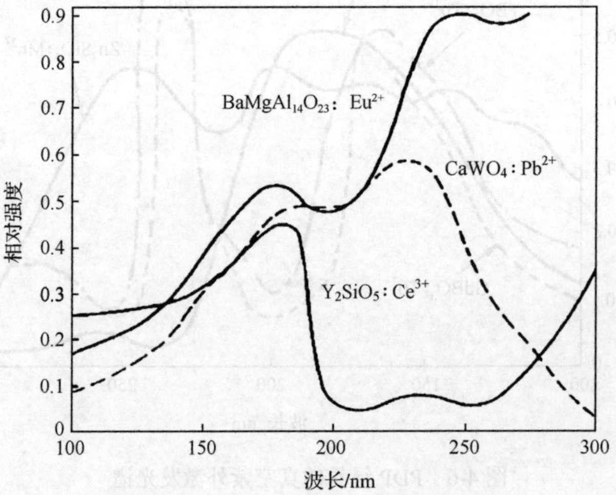

图 4-7　PDP 蓝粉的真空紫外激发光谱

在蓝粉中，$BaMgAl_{14}O_{23}$：Eu^{2+}相对发光效率高，且色坐标最接近 NTSC 基色坐标，是当前效果最佳的蓝粉。但 Eu^{2+}激活的铝酸盐在 PDP 制屏过程中存在严重的热劣化，并且长期在 VUV 辐照和惰性气体放电产生电子、离子的剧烈轰击下，容易使物质的结构发生破坏，荧光粉的发光亮度衰减较大，同时发射波长可能红移导致色纯度下降。

$BaMgAl_{10}O_{17}$：Eu^{2+}的光衰也与 Eu^{2+}的稳定性有关。Eu^{2+}离子容易氧化成 Eu^{3+}离子，从而使 Eu^{2+}离子的发光降低。Oshio 等[9, 10]通过 X 射线吸收近边结构(XANES)、电子顺磁共振(EPR)以及 X 射线衍射(XRD)等手段观察到当 $BaMgAl_{10}O_{17}$：Eu^{2+}在空气中高温处理时，Eu^{2+}氧化成 Eu^{3+}产生第二相 $EuMgAl_{11}O_{19}$。

4. 三基色荧光粉的组合[11]

表 4-2 列出了按时间顺序发展的 PDP 三基色荧光粉的组合以及它们的色坐标和与色坐标图中白光点 C(x=0.3101，y=0.3161)比较的相对亮度。

表 4-2　PDP 使用的三基色荧光粉组合的比较

序号	组合的三基色荧光粉			色坐标		相对亮度
	B	G	R	x	y	
1	$CaWO_4$：Pb^{2+}	Zn_2SiO_4：Mn^{2+}	Y_2O_3：Eu^{3+}	0.34	0.44	58
2	Y_2SiO_5：Ce^{3+}	Zn_2SiO_4：Mn^{2+}	Y_2O_3：Eu^{3+}	0.31	0.38	100
3	$YP_{0.85}V_{0.15}O_4$	Zn_2SiO_4：Mn^{2+}	$YP_{0.65}V_{0.35}O_4$：Eu^{3+}	0.31	0.38	83
4	$BaMgAl_{14}O_{23}$：Eu^{2+}	Zn_2SiO_4：Mn^{2+}	YBO_3：Eu^{3+}	0.29	0.31	150
5	$BaMgAl_{14}O_{23}$：Eu^{2+}	Zn_2SiO_4：Mn^{2+}	$Y_{0.65}Gd_{0.35}BO_3$：Eu^{3+}	0.31	0.31	182
6	$BaMgAl_{14}O_{23}$：Eu^{2+}	$BaAl_{12}O_{19}$：Mn^{2+}	$Y_{0.65}Gd_{0.35}BO_3$：Eu^{3+}	0.30	0.31	172

其中，采用 $BaMgAl_{14}O_{23}$：Eu^{2+}、Zn_2SiO_4：Mn^{2+}和 $Y_{0.65}Gd_{0.35}BO_3$：Eu^{3+}的组合以及 $BaMgAl_{14}O_{23}$：Eu^{2+}、$BaAl_{12}O_{19}$：Mn^{2+}和 $Y_{0.65}Gd_{0.35}BO_3$：Eu^{3+}的组合具有较高的相对亮度。

5. 荧光粉的稳定性

由于用于 PDP 的荧光粉需经受较高能量和较强辐射的 VUV 激发，因此荧光粉辐照稳定性应引起重视，已经观察到，由于荧光粉的色心、表面缺陷而导致发光性能降低，而这些色心和表面缺陷是由 VUV 辐射所造成的。由于辐照而造成荧光粉中 Eu^{2+}的不稳定，易于变成 Eu^{3+}，并使光色发生变化。同时，在 PDPs 的制作过程中，需要进行热处理，因此，荧光粉的热稳定性是选用材料的重要参数。某些荧光粉的发光亮度受温度影响的结果列于图 4-8。从图 4-8 可见，在实验温度的范围内，荧光粉的温度特性，(Y, Gd)BO_3：Eu^{3+}优于 $BaAl_{12}O_{19}$：Mn，更优于

$BaMgAl_{14}O_{23}$：Eu^{3+}，而 Zn_2SiO_4：Mn 较差。其中(Y, Gd)BO_3：Eu^{3+}具有良好的发光热稳定性，即使在400℃的情况下发光衰减很小。其次是 $BaAl_{12}O_{19}$：Mn^{2+}，但其他荧光粉表现较大的温度衰减[12]。

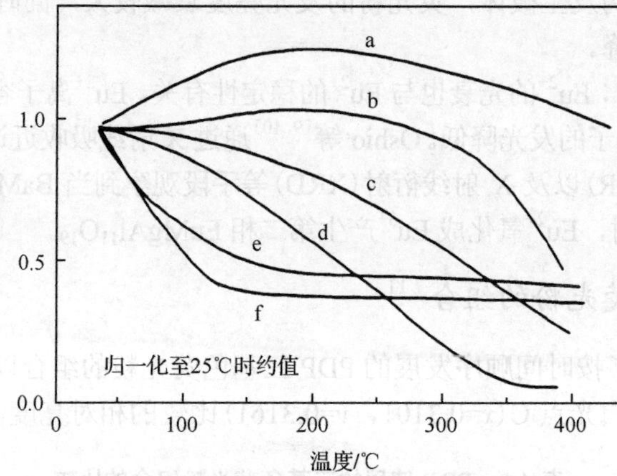

图 4-8 几种荧光粉发光的温度特性

a. (Y, Gd)BO_3：Eu^{3+}；b. $BaAl_{12}O_{19}$：Mn^{2+}；c. $BaMgAl_{14}O_{23}$：Eu^{2+}；

d. Zn_2SiO_4：Mn^{2+}；e. $CaWO_4$：Pb^{2+}；f. ZnS：Ag^+

文献［13］用147 nm真空紫外光对PDP荧光粉进行较长时间(6 h)的照射，观察其辐照稳定性得知：(Y, Gd)BO_3：Eu^{3+}红粉的发光强度的衰减最小，(Ba, Mg)O·$n$$Al_2O_3$：$Eu^{2+}$蓝粉的相对亮度衰减最大，而在辐照过程中 Zn_2SiO_4：Mn的衰减较(Ba, Sr, Mg)O·$n$$Al_2O_3$：Mn要慢，但相对亮度(Ba, Sr, Mg)O·$n$$Al_2O_3$：Mn高于 Zn_2SiO_4：Mn。

4.1.3 基质敏化及其规律

在一般情况下红外吸收光谱反映材料中基团的振动特性，紫外可见吸收光谱往往反映组成材料的离子本身能级间的电子跃迁，而真空紫外光谱则反映材料分子之间或基团之间的电子跃迁。基质吸收对PDP荧光粉的发光效率起着非常重要的作用，例如在PDP器件中采用147 nm和172 nm真空紫外光激发，这些真空紫外光被材料的分子或基团所吸收使电子处于较高的能级，然后将其能量由基质传递给激活离子产生发光，因此，在PDP中材料的发光性能与其基质的吸收特性密切相关，基质敏化的效率几乎决定了发光离子在真空紫外区激发下的发光强度，基质吸收性能好，发光效率就高。

在不同基质中，可以观察到不同的位置基质吸收带：在 YBO_3：Eu^{3+}、$GdBO_3$：Eu^{3+}、$GdBO_3$：Tb^{3+}、$ScBO_3$：Tb^{3+}[14]、$YAl_3(BO_3)_4$：Eu^{3+}、$LaMgB_5O_{10}$：Eu^{3+}[15-18]中观察到硼氧阴离子基团的吸收带中心位于 150～160 nm；在 YPO_4：Eu^{3+}、

$GdPO_4:Eu^{3+}$、$LaPO_4:Eu^{3+}$、$YPO_4:Tb^{3+}$[19]中 PO_4^{3-}的吸收带中心位于 150～160 nm；在 $Sr_3(PO_4)_2:Eu^{2+}$、$Ba_3(PO_4)_2:Eu^{2+}$[20]、$Gd_3PO_7:Eu$[21]中磷氧阴离子基团的吸收带中心位于 125 nm；在 TbP_5O_{14} 中 $P_5O_{10}^{3-}$ 的吸收带中心位于 135 nm[22]；在 $Y_3Al_5O_{12}:Tb$、$BaAl_{12}O_{19}:Mn^{2+}$、$BaMgAl_{14}O_{23}:Mn^{2+}$、$BaMgAl_{14}O_{23}:Eu^{2+}$中观察到 AlO_4、AlO_5 或 AlO_6 的吸收带中心位于 140～175 nm[23]；据报道 Eu^{3+}离子在 $LiYF_4$、LaF_3、YF_3 中的基质吸收带中心位于约 120 nm[24-28]。

基质敏化有两种情况：一种是基质阳离子将吸收的能量通过共振方式传递给发光离子；另一种是基质发生能带跃迁，产生激子，激子再通过共振方式将能量传递给发光离子。现对这两种能量传递情况介绍如下。

1. 离子间的共振无辐射能量传递[29]

这种能量传递的过程可以简单用图 4-9 表示。图中画的敏化剂 S 和 A 简单的能级，当激发时 S 从能级 1(基态能级)跃迁至能级 2(激发态能级)，接着能级 2 的能量共振传递给激活剂 A，引起 A 从能级 1′(基态能级)跃迁至能级 4′(激发态能级)，同时 S 从能级 2 回到能级 1。经过两步无辐射跃迁(4′→3′和 3′→2′)，最后 A 以辐射的形式从能级 2′跃迁至能级 1′。要使能量从 S 传递给 A，A 必须有与 S 的激发态 2 相近或相等的能级即产生共振。如果 A 没有与 S 的激发态能级 2 相近的能级，将不可能有能量传递。

S 和 A 之间的共振无辐射能量传递是由两种作用力引起的，一种是库仑引力(Coulomb interaction)，存在于所有带电粒子之间；另一种是交换作用力(exchange interaction)，是 S 和 A 的电子云相互叠加的结果。

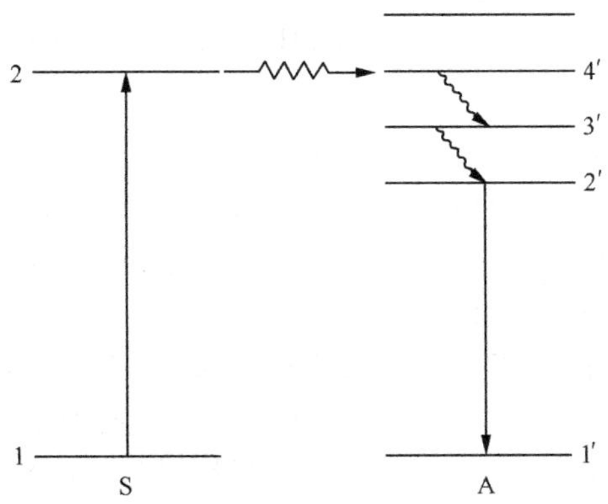

图 4-9　从敏化剂 S 向激活剂 A 的能量传递

2. 激子与发光离子的能量传递[30]

当荧光粉受到高能量激发时，可以使荧光粉基质中电子发生带间跃迁，即电子从价带跃迁至导带，在价带留下空穴，从而形成自由激子(电子–空穴对)。自由激子可以通过扩散运动至发光中心(激活离子)，在发光中心形成一种非弹性分布，然后通过共振传递或再吸收方式将能量交给发光中心，使发光中心进入激发态，激子消失。自由激子也可能由于晶格的热振动变成能量稍低的激子态，束缚于发光中心或其他晶格位置，形成束缚激子。束缚激子同样可以通过共振传递或再吸收方式将能量交给发光中心，也可以通过热猝灭，从而无辐射回到基态，而且还可以通过热激发获得能量重新变成自由激子，参加扩散运动。

为探索新型 PDP 用发光材料和深紫外新晶体，洪广言等[31]对基质晶体的真空紫外光谱进行研究，并归纳了相关规律：

(1) 对于简单化合物晶体基质的真空紫外吸收光谱的位置与化合物的键强度有关，键能越大，越往短波移动；

(2) 复杂晶体基质的真空紫外吸收光谱，如在硅酸盐体系中不同的基质的硅氧四面体的吸收带的位置因其的连接方式不同而不同；在硼酸盐体系中硼氧主要以三配位的 BO_3 和四配位的 BO_4 的方式形成配位多面体，可以是三方的或四面体的。有时 BO_3 和 BO_4 共存，这将引起基质吸收带在一定范围内移动；磷酸根的聚合度和键合方式显著地影响多聚磷酸盐基质敏化带位置。

对于基质敏化带的位置主要取决于基质阴离子或阴离子基团，与基团的结构与键合强度有关，但改变基质中阳离子也能使基质敏化带产生一定范围内的位移，随着阳离子的离子半径减小，络合能力增强，基质吸收带往短波方向移动的趋势，利用这一结果，将可用于对基质吸收位置进行微调。

通过对一系列基质晶体的真空紫外光谱的研究、分析得知，材料的基质吸收带位置，主要取决于阴离子，阴离子基团，与基团的组成、结构、键能有关，也受到基质中阳离子的影响。所获得的基质晶体的基质吸收带次序的基本规律如下：

氧化物($CaO:Eu$，$Y_2O_3:Eu$，～200 nm)＞多铝酸盐($BaMgAl_{10}O_{17}:Eu$，～175 nm)≥硅酸盐($Ca_2SiO_4:Tb$，160～170 nm)＞硼酸盐($(Y, Gd)BO_3:Eu$，150～160 nm)≥钒酸盐($YVO_4:Eu$，～155 nm)≈正磷酸盐($(La, Gd)PO_4:Eu$，～155 nm)＞五磷酸盐($TbP_5O_{14}:Eu$，～135 nm)＞焦磷酸盐($Sr_3(PO_4)_2:Eu$ 或 $K_3Tb(PO_4)_2:Eu$，～125 nm)＞氟化物($LaF_3:Eu$ 或 $LiYF_4:Eu$，～120 nm)。

利用这一基本规律，将可根据应用的需求，选择合适的基质晶体。所提出的有关基质敏化带的规律将有可能为新材料设计提供理论基础，探索新型 PDP 荧光粉。

根据基质吸收带位置规律可开发新的PDP荧光粉和其他真空紫外光学材料[32]。从上述的规律可知，与 147 nm 激发相匹配的吸收基质为硼酸盐、磷酸盐和钒酸盐。在硼酸盐基质中，如 $(Y, Gd)BO_3:Eu^{3+}$，其发射主峰位于 593 nm，色纯度较差，在磷酸盐基质，如 $LnPO_4:Eu^{3+}$中，其发射主峰也位于 593 nm 附近，而正钒酸盐，

如 $YVO_4:Eu^{3+}$的发射主峰位于619 nm，具有较好的色纯度。考虑到 YPO_4 和 YVO_4 具有相同的结构类型，均为四方晶系，空间群 $I41/amd$(141)，能够形成固溶体，为此，合成一系列 $YP_{1-x}V_xO_4:Eu^{3+}$的化合物固溶体，再根据固溶体的发射波长，克服 VO_4^{3-}离子在430 nm附近的基团发射，并测定了 $YP_{1-x}V_xO_4:Eu^{3+}$的真空紫外光谱，得到 $YP_{0.70}V_{0.30}O_4:Eu^{3+}$为新型的PDP荧光粉。

根据基质吸收带位置规律，VO_4^{3-}和 BO_3^{3-}的基质吸收带均位于150 nm左右，而 BO_3^{3-}的基质吸收带强于 VO_4^{3-}以及 $YVO_4:Eu$ 的发射峰位于619 nm，它的色纯度优于$(Y, Gd)BO_3:Eu$。综合各自优点，文献［33］发明了一种新型真空紫外激发的高色纯度稀土硼钒酸盐体系红色荧光粉，具有更高的发光亮度。该发明所制备的红色荧光粉的组分为：$(Y_{1-x-y}Gd_xEu_y)(VO_4)_{1-a}(BO_3)_a$ 其中 $0\leqslant x\leqslant 0.3$，$0.04\leqslant y\leqslant 0.08$，$0.3\leqslant a\leqslant 0.7$。

在PDP中所用的荧光粉既要能忍受能量较高的真空紫外光的辐射，又要对147 nm和172 nm波长的真空紫外光有好的吸收，并能将所吸收的能量有效地转移给激活离子以提高发光效率。目前所使用的荧光粉主要是沿用已有灯用荧光粉，存在许多问题，如效率低、稳定性差，三种颜色不匹配等，而这些荧光粉在PDP器件中的高能量真空紫外射线的激发下存在着明显的不足。如红粉$(Y, Gd)BO_3:Eu^{3+}$的色纯度较差，而 $Y_2O_3:Eu^{3+}$的发光效率相对较低；绿粉 $Zn_2SiO_4:Mn$ 的余辉时间长，而影响图像质量；蓝粉掺 Eu^{2+}的多铝酸盐的稳定性差，光色变化大。因此，急需要改进和研制新的发光材料。

目前所用的绿色荧光粉，特别是 Mn^{2+}激活的绿粉如 $Zn_2SiO_4:Mn^{2+}$和 $BaAl_{12}O_{19}:Mn^{2+}$都存在着余辉过长的缺陷，这将影响图像的质量，若采用稀土发光材料将能有根本的改善。Mayolet等[34]测量了掺 Tb^{3+}的含钇化合物在真空紫外区的量子效率，发现 $YBO_3:Tb^{3+}$、$Y_2SiO_5:Tb^{3+}$、$Y_2Si_2O_7:Tb^{3+}$、$YAlO_3:Tb^{3+}$、$Y_3Al_5O_{12}:Tb^{3+}$中 $YAlO_3:Tb^{3+}$的量子效率最高。

制备PDP荧光粉除了传统的高温固相法外，还可采用沉淀法、溶胶–凝胶法、水热法以及低温固相法，这些方法各有特点，而目前产业化中生产荧光粉主要采用高温固相法。

4.2 量子剪裁

量子剪裁不同于一般的下转换发光，而是通过稀土离子之间的部分能量传递，使发光材料吸收一个高能光子而放出两个或更多的低能光子的过程，在实际应用中是使发光材料吸收一个真空紫外光子而放出两个或更多的可见光子的过程，从而使量子效率(指发光材料发射的光子数和它所吸收的光子数之比)高于100%，这种现象被称为量子剪裁或量子切割(quantum cutting)或量子劈裂(quantum splitting)，也曾称为光子倍增，也被称为下转换过程(down-conversion)。出于实际应用的需求量子剪裁材料不但要求量子效率大于 1，而且发光集中于可见光区，实现高效下转换发光，它为制备高效发光材料提供了新思路。

稀土离子激活的荧光粉在荧光灯中具有很高的效率，最高的效率接近于 100%。稀土三基色荧光灯用的荧光粉量子效率可以到达 90%，也就是说每吸收 100 个 UV 光子，在可见光区输出 90 个光子，然而，在真空紫外(VUV)(λ<200 nm)区域，如在 PDP 中其激发波长为 147 nm 和 172 nm 时，荧光粉的发光效率较低，约 65%的能量以非辐射跃迁的形式损耗掉。为了减小能量损失，必须寻找一种量子效率高于 100%的荧光粉，也就是说，使每一个 VUV 光子能量在可见区产生两个光子。这种设想在理论上这是可行的，因为 He+Xe 气体放电产生的每一个 VUV 光子能量允许在可见光区产生两个光子，即发生“量子剪裁”。从理论上说，PDP 荧光粉可以有很高的量子效率，因为激发 PDP 荧光粉的真空紫外线的能量是可见光能量的两倍多，在适当的条件下，一个 VUV 光子激发可以产生两个可见光光子，因而通过双光子效应，荧光粉的量子效率可达 200%。

20 世纪 50 年代末 Dexter 曾提出η_q大于 1 的可能性，后来在实验中也观察到这种现象，但其发光主要集中在红外光谱区。如 Parter 等测得 $LaCl_3$：Ho^{3+}体系的发光，量子效率约为 2.1，但有一半以上的发光在 2 μm 的红外区，可见光谱区的发光强度仅为全部发射的六十分之一，故不能达到应用要求。

实际上这种现象也已经在某些单个稀土离子如 Pr^{3+}和 Tm^{3+}激活的荧光粉中出现过。20 世纪 70 年代，Pr^{3+}的 $^1S_0$ 能级引起人们的注意[35]。在某些基质中，$^1S_0$ 处于 4f5d 带之下，激发 4f5d 后电子弛豫到 $^1S_0$ 能级，分步发射两个或多个光子。具有这种发射的发光材料量子效率可能大于 1，如对于 $LiYF_3$：Pr^{3+}荧光粉，当在 Pr^{3+}离子的 5d 带进行激发时，其量子效率为 140%。但是，由于 Pr^{3+}的主要发射在人眼不敏感的紫光(～407 nm)，而且不能通过改变基质来改变 Pr^{3+}发射光谱中特征线的位置；而对于 Tm^{3+}来说，相当一部分能量损失在红外和紫外光区，所以发射可见光的量子效率不超过 50%。因此 Pr^{3+}和 Tm^{3+}离子作为量子剪裁材料的应用受到局限。

为了寻找高效的可见光量子剪裁材料，Wegh 等[36, 37]深入研究了三价稀土离子在 VUV 区的能级，以图发现从这些能级上产生两个光子跃迁的可能性。对不同的 VUV 能级的发光进行了观察，发现单个稀土离子不可能实现有效的量子剪裁，而采用两个稀土离子相结合，并通过两个离子之间的部分能量传递实现量子剪裁，可以获得接近～200%量子效率。Wegh 等[38]提出实现“量子剪裁”的可能途径如图 4-10 所示。

图 4-10(a)是通过一个离子实现可见光量子剪裁的情况，由于高强度的红外和紫外光的发射，所以单个离子不能将吸收的紫外光全部转化成可见光子输出，从而不能有效地实现可见光的量子剪裁。

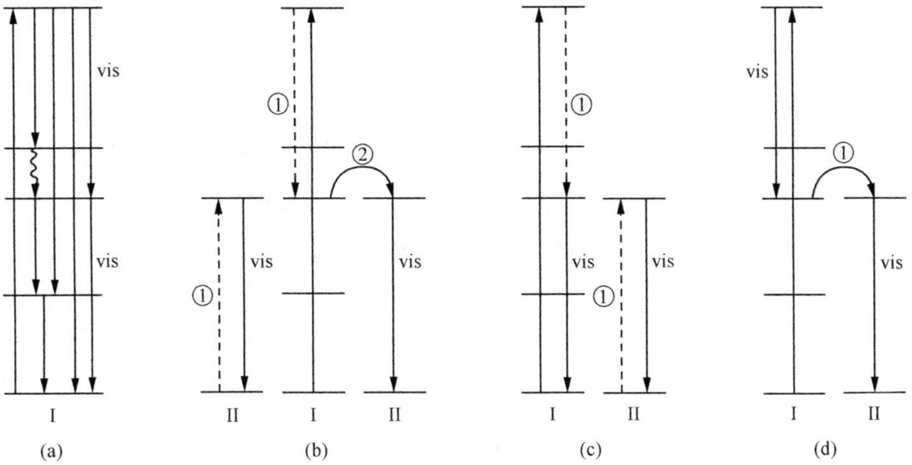

图 4-10　通过量子剪裁实现下转换示意图

(a) 单个离子的“量子剪裁”；(b)～(d) 两个离子之间通过能量传递实现“量子剪裁”

图 4-10(b) 到 (d) 表示利用第二个离子，使部分激发能从第一个离子传递到第二个离子，从而发射可见光。

图 4-10(b) 描述的是只由一个离子发光的过程，首先，离子 I 吸收真空紫外光被激发到高激发态，第一步 (用①表示)，离子 I 的一部分能量通过交叉弛豫传给离子 II，离子 II 被激发到激发态，当返回基态时发出一个光子可见光。第二步 (以②表示)，仍处于激发态的离子 I 把剩余能量传递给离子 II，离子 II 返回基态，同时发出可见光。

图 4-10(c) 和 (d) 是两个离子都发光的情况。图 4-10(c) 中，首先离子 I 从高激发态弛豫到中间激发态，能量传递给离子 II，离子 II 被从基态激发到激发态。最后两个离子都从激发态跃迁回基态，发出两个可见光子。而图 4-10(d) 中，离子 I 从高激发态跃迁到中间激发态，同时发出一个可见光子。然后离子 I 将剩余能量传递给离子 II，最后离子 II 跃迁回基态，又发出一个可见光子。

因此，对于图 4-10(b)～(d) 的情况，理论上讲，吸收一个光子 VUV，可以放出两个可见光子，实现了量子剪裁，量子效率可能达到 200%。

由上可知，发光物质在激发与发射这两个过程之间存在着一系列的中间过程，这些过程在很大程度上取决于发光物质内在的能级结构，并集中表现在发光的衰减特性上。研究发光衰减过程的规律，对于掌握发光物质的发光机构有重要的理论意义。Wegh 和 Meijerink 等首先发现 $LiGdF_4$：Eu^{3+}中 Gd^{3+}-Eu^{3+}离子对的量子剪裁现象[39-41]，理论量子效率接近 190%。随后，研究发现在 KGd_3F_{10}[42]，KGd_2F_7[42]，$Ba_5Gd_8Zn_4O_{21}$[43]，$NaGdF_4$[44]，GdF_3[45]，$KLiGdF_5$[46]等体系中均可以观察到量子剪裁现象。

量子剪裁现象可以在单一离子中实现，也可以通过离子对之间的能量传递过程实现。目前，主要有两种量子剪裁过程，即光子分步发射和逐次能量传递。现分别介绍如下：

1. 光子分步发射(又称光子级联发射，photon cascade emission，PCE)

(1) Pr^{3+}离子量子剪裁。在 Pr^{3+}掺杂的材料中，Pr^{3+}最低 4f5d 能级相对于 $4f^2$ 组态 $^1S_0$ 能级位置依赖于 4f5d 组态的重心和能级劈裂范围。通常，在离子晶体中，4f5d 组态重心位于真空紫外区域，随共价性增加，电子云膨胀效应(nephelauxetic effect)使其下降。劈裂范围则依赖于晶体场强度。迄今为止研究过的 $^1S_0$ 能级位于 4f5d 之下的多数材料都是氟化物，是典型的离子晶体。近年来发现在 $LaMgB_5O_{10}$ 和 $SrAl_{12}O_{19}$ 中 Pr^{3+}离子占据有高配位数的格位，受到的晶体场作用较弱，使 $^1S_0$ 也处于 4f5d 之下。已报道了这类材料中的光子分步发射[47, 48]。如在室温下 $SrAl_{12}O_{19}$：Pr，Mg 用 204 nm 激发的发射光谱中，在 220～500 nm 范围内有 5 组发射。从短波侧起，分别对应于 Pr^{3+}的 $^1S_0 \rightarrow ^3F_4$，$^1S_0 \rightarrow ^1G_4$，$^1S_0 \rightarrow ^1D_2$，$^1S_0 \rightarrow ^1I_6$ 和 $^3P_0 \rightarrow ^3H_4$ 跃迁。而样品的激发光谱中明显地出现了位于 215.1 nm 的 $^3H_4 \rightarrow ^1S_0$ 峰。

对于 YF_3：Pr^{3+}量子剪裁过程如图 4-11 所示。当对 Pr^{3+}离子的 5d 带进行激发时，Pr^{3+}的电子被激发到 4f5d 能级并弛豫到 $^1S_0$ 能级，分步发射两个光子。首先从 $^1S_0$ 能级向下跃迁到 $^1I_6$，发出 405 nm 深紫区可见光，然后到达 $^1I_6$ 的电子弛豫到发光能级 $^3P_1$，向基态能级发射出第二个光子，这一步发射 95%以上都在可见光区。显然只有 $^1S_0$ 到 $^1I_6$ 跃迁分支比大的材料才可能有高的可见光发射量子效率。Pr^{3+} 掺杂的 YF_3 具有这样的性质。在这种材中，用真空紫外激发，可见光发射量子效率到达 140%。尽管其量子效率超过 100%，但由于从 $^1S_0$ 到 $^1I_6$ 的 405 nm 的发射处于可见区域的边缘，而不能作为一种好的照明或显示材料。

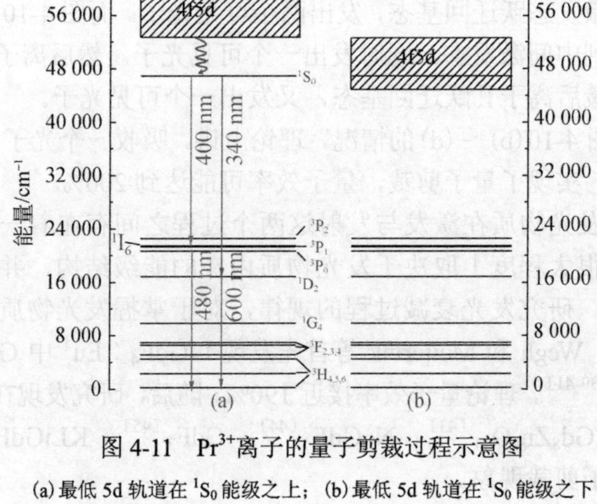

图 4-11 Pr^{3+}离子的量子剪裁过程示意图

(a) 最低 5d 轨道在 $^1S_0$ 能级之上；(b) 最低 5d 轨道在 $^1S_0$ 能级之下

在不同的基质材料中，Pr^{3+}离子的 4f5d 最低能态可能位于 $^1S_0$ 能态之上［图 4-11(a)］或之下［图 4-11(b)］[49]。当 Pr^{3+}的 4f5d 最低能态位于 $^1S_0$ 能态之下时，如图 4-11(b)，只能观察到来自于 4f5d→$4f^2$ 不同组态间的宽带跃迁发射；当 Pr^{3+}的 4f5d 最低能态位 $^1S_0$ 能态之上时，如图 4-11(a)，能量可通过无辐射跃迁从 4f5d 有效占据 $^1S_0$ 能态，受激发的 $^1S_0$ 能态可通过 $^1I_6$，^3P_J 中间能级产生两步级联发射可见量子剪裁：①第一步 $^1S_0$→($^1I_6$，^3P_J) 跃迁产生 1 个 400 nm 左右的近紫外光子；②$^3P_{0,1}$ 能态的电子可继续跃迁至 ^3F_J，^3H_J 能态，发射第二个波长位于 480～700 nm 的可见光子。很多氟化物基质中，如 $KMgF_3$ 就体现了这两步跃迁：$^1S_0$→$^1I_6$(～400 nm)，$^3P_0$→$^3H_4$ (～480 nm)[50]。

基质晶格声子能量大小以及 Pr^{3+}离子掺杂浓度对 Pr^{3+}量子剪裁的第二步有决定性影响。Pr^{3+}离子的 $^3P_0$→$^1D_2$ 能量差约为 3400 cm^{-1}，对具有较低声子能量的氟化物基质，实验中可以得到有效的 $^1S_0$→$^1I_6$(约为 400 nm) 和 $^3P_0$→$^3H_4$(约为 480 nm) 双光子量子剪裁发射。然而，对具有较高声子能量的基质，如硼酸盐[51]，其受声子辅助的无辐射跃迁影响较小，Pr^{3+}量子剪裁的第二步发射主要为 $^1D_2$→$^3H_4$(约为 600 nm)。事实上，在实验中，除了声子能量较低的铝酸盐外[52]，其他 Pr^{3+}掺杂声子能量较高的氧化物均不能产生来自于 $^3P_0$ 能态的可见光发射，Pr^{3+}的第一步跃迁发射($^1S_0$→$^1I_6$，～400 nm) 可以很清楚地看到，但是第二步来自 $^3P_0$ 的发射却没有得到，在 SrB_4O_7 中 Pr^{3+}就发生了这种情况[53]。

Pr^{3+}掺杂浓度对量子剪裁过程也有一定影响。随着 Pr^{3+}掺杂浓度的增加，如 Pr^{3+}在 YF_3 基质中高达 10%，交叉弛豫 $^3P_0$→$^3F_2$+$^3H_4$→$^1D_2$ 和 $^3P_0$→$^1G_4$+$^3H_4$→$^1G_4$ 可有效发生，从而大大减弱或消除来自于 $^3P_0$ 能态的可见光发射，高浓度掺杂的 Pr^{3+}往往以 Pr^{3+}离子对的形式进入基质，从而使交叉弛豫 $^1D_2$→$^3F_4$+$^3H_4$→$^1G_4$ 更加有效，进而猝灭 $^1D_2$→$^3H_4$ 的可见光发射。如，当 Pr^{3+}离子的浓度达到 1%时，在 $BaSO_4$[49] 和 SrB_4O_9[53] 中，$^1D_2$ 的发射就发生了猝灭。

(2) Gd^{3+}的量子剪裁。Gd^{3+}的量子剪裁能级示意图[54]如图 4-12 所示，当 Gd^{3+}吸收 195 nm 的光子被激发到 ^6G_J 能级后，发射过程如下：Gd^{3+}离子辐射跃迁至中间能级 ^6P_J 产生一个 593 nm 左右的光子，或 Gd^{3+}离子辐射跃迁至中间能级 ^6I_J 发射第一个约为 762 nm 的光子。由于 ^6I_J 和 ^6P_J 之间的能级差很小，光子很快从 ^6I_J 能级快速弛豫到 ^6P_J。电子再次从 ^6P_J 发射一个 313 nm 的光子回到基态 $^8S_{7/2}$，实现量子剪裁的最后一步。从图 4-12 可见，要实现 Gd^{3+}的量子剪裁，^6G_J 激发态的辐射跃迁(图 4-12 中的过程 1、2) 是至关重要的。由于 ^6G_J 与下能级 ^6D_J 间的能隙(～80000 cm^{-1}) 大体上不随基质改变，考虑多声子弛豫作用，声子能量越低，^6G_J 与下能级间的无辐射概率越低，Gd^{3+}越易实现量子剪裁。这也是为什么低声子频率的氟化物中 Gd^{3+}容易实现量子剪裁的原因。

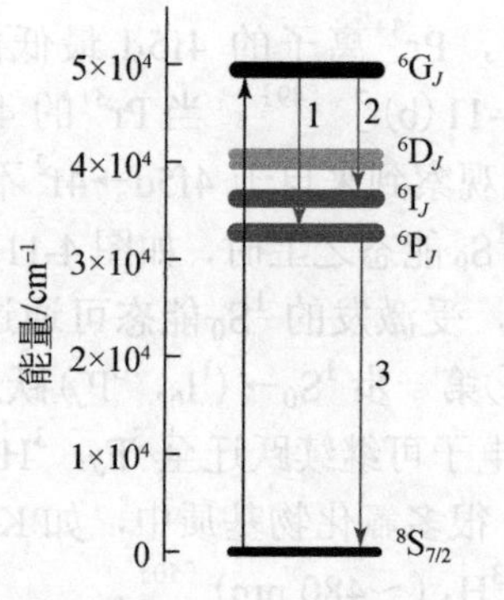

图 4-12 Gd^{3+}的量子剪裁能级示意图

2. 逐次能量传递(又称多光子发射，multi-photon emission，MPE)

20 世纪 90 年代，人们转向探索新的材料体系和深入研究量子剪裁的机理。在三价稀土离子 Gd 和另外一种稀土离子(如 Eu^{3+})共掺杂的体系中，发现被真空紫外光激发到 $4f^7$ 组态高能级的 Gd 离子通过两步能量传递，把能量再次传递给 Eu^{3+}，发射两个可见光光子[37]。

(1) $LiGdF_4:Eu^{3+}$中 Gd^{3+}-Eu^{3+}的量子剪裁。Wegh 等[55-58]详细研究了氟化物中 Gd^{3+}的能级图，尤其是 50000 cm^{-1} 以上的真空紫外线区的 4f 能级，发现由于 Gd^{3+}的 $^6G_J \to {}^6P_J$跃迁与 Eu^{3+}的 $^7F_J \to {}^5D_0$ 跃迁光谱能很好地重叠，Gd^{3+}-Eu^{3+}离子组合可以出现量子剪裁。

Wegh 等[37]发现在 $LiGdF_4:Eu^{3+}$中，被真空紫外光激发到 $4f^7$ 组态高能级 ^6G 的 Gd 离子第一步通过($Gd\,^6G$，$Eu\,^7F_0$)→($Gd\,^6P$，$Eu\,^5D_0$)的能量传递过程把一部分能量传递给 Eu［图 4-13(2)］。使 Eu 发射一个红光光子［图 4-13(3)］。^6P 激发在 Gd 间迁移($Gd\,^6P$，$Gd\,^8S_{7/2}$)→($Gd\,^8S_{7/2}$，$Gd\,^6P$)［图 4-13(6)，(7)］，在某个位置上再和 Eu 相互作用，发生第二步能量传递($Gd\,^6P$，$Eu\,^7F_0$)→($Gd\,^8S_{7/2}$，$Eu\,^5D_4$)［图 4-13(4)］。上升到 $^5D_4$ 的 Eu 弛豫到 $^5D_3$，$^5D_2$，$^5D_1$ 或 $^5D_0$，发射第二个光子［图 4-13(5)］。这里发生的过程和逐次能量传递引起的上转换过程恰好相反，通过逐次能量传递，使一个光子变成了两个。

有一部分处于激发态 ^6G 的 Gd 直接把能量传递给了 Eu 的高能级，不参与两步能量传递，这种过程只产生一个可见光光子。在两步能量传递中，第一步导致 Eu 的 $^5D_0$ 发射；第二步传递后，Eu 既有 $^5D_0$ 发射，也有 $^5D_1$ 等能级的发射，和激发传递到 Eu 的高能级类似。文献［37］测量激发 Gd 的 ^6G(202 nm) 和 ^6I(273 nm，只有到 Eu 高能级的一步传递) 时的 $^5D_0$ 发光和 $^5D_{1,2,3}$ 发光之比，估计了这种材料两步传递相对于一步传递的量子效率，如果第一步传递的量子效率为 100%，则两部传递的量子剪裁过程的量子效率可达 190%。

由此可见，Gd^{3+}离子对 Eu^{3+}离子的能量传递效率是非常高的。但 Gd^{3+}离子的 4f-4f 跃迁强度较弱，尽管 Eu^{3+}离子在 $LiGdF_4$ 中的发光效率接近 200%，但在真空紫外线的激发下 Eu^{3+}离子的发射强度依然较弱，不适宜作为 PDP 荧光粉。

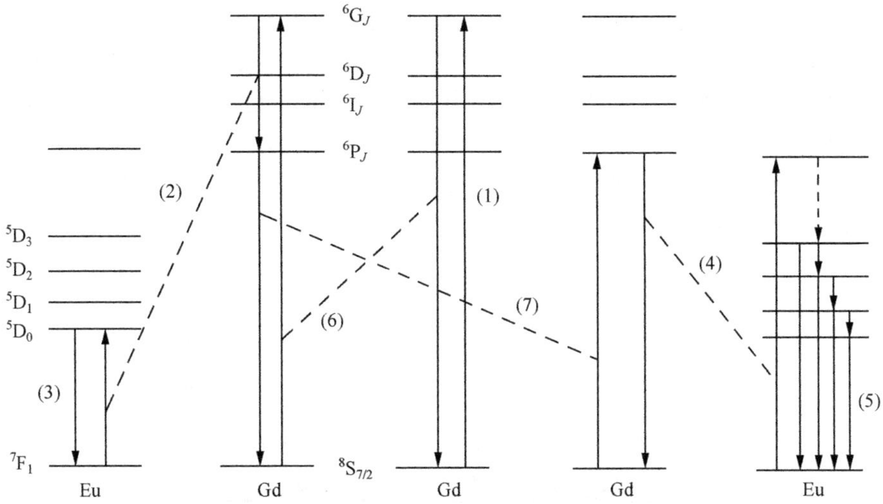

图 4-13　真空紫外激发下 $LiGdF_4$：Eu 中两步能量传递引起的量子剪裁发光

(1) 真空紫外激发，Gd 跃迁到 ^6G 能级；(2) 第一步能量传递，Gd 把部分的能量传递给 Eu；(3) Eu^5D_0 发射一个光子；(4) 第二步能量传递，Gd 把剩余的能量传递给 Eu；(5) Eu^5D_J 能级发射光子；(6)，(7) 能量在 Gd 间的迁移

只有当 Gd^{3+}离子将吸收的能量传递给 Eu^{3+}离子时，Eu^{3+}离子在 $LiGdF_4$ 中的发光效率达 200%。但是，当激发基质敏化带引起基质带间跃迁(～120 nm)或 Eu^{3+}离子电荷迁移带引起 2p(F)→4f(Eu) 电荷跃迁(156 nm)时，均观察不到双光子发射效应。这与在真空紫外线激发下引起基质的带间跃迁时存在的内在的发光猝灭机制有关。Terekhin[59] 报道了真空紫外线激发发光物质时至少有三种发光猝灭机制：①对于真空紫外区激发来说，是一种典型的发光猝灭机制，即真空紫外线穿透固体表面的深度很浅，只有～10 nm，因而会导致激发能量的表面损失；②当激子以共振方式将能量传递给发光离子，也可能传递给其他非发光离子时产生的能量损失；③当激发能量大于基质价带和导带能量间隔的二倍时，容易产生二次激发电子(受到第二次激发的电子)，邻近二次激发电子之间的无辐射能量传递也使激发能量损失。另外，氟化物的带间吸收波长偏短(～120 nm)，与 PDP 荧光粉的激发主波长 147 nm 偏差较大，不适宜作为 PDP 荧光粉基质。含氧化合物在真空紫外区有较强的吸收，但含氧化合物复杂的能级结构使得基质的能量传递给激活离子的效率较低。同时，基质中还存在许多能量猝灭的因素，如色心、陷阱能级和表面缺陷[60]，这些因素都会影响基质敏化发光的效率。

Wegh 等[37]研究了 $LiGdF_4$：Eu^{3+}粉末和单晶样品的荧光现象。图 4-14 和图 4-15 分别示出 $LiGdF_4$：Eu^{3+}(0.5%mol) 荧光粉的激发和发射光谱。监测 Eu^{3+}的发光，可以看出激发光谱主要是由 Gd^{3+}离子的激发光谱组成的，这证明了 Gd^{3+}和 Eu^{3+}之间存在能量传递。用 202 nm 的紫外光激发，Gd^{3+}离子被激发到 ^6G_J态，继而在 Gd^{3+}和 Eu^{3+}之间发生量子剪裁。由图 4-14 可知，第二步，Eu^{3+}离子被激发到较高的 ^5D_J态，所以可能有 $D_{1,2,3}$和 D_0 到基态跃迁的共存，而导致颜色不纯，实验证明，用 202 nm 紫外线激发，Eu^{3+}离子的 $^5D_0/D_{1,2,3}$ 发光强度比为 7.4，而用 273 nm 紫外线激发，Gd^{3+}离子被激发到 ^6I_J态，则 Eu^{3+}离子的 $^5D_0/D_{1,2,3}$ 发光强度比为 3.4。通过实验证明，Gd^{3+}将 90%的能量从 ^6G_J态传递给 Eu^{3+}，因此，如果没有非辐射能量损失的话，量子效率可达到 190%。

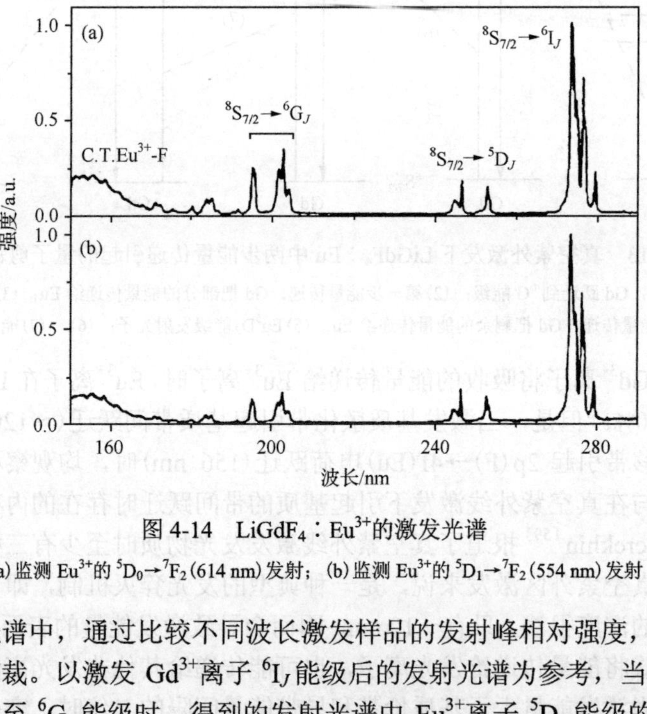

图 4-14 $LiGdF_4$：Eu^{3+}的激发光谱

(a) 监测 Eu^{3+}的 $^5D_0 \rightarrow {}^7F_2$ (614 nm) 发射；(b) 监测 Eu^{3+}的 $^5D_1 \rightarrow {}^7F_2$ (554 nm) 发射

在发射光谱中，通过比较不同波长激发样品的发射峰相对强度，可以判断是否发生量子剪裁。以激发 Gd^{3+}离子 ^6I_J 能级后的发射光谱为参考，当将 Gd^{3+}离子基态电子激发至 ^6G_J 能级时，得到的发射光谱中 Eu^{3+}离子 $^5D_0$ 能级的发射增强，与图 4-13 所示过程吻合，由此证明发生了量子剪裁。

(2) Er^{3+}-Gd^{3+}-Tb^{3+}体系中的量子剪裁效应。Wegh 等合成了 $LiGdF_4$：Er^{3+}，Tb^{3+}，深入研究了各种稀土离子之间的能量传递。发现在 Er^{3+}-Gd^{3+}-Tb^{3+}体系中存在量子剪裁效应[61]。Lorbeera 和 Mudring 最近也报道了在纳米 $NaGdF_4$：Er^{3+}，Tb^{3+}体系中的量子剪裁[62]。

图 4-16 为 Er^{3+}-Gd^{3+}-Tb^{3+}离子对量子剪裁过程的能级示意图[61]。Er^{3+}被 VUV 激发到 $4f^{10}5d$ 能级，首先发生弛豫，在 5d 上的电子跃迁回到 $^4S_{3/2}$ 能级，然后，

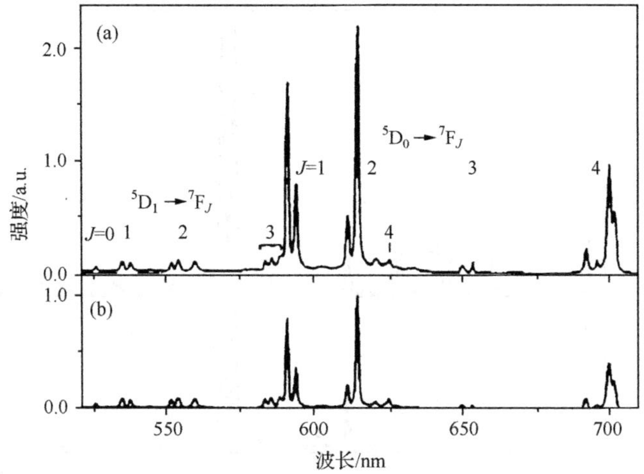

图 4-15　LiGdF$_4$：Eu^{3+}发射光谱

(a) 202 nm 激发时 Gd^{3+}的 $^6S_{7/2} \rightarrow {}^6G_J$跃迁；(b) 273 nm 激发时 Gd^{3+}的 $^6S_{7/2} \rightarrow {}^6I_J$跃迁

Er^{3+}和 Gd^{3+}之间发生能量传递，将这部分能量传递给 Gd^{3+}离子，而 Gd^{3+}被激发到 ^6P_J、^6I_J或 ^6D_J激发态。随后发生 $^4S_{3/2} \rightarrow {}^4I_{15/2}$跃迁，$^4S_{3/2}$上电子跃迁回基态 $^4I_{15/2}$发射第一个绿光光子。Gd^{3+}离子被激发后，通过非辐射过程将能量传递到 Tb^{3+}离子 ^5D_J能级，最后发生 $^5D_J \rightarrow {}^7F_J$电子跃迁通过 Tb^{3+}发射第二个绿光光子。但由于整个过程中涉及多个离子之间的能量传递过程，量子剪裁效率相对较低。

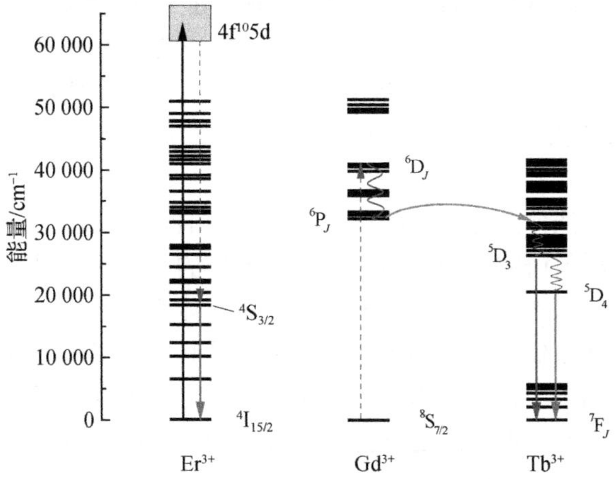

图 4-16　Er^{3+}-Gd^{3+}-Tb^{3+}体系的“量子剪裁”效应示意图

图 4-17 (a) 和 (b) 分别是将 Er^{3+}激发到 4f^{10}5d 能级和将 Gd^{3+}激发到 ^6J_J能级时，荧光粉的发射光谱。可以看出，对 Er^{3+}进行激发，会出现 Er^{3+}和 Tb^{3+}的绿色发光。

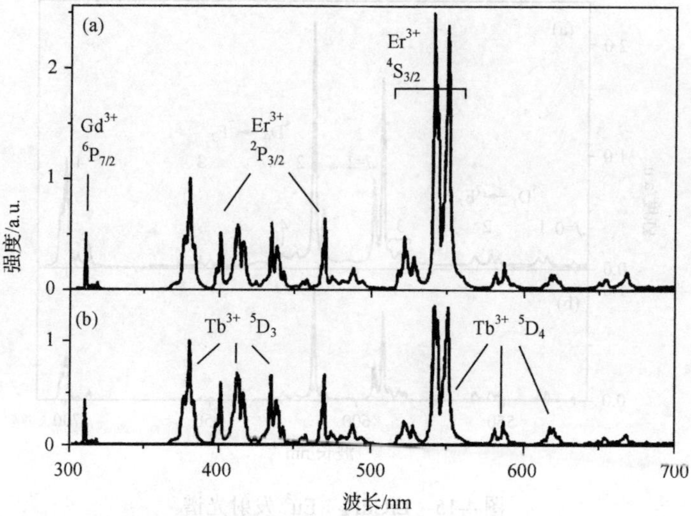

图 4-17　$LiGdF_4$：Er^{3+}，Tb^{3+}的发射光谱

(a) 145 nm 激发时 Er^{3+}的 $4f^{11}$ $(^4I_{15/2})$ →$4f^{10}5d$ 跃迁；(b) 273 nm 激发时 Tb^{3+}的 ^5D_J→^7F_J跃迁

实验证明被激发到 $4f^{10}5d$ 能级的 Er^{3+}将 30%的能量通过弛豫传递给 Gd^{3+}离子，Er^{3+}到达 $^4S_{3/2}$ 能级，然后发射出绿色光。剩下的 70%的 Er^{3+}将大部分能量传递给 Gd^{3+}，将其激发到 ^6G_J 或更高，而 Er^{3+}本身达到低能级甚至基态，不发射可见光子，所以如果没有其他非辐射跃迁的话，此体系的量子效率可以达到 130%，但除了 Er^{3+}和 Tb^{3+}的发光外，还出现了 Gd^{3+}的发光，说明 Gd^{3+}-Tb^{3+}的能量传递不完全，另外 Tb^{3+}有部分发射位于紫外区，所以初步计算其量子效率约为 110%。

对于真空紫外光激发的荧光粉，量子效率较高的量子剪裁体系主要出现在氟化物体系(声子能量低)，由于氟化物的真空紫外吸收差，材料中的氟易被氧取代而导致荧光效率下降。

量子剪裁效应能使发光材料的量子效率大于 100%，成为发光研究的新领域，开辟了高效发光材料研究的新思路，已引起人们的广泛的重视，并且对量子剪裁现象的研究也逐渐深入，许多量子剪裁离子对和体系都被报道。尽管如此，目前发现的这些剪裁体系仍然存在不足，从而限制了其实际应用。目前，此种效应也仅仅出现在稀土离子中，反映出稀土离子的光谱特征也有待深入发掘，特别是对于稀土离子在高激发态能级跃迁行为的研究，相信经过不断努力，能获得高效可见光发射的量子剪裁发光材料。

参 考 文 献

[1] 洪广言，庄卫东. 稀土发光材料. 北京：冶金工业出版社，2016.

[2] 洪广言. 稀土发光材料：基础与应用. 北京：科学出版社，2011.

[3] Weigh R T，Donker H，Oskam K D，et al. Scinece，1999，283(3)：663-666.

[4] 洪广言，曾小青. 功能材料，1999，30(3)：225-231.

[5] Kim C H，Kwon Il-E，Pyun C H，et al. J Alloys Compd，2000，311：33-39.

[6] 吴雪艳，洪广言，曾小青，等. 高等学校化学学报，2000，21(11)：1658-1660.

[7] Morell A，El Khiati N. J Electrochem Soc，1993，140(7)：2019-2022.

[8] Ronda C R，Amrein T A. J Lumin，1996，69(5-6)：245-248.

[9] Oshio S，Matsuoka T，Tanaka S，et al. J Electrochem Soc，1998，145(11)：3898-3907.

[10] Oshio S，Kitamura K，Shigeta T，et al. J Electrochem Soc. 1999，146(1)：392-399.

[11] Shionoya S，Yen W M. Phosphor Handbook. 2nd ed. Boca，Raton：CRC Press，1999：628-632.

[12] Korike J，Kojima T，Toyonage R，et al. SID 80 DIGEST，1980：150-151.

[13] 牟同升，洪广言. 发光学报，2002，23(4)：403-405.

[14] Veenis A W，Bril A. Philips J Res，1978，33(3/4)：124-132.

[15] Saubat B，Fouassier C，Hagenmuller P，et al. Mat Res Bull，1981，16(2)：193-198.

[16] 尤洪鹏，吴雪艳，洪广言，等. 中国稀土学报，2001，19(6)：609-610.

[17] You H P，Wu X Y，Zeng X Q，et al. Mater Sci Eng B，2001，86：11-14.

[18] You H P，Hong G Y，Zeng X Q，et al. J Phys Chem Solids，2000，61：1985-1988.

[19] Wu X Y，You H P，Cui H T，et al. Mater Res Bull，2002，37：1531-1538.

[20] 洪广言，曾小青，吴雪艳，等. 武汉大学学报(自然科学版)，2000，46(化学专利)：207-208.

[21] Zeng X Q，Hong G Y，You H P，et al. Chin Phys Lett，2001，18(5)：690-691.

[22] Hong G Y，Zeng X Q，Kim C H，et al. J Synth Cryst，2000，29(5)：183.

[23] Park C，Park S，Kim C H，et al. J Mater Sci Lett，2000，19：335-338.

[24] Kollia Z，Sarantopoulou E，Cefalas A C，et al. J Opt Soc Am B，1995，12(5)：782-785.

[25] Sarantopoulou E，Cefalas A C，Dubinskii M A，et al. J Mod Opt，1994，41(4)：767-775.

[26] Sarantopoulou E，Cefalas A C，Dubinskii M A，et al. Opt Lett，1994，19(7)：499-501.

[27] Sarantopoulou E，Cefalas A C，Dubinskii M A，et al. Opt Commun，1994，107：104-110.

[28] Kollia Z，Sarantopoulou E，Cefalas A C，et al. J Opt Soc Am B，1995，12(5)：782-785.

[29] Blasse G. Philips Tech Rev，1970，31(10)：324-327.

[30] Robbins D J，Dean P J. Adv Phys，1978，27：499-532.

[31] 洪广言，曾小青，尤洪鹏，等. 硅酸盐学报，2004，32(3)：233-238.

[32] 曾小青，洪广言，尤洪鹏，等. 发光学报，2001，22(1)：55-58.

[33] 洪广言，彭桂芳，韩彦红，等. 中国发明专利：ZL20041001131. 3. 2004.

[34] Mayolet A，Krupa J C. J Soc Inf Display，1996，4/3：173-175.

[35] Piper W W，DeLuca J A，Ham F S. J Lumin，1974，8，344-348.

[36] Wegh R T，Donker H，Meijerink A. Phys Rev B，1997，56(21)：13841-13848.

[37] Wegh R T，Donker H，Osham K D，et al. Science，1999，298：663-665.

[38] Wegh R T，Donker H，van Loef E V D，et al. J Lumin，2000，87-89：1017-1019.

［39］Wegh R T，Donker H，Oskam K D，Meijerink A. Science，1999，283：663-666.
［40］Wegh R T，Donker H，Oskam K D，et al. J Lumin，1999，82：93-104.
［41］Oskam K D，Wegh R T，Donker H，et al. J Alloys Compd，2000，300-301：421-425.
［42］Kodama N，Watanabe Y. Appl Phys Lett，2004，84：4141-4143.
［43］Yang Y M，Li Z Q，Li Z Q，et al. J Alloys Compd，2013，577：170-173.
［44］Ghosh P，Tang S，Mudring A-V. J Mater Chem，2011，21：8640-8644.
［45］Lorbeer C，Cybinska J，Mudring A-V. J Mater Chem C，2014，2：1862-1868.
［46］Kodama N，Oishi S. J Appl Phys，2005，98：103515.
［47］Srivastava A M，Doughty D A，Beers W W. J Electrochem Soc，1996，143：4113.
［48］Doughty D A，Beers W W. J Electrochem Soc，1996，143：4133-4116.
［49］van der Kolk E，Dorenbos P，Vink AP，et al. Phys Rev B，2001，64：195129.
［50］Sokolska I，Kuck S. Chem Phys，2001，270：355-362.
［51］Srivastava A M，Doughty D A，Beers W W. J Electrochem Soc，1997，144：L190-L192.
［52］Srivastava A M，Beers W W. J Lumin，1997，71：285-290.
［53］Van der Kolk E，Dorenbos P，van Eijk CWE. J Phys：Condens Matter，2001，13：5471-5486.
［54］Tian Z F，Liang H B，Han B，et al. J Phys Chem C，2008，112：12524-12529.
［55］Wegh R T，Donker H，Osksam K D，et al. J Lumin，1999，82：93-104.
［56］Feldmann C，Justel T，Ronda C R，et al. J Lumin，2001，92：245-254.
［57］Oskam K D，Wegh R T，Donker H，et al. J Alloys Compd，2000，300-301：421-425.
［58］Donker H，Wegh R T，Meijerink A，et al. J Soc Inf Display，1998，6/1：73-76.
［59］Terekhin M A，Kamenskikh I A，Makhov V N，et al. J Phys：Condens Matter，1996，8：497-504.
［60］Berkowitz J K，Olsen J A. J Lumin，1991，50(2)：111-121.
［61］Wegh R T，van Loef E V D，Meijerink A. J Lumin，2000，90：111-122.
［62］Lorbeera C，Mudring A V. Chem Commun，2014，50：13282-13284.

第5章　气体放电灯用稀土荧光粉

5.1　气体放电光源

在通常情况下，气体是不导电的，但在强电场、光辐射、粒子轰击和高温加热等特定条件下，气体分子将发生电离，在电离气体中存在着带电和中性的各种粒子，它们之间相互作用，当带电粒子不断地从外场中获得能量，并通过碰撞将能量传递给其他粒子，形成激发态粒子，这些激发态粒子返回基态时，产生电磁辐射。与此同时，电离气体中正负粒子的复合也会产生辐射。利用气体放电及其辐射效应原理制成的光源称为气体放电光源(或气体放电灯)[1]。气体放电光源与热辐射光源(如白炽灯)相比，具有辐射光谱可调、发光效率高、寿命长、输出光的维持率好等优点。

气体放电光源仅仅依靠气体电离辐射作为光源存在着光效很低，光谱能量分布不符合照明光源要求，而且有些电离辐射影响人体健康或危及生命的缺点。为了获得各种光色，提高光效及保障人们身体健康，必须选择合适的发光材料，对气体电离辐射进行转化，以获得所需的光谱能量分布。

在气体放电光源中，所产生的辐射主要是由电极之间所充的气体或金属蒸气的原子相互作用而产生的。填充的物质不同，其辐射必然不同。在选择填充物质时，首先应该考虑它们与泡壳或电极材料不起化学反应，因此，一般情况下选用惰性气体如氩、氖、氦、氙和一些不活泼的金属如汞。对于照明用的气体放电光源，人们希望发光物质尽可能多地将输入电能转变为可见光辐射。为了获得可见光，就需要跃迁发生在1.7～3.2 eV之间(210～400 nm)的发光材料，而为了提高发光效率，将光辐射能量尽可能地集中在555 nm附近。因此，在实际设计气体放电光源时，必须兼顾光效和显色性。

利用汞蒸气放电制成的灯统称汞灯。汞又称为水银，故汞灯有时也称为水银灯。汞是常温下唯一的液态金属，在同样温度下比其他任何金属的蒸气压都高。不同汞蒸气压下，其放电特性、光谱辐射能量分布以及启动方式等均有很大的变化。按照汞蒸气压的不同，汞灯可以分为：低压汞灯(100～1000 Pa)、高压汞灯(10^5～10^6 Pa)、超高压汞灯(10^6～10^7 Pa)。

利用较低的汞蒸气压放电时辐射的能量作为光源的称为低压汞灯。在低压汞蒸气放电时会获得极高的紫外辐射效率。其放电能量的60%以上转换为253.7 nm

的紫外辐射，此外，还有5%的185 nm的紫外辐射[2]，仅有2%左右的可见光。如果选择适当的发光材料，将紫外线转变为可见光，就可以获得发光效率很高的低压汞灯。

利用低压汞灯蒸气放电将电能转换为253.7 nm紫外线，并由紫外线激发发光材料发出可见光而得到的高效照明光源，称为荧光灯，所用的发光材料也称为荧光粉。

气体放电灯一般是由泡壳、电极以及灯中的填充物质组成。荧光灯的组成是由两端装有灯头的玻璃管，管内壁涂覆一层均匀的发光材料，在灯的两端各有一个涂有金属氧化物(电子粉)的双螺旋线圈的电极，它具有良好的电子发射性能。玻璃管内抽真空后，注入少量汞(汞的蒸气压约为0.5～1.4 Pa)，并充入一定压力的氩气(约为400～500 Pa)，灯管混合气体中Hg蒸气的含量约占0.1%。充入惰性气体的作用是增加碰撞概率，增加汞原子激发和电离的机会，利用彭宁效应以降低着火电压和提高电离雪崩效应的效率，以及防止灯工作时电极的溅射。荧光灯的发光过程是：当电子与汞原子碰撞后使汞原子激发到激发态，处于激发态的汞原子会自发地跃迁到基态并辐射出253.7 nm的紫外光子。这些紫外光子又激发荧光粉，并通过荧光粉将紫外辐射转换为可见光。

汞在低气压放电时，辐射主要是253.7 nm和185 nm两条共振线，它们是由三重态的最低激发能级6^3P_1(4.88 eV)和单重态最低激发能级6^1P_1(6.71 eV)跃迁到基态6^1S_0时辐射产生的，而高能级间的辐射很少，因此放电本身只产生很微弱的可见光。只能通过荧光粉将紫外转化为可见光，才能获得高光效的光源。在气压升高后，放电时的辐射会发生很大的变化。随着气压的升高，有越来越多的处于6^3P_1态的汞原子与电子碰撞，被激发到更高的能级，并在高能级之间跃迁，发出可见光，同时其光效也由低到高变化。当汞蒸气达到1～5 atm(1 atm=101325 Pa)时光效可达到40～50 lm/W，此时灯的电参数也易与220 V相匹配，故高压汞灯通常在这一气压范围工作。在此条件下高压汞灯的光谱能量分布与低压汞灯有明显差别，它们的相对光谱能量分布如图5-1。

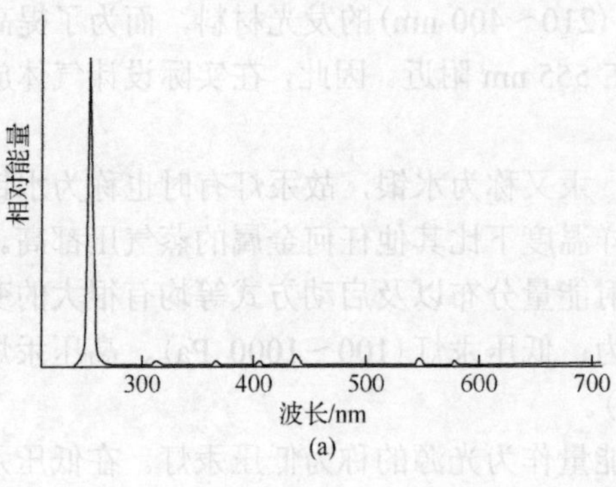

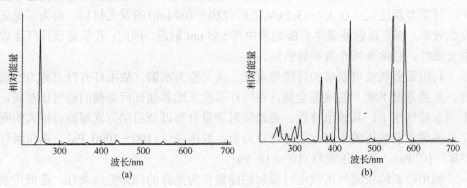

图5-1　低压汞灯(a)与高压汞灯(b)光谱能量分布

在高气压下，灯内汞原子密度很高，电子的平均自由程变短，电子与汞原子会发生频繁碰撞，并将能量传给汞原子，汞原子之间的相互作用也加强，从而造成所谓压力加宽、碰撞加宽、多普勒效应等现象，导致汞在可见区的特征谱线非常明显。而汞原子在高气压下，紫外区的特征谱线(如 185.0 nm 和 253.7 nm)产生明显的自吸收，气压越高，自吸收越严重，所以在高气压汞放电时紫外辐射相对减弱，可见光辐射谱强。

由高压汞灯的光谱能量分布可知，高压汞灯中近一半的辐射分布在紫外区，主要位于313～365 nm范围内。在高压汞灯的可见光谱中缺少600 nm以上的红光，其中红光仅占总可见辐射的 1%，而日光中红光的成分约占 12%。因此在高压汞灯下被照物体不能很好地显示出原来的颜色，显色性差，显色指数(*Ra*)仅为 22～25，不适宜用作照明光源。为了改善光色，提高显色性有多种方法。如在高压汞灯中加入金属卤化物，利用某些金属的特征光谱弥补汞灯中缺少的可见辐射，但通常采取的方法是在灯的外管内壁涂敷可被 365 nm 紫外线激发的红色荧光粉，构成荧光高压汞灯。通过荧光粉将这部分紫外辐射转化为红光，则灯的光色会得到改善；显色指数可提高到 40～50，色温也能降至约 5000 K。

由高压汞灯的光谱能量分布可知，可见光辐射约占 15%，紫外辐射约占 15%，紫外区的谱线以 365 nm 为最强，而近 70%是以热辐射、对流传导和红外辐射的形式而损失掉。因此，高压汞灯的光效要低于低压荧光灯。

高压汞放电灯中虽然也充有惰性气体，但惰性气体对放电的影响与低压汞放电灯完全不同。低压放电时，汞的蒸气远低于惰性气体的气压，由此灯的光参数和启动受惰性气体种类和压强的影响极大；而高压汞放电灯中，汞的工作压远大于惰性气体的气压，仅在启动时惰性气体压强高于汞蒸气，惰性气体才能起作用，而在启动后对灯的工作特性几乎没有任何影响。

要获得 1～5 atm 的高压汞放电，管壁温度需要达到 350～500℃，一般玻璃都受不了这样的高温；因此，高压汞灯放电管必须用耐高温的石英玻璃制成(软化点为 1650℃)。

影响荧光灯光效的因素很多。首先，荧光灯的光效取决于输入的电功率转化为 253.7 nm 紫外线的效率，其次取决于 253.7 nm 紫外线通过荧光粉转化为可见光的效率，此外还与荧光粉、玻管对光的吸收，以及与可见区内的光谱能量分布等有关。

在低压荧光灯中，在灯管内壁涂敷的荧光粉对灯的光效、颜色、显色性以及光衰都起着重要作用，其主要作用是将 253.7 nm 和 185 nm 的紫外辐射转换为所需的可见光或紫外线。因此，对所使用的荧光粉有如下基本要求：

(1) 有合适的吸收和发光。能有效地吸收 253.7 nm 紫外辐射，并能有效地传递能量，有效地转换为可见光。

(2) 对可见光的透射率要高(97%以上)，反射率要小。

(3) 高的发光效率和优良的光衰性能，量子效率要高，应接近 0.8～1。

(4) 发光光谱要符合某些特定要求。在 285～720 nm 波长范围内具有合适的发光，从而获得所需的颜色，使荧光灯具有良好的显色性，以适应各种应用要求。

(5) 具有稳定的基质结构以及稳定的化学和物理性质。在制灯及电子冲击下不易破坏，如对 185 nm 紫外辐射和离子轰击稳定，不吸附汞，使用寿命长等。

(6) 原料来源丰富、价格低、无毒且易于生产。

(7) 具有较好的温度特性(热稳定、热猝灭)。在荧光灯的制造过程中要经过 600℃左右的烤管工艺，在荧光灯工作过程中某些灯型的工作温度可达 150℃。

(8) 具有良好的颗粒特性和分散性。材料颗粒的粒径应控制在一定范围，粒径分布集中，粒度配比适宜，有利于涂管(如卤粉为 10 μm 左右，稀土三基色粉在 6～8 μm)。

(9) 对制灯工艺有较好的适应性，不与溶剂反应，具有良好的涂敷性能。

(10) 耐紫外线的辐照和离子轰击的稳定性。在荧光灯工作过程中，荧光粉涂层会受到 254 nm 紫外线的激发而发光，同时也会受到 185 nm 紫外线的辐照和 Hg 离子的轰击而引起老化，使发光材料的发光效率下降，引起灯的光通量下降。因此要求荧光粉具有一定的耐紫外线的辐照和离子轰击的稳定性。

衡量荧光粉的粉体性能指标有很多，一般包括粉体的色品坐标、峰值波长、半峰度、相对亮度、比表面积、中心粒径、热稳定性、热猝灭性、电导率、pH 值、晶型结构等。对于荧光灯厂来说，通常要求：荧光粉晶型结构好，杂相少；粒度分散性要好，大小均匀，不要有细沫子；热稳性好，即经过 600℃烘烤后，色品坐标和相对亮度变化越小越好；批次的粉体稳定性一致等。不同荧光灯对荧光粉的需求不同。

一般，对普通照明用灯国内的需求以 6500 K 的白光为主，欧美则以低色温例如 2700 K 或者 4000 K 为主，对灯的色品坐标、色温等的要求比较严格。冷阴极类的灯一般色温在 8000～15000 K。

对于常用色温而言，红粉的 x 值越低，绿粉的 y 值越低，其在混合粉中所用比例越高，而对于蓝粉来说，y 值越低，其在混合粉中的比例越低。比表面积是通过发光面积来影响混合粉的比例的。对于单色粉而言，比表面积越大，发光面积就越大，在混合粉中的作用体现就越强，所用比例就越小。粒度对比例的影响与比表面积相似，一般来说，粒度小的单色粉比表面积大，从而在混合粉中所用比例少。另外，制灯工艺对灯的色品坐标也有影响。

评定荧光粉的优劣，既要测定它的一次特性，更要重视它的二次特性，即制成灯后的性能。一般先是考虑其一次特性，一次特性合格的粉再制成灯后考察其二次特性。一次特性和二次特性一般情况下是相互关联的。但最终都要以二次特性的优劣作为荧光粉的判据。

一次特性是指荧光粉的发光特性和其他物理性能。包括荧光粉的激发及发射光谱、发光亮度、粒度、体色等。

二次特性是指荧光粉制成荧光灯后的特性，包括成灯后的光通量、光通维持率、寿命、显色指数、色容差、直管荧光灯的两端色差等。而该类的特性与荧光粉的下面性能有关。

二次特性优异的荧光粉应该具有：

(1) 颗粒表面平整光滑，粉的单个颗粒为完整的块状或球状。质量良好的荧光粉应该是表面光滑平整、粒度均匀、分散性好、晶体完整的类球形颗粒。

(2) 中心粒径适中，对不同种类的荧光粉的中心粒径(d_{50})值有不同的要求。荧光粉的颗粒粗细是影响荧光粉发光强度的一个重要因素。粒度过大，不利于涂层致密，吸收激发光的能力也不高。粒度过小，出现漫反射现象，同时降低了吸收激发光的能力影响发光强度，而且超细荧光粉会使荧光灯的初始光通量降低，光衰加剧。

(3) 粒度分布集中，超细颗粒和超大颗粒的比例要小。如正常粒度 5 μm 左右的稀土三基色荧光粉，＜2 μm 的细颗粒要少于 0.5%～1%，＞10 μm 的粗颗粒应少于 5%～6%。使荧光粉在含有有机聚合物溶液中形成非凝聚的悬浮体，在荧光灯的涂管工艺中涂层均匀、致密、平滑的发光膜，以保证荧光灯高的光通量和稳定性。

(4) 比表面积适宜。比表面积是荧光粉的一个重要指标，涉及它的上管率、发光性能、光衰特性等，所以没有统一的数值。比较共同的要求是同样颗粒度的情况下，比表面积尽可能小且表面光滑。

(5) 荧光粉中的杂质含量要少。荧光粉中杂质如α-Al_2O_3 等杂相和金属杂质 Na、Fe 等，会吸收 254 nm 紫外线和荧光粉转换的可见光辐射，或与 Hg 结合导致激发能量减少，或形成猝灭中心，导致荧光粉发光效率下降，从而造成灯的光通量大幅下降。

白炽灯的发明是人类历史上一次伟大的发明，而荧光灯的发明是照明史上的第二次重大发明。从 1938 年荧光灯问世以来，灯用荧光粉已经历了三个发展阶段，其发光效率从 40 lm/W 到 100 lm/W，荧光灯也经历了三个阶段。

最早用于荧光灯的发光材料是 $CaWO_4$ 蓝粉，Zn_2SiO_4：Mn 绿粉和 CdB_2O_5：Mn 橙红粉，按一定比例混合制成 40 W 的荧光灯的流明效率为 40 lm/W，经过发光材料与制灯工艺上的改进，采用 $(Zn, Be)_2SiO_4$：Mn 可提高到 50 lm/W 以上。

1942 年英国学者 Mckoag 等发明了锑、锰激活的卤磷酸钙［$3Ca_3(PO_4)_2$·$Ca(F, Cl)_2$：Sb, Mn］(简称为卤粉)被称为第二代灯用发光材料。自 1948 年开始普遍使用，此材料是单一基质，发光效率高、光色可调、原料丰富、价格低廉，但也存在着发光光谱中缺少 450 nm 以下的蓝光和 600 nm 以上的红光，使灯的显色性较差，*Ra* 值偏低以及在 185 nm 紫外作用下，易形成色心，使灯的光衰较大等主要缺陷。

稀土发光材料具有一系列特点：①谱线丰富，发射波长分布区域宽，色彩鲜艳，可在所需的波长范围内选择；②发光光谱属于 f-f 跃迁的窄带发光，发光能量集中、显色性高；③抗紫外线辐照；④高温性能好，能适应高负荷荧光灯的要求；⑤发光效率高，三基色稀土荧光粉的量子效率均在 90%以上。稀土荧光粉，特别是稀土三基色荧光粉在灯用发光材料的发展中起着里程碑的作用[3-6]。

稀土发光材料品种多，应用面广，获得应用的稀土发光材料有许多，处于研究与开发的稀土发光材料更多，现仅结合应用选择部分稀土发光材料进行简要介绍。

5.2 灯用稀土三基色荧光粉

根据三基色原理将三基色红粉、绿粉和蓝粉按照一定比例配制成色温为 2000～15000 K 的混合粉。20 世纪 70 年代初，Koedam 和 Thornton 等根据三基色原理，即适当地选择窄发射带的波长为 450 nm、550 nm 和 610 nm 的荧光粉和调整荧光粉发射带强度的比例，可以制得高发光效率和高显色性的荧光灯。1974 年荷兰飞利浦公司的 Verstegen 等[7]研制成功稀土铝酸盐绿粉 $(Ce, Tb)MgAl_{11}O_{19}$ (λ_{max}= 543 nm) 和蓝粉 $BaMg_2Al_{16}O_{27}:Eu^{2+}$ (λ_{max}=451 nm)，加上已知的红粉 $Y_2O_3:Eu^{2+}$ (λ_{max}=611 nm)，根据三基色原理首次实现高光效和高显色性的统一。由上述三种荧光粉按一定比例混合，可制得 2300～8000 K 范围的各种颜色的荧光灯，*Ra* 值(显色指数)大于 80，光效≥80 lm/W。由于这三种颜色的荧光粉均为稀土荧光粉，故称为灯用稀土三基色荧光粉(简称稀土三基色荧光粉)，被誉为是第三代的灯用发光材料，所制的灯称为稀土三基色荧光灯。

灯用稀土三基色荧光粉由红、绿、蓝三种稀土离子激活的荧光粉组成。它是目前发展最快的发光材料之一，也是目前最重要的稀土发光材料之一[8]。

稀土三基色荧光粉的主要的优点在于：

(1) 可见光谱区中，谱线丰富，属于窄带发光，三种发射光谱相对集中在人眼比较灵敏的区域，视见函数值高，所以在相同条件下可使光效提高约 50%。

(2) 发光效率高，三基色荧光粉的量子效率均在 90%以上，比普通荧光粉高 15%。

(3) 显色指数高，制成灯后基本能达到 80 以上，有些特殊粉甚至能达到 90 以上。

(4) 耐高温性能好，在 120℃下工作仍能保持高的亮度，能适应高负荷荧光灯的要求。

(5) 抗紫外辐射能力强，粉层表面也可抵挡汞原子层的形成，所以光衰小。

稀土三基色荧光粉的光效和显色指数均达到较高水平。克服了长期以来采用 $3Ca_3(PO_4)_2 \cdot Ca(F, Cl):Sb, Mn$ 荧光粉制灯，其光效和光色不能同时兼顾的难题。

普通白炽灯和卤钨灯的显色指数较高，但其发光效率太低。普通白炽灯的发光效率可达 20 lm/W，卤钨灯可达 25 lm/W，而目前大功率紧凑型稀土三基色荧光灯的发光效率可达 100 lm/W；普通卤粉荧光灯的光效已达 75～80 lm/W，较普通白炽灯虽有较大提高，但其显色指数仅为 60 左右，显色性太差，稀土三基色荧光灯的显色指数已经可以达到 95 以上，常用的稀土三基色荧光灯的显色指数都达到 80 以上。用稀土三基色荧光粉制成紧凑型节能灯具有明显的节能作用，有利于环境保护以及促进稀土事业的发展，具有重要的社会意义。

目前所报道的主要稀土三基色荧光粉列于表 5-1。

表 5-1　主要稀土三基色荧光粉

荧光粉组成	η_q^{254}	λ_{max}/nm	颜色
Y_2O_3：Eu	0.97	613	红
Y_2SiO_5：Ce, Tb		544	绿
$MgAl_{11}O_{19}$：Ce, Tb (CAT)	0.90	545	绿
$MgAl_nO_m$：Ce, Tb, Mn		544	绿
$GdMgB_5O_{10}$：Ce, Tb (CBT)	0.93	545	绿
$LaPO_4$：Ce, Tb (LAP)	0.93	545	绿
$La_2O_3 \cdot 0.9P_2O_5 \cdot 0.2SiO_2$：Ce, Tb		545	绿
$Sr_5(PO_4)_3Cl$：Eu^{2+}	0.90	445	蓝
$BaMgAl_{10}O_{17}$：Eu^{2+} (BAM)	0.90	450	蓝
$Sr_2Al_6O_{11}$：Eu^{2+}	0.90	460	蓝

注：η_q^{254} 为 254 nm 激发下的量子效率

目前商业主要应用的稀土三基色荧光粉：红粉为 Y_2O_3：Eu；绿粉为 $MgAl_{11}O_{19}$：Ce, Tb 或 (La, Ce, Tb)PO_4；蓝粉为 $BaMgAl_{10}O_{17}$：Eu 或 $Sr_5(PO_4)_3Cl$：Eu^{2+}。以下分别作一介绍。

5.2.1　稀土三基色红粉

氧化钇掺铕 (Y_2O_3：Eu) 是于 1964 年发现的高效稀土红色荧光粉，是唯一用于稀土三基色荧光粉中的红粉，其量子效率高，接近于 100%，而且有较好的色纯度和光衰特性。

Y_2O_3：Eu 属于立方结构，测得的 XRD 与 Y_2O_3 标准卡 (JCPDS，25-1200) 谱线相似 (图 5-2)，其差别在于 Y_2O_3：Eu 的谱线相对于 Y_2O_3 标准谱线向低角度位移，即各晶面间距变大，其原因在于 Eu^{3+} (0.95 Å) 离子半径大于 Y^{3+} (0.88 Å)，其晶胞参数 c 约为 10.61 Å。

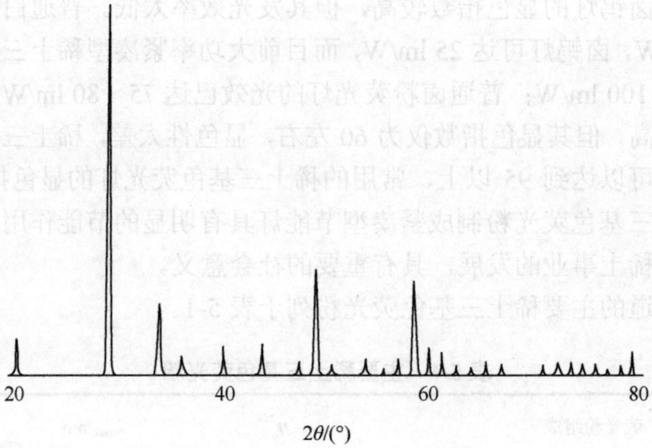

图 5-2　Y_2O_3：Eu 的 X 射线衍射谱图

Y_2O_3 晶胞中存在 C_2 和 S_6 两种对称性不同的格位，如图 5-3 所示，后者具有反演对称性，Eu^{3+}取代 Y^{3+}分别占据这两种格位。

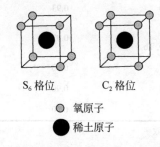

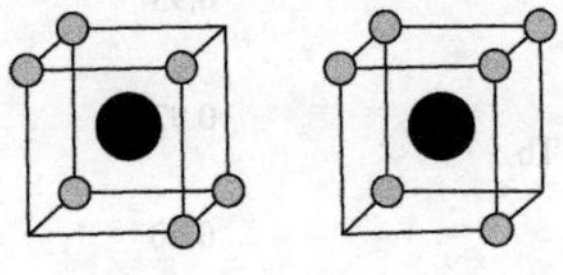

图 5-3　Y_2O_3：Eu 红粉中 Eu^{3+}可能的格位

在 Y_2O_3：Eu 晶格中，一般 75%Eu^{3+}离子占据 C_2 格位，发生以 $^5D_0→^7F_2$ 受迫允许电偶极跃迁，由于该跃迁($ΔJ = 0$，±2)属超灵敏跃迁，故发射强的 611 nm 红光，其荧光寿命为 1.1 ms[9]；少数 Eu^{3+}占据 S_6 格位，发生 $^5D_0→^7F_1$，属禁戒的磁偶极跃迁，发射位于 595 nm 附近弱的橙红发光，它的寿命为 8 ms。

Y_2O_3：Eu 荧光粉的激发光谱如图 5-4 所示，可见 Y_2O_3：Eu 的吸收主要发生在 300 nm 以下的短波 UV 区，最大激发波长λ_{ex}在 240 nm 附近，属于 O^{2-} 2p→Eu^{3+} 5d 电荷迁移态激发。所以 Y_2O_3：Eu 能有效地吸收汞 253.7 nm 辐射，其量子效率接近 100%。这个激发带还延伸到 200 nm 以下的真空 UV 区。

Y_2O_3：Eu 呈现出 Eu^{3+}的典型特征发射，发射光谱如图 5-4 所示，最大峰值波长λ_{max}在 611 nm，属 Eu^{3+}的 $^5D_0→^7F_2$ 跃迁。一般 75%的 Eu^{3+}离子占据 C_2 格位，发生以 $^5D_0→^7F_2$ 允许电偶极跃迁，由于这种跃迁($ΔJ$=0，±2)属超灵敏跃迁，故发射很强的峰值为 611 nm 红光；剩下少数 Eu^{3+}占据 S_6 格位，发生磁偶极跃迁，

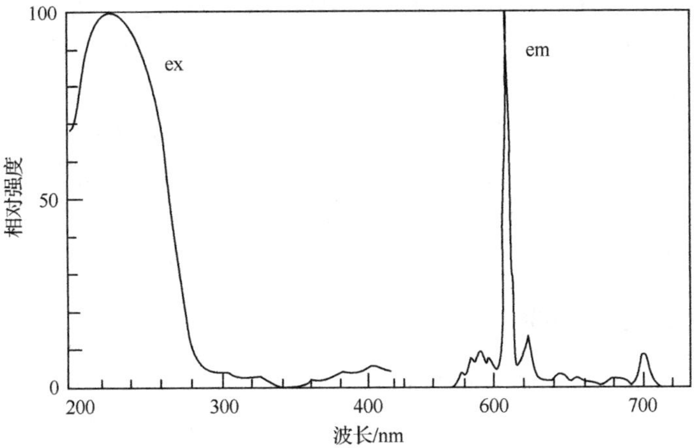

图 5-4　Y_2O_3：Eu 的激发和发射光谱

是禁戒的，弱的发射峰位于 595 nm 附近。

Y_2O_3：Eu 荧光粉通常采用高温固相反应法制备，即将 Y_2O_3 和 Eu_2O_3 按一定比例混合后加入少量的助熔剂，在 1300～1450℃空气中灼烧数小时，即可制得 Y_2O_3：Eu 荧光粉。为使 Y_2O_3：Eu 荧光粉有强的红光发射，通常需要相对较高的温度，以保证 Eu^{3+}占据 C_2 格位。

高温固相法制备优质 Y_2O_3：Eu 荧光粉应满足如下条件：

(1) 原料的选择。Y_2O_3：Eu 荧光粉的原料主要有 Y_2O_3 和 Eu_2O_3，两者纯度均要求大于等于 99.99%。原料除了关注杂质含量以外，其物理性质比如粒度、比表面积等也有着至关重要的影响。

(2) 配料。按配方精确称取每种原料组分。Y_2O_3：Eu 荧光粉中 Eu_2O_3 的含量不可能太高，其临界浓度约为 6%。此外，还要考虑两种原料的粒度匹配问题。

(3) 助熔剂的选择。Y_2O_3：Eu 荧光粉配方中另一个重要成分是助熔剂。助熔剂能有效降低灼烧温度，且对晶体形貌有很好的导向作用，能适应不同应用的需求。常用的助熔剂如 NH_4F、NH_4Cl、Li_3PO_4、BaB_4O_7 (SrB_4O_7) 或 H_3BO_3 以及一些复合助熔剂等。

(4) 混料。常见的混料方法有干法混料和湿法混料。Y_2O_3：Eu 荧光粉由于原料种类较简单，通常使用干法混料。为了保证原料混合的均匀性，目前常将含 Y 和 Eu 的混合溶液，经草酸盐共沉淀后灼烧成的 $(Y, Eu)_2O_3$ 作为前驱体再经高温灼烧。

(5) 灼烧。Y_2O_3：Eu 荧光粉的灼烧主要在空气气氛下完成。灼烧温度的控制是高温固相法最关键的步骤。灼烧温度过高，时间过长，粉体团聚严重，后处理容易造成粉体颗粒破碎，导致光衰增大。灼烧温度过低，激活离子不易进入基质离子晶格，粉体粒子过细，易造成光效低。

(6)后处理。灼烧完成的物料通常是结团块状，需经过一定的后处理工艺才能得到合适的粒度分布的产品。常见的粉碎方法有对辊、球磨、过筛等；灼烧后产品中残留助熔剂，因此荧光粉的洗涤过程也非常重要。

于德才等[10]采用超微(Y, Eu)$_2$O$_3$为原料，在 1350～1400℃空气下灼烧制备出优质、细颗粒的 Y_2O_3：Eu 荧光粉，其电镜照片表明，所得细颗粒 Y_2O_3：Eu 荧光粉呈亚球形，粒径约为 2 μm，可作为非球磨红粉直接使用。涂管和二次特性表明，其能与绿粉、蓝粉均匀混合，涂敷性能好，并能减少红粉用量，降低成本。

5.2.2　稀土三基色绿粉

由于稀土三基色荧光粉中绿粉对荧光粉的光通和光效维持率起主要作用，从表 5-1 可知，绿粉的量子效率尚有提高的余地，因此对绿粉的研究与开发较为活跃。目前实用的是铝酸盐或磷酸盐体系的绿粉。

Tb^{3+}离子在大部分基质中的发射主峰都位于 540 nm 左右，是最好的发射绿光的组分。绿粉主要利用 Ce^{3+}敏化 Tb^{3+}的原理，即 Ce^{3+}吸收 Hg 的 253.7 nm 的紫外发射，然后将吸收的能量传递给附近的 Tb^{3+}，Tb^{3+}的激发态电子经无辐射弛豫到荧光态 $^5D_4$，由 $^5D_4$ 向基态 ^7F_J 跃迁，发出绿光。主要报道的绿粉有(Ce, Tb)$MgAl_{11}O_{19}$、(La, Ce, Tb)PO_4、(Ce, Gd, Tb)MgB_5O_{10}、(Ce, Tb, Y)$_2SiO_5$ 等。

1. 多铝酸盐绿粉 $CeMgAl_{11}O_{19}$：Ce, Tb(简称 CAT)

(Ce, Tb)$MgAl_{11}O_{19}$ 铝酸盐绿粉于 1974 年由 Verstegen 等[7]首次用于三基色荧光灯中，由于它具有高的量子效率及优良的热稳定性和化学稳定性，人们对其开展了深入的研究。

(Ce, Tb)$MgAl_{11}O_{19}$ 属于六方晶系、磁铅矿结构化合物。这类结构的通式为 $M^{2+}Al_{12}O_{19}$，其中 M^{2+}可全部被三价 La^{3+}、Ce^{3+}等稀土离子取代，而 Mg^{2+}起电荷补偿作用。这样 M^{2+}+Al^{3+}被 Ln^{3+}+Mg^{2+}取代而得到 $LnMgAl_{11}O_{19}$ 化合物。这种化合物是由每个尖晶石方块被含有三个氧、一个稀土和一个铝离子的中间层分隔开的一些尖晶石方块所组成，如图 5-5 所示。

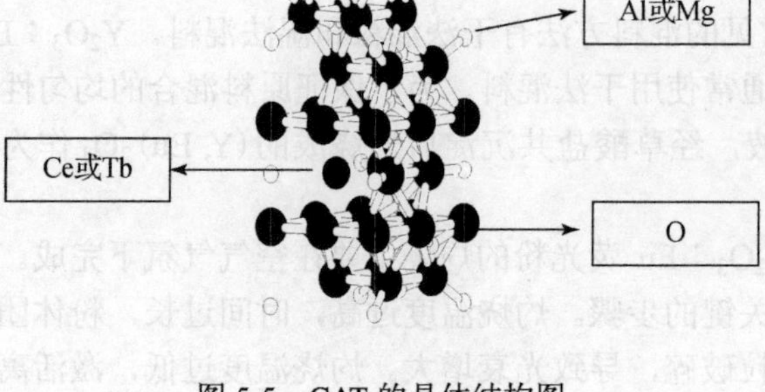

图 5-5　CAT 的晶体结构图

$(Ce_{0.67}, Tb_{0.33})MgAl_{11}O_{19}$ 具有高效发光的原因是在 $LaMgAl_{11}O_{19}$ 体系中 Ce^{3+} 和 Tb^{3+}的发光性质和高效能量传递中而获得的。$LaMgAl_{11}O_{19}$：Ce^{3+}具有高效的 UV 发射，发射峰在 240～360 nm 之间，量子效率高达 65%，并几乎与 Ce^{3+}浓度无关。而在 $(Ce, Tb)MgAl_{11}O_{19}$ 中存在着从 $Ce^{3+}\rightarrow Tb^{3+}$的高效能量传递。研究表明，在 CAT 中，$Ce^{3+}\rightarrow Tb^{3+}$的能量传递限制在同一层里最近邻范围内，$Ce^{3+}\rightarrow Tb^{3+}$之间的最短距离约为 0.56 nm。这样大的距离交换传递的概率低，而主要是偶极子–四极子耦合作用决定能量传递效率。

图 5-6 列出 $CeMgAl_{11}O_{19}$：Ce^{3+}, Tb^{3+} 的光谱图；其是典型的 Tb^{3+} 的 $^5D_4\rightarrow{}^7F_J(J=6, 5, 4, \cdots)$ 能级跃迁发射，发射主峰位于 544 nm，从激发光谱可见 $CeMgAl_{11}O_{19}$：Ce^{3+}, Tb^{3+}，在短波 UV 区，特别是对 253.7 nm 能很有效地吸收，产生的量子效率＞90%，最高可达 97%。

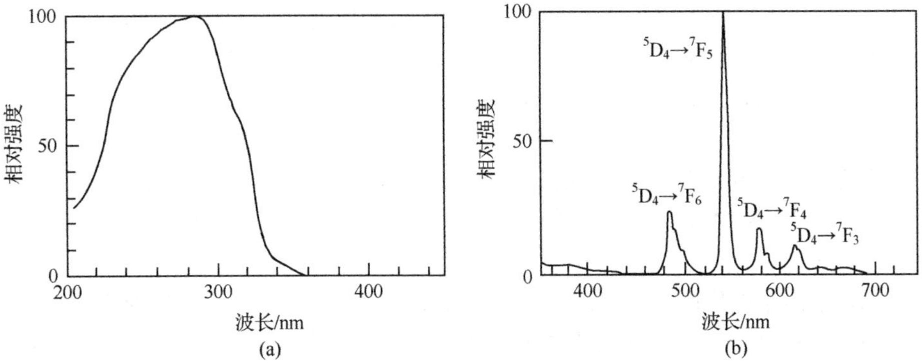

图 5-6　$CeMgAl_{11}O_{19}$：Ce^{3+}, Tb^{3+}的光谱

(a) 激发光谱；(b) 发射光谱

$(Ce, Tb)MgAl_{11}O_{19}$ 绿粉中，Ce^{3+}的最大吸收峰位于 280 nm，发射峰位于 360 nm，与 Tb^{3+}的 340 nm 吸收带有较好重叠。为提高绿粉的光效可改变组分，使 Ce^{3+}的发射与 Tb^{3+}的吸收能有更好重叠，从而增加 $Ce^{3+}\rightarrow Tb^{3+}$能量传递效率，改变组分使 Ce^{3+}的最大吸收峰蓝移，使之与 Hg 辐射有更好匹配。CAT 因其晶体结构比较稳定，且铽离子是内层跃迁，受外场干扰较小，因此稳定性非常好。

$(Ce, Tb)MgAl_{11}O_{19}$ 的制备通常采用高温固相法。高温固相法制备 CAT 绿粉有两步法和一步法。所谓两步法就是先灼烧后还原。一步法就是直接还原。两步法的优点是对炉子的精度控制较小，生产更稳定，性能也相对会略好一点，缺点是成本较高，工艺复杂。

影响铝酸盐绿粉性能的因素如下。

(1) 稀土原料的纯度对性能的影响。原料的纯度对绿粉 CAT 的性能有非常大的影响。CeO_2 和 Tb_4O_7 必须使用高纯（不小于 99.95%）原料，CeO_2 中主要杂质为

La、Pr 和 Nd，其中 Pr^{3+} 和 Nd^{3+} 对绿粉产生严重猝灭作用。

(2) 组分对性能的影响。Verstegen 等研制的 CAT 绿粉的化学式为 $Ce_{0.67}Tb_{0.33}MgAl_{11}O_{19}$。但经过其他人的研究表明，稀土组分并不能完全按上述比例进入晶格，稀土在晶格位置上的占据率小于 1，其余位置被氧所占据。而且为了保持晶体中的电荷平衡，Al 的含量应相对增加。绿粉的实际化学式表示为 $Ce_{0.67}Tb_{0.33}MgAl_{12}O_{20.5}$ 可能更为合理。如果采用严格的化学计量比，通常会出现较多的杂相，发光效率也会降低 10%左右。

(3) 氧化铝对性能的影响。采用过量的原料 Al_2O_3，可以提高反应活性，减少 Tb 的用量，降低原料成本。但 X 射线衍射分析发现，这种绿粉中含有 α-Al_2O_3 杂相，在点灯过程中，杂相会形成色心或缺陷，它们吸收 254 nm 紫外光辐射和荧光粉的可见光发射，导致光通维持率下降。与正常 Al_2O_3 含量的绿粉相比，Al_2O_3 过量的 (C, Tb) $MgAl_{17}O_{28}$ 和 (Ce, Tb) $MgAl_{21}O_{34}$，100h 光衰分别增加约 4%和 6%[11]。

(4) 氧化镁对性能的影响。Mg 在 CAT 中起到电荷补偿的作用，另外还会起到调整晶格参数和影响晶体场的作用。随着 Mg 量从小于 1(摩尔比) 到大于 1 的过程中，Tb^{3+} 的 $^5D_4 \rightarrow {}^7F_5$ 跃迁的发射峰先蓝移后红移，色品坐标变化不大，但对于 Tb^{3+} 的 540 nm 的发射峰与 490 nm 发射峰的相对强度的比值影响较大，该值小，有利于提高灯的显色性，在标准化学计量比时最小，所以等于 1 最好。研究表明，合成 $(Ce, Tb)_{1-x}SrMg_{1-x}Al_{11+x}O_{19}$ 将能使亮度有所提高[12]，加入适量的 Mg 有可能改善光色。

(5) Ce 离子的影响。Ce^{3+} 是一种变价离子，在 185 nm 紫外光辐射下易氧化成 Ce^{4+}，Ce^{4+} 强烈吸收 254 nm 紫外辐射，从而使灯的光通维持率下降。适当减少 Ce^{3+} 的用量，可改善绿粉的光衰特性，例如，可用少量 La^{3+} (小于 10%) 取代 Ce^{3+}。

为减少 Tb 的用量、降低成本和提高发光亮度，根据对多元体系中发光增强的设想，洪广言等[13]研制出 Ce，Tb，Mn 的多铝酸盐绿粉，其相对亮度优于 (Ce, Tb) $MgAl_{11}O_{19}$ 绿粉，从其发光光谱可知，在 Tb^{3+} 的主要发射峰 542 nm 附近还有 Mn^{2+} 的 520 nm 发射，这将有利于增加荧光粉的相对发光亮度。

2. 稀土正磷酸盐绿粉 $LaPO_4$：Ce^{3+}, Tb^{3+} (简称 LAP)

磷酸盐荧光粉发展历史悠久。1938 年左右出现碱土金属磷酸盐。20 世纪 60 年代出现稀土激活的碱土磷酸盐并用于复印灯，80 年代后期，Ce^{3+} 和 Tb^{3+} 共激活的稀土磷酸盐成功地用于稀土三基色灯中，并获得很好的效果。磷酸盐荧光粉具有合成容易、一般合成的温度比较低、价格便宜、功能多样、用途广泛等特点。

$LaPO_4$：Ce^{3+}, Tb^{3+} 及其变体 (简称 LAP)，其量子效率高达 90%以上、粒度较小，与 Y_2O_3：Eu 红粉密度接近，制成混合粉用于荧光灯使色差较小。

稀土正磷酸盐 $LnPO_4$ 存在两种同质异构体。离子半径较大的 (La…Gd) 具有独居石结构，属单斜晶系；离子半径较小的为磷钇矿结构，属四方晶系。晶格参数：a=6.8366 Å，b=7.076 Å，c=6.5095 Å，β=103.237°，密度 D_x=5.07 g/cm^3。La 原子与九个 PO_4 四面体上的 O 原子相连。由于 $LaPO_4$ 具有高度畸变结构特征，导致晶格可以容纳多种价态相同或不同的离子，形成具有独居石结构的固溶体。

高效的绿色荧光粉 $LaPO_4$：Ce, Tb 及其变体 $(La, Ce, Tb)_2O_3 \cdot 0.9P_2O_5 \cdot 0.2SiO_2$ 均属单斜晶系，独居石结构。

$LaPO_4$：Tb 的激发光谱是由 Tb^{3+} 的 4f-5d 跃迁激发带和 4f-4f 跃迁弱线谱组成，用 254 nm 激发 $LaPO_4$：Tb 时发光效率低，而在 $LaPO_4$：Ce 中 Ce^{3+} 在 254～290 nm 呈现强的吸收，激发带的峰值在 280 nm 附近，发射峰位于 320 nm 处。Ce^{3+} 离子在紫外区有宽带吸收和发射，而 Tb^{3+} 离子在紫外区有吸收带，Ce^{3+} 离子的发射带和 Tb^{3+} 离子的吸收带有重叠，Ce^{3+} 离子将能量传递给 Tb^{3+} 离子起到敏化作用，所以在 $LaPO_4$：Ce, Tb 中能量从 Ce^{3+} 高效地无辐射共振传递给 Tb^{3+}，敏化 Tb^{3+}，使 Tb^{3+} 的 544 nm 发射显著增强。$LaPO_4$：Ce, Tb 的量子效率高达 90%以上。

图 5-7(a) 给出 $LaPO_4$：Ce, Tb 的激发光谱，它是由 Ce^{3+} 和 Tb^{3+} 的激发光谱所组成；而发射光谱［见图 5-7(b)］是典型的 Tb^{3+} 的 $^5D_4 \rightarrow {}^7F_J$ 能级跃迁的发射，主发射峰为 $^5D_4 \rightarrow {}^7F_5$ 跃迁发射。

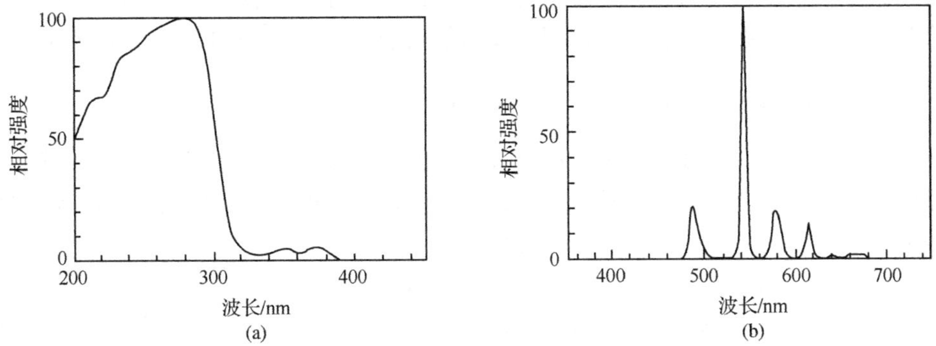

图 5-7　$(La, Ce, Tb)PO_4$ 的激发光谱(a)和发射光谱(b)

稀土杂质和温度对 $LaPO_4$：Ce, Tb 的发光性质影响很大[14]。早期 LAP 的热稳定性和温度猝灭特性很差。Chauchard 等[15, 16]研究发现，加入 Li^+ 和硼酸后能克服这些问题。加入少量硼酸以后，使 LAP 荧光粉在 20～350℃时发光强度几乎保持不变，且比不加硼酸的强度提高 10%。

洪广言等[17]系统地研究 $LaPO_4$：Ce, Gd, Tb 体系的光谱表明，在荧光粉中存在着 Ce^{3+} 敏化 Tb^{3+} 和敏化 Gd^{3+} 的现象，在 $LaPO_4$：Ce, Tb 磷光体中加入少量的 Gd^{3+}，可增加发光亮度。此结果表明，$LaPO_4$：Ce, Gd, Tb 是一种新的改进的高效发光材料。

日本东芝公司曾报道 $La_2O_3 \cdot 0.2SiO_2 \cdot 0.9P_2O_5$：Ce, Tb 的发光亮度比铝酸盐

提高 10%，但 Tb 的用量较高。

$LaPO_4$：Ce, Tb 主要采用高温固相反应法合成，直接将所需的 La_2O_3、CeO_2、Tb_4O_7 及相关的锂盐、硼酸与 $(NH_4)_2HPO_4$ 混合均匀，在弱还原气氛中 1100～1200℃下灼烧数小时，即得到产品。其中硼酸量在 1%～3%、Li^+ 的最佳量约为 10%(摩尔)，一般选用 Li_2CO_3。

另外，可采用稀土草酸盐与磷酸盐为原料，再加入锂盐、硼酸等在高温还原气氛下合成 $LaPO_4$：Ce, Tb。采用稀土草酸盐作前驱物的目的在于稀土元素能十分均匀地混合。

对于 $LaPO_4$：Ce, Tb 而言，稀土杂质的影响可分为 5 类：①三价的 Nd, Dy, Ho, Er 及 Eu(＞0.01%)起猝灭剂作用，影响顺序为：Nd^{3+}＞Ho^{3+}≈Er^{3+}＞Eu^{3+}＞Dy^{3+}。②Pr^{3+} 只有极小影响。③过渡金属离子及其他杂质没有影响。④Gd 的掺杂能够增强发光强度，提高发光纯度以及色品坐标 x 值，减少红粉的用量。在铈、铽、钆共掺杂的硼磷酸镧基质中，存在铈到钆、钆到铽、铈到铽的能量传递。钆离子的存在使铈到铽的能量传递更有效，铈离子将吸收能量的一部分直接传递给铽离子，另一部分借助钆离子中间体传递给铽离子，钆离子在体系中充当中间体和敏化剂双重作用。⑤Ce^{4+} 离子是一个强猝灭中心。由 $LaPO_4$：Ce 的漫反射光谱显示出靠近 Ce^{3+} 的 4f-5d 跃迁的吸收带附近的长波区有一个与 Ce^{4+} 有关的吸收带。这个吸收带与 Ce^{3+} 的发射带交叠较好，致使 Ce^{3+} 的发射效率和 $Ce^{3+}\rightarrow Tb^{3+}$ 能量传递下降。

3. $LnMgB_5O_{10}$：Ce, Tb(简称 CBT)

稀土离子激活的硼酸盐荧光粉也可构成另一大体系，其组成和结构比较复杂，硼酸盐荧光粉发展历史也比较悠久。碱土硼酸盐、多硼酸盐及稀土硼酸盐等在短波 UV 辐射激发下，均具有较高的效率。

$LnMgB_5O_{10}$ 具有单斜晶系结构。$LnMgB_5O_{10}$ 化合物(Ln=La…Er)中，稀土原子由 10 个氧原子形成一个非对称的氧多面体，多面体共享并形成一些孤立的“Z”字形键。La 原子由三个硼三角体和三个硼四面体环绕。Mg 原子位于一个畸变的八面体格位上，由六个氧原子配位。Mn^{2+} 可部分取代 Mg^{2+}，位于八面体格位上。

在 $LnMgB_5O_{10}$：Ce 荧光粉中，从 170～280 nm 之间存在 Ce^{3+} 强的激发带，而 Ce^{3+} 的发射带从 280 nm 扩展到 360 nm，发射峰位于 300 nm 附近，Ce^{3+} 能有效地将能量传递给 Tb^{3+}。在 $LnMgB_5O_{10}$ 基质中，加入 Gd^{3+} 离子后，使 $Ce^{3+}\rightarrow Tb^{3+}$ 离子间的能量传递更为有效。在无辐射能量传递过程中，Gd^{3+} 离子起重要的中间体作用：$Ce^{3+}\rightarrow Gd^{3+}\rightarrow Tb^{3+}$[18]，随着 Gd^{3+} 浓度增加，Ce^{3+} 的量子效率 η_q 逐渐下降，而 Tb^{3+} 的量子效率 η_q 还逐渐增加。当 La^{3+} 全部被 Gd^{3+} 取代后，即在 $GdMgB_5O_{10}$：Ce, Tb 体系中可获得最大量子效率的绿色发光。图 5-8 列出 $GdMgB_5O_{10}$：Ce, Tb 的激发和发射光谱。在 $LnMgB_5O_{10}$：Ce, Tb(Ln=La, Gd, Y)体系中，它们的激发

和发射光谱等性质有一些差异[19]，从三种 $LnMgB_5O_{10}$：Ce, Tb 荧光粉的激发光谱(图 5-9)可以得到反映。

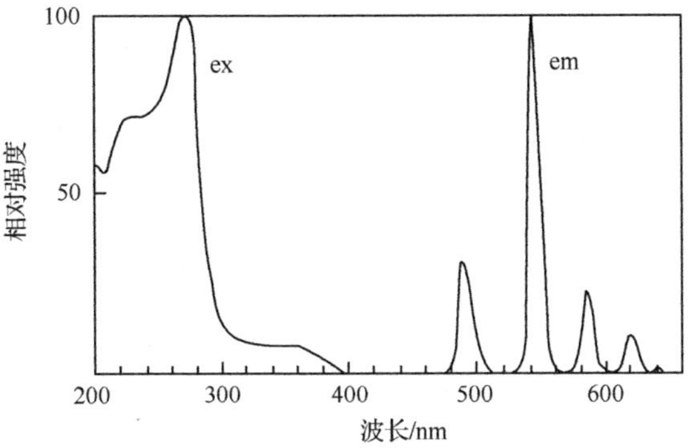

图 5-8　$GdMgB_5O_{10}$：Ce, Tb 激发和发射光谱

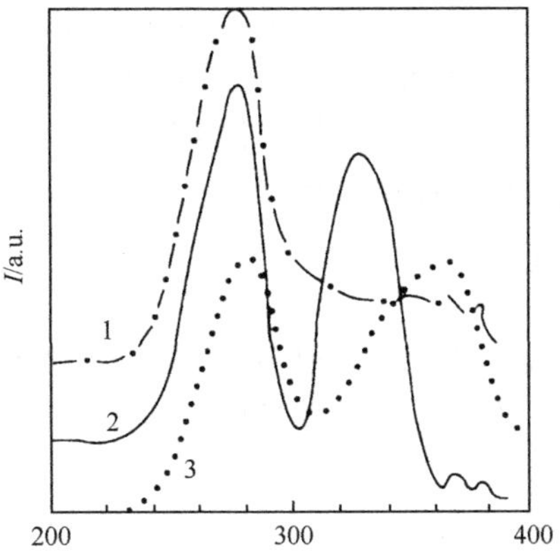

图 5-9　$LnMgB_5O_{10}$：0.015Ce, 0.020Tb 的激发光谱(542 nm 为监测波长)

1. Gd；2. La；3. Y

在 $LnMgB_5O_{10}$ 中占据结晶学格位有两种价态的阳离子——Ln^{3+}和 Mg^{2+}。除了三价稀土 Ce、Gd、Tb 和 Bi 离子可以占据 Ln^{3+}的格位外，Mn^{2+}和 Zn^{2+}离子可以取代位于八面体格位上的 Mg^{2+}离子，因而可以得到 Mn^{2+}的红光发射，它们属于 Mn^{2+}的 ${}^4T_1 \rightarrow {}^6A_1$ 能级跃迁发射。在这个体系中，Mn^{2+}的发光不能直接被 Ce^{3+}敏化，而 $Gd^{3+} \rightarrow Mn^{2+}$的能量传递可以发生。在(La, Ce, Gd)(Mg, Mn)B_5O_{10} 体系中，通过 $Ce^{3+} \rightarrow Gd^{3+} \rightarrow Mn^{2+}$的途径中 Gd^{3+}的中间体作用，使 Mn^{2+}的红色发光增强[20]。当 Gd^{3+}完全取代 Ln^{3+}时，即(Gd, Ce)MgB_5O_{10}：Mn 红色荧光粉的 η_q 达到最佳。因此，在稀土五硼酸盐中，可以同时掺杂两种不相关的激活剂 Tb^{3+}和 Mn^{2+}，得到高效

Mn^{2+}红色发射和 Tb^{3+}的绿色发射的(Gd, Ce)MgB_5O_{10}：Tb^{3+}, Mn^{2+}多功能荧光粉。$GdMgB_5O_{10}$：Ce^{3+}, Mn^{2+}和 $GdMgB_5O_{10}$：Ce^{3+}, Tb^{3+}, Mn^{2+}的发射光谱示于图 5-10。

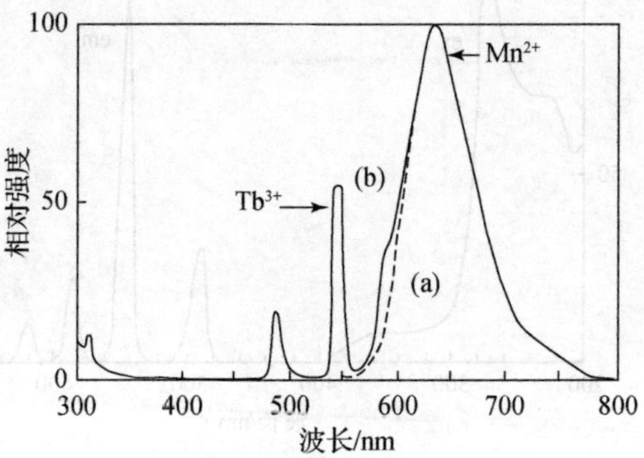

图 5-10　$GdMgB_5O_{10}$：Ce^{3+}, Mn^{2+}(a)和 $GdMgB_5O_{10}$：Ce^{3+}, Tb^{3+}, Mn^{2+}(b)的发射光谱

稀土五硼酸盐采用固相反应合成，CeO_2, Gd_2O_3, Tb_4O_7, MgO, $MnCO_3$ 及 H_3BO_3 等原料混合，研磨均匀后于 1000～1100℃在弱还原气氛中灼烧数次。每次灼烧后取出，再磨匀样品，再灼烧。由于该硼酸盐熔点较低，制备时需要严格控制温度。合成温度低，发光亮度不佳，而温度高时样品又易熔融而成块。

4. Y_2SiO_5：Ce, Tb

构成发光材料的硅酸盐的种类也很多。硅酸盐发光材料不仅发现早，而且是应用最早的一类荧光粉，不同硅酸盐发光材料具有不同的发光性质，可用于各种照明光源和显示器件。

正硅酸氧钇(Y_2SiO_5)，从结晶学的角度写成 $Y_2(SiO_4)O$ 更为合适。它的晶体结构是由一个孤立的 SiO_4 四面体，一个不与硅成键的氧及两个在结晶学不等同的 Y 原子所组成。组成为 Ln_2O_3：SiO_2=1：1 的所有稀土二元化合物都属于这一类，具有单斜晶体结构。Y_2SiO_5 具有低温相和高温相，两相的转变温度约为 1190℃。

Y_2SiO_5：Ce 在 300 和 350 nm 处有两个激发带，而宽带发射光谱位于 400 nm 蓝紫光区。Y_2SiO_5：Ce 发射强度与温度有关，随温度升高，发光强度下降，并且峰位红移。

Y_2SiO_5：Tb 的激发光谱是由一个位于 254 nm 附近较强的 4f-5d 吸收带和在 290～390 nm 之间的一些弱的吸收峰所组成，它可以直接被 254 nm 激发而发光；Y_2SiO_5：Tb 的发射光谱和颜色与 Tb^{3+}的浓度有关，当 Tb^{3+}的浓度超过 5%时往往呈现以 $^5D_3 \rightarrow {}^7F_J$ 跃迁发射，光谱中蓝区较强，而当 Tb^{3+}的浓度超过 5%时 $^5D_3 \rightarrow {}^7F_J$ 跃迁发射很弱，主要是 Tb^{3+}的 $^5D_4 \rightarrow {}^7F_J$ 跃迁发射，发光位于黄绿区。

Y_2SiO_5：Tb^{3+}中加入 Ce^{3+}制成的 Y_2SiO_5：Ce^{3+}, Tb^{3+}的光谱如图 5-11 所示。除了 Y_2SiO_5：Tb^{3+}的 248 nm 激发带外，由 Ce^{3+}所引起在 304 nm 和 360 nm 附近的强激发带。用 365 nm 紫外光激发 Y_2SiO_5：Ce^{3+}, Tb^{3+}就会发出 Tb^{3+}的四条特征发光谱线：490 nm ($^5D_4$-$^7F_6$)、543 nm、($^5D_4$-$^7F_5$)、585 nm ($^5D_4$-$^7F_4$)、620 nm ($^5D_4$-$^7F_3$)。这是由于 Ce^{3+}吸收了激发能传递给 Tb^{3+}而引起的 Ce^{3+}-Tb^{3+}敏化发光。在 254 nm 紫外光激发时由于 Ce^{3+}的敏化，Tb^{3+}的绿色发光也有所增强。

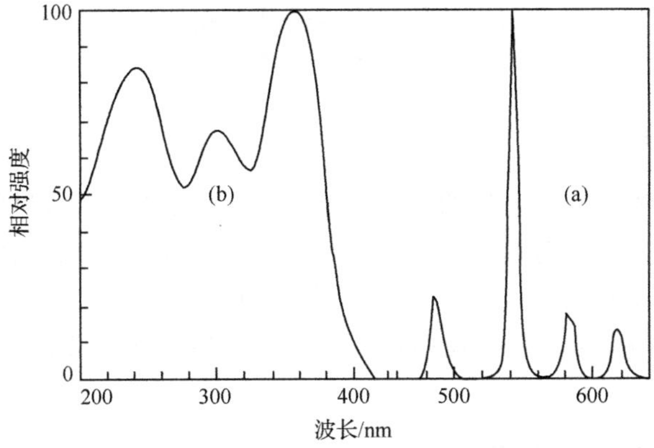

图 5-11　Y_2SiO_5：Ce^{3+}, Tb^{3+}的 (a) 发射光谱和 (b) 激发光谱

Ce^{3+}的浓度对 Tb^{3+}的绿色发光有显著的影响 (图 5-12)，随激发光波长改变而变化。254 nm 紫外光激发时，Ce/Y (摩尔比)=0.01 的发光最强。当 365 nm 紫外光激发时，这一比值为 0.03，Tb^{3+}的发光强度才达到最大值。由此可见选择相匹配的 Ce 浓度对发光强度有重要的作用。Tb^{3+}的浓度与其发光强度的关系表明，无

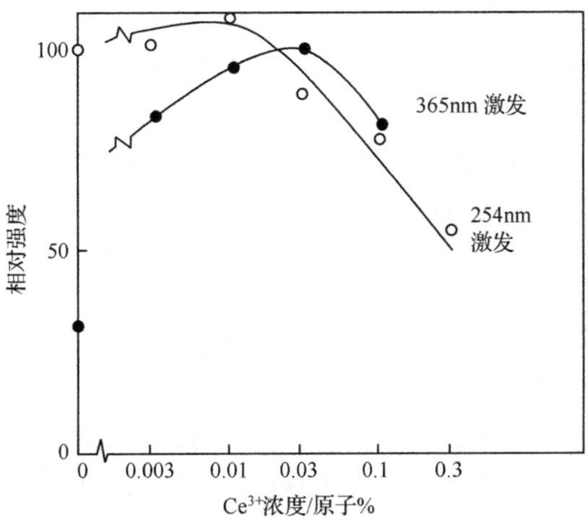

图 5-12　不同波长激发下 Y_2SiO_5：Ce^{3+}, Tb^{3+}中 Ce^{3+}浓度与发射强度的关系

论是 254 nm 激发，还是 365 nm 激发，都是 Tb/Y 的比值在 0.1～0.2 附近时，Tb^{3+} 的发光强度达到最大值。Y_2SiO_5：Ce^{3+}, Tb^{3+}的量子效率为 0.92。

Y_2SiO_5：Ce, Tb 的猝灭温度与 Ce^{3+}的浓度密切有关，随着 Ce^{3+}浓度的增加，猝灭温度下降。因此，对 Y_2SiO_5：Ce, Tb 荧光粉，必须选择一个合适的 Ce 浓度。

Y_2SiO_5：Ce, Tb 通常采用高温固相反应法制备。将高纯 Y_2O_3 和微细 SiO_2 按化学计量比混合，加入适量的 CeO_2 和 Tb_4O_7 以及相应的助熔剂，如 KF 或 LiBr 等混合均匀后，在 1200～1450℃高温弱还原气氛中灼烧数小时。合成时需使 Ce^{4+} 和 Tb^{4+}充分还原，同时应防止其他稀土硅酸盐杂相的产生。Y_2SiO_5：Ce, Tb 被用于紧凑型荧光灯的绿粉及 UV 白光 LED 的绿色成分。

5.2.3　稀土三基色蓝粉

在三基色荧光粉中，蓝粉的主要作用在于提高光效、改善显色性，蓝粉的发射波长和光谱功率分布对紧凑型荧光灯的光效、色温、光衰和显色性都有较大影响。目前实用的蓝粉主要是 Eu^{2+}激活的铝酸盐和卤磷酸盐。其中 $BaMgAl_{10}O_{17}$：Eu^{2+}是目前在紧凑型荧光灯中使用较多的蓝粉，$Sr_5(PO_4)_3Cl$：Eu^{2+}蓝粉也得到广泛应用。

1. Eu^{2+}激活的铝酸盐蓝粉 $BaMg_2Al_{16}O_{27}$：Eu^{2+}和 $BaMgAl_{10}O_{17}$：Eu^{2+}(简称为 BAM)

BAM 是一大类六角铝酸盐化合物，其组分可在相当大范围内变化，生成各种固溶体和非计量化合物，从而影响蓝粉发光性能。早期使用的蓝色荧光粉 $BaMg_2Al_{16}O_{27}$：Eu^{2+}其晶体结构类似于β-Al_2O_3 的六方铝酸盐。后来 Smets 等[21, 22]在 Eu^{2+}激活的钡六角铝酸盐的组成和发光性质研究中发现体系中存在富钡相和贫钡相两种铝酸盐。贫钡相铝酸盐具有通式为 $M^+Al_{11}O_{17}$ 和 $M^{2+}Al_{10}O_{17}$ 的β-Al_2O_3 结构。利用电荷补偿平衡原理对 $M^+Al_{11}O_{17}$ 进行组装，$M^+ + Al^{3+} \rightarrow M^{2+} + Mg^{2+}$，得到 $BaMgAl_{10}O_{17}$，$EuMgAl_{10}O_{17}$。在这种化合物中 Ba 位于镜面层(BaO)中，Mg 处于尖晶石基块($Al_{10}MgO_{16}$)内。为此，早期使用的蓝色荧光粉的分子式为 $BaMg_2Al_{16}O_{27}$：Eu^{2+}，而目前都使用分子式 $BaMgAl_{10}O_{17}$：Eu^{2+}(BAM)蓝粉。

$BaMgAl_{10}O_{17}$：Eu^{2+}的发射峰位于～450 nm，属于 Eu^{2+}的 $4f^65d$ 到 $4f^7$ 的跃迁。由于 5d 电子参与激发过程，因此，其对晶体场的影响十分明显。

在 Eu^{2+}激活的铝酸盐蓝色荧光粉中，阳离子的组分和结构对 Eu^{2+}的发光性质有显著的影响，表现为不同蓝粉色品坐标的差异。如 Ba 量对 Eu^{2+}激活的铝酸盐蓝粉有明显的影响；引入 Mg 会严重影响 Eu^{2+}的发射光谱，其发射光谱和半宽度均变窄，随着 Mg 量增加发射主峰并不移动，但绿色长波处尾巴逐渐减弱，色品坐标 x 值逐渐减小。

Al^{3+}离子的含量对荧光粉也有明显的影响。图 5-13 示出 $Ba_{0.87}Mg_{2.0}Al_zO_{3+3z/2}$：$Eu_{0.13}^{2+}$ 荧光粉的发射和激发光谱。从图中可见需选择合适的 z 才能具有最佳的发光效果。目前在荧光灯中主要使用 $BaMgAl_{10}O_{17}$：Eu^{2+}，它的激发和发射光谱示于图 5-14。

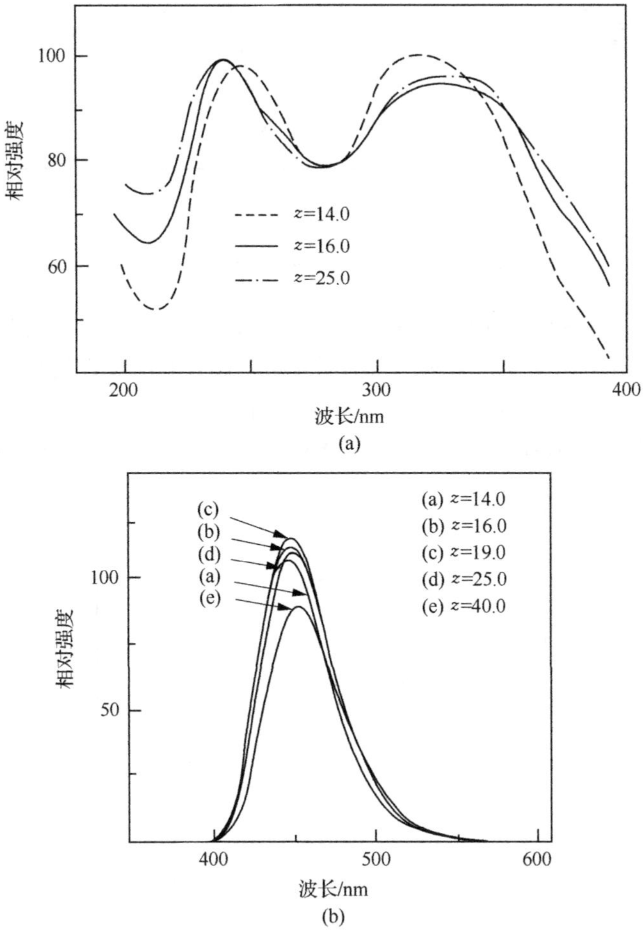

图 5-13　$Ba_{0.87}Mg_{2.0}Al_zO_{3+3z/2}$：$Eu_{0.13}^{2+}$ 的激发光谱(a)和发射光谱(b)

对于 $BaMgAl_{10}O_{17}$ 蓝粉而言，随着原料配比，特别是 Ba/Mg 的不同，生成六角铝酸盐的种类将有所不同，因而 Eu^{2+}的发射波长将随之稍有变化，表现为不同蓝粉色品坐标的差异。Smets 等[23]对不同发射波长的蓝粉与光效和显色指数的关系作了系统研究，结果示于图 5-15。从图可见，当蓝粉的发射波长为 450 nm 时，灯的光通量最高，当波长为 440 nm 或 460 nm 时，光效约下降 1%～2%，但当波长超过 460 nm 时，光效也下降很快。另一方面，蓝粉的发射波长从 440 nm 移向 480 nm，灯的显色随之增高，而到 490 nm 时，显色指数急剧跌落。

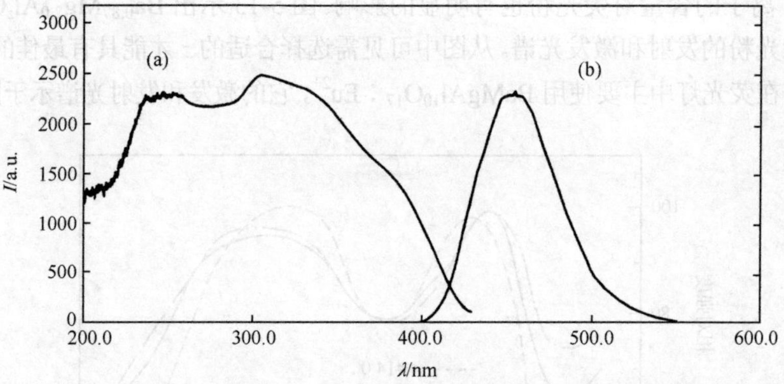

图 5-14 $BaMgAl_{10}O_{17}：Eu^{2+}$的激发光谱(a)和发射光谱(b)

研究发现蓝粉 BAM 的色品坐标 y 值是三基色荧光粉的一个重要参数，蓝粉的 y 值对 3200 K 暖白色以上色温的三基色荧光粉的光效和显色性均存在影响。y 值较小的蓝粉使用效果较好，而 Ba 和 Mg 的用量对材料的光谱特性、色品坐标 y 值都有很大影响。兼顾光效和显色性，蓝色荧光粉的发射波长一般在 440～460 nm 范围。

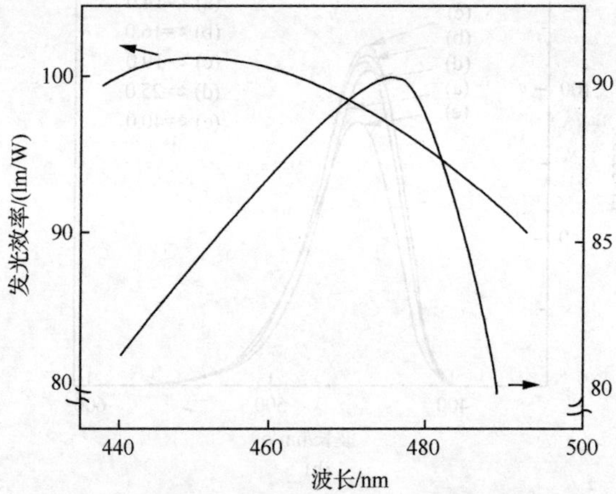

图 5-15 蓝粉的发射波长与光效和显色指数的关系

Eu^{2+}在 $BaMgAl_{10}O_{17}$ 基质中发射峰绿色拖尾较严重，将使三基色节能灯的光衰大，色温漂移严重，缩短了三基色节能灯的使用寿命。胡爱平等[24]研究了掺杂 Zn、Li 等不同离子时 Eu^{2+}在 $BaMgAl_{10}O_{17}$ 基质中的发光，发现在掺杂 Zn 的材料中发射光谱发生蓝移，在一定程度上解决了绿色拖尾问题。

在稀土三基色荧光粉中，相对于红色和绿色荧光粉而言，$BaMgAl_{10}O_{17}：Eu^{2+}$ 蓝粉的品质、光衰和热稳定性一直存在问题，且色品坐标的 y 值变化也较大。在制灯过程中，经过 550℃左右高温烤管和弯管工艺致使蓝色荧光粉性能劣化，灯的光效下降，色温变化。分析 BAM 荧光粉在空气中退火发光强度下降的原因，发现是 BAM 中部分 Eu^{2+}被氧化为 Eu^{3+}，致使 Eu^{2+}发光中心数量减少。BAM 中杂相分析指出[25]，杂相含量增多，y 值变大，在空气中的热稳定性降低，灯的光衰随之增大。荧光灯在点燃过程中荧光粉对汞的吸附也是造成灯光衰的原因之一[26]。对荧光粉采用后处理包膜是一种改善荧光粉热稳定性和减小光衰的有效方法，例如包覆 SiO_2、Al_2O_3 和 Y_2O_3 等。

文献[27]对比了不同组分铝酸盐蓝粉的热稳定性。结果表明：$BaMgAl_{10}O_{17}$：Eu^{2+}的热稳定性比 $BaMgAl_{14}O_{23}$：Eu^{2+}好。同样在 550℃灼烧 10 min，前者亮度基本不变，而后者降为 80%。

BAM 通常采用高温固相反应法制备。一般选用 $BaCO_3$、碱式碳酸镁或 MgO、Al_2O_3 及 Eu_2O_3，按化学计量配比称量，加入适量的 AlF_3、$BaCl_2$ 等助熔剂，研磨、混合均匀，然后在 1500℃以上高温中灼烧，取出粉碎后，再在 1200～1400℃弱还原气氛中灼烧数小时。产物磨碎、弱酸清洗、过筛、烘干即成产品。

在高温固相反应中，原料颗粒大小与制备的荧光粉颗粒大小一般成正比关系；研究发现原料 Al_2O_3 的晶型将制约合成的 BAM 荧光粉的晶型。洪广言等[11]曾观察到采用不同晶型 Al_2O_3 的（α-Al_2O_3 或γ-Al_2O_3）合成的工艺和产品质量均有不同。

$BaMgAl_{10}O_{17}$：Eu^{2+}, Mn^{2+}和 $BaMg_2Al_{16}O_{27}$：Eu^{2+}, Mn^{2+}的晶体结构均属于六方铝酸盐结构。其中 Mn^{2+}取代部分 Mg^{2+}，位于 Mg^{2+}格位上，与四面体上的氧配位。

在铝酸盐中，对 Eu^{2+}和 Mn^{2+}的发光性质及 Eu^{2+}→Mn^{2+}的能量传递有过许多研究，在磁铅矿结构基质中不发生 Eu^{2+}→Mn^{2+}的能量传递，而β-Al_2O_3 型基质中这种能量传递非常有效。所以在 Eu^{2+}和 Mn^{2+}共掺的钡镁铝酸盐中可以发生 Eu^{2+}→Mn^{2+}高效无辐射能量传递，产生一个位于 515 nm 的 Mn^{2+}绿色发射带。Dexter 理论分析表明，Eu^{2+}→Mn^{2+}之间的能量传递属于偶极子–四极子相互作用。

图 5-16 和图 5-17 给出 BAM：Eu^{2+}, Mn^{2+}的发射光谱和激发光谱。从图 5-16 的发射光谱可见是由 Eu^{2+}蓝光发射带和 Mn^{2+}的绿光发射带组成。随着 Mn^{2+}浓度增加，Eu^{2+}的蓝光发射带减弱，而 Mn^{2+}的绿光发射带逐渐增强。

BAM：Eu, Mn 的温度特性表明，随着温度升高即室温到 300℃，$BaMg_2Al_{16}O_{27}$：Eu^{2+}, Mn^{2+}的发射光谱中仍呈现 Eu^{2+}和 Mn^{2+}两个发射带，但相对发射强度下降。其中 Eu^{2+}的发射下降较快，而 Mn^{2+}的发射相对较慢。

选用 $BaMg_2Al_{16}O_{27}$：Eu^{2+}, Mn^{2+}双峰带蓝绿荧光粉制作荧光灯，由于增加了 515 nm 的蓝绿光发射，其最大好处是使灯的显色指数提高，Ra≥80，但应该注意，使用这种双峰荧光粉牺牲了一定的亮度。通常用于对显色性能要求比较高、色温要求比较低的荧光灯，如低色温的荧光灯。

$BaMgAl_{10}O_{17}$：Eu^{2+}, Mn^{2+}和 $BaMgAl_{16}O_{27}$：Eu^{2+}, Mn^{2+}的合成与单掺 Eu 的钡镁六方铝酸盐荧光粉合成的方法相同，仅增加了 $MnCO_3$。在合成过程中原料和

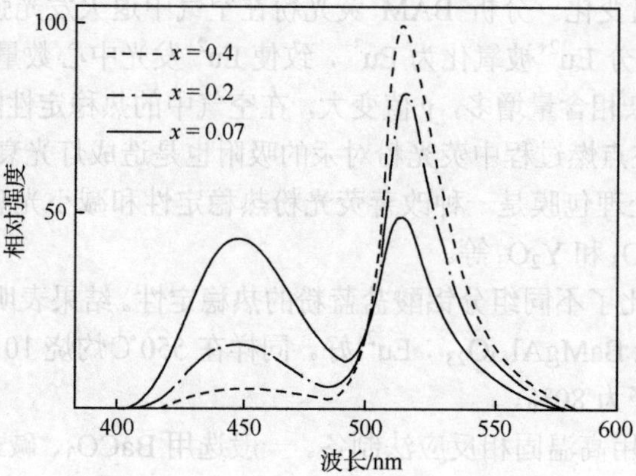

图 5-16 $Ba_{0.8}Mg_{1.93}Al_{16}O_{27}$：$Eu^{2+}{}_{0.2-x}$, $Mn_x{}^{2+}$的发射光谱

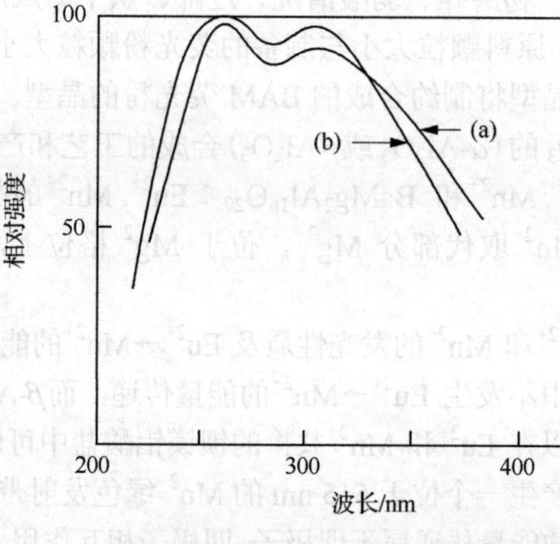

图 5-17 $Ba_{0.8}Mg_{1.93}Al_{16}O_{27}$：$Eu^{2+}{}_{0.2}$, $Mn^{2+}{}_{0.07}$ 的激发光谱

(a) 对应 Mn^{2+}的发射；(b) 对应 Eu^{2+}的发射

助剂有显著影响，原料的杂质含量要严格控制，如 Fe、Co、Ni、Cu 等元素是荧光粉的猝灭剂，含量过高会导致发光强度下降，Na 元素含量高会增大蓝粉光衰。为了降低固相反应的温度、改善产品的晶型，通常会在原料混合时加入一定比例的助熔剂，目前常用的助熔剂有 H_3BO_3、Li_3PO_4、$BaCl_2$、AlF_3、BaF_2、NH_4Cl 等。由于各种助熔剂的熔点等性质不同，产品的晶体形貌也有所差异。

2. $Sr_{10}(PO_4)_6Cl_2$：Eu^{2+}、$(Sr, Ca)_{10}(PO_4)_6Cl_2$：$Eu^{2+}$和 $(Ba, Ca, Mg)_{10}(PO_4)_6Cl_2$：$Eu^{2+}$等卤磷酸盐

$Sr_{10}(PO_4)_6Cl_2$：Eu^{2+}也写作 $Sr_5(PO_4)_3Cl$：Eu^{2+}，具有氯磷灰石结构，属于六方

晶系。用 Ca 置换 $Sr_{10}(PO_4)_6Cl_2$：Eu^{2+}中的一部分 Sr，制成$(Sr_{0.9}, Ca_{0.1})_{10}(PO_4)_6Cl_2$：$Eu^{2+}$，是一类高效的稀土三基色蓝粉，已获得广泛应用。

$(Sr_{0.9}, Ca_{0.1})_{10}(PO_4)_6Cl_2$：$Eu^{2+}$的晶体结构也属于六方晶系，晶格参数 *a* 和 *c* 分别为 9.78 Å 和 7.117 Å。晶体中的金属离子(Sr^{2+}, Ca^{2+})分布于基质中两种不同的晶格中，Sr(Ⅰ)的对称性为 C_3(4f)群，Ca^{2+}大部分填充于这一格位中。处于 Sr(Ⅰ)格位上的每个 Sr^{2+}或 Ca^{2+}和氧原子相连，其中六个较近的氧原子的键长距离为 2.55 Å，三个较远的键长距离为 2.84 Å。Sr(Ⅰ)占有 40%的格位。Sr(Ⅱ)的对称性属 C_{1h}(6h)群。处于 Sr(Ⅱ)位置上的每个 Sr^{2+}周围一侧有六个氧原子，2 个氧原子的键长距离为 2.69 Å，2 个氧原子的键长距离为 2.49 Å，另外 2 个氧原子的键长距离分别为 2.88 Å、2.44 Å。另一侧有两个氯原子，键长距离为 3.06 Å。

由于 Eu^{2+}离子半径略小于 Sr^{2+}离子半径，所以$(Sr_{0.9}, Ca_{0.1})_{10}(PO_4)_6Cl_2$：$Eu^{2+}$的晶格参数及晶胞体积小于$(Sr_{0.9}, Ca_{0.1})_{10}(PO_4)_6Cl_2$基质。激活剂 Eu^{2+}进入晶格取代 Sr^{2+}或 Ca^{2+}，分别占据 Sr(Ⅰ)和 Sr(Ⅱ)位置，形成 Eu(Ⅰ)和 Eu(Ⅱ)发光中心[28]。

$(Sr_{1-x}Ca_x)_{10}(PO_4)_6Cl_2$：$Eu^{2+}$的发射光谱是由 Eu^{2+}的 5d-4f 跃迁产生的发光带组成(图 5-18)。基质中不含 Ca 时，发射主峰位于 447 nm［图 5-18(a)］，随着 Ca 的加入取代部分 Sr 后，Eu^{2+}的发射带向长波方向移动，当 Ca 为 1mol 时 Eu^{2+}的发射带位于 453 nm 附近［图 5-18(b)］，而且其是一个不对称的发射带。对这一不对称的发射带进行分析，可得到两个峰值，波长分别在 453 nm 和 479 nm 的发射带，其中 453 nm 带属于 Eu(Ⅰ)发光中心，479 nm 属于 Eu(Ⅱ)中心[28]。

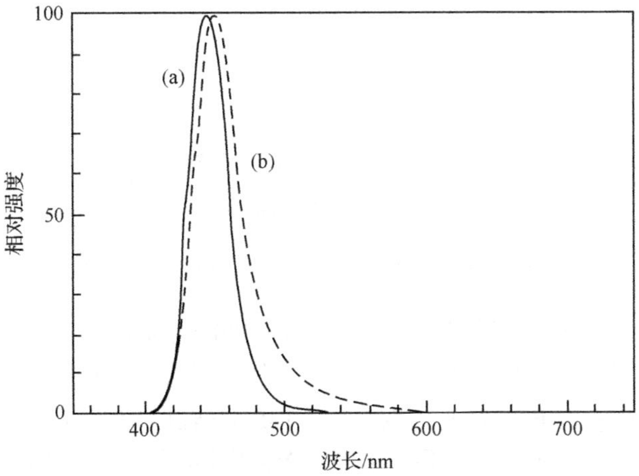

图 5-18 $(Sr, M)_{10}(PO_4)_6Cl_2$：Eu^{2+}的发射光谱

(a) M=0；(b) M=0.1 Ca

当 Ba、Ca 同时置换 Sr 时，Eu^{2+}发射带移向短波，如$(Sr_{0.8}Ca_{0.1}Ba_{0.1})_{10}(PO_4)_6Cl_2$：$Eu^{2+}$的发光带移向短波 445 nm。

在 $(Sr_{0.9}Ca_{0.1})_{10}(PO_4)_6Cl_2$ ：Eu^{2+} 中加入一定量的 B_2O_3 ，形成$(SrCa)_{10}(PO_4)_6Cl_2 \cdot 11B_2O_3$：$Eu^{2+}$，其激发光谱在紫外区 200～300 nm 的激发强度明显增强，使得材料发光亮度增强，但发射峰值波长不变。

由 $Sr_{10}(PO_4)_6Cl_2$：Eu^{2+}的温度特性曲线可知，随着温度上升，发光相对亮度明显下降。

Eu^{2+}激活的氯磷酸盐发光材料：可按化学比称取 $SrHPO_4$、$SrCO_3$、$SrCl_2$、$CaCl_2$、$BaCl_2$、B_2O_3和 Eu_2O_3，混合均匀，在还原气氛中于 1000～1200℃灼烧而成。

$(Ba, Ca, Mg)_{10}(PO_4)_6Cl_2$ ：Eu^{2+}也属于氯磷灰石结构，属六方晶系。在$(Ba, Ca, Mg)_{10}(PO_4)_6Cl_2$：$Eu^{2+}$中，Ba 占的比例最大，Ca 次之，Mg 含量最低。当 Mg 量不变时，随 Ca 增加，Eu^{2+}的发射带向长波移动。用于制备高显色性荧光灯的$(Ba, Ca, Mg)_{10}(PO_4)_6Cl_2$：$Eu^{2+}$蓝绿发光材料中 Ba：Ca：Mg（摩尔比）等于 0.825：0.14：0.02，Eu 的浓度为 0.015。

$(Ba_{0.825}Ca_{0.14}Mg_{0.02})_{10}(PO_4)_6Cl_2$：$Eu^{2+}_{0.015}$ 的发射光谱如图 5-19 所示。Eu^{2+}的发射带的λ_{max}=483 nm，这一发射带不对称，长波部分升起，这有利于 *Ra* 和光通的提高。

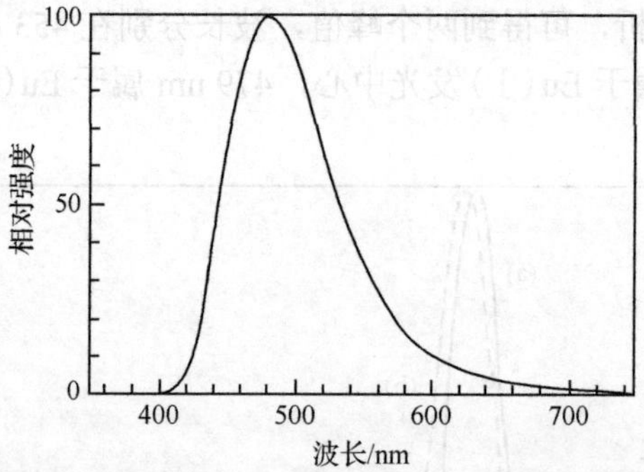

图 5-19 $(Ba, Ca, Mg)_{10}(PO_4)_6Cl_2$：$Eu^{2+}$的发射光谱

图 5-20 为这一材料的激发光谱，在 200～420 nm 范围内有很宽的激发带，表明汞线的蓝区谱线也可激发发光材料，使发光亮度提高。实验中观察到$(Ba_{0.825}Ca_{0.14}Mg_{0.02})_{10}(PO_4)_6Cl_2$：$Eu^{2+}_{0.015}$ 对 185 nm 辐照较稳定。

$(Ba, Ca, Mg)_{10}(PO_4)_6Cl_2$：$Eu^{2+}$中固定 Mg 和 Eu 的加入量，Ca 的加入量在 0～3.0 mol 范围内变化时，Eu^{2+}的发光带峰值可在 435～495 nm 范围内改变，发光带半宽度的变化为 40～120 nm。Ca 的加入量为 0.4 mol、Mg 的加入量等于 0.05 mol 时，制成的$(Ba_{0.945}Ca_{0.04}Mg_{0.005})_{10}(PO_4)_6Cl_2$：$Eu^{2+}$（简称 Ba-CAP）荧光粉的 Eu^{2+}

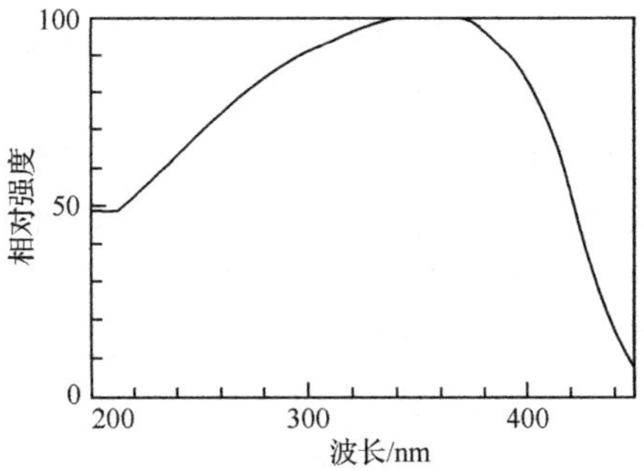

图 5-20　$(Ba, Ca, Mg)_{10}(PO_4)_6Cl_2:Eu^{2+}$的激发光谱

发光带峰值已移到 445 nm。该材料的发光效率高、老化性能优异，可用作三基色荧光灯用荧光粉的蓝色组分。

研究中发现，用 Ba、Ca、Mg 等置换 Sr 以及 Sr/Ba 比值、PO_4^{3-}等发生变化时，对蓝色荧光粉的发光光谱都有很大的影响。随着 Sr/Ba 比值增大，y 值下降、半峰宽减小；随着 Ca 浓度增加，荧光粉的亮度、y 值、半峰宽都随之而增大，当 Ca 浓度超过 0.2 时，亮度不再增加，但是 y 值和半峰宽会继续增大；随着荧光粉中镁的含量增大，荧光粉的亮度、y 值、半峰宽都增大，但 Mg 的浓度超过 0.02 mol 时，亮度增加缓慢；随着荧光粉中铕浓度增加，荧光粉的亮度、y 值、半峰宽都随之增大，当铕加入过高时，不仅使制造成本增加，且 y 值也过大，对配制三基色粉是不利的。

制备 Eu^{2+}激活的氯磷酸盐发光材料的原料为 $SrHPO_4$、$SrCO_3$、$SrCl_2$、$CaCl_2$、$BaCl_2$、Eu_2O_3，按照各材料的化学组分称量、混合，在弱还原气氛中，1000～1200℃灼烧而成。

5.3　冷阴极荧光灯用荧光粉

LCD 的背光源[29]可用冷阴极荧光灯(CCFL)，但随着白光 LED 的飞速发展，今后白光 LED 将逐渐取代 CCFL。

冷阴极荧光灯是靠管内汞发出 253.7 nm 紫外光激发稀土红、绿、蓝三基色荧光粉而发光的。CCFL 的管径细、亮度高、功耗低、寿命长，光效达 50 lm/W，因此要求其所用的荧光粉具有较强的抗紫外光(253.7 nm)的能力、高的光效、低的光衰、长的寿命等。稀土三基色荧光粉适宜用于 CCFL 荧光灯。目前 CCFL 厂商大多采用铝酸盐类和磷酸盐类这两大体系荧光粉，而且更倾向于采用磷酸盐体系。

(1)红粉。用于 CCFL 主要的两种红色荧光粉为：$Y_2O_3:Eu^{3+}$和 $YVO_4:Eu^{3+}$，$Y_2O_3:Eu^{3+}$的量子效率远远高于 $YVO_4:Eu^{3+}$[30]。$Y_2O_3:Eu^{3+}$具有高的量子效率、很好的色纯度和稳定性，被认为是最好的发红光的氧化物荧光粉之一。而 YVO_4：

Eu^{3+}因其在环境温度高达 250～300℃时仍能保持高的功效，且用 365 nm 紫外激发也具有较好的发光，主要应用在高压汞灯上。

(2) 绿粉。可用于 CCFL 的绿粉主要有(Ce, Tb) $MgAl_{11}O_{19}$(CAT) 和 (La, Ce, Tb) PO_4(LAP)。对 CAT 与 LAP 的物性指标进行了比较可知：LAP 的真密度大于 CAT；LAP 更容易得到相对小粒度的产品。CCFL 管径细需使用的荧光粉粒度较细，适宜采用相对粒度小的 LAP 绿粉。同时，LAP 与红粉、磷酸盐蓝粉配粉时的密度、粒度匹配较合理，制灯后的综合性能更好。LAP 的色品坐标 x 值大于 CAT，y 值小于 CAT，配粉时可节省昂贵的红粉，从而降低了成本。

CAT 与 LAP 的发射波长、色品坐标很相似，发射带的相对强度和形状也仅有细微差别。在 254 nm 紫外辐射下的三基色灯(90～100 lm/W，显色指数 85～90)中，CAT、LAP 的量子效率分别为 0.90、0.93。LAP 比 CAT 的量子效率高出近 3 个百分点。

制备标准色温分别为 3000 K、3500 K、4100 K 的荧光灯，LAP 的三基色混合粉在光通量和显色指数方面均高于 CAT 的三基色混合粉 [31]。

值得一提的是，对 CAT 有猝灭作用的 Fe 对 LAP 的发光效率不会产生严重影响 [32]。而且添加助熔剂硼酸或其他金属氧化物等可使 LAP 的光衰得到明显改善。

CAT 采用高温固相法制备的烧成温度高于 1500℃；而 LAP 采用高温固相法的烧成温度为 1100～1300℃。用共沉淀法制得的前驱体作为原料制备 LAP 所需要的烧成温度约为 1000℃，更为重要的是用共沉淀法制备的粉体颗粒细小，几乎不用球磨，可直接用于涂管，这样保证了烧成粉体晶粒的均匀性和完整性，避免了球磨过程中粉体亮度的下降。

综上分析，LAP 对比 CAT，LAP 在发光亮度、显色指数、量子效率等方面略大于 CAT；LAP 的密度较大，易制得小粒度的产品；与红粉、蓝粉密度匹配性更好；从制灯的工艺来说，采用共沉淀法制备 LAP 的前驱体进行烧结后几乎可不用研磨，可直接用于涂管；而 CAT 烧成后的粉体较硬，后处理比较困难，需要研磨，这会导致荧光粉晶体结构的破坏，从而造成荧光粉发光性能的劣化。因为 LAP 拥有更优异的性能，其应用也更普遍，CAT 将逐渐被 LAP 所代替。

(3) 蓝粉。目前，商用 CCFL 蓝粉主要有两种：应用较早的是 $BaMgAl_{10}O_{17}$：Eu^{2+}(简称 BAM)，后来人们开始使用 $(Sr, Ca, Ba, Mg)_5(PO_4)_3Cl$ ：Eu^{2+}(简称 SCAP)。

BAM 与 SCAP 在量子效率、发光主峰、混合粉显色性、色品坐标等发光性能方面差别很小，但 BAM 的发射峰的半峰宽(～50nm)略大于 SCAP(～40nm)(图 5-21)，这有利于显色指数的提高，而它们在颗粒形貌、制备条件等方面则有较大差别 [33]。

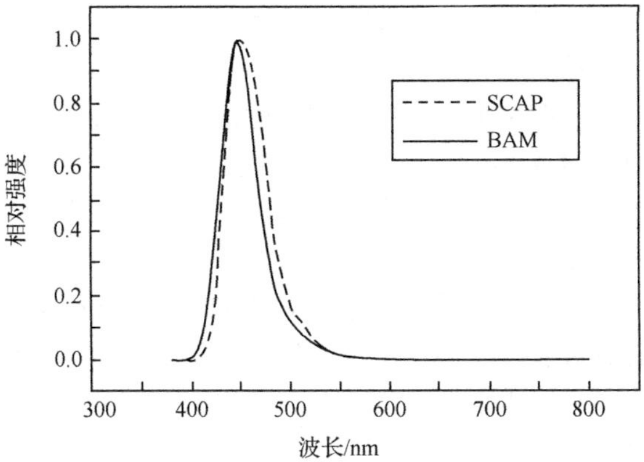

图 5-21　SCAP 与 BAM 的发射光谱

SCAP 的发射主峰位于 447 nm，钙部分取代锶，其发射光谱向长波方向移动，并且光谱变得不对称，长波方向延伸较大；当 1 mol 锶被钙取代，主峰波长位于 452 nm。SCAP 可以通过调节基质使得半峰宽变窄、发射主峰蓝移，从而可以提高蓝光的色纯度。此外少量的硼酸盐取代磷酸盐可以提高发光亮度。

BAM 的发射主峰在 450 nm 附近，用锶部分取代钡或增加铕和钡的比例，发射光谱移向长波，当钡被锶完全取代发射主峰在 465 nm。

SCAP 的真密度为 4.2 g/cm^3，BAM 的真密度为 3.8 g/cm^3，而 CCFL 常用的红粉 Y_2O_3：Eu^{3+}、绿粉(La, Ce, Tb)PO_4的真密度分别为 5.1 g/cm^3、5.2 g/cm^3，因此，在混粉时 SCAP 蓝粉更容易与红、绿粉匹配，不会因密度差别大而造成分层，影响发光。

SCAP 的烧成温度为 950℃左右，BAM 为 1300～1500℃，SCAP 的烧成温度比 BAM 低 300～400℃，且只需要一次烧结即可合成产品，这有利于节约能源。

综上所述，BAM 和 SCAP 两种体系的蓝粉的发光性能很相似，但 SCAP 的发射谱带略窄，为近球形，它的焙烧温度低，后处理工艺简单。因为两种体系的蓝粉的发光性能非常相似，再加上 BAM 应用较早且广泛，其经过基质组分的调节、表面包覆等可适当地改善发光性能，所以目前 CCFL 荧光粉市场上出现了 BAM 与 SCAP 并存的局面。

5.4　紫外灯用发光材料

波长 100～380 nm 的电磁波称为紫外光。紫外光按波长分为三个区域：380～320 nm 为长波紫外光(UVA)，320～280 nm 为中波紫外光(UVB)，280～100 nm 为短波紫外光(UVC)，其中波长小于 200 nm 的紫外光由于空气的强烈吸收又称为真空紫外。紫外光中应用比较广泛的波段是 UVA、UVB 和 UVC。紫外灯的特殊作用被广泛地应用于许多方面，如保健医疗、采矿、纺织、光化反应(光催化)、(农业)诱虫、舞台特技、鉴别防伪作用等。280～100 nm 为短波紫外光(UVC)，主要用于杀菌、消毒，一般由荧光灯中汞的发射谱线 UV 波段作为紫外光源。320～280 nm 的中波紫外光(UVB)，它对人体的生理作用较强，能引起皮肤的光化学作用，将胆固醇转化为维生素 D，使人体的内脏器官产生有益的反应。经常适量照射中波紫外光能对人体起到保健和强壮作用，增强新陈代谢功能，提高免疫力，减少疾病，可应用在采矿业，保健业等。发射 320～370 nm 波段紫外粉(UVA)俗称“黑光粉”，主要用于诱虫、光复制、防伪等。如在诱虫方面，农业诱杀害虫或日常生活中诱杀蚊子，诱杀的昆虫可用于家禽和鱼的养殖，相对于用农药化学品，“黑光灯”的经济、安全、环保的优势很大。当然，长时间暴露于较强的紫外光之下，对人体也是有危害的，因为紫外光的能量较高，对人体的细胞作用也更大，长时间暴露可能会导致人体的病变。

UVB 和 UVA 一般主要由发光材料转换荧光灯的 253.7 nm 紫外光发射成相应的光谱。主要的紫外发光材料列于表 5-2。

表 5-2　主要的紫外发光材料

化学式	峰值波长/nm	化学式	峰值波长/nm
LaF_3：Ce	285	$LnPO_4$：Ce(Ln=La，Gd，Y)	315, 325, 356
$BaMg_2Si_2O_7$：Pb	290	SrB_6O_{10}：Pb	313
(SrMg)B_2O_4：Eu	290	$Sr_2MgSi_2O_7$：Pb	325
SrB_4O_7：Ce	293	$Ca_3(PO_4)_2$：Tl	330
$CaLaB_7O_{13}$：Ce	291	$BaSi_2O_5$：Pb	350
$Ca_3(PO_4)_2$.KCl：Tl	305	$Sr_3(BO_3)_2$：Pb	360
$Sr_4Al_{14}O_{25}$：Pb	305	$Ca_3(PO_4)_2$：Ce(Tl)	360
$SrMgAl_{11}O_{19}$：Ce	305～350	SrB_4O_7：Eu	370
$BaMgAl_{11}O_{19}$：Ce	330～350	$(Sr_{0.4}Ba_{1.6})MgSi_2O_7$：Pb	370
$(CaZn)_3(PO_4)_2$：Tl	307	$(Ba, Mg, Zn, Ca)_2SiO_4$：PbAs	380
$YAl_3(BO_3)_4$：Gd	313		

稀土紫外发光材料目前主要应用的有铈激活的磷酸盐系，铈激活的铝酸盐系以及铕激活的硼酸盐系等。

1. $LnPO_4$：Ce(Ln=La，Gd，Y)

磷酸盐紫外荧光粉是由 $LaPO_4$：Ce, Tb 而来的；主要有峰值波长在 317 nm 左右的 $LaPO_4$：Ce 和 350 nm 左右的 YPO_4：Ce，发射光谱见图 5-22。其中 Ce^{3+}是发光中心，取代 La 和 Y 的位置，Ce^{3+}在 250～290 nm UV 区呈现强的吸收，激发带的峰值在 280 nm 左右，发射峰在 317 nm 左右。荧光粉的发射为 Ce^{3+}的 d-f 跃迁发射，4f-5d 吸收带被激发后是由 5d 态产生发射，发射强烈依赖于晶格。Gd 的适量掺杂可以使晶体结构产生畸变，使发射峰值产生位移。

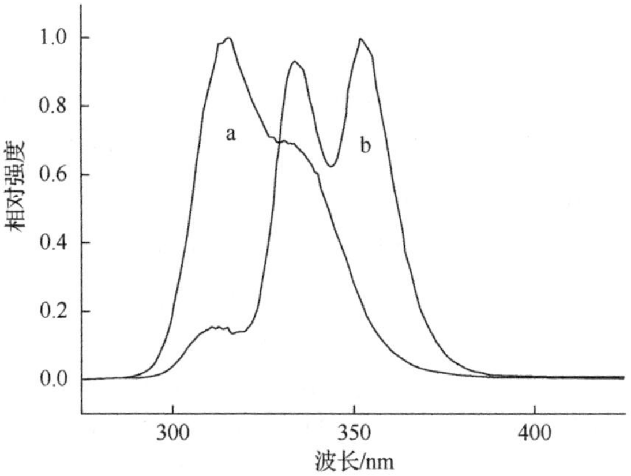

图 5-22　$LnPO_4$∶Ce 的发射光谱

a. $LaPO_4$∶Ce 的光谱；b. YPO_4∶Ce 的光谱

2. $Ca_3(PO_4)_2$∶Ce

洪广言等[34]采用沉淀法首先合成磷酸氢钙铈，然后在还原气氛下、1200℃进行焙烧，使其转化为 $Ca_3(PO_4)_2$∶Ce。该荧光粉用 254 nm 激发时，呈现 Ce^{3+}的宽带发射，其峰值位于 360 nm 附近，可用于消毒灭菌及诱杀害虫。由于采用廉价的铈作激活剂，有利于降低成本。

洪广言等[35]合成了一系列 $M'_{0.2}M''_{2.6}Ce_{0.2}(PO_4)_2$ (M′=Li、Na 或 K，M″=Mg^{2+}、Ca^{2+}、Sr^{2+}或 Ba^{2+}) 磷光体，从它们的结构特性可知，当变换碱土金属离子(Mg^{2+}、Ca^{2+}、Sr^{2+}或 Ba^{2+})时，磷光体的结构产生明显的变化。$M'_{0.2}Mg_{2.6}Ce_{0.2}(PO_4)_2$ 系单斜晶系 (*P*21/*n*)，$M'_{0.2}Ca_{2.6}Ce_{0.2}(PO_4)_2$ 为六方晶系 (*R*3*c*)，$M'_{0.2}Sr_{2.6}Ce_{0.2}(PO_4)_2$ 和 $M'_{0.2}Ba_{2.6}Ce_{0.2}(PO_4)_2$ 同属六方晶系 (*R*3*m*)。碱土金属离子相同时，改变碱金属离子 (Li、Na 或 K)，磷光体结构类型没有变化；对于 $M'_{0.2}M''_{2.6}Ce_{0.2}(PO_4)_2$ 荧光体中 Ce^{3+}的 5d-4f 的宽带荧光发射仍在紫外区；在 Mg、Ca、Sr 等体系中，明显地观察到，随着 Li^+、Na^+、K^+的离子半径增加，Ce^{3+}的 5d-$^2F_{5/2}$ 跃迁概率呈现有规律变化，即 5d-$^2F_{7/2}$ 跃迁增强，而 5d-$^2F_{5/2}$ 跃迁强度相对减弱。

对于同晶化合物 $M'_{0.2}Sr_{2.6}Ce_{0.2}(PO_4)_2$ 和 $M'_{0.2}Ba_{2.6}Ce_{0.2}(PO_4)_2$ 的光谱结果与文献［36］中所报道的 Ce^{3+}在 $M_3(PO_4)_2$ (M=Sr、Ba) 中相似，观察到随着碱土金属离子半径增大，Ce^{3+}的宽带发射峰向长波移动，Stokes 位移也增大。

在磷光体的相对发光亮度测定结果中观察到一个有趣的现象，即对同一碱金

属的 $M'_{0.2}M''_{2.6}Ce_{0.2}(PO_4)_2$ 体系，当碱金属与碱土金属离子半径之和接近 2.0Å 时磷光体在该体系中的相对发光亮度较强。

3. 掺铕焦磷酸盐 $M_3(PO_4)_2:Eu^{2+}$(M=Ca，Sr)和 $Sr_2P_2O_7:Eu^{2+}$及$(Sr, Mg)_2P_2O_7:Eu^{2+}$

碱土焦磷酸盐一般具有双晶或多晶型同质结构。它们的相变转换十分缓慢，故通过快速冷却，能得到在室温下稳定的高温相。$Sr_2P_2O_7$ 是同质双晶体，高温α-相为正交晶系，在低温下形成β-相。在 $Ca_2P_2O_7$ 中$\beta\to\alpha$相转变是不可逆的。

当加热 $Sr_3(PO_4)_2$ 到 1000～1300℃之间，然后快速冷却到室温时，得到的产物为菱形结构的 $Sr_3(PO_4)_2$，1305℃以上转变为类似β-$Ca_3(PO_4)_2$ 的结构。当 Mg、Ca、Zn 或 Cd 等较小的离子取代 $Sr_3(PO_4)_2$ 中少量 Sr 时，甚至在室温下，可保持与β-$Ca_3(PO_4)_2$ 同晶型结构。所以，这种β-型结构的 $Sr_3(PO_4)_2$ 为较小的外来离子所稳定。Eu^{2+}激活的 $Sr_3(PO_4)_2$ 相转变温度降低 125～150℃，故在高温灼烧才可获得高亮度荧光粉。

纯的 $Sr_3(PO_4)_2$ 在紫外区有相当弱的发射。对 $Sr_3(PO_4)_2:Eu^{2+}$而言，发射峰位于 408 nm 处(见图 5-23)，其峰高度室温下仅为 $Sr_2P_2O_7:Eu^{2+}$的 70%，但是，在高温下这种情况相反，这说明碱土正磷酸盐发光的温度特性优于碱土焦磷酸盐。此外，$Sr_3(PO_4)_2:Eu^{2+}$的激发光谱不同于焦磷酸盐(见图 5-23)，其激发光谱中有两个明显分开的激发带。

$Sr_3(PO_4)_2:Eu^{2+}$的制备是将 $SrCO_3$、$SrHPO_4$ 及 Eu_2O_3 按化学计量比称量，经研磨、混匀后，在 1200～1250℃下弱还原气氛中灼烧数小时，使 Sr 盐稍过量可改进发光性能。

$Sr_2P_2O_7:Eu^{2+}$荧光粉的发射峰位于 420 nm 的宽带，$(Sr, Mg)_2P_2O_7:Eu^{2+}$发射峰位于 393 nm 附近，而α-$Ca_2P_2O_7:Eu^{2+}$的发射峰为 413 nm。它们的激发光谱很宽，从短波 UV 区一直延伸到 400 nm 附近的蓝紫区。图 5-23 给出 $Sr_2P_2O_7:Eu^{2+}$、$(Sr, Mg)_2P_2O_7:Eu^{2+}$和 $Sr_3(PO_4)_2:Eu^{2+}$的激发和发射光谱。这类荧光粉在 250～270 nm 紫外辐射激发下的量子效率达到 90%～95%[37]，并且有良好的温度猝灭特性和热稳定性。它们是一类重要而优良的荧光粉。$(Sr, Mg)_2P_2O_7:Eu^{2+}$特别适用于光化学灯、重氮光敏纸复印灯、印刷照相制版以及医疗保健灯。

从图 5-23 中可见，它们均有很宽的激发带。当从 $Sr_2P_2O_7:Eu^{2+}$改变为 $Sr_3(PO_4)_2:Eu^{2+}$，Eu^{2+}发射峰经短波位移。

4. $Sr(Ba)MgAl_{11}O_{19}:Ce$

$CeMgAl_{11}O_{19}$ 具有磁铅矿相结构，对 $SrAl_{11}O_{19}$ 有兼容性，二者可形成完全固溶体。$Sr(Ba)MgAl_{11}O_{19}:Ce$ 类似 CAT 属磁铅矿结构，六方晶系。荧光体的发

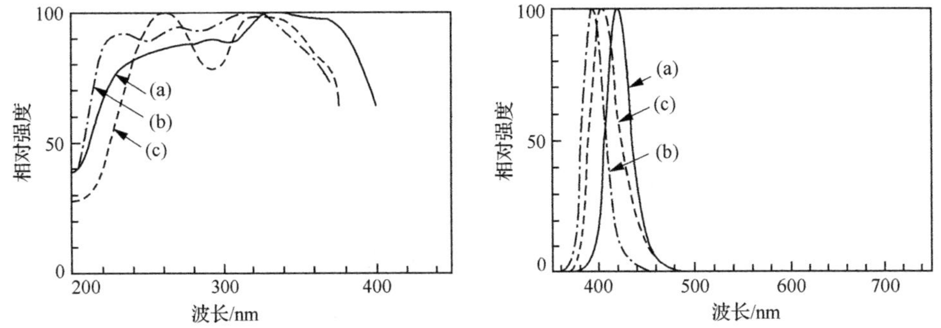

图 5-23　(a) $Sr_2P_2O_7$：Eu^{2+}、(b) $(Sr, Mg)_2P_2O_7$：Eu^{2+}和
(c) $Sr_3(PO_4)_2$：Eu^{2+}的激发光谱和发射光谱

射光谱为 Ce^{3+}的 d-f 的跃迁发射，4f-5d 吸收带被激发后是由 5d 态跃迁回 4f 能带产生发射，由于 5d 能级受晶体场影响很大，发射强烈依赖于晶格。在此晶体中，随着 Ce 含量的增加，波长从 300 nm 往长波方向移动；当 Ce 完全取代 Sr 时 $CeMgAl_{11}O_{19}$ 发射的峰值波长为 345 nm 左右。发射光谱见图 5-24。

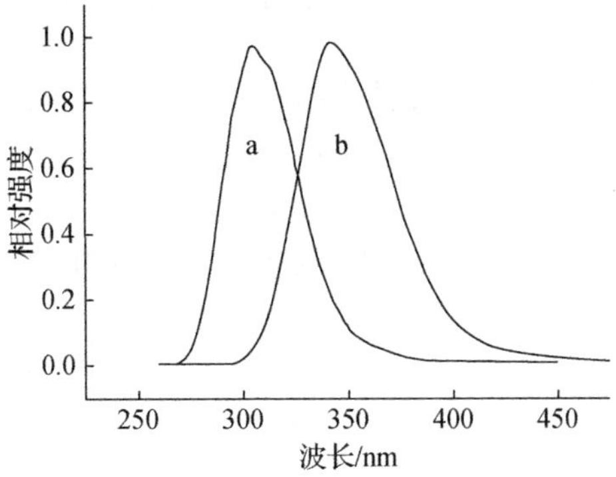

图 5-24　Sr(Ba)$MgAl_{11}O_{19}$：Ce(a) 和 $CeMgAl_{11}O_{19}$(b) 的发射光谱

5. SrB_4O_7：Eu

SrB_4O_7：Eu 是一种发射高效性能优异的 UVA 发光材料。SrB_4O_7：Eu^{2+}荧光粉在 254 nm 激发下，发射高效的长波 UV 光。荧光体的发射是 Eu^{2+}的 4f-5d 发射，与 Ce^{3+}的发射一样发射波长受基质晶格的强烈影响。它的激发和发射光谱示于图 5-25。发射峰位于 370 nm 的宽带，半峰宽为 17 nm 左右，适于用作黑光灯和动物保健灯。

SrB_4O_7：Eu 的制备方法一般也为氧化物干法固相法。原料为碳酸锶、硼酸以及氧化铕。混料几十小时，将预备料在 800℃左右预烧 4～6 h 左右，再在 900℃

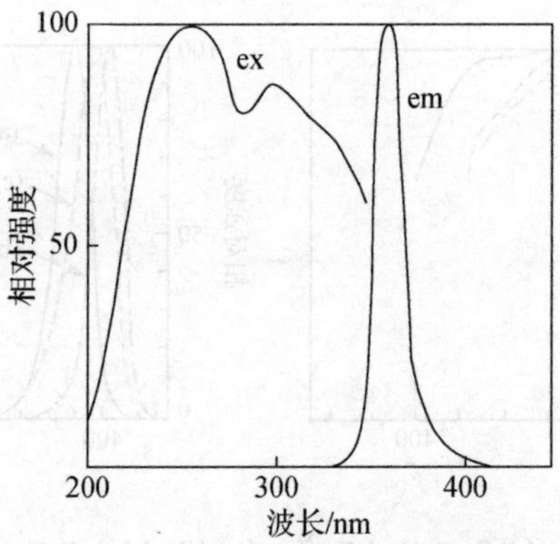

图 5-25　SrB_4O_7：Eu^{2+}荧光粉的激发光谱和发射光谱

左右在弱还原气氛下焙烧 4～6 h 左右。由于硼在制备过程中会挥发，在配料时会适量过量，一般为过量 0.2mol，由于是硼酸盐，熔点较低，需要焙烧过程中严格控制温度。SrB_4O_7：Eu 是商品化最成功的硼酸盐体系发光材料之一。

5.5　高显色灯用荧光粉

颜色特性是荧光灯的一个重要技术指标，它包括两方面的含义，一是荧光灯的相关色温，另一个是其显色指数。所谓相关色温是荧光灯的色品坐标与黑体轨迹最接近的颜色所对应的温度。显色指数是指荧光灯照射下物体的颜色与标准参照光源下物体的颜色相符合程度。国际照明委员会(CIE)推荐用色温接近于待测光源的普朗克辐射体作参照光源并将其显色指数定为 100，用 8 个 Munsell 色片作测色样品，观察比较参照光源下与待测光源下颜色再现的符合程度，8 个色片各有一个显色指数，平均值是总显色指数 *Ra*，最高为 100。此外，还制定了显色性评定的比较色板，用 R_9～R_{14}(日本用 R_9～R_{16})表示。随着生活水平的提高，人们对照明光源的品质要求也越来越高，照明光源的显色性越来越受到重视。在一些特种行业及场所，对照明光源的显色性要求更加严格。例如印染业、彩色印刷业的颜色评定所使用的相关色温 5000 K、6500 K 的荧光灯，不仅要求一般显色指数 $Ra>95$，而且 R_9～R_{14} 各特殊显色指数也要求＞90。美术馆、博物馆、展览馆、美容院、医院等场所对照明光源的显色性要求也很高。因此，提高荧光灯的显色性，开发高光效、高显色性节能荧光灯具有重要的意义。

光源的显色性取决于其发射光谱。白炽灯和日光光谱由于在 380～780 nm 可见光范围内连续都有辐射，显色指数很高($Ra=100$)。荧光灯的光谱主要由两个部分：荧光粉的发射光谱和汞在可见光区的发射光谱(405 nm、436 nm、545 nm、578 nm)组成。由于汞可见光辐射特别是 405 nm、436 nm 特征谱线，使灯的可见光辐射谱中此部分能量大为增强，阻碍了显色性的提高。研究表明：只要荧光灯光谱中 405 nm、436 nm 的汞辐射不降低，波长大于 620 nm 的红色辐射不增强，很难实现紧凑型节能灯 *Ra*≥90，直型荧光灯 *Ra*≥95。为了提高荧光灯的显色指数，不仅需要采取措施抑制 405 nm 和 436 nm 两条汞线，还需要增加荧光粉发射光谱中 480～520 nm 蓝绿光及＞620 nm 的红光。关于抑制 405 nm 和 436 nm 汞线，以往通过滤色涂层(如黄色颜料)的办法来遮断这两条汞线，虽然可以提高灯的显色性，但由于滤色层吸收一部分灯的可见发光，造成荧光灯的光效下降。为了兼顾灯的高显色性和高光效，20 世纪 80 年代以来人们开展了许多研究，围绕降低荧光灯光谱中 405 nm、436 nm 汞的可见光辐射强度，增加 480～520 nm 蓝绿光及 λ＞620 nm 红光的思路，研发能吸收 405 nm、436 nm 的辐射并且发射峰值波长在 480～520 nm 的蓝绿粉及发射峰值波长大于 620 nm 的红色荧光粉。用这些荧光粉通过配制成“全光谱”和“多组分”混合粉两种途径来提高荧光灯的显色性。

(1) 全光谱。模拟昼光光谱，将两种或多种宽带发射荧光粉组合成在 380～780 nm 范围内都有发射的全光谱的荧光粉。

(2) 多组分。在三基色窄带发射荧光粉中附加蓝绿粉或蓝绿粉和深红色粉等第四、第五种荧光粉，组成多组分窄带发射荧光粉。

要组合成全光谱荧光粉，不仅需要在 480～520 nm 范围具有宽带发射的蓝绿荧光粉，而且需要在 620 nm 以上具有宽带发射的红色荧光粉。

对于在 480～520 nm 发射的荧光粉，主要有硼磷酸锶铕[$2SrO \cdot 0.84P_2O_5 \cdot 0.16B_2O_3 : Eu^{2+}$]、碱土卤磷酸盐铕[$(BaCaMg)_{10}(PO_4)Cl_2 : Eu^{2+}$]、铝酸锶铕[$Sr_4Al_{14}O_{25} : Eu^{2+}$]及氯硅酸锶铕[$Sr_2Si_3O_8 \cdot 2SrCl_2 : Eu^{2+}$]等几个系列荧光粉。这些荧光粉均具有蓝绿宽带发射，但从能被 254 nm 和 365 nm 紫外光高效激发及吸收 405 nm、436 nm 汞线效率等角度综合考虑，$2SrO \cdot 0.84P_2O_5 \cdot 0.16B_2O_3 : Eu^{2+}$ 及 $(BaCaMg)_{10}(PO_4)Cl_2 : Eu^{2+}$ 是高显色性荧光粉最优良的蓝绿色组分。对于红色发射的荧光粉，主要有磷酸锶镁锡[$(SrMg)_3(PO_4)_2 : Sn^{2+}$]、五硼酸镁铈钆铽锰、磷酸钡钙铈锰[$(Ba_xCa_{1-x})_3(PO_4)_2 : Ce^{3+}, Mn^{2+}$]等荧光粉。

1. 硼磷酸锶铕 $2SrO \cdot 0.84P_2O_5 \cdot 0.16B_2O_3 : Eu^{2+}$

$2SrO \cdot 0.84P_2O_5 \cdot 0.16B_2O_3 : Eu^{2+}$ 荧光体基质属于正交晶系，具有 α-$Sr_2P_2O_7$ 相同的结构，在焦磷酸锶的基础上，由 16%的 B_2O_3 取代 $Sr_2P_2O_7$ 中的 P_2O_5 而获得荧光体基质。该基质和 $Sr_2P_2O_7$ 的晶体结构不同，基质可近似表达为 $Sr_6P_5BO_{20}$。

在合成中如果条件控制不严，往往会有 $Sr_2P_2O_7$ 生成。发射光谱中 420 nm 出现一个次峰，对提高灯的 *Ra* 不利。该荧光粉具有很宽的激发光谱[图 5-26 (a)]，不但能有效吸收汞的 254 nm、365 nm 的辐射并被激发发光，而且还具有吸收 405 nm、436 nm 汞线，并受激发光的性能。它的发射主峰值随着 P/B 的比例变化在 420 nm 和 480 nm 之间变化。发射光谱不对称，意味着包含两个 Eu^{2+} 中心。当其组成为

$2SrO \cdot 0.84P_2O_5 \cdot 0.16B_2O_3$：$Eu^{2+}$时，荧光粉的发射光谱主峰波长为 480 nm，峰半高宽度 87 nm［图 5-26(b)］。

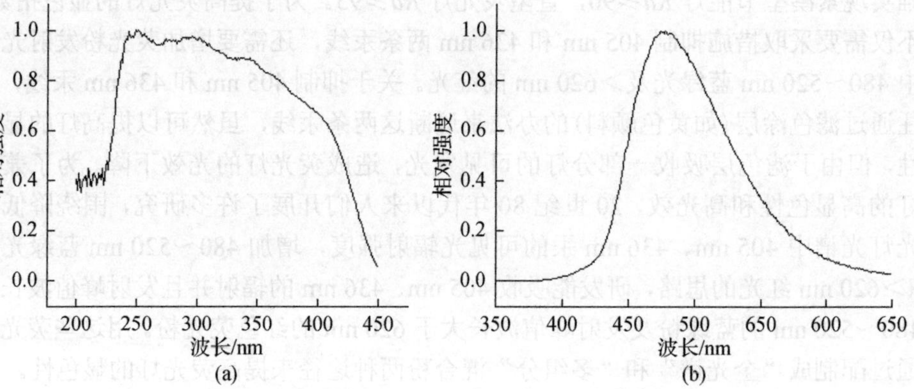

图 5-26　$2SrO \cdot 0.84P_2O_5 \cdot 0.16B_2O_3$：$Eu^{2+}$激发光谱(a)和发射光谱(b)

$2SrO \cdot 0.84P_2O_5 \cdot 0.16B_2O_3$：$Eu^{2+}$的制备以 $SrHPO_4$、$SrCO_3$、H_3BO_3 和 Eu_2O_3 为原料，按配比称量，混料几十小时，将预备料在 1000℃左右预烧 4～6 h 左右，再在 1000℃左右在弱还原气氛下焙烧 4～6 h 左右。

2. $(Ba_xCa_{1-x})_3(PO_4)_2$：Ce^{3+}, Mn^{2+}

$(Ba_xCa_{1-x})_3(PO_4)_2$：Ce^{3+}, Mn^{2+} 的基质 $(Ba_xCa_{1-x})_3(PO_4)_2$ 具有畸变的 $Ca_3(PO_4)_2$ 结构。该荧光粉中 Ce^{3+}是助激活剂，Mn^{2+}是激活剂，由 $Ce^{3+} \rightarrow Mn^{2+}$的能量传递使 Mn^{2+}激发产生 650 nm 左右的发射，当 Ce^{3+}和 Mn^{2+}浓度相等都为 0.15mol 时，荧光粉有最高的红色发射亮度。

3. (GdCe)(MgMn)B_5O_{10} 和 (GdCeTb)(MgMn)B_5O_{10}

(GdCe)(MgMn)B_5O_{10} 和 (GdCeTb)(MgMn)B_5O_{10} 为硼酸盐系，晶体结构为单斜晶体，在 $LnMgB_5O_{10}$：Ce 荧光体中，170～280 nm 之间存在 Ce^{3+}强的激发带，而 Ce^{3+}的发射带从 280 nm 扩展到 360 nm，发射峰位于 300 nm 附近。在 $LnMgB_5O_{10}$ 基质中，加入 Gd^{3+}离子后，Ce^{3+}-Tb^{3+}离子间的能量传递更为有效。在无辐射能量传递过程中，Gd^{3+}离子起重要的中介作用：Ce^{3+}-Gd^{3+}-Tb^{3+}。在 $LnMgB_5O_{10}$：Ce 材料中，有不同的价态、占据结晶学格位不同的阳离子——Ln^{3+}和 Mg^{2+}。除了三价 Ce、Gd、Tb 和 Bi 等离子可以占据 Ln^{3+}的格位，Mg 原子位于一个畸变的八面体格位上，由六个氧原子配位。Mn^{2+}可部分取代 Mg^{2+}，位于八面体格位上。因而可以得到 Mn^{2+}的红光，它是属于 Mn^{2+}的 $^4T_1$-$^6A_1$ 能级跃迁发射。在该体系中，Mn^{2+}的发光不能直接被 Ce^{3+}敏化，而 Gd^{3+}-Mn^{2+}的能量传递可以发生。荧光体的激发和发射光谱见图 5-27。

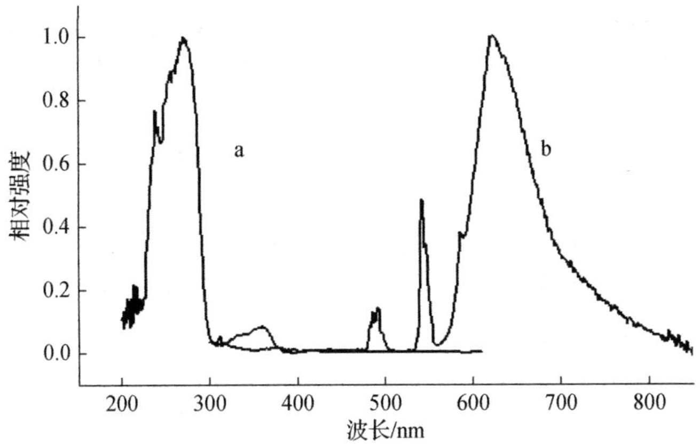

图 5-27　(GdCeTb) (MgMn) B_5O_{10} 的激发光谱 (a) 和发射光谱 (b)

(GdCe) (MgMn) B_5O_{10} 和 (GdCeTb) (MgMn) B_5O_{10} 的制备方法一般为高温固相法，按 (GdCe) (MgMn) B_5O_{10} 和 (GdCeTb) (MgMn) B_5O_{10} 称量原料氧化铈、氧化铽、氧化钆、氧化镁、硼酸和氧化锰或碳酸锰。混料均匀后，将预备料在 1000℃左右预烧 4～6 h 左右，再在 1100℃左右还原气氛下焙烧 4～6 h 左右。同样因为是硼酸盐，熔点较低，需要焙烧过程中严格控制温度，在预烧过程中还需要注意 H_3BO_3 的剧烈分解。由于发光中心之间需要能量传递，Ce-Gd-Tb 之间混合需要均匀，能使用 Ce-Gd-Tb 共沉淀氧化物更合适。

5.6　植物生长灯用荧光粉

光是植物生长发育的基本因素之一。光质对植物的生长、形态建成、光合作用、物质代谢以及基因表达均有调控作用。通过光质调节，控制植株形态建成和生长发育是设施栽培领域的一项重要技术。不同光谱波段对植物生长的作用不同，300～380 nm 增加农作物叶片厚度，抑制植株生长；380～480 nm 绿叶光合作用的光谱带，能防止叶片黄化和产生丛叶，促进植物杆茎生长；480～600 nm 被植物反射，不吸收；600～780 nm 绿叶光合作用的另一个重要光谱带，对花和叶片的形成、根茎的发育有很大的作用。尤其是对种子发芽、枝叶分叉、色素合成、杆茎生长、开花和酶的成形等特别重要；780～1000 nm 增加植物的干重；＞1000 nm 红外光经作物吸收后变为热量外无其他作用。促进植物生长的荧光光谱主要集中在 380～480 nm 的蓝紫光和 600～760 nm 的橙红光。为了充分利用能量，光谱中 480～600 nm 波段的光辐射应尽可能少。植物生长灯粉由发射蓝光的荧光粉和发射红光的荧光粉按一定比例组合而成。

发射蓝光的发光材料可以是下述发光材料中的任一种或几种混合物。焦磷酸锶铕 $Sr_2P_2O_7$：Eu，多铝酸钡镁铕 ($BaMgAl_{10}O_{17}$：Eu)，发射峰值波长为 450 nm；

氯磷酸锶铕 $Sr_{10}(PO_4)_6Cl_2$：Eu，发射峰值波长为 448 nm；焦磷酸锶锡($Sr_2P_2O_7$：Sn)，发射峰值波长为 460 nm。在这几种荧光粉中，前者以铕为发光中心有高的发光效率和较好的光衰特性，而后者价格比较便宜。

发射橙至红光的荧光粉可以是下述几种发光材料中的混合物。磷酸锶镁锡 $(SrMg)_3(PO_4)_2$：Sn 发射峰值波长为 625 nm；磷酸钡钙铈锰 $(CaBa)_3(PO_4)_2$：Ce, Mn 发射峰值波长为 650 nm；氟锗酸镁锰 $3.5MgO \cdot 0.5MgF_2 \cdot GeO_2$：Mn 发射峰值波长为 650 nm；同样发射峰值波长为 650 nm 的砷酸镁锰 $6MgO \cdot As_2O_5$：Mn 以及铝酸锂铁 $LiAl_5O_8$：Fe 发射峰值波长为 675 nm 和 $LiAlO_2$：Fe 发射峰值波长为 740 nm。

Eu^{2+}、Eu^{2+}+Mn^{2+}或 Ce^{3+}激活的 $M_3MgSi_2O_8$。$M_3MgSi_2O_8$ 中 $Ca_3MgSi_2O_8$ 的晶体结构为菱形斜方晶系的镁硅钙石结构。$Sr_3MgSi_2O_8$ 和 $Ba_3MgSi_2O_8$ 属正交晶系。在镁硅钙石的结构中，有三个不等当的 Ca 格位，配位数分别为 8、9、8，此外，还有一个八面体的格位。

Eu^{2+}激活的 $M_3MgSi_2O_8$ 是一类高效的蓝色荧光粉。它们在 253.7 nm 激发下的发射光谱示于图 5-28 中，发射光谱均不是高斯分布。这反映出由于存在不等当阳离子格位，形成不同的 Eu^{2+}发射中心。Eu^{2+}激活的这类荧光粉的激发光谱很宽，几乎覆盖整个 UV 光谱区，甚至可用蓝光激发，随着 Ca→Sr→Ba 组成变化，发光强度的温度特性逐渐变好。在 $(Ba_{1-x-y}Sr_xCa_y)_3MgSi_2O_8$ $(0 \leqslant x, y \leqslant 1)$ 中，在 Eu^{2+}, Mn^{2+}共掺时，可以发生 Eu^{2+}→Mn^{2+}的无辐射能量传递，与在 $BaMg_2Si_2O_7$：Eu^{2+}, Mn^{2+}中相同，Eu^{2+}离子能有效地敏化 Mn^{2+}的红色发射，Eu^{2+}的发射强度随着 Mn^{2+}的浓度增加而下降，而 Mn^{2+}的红色发射则增强。

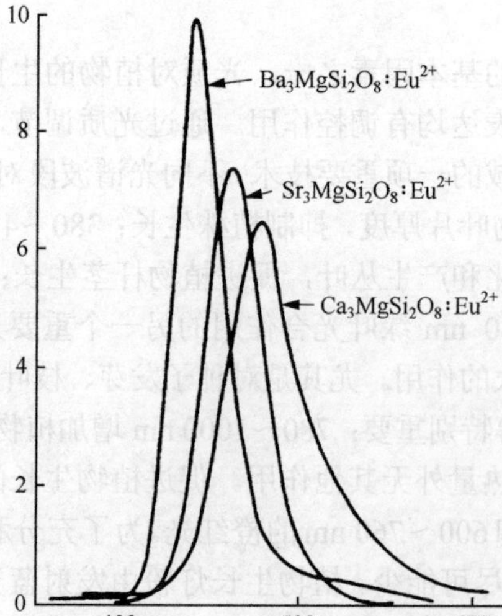

图 5-28　$M_3MgSi_2O_8$：$Eu^{2+}_{0.04}$ (M=Ba, Sr, Ca) 的发射光谱

Ce^{3+}激活的 $M_3MgSi_2O_8$(M=Ca，Sr，Ba)在 UV 光激发下，发射较强的蓝紫光[37, 38]。

$M_3MgSi_2O_8$ 的制备是将 MCO_3(M=Ca，Sr，Ba)和很细的 SiO_2 按化学计量比混合，加入少量的 CeO_2、Eu_2O_3 或 $MnCO_3$ 等激活剂，研细、混匀，在 1100～1300℃弱还原气氛中灼烧数小时，并在弱还原气氛中冷却，得到产物。$Ba_3MgSi_2O_8$ 荧光粉体系可用于荧光灯的颜色修正和植物生长灯。

5.7　高压汞灯用稀土发光材料[2, 3]

高压汞荧光灯(简称高压汞灯)是高气压放电光源中最早出现的灯种。从镇流形式上可分为外镇流和自镇流两种。高压汞灯是一种功率大、长寿命、可靠性高、光效较高的照明光源，已广泛用于道路、广场、仓库等场所的照明，还可用于保健、化学合成、塑料及橡胶的老化实验、荧光分析、紫外线探伤等许多领域。但高压汞灯中由于缺少 600 nm 以上的红光，灯的发光色呈青白色，显色性差，*Ra* 约为 22，无法用作照明光源，通过在灯的外管内壁涂敷可被 365 nm 紫外光激发的红色发光材料薄层，使灯的显色性明显改进，使高压汞灯成为照明光源。

最早使用的红色发光材料是锰激活的氟锗酸镁($3.5MgO \cdot 0.5MgF_2 \cdot GeO_2 : Mn^{4+}$)，其发光峰在 655 nm。灯的发光增加了红色光，改进了灯的显色性能，使 *Ra* 由 22 提高到 44，但由于这一材料也吸收汞在 404.7 nm、435.8 nm 的蓝色发光，灯的发光效率并未提高。

高压汞灯中汞辐射的能量分布和荧光灯明显不同，而且涂敷发光材料的外管内壁的工作温度高达 200～250℃。因此，对所用发光材料性能上的要求也与荧光灯用发光材料有所不同。具体要求如下。

(1) 在 254～365 nm 范围内的，特别是 365 nm 紫外光激发下，有高的发光效率。

(2) 要有好的温度特性，在 200～250℃高温下，发光效率不下降或降低很少。

(3) 对汞的蓝色谱线吸收小。

(4) 对短波紫外光辐照的稳定性要好。

(5) 具有适宜的粒径和粒度分布。

上述要求中最为苛刻的是材料在 200～250℃温度下，仍具有良好的发光性能。这阻碍了不少红色、蓝色发光材料在高压汞灯中的应用。表 5-3 列出主要的高压汞灯用荧光粉。

表 5-3　主要的高压汞灯用荧光粉

荧光粉组成	发光颜色	峰值波长/nm	半峰宽/nm	应用
$Y_2O_3：Eu^{3+}$	红	512 nm	5	标准灯
$YVO_4：Eu^{3+}$	红	619 nm	5	标准灯
$Y(V, P)O_4：Eu^{3+}$	红	619 nm	5	标准灯
$(Sr, Mg)_3(PO_4)：Sn^{2+}$	橙红	620 nm	40	改善灯颜色
$3.5MgO·0.5MgF_2·GeO_2：Mn^{2+}$	深红	655 nm	15	改善灯颜色
$Y_2SiO_5：Ce^{3+}, Tb^{3+}$	绿	543 nm		改善灯颜色
$Y_2O_3·Al_2O_3：Tb^{3+}$	绿	545 nm		改善灯颜色
$Y_3Al_5O_{12}：Ce^{3+}$	黄绿	540 nm	12	低色温灯
$BaMg_2Al_{16}O_{27}：Eu^{2+}, Mn^{2+}$	蓝绿	450 nm，515 nm		改善灯颜色
$(Ba, Mg)_2Al_{16}O_{24}：Eu^{2+}$	蓝	450 nm		改善灯颜色
$Sr_2Si_3O_8·2SrCl_2：Eu^{2+}$	蓝绿	490 nm	7	改善灯颜色
$Sr_{10}(PO_4)_6Cl_2：Eu^{2+}$	蓝	447 nm	32	改善灯颜色
$(Sr, Mg)_3(PO_4)_2：Cu^{2+}$	蓝绿	490 nm	75	改善灯颜色

1. 钒酸钇铕和钒磷酸钇铕

钒酸盐是一类好的基质，钒酸根在紫外区具有强的基质吸收，可将能量有效地传递给激活离子。1966 年铕激活的钒酸钇($YVO：Eu^{3+}$)在高压汞灯中得到应用，使灯的 *Ra* 和发光效率分别达到 44 lm/W 和 57 lm/W。

钒酸钇(YVO_4)的晶体结构属于正方晶系，具有锆石($ZrSiO_4$)结构。每个 V 原子处在 4 个 O 原子形成的四面体中心，Y 原子被 8 个 O 原子包围，8 个 O 原子形成 2 个畸形四面体。钒酸钇的晶格常数 a_o=7.12 Å、c_o=6.29 Å。钒被部分磷置换形成钒磷酸钇($YVPO_4$)固溶体，使晶格常数 a_o、c_o 减小。$EuVO_4$ 和 YVO_4 具有同样的晶体结构，所以 Eu 很易取代 YVO_4 中的 Y，形成高效的 $YVO_4：Eu^{2+}$发光材料。

基质在紫外光激发下发出 VO_4^{3-}的蓝色发光，掺入激活剂 Eu 后，形成的 $YVO_4：Eu^{3+}$使基质蓝色发光消失，发出 Eu^{3+}的特征发光。V—O—Eu^{3+}基本处在同一条直线，夹角为 170°，而且 VO_4^{3-}的蓝色宽发光带(λ_{max} 约 450 nm)和 Eu^{3+}的吸收线 527 nm、466 nm、418 nm 相重叠，所以 VO_4^{3-}吸收的激发能能有效地传递给 Eu^{3+}，使 Eu^{3+}能有效地发光。

图 5-29(a)给出了 $YVO_4：Eu^{3+}$和 $Y(V, P)O_4：Eu^{3+}$的激发光谱。在 230～330 nm 范围的宽激发带是由 VO_4^{3-}所引起的。同 $YVO_4：Eu^{3+}$相比，$Y(V, P)O_4：Eu^{3+}$的宽激发带截止波长移向短波，但 254 nm 位置的激发强度未变化，所以在 254 nm 紫外光激发下，PO_4 取代 VO_4 达到 80%时，也不会使 $Y(V, P)O_4：Eu^{3+}$的发光亮度发生变化。而在 365 nm 紫外光激发下，$Y(V, P)O_4：Eu^{3+}$的发光亮度则

随着 PO_4 根的取代量增加而下降。

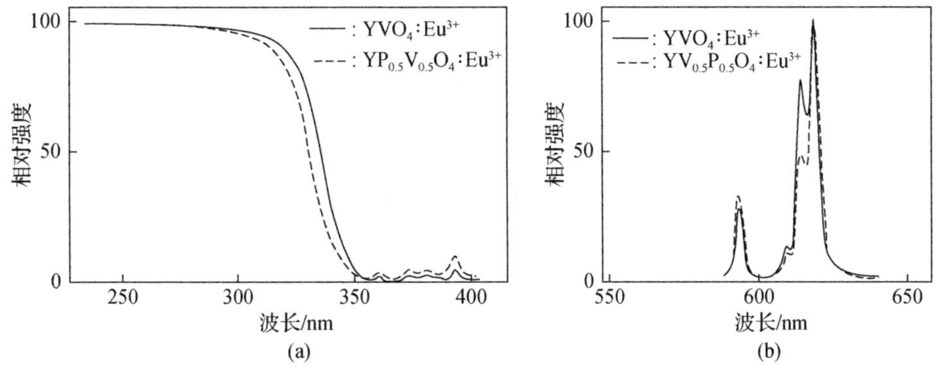

图 5-29　YVO_4：Eu^{3+}和 Y(V, P)O_4：Eu^{3+}的激发光谱(a)和发光光谱(b)

在 YVO_4：Eu^{3+}中加入微量 Bi，由于 Bi 在 350 nm 附近产生吸收，并把吸收的激发能传递给 Eu^{3+}，所以在 365 nm 激发下的发光亮度增强。

YVO_4：Eu^{3+}和 Y(V, P)O_4：Eu^{3+}发光光谱如图 5-29(b)所示。两种材料的发光光谱都由位于 610～620 nm 强谱线和 593 nm 弱谱线组成。610～620 nm 谱线由 Eu^{3+}的 $^5D_0$-$^7F_2$ 跃迁(属电偶极子跃迁)所引起。次谱线 593 nm 属 $^5D_0$-$^7F_1$ 的磁偶极子跃迁。在 Y(V, P)O_4：Eu^{3+}中次谱线 593 nm 的相对发光能量增强，有利于材料发光亮度的提高。YVO_4：Eu^{3+}的量子效率已达 90%。

YVO_4：Eu^{3+}和 Y(V, P)O_4：Eu^{3+}具有良好的温度特性。图 5-30 为不同紫外光激发时，YVO_4：Eu^{3+}的温度特性曲线。由图 5-30 可见，温度特性随激发波长改变而明显不同。在 365 nm 和高压汞灯中(365 nm+254 nm)激发时的发光亮度随着温度升高而显著增强，在 365 nm 激发时尤为明显，300℃时的发光亮度比室温时增强了 100 多倍。而在 254 nm 紫外光激发时，发光亮度随温度升高略有下降。Y(V, P)O_4：Eu^{3+}具有同样的温度特性，P 的置换量增加时，温度特性更加优异。

用 YVO_4：Eu^{3+}和 Y(V, P)O_4：Eu^{3+}制备的 400W 高压汞灯进行了老化实验，点灯 8000h 的光通维持率分别在 80%和 85%，说明这两种材料的抗老化特性是良好的。

制备 Eu^3 激活的 YVO_4 和 Y(V, P)O_4：Eu^{3+}荧光体有干法、湿法及半干法[39]，其中最方便的是干法。所用的原料有 Y_2O、V_2O_5(或 NH_4VO_3)、$(NH_4)_2HPO_4$ 和 Eu_2O_3，由于 V_2O_5、NH_4VO_3 在高温下易挥发，需使它们适当过量。在空气中 1000～1300℃下灼烧数小时。产物需洗去过剩的 V_2O_5，以保证荧光粉的质量。

2. 硅酸钇铈铽

硅酸钇铈铽(Y_2SiO_5：Ce^{3+}, Tb^{3+})是 20 世纪 70 年代中期开发出的一种绿色

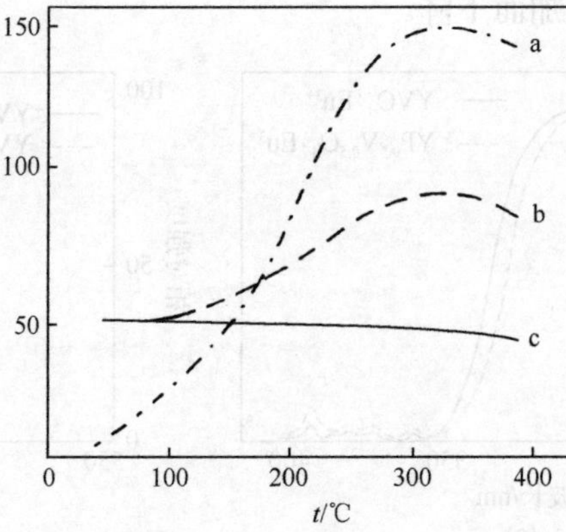

图 5-30　不同紫外光激发时，$YVO_4:Eu^{3+}$的温度特性曲线

a. 365 nm 激发；b. 高压汞灯激发；c. 254 nm 激发

发光材料。这一材料同 $YVO_4:Eu^{3+}$和 $Sr_{10}(PO_4)_6Cl_2:Eu^{2+}$一起混合，用于高压汞灯来改进灯的显色性和提高光效，同时也可作为三基色发光材料的绿色组分，用于制作三基色荧光灯。

$Y_2SiO_5:Tb^{3+}$的激发光谱由峰值在 248 nm 的宽带组成，在 254 nm 光激发下，发出由 Tb^{3+}的 $^5D_4$-^7F_J跃迁所引起的四条谱线组成的发光光谱。但在 365 nm 紫外光激发下几乎不发光，不利于高压汞灯。$Y_2SiO_5:Tb^{3+}$中加入 Ce^{3+}制成的 $Y_2SiO_5:Ce^{3+}, Tb^{3+}$，除了 $Y_2SiO_5:Tb^{3+}$的 248 nm 激发带外，由 Ce^{3+}引起在 304 nm 和 360 nm 附近的强激发带。用 365 nm 紫外光激发 $Y_2SiO_5:Ce^{3+}, Tb^{3+}$，$Tb^{3+}$就会发出 Tb^{3+}的四条特征发光谱线：490 nm($^5D_4$-$^7F_6$)、543 nm($^5D_4$-$^7F_5$)、585 nm($^5D_4$-$^7F_4$)、620 nm($^5D_4$-$^7F_3$)。这是由于 Ce^{3+}吸收了激发能传递给 Tb^{3+}而引起的 Ce^{3+}-Tb^{3+}敏化发光。在 254 nm 紫外光激发时由于 Ce^{3+}的敏化，Tb^{3+}的绿色发光也有所增强。

3. 铝酸钇铽

铝酸钇铽($Y_2O_3 \cdot Al_2O_3:Tb^{3+}$)与 $YVO_4:Eu^{3+}$混合制成的高压汞灯，已有产品在市场销售，灯的发光效率可达 60～64 lm/W，可用于室内照明。

$Y_2O_3 \cdot nAl_2O_3:Tb^{3+}$的激发光谱随 Al_2O_3 的含量改变而变化。Y/Al=0.2 时，275 nm 激发带最强。Y/Al=0.6 时，激发带 325 nm 最强。Y/Al=1 时，350～380 nm 范围的多重激发带最强。这一比值的 $Y_2O_3 \cdot Al_2O_3:Tb^{3+}$能有效地被 365 nm 光激发而具有高的发光效率。

$Y_2O_3 \cdot Al_2O_3:Tb^{3+}$的发光光谱示于图 5-31，由 Tb^{3+}的 $^5D_4$-^7F_J(J=6，5，4，3)跃迁引起的 490 nm、545 nm、595 nm、620 nm 附近的四条谱线组成。$Y_2O_3 \cdot Al_2O_3:Tb^{3+}$的温度特性优异，在 300℃附近的发光强度几乎不下降。

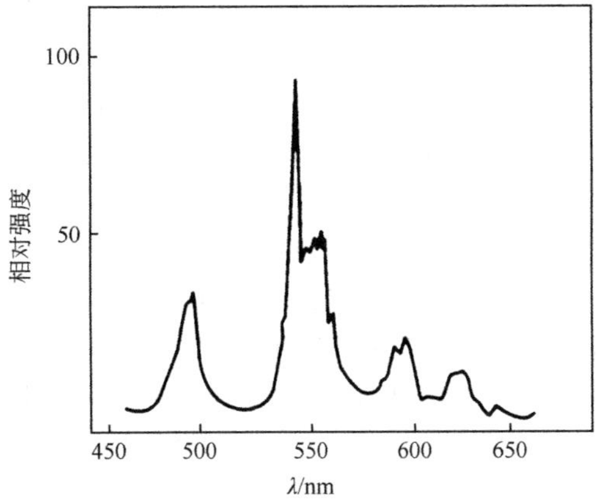

图 5-31　$Y_2O_3 \cdot Al_2O_3$：Tb^{3+}的发光光谱

$Y_2O_3 \cdot Al_2O_3$：Tb^{3+}由原料 Y_2O_3、Al_2O_3 和 Tb_4O_7 按确定配比称量，加入一定量的碱金属氟化物作助溶剂混合均匀后，在弱还原气氛中 1300℃灼烧数小时而成。

4. 氯硅酸锶铕

高压汞灯用发光材料采用发光波长峰值在 620 nm 的红色材料和 490 nm 的蓝绿色材料混合制灯，可使灯的 *Ra* 值达到最大值。发光带峰值波长在 490 nm 的蓝绿色材料有多种，氯硅酸锶铕($Sr_2Si_3O_8 \cdot 2SrCl_2$：$Eu^{2+}$)就是其中的一种。

$Sr_2Si_3O_8 \cdot 2SrCl_2$：$Eu^{2+}$的激发光谱和发光光谱如图 5-32 所示。在 200～450 nm 范围内有一宽激发带，254 nm、365 nm 紫外光都可有效地激发材料发光，可用作荧光灯和高压汞灯的灯用发光材料。$Sr_2Si_3O_8 \cdot 2SrCl_2$：$Eu^{2+}$的量子效率为 0.93。

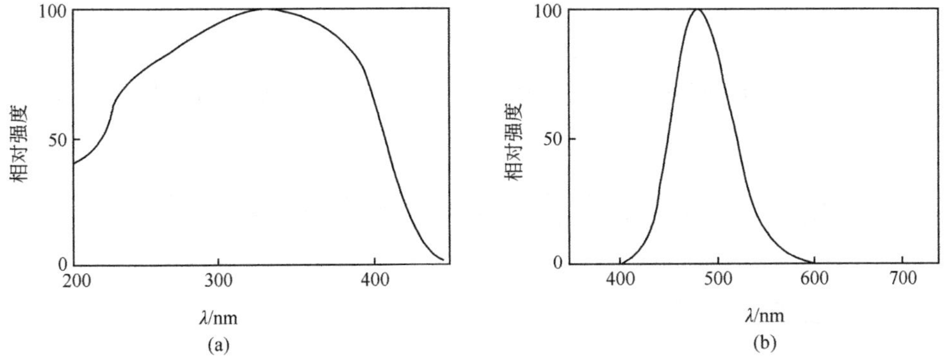

图 5-32　$Sr_2Si_3O_8 \cdot 2SrCl_2$：$Eu^{2+}$的激发光谱(a)和发光光谱(b)

$Sr_2Si_3O_8 \cdot 2SrCl_2$：$Eu^{2+}$的发光带峰值在 490 nm，它是由 Eu^{2+}的 4f-5d 跃迁所引起。随温度升高，这一发光带向短波方向移动，到 250℃时已移向 480 nm。有时在发光光谱的 425 nm 处会出现一弱发光带，这是由 $Sr_2Si_3O_8 \cdot 2SrCl_2$：$Eu^{2+}$中残存的杂质相 $SrCl_2$：Eu^{2+}的 Eu^{2+}引起，通过对材料进行水洗后，可除去 $SrCl_2$：Eu^{2+}，254 nm 处的弱发光带也随之消失。

$Sr_2Si_3O_8 \cdot 2SrCl_2$：$Eu^{2+}$的温度特性表明，随温度上升，材料的发光强度缓慢下降，到 300℃时已下降 30%之多，这表明材料的温度特性不是很好。

$Sr_2Si_3O_8 \cdot 2SrCl_2$：$Eu^{2+}$由 $SrCO_3$、$SrCl_2$、SiO_2、Eu_2O_3 按组分的化学计量比称量，用水混合均匀，120℃干燥后粉碎混均。第一次在空气中 850℃灼烧数小时，烧结物粉碎、混匀。第二次在弱还原气氛中经 940℃灼烧 1～2h 而成。

高压汞灯虽然光效较高，但亮度较低，而在某些实际应用中，要求光源有很高的亮度，例如，在光学投影系统中，有的需要 10^4 sb（1 sb=1 cd/cm^2）以上的高亮度光源。超高压汞灯是一种为了获得高亮度的光源。目前制成的超高压汞灯主要有两种形式：一种是球形超高压汞灯，另一种是毛细管超高压汞灯。

研究表明，通过提高汞蒸气压，使电弧功率密度提高，灯的亮度也随之提高。球形超高压汞灯中汞的工作气压一般约在 10～50 大气压，工作电流在 2～250 A，高亮度可达到 10^4～10^5 sb，光效约为 50～55 lm/W。毛细管超高压汞灯中汞的蒸气在 50～200 大气压，工作电流在 1～2A，高亮度在 10^3～10^5 sb，光效约为 55～60 lm/W。

随着汞蒸气压的升高和电流密度增大，电子密度、单位长度输入功率和辐射功率、气体温度、电子温度等都相应增大。随着汞蒸气压的升高，原子热激发、热电离的概率增大，共振辐射几乎被高浓度的气体原子完全吸收，紫外辐射也减弱，并且使谱线展宽，特别是带电粒子的复合概率增大而使连续背景越来越强，红色成分也随着气压的升高而增大，低气压几乎没有红色成分，高压汞灯中达到 1%～2%，球形超高压汞灯中达到 4%左右，毛细管超高压汞灯中达到 6%左右。

无论是球形，还是毛细管超高压汞灯均在高温、高压下工作。如球形超高压汞灯的管壁温度在 800K 以上，而毛细管超高压汞灯必须在水冷或压缩空气冷却下工作。

5.8　金属卤化物灯用稀土发光材料[1-6]

5.8.1　金属卤化物灯

金属卤化物灯由 Gilbert Reling 于 1961 年发明。金属卤化物灯起初只是为了增加高压汞灯中的红色成分，改善灯的光色而研制的，但与荧光型高压汞灯不同，它采取了另一条技术路线，即通过向灯中添加金属卤化物来增加红色成分。现在的金属卤化物灯在光色、光效、使用寿命等方面都超越了高压汞灯，具有光效高(65～150 lm/W)、显色性好(Ra=65～95)、寿命长(8000～20000 h)、功率范围广(20 W～10 kW)等多种优点，在厂矿、场馆、园林、道路等泛光照明以及影视、捕鱼、植物照明等特种照明领域都具有广泛应用。金属卤化物灯作为新一代优质电光源，正在逐步替代高压汞灯应用于泛光照明领域。

金属卤化物灯是一种气体放电灯，其原理是在放电管内电子、原子、离子之间相互碰撞，而使原子或分子电离，形成激发态，再由电子或离子复合而发光。金属卤化物发光材料是决定金属卤化物灯性能的关键材料。这些卤化物在放电管中受电弧激发后，辐射出元素的特征谱线而发光。稀土金属卤化物发光材料是金属卤化物灯中重要的材料之一。这些卤化物在放电管中受电弧激发后，辐射出稀土元素的特征谱线而发光。

在金属卤化物灯内，尽管参与发光的物质是金属的原子或分子，但充入灯内的并不单是金属，而通常是金属卤化物，其原因在于：①几乎所有的金属的蒸气压在同一温度下均比该金属的卤化物的蒸气压要低得多(钠除外)，从而在灯内仅有单纯金属时电弧中金属原子浓度太低，不能产生有效的辐射。而在 1000 K 时，几乎所有金属卤化物的蒸气压都大于 1 Torr(1 Torr=1.3332×10^2 Pa)，利于产生有效辐射。②金属卤化物(除氟化物外)都不与石英泡壳发生明显的化学作用，而纯金属一般易于与石英玻璃发生化学反应，使泡壳易损坏。

金属卤化物灯内是一个较其他灯更复杂的化学体系。在灯工作时金属卤化物会不断地进行分解和复合的循环。该循环的过程即是灯的发光过程；金属卤化物在管壁工作温度(1000 K 左右)下大量蒸发，因浓度梯度而向电弧中心扩散。在电弧中心高温区(4000～6000 K)金属卤化物分子分解为金属原子和卤素原子。金属原子在放电过程中产生热激发、热电离，并在复合过程中向外辐射不同能量的光。由于电弧中心金属原子和卤素原子的浓度较高，它们又会向管壁扩散，在接近管壁的低温区域又重新复合形成金属卤化物分子。正是依靠这种往复循环，不断向电弧提供足够浓度的金属原子参与发光，同时又避免了金属在管壁的沉积。

原则上，金属的各种卤化物均可用于金属卤化物灯，但目前多数灯采用金属碘化物，也有不少场合使用溴化物或氟化物效果更好；有些金属卤化物虽然在电弧温度下很少分解，但会产生很浓的分子光谱(如卤化锡、卤化铝)，也可用于分子发光灯。

按照金属卤化物灯的光谱特性，可制成不同类型的金属卤化物灯。

(1)利用金属具有很强的共振辐射做成色纯度很高的灯，如利用钠在 589.0 nm 和 589.6 nm 的黄光做成钠灯，主要用于装饰或光谱分析。

(2)选择几种在可见区发出强光谱线的金属碘化物，按一定比例组合，可制成白光或其他彩色的灯。

(3)利用某些金属(如稀土金属)在可见区能发射大量密集的线光谱，得到类似日光的白光，其显色性和光效通常都很高，如碘化钪–碘化钠灯。

(4) 利用某些金属卤化物分子发光，制成带状光谱、连续成分很强的分子发光灯。

(5) 利用金属蒸气放电灯在高压或超高压下谱线展宽、连续背景加强、显色性改善、亮度增大的特性，可制成金属卤化物的高压或超高压灯。

在金属卤化物灯中，充有一定量的汞和一种或几种金属卤化物，同时也充入几十 Torr 惰性气体，但汞在金属卤化物灯中的作用却与在高压汞灯中大不相同。在高压汞灯中，汞是发光物质，但在金属卤化物灯中，汞的辐射很小。这主要是由于通常灯内金属的激发电位较低，平均在 4 V 左右，而汞的平均激发电位较高，约为 7.8 V，因而电弧内受激的金属原子比汞原子多，其光谱强度也远超过汞光谱。同样的，由于卤素原子的激发电位也比较高(碘为 6.8 V，溴为 7.86 V，氯为 8.9 V)，所以它们也很少参与发光。

金属卤化物灯中充有少量汞。虽然汞对发光的贡献很小，但在金属卤化物灯的发光机理中扮演重要角色。众所周知，汞是有毒物质，会对环境造成严重污染。为了减少或替代汞的使用，寻找汞的替代物，人们尝试了多种方法以实现金属卤化物灯的无汞化。

目前无汞金属卤化物灯主要分为两大类：一类是无电极金属卤化物灯，它通过电极耦合使充入灯的放电管内的稀有气体和金属卤化物电离放电发光；另一类是有电极的金属卤化物灯。如 Born[40] 于 2001 年即开始研究用锌取代汞作为缓冲气体。研究发现，充锌的陶瓷金属卤化物灯除了光效比充汞陶瓷金属卤化物灯略低以外，其他光电参数均十分接近。

理想的金属卤化物灯对卤化物有如下要求：

(1) 在室温下金属卤化物的蒸气压要低，在可以达到的管壁温度下，金属卤化物具有足够高的蒸气压，若室温下卤化物蒸气压过高，容易造成灯的启动困难。一般认为金属的碘化物比较适宜。

(2) 金属卤化物在电弧温度下可以完全分解为金属和卤素原子，金属原子的浓度越大所发射的光谱越强，而在电弧之外又极易重新形成卤化物，且分解温度要高于管壁温度。

(3) 在管壁温度下稳定，不会在管壁析出金属，从而避免金属与石英玻璃发生反应，对石英等管壁和电极材料无腐蚀作用。

(4) 金属元素的发射最好在可见区，以利于作为照明光源。

金属的碘化物通常比其氯、溴化物更为合适，这主要是由于金属碘化物一般比金属的氯、溴化物具有更高的蒸气压，且在金属卤化物灯的工作状态下易于分解和复合，有助于卤化物在灯内的物质循环。其中稀土金属钪、镝、钬、铒、铥、铈、钕的碘化物尤其符合金属卤化物灯的使用需求，因而获得了广泛的应用。

金属卤化物灯的光谱特性主要由卤化物中的金属元素所决定。稀土元素丰富的电子能级，使其具有比汞灯丰富得多的可见光谱线。稀土卤化物通常辐射出十分密集的线状光谱，谱线之间的间隔非常小，近似于连续光谱。

单一组分的稀土卤化物发光谱线仍以蓝紫光为主，而红光辐射较弱，但与汞灯相比，其显色指数和光效均有显著提升，一般 *Ra* 值可达 50～90，色温介于 4600～7000 K 之间，光效可达 50～92 lm/W。实际应用中，为了进一步提高金属卤化物灯的光色性能，常把稀土卤化物与其他非稀土卤化物如 NaI、CsI、TlI、InI 等混合使用。将非稀土金属卤化物与稀土卤化物混合使用还可以有效提高稀土卤化物的蒸气压，这是因为稀土卤化物可以与其他金属卤化物形成更低熔点、更高蒸气压的复合卤化物。例如，ScI_3 与 NaI 形成的复合卤化物 $NaScI_4$ 的饱和蒸气压是 NaI 的 50 倍、ScI_3 的 10 倍。这样一方面可以减少稀土卤化物在灯中的填充量，有利于高熔点物质的受激发光，同时可以降低放电管工作温度和管壁负载，从而延长灯的使用寿命。

市场上常用的照明用金属卤化物灯，根据其所用金属卤化物成分的不同，通常可分为三个系列：以 ScI_3、NaI 为主要发光材料的钪钠灯系列，以 DyI_3、CsI 为主要发光材料的镝灯系列，以及以 NaI、TlI、InI 为主要发光材料的钠铊铟灯系列。

5.8.2　稀土金属卤化物灯用发光材料

1. 稀土金属卤化物灯的发光特性

在金属卤化物灯中，卤化物中金属原子的激发能级远远低于汞和卤素原子的激发能级，因而灯的光谱特性主要由卤化物中的金属元素所决定。稀土金属卤化物灯所辐射的可见光谱，比汞灯的谱线丰富得多，为十分密集的线状光谱，谱线之间的间隔非常小，密集的谱线几乎构成连续光谱。其中钪、镝、铒、铥、钬等谱线连续程度较其他稀土元素好。

尽管各类稀土金属卤化物灯仍然是在蓝紫光范围的谱线较丰富，而红色光辐射较弱；但与汞灯相比，显色指数达到了 50～90，色温(除钬为 4600 K 外)一般在 5000 K 以上，有的与 6500 K 的日光相近，光效也均在 50～80 lm/W 之间，数据详见表 5-4。一般来说，稀土金属卤化物灯在可见光区仍存在汞的特征谱线(如 404.7 nm、435.8 nm、546.1 nm、577.0 nm、579.0 nm)，但对于不同稀土元素的灯，汞辐射的贡献有所不同，有的被加强，有的被抑制。如在镧、铽等元素的灯中，577.0 nm 和 597.0 nm 两条谱线得到加强，而在镝、铒等元素的灯中则被削弱。不同的稀土元素在不同的波长范围有不同的辐射效率。

表 5-4　稀土金属卤化物灯的发光性能

稀土元素	光效 /(lm/W)	色温 /K	显色指数	稀土元素	光效 /(lm/W)	色温 /K	显色指数
La	51	6300	65	Ho	73	4600	83
Ce	78	6400	76	Er	76	5400	92
Pr	62	5600	53	Tm	72	5500	87
Nd	70	5600	80	Yb	81	5100	70
Sm	70	6500	79	Lu	69	7000	77
Eu	53	6800	73	Y	60	6400	64
Gd	61	7000	69	Sc	54	5800	90
Tb	66	6800	50	Hg	51	6900	29
Dy	75	5300	86				

2. 多组分稀土卤化物

在制备稀土金属卤化物灯时，为了获得高的光效和良好的显色性，目前已从单一组分的稀土金属卤化物发展到多组分卤化物灯。采用几种稀土金属的组合，或与非稀土金属(如钠或铊)的组合，如 DyI_3+HoI_3+TmI_3、DyI_3+TlI、DyI_3+HoI_3+NaI 和 ScI_3+NaI 等，以不同的比例添加到灯内，便可达到改善灯的发光性能的目的。例如 Sc-Na 系列，选取的最佳比例可达到很高的光效，400 W 的灯，光效可达 100 lm/W；1000 W 的灯，光效可达 130 lm/W。

何华强等报道[41]，钪钠系列和镝系列稀土金属卤化物灯中添加碘化铊 TlI 发光的能量输出随其在灯中的填充量的增加而增加，只要选择适当的组分比例，就可获得不同用途的光色，可以调整光效、色温、显色指数等参数。而对于稀土金属卤化物灯来说，其谱线多而密集，使整个底谱线升高，在总辐射能量中的比例很大，这有利于获得高光效和高显色指数。

以多组分卤化物的形式充入灯内，不仅可以改善灯的光色和显色指数，而且还可以延长灯的使用寿命。例如，在球形镝灯内，使用碘化镝和溴化镝的混合物比单独使用一种卤化物效果更好。只使用碘化镝，光色虽好，但早期发黑严重，灯的寿命短；只使用溴化镝，阴极不易损坏，可减缓灯的发黑，但溴化镝的色温高，显色指数低。采用混合添加的形式，可以综合两者的优点，避免缺点。

3. 稀土复合卤化物

稀土金属卤化物属于低发挥性卤化物，仅靠卤化物自身很难在电弧中得到理想的蒸气密度。如果采用提高管壁负载的方法来提高金属卤化物的蒸气密度，则受到管壁材料和电极材料的耐热耐腐蚀性及化学稳定性的限制。目前提高低发挥性金属卤化物蒸气压的有效措施，是采用不同金属卤化物形成的复合卤化物。与单一组分相比，金属复合卤化物具有更低的熔点、更高的蒸气压。这样既可以减少卤化物在灯中的填充量，又利于高熔点物质受激发光，而且还可以降低放电管工作温度和管壁负载，从而延长灯的使用寿命。在放电管中，复合卤化物在电弧管的管壁温度下只蒸发而不分解，但复合卤化物的蒸气压明显高于单一组分卤化物的蒸气压。大量的实验证明，在许多卤化物的复合中均出现蒸气压升高的现象，例如，复合卤化物 ScI_3·NaI 的蒸气压为 NaI 的 50 倍，ScI_3 的 10 倍；复合卤化物 DyI_3·NaI 的蒸气压为 DyI_3 的 8 倍(1000K)，因此，只要选择组成适当的复合卤化物，就可在电弧管管壁温度相对较低的条件下得到相对较高的原子浓度，从而使放电管获得理想的光效和显色性。目前已采用的稀土金属复合卤化物的有：DyI_3·NaI、CsI·ScI_3、CsI·NdI_3、CsI·CeI_3、LiI·ScI_3、CsI·SmI_3、CsI·LaI_3 等，表 5-5 列出几种金属卤化物灯的光电性能[1]。

表 5-5　几种金属卤化物灯的光电性能

金属卤化物	功率/W	光效/(lm/W)	Ra	T_c/K
ScI_3·NaI(ThI_4)	400	100	65	4000
DyI_3·TlI(NaI)	400	80	90	6000
DyI_3·NdI_3·CsI	400	80	90	6500
DyI_3·TmI_3·HoI_3·TlI·NaI	250	80	85	4200
TmI_3·TlI·NaI	150	80	80	4000
DyI_3·TlI	150	80	90	4800
DyI_3·TlI	400	83	90	6000
DyI_3·NdI_3·CsI	50	62	88	6500
HoI_3·TlI	400	90	90	5100
ErI_3·TlI	400	90	90	5500

由稀土碘化物与其他金属碘化物组成的三元或多元复合物普遍具有高蒸气压，发光效率较高和 400～500 nm 范围强蓝光发射，可用于印刷、丝印和光刻，其节能效果大大超过氙灯。

何华强等[41]发现 Sc、Ce、Tm 的复合物可获得高光效，Gd 可提高色温，Dy、Er、Tm 可获得很高的显色性，Na、Tl、In、Cs 可调整色温、显色指数和提高蒸气压。

复合卤化物必须同时兼顾各种卤化物的组成、熔点、蒸气压、密度、表面张力、比热容、黏度等多种因素，才能正确设计熔融温度、气体压力等工艺条件，制备组分和粒径符合要求的球状颗粒。

5.8.3 稀土卤化物的制备

不同的金属卤化物有不同的制备和提纯方法，金属组分采用高纯金属或分析纯试剂为原料，卤素组分采用卤素单质、氢卤酸或卤盐为原料。通过金属与卤素的反应、金属或其氧化物与氢卤酸的反应，以及相应盐类的复分解反应制备粗产物，经提纯可得到纯度99.9%以上的产品，常见杂质Sn、Fe、Mo、Co、Cr、Mn、Sb、Mg、Gd、Cu、Pb、Bi、Ca、Al、Sr的总量的摩尔分数小于0.1% [41]。稀土卤化物的制备方法通常有以下几种：

(1) 脱水法，称为湿法。以稀土氧化物和氢卤酸为原料，先制备稀土卤化物的结晶水化合物，再经真空脱水或在保护气氛中脱水，制备无水卤化物。

(2) 以稀土金属与碘化汞反应制备稀土碘化物。如：

$$2M+3HgI_2 \longrightarrow 2MI_2+3Hg$$

(3) 以稀土金属与单质碘直接作用。金属卤化法称为干法，如：

$$2M+3I_2 \longrightarrow 2MI_3\ (M\ 为金属)$$

以金属和卤素单质为原料，通过其直接化合来制备。大多数稀土碘化物都采用此方法制备。其优点是反应在干燥环境中进行，便于控制产物中的水含量。缺点是需采用稀土金属作为原料，成本较高，且部分稀土金属的反应温度较高。由于大多数稀土碘化物具有较高的蒸气压，因此采用该法制备粗产品，再通过真空升华进行提纯，可以获得很高纯度的稀土碘化物。常用的ScI_3、DyI_3等稀土碘化物都采用此法进行制备。

(4) 金属氧化物复分解。如：

$$M_2O_3+2AlI_3 \longrightarrow 2MI_3+Al_2O_3$$

为了获得比较纯净含水少的金属卤化物，实验室常用干法制备，即让金属与卤素在其真空中直接加热反应，再经过两次以上的真空升华获得纯的金属卤化物。大批量生产则采用金属和碘化汞置换反应制备，可将定量的金属和碘化汞充入灯内进行置换反应。

大多数金属卤化物都易吸潮，且易于潮解，应采用干法制备。如果吸潮的卤化物将水分或氧带入放电管中，氧会腐蚀电极，氢将使灯的启动和再启动电压升高；严重影响灯的寿命。因此，必须采用特殊的装置合成卤化物，以保证卤化物中H_2O和氢氧化物的摩尔分数不超过2×10^{-6}。在包装和运输过程中，应将卤化物颗粒置于充有氩气的、带有去除水和氧的循环系统的干燥箱中，使水和氧的摩尔分数在1×10^{-6}以下。金属卤化物除了不应含水外，还要求其总的金属杂质的质量分数低于10×10^{-6}。制备时尽可能采用高纯度原料。

金属卤化物发光材料是以球形药丸颗粒的形式进行使用，制灯时采用注丸器将其注入电弧管，通过控制药丸颗粒数来控制发光材料的用量，因此对药丸的粒径均一性具有很高的要求。金属卤化物发光药丸的关键制备技术有两点：一是高纯无水卤化物原料的制备技术，二是金属卤化物药丸的造粒技术。前者主要的难点在于控制原料的纯度，特别是控制水、氧杂质的含量，后者除了水、氧杂质的控制之外，还必须精确控制颗粒的粒径大小(通常在 0.1～10 mg)并保证组分的均一性。

水、氧杂质是灯用稀土卤化物中需要重点控制的杂质。水蒸气的存在会导致高温下稀土卤化物的水解，生成稀土卤氧化物和卤化氢气体。稀土卤氧化物蒸气压很低，不参与发光，会造成灯光效降低、光色漂移，而卤化氢气体的生成则会造成灯启动电压大大升高，造成灯启动困难。由于稀土卤化物极易吸潮，为了严格控制卤化物药丸产品中的水含量，稀土卤化物的制备、造粒、筛分、保存等都必须在高纯干燥惰性气体保护下进行，最终的药丸产品通常烧封在充 Ar 硬质玻璃管中，以杜绝暴露空气。氧化物杂质虽然不会对灯的启动和光色性能造成明显影响，但会随着卤化物的循环而附着在管壁上，影响管壁的透光性。同时，含有过多的氧化物杂质会给金属卤化物的熔融造粒带来困难，影响药丸颗粒的成型和光洁度，容易造成颗粒的粘连，严重时会阻塞造粒管嘴尖，导致造粒失败[42]。

为避免在制灯过程中充填卤化物时将水蒸气带入放电管，应预先在低温(约 120℃)和真空条件下对卤化物进行热处理。如果先在高温下进行除水蒸气，卤化物将会和水发生反应，生成分解温度很高的碘氧化物，充入放电管的碘氧化物在电弧的高温下会分解产生氧，对灯是不利的。排气时对金属卤化物进行低温除气的时间越长越好。对于吸潮性极强的卤化物，可将其溶解在无水乙醚中，按浓度将一定体积的溶液倒入石英支管，接着将石英支管熔接到石英放电管上，然后加热支管，减压除去乙醚，在支管内剩下的就是所需定量的金属卤化物。

金属卤化物在高温下对石英仍有一定的腐蚀作用，例如 DyI_3 与石英管壁发生反应。金属卤化物与阴极材料也应相适应，一般放电灯阴极使用的 BaO 不能用于卤化物灯，因为它们会发生反应。DyI_3 汞灯不能用氧化钍作发射阴极，ScI_3 汞灯要用 Sc_2O_3。金属卤化物的形态是影响光源参数和制灯的重要因素，颗粒状卤化物适用于目前制灯的工艺。

5.8.4 金属卤化物灯类型

目前应用的稀土金属卤化物灯，主要有充入钪、钠碘化物的钪钠灯和充入镝、铊、铟碘化物的镝铊灯两个系列。这两种灯在 500～600 nm 波长范围内都有较大的光输出，而这一波段光谱的光效率最高，所以这两种灯有较高的发光效率，一般高于高压汞灯，接近或略高于荧光灯。这两种灯的色温均较高，属于冷色调。镝灯有较多的连续光谱，显色指数较高。钪钠灯和镝灯的光效、色温和显色指数参见表 5-6。

表 5-6　普通照明用金属卤化物灯的发光性能

系列	光效/(lm/W)	色温/K	平均显色指数 *Ra*
钪钠系列	80	3800～4200	60～70
镝铊系列	75	5000～7000	75～90
钠铊系列	80	4200～6000	60～70
锡系列	60～80	4500～5500	58～95

(1) 钪钠系列。钪钠灯是金属卤化物灯中用量最大的一类，所用发光材料成分相对简单，通常只有 ScI_3、NaI 两种，按照不同的比例混合而成，部分钪钠灯为了改善其启动性能，还加入很少量的 ThI_4。钪钠灯的典型发光谱线如图 5-33 所示，主要包括钠的强谱线、钪的连续弱谱线和部分汞线。钪钠灯的谱线主要集中于 500～600 nm 区间，因此光效相对较高，通常在 80 lm/W 以上，最高可达 110 lm/W。其色温较低，通常在 3000～4500 K，属于暖白光区间，较适合用作照明。使用寿命约 10000 h。缺点是显色性较差，*Ra* 值通常在 65～80。我国和美国等国家广泛使用钪钠灯作为大面积照明用灯。

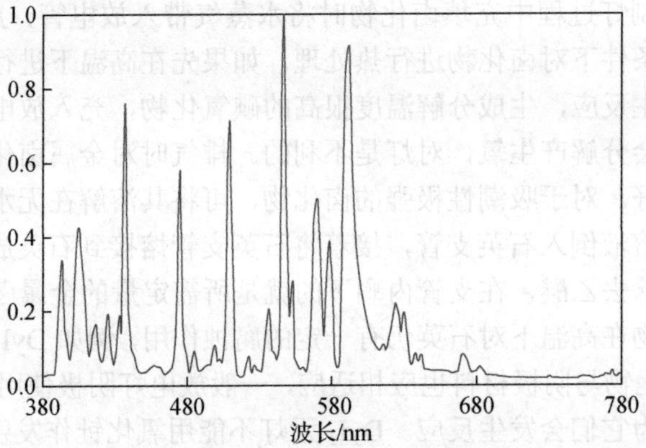

图 5-33　钪钠灯的典型发光谱线

(2) 镝铊系列。使用镝、钬、铥等稀土金属卤化物，可在可见光区域产生大量密集的光谱谱线，谱线间的间隙很小，可以认为是连续光谱，光谱与太阳光相近。镝铊系列金属卤化物灯的显色性很好，显色指数可达 90，远远高于高压汞灯和高压钠灯。光效可达 75 lm/W。镝灯是一种极好的电影、电视拍摄光源。

(3) 复合稀土系列。由于钪钠灯和镝灯各有优缺点，因此近年来也有很多尝试，将不同发光材料混合起来使用，以达到改善其整体性能的目的。在钪钠灯的发光材料配方基础上添加一定量的 DyI_3、CsI、InI 等卤化物，可起到提高色温、改善显色性的作用；在镝灯的发光材料配方基础上添加一定量的 ScI_3、NaI、TlI_3 等，则可以起到降低色温、提高光效等作用。此外，有研究表明，Sc、Ce、Tm 的复合物可获得较高的光效，Gd 可提高色温，Dy、Er、Tm 可获得较高的显色性，Na、Tl、In、Cs 则可调整色温、显色指数和蒸气压。因此，复合稀土卤化物赋予了更多的选择，可以根据具体应用环境对灯的光色参数的要求，来选取不同的稀土卤化物作为其发光材料，从而实现对灯的性能设计。然而，混合稀土卤化物灯对发光材料的制备技术也提出了更高的要求。

金属卤化物灯按照灯电弧管泡壳材质可分为两种类型：一类是石英金属卤化物灯，其电弧管泡壳是用石英玻璃制成；另一类是陶瓷金属卤化物灯，其电弧管泡壳是用半透明氧化铝陶瓷制成。稀土卤化物灯可以制成单端、双端、球形、管状、交流、直流等多种形式。

1. 石英金属卤化物灯

石英金属卤化物灯是第一代金属卤化物灯，采用石英玻璃作为电弧管泡壳材料。石英金属卤化物灯制灯技术相对简单，成本也相对低廉，因而在市场上占有量较大。但受石英材料特性的限制，石英金属卤化物灯在性能上也存在一些明显的不足，如光衰大、色漂移严重、寿命短、光效提升困难等。这主要是由于以下几个原因造成的[43]：

(1) 石英在燃点温度下会与金属卤化物发生缓慢的化学反应，从而影响灯的寿命和光色特性。此外，过剩的卤素会使灯启动困难，产生有害的卤钨循环，腐蚀电极，使管壁发黑，引起光衰。

(2) 高温下 H_2 会透过石英管壁迁入到放电管内，造成金卤灯启动电压的不断提高，最终使灯泡启动困难，寿命缩短。同时，高温下 Na 元素会透过石英管壁迁移到放电管外，造成金卤灯颜色的变化。

(3) 受石英析晶温度的限制，石英金属卤化物灯的工作温度一般不超过 1000℃，而金属卤化物在这一温度下的饱和蒸气压相对较低，参与放电发光的金属原子浓度值也相应较少，从而影响了灯光效的提高。

2. 陶瓷金属卤化物灯

为克服石英金属卤化物灯光色稳定性差、寿命短等问题，同时进一步提高光效，在石英金属卤化物灯的基础上开发了陶瓷金属卤化物灯，采用具有耐腐蚀、耐高温、化学稳定性好的半透明氧化铝陶瓷代替石英作为电弧管泡壳材料。在 1150℃以下，氧化铝陶瓷一般不与填充的金属卤化物发生化学反应，因此陶瓷电弧管的工作温度可比石英电弧管提高约 200℃，这使陶瓷金卤灯的光效和显色性得到进一步提高，同时光色稳定性和使用寿命也得到了显著改善。以常用的 4200K 小功率金属卤化物灯为例，石英金属卤化物灯的显色指数 Ra 约为 82～85，光效约为 80～85 lm/W，平均寿命约为 9000 h，而陶瓷金属卤化物灯的 Ra 值可达 92～96，光效可达 90～95 lm/W，平均寿命可达 15000 h，各种参数全面优于石英金属卤化物灯。

陶瓷金属卤化物灯的制作难度相比石英金属卤化物灯有所增加，主要技术难点在于陶瓷电弧管泡壳的制备。早期的陶瓷金属卤化物灯陶瓷电弧管泡壳与高压钠灯的陶瓷电弧管泡壳结构基本相同，都是圆柱形结构。这种结构的缺点是电弧管各处的温度不均匀，在管内的棱角处温度较低，会导致金属卤化物的凝集，这样容易腐蚀陶瓷泡壳，并影响光输出和灯电压等性能。随后人们将其改进成椭球形结构，由于椭球形电弧管的形状与电弧的形状相近，电弧管壁的温度分布趋于均匀，消除了金属卤化物可能发生凝集的冷端，从而减轻了卤化物对电弧管的腐蚀。同时，相比于早期圆柱形结构，管壁承受的压力小，受力均匀，内管破裂的概率也大大减少。

尽管陶瓷电弧管具有更好的物化稳定性，能够耐受更高的温度，但也并不能完全避免金属卤化物与管壁的化学反应。特别是在材料、工艺不成熟的情况下，严重的腐蚀会导致陶瓷管壁发白，影响出光，甚至引起电弧管漏气而使灯失效。陶瓷管内壁的腐蚀主要有两种情况：一是气相金属卤化物盐与管壁氧化铝材料反应造成的腐蚀，二是电弧管中过量的金属卤化物熔盐沉积在冷端，对冷端管壁的腐蚀。

防止管壁腐蚀的方法主要有两种：一是改进电弧管的结构，通过提高电弧管壁的温度均匀性，降低气相反应的“搬运”速率，从而达到减小腐蚀的效果。将圆柱形电弧管改成椭球形，即可大大减轻金属卤化物对管壁的腐蚀。二是降低金属卤化物的浓度。一般而言，金属卤化物浓度越高，光通量就越大，但相应的腐蚀就越严重。因此，通过降低金属卤化物浓度的方法来减轻腐蚀时，必须兼顾其对光效的不利影响。常规的办法是改进金属卤化物药丸的成分，提高药丸的光效，从而在减小腐蚀和保持光效之间达到某种平衡。

陶瓷金属卤化物灯大多在饱和蒸气压下工作，金属卤化物不完全蒸发，气相和液相共存。由于连结电极尖的金属钼熔点有限，通常在电弧管两端毛细管内部引出电极，以远离高温电弧区，因而在毛细管中留有间隙。这样，液相的金属卤化物很容易进入间隙，形成冷端，使灯的参数受冷端的变化而变化。同时液态金属卤化物也会腐蚀陶瓷管壁。Hendricx 等[44]通过探索发现，金属铱不但熔点高，而且膨胀系数与 Al_2O_3 陶瓷匹配，还耐高温卤化物腐蚀。他们用铱代替钼连接钨电极，将铱跟氧化铝毛细管直接高温烧结，实现膨胀系数匹配的真空气密封接，消除了封接处的间隙。由于这种封接结构的电弧管的管壁温度可比饱和式电弧管高 250℃，金属卤化物完全气化后工作在非饱和蒸气压下。由于不再受冷端限制，光色的一致性大大改善，冷端的腐蚀也大大减小。其缺点主要是成本较高，使用铱电极引线会使电弧管的成本提高 20%以上，同时，排气管的激光封接工艺复杂，技术难度高。

参 考 文 献

[1] 丁有生，郑继雨. 电光源原理概论. 上海：上海科学技术文献出版社，1994.

[2] 徐叙瑢，苏勉曾. 发光学与发光材料. 北京：化学工业出版社，2004.

[3] 洪广言. 稀土发光材料：基础与应用. 北京：科学出版社，2011.

[4] 洪广言. 人工晶体学报，2015，44(10)：2641-2651.

[5] 李建宇. 稀土发光材料及其应用. 北京：化学工业出版社，2003：80-90.

[6] 洪广言，庄卫东. 稀土发光材料. 北京：冶金工业出版社，2016.

[7] Verstegen J M P J，Radieloic D，Vrenken L E. J Electochem Soc，1974，121：1627.

[8] 洪广言. 发光快报，1990，(增刊)：14.

[9] Buijs M，Meijerink J G，Blasse G. J Lumin，1987，37：9.

[10] 于德才，崔洪涛，洪元佳，等. 功能材料，2001，32(增刊)：248-249.

[11] 洪广言，李有谟，贾庆新，等. 灯与照明，1995，1：16.

[12] 许武亮，刘行仁，申玉福，等. 第二届中国稀土年会，北京，1990.

[13] Hong G Y，Jia Q L，Li Y M. J Lumin，1988，40/41：661.

[14] Van Schaik W，Lizzo S，Smit W，et al. J Electrochem Soc，1993，140(1)：216.

[15] Chauchard M，Denis J P，Langat B B. Mater Res Ball，1989，24：1303.

[16] Lin J H，Yao G Q，Dong Y，Park B，et al. J Alloys Compd，1995，225：124.

[17] 洪广言，姚国庆. 稀土，1990，11(5)：58.

[18] De Hair J T W，van Kemenade J T C. 3rd Inter Conf Science and Technology of Light Source，Toulouse. France，1983.

[19] Ding X Y. J LECs：Common Metal，1989，148：393.

[20] 洪广言，贾庆新，杨永清. 发光学报，1989，10(4)，304.

[21] Smets B M J，Verlijsdonk J G. Mater Res Bull，1986，21：1305.

[22] Ronda C R，Smets B M J. Electrochem Soc，1989，136(2)：570.

[23] Smets B，Rutten J，Hoeks G，et al. J Elctrochem Soc，1989，136：2119.

[24] 胡爱平，曾冬铭，舒万艮. 稀土，2005，26(1)：22-25.

[25] 王惠琴，胡建国，马林，等. 中国稀土学报，1999，17(supp)：668.

[26] 马林，胡建国，王惠琴，等. 发光学报，2002，23(4)：409.

[27] 孙加平，沈建莉，吴乐琦. 发光学报，1996，17(1)：11-13.

[28] 王彦吉. 发光学报，1990，11(2)：122.

[29] Den Engelsenl D，童林夙. 光电子技术，2006，26(3)：146.

[30] Riwotzki K，Haase M. J Phys Chem，2001，(B105)：12709.

[31] Hunt R B，Lawrence M L，Maynard H，et al. US：5714836，1998.

[32] 曾少波. 中国照明电器，2001，(1)：10.

[33] Hase T，Kamiya S，Nakazawa E，et al. Phosphor Handbook. Boca Raton：CRC Press，1998：

391-399.
[34] 于德才，李有谟，洪广言，等. 发光学报，1996，17(增刊)，25.
[35] 洪广言，李红军. 发光学报，1990，11(1)：29.
[36] Lammers M J J，Verhoar H C G，Blasse G. Mater Chem Phys，1987，16(1)：63.
[37] 黄立辉，刘行仁，王晓君，等. 无机材料学报，1999，14(2)：317.
[38] Huang L H，Zhang X，Liu X R. J Alloys Compd，2000，23：189.
[39] Butler K H. Fluorescent Lamp Phosphors-Technology and Theory. The Pennsylvaina State University Press，1980：190.
[40] Born M. J Phys D：Appl Phys，2001，34：909.
[41] 杨桂林，何华强. 中国照明电器，2000，(12)：4-7.
[42] 杨桂林，何华强，蒋广霞，等. 材料导报，2001，15(5)：58-60.
[43] 姜青松，王海波，朱月华. 中国照明电器，2012，10：1-5.
[44] Hendricx J，Vrugt J，Densissen C，et al. Proceeding of the 12th International Symposium on Science & Technology of Light Sources，FAST-LS，2010.

第 6 章　白光 LED 用稀土荧光粉

6.1　白光 LED

白光 LED 是由发光二极管(light emitting diode，简称 LED)芯片和可被 LED 有效激发的荧光粉组合而成，能得到各种室温发白光的器件。因其全固态的结构，白光 LED 照明又被称为固态照明(solid state lighting)。因为 LED 是半导体器件，白光 LED 照明又被称为半导体照明。白光 LED 作为一种新型全固态照明光源，由于其具有众多的优点、广阔的应用前景和潜在的市场，被视为 21 世纪的绿色照明光源。

白光 LED 的发展取决于发光二极管的发展。从 20 世纪 60 年代第一只发光二极管问世以来 LED 经历了 50 多年的发展，1993 年日本日亚化学公司率先在发蓝光的氮化镓 LED 技术上突破并很快产业化，进而于 1996 年实现白光发光二极管(white light emitting diode，简称白光 LED)，1998 年推向市场，为照明产业提供了一种新光源。2014 年，诺贝尔奖颁发给了 Akasaki Isamu、Amano Hiroshi 和 Nakamura Shuji 三位科学家，以表彰他们在高效率蓝光发光二极管方面所做出的创造性贡献，他们的工作为白光 LED 光源的开发奠定了基础。进入 21 世纪后，白光 LED 技术得到迅速发展，已广泛应用于照明等领域。

白光 LED 照明光源主要特点是：

(1) 发光效率高、耗电量小，具有良好的节能效果，理论上光效可达 300 lm/W。因此，白光 LED 照明是一种新型的绿色照明光源。

(2) 寿命长。LED 光源的寿命普遍大于 3 万 h，即使是频繁开关，也不会影响使用寿命；在所有光源中是最长的，可达 100000 h。

(3) 环保、无污染。白光 LED 在生产和使用过程中不产生对环境有害的物质，特别是能消除汞对人体和环境的污染，是一种绿色的光源。

(4) 安全。使用低压直流电(3～24 V)，温升较低；负载小、干扰小。

(5) 光谱范围宽。LED 光源发光的光谱可覆盖整个可见光区。

(6) 可视距离远。由于发光二极管的发射光谱半峰宽窄，因此可视距离远；LED 发光具有很强的方向性，从而可以更好地控制光线，提高系统的照明效率。

(7) 显色性好。显色指数可大于 80。

(8) 响应时间短。由于 YAG：Ce 荧光粉的余辉时间很短，其响应时间为 120 ns，仅为白炽灯的千分之一；白炽灯的响应时间为毫秒级，LED 灯为纳秒级。

(9)无频闪、无红外和紫外辐射。

(10)LED 灯为全固态结构，抗恶劣环境，抗冲击和抗震动性能远优于其他传统光源；LED 元件的体积小，布灯灵活，便于造型设计。

因此，白光 LED 用于照明有三个最为重要的优点：节能，环保，绿色照明。

LED 是一种具有二极管电子特性发光的半导体组件。LED 既具有二极管整流的功能，也具有发光特性，在白光 LED 中则利用其发光特性。发光二极管是结构型发光器件，影响白光 LED 寿命的三大因素：芯片、封装工艺和荧光粉。图 6-1 给出白光 LED 的结构示意图。InGaN LED 芯片安装在导线上的杯形座中，荧光粉 YAG∶Ce 涂在芯片上，荧光粉层厚约为 100 μm，白光是由 LED 芯片发出的蓝光和荧光粉发出的黄色荧光混合而成，用环氧树脂将 LED 芯片和荧光粉封装成光学透镜的形状。从 LED 芯片发出的蓝光在荧光粉层中多次反射并被荧光粉部分吸收，荧光粉被蓝光激发并发出黄色荧光。白光是由上述蓝光和黄光混合而成，根据颜色的相加原理，这种混合光给人眼的感觉为白光，并通过环氧树脂封装或透镜聚焦，均匀发射。

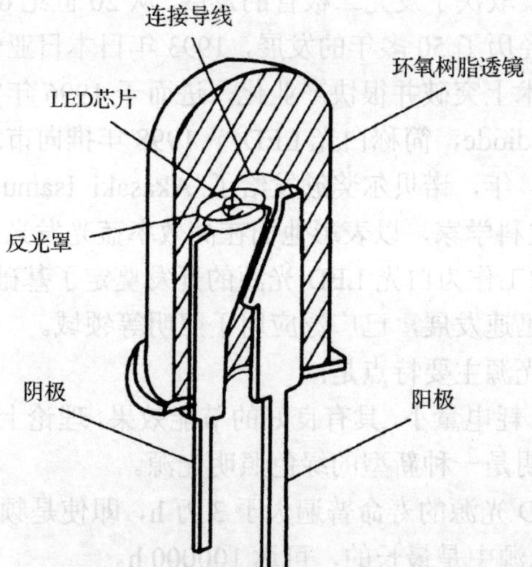

图 6-1　白光 LED 的结构示意图

目前实现照明用白光 LED 主要有如下三种方案，且各有其优缺点。

(1)红、绿、蓝三色 LED 合成白光。将红色、绿色和蓝色 LED 芯片或发光管组成一个像素(pixel)实现白光。从目前报道的数据来看，各种颜色 LED 的发光效率分别为：蓝光 LED 为 30 lm/W，绿光 LED 为 43 lm/W，红光 LED 为 100 lm/W，组成白光后的平均效率大于 80 lm/W，而显色性可达 90 以上。此种白光 LED 的最大优势是，只要配合适当的控制器个别操控各色 LED，很容易让使用者随意调整出所需要的颜色，这是其他光源无法做到的。由红、绿、蓝三色 LED 组合的白光的色纯度很高，逐渐受到大型 LCD、TV 背光源需求的重视。

这种合成方案的缺点是：生产成本高，由于三种颜色的 LED 量子效率不同，而且随着温度和驱动电流的变化不一致，随时间的衰减速度也各不相同，红、绿、蓝 LED 的衰减速率依次上升。因此，为了保持颜色的稳定，需要对三种颜色分别加反馈电路进行补偿，导致电路复杂，而且会造成效率损失。

(2) 蓝光 LED 和 YAG∶Ce 荧光粉合成白光。由蓝光 LED 芯片和可被蓝光有效激发的发黄光的 YAG∶Ce 荧光粉组合实现白光，其中蓝光 LED 的一部分蓝光被荧光粉吸收，激发荧光粉发射黄光，而剩余的蓝光与黄光混合，调控它们的强度比，即可得到各种室温的白光。

此种组合方式是目前最常用的白光 LED 制作方式，其优点是组合制作简单，在所有白光 LED 的组合方式中成本最低而效率最高，大部分白光 LED 都以此种方式制成。这种白光 LED 的效率，同时受蓝光 LED 和荧光粉两者的影响。

(3) 紫外 LED 激发红、绿、蓝荧光粉合成白光。由紫外 LED 与多种颜色的荧光粉组合而成，其原理与三基色荧光灯相似。采用紫外 LED 泵浦红、绿、蓝三色荧光粉，产生红、绿、蓝三基色光，通过调整三色荧光粉的配比可以形成白光。由于紫外光子的能量较蓝光高，可激发的荧光粉选择性增加，同时，无论哪种颜色的荧光粉的效率大都随激发光源波长的缩短而增加，尤其是红色荧光粉。

这种白光 LED 的封装方式与蓝光 LED 和黄色荧光粉的组合完全相同，但因为所有白光都来自于荧光粉本身，紫外光本身未参与白光的组成，因此颜色的控制较蓝光 LED 容易得多，色彩均匀度较好，显色性可根据所混合的荧光粉数量和种类而定，通常控制在 90 左右。

目前，此种组合的白光 LED 最大的问题在于效率偏低，主要原因在于所使用的紫外 LED 效率偏低。许多研究结果表明，GaN LED 的效率随波长变化而变化，在 400 nm 时效率达到最大值，低于 400 nm 后急剧下降；此外，因为激发和发射的两个光子的能量差为自然能量损失，由于紫外光转换为红光时，其能量损失比从蓝光转换时高 10%～20%，这也会影响整体效率。

另外，用紫外和近紫外光 LED 激发三基色荧光粉产生的白光 LED 的颜色只由荧光粉决定，所以，这种方法合成的白光 LED 器件的颜色稳定、显色性好和显色指数高。因此，这一方案被认为是新一代白光 LED 照明的主导方案。

目前，用荧光粉转化成为白光 LED 是发展的主流，由此给荧光粉的发展带来了新的空间[1, 2]。白光 LED 需要具有更高的流明效率、更高的显色指数、更好的色温可调节性以及更低价格的荧光粉。白光 LED 用荧光粉需满足如下要求：

(1) 在蓝光、长波紫外光激发下，荧光粉能产生高效的可见光发射，其发射光谱满足白光要求，光能转换效率高、流明效率高。

(2) 荧光粉的激发光谱应与 LED 芯片的蓝光或紫外光发射相匹配。

(3) 荧光粉的发光应具备优良的抗温度猝灭特性。

(4) 荧光粉的物理、化学性能稳定，抗潮，并不与封装材料、半导体芯片等发生不良作用。

(5) 荧光体可承受紫外光子的长期轰击，性能稳定。

(6) 荧光粉颗粒分布均匀，6 μm 以下。

6.2 白光 LED 用 YAG：Ce 荧光粉

目前，国内外比较成熟和研究最多的是由蓝光 LED 和可被蓝光有效激发的荧光粉组成的白光 LED。典型的产品是用蓝色 InGaN 的 LED 芯片和能被其有效激发的发黄光的铈激活石榴石（简称 YAG：Ce）荧光粉组合的白光 LED（图 6-2）。

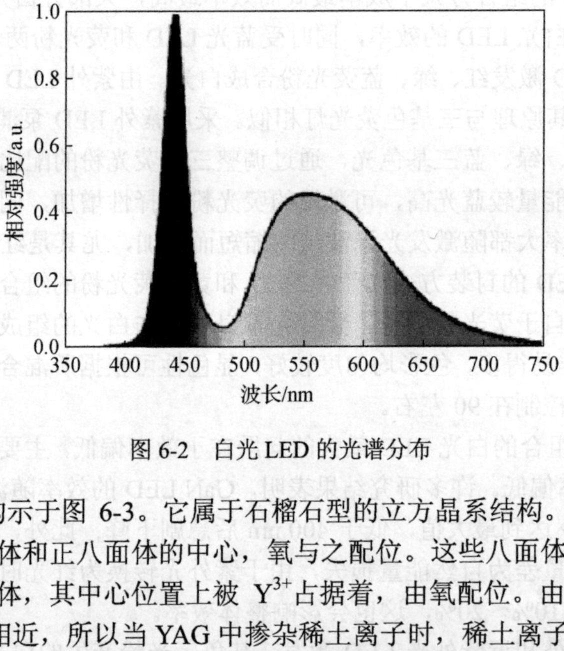

图 6-2 白光 LED 的光谱分布

YAG 的结构示于图 6-3。它属于石榴石型的立方晶系结构。其中 Al^{IV} 和 Al^{VI} 分别位于正四面体和正八面体的中心，氧与之配位。这些八面体和四面体占据的空间形成十二面体，其中心位置上被 Y^{3+} 占据着，由氧配位。由于稀土离子的半径与 Y^{3+} 的半径相近，所以当 YAG 中掺杂稀土离子时，稀土离子取代 Y^{3+}。

Ce^{3+} 激活的 YAG 荧光粉的发光源于 Ce^{3+} 的激发电子从 5d 激发态辐射跃迁至 4f 组态的 $^7F_{7/2}$ 和 $^7F_{5/2}$ 的基态。$^7F_{7/2}$ 和 $^7F_{5/2}$ 两能级的能量间距约为 2000 cm^{-1}。YAG：Ce 的激发和发射光谱示于图 6-4。在 YAG 中，Ce^{3+} 离子的激发光谱覆盖整个蓝光区，能被～460 nm 蓝光高效地激发，在蓝光激发下，产生 Ce^{3+} 离子的特征宽谱（半峰宽 80～100 nm）黄绿光发射，发射光谱覆盖从 470 nm 延至 700 nm 附近很宽的可见光谱范围。

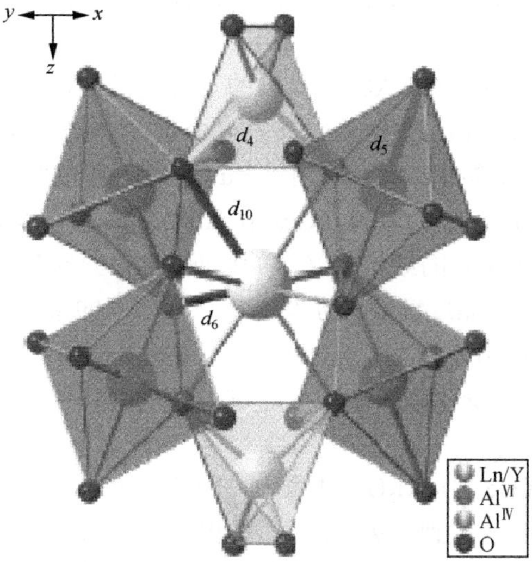

图 6-3　YAG 的结构

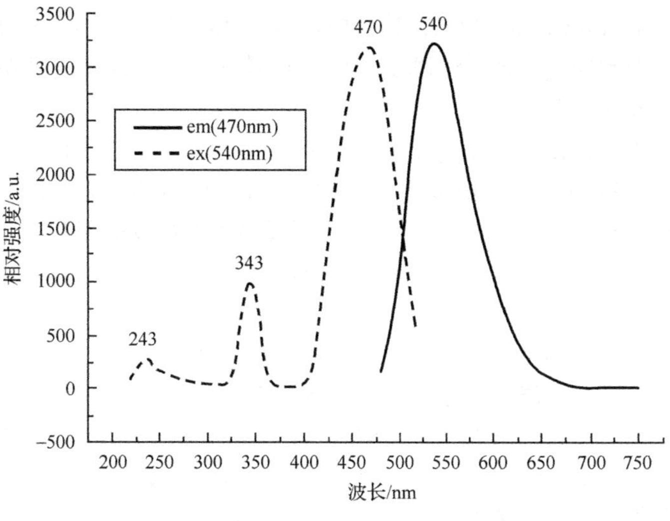

图 6-4　YAG：Ce 的激发和发射光谱

洪广言等[3]采用高温固相法合成了一系列的$(Y_{0.95}Ln_{0.01}Ce_{0.04})_3Al_5O_{12}$(YAG：Ce, Ln)，系统地研究了此体系中$Ln^{3+}$对$Ce^{3+}$的发光强度的影响。所得结果表明：在 YAG：Ce 的体系中，La^{3+}、Gd^{3+}、Lu^{3+}等光学透明离子的少量掺杂对Ce^{3+}的发光强度的影响不大；掺入少量的Pr^{3+}、Sm^{3+}、Tb^{3+}、Dy^{3+}、Ho^{3+}、Er^{3+}、Tm^{3+}等稀土离子，由于它们的能级与Ce^{3+}的能级有交叠，使它们之间存在着竞争吸收或能量转移，使 Ce^{3+}的发光有较明显的变化，其中，Pr^{3+}、Sm^{3+}的掺入使在红光区增添发射峰，可以增加 YAG∶Ce 的红色成分以提高显色性；观察到 Nd^{3+}、Eu^{3+}和 Yb^{3+}掺入对 Ce^{3+}的发光有严重的猝灭作用。

在 Ce^{3+}和 Eu^{3+}共掺杂的 YAG 荧光粉的发射光谱中，在 Ce^{3+}宽发射带的橙红区内增加了一个很弱的 Eu^{3+}发射峰，该发射峰位于 590 nm 附近，属于 Eu^{3+}的 $^5D_0 \rightarrow {}^7F_1$ 跃迁，该发射峰很弱，其原因是 Eu^{3+}没有很强的吸收。

洪广言等[4]研究了在 $(Y_{0.96-x}Ln_xCe_{0.04})_3Al_5O_{12}$ 体系中掺杂 La^{3+}、Gd^{3+}、Lu^{3+} 离子对 $(Y_{0.96}Ce_{0.04})_3Al_5O_{12}$ 的结构与光谱的影响，得到一些规律性的结果。

(1) 在 $(Y_{0.96-x}La_xCe_{0.04})_3Al_5O_{12}$ 的体系中，当 La^{3+}的掺入量不大于 0.3 时，样品的主相是立方相的 YAG，而当 x 为 0.5 时，主相是斜方相的 $LaAlO_3$。随着结构的变化其光谱也发生了变化，当掺入量超过 0.3 时，由于两种化合物的光谱共存使光谱发生明显的变化。

(2) 在 $(Y_{0.96-x}Gd_xCe_{0.04})_3Al_5O_{12}$ 体系中，当 Gd^{3+}的掺入量不大于 0.7 时，主相是立方相的 YAG，当 x 达到 0.9 时，正交相的 $GdAlO_3$ 为主相。由光谱结果可知随着 Gd^{3+}的浓度增加，Ce^{3+}的发射峰出现十几个纳米的红移，发光强度有一定程度的减弱。当 Gd^{3+}的掺杂量大于 0.9 时，其主要光谱是由 YAG∶Ce^{3+}的特征光谱转变为 $GdAlO_3$∶Ce^{3+}的特征光谱。

(3) 在 $(Y_{0.96-x}Lu_xCe_{0.04})_3Al_5O_{12}$ 体系中，由于 Lu^{3+}的离子半径和 Y^{3+}的离子半径相差不大，因此即使 Lu^{3+}全部取代 Y^{3+}，仍是立方相。由光谱可知，其发射光谱发生了 20 nm 左右蓝移。

总之，在 $(Y_{0.96-x}Ln_xCe_{0.04})_3Al_5O_{12}$ 体系中可以观察到，用离子半径较大的 La (0.106 nm)、Gd^{3+} (0.094 nm) 取代 Y^{3+} (0.088 nm) 时，随着掺杂量的增加晶胞体积增大；Gd^{3+}取代 Y^{3+}时 Ce^{3+}的发射峰红移，而以离子半径较小的 Lu^{3+} (0.085 nm) 取代时，则发射峰蓝移。在 $(Y_{0.96-x}Ln_xCe_{0.04})_3Al_5O_{12}$ 体系中，引起基质相变的掺入量随着稀土离子半径的增加而减小。

在实际应用中，需要不同色温、色品坐标的白光发射。由于荧光材料的发射峰位置与色品坐标和色温有直接联系。故调节 YAG∶Ce^{3+}发射峰位置的研究具有十分重要的意义。不改变 YAG 的结构，通过 La^{3+}、Gd^{3+}、Lu^{3+}或 Ga^{3+}部分取代 YAG 中的 Y^{3+}或 Al^{3+}可以调节发射峰的位置[5]。在 YAG∶Ce, Gd 的体系中掺杂 Tb^{3+}可以使其光谱产生红移[6]。

在 YAG∶Ce 中共掺稀土离子，如 Pr^{3+}、Sm^{3+}或 Eu^{3+}等，增加 YAG∶Ce 的红色或绿色发射成分，可以在一定程度上改善白光 LED 的显色性[7]。

洪广言等[8]研究了 Pr^{3+}、Sm^{3+}掺杂对 YAG∶Ce 光谱及其荧光寿命的影响。当掺杂 Pr^{3+}时，观察到在 609 nm 处出现 Pr^{3+}的发射峰，该发射峰属于 Pr^{3+}的 $^3H_4 \rightarrow {}^1D_2$ 跃迁，因为 Pr^{3+}在 450～470 nm 区域内有一系列较强的激发峰，Pr^{3+}的红光发射强度稍强，可以和 LED 的蓝光发射很好匹配(图 6-5)。当掺杂 Sm^{3+}时，在 616 nm 处呈现 Sm^{3+}的发射峰，属于 Sm^{3+}的 $^4G_{5/2} \rightarrow {}^6H_{7/2}$ 跃迁，由于 Sm^{3+}在 470 nm

附近蓝光区域有较强的吸收，故 Sm^{3+}的红光发射也较强。掺杂 Pr^{3+}或 Sm^{3+}能够增加红光区的发射峰，将有利于 YAG：Ce 提高荧光粉的显色性。

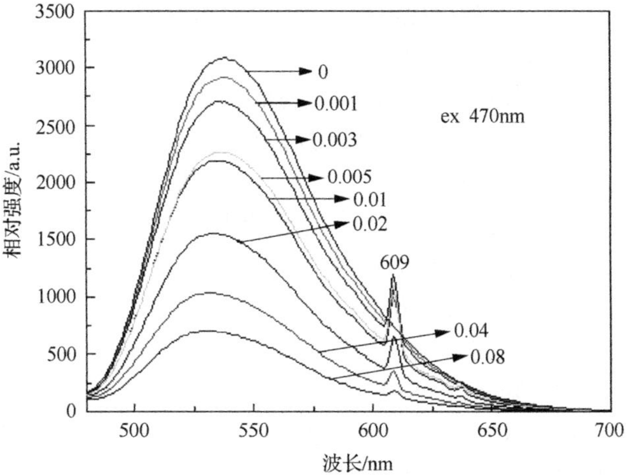

图 6-5　在 470 nm 激发下$(Y_{0.96-x}Pr_xCe_{0.04})_3Al_5O_{12}$的发射光谱

测定了$(Y_{0.95}Sm_{0.01}Ce_{0.04})_3Al_5O_{12}$、$(Y_{0.95}Pr_{0.01}Ce_{0.04})_3Al_5O_{12}$、$(Y_{0.96}Ce_{0.04})_3Al_5O_{12}$的荧光寿命$(\tau)$，观察到在 YAG：Ce 中掺入 Pr^{3+}或 Sm^{3+}使 Ce^{3+}的荧光寿命减小。

传统的 YAG：Ce 荧光粉的合成方法是高温固相法。这种方法具有简单、容易实现工业化等优点，但是，固相合成法存在着合成温度高、颗粒尺寸大且粒度分布不均、难以获得组成均匀的产物、易产生杂相等缺点。需要经过充分研磨，才能使荧光粉颗粒足够小，确保荧光粉能够均匀地涂敷在 LED 芯片上。由于球形小颗粒荧光粉具有增强亮度、改善分辨率、涂屏时荧光粉用量少、涂层密实一致性好等优点，故最近几年，人们尝试用溶胶-凝胶法[9]、喷雾热解法[10]、燃烧法[11]、水热法和溶剂热法[12]等方法合成粒度更小、粒径分布均匀的 YAG：Ce 荧光粉。Nien 等[13]以 HMDS 为沉淀剂的共沉淀法制备了粒径为 33 nm 的 YAG：Ce。

Kasuya 等[14]还报道了聚乙烯乙二醇(PEG)对 YAG：Ce 纳米粒子的发光性质的影响。通过 PEG 对 YAG：Ce 的表面修饰，Ce^{3+}的发光的内量子效率从 21.3%提高到了 37.9%，其原因可能是，钝化了纳米粒子的表面，降低了表面空位的浓度；抑制了 Ce^{3+}的氧化；促进了 Ce^{3+}占据 Y^{3+}的格位；缓解了 Ce^{3+}占据格位处基质的空间结构的扭曲。

由于 $Y_3Al_5O_{12}$具有良好的物理和化学稳定性、耐电子辐射、稳定的色品坐标、高的量子产率以及 YAG：Ce 是迄今发现为数不多的能用蓝光激发发射出黄光的荧光粉。采用 460 nm 蓝光芯片和发黄光的 YAG：Ce 荧光粉组合成的白光 LED，此种组合制作简单，在所有白光 LED 的组合方式中成本最低而效率最高，易产业化，但也存在下列问题：

(1)最大不足是显色性偏低，显色指数最大仅为85左右。主要是因为荧光粉在红光区域的光度太弱所致。提高显色性的方案有：①可以在黄色荧光粉YAG∶Ce中掺入适量的红色荧光粉以提高显色性；②可以通过掺杂改性使原来的黄色荧光粉发射波长红移，以增加红色成分。

(2)随LED工作器件温度上升，荧光粉的发光亮度下降和发生色漂移。

(3)荧光粉的粒度相对较大，涂敷的均匀性不好，从而产生“色圈”和“色斑”，并导致光强和光通的损失。

(4)在此组合中，荧光粉的厚度对颜色输出非常的敏感，故制作过程中必须严格控制荧光粉中Ce^{3+}离子的浓度和涂敷荧光粉的厚度。

(5)YAG∶Ce荧光粉的发光效率仍较低。

(6)YAG∶Ce为宽发射，当荧光粉发生红移的时候，与可见度曲线的交叠就越来越少，发光功效会随之降低。

因此，改善YAG∶Ce荧光粉的性能、提高显色性或通过多种荧光粉的组合来改善显色性能和探索粒度小、低色温、高显色指数的蓝光LED用新的高效荧光粉就成为研究的主要目标。

6.3 白光LED用硅酸盐荧光粉

硅酸盐为基质的荧光粉种类多、化学组成比较复杂、组成结构多样，具有良好的化学稳定性和热稳定性以及光谱覆盖范围广等特点，而且高纯硅原料易得、价廉、烧结温度比铝酸盐体系低100℃以上，因此，长期以来人们都重视对硅酸盐荧光粉的研究和开发。并已在灯用三基色荧光粉、长余辉荧光粉等多方面获得应用，近年来，多种硅酸盐类荧光粉由于具有与蓝光LED发射和近紫外LED发射相匹配的激发光谱，因此，在固态照明领域的应用受到广泛的关注。

1. M_2SiO_4∶Eu^{2+}(M=Mg，Ca，Sr，Ba)

Sr_2SiO_4基质在低温为α相，高温为β相。实用荧光粉Sr_2SiO_4∶Eu^{2+}为正交晶系的α相。在α-Sr_2SiO_4中有两种Sr格位，Eu^{2+}占据晶体场较弱的Sr(Ⅰ)格位产生蓝绿光发射，占据晶体场较强的Sr(Ⅱ)格位产生黄光发射。随着Eu^{2+}的掺杂浓度的增大，处于Sr(Ⅰ)格位的Eu^{2+}向处于Sr(Ⅱ)格位的Eu^{2+}进行能量传递占据主导作用，即Sr_2SiO_4∶Eu^{2+}的蓝绿光发射逐渐降低，黄光发射逐渐增大[15]。

Park等[16]研究了Sr_2SiO_4∶Eu^{2+}荧光粉的光谱性质，发现它有两个明显的发光峰分别位于400 nm和约550 nm。这两个发光峰与400 nm的GaN基芯片可以组合发出很好的全色单一白光，即Sr_2SiO_4∶Eu^{2+}吸收LED部分近紫外发射产生黄色发射(图6-6)，该黄色发射和LED的近紫外光复合产生白光。其CIE色品坐

标为 x=0.39 和 y=0.41，显色指数为 68，稍逊于传统的蓝光 LED+YAG：Ce 复合产生的白光。但是近紫外 LED+Sr_2SiO_4：Eu^{2+}发光的流明效率明显高于蓝光 LED+YAG：Ce。他们的研究发现，增大 Sr_2SiO_4基质中 SiO_2的组分，可以使 Eu^{2+}的激发和发射光谱向长波位移。从近紫外 LED+Sr_2SiO_4：Eu^{2+}组合的发光光谱中可以看到，该白光 LED 白光发射的显色性低于传统的蓝光 LED+YAG：Ce 白光 LED 的主要原因在于它缺少了蓝绿光发射成分。

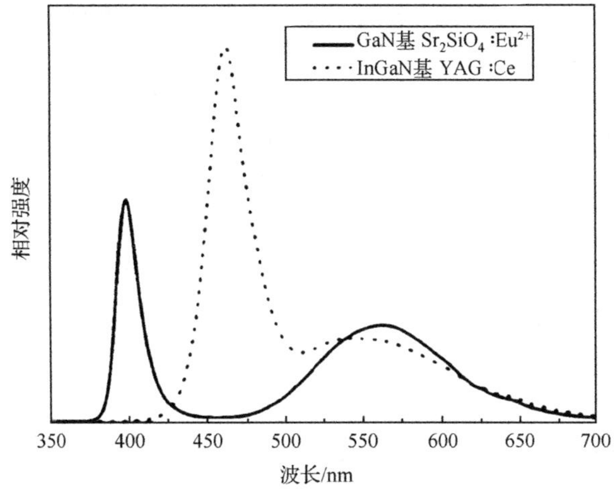

图 6-6　近紫外 LED+Sr_2SiO_4：Eu^{2+}与蓝光 LED+YAG：Ce 光谱图

Kim 等[17]研究了$(Sr_{1-x}Ba_x)_2SiO_4$：Eu^{2+}荧光体的光谱性质和温度猝灭效应。随着 Ba 取代量的增大，基质的晶格参数变大，Eu^{2+}占据格位的晶体场劈裂强度变小，因而 Eu^{2+}的发射光谱产生蓝移。在 Ba 取代量逐渐增大的过程中(x=0，0.25，0.50，0.75，1)，Eu^{2+}的发射光谱主峰从 550 nm 逐渐蓝移到 500 nm 左右。另外，随着 Eu^{2+}的取代量的增大，Eu^{2+}的猝灭温度显著升高。这种 Eu^{2+}掺杂的锶钡正硅酸盐荧光体，可以用作与近紫外 LED 匹配的黄绿色发射荧光粉。

Sr_2SiO_4：Eu^{2+}荧光体对 LED 的 400 nm 附近的近紫外发射有很好的吸收，但是对发光效率更高的蓝光 LED 的 460 nm 附近的发射吸收效率不高。Park 等[18]通过共掺杂一定量的 Ba、Mg 对 Sr_2SiO_4：Eu^{2+}荧光体的基质组分进行调整后，发现该荧光体对 460 nm 的蓝光的吸收效率显著提高。与组分未作调整的 Sr_2SiO_4：Eu^{2+}荧光体相比，Ba、Mg 共掺杂的 Sr_2SiO_4：Eu^{2+}荧光体在 405 nm、455 nm、465 nm 波段的激发下所产生的黄绿光的发射强度都提高 40%左右。在 465 nm 激发下，Ba、Mg 共掺杂的 Sr_2SiO_4：Eu^{2+}比 YAG：Ce 提高 20%。另外，基质组分的改变，对发射光谱没有显著的影响。Ba、Mg 共掺杂对荧光强度提高的具体原因，现在尚不清楚，但是可以看到由于在荧光体中共掺杂了 Ba、Mg，Sr_2SiO_4：Eu^{2+}荧光体的 Stokes 位移从 5439 cm^{-1} 降到了 3404 cm^{-1}。同时，Park 等[19]还通过组合化学的方法对(Sr, Ba, Ca, Mg)$_2$SiO$_4$：Eu^{2+}体系进行了详细研究，找到了数种可以和蓝光 LED 匹配的黄绿光发射荧光体。

Lakshminarasimhan 等[20]报道了共掺杂 Ce^{3+}离子对 Sr$_2$SiO$_4$：Eu^{2+}荧光体发光效果的影响。Sr$_2$SiO$_4$：Ce^{3+}样品在 354 nm 紫外光的激发下产生主峰位于 410 nm 附近的蓝紫光发射，Ce^{3+}的最佳掺杂浓度为 0.01。该发射处于 Eu^{2+}的激发带覆盖范围之内，因此在紫外光激发下 Ce^{3+}与 Eu^{2+}之间可以发生有效的能量传递。在紫外光激发下，随着 Eu^{2+}掺杂浓度的增大，Ce^{3+}的发射强度逐渐降低，样品的发射光色逐渐从蓝白光趋向于白光。

洪广言等[21]用高温固相法制备了用于白光 LED 的红色荧光粉 SrCaSiO$_4$：Eu^{3+}。XRD 表明其属于正交晶系，空间群 *Pmnb*；在 SrCaSiO$_4$：Eu^{3+}的体系中掺入不大于 12at%的 Eu^{3+}不会引起相的转变。光谱测试表明(图 6-7)，荧光粉的激发峰位于 397 nm，能与近紫外 LED 相匹配，其发射峰位于 611 nm、592 nm 和 586 nm；在 SrCaSiO$_4$：Eu^{3+}的体系中 Eu^{3+}的猝灭浓度约为 10at%，其临界传递距离(R_c)约为 12 Å。测得样品的衰减曲线，并得到其荧光寿命τ约为 3 ms。

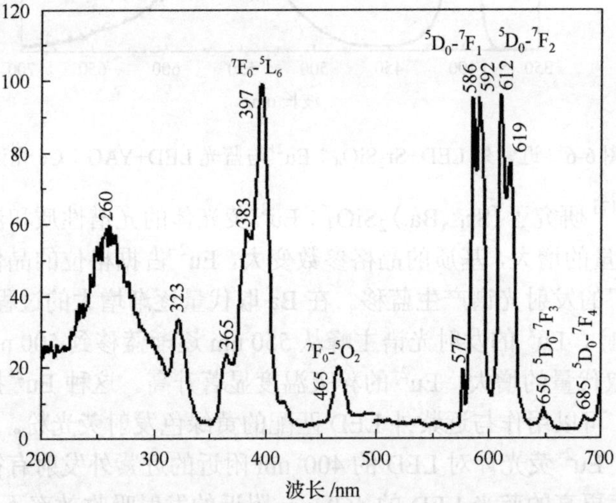

图 6-7　SrCaSiO$_4$：0.1Eu^{3+}的激发光谱和发射光谱

2. Sr$_3$SiO$_5$：Eu^{2+}

Park 等[22]报道了 Sr$_3$SiO$_5$：Eu^{2+}黄光发射体系，并与 Sr$_2$SiO$_4$：Eu^{2+}体系相比较，该体系的激发光谱进一步向可见光区域延伸。Sr$_3$SiO$_5$：0.07Eu^{2+}荧光体在蓝光区域的吸收强度是其在 365 nm 处吸收强度的 93%左右，因此 Sr$_3$SiO$_5$：Eu^{2+}荧光体可以有效地吸收蓝光 LED 的蓝光发射。图 6-8 是 Sr$_3$SiO$_5$：Eu^{2+}和蓝光 LED

组合后的发光光谱图，Sr_3SiO_5：Eu^{2+}吸收 LED 芯片的蓝光发射产生位于 575 nm 的黄光发射，二者复合产生白光发射。该白光发射的色品坐标为(x=0.37，y=0.32)，流明功效为 20～32 lm/W。从图 6-8 中可以看到，Sr_3SiO_5：Eu^{2+}的黄光发射强度明显优于 YAG：Ce^{3+}。另外，与 YAG：Ce^{3+}相比，Sr_3SiO_5：Eu^{2+}具有更好的温度特性，随温度的升高，YAG：Ce^{3+}的发射强度明显降低，而 Sr_3SiO_5：Eu^{2+}的发射强度却逐渐增强。通过共掺 Ba，形成$(Sr, Ba)_3SiO_5$：Eu^{2+}固溶体，可以有效地调节 Sr_3SiO_5：Eu^{2+}的发射光谱[23]。从图 6-9 可以看到，随着 Ba^{2+}取代量从 0 增加到 0.2，Eu^{2+}的发射光谱主峰从 570 nm 位移到 585 nm，发射光谱覆盖了更多的红色区域。发射光谱的变化是因为 Ba 的部分取代改变了 Eu^{2+}的配位的空间结构。当 Ba 的取代量继续增大，超过 0.5 时，出现 $BaSi_4O_9$ 杂相；再继续增大 Ba 的组分，则对 Eu^{2+}的发射没有更大的影响。Sr_2SiO_4：Eu^{2+}+InGaN 芯片的白光 LED 与两种荧光粉［Sr_2SiO_4：Eu+$(Ba, Sr)_3SiO_5$：Eu］+InGaN 芯片的白光 LED 的发射光谱如图 6-10 所示。由图 6-10 可知由两种荧光粉与 InGaN 芯片复合的白光 LED 发射暖白光，具有高的显色指数(85)。而 Sr_2SiO_4：Eu^{2+}与 InGaN 芯片复合的白光 LED 的显色指数只有 68。

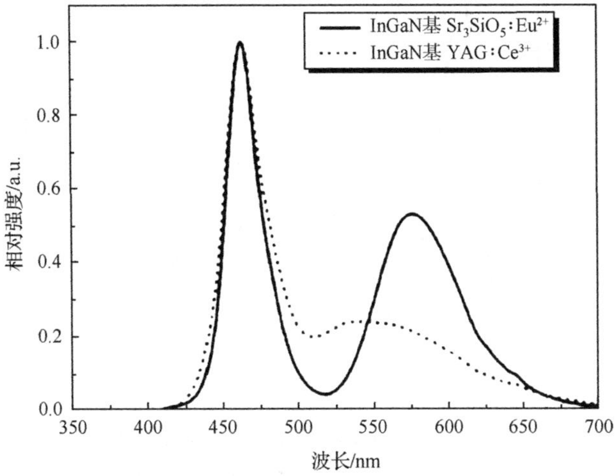

图 6-8　Sr_3SiO_5：Eu^{2+}+InGaN 和 YAG：Ce^{3+}+InGaN 的发射光谱

3. Eu^{2+}激活的 $M_2MgSi_2O_7$(M=Ba，Sr，Ca)

$M_2MgSi_2O_7$(M=Ba，Sr，Ca)被称为碱土焦硅酸盐，均为四方结构的黄长石。在单胞中，一个 SiO_4 四面体通过一个氧原子与另一个 SiO_4 四面体相连接，组成一个孤立的基团 Si_2O_7，Si_2O_7 基团通过八配位的碱土金属离子 Ca^{2+}和四配位的 Mg^{2+}连接在一起[24]。

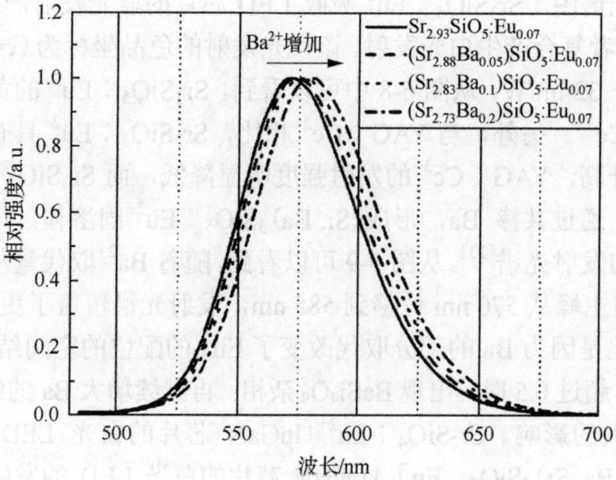

图 6-9　Sr_3SiO_5：Eu 中掺杂不同浓度的 Ba 的发射光谱

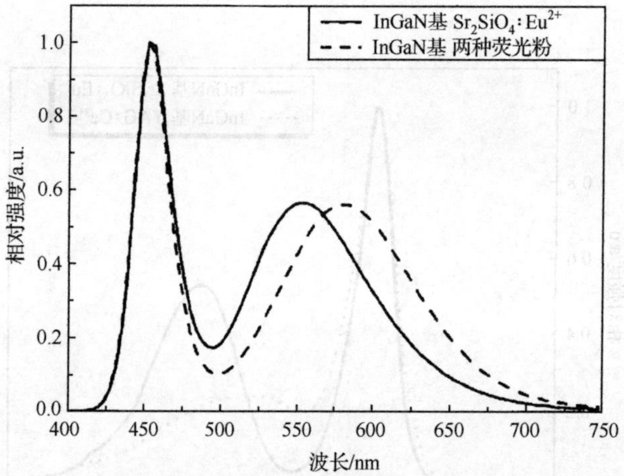

图 6-10　Sr_2SiO_4：Eu^{2+}+InGaN 的白光 LED 与两种荧光粉混合

［Sr_2SiO_4：Eu+(Ba, Sr)$_3$$SiO_5$：Eu］+InGaN 的白光 LED 的发射光谱

$Sr_2MgSi_2O_7$ 和 $Ca_2MgSi_2O_7$ 同构，可以形成连续固溶体，在 $Sr_2MgSi_2O_7$ 中，80%的 Sr^{3+}可以被 Ba^{2+}取代，形成固溶体。

Hölsä 等[25]报道了碱土金属焦硅酸盐为基质的 $M_2MgSi_2O_7$：Eu^{2+}, R^{3+}(M=Ca, Sr, Ba；R=Nd，Dy，Tm) 发光材料。当 M=Sr 时其结构如图 6-11 所示，激活剂离子 Eu^{2+}取代的是八配位的 Sr^{2+}。根据碱土金属种类不同，其发射光谱如图 6-12 所示，研究指出测量温度和 R^{3+}的种类对发射光谱影响较小，而碱土金属阳离子的种类对其影响较大。

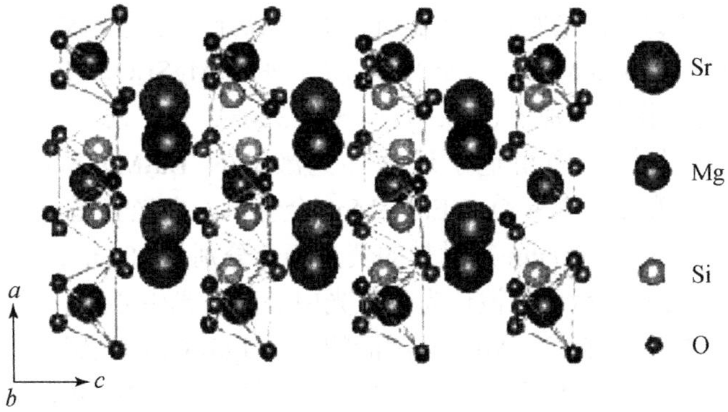

图 6-11　$Sr_2MgSi_2O_7$ 的晶体结构

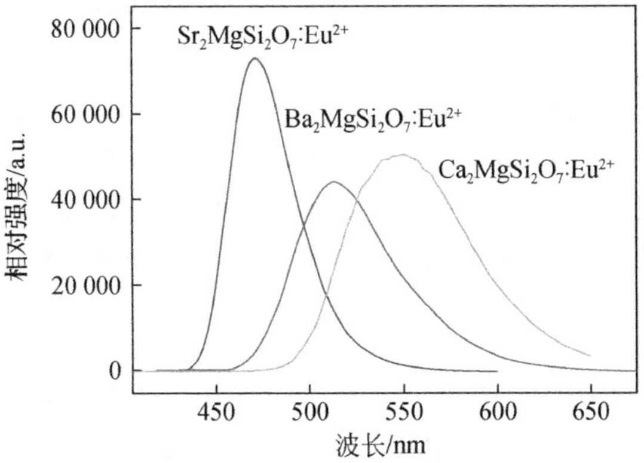

图 6-12　$M_2MgSi_2O_7$：Eu^{2+}(M=Ca，Sr，Ba)的发射光谱

碱土焦硅酸盐的制备一般是按 $SrCO_3$、BaO_3、MgO 及 SiO_2 的化学计量比称量，并加入一定量的 Eu_2O_3 和助熔剂研磨、混匀，于 1050～1200℃下，在弱还原气氛中灼烧数小时，可制得样品。可选用 $BaCl_2$ 和 NH_4Cl 等作为助熔剂。

4. Eu^{2+}激活的 $M_3MgSi_2O_8$(M=Ca，Sr，Ba)

$M_3MgSi_2O_8$(M=Ca，Sr，Ba)属于正交晶系。Eu^{2+}激活的 $M_3MgSi_2O_8$(M=Ca，Sr，Ba)，当 M=Ca 时，λ_{em}=475 nm；当 M=Sr 时，λ_{em}=460 nm；当 M=Ba 时，λ_{em}=440 nm，即随着 M^{2+}离子半径的增大，Eu^{2+}的最大发射中心向短波移动。Eu^{2+}在这种三元硅酸盐体系中的激发光谱覆盖了从紫外到可见光很宽的区域，可以与 LED 的紫外或者蓝光发射很好匹配。尤其是 $Ba_3MgSi_2O_8$：Eu^{2+}的激发波长从 200 nm 延伸到 460 nm。

Kim 等[15]报道了 $Ba_3MgSi_2O_8$：Eu^{2+}在 430 nm 紫光的激发下可以产生主要发射峰分别位于 440 nm 和 505 nm 的蓝光和绿光发射，将 $Ba_3MgSi_2O_8$：Eu^{2+}应用到

白光 LED 中，增加了白光发射中的蓝光和绿光成分，可明显改善白光 LED 的显色性和色品坐标。由 430 nm LED+Sr_2SiO_4：Eu^{2+}+$Ba_3MgSi_2O_8$：Eu^{2+}组成白光 LED 的色品坐标和显色指数分别为(x=0.3371，y=0.3108)、Ra=85。

Kim 等[15，26-28]报道了适于近紫外光激发的 $Ba_3MgSi_2O_8$：Eu^{2+}, Mn^{2+}、$Sr_3MgSi_2O_8$：Eu^{2+}和 $Sr_3MgSi_2O_8$：Eu^{2+}, Mn^{2+}全色单一白光荧光粉。$Sr_3MgSi_2O_8$：Eu^{2+}荧光粉的 470 nm、570 nm 发射带的荧光寿命分别为 580 ns、1400 ns，这种蓝光寿命明显短于黄光寿命现象被认为是蓝光中心向黄光中心进行了能量传递。

Kim 等[29]报道了 Eu^{2+}、Mn^{2+}共激活的 $Ba_3MgSi_2O_8$和近紫外 LED 匹配的白光发射组合，如图 6-13 所示。在近紫外光的激发下，$Ba_3MgSi_2O_8$：Eu^{2+}, Mn^{2+}有三个发射峰，分别为 440 nm、505 nm、620 nm。其中 440 nm 发射来自于占据弱晶体场强度 Ba^{2+}(Ⅰ)格位的 Eu^{2+}离子；505 nm 发射来自于占据强晶体场强度 Ba^{2+}(Ⅱ)和 Ba^{2+}(Ⅲ)格位的 Eu^{2+}离子；由于 Ba^{2+}(Ⅱ)和 Ba^{2+}(Ⅲ)格位的晶体场环境相差不大，Eu^{2+}离子的 505 nm 发射不可分辨；620 nm 来自于 Mn^{2+}，由 EPR 测试知 Mn^{2+}的激发能来自于氧空位对 Mn^{2+}的能量传递。从图 6-14 光谱图中可以看到 LED 的近紫外发射和 Eu^{2+}的蓝、绿发射以及 Mn^{2+}的红光发射共同复合成暖白光发射，显色指数为 85。与传统的蓝光 LED+YAG：Ce 白光发射组合相比，这种组合输出的白光质量更加稳定，发射白光的色品坐标随着工作电流改变的变化不大。

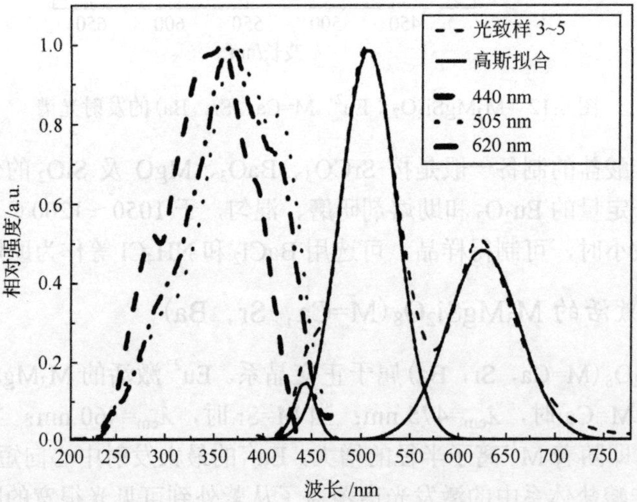

图 6-13　$Ba_3MgSi_2O_8$：0.03Eu^{2+}, 0.05Mn^{2+}在 440 nm、505 nm、620 nm 监控的激发光谱及用高斯拟合的在 375 nm 激发下的发射光谱图

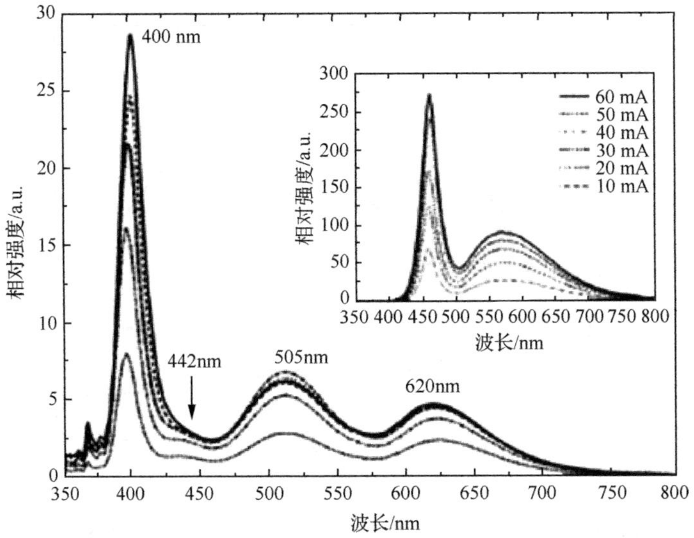

图 6-14　近紫外 LED+$Ba_3MgSi_2O_8$：Eu^{2+}, Mn^{2+}与 YAG：Ce+蓝光 LED 发光光谱图

Kim 等[28]报道在紫外 LED 的激发下，$Sr_3MgSi_2O_8$：Eu^{2+}, Mn^{2+}有三个发射峰，分别为 470 nm、570 nm 和 680 nm(见图 6-15)。其中 470 nm 发射来自于占据弱晶体场强度 Sr^{2+}(Ⅰ)格位的 Eu^{2+}离子；570 nm 发射来自于占据强晶体场强度 Sr^{2+}(Ⅱ)和 Sr^{2+}(Ⅲ)格位的 Eu^{2+}离子；由于 Sr^{2+}(Ⅱ)和 Sr^{2+}(Ⅲ)格位的晶体场环境相差不大，Eu^{2+}离子的 570 nm 发射不可分辨；680 nm 来自于 Mn^{2+}，Mn^{2+}的激发能主要来自于 Sr^{2+}(Ⅰ)格位的 Eu^{2+}对 Mn^{2+}的能量传递。由于该白光 LED 组合的白光发射完全来自于 $Sr_3MgSi_2O_8$：Eu^{2+}, Mn^{2+}荧光粉，紫外 LED 的发射位于 375 nm，对白光的形成没有贡献，故紫外 LED 的紫外发射虽然由于电流改变产生变化，但对白光 LED 输出的白光没有影响，所以该白光 LED 产生的白光比近紫外 LED+$Ba_3MgSi_2O_8$：Eu^{2+}, Mn^{2+}白光 LED 产生的白光更加稳定。该白光 LED 输出的白光的色品坐标、色温、显色指数分别为(x=0.35，y=0.33)，T_c=4494 K，CRI=92%。

Kim 等[30]系统地研究了 Eu^{2+}、Mn^{2+}共掺杂的 $M_3MgSi_2O_8$(M=Ca，Sr，Ba)荧光体的温度特性。随着温度的升高，Eu^{2+}和 Mn^{2+}的发射表现出不规律的蓝移、半峰宽加宽、发光强度降低，输出白光的色品坐标更接近于纯的白光。另外 Mn^{2+}的红光发射的温度猝灭效应比 Eu^{2+}的蓝绿光发射的温度猝灭效应更加明显。

5. $CaAl_2Si_2O_8$：Eu^{2+}

$CaAl_2Si_2O_8$ 是三斜晶系。$CaAl_2Si_2O_8$：Eu^{2+}的激发主峰和发射主峰分别位于 354 nm 和 425 nm。在 $CaAl_2Si_2O_8$：Mn^{2+}中，Mn^{2+}取代 Ca^{2+}格位，产生黄橙光，发射主峰位于 570～580 nm，其激发光谱在长波紫外到蓝光区域 300～470 nm，主

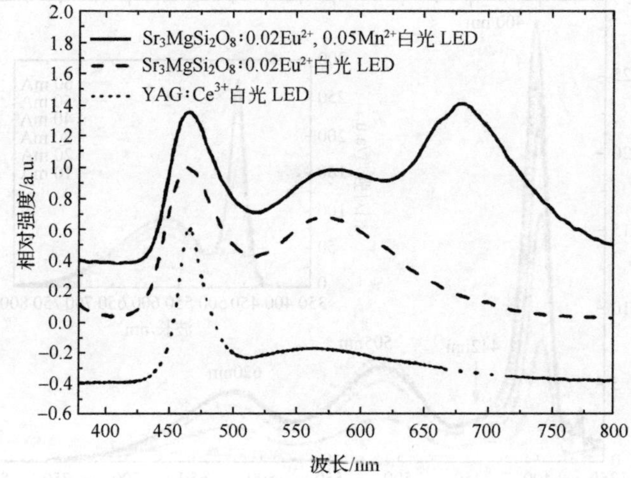

图 6-15 紫外 LED+$Sr_3MgSi_2O_8$：Eu^{2+}组装的白光 LED 与紫外 LED+$Sr_3MgSi_2O_8$：Eu^{2+}, Mn^{2+}的发射光谱

激发峰位于 400 nm，和 Eu^{2+}的发射峰有很好的交叠。Eu^{2+}→Mn^{2+}的无辐射能量传递可以有效地提高 Mn^{2+}的发射强度(见图 6-16)，另外 Eu^{2+}的蓝紫光发射和 Mn^{2+}的黄橙光发射可以复合产生白光。Eu^{2+}、Mn^{2+}掺杂的 $CaAl_2Si_2O_8$ 可以和紫外 LED 匹配产生更加稳定的白光发射。

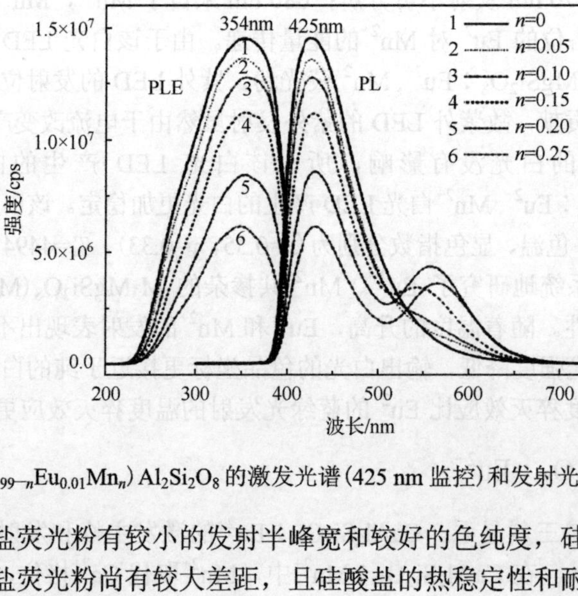

图 6-16 ($(Ca_{0.99-n}Eu_{0.01}Mn_n)Al_2Si_2O_8$ 的激发光谱(425 nm 监控)和发射光谱(354 nm 激发)

尽管硅酸盐荧光粉有较小的发射半峰宽和较好的色纯度，硅酸盐荧光粉的发光效率与铝酸盐荧光粉尚有较大差距，且硅酸盐的热稳定性和耐湿性能差，将会影响器件的使用性能和寿命。

6.4　白光 LED 用氮化物荧光粉

氮化物在近紫外和可见光区域有很好的吸收，且发射光谱通常都在红光区或黄光区，可取代蓝光 LED 用的 YAG：Ce 黄色荧光粉，同时也能解决红色荧光粉缺乏的问题。氮化物荧光粉的优异荧光性质受到广泛重视。

目前已经合成了一系列掺杂稀土元素的氮化物和氮氧化物荧光粉。掺杂的稀土元素在基质中通常处于间隙位置，并与处于不同距离的(O，N)离子配位，所用的这些稀土离子通常是具有 5d 激发态发射的稀土离子，如 Eu^{3+}和 Ce^{3+}，在晶体场的作用下，它们的发光性质能有很多变化，由此也增加了应用范围。

表 6-1 中列出近年来报道的氮化物和氮氧化物荧光粉及其晶体结构和发射颜色，它们的基质主要是氮硅化物、氮氧硅化合物或氮氧铝化合物。它们基质结构是由(Si，Al)—(O，N)共角四面体所构成的高凝聚网络，并且在这种网络结构中 Si：X＞1：2(X=O，N)，这种高凝聚材料展示出好的化学和热稳定性。

表 6-1　氮化物和氮氧化物荧光粉及其晶体结构和发射颜色

荧光粉	发射颜色	晶体结构	文献
Y-Si-O-N：Ce^{3+}	蓝		[31]
$BaAl_{11}O_{16}N$：Eu^{2+}	蓝	β-Al_2O_3	[32]
$LaAl(Si_{6-z}Al_z)N_{10-z}O_z$：Ce	蓝	正交	[33]
$SrSiAl_2O_3N_2$：Eu^{2+}	蓝-绿	正交	[34]
$SrSi_5AlO_2N_7$：Eu^{2+}	蓝-绿	正交	[34]
α-SiAlON：Yb^{2+}	绿	六方	[35]
β-SiAlON：Yb^{2+}	绿	六方	[36]
α-SiAlON：Eu^{2+}	黄-橙	六方	[37-40]
$BaSi_2O_2N_2$：Eu^{2+}	蓝-绿	单斜	[41]
$MSi_2O_2N_2$：Eu^{2+}(M=Ca，Sr)	绿-黄	单斜	[41]
$MYSi_4N_7$：Eu^{2+}(M=Sr，Ba)	绿	六方	[42]
$LaEuSi_2N_3O_2$	红	正交	[43]
$LaSi_3N_5$：Eu^{2+}	红	正交	[43]
$Ca_2Si_5N_8$：Eu^{2+}	红	单斜	[44]
$M_2Si_5N_8$：Eu^{2+}(M=Sr，Ba)	红	正交	[44]
Ca_2AlSiN_3：Eu^{2+}	红	正交	[45]

6.4.1 白光 LED 用硅基氮化物

硅基氮化物主要是通过在硅酸盐晶体结构中引入 N 原子而形成的，得到一系列含有 Si—N 四面体的硅氮化物。氮化物在结构上更具有多样性和自由度，因此种类较多，这为研究氮化物的发光特性提供了丰富的空间。硅基氮化物的结构是由基本结构单元硅-氮四面体构成的三维网络结构，其氮氮键能(942 kJ/mol)大于氧氧键能(484 kJ/mol)，与氧化物荧光粉相比，氮化物具有较强的共价性和较小的能带间隙，当 Eu^{2+}或 Ce^{3+}掺杂进入晶格时，由于受到晶体场影响，其电子组态出现劈裂，激发和发射能量下降，从而光谱产生红移，实现高效宽带的红光发射。因此，目前报道的氮化物荧光粉多为红色荧光粉。另外由于较强的共价性，氮化物具有热稳定性和化学稳定性好等优点。

硅基氮化物的 Si—N 四面体结构单元联结较为致密，SiN 四面体网络的凝聚度可以用四面体中心 Si 原子与桥联 N 原子的比例来表示。在硅酸盐氧化物中，Si∶O 比值在 SiO_2 中达到 0.5 最高值，而在氮化物中，Si∶N 比值可以在 0.25～0.75 范围内变化。由此可见，氮化物的结构凝聚度相对比较高。这主要是由于在硅酸盐氧化物晶体结构中，O 原子一般联结一个 Si 原子或两个 Si 原子，而在氮化物结构中，N 原子既可以联结两个 Si 原子(N［2］)，也可以是三个 Si 原子(N［3］)，甚至可以联结四个 Si 原子(N［4］)，如 $BaSi_7N_{10}$ 和 $MYbSi_4N_7$(M=Sr, Ba)等。这些基于 SiN_4 四面体的高度凝聚的网络以及各原子之间稳定的化学键造就了硅基氮化物非常突出的化学和热稳定特性。

硅基氮化物荧光粉具有较高的稳定性和高显色性，目前研究氮化物荧光粉主要包括 $M_2Si_5N_8$(M=Ca，Sr，Ba)∶Eu^{2+}、$MAlSiN_3$(M=Ca，Sr)∶Eu^{2+}、$MAlSi_4N_7$(M=Ca，Sr)∶Eu^{2+}、$MSiN_2$∶Eu^{2+}, Ce^{3+}等体系，其中 $M_2Si_5N_8$∶Eu^{2+}和 $MAlSiN_3$∶Eu^{2+}红粉已经商业化生产。

1. $M_2Si_5N_8$∶Eu^{2+}(M=Ca，Sr，Ba)

对于 $M_2Si_5N_8$ 体系的晶体结构，早在 1995 年 Schnick 等[46, 47]已进行过详细报道(图 6-17)。$Ca_2Si_5N_8$ 属单斜晶系、空间群 C_{C1}，而 $Sr_2Si_5N_8$ 和 $Ba_2Si_5N_8$ 属正交晶系、空间群 *Pmn*2，这些三元碱土硅氮化物在结构中配位情况相当相似，一半氮原子连接两个相邻的 Si，而另外一半氮原子有三个相邻的 Si。在 $Ca_2Si_5N_8$ 中 Ca 原子与 7 个氮原子配位，而在 $Sr_2Si_5N_8$ 中的 Sr 和在 $Ba_2Si_5N_8$ 中的 Ba 是与 8 个或 9 个氮原子配位，其碱土金属原子和氮原子的平均键长约为 2.880 Å。

图 6-18 为 $M_2Si_5N_8$∶Eu^{2+}(M=Ca，Sr 和 Ba)在 450 nm 激发下的发射光谱。$M_2Si_5N_8$∶Eu^{2+}(M=Ca, Sr, Ba)荧光粉发射橙红或红色的光。对 $Ca_2Si_5N_8$、$Sr_2Si_5N_8$ 和 $Ba_2Si_5N_8$ 单个宽的发射带分别位于 623 nm、640 nm 和 650 nm。其发射光谱与碱土金属有关，由于晶体场强度与配位基到中心阳离子的距离成反比，随着碱土

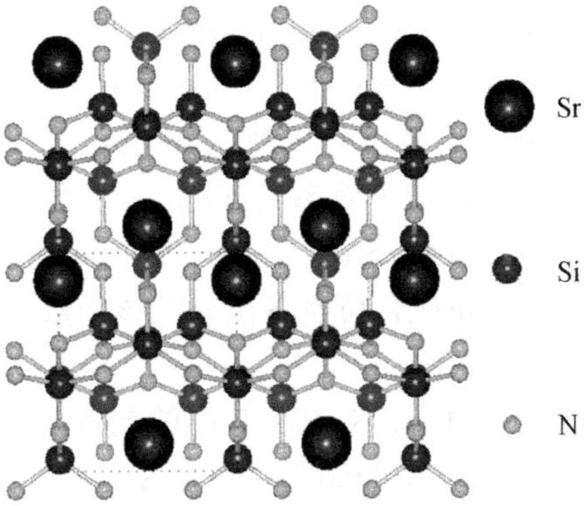

图 6-17　［110］晶面 $Sr_2Si_5N_8$ 晶体结构示意图

金属离子半径的增大，晶体场强度逐渐减小，因而发射波长会产生红移。另外由于碱土金属离子分别占据两种不同的格位，因而发射光谱可以通过高斯分解成两种不同的发射带。它们的激发光谱十分类似，这表明 Eu^{2+}的化学环境十分相似。激发峰呈现出向长波方向增宽，所有样品的峰值位于 450 nm。

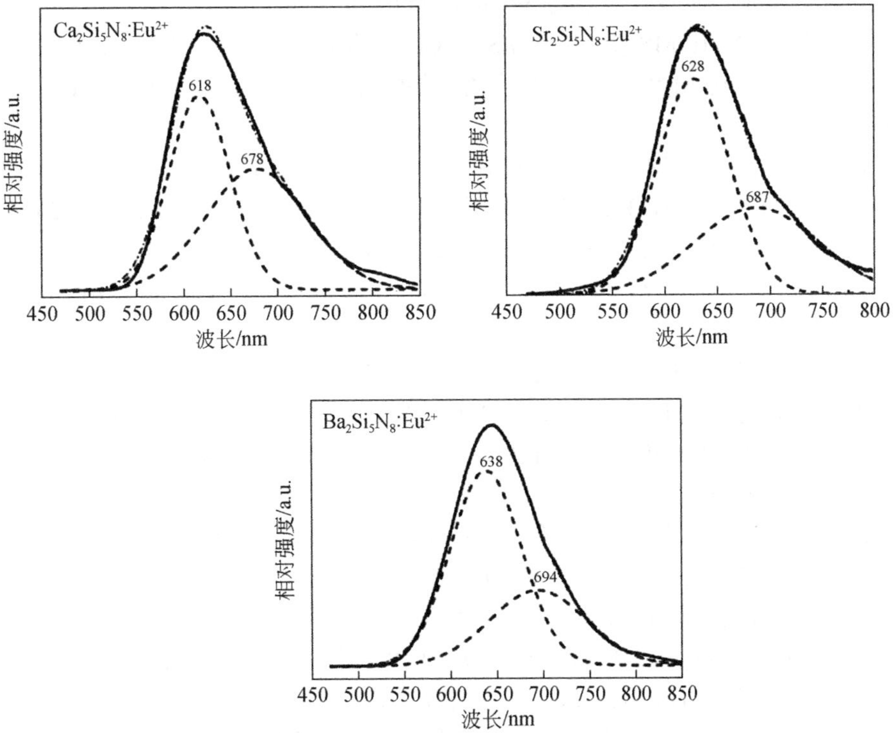

图 6-18　$M_2Si_5N_8$: Eu^{2+}(M=Ca，Sr 和 Ba)的发射光谱

Höppe 等[48]用金属 Ba、Eu 和 Si(NH)$_2$ 首次制备出具有红光发射的 $Ba_2Si_5N_8$：Eu^{2+}荧光粉，其发射光谱是由 610 nm 和 630 nm 的两个发射峰组成，在该荧光粉中发现了余辉现象，并解释了余辉发光机理。Hintzen 等[49]申请了该体系荧光粉的专利，专利指出当 M=Sr 时，量子效率最高，80℃时的发光强度只下降 4%。波格纳等的专利[50]指出粒度在 0.5～5 μm 之间，中心粒径为 1.3 μm 的荧光粉性能较优，与 YAG：Ce^{3+}黄色荧光粉配合可制备出显色该指数高达 90 以上的白光 LED 器件。

Piao 等[51-53]报道了$(Sr_{1-x}Ca_x)_2Si_5N_8$：Eu^{2+}的制备和发光性能，发现 Eu^{2+}在 $Ca_2Si_5N_8$ 中存在有限固溶度，约为 7 mol%，而在 $Sr_2Si_5N_8$ 和 $Ba_2Si_5N_8$ 中 Eu^{2+}则可以实现完全互溶。由于受晶体结构的影响，发射主峰随着 Ca 含量的变化而改变。Li 等[54]研究结果显示，$Sr_2Si_5N_8$：Eu^{2+}和 $Ba_2Si_5N_8$：Eu^{2+}的量子效率优于 $Ca_2Si_5N_8$：Eu^{2+}。

Xie 等[55]将 $Sr_2Si_5N_8$：Eu^{2+}与α-塞隆：Yb^{3+}混合，在蓝光芯片的激发下得到白光。Duan 等[56]制备出 Mn^{2+}激活的 $M_2Si_5N_8$(M=Ca，Sr，Ba)红色荧光粉，指出相对于 $M_2Si_5N_8$：Eu^{2+}，$M_2Si_5N_8$：Mn^{2+}的发射峰比较窄，随着碱土金属的不同，发射主峰的位置也不同，分别为 599 nm、606 nm 和 567 nm。

由于 $M_2Si_5N_8$ 比 $MSi_2O_2N_2$ 和 MSiALON 具有高含量的 N，使其共价性更强，当稀土离子掺杂到 $M_2Si_5N_8$ 时，稀土离子的配位环境就更强，因此其光谱会产生红移。

Li 等[57]报道了 $M_2Si_5N_8$：Ce^{3+}(M=Ca，Sr，Ba)荧光粉。由于 Ce^{3+}的 5d-4f 跃迁，对于 M=Ca，Sr，Ba 来说，分别展示出位于 470 nm、553 nm 和 452 nm 的宽带发光峰。其中具有 370～450 nm 宽的吸收和激发带的 $M_2Si_5N_8$：Ce, Li(Na)(M=Ca，Sr)荧光粉被认为是有前途的白光 LED 荧光粉。$Ca_{2-2x}Ce_xLi_xSi_5N_8$ 的光谱图如图 6-19 所示，Ce^{3+}的主激发峰在 395 nm 附近，发射峰为主峰位于 470 nm 的宽带。当 M=Ba，Sr 时，其发射峰分别位于 520 nm 和 490 nm。

碱土硅氮化物，$M_2Si_5N_8$：Eu^{2+}(M=Ca，Sr，Ba)既可以用 Si_3N_4、M_3N_2 和 EuN 混合粉体，在 0.5MPa N_2 气氛下 1600～1800℃灼烧制备，也可用碱土金属与硅二亚胺在 1550～1650℃，氮气气氛下反应合成[49]。

Li 等[58]采用高温固相法，在 1300～1400℃下，N_2-H_2(10%)的气氛中，制备了同构的 $M_2Si_5N_8$：Eu^{2+}(M=Ca, Sr, Ba)荧光粉。该荧光粉由于 Eu^{2+}的 $4f^65d\rightarrow4f^7$ 跃迁而展示了 600～680 nm 的宽的红色发射带，并且依赖于 M 和 Eu^{2+}的浓度。它们的 370～460 nm 的很宽的吸收和激发带可以很好与 InGaN 基 LED 相匹配。在 465 nm 的激发下，$Sr_2Si_5N_8$：Eu^{2+}有着 75%～80%的量子转换效率。

针对 $M_2Si_5N_8$：Eu^{2+}氮化物红粉制备条件苛刻的现状，庄卫东等[59-61]实现了氮化物荧光粉在常压高温下的氮化还原制备；研究发现，Tm^{3+}对发光中心的敏化，可增强荧光粉的发光强度，同时在其中发现荧光粉的余辉性能。

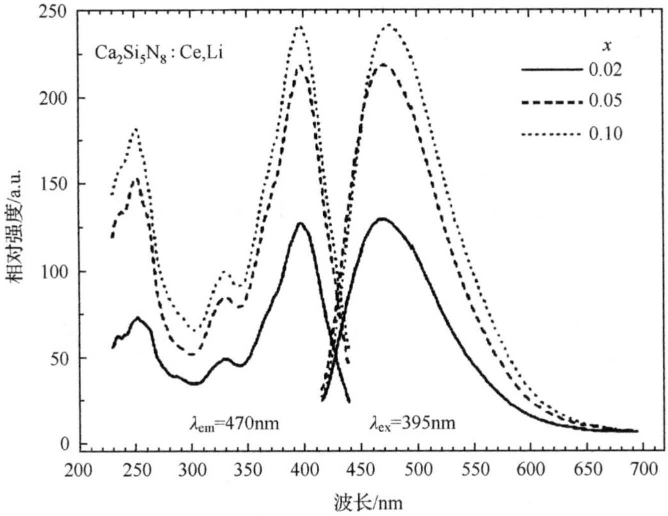

图 6-19　$Ca_{2-2x}Ce_xLi_xSi_5N_8$ 的激发和发射光谱（x=0.02，0.05，0.10）

2. $CaAlSiN_3$: Eu^{2+}

Uheda 和 Watanabe 等[62, 63]分别对 $CaAlSiN_3$ 和 $SrAlSiN_3$ 荧光粉的晶体结构及荧光性能进行了研究。$SrAlSiN_3$ 和 $CaAlSiN_3$ 都属于正交晶系，其中 $CaAlSiN_3$ 的空间群为 $Cmc2_1$，晶格常数为 a=0.9801 nm，b=0.565 nm，c=0.5063 nm，其结构示意图如图 6-20 所示。$CaAlSiN_3$ 结构是由(Si/Al)N_4 四面体在三维方向连接组成，其中 1/3 的氮原子和两个临近的 Si/Al 原子连接，剩下的 2/3 的氮原子和三个 Si/Al 原子连接，Al 和 Si 原子随意分布在相同的四面体格位上，然后和 N 原子相连形成 M_6N_{18}(M=Al，Si)环，而 Ca 原子则位于周围六个角四面体(Si/Al)N_4 的轨道上。其中 Ca^{2+}与 24 个 N 原子配位，Ca—N 的平均键长约为 2.451 Å。

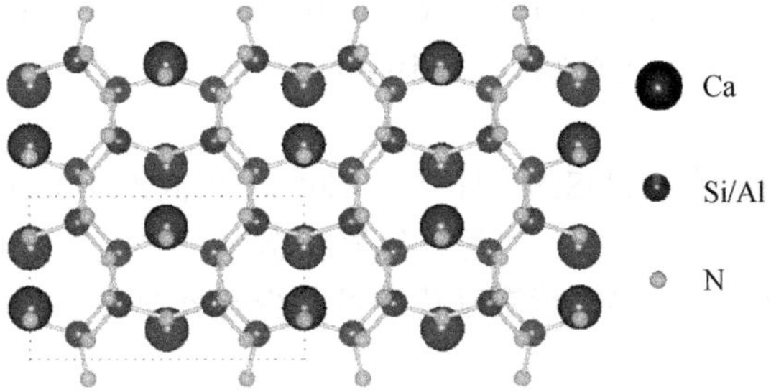

图 6-20　$CaAlSiN_3$ 的晶体［001］结构示意图

图 6-21 为 $CaAlSiN_3$：Eu^{2+}的激发和发射光谱。$CaAlSiN_3$：Eu^{2+}的激发光谱具有极宽分布(250～600 nm)，能与紫外以及蓝光 LED 芯片相匹配，其发射带也相

当宽，当用 450 nm 激发时发射峰中心位于 650 nm [45, 64]，色品坐标是(x=0.66, y=0.33)，该荧光粉有较高的量子效率，在 450 nm 激发下约为 86%。当 Eu^{2+}浓度增加时，发射光谱红移。目前主要采用控制 Eu 浓度以及其他金属离子(如 Sr)替代 Ca^{2+}这两种方法来调控其发射波长。另外，通过计算其 Stokes 位移较小，约为 2200 cm^{-1}，这意味着该体系荧光粉具有较高的能量转换效率以及较低的热猝灭。在 150℃时，其发射强度是室温下的 89%，较 $M_2Si_5N_8$：Eu^{2+}有更低的热猝灭。

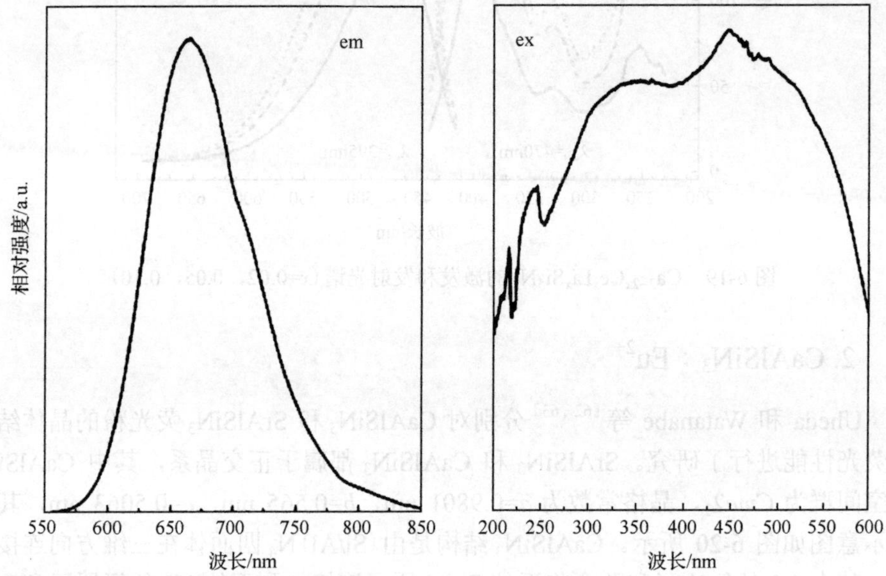

图 6-21 $CaAlSiN_3$：Eu^{2+}的发射光谱和激发光谱

Watanabe 等 [65] 提出 Sr 对 Ca 的取代对荧光粉荧光性能有一定的影响，Sr 的取代使得晶体场强度减弱，发射主峰从 650 nm 蓝移至 620 nm。同时，$SrAlSiN_3$ 和 $CaAlSiN_3$ 都属于正交晶系，晶格常数为 a=0.9843 nm，b=0.576 nm，c=0.5177 nm，有效激发范围较宽，发射主峰则位于 610 nm，相对亮度较 $CaAlSiN_3$：Eu^{2+}荧光粉有明显增强。

Li 等 [66, 67] 采用 $CaAlSiN_3$ 加少量 Eu^{2+}，在低温下(500～800℃)合成了 $CaAlSiN_3$：Eu^{2+}荧光粉，并指出在超临界氨状态下，加入适量的氨基化钠有利于反应的进行，而用叠氮化钠替代氨基化钠可减少含氧的杂相，却不利于提高发光性能。

刘荣辉等 [68] 研究发现氧族元素中的 Se 作为添加剂，能够有效增加硅基氮化物红粉的相对亮度，荧光粉光谱发生红移。

Li 等[69]报道了一种 Ce^{3+}激活的 $CaAlSiN_3$，化学式可表述为 $Ca_{1-x}Al_{1-4\delta/3}Si_{1+\delta}N_3$：$xCe^{3+}$($\delta\approx0.3$～0.4)，X 射线衍射分析表明其空间群为 $Cmc2_1$，其中 Al/Si 占据其

8*b* 位置，Al/Si 比例约为 1/2。这种 $CaAlSiN_3$：Ce^{3+}荧光粉可以被 450～480 nm 的蓝光有效激发，发射出橙黄光(从 570～603 nm 范围内较宽的发射谱带，归因于 Ce^{3+}离子 $5d^1$-$4f^1$ 的跃迁)。激活剂 Ce^{3+}的猝灭浓度为 x=0.02，且随着激活剂含量的增加其发射波长红移，主要是由于体系结构刚性降低导致的 Stokes 位移增加和 Ce^{3+}离子能量传递引起的。研究发现该荧光粉吸收和外量子效率分别为 70%和 56%。

3. $MSiN_2$：Eu(M=Ca，Sr，Ba)荧光粉

Gál 等[70] 2004 年首先对 $MSiN_2$(M=Ca，Sr，Ba)的晶体结构进行了研究，发现 $CaSiN_2$ 和 $BaSiN_2$ 属于正交晶体，而 $SrSiN_2$ 属于单斜晶系。在 $CaSiN_2$ 中，存在两种不同的 Ca 晶格位置 Ca1 和 Ca2，其配位数均为 6。Le Toquin 等[71]报道了另一种面心立方结构的 $CaSiN_2$ 结构，其晶格参数为 a=14.8822 Å。$SrSiN_2$ 和 $BaSiN_2$ 的晶体结构较为相似，包含角共享和边共享 Si—N 四面体，这些四面体以 Si_2N_6 结的形式相连，形成致密的二维层状结构。$SrSiN_2$ 和 $BaSiN_2$ 只有一种碱土金属位置，其配位数为 8。

Wang 等[72]和 Duan 等[73]对 Ce^{3+}和 Eu^{2+}掺杂 $MSiN_2$(M=Ca，Sr，Ba)荧光粉的光色性能进行了详细的研究。结果发现 Eu^{2+}掺杂 $SrSiN_2$ 和 $BaSiN_2$ 在紫外和蓝光均可被有效激发，其发射主要集中在深红色区域，其发射波长很大程度上取决于 Eu 浓度。Ce^{3+}掺杂 $MSiN_2$ 荧光粉的发光均不同，M 为 Ca、Sr 和 Ba 时，由于结构中发光中心周围的晶体场强度存在差异，其发光分别为红色、绿色和蓝色，它们的激发光谱覆盖范围较广(300～600 nm)，能与紫外以及蓝光 LED 芯片相匹配。

4. $SrAlSi_4N_7$

$SrAlSi_4N_7$ 是少数的氮硅铝化合物中具有[AlN_4]边共享四面体结构的化合物。在这个结构中，沿着晶体的［001］方向，具有通过［AlN_4］四面体的边共享而连接的、无限延伸的链结构。这种反式连接的链结构通过共点的方式与氮硅网络连接，具体如图 6-22 所示。在此特殊的结构中，$SrAlSi_4N_7$：Eu^{2+}中的 Sr 有两种占位方式，Eu^{2+}取代后也将会有两种不同的占位方式。通常可以看到 $SrAlSi_4N_7$：Eu^{2+}的发射光谱出现两个谱峰(如图 6-23 所示)，这就是由 Eu^{2+}占位不同造成的，均属于 Eu^{2+}的 $4f^6 5d^1$-4f 跃迁。

Hecht 等[74]通过射频加热的方法制备得到一种新型荧光粉 $SrAlSi_4N_7$：Eu^{2+}。这种氮化物荧光粉属于正交晶系结构($Pna2_1$)，晶格参数是 a=1.17 nm，b=2.13 nm，c=0.49 nm，并且在晶格中具有通过［AlN_4］四面体的边共享而连接的、无限延伸的链结构，这是该荧光粉所具有的特殊的分子骨架，因此 $SrAlSi_4N_7$ 是一种新型的氮化物。$SrAlSi_4N_7$：Eu^{2+}发射光谱较宽，其显色指数较高。发射主峰在 639 nm 左

右，半峰宽为 116 nm；该荧光粉在 300～500 nm 的波段内有较强的吸收，可应用于紫外、近紫外或蓝光的 LED。

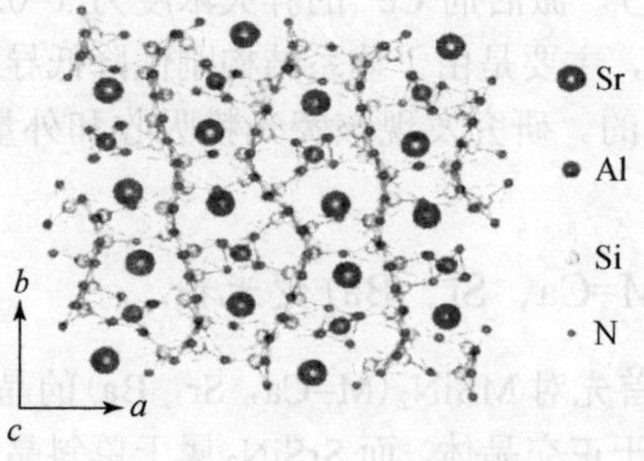

图 6-22　$SrAlSi_4N_7$ 晶体结构图

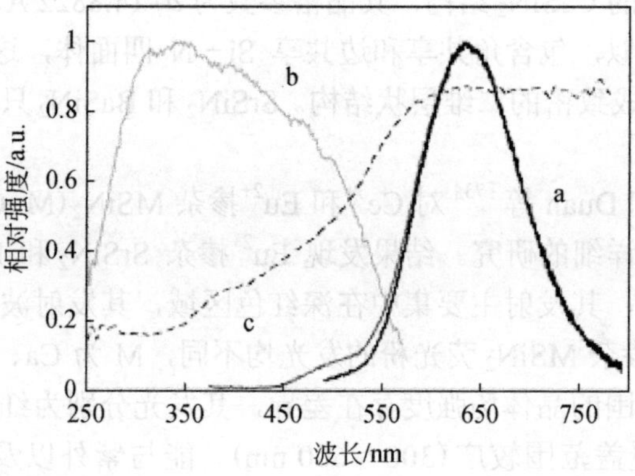

图 6-23　$Sr_{0.98}AlSi_4N_7$：$0.02Eu^{2+}$荧光粉发射光谱(a)、激发光谱(b)和反射光谱(c)

5. $MYSi_4N_7$：Re

$MYSi_4N_7$：Re 由于既有二价碱土金属的格位又有三价钇的格位，这样就为 Eu^{2+}和 Ce^{3+}提供了各自的格位[75]。$BaYSi_4N_7$：Eu^{2+}的激发光谱从 220 nm 延伸至 440 nm，主激发峰位于 385 nm，发射主峰位于 500～520 nm。光谱随 Eu^{2+}掺杂浓度的提高产生较大的红移，发射光谱的半峰宽变大。$BaYSi_4N_7$：Ce^{3+}其激发光谱分别位于 285 nm、297 nm、318 nm、338 nm，发射为主峰位于 417 nm 的窄带。由于 Ce^{3+}的发射光谱和 Eu^{2+}的激发光谱很好地交叠，故二者共掺时可能会有能量传递，提高 Eu^{2+}的发射。Ce^{3+}、Eu^{2+}掺杂 $SrYSi_4N_7$ 中 Eu^{2+}的发射在 548～570 nm，Ce^{3+}的发射主峰位于 450 nm[42]。

此外，Huppertz 等[76]和 Fang 等[77]已对 $MYbSi_4N_7$(M=Sr，Ba)和 $MYSi_4N_7$(M=Sr，Ba)这两种分子式相近的材料开展研究工作，$MYbSi_4N_7$(M=Sr，Ba)是属于六方晶系的一种四元氮化物，其空间群为 $P6_3mc$。$BaYSi_4N_7$ 晶格参数

为 a=0.6057 nm，c=0.9859 nm，V=0.3133 nm，Z=2。$MYSi_4N_7$基本结构是由 SiN_4 四面体构成的三维网络结构，其中每个 Sr^{2+}与近邻的 12 个 N 原子相连，而 Y 原子与 6 个 N 原子连接形成八面体结构。Li 等[78]研究了 Eu^{2+}掺杂的$MYSi_4N_7$(M=Sr，Ba)的荧光性能，发现其在近紫外(390 nm)的激发下发射绿光。$BaYSi_4N_7$：Eu^{2+}和 $SrYSi_4N_7$：Eu^{2+}的发射峰分别在 503～527 nm 和 548～570 nm 波段；与α-SiAlON 相比，$MYSi_4N_7$ 由于 Eu—N 键长较长导致其发射峰有一定的蓝移。

6.4.2　硅氮氧化合物

1. SiAlON

SiAlON(塞隆)是 Si_3N_4-Al_2O_3 系统中的一大类固溶体的总称，由 Al_2O_3 中的 Al、O 原子分别替换 Si_3N_4 中的 Si、N 原子而形成。SiAlON 主要有α相和β相两种结构。α-SiAlON 的基本化学式可写为 $M_xSi_{12-(m+n)}Al_{m+n}O_nN_{16-n}$，其中 M 为碱土金属离子或镧系金属离子。$\alpha$-SiAlON 具有六方结构，空间群是 $P31/c$，晶格结构中的 M 占据 $Si(N，O)_4$ 四面体的空隙位置，并与 7 个(N，O)配位。β-SiAlON 具有和 Si_3N_4 相同的基本结构，属于六方晶系，空间点群为 $P63$ 或 $P63/m$，是通过 Al—O 键替换 Si—N 键而形成的固溶体，可通过 Al—O 对 Si—N 键的替换量实现对其结构的连续调控，其通用的化学式可写为 $Si_{6-z}Al_zO_zN_{8-z}$(z 代表了 Al—O 键对 Si—N 键取代数量)。SiAlON 是一种重要的结构陶瓷材料，与 Si_3N_4 有相似的性能，具有硬度大、熔点高、化学性质稳定等优点。

(1) α-SiAlON：Eu^{2+}。α-SiAlON 是畸变的α-Si_3N_4，属于六方结构，$P3/c$ 空间群，α-SiAlON 晶胞中含有四个“α-Si_3N_4”单胞，其通式为 $M_xSi_{12-m-n}Al_{m+n}O_nN_{16-m}$($x$ 是金属 M 的含量)[35]。在α-SiAlON 结构中 m+n(Si—N)键被 m(Al—N)键和 n(Al—O)键所取代；电荷差异通过引入 M 离子如 Li^+、Mg^{2+}、Ca^{2+}、Y^{3+}和镧系化合物平衡。M 阳离子占据α-SiAlON 基质的间隙位置，与(N—O)形成七配位，并存在着三种不同的 M—(N，O)键距离。

α-SiAlON：Eu^{2+}荧光粉发黄绿、黄或黄橙光，发射峰位于 556～603 nm 范围(图 6-24)[34, 35]。该宽带发射覆盖从 500～750 nm，半峰宽为 94 nm。α-SiAlON：Eu^{2+}的激发峰有两个，分别位于 300 和 420 nm。α-SiAlON：Eu^{2+}荧光粉的表观量子效率当在用 450 nm 激发时约 58%。随着基质组成和 Eu^{2+}浓度的改变，α-SiAlON 的发射颜色变化。在α-SiAlON 中，Eu 浓度可从 0.5%～10%变化。

(2) α-CaSiAlON：Eu^{2+}(Ca-α-SiAlON：Eu^{2+})。Xie 等[40, 79]对 Eu^{2+}掺杂α-CaSiAlON 荧光粉的发光性质和基质组分的改变对发光的影响进行了系统研究。α-CaSiAlON：Eu^{2+}的组成式为 $Ca_{0.625}Eu_xSi_{0.75-3x}Al_{1.25+3x}O_xN_{16-x}$，$x$ 的取值范围为 0～0.25。α-CaSiAlON：Eu^{2+}有效地吸收紫外、蓝光，发射为 583～603 nm 的橙黄光，其光谱归属于 Eu^{2+}的 $4f^65d^1$-$4f^7$ 跃迁。此荧光粉可以弥补 YAG：Ce^{3+}的黄色

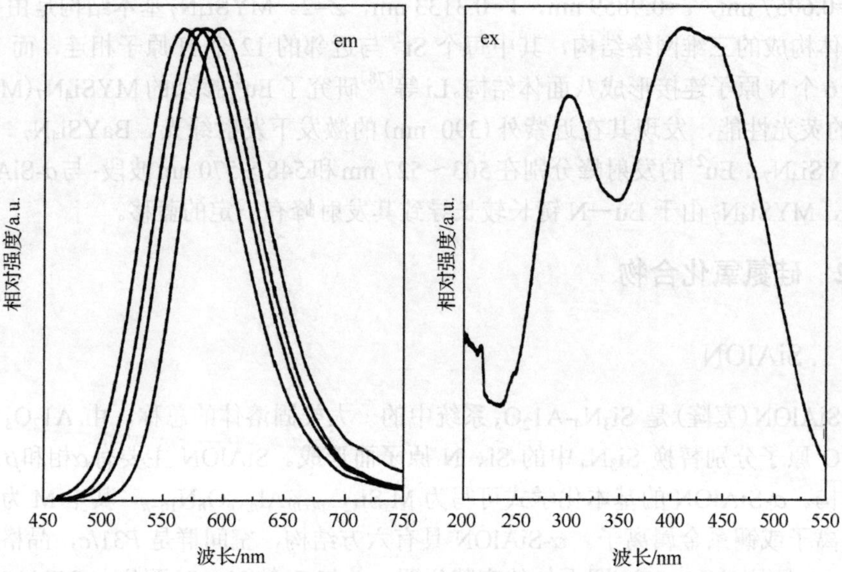

图 6-24 α-SiAlON：Eu^{2+}的发射光谱和激发光谱

荧光粉的红色不足的缺陷，而成为蓝光 LED 用的黄色荧光粉。与α-CaSiAlON：Eu^{2+}相比，Li-α-SiAlON：Eu^{2+}用 460 nm 激发具有较短的发射（573～577 nm）和较小的 Stokes 位移。用此荧光粉与蓝光 LED 组成的白光 LED 发射出明亮的白光（图 6-25）。

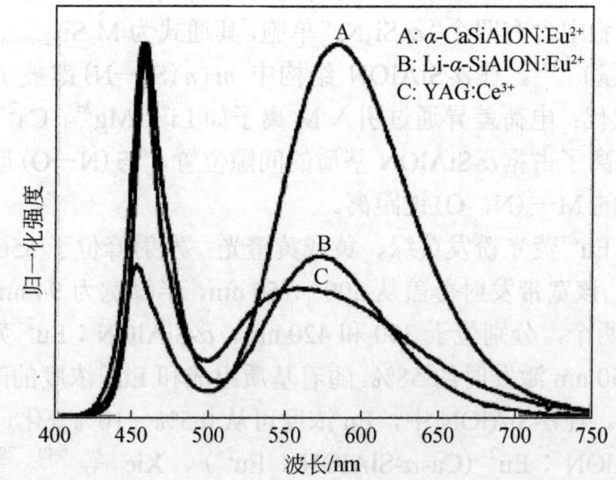

图 6-25 用α-CaSiAlON：Eu^{2+}、Li-α-SiAlON：Eu^{2+}、YAG：Ce^{3+}组装的白光 LED 发光光谱

α-Ca-SiAlON：Eu^{2+}荧光粉用固相反应合成，原料为 Si_3N_4、AlN、$CaCO_3$ 和 Eu_2O_3 粉末混合，在 1600～1800℃，0.5MPa 气氛下灼烧 2 h。也可采用渗氮的方

法制备α-CaSiAlON：Eu^{2+}[79]。对于 CaO-Al_2O_3-SiO_2 体系，用 NH_3-CH_4 混合气体作为渗氮试剂。

Xie 等[35]研究了 Ca-α-SiAlON：Yb^{2+}荧光粉的光谱特性。在 300 nm、342 nm 和 445 nm 的激发下，发出以 549 nm 为中心波长的强的绿色发射带，被建议用作白光 LED 的绿色荧光粉。

(3) β-SiAlON：Eu^{2+}。β-SiAlON 结构是由 Al—O 从β-Si_3N_4 中取代 Si—N 而得到的，它的化学组成可写 $Si_{6-z}Al_zO_zN_{8-z}$，z 代表取代 Si—N 的 Al—O 的数目，$0<z\leqslant 4.2$。β-SiAlON 具有六方晶体结构，空间群 $P6_3$，在结构中含有沿着 C 方向的平行管道。

β-SiAlON：Eu^{2+}发出鲜艳的绿光，其发射峰位于 538 nm[36, 80]（见图 6-26），宽的发射带的半峰宽为 55 nm。在激发光谱中观察到两个可分辨的宽带，分别位于 303 nm 和 400 nm。β-SiAlON：Eu^{2+}荧光粉强的发射将有可能用于近紫外（390～410 nm）或蓝光（450～470 nm）激发。该绿色荧光粉的色品坐标（x=0.31，y=0.60）。当用 405 nm 激发时，表观量子效率约 41%。

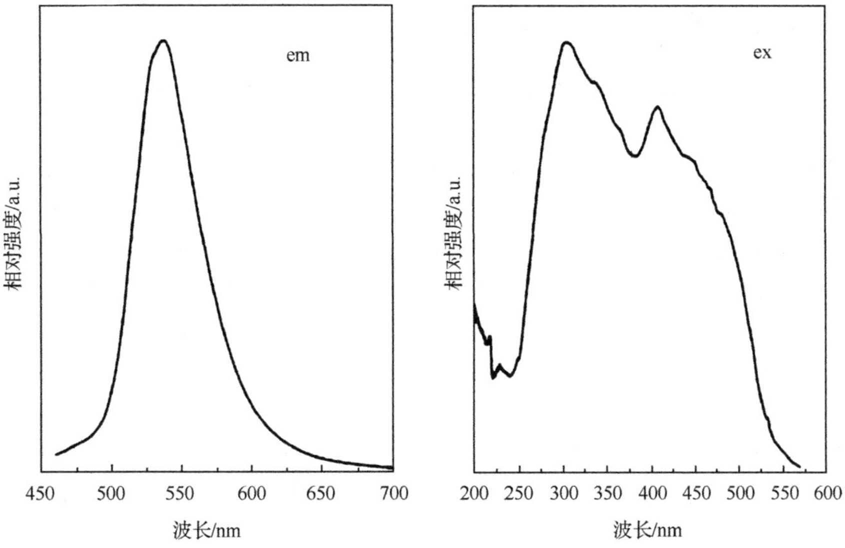

图 6-26　β-SiAlON：Eu^{2+}的发射光谱和激发光谱

β-SiAlON：Eu^{2+}的制备是以 Si_3N_4，Al_2O_3 和 Eu_2O_3 为原料，在 1.0 MPa N_2 压力下、1800～2000℃灼烧 2 小时得到。Eu 浓度<1.0%。

(4) β-CaSiAlON：Eu^{2+}。β-CaSiAlON：Eu^{2+}是一种绿色荧光粉[36]，其组成式为 $Eu_{0.00296}Si_{0.41395}Al_{0.01334}O_{0.0044}N_{0.56528}$。如图 6-27 所示，$\beta$-CaSiAlON：$Eu^{2+}$绿色荧光粉可以被 280～480 nm 范围内的光有效激发，其发射主峰位于 535 nm 附近，FWHM 为 55 nm。β-CaSiAlON：Eu^{2+}的色品坐标为（x=0.32，y=0.64）。该荧光粉

在 303 nm 激发时的内、外量子效率分别为 70%、60%。

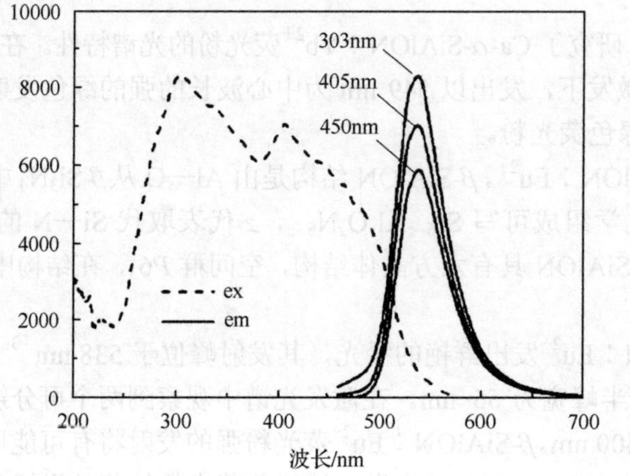

图 6-27　β-CaSiAlON：Eu^{2+}的激发和发射光谱（λ_{em}=535 nm，λ_{ex}=303 nm，405 nm，450 nm）

2. $MSi_2O_2N_2$：Eu^{2+}（M=Ca，Sr，Ba）

碱土硅氧氮化合物 $MSi_2O_2N_2$（M=Ca，Sr，Ba）是最早报道的体系之一。2004 年[81, 41]确定了 $MSi_2O_2N_2$（M=Ca，Sr）的单晶结构。

所有的 $MSi_2O_2N_2$（M=Ca，Sr，Ba）化合物均属于单斜晶系，具有不同的空间群和晶胞参数。$CaSi_2O_2N_2$ 的空间群为 $P2_1/m$，晶胞参数为 a=15.036，b=15.450，c= 6.85 Å，β=95.26°；$SrSi_2O_2N_2$ 的空间群为 $P2_1/m$，晶胞参数为 a=11.320，b=14.107，c=7.736 Å，β=91.87°；$BaSi_2O_2N_2$ 的空间群为 $P2_1/m$，晶胞参数为 a=14.070，b=7.276，c=13.181 Å，β=107.74°[41]。已经确定在化合物中存在一个富氮相 $MSi_2O_{2-\delta}N_{2+2/3\delta}$（M=Ca，Sr，$\delta$＞0），对 $MSi_2O_2N_2$（M=Ca，Sr）进行一些改进，取决于合成温度[82-84]。

$CaSi_2O_2N_2$ 和 $SrSi_2O_2N_2$ 晶体结构相类似均代表了一类由 Si—(O，N) 四面体组成的 $(Si_2O_2N_2)^{2-}$ 层状结构（如图 6-28 所示）。N 原子桥连三个 Si 原子，而 O 束缚在 Si 的尾端；M^{2+}有四个占据位置，每个离子周围有 6 个 O 原子构成反三棱柱结构。

研究了稀土离子在 $MSi_2O_2N_2$（M=Ca，Sr，Ba）中的发光性能，发现稀土离子掺杂的硅氧氮化合物 $MSi_2O_2N_2$：Re 的激发光谱可以与蓝光 LED 和紫外 LED 很好匹配，并且可以产生绿光到橙黄光的发射。所有 $MSi_2O_2N_2$：Eu^{2+}荧光粉均具有不同宽度的宽带发射[85]，发射谱归属于 Eu^{2+}的 $4f^65d$-$4f^7$ 跃迁。$CaSi_2O_2N_2$：Eu^{2+}的半峰宽为 97 nm，$SrSi_2O_2N_2$：Eu^{2+}的半峰宽为 82 nm，$BaSi_2O_2N_2$：Eu^{2+}的半峰宽为 35 nm（图 6-29）。$CaSi_2O_2N_2$：6%Eu^{2+}为淡黄色发射，峰值位于 562 nm，$SrSi_2O_2N_2$：6%Eu^{2+}发绿色光峰值在 543 nm（530～570 nm），$BaSi_2O_2N_2$：6%Eu^{2+}

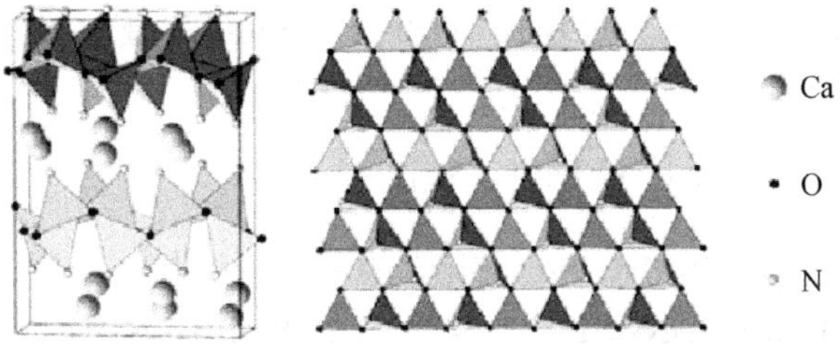

图 6-28　$CaSi_2O_2N_2$ 晶体结构图，左图为从［100］晶向方向看晶体结构，右图为沿垂直于四面体层状结构的［010］晶向方向上的晶体结构

产生蓝绿色发射，峰值在 491 nm(490～500 nm)。激发峰对于 $CaSi_2O_2N_2$：6%Eu^{2+} 呈现一个平而宽的激发带位于 300～450 nm 范围，对于 $SrSi_2O_2N_2$：6%Eu^{2+}和 $BaSi_2O_2N_2$：6%Eu^{2+}均具有两个可分辨的宽带，分别位于 300 nm 和 450 nm。

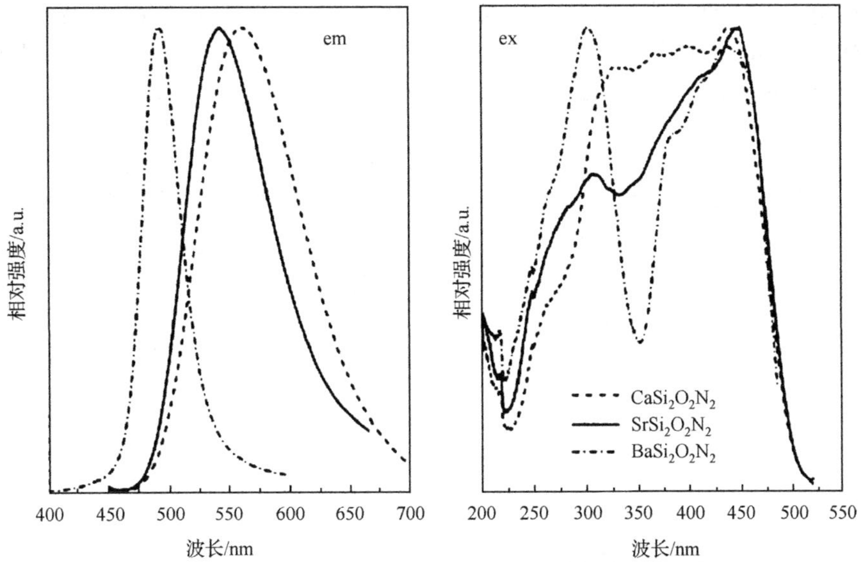

图 6-29　$MSi_2O_2N_2$(M=Ca，Sr，Ba)的发射光谱和激发光谱

Li 等[85]采用 N_2-H_2 混合气体在 1100～1400℃条件下制备了 $MSi_2O_{2-\delta}N_{2+2/3\delta}$：$Eu^{2+}$(M=Ca，Sr，Ba)，其发射光谱覆盖蓝、绿、黄光谱区。其中 $CaSi_2O_{2-\delta}N_{2+2/3\delta}$：$Eu^{2+}$($\delta$=0)发黄光，峰值波长为 560 nm；$SrSi_2O_{2-\delta}N_{2+2/3\delta}$：$Eu^{2+}$($\delta$=1)发黄绿光，峰值波长可在 530～570 nm 之间改变；影响发射峰因素较多，其中激活剂 Eu^{2+}含量、N/O 摩尔比的影响比较显著：随着 N/O 摩尔比升高，峰值波长红移；与氮化物红粉 $M_2Si_5N_8$：Eu^{2+}的发射波长在 600 nm 以上的长波区域相比，氮氧化物荧光粉的发射主峰位置有一定的蓝移，主要是氮氧化物 O^{2-}离子的存在减弱了电子云扩散效应以及质心位移的降低[86]。

$MSi_2O_2N_2$：Eu^{2+}荧光粉可用加热 Si_3N_4、SiO_2 和碱土碳酸盐在 1600℃和 0.5 MPa N_2 气氛下合成。

3. $M_3Si_6O_{12}N_2$：Eu^{2+}(M=Sr，Ba)

Mikami 等[87]在分析 BaO-SiO_2-Si_3N_4 相图的基础上，设计并合成了一种新的氮氧化物荧光粉 $Ba_3Si_6O_{12}N_2$：Eu^{2+}，完善了 $Ba_3Si_6O_{15-3x}N_{2x}$(x=0、1、2 和 3)系列氮氧化物：$Ba_3Si_6O_{12}N_2$、$Ba_3Si_6O_9N_4$[88]和 $BaSi_2O_2N_2$。$Ba_3Si_6O_{12}N_2$ 为单斜晶系，空间群为 $P\bar{3}$，晶胞参数 a=0.75 nm，c=0.65 nm。$Ba_3Si_6O_{12}N_2$ 的基本结构是由环状的层片结构组成，这种环状层片结构是由 8 个 Si—(O，N)和 12 个 Si—O 环组成的；这种化合物是由共角的 SiO_3N 四面体组成的起伏的层状结构，Ba^{2+}位于层状结构之间。Ba^{2+}在晶体中有两种不同的占位：一种是与六个氧形成的反三棱柱结构(扭曲八面体)；另一种是与六个氧形成反三棱柱结构，并与一个氮原子相连(图 6-30)。荧光性能研究表明：Eu^{2+}激活的 $Ba_3Si_6O_{12}N_2$ 荧光粉的激发光谱是一个覆盖 250～500 nm 宽谱带，在紫外蓝光区域有很强的吸收；发射峰在 525 nm，半峰宽较窄为 68 nm(是由于 Ba1 原子引起的)，并显示出较高的色纯度[87]。

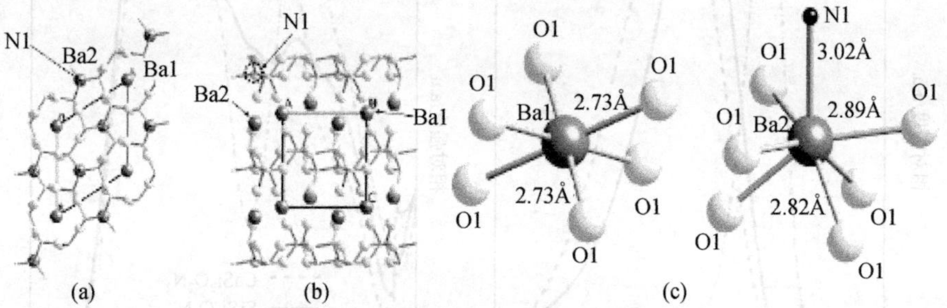

图 6-30　$Ba_3Si_6O_{12}N_2$ 晶胞侧视图

(a)沿 c 轴；(b)沿 b 轴；(c)两种 Ba^{2+}离子的配位环境

Braun 等[89]采用高温固相法制备出了白光 LED 用 $M_3Si_6O_{12}N_2$：Eu^{2+}(M=Ba，Sr)绿色荧光粉。如图 6-31 所示，$Ba_3Si_6O_{12}N_2$：Eu^{2+}的激发峰为 250～500 nm 的宽峰，发射峰峰值波长在 525 nm 左右，半峰宽约为 65 nm。基质中离子半径减小会导致晶体场劈裂能变大，当部分 Ba 被 Sr 取代(离子半径 Sr^{2+}<Ba^{2+})，Sr 取代后引起晶胞收缩，引起 Eu^{2+}周围环境的晶体场强度增加，导致 5d 轨道能级劈裂加剧及跃迁能量的降低，荧光粉发射光谱发生一定的红移，如图 6.31 所示；还发现 Sr 含量增加发射峰半峰宽逐渐变宽。

Poroba 等[90]采用 $BaCO_3$、$SrCO_3$、SiO_2、Si_3N_4 和 Eu_2O_3 等原料在 2%H_2 和 98%N_2 条件下制备了$(Ba_{3-x-y}Sr_x)Si_6O_{12}N_2$：$yEu^{2+}$($x$=0～0.5，$y$=0.03)固溶系列绿色荧光粉。XRD 表明，合成的系列荧光粉均具有 $Ba_3Si_6O_{12}N_2$ 的主相结构，同时发

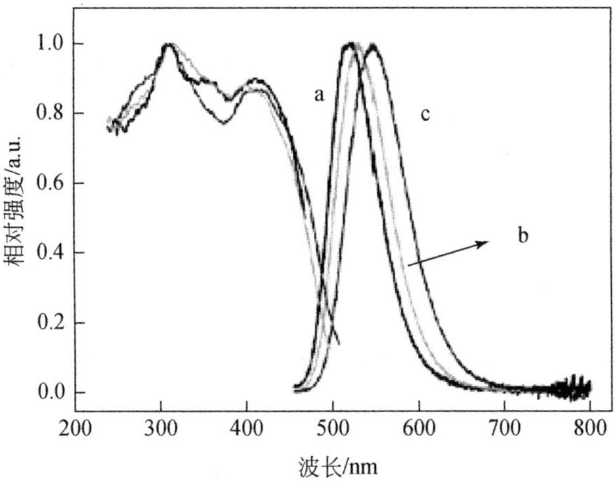

图 6-31　$Ba_{3-x}Sr_xSi_6O_{12}N_2$：$Eu^{2+}$荧光粉的光谱图

Sr 含量为 0(a)，11%(b)和 34%(c)

现原料中存在少量的 Si_3N_4 杂相。根据 XRD 谱图计算得到激活剂 Eu 含量为 3%时的晶格变化状况，发现随着 Sr 取代 Ba 的量的增加其晶胞收缩。这主要是由于 Sr^{2+} 离子半径小于 Ba^{2+}半径导致 Sr 取代后晶格收缩。根据晶体场理论晶胞的收缩可以导致晶体场强度增强，从而引起激活剂离子 5d 能级劈裂的增加，导致发射波长的红移。同时还发现碱土金属阳离子掺杂对荧光粉的色品坐标以及温度特性有调节作用。

Song 等[91]通过高温固相法制备了 $Ba_3Si_6O_{12}N_2$：Eu^{2+}荧光粉并研究了 Eu^{2+}离子猝灭浓度及其对荧光性能的影响。结果表明，在 $Ba_{3-x}Si_6O_{12}N_2$：xEu^{2+}荧光粉中，Eu^{2+}的猝灭浓度为 x=0.25，随着 Eu^{2+}的加入荧光粉峰值波长发生红移，这是由于 Eu^{2+}的加入引起的晶格收缩导致。助熔剂 NH_4Cl 的加入能有效提高粉体的晶粒形貌以及荧光性能，当加入量为 9wt%荧光性能最好。Song 等[92]采用 B 包覆的 Eu_2O_3 原料分别置于氧化铝坩埚和 BN 涂覆的氧化铝坩埚内，在 1200℃焙烧合成了 $Ba_3Si_6O_{12}N_2$：Eu^{2+}荧光粉。结果发现采用 BN 涂覆氧化铝坩埚的样品相纯度和发光强度均优于氧化铝坩埚合成的荧光粉。

Kang 等[93]采用 Ba_3SiO_5：Eu^{2+}作为前驱体制备了 $Ba_3Si_6O_{12}N_2$：Eu^{2+}荧光粉，并研究了样品的相结构、形貌以及荧光性能。反应温度对荧光粉的颗粒大小、微形貌及荧光性能有重要的影响，焙烧温度为 1400℃时为最佳反应温度；同时还发现原料中过量氮化硅的存在有利于荧光粉相的形成以及荧光性能的提高。采用此方法制备的 $Ba_3Si_6O_{12}N_2$：Eu^{2+}荧光粉的发光强度明显优于采用碱土碳酸盐、二氧化硅和氮化硅原料制备的荧光粉。Tang 等[94]通过材料模拟软件研究了 Eu^{2+}掺杂前后体系态密度(DOS)以及偏态密度(PDOS)的变化，通过结合理论模拟计算得到的吸收光谱和实验样品的吸收光谱得到了体系中各元素原子外层电子对吸收光谱的贡献。

庄卫东等[95, 96]发现选用 $BaCO_3$ 为反应原料，在 1300℃的反应温度、8 h 的保温时间及氨分解气氛(N_2：H_2=1：3)条件下合成了具有 $Ba_3Si_6O_{12}N_2$ 结构的荧光粉，且发光强度较高。二次焙烧能够提高荧光粉的发光性能；同时添加不同助熔剂也可提高荧光粉的荧光性能，其中 BaF_2 和 $BaCl_2$ 的效果最显著。同时，碱土金属阳离子替换以及氮氧元素的微调可调节荧光粉晶体结构、改变晶体场强度，进而改善荧光粉的光色性能。

4. $LaAl(Si_{6-z}Al_z)N_{10-z}O_z$：$Ce^{3+}$($z\approx1$)(简称 JEM)

JEM 相是属于正交结构(空间群 Pb_{cn})，a=9.4303 Å，b=9.7689 Å，c=8.9386 Å；其中 Al 原子和(Si，Al)原子与(N，O)原子四配位结合，形成 $Al(Si, Al)_6(N, O)_{10}^{3-}$ 网络，La 原子处于沿着［001］方向旋转延伸，由 7 个原子(N，O)无规则配位，其平均距离约 2.70 Å。

图 6-32 中列出 JEM：Ce^{3+}光谱，在 368 nm 激发下显示出宽带发射，峰值位于 475 nm[33]，当用 368 nm 激发时发射效率(表观量子效率)约 55%，该蓝色荧光粉具有一个宽的从紫外到可见范围激发带。Ce^{3+}浓度或 z 值的增加，将使激发和发射光谱红移。

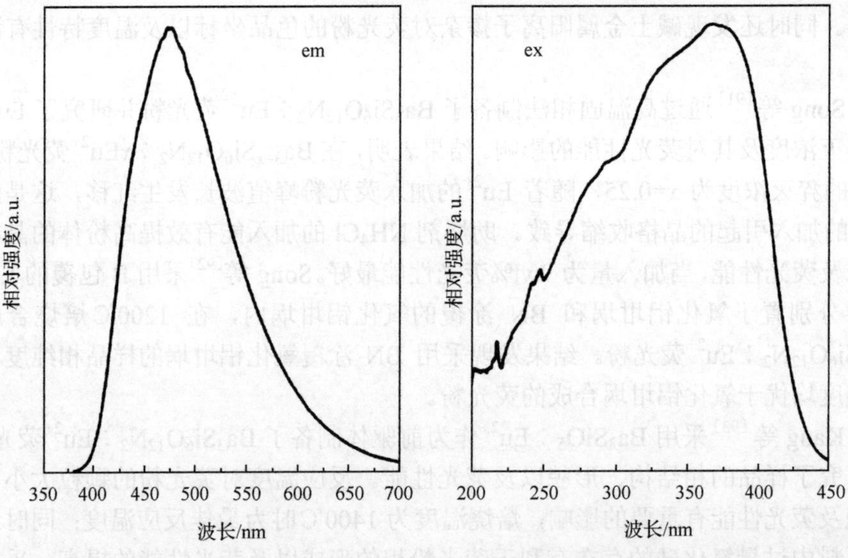

图 6-32 $LaAl(Si_{6-z}Al_z)N_{10-z}O_z$：$Ce^{3+}$的发射光谱和激发光谱

JEM 的制备所用的原材料是由 Si_3N_4、AlN、Al_2O_3、La_2O_3 和 CeO_2 混合后，在 1.0 MPa N_2 气压下，1800～1900℃加热 2 h，即可制得粉末荧光粉。

6.5　白光 LED 用硫化物荧光粉

硫化物由于其大的晶体场能，使掺杂稀土离子的发射光谱在红光区，已成为白光 LED 用的红色荧光粉。

$SrGa_2S_4$：Eu^{2+}是一种蓝光光转换材料，其吸收带位于 330～480 nm，发射峰位于 536 nm 附近，半峰宽为 2000 cm^{-1}。Tardy 等首次报道了采用有机染料(香豆素，DCM)、有机荧光粉(Alq_3)和无机荧光粉($SrGa_2S_4$：Eu^{2+})作为光转换材料的白光发射体系[97]，采用发射 430 nm 光的 InGaN 作为激发源，可以通过调节各种光转换材料的组成在一定范围内调节白光的色温。其中有机荧光粉为红光光转换材料，这些有机荧光粉虽然吸收效率高，但是抵抗二极管高辐射的能力差，导致白光发射体系的寿命降低。Zhang 等[98]采用分解法合成了 $SrGa_2S_4$：Eu^{2+}，没有使用有毒的 H_2S 气体。他们采用 $SrGa_2S_4$：Eu^{2+}和 ZnCdS：Ag, Cl 作为光转换材料。在 InGaN 发射的蓝光激发下，这两种材料分别发射黄绿光和红光，然后与未吸收的蓝光复合成白光。

Eu^{2+}掺杂的 CaS 是传统的 LED 灯用红光发射光转换材料。Sr^{2+}和 Ca^{2+}的半径相差不大，$(Ca_{1-x}Sr_x)S$：Eu^{2+}可以形成固溶体。通过改变基质的组分，在基质中增加 Sr 的含量，Eu^{2+}的发射主峰从 650 nm 蓝移到 600 nm[13]。稀土激活的硫化物红色荧光粉，虽然可以弥补红光不足的弱点，但这些硫化物在环境中稳定性差。

6.6　白光 LED 用钼酸盐荧光粉

钼酸盐体系荧光粉多为自激活发光材料，钼酸盐中 Mo^{6+}位于氧配位四面体中心，与周围的 4 个 O^{2-}配位，构成近四面体结构，形成稳定性好的 MoO_4^{2-}络阴离子。MoO_4^{2-}在近紫外区具有宽而强的电荷转移吸收带，与 LED 芯片的光输出波长相匹配，并把能量传递给掺杂的稀土离子，再加上其化学稳定性和热稳定性高，发射光谱带窄，色纯度高，烧结温度较低(700～1000℃)，因而，钼酸盐荧光粉被认为是一种很有前途的发光基质材料。

以基质金属离子来分类，钼酸盐体系包括碱土钼酸盐(如 $CaMoO_4$、$SrMoO_4$等)，过渡金属钼酸盐(如 $ZnMoO_4$)，稀土钼酸盐［如 $Gd_2(MoO_4)_3$、$Tb_2(MoO_4)_3$等］，双钼酸盐［如 $KLa(MoO_4)_2$、$AgYb(MoO_4)_2$、$BaGd_2(MoO_4)_4$等］，复合钼酸盐［如 $LiY(MoO_4)_{1.2}(WO_4)_{0.8}$、$Ca_{1-x}Zn_xMoO_4$等］，其中以碱土钼酸盐和双钼酸盐的研究较多。

庄卫东等[99]研究了钼酸盐红色荧光粉 $CaMoO_4$：Eu^{3+}，由于掺杂的激活离子 Eu^{3+}与晶格中被取代的 Ca^{2+}电荷不匹配，必须进行电荷补偿。加入电荷补偿剂可以有效提高该荧光粉在 395 nm(近紫外光)和 465 nm(蓝光)激发下的红色荧光强度。荆西平等[100, 101]对红色荧光体 $CaMoO_4$：Eu^{3+}, Li^+体系进行了研究，结果表明，碱金属 Li^+掺入后，样品的发光效率优于 $CaMoO_4$：Eu^{3+}。

Guo 等采用溶胶–凝胶法制备了一系列 $Gd_{2-x}Eu_x(MoO_4)_3$ 红色荧光粉[102]。DTA、TG 和 XRD 分析表明，其制备温度比高温固相法降低 150℃，FESEM 显示样品形貌为近球形，粒径约 1 μm。进一步研究样品的发射光谱表明，在蓝光和近紫外光激发下，溶胶–凝胶法制备的样品比高温固相法制备的样品具有更强的发光强度，这很可能是受晶体粒度形貌、粒度分布和烧结温度的影响。

Si^{4+}在紫外和近紫外区有很强的吸收峰，将 Si^{4+}引入钼酸盐中取代部分 Mo^{6+}离子很有可能增强钼酸盐在近紫外区的吸收峰强度，从而提高其发光亮度。Si 等以 SiO_2 为原料将 Si^{4+}引入到 $CaMoO_4$ 中制备了一系列 $Ca_{1-x}Mo_{1-y}Si_yO_4$：Eu_x^{3+}荧光粉[103]。XRD 谱表明，随着 Si^{4+}含量的增加，颗粒尺寸逐渐变小，这说明 Si^{4+}取代了部分 Mo^{6+}进入到晶格位置。激发光谱和发射光谱表明，在 393 nm 激发光下 $Ca_{0.8}Mo_{0.8}Si_{0.2}O_4$：$Eu_{0.2}^{3+}$最强发射峰位于 615 nm，是 $Ca_{0.8}MoO_4$：$Eu_{0.2}^{3+}$的 2 倍和 Y_2O_2S：$Eu_{0.05}^{3+}$的 5.5 倍。

6.7　紫外和近紫外 LED 用荧光粉

使用紫外和近紫外光 LED 激发三基色荧光粉产生的白光 LED 的颜色仅由荧光粉决定，所以，用紫外和近紫外光 LED 激发三基色荧光粉产生的白光 LED 的方案颜色稳定、显色性好和显色指数高。由于紫外光光子的能量较蓝光高，可激发的荧光粉选择性增加，同时无论哪种颜色的荧光粉的效率大都随激发光源波长的缩短而增加，尤其是红色荧光粉。因此，该方案被认为是新一代白光 LED 照明的主导方案。因此，研究与紫外 LED、蓝光 LED 匹配的能产生高效的各种光色发射的新的荧光粉具有很重要的理论和实际意义。

1. 近紫外 LED 用荧光粉

由于蓝色 LED 所用的荧光粉比较少，而紫外 LED 的转换效率较低，因此，人们开始探索近紫外 LED 激发的新的白光 LED，目前，对此研究得比较活跃。近紫外 LED 激发的白光 LED 可分为两种类型。

近紫外 LED 激发的白光 LED 所采用的荧光粉能在近紫外到蓝光范围(315～480 nm)的激发下发出绿色到黄色的宽范围波长的光(490～770 nm)，LED 的光与荧光粉的光进行混合得到白光。目前能用的荧光粉主要为基于 $Y_3Al_5O_{12}$：Ce 的荧光粉。

另外，可以利用近紫外 LED 和蓝、黄色荧光粉组合，其中蓝色荧光粉主要为 $Ca_{10}(PO_4)_6Cl_2$：Eu^{2+}，黄色荧光粉主要为 $(Y_{1-a}Gd_a)_3(Al_{1-b}Ga_b)_5O_{12}$：$Ce^{3+}$，或者是由近紫外 LED 与红、绿、蓝三色荧光粉(或者橙、黄、绿、蓝色荧光粉)一起得到白光。对于该种组合而言，红色、绿色、蓝色荧光粉主要分别采用 Y_2O_3：Eu，$SrGa_2S_4$：Eu，$BaMgAl_{14}O_{23}$：Eu。

Setlur 等[104]研究了 $Ca_2NaMg_2V_3O_{12}$：Eu^{3+}荧光粉，其利用 VO_4^{3+}位于 530 nm 处宽带发射和 Eu^{3+}位于 611 nm 处的发射谱混合成白光，在 360 nm 紫外光激发下其显色指数达到 89。

文献［105］报道的一个典型的在 382 nm LED 激发下高显色指数的白光 LED 三基色荧光粉组成是：红色荧光粉 La_2O_2S：Eu^{3+}(em：626 nm)，绿色荧光粉 ZnS：Cu, Al(em：528 nm)，蓝色荧光粉 $(Sr, Ca, Ba, Mg)_{10}(PO_4)_6Cl$：$Eu^{2+}$(em：447 nm)，但这些三基色荧光粉的吸收波长仍与其 LED 的发射波长不十分匹配(红、绿、蓝荧光粉相应的吸收峰分别在 350 nm、~400 nm 和 330、380 nm)，因而发光效率仍不高。

山田健一等[106]报道用 394 nm 近紫外光激发的 $SrEu_{0.18}La_{0.12}Ga_3O_7$ 和 $LiEuW_2O_8$ 红色荧光粉的转换效率都在 Y_2O_2S：Eu^{3+}红色荧光粉的 6 倍以上，可应用于三基色白光 LED 上。

上述这些与近紫外 LED 组合使用的红、绿、蓝三基色荧光粉将可能使人们获得颜色更稳定、显色性更好和显色指数更高的白光 LED，但由于混合物之间存在颜色再吸收和配比调控，以及难以使三基色荧光粉的吸收波长同时与其 LED 的发射波长相匹配等问题，仍然对流明效率和显色性的提高有较大的影响。

2. 紫外 LED 用荧光粉

利用紫外 LED 激发产生白光的机理与蓝光 LED 类同，即通过紫外 LED 所发出的紫外光激发荧光粉发光，各种荧光粉所发出的光进行混合就得到所需的白光。通过以下几种方法均可以产生白光：①紫外 LED+(黄、蓝绿、蓝色荧光粉)；②紫外 LED+(橙色、蓝绿色荧光粉)；③紫外 LED+(红、绿、蓝色荧光粉)。由于利用紫外光 LED 激发红、绿、蓝色荧光粉具有较佳的显色性且荧光粉材料易找到等优点，因此，此类型的荧光粉的研究非常具有吸引力。

(1)紫外 LED 用黄色荧光粉。对于这类荧光粉来说，最合适的为 Eu 和 Mn 掺杂的碱土金属的焦磷酸盐荧光粉：$M_2P_2O_7$：Eu^{2+}, Mn^{2+}，其中 M 至少为 Sr，Ca，Ba，Mg 中的一种。在 $M_2P_2O_7$：Eu^{2+}, Mn^{2+}中，Eu 和 Mn 占据的是 M 位置，因此这种荧光粉可以写成 $(M_{1-x-y}Eu_xMn_y)_2P_2O_7$，$0<x\leqslant0.2$，$0<y\leqslant0.2$。其中 M 通常为 Sr，$Eu^{2+}$作为敏化剂，$Mn^{2+}$作为激活剂。由 Eu^{2+}吸收紫外 LED 发出光的能量，然后将吸收到的能量转移给 Mn^{2+}。Mn^{2+}通过吸收转移的能量而被提升到激发态，再释放光能回到基态。当 M 为 Sr^{2+}的时候，荧光粉为宽发射带，波长范围在 575～595 nm，当 Sr 和 Mg 的摩尔含量相同时，此荧光粉的发射峰波长为 615 nm。另外，这类荧光粉还有 $M_3P_2O_8$：Eu^{2+}, Mn^{2+}，其中 M 至少包括 Sr，Ca，Ba，Mg 中的一种。

(2) 紫外LED用蓝绿色荧光粉。第一种为Eu^{2+}掺杂的碱土金属的硅酸盐荧光粉：通常情况下这种荧光粉的组成：$M_2SiO_4:Eu^{2+}$，M为Mg，Ca，Sr或Ba。最合适的成分含量为［Ba］≥60%、［Sr］≤30%、［Ca］≤10%。如果M为Ba或Ca，那么荧光粉的发射峰约为505 nm；如果为Sr，其发射峰约为580 nm。因此，较合适的荧光粉组成为$Ba_2SiO_4:Eu^{2+}$、$(Ba, Sr)_2SiO_4:Eu^{2+}$或者$(Ba, Ca, Sr)_2SiO_4:Eu^{2+}$。在这种荧光粉中，$Eu^{2+}$占据的是碱土金属的格位，因此该荧光粉可以写为：$(M_{1-x}Eu_x)_2SiO_4$，$0<x\leqslant0.2$。

第二种荧光粉为Eu^{2+}激活的碱土金属硅酸盐荧光粉：最合适的荧光粉组成为$M_2M'Si_2O_7:Eu^{2+}$(其中M为Ca，Sr或Ba，M′为Zn，Mg)。

第三种为Eu^{2+}激活的碱土金属铝酸盐荧光粉：这种荧光粉的最合适组成为：$MAl_2O_4:Eu^{2+}$(其中M为Ca，Sr，Ba)，M中［Sr］≥50%，较合适的组成为［Sr］≥80%，［Ba］≤20%。如果M为Ba，荧光粉的峰值约为505 nm；如果M为Sr，那么荧光粉的峰值约为520 nm；如果M为Ca，那么荧光粉的峰值约为440 nm。于是，最合适的应该为Sr或者Sr和Ca。在此荧光粉当中，Eu^{2+}依然占据的是碱土金属的位置，这种荧光粉可以写为：$(M_{1-x}Eu_x)Al_2O_4$，$0<x\leqslant0.2$。

为了优化此类荧光粉的颜色和性能，通常需要多种硅酸盐和铝酸盐的组合。

(3) 紫外LED用蓝色荧光粉。这类荧光粉的发射峰要求在420～480 nm，主要为掺Eu^{2+}的碱土金属卤磷酸盐。少量的磷酸盐可以被少量的硼酸盐所替代以增加发射强度。荧光粉的发射峰的位置随着锶与其他碱土金属离子的比例变化而变化。当M仅仅为锶一种元素时的发射波长为447 nm。用Ba离子代替Sr离子会导致发射峰的蓝移；当用Ca离子代替Sr离子时，发射峰又会发生红移。这类荧光粉研究的较成熟的组成为：$(Sr_{1-y-z}Ba_yCa_z)_{5-x}Eu_x(PO_4)_3Cl$。其中，$0.01\leqslant x\leqslant0.2$，$0\leqslant y\leqslant0.1$，$0\leqslant z\leqslant0.1$。

对于Eu^{2+}激活的碱土金属的铝酸盐荧光粉，已经商业化的有“BAM”，其组成为：$BaMgAl_{10}O_{17}:Eu^{2+}$。$Eu^{2+}$处在M位置上，这种荧光粉的发射波长约为450 nm。随着Ba^{2+}被Sr^{2+}替代的量增加，荧光粉的发射波长就会发生红移。

能用作此类荧光粉的还有Eu^{2+}激活的铝酸盐，如组成为$n(BaO)\cdot6Al_2O_3:Eu^{2+}$或$n(Ba_{1-x}Eu_x)0\cdot6Al_2O_3$，其中$1\leqslant n\leqslant1.8$，$0\leqslant x\leqslant0.2$。$BaAl_{12}O_{19}:Eu^{2+}$或者$(Ba_{1-x}Eu_x)Al_{12}O_{19}$，$0<x\leqslant0.2$。

(4) 紫外LED用其他荧光粉。紫外LED用的橙色荧光粉目前通常为$M_2P_2O_7:Eu^{2+}, Mn^{2+}$，其中M至少为Sr，Ca，Ba，Mg中的一种。如已经产业化的$(Sr_{0.8}Eu_{0.1}Mn_{0.1})_2P_2O_7$。红粉主要为$Y_2O_3S:Eu^{2+}, Gd^{3+}$，绿粉目前主要有ZnS：Cu, Al和$Ca_2MgSiO_7:Eu^{2+}$两种。为了提高紫外LED+荧光粉体系所发白光的显色指数，通常添加发射波长为620～670 nm红色荧光粉，主要为$3.5MgO\cdot0.5MgF_2\cdot GeO_2:Mn^{4+}$。另外，要使这几类荧光粉的混合得到优化，就要考虑到所用荧光粉的数量，设计的显色指数和功效，荧光粉的组成和所用LED发射峰的位置。例如，为了降低混合荧光粉的色温，增加发射强度，荧光粉的蓝色和绿色成分就要减少。为了提高混合荧光粉的色温，就要加入第四种荧光粉，即红色荧光粉。

现将主要的白光 LED 用荧光粉以及紫外和近紫外 LED 用荧光粉的化学组成和发光颜色列于表 6-2 和表 6-3。

表 6-2　白光 LED 用荧光粉的化学组成和发光颜色

类型	化学组成	发光颜色
硫化物	$(Ca, Sr)S:Eu$	红
	$ZnS:Cu, Al$	绿
硫镓酸盐	$CaGa_2S_4:Eu$	黄
	$SrGa_2S_4:Eu$	绿
氮化物	$(Ca, Sr)_2Si_5N_8:Eu$	红
	$CaSiAlN_3:Eu$	红
	$CaSiN_2:Eu$	红
氮氧化物	$BaSi_2O_2N_2:Eu$	蓝绿
	$(Sr, Ca)Si_2O_2N_2:Eu$	黄绿
	$Ca(Si, Al)_{12}(O, N)_{16}:Eu$	橙
硅酸盐	$(Ba, Sr)_2SiO_4:Eu$	绿
	$Sr_2SiO_4:Eu$	黄
	$Ca_3Sc_2Si_3O_{12}:Ce$	绿
铝酸盐	$SrAl_2O_4:Eu$	绿
	$Sr_4Al_{14}O_{25}:Eu$	蓝绿

表 6-3　紫外和近紫外 LED 用荧光粉的化学组成与发光颜色

类型	化学组成	发光颜色
磷灰石	$(Ca, Sr)_5(PO_4)_3Cl:Eu$	蓝
	$(Ca, Sr)_5(PO_4)_3Cl:Eu, Mn$	蓝-橙
铝酸盐	$BaMgAl_{10}O_{17}:Eu$	蓝
	$BaMgAl_{10}O_{17}:Eu, Mn$	蓝绿
硫氧化物	$Y_2O_2S:Eu$	红
	$Gd_2O_2S:Eu$	红
	$La_2O_2S:Eu$	红
硅酸盐	$(Sr, Ba)_3MgSi_2O_8:Eu$	红
	$Ba_3MgSi_2O_8:Eu, Mn$	红
其他	$Zn_2GeO_4:Mn$	黄绿
	$LiEuW_2O_8$	红

3. 用于白光LED的稀土发光配合物

2006 年，Iwanaga 等[107]研究了铕的β-二酮和氧化磷配合物的分子结构和光谱性质关系。利用β-二酮等配体对近紫外光的间接激发机制可以增强 Eu^{3+}的荧光强度，并认为可以应用于新一代的白光 LED。

近来，随着近紫外或蓝紫光 LED 芯片技术的发展和效率提高，稀土配合物用作近紫外激发有机荧光粉的研究得到了人们的重视。美国 Strouse 小组[108]制备了一种乙酰丙酮(acac)包覆的 Y_2O_3：Eu 纳米颗粒。利用有机配体 acac 作为天线分子，敏化 Y_2O_3 的缺陷能级以及 Eu^{3+}离子发光，可以得到一种近紫外光(350～370 nm)激发的白色荧光粉。尽管在 370 nm 激发下的光致发光量子产率仅为 18.7%，但制作的白光 LED 器件发光效率可达 100 lm/W。

龚孟濂课题组[109]合成了一种具有扩展共轭结构的有机配体用于敏化铕离子，其激发光谱可以拓展到 420 nm 附近。将这种配合物涂覆在 395 nm 的 InGaN 芯片上用作紫外光激发的有机荧光粉，可以得到 Eu^{3+}的特征红光发射。苏成勇等[110]利用一种多咪唑盐(PyNTB)组装了一类发白光的混金属配合物 Ag(PyNTB)：Eu。郑向军等[111]利用一发蓝光的配体部分敏化稀土铽离子发绿光及铕离子发红光，通过调节不同稀土离子的含量得到以三基色混合而成的白光。

涉及材料的紫外耐受性的问题文献中报道很少，2013 年葡萄牙的 Carlos 等报道了紫外稳定的稀土配合物发光材料，稳定时间大于 10 h[112]。黄春辉课题组利用一类八羟基萘啶的衍生物得到了能够具有良好紫外耐受性能的稀土铕配合物发光材料(紫外辐照数百小时发光亮度未见明显衰减)，而且该系列材料具有很好的热稳定性(分解温度大于 400℃)，高的发光量子产率(～84%)。

近年来白光 LED 的研究与应用得到了飞速的发展，但仍存在一些需要解决的问题。特别是在荧光粉方面需要进行更深层次的探索。

(1) 针对 YAG：Ce 荧光粉存在的问题，需要改善现有荧光粉或通过多种荧光粉的组合以提高显色性[113]，以及研制发红光的辅助荧光粉和探索新的高效荧光粉来代替 YAG：Ce 荧光粉。

(2) 探索以及研制紫外和近紫外的荧光粉，期待着与紫外光和紫光有着更好匹配的全色单一白光荧光粉和新型红、绿、蓝三基色荧光粉出现。

(3) 开发出适合大功率 LED 和能经受恶劣环境使用的荧光粉；探索纳米荧光粉在白光 LED 中的应用，特别是量子点发光材料在一般照明产品和新一代 QLED 电视中应用。

(4) LED 工作是电流型，在恒定直流驱动下长期工作时，相当部分能量转变为热能，芯片的温度升高，甚至可达 100℃以上。随着白光 LED 器件温度升高，还将发生色漂移；同时，LED 芯片在工作一段时间后，温度达到 100～200℃，致使荧光粉产生温度猝灭效应。

(5) 随工作电流增大，InGaN 的蓝光发射产生红移，从而白光发射的色品坐标产生移动。在高的电流下，蓝光光谱的电光强度要比长波长的光即黄光增加得快。

参 考 文 献

[1] 洪广言，庄卫东. 稀土发光材料. 北京：冶金工业出版社，2016.

[2] 洪广言. 稀土发光材料–基础与应用. 北京：科学出版社，2011.

[3] 孔丽，甘树才，洪广言，等. 高等学校化学报，2008，29(4)：673-676.

[4] Kong L，Gan S C，Hong G Y，et al. J Rare Earths，2007，25(6)：692-696.

[5] Zhang S S，Zhuang W D，Zhao C L，et al. J Rare Earths，2004，22(1)：118-121.

[6] Lin Y S，Lin R S，Cheng B M. J Electrochem Soc，2005，152(6)：J41-J45.

[7] Jang H S，Im W B，Lee D C，et al. J Lumin，2007，126(2)：371-377.

[8] 孔丽，甘树才，洪广言，等. 发光学报，2007，28(3)：393-396.

[9] Li Y X，Li Y Y，Min Y L，et al. J Rare Earths，2005，23(5)：517-520.

[10] Qi F X，Wang H B，Zhu X Z. J Rare Earths，2005，23(4)：397-400.

[11] Pan Y X，Wu M M，Su Q. J Phys Chem Solids，2004，65(5)：845-850.

[12] Kasuya R，Isobe T，Kuma H. J Alloys Compd，2006，408-412：820-823.

[13] Nien Y T，Chen Y L，Chen I G，et al. Mater Chem Phys，2005，93(1)：79-83.

[14] Kasuya R，Isobe T，Kuma H，et al. J Phys Chem B，2005，109(47)：22126-22130.

[15] Kim J S，Kang J Y，Jeon P E，et al. Jpn J Appl Phys，2004，43(3)：989-992.

[16] Park J K，Lim M A，Kim C H，et al. Appl Phys Lett，2003，82(5)：683-685.

[17] Kim J S，Park Y H，Choi J C，et al. J Electrochem Soc，2005，152(8)：H121-H123.

[18] Park J K，Choi K J，Park S H，et al. J Electrochem Soc，2005，152(8)：H121-H123.

[19] Park J K，Choi K N，Kim K N，et al. Appl Phys Lett，2005，87：031108.

[20] Lakshminarasimhan N，Varadaraju U V. J Electrochem Soc，2005，152(9)：H152-H456.

[21] 孔丽，甘树才，洪广言，等. 功能材料，2007，38(增刊)：197-199.

[22] Park J K，Kim C H，Park S H，et al. Appl Phys Lett，2004，84(10)：1647-1649.

[23] Park J K，Choi K J，Yeon J H，et al. Appl Phys Lett，2006，88(4)：043511-043513.

[24] Furusho H，Holsa J，Laamanen T，et al. J Lumin，2008，128(5-6)：881-884.

[25] Hölsä J P，Niittykoski J，Kirm M，et al. ECS Transactions，2008，6(27)：1-10.

[26] Kim J S，Mho S W，Park Y H，et al. Solid State Commun，2005，136(9-10)：504-507.

[27] Kim J S，Park Y H，Choi J C，et al. Electrochem Solid State Lett，2005，8(8)：H65-H67.

[28] Kim J S，Jeon P E，Park Y H，et al. J Electrochem Soc，2005，152(2)：H29-H32.

[29] Kim J S，Lim K T，Jeong Y S，et al. Solid State Commun，2005，135(1-2)：21-24.

[30] Kim J S，Kwon A K，Park Y H，et al. J Lumin，2007，122-123：583-586.

[31] Van Krevel J W H，Hintzen H T，Metselaar R，et al. J Alloys Compd，1998，268：272.

[32] Jansen S R，Migchel J M，Hintzen H T，et al. J Electrochem Soc，1999，146：800.
[33] Hirosaki N，Xie R-J，Yamamoto Y，et al. Presented at the 66th Autumn Annual Meeting of the Japan Society of Applied Physics（Abstract No. 7ak6），Tokusima，Sept. 7-11，2005.
[34] Xie R J，Hirosaki N，Yamamoto Y，et al. J Ceram Soc Jpn，2005，113（1319）：462-465.
[35] Xie R J，Hirosaki N，Mitomo M，et al. J Phys Chem B，2005，109（19）：9490-9494.
[36] Hirosaki N，Xie R J，Kimoto K，et al. Appl Phys Lett，2005，86（21）：211905.
[37] Xie R J，Hirosaki N，Mitomo M，et al. Appl Phys Lett，2006，88（10）：101104.
[38] Sakuma K，Omichi K，Kimura N，et al. Opt Lett，2004，29（17）：2001-2003.
[39] Xie R J，Hirosaki N，Mitomo M，et al. J Phys Chem B，2004，108（32）：12027-12031.
[40] Xie R J，Hirosaki N，Sakuma K，et al. Appl Phys Lett，2004，84（26）：5404-5406.
[41] Li Y Q，Delsing C A，de With G，et al. Chem Mater，2005，17（12）：3242-3248.
[42] Li Y Q，Fang C M，de With G，et al. J Solid State Chem，2004，177（12）：4687-4694.
[43] Uheda K，Takizawa H，Endo T，et al. J Lumin，2000，867：87-89.
[44] Hoppe H A，Lutz H，Morys P，et al. J Phys Chem Solids，2001，2000：61.
[45] Piao X Q，Machida K，Horikawa T，et al. Chem Mater，2007，19：4592-4599.
[46] Schlieper T，Schnick W. Z Anorg Allg Chem，1995，621：1037-1041.
[47] Schlieper T，Milius W，Schnick W. Z Anorg Allg Chem，1995，621：1380-1384.
[48] Höppe H A，Lutz H，Morys P，et al. J Phys Chem Solids，2000，61（12）：2001-2006.
[49] Hintzen H T，van Krevel J W H，Botty I G. European Patent：EP1104799A1，2001-06-06.
[50] 布劳尼，怀特尔，波格纳，等. 中国专利：CN1200992C，2005-5-11.
[51] Piao X Q，Horikawa T，Hanzawa H，et al. J Electrochem Soc，2006，153（12）：232-235.
[52] Piao X Q，Horikawa T，Hanzawa H，et al. Chem Lett，2006，135（3）：334-335.
[53] Piao X Q，Machida K，Horikawa T，et al. Appl Phys Lett，2007，91：041908-1-3.
[54] Li Y Q，van Steen J E J，van Krevel J W H，et al. J Alloy Compd，2006，417：273-279.
[55] Xie R J，Hirosaki N，Suehiro T，et al. Chem Mater，2006，18：5578-5583.
[56] Duan C J，Otten W M，Delsing A C A，et al. Solid State Chem，2008，181：751-757.
[57] Li Y Q，de With G，Hintzen H T. J Luminescence，2006，116（1-2）：107-116.
[58] Li Y Q，van Steen J E J，van Krevel J W H，et al. J Alloys Compd，2005，390：1-7.
[59] Teng X M，Zhuang W D，Hu Y S，et al. J Rare Earths，2008，26（5）：652-655.
[60] Teng X M，Liu Y H，Zhuang W D，et al. J Rare Earths，2009，27（1）：58-61.
[61] Teng X M，Liu Y H，Zhuang W D，et al. J Rare Earths，2010，130（5）：851-854.
[62] Uheda K，Hirosaki N，Yamamoto Y，et al. Solid State Lett，2006，9：H22.
[63] Watanabe H，Yamane H，Kijima N. J Solid State Chem，2008，181：1848.
[64] Shen Y，Zhuang W D，Liu Y H，et al. J Rare Earths，2010，28（2）：289-291.
[65] Watanabe H，Wada H，Seki K，et al. J Electrochem Soc，2008，155：31-36.
[66] Li J W，Watanabe T，Wada H，et al. Chem Mater，2007，19：3592-3594.

[67] Li J W，Watanabe T，Sakamoto N，et al. Chem Mater，2008，20：2095-2105.
[68] 何华强，刘元红，刘荣辉，等. 中国专利：CN103045256A，2013-04-17.
[69] Li Y Q，Hirosaki N，Xie R J，et al. Chem Mater，2008，20：6704-6714.
[70] Gál Z A，Mallinson P M，Orchard H J，et al. Inorg Chem，2004，43(13)：3998-4006.
[71] Le Toquin R，Cheetham A K. Chem Phys Lett，2006，423：352.
[72] Wang X M，Zhang X，Ye S，et al. Dalton Trans，2013，42(14)：5167-5173.
[73] Duan C J，Ottern X J，Delsing W M，et al. Chem Mater，2008，20：1579.
[74] Hecht C，Stadler F，Schmidt P J，et al. Chem Mater，2009，21：1595-1601.
[75] (a) Fang C M，Li Y Q，Hintzen H T，et al. J Mater Chem，2003，13(6)：1480-1483；(b) Li Y Q，de With G，Hintzen H T. J Alloys Compd，2004，385，(1-2)：1-11.
[76] Huppertz H，Schnick W. Angew Chem，1996，35(17)：1983-1984.
[77] Fang C M，Li Y Q，Hintzen H T，et al. Chem Mater，2003，13(6)：1480-1483.
[78] Li Y Q，Fang C M，de With G，et al. J Solid State Chem，2004，177：4687-4690.
[79] Suehiro T，Hirosaki N，Xie R J，et al. Chem Mater，2005，17：308-314.
[80] Xie R J，Mitomo M，Kim W，et al. J Mater Res，2001，16(2)：590-596.
[81] Hppe H A，Stadler F，Oeckler O，et al. Angew Chem Int Ed，2004，43(41)：5540-5542.
[82] Zhang M，Wang J，Zhang Z，et al. Appl Phys B，2008，93：829-835.
[83] Song Y H，Park W J，Yoon D H. J Phys Chem Solids，2010，71：473-475.
[84] Song X F，He H，Fu R L，et al. J Phys D：Appl Phys，2009，42：1-6.
[85] Li Y Q，Delsing A C A，With G D，et al. Chem Mater，2005，17：3242-3248.
[86] Jung K Y，Seo J H. Electrochem Solid，2008，11(7)：64-67.
[87] Mikami M，Shimooka S，Uheda K，et al. Key Eng Mater，2009，403：11-14.
[88] Stadler F，Schnick W. Z Anorg Allg Chem，2006，632：949-954.
[89] Braun C，Seibald M，Böger S L，et al. Chem Eur J，2010，16：9646-9657.
[90] Poroba D G，Kishore M S，Kumar N P，et al. ECS Transactions，2011，33(33)：101-107.
[91] Song Y H，Choi T Y，Senthil K，et al. Mater Lett，2011，65：3399-3401.
[92] Song Y H，Kim B S，Jung M K，et al. J Electrochem Soc，2012，159(5)：148-152.
[93] Kang E F，Choi S W，Hong S H. J Solid State Sci Tech，2012，1(1)：11-14.
[94] Tang J Y，Chen J H，Hao L Y，et al. J Lumin，2011，131：1101-1106.
[95] Chen G T，Zhuang W D，Hu Y S，et al. J Rare Earths，2013，31(2)：113-118.
[96] Chen G T，Zhuang W D，Hu Y S，et al. J Mater Sci：Mater Electron，2013，24(6)：2176-2181.
[97] Jacques T B L. Proceedings of SPIE：The International Society for Optical Engineering，1999，3797：398-407.
[98] Zhang J，Takahashi M，Tokuda Y，et al. J Ceram Soc Jpn，2004，112(1309)：511-513.
[99] Hu Y S，Zhuang W D，Ye H Q，et al. J Alloys Compd，2005，390(1-2)：226-229.
[100] Wang J G，Jing X P，Yan C H，et al. J Electrochem Soc，2005，152(3)：G186.

［101］Wang J G，Jing X P，Yan C H，et al. J Electrochem Soc，2005，152(7)：G534.
［102］Guo C F，Tao C，Lin L，et al. J Phys Chem Solids，2008，69(8)，1905-1911.
［103］Ci Z P，Wang Y H. Physica B，2008，403，670-674.
［104］Setlur A，Comanzo H A，Srivastava A M，et al. J Electrochem Soc，2005，152：H205-H208.
［105］Taguchi T，Uchida Y，Kobashi K. Phys Stat So A，2004，201(12)：2730-2735.
［106］山田健一. 姜伟，译. 中国照明电器，2005，(8)：24-29.
［107］Iwanaga H，Amanoa A，Aiga F，et al. J Alloys Compd，2006，408-412(9)：921-925.
［108］Dai Q L，Foley M E，Breshike C J，et al. J Am Chem Soc，2011，133：15475-15486.
［109］Wang H H，He P，Liu S G，et al. Inorg Chem Commun，2010，13：145-148.
［110］Liu Y，Pan M，Yang Q Y，et al. Chem Mater，2012，24：1954-1960.
［111］Ablet A，Li S M，Cao W，et al. Chem Asian J，2013，8：95-100.
［112］Lima P P，Nolasco M M，Paz F A A，et al. Chem Mater，2013，25：586-598.
［113］Shao B Q，Huo J H，You H P，et al. Adv Opt Mater，2019，1900319.

第 7 章　太阳光转换稀土材料

地球上所有的能源都是直接或间接来源于太阳能。通过太阳内部高温核聚变反应所释放出来的辐射功率约为 3.8×10^{23} kW，但是它辐射到地球表面的能量仅占总辐射能的 20 亿分之一。就是这 20 亿分之一的辐射能就相当于全世界一年内能源总消耗量的 3.5 万倍。因此，有效利用太阳能可以使整个人类社会跨入一个绿色可持续发展的新时代。

利用太阳能有众多优点：

(1) 普遍。太阳光没有地域的限制，无论陆地或海洋，无论高山或岛屿，处处皆有，可直接开发利用，也无须开采和运输。

(2) 无害。开发利用太阳能不会污染环境。

(3) 丰富。每秒辐射到地球表面上的太阳能约相当于 500 万 t 煤，其总量是现今世界可以开发的最大能源。一年之内，太阳辐射到地球表面的能量约为 3.2×10^{25} J，是人类每年消耗能量的一万倍。如果太阳在地球表面照射一小时所产生的能量能够完全转化成电力，这些电力就足以满足全球一年的需求。

(4) 长久。根据目前太阳产生的核能速率估算，氢的储量足以维持上百亿年，而地球的寿命约为几亿年，从这个意义上可以说太阳的能量是用之不竭的。

利用太阳能的方式很多，如利用热效应制造太阳炉、太阳能热水器；利用光电效应制造太阳能电池；利用光转换过程生产光转换农膜等。稀土光转换材料已成为利用太阳能的重要领域之一[1]。

7.1　稀土光转换农膜

7.1.1　太阳光谱与植物的光合作用

太阳光是地球上一切生物赖以生存的最重要因素之一，生命的起源和进化离不开太阳光，植物的光合作用也依赖于太阳光。

1. 太阳辐射光谱

常把太阳辐射光谱的波长范围为 0.15～4 μm 的辐射称为太阳短波辐射。太阳辐射光谱可划分为几个波段。波长短于 0.4 μm 的称为紫外波段，紫外波段又可细分成近紫外(0.4～0.3 μm)、远紫外(0.3～0.2 μm)和真空紫外($0.2\sim10^{-3}$ μm)三个波段。只有从 0.4 μm 到 0.75 μm 波段的电磁辐射能引起人的视觉，故称为可见光谱。波长大于 0.75 μm 的辐射称为红外波段，红外波段又可细分为近红外(0.75～25 μm)和远红外(25～1000 μm)波段。太阳辐射的光谱分布见图 7-1。

太阳辐射的绝大部分能量都集中在 0.22～4 μm 波段，占总能量的 99%，其中可见光波段仅占 43%，红外波段占 48.3%，紫外波段占 8.7%。能量分布最大值对应的波长是 0.475 μm。

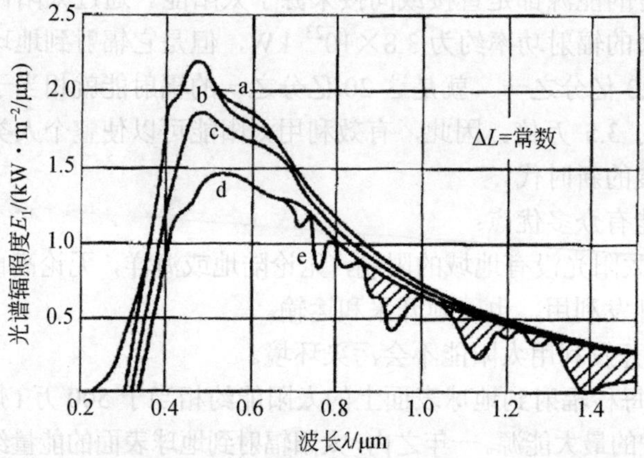

图 7-1　太阳辐射的光谱

a. 地球以外太阳辐射；b. 臭氧吸收后的太阳辐射；c. 瑞利散射后的太阳辐射；d. 气溶胶吸收和散射后的太阳辐射；e. 水蒸气和氧气吸收后的太阳辐射，即地面上的直接太阳辐射

在垂直入射到地面的太阳光中，由于大气层的影响，到达地面的太阳光能量的 98%集中在光波长约为 290～3000 nm，但其中各光谱带光辐射的辐照度和百分数并不均等。其中，紫外光(290～400 nm)占 6%、可见光(400～780 nm)占 52%和红外光(780～3000 nm)占 42%。其中对农作物生长有益的蓝光区和红光区的光辐射强度减弱，蓝光比较充足，而红橙光却不足。

2. 植物的光合作用

太阳辐射既是地球上光和热的来源，又是植物进行光合作用的能量来源。植物的生长离不开阳光。由光生物学可知，植物生命的全部能量来源以及主要物质是通过光合作用得到的。光合作用是绿色植物生长发育的必要条件。农作物干物质重的 90%来源于光合作用。植物进行光合作用主要靠叶绿素完成，叶绿素含量越高，光合作用的强度就越大。

叶绿素的吸收光谱主要有两个峰区，即蓝紫区 400～480 nm 和红橙区 600～680 nm。叶绿素 a 是光合作用的最主要部分，其吸收峰位于 430 nm 和 660 nm 处(图 7-2)。它能集中其他光合作用的辅助色素如叶绿素 b、类胡萝卜素所吸收、传递的光能，推动光化学反应的进行。叶绿素 b 的吸收峰位于 435 nm 和 643 nm 处(图 7-3)，且在蓝紫光区的吸收谱带较宽，叶绿素 b 的含量提高能更有效地利用光能。胡萝卜素的吸收峰为 475 nm、450 nm、420 nm，位于蓝光区；叶黄素的吸收峰为 495 nm、452 nm，位于蓝绿光区。叶绿素 a 的吸收光谱与光合作用的作用光谱具有一致趋势(图 7-4)，被叶绿素吸收的光就是光合作用中最有效的光。实测照射到地面的日光中蓝光区和红光区的辐射强度较弱。若能增加红橙光和蓝紫光，必将改善作物的光照条件，促进农作物生长。

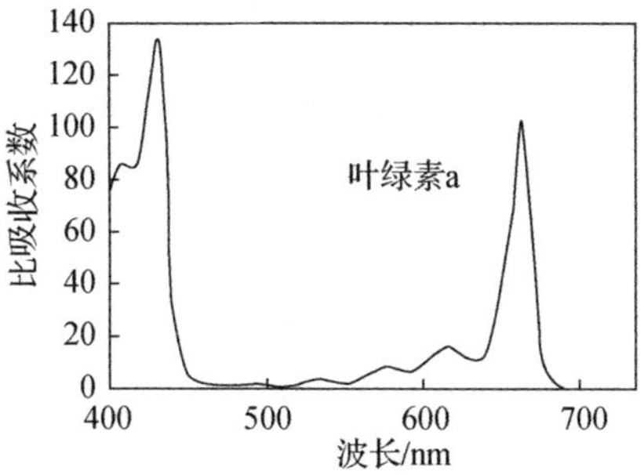

图 7-2　叶绿素 a 的吸收光谱

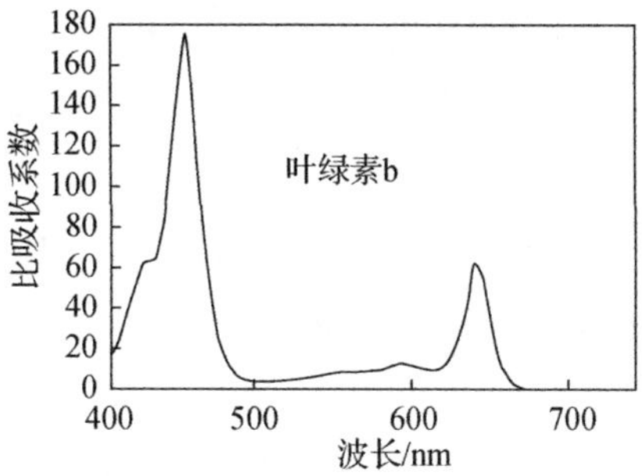

图 7-3　叶绿素 b 的吸收光谱

在光合作用过程中植物利用它所特有的叶绿素，吸收太阳投射到叶片上的能量，分解水并放出 H(H^+和 e^-)，将被吸收的 CO_2 还原为有机物质。此过程中 CO_2、H_2O 被转化为有机物质，太阳的辐射能量(光能)被转变为化学能量储藏在有机物质中。叶绿体是植物进行光合作用的场所。叶绿体中光化学反应的关键物质是叶绿素。叶绿素主要吸收峰与分子受激态的关系示于图 7-5。而叶绿素最重要的性质是能选择性地吸收光。其最强的吸收带分别位于 400～480 nm 的蓝紫光区和 600～680 nm 的红橙光区。380 nm 以下的紫外光和 500～580 nm 的绿光基本不被其吸收而被反射。

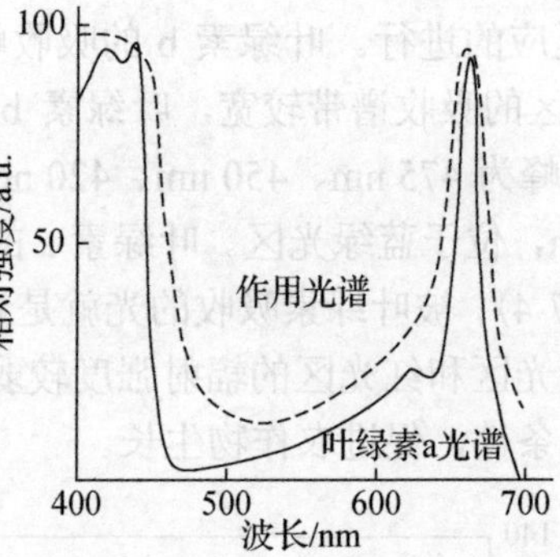

图 7-4　光合作用的作用光谱

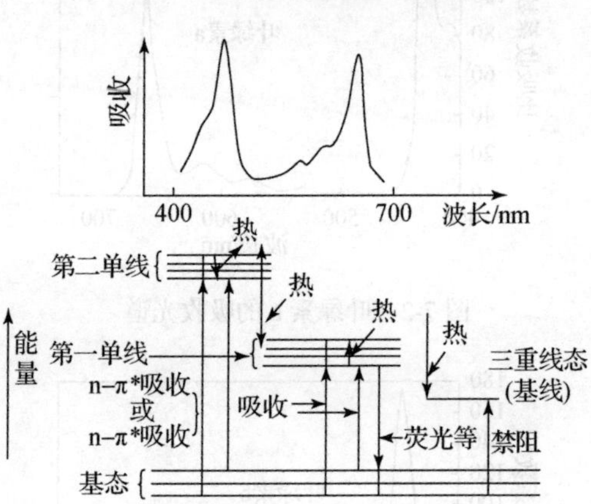

图 7-5　叶绿素主要吸收峰与分子受激态的关系

不同波长光线对于作物生长的作用效果也不同，可利用的光波仅在约 420～750 nm 的可见光范围内。试验表明：400～480 nm 的蓝紫光和 580～700 nm 的红橙光对植物光合作用最为有效，可明显提高植物叶绿素含量。波长 400～480 nm 的蓝紫光可被叶绿素、类胡萝卜素强烈吸收起强光合作用，促进植物的茎叶生长、枝叶繁茂；特别是波长 600～700 nm 的红橙光被叶绿素吸收，光合作用最强，不仅能促进果实的生长，而且可有效提高地温，促进作物早熟。而波长 500～600 nm 的黄绿光对光合作用几乎无贡献；大部分的紫外光，对农作物生长无好处，不仅会使作物发育不良，体质变差，阻滞作物的生长，还是诱发某些病虫害的原因。其中波长为 290～400 nm 的紫外光部分对植物生长不利，且对高聚物有较强的光氧化破坏作用；波长 315～400 nm 的近紫外光除 380 nm 附近的光对促进植物果实着色有益外，会使植物变矮，叶片变厚，且 330 nm 左右的紫外光使核菌加速发育；波长 290～315 nm 的紫外光对大多数植物有害，对农膜的耐老化作用破坏更大。在冬季 700～3000 nm 的近红外光主要对温室提供热能，也具有非常重要作用。

所以人工模拟植物最佳生长光照环境(即叶绿素的吸收)改善农作物的光照条

件，使之处于最佳生长状态，研制光转换剂模拟植物最佳生长光照环境将对作物生长不利的紫外光变成红橙光，对发展高科技农业具有重要意义。光转换膜的使用是人类在太阳能利用方面一个划时代的进步。

7.1.2　农膜光转换剂[2]

将光转换剂添加到农膜中得到的光转换膜，可将阳光中紫外光和绿光转换成植物生长所需要的红光或橙色光，改善作物光照条件，促进作物生长，加大光合作用以促进作物早熟，优化作物品质。同时，充分利用太阳能，还可以调节棚内温度，气温较低时促进棚温上升。无论对何种作物都能实现增产，也能减少农药和化肥的使用。

光转换膜的核心是光转换剂。因此，光转换剂已成为现代高科技农业的一种重要物资，被誉为第三代物理肥料——光肥。农用光转换剂可按光转换剂的性质(如绿转红、紫外转红、紫外转蓝等光转换剂)，发光性质(如红光转换剂、蓝光转换剂、红蓝复合转换剂等)，化学成分等多种方式分类。

1. 从光能转换的角度，现有的光转换剂可以分为两大类

第一类是将太阳光中的紫外光、绿光转换成植物光合作用所需要的红橙光和蓝光。此类在世界各国受到普遍重视，如俄罗斯专利(RU 2013437)是在聚乙烯中共掺铕激活的钇氧化物和镁激活的锗酸氟镁的农膜，其发射光谱在 500～700 nm，透光率在 93%～100%，在 200～480 nm 范围的吸光率为 100%，吸收的紫外光转化到红光区域的转化率为 90%～96%；美国专利(US 6153665)在高密度聚乙烯中掺杂光转换剂钇-铕氧硫化物和聚氨基琥珀酸酯光稳定剂，将紫外光转化成促进作物光合作用的光；韩国专利(KR 2000002054)在聚乙烯塑料农膜中掺杂 $Eu_mY_nO_kS_l$ 荧光颗粒；日本专利(JP10304781)利用能够发出可见光的储光颜料和铝酸锶的混合物制备薄膜，激发和发光峰分别在 365 nm 和～520 nm；中国专利(CN200310107608)利用荧光物质 A 吸收太阳光中的紫外光，发出蓝紫、绿或红橙光，同时利用荧光物质 B 将太阳光中的绿光转化为红橙光，制备出光生态高产农用塑料薄膜。

第二类是将太阳光中的红外光转化成可见光的光转换剂。如俄罗斯专利(RU 2229496)，采用掺铒或镱的稀土钇氧硫化合物的上转换材料，吸收 IR 太阳辐射并转化成可见光，制成热塑性的聚乙烯薄膜。

2. 按化学成分分类，光转换剂主要有三种

(1) 稀土无机化合物光转换材料。许多稀土无机发光材料均可作为光转换材料，可以选择合适的稀土发光材料，将光转换成不同所需波长的发射，以利于植物的吸收。其中碱土金属硫化物能吸收紫外光和绿光，并转换成植物生长所需要

的红橙光。如 CaS∶Cu, Eu，其发射光谱示于图 7-6 中，当用 300 nm 激发时，位于 396 nm、425 nm、494 nm 三个宽带发射峰互相重叠；而用 570 nm 激发时，其发射峰位于 630 nm，呈现一个宽带，并与叶绿素的吸收带能较好地重叠。稀土硫化物型光转换剂虽然光谱匹配性好，但存在着耐潮解性和分散性差的缺点。

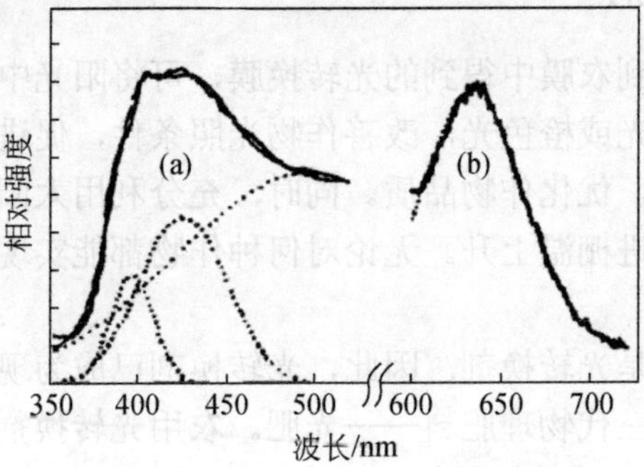

图 7-6 CaS∶Cu, Eu 的发射光谱

(a) λ_{ex}=300 nm 时；(b) λ_{ex}=570 nm 时

另外，有些无机荧光材料能与叶绿素的吸收带较好地匹配，如掺锰氟锗酸镁的荧光峰值位于 660 nm；掺锰铝酸盐的荧光峰值位于 690 nm；掺铁的铝酸锂的荧光峰值位于 680 nm 等。

(2) 有机荧光化合物类光转换剂。有机荧光化合物类光转换剂(有机荧光颜料、荧光色素及染料)是由一种或多种有机荧光物质组成，这些荧光物质主要是由大的共轭体系与一些给电子特性的发色基团和助色基团组成。如有机荧光素(如酞菁蓝、荧光黄、原红等)一般是利用自身发色基团吸收紫外光，引起分子内电子的能级间跃迁，发射出波长较长的光，以达到光转换的目的。部分染料的吸收谱带和发射带见表 7-1。

表 7-1 部分染料的吸收谱带和发射带

染料名称	吸收谱带/nm	发射带/nm
PBBO	330～350	390～430
POPO	340～370	420～480
荧光素钠	340～370	570
吖啶黄	340～375	500～550
荧光黄 YG-51	350	510～560
4, 8-二甲基-7-羟基香豆素	330～370	455～505
吖啶红	350	590～640
胺基丹明 B	320～335	585～640
荧光红 GG	350	600～640
DCM	310	630～690

通过两种或多种荧光素间的能量传递可将紫外光转成蓝光后再转为红橙光，或绿光转成红橙光。对于复配型的有机荧光类光转换剂的要求是其中一种荧光剂的激发光谱同另一种荧光剂的发射光谱有相当一部分重叠，这样敏化传递效率高，最后辐射的光谱同农作物叶片的吸收光谱相一致而实现光转换。

采用荧光颜料、染料与聚乙烯共混制备有色薄膜是一种较为简单实用的工艺路线。采用此工艺路线的关键主要是在染料、颜料的选择：首先，染料、颜料应具有良好的吸收带发射带；其次，选择颜料、染料时要考虑其在聚乙烯棚膜中的分散性，分散性是制约此种棚膜使用的关键。为解决此问题，可以选用油溶性的颜料、染料，并且使用有机溶剂分散并添加表面活性剂的方法改善其分散性。

有机荧光类光转换剂荧光强度高，但抗衰减性差、容易发生分解、使用寿命不长，而且对太阳光的吸收与转化效率不高。虽然蒽酮类有机荧光颜料分散性好，耐晒、能充分利用绿黄光，但合成比较困难，成本较高以及稳定性差。

(3) 稀土配合物光转换剂。稀土配合物光转换剂是利用稀土元素的荧光特性制成的无机荧光配合物或有机荧光配合物。当稀土离子为 Eu^{3+}、Tb^{3+}、Pr^{3+}、Dy^{3+}、Sm^{3+}和 Ce^{3+}等时，选择适当的配体，可实现光转换功能。具有光转换功能的稀土配合物就成为稀土配合物光转换剂。稀土光转换剂能将太阳光中的部分紫外光转换成作物生长所需要的红橙光，来增强作物的光合作用，并有效地改善农作物的光照条件，提高太阳光的利用率，从而达到促进作物增产、增收、优质、早熟的目的，同时，还可以减少紫外光对薄膜的破坏作用，延长薄膜的使用寿命。稀土光转换薄膜已在农业上发挥了重要的作用。

稀土配合物作为光转换剂由于其添加量小、荧光强度高等优点，近些年，研究十分活跃。开发稀土配合物的光转换剂首先需要了解稀土配合物的发光。

不同的光转换剂尽管吸收光波范围和发射波长范围、强度不同，但光转换原理基本相同，即体系中含有的电子在吸收阳光中的紫外光或绿光的能量后被激发到高能状态，此能量可传递给中心离子，使其电子从不稳定的高能量状态(激发态)跃迁回到稳定的基态，产生不同电子层间的跃迁，同时发射一定波长的光。

7.1.3　稀土配合物发光[3, 4]

稀土配合物的发光现象早在 20 世纪 40～50 年代就被观察到。1942 年，Wessman 证明配合物中稀土离子发光的主要能量来源于分子内的能量转移，即受激配体通过分子内能量传递激发中心离子，使中心离子发出特征荧光。60 至 70 年代初，人们对稀土光致发光配合物进行较系统研究，几十年来随着稀土配合物研究的拓展，许多新化合物被合成，它们的结构与光谱性能被深入研究，使稀土配合物发光及其应用提高到一个新的层次。目前，稀土发光配合物在工业、农业、生物学等许多领域获得了应用。

选择适当稀土离子可制得不同用途的光转换剂，因此，在研制稀土发光配合物时，需要了解在稀土发光配合物中稀土离子的发光性质、配体的光谱特性以及配体与稀土离子之间的能量传递，其中最基本的是稀土离子的发光。

1. 稀土离子发光

稀土离子的发光特性，主要取决于稀土离子 4f 壳层电子的性质。稀土离子的一般电子构型是(Xe) $(4f)^n(5s)^2(5p)^6$，随着 4f 壳层电子数的变化，稀土离子表现出不同的电子跃迁形式和极其丰富的能级跃迁。研究表明，稀土离子的 $4f^n$ 电子组态中共有 1639 个能级，能级之间的可能跃迁数目高达 199177 个，可观察到的谱线达 30000 多条，如果再涉及 4f-5d 的能级跃迁，则数目更多，因而稀土离子可以吸收或发射从紫外到红外区的各种波长的光，有利于实现很宽范围的光转换，而形成多种多样的发光材料。根据实际应用需要和针对不同的用途，可以设计、合成出满足其相应要求的稀土发光配合物。

根据稀土离子在可见光区的发光强度，可将稀土离子分为三类：

(1) 发光较强的稀土离子。属于这一类的稀土离子有 $Sm^{3+}(4f^5)$、$Eu^{3+}(4f^6)$、$Tb^{3+}(4f^8)$、$Dy^{3+}(4f^9)$，它们的最低激发态和基态间的 f-f 跃迁能量频率落在可见光区，同时 f-f 电子跃迁能量适中，比较容易找到适合的配体，配体的三重态能级容易与它们的最低激发态能级相匹配，从而发生有效的分子内传能作用，使中心离子的特征荧光得到加强。因此一般可观察到较强的发光。

铕(Ⅲ)的特征发射位于 541 nm、581 nm、591 nm、615 nm、653 nm 和 701 nm 处，分别对应于 4f 电子的 $^5D_1\rightarrow{}^7F_0$、$^5D_0\rightarrow{}^7F_0$、$^5D_0\rightarrow{}^7F_1$、$^5D_0\rightarrow{}^7F_2$、$^5D_0\rightarrow{}^7F_3$ 和 $^5D_0\rightarrow{}^7F_4$ 跃迁，其中以 $^5D_0\rightarrow{}^7F_2$ 的电偶极跃迁(I_E)最强，$^5D_0\rightarrow{}^7F_1$ 的磁偶跃迁(I_D)次之，而其他谱峰较弱，所以利用铕配合物可得到非常纯正的红光。

Tb^{3+}的发射由 ^5D_J-^7F_J 跃迁的多条谱线组成，三价铽离子的特征荧光发射位于 487 nm、543 nm、583 nm 和 621 nm，分别对应于 $^5D_4\rightarrow{}^7F_6$、$^5D_4\rightarrow{}^7F_5$、$^5D_4\rightarrow{}^7F_4$ 和 $^5D_4\rightarrow{}^7F_3$ 跃迁，其中以 $^5D_4\rightarrow{}^7F_5$ 的跃迁最强，因此铽配合物的发光呈亮绿色。Tb^{3+}的 $^5D_3$ 和 $^5D_4$ 能级间差值为 5500 cm^{-1}，其 $^5D_3$-$^5D_4$ 多声子弛豫的可能性很小，当 Tb^{3+}浓度低时，Tb^{3+}发射主要以 $^5D_3$-^7F_J 蓝区为主(包括 $^5D_3$-$^7F_6$、$^5D_3$-$^7F_5$、$^5D_3$-$^7F_4$、$^5D_3$-$^7F_3$、$^5D_3$-$^7F_2$)。当 Tb^{3+}浓度较高时，由于发生了交叉弛豫 $Tb^{3+}(^5D_3)+Tb^{3+}(^7F_6)\rightarrow Tb^{3+}(^5D_4)+Tb^{3+7}(F_{0,1})$，$^5D_3$-$^7F_J$ 的发射被猝灭，此时以 $^5D_4$-^7F_J 绿光发射为主(包括 $^5D_4$-$^7F_6$、$^5D_3$-$^7F_5$、$^5D_4$-$^7F_4$、$^5D_2$-$^7F_3$)。除了浓度影响 Tb^{3+}离子的 $^5D_3/^5D_4$ 发射强度以外，另外两个影响因素是温度和激发波长。

Sm^{3+}的电子层结构为［Xe］$4f^5$，基态光谱项为 $^6H_{5/2}$，有 6 个光谱支项，能量由低到高顺序为 $^6H_{5/2}$、$^6H_{7/2}$、$^6H_{9/2}$、$^6H_{11/2}$、$^6H_{13/2}$、$^6H_{15/2}$，第一电子激发态能级为 $^4G_{5/2}$。在一定波长的紫外光激发下，Sm^{3+}的特征发射波长一般为 565.4 nm、601.8 nm、644.6 nm，对应的跃迁分别为 $^4G_{5/2}\rightarrow{}^6H_{5/2}$、$^4G_{5/2}\rightarrow{}^6H_{7/2}$、$^4G_{5/2}\rightarrow{}^6H_{9/2}$。

Dy^{3+}离子在可见光区发出特征的蓝光(470～500 nm，$^4F_{9/2}\rightarrow{}^6H_{15/2}$)和黄光

(570～600 nm，${}^4F_{9/2}\rightarrow{}^6H_{13/2}$)，后者的$\Delta J$=2，属于超灵敏跃迁，受周围环境影响较大，在适当的比例下可以形成白光。Dy^{3+}在复合氧化物中的黄/蓝比(Y/B)主要受 Dy^{3+}—O^{2-}键共价程度来影响。共价程度越大，Dy^{3+}的黄光增强越大，则 Y/B 值越大。

当Dy^{3+}取代基质中等价离子时，其黄/蓝比(Y/B)一般不随Dy^{3+}的浓度而改变；当Dy^{3+}取代基质中不等价离子时，由于缺陷的生成，浓度改变会产生局部对称性的改变从而引起黄/蓝比(Y/B)的改变。一般温度对Dy^{3+}的黄/蓝比(Y/B)没有明显影响。

(2) 发光较弱的稀土离子。$Pr^{3+}(4f^2)$、$Nd^{3+}(4f^3)$、$Ho^{3+}(4f^{10})$、$Er^{3+}(4f^{11})$、$Tm^{3+}(4f^{12})$和$Yb^{3+}(4f^{13})$。这些离子的最低激发态和基态间的能量差别较小，能级稠密，容易发生非辐射跃迁。因此，在可见区只能观察到较弱的发光。

(3) 惰性稀土离子。Sc^{3+}、Y^{3+}、$La^{3+}(4f^0)$和$Ln^{3+}(4f^{14})$等无 4f 电子或 4f 轨道已充满，因此没有 f-f 能级跃迁，不发光，而对于$Gd^{3+}(4f^7)$为半充满的稳定结构，其 f-f 跃迁的激发能级较高，因此，也归于在可见区不发光的稀土离子。

需要指出的是Eu^{2+}、Yb^{2+}、Sm^{2+}和Ce^{3+}等低价稀土离子，它们以 f-d 吸收为主导，而由于 f-d 跃迁吸收强度较高，使它们在配合物中有较好的发光性能。

稀土离子由于具有特定的能级分布，接受来自配体的能量后不同种类的稀土离子都会产生特定波长的荧光，如Eu^{3+}以 ${}^5D_0$-${}^7F_1$ 跃迁或 ${}^5D_0$-${}^7F_2$、${}^5D_0$-${}^7F_4$ 跃迁为主，其特征发射波长分别为 593、626 和 708 nm，在红橙光范围；Tb^{3+}发射波长为 500～560 nm 的绿光；Pr^{3+}发射波长为 430～480 nm 的蓝光。因此可根据不同作物对光线的喜好，选择适当稀土离子可制得不同用途的农膜，如水稻育秧膜选择含 Pr 离子的蓝光膜，而果蔬类则选择含铕离子的红橙光膜。这样可将紫外光吸收转换成作物需要的可见光，提高作物产量、优化果实品质和缩短成熟期。

可实现光转换到 640～680 nm 的激活离子主要有Eu^{3+}、Eu^{2+}、Sm^{3+}等稀土离子和非稀土Fe^{3+}、Mn^{4+}等离子。合成稀土配合物的光转换剂时需要筛选合适的稀土离子，其中包括筛选激活离子和稀释离子(如La^{3+}、Gd^{3+}、Y^{3+})以及研究离子之间的能量传递过程。最有研究价值、关注最多的是发红光的铕配合物和发绿光的铽配合物。

研制稀土配合物光转换剂时，既可利用稀土离子激发单重态的能量发光，又可利用配体的激发三重态能量发光，其理论量子效率可达到 100%。稀土元素的显著特点就是其 4f 电子处于原子结构内层，配合物的发光波长取决于中心离子，配体仅起微扰作用，发光峰为窄谱带(半峰宽只有 10 nm 左右)，是理想的高色纯度发光材料。

大多数稀土离子如Eu^{3+}、Tb^{3+}、Sm^{3+}、Dy^{3+}等的能级跃迁属于 f-f 跃迁，而 f-f 跃迁的吸光效率很低，因此发光效率较低，而某些有机化合物跃迁的吸光系数很高，将这些有机化合物作为配体与稀土离子配位，若三重激发态与稀土离子激发态能级匹配，当配体吸收近紫外区能量时，通过三重态将能量传递给稀土离子，再以辐射方式跃迁到低能态而发射特征荧光，这样就弥补了稀土离子吸光强度低的缺陷。

2. 配体的光谱特性

稀土配合物是由稀土离子和有机配体组成，它们之间形成配位键。为深入理解稀土配合物中稀土离子发光及能量传递过程，有必要先对有机配体的电子吸收跃迁有所了解，图 7-7 示出有机配体电子跃迁的示意图。由图 7-7 可以看出，有机配体电子跃迁的电子能级顺序为：$\sigma<\pi<n<\pi^*<\sigma^*$。

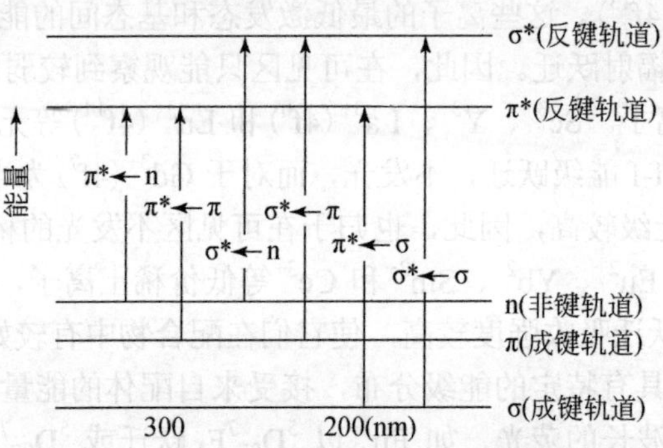

图 7-7　有机配体分子电子跃迁示意图

各种电子跃迁对应的吸收波长为：(a) $\sigma\rightarrow\sigma^*$跃迁吸收波长短于 150 nm，由于其吸收跃迁所需能量较高，所以σ键的电子不容易被激发；(b) $n\rightarrow\pi^*$跃迁主要发生在有机分子中杂原子上孤对(未成键)的 p 电子的电子跃迁，$n\rightarrow\pi^*$跃迁的吸光度较小，一般吸光系数$\varepsilon<100$，处于 R 区；(c) $\pi\rightarrow\pi^*$跃迁主要是发生在不饱和双键上的π电子跃迁，这种跃迁是所有有机化合物中吸光度最大的，其吸光系数$\varepsilon>10^4$，处于 K 区。由于三价稀土(除 Ce^{3+}外)的吸收强度均较小，在稀土配合物中可依靠配体吸收能量并传递给稀土离子，提高稀土离子的发光效率与强度。

3. 配体到稀土离子的能量传递

稀土配合物发光材料是由稀土离子与有机配体结合而成，配合物中的配体与稀土离子存在着能量转移和发光的竞争。为提高稀土离子的发光效率与强度，期待着配体有较大的吸收和高效率的能量传递。特别是对于大多数具有 f-f 跃迁吸收的稀土离子，由于它们的吸收强度低，更需要通过分子内的能量传递将有机配体吸收的能量转移给稀土离子以获得高的发光效率。

稀土离子能级与配体三重态能级匹配情况不同，发射光谱明显不同。能合适匹配的配合物都发出 f-f 跃迁的线谱；匹配程度较低的，则 f-f 跃迁线谱与配体带谱同时出现；而惰性结构的 La^{3+}、Gd^{3+}和 Lu^{3+}配合物的发射及稀土能级在三重态能级上的配合物［如 $Sm(8HQ)_3$ 等］观察到的都是配体的带状发射。

关于分子中能量传递的机理，一直是稀土发光配合物研究中的热点，尽管提出各种观点，但大多数科学家认为其能量传递机理如图 7-8 所示。

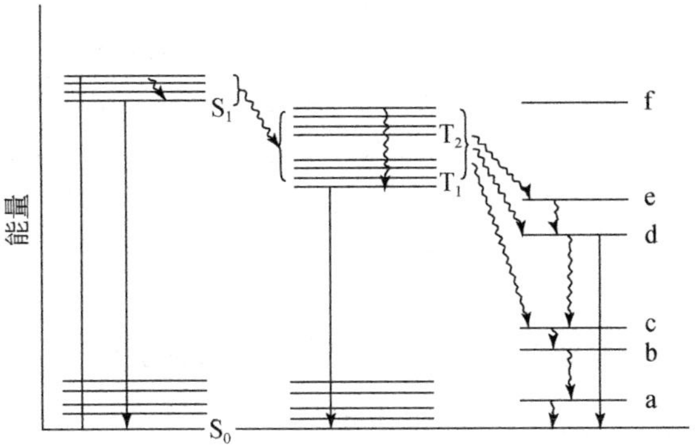

图 7-8　由配体向中心离子能量传递示意图

S_0 为配体的基态；S_1 为配体最低激发单重态；T_1，T_2 为配体激发三重态；a～f 为稀土离子能级；

直线箭头表示辐射跃迁；波形箭头表示非辐射跃迁

稀土配合物分子内的能量转移的可能途径为：光激发后在配体中先发生$\pi\rightarrow\pi^*$跃迁，处于基态的电子被激发到第一激发单重态的能级(即由 S_0 单重态到 S_1 单重态，该分子经过迅速的内部转移到较低的能级，处于激发态的分子可以辐射形式返回到基态，此时的电子跃迁为 $S_1\rightarrow S_0$，产生分子荧光；或者发生从单重态向三重态的系间穿越，此过程为非辐射过程。三重态能级也可以向最低激发三重态发生内部转换，并可能由三重态的 T_1 向基态 S_0 产生自旋禁戒跃迁，发出长寿命的磷光(一般在低温下)；如果 T_1 与稀土离子能级相匹配，则会发生 T_1 与稀土能级的能量传递，最终稀土离子通过辐射跃迁回到基态能级，并辐射出特征的 f-f 线状光谱。如果稀土离子辐射能级与 T_1 能级间隙过小或存在其他陷阱(如水分子振动能级)，也会发生非辐射过程，它将严重地影响稀土离子的发光效率。

从图 7-8 可知，当 T_1 能量传递到非发射能级 e，激发能量会以辐射形式向较低能级弛豫，直至到达发射能级为止；同时可以注意到，稀土离子能级中，a、b、c、d 能级位置均低于最低三重态 T_1 能级，原则上讲，从 T_1 到这些能级均有可能产生能量传递，但传递效率较高的应该是 T_1 与它有最佳匹配的能级。如从 T_1 向 d 或 c 的传递效率可能高一些，而 e 能级与 T_1 太近，似乎 T_2 能级更合适；如果能级高于 T_2 能级，将不发生从 T 能级向稀土离子能级的能量传递，则会产生有机配体的分子荧光或(低温下)磷光。

文献［5］曾总结出部分稀土配合物发光过程中的一些原则：

(1)配体的三重态能级必须高于稀土离子的最低激发态能级才能发生能量传递。

(2)当配位体的三重态能级远高于稀土离子的激态能级时，由于它们的光谱重叠小，不能进行能量的有效传递。

(3)若配体的三重态与稀土最低激发态能量差值太小，则由于三重态热去活化率大于向稀土离子的能量传递效率，则能量传递效率将下降，也不能很好地敏化中心离子的发光，致使荧光发射变弱。例如噻吩甲酰三氟丙酮(TTA)和二苯甲酰甲烷(DBM)的三重态能量比Eu^{3+}的最低激发态$^5D_0$和Tb^{3+}的最低激发态$^5D_4$都高，但它们都只能与Eu^{3+}很好匹配，配合物发出较强的红色荧光；而不能与Tb^{3+}很好匹配，配合物没有荧光产生。这可能是由于 TTA 与 DBM 的三重态能量虽然高于Tb^{3+}的$^5D_4$但其差值太小之故。

所以配体的最低三重态能级与中心离子的共振发射能级存在一个最佳匹配值。

4. 影响稀土配合物发光的其他因素

(1)第二配体。第二配体的引入能在一定程度上影响荧光配合物的发光性能。稀土离子倾向于高配位，当稀土离子形成配合物时，由于电荷的原因，配位数往往得不到满足，此时常有溶剂分子参与配位。但如果用一种配位能力比溶剂分子强的中性配体(称为第二配体)取代溶剂分子，则可望提高配位化合物的荧光强度，例如 $Eu(TTA)_3 \cdot Phen$ 的发光强度比 $Eu(TTA)_3 \cdot 2H_2O$ 要强得多。又如$Tb_2(C_6H_3S_2O_8)_2 \cdot (DMF)_5$的吸收和发射峰均比$Tb_2(C_6H_3S_2O_8)_2 \cdot (H_2O)_5$强。

第二配体一般具有配位能力较强，共轭程度较高，刚性较好等特点。第二配体的引入可以取代水分子而满足中心离子的配位数，并减小配位水分子的高频 O—H 振动所带来的能量损失，从而提高配合物的荧光效率，此外，第二配体也可以参与分子内能量的吸收和传递过程，增加激发中心离子所需的能量来源。

在有关钐配合物的研究中，作为第二配体引入配合物的配体使用最多的是1, 10-邻菲咯啉[6]。Brito 等[7]研究发现第二配体的引入使Sm^{3+}配合物的荧光强度增强顺序为：H_2O＜TPPO(三苯基氧化磷)＜PHA(*N*-乙酰苯胺)＜SBSO(二苄基亚砜)＜PTSO(对甲苯基亚砜)。

第二配体的主要作用如下：

(a)常用溶剂分子(如水分子)参加配位时，溶剂中的 O—H 基团参与配位，由于与 OH 声子的振动耦合，将使稀土离子的荧光强烈猝灭，水分子中的 O—H 高频振动使配体在吸收能量后部分地传给水分子，并以热振动的形式损耗，因此使发光的量子效率降低。第二配体引入，将部分甚至全部取代水分子的位置，减少能量损失，提高发光效率。

Xu 等[8]研究了 Phen 对配合物［$Sm(Sal)_4(Phen)_2Na$］荧光性能的影响，发现 Phen 的引入取代了水而参与配位，并使配合物结构刚性增大，从而大大增强了

Sm^{3+}的特征发射。

(b) 如果第二配体的三重态能级高于稀土离子的最低激发态能级，例如 2, 2′-联吡啶 (Dipy) 和邻菲咯啉 (Phen) 的三重态能级分别为 22913 cm^{-1} 和 22132 cm^{-1}，比 Tb^{3+}离子的 $^5D_4$ 能级 (20454cm^{-1}) 高，则可能实现第二配体直接将能量转移给中心离子。

(c) 第二配体也能作为能量施主。吸收的能量传递给第一配体，然后第一配体再将能量传递给中心离子，两步能量传递可能导致配合物的荧光寿命延长和荧光强度提高。如在 Sm^{3+}-DBM-TOPO 中存在着第二配体 TOPO 向第一配体 DBM 的能量传递。

(d) 第二配体还可能起能量通道的作用，即将第一配体吸收的能量传递给中心离子。如在 Eu^{3+}-3,4-呋喃二甲酸–邻菲咯啉的三元配合物 $EuH(FRA)_2 \cdot Phen \cdot 4H_2O$ 中，H_2FRA 的最低三重态能级高于 Phen 的最低三重态能级，存在着从 H_2FRA 配体向 Phen 配体的分子内能量传递，由于 Phen 的最低三重态能级与 Eu^{3+}的发射能级匹配良好，因此其 Eu^{3+}三元配合物的发光性能优于相应的二元配合物。由此得知，依据能量匹配原则和配体间的分子能量传递机制，可以设计出发光性能优良的稀土配合物。

(e) 对于某些含第二配体的三元配合物和相应的二元配合物的激发光谱基本相同，表明主要是第一配体来吸收能量。在此，第二配体可能仅起着增加中心离子配位数，稳定配合物的结构，改变中心离子的配位环境，进而影响配合物发光性能的作用。

(2) 惰性稀土离子微扰稀土配合物的发光。惰性稀土离子对稀土配合物发光的影响，文献中曾有过许多报道，如 La^{3+}、Gd^{3+}、Ln^{3+}和 Y^{3+}等离子加入后，可使荧光体的发光增强。在稀土配合物中也观察到类似的现象，如慈云祥等[9]在研究钛铁试剂与铽的配合物发光时，观察到钇加入后使铽的荧光增强；黄春辉等[10]研究了一系列固体稀土–稀土异多核配合物的荧光特性，观察到 2.6-吡啶二甲酸 (H_2DPA) 与铕形成的配合物在可见区能发出铕的特征荧光。当加入 La^{3+}、Gd^{3+}或 Y^{3+}后，都有不同程度的荧光增强作用，其中以 La^{3+}的影响最为显著。张细和等[11]在 Sm^{3+}中掺入 Y^{3+}，以水杨酸和邻菲咯啉为配体合成了一系列新的三元配合物，研究了它们的荧光光谱，结果表明，荧光惰性离子 Y^{3+}的掺入不仅改变了中心离子 Sm^{3+}和配体的配位能力，还增强了 Sm^{3+}的红光发射强度，且在掺入 Y^{3+}的摩尔分数为 90%时，达到最佳。

惰性稀土离子的加入对稀土配合的发光影响的可能原因为：①加入惰性稀土离子后，由于惰性稀土离子的半径与发光稀土离子的半径不同，造成微小的结构畸变，这种结构畸变将会改变稀土离子与配体三重态的相互位置引起波长位移，及其能量传递的有效性。②由于惰性稀土离子的加入，稀释了发光稀土离子的浓度，将减小发光离子的相互作用，减小了激活离子的浓度猝灭。③惰性离子形成的稀土配合物与激活离子配合物分子发生三重态到三重态的分子间能量传递，增强发光离子的能量来源。④惰性稀土离子的加入使得配体的刚性增强，共轭体系加大，导致发光增强。⑤形成了桥联的异核配合物，其中存在向发光离子的分子的能量传递。

(3)稀土配合物中掺入非惰性稀土离子对荧光性能的影响。将一定量非惰性稀土金属离子掺入到其他不同的稀土离子的配合物中，将会产生不同的影响，有的可通过能量转移使发光增强，有的也能使发光减弱，有些稀土离子起到稀释剂的作用。李文先等[12]合成了一系列以不同比例掺杂Er^{3+}的钐配合物，测定了这些配合物的荧光光谱并进行了比较，当配合物中掺杂 0.1%、0.2%、1%的 Er^{3+}时，配合物的荧光发射的位置几乎没变，但发射强度却都有不同程度的增强，其中在 604.6 nm 处的强度从 448.0 cd 分别提高到了 497.6 cd、621.2 cd，这表明Er^{3+}对Sm^{3+}的发光产生了敏化作用，原因可能是Er^{3+}的第一激发态能级约为 18350 nm^{-1}，比Sm^{3+}的第一激发态能级 17655 nm^{-1} 高出较多，Er^{3+}通过配体吸收能量后再传给Sm^{3+}，使Sm^{3+}的荧光发射强度增大，但当掺杂比例大于 30%时，Er^{3+}对Sm^{3+}的发光起到猝灭作用。比较结果还可以发现，在所有的掺杂比例下，发射峰最强者都出现在 604.8 nm 左右，对应于Sm^{3+}的${}^4G_{5/2}\rightarrow{}^6H_{7/2}$跃迁，这说明$Er^{3+}$对$Sm^{3+}$配合物的光谱结构影响不大。

目前所报道的稀土光转换剂大部分是三价铕的配合物，但是 Eu(Ⅲ)配合物的最大发射波长与叶绿素吸收波长并不十分匹配。因此，Eu^{3+}的光转换剂难以满足高效光转换剂的要求。尽管 Sm(Ⅲ)配合物的荧光强度比 Eu^{3+}配合物相对较低，但由于其发射光谱与叶绿素吸收光谱吻合较好，光合作用所需要的红光得到了较大补偿，因而植物对转换光的利用率提高。为此，人们提出以 Sm(Ⅲ)配合物作为光转换剂的研究，以便取代 Eu(Ⅲ)配合物。Sm(Ⅲ)配合物的最大发射波长为 645 nm(相应于Sm^{3+}的${}^4G_{5/2}$-${}^6H_{9/2}$跃迁)，其荧光发射峰与叶绿素的吸收峰基本吻合，而且，Sm(Ⅲ)配合物的原料 Sm_2O_3 的价格比 Eu_2O_3 低。此外，由于 Sm(Ⅲ)配合物的原料成本低，故通过适当增加 Sm(Ⅲ)配合物的添加量还可以进一步提高膜的荧光强度。因此，研制 Sm(Ⅲ)发光配合物具有潜在的应用价值。然而，目前有关 Sm(Ⅲ)配合物的高效发光材料的研究鲜见报道，其原因是尚未发现适宜的有机配体。

7.1.4　稀土配合物光转换农膜

稀土配合物光转换农膜是一种添加稀土光转换剂制成的农用膜，是一项高新科技产品。它利用稀土元素特殊的光谱特性，将太阳光中的部分紫外光转换成农作物生长需要的红橙光，来增强作物的光合作用，提高棚内温度，从而达到促进作物增产、增收、优质、早熟的目的，同时，还可以减少紫外光对薄膜的破坏作用，延长薄膜的使用寿命[13]。

稀土有机配合物的光转换作用国外早有报道[14-16]，如 1983 年苏联 Galodkava 和 Lepaev 等介绍了稀土有机配合物的光转换作用。

我国转光膜的研究与应用实验始于 20 世纪 90 年代左右，1989 年李文连等人将稀土荧光助剂添加到 PVC 树脂中，制成了光转化蔬菜大棚薄膜，用于蔬菜扣棚、水稻育秧和人参栽培；1990 年中国科学院长春应用化学研究所对“稀土光转换塑料农用大棚薄膜”进行鉴定，获得很好的结果；1991 年傅楚瑾等将稀土荧光络合物添加到聚乙烯里，可使番茄、茄子增产；1992 年姚瑞刚等人制备的β-二酮 $ZEuL_4$ 型配合物，加入有机磷后，分散到适当的高聚物或具有配位能力的共聚物中制成了透明的荧光材料；1994 年中国科学院化学研究所和北京农业大学等单位，将俄罗斯科学院的转光技术引进国内，开发出商品名为“瑞得来”(red light)的转光母料，并制成转光农膜，进行了大规模的扣棚试验。与此同时，中国科学院大连化学物理研究所、武汉大学、湖南师范大学、北京轻工业学院、福建师范大学等分别制出多种稀土光转换农膜，其中稀土转光材料的开发更引人注目[17-19]。

经过十余年的大量农田应用试验，涉及包括经济作物在内的农作物大部分品种，能明显改善作物品质，早熟增产，减少病虫害；加入转光剂后对塑料薄膜的物理机械性能没有变化，而且使用转光膜的棚内温度比普通的聚乙烯薄膜棚内温度高 2℃左右。随着现代农业的发展，我国塑料农膜已经广泛普及，产量和消费量位居世界前列，正在从普通型向功能型转变。如何改善光照条件，提高光能利用率，强化植物的光合作用，成为今后国内农膜研究与开发的重要课题。

1. 光转换农膜的性能

衡量光转换膜的主要性能指标如下。

(1) 透光性。在农膜中引进光转换剂，目的是改善透过光的质量，但不能降低透光率。一些荧光染料和稀土有机配合物型光转换剂容易导致前期透光率较好，使用一段时间后透光率大幅度下降。对有机光转换剂的凝胶化处理、无机光转换剂的超微细化可以有效避免透光率的下降。

(2) 光谱匹配性。光转换剂荧光发射光谱与植物光合作用光谱匹配是优选光转换剂的重要原则，只有这样才能达到转光的目的和效果。大量实践表明光转换剂实现紫外、绿黄光转成蓝紫光和红光的双峰增益型光转换剂荧光光谱与植物光合作用光谱匹配性最为合理。

(3) 发光效率。配合物的发光强度是光转换剂主要而基本的性质，人们追求高的发光强度，也就是具有高的光转换效率。

(4) 相容性与分散性。光转换膜是通过农膜中引入光转换剂来实现的，如何有效地将光转换剂引入，并能够很好地与树脂及其他功能性助剂进行匹配和相容是光转换膜制备的关键，同时光转换剂在农膜中的分散性也很重要。采用稀土配合物的优点是由于配体是有机物，与农膜具有较好的相容性，而且能均匀地分散在农膜的基础材料中。

(5)光转换膜的抗衰减性。该特性是衡量光转换膜应用性能优劣的重要指标，在风吹日晒的自然条件下，光转换膜的荧光发射容易衰减。如果通过使用冠醚、纤维素、淀粉、紫精等光转换助剂与光转换剂形成复配体系可以提高光转换稳定性，对稀土硫化物型光转换剂常用低分子量聚乙烯蜡进行有机化改性处理可提高光转换稳定性。

2. 稀土配合物光转换剂制备

光转换剂的制备方法很多，如燃烧法、喷雾热解法、微波辐射法、水热合成法、CVD 法、高分子网络凝胶法、聚合物微凝胶法等等。常用制备光转换剂的方法如下。

(1)固相合成法。如连世勋等[20]成功地用高温固相合成法合成了稀土无机发光材 CaS：Eu, Cu，这种材料的激发光谱和发射光谱分别与植物的反射光谱和吸收光谱重叠，故而是一种较好的紫外转红型的农膜用荧光添加剂。

江西省科学院应用化学研究所采用固相反应合成稀土配合物光转换剂。将制备铕、钆、镧碳酸盐共沉淀物与一定量的噻吩甲酰三氟丙酮(TTA)及邻菲咯啉(Phen · H_2O)混合，以球磨 2h，使之发生固相配位化学反应，生成白色浆液，干燥，得到浅灰色稀土配合物转光剂。经分析测定光转换剂的组成为 Eu(TTA) · Phen · H_2O，掺钆的铕配合物光转换剂的组成为 $Eu_{4/5}Gd_{1/5}(TTA)_3$ · Phen · H_2O。研究表明采用固相化学反应法合成稀土配合物光转换剂，不需要溶剂，具有高选择性、高产率、低能耗、工艺过程简单等优点。

(2)溶胶-凝胶法。在制备光转换材料时，近年来经常采用溶胶-凝胶法，并将有机荧光物质包裹在 SiO_2 凝胶网络中，由于 Si—O 网络对有机发光体的分散、固定、包膜作用明显地提高了材料的光热稳定性，凝胶基质环境对有机荧光物质发光性能具有明显的影响，通过调节溶胶的组成、pH 值、温度等因素可得到具有不同荧光性能的发光材料。

(3)共沉淀法。任慧娟等[21-24]用共沉淀法合成了一系列稀土羧酸类光转换剂，使紫外光转换为红光，取得良好的效果。

1942 年人们发现铕配合物具有较强的 Eu^{3+}特征发光。其中稀土与β-二酮的配合物为最强，但β-二酮类稀土配合物的稳定性较差，为此，人们开始研究稀土羧酸配合物，尽管稀土羧酸配合物的发光强度稍次于稀土β-二酮的配合物，但其光照的稳定性和成本均明显优于稀土β-二酮的配合物，同时还可以用价格便宜的惰性稀土离子 Gd^{3+}和 Y^{3+}部分替代昂贵的 Eu^{3+}或 Tb^{3+}，更使成本降低，具有重要的应用价值。倪嘉缵等[25]研究了大量稀土羧酸配合物，并对 200 多个稀土羧酸配合物的结构进行了总结。

芳香羧酸具有很高的对称性和配位多样性，而稀土芳香羧酸配合物是目前研究的热点之一[26]。芳香多羧酸中的均苯四甲酸具有一些重要的特性：①它有四个羧基基团，它们可以全部或部分去质子，从而产生丰富的配位模式和高维而有趣的结构；②它不仅可以作为氢键的受体，也可以作为氢键的给体，这取决于去质子羧基的数目；③它具有高的对称性，这样有利于产物晶体的生长；④这些羧酸基团和金属离子配位，由于空间阻碍作用，它们可以和苯环在同一平面上，因此，这些羧基基团和金属离子可以在不同方向配位。正是应用这些特性，人们选择具有配位多样性、光转换效率较高和热稳定性好的均苯四甲酸铕配合物作为光转换剂，并已有在农膜等方面应用的报道[27]。

任慧娟等[23, 24]用共沉淀法合成了均苯四甲酸铕配合物光转换剂，其工艺如下：准确称取一定量的 Eu_2O_3(4*N*)，用 HCl 溶解，加热除去过量的 HCl，加去离子水冲稀至一定浓度(>0.01 mol)，再用稀氨水调至 pH 值为 4～5，成为无透明溶液备用；按各种配合物中 Eu 与配体 L 之比，准确称取一定量的均苯四甲酸(或均苯四甲酸酐)，加水溶解，可加少量乙醇助溶，溶解后用氨水调至 pH 值 4～5，然后将稀土溶液缓慢地滴加到配体溶液中，在 65℃下搅拌，并反应 4h，得到白色沉淀，沉淀经洗涤、干燥后即得到所需配合物。

测定均苯四甲酸铕配合物组成为 $Eu_4L_3 \cdot nH_2O$，其中 Eu 含量为 35.12%(计算值 35.02)；所得配合物呈白色，在阳光下发微红色。在紫外辐照下，发射红光，其光谱图示于图 7-9。

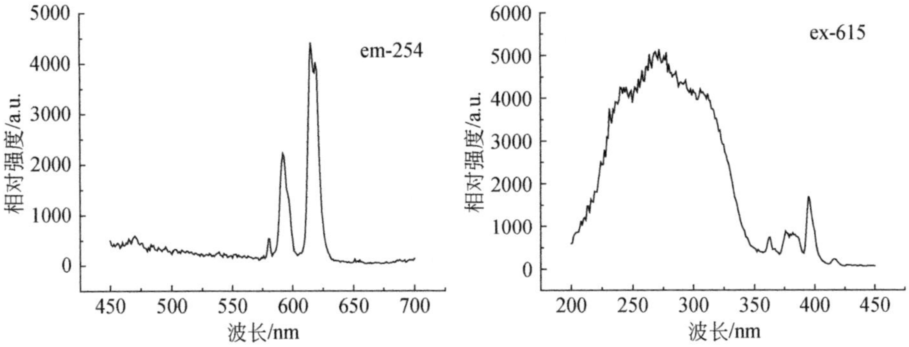

图 7-9　均苯四甲酸铕光谱图

从图 7-9 可见，均苯四甲酸铕的激发峰均呈现宽带，位于 254～350 nm，能有效吸收太阳的紫外辐照；它的发射峰均呈现 Eu^{3+}的特征的窄带发射，发射主峰位于 613 nm、593 nm。

为了降低成本、减少价格较贵的铕的用量，采用价格较便宜的惰性稀土离子如 La、Gd、Y 等作为共掺杂离子。实验表明 Gd^{3+}敏化铕的均苯四甲酸是一种新型光转换剂，其不仅降低 Eu^{3+}的用量，也提高了发光效率[28]。同时，稀土均苯四甲酸铕与高分子材料的相容性好，添加少量光转换剂对农膜制备工艺及产品质量尚无影响。

均苯四甲酸钆铕具有高发光强度，其原因是由于 Gd^{3+}对 Eu^{3+}的发射起一定的敏化作用，故图 7-10 的激发光谱中能见到在 Gd^{3+}的特征吸收峰位置处 276 nm 呈现明显凸起。

由不同铕浓度的均苯四甲酸钆铕的光谱可知，在实验范围内 Eu^{3+}含量越高发射峰强度越强，不同铕浓度的均苯四甲酸钆铕的激发与发射光谱的形态相同，均呈现较强位于 254～350 nm 的配体吸收和 Eu^{3+}的特征发射。考虑到既保持一定的光转换效果，又降低成本，在光转换剂中选用 Gd∶Eu=0.99∶0.01。

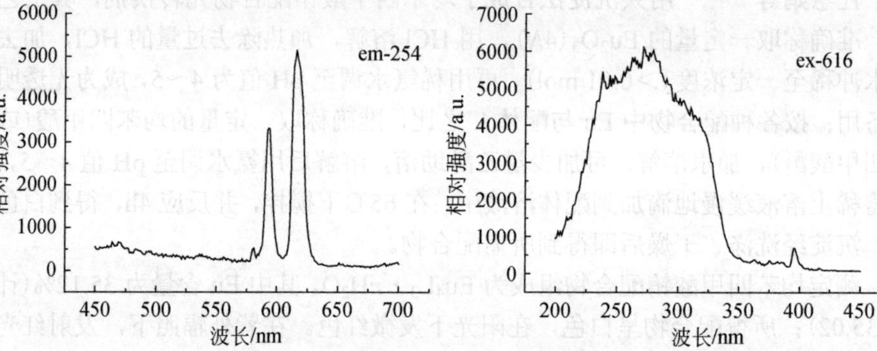

图 7-10　均苯四甲酸钆铕(Gd∶Eu=0.99∶0.01)光谱图

所得样品的热分析示于图 7-11 中，从图 7-11 可知样品在 100℃左右先失去吸

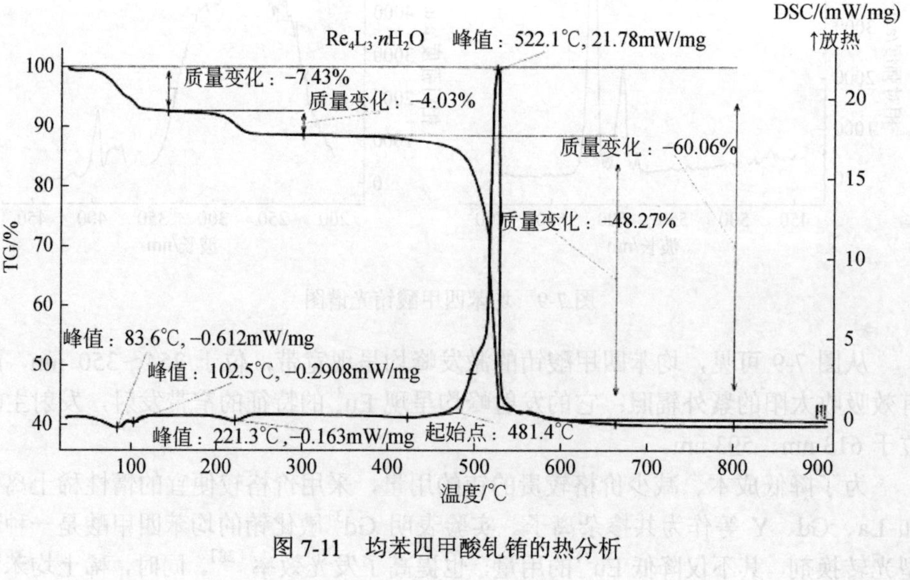

图 7-11　均苯四甲酸钆铕的热分析

附水，然后在 200℃左右失去部分结晶水，而在 522℃分解，表明均苯四甲酸钆铕具有较高的热稳定性，在薄膜加工中不会分解。

测得均苯四甲酸钆铕的粒度分布可知，粒度分布较窄，平均粒径约为 0.4 μm，有利于掺入薄膜中。

样品的电镜照片示于图 7-12 中，从照片中可知所得样品结晶性能良好，为棒状，直径<1 μm，具有良好的分散性，良好的分散性将有利于掺入膜基材料中。

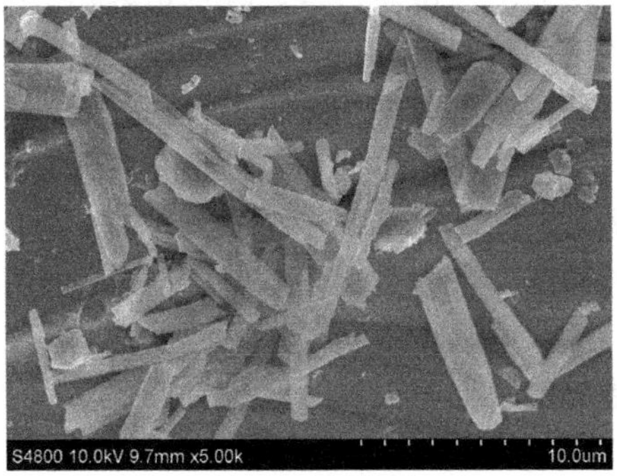

图 7-12　均苯四甲酸钆铕的电镜照片

测定了所制备的农用无滴膜的透过率，其结果列于图 7-13 中，从图 7-13 中可知，添加了光转换剂的农用无滴膜的光吸收在 400 nm 以上均相同，而在 300 nm 左右增添一个宽的吸收带，这表明，所制备的光转换剂的农用无滴膜能够吸收紫外光，从而可以转换为有利于叶绿素吸收的红光。新型稀土光转换无滴膜的透光率达到同类产品水平。

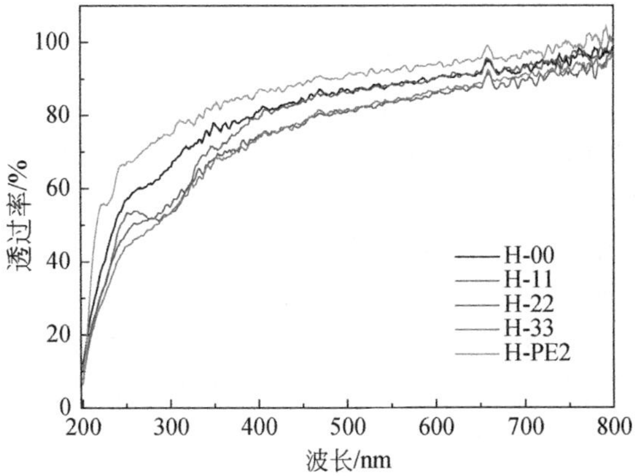

图 7-13　稀土光转换无滴膜的光吸收

3. 转光剂引入

光转换膜的基膜是高分子薄膜，主要有聚乙烯(PE)、聚丙烯(PP)、聚氯乙烯(PVC)、聚苯乙烯(PS)、聚酯薄膜和聚氨酯薄膜等等。不同薄膜的性质不同，因而，使用效果也有差异。

(1) 聚氯乙烯(PVC)薄膜。保温性、透光性、耐候性好，柔软，易造型，适合作为温室、大棚及中小拱棚的外覆盖材料。缺点是薄膜密度大(1.3 g/cm^3)，一定质量的棚膜覆盖面积较聚乙烯膜(PE)减少 1/3，成本增加；低温下变硬、脆化，高温下易软化、松弛；助剂析出后，膜面吸尘，影响透光，残膜不能燃烧处理，因有氯气产生。

(2) 聚乙烯(PE)薄膜。聚乙烯可通过其聚合方式分类，有高压法聚合与低压法聚合。高压法聚合的树脂一般密度比较低，所以又叫低密度聚乙烯；低压法聚合的树脂密度比较高，故又叫高密度聚乙烯。严格地说聚乙烯应该按其分子量高低来分：高密度聚乙烯(HDPE)，中密度聚乙烯(MDPE)，低密度聚乙烯(LDPE)及线型低密度聚乙烯(LLDPE)等。

聚乙烯(PE)薄膜质地轻(密度 0.92 g/cm^3)，柔软，易造型，透光性好，无毒，适合作为各种棚膜、地膜，是我国主要的农膜品种。其缺点是：耐候性及保温性差，不易黏接。如果生产大棚薄膜，必须加入耐老化剂、无滴剂、保温剂等添加剂，才能适于生产的要求。

在 PE 树脂中加入稀土及其他功能性助剂制成的调光膜，能对光线进行选择性透过，是能充分利用太阳光能的新型覆盖材料。与其他薄膜相比，棚内增温保温效果好，作物生化效应强，对不同作物具有早熟、高产、提高营养成分等功能，稀土还能吸收紫外光，延长农膜的使用寿命。

(3) 乙烯-乙酸乙烯共聚物(EVA)薄膜。EVA 树脂是近年来用于农业上的新的农膜材料，用其制造的农膜透光性、保温性及耐候性都强于 PVC 或 PE 农膜。EVA 农膜覆盖可较其他棚膜增产 10%左右，可连续使用 2 年以上，老化前不变形，用后可方便回收，不易造成土壤或环境污染。

光转换膜是通过农膜中添加转光剂来实现的，如何有效地将光转换剂引入是光转换膜制备的关键。转光剂引入主要有 3 种方式。

(1) 附染法。一些与薄膜基础树脂相容性比较好的有机荧光材料如原红、荧光增白剂、蒽酮、罗丹明等转光剂，将其用白油等浸润后直接与树脂或其他功能性母粒掺混，经过热熔混炼、吹塑得到。

(2) 母粒法。由于一些颜料、荧光染料和一些稀土无机物的光转换剂很难与聚乙烯树脂相容，而稀土无机物光转换剂更是与树脂相容性差，难以分散，所以就必须先选择一些分散性树脂与光转换剂进行混炼，挤出制成光转换母粒，然后再与基础树脂混合经过吹塑而得转光膜。为保证光转换剂母粒良好的分散，减少光转换剂在混合过程中的损失，采用先加入适量有利于分散的树脂与光转换剂混合均匀后，再加入流动性较好的低密度聚乙烯载体树脂的方法制备母粒，可以减少光转换剂因混料黏壁所带来的损失与污染，制备好的母粒外观光滑，加工工艺易于控制，可以连续稳定地生产。

目前母粒法已成为农膜引入光转换剂的主要方法，对于无机或有机荧光转光剂均具有很好的应用效果。

(3) 三层共挤法。采用带有光转换剂的树脂膜直接与耐老化剂、防雾滴剂等助剂的配伍制成母粒，然后通过三层共挤机吹塑，这样可以提高转光剂与耐老化剂、防雾滴剂等助剂的配伍效果，提高分散性和保持光转换的持久性。

具有各种特殊功能的新型农用薄膜相继出现，如耐老化膜、防雾滴膜、防尘膜、保温膜、降解膜，以及兼具两种以上功能的“多功能”农用薄膜等等，它们在提高农作物产量方面起到重要作用，但从能量角度看，这些薄膜都是被动地利用太阳光，因而无法最大限度地实现能量利用。利用光转换技术能将阳光中的紫外光“转换”成对作物生长更有利的长波光，“主动地”利用太阳光能，可使透过农膜的光线成分更有利于农作物的光合作用和生长发育。

近年来，研制出一种添加了具有双光转换功能的新型高光能农膜[29]。它可将阳光中对作物有害无用的紫外光吸收转化成有利于作物光合作用的蓝紫光和红橙光；同时，将可见光中占较大比例、对作物光合作用无贡献的绿光转换成红橙光，从而改善阴、雨、雾等弱光天气下棚内有效光照，提高棚温，增强作物的光合作用，促进作物生长。

尽管稀土光转换薄膜已在农业上发挥了重要的作用，但目前稀土光转换剂仍存在以下问题：一是荧光寿命短、强度衰减快，长期暴露在紫外辐射下，发光强度降低明显，其可能是由于空气中 O_2 使配合物荧光猝灭，同时又发生某些光化学反应使之分解。二是成本偏于昂贵，以合成转红橙光所用的铕配合物为例，为了获得较高的荧光亮度，所需稀土一般均为纯度 99.9%以上的氧化铕，其价格较贵；并且某些有机配体价格也很昂贵。三是光转换剂与高分子基体的相容性不够好，分散性差，加入高分子材料生产薄膜时，加工性能变差。另外，光转换剂可能与其他某些助剂之间存在不良作用，会影响农膜的某些物理性能。为此，需要进行更深入和细致的研究与开发。

7.2　太阳能电池用稀土光转换材料

7.2.1　太阳能电池[30]

地球上所有的能源都是直接或间接来源于太阳能，利用太阳能有众多优点。因此，有效利用太阳能，可以使整个人类社会跨入一个绿色可持续发展的新时代。

太阳能作为绿色新型能源，目前主要的利用方式是光热、光电、光化学和光生物，其中太阳能电池就是利用太阳能的一个重要领域，太阳能发电已经投入商业应用。

1. 太阳能光伏技术

太阳能电池通过光伏效应将太阳能转化成电能，称为太阳能光伏技术。太阳能光伏发电是太阳能利用的一种重要形式，是采用太阳能电池将光能转换为电能的发电方式，光伏发电有可能是最具有发展前景的技术之一，已成为人们的研究热点。

太阳能电池工作的基本原理就是半导体材料 p-n 结的光伏效应。当太阳光或其他光照射到半导体材料上时，半导体材料吸收光能产生“光生电子–空穴”对，在电池内建电场作用下，光生电子和空穴被分离，从而在电池两端积累起异号电荷，即产生“电压”。半导体材料的 p-n 结就是在一块本征半导体的两侧分别掺杂 N 型材料和 P 型材料，两端面之间就会形成 p-n 结，由于 N 型半导体的多数载流子是自由电子，而 P 型半导体的多数载流子是空穴，两个端面存在浓度梯度，所以两种多数载流子会相互扩散，即 N 型半导体向 P 型半导体扩散自由电子，而 P 型半导体向 N 型半导体扩散空穴，在两端面之间形成一个由 N 型指向 P 型的内建电场，如图 7-14(a)所示，太阳能电池的结构原理如图 7-14(b)所示。

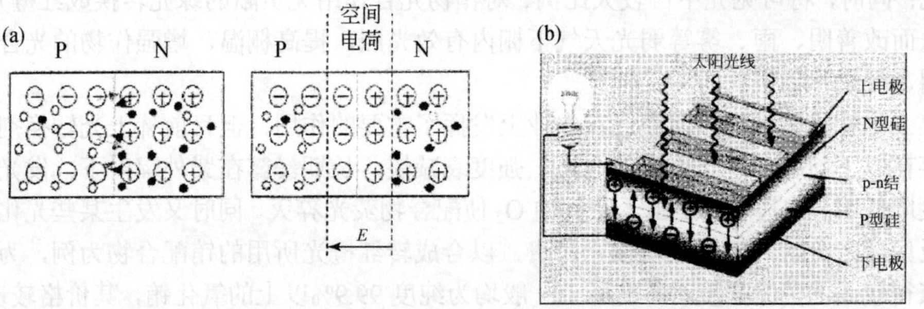

图 7-14　(a)半导体 p-n 结；(b)太阳能电池的结构原理

当太阳光照射到太阳能电池上时，其中一部分被电池材料表面反射掉，剩下的部分会被电池材料吸收或透过。其中被吸收的光子中，能量大于电池吸收材料禁带宽度 E_g 的，会把电池材料价带中的电子激发到导带中去，在导带位置形成导带电子，而价带中留下了带正电的空穴，即光生电子–空穴对，又称为光生载流子。导带电子和价带空穴不停地运动进入到 p-n 结的空间电荷区，被该区的内建电场分离，电子会在电场的作用下向 N 型区移动，而空穴会向 P 型区移动。在电池的两侧分别有正负电荷的积累，产生“光生电压”，接上负载后就会有电流通过，这就是太阳能电池的工作原理。

与化石能源、核能发电、风能和生物能发电技术相比，光伏发电具有一系列特有的优势，主要可归纳如下：

(1)发电原理具有先进性。直接从光子转换到电子，没有中间过程(如热能-机械能和机械能-电磁能转换等机械运动)，发电形式极为简捷。因此，从理论上分析可得到极高的发电效率，最高可达 80%以上，由于材料与工艺的限制，实验室研究的单个 p-n 结单晶硅电池效率最高已接近 25%；而多个 p-n 结的化合物半导体电池已经超过 40%。从原理分析计算与技术潜力来看，通过 10～20 年的努力，太阳能电池转换效率在 30%～50%范围的目标是可以实现的。

(2)太阳能辐射取之不尽，用之不竭，可再生并洁净环保，无处不在，无须运输。

(3)太阳能电池所用的主要原材料硅储量丰富，为地壳中除氧之外丰度排列第二的元素，达到 26%之多。

(4)光伏发电没有燃烧过程，不排放室温气体和其他废气，不排放废水，环境友好，是真正的绿色发电。

(5)太阳能电池没有机械旋转部件，不存在机械磨损，无噪声。

(6)太阳能发电易于建造安装，拆卸迁移，模块化结构，规模大小随意，而且易于随时扩大发电容量。

(7)经过数十年应用实践证明，光伏发电性能稳定、可靠，使用寿命长达 30 年以上。

(8)维护管理方便，可实现无人值守，维护成本低。

太阳能电池大致可分为三代：第一代晶体硅太阳能电池；第二代化合物薄膜太阳能电池，包括非晶硅薄膜太阳能电池(a-Si)、铜铟镓硒太阳能电池(CIGS)、砷化镓太阳能电池(GaAs)、碲化镉薄膜太阳能电池(CdTe)；第三代新型薄膜太阳能电池，包括有机/聚合物太阳能电池和纳米晶太阳能电池。

太阳能电池对所用的材料的要求有：

(1)半导体材料的禁带宽度不能太宽；

(2)要有较高的光电转换效率；

(3)材料便于工艺化生产且性能稳定；

(4)材料成本低廉，本身对环境不造成污染。

基于以上几方面的综合考虑，目前，硅是最理想的太阳能电池材料，而以其他新材料为基础的太阳能电池显示出越来越诱人的前景。根据所选材料的不同，太阳能电池可分为：晶体硅太阳能电池、薄膜太阳能电池、聚光太阳能电池、染料敏化太阳能电池以及量子点敏化太阳能电池等。

2. 薄膜太阳能电池技术

薄膜太阳能电池是在廉价的玻璃、不锈钢或塑料衬底上敷上非常薄的感光材料而制成的。它比用料较多的晶体硅技术造价更低，其价格优势可抵消目前低效率问题，目前已商业化的薄膜光伏电池有三种：非晶硅(a-Si)、铜铟硒(CIS，CIGS)和碲化镉(CdTe)，它们的厚度只有几微米，在产量到达一定量时，可实现自动化生产。同时，生产组件的过程也可以优化，薄膜电池组建的生产过程比晶体硅组建生产所用的人工少，晶体硅的短缺也为薄膜技术扩大市场份额带来了机会。在三种商业化的薄膜光伏电池技术中，非晶硅的生产和安装所占的比重最大。玻璃衬底的多晶硅薄膜电池是很有潜力的技术，目前已进入生产阶段。微晶硅技术，尤其是非晶硅和微晶体硅(a-Si/μ-Si)结合也是一种很有前景的技术。

薄膜电池技术在降低成本方面潜力巨大，主要优势在于：一是实现薄膜化后，可以极大地节省昂贵的半导体材料；二是薄膜电池的材料准备和电池制造节省许多工序；三是薄膜电池采用低温制造工艺和采用廉价衬底材料(如玻璃、不锈钢)，利于降低能耗。

(1)硅基太阳能电池。自 1954 年美国贝尔实验室首次发明了以 p-n 结为基本结构的具有实用价值晶体硅太阳能电池后，开拓了硅基太阳能电池应用的序幕。

目前，硅基太阳能电池包括单晶硅太阳能电池、多晶硅太阳能电池和非晶硅太阳能电池三种。其中单晶硅太阳能电池的光电转换效率最高，仍是当前太阳能光伏电池的主流，在商业化生产中占有主导地位。目前单晶硅的实验室光电转换效率已经达到了25%。电池的厚度很重要，薄的硅片(wafer)意味着较少的硅材料被消耗，从而降低成本。硅片的平均厚度已从 2003 年的 0.23 mm，减小到 2007 年的 0.18 mm，同时平均效率从 14%提升到 16%，曾有预测，硅片厚度将进一步减小到 0.15 mm，效率可提升至 17.5%。由于单晶硅的制备工艺复杂、材料成本高，目前单晶硅太阳能电池的应用仅限于人造卫星等高科技产品。因此需要寻找单晶硅太阳能电池的替代品，单晶硅薄膜太阳能电池和非晶硅太阳能电池就是典型代表。其中多晶硅太阳能电池性能稳定、成本较低、适于较大面积制作，目前实验室在 0.25 cm^2 的面积上获得的最高光电转换效率为 20.4%，商业化生产中的最高效率为 10%。非晶硅太阳能电池以其三带隙三叠层结构获得的最高转换效率为 13%，非晶硅由于具有成本低、转换效率高、质量轻等优点，有极大的应用潜力。但是非晶硅不稳定，使薄膜太阳能电池的光致衰退率(S-W 效应)约为 15%～20%，且对长波区域的光不敏感，影响了非晶硅薄膜太阳能电池光电转化效率的进一步提高。

(2)化合物半导体薄膜太阳能电池。化合物半导体薄膜太阳能电池所用材料主要为无机半导体，其中包括 CdTe、GaAs 和 CIGS 等。CdTe 薄膜太阳能电池由于其带隙(E_g=1.45 eV)与太阳光谱非常匹配，理论效率可达到 28%，并且性能相对稳定，是近年发展迅猛的一种薄膜太阳能电池。现在实验室取得的最好效率为 19.6%，商业化的电池效率也达到了 12%。自从 1967 年第一块 GaAs 电池问世，由于 GaAs 的高倍聚光和耐高温性能受到研究者的重视，美国可再生能源实验室将它的光电转换效率提高到 28.8%。CIGS 也是一种太阳能电池材料。目前，CIGS

太阳能电池实验室转化效率已经超过 20%，其成本低，可见吸收光谱波长范围广，抗辐射性能好，被认为是最有发展潜力的薄膜太阳能电池之一。

(3) 有机/聚合物太阳能电池。有机/聚合物太阳能电池的研究始于 20 世纪 90 年代，它是由电子给体和电子受体结合成异质结薄膜，使其结合在透明导电玻璃基底和金属电极之间，就组成了这种新型太阳能电池。目前这种电池的研究与开发已有很大的发展。

有机/聚合物太阳能电池的原理也是利用太阳光入射到半导体的异质结或金属半导体界面附近产生光伏效应。有机/聚合物太阳能电池的结构简单，易于制备，并且成本低、质量轻，可制备成柔性电池。

(4) 聚光太阳能电池技术。聚光电池 (concentrator cell) 原理是采用多种方式将太阳光聚焦到一个小区域，从而可以节省昂贵的半导体材料，进而达到降低成本的目的。聚光方式可以采用菲涅尔 (Fresnel) 镜将正面阳光投射聚焦，也可以采用反射或折射聚焦，聚光太阳能电池的聚光倍数可以有 2 倍到 1000 倍以上，一般来说，聚光比在 20 倍以下的为低倍聚焦，21～100 倍为中倍聚焦，100 以上的为高倍聚焦，目前采用Ⅲ-Ⅴ族化合物(多结砷化镓，multi-junction Gallium Arsenide type) 半导体制成的聚光太阳能电池的效率最高，可达到 40.7%。聚光太阳能电池在使用中也有其局限性，即对散射光不起作用，达不到聚光效果，因而必须使用跟踪服务系统将光伏系统始终对准太阳。

(5) 染料敏化太阳能电池。染料敏化电池是一种光电化学电池，与以半导体二极管的光伏效应为基本原理的物理电池有很大不同，近年来，由光电极、氧化还原电解质和对电极组成的光电化学电池得到极大的关注和研究。在这种光电化学电池中，使用单晶或多晶形式的 n-Si、p-Si，n-GaAs、p-GaAs、n-InP、p-InP 和 n-CdS 等多种半导体材料作为光电极，在适宜的氧化还原电解质中，可以产生大约 10%的光电转换效率。

染料敏化太阳能电池的原理就是模仿植物的光合作用，它主要是由透明导电玻璃、纳米多空薄膜、染料、电解质和对电极组成，如图 7-15 所示。与硅基太阳能电池相比，染料敏化太阳能电池具有制备工艺简单、无毒无污染、性能稳定和寿命长等优点。但是染料敏化太阳能电池自身还存在一些不足：①目前实验室使用效果最好的染料主要是钌基有机化合物，这种染料制备工艺复杂，且成本昂贵；②当染料与 TiO_2 接触时，容易使染料发生光解，不利于电池的稳定性；③现在广泛使用的染料的光谱吸收范围较窄，不利于太阳光的有效利用；④染料的敏化量不易控制，当敏化量过大时，会阻碍电子的传输。所以，寻找一种成本低、价格低廉、易于制备且光吸收范围广、稳定性好的敏化剂替代传统的染料，是目前研究的热点。

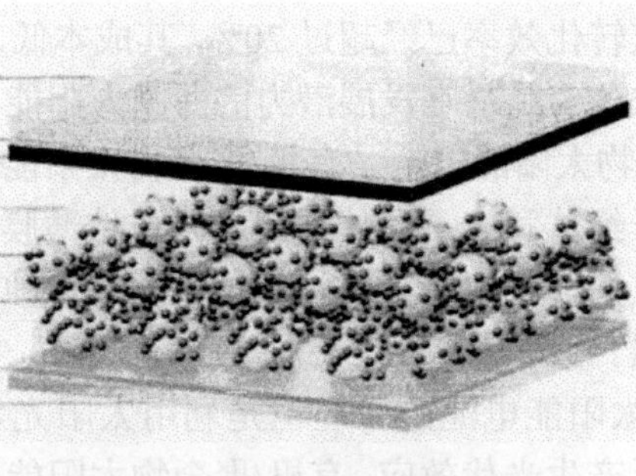

图 7-15 染料敏化太阳能电池的基本结构图

(6)量子点敏化太阳能电池。量子点敏化太阳能电池也属于光电化学太阳能电池范畴，为了解决染料敏化太阳能电池自身存在的不足，研究人员不断探索，发现了在半导体氧化物上敏化量子点是实现新型太阳能电池的重要方法之一。

量子点太阳能电池主要有量子点敏化太阳能电池、量子点列阵太阳能电池、量子点聚合物杂化太阳能电池等。其中，以量子点作为敏化剂的敏化太阳能电池被称作量子点敏化太阳能电池。量子点作为全色敏化剂，弥补了常规染料敏化剂光吸收范围窄、吸收系数偏低等不足，具有广阔的发展空间。

量子点敏化太阳能电池是由染料敏化太阳能电池演化而来，它的工作原理与染料敏化太阳能电池的工作原理基本相同。所以，量子点敏化太阳能电池是由透明导电玻璃、半导体金属氧化物薄膜、半导体量子点、含有氧化还原对的电解质和对电极组成。

目前，量子点主要是无机半导体材料，它与染料相比，具有价格低廉、易制备、能带可调节、光吸收范围广、电池性能稳定等优点，并且量子点本身所具备的量子限域效应、俄歇复合效应、碰撞离化效应以及小带结构使量子点敏化太阳能电池可能会打破传统的 Shockley-Queisser 极限的理论极限值 32%，进一步提高电池的光电转换效率，这也促使它成为下一代新型电池中最有潜力的电池之一。

图 7-16 示出各种太阳能电池的光谱特性。由图 7-16 可见不同的太阳能电池对太阳光的吸收不同，均不能完全利用所有太阳光的能量，需要通过不同的光转换剂才能实现更有效地和充分地利用太阳能。

7.2.2 用于太阳能电池的稀土光转换材料

目前，硅基太阳能电池因技术成熟，光电转换效率高，无毒且寿命长等诸多优点，被认为是较理想而常用的太阳能电池，占据了约 90%的光伏市场[31]。单晶硅的禁带宽度为 1.1 eV，可以吸收利用 40%以上的太阳光辐射光子，然而，它存在的问题是对太阳能各个波段的光尚未能充分利用，转换效率有待提高，以及单晶硅太阳能电池在紫外光区域表面电荷复合严重，前玻璃的光反射率和封装材料的吸收等问题导致器件在该区域的单色光量子效率较低。根据材料的光谱特点，

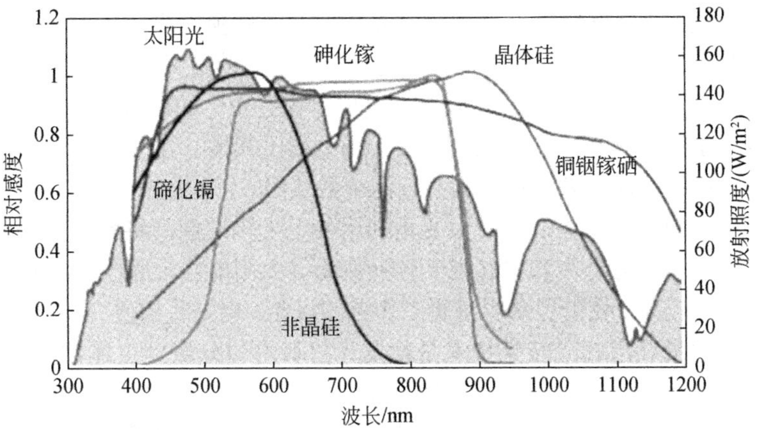

图 7-16　各种太阳能电池的光谱特性

利用光转换技术是提高太阳能电池光电转换效率的一条可行性途径[32]。

通过对太阳能电池的光谱分析，并进行有效的调制，使其能与太阳能光谱更好地匹配，从而达到提高其光电转换效率的目的。目前，通过光转换材料对太阳能电池的光谱进行调制主要有三种方案。

一是利用下转换(down-conversion)发光材料。将一个太阳光谱中的高能光子转换成一个太阳能电池可吸收的光子，光转换材料吸收短波长入射光子后发射出长波光子。其特征是一个光子转换成一个光子，将太阳能光谱中能量比太阳能电池吸收峰值能量高的光通过下转换材料使其吸收，以提高其对太阳能光谱中的能量吸收。

二是对太阳光中的紫外光通过量子切割使太阳能光谱中的高能量光子裁剪成两个太阳能电池可吸收的光子，其转换效率可超过 100%。

三是利用上转换(up-conversion)发光材料。将太阳能光谱中不能被太阳能电池吸收的红外光子通过上转换材料转换成能被太阳能电池利用的可见或近红外光，其特征是几个红外光子转换成一个可见光子。

上转换材料可分为单掺和双掺两种，在单掺材料中，由于利用的是稀土离子 f-f 禁戒跃迁，窄线的振子强度小的光谱限制了对红外光的吸收，因此这种材料效率不高。如果通过加大掺杂离子的浓度来增强吸收，又会发生荧光的浓度猝灭。为了提高材料的红外吸收能力，往往采用双掺稀土离子的方法，双掺的上转换材料以高浓度掺入一个敏化离子。如 Yb^{3+}是上转换发光中最常应用的敏化剂离子。Yb^{3+}的 $4f^{13}$ 组态含有两个相距约 10000 cm^{-1} 的能级，基态是 $^2F_{7/2}$、激发态是 $^2F_{5/2}$，其 $^2F_{7/2}\rightarrow{}^2F_{5/2}$ 跃迁吸收很强，且吸收 950～1000 nm 的红外光子，而它的激发态又高于 Er^{3+} ($^4I_{11/2}$)、Ho^{3+} ($^5I_6$)、Tm^{3+} ($^3H_5$) 的亚稳激发态，Yb^{3+}和 Er^{3+}、Tm^{3+}、Ho^{3+} 以及 Pr^{3+}之间都可能发生有效的能量传递，可将吸收的红外光子能量传递给这些激活离子，发生双光子或多光子发射，从而实现上转换发光，使上转换荧光明显增强。Yb^{3+}的掺杂浓度可相对较高，这使得离子之间的交叉弛豫效率很高，因此，以 Yb^{3+}作为敏化剂是提高上转换效率的重要途径之一。如用激光激发 Er^{3+}掺杂的材料，可观察到上转换绿光和红光，采用稀土离子共掺，在 Er^{3+}掺杂材料中掺入 Yb^{3+}，则上转换的发光效率将会提高近两个数量级。

根据材料的光谱特点，目前主要是利用稀土光转换剂，将紫外光转换变为硅太阳能电池吸收的可见光和将红外光转换变为硅太阳能电池吸收的可见光。由于第一种的效率较高，吸引了众多科研工作者的目光，也是目前研究和开发的重点。

目前使用最广泛的光转换技术是将发光材料均匀分散到主体材料(如透明高分子材料等)后涂覆于太阳能电池模块上表面达到光转换的效果。考虑到光转换材料与主体材料的相容性，可以对无机材料进行表面修饰，更多的是采用有机发光配合物光转换材料[33]。

目前硅太阳能电池是较理想而常用的太阳能电池，它存在的问题是对太阳能各个波段的光尚未能充分利用，转换效率不高。就提高单晶硅太阳能电池的效率而言，一种有效的光转换材料必须满足以下条件：有很强的紫外光吸收能力(A=100%)，以保证能将太阳光辐射到电池组件表面的所有紫外光子；有很高的荧光量子产率，能发射出很强的可见光被单晶硅吸收利用；光转换过程尽量少的光损失(对稀土铕配合物而言 f 值可视为常数 0.25)，单晶硅太阳能电池在光转换材料发射波长下具有很高的外部量子效率(稀土铕配合物的发射光波长一般在 600 nm，电池的外部量子产率约为 90%)；值得注意的是光转换材料(稀土铕配合物)的最大吸收波长不能超过 400 nm，否则得不偿失。

1979 年 Hovel 等[34]首次将光转换材料置于太阳能电池的顶层用来提高光伏组件的效率，并在当时材料有限的情况下取得相对可观的结果。

太阳能电池用光转换材料的研究发展至今，主要分为 3 大类：

第 1 类为无机材料。包括离子型无机复合物和量子点等，这类材料的吸收和发射均发生在活性离子或原子的能带跃迁以及离子间的能量转移。这类材料的光转换效率可达 100%～300%，但吸收光谱较窄，强度也较弱。

1997 年 Kawano 等[35]采用布里奇曼法生长掺铕 Eu^{2+}的 CaF_2 单晶片覆盖在硅太阳能电池上，能将硅太阳能电池的效率从 10%提高到 15%，由于 CaF_2 单晶生长的条件苛刻，晶体质量要求非常高，成本较贵，因此难以产生实际应用价值。

2004 年 Svrcek 等[36]采用硅纳米晶作为光转换材料，硅纳米晶能将短波长的光子转化成波长为 700 nm 的光子，从而更有效地被硅太阳能电池吸收利用，使得电池效率比原来提高了 1.2%。

2005 年 Sarka 等[37]采用发光量子点作为光转换材料，使太阳能电池效率比原来提高 10%。

我们曾采用 YAG：Ce^{3+}作为太阳能电池的光转换材料，利用 YAG：Ce 的紫外吸收(243 nm，343 nm 等)，将太阳能光谱中的紫外辐射转换为硅太阳能电池所需的 540 nm，进而提高太阳能电池的效率。实验中已观察到太阳能电池转换效率有明显提高。

第 2 类为有机荧光染料。它们通常具有很高的摩尔消光系数，且吸收光谱和发射光谱可调，但存在较严重的自吸收现象，降低了下转换效率。如 1998 年 Maruyama 等[38]将荧光色素层涂布在太阳能电池上，实验结果表明，荧光色素层不仅具有减反射作用，而且也具有光转换的作用，使得电池效率从 5.14%提高到 6.61%。

第 3 类为稀土配合物发光材料。稀土配合物的吸收源于有机分子的能级跃迁，再将能量传递给稀土离子并发射出稀土离子的特征光谱。因此这类材料的吸收和发射特性可分别通过调节配体和金属离子来优化，且斯托克斯位移往往较大，发光效率较高，光转换性能比较理想，被认为是最具有前途的光转换材料，此外，不同太阳能电池对太阳光的利用情况存在很大差异，对下转换材料的要求也不同。

2006 年，意大利 Meinardi 等[39]将掺杂了 $Eu(NO_3)_3(Phen)_2$ 的聚乙酸乙烯酯(PVA)作为下转换材料涂布在单晶硅太阳能电池上，提高了器件在紫外光区域的外部量子产率(EQE)，并在可见光区域没有衰减效率，进而使其光电转换效率较原来提高了 1%。该项研究工作表明使用基于稀土铕发光配合物的光转换材料能提升硅太阳能电池对紫外光子的利用率。

2009 年 Donne 等[40]在硅基太阳能电池上涂两层光转换材料来提升器件对紫外光子的光伏响应。将掺有 2%(*w*/*w*) $Eu(DBM)_3Phen$ 的 PVA 作为光转换层涂覆于硅基太阳能电池上表面，器件在 335 nm 以下的光谱区域 EQE 存在轻微的提高，然而在 335 nm 和 420 nm 之间的 EQE 降低，这与配合物 $Eu(DBM)_3Phen$ 的光吸收区域在 300～420 nm 之间密切相关。通过降低掺杂浓度，使用含有 1.5×10^{-5}(*w*/*w*)的 $Eu(DBM)_3Phen$ 制备的 PVA 下转换薄膜沉积在器件上表面，观察到 EQE 在 260 nm 和 420 nm 之间显著增强，并进一步通过 *I-V* 曲线表征证实。相对于涂覆了未掺杂 PVA 的电池，总输送功率增加了 0.5%。研究表明，材料的光转换性能与其光吸收和发射性质密切相关，并可以通过调节掺杂浓度来优化。

由掺杂了 0.003%(*w*/*w*) $Eu(TFC)_3$ 的 PVA 作为上层光转换材料和掺杂了 1.5×10^{-5}(*w*/*w*) $Eu(DBM)_3Phen$ 的 PVA 作为下层下转换材料制备的双层光转换材料使电池在 260～420 nm 区域的 EQE 呈现显著提升，并使光电效率比原来提高了 2.8%左右。

2013 年 Wang 等[41]制备出的 EuTT［$Eu(TTA)_3(TPPO)_2$］/FVA 薄膜和 EuTD［$Eu(TTA)_3Dpbt$］/EVA 薄膜，将其封装到预先存在的 EVA 层中以提高多晶硅光伏组件的性能。

2015 年，Monzón-Hierro 等[42]将 Eu(Ⅲ)配合物嵌入在聚甲基丙烯酸甲酯(PMMA)中，放置在用于组件组装的常规光伏玻璃上，提高硅基太阳能电池的

EQE。研究结果表明，光转换的最佳位置在玻璃的前表面上。

2016 年 Fix 等[43]研究了 4 个稀土配合物［$Eu(TTA)_3Phen$，$Eu(TTA)_3(TPPO)_2$，EuL_3 和 TbL_3］掺杂在 EVA 中，作为光转换材料在硅基太阳能电池中的应用。

Moleski 等[44]为提高 Eu-β-二酮配合物的发光效率，用 2, 2-联吡啶(bipy)作为第二配体以增加配合物稳定性并使配位数饱和，生成 $Eu(TTA)_3(bipy)$配合物，并将这种配合物分散在由溶胶–凝胶制备的 Ureasil 薄膜中形成纳米结构的有机/无机凝胶。这种缩聚物的有机/无机杂化薄膜可用于硅太阳能光转换器，通过此薄膜能把紫外光转换成硅太阳能电池敏感的红光成分。

2017 年 Ho 等[45]使用旋涂膜技术将掺杂多种铕配合物的硅酸盐磷光体作为光转换层来提高晶体硅太阳能电池光电转换效率的应用。实现了光电转换效率 19.39%的增强，远高于只有一种铕配合物掺杂的硅酸盐荧光体的电池转换效率 15.08%的增强以及没有铕配合物掺杂的具有相同硅酸盐层的参比电池表现出 8.51%的转换效率的提高。

使用两种铕配合物的硅酸盐荧光粉作为光转换材料时，在 512 nm 和 610 nm 呈现出双发射，使得电池的 EQE 比仅使用一种荧光粉作为光转换材料的电池高。

2011 年 Kin 等将带有羧酸基团的稀土铕发光配合物修饰在纳米二氧化钛表面，以钌配合物为敏化剂制备液态染料敏化太阳能电池[46]。稀土铕配合物能够有效地抑制染料敏化剂分子之间的聚集，从而降低电荷复合，提高开路电压。

2017 年 Jiang 等研究表明，掺杂稀土发光配合物的聚合物薄膜吸收紫外光后发射出可见光子被钙钛矿材料吸收，从而增强了器件在紫外光区域的光电响应。由于光转换材料对紫外光子的吸收，避免了电子传输层二氧化钛对钙钛矿材料的紫外光降解，因而提高了钙钛矿太阳能电池的稳定性。

光转换材料在太阳能电池的实际应用仍然存在一些问题和技术挑战，如光转换材料的效率和使用寿命、集成技术和成本性价比等[48]。如何开发高荧光量子产率且吸收光谱匹配的发光材料，减少光学损失，提高材料光、热及化学稳定性，降低生产成本将是推动光转换材料产业化应用的关键。

7.2.3 稀土聚光材料

太阳能是一种清洁、无污染、最丰富的可再生能源。实现对太阳能的有效利用已成为实现能源可持续发展的重点。太阳能光伏发电是大规模利用太阳能的重要手段。大规模的光伏发电，可以缓解能源危机，优化能源结构，改善生态环境，而且绿色环保，但其成本过高。降低光伏发电成本的有效途径之一是采用聚光光伏系统，用比较便宜的聚光器来部分代替昂贵的太阳能电池，另外聚光器能将到达地面密度较低的太阳光汇聚在一个较小的范围内，提高太阳光辐照能量密度，获得更多的电能输出[49-51]。

1. 荧光波导聚光器[52, 53]

荧光聚光太阳能光伏器件(luminescent solar concentrator，简称 LSC)可以减少太阳能电池的用量，有效降低光伏发电成本。LSC 的工作原理是将荧光材料掺入透明介质中制成荧光平面光波导，通过荧光材料吸收入射的太阳光，再在光波导中发射出波长红移的荧光，并向侧面传输，最终聚集到侧面粘贴的太阳能电池上，产生电能[54]。

根据光学原理，聚光器可分为折射聚光器、反射聚光器、混合式聚光器、荧光波导聚光器、热光伏聚光器和全息聚光器等。荧光波导聚光器(图 7-17)是由荧光材料、透明光波导介质及太阳能电池三部分组成。与传统聚光器相比，荧光波导聚光器不受太阳光入射角的影响，不需要太阳跟踪机械装置；另外，合适的荧光材料发射的荧光光谱与太阳能电池匹配，可以减少热效应，另外太阳光中的红外光也没有直接照射到太阳能电池上，也减少了热效应，因此无须散热系统[55]，这样的聚光器具有较大优势。

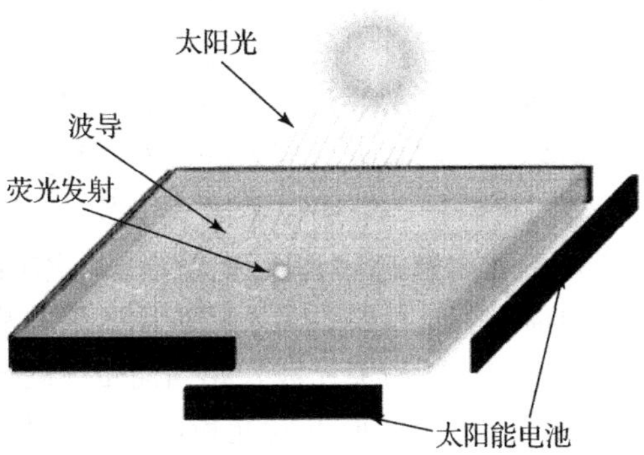

图 7-17　荧光波导聚光器结构示意图[55]

2. 聚光器中荧光材料的特点及种类

荧光材料主要是将入射的太阳光转化为太阳能电池吸收较匹配的荧光，其发射荧光进入到光波导模式中，汇聚到位于边缘的太阳能电池。因此荧光材料的性能好坏是影响聚光器效率的关键因素。不同于传统的商用荧光材料，聚光器中的荧光材料需要有以下特点[56]：①宽光谱吸收，窄带发射；②吸收系数高；③大的斯托克斯位移；④高荧光量子效率；⑤荧光发射与所用太阳能电池的光谱响应匹配；⑥与光波导材料相容性好，而且荧光性能在光波导材料中保持稳定；⑦不产生光散射损耗。

目前应用于荧光波导聚光器中的荧光材料主要包括有机荧光染料、半导体量子点材料、稀土荧光材料等。

(1)有机荧光染料：主要包括罗丹明类，苝系衍生物，香豆素类衍生物等；

(2)半导体量子点材料：主要有 CdS，CdSe，LnP，PbS 等；

(3)稀土荧光材料：主要以稀土发光玻璃、稀土配合物及稀土荧光粉形式应用。

稀土荧光材料：三价稀土离子的电子构型处于 $4f^n$ 组态，而 4f 壳层电子被 5s 和 5p 层屏蔽，因此稀土离子各能级位置基本不受基质材料的影响，且基本都呈现窄带的发射，满足聚光器对荧光材料发射带的要求。另外，$4f^n$ 电子组态存在丰富的能级结构，因此能够从中选择合适的能级跃迁和发射来匹配聚光器所用的太阳能电池[56, 57]。除此之外，由于稀土发光材料往往有良好的稳定性和较大的斯托克斯位移，因此极具在聚光器中应用的潜力。

①稀土发光玻璃。在荧光波导聚光器研究早期，稀土发光玻璃就作为荧光波导应用于聚光器中。1981 年 Reisfeld 等先将发射在近红外波段的 Nd^{3+}和 Yb^{3+}掺入无机玻璃制备了聚光器，但效率偏低。后 Reisfeld 等又将 UO_2^{2+}与稀土发光中心 Nd^{3+}和 Ho^{3+}共同掺入磷酸盐玻璃中制成集光器件，通过 UO_2^{2+}吸收太阳光并传递给 Nd^{3+}和 Ho^{3+}，与单独掺入 Nd^{3+}和 Ho^{3+}的玻璃集光器件相比效率明显提高[58]。

②稀土配合物。有机配体在紫外光区有较强的吸收，而且能有效地将能量通过无辐射跃迁转移给稀土离子，有较大的斯托克斯位移，从而敏化稀土离子的发光，弥补了稀土离子在紫外光区吸光系数很小的缺陷。目前，已用于聚光器中的稀土有机配合物中配体主要有邻菲咯啉、联吡啶、β-二酮类化合物，而配合物中稀土离子为铕、镱、铽等三价离子，其中以铕离子居多[56, 59]。

③稀土荧光粉/高聚物复合材料。将无机荧光粉掺入到透明高聚物(如 PMMA)光波导中制备聚光器中的稀土荧光材料。为了减少由于荧光粉与透明光波导介质的折射率不同及荧光粉颗粒的尺寸与荧光波长相当而带来的光散射，一方面，通过匹配这两者间的折射率就能够有效降低荧光粉产生的光散射损耗[60]；另一方面，可将荧光材料制备成纳米材料，并对其进行包覆以提高荧光效率[61]。

各类材料目前都不尽人意，但通过合理设计，深入研究稀土荧光材料在聚光器中的使用过程效率的影响，必将进一步提高太阳能光伏器件的能量转换效率，有助于稀土发光材料在聚光器中有广泛的应用。

7.3　稀土防紫外材料

防紫外材料(又称抗紫外材料、紫外吸收材料或紫外线屏蔽材料)是指能够反射或吸收紫外线的物质。它可以使制品屏蔽紫外线，减少紫外线的透射作用，使其内部不受紫外线的危害。

紫外线是太阳光的重要组成部分，其能量约占太阳光总能量的 4%～7%。紫外线是一种波长比可见光短的电磁波，其波长在 200～400 nm，按波长长短可分为短波紫外线 UVC(200～290 nm)、中波紫外线 UVB(290～320 nm)、长波紫外线 UVA(320～400 nm)(见图 7-1)。其中 UVC 几乎全被大气臭氧层吸收，达到地球表面的主要是 UVB(占到达地表 UV 总量的 5%)和 UVA(占到达地表 UV 总量的 95%)。适量的紫外线有利于人类及环境，但过量的紫外线威胁人体健康。理论上短波紫外线可以被距离地面 10km 的臭氧层吸收，对人体有伤害作用的主要是中波和长波这两种紫外线的综合作用。近年来由于大气的污染，臭氧层遭到了严重破坏，大气层对紫外线的屏蔽作用越来越弱，太阳光中到达地面的紫外线强度越来越大，对人类的健康造成了越来越严重的威胁，如对人体皮肤、眼睛及人体免疫系统的伤害。另外，由于紫外线的作用使很多工业产品出现了老化、力学性能下降、耐候性差等一系列问题，最终导致产品的使用寿命大大缩短，造成极大的浪费。紫外线具有的能量为 301～598 kJ/mol，比一般的化学键键能都高，例如 C—C 键能 347 kJ/mol、C—H 键能 413 kJ/mol、O—H 键能 462 kJ/mol、Si—O 键能 452 kJ/mol。因此，紫外线照射后，当光子所具有的能量高于高分子材料的键能时，聚合物分子链断裂，形成活泼的游离基，游离基进一步引发分子链发生降解，最终造成聚合物的老化降解。因此，紫外线是引起高分子材料老化的最主要因素，影响其使用寿命和美观。如紫外线能够使塑料、合成树脂、有机玻璃中高分子断链降解，导致材料老化、涂料的耐候性差、易粉化等。为了屏蔽紫外线，出现了系列抗(屏蔽)紫外线的材料。

稀土元素由于独特的电子结构和优良的光谱特性，对紫外线有良好的吸收，因此在(屏蔽)抗紫外产品的开发和利用上获得重要而广泛的应用[62, 63]。另外，还可利用稀土元素在紫外线的激发下，可发射可见光的特性，合成出能将日光中对植物光合作用有害或无用的紫外线、绿光等转化为光合作用所需的红光、蓝光的化学物质，该物质已被应用到农用薄膜、纺织品、光稳定剂等产品中。

防紫外线材料包括无机类防紫外线材料和有机类防紫外线材料。无机类主要有 TiO_2、ZnO 和 CeO_2 等。无机紫外吸收剂的种类不同，其折光率不同，因此紫外屏蔽性能有着较大的差异。目前常见的抗紫外线纳米氧化物有纳米 ZnO、纳米 TiO_2、纳米二氧化硅、纳米二氧化铈等。这些无机纳米粒子被广泛地应用于涂料、橡胶、塑料、油墨、化妆品和纺织等各个方面，在皮革化学品中也有涉及。

有机类防紫外材料又称紫外线吸收剂，也是一种光稳定剂。大多是结合羟基的芳香族化合物。防紫外线材料需要具有无毒安全、热和化学稳定性好、紫外线屏蔽范围广等特点。

研究表明，无机紫外吸收材料与传统有机紫外吸收材料相比，存在以下优点：

(1)无机紫外吸收材料稳定性好，可在较长时间内具有良好的抗老化性能；而有机紫外吸收材料很不稳定，不易储存，有效期很短。

(2)无机紫外吸收材料在提高高分子材料抗老化性能的同时，还可提高材料的综合力学性能，得到综合性能优良的材料。

(3)使用无机紫外吸收材料在环境保护方面也更具优势。

近些年来，无机类防紫外线材料以安全、稳定、环境友好等优点得到公认。特别是纳米稀土化合物如 CeO_2，它与常用的 TiO_2、ZnO 相比，催化能力低，折射率小，有更好的紫外线吸收，是理想的紫外吸收材料，由此在紫外线屏蔽方面受到了人们极大的关注。

1. 抗紫外线材料——CeO_2[64, 65]

二氧化铈(CeO_2)作为一个重要的稀土化合物，其性质比较稳定，在发光材料、抛光剂、紫外线屏蔽剂、催化剂等领域都有应用。CeO_2 有丰富的电子跃迁能级，对光吸收非常敏感，而且吸收波段大多在紫外区，对紫外线吸收有优异光学敏感性。特别是纳米 CeO_2 在紫外区域具有强的吸收[66]，对可见光有良好的透过率，而且纳米 CeO_2 对紫外线有很强的散射和反射作用，因此，纳米 CeO_2 是具有吸收、反射紫外线的双重功能紫外屏蔽材料。因此，纳米 CeO_2 可望成为一种新型的高效价廉的紫外线吸收剂。不仅如此，纳米粒子比表面大，相对颗粒数多，只需少量加入就效果显著，而且易分散到高分子体系中，改善材料结构强度，还会增加材料的强度、韧性、耐磨性等，应用于聚合物材料中能使聚合物具有抗老化、抗氧化、防晒、保持色泽鲜艳等作用。特别是适用于户外的涂料、化纤、塑料、橡胶、玻璃钢、化妆品等，使其光学稳定性大大提高。CeO_2 与其他有机紫外线吸收剂相比，具有高效长久、热稳定性好、安全无毒、资源丰富、制备成本低等特点；与其他无机纳米粉相比，具有效率高、光学性能好、表面易改性、综合成本低等优点，具有较广泛的应用前景，可望替代部分的有机紫外线吸收剂及其他无机纳米紫外线吸收剂。

(1) CeO_2 的结构[67]。金属铈价电子层结构为 $4f^1 5d^1 6s^2$，存在+3 价($4f^1$)和+4 价($4f^0$)两种。被氧化时首先形成三氧化二铈，然后生成四价的二氧化铈。根据洪特规则，在原子或离子的电子结构中，当同一层处于全空、全满或半满的状态时比较稳定。所以相对其他稀土元素，铈容易出现+4 价态。CeO_2 是一种较为稳定的化合物，呈微黄色。

二氧化铈的晶体结构为萤石型，其晶胞结构如图 7-18 所示。其中 Ce 的配位数为 8，氧的配位数为 4。晶格参数为 0.5411 nm。CeO_2 具有面心立方点阵，正离子配位数为 8，当 r_i/r^- 为 0.732，即 $r^{n+} \geqslant 0.102$ nm 时，CeO_2 具有低能稳定的晶体结构。Ce^{4+} 的半径比较小，仅为 0.092 nm，因此，CeO_2 处于晶体结构不稳定的状态。由于 $r_{Ce^{3+}}$ =0.0103 nm，且 Ce^{4+}/Ce^{3+} 相互转化所需要的能量仅为 36.72eV。因此，为了改善 CeO_2 不稳定的晶体结构，部分 Ce^{4+} 转化为 Ce^{3+} 并起稳定萤石结构的作用，为保持晶体结构的稳定，CeO_2 晶体中必然存在 Ce^{3+}。为了平衡取代 Ce^{4+} 引起负电荷过剩，CeO_2 晶体中有一部分氧负离子离开其平衡位置跃迁到晶体以外，并在晶体内部形成氧空位来保持晶体的电中性。这些氧离子脱离晶体后，形成活性很强的高能氧原子(230.095 kJ/mol)，高能量氧原子不稳定，相互结合生成低能(0 kJ/mol)、稳定的氧气，同时放出能量以氧化催化其周围的物质，从而使 CeO_2 表现出了比较高的氧化催化活性[62, 68]。

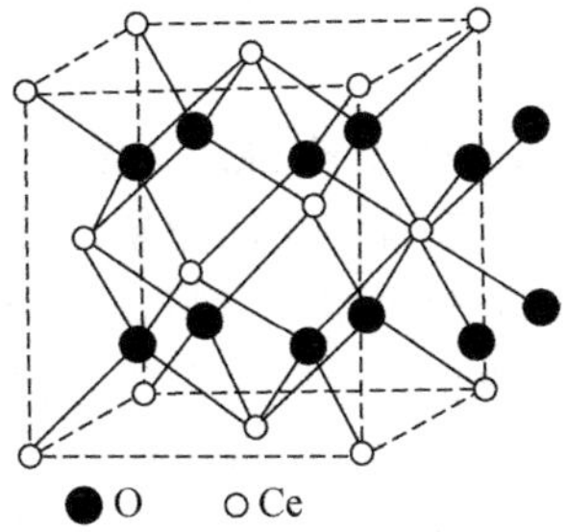

图 7-18　CeO_2 的晶胞结构

(2) CeO_2 的光谱特征[66]。CeO_2 的电子结构由充满电子的价带和没有电子的空轨道形成的导带构成。CeO_2 的禁带宽度 E_g 为 3.1 eV，吸收边界 $\lambda=hc/E_g=1240/3.1$ nm≈400 nm。对于波长小于 400 nm 的紫外线照射时，价带的电子被激发到导带，对紫外线具有很强的吸收。同时，激发的电子与价带的空穴重新结合时释放的能量还会将周围的细菌与病毒杀死，具有杀菌的功能。

文献［67］测得部分 CeO_2 纳米粒子的漫反射吸收光谱示于图 7-19。它们在 300～450 nm 范围内有宽带吸收，有利于吸收太阳光中的有害的长波。能够观察到，随着 CeO_2 的粒径减小，吸收带红移。

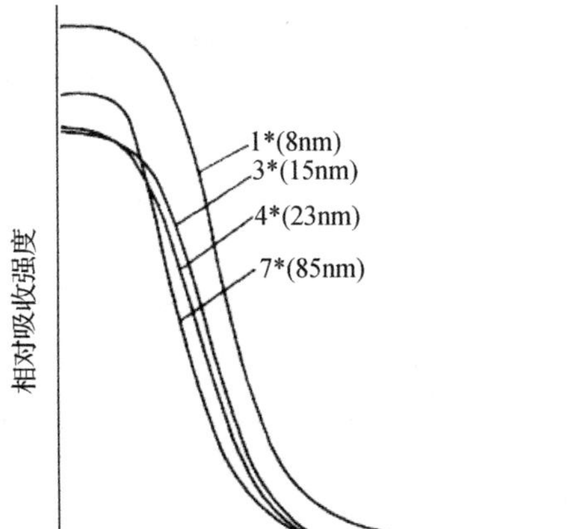

图 7-19　不同粒径 CeO_2 的漫反射吸收光谱

当 CeO_2 吸收的紫外线主要用于电子能级跃迁，不会引光催化[69]，而当 CeO_2 中的铈离子的价态发生变化时就会影响它对紫外线的吸收。

由 CeO_2 光谱图可知，其紫外线吸收波段在 200～400 nm，能屏蔽对人类伤害较大的 300～400 nm 的阳光中的紫外线，对防晒和抗紫外线老化方面将有重要的应用。

CeO_2 与 TiO_2 和 ZnO 一样，都具有很强的抗紫外能力。其抗紫外机理为：CeO_2 的电子结构由充满电子的价带和没有电子的空轨道的导带构成。价带和导带之间的能量值，称为禁带宽度 E_g，为数个电子伏特。当用能量等于或大于能隙的光照射时，仅有比禁带宽度能量大的光被吸收，使价带的电子激发至导带，结果价带缺少电子产生空穴。CeO_2 的禁带宽度 E_g 为 3.1 eV，当受到紫外线照射时，价带的电子被激发，产生电子-空穴对，生成的电子和空穴容易在固体内移动(电子具有还原性，空穴具有氧化性)，又重新复合，且有极强化学活性，能产生各种氧化还原反应。当空穴与颗粒表面吸附的 OH^- 反应生成氧化性很高的 OH，活泼的 OH 能将大多数有机物和部分无机物最终分解为二氧化碳和水[62, 69, 70]。若重新复合时观察不到化学反应，则以热和光的形式释放掉能量。

2. 影响 CeO_2 抗紫外线一些因素

CeO_2 的能带结构会直接影响 CeO_2 紫外吸收能力。影响 CeO_2 抗紫外线性能的主要因素有：

(1) CeO_2 中铈离子的价态变化。与 TiO_2 和 ZnO 相比，CeO_2 抗紫外具有两个优点：一是它吸收的紫外线主要源于电子能级跃迁，不会引发光催化，这使其成为理想的光谱无机紫外屏蔽材料[68]。二是它的折射率 n=2.05，低于 TiO_2 和 ZnO(金红石 n=2.72；锐钛矿 n=2.5；氧化锌 n=2.2)，使皮肤白度更自然[71]；然而，CeO_2 中铈离子的价态变化使 CeO_2 较高的氧化催化活性成为它用作紫外屏蔽材料的一个不利因素。CeO_2 的氧化催化活性与氧气的释放有关，其方程式为：

$$CeO_2{=}Ce^{4+}_{1-x}Ce^{3+}_{x}O_{2-x/2}\square_{x/2}+x/4O_2$$

$$\square\text{：氧缺陷，}0<x<1$$

铈离子(Ce^{3+}-Ce^{4+})之间的电荷转移在 CeO_2 样品带隙增加中起到十分重要的作用。如 Chen 等[72]发现经过热处理 CeO_2 薄膜后样品都发生了蓝移现象。这种蓝移因为热处理导致了由 Ce^{3+}到 Ce^{4+}的价态转变，颗粒边界以及氧空位周围的 Ce^{3+}浓度减小导致蓝移现象。

(2) 粒径大小和形貌。CeO_2 抗紫外能力强弱与其粒径大小有关：当粒径较大时，抗紫外能力是以反射和散射为主，且对中波区和长波区紫外线均有效，但抗紫外能力较弱；随着粒径的减小，光线能透过颗粒表面，对长波区紫外线的反射和散射性不明显。当颗粒达到纳米尺寸时产生小尺寸效应和量子尺寸效应使吸收带产生位移，对中波区紫外线的吸收明显增强，抗紫外能力增强。

一般来讲，颗粒在 70 nm 以下有较好的紫外屏蔽性能，颗粒分散好，分散稳定性增加，量子效率增加，对紫外线的吸收率增大，抗紫外能力增强[73]。

朱兆武等[64]研究显示纳米 CeO_2 具有很好的紫外线吸收效果，并对可见光透射性良好。当粉体一次粒径在 10 nm 左右时，CeO_2 具有强的紫外吸收效果和可见光穿透性能，当粉体一次粒径在 100 nm 以上时，粉体将减弱紫外吸收效果。观察到纳米 CeO_2 对紫外线有很强的散射和反射作用。

因此，抗紫外线作用主要是吸收紫外线。纳米颗粒由于粒径小、活性大，既能反射、散射紫外线，又能吸收紫外线，因而对紫外线有更强的屏蔽能力。但是并非颗粒越小越好，颗粒越小，越易团聚成大颗粒，抗紫外性能反而会下降。

Huang 等[74]通过改变反应条件，控制形貌进而改变带隙，由于量子尺寸效应使吸收峰移动等。李汶骏等[75]采用水热合成法制备了不同晶粒尺寸、形貌各异(球形、棒状、立方体等)的纳米 CeO_2 产物。结果显示：颗粒形貌对纳米 CeO_2 紫外吸收能力有较大的影响。在紫外区吸收能力：纳米棒＞纳米立方体＞纳米球形。研究发现形貌对紫外吸收能力影响与其纳米颗粒的暴露晶面的表面能有关，暴露晶面的表面能越高，紫外吸收能力越强。这与文献［76］研究相符合。

万静等[77]实验结果表明，氧化铈粉体的紫外吸收性能既与粉体的晶型结构和结晶度有关，又与 XRD 粒径有关：即灼烧温度越高，氧化铈面心立方结构结晶度越好，紫外吸收效果越好；粒径越小，比表面积越大，紫外吸收(屏蔽)效果越好。观察到粉体的晶型结构和结晶度对紫外吸收性能的影响比粉体粒径对紫外吸收性能影响明显；加入三聚磷酸钠，改变晶体结构，生成斜方 $Na_3Ce(PO_4)_2$ 晶体后，粉体的紫外吸收性能显著提高。

3. CeO_2 的改性[68, 78]

尽管二氧化铈有诸多优势和特点，是理想的抗紫外材料，然而，CeO_2 具有较高的氧化催化活性，却成为它用作防紫外材料的一个不利因素，限制了其在抗紫外材料中的应用，因此如何降低氧化催化活性，又具有优异的抗紫外性能，是 CeO_2 在抗紫外材料中能够得到广泛应用的关键因素。同时，通过元素掺杂可以改变晶胞体积而调整能带结构。通过掺杂也能够使 CeO_2 更加稳定，同时具有更好的紫外吸收性能。

CeO_2 在可见光范围有少量吸收，所以产品中会出现黄色，通过掺杂能够改善[79, 80]。

Wei 等[81]采用操作简单、成本低、污染小的固态反应方法在室温下制备掺杂 ZnO 的 CeO_2。他们将 $Ce(SO_4)_2\cdot 4H_2O$、$ZnSO_4\cdot 7H_2O$、NH_4HCO_3 和表面活性剂 PEC-400 在研体中研磨 40min，然后水洗去掉可溶性无机盐，经过 80℃干燥、煅烧，从而制得 $Ce_{1-x}Zn_xO_{2-x}$。结果表明，$Ce_{1-x}Zn_xO_{2-x}$ 的抗紫外能力与 x 和煅烧温度有关。

El-Toni 等[82, 83]研究表明，掺杂后的 CeO_2 的氧化催化活性虽然大幅降低了，但是相比较而言，这种活性仍然很高。因此，许多学者用溶胶−凝胶法或种子聚合技术在掺杂后的 CeO_2 表面包覆一层 SiO_2 薄膜，从而能降低氧化催化活性，但是硅会导致抗紫外能力降低。

Sato 等[84]将片状的 $K_{0.8}Li_{0.27}TiO_{1.73}O_4$ 与 $Ce_{0.8}Ca_{0.2}O_{1.8}$ 偶联后，再过 SiO_2 包覆处理降低 $Ce_{0.8}Ca_{0.2}O_{1.8}$ 的氧化催化活性。这种 CeO_2 优点是抗紫外能力不会因为掺杂和包覆处理而降低，反而因为偶联了 $K_{0.8}Li_{0.27}TiO_{1.73}O_4$ 而获得提高，因为 $K_{0.8}Li_{0.27}TiO_{1.73}O_4$ 是一种 n 型半导体，禁带宽度 3.5eV，具有强抗紫外能力，氧化催化活性也大幅降低；改善了皮肤舒适度和提高了皮肤覆盖能力，因为片状材料具有柔软舒适、皮肤上覆盖均匀的特点。

CeO_2 的氧化催化活性与氧气的释放有关。通过改性可以降低氧化催化活性。如 Yabe 等[85]通过掺杂较大离子半径的金属离子稳定了萤石结构，和/或掺杂低价态金属离子使方程平衡向左移形成了氧缺陷，就可以抑制氧气释放。Xing 等[86]合成了掺杂 ZnO 的 CeO_2 和掺杂 CaO 的 CeO_2。与未掺杂的 CeO_2 相比，氧化催化活性明显降低。El-Toni 等将 SiO_2 包覆在 CeO_2 表面，包覆一层 SiO_2 薄膜可降低氧化催化活性等[87]。期望通过不断改性，CeO_2 具有更加优异的紫外屏蔽性能来满足生活的需求。

史艳丽等[88]用超声−化学沉淀法制备掺杂 Ti 的 CeO_2 纳米复合粉体，发现 Ti^{4+} 的掺入提高了 CeO_2 的紫外吸收值和吸收宽度，增强了对紫外线的吸收光度。通过表征得知 Ti 是以氧化物 TiO_2 的形态掺杂在复合粉体中。

通过元素掺杂可以改变晶胞体积而调整能带结构，从而有利于提高体系的紫外吸收性能。

戴艳等[89]采用沉淀法制备氟化锶或氟化钙共掺杂的纳米级 CeO_2，它们均为球形颗粒团聚物。研究氟化锶或氟化钙共掺杂的氧化铈的紫外吸收性能的影响，结果表明：①氟化锶或氟化钙共掺杂的氧化铈的紫外吸收性能和可见光的透过率较纯氧化铈而言增强，特别是氟化锶共掺杂的氧化铈的紫外吸收性能较氟化钙共掺杂的氧化铈的紫外吸收性能有所增强，可见光透过率稍有增高。②在 CeO_2 中掺杂氟化锶或氟化钙都能增大氧化铈的晶格常数，且掺杂氟化锶的氧化铈的晶格常数较掺杂氟化钙的氧化铈的晶格常数增大得更明显。③在氧化铈晶格中共掺杂氟化锶或氟化钙使氧化铈的紫外吸收边都发生了红移，且禁带宽度变窄。

纳米二氧化铈作为一种无机填料，粒子表面是亲水疏油的，呈强极性，与聚合物界面结合较弱，导致材料性能下降。所以必须对纳米二氧化铈颗粒进行表面改性，从而降低纳米二氧化铈表面高势能，提高分散性，并增强其与聚合物的湿润性和亲和力，使纳米复合材料的性能大幅度提高。可采用表面包覆改性等技术[90]。

刘桂霞等[91]用溶胶法制备了阳离子聚氨酯/CeO_2 纳米复合材料，测定了它们的光谱结果表明，纯聚氨酯在 200～400 nm 范围内没有明显的吸收峰，而聚氨酯/CeO_2复合分散体系在 250～350 nm 范围内有强吸收峰。可见若在聚氨酯涂料中加入纳米CeO_2，可起到紫外防护作用。该复合材料对 350 nm 以下的作为 UVA 和 UVB 有很好的吸收，是一种优良的紫外吸收材料。

王艳荣等[92]测定了实验室制备的粒度在 10 nm 左右的纳米CeO_2紫外吸收光谱，表明纳米CeO_2在 200～480 nm 的谱带范围内具有较强的紫外吸收能力，是优越的抗紫外材料。将其应用于聚合物复合材料中有望提高户外塑料的耐候性。通过对硬脂酸改性的纳米CeO_2的红外光谱测试和改性机理分析，改性剂硬脂酸以化学键的形式结合在纳米CeO_2的表面。通过对不同硬脂酸添加量改性的纳米CeO_2的活化度和吸油值测定，确定当硬脂酸添加量为 2.5%已经达到最佳用量。

吕天喜等[93]用溶胶法制备出 DBS 表面修饰CeO_2纳米粒子，制得透明的纳米CeO_2；产物易溶于非极性和弱极性的溶剂中，不溶于水等极性溶剂；产物的防晒因子可达到高档的防晒霜的要求；该产物用于紫外吸收剂，它具有微量、持久的优点，能与其他非极性和弱极性的溶剂互溶，是一种新型的抗紫外材料，具有重要的应用前景。

4. CeO_2在抗紫外领域的应用[62, 93]

CeO_2无毒，较稳定，表现出较强的紫外屏蔽能力，CeO_2与其他无机纳米抗紫外剂如TiO_2和 ZnO 一样，可以应用于众多领域。添加到化妆品中，可以制成防晒霜、爽身粉、防晒口红、防晒粉底等；添加到棉织物中，可以制成防紫外线的遮阳伞、运动服、防护服、帽子、太阳伞等；添加到玻璃中，可以制成投影机、过滤镜、建筑和汽车玻璃等。添加到塑料、涂料、橡胶等高分子材料中，制成能够抗紫外线的农用大棚膜、食品包装膜、外墙涂料等领域。

(1) 防晒化妆品。阳光中的紫外线是 200～400 nm 的电磁波，可透过人的皮肤而引起人体的各种生化反应。可促进人体维生素 D 的合成，杀菌、消毒，对人体的健康和卫生有预防和治疗作用。但是，其中 280～320 nm 的 UVB、320～400 nm 的 UVA 的紫外线却能使皮肤晒黑、晒伤，甚至引起皮肤癌。在化妆品中加入防晒剂，减少紫外线对人体的损伤是世界化妆品发展的趋势。

防晒剂系列可分为两大类：紫外吸收剂和紫外屏蔽剂。紫外吸收剂如苯甲酮、氨基苯甲酸盐和联苯甲酰甲烷，用于防晒油和防晒霜。紫外屏蔽剂主要是利用某些无机物对紫外线的散射或反射作用来减少紫外线对皮肤的侵害，如高岭土、氧化锌、滑石粉、氧化钛及新型有机粉体等。它们主要是在皮肤表面形成阻挡层，以防紫外线直接照射到皮肤上，但这种物质过多使用，易造成堵塞毛孔等不良后果[94]。

近来消费者开始担心防晒化妆品中的有机系化学物质的安全性，人们越来越关注使用无机系抗紫外线剂的产品。作为可以使用于化妆品的无机系抗紫外线剂，目前广为使用的是超细粉氧化钛和氧化锌。但是，这些物质都存在着较高的光催化活性等问题，而且在将超细粉氧化钛使用到肌肤上时，肌肤表面往往会出现不自然的白色。此外，氧化锌还存在着短波长侧的吸收能力不足等问题。在这种情况下，作为一种新型无机系抗紫外线剂，我们将重点放在折射率为2.1、能带隙为3.1 eV的氧化铈上。与TiO_2(金红石)相比，氧化铈(CeO_2)具有良好的可见光透明性。由于CeO_2的折射率(n=2.05)低于TiO_2［n=2.72(金红石)/2.5(锐钛矿)］和ZnO(n=2.2)折射率，使皮肤白度更自然[72]。CeO_2添加到化妆品中，可以制成防晒霜、爽身粉、防晒口红、防晒粉底等。氧化钛、氧化锌的能带隙均为3.2 eV、而CeO_2的能带隙由于包含在UVA吸收领域中，因而可以期望得到比氧化钛更理想的长波领域的吸收。迄今为止的研究中、我们发现了氧化铈在可见光区具有良好的透明性且其光催化活性较低等特性。但是由于单一的氧化铈具有较高的氧化催化活性，尚存在着致使掺加在处方中的其他油脂劣化并成为着色、变臭等问题，将其掺加到化妆品中的例子几乎未见报道。在此我们对氧化铈超细粉的合成法以及将金属离子固溶到氧化饰中以稳定其萤石型结晶结构来减弱氧化催化活性的研究以及在化妆品领域的应用进行介绍。

CeO_2由于其优良的紫外屏蔽性能及低的光催化性能将可能成为ZnO及TiO_2的优良的替代品。但纯的CeO_2粉体为黄色，作为防晒霜时不能添加过多。复合材料可弥补单一材料屏蔽波段不全等缺陷，因而CeO_2基复合材料，如ZnO/CeO_2、ZnO/CeO_2/Al_2O_3等复合材料可能是理想的紫外屏蔽材料[95]。

日本著名的大型化妆品公司——康赛公司与日本无机化学工业公司推出的防晒系列化妆品，主要的紫外线吸收材料是CeO_2及SiO_2表面包裹的复合物。产品透明性高，对紫外线的吸收和屏蔽良好，颜色接近人体肤色，克服了TiO_2或ZnO颜色有苍白感和紫外线吸收效率低的缺点。用非晶氧化硅包覆氧化铈制成，这样可降低氧化铈的催化活性，也防止由氧化铈的催化活性引起的化妆品变色、变味。同时，材料的微粒子化也提高了化妆品的防紫外线功效。已在口红、粉底霜和防晒霜中使用，因此，纳米CeO_2在开发高档防晒化妆品方面有着重要的应用。

矢部信良等[96]合成了Ca^{2+}或者Zn^{2+}固溶的氧化铈，再在其表面被覆二氧化硅，从而成功地解决了上述问题。各种评价实验结果表明，即使将这种新型的Ca^{2+}或者Zn^{2+}固溶氧化铈超细粉高浓度地掺和到具有较高SPF的防晒化妆品中，也同样可以发挥出自然的化妆效果。通过在氧化铈中固溶Ca^{2+}和Zn^{2+}可以减弱其氧化催化活性。若其表面再被覆上二氧化硅，可进一步降低其氧化催化活性，而且还可同时提高分散性。由于氧化铈不具光催化活性，因而可以开发出过去没有的具有较低催化活性的无机系抗紫外线剂。与过去的氧化铈相比，Ca^{2+}固溶氧化铈具有更低的氧化催化活性以及在可见光范围内具有更高的透明性的特征，而Zn^{2+}固溶氧化铈具有较强的抗紫外线效果。将这两种氧化铈掺和到化妆品中，不仅具有广泛吸收紫外线的效果，而且还带来自然的化妆效果。这一点已在研究中得到证实。

(2) 纺织物——防紫外线化纤。CeO_2 纳米粒子添加到棉织物中可以制成防紫外线的遮阳伞、运动服、防护服、帽子、太阳伞等。经过转光剂整理的纺织品可以保护长期受日光照射的户外作业人员，如军人、交警、地质工作人员、建筑工人等，也能对纺织品本身起到防紫外线的作用，并能延缓因紫外线照射而引起的面料褪色、老化等，延长纺织品使用寿命。

1996 年，日本首先开发研制防紫外线化纤面料，把纳米微粒添加到聚合物中并制成纤维，得到具有良好的紫外线遮蔽率及热辐射遮蔽率。目前国内应用较多的纳米微粒有 TiO_2、ZnO、SiO_2 等，但均有不足之处，如纳米 TiO_2 成本高；ZnO 有两性特征，不耐酸碱；纳米 SiO_2 多孔难分散，吸收紫外线能力弱。姜亚昌等[63]开发的纳米 CeO_2 为主体的紫外线吸收剂，经试用表明，只需添加 1%～2%，效果非常明显，能克服上述的不足，具有对光吸收敏感、吸收波段大多在紫外区、吸收效率高、吸收波段宽、高效长久、绿色环保、用量少、综合成本低等优点。并且在分散性、化纤的强度、耐磨性、保温性、抗静电等功能方面，均能得到提高和改善。

王辉等[97]通过一种简单的原位合成法在棉织物的表面生成 CeO_2，这些 CeO_2 纳米粒子对棉织物的抗紫外性能有明显的提高。原位合成法使得 CeO_2 纳米粒子与棉织物的表面具有很强的化学键连接，因此，这种具有强抗紫外线功能的棉织物在水洗多次后仍然具有非常优异的抗紫外功能。

Duan 等[98]首先用 CeO_2 溶胶处理棉织物，然后再用十二氟庚丙基三甲氧基甲硅烷(DFTMS)进行改良。这种经过改良的棉织物表面不仅防水性能好，而且抗紫外性能也强。

孙海云等[99]针对现有无机、有机紫外吸收剂的应用发展现状和趋势，介绍了有机紫外吸收剂中的二苯甲酮类、苯并三唑类、受阻胺类以及无机紫外吸收剂中纳米氧化锌、纳米二氧化钛和稀土类纳米氧化物的紫外吸收原理和应用。最后针对紫外吸收剂在皮革用染料、皮革用加脂剂、皮革用涂饰剂等皮革化学品中的应用现状进行介绍，并对以后的发展趋势进行了展望。

(3) 玻璃。Rygel 和 Pantano 等[100]制成的添加了铈元素的硅铝磷酸盐玻璃不仅能防紫外线辐射，而且还能增加抗γ射线和 X 射线辐射的能力。这种玻璃在不久的将来将会运用于太阳镜、窗户和太阳能电池等商业领域；另外，在钠钙硅玻璃中加入 0.2%～0.5%的 CeO_2 作为抗紫外剂，Ce^{4+}在紫外区域的特性吸收为 240 nm，Ce^{3+}为 314 nm，这一性质首先应用于生产克罗克赛玻璃，以增强玻璃的紫外吸收，达到保护眼睛的作用。

邵明迪等[65]在一种吸热玻璃中加入 CeO_2，研究结果显示：紫外线屏蔽能力与 CeO_2 掺入量有明显的依赖关系，随着掺入量的增加，紫外线的透过率呈降低趋势。Du 等[101]发现在磷酸盐玻璃中添加氧化铈可使太阳镜、窗户和太阳能电池更有效地阻止紫外线，增加了耐辐射性。CeO_2添加到玻璃中，可以制成太阳镜、滤光镜、建筑和汽车玻璃等。

(4)涂料[65]。我国户外使用的涂料，在涂料行业中占有相当重要的地位。而产品的耐候性、抗污染性等还难以满足用户要求，表现在涂膜发黄、龟裂、粉化、削离、褪色等。其原因主要是户外涂料长期在阳光照晒下，紫外线可加速高分子材料或有机物的降解、老化、热氧化。过去使用的有机紫外线吸收剂、有机色料，同样时间稍长就会分解、失效、褪色。在涂料中加入 0.2%纳米 CeO_2，进行 1032 h 的快速老化试验，结果表明：可以大大延缓涂料的失光、变黄、粉化、褪色的时间，使产品质量得到提高。此外，由于纳米粒子的奇异特性，使得涂料性能得到进一步改善。诸如涂层与基体之间的接合强度、涂膜的表面硬度、涂膜的自洁能力等也获得了显著提高，进一步提高涂料的档次。

张玉玺等[102]在研究稀土复合物的紫外屏蔽中指出，把 CeO_2 等稀土复合物加入到水性聚氨酯涂料中可有效提高其紫外屏蔽性能，紫外屏蔽率高达 90%以上。高彤等向水性氟碳涂料中加入 1%的纳米二氧化铈，延长了涂料耐人工老化时间 500 h 以上[95]。CeO_2添加到塑料、橡胶等高分子材料中，制成能够抗紫外线的农用大棚膜、食品包装膜、外墙涂料、抗老化橡胶等，延长其使用寿命。

董玉红等[103]采用提拉法在玻璃上制备了 CeO_2-TiO_2 薄膜，当其达到一定厚度时，紫外线几乎全部被阻隔；在临界厚度内，薄膜越厚阻隔效果越好，对可见光区域的透过率基本无影响，均在 70%～80%[92]。

(5)聚合物抗老化。塑料是由高分子聚合物构成，紫外线可加速聚合物降解、老化过程，因此加入紫外线吸收剂可大大延缓塑料的老化，而且纳米粒子可增加塑料的强度，改善力学性能。现有的有机光稳定剂寿命短、毒性大，无机光稳定剂则有颜色或不透明。特别适用于户外塑料(PP、PC、PVC、PE、PET、PA6、PA66 等)，如大幅提升农用塑料薄膜寿命、塑料门窗硬度、表面亮度、耐老化性能，大大延长遮阳塑料、包装塑料、玻璃钢表面(胶衣)等使用寿命。

王栋等[104]研究了纳米 CeO_2 改性环氧树脂抗紫外老化，表明：①利用炸药爆轰合成粒径为 50 nm 的纳米 CeO_2，此纳米 CeO_2 在 220～350 nm 波段表现出较强的紫外屏蔽作用。PE 薄膜中添加 0.8%的纳米 CeO_2，薄膜对 254 nm 的紫外线吸光度达到最大值，拉伸强度和断裂伸长率均有所提高；②在温度为 60℃、254 nm 紫外线的条件下老化 21 d。对比发现，添加纳米 CeO_2 后 PE 薄膜的使用寿命增加 62%，对抗拉强度的保持率提高 35%。由此得出，纳米 CeO_2 具有较强的紫外屏蔽作用，提高了 PE 对紫外线的抗老化能力。

光稳定剂实际上就是一些对聚合物光致降解的物理和化学过程能起到一定抑制作用的化合物。常用的光稳定剂根据其稳定机理的不同可分为紫外线吸收剂、光屏蔽剂和紫外线猝灭剂、自由基捕获剂等。有机类紫外屏蔽剂又称紫外线吸收剂，是光稳定剂的主要类型。它们能够有选择地强烈吸收波长为 290～400 nm 的紫外线，并通过能量转换的方式将有害的光能以无害的热能等途径释放。

总之，纳米 CeO_2 对紫外线吸收的功能特性以及吸收效率高、吸收波段宽、高效长久、绿色环保、用量少、综合成本低等优点，在该产品的推广应用方面具有优势，值得大力推广使用。

除了 CeO_2 外，还有一些稀土氧化物也有助于紫外线吸收。如战秀梅等[78]对稀土掺杂 TiO_2 的抗紫外性能进行了详细研究，镧、铈、钆的硝酸盐为添加剂可以提高 TiO_2 的抗紫外辐射能力，掺杂 2% CeO_2 的 TiO_2 抗紫外效果最佳。而铕的添加效果则恰好相反。周健等[105]以稀土氧化物(La_2O_3 和 CeO_2)为改性剂、通过熔融混合挤出，分别制得 PA6/La_2O_3 复合材料。结果表明，复合材料的拉伸和弯曲强度随 La_2O_3 含量的增加而逐渐升高，缺口冲击强度则逐渐下降；La_2O_3 具有较高的紫外线吸收作用，可明显提升复合材料的紫外线吸收率。

另外，稀土金属离子与有机配位化合物以配位键结合，稀土有机配合物具有吸收紫外线、发射可见光的转光功能。某些稀土离子具有在可见光区发光的通道，如果选择适当的配体，形成配合物，而其中的配体可将某一定波长的入射光吸收、储存、转换或传递给中心离子，使配合物发出荧光。这种稀土有机发光化合物所发出的荧光兼有稀土离子发光强度高、颜色纯正和有机发光化合物所需激发能量低、荧光效率高、易溶于有机材料的优点。稀土有机配合物可以直接与高分子混合得到掺杂型高分子发光材料，也可以与高分子配体通过共聚或均聚得到化学键合的高分子发光材料，还可以与无机材料通过共价键得到稀土高分子杂化发光材料。稀土有机配合物可以作为转光剂，将无用的紫外线、绿光等转化为光合作用所需的红光、蓝光应用于诸多领域[106]。

参考文献

[1] 洪广言. 中国化学会第十三届应用化学年会，长春，2013.

[2] 冯嘉春，郑德，何阳，等. 稀土在高分子工业中的应用. 北京：中国轻工业出版社，2009：247-263.

[3] 洪广言. 稀土发光材料——基础与应用. 北京：科学出版社，2011.

[4] 李文连. 有机/无机光电功能材料及其应用. 北京：科学出版社，2005：54-73.

[5] 胡维明，陈观铨，曾云鹗. 高等学校化学学报，1990，11(8)：817-821.

[6] Joseph P L，Thomas M C，McCabe T，et al. J Am Chem Soc，2007，129：10986-10987.

[7] Brito H F，Malta O L，Felinto M C F C，et al. J Alloys Compd，2002，344：293-297.

[8] Xu C J，Yang H. J Rare Earths，2005，23(1)：99-102.

[9] 慈云祥，常文保，李元宗，等. 分析化学前沿. 北京：科学出版社，1994.

[10] Zhou D J，Huang C H，Wang K H，et al. Polyhedron，1994，13(6，7)：987-991.

[11] 张细和，郭兴忠，杨辉. 中国稀土学报，2006，24(增刊)：89-91.

[12] 李文先，郑玉山，张东风，等. 内蒙古大学学报(自然科学版)，2000，31(2)：181-184.

[13] 冯迎春. 西北植物学报，2001，21(3)：600-604.
[14] Melby L R，Rose N，Abramson E，et al. J Am Chem Soc，1964，86(23)：5117-5125.
[15] Lapaev A F，et al. USSR Patent，SU 8300041，1983-10-31.
[16] Galodkava L N，Lepaev A F，et al. USSR Patent，SU1381128，1988.
[17] 梁兴泉，曾能. 广西大学学报(自然科学版)，2001，26(4)：298.
[18] 李文连，王庆军，卫革东，等. 稀土，1993，14(1)：25-28.
[19] 梁诚. 化工文摘，2001(6)：37-40.
[20] 连世勋，毛向辉，吴振国，等. 发光学报，1997，18(2)：166.
[21] 任慧娟，洪广言，宋心远，等. 吉林大学学报(理学版)，2004，42(4)：612-615.
[22] 任慧娟，洪广言，宋心远，等. 功能材料，2004，35(2)：228：230.
[23] 任慧娟，洪广言，宋心远，等. 稀土，2004，25(6)：48-51.
[24] 任慧娟，洪广言，宋心远，等. 稀有金属材料与工程，2005，34(6)：943-945.
[25] 马建方，倪嘉缵. 稀土羧酸配合物的结构化学进展，1996，8(4)：259-276.
[26] 洪广言. 稀土化学导论. 北京：科学出版社，2014.
[27] 张洪杰，杨魁跃，崔海宁，等. 中国专利，CN 1186835A. 1998-07-08.
[28] 洪广言，等. 中国专利，CN 201110262417. 1，2012-03-21.
[29] 秦立洁，田岩. 中国塑料，2002，16(3)：53.
[30] Werner J// Kramer B，Ed. Advances in Solid State Physics. Berlin Heidelberg：Springer，2004，44：51-66.
[31] Coetzberger A，Hebling G，Schock H W. Mater Sci Eng R，2003，40(1)：1-46.
[32] Strumpel C，McCam M，Beaucarne G，et al. Sol Energy Mater Sol Cells，2007，91(4)：238-249.
[33] 王庭伟，陈洪进，张蕤，等. 无机化学学报，2018，34(6)：1007-1017.
[34] Hovel H J，Hodgson R T，Woodsll J M. Sol Energy Mater，1979，2(1)：19-29.
[35] Kawano K，Arai k，Yamada H，et al. Sol Energy Mater Sol Cells，1997，48(1/2/3/4)：35-41.
[36] Svrcek V，Slaoui A，Muller J C. Thin Solid Films，2004，451-452：384-388.
[37] Sarka E G J H M V，Meijerinkb A，Schroppc R E I，et al. Sol Energy Mater Sol Cells，2005，87(1/2/3/4)：395-409.
[38] Maruyama T，Shinyashiki Y，Osako S. Sol Energy Mater Sol Cells，1998，56(1)：1-6.
[39] Marchionna S，Meinardi F，Acciari M，et al. J Lumin，2006，118(2)：325-329.
[40] Donne A L，Acciarri Y M，Narducci D. Prog Photovoltaics Res Appl，2009，17(8)：519-525.
[41] Wang T X，Yu B，Hu Z J，et al. Opl Mater，2013，35(5)：1118-1123.
[42] Monzón-Hierro T，Sanchiz J，González-Pérez S，et al. Sol Energy Mater Sol Cells，2015，136：187-192.
[43] Fix T，Nonat A，Imbert D，et al. Prog Photovolt：Res Appl，2016，24(9)：1251-1260.
[44] Moleski R，Stathatos E，Bekiari R V，et al. Thin Solid Films，2002，46：279.
[45] Ho W J，Shen Y T，Liu J J，et al. Nanomaterials，2017，7(10)：340.

[46] Oh J H，Song H M，Eom Y K，et al. Bull Korean Chem Soc，2011，32(8)：2743-2749.
[47] Jiang L，Chen W，Zheng J W，et al. ACS Appl Mater Interf，2017，9(32)：26958-26954.
[48] Werner L// Kramer B，Ed. Advances in Solid State Physics. Berlin Heidelberg：Springer，2004，44：51-66.
[49] Baur C. J Sol Energy Eng，2007，129(3)：258.
[50] Gajbert H，Hall M. Sol Energy Mater Sol Cells，2007，91(19)：1788-1799.
[51] 刘自强，王建辉，刘伟，等. 河北省科学院学报，2009，26(1)：36-42.
[52] 张霁. 荧光波导聚光器用 PMMA/$SrAl_2O$ 复合膜的制备及性能研究：硕士学位论文. 上海：东华大学，2010.
[53] 林海浩，张雪梅，钟英杰. 太阳能，2008：34-39.
[54] 徐磊，张军，张义，等. 中国科学技术大学学报，2012，42(11)：861-865.
[55] 张军. 玻璃夹胶及新结构荧光光波导集光太阳能光伏器件的制作与性能研究：博士学位论文. 合肥：中国科学技术大学，2015.
[56] 张义. 荧光集光太阳能光伏器件制备工艺改进及新型器件结构研究：博士学位论文. 合肥：中国科学技术大学，2014.
[57] 徐叙培，苏勉曾. 发光学与发光材料. 北京：化学工业出版社，2004.
[58] Chattopadhyay S，Huang Y F，Jen Y J，et al. Mater Sci Eng，2010，69：1.
[59] 周小英. 化学试剂，2014，36(12)：1087.
[60] Boer D K G D，Broer D J，Debije M G，et al. Opt Express，2012，20：395.
[61] Liu C，Deng R J，Gong Y L，et al. Int J Photo Energy，2014，Article ID 290952.
[62] 于晓丽，曹鸿璋，张玉玺，等. 稀土，2013，34(4)：80.
[63] 姜亚昌，王达健. 纳米材料和技术应用进展：全国第三届纳米材料和应用会议文集(下卷). 中国纳米材料协会，2003：788-795.
[64] 朱兆武，龙志奇，崔大立，等. 中国有色金属学报，2005，15(3)：435-440.
[65] 邵明迪，李梅，柳召刚，等. 稀土，2012，33(4)：19.
[66] 洪广言. 稀土发光材料：基础与应用. 北京：科学出版社，2011.
[67] 洪广言. 稀土化学导论. 北京：科学出版社，2014.
[68] 桑园，王雷妮，罗婧婧，等. 硅酸盐通报，2012，(31)，4：913.
[69] 柴希娟，王达健. 有色金属，2007，59(2)：1-5.
[70] Ansari A A，Singh S P，Malhotra B D. J Alloys Compd，2011，509(2)：262-265.
[71] Wen X L，Yin S，Sato T. Mater Chem Phys，2009，116：421-425.
[72] Chen M Y，Zu X T，Xiang X，et al. Phys B，2007，389：263-268.
[73] 王彦华. 上海建材，2003，4：6-8.
[74] Huang Y F，Cai Y B，Qiao D K，et al. Particuology，2011，9(2)：170-173.
[75] 李汶骏，毛健. 硅酸盐通报，2013，32(7)：1401.
[76] Lin M，Fu Z Y. Cryst Growth Des，2012，12：3296-3303.

［77］万静，何茗. 西南民族大学学报(自然科学版)，2012，38(1)：106-112.
［78］战秀梅，林萍，陈小立，等. 东华大学学报(自然科学版)，2006，32(3)：124.
［79］Tessier F，Chevire F，Munoz F，et al. J Solid State Chem，2008，181：1204-1212.
［80］Chevire F，Munoz F，Baker C，et al. J Solid State Chem，2006，179：3184-3190.
［81］Wei W W，Shu L S，Sen L，et al. Rare Metals，2010，29(2)：149-153.
［82］El-Toni A M，Yin S，Hayasaka Y，et al. J Electroceram，2006，17：9-14.
［83］El-Toni A M，Yin S，Sato T. Appl Surf Sci，2006，252：5063-5070.
［84］El-Toni A M，Yin S，SatoT. J Mater Sci，2008，43：2411-2417.
［85］Yabe S，Yamashita M，Momose S，et al.　Int J Inorg Mater，2001，3(7)：1003-1008.
［86］Xing L R，Yabe S，Yamashita M，et al.　Solid State Ionics，2002，151：235-241.
［87］El-Toni A M，Yin S，Hayasaka Y，et al.　J Electroceram，2006，17：9-14.
［88］史艳丽，张金生，李丽华，等. 稀土，2012，33(3)：60-63.
［89］戴艳，侯永可，龙志奇，等. 中国稀土学报，2011，29(2)：195-200.
［90］Yan B，Zhao W G. Mater Sci Eng B，2004，110(1)：23-26.
［91］刘桂霞，孙多先，洪广言. 应用化学，2003，20(3)：266-268.
［92］王艳荣，李彦涛，李亚萍. 化工时刊，2008，22(1).
［93］吕天喜，郝仕油，应桃开. 江西化工，2005(3)：102-103.
［94］余爱萍，陈忠伟，陈雪花，等. 材料报导，2001，15(12)：38-39.
［95］张问问，陈东辉. 中国稀土学报，2017，35(5)：599-605.
［96］矢部信良，龟山浩一，百濑重祯，等. 2002年中国化妆品学术研讨会论文集. 北京，中国香料香精化妆品工业协会，2002：274-278.
［97］王辉，陶宇，夏艳平，等. 功能材料，2010，41.
［98］Duan W，Xie A J，Shen Y H，et al. Ind Eng Chem Res，2011，50(8)：4441-4445.
［99］孙海云，杨叶. 皮革与化工，2014，31(5)：10-15.
［100］Rygel J L，Pantano C G. J Non-Cryst Solids，2009，355(52-54)：2622-2629.
［101］Du J C，Kokou L，Rygel J L，et al. J Am Ceram Soc，2011，94：1551-2916.
［102］张玉玺，肖耀南，曹鸿璋，等. 涂料工业，2010，40(11)：32-34.
［103］董玉红，赵青南，马鸣明，等. 中国稀土学报，2009，27(3)：399-403.
［104］王栋，解立峰，王翠华，等. 中国有色金属学报，2015，25(12)：3530-3534.
［105］周健，杨菁菁，李珂，等. 工程塑料，2013，41(9)：101.
［106］陈和春，尹桂波. 纺织学报，2014，35(5)：83.

第8章　稀土长余辉发光材料

8.1　长余辉发光材料及其发展[1-4]

长余辉发光材料简称为长余辉材料，又称为蓄光型发光材料、夜光材料。长余辉发光材料属于光致发光材料，它是一类吸收太阳光或人工光源，并在光照停止后仍可继续发出可见光的物质。由于它能将能量储存起来，在夜晚或黑暗处发光，具有照明功能，是一种储能、节能的发光材料，也是一种“绿色”发光材料。特别是稀土激活的碱土铝酸盐长余辉材料的余辉时间可达 12 h 以上，能在白昼蓄光、夜间发光，已用于安全应急、军事设施、交通运输标志、建筑装潢、仪表电器显示以及日用消费品装饰等诸多方面。

长余辉材料是研究与应用最早的发光材料之一。许多天然矿石本身具有长余辉发光特性，并用于制作各种制品，如“夜光杯”“夜明珠”等。历史上真正有文字记载的是我国在宋朝的宋太宗时期(公元 976～997 年)用“长余辉颜料”绘制的“牛画”，画中的牛到夜晚还能见到。其原因是此画中的牛是用牡蛎制成的发光颜料所画(北宋，文莹所编《湘山野录》中记载了长余辉发光现象)。西方最早记载此类发光材料是在 1600 年左右，意大利人焙烧当地矿石炼金时，得到了一些在黑夜中发红光的产物，后来经分析得知，该矿石内含有硫酸钡，经还原焙烧后变成硫化钡长余辉发光材料。此后，1764 年英国人用牡蛎和硫黄混合烧制出蓝白色发光材料，即硫化钙长余辉发光材料。然而，直到 19 世纪中后期，人们才开始系统地研究长余辉发光。硫化物体系长余辉发光是此阶段很长一段时间内发光科学研究工作的中心，主要研究硫化锌和碱土硫化物，其中，ZnS 是研究最多、应用最广泛的一类材料。

长余辉发光材料的生产和应用始于 20 世纪初，距今约有 100 年的历史。它主要用于隐蔽照明和安全标识等，第二次世界大战中军事和防空的需要促进了这类材料的发展。

自 20 世纪初以来，人们发现了不少以硫化物为基质的长余辉材料。传统的长余辉材料主要是碱土金属硫化物，如 CaS∶Bi，(Ca, Sr)S∶Bi 等和过渡金属元素硫化物，如(Zn, Cd)S∶Cu，ZnS∶Cu 等。最有代表性的硫化物长余辉材料是 ZnS∶Cu，它是一种具有实际应用价值的长余辉材料，曾用于钟表、仪表和特殊军事部门等。以硫化物为基质的长余辉材料的发光可覆盖从蓝光到红光的整个可见光范围。但硫化物长余辉材料存在着化学稳定性差，在紫外光照射或潮湿空气中易分解，体色变黑、发光减弱，以致丧失发光功能，不宜用于户外和直接暴露在太阳光下。另外其余辉时间较短，一般只有几十分钟或几个小时，因此不能完全满足实际需求。为了提高发光亮度和延长余辉时间，人们曾将放射性同位素如：超重氢(氚 H-3)、钷(Pm-147)加到制备的发光涂料中，以维持延续发光，并将含有放射性同位素的发光涂料应用于诸多方面，如发光钟表就是一个实例，但由此造成对人体和环境的危害，也给应用带来了局限。稀土离子的掺杂使硫化物长余辉材料的性能提高到一个新的层次，其亮度和余辉时间为传统硫化物材料的几倍，但仍存在着传统硫化物长余辉发光材料耐候性差、化学稳定性差的缺点。因此，在20 世纪 90 年代以前的很长一段时间里，尽管硫化物长余辉发光材料取得长足的进步，但由于该体系在应用上未取得突破性的进展，客观上使人们淡化了对长余辉发光材料的研究兴趣。

进入 20 世纪 90 年代，高性能稀土离子掺杂的稀土铝酸盐体系长余辉材料的发现，引起了人们的极大兴趣。稀土铝酸盐长余辉发光材料的发光强度、余辉时间和化学稳定性都优于硫化物长余辉发光材料，由此将稀土长余辉材料的应用和基础研究推向一个崭新的历史阶段，成为长余辉材料研究的重点。90 年代中期又开发出稀土硅酸盐体系长余辉发光材料。稀土长余辉材料的出现标志着稀土在发光材料中又占领了一个重要的领域。

从体系而言，稀土长余辉材料的体系已有铝酸盐[5-7]、镓酸盐[8]、硅酸盐[9]、硅铝酸盐[10]、锗酸盐[11]、氮化物[12]及氧化物[13-15]等体系；从发光颜色而言，材料呈现红、橙、黄、绿、青、蓝、紫及白色等多种余辉颜色；从发光离子而言，已发展到稀土离子 Ce^{3+}[16-19]、Pr^{3+}[20-22]、Sm^{3+}[23]、Eu^{3+}[24, 25]、Eu^{2+}[26-30]、Tb^{3+}[31-34]、Dy^{3+}[35]、Tm^{3+}[36]和过渡金属离子 Ti^{4+}[37]、Mn^{2+}[38, 39]；从形态而言，长余辉材料已从多晶粉末扩展至单晶、薄膜、陶瓷、玻璃和高分子复合材料等方面[31, 40]；从应用而言，已发展至装饰装潢、高能射线探测、光纤温度计、工程陶瓷的无损探测及超高密度光学存储与显示等高新科技领域[41-44]。进入到 21 世纪以来，稀土长余辉发光材料的研究又成为研究热点，特别是应用于白光 LED 器件以及深红或近红外长余辉发光材料在生物医学成像领域的应用等，具有重要而潜在的应用前景。

发光是物体内部以某种方式吸收的能量转化为光辐射的过程。更确切地说，发光是物质除热辐射之外以光辐射形式发射出多余的能量，而这种多余能量的发射过程具有一定的持续时间。

光辐射的特征一般可用亮度、光谱、相干性、偏振度和辐射时间等五个宏观光学参量来描述，其中辐射时间是一个可以直接测量的宏观参量，它是一个反映发光过程本质的实际的物理判据，也是发光与热辐射之间本质的区别。

发光的辐射时间是指去掉激发后光辐射还将延续的时间。表示光辐射延续的时间常用发光衰减、荧光寿命和余辉等专业术语来描述，虽然它们均表示去掉激发后光辐射的延续时间，但概念上有一定区别。发光衰减(decay)是指激发停止后，光辐射强度随时间而降低的现象。衰减过程的规律很复杂。最简单、最基本的是指数式衰减 $I=I_0e^{-t/\iota}$ 和双曲线衰减 $I=I_0/(1-bt)^2$。式中，I_0 为激发停止时的发光强度，单位 cd；t 为从激发停止时算起的时间，单位 s；I 为 t 时刻的发光强度，单位 cd；ι 为荧光寿命，单位 s；b 为常数。

荧光寿命(fluorescence lifetime)表示处于荧光发射的高能级的粒子，在一段时间内向低能级跃迁而发射荧光，这段时间是随机的，它的平均值称为荧光寿命。一般荧光寿命指当激发停止后，荧光衰减到起始发光强度的 1/e 所经历的时间。

余辉(after glow)是指激发停止后，发光的延续或发光材料在激发停止后持续发出的光。一般认为发光亮度衰弱到初始亮度 10%的时间为余辉时间。有时余辉时间也可以指发光衰减到发光停止的时间。

发光衰减过程呈现出余辉，不过并非其全部，发光衰减往往是强调发光过程及其衰减变化的规律，而余辉则指衰减过程所呈现的发光亮度。由于发光衰减和余辉在时间尺度上有一定的差异，发光衰减一般指激发停止后立即测量的发光延续的规律，而余辉的计量与激发之间可以较短，也可以相隔很长的时间。因此，发光衰减和余辉还应当作为两个概念来理解。

研究发光的时间效应可以发现不同的发光阶段，其发光行为不同。利用时间分辨光谱技术可以发现发光都有一个上升和衰减过程，即当激发开始时，发光强度并不是立刻达到最大值，而是经过一个上升过程；同样当激发停止后，发光也不是立即衰减到零，而是经过一个衰减过程。发光的上升和衰减的时间有的很短，可短到皮秒甚至飞秒的量级，有的发光衰减时间很长，可达到毫秒甚至以小时计，衰减时间很长的发光称为长余辉发光。

发光的上升和衰减过程与材料的结构、掺杂以及激发方式有关，并遵循一定的规律，如单分子与双分子衰减规律、单分子复合衰减规律、双分子复合衰减规律等等。

早期人们曾根据发光时间的长短，将发光分为两种：磷光(phosphorescence)和荧光(fluorescence)。磷光是指激发停止后持续较长时间发光的现象，而荧光则是指余辉时间较短(一般≤10^{-8} s)的发光。目前人们一般已不对荧光和磷光的名词进行严格区分，往往将余辉时间短至人眼难以分辨的发光称作荧光。长余辉发光材料属于典型的磷光。

长余辉指发光材料的激发停止后，发光尚能够在一个较长的时间延续下来，到底延续多长时间是长余辉，不同的应用场合有不同的规定，没有一个严格的定义。

对于长余辉发光材料而言，人们已习惯把激发停止后到持续发光亮度人眼可辨认的这段时间称作余辉时间，而人眼可辨认的发光亮度值为 0.32 mcd/m^2，也就是说余辉亮度达到 0.32 mcd/m^2 的时间为余辉时间。

对于不同应用领域的发光材料所要求的余辉时间不同，对余辉时间的规定也不同。如对于阴极射线发光材料而言，常把衰减到初始亮度 10%的时间称为余辉时间，余辉时间小于 1 μs 的称为超短余辉，1～10 μs 间的称为短余辉，10 μs～1 ms 间的称为中短余辉，1～100 ms 间的称为中余辉，100 ms～1 s 间的称为长余辉，大于 1 s 的称为超长余辉。

发光材料的余辉时间长短对某些应用场合很重要，在某些应用场合需要较短的余辉，如显示器件需要较短的余辉，以免图像重叠；而在另一些应用场合需要长的余辉，如用于应急照明和交通运输标志。

8.2　稀土离子激活的硫化物长余辉发光材料

硫化物体系长余辉发光是 19 世纪中后期人们研究的中心，它主要包括硫化锌和碱土硫化物，其中，ZnS 是研究最多、应用最广泛的一类材料。1866 年，法国化学家 Sidot 研发了 ZnS 型荧光粉，即 Sidot 闪锌矿，并报道了其余辉发光现象；随后，Boisbaudran 发现其余辉发光来源于少量的 Cu 杂质。19 世纪末至 20 世纪 30 年代，德国科学家 Lenard 及其小组做了大量系统的合成和研究工作，致力于科学地认识少量的杂质离子，即激活剂在硫化物发光粉中的作用，并提出了发光中心的概念。在这期间，Lenard 于 1928 年报道了 CaS∶Bi^{3+}等多种碱土硫/硒化物荧光粉，即 Lenard 荧光体。随着 15 个稀土元素的完全分离，人们开始尝试以稀土离子作为激活离子掺入硫化物体系中，并获得了许多新的荧光体，其中，CaS∶Eu^{2+}, Tm^{3+}至今仍然是最具特色的商品红色长余辉发光材料之一[45]。

稀土掺杂的硫化物长余辉材料比传统的碱土金属或过渡金属元素硫化物材料的长余辉发光材料的性能明显提高。稀土掺杂硫化物长余辉材料主要是以 Eu^{2+}离子作为激活剂，添加 Dy^{3+}、Er^{3+}等稀土离子作为辅助激活剂。由于 Eu^{2+}的 5d 能级易受晶体场的影响，使能级发生劈裂，可使发射光谱落在从红区到蓝区的任何位置。目前主要有 ZnS∶Eu^{2+}，$Ca_{1-x}Sr_xS$∶Eu^{2+}，$Ca_{1-x}Sr_xS$∶Eu^{2+}, Dy^{3+}，$Ca_{1-x}Sr_xS$∶Eu^{2+}, Dy^{3+}, Er^{3+}等，它们的亮度和余辉时间为传统硫化物的几倍，但仍存在硫化物长余辉材料化学稳定性差、耐候性差等缺点。稀土激活的硫化物体系的显著特点是发光颜色可以从蓝到红甚为丰富，尤其是红色发光材料比其他基质长余辉材料更有优势，这是目前其他长余辉材料所无法比拟的。

8.2.1　ZnS∶Eu^{2+}荧光粉

ZnS 是很多发光材料的高效基质，ZnS∶Eu^{2+}的发光颜色为亮黄色。图 8-1 示出其激发和发射光谱，发射光谱源自 Eu^{2+}的 5d-4f 宽带跃迁，发射带不对称，主峰位于 550 nm，在长波部分有拖尾，经解析是由 550 nm 和 650 nm 两个峰叠加而成。在室温下主要表现 550 nm 的长余辉发光，在低温呈现 650 nm 余辉较短的发光。这两个激发带可能是由两类 Eu^{2+}中心引起的，余辉较短的 650 nm 的发射带起源于和 ZnS 基质中某种浅陷阱有关的缔合 Eu^{2+}中心。从图 8-2 的 ZnS∶Eu^{2+}热释发光曲线可以看到，在 288～379K 的温度范围内有强的热释发光谱带，这与深陷阱中的电子被活化有关，它导致了较长余辉的发光；在 82～170 K 还有一个热释发光峰，它与浅陷阱中的电子的活化有关，相应于余辉较短的 650 nm 的发射。

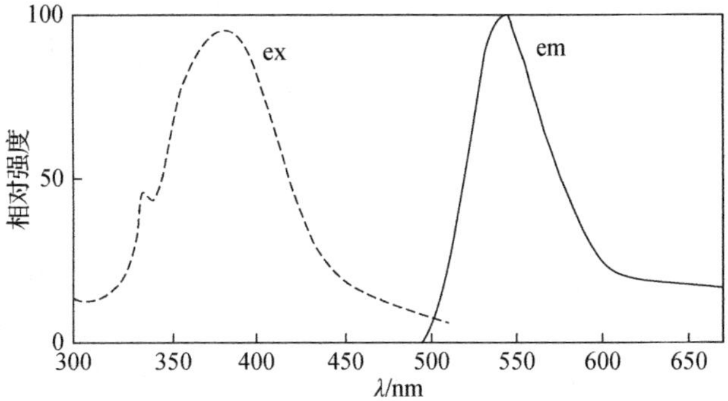

图 8-1　ZnS∶Eu^{2+}的激发光谱和发射光谱

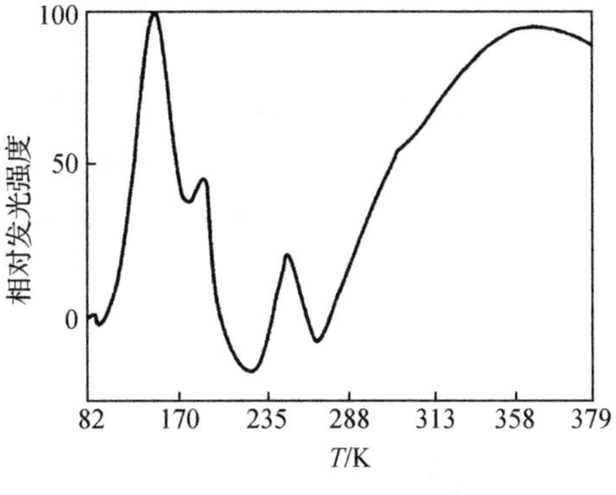

图 8-2　ZnS∶Eu^{2+}的热释光谱

8.2.2　CaS 系列红色长余辉发光材料

CaS∶Eu^{2+}的激发光谱和发射光谱在不同文献中有显著差别。图 8-3 列出 CaS∶Eu^{2+}的激发光谱和发射光谱。激发光谱由两个激发带 274 nm 和 580 nm 组成，对绿光的吸收效率高于对紫外光的吸收效率，分别用这两个波段的光激发荧光粉，发现用 274 nm 的光激发的发光光谱在 630 nm 有一强窄带和在 385 nm 处有弱宽带。用 580 nm 的光激发时更有利于红区发射。

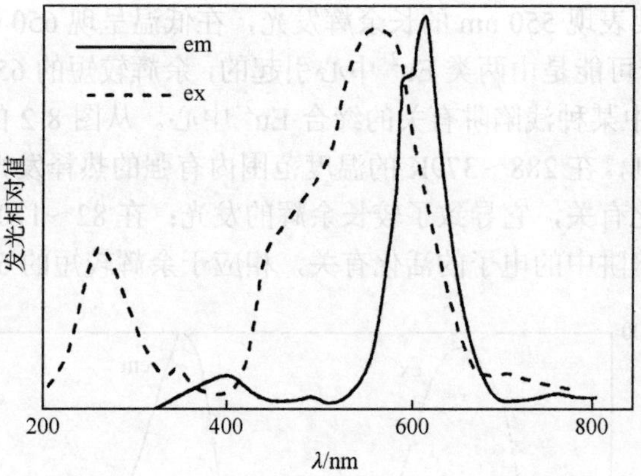

图 8-3　CaS∶Eu^{2+}的激发光谱和发射光谱

CaS∶Eu^{2+}, Cl 是一类有实用价值的发光材料，它的稳定性相对提高，发光效率较高，余辉较长，其发射峰与 CaS∶Eu^{2+}相同，仍在 630 nm。CaS∶Eu^{2+}, Cl 的衰减曲线基本上符合 $I=Ae^{-n}$ 的规律。Eu^{2+}含量对材料的余辉有影响，Eu^{2+}掺杂量在 0.1%时余辉最长，大于 0.1%时发生浓度猝灭，余辉缩短，低于 0.1%时形成发光中心不足，导致余辉也缩短。CaS∶Eu^{2+}, Cl 体色为红色，其体色也随 Eu 含量的改变而异，低浓度至 0.001%时，体色为白色，Eu^{2+}浓度增大，体色渐渐变为淡红色、桃红色，以至深红色[46]。

CaS∶Cu^{+}, Eu^{2+}[47] 分别用 430 nm 和 630 nm 作监控波长时的激发光谱示于图 8-4。由曲线(1)可见，用 430 nm 监控，激发光谱中激发带主峰位于 323 nm 和 362 nm，与单掺 Cu^{+}的激发光谱相比(Cu^{+}的激发带 268 nm、307 nm 和 400 nm，其中 307 nm 最强)向长波方向移动。曲线(2)代表用 Eu^{2+}的 630 nm 监控的激发光谱，与单 Eu^{2+}的激发光谱相比较(图 8-3)，两者绿区激发带峰形一致，紫区激

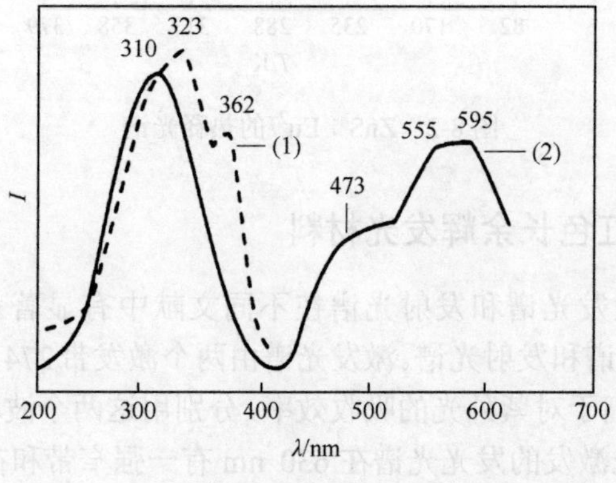

图 8-4　CaS∶$0.005Cu^{+}$, $0.0001Eu^{2+}$的激发光谱

(1) λ_{em}=430 nm；(2) λ_{em}=630 nm

发带不同；共掺 Cu^{+}和 Eu^{2+}时，紫外区激发光谱带增宽，强度增高，峰值波长在 300 nm 附近，与单掺 Eu^{2+}紫外激发峰相比，也向长波移动。用 300 nm 光激发时 CaS：Cu^{+}, Eu^{2+}的发射光谱(见图 8-5)，同时具有 Cu^{+}位于 431 nm 的蓝光发射和 Eu^{2+}的 605 nm 和 630 nm 红光发射。

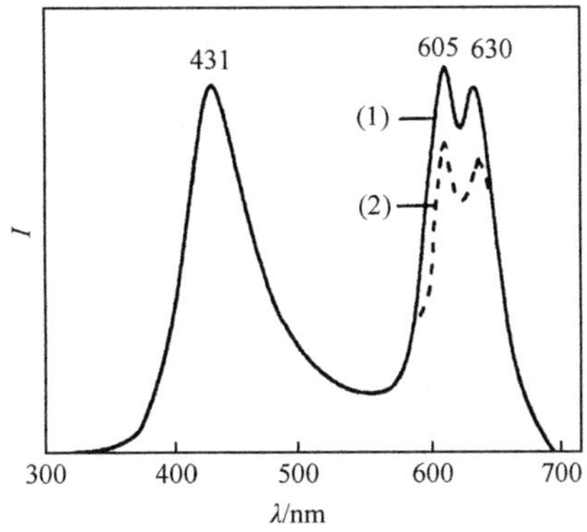

图 8-5　CaS：$0.005Cu^{+}$, $0.0001Eu^{2+}$的发射光谱

(1) λ_{ex}=300 nm；(2) λ_{ex}=570 nm

图 8-6 是 CaS：Tm 的光谱图。Tm^{3+}在紫外光区有强宽带的吸收，激发峰位于 256 nm。当用 256 nm 激发时，Tm^{3+}的发射光谱中呈现 409 nm、486 nm 和 569 nm 3 个宽的发射带，其中 486 nm 发射带最强。

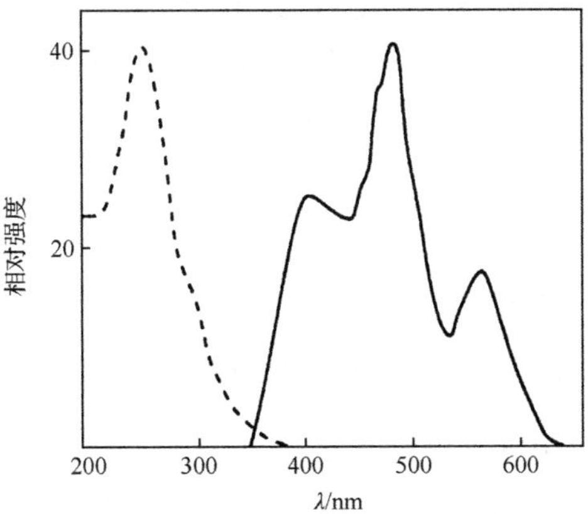

图 8-6　CaS：Tm 的激发光谱和发射光谱

图 8-7 是 CaS：Er^{3+}的光谱图，在此基质中，Er^{3+}离子呈宽带吸收，激发峰位于 242 nm。用 242 nm 激发时，在 Er^{3+}的发射光谱中除在 400 nm 有宽带发射外，在 470 nm 处有一肩峰，567 nm 处有一弱发射峰。

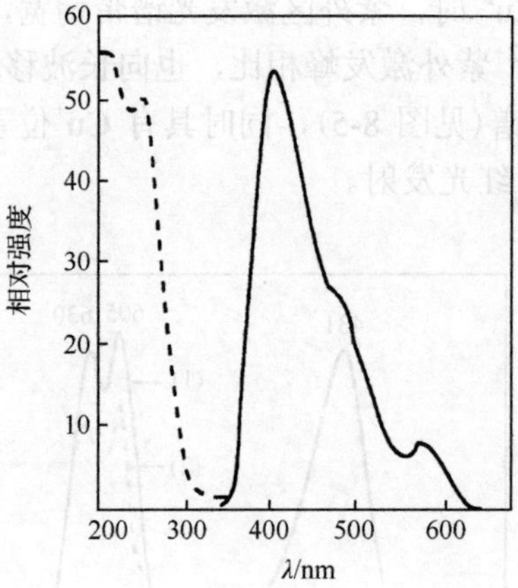

图 8-7　CaS：Er^{3+}的激发光谱和发射光谱

掺入稀土离子能使 CaS：Eu^{2+}红色长余辉发光材料的发光亮度和余辉时间有很大提高，余辉时间已达到 90 min 以上。其中共掺 Tm 的长余辉发光材料已能达到实用化程度。CaS：Eu^{2+}, Tm^{3+}作为共激活剂可有效地提高其余辉寿命。

CaS：Tm^{3+}和 CaS：Er^{3+}的发射光谱与 CaS：Bi^{3+}的激发光谱部分重叠。在合成的 CaS：Bi^{3+}, Tm^{3+}和 CaS：Bi^{3+}, Er^{3+}荧光粉中，Tm^{3+}和 Er^{3+}可将激发能量传递给 Bi^{3+}离子，使 Bi^{3+}离子的特征发射增强。掺 Tm^{3+}、Er^{3+}离子的 CaS：Bi 荧光粉能明显延长余辉。

图 8-8 是 CaS：Eu^{2+}, Tm^{3+}的激发和发射光谱。由图 8-8 可以看出，荧光体主要表现为 Eu^{2+}带状光谱特性。激发光谱主要由两个宽带组成，分别位于 450 nm 和 560 nm，归属于 Eu^{2+}的 $4f^7$ 基态 $^8S_{7/2}$ 到 $4f^65d$ 激发态的晶体场组项 $4f^6(^7F)5d(^2t_{2g})$ 和 $4f^6(^7F)5d(^2e_g)$ 的跃迁。发射主峰位于 650 nm，来源于 Eu^{2+}的 5d→4f 的电偶极允许跃迁。

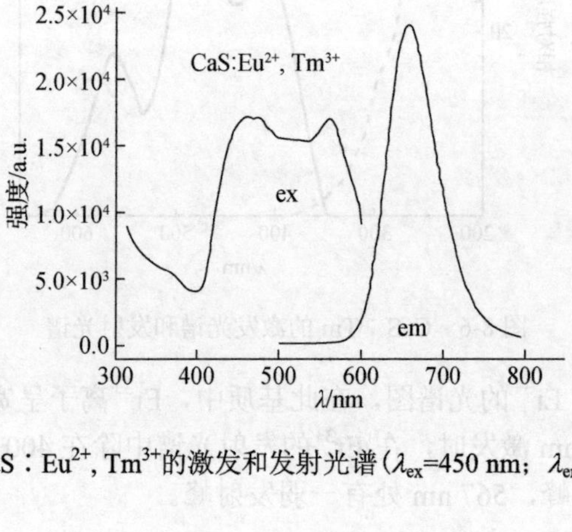

图 8-8　CaS：Eu^{2+}, Tm^{3+}的激发和发射光谱（λ_{ex}=450 nm；λ_{em}=650 nm）

由 CaS：Eu^{2+}, Tm^{3+}的余辉发光性能数据可知，样品发射出明亮的红色长余辉，其余辉时间约 45 min。在图 8-8 荧光光谱中没有观察到 Tm^{3+}的特征发光。结合图 8-9 的热释光谱数据，Jia 等认为，CaS：Eu^{2+}, Tm^{3+}中主峰位于 273K 附近的陷阱中心，可能来源于 Tm^{3+}的不等价掺杂所产生的缺陷，它是造成 Eu^{2+}异常余辉发光的主要原因[48]。

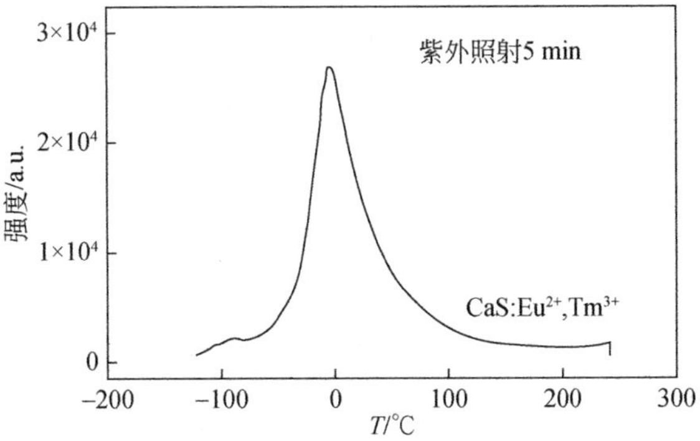

图 8-9 CaS：Eu^{2+}, Tm^{3+}的热释光谱

由于 Tm^{3+}离子的引入，使铕激活的硫化钙的余辉发光性能达到了实用化程度。文献报道了两种新的荧光体 $Ca_{1-x}Sr_xS$：Eu^{2+}, Dy^{3+}和 $Ca_{1-x}Sr_xS$：Eu^{2+}, Dy^{3+}, Er^{3+}，其余辉时间均可持续约 150 min 以上。从三种长余辉材料的相对余辉衰减趋势可以看出，由于 Dy^{3+}-Er^{3+}的引入，Eu^{2+}的红色余辉发光亮度和余辉持续时间得到了相当程度提高，其中，余辉时间延长了近 7 倍[49]。

8.2.3 SrS：Eu^{2+}, Er^{3+}红色荧光粉

图 8-10 为 SrS：Eu^{2+}, Er^{3+}的发射光谱（λ_{ex}=365 nm），主峰位于 620 nm 左右，对应于 Eu^{2+}离子的 5d→4f 跃迁。作者认为，Er^{3+}的作用在于增加光能的吸收，并转移给激活中心 Eu^{2+}，从而延长荧光粉的余辉时间，改善发光亮度。测定 SrS：Eu^{2+}, Er^{3+}的发光衰减曲线，得知其余辉时间为 185 min，这是目前余辉时间最长的硫化物红色长余辉材料之一。

为了提高硫化物荧光粉的稳定性，对 SrS：Eu^{2+}, Er^{3+}荧光粉进行包膜后处理。实验发现，在控制有机乳胶溶液的浓度时，SiO_2 薄膜的厚度能与匀胶的旋转速度呈线性关系，可以用匀胶的转速来控制 SiO_2 膜的厚度。薄膜的形成温度为 600℃，SiO_2 的包膜厚度为 0.1～0.3 μm。采用包膜技术后，SrS：Eu^{2+}, Er^{3+}荧光粉的稳定性得到很大提高，达到了实际应用的水平。

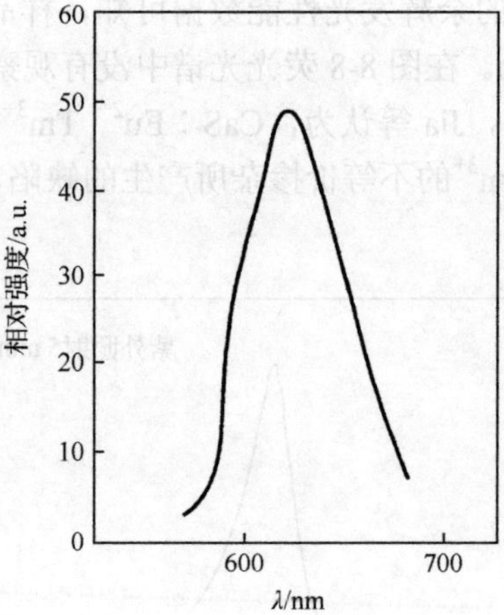

图 8-10 SrS：Eu^{2+}, Er^{3+}的发射光谱

张兰英等[49]合成了余辉时间可达 187min 的 $Ca_{1-x}Sr_xS$：Eu^{2+}, Dy^{3+}, Er^{3+}红色荧光粉，同时也合成了 $Ca_{1-x}Sr_xS$：Eu^{2+}和 $Ca_{1-x}Sr_xS$：Eu^{2+}, Dy^{3+}荧光粉，研究了它们的光谱和余辉性质。他们认为 $Ca_{1-x}Sr_xS$：Eu^{2+}, Dy^{3+}, Er^{3+}将是一种有应用前景的红色长余辉发光材料。

Ce^{3+}、Eu^{2+}主要表现为 5d-4f 跃迁宽带发射，因 5d 电子裸露在外，受基质的影响显著。表 8-1 列出在碱土金属硫化物中 Eu^{2+}、Ce^{3+}、Mn^{2+}发射峰受碱土金属离子变化的影响规律，即随着 Ca、Sr、Ba 的离子半径增大，在硫化物中 Eu^{2+}、Ce^{3+}和 Mn^{2+}的发射波长向短波移动。

表 8-1 在不同碱土金属硫化物基质中 Eu^{2+}、Ce^{3+}、Mn^{2+}发射峰的变化

基质	峰值波长/nm			最邻近离子距离/nm
	Eu^{2+} (0.1%)	Ce^{3+} (0.04%)	Mn^{2+} (0.2%)	
CaS	651	520	585	0.285
SrS	616	503	约 550	0.301
BaS	572	482	约 541	0.319

目前已实用的 CaS：Eu 或 CaS：Eu, Tm 红色荧光粉的余辉时间仅 45 min，其化学稳定性差，难以满足应用需要。文献［50］和［51］报道 Y_2O_2S 为基质的红色长余辉材料 Y_2O_2S：Eu, Ln，其余辉时间可达 300 min。Y_2O_2S：Eu, Ln 的光谱列于图 8-11。由图可见，在 260 nm 和 330 nm 处有两个宽带吸收，可有效地吸收 240～400 nm 的紫外光。其发射光谱为 Eu^{3+}的 f-f 跃迁，最强发射峰在 625 nm 处，呈鲜红色发光。

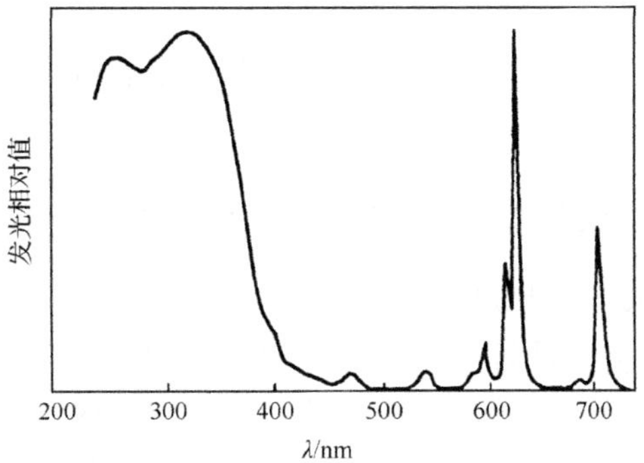

图 8-11　Y_2O_2S：Eu, Ln 的光谱图

硫化物体系的长余辉发光材料的应用最早可以追溯到 20 世纪初，主要应用于隐蔽照明和安全标识等。然而由于以下两方面的主要原因，极大地限制了其应用范围。

(1) 基质稳定性差。硫化物体系普遍具有吸湿性，当这种材料与水汽接触时，会缓慢地分解，并产生刺激性有毒的 H_2S 或 H_2Se 气体。因此，无法适应室外全天候使用的商业化目的。通过包膜处理，荧光体的化学稳定性得到了一定程度的改善[52-54]，如未包膜的 CaS：Eu^{2+}, Tm^{3+}在空气中放置 5 d 后，荧光发射强度减至初始值的 60%，10 d 后，则只有 20%。但是，却是以损失材料的部分发光性能和增加生产成本为代价。此外，还存在比较严重的光老化现象。

(2) 余辉发光性能弱。硫化物体系的余辉初始发光亮度仍然只有 40 mcd/m^2 左右，并且该材料在初始的几分钟余辉亮度急剧下降，有效余辉持续时间一般也只有 0.5～3 h。

表 8-2 列出主要的稀土激活的硫化物长余辉发光材料的发光性能，以资比较。

表 8-2　主要的稀土激活的硫化物荧光粉的发光性能

长余辉测量的组成	发光颜色	发射波长/nm	余辉时间/min
ZnS：Eu^{2+}	亮黄色	550	＞10
CaS：Eu^{3+}	红	630	15
CaS：Eu^{2+}, Cl	红色	630	
CaS：Cu^{+}, Eu^{2+}	红色	630	
CaS：Eu^{2+}, Tm^{3+}	红	650	～45
SrS：Eu^{2+}	橙	—	4
SrS：Eu^{2+}, Er^{2+}	红色	620	185
$Ca_{1-x}Sr_xS$：Eu^{2+}	红	630	～20
$Ca_{1-x}Sr_xS$：Eu^{2+}, Dy^{3+}	红	630	～150
$Ca_{1-x}Sr_xS$：Eu^{2+}, Dy^{3+}, Er^{3+}	红	630	～187
(Mg, Sr) S：Eu^{2+}	橙红	596	15
$Ca_{1-x}Mg_xS$：Eu^{2+}	橙	—	11
Y_2O_2S：Eu, Ln	红	625	～300

8.3　稀土铝酸盐长余辉材料

8.3.1　稀土离子激活的碱土铝酸盐长余辉材料的发展

稀土离子激活的碱土铝酸盐长余辉发光材料是近年来研究最多和应用最广泛的一类长余辉发光材料，是新一代高效长余辉发光材料，这类材料发光强度和余辉时间是传统硫化物发光材料的 10 倍以上。早在 1946 年，Froelich 观察到 $SrAl_2O_4$：Eu 经太阳光的照射后，可发出波长为 400～520 nm 的可见光。60～70 年代，人们对 Eu^{2+}激活的碱土铝酸盐作为灯用和阴极射线管用发光材料进行了广泛的研究。1968 年，Palilla 等[55]首次观察到 $SrAl_2O_4$：Eu^{2+}的高亮度的长余辉发光，并指出 $SrAl_2O_4$：Eu^{2+}的长余辉发光包括两个阶段，先是快衰减，寿命为 10 μs，然后是慢衰减，寿命为几分钟。1971 年，Abbruscato[56]对铝酸盐基质长余辉发光现象进行分析，制备出非计量比的 $SrAl_2O_4$：Eu^{2+}，当用紫外光或阴极射线激发这种材料时其亮度和余辉时间要比计量 $SrAl_2O_4$：Eu^{2+}材料好得多。由此人们得出结论，长余辉发光现象是由陷阱机制所致，它可能涉及“空穴传导”过程，并假设发光材料晶格中的空穴是由 Sr^{2+}空位形成的。1975 年 Бланк[57]报道了 MAl_2O_4：Eu^{2+}(M=Ca，Sr，Ba)的长余辉发光特性。20 世纪 90 年代以后随着应用开发的拓展，人们对稀土激活的铝酸盐长余辉材料进行了大量深入研究。1991 年宋庆梅等[58]对铝酸锶铕长余辉发光材料的合成与发光特性进行了详细研究，为我国开拓长余辉材料及其应用奠定了基础。1993 年松尺隆嗣等[59]较详细地研究了铝酸锶铕($SrAl_2O_4$：Eu^{2+})的长余辉特性，得到其衰减规律为 $I=ct^{-n}$ (n=1.10)，不同衰减时间内的发光亮度比 ZnS：Cu 高 5～10 倍以上，衰减时间在 2000 min 以上时仍可达到人眼能辨认的水平(0.32 mcd/m^2)。1995 年宋庆梅等[60]又在原有的基础上得到了发光更强的掺镁 $SrAl_2O_4$：Eu^{2+}长余辉发光材料，其长余辉发光衰减规律为($I=ct^{-n}$，n=1.10)，并指出掺钙的 $SrAl_2O_4$：Eu^{2+}无任何长余辉效应。1995 年唐明道等[61]对 $SrAl_2O_4$：Eu^{2+}的长余辉特性进行了研究，观察到 $SrAl_2O_4$：Eu^{2+}的长余辉材料的发光衰减符合 $I=ct^{-n}$ 的规律，并且由初始的 1～5min 的较快地衰减和 5 min 以后的缓慢地衰减两个过程组成(两个过程的 n 不同)，其余辉特性是由这个缓慢过程引起的。测得的热释光谱是由两个高达 117℃(390K)和 155℃(428 K)的热释发光峰组成，为此认为该材料的衰减过程是由两个足够深的电子陷阱引起的。近年来，人们对其合成、性能、余辉机理和应用等方面又进行了大量深入的研究。

作为产生长余辉发光的激活离子主要是那些具有相对较低的 4f→5d 跃迁能量或具有很高的电荷迁移带能量的稀土和非稀土离子，如 Eu^{2+}、Tm^{2+}、Yb^{2+}、Ce^{3+}、Pr^{3+}、Tb^{3+}、Mn^{2+}等[62]。

Eu^{2+}在碱土铝酸盐体系中主要表现为允许的 5d→4f 电偶极宽带跃迁，其寿命一般在 10^{-8}～10^{-5} s 之间。光照时 Eu^{2+}的电子从基态跃迁到激发态，在 Eu^{2+}的 4f 基态能级产生空穴，通过热能释放到价带，光照停止后，基态的空穴与 Eu^{2+}激发态电子复合，此复合过程发光。5 d 电子裸露在外，因而发射波长随基质组成和结构的变化而变化，发射波长主要在蓝绿光波段。由于 Eu^{2+}在紫外光到可见光区比较宽的波段内具有较强的吸收能力，所以 Eu^{2+}激活的材料在太阳光、日光灯或白炽灯等光源的激发下均可产生由蓝到绿的长余辉发光。

相对于其他三价稀土离子，Ce^{3+}、Tb^{3+}和 Pr^{3+}离子的 5d→4f 跃迁能量较低，且这三种离子容易形成+4 价氧化态，它们的余辉发光需用 254 nm、365 nm 紫外光或飞秒激光进行激发。用 254 nm 或 365 nm 紫外光激发，一般余辉时间较短，大约 1～2 h[63, 64]，而用飞秒激光诱导激发，其余辉时间甚至可达 10 h 以上[65]。

Mn^{2+}是迄今在氧化物体系中作为激活离子具有长余辉发光的唯一过渡金属离子，在基质中一般表现为绿色发射，也可观察到红色发射，或者可同时观察到绿色和红色发射[66]。这与 Mn^{2+}在基质中所处的格位有关。

对于低价态激活离子通常需要添加辅助激活剂(auxiliary activator)，辅助激活剂一般是那些可能转换为较稳定的+4 价氧化态的离子，如 Pr^{3+}、Nd^{3+}、Dy^{3+}等，或具有较复杂的能级结构的稀土离子，如 Ho^{3+}、Er^{3+}等，以及虽没有能级跃迁但具有较合适的离子半径和电荷的离子，如 Y^{3+}、La^{3+}、Mg^{2+}、Zn^{2+}等；同时还要求基质中存在的陷阱深度要合适，以及具有合适的禁带宽度。

当激活离子为 Eu^{2+}时，需要添加辅助激活剂，辅助激活剂在基质中本身不发光或存在微弱的发光，但可以对 Eu^{2+}的发光强度特别是余辉寿命产生极其重要的影响。余辉发射来源于 Eu^{2+}离子，而 RE^{3+}的共掺杂并没有改变余辉发射的峰位和峰形。现已发现的一些有效的辅助激活剂主要是 Dy^{3+}、Nd^{3+}、Ho^{3+}、Ho^{3+}、Pr^{3+}、Y^{3+}及 La^{3+}等稀土离子和 Mg^{2+}、Zn^{2+}等非稀土离子。这些辅助激活剂在基质中成为捕获电子或空穴的陷阱能级，电子和空穴的捕获、迁移及复合对材料的长余辉发光产生至关重要的作用。

长余辉材料目前主要集中在稀土离子激活的碱土铝酸盐基质，如 MAl_2O_4(M=Ca, Sr, Ba, Mg)和 $SrO-Al_2O_3$系列化合物($Sr_4Al_{14}O_{25}$、$SrAl_4O_7$、$Sr_2Al_6O_{11}$、$SrAl_{12}O_{19}$ 和 $Sr_5Al_8O_{17}$)，尤其是 $CaAl_2O_4$：Eu^{2+}, Nd^{3+}、$SrAl_2O_4$：Eu^{2+}, Dy^{3+}和 $Sr_4Al_{14}O_{25}$：Eu^{2+}, Dy^{3+}[62, 6, 29, 31]。除此之外，还有 $CaYAl_3O_7$、$Ca_{12}Al_{14}O_{33}$、$SrGdAlO_4$、$SrMgAl_{10}O_{17}$、$BaMgAl_{10}O_{17}$和 $ZnAl_2O_4$等[7, 63, 67, 68]。而发光激活离子主要集中于 Ce^{3+}[7, 63, 10, 17-19]、Tb^{3+}[17, 31-34]和 Eu^{2+}[62, 6, 28, 29, 31]等稀土离子。

稀土激活的碱土铝酸盐长余辉材料，主要有 $SrAl_2O_4$：Eu^{2+}、$SrAl_2O_4$：Eu^{2+}, Dy^{3+}、$Sr_4Al_{14}O_{25}$：Eu^{2+}, Dy^{3+}、$CaAl_2O_4$：Eu^{2+}, Nd^{3+}、$Ca_3Al_2O_6$：Eu^{3+}和 $Sr_3Al_2O_6$：Eu 等。它们发射从蓝色到绿色的光，峰值分布在 400～520 nm，亮度高，余辉长，据报道部分样品在暗室中放置 50h 后仍可见清晰的发光。

在铝酸盐材料中，研究最多、应用最普遍的是黄绿色荧光粉 $SrAl_2O_4$：Eu^{2+}, Dy^{3+}和蓝绿色荧光粉 $Sr_4Al_{14}O_{25}$：Eu^{2+}, Dy^{3+}。$Sr_4Al_{14}O_{25}$：Eu^{2+}, Dy^{3+}发射峰在 490 nm，与人眼暗视觉峰值接近(图 8-12)，它是目前所报道的余辉时间最长的铝酸盐长余辉材料，为黄绿色荧光粉 $SrAl_2O_4$：Eu^{2+}, Dy^{3+}的两倍(见图 8-13)。并且由于含氧量较高，Al—O 之间的配位数大，在 600℃时的耐热性能比 $SrAl_2O_4$：Eu^{2+}, Dy^{3+}高 20%[69]。

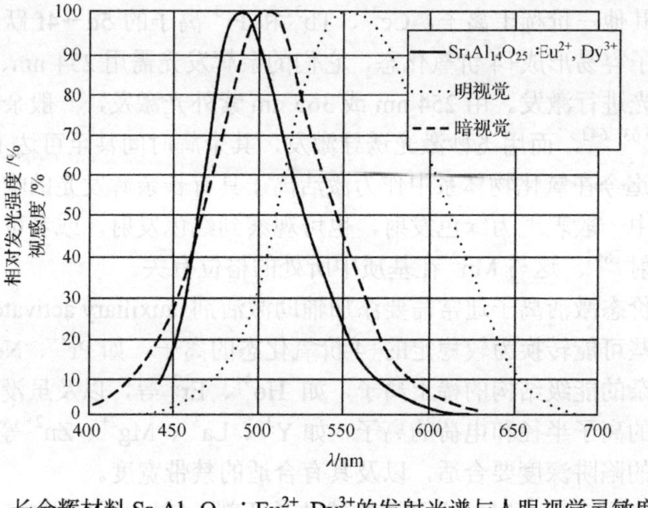

图 8-12　长余辉材料 $Sr_4Al_{14}O_{25}$：Eu^{2+}, Dy^{3+}的发射光谱与人眼视觉灵敏度曲线

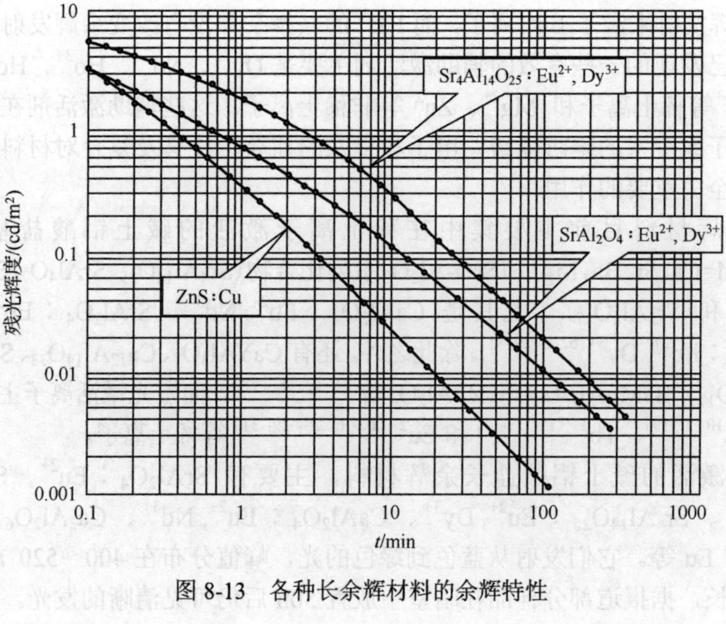

图 8-13　各种长余辉材料的余辉特性

表 8-3　主要的掺稀土长余辉发光材料性能比较

长余辉材料的组成	发光颜色	发射波长/nm	余辉强度/(mcd/m^2)		余辉时间/min
			10 min	60 min	
$CaAl_2O_4$：Eu^{2+}, Nd^{3+}	青紫	440	20	6	＞1000
$CaAl_2O_4$：Eu^{2+}	紫蓝色	445			
$CaAl_2O_4$：Tb^{3+}	黄绿色	543			
$CaAl_2O_4$：Ce^{3+}	蓝紫色	400			
$CaAl_2O_4$：Mn^{2+}	绿色	520			
$MgAl_2O_4$	紫色	253			
$MgAl_2O_4(V_K^{3+})$	绿色	520			
$MgAl_2O_4$：Tb^{3+}	紫色	387			
$SrAl_2O_4$：Eu^{2+}	黄绿	520	30	6	＞2000
$SrAl_2O_4$：Eu^{2+}, Dy^{3+}	黄绿	520	400	60	＞2000
$SrAl_2O_4$：Tb^{3+}	黄绿色	548			
$Sr_4Al_{14}O_{25}$：Eu^{2+}, Dy^{3+}	蓝绿	490	350	50	＞2000
$SrAl_4O_7$：Eu^{2+}, Dy^{3+}	蓝绿	480			约 80
$SrAl_{12}O_{19}$：Eu^{2+}, Dy^{3+}	蓝紫	400			约 140
$BaAl_2O_4$：Eu^{2+}, Dy^{3+}	蓝绿	496			约 120
$BaAl_2O_4$：Ce^{3+}	蓝紫色	402，450			
ZnS：Cu	黄绿	530	45	2	约 200
ZnS：Cu, Co	黄绿	530	40	5	约 500
CaS：Eu^{2+}, Tm^{3+}	红	650	1.2		约 45

表 8-3 列出主要的铝酸盐长余辉材料的发光性能，同时也给出了典型的硫化物长余辉材料的相应数据，以资对照。由表 8-3 可见，同硫化物体系相比氧化物体系长余辉发光材料具有如下特点：

(1) 发光效率高。铝酸盐发光材料在可见光区有较高的量子效率。如 $CaAl_2O_4$：Eu^{2+}, Nd^{3+}和 $SrAl_2O_4$：Eu^{2+}, Dy^{3+}的余辉亮度和余辉时间与传统 ZnS：Cu, Co 相比具有明显提高。

(2) 余辉时间长。氧化物体系的余辉时间普遍大于硫化物体系。目前氧化物体系中磷光体余辉最长的是 Eu^{2+}激活的碱土铝酸盐，其发光亮度达到人眼可辨认水平的时间可达 2000 min 以上。

(3) 化学性质稳定。由于铝酸盐体系的特殊组成和结构，使其能够耐酸、耐碱、耐候、耐辐射，且抗氧化性强，在空气和一些特殊环境下使用寿命长。

(4) 无放射性危害。

(5) 耐紫外光辐照。铝酸盐材料具有良好的耐紫外光辐照的稳定性，可在户外长期使用，经阳光暴晒 1 年后其发光亮度无明显变化，而 ZnS：Cu, Co 在光照 300 h 后丧失发光功能。

8.3.2　稀土激活的碱土铝酸盐的光谱

(1) 发光光谱和余辉特性。发射光谱和余辉衰减(或持续时间)是表征长余辉发光材料的两个最基本的光谱参数。20 世纪 90 年代在碱土铝酸盐中发现 Eu^{2+}的异常长余辉现象，引起人们的极大兴趣，并成为研究热点。

图 8-14 示出 $SrAl_2O_4$：Eu^{2+}的激发和发射光谱。从图 8-14(b) 中可见激发光谱存在 4 个主要激发峰，分别位于 275 nm、312 nm、365 nm 和 425 nm 处，而图 8-14(a) 发射光谱中主要存在 510 nm 左右的宽带发射峰。掺 Dy 后的激发和发射光谱形貌基本相同，仅峰位稍有位移，且发光强度明显增加。

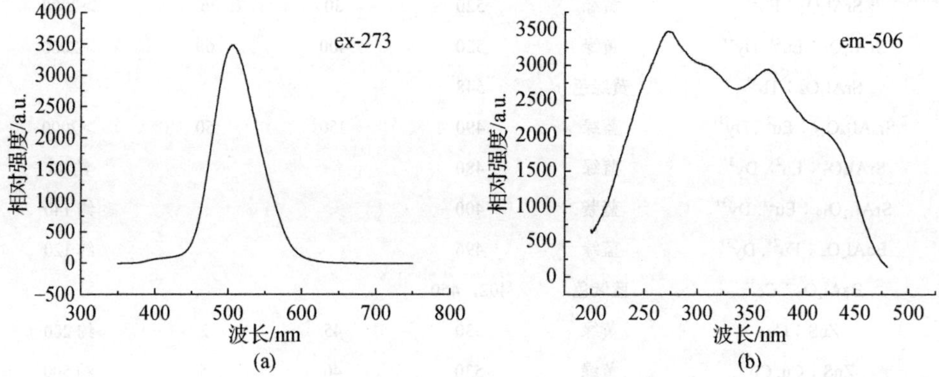

图 8-14　$SrAl_2O_4$：Eu^{2+}的发射光谱(a)和激发光谱(b)

测定的 $SrAl_2O_4$：Eu^{2+}和 $SrAl_2O_4$：Eu^{2+}, Dy^{3+}的寿命示于图 8-15，由图 8-15 可见，发光衰减由两部分组成，一部分是快衰减，另一部分是慢衰减，表明存在两种不同的发光机制。

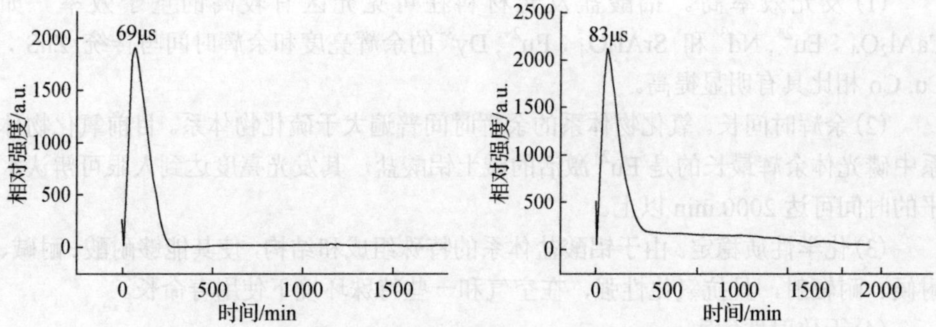

图 8-15　$SrAl_2O_4$：Eu^{2+}(a) 和 $SrAl_2O_4$：Eu^{2+}, Dy^{3+}(b) 的寿命

图 8-16 和 8-17 显示 $CaAl_2O_4$：Eu^{2+}, Nd^{3+}和 $SrAl_2O_4$：Eu^{2+}, Nd^{3+}的余辉性能。结果表明，余辉发射来源于 Eu^{2+}离子，而 Nd^{3+}的共掺杂并没有改变余辉发射的峰位和峰形。

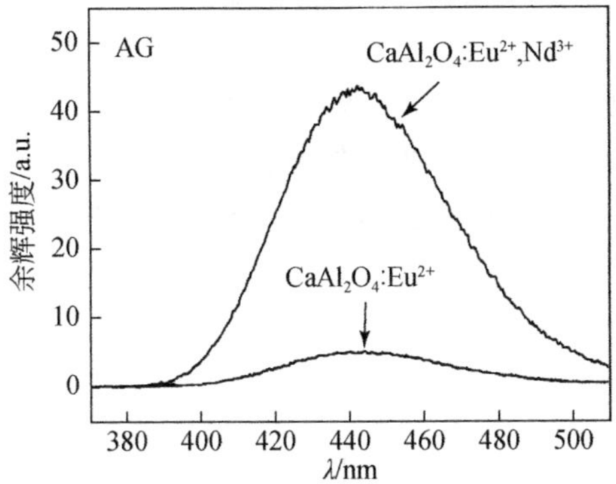

图 8-16　$CaAl_2O_4$：Eu^{2+}和 $CaAl_2O_4$：Eu^{2+}, Nd^{3+}余辉发射谱

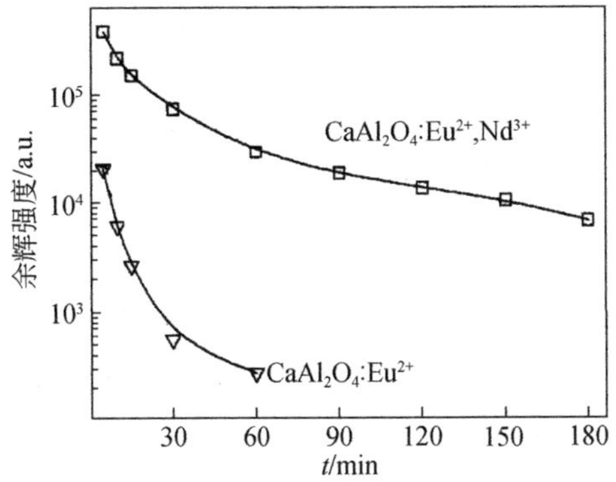

图 8-17　$CaAl_2O_4$：Eu^{2+}和 $CaAl_2O_4$：Eu^{2+}, Nd^{3+}余辉衰减

对于长余辉材料必须具备一定的陷阱，陷阱中的电子获得能量后能重新返回到 Eu^{2+}的激发态能级，再跃迁到低能级产生发光。要产生长余辉发光，陷阱的深度还必须合适。陷阱深度太浅，陷阱中的电子易于受激而返回 Eu^{2+}的激发态能级，余辉时间短或观察不到长余辉；陷阱深度过深，激发所需要的能量越高，电子重新激发而产生发射的速率越慢，余辉时间可能较长，但需要较高的能量才能使陷阱中的电子返回 Eu^{2+}的激发态能级，也可能致使电子只能留在陷阱中而无法返回 Eu^{2+}的激发态能级，此时室温下从陷阱中逃逸出的电子数量较少或不存在，同样不利于长余辉现象的产生，故需要合适的陷阱能级的深度。

以三价稀土离子 RE^{3+}不等价取代 MAl_2O_4 中的碱土金属离子时，产生的陷阱能级的深度与基质和结构密切相关，因而随基质材料的不同，材料表现出不同的余辉持续时间，如余辉时间 $SrAl_2O_4$：Eu^{2+}, RE^{3+} > $CaAl_2O_4$：Eu^{2+}, RE^{3+} > $BaAl_2O_4$：Eu^{2+}, RE^{3+}。

(2) 热释光谱。通过测定热释光谱可以研究长余辉材料陷阱能级深度，长余辉材料的热释光谱峰值温度越高，表示陷阱越深，电子激发所需要的能量越高，电子返回 Eu^{2+}的激发态能级而产生发光的速率越慢，余辉时间将可能越长。但由于样品制备工艺条件不同以及测试仪器误差，造成所测得的热释发光峰位有所不同，但其趋势是一致的。同时，目前利用热释光谱对缺陷的分析还不成熟，导致对热释发光峰位归属尚有不同看法。我们测定了 $SrAl_2O_4$：Eu^{2+}和 $SrAl_2O_4$：Eu^{2+}, Dy^{3+} 的热释光谱示于图 8-18。

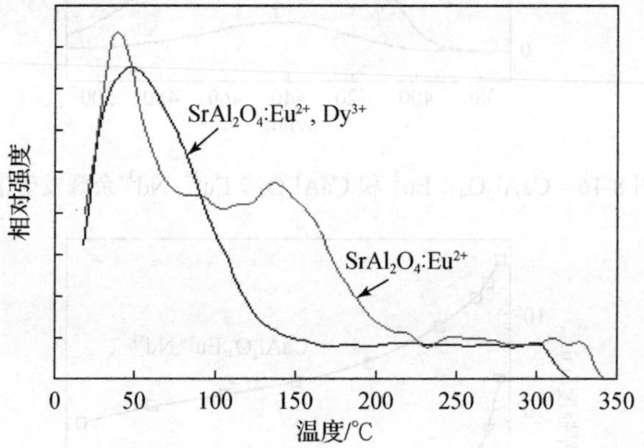

图 8-18　$SrAl_2O_4$：Eu^{2+}和 $SrAl_2O_4$：Eu^{2+}, Dy^{3+}的热释光谱

由图 8-18 可见 $SrAl_2O_4$：Eu^{2+}的热释发光峰位于 40℃ (313 K)、82～85℃ (355～358 K)、137℃ (410 K)、218℃ (491 K)，$SrAl_2O_4$：Eu^{2+}, Dy^{3+}的热释发光峰位于 49℃ (322 K)、185℃ (458 K)。该结果与肖志国等[3] 所报道的 $SrAl_2O_4$：Eu^{2+}的热释光曲线由位于 35℃ (308 K)、81℃ (354 K)、142℃ (415 K) 的三个弱带组成基本吻合。这表明可能存在 3 个陷阱能级，第一个能级较浅，第二个能级和第三个能级相对较深，但其发光强度较弱。这说明 $SrAl_2O_4$：Eu^{2+}的余辉亮度不高，而余辉时间可以很长。

$SrAl_2O_4$：Eu^{2+}中加入辅助激活剂制成 $SrAl_2O_4$：Eu^{2+}, Dy^{3+}或 $SrAl_2O_4$：Eu^{2+}, Nd^{3+}的热释光带分别在 75℃ (348 K) 和 60℃ (333 K) 处。说明加入辅助激活剂后使陷阱能级更深，而且热释光强度也要高出一倍，表明陷阱能级储存更多的电子。

Matsuzawa 等[70] 认为热释光曲线中峰值位置对应于 50～110℃ (323～383 K) 之间的陷阱较适于长余辉的产生。

吕兴栋等[71] 采用高温固相法合成了具有不同缺陷的发光粉样品。光谱分析表明，Dy_{Sr} 可以作为具有合适深度的电子陷阱，氧离子空位（$V_O^{\cdot\cdot}$）不能作为具有合适深度的电子陷阱，但可增加电子陷阱 Dy^{3+}的深度；掺入晶格的 Dy^{3+}与 Eu^{2+}之间存在相互作用，而且只有当 Dy_{Sr}和 Eu_{Sr}之间的距离足够接近时，Dy_{Sr}才能起到有意义的电子陷阱的作用，V_{Sr}''可作为空穴陷阱，但 V_{Sr}''浓度的变化不会引起长余辉发光性能的明显变化。测定样品的热释光谱并认为，样品 $Sr_{0.90}Al_2O_4$：$Eu_{0.02}$, $Dy_{0.03}$在 50～70℃（323～343 K）之间有一个强的热释峰，很可能对应于电子陷阱 Dy_{Sr}的热释峰；在 135～150℃（408～423 K）之间有一个较弱的热释峰，可能是对应于氧离子空位（$V_O^{\cdot\cdot}$）的热释峰。未掺 Dy^{3+}的样品 $Sr_{0.90}Al_2O_4$：$Eu_{0.02}$ 在 50～70℃（323～343 K）之间没有出现热释峰，仅在 40℃（313 K）附近出现一个很弱的热释峰，该热释峰有可能是部分尚未被还原的 Eu^{3+}所造成的。

Katsumata 等[72]的热释荧光研究结果表明，共掺杂 Eu、Dy 的 $SrAl_2O_4$体系中存在三个热释荧光峰，对应的能级分别为 0.0024 eV、0.46 eV、0.49 eV，捕获的空穴密度分别为 3.8×10^3、1.2×10^5、7.8×10^2，能级越浅，空穴在室温时越容易从陷阱中逃出，使余辉时间过短或观察不到；能级越深，室温下从陷阱中逃逸出的电子数量较少或不存在，不利于长余辉现象的产生；合适的能级深度所捕获的空穴才能在室温下较多释放。

通过测定热释光谱可以研究长余辉材料陷阱能级深度，长余辉材料的热释光谱峰值温度越高，表示陷阱越深，电子激发所需要的能量越高，电子返回 Eu^{2+}的激发态能级而产生发光的速率越慢，余辉时间越长。图 8-19 为苏锵等[62]测定的 $MgAl_2O_4$：Eu^{2+}, Dy^{3+}、$CaAl_2O_4$：Eu^{2+}, Dy^{3+}、$SrAl_2O_4$：Eu^{2+}, Dy^{3+}和 $BaAl_2O_4$：Eu^{2+}, Dy^{3+}的热释光谱，4 种不同基质的长余辉材料热释光谱的峰值温度依次为 59℃、40℃、46℃和 38℃。其中 $MgAl_2O_4$：Eu^{2+}, Dy^{3+}的峰值温度为 59℃，表明其陷阱能级可能较深，电子不容易返回 Eu^{2+}的激发态能级，而且发光很弱，肉眼观察不到长余辉现象。而其余 3 种材料，可能以 $SrAl_2O_4$：Eu^{2+}, Dy^{3+}的陷阱能级深度最为适当，故有余辉时间为 $SrAl_2O_4$：Eu^{2+}, Dy^{3+} ＞ $CaAl_2O_4$：Eu^{2+}, Dy^{3+} ≫ $BaAl_2O_4$：Eu^{2+}, Dy^{3+}的递变趋势。

稀土长余辉发光材料在低温时发光能在样品中存储很长时间。例如，样品在室温时辐照且在液氮温度下保存 10 d，加热至室温后仍显示出优良的余辉性能。这表明温度对发光起重要作用，也就是陷阱有一定深度，需要一定能量才能释放，若温度较低将无法释放。

8.3.3　影响稀土铝酸盐长余辉发光材料性能的因素

长余辉发光材料的发光行为，不仅取决于激活离子自身的特性，而且也受到周围环境的影响。改变激活离子和辅助激活离子、化学组成和结构、材料的粒度、形态等对长余辉材料的发光均有影响。Eu^{2+}在碱土铝酸盐中的发光是 $4f^65d\rightarrow4f^7$的宽带允许跃迁，由于 Eu^{2+}的 5 d 电子处于无屏蔽的裸露状态，受周围晶体场环

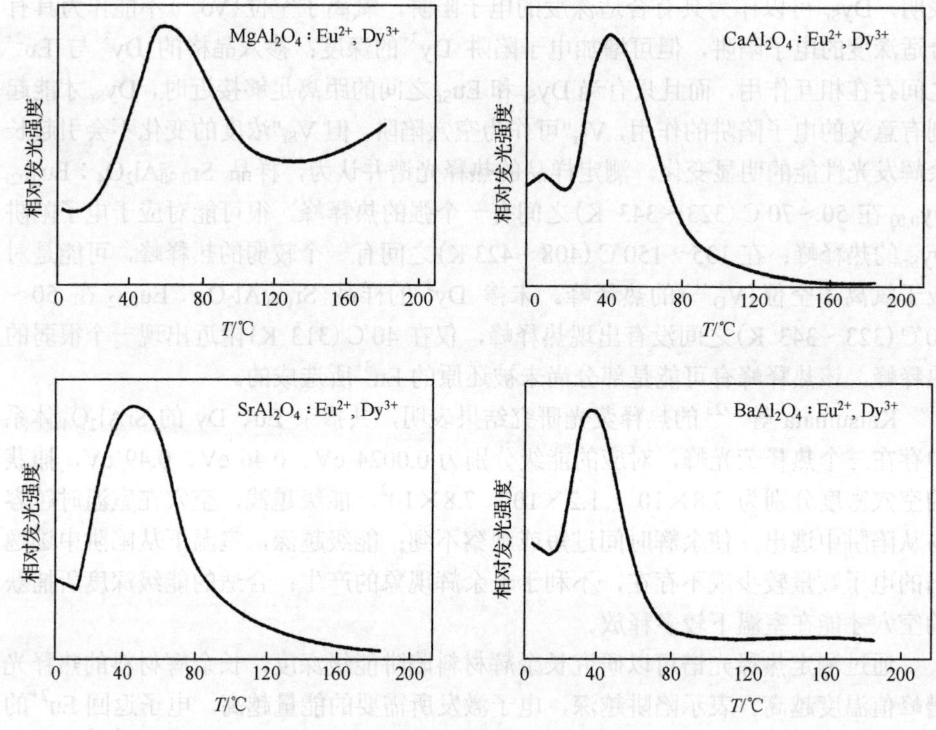

图 8-19 4 种碱土金属铝酸盐的热释光谱

境的影响较为明显，其影响因素主要是晶体场强度、共价性和阳离子半径的大小等，通过选择一定的化学组成，添加适当的阳离子或阴离子等，可改变晶体场对激活离子的影响。现将各种影响简介如下。

1. 激活离子的影响

迄今为止，长余辉发光材料的激活剂主要是 4f→5d 跃迁能级相对较低或具有很高的电荷迁移带能量的稀土离子，所发现的在氧化物体系中具有长余辉特性的过渡元素离子主要有 Mn^{2+}，目前研究最多并且效果最好的是 Eu^{2+}，此外还有 Ce^{3+}、Pr^{3+}、Tb^{3+}、Tm^{2+}、Yb^{2+}等。不同稀土离子由于其原子序数、电负性、电离能等方面的差别，使它们取代 Sr^{2+}后的发光特性各不相同。不同的激活离子的发光波长、余辉时间等均有不同，激活剂的不同价态对余辉效果的影响很大，低价态激活离子一般需要添加辅助激活剂。

稀土长余辉发光与稀土元素变价性质有关，易变价的稀土离子中，Ce^{3+}、Pr^{3+}、Tb^{3+}、Eu^{2+}、Eu^{3+}、Sm^{3+}均已发现长余辉发光，最近掺 Tm^{3+}的材料也发现了长余辉发光现象。Yb^{3+}的长余辉发光现象尚未见报道，这主要是因为 Yb^{3+}的发光位于红外波段。根据大部分易变价稀土元素都实现了长余辉发光的事实，文献［5］认

为 Sm^{2+}($^5D_0 \rightarrow {}^7F_0$)、$Tm^{2+}$($5d \rightarrow {}^2F_{7/2}$)、$Tm^{3+}$($^1G_4 \rightarrow {}^3H_6$)是潜在的红色和蓝色长余辉发光离子。到目前为止，$Eu^{2+}$是报道最多的稀土长余辉发光离子，$Tb^{3+}$、$Pr^{3+}$其次，$Ce^{3+}$、$Sm^{3+}$、$Eu^{3+}$较少。$Pr^{3+}$、$Eu^{3+}$、$Sm^{3+}$的特征发射波长均在红区，均可充当红色长余辉材料的激活离子。在 Eu^{2+}激活的碱土铝酸盐长余辉材料中，共掺杂 Dy^{3+}、Nd^{3+}、Pr^{3+}、Ho^{3+}、Er^{3+}均能提高余辉的亮度和寿命，其中以同时具有四价和二价倾向的 Dy^{3+}、Nd^{3+}效果最佳。

从稀土离子发光的量子效率来考虑，Ce^{3+}、Eu^{2+}、Eu^{3+}、Pr^{3+}、Tb^{3+}较适合作为激活离子。从理论上，当存在深度合适的陷阱，并且陷阱能与发光离子发生有效的能量传递时，任何一种发光材料都可成为长余辉材料。长余辉材料的核心问题是缺陷和能量传递，而易变价镧系元素更适于充当长余辉发光离子。

对于长余辉材料，缺陷的能级深度十分重要，能级较浅，电子在室温时较易从陷阱中热致逃逸，从而导致余辉时间过短或观察不到长余辉；能级较深，则室温下从陷阱中逃逸出的电子数量较少或不存在，同样不利于长余辉现象的产生。文献报道[62, 70]热释光曲线中峰值位置对应于 50～110℃之间的陷阱较适于长余辉的产生。

在碱土铝酸盐长余辉材料中，Eu^{2+}表现为 $5d \rightarrow 4f$ 的宽带跃迁发射，发射波长主要集中在蓝绿光区，但由于 Eu^{2+}的 5d 的电子处于没有屏蔽的裸露状态，会受到晶体场的显著影响，发射波长随基质组成和结构的变化而发生变化。从理论上，通过改变基质，可以改变 Eu^{2+}的基态 $4f^7$ 与最低激发态 $4f^65d$ 之间的能级差，从而使 Eu^{2+}发出从紫到红的各种不同颜色的光，同时激发光谱也会相应发生变化。Eu^{2+}在紫外光到可见光区较宽的范围内都具有较强的吸收能力，因而在太阳光、荧光灯和白炽灯等光源的激发下就可产生从蓝到绿的长余辉发光。以 Eu^{2+}作为激活离子。添加适当的辅助激活离子后会导致余辉时间显著地增长。

Ce^{3+}、Pr^{3+}和 Tb^{3+}的 $5d \rightarrow 4f$ 跃迁能量较低，且它们易于氧化为+4 价态。需要采用 254 nm、365 nm 的紫外光或飞秒激光进行激发，才能使它们产生余辉发光。激发方式对材料的余辉特性有显著影响，如用紫外光激发，余辉时间一般在 1～2 h；用飞秒激光激发，余辉时间可达 10 h 以上。

此外，激活离子的浓度也是一个重要的影响因素，添加量过小，激活剂的作用不明显；添加量过高，可能引起浓度猝灭。激活离子浓度对材料发射光谱的形状和荧光寿命也存在明显的影响。宋庆梅等[58]研究了 Eu^{2+} 浓度对 $4(Sr_{1-x}Eu_x)O \cdot 7Al_2O_3$(即 $Sr_4Al_{14}O_{25}:Eu^{2+}$)发光性能的影响得知：

(1) $4(Sr_{1-x}Eu_x)O \cdot 7Al_2O_3$ 的发射光谱包含 410 nm 和 520 nm 两个峰，随着 x 的增加，410 nm 的峰逐渐减弱，520 nm 的峰显著增强；

(2) 当 x 在 0.002～0.03 时，荧光体的发光强度较高；

(3) x 在 0.005～0.03 范围内，材料的荧光寿命较长，当 x 大于 0.1 时，超过了浓度猝灭的临界浓度，Eu^{2+}离子的相互作用增强，能量转移加速，导致荧光寿命缩短。

2. 辅助激活离子的影响

对于低价态激活离子的长余辉材料中通常需要添加辅助激活剂。在Eu^{2+}激活的碱土铝酸盐长余辉材料中，Eu^{2+}是发光中心，对发光起决定性作用，需要添加辅助激活剂，辅助激活剂在基质中本身不发光或存在微弱的发光，但辅助激活离子如RE^{3+}，对Eu^{2+}的发光强度特别是余辉寿命产生极其重要的影响，均能提高余辉的亮度和寿命。这些辅助激活离子在基质中成为捕获电子或空穴的陷阱能级，而电子和空穴的捕获、迁移及复合对材料的长余辉发光产生至关重要的作用。

利用三价稀土离子RE^{3+}(Eu和Pm除外)作为辅助激活离子，可以有效地延长碱土铝酸盐MAl_2O_4∶Eu^{2+}的余辉，但其本身在基质中并不发光，即使用其特征波长进行激发，在MAl_2O_4∶Eu^{2+}, RE^{3+}的光谱中也观察不到RE^{3+}的特征f-f跃迁激发和发射。这是由于Eu^{2+}与RE^{3+}之间发生有效的能量传递，RE^{3+}能级中的电子通过弛豫过程传递到Eu^{2+}的能级中，导致Eu^{2+}的发射，因而观察不到RE^{3+}的发光。研究发现[73]不同辅助激活离子(RE^{3+})的引入也并没有引起相应基质中Eu^{2+}的荧光光谱的变化[74, 75]，但它却对Eu^{2+}的发光特性，尤其是余辉持续时间产生极其重要的影响。当RE^{3+}作为辅助激活剂掺入碱土铝酸盐MAl_2O_4∶Eu^{2+}，由于RE^{3+}对M^{2+}的不等价取代，在基质中会形成陷阱能级，可以俘获和储存电子(或空穴)。

Dy^{3+}或Nd^{3+}作为辅助激活剂加入到$SrAl_2O_4$∶Eu^{2+}后，极大地提高了余辉亮度和延长了余辉时间。由热释光曲线和热激光电流曲线提供的数据证明：这些离子的加入，形成了新的陷阱能级，光电流测量表明，加入的Dy^{3+}、Nd^{3+}离子增加空穴陷阱浓度。用改变加热速率的方法，测出材料中加入Dy^{3+}后所产生的空穴陷阱能级深度为0.65 eV。

目前有报道的辅助激活剂有Y^{3+}、La^{3+}、Ce^{3+}、Pr^{3+}、Nd^{3+}、Sm^{3+}、Gd^{3+}、Tb^{3+}、Dy^{3+}、Ho^{3+}、Er^{3+}、Tm^{3+}、Yb^{3+}和Lu^{3+}，其中比较有效的是有可能转换为稳定的+4价氧化态的离子，如Dy^{3+}、Nd^{3+}、Pr^{3+}，或者是具有较复杂的能级结构的离子，如Ho^{3+}、Er^{3+}，这5种离子的作用比较显著，余辉时间可达数小时；也可以是那些虽然没有能级跃迁但具有较合适的离子半径和电荷的离子，如Y^{3+}、La^{3+}。Eu^{2+}发光的余辉及其亮度与辅助激活离子的半径大小、电荷高低、能级结构和价态变化密切相关。不同的辅助激活离子取代Sr^{2+}后，产生的杂质能级的位置及有效性都是不同的[76, 77]。由此，以易变价稀土离子作为激活离子，从其他稀土离子中选择共激活剂对寻找新的稀土长余辉材料具有一定的参考作用。

苏锵等[5, 62]曾系统地研究了所有稀土离子RE^{3+}的共掺杂对$CaAl_2O_4$∶Eu^{2+}余辉性能的影响，发现对于$CaAl_2O_4$∶Eu^{2+}而言，Pr^{3+}、Nd^{3+}、Dy^{3+}、Ho^{3+}、Er^{3+}等均能有效地增强其余辉发光，且其性能由高到低依次为：$Nd^{3+}>Dy^{3+}>Ho^{3+}>Pr^{3+}>Er^{3+}$。而对于$SrAl_2O_4$∶$Eu^{2+}$，$Pr^{3+}$、$Nd^{3+}$、$Dy^{3+}$、$Ho^{3+}$等均能有效地增强其

余辉发光，且其性能由高到低依次为：Dy^{3+}＞Nd^{3+}＞Ho^{3+}＞Pr^{3+}。并且结合三价稀土离子的光学电负性，提出对于二价铕激活的碱土铝酸盐，当稀土共激活离子为光学电负性在 1.21～1.09 之间的 Dy^{3+}(1.21)、Nd^{3+}(1.21)、Ho^{3+}(1.14)，Pr^{3+}(1.18) 和 Er^{3+}(1.09)时，能有效地提高 Eu^{2+}的长余辉发光性能。

辅助激活剂的含量对余辉时间及亮度有一定的影响。张中太等[78]对 $SrAl_2O_4$：Eu^{2+}, Dy^{3+}中 Dy^{3+}的含量与荧光亮度和持续时间的关系进行了较为系统的研究，发现在一定范围内增加 Dy^{3+}的含量，会使初始荧光亮度较低，而荧光持续时间延长，亮度稳定性好。这是因为 Dy^{4+}释放空穴需要热扰动，相当于减少了价带中存在的空穴数，故在起始状态荧光强度较低；而当荧光持续一段时间后，Dy^{4+}离子仍不断释放空穴，使得在相当长的时间里，价带中始终维持较高的空穴数量，亮度维持恒定。观察到当样品中 Dy^{3+}的摩尔分数达到 0.2%时，Dy^{3+}离子的作用明显增强；当 Dy^{3+}的含量较低时(摩尔分数≤0.1%)，其作用不明显。

Aitasalo 等[79]系统地研究了稀土离子共掺杂的 $CaAl_2O_4$：Eu^{2+}的热释光谱，发现 RE^{3+}离子共掺杂的 $CaAl_2O_4$：Eu^{2+}的热释光谱峰形和峰位基本一致，大致在 353 K 有一个宽的热释峰，Sm^{3+}、Yb^{3+}和 Y^{3+}离子则略有不同，除了这个峰以外，还在高温区产生新的热释峰，图 8-20 为典型的 $CaAl_2O_4$：Eu^{2+}, Nd^{3+}的热释光谱。从热释光谱的强度上看，不同的稀土离子表现出三种倾向：①易还原的稀土离子如 Sm^{3+}、Yb^{3+}抑制 $CaAl_2O_4$：Eu^{2+}的热释光；②易氧化的稀土离子如 Ce^{3+}、Pr^{3+}和 Tb^{3+}增强 $CaAl_2O_4$：Eu^{2+}的热释光；③4f 电子层全空、半满和全满 La^{3+}、Gd^{3+}和 Lu^{3+}离子严重地猝灭 Eu^{2+}的热释光。结合稀土离子对 $CaAl_2O_4$：Eu^{2+}余辉性能的影响，Aitasalo 等认为在 $CaAl_2O_4$：Eu^{2+}, RE^{3+}体系中，陷阱密度而不是陷阱深度对 Eu^{2+}的余辉发光产生重要的作用。

Nakazawa 等[80]系统地研究了稀土离子共掺杂的 $SrAl_2O_4$：Eu^{2+}, RE^{3+}的热释光谱(图 8-21)，并用瞬时热释发光的方法确定了不同稀土离子掺杂样品中陷阱能级的深度及其相对密度。认为在 $SrAl_2O_4$：Eu^{2+}, RE^{3+}体系中，陷阱能级的深度是左右余辉发光性能的主要原因，且能级深度在 1.1eV 附近的 Nd^{3+}、Dy^{3+}、Ho^{3+}和 Nd^{3+}的陷阱能级最适合。Ce^{3+}、Pr^{3+}、Gd^{3+}和 Tb^{3+}的陷阱能级深度大于 1.1 eV，而 Sm^{3+}、Eu^{3+}、Tm^{3+}和 Yb^{3+}的陷阱能级深度小于 1.1 eV，它们的陷阱能级太深或太浅，因此，对余辉发光不利。

3. 基质的影响

(1) 基质的晶体结构的影响。稀土铝酸盐长余辉发光材料中不同碱土金属的铝酸盐余辉时间不同的原因，与它们各自的晶体结构有关，也与掺杂辅助激活离子后所产生的陷阱能级深度有关。其中 $SrAl_2O_4$：Eu^{2+}, RE^{3+}和 $CaAl_2O_4$：Eu^{2+}, RE^{3+}属于单斜晶系，可以产生合适深度的陷阱；$BaAl_2O_4$：Eu^{2+}, RE^{3+}属于六角晶系，

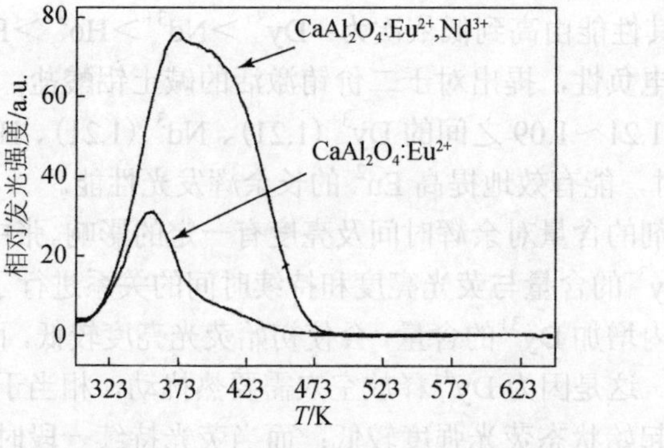

图 8-20　$CaAl_2O_4$：Eu^{2+}和 $CaAl_2O_4$：Eu^{2+}, Nd^{3+}热释光谱

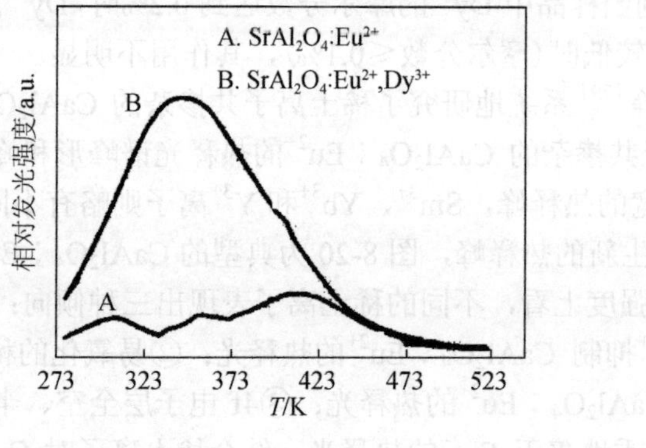

图 8-21　$SrAl_2O_4$：Eu^{2+}和 $SrAl_2O_4$：Eu^{2+}, Dy^{3+}热释光谱

陷阱深度太浅；而 $MgAl_2O_4$：Eu^{2+}, RE^{3+}则因为属于立方晶系，产生的缺陷能级过深，在室温下观察不到长余辉现象，因此余辉时间 $SrAl_2O_4$：Eu^{2+}, RE^{3+}＞$CaAl_2O_4$：Eu^{2+}, RE^{3+}＞$BaAl_2O_4$：Eu^{2+}, RE^{3+}。

刘应亮等[81]研究碱土铝酸盐体系表明，晶体结构和晶胞参数不同，Eu^{2+}的光谱和余辉性质各不相同，Eu^{2+}发射波长 $SrAl_2O_4$：Eu^{2+}＞$BaAl_2O_4$：Eu^{2+}＞$CaAl_2O_4$：Eu^{2+}，余辉强度和余辉时间 $SrAl_2O_4$：Eu^{2+}＞$CaAl_2O_4$：Eu^{2+}＞$BaAl_2O_4$：Eu^{2+}。

有趣的是，$CaAl_2O_4$ 和 $SrAl_2O_4$ 同属于单斜晶系，但对于 $SrAl_2O_4$：Eu^{2+}最佳辅助激活离子是 Dy^{3+}，而对于 $CaAl_2O_4$：Eu^{2+}辅助激活离子是 Nd^{3+}，这种差异可能是 Dy^{3+}、Nd^{3+}分别取代 Sr^{2+}、Ca^{2+}时所生成的缺陷的能级深度不同所致。因此，稀土离子在长余辉发光材料中的辅助激活作用要作具体分析。

稀土离子激活的碱土铝酸盐长余辉材料 MAl_2O_4：Eu^{2+}, RE^{3+}（M=Mg、Ca、Sr、Ba）均属于磷石英结构，但是不同碱土金属的基质，其晶体结构又存在显著差别，其中 $MgAl_2O_4$：Eu^{2+}, RE^{3+}属于立方晶系，$CaAl_2O_4$：Eu^{2+}, RE^{3+}和 $SrAl_2O_4$：Eu^{2+}, RE^{3+}属于单斜晶系，$BaAl_2O_4$：Eu^{2+}, RE^{3+}属于六方晶系。由于基质晶体结构

和晶胞参数不同，Eu^{2+}的发射波长、发光强度和余辉特性等不同[75, 82]。苏锵等[62]总结了不同碱土铝酸盐基质对材料发光性能影响的规律。

①对发射波长的影响。对于碱土铝酸盐体系，由于碱金属阳离子不同、晶体结构不同，导致 Eu^{2+}的光谱不同。文献［81］报道在 $MgAl_2O_4$：Eu^{2+}基质中，Eu^{2+}的发射峰主要集中在蓝绿光波段，这是 Eu^{2+}的 5d→4f 宽带跃迁产生的，发射波长 $SrAl_2O_4$：Eu^{2+}＞$BaAl_2O_4$：Eu^{2+}＞$CaAl_2O_4$：Eu^{2+}；而余辉时间 $SrAl_2O_4$：Eu^{2+}＞$CaAl_2O_4$：Eu^{2+}＞$BaAl_2O_4$：Eu^{2+}。

MAl_2O_4：Eu^{2+}, Dy^{3+}发射峰也在蓝绿光波段，而且不同辅助激活离子的加入并未造成荧光光谱波长的变化。然而，构成基质晶体的不同碱土金属对长余辉材料的发射波长产生不同的影响。从 MAl_2O_4：Eu^{2+}, Dy^{3+}(M=Mg，Ca，Sr，Ba)的激发和发射光谱图 8-22 可知，激发波长按 Mg、Ca、Sr、Ba 的顺序分别为：335 nm、344 nm、355 nm 和 348 nm。发射波长随着基质结构中碱土金属的不同而变化的规律为：Sr(516 nm)＞Ba(500 nm)＞Mg(480 nm)＞Ca(438 nm)，其原因在于晶体结构不同，Eu^{2+}离子取代碱土金属离子 M^{2+}后所受的晶体场的作用不同，Sr^{2+}与 Eu^{2+}半径相近，价态相同，Eu^{2+}取代 Sr^{2+}时，对铝酸盐晶体结构影响不大。而 Eu^{2+}与 Mg^{2+}、Ca^{2+}、Ba^{2+}的离子半径相差较大，当分别取代它们时，半径的差异使铝酸盐的晶体结构发生畸变，致使 Eu^{2+}所受的晶体场的作用发生变化，发射光谱变化。Eu^{2+}的离子半径大于 Mg^{2+}，进入晶格后，致使晶格膨胀，减小了相互

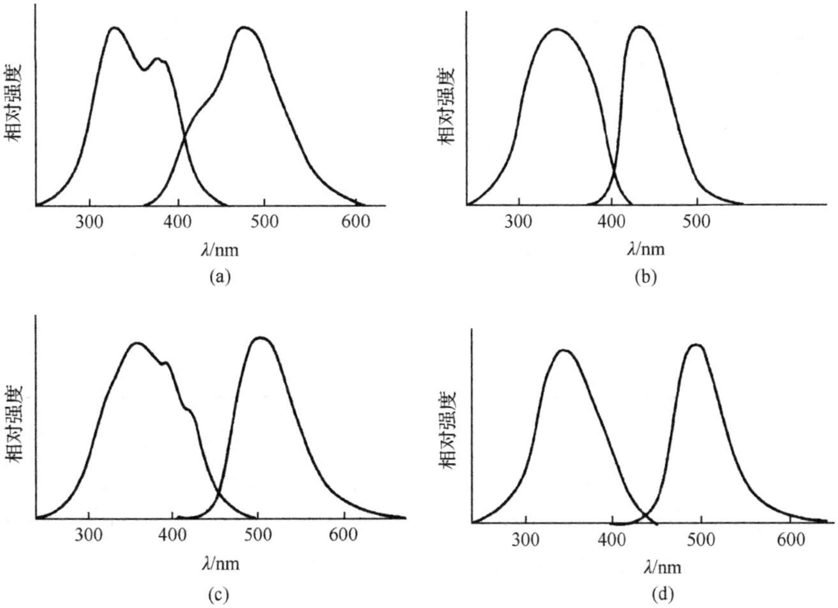

图 8-22　MAl_2O_4：Eu^{2+}, Dy^{3+}的激发和发射光谱

（a）M=Mg；（b）M=Ca；（c）M=Sr；（d）M=Ba

排斥的力，发射波长相对向长波方向移动；Eu^{2+}的半径小于 Ba^{2+}，进入六角结构的晶格后，致使晶格收缩，缓解吸引力的作用，发射波长相对向短波方向移动。

②对发光强度的影响。影响荧光体的发光强度有诸多因素，如组成、结构、形态等。材料的发光效率与 Stokes 位移(即化合物发射波长与激发波长的差值)密切相关，Stokes 位移小，则发光效率高。各种发光材料 MAl_2O_4：Eu^{2+}, Dy^{3+}(M=Mg，Ca，Sr，Ba)的发射波长和激发波长差值的计算值分别为：9017.4、6238.7、8789.2 和 8735.6 cm^{-1}。按照 Stokes 位移的大小，发光强度的递变顺序为：Ca＞Sr≈Ba＞Mg，而实际上是 Sr＞Ca＞Ba＞Mg，这可能与 Eu^{2+}取代后晶格畸变有关。

③余辉时间。以三价稀土离子 RE^{3+}不等价取代 MAl_2O_4 中的碱土金属离子时，产生的陷阱能级的深度与基质和结构密切相关，因而随基质材料中的碱土金属离子的不同，材料表现出不同的余辉持续时间：余辉时间 $SrAl_2O_4$：Eu^{2+}, RE^{3+}＞$CaAl_2O_4$：Eu^{2+}, RE^{3+}＞$BaAl_2O_4$：Eu^{2+}, RE^{3+}。

(2)基质中碱土金属与铝组成的影响。基质中碱土金属与铝组成比例对材料的发光性能存在明显影响，同一种类型的碱土铝酸盐基质，当其组成比例改变时，发光材料的余辉特性、发射波长和发光亮度都可能发生变化。典型的例子是，$Sr_4Al_{14}O_{25}$：Eu^{2+}, Dy^{3+}的余辉时间是 $SrAl_2O_4$：Eu^{2+}, Dy^{3+}的两倍。

在以碱土铝酸盐为基质的长余辉材料中，保持反应条件和其他成分的比例不变，改变铝与锶之间的比例，会使晶体的主要结构发生较大变化。从而改变了 Eu^{2+}的格位环境，而导致发光结构的变化。由于铝与锶之间比例的变化，荧光粉的发光颜色也发生非常明显的改变。

王惠琴等[83]研究了 nSrO · 7Al_2O_3：0.03Eu^{2+}+0.15B_2O_3 中 Sr 含量对发光峰波长的影响时，观察到随着 n 的增大，发射光谱主峰发生不同程度红移(表 8-4)。

表 8-4 SrO 含量对 nSrO · 7Al_2O_3：0.03Eu^{2+}+0.15B_2O_3 发射峰波长的影响

n	1	2	3	4	5	6	7	8	9	10
发射波长/nm	394	398	490	490	500	517	517	520	520	590
	520	410	—	—	—	—	—	—	590	520

林元华等[78]认为，根据 SrO-Al_2O_3 系列相图，只要控制一定的 Al_2O_3/SrO 摩尔比和烧成温度，即可合成多种 xSrO · $y$$Al_2O_3$ 相。在不同相中，Eu^{2+}所处的环境不同，因而 5d 能级会产生不同的劈裂，其劈裂能级的高低会影响 Eu^{2+}发射波长的位置，从而获得发光颜色从紫色到绿色的多种发光材料，见表 8-5。

表 8-5　*x*SrO · *y*Al_2O_3 系发光材料的主发射峰波长

荧光体	Al_2O_3/SrO（摩尔比）	λ_E/nm	发光颜色
SrO · Al_2O_3：Eu^{2+}, Dy^{3+}	1	520	黄绿
4SrO · 7Al_2O_3：Eu^{2+}, Dy^{3+}	1.75	486	蓝绿
SrO · 2Al_2O_3：Eu^{2+}, Dy^{3+}	2	480	蓝绿
SrO · 6Al_2O_3：Eu^{2+}, Dy^{3+}	6	395	紫

(3) 基质中掺杂的影响。宋庆梅等[60]首次观察到在 $SrAl_2O_4$：Eu^{2+}基质中掺镁的长余辉现象，在 Al_2O_3、$SrCO_3$ 和 Eu_2O_3 的混合物中，掺杂少量 MgO，混合磨匀，先在 1500℃高温电炉中灼烧 3 h，然后在还原气氛中与 1200℃灼烧 2 h，冷却，研磨，得到掺 Mg 的 $SrAl_2O_4$：Eu^{2+}。Mg^{2+}作为杂质掺入后，置换了 Sr^{2+}，对发射光谱并无影响，而使强度增强（见图 8-23）。由于 Mg^{2+}与 Sr^{2+}的价电子数相同，为等电子杂质。对于等电子杂质，只有当杂质离子与被置换的基质离子半径差别较大时，才可能导致较显著的晶体缺陷，从而形成杂质陷阱。Mg^{2+}离子半径为 60 pm，Sr^{2+}离子半径为 112 pm，两者相差较大，更有利于满足形成杂质陷阱的条件。

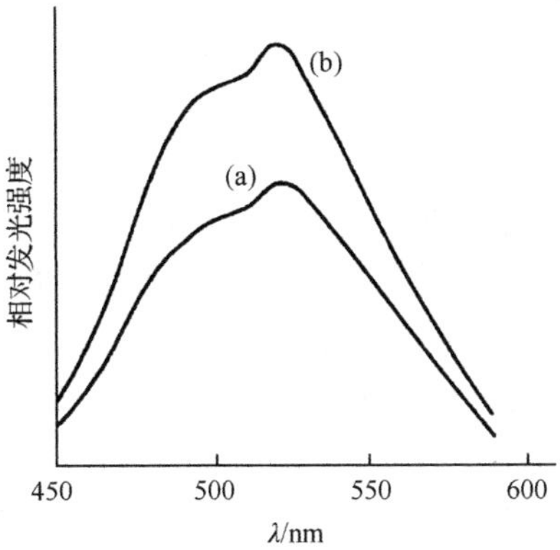

图 8-23　$SrAl_2O_4$：Eu^{2+}(a) 和掺杂 Mg 的 $SrAl_2O_4$：Eu^{2+}(b) 的发射光谱（λ_{ex}=320 nm）

Eu^{2+}的 $4f^65d \rightarrow 4f^7$ 跃迁是允许跃迁，其荧光寿命很短，通常发光衰减很快，而掺 Mg 的 $SrAl_2O_4$：Eu^{2+}材料呈现长余辉发光，说明必然存在着电子陷阱能级。通过热释光谱证实其电子陷阱的存在。图 8-24 为掺 Mg 的 $SrAl_2O_4$：Eu^{2+}的热释光谱，其峰值 343 K，以半宽法公式 $E=2kT_m^2/(T_2-T_1)$ 可求得电子陷阱的深度为 0.311 eV。式中，k 为玻尔兹曼常数；T_m 为峰值温度；T_1、T_2 分别为曲线上升与下降阶段半高处所对应的温度。

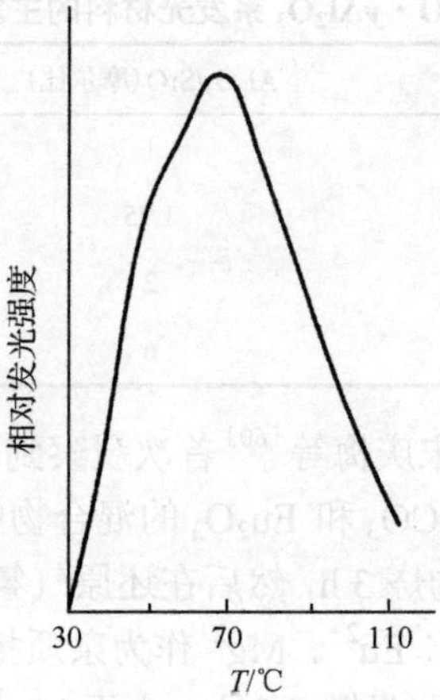

图 8-24　掺 Mg 的 $SrAl_2O_4$：Eu^{2+}的热释光谱

宋庆梅等又测定了掺 Mg 的 $SrAl_2O_4$：Eu^{2+}发光材料的光电导，发现当材料受近紫外光照射时，表现明显的光电流，此时的电导率比无光照时大 2 倍以上，表明在光照时基质中的电子被激发到导带。综合这些结果，他们认为：在近紫外光的激发下，Eu^{2+}及基质均被激活，在 Eu^{2+}进行 5d→4f 允许跃迁发光的同时，许多导带中的电子被陷阱能级俘获，在激发停止后，陷阱中的电子在热扰动下缓慢地释放到导带，然后与空穴复合激发 Eu^{2+}，导致 Eu^{2+}发光，形成了长余辉。

1991 年宋庆梅等[58]对 $4(Sr_{1-x}Eu_x)O \cdot 7Al_2O_3$ 的合成研究时发现，加入少量 $(NH_4)_2HPO_4$ 可以显著增强磷光体的发射；当 P_2O_5 的摩尔分数为 0.075 时，磷光体的发射强度最高，相对发光强度为未加磷的 150%；摩尔分数超过 0.1 时，发光强度趋于下降。X 射线衍射分析结果表明，磷进入了晶格。而且，随着 P_2O_5 含量的增加，发射光谱的主峰发生蓝移。研究者认为，这个现象与阴离子基团的电负性有关，磷的电负性(2.1)比铝的电负性(1.5)大，在阴离子基团加入磷，可以更多地与 O^{2-}离子共享电子，使整个阴离子基团的相对电负性增大，它与 Eu^{2+}离子之间化学键的离子性增强，而共价性减弱，导致之间的能级差加大，从而使 Eu^{2+}离子的发射向短波方向移动。

4. 粒度对余辉强度的影响

高温固相反应法的灼烧温度高，反应时间长，产物晶粒大，密度高，硬度大。尽管从提高发光亮度的角度出发，产物粒径越大，发光亮度越高。然而，实际应用需要粉末状材料的粒度较小，这就必须经过球磨工艺过程，而研磨有可能破坏部分长余辉材料晶体的完整性，从而影响材料的发光亮度和余辉特性，甚至会使发光性能大幅度下降。

图 8-25 表示粒度对长余辉材料 $Sr_4Al_{14}O_{25}:Eu^{2+}, Dy^{3+}$余辉强度的影响[84]，平均粒径 30 μm 的材料的余辉强度仅为 60 μm 的材料的 65%。

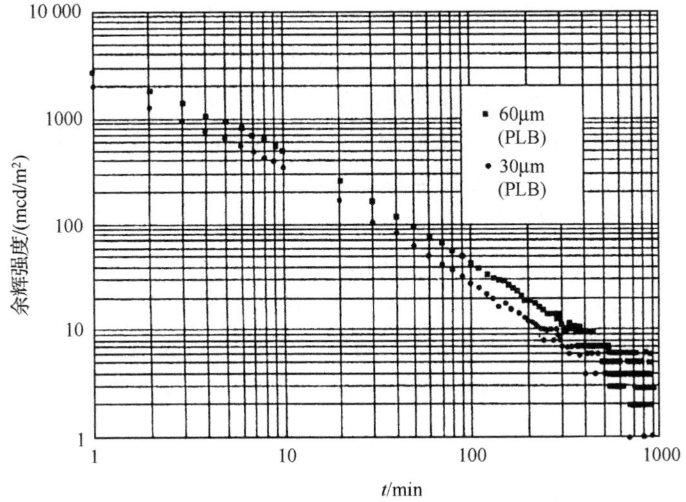

图 8-25　粒度对余辉特性的影响

5. 材料的形态对发光性能的影响[6]

目前对 Eu^{2+}激活的碱土铝酸盐的多晶粉末研究最多，此外，关于 Eu^{2+}碱土铝酸盐的单晶、单晶纤维、玻璃、薄膜和陶瓷等不同形态长余辉材料也有报道[85]，它们也具有长余辉发光的特性。单晶同粉末多晶相比较，其光谱是相同的，但余辉时间有所变化。例如与粉末相比较，$SrAl_2O_4:Eu^{2+}$单晶的余辉时间变短[86]；而 $CaAl_2O_4:Eu^{2+}$单晶的余辉时间与粉末状的相同。薄膜长余辉发光材料的余辉时间比粉末大大缩短。例如，$SrAl_2O_4:Eu^{2+}$晶态薄膜其余辉时间由粉末的数十个小时缩短到约 2 h[87]，其原因是材料形态的改变可能会导致陷阱数量和深度发生变化，热释发光也有变化。例如，$SrAl_2O_4:Eu^{2+}$粉末的热释发光峰在 348 K[70]，薄膜有 200 K 和 350 K 两个峰[87]，单晶则有 280 K、310 K 和 370 K 三个峰[88]。多个热释发光峰的出现与基质中存在多个陷阱中心有关。

比较 $SrAl_2O_4:Eu^{2+}, Dy^{3+}$纳米粉与微米粉的热释光谱可知[89]，两者均有一个发光峰，峰值温度略有差别。$SrAl_2O_4:Eu^{2+}, Dy^{3+}$纳米粉热释发光峰值位于 157℃ (430 K)，比微米粉 $SrAl_2O_4:Eu^{2+}, Dy^{3+}$发光粉的 170℃ (443 K) 低 13℃。根据公式 $E=KT_m^2/(T_2-T_m)$，其陷阱能级深度 E=0.568 eV。这说明 $SrAl_2O_4:Eu^{2+}, Dy^{3+}$发光粉由微米级变为纳米级时，陷阱能级变浅。

6. 制备工艺的影响

稀土激活的碱土铝酸盐长余辉材料制备方法较多，且各有其特点。

采用高温固相反应法制备长余辉材料是应用最早和最多的方法，也是目前能真正实现工业化生产的方法。制备过程中，原料的纯度、配比、助溶剂的种类和用量、灼烧温度、气氛和时间等都对产品质量有明显的影响。

以碱土铝酸盐为基质的长余辉材料的一般烧成温度为 1300～1600℃，甚至1700℃。为此在合成过程中往往需要添加适量的 B_2O_3 等助溶剂降低灼烧温度。B_2O_3 的添加量可能对材料的发射峰的位置和发光强度产生影响。宋庆梅等[58]在对 $4(Sr_{1-x}Eu_x)O\cdot 7Al_2O_3$(即 $Sr_4Al_{14}O_{25}:Eu^{2+}$)的研究中发现，不添加 B_2O_3 时，在 290 nm 紫外光的激发下，发射光谱包括 410 nm 处和 520 nm 处的两个谱带；随着 B_2O_3 添加量的增加，520 nm 发射峰向短波方向移动。添加一定量的 B_2O_3 有利于提高发射强度，当 B_2O_3 的摩尔分数为 0.15～0.20 时，荧光体发射强度最高。

高温固相反应法的固有的缺点是灼烧温度高，都在 1300℃以上；反应时间长，大约在 6～8 h。由于需要经历数小时高温下的晶体缓慢生长过程，产物晶粒大，密度高，硬度大。而球磨过程中会破坏部分长余辉材料晶体的完整性，从而影响材料的发光亮度和余辉特性，甚至会使发光性能大幅度下降。

人们在完善高温固相法的同时，致力于寻求各种温和、快速而有效的合成方法。目前已报道了较多的方法如：溶胶–凝胶法[90]、燃烧法[83]、水热法[91]、微波法[92]、沉淀法[93]等等。各种制备方法各有特点，但所制备的产品在质量和形态方面也有所差别。

值得注意的是长余辉材料的制备属于高纯物质制备的范畴，它们的共同特点是对原料纯度的要求很高，即使含量极低的杂质也会严重损害材料的发光性能，特别是 Fe、Co、Ni 等这类杂质对发光有严重的猝灭作用。

8.3.4　稀土铝酸盐长余辉材料的发光模型

长余辉发光材料的发光原理是在紫外光等激发时，电子跃迁到激发态，有一定能量深度的陷阱能级从激发态捕获了足够数量的电子，并储存起来。当紫外光停止激发后，储存在陷阱能级的电子在室温的热扰动下逐渐地释放出来，释放出的电子再跃迁到激发态，电子从激发态返回基态时产生特征的发光。由于电子的释放是一个持续过程，因而材料的发光表现出长余辉的特征。

产生长余辉的关键是缺陷及其能量传递，理论上，在材料中存在深度合适的陷阱，并且陷阱能与发光离子发生有效的能量传递时，任何一种发光材料都可以成为长余辉发光材料。但是，并不是吸收的能量持续增加就会使余辉时间延长，若是足够的能量使陷阱中的电子全部一次性返回激发态能级，并不会有助于余辉时间的延长，反之，吸收的能量小，不足以使电子返回激发态能级，也观察不到长余辉现象，因此，长余辉时间的长短取决于陷阱中的电子的数量和返回激发态能级速率，长余辉强度则取决于陷阱中的电子单位时间内返回激发态能级速率。通常陷阱深度影响发光的余辉性能，而缺陷浓度有利于提高发光强度。

对稀土激活碱土铝酸盐长余辉材料发光机制的研究一直是一个热点课题，其发光机理未弄清楚的主要原因是对材料中缺陷及其复杂性缺乏足够的认识以及缺乏研究缺陷的直接实验手段。对于 MAl_2O_4：Eu^{2+}, RE^{3+}(M 为碱土金属，RE^{3+}为稀土离子)的长余辉发光机理存在多种解释，特别是对于 $SrAl_2O_4$：Eu^{2+}, Dy^{3+}的余辉发光机理存在着各种不同的模型。目前主要有三种模型：空穴转移模型、位型坐标模型和激发态吸收协助的能量转移模型等，现分别简述如下：

1. 空穴转移模型

Matsuzawa 等[70]对 $SrAl_2O_4$：Eu^{2+}, Dy^{3+}的光电流测试表明，在紫外光停止激发后，光电流的衰减和余辉衰减特性相似。对材料加热时，热激光电流曲线中出现的峰值温度为 80℃(353 K)，与热释光曲线发光带峰值相似。在负电极上的光电流比正电极的约高 3 倍，这说明主要是空穴导电。$SrAl_2O_4$：Eu^{2+}, Dy^{3+}的光电导载流子是空穴在价带中的移动。由光电流和温度的关系曲线可知，从 100～200 K，光电流很快上升，然后缓慢增加到室温。按照阿伦尼乌斯方程可估计对光电导的激活能为 0.03 eV。

Adrie 等[94]的研究验证了电子陷阱在长余辉材料中的重要作用。

在 $SrAl_2O_4$：Eu^{2+}, Dy^{3+}体系中，主要有点缺陷 $V_O^{\cdot\cdot}$，$Eu_{Sr}^{\cdot}$，Eu_{Sr}^{x}，$Dy_{Sr}^{\cdot}$和 V_{Sr}''等以及缺陷的缔合体。

Matsuzawa 等[70]认为，在 $SrAl_2O_4$：Eu^{2+}磷光体中，当用 365 nm 紫外光激发时，Eu^{2+}产生 4f→5d 跃迁。光电导测量表明，在 4f 基态产生的空穴，通过热激活释放到价带，与此同时假设 Eu^{2+}转换成 Eu^{1+}，光照停止后，空穴与 Eu^{2+}复合，电子跃迁回低能级释放出能量，此复合过程发光。当掺杂 Dy^{3+}后 Eu^{2+}所产生的空穴通过价带迁移，被 Dy^{3+}俘获，Dy^{3+}转变为 Dy^{4+}。当紫外光激发停止后，由于热激发，被 Dy^{3+}俘获的空穴又释放到价带，空穴在价带中迁移至激发态的 Eu^{1+}附近，被 Eu^{1+}俘获，这样电子和空穴复合，于是产生了长余辉发光。这个过程如图 8-26 所示。

Jia 等[75]在 Matsuzawa 等[70]的基础上研究了 $SrAl_2O_4$：Eu^{2+}和 $SrAl_2O_4$：Eu^{2+}, Dy^{3+}单晶的发光动力学和光激励过程后，提出了如图 8-27 的 $SrAl_2O_4$：Eu^{2+}, Dy^{3+}的发光动力学模型，他们认为，在基质晶体中作为激活剂的 Eu^{2+}的 $4f^65d$→$^8S_{1/2}$的态间跃迁是发光的主要原因，Dy^{3+}充当陷阱中心。当 Eu^{2+}被激发到

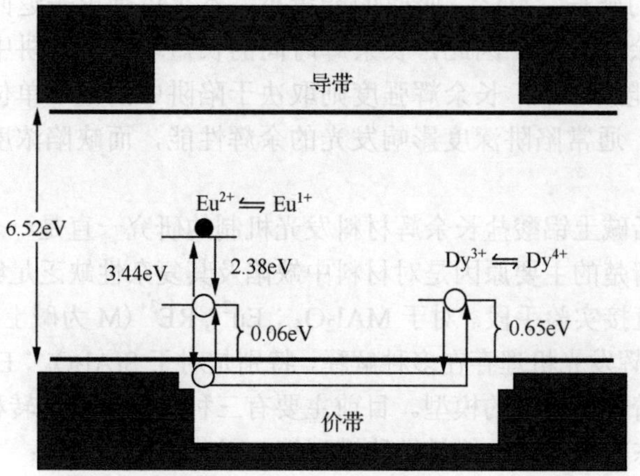

图 8-26　空穴转移模型

4f5d 状态(跃迁 1)后，迅速弛豫到介稳态(跃迁 2)。然后，电子返回基态(跃迁 3)，或者从价带中俘获 1 个电子而成为 Eu^{1+}，这个过程在价带中产生 1 个空穴，该空穴被 Dy^{3+}俘获，Dy^{3+}变为 Dy^{4+}(跃迁 4)。空穴的产生和其后的被俘获过程，可能被认为是一个简单的通过价带电子从 Dy^{3+}到 Eu^{2+}的转移过程。俘获过程极其迅速，与 Eu^{2+}的激发态寿命相近。也可以说，由于在 Eu^{2+}的寿命时间内空穴被 Dy^{3+}俘获，因而大量的被激发的 Eu^{2+}可以变成介稳态；这个过程将使 Eu^{2+}的寿命变短。从 Eu^{2+}的介稳态到 Dy^{3+}的能量转移(跃迁 5)可以忽略不计。光照停止后，通过热激活而发生脱离陷阱的过程，Dy^{4+}释放其俘获的空穴成为 Dy^{3+}；或者说，Eu^{1+}释放它所俘获的电子而恢复为 Eu^{2+}，空穴与电子复合从而产生长余辉发光。被俘获的空穴脱离陷阱的过程是一个热激活和空穴传递的组合过程，可归纳为 3 个状态：①被俘获的空穴通过热激活从 Dy^{4+}释放到价带；②空穴在价带中转移；③空穴与 Eu^{1+}发生复合。空穴的迁移速率影响余辉的衰减过程。

人们对“空穴转移模型”提出质疑：首先是 Eu^{1+}是否存在，以及镧系元素的三价离子态比较稳定，在可见光的激发下 Dy^{3+}能否生成 Dy^{4+}，至今没有证据证明，在基质中存在 Eu^{1+}和 Dy^{4+}、Nd^{4+}等异常价态的稀土离子，恰恰相反，材料的吸收光谱证实，Eu^{2+}、Dy^{3+}和 Nd^{3+}等稀土离子存在于 $SrAl_2O_4$：Eu^{2+}, Dy^{3+}(或 Nd^{3+})中。而且 Qiu 等[95-97]的实验证明，在 X 射线和激光辐照前后 Eu 离子和 Dy、Nd 等离子的吸收光谱没有差别，这些离子的价态并未发生变化；同时应该考虑，在氧化物中 Eu^{3+}的电荷迁移带，虽然随基质的不同而变化，但其数值都在 $30\times10^3\ cm^{-1}$之上，因此，由 $Eu^{2+}\rightarrow Eu^{1+}$需几个 eV 或更高的能量，这与 $SrAl_2O_4$：Eu^{2+}能用可见光的激发产生长余辉现象的事实相矛盾。

另外，空穴在价带中迁移至激发态的 Eu^{1+}附近，被 Eu^{1+}俘获，空穴在 4f 基态附近，而 Eu^{1+}在 Eu^{2+}的激发态附近，不可能造成空穴在 Eu^{1+}附近。

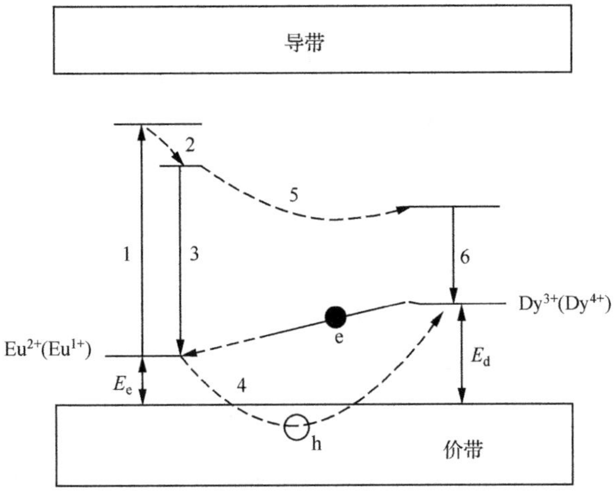

图 8-27　$SrAl_2O_4$：Eu^{2+}, Dy^{3+}的发光动力学模型

2. 位型坐标模型

文献[5, 6]介绍用位型坐标来描述出 Eu^{2+}长余辉发光的过程。图 8-28 是“位型坐标模型”的示意图。A 与 B 分别为 Eu^{2+}基态和激发态能级，位于 A 与 B 之间的 C 能级为陷阱能级。陷阱能级 C 可以是掺入的杂质离子如一些三价稀土离子所引起的；C 可以捕获电子或空穴，长余辉发光就是被捕获在陷阱能级 C 中的电子或空穴在热激活下与空穴或电子复合而产生；苏锵等[62]认为 C 仅捕获电子，当电子受激发从基态到激发态后，一部分电子跃迁回低能级发光，另一部分电子通过弛豫 3 过程储存在陷阱能级 C 中，当 C 中的电子吸收能量时，重新受激发回到激发态能级 B，跃迁回基态而发光，长余辉时间的长短与储存在陷阱能级 C 中的电子数量及吸收能量(热能)有关。

“位型坐标模型”描述回避了空穴模型所出现的疑问如 Eu^{1+}、Dy^{4+}的问题，但过于简单、笼统，未反映长余辉发光的实质；同时，对未掺杂辅助激活离子的长余辉材料，如 $SrAl_2O_4$：Eu^{2+}，其长余辉发光缺乏合理解释，也未考虑基质的作用，认为 C 陷阱能级仅捕获电子，又如何说明样品中空穴导电的现象，仍然无法很好地解释各种相关实验数据。

3. 激发态吸收协助的能量转移模型

Aitasalo 为了避免这种矛盾的产生，提出了激发态吸收协助的能量转移模型，如图 8-29 所示[98]，他认为材料在受激发期间，电子直接通过激发态吸收的过程吸收能量并跃迁至较高陷阱能级，而空穴则被基质中的陷阱俘获。随后，在热激励下电子与空穴复合，并通过无辐射跃迁的方式将能量传递给 Eu^{2+}，产生长余辉。

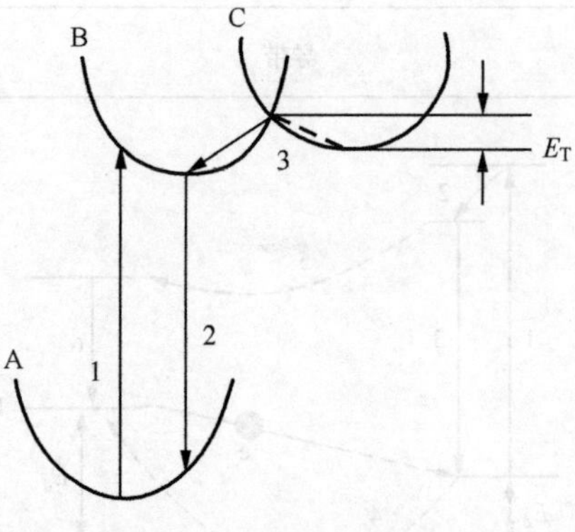

图 8-28　位型坐标模型

这种模型虽然很好地避免了 Eu^{1+} 是否存在的问题，但是，此模型存在新的问题，即在这种吸收过程中激发态必须要有相当长的寿命，才能满足弱光源激励下的双光子吸收，否则需要激光等强光源才能产生吸收，而恰恰是 Eu^{2+} 的激发态寿命较短。此外，这种模型也无法解释在余辉发光过程中的光电流现象。

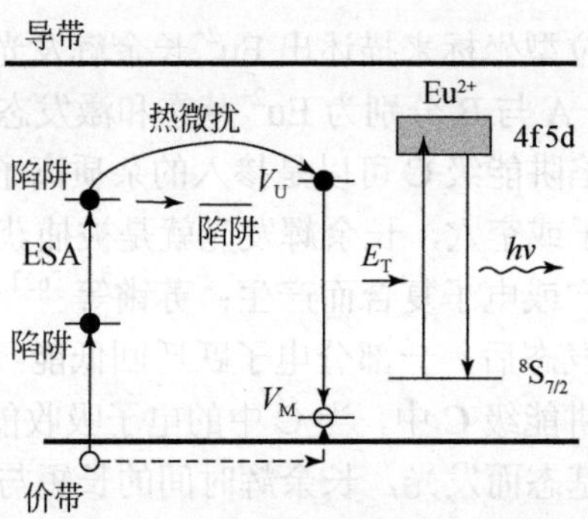

图 8-29　激发态吸收协助的能量转移模型

Aitasalo 等[99]试图用双光子吸收来解释 $SrAl_2O_4$：Eu^{2+}, Dy^{3+} 的长余辉发光机理，但 $SrAl_2O_4$：Eu^{2+}, Dy^{3+} 在白炽灯激发下即可产生长余辉，而在此条件下双光子吸收几乎是不可能的。

对于 Ce^{3+}、Pr^{3+}、Tb^{3+} 等掺杂的长余辉材料的发光机理主要有“能量传递模型”和“电子转移模型”两类。由于“能量传递模型”和“电子转移模型”主要针对 Ce^{3+}、Pr^{3+}、Tb^{3+} 等容易形成+4 价的三价稀土离子的长余辉材料发光机理，而且目前这些材料的发光强度与余辉时间均较差，达不到使用要求，它们与 Eu^{2+} 长余辉发光机制不同。

“能量传递模型”[63-65]认为，对于 Ce^{3+}、Pr^{3+}、Tb^{3+} 等三价稀土离子，容易形成+4 价氧化态，因此在晶体或玻璃体系中三种元素可以分别以+3 和+4 价两种氧化态共存，这样，RE^{4+}能够成为电子陷阱中心，RE^{3+}可以作为空穴陷阱中心，这些被缺陷中心所捕获的空穴和电子在激发停止后在热扰动下进行复合，释放出的能量传递给三价稀土离子，激发其基态电子跃迁到激发态，最终导致三价稀土离子的特征长余辉发光。

但是在还原气氛中，这些稀土离子的+4 价氧化态是不易形成的，此时样品在紫外光或激光激发下产生电子和空穴，并可分别被不同的缺陷所捕获。激发停止后，缺陷中的电子和空穴复合产生的能量传递给稀土离子。由于 Ce^{3+}、Pr^{3+}、Tb^{3+}相对其他离子来说具有较低的 5d→4f 跃迁能量，因此电子和空穴复合释放出的能量与 Ce^{3+}、Pr^{3+}、Tb^{3+}离子的相应能级匹配，又由于电子和空穴陷阱的深度比较合适，所以在室温下就可以观察到这些离子的长余辉发光。需要指出的是，以碱土离子作为组分的晶体和玻璃体系中，氧离子空位起了至关重要的作用，因为氧离子空位可以捕获电子成为电子陷阱，至于空穴陷阱可以是体系中存在 Al^{3+}离子空位或其他缺陷甚至是 Ce^{3+}等稀土离子。这些体系中氧离子空位的存在已经被电子顺磁共振波谱(EPR)所证实。

“电子转移模型”[65, 100]认为，在 Tb^{3+}等稀土离子激活的晶体或玻璃体系中，电子转移对其长余辉发光起了关键作用，即在紫外光作用下，一部分 Tb^{3+}被氧化为$(Tb^{3+})^+$，释放的电子由氧离子空位捕获，在热扰动下，电子再从氧离子空位中释放出来与光电离的$(Tb^{3+})^+$复合产生特征的长余辉发光。发光过程表示如下[62]：

当紫外光照射时

$$Tb^{3+}+UV\rightarrow(Tb^{3+})^{+}+e^{*}$$

$$e^{*}+\text{氧离子空位}\rightarrow F^{+}\text{心}$$

当紫外光停止照射后

$$F^{+}\text{心}+\text{声子}\rightarrow\text{氧离子空位}+e^{*}$$

$$e^{*}+(Tb^{3+})^{+}\rightarrow Tb^{3+}+{}^5D_i\rightarrow{}^7F_j\text{跃迁发射}$$

式中，$(Tb^{3+})^+$表示被光氧化的 Tb^{3+}，以示与一般的 Tb^{4+}的区别；e^*表示激发态电子。

稀土离子在长余辉材料中的作用机理还不十分清楚，其行为可从稀土元素变价倾向中得到启发。由稀土元素的变价倾向可知，Ce^{3+}、Pr^{3+}、Tb^{3+}易氧化为四价离子，Sm^{3+}、Eu^{3+}、Tm^{3+}、Yb^{3+}易还原为二价离子，对 Nd^{3+}、Dy^{3+}来说，形成四价和二价离子的倾向相同，且变价倾向并不强烈；Ho^{3+}稍微具有二价倾向；Er^{3+}变价倾向极弱，La^{3+}、Gd^{3+}、Lu^{3+}几乎没有变价倾向。

4. $SrAl_2O_4$：Eu^{2+}的缺陷发光机理

考虑到 $SrAl_2O_4$：Eu^{2+}的发光机理更为简单，具有普遍意义，因此，弄清楚 $SrAl_2O_4$：Eu^{2+}的发光机理有利于搞清楚稀土长余辉材料的发光机理和本质，在此着重讨论 $SrAl_2O_4$：Eu^{2+}的发光机理。

(1)基质的本征缺陷。稀土长余辉材料除要求基质本身不发光或存在微弱的发光外，同时需要基质具有特定的晶体结构和要求基质在合成过程中易于产生缺陷。已经证明不同基质结构和合成工艺条件的发光性能不同。

从图8-30示出合成的$SrAl_2O_4$(S1)、$SrAl_2O_4$：Eu(S2)、$SrAl_2O_4$：Eu^{2+}, Dy^{3+}(S3)长余辉样品的XRD图谱，从图8-30可见，它们的晶体结构均与JCPDS 34-0379标准卡片符合，为单斜晶系的磷石英结构，空间群$P2_1$，晶格参数为a=0.844 nm，b=0.882 nm，c=0.516 nm，β=93.41°。$SrAl_2O_4$具有两个相，一个是高温六角相(β相)，一个是低温单斜相(α相)，其相变温度发生在650℃，α相的晶体结构来自β相的轻微扭变，通常所合成的样品为α相。

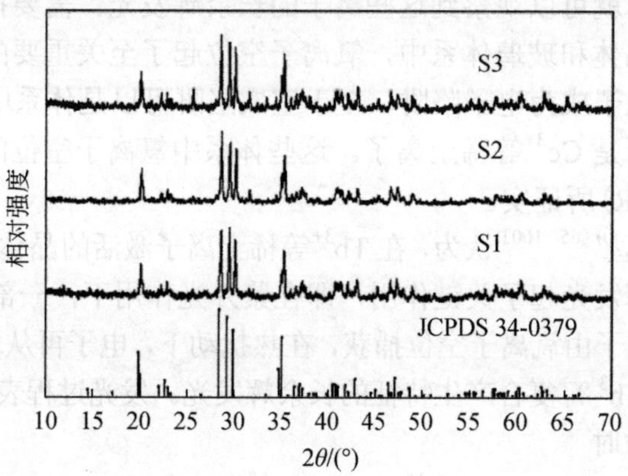

图8-30 $SrAl_2O_4$：Eu和$SrAl_2O_4$：Eu^{2+}, Dy^{3+}的XRD图谱

铝酸锶具有长余辉材料特征的基质，按照化学配比所合成的粉体晶格中总会存在一定程度的SrO不足，而且在弱还原性气氛中合成有可能进一步加剧这一现象。当SrO不足时，经高温固相反应会产生锶离子空位V_{Sr}''和氧离子空位$V_O^{\cdot\cdot}$。氧离子空位可以捕获电子成为电子陷阱，锶离子空位V_{Sr}''可以捕获空穴成为空穴陷阱。一般高温固相反应在还原气氛中合成$SrAl_2O_4$基质往往会产生氧缺陷，通常样品中$V_O^{\cdot\cdot} > V_{Sr}''$。$V_O^{\cdot\cdot}$的存在已经在类似体系中被电子顺磁共振波谱(EPR)所证实。

李亚栋等[101]发现$Sr_3Al_2O_6$在不需要任何掺杂离子的条件下可激发出红光(发射峰在655 nm)，表明在铝酸盐中存在着缺陷发光。

RE^{3+}作为辅助激活离子的加入改变了晶格的形态，从而产生杂质缺陷能级。Eu^{2+}半径(0.118 nm)和Dy^{3+}半径(0.103 nm)接近Sr^{2+}半径(0.117 nm)，而远远大于Al^{3+}半径(0.054 nm)，当Eu^{2+}、Dy^{3+}进入晶格时将占据Sr^{2+}的晶格位置。Eu^{2+}的离子半径更接近于Sr^{2+}半径，因此，引起晶格畸变相对较小。

以三价稀土离子RE^{3+}不等价取代MAl_2O_4中的碱土金属离子时，产生的陷阱能级的深度与基质和结构密切相关，因而随基质材料的不同，材料表现出不同的余辉特性。

在合成过程中由于 Eu^{2+}、Dy^{3+}掺入晶格会产生一定的晶格畸变，因而需克服一定的能垒，而且掺入晶格时的取代反应存在一个平衡，Eu^{2+}、Dy^{3+}不可能完全按照化学配比掺入晶格，因此，滋长了更多缺陷。

(2) $SrAl_2O_4$：Eu^{2+}合成中的缺陷反应。$SrAl_2O_4$：Eu^{2+}通常采用高温固相反应制备，其原料为 Eu_2O_3，均需在还原气氛中才能获得较好的长余辉发光。

在 $SrAl_2O_4$ 中 Eu^{3+}取代 Sr^{2+}离子格位存在以下缺陷化学反应式：

$$2Eu^{3+}+3Sr^{2+}\rightarrow 2Eu_{Sr}^{\cdot}+V_{Sr}''+3O_O^{x}$$

$$Eu_{Sr}^{\cdot}+V_{Sr}''\rightarrow (Eu_{Sr}V_{Sr})'$$

式中，$Eu_{Sr}^{\cdot}$表示 Eu^{3+}取代 Sr^{2+}格位后所产生的缺陷，带 1 个单位的正电荷；V_{Sr}''表示 Sr^{2+}离子空位；$(Eu_{Sr}V_{Sr})'$表示 $Eu_{Sr}^{\cdot}$和 V_{Sr}''缔合生成的缺陷。

从反应式中可以看出，Eu^{3+}取代 Sr^{2+}后，生成缺陷 $Eu_{Sr}^{\cdot}$和 V_{Sr}''。由于 $Eu_{Sr}^{\cdot}$带 1 个单位的正电荷，取代 Sr^{2+}格位后会造成电荷分布的不平衡，吸引荷负电的载荷子来中和多余的正电荷，即带负电的锶离子空位 V_{Sr}''就聚集在 $Eu_{Sr}^{\cdot}$周围以达到体系的电中性平衡，同时形成可捕获空穴的陷阱。聚集在 $Eu_{Sr}^{\cdot}$周围的锶离子空位 V_{Sr}''能形成缔合离子 $(Eu_{Sr}V_{Sr})'$带有一个负电荷，可以成为空穴陷阱。

在还原气氛条件下，Eu^{3+}被还原为 Eu^{2+}，生成缺陷 Eu_{Sr}^{x}为中性，同时释放 1 个空穴，其缺陷还原反应式为：

$$Eu_{Sr}^{\cdot}\rightarrow Eu_{Sr}^{x}+h$$

式中，Eu_{Sr}^{x}表示处于 Sr^{2+}格位上的 Eu^{3+}被还原为 Eu^{2+}；h 为空穴。

在 $SrAl_2O_4$：Eu^{2+}体系中当 Eu^{2+}取代 Sr^{2+}离子格位，并以+2 价态存在时，Eu_{Sr}^{x}或 Eu^{2+}为 $SrAl_2O_4$ 体系的发光中心。然而在还原气氛中制备 $SrAl_2O_4$：Eu^{2+}时，在实际反应中大量的 Eu^{3+}被还原为 Eu^{2+}，但仍存在少量的 Eu^{3+}生成的缺陷，此结果已被大量实验所证明。

在氧化物体系 Eu^{3+}还原成 Eu^{2+}不可能完全，同时已形成的缺陷状态也不易改变。文献［102，103］在还原气氛下合成 $Sr_3Al_2O_6$，合成温度为 1000℃的情况下，$Sr_3Al_3O_6$ 材料中的 Eu 离子仍是+3 价，只有在温度更高时才能使 Eu^{3+}转变为 Eu^{2+}。

徐旭等[104]利用高温固相法制备了立方晶系的 $Sr_3Al_2O_6$，在 Sr/Al 比值较低的样品中出现了少量的 $SrAl_2O_4$ 杂相。激发光谱和发射光谱显示，单掺 Eu 的样品中出现了 Eu^{3+}和 Eu^{2+}的特征谱峰。而 Eu、Dy 共掺杂的样品 Eu^{3+}全部被还原，认为 Dy^{3+}的掺杂有利于 Eu^{3+}的还原。

综上所述，在 $SrAl_2O_4$：Eu^{2+}晶格中主要存在如下几种点缺陷：取代 Sr^{2+}格位的 Eu^{2+} (Eu_{Sr}^{x}) 和 Eu^{3+} ($Eu_{Sr}^{\cdot}$)，锶离子空位 (V_{Sr}'') 和氧离子空位 ($V_O^{\cdot\cdot}$) 等。其中 Eu_{Sr}^{x}呈电中性，$Eu_{Sr}^{\cdot}$带有一个正电荷，$V_O^{\cdot\cdot}$带有 2 个正电荷，V_{Sr}''则带有 2 个负电荷。缺陷 Eu_{Sr}^{x}中的 Eu^{2+}既是发光中心也是余辉发光中心，但对余辉时间影响不大。由于 $Eu_{Sr}^{\cdot}$和 $V_O^{\cdot\cdot}$带有正电荷，具有捕获电子的能力，因而可作为电子陷阱；锶离

子空位(V_{Sr}'')带有负电荷能捕获空穴，可作为空穴陷阱。聚集在$Eu_{Sr}^{\cdot}$周围的锶离子空位V_{Sr}''能形成缔合离子$(Eu_{Sr}V_{Sr})'$并带有一个负电荷，可以成为空穴陷阱。

在未掺杂Dy^{3+}的情况下，$SrAl_2O_4$:Eu 体系存在长余辉特性，但初始发光亮度和余辉时间都比掺杂Dy^{3+}后要差许多，说明其所捕获的空穴数量相对较少。

在 $SrAl_2O_4$:Eu^{2+}, Dy^{3+}的制备过程中稀土的掺杂以及基质组成的变化都会导致点缺陷的产生。以Dy_2O_3为原料，在还原气氛下Dy^{3+}不易变成Dy^{4+}，故Dy^{3+}掺入晶格是一种异价取代过程，Dy^{3+}取代Sr^{2+}格位，生成缺陷$Dy_{Sr}^{\cdot}$，带 1 个单位正电荷，为了保持电荷平衡，每两个Dy^{3+}掺入晶格就会产生一个锶离子空位，导致两种点缺陷的产生 $Dy_{Sr}^{\cdot}$和锶离子空位 V_{Sr}''，锶离子空位 V_{Sr}''将聚集在缺陷$Dy_{Sr}^{\cdot}$周围，并能形成缔合离子$(Dy_{Sr}V_{Sr})'$带有一个负电荷，可成为空穴陷阱。两种点缺陷产生的缺陷化学反应式表示为:

$$2Dy^{3+}+3Sr^{2+}\rightarrow 2Dy_{Sr}^{\cdot}+V_{Sr}''+3O_O^{x}$$

$$Dy_{Sr}^{\cdot}+V_{Sr}''\rightarrow (Dy_{Sr}V_{Sr})'$$

在 $SrAl_2O_4$:Eu^{2+},Dy^{3+}晶格中主要存在如下几种点缺陷：取代 Sr^{2+}位置的Eu^{2+}(Eu_{Sr}^{x})、Eu^{3+}($Eu_{Sr}^{\cdot}$)和Dy^{3+}($Dy_{Sr}^{\cdot}$)，锶离子空位(V_{Sr}'')和氧离子空位($V_O^{\cdot\cdot}$)等。其中Eu_{Sr}^{x}呈电中性，$Eu_{Sr}^{\cdot}$和$Dy_{Sr}^{\cdot}$带有一个正电荷，$V_O^{\cdot\cdot}$带有 2 个正电荷，V_{Sr}''则带有 2 个负电荷。缺陷Eu_{Sr}^{x}中的Eu^{2+}既是发光中心也是余辉发光中心。由于$Eu_{Sr}^{\cdot}$、$Dy_{Sr}^{\cdot}$和$V_O^{\cdot\cdot}$带有正电荷，具有捕获电子的能力，因而可作为电子陷阱；锶离子空位(V_{Sr}'')带有负电荷，能捕获空穴，可作为空穴陷阱。聚集在缺陷$Dy_{Sr}^{\cdot}$周围的锶离子空位 V_{Sr}''将能形成缔合离子$(Dy_{Sr}V_{Sr})'$带有一个负电荷以及聚集在$Eu_{Sr}^{\cdot}$周围的锶离子空位V_{Sr}''能形成缔合离子$(Eu_{Sr}V_{Sr})'$并带有一个负电荷，可以成为空穴陷阱，其中$Dy_{Sr}^{\cdot}$浓度远大于$Eu_{Sr}^{\cdot}$，其原因在于大部分Eu^{3+}已被还原。

(3) 热释光谱测定缺陷。带负电的锶离子空位 V_{Sr}''在 $SrAl_2O_4$体系中形成可捕获空穴的陷阱，锶离子空位 V_{Sr}''的不同来源决定了陷阱不同的能级深度。胡劲等[105]认为 0.0024eV 能级对应$SrAl_2O_4$体系本征缺陷Sr^{2+}空位 V_{Sr}''，0.49eV 能级对应Eu^{3+}掺杂产生的Sr^{2+}空位V_{Sr}''，而 0.46eV 能级对应Dy^{3+}掺杂产生的Sr^{2+}空位 V_{Sr}''，本征 Sr^{2+}空位形成的陷阱能级浅，所捕获的空穴很容易逸出，对余辉性能贡献不大；Eu^{3+}掺杂产生的 Sr^{2+}空位能级较深，空穴逸出功较大；Dy^{3+}掺杂产生的 Sr^{2+}空位 V_{Sr}''能级深度合适，所捕获的空穴密度最大，决定了发光材料的余辉性能。

Singh 等[106]根据热释光光谱和电子自旋共振光谱分析了$Ca_3Al_2O_6$:Eu^{3+}发光粉体中的热释光峰的峰位和相应的缺陷类型，得出热释光峰位为 195℃、325℃和 390℃的热释光峰分别来源于V_{Ca}和两种不同的V_O。因为$SrAl_2O_4$的禁带宽度为 7.4 eV[107]，而$Sr_3Al_2O_6$的禁带宽度为 6.3 eV[108]。

综合上述分析，可清晰地认识到稀土长余辉材料中发光和余辉起主要作用的因素如下。

(1) 长余辉发光的形成与体系中缺陷及其相互作用有关，缺陷形成为陷阱中心，合适的陷阱深度有利于延长余辉。缺陷的缔合作用有利于解释长余辉现象。缺陷不仅提供了传输通道，而且缺陷量增加将使传输中更加通畅，有利于增长余辉时间和发光强度。

(2) 基质 $SrAl_2O_4$ 中存在本征缺陷 $V_O^{\cdot\cdot}$ 和 V_{Sr}''，它们将在长余辉发光中起重要作用；其中 V_{Sr}'' 属于空穴陷阱，在价带附近，而 $V_O^{\cdot\cdot}$ 属于电子陷阱，靠近导带。

(3) Sr_2AlO_4：Eu^{2+}的稀土长余辉材料中的发光属于 Eu^{2+}的 f-d 跃迁的的宽带特征吸收和发射。Eu^{2+} (0.118 nm) 与 Sr^{2+} (0.117 nm) 的离子半径接近，Eu^{2+}取代 Sr^{2+}，导致晶格能量变化较小，所产生缺陷的陷阱深度相对较浅。

(4) 在 Sr_2AlO_4：Eu^{2+}的长余辉发光材料中存在未还原的 Eu^{3+}能形成 $Eu_{Sr}^{\cdot}$缺陷，同时增加了 V_{Sr}''，其中 $Eu_{Sr}^{\cdot}$与 V_{Sr}'' 缔合形成 $(Eu_{Sr}V_{Sr})'$ 可作为空穴陷阱；处于激发态的 Eu_{Sr}^{x} 或 Eu^{2+}能与 $V_O^{\cdot\cdot}$ 缔合形成 $(Eu_{Sr}V_O)^{\cdot\cdot}$ 可作为电子陷阱，其能级位于激发态的 Eu_{Sr}^{x} 或 Eu^{2+}与 $V_O^{\cdot\cdot}$ 之间，它们对余辉产生起着重要作用。

(5) Dy^{3+}等三价稀土离子作为辅助激活离子，取代 Sr^{2+}生成缺陷 $Dy_{Sr}^{\cdot}$，大大增加缺陷 V_{Sr}'' 数量，其中 $Dy_{Sr}^{\cdot}$与 V_{Sr}'' 缔合形成 $(Dy_{Sr}V_{Sr})'$ 可作为空穴陷阱，增加了陷阱数目，将有利于增长余辉时间，对长余辉发光起到重要的作用。

(6) 在长余辉材料中的缺陷能级与 Eu^{2+}的能级既要分开又有相互作用。Sr_2AlO_4：Eu^{2+}长余辉衰减曲线表明，主要存在两个过程，即快过程和慢过程，两种机理不同，最初的快速衰变与 Eu^{2+}离子的本征寿命相关，快过程主要为 Eu^{2+}的 f-d 跃迁，慢过程为由缺陷控制的 Eu^{2+}发光，余辉来自于陷阱释放电子和空穴的能力和它们的迁移速率。

根据以上的认识我们认为稀土激活的碱土铝酸盐长余辉材料发光的基本过程(见图 8-31)是在紫外光等激发时，Eu^{2+} (Eu_{Sr}^{x}) 基态能级的电子跃迁到激发态，激发态上聚集的大量电子，部分电子进入电子陷阱，即储存在具有捕获电子能力的 $(Eu_{Sr}V_O)^{\cdot\cdot}$ 电子陷阱中，同时在基态能级产生较多的空穴，在基态能级产生的空穴通过 V_{Sr}''捕获，并进入价带传输到缔合离子 $(Eu_{Sr}V_{Sr})'$ 或 $(Dy_{Sr}V_{Sr})'$ 空穴陷阱。在紫外光停止激发的最初时候，由于 Eu^{2+}的 f-d 跃迁寿命很短，一部分停留激发态的电子很快与基态的空穴复合而产生发光，由于初始复合速度很快而导致发光很强(快衰减)。与此同时，另一部分电子通过弛豫过程储存在电子陷阱中，在紫外光停止激发后，储存在陷阱能级的电子在室温的热扰动下逐渐地释放出来，释放出的电子再跃迁到激发态，电子从激发态返回基态时与空穴复合产生 Eu^{2+}特征的发光。同时已被转移到缔合离子 $(Eu_{Sr}V_{Sr})'$ 或 $(Dy_{Sr}V_{Sr})'$ 空穴陷阱中的部分空穴在热扰动下逐渐释放并转移到价带或基态能级，而造成电子与空穴的复合缓慢进行，而产生长余辉发光。电子和空穴的释放是一个持续过程，因而材料表现出长余辉发光的特征。缺陷能级中的电子和空穴的数量多，余辉时间长，发光强度增强。长余辉时间的长短也与吸收的能量多(热能)有关。

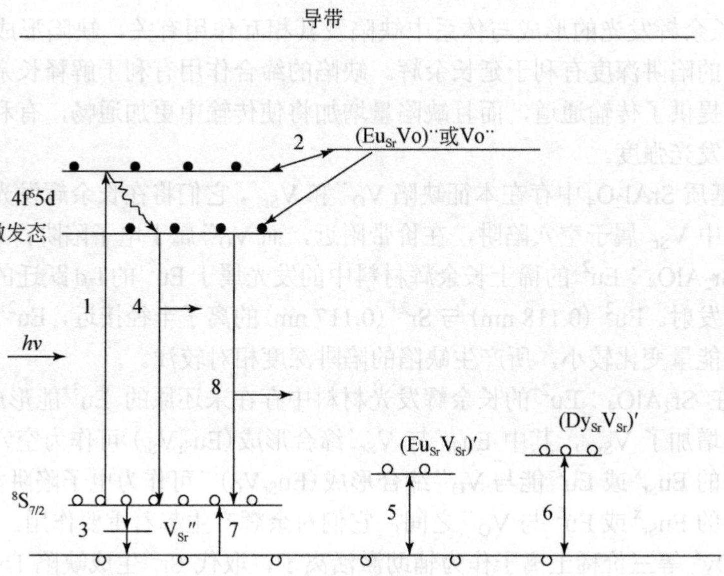

图 8-31　稀土长余辉发光材料的缺陷发光机理的示意图

铝酸盐体系由于其优异的性能被誉为第二代长余辉发光材料，是长余辉发光材料发展的一个里程碑。但是，铝酸盐体系长余辉发光材料也存在不足之处，主要表现在耐水性方面。苏锵等[109]曾研究了 $SrAl_2O_4:Eu^{2+},Dy^{3+}$的耐水性能。把 $SrAl_2O_4:Eu^{2+},Dy^{3+}$按质量为 1∶100 的比例放入去离子水中，仅几分钟便开始水解，在其溶液上面有一层白色的固体悬浮物，一天以后底部沉淀的荧光粉也由黄绿色完全变成白色。溶液的碱性迅速增加，分解产物为 $3SrO\cdot Al_2O_3$，水解后材料的余辉发射发生明显蓝移(490 nm)，且余辉性能急剧下降。因此，许多科研工作者致力于对铝酸盐体系进行表面包膜处理，而另外一部分科研工作者则投入到开拓新的长余辉发光材料的工作中。

目前对于稀土激活的铝酸盐长余辉发光材料的研究甚为活跃。目前，对于这类长余辉发光材料的深入研究的主要问题和重点如下。

(1) 发光主要是绿色光，在氧化物体系中缺少紫外光和蓝色光，特别是缺乏红色光。

(2) 研究基质组成、结构和余辉性能之间的关系，总结影响长余辉发光性能的基本要素与规律，探讨稀土长余辉发光的机理。

(3) 目前发光激活离子主要是 Eu^{2+}，对其他一些稀土离子和过渡金属离子的研究很少，为此，需要寻找新的铝酸盐长余辉发光体系和激活离子。

(4) 长余辉材料已从多晶粉末扩展至单晶、薄膜、玻璃陶瓷和玻璃等形态。结合不同形态，扩展铝酸盐长余辉发光材料的应用领域，使其应用拓展到高新技术领域。

(5) 通过优化原料纯度、基质组分配比、激活离子浓度、助熔剂种类、烧结气氛等合成工艺，提高商业长余辉发光粉 $CaAl_2O_4:Eu^{2+}, Nd^{3+}$、$SrAl_2O_4:Eu^{2+}, Dy^{3+}$ 和 $Sr_4Al_{14}O_{25}:Eu^{2+}, Dy^{3+}$的长余辉发光性能，研究其应用特性，如光照稳定性、耐水性及温度特性等。

(6) 碱土铝酸盐材料的最大不足是耐水性较差，导致发光性能下降，甚至完全丧失发光功能。研究材料表面包膜技术，以提高其耐水性。

8.4　稀土激活的硅酸盐长余辉材料

稀土激活的硅酸盐长余辉材料是近年来发展起来的新型长余辉发光材料[3, 110]。它是以硅酸盐为基质，采用稀土离子等作为激活剂，通常还需要加入一定量的硼或磷的化合物，以提高材料的长余辉性能。

硅酸盐体系的长余辉材料又分为二元硅酸盐体系和三元硅酸盐体系。二元硅酸盐体系主要包括正硅酸盐和偏硅酸盐。在正硅酸盐体系中研究最多的是 Zn_2SiO_4，但正硅酸盐的余辉性能目前也不能满足实际需要。

雷炳富等[111]报道了 Sm^{3+}、Mn^{2+}在 $CdSiO_3$ 中的红色长余辉发光。$CdSiO_3:Sm^{3+}$的发射光谱是由一个峰值为 400 nm 的宽带发射和分别位于 566 nm、603 nm 和 650 nm 的三个锐峰发射所构成。前者是 $CdSiO_3$ 基质的自激活发光，后者是 Sm^{3+} 的特征发射。其余辉形成的机制在于 $CdSiO_3$ 基质中 Sm^{3+}对 Cd^{2+}的不等价电荷取代，使基质晶格产生过量正电荷，必须通过某种方式来补偿，从而可能会在晶格中形成一定数量带部分电荷的缺陷中心。这些缺陷中心是一类可以俘获能量的空穴或电子陷阱，它能够在材料受激发过程中将能量储存下来，而停止激发后由于电子和空穴的辐射再复合实现长余辉发光。

Wang 等[112]报道了一种组成为 $MgSiO_3:Mn^{2+}, Eu^{2+}, Dy^{3+}$的红色长余辉发光材料。在这种材料中，$Mn^{2+}$作为红色发光中心，其发射峰值位于 660 nm，有效余辉可达 4 h。其可能的发光机制为 Mn^{2+}处于一种较弱的晶体场中而产生红色发射，另外 Eu^{2+}和 Dy^{3+}两种离子的共掺杂，有助于能量的吸收与储存，并且能通过有效的无辐射能量传递，持续地将所存储的能量转移到 Mn^{2+}，形成红色长余辉发光。

2014 年，Ye 等报道了新型橙色稀土长余辉发光材料 $Sr_{3-x}Ba_xSiO_5:0.03Eu^{2+}, 0.03Dy^{3+}$ (x=0～0.6)[113]。用共掺三价稀土离子(如 Nd^{3+}或 Dy^{3+})取代基质 Sr^{2+}离子来改善余辉发光。单掺杂和双掺杂样品余辉发射带主峰均位于约 570 nm(见图 8-32)，RE^{3+}离子的共掺杂并没有改变样品的光谱特征，激发和发射仍然来源于 Eu^{2+}离子的宽带 4f-5d 跃迁。在共掺杂稀土离子(RE^{3+})的样品中，余辉强度明显取决于共掺杂稀土离子 RE^{3+}的种类，共掺杂样品的余辉强度排序如下：Nd＞Dy＞

Ce＞La＞Ho＞Er＞Tm＞Yb。Eu^{2+}离子单掺杂的样品余辉发射强度很弱，其原因可能来源于 Sr_3SiO_5 基质中固有的本征缺陷对能量的存储。

Sr_3SiO_5：$0.03Eu^{2+}$样品的热释光谱呈现一个宽带热释峰，位于约 371 K，苏锵认为该热释峰对应于 Sr_3SiO_5 基质的本征缺陷。单掺杂 Eu^{2+}的样品热释峰的强度很弱，这说明这些本征缺陷捕获的载流子的浓度比较低。相比之下，Sr_3SiO_5：$0.03Eu^{2+}$, $0.03Nd^{3+}$样品呈现一个主峰位于 369 K 且很强的宽带热释峰，这一差别明显是由于 Nd^{3+}离子的共掺杂所引起的。很强的热释峰信号表明这些缺陷捕获了相当高的载流子浓度。通过热释光动力学理论进行拟合，可以得到 Sr_3SiO_5：$0.03Eu^{2+}$, $0.03Nd^{3+}$样品中主要陷阱的能级深度为 0.94 eV。

Ye 等[113]通过 Ba^{2+}离子取代 Sr^{2+}对基质晶格结构进行调节，在样品 $Sr_{3-x}Ba_xSiO_5$：$0.03Eu^{2+}$, $0.03Dy^{3+}$(x=0，0.05，0.2，0.6)中，随着 Ba^{2+}离子取代量的增加，样品的激发和发射光谱都出现明显红移现象。Eu^{2+}离子的长余辉发光颜色从黄光(570 nm，x=0)移到了橙红光(591 nm，x=0.6)。而且，Ba^{2+}离子的取代还有效地改善了 Eu^{2+}离子的长余辉发光强度。热释光谱分析表明，对于纯 Sr 的样品(x=0)，热释光谱主峰位于 367 K 的位置。不同 Ba 的取代量对于热释光谱影响较大，得到 x=0.2 时样品的陷阱深度约为 0.65 eV，浅于纯 Sr 样品的 0.94 eV。

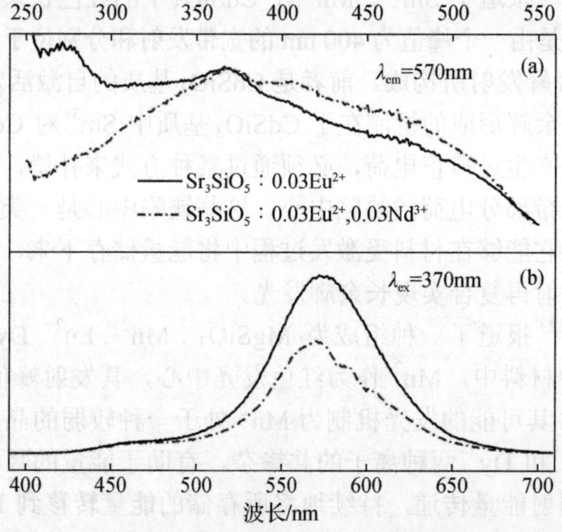

图 8-32 Sr_3SiO_5：$0.03Eu^{2+}$和 Sr_3SiO_5：$0.03Eu^{2+}$, $0.03Nd^{3+}$归一化的激发光谱(a)与发射光谱(b)

作为发光材料的三元硅酸盐体系的研究主要集中在焦硅酸盐和含镁正硅酸盐。肖志国等[3]报道了 Eu、Dy 共激活的碱土金属焦硅酸盐和含镁正硅酸盐的蓄光和性能。碱土金属焦硅酸盐的一般通式为 $Me_2MSi_2O_7$(Me=Ca，Sr，Ba；M=Mg,

Zn)[114-116]，晶体结构属于镁黄长石型。典型代表为 $Sr_2MgSi_2O_7$：Eu^{2+}, Dy^{3+}。$Sr_2MgSi_2O_7$：Eu^{2+}, Dy^{3+}和 $Ca_2MgSi_2O_7$：Eu^{2+}, Dy^{3+}(见图 8-33，图 8-34)，二者的激发光谱由 250～450 nm 范围内两个谱峰的宽带谱组成，两个激发带分别位于约 320 nm 和约 375 nm，是属于 Eu^{2+}的典型激发光谱，250～400 nm 的紫外光和 450 nm 以下的蓝光，均可有效地激发材料发光。$Sr_2MgSi_2O_7$：Eu^{2+}, Dy^{3+}的发光带峰值在 469 nm，半宽带约 50 nm。$Ca_2MgSi_2O_7$：Eu^{2+}, Dy^{3+}的发光带峰值在 535 nm，半宽带约为 85 nm。这两种材料的发光带都是由 Eu^{2+}的 4f-5d 跃迁所产生。无论是 $Sr_2MgSi_2O_7$：Eu^{2+}, Dy^{3+}还是 $Ca_2MgSi_2O_7$：Eu^{2+}, Dy^{3+}，它们的余辉亮度远远超过传统的 ZnS：Cu 长余辉发光材料。$Sr_2MgSi_2O_7$：Eu^{2+}, Dy^{3+}的余辉特性更是优异，在 60min 后的相对余辉亮度比 $Ca_2MgSi_2O_7$：Eu^{2+}, Dy^{3+}高出两倍以上。

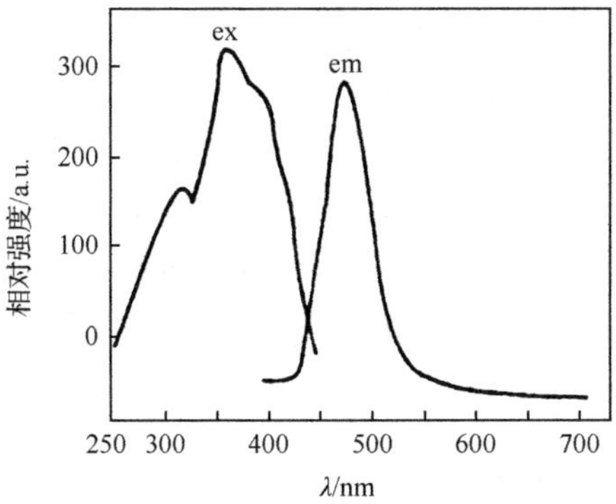

图 8-33　$Sr_2MgSi_2O_7$：Eu^{2+}, Dy^{3+}的激发与发射光谱

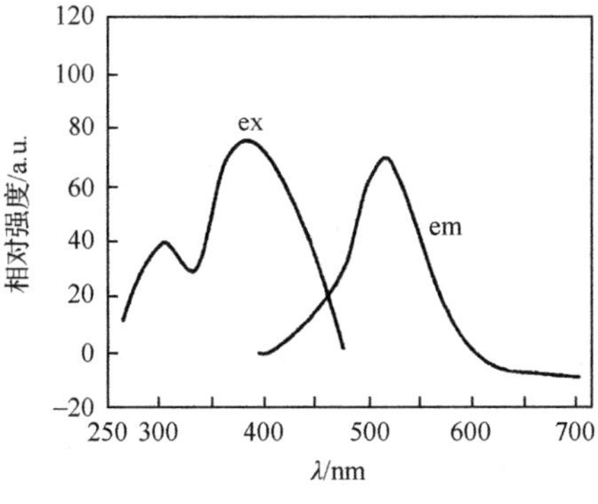

图 8-34　$Ca_2MgSi_2O_7$：Eu^{2+}, Dy^{3+}的激发与发射光谱

Jiang 等[117]采用溶胶–凝胶法合成出了一种新型的锌黄长石长余辉材料，制备过程较为复杂，制备出的 $Sr_2ZnSi_2O_7$：Eu^{2+}, Dy^{3+}有两个发射波带，分别在 385 nm 和 457 nm，但余辉特性没有 $Sr_2MgSi_2O_7$：Eu^{2+}, Dy^{3+}和 $Ca_2MgSi_2O_7$：Eu^{2+}, Dy^{3+}的

好，这与 Zn 替代 Mg 造成不同的发光中心有关。

图 8-33 和图 8-34 分别为 $Sr_2MgSi_2O_7$：Eu^{2+}, Dy^{3+}和 $Ca_2MgSi_2O_7$：Eu^{2+}, Dy^{3+}的激发和发射光谱。

翟永清等[118]采用凝胶–燃烧法合成了系列蓝色长余辉发光材料 $Sr_2MgSi_2O_7$：$Eu^{2+}_{0.02}$, $Ln^{3+}_{0.04}$。发射光谱为位于 468 nm 处的宽带，主激发峰位于 402 nm，次激发峰位于 415 nm，与高温固相法制备的 $Sr_2MgSi_2O_7$：Eu^{2+}的激发峰相比，出现明显红移，其中 Dy^{3+}掺入的样品亮度高，余辉长达 5 h 以上。

毛大立等[119]用溶胶–凝胶法合成了纳米 $Sr_2MgSi_2O_7$：Eu^{2+}, Dy^{3+}，并研究了其长余辉发光行为。结果表明，纳米 $Sr_2MgSi_2O_7$：Eu^{2+}, Dy^{3+}的发射主峰位于 465 nm，而固相反应合成的样品则有两个发射峰，分别位于 404 nm 和 459 nm。产生差别的原因，作者认为是 Eu^{2+}在晶格中配位情况所致。

含镁正硅酸盐的通式为 $R_3MgSi_2O_8$(R=Ca，Sr，Ba)。研究较多的是 $Sr_3MgSi_2O_8$：Eu^{2+}, Dy^{3+}和 $Ca_3MgSi_2O_8$：Eu^{2+}, Dy^{3+}[120-122]，其激发和发射光谱[3]见图 8-35 和 8-36。两种材料的激发光谱都是典型的 Eu^{2+}的宽带激发谱，$Sr_3MgSi_2O_8$：Eu^{2+}, Dy^{3+}的短波范围扩展到约 260 nm，长波到 450 nm，而 $Ca_3MgSi_2O_8$：Eu^{2+}, Dy^{3+}的波长范围为 275～480 nm。$Sr_3MgSi_2O_8$：Eu^{2+}, Dy^{3+}的发射峰值在 460 nm，半宽带约 40 nm，$Ca_3MgSi_2O_8$：Eu^{2+}, Dy^{3+}的发射峰值在 480 nm，半宽带为 52 nm。

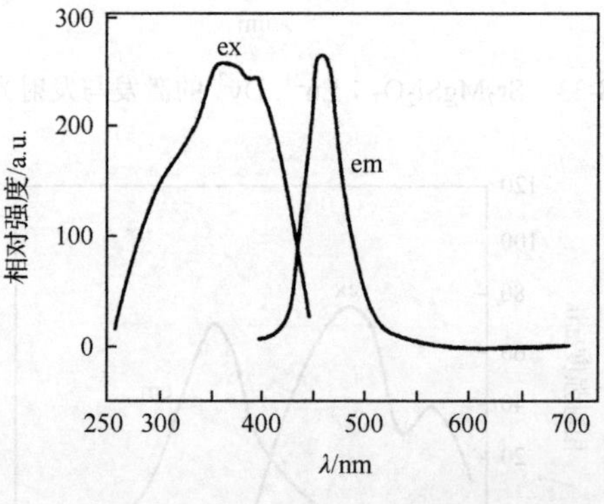

图 8-35　$Sr_3MgSi_2O_8$：Eu^{2+}, Dy^{3+}的激发与发射光谱

近年来，人们又在其他的硅酸盐体系中发现了长余辉材料。Kodama 等[7]在具有钙铝黄长石晶体结构的 $Ca_2Al_2SiO_7$：Ce^{3+}和 $CaYAl_3SiO_7$：Ce^{3+}中发现了长余辉现象。$Ca_2Al_2SiO_7$：Ce^{3+}的发光带峰值为 410 nm，而 $CaYAl_3SiO_7$：Ce^{3+}的发光带峰值移至 420 nm，都属于 Ce^{3+}的 5d-4f 跃迁。

Jiang 等[123]制备了单相具有顽火辉石结构发射蓝色的 $CaMgSi_2O_6$：Eu, Dy, Nd 长余辉材料，其发射峰位于 447 nm。

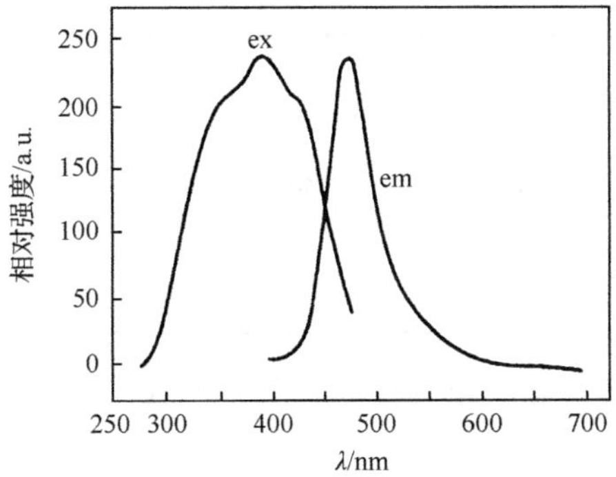

图 8-36　$Ca_3MgSi_2O_8$：Eu^{2+}, Dy^{3+}的激发与发射光谱

Wang 等[124，125]采用固相法在 1300℃合成了钙长石结构($CaAl_2Si_2O_8$：Eu^{2+}, Dy^{3+})的硅酸盐长余辉材料，该发光材料在紫外光激发后有蓝色余辉，暗视场中余辉可持续 1h 左右。该磷光体发射谱的峰值在 440 nm，属于典型 Eu^{2+}的 $4f^7$-$4f^65d$ 跃迁发射。

研究发现，对于($M_{0.98}Eu_{0.01}Dy_{0.02}$)$Al_2Si_2O_{8.005}$(M=Ca，Sr，Ba)系列磷光体，三者均属碱土长石结构，一样的硅氧网络结构，但由于碱土离子半径的变化使得磷光体结构的空间对称性有很大的差别，进而造成三种磷光体光学性能的差异。在三类磷光体的荧光光谱中随着碱土离子半径的增大，发射峰位和激发峰位均发生蓝移，发光强度也随之递减，余辉性能也是越来越差。

表 8-6 列出几种典型硅酸盐长余辉材料的特性。

表 8-6　几种典型硅酸盐长余辉材料的特性比较

组成	颜色	发射波长/nm	余辉时间/min	参考文献
ZnS：Cu, Co	黄绿	530	～200	
$CdSiO_3$：Sm^{3+}	红	400，566，603，650		[126]
$CdSiO_3$	蓝紫	420		
$CdSiO_3$：Pr^{3+}	橙红	602		
$CdSiO_3$：Eu^{3+}	红	613		
$CdSiO_3$：Tb^{3+}	黄绿	541		
$CdSiO_3$：Dy^{3+}	白	486，580		
$MgSiO_3$：Mn^{2+}, Eu^{2+}, Dy^{3+}	红	660	240	[127]
$Sr_2MgSi_2O_7$：Eu^{2+}, Dy^{3+}	蓝	465，470	≥800	[133]
$Ca_2MgSi_2O_7$：Eu^{2+}, Dy^{3+}	黄绿	520，536	≥200	[128，129]
$Ca_3MgSi_2O_8$：Eu^{2+}, Dy^{3+}	蓝	475	≥300	[125]
$Sr_3MgSi_2O_8$：Eu^{2+}, Dy^{3+}	蓝	465	≥300	

续表

组成	颜色	发射波长/nm	余辉时间/min	参考文献
$Ba_3MgSi_2O_8$：Eu^{2+}, Dy^{3+}	蓝	439	≥300	
$BaMgSi_2O_8$：Eu^{2+}, Mn^{2+}	蓝，绿，红	440，505，620	15	
$CaMgSi_2O_6$：Eu	蓝	450	200	[138，139]
$CaAl_2Si_2O_8$：Eu, Dy	蓝	440	≥60	[140]

硅酸盐体系长余辉发光材料具有多方面的优点，能弥补铝酸盐体系的一些缺陷，其特点如下。

(1) 化学稳定性好、耐水性强，对铝酸盐体系发光材料和 $Sr_2MgSi_2O_7$：Eu^{2+}, Dy^{3+}进行了化学稳定性的对比实验说明，温室下 $SrAl_2O_4$：Eu^{2+}, Dy^{3+}放入 5%的 NaOH 溶液浸泡 2～3 h，发光消失，而 $Sr_2MgSi_2O_7$：Eu^{2+}, Dy^{3+}浸泡了 20 d 后仍保持发光性能不变。

(2) 硅酸盐体系扩展了材料发光颜色范围，材料发射光谱分布在 420～650 nm 范围内，峰值位于 450～580 nm，通过改变材料的组成，发射光谱峰值在 470～540 nm 范围内可连续变化，从而获得蓝、蓝绿、绿、绿黄和黄等颜色的长余辉发光[84]。特别是蓝色材料 $Sr_2MgSi_2O_7$：Eu^{2+}, Dy^{3+}不仅化学稳定性优异，而且余辉亮度高，时间长，为长余辉发光材料增加了新的品种。

(3) 应用于陶瓷行业好于铝酸盐长余辉材料。

可是应该看到，虽然硅酸盐体系长余辉材料弥补了铝酸盐体系耐水性差的不足，但硅酸盐体系的余辉发光性能在整体上距离铝酸盐体系还有相当的差距，目前，只有焦硅酸盐体系达到商业应用的水平，不过特别值得一提的是，与 $CaAl_2O_4$：Eu^{2+}, Nd^{3+}相比，蓝色余辉的 $Sr_2MgSi_2O_7$：Eu^{2+}, Dy^{3+}不仅解决了铝酸盐水溶性差的缺点，而且余辉性能也得到了进一步的提高[3, 9]。

目前，已发现稀土激活的其他基质，如磷酸盐、钛酸盐的发光材料也具有长余辉特性，但尚未能达到应用水平。

8.5 稀土红色长余辉发光材料的探索

高效长余辉材料 $SrAl_2O_4$：Eu^{2+}, Dy^{3+}的出现，带动了碱土铝酸盐和碱土硅酸盐长余辉体系研究工作的蓬勃发展。然而，从发光颜色的角度，红色长余辉发光材料严重匮乏，目前所用的掺稀土硫化物红色长余辉材料的余辉时间不超过 1h，化学性质不稳定，为此，迫切需要开发新型的高效稳定的红色长余辉材料，对此人们进行了许多研究。

Chai 等[126]用溶胶-凝胶法在还原气氛下合成了 $Sr_3Al_2O_6$：Eu^{2+}, Dy^{3+}的红色长余辉荧光粉。结果表明，在 1200℃，灼烧 2 h 得到纯立方相的 $Sr_3Al_2O_6$ 结构，其形貌为花状，$Sr_3Al_2O_6$：Eu^{2+}, Dy^{3+}激发和发射光谱宽带分别位于 472 nm 和 612 nm，当 Eu^{2+}的掺杂浓度为 8 mol%时发光最强。

Eu^{3+}是最常用的红色发光材料的激活离子，然而关于 Eu^{3+}作为激活离子的长余辉材料的报道很少，Murazaki 等[127]通过在传统的红色发光材料 Y_2O_2S：Eu^{3+}中掺杂 Mg、Ti 离子获得了发光时间较长的红色长余辉材料，余辉发射峰位于 613 nm，归属于 Eu^{3+}的 $^5D_0 \rightarrow {}^7F_2$ 特征发射。其重要的启示在于通过掺杂的办法从现有发光材料中得到相应发光颜色的长余辉材料。

王育华等[128]研制 Y_2O_2S：Eu^{3+}, Mg^{2+}, Ti^{4+}红色长余辉荧光粉时，观察到随着 Eu_2O_3 含量增加，晶胞参数增大，随着 Eu_2O_3 浓度增大，最强发射峰从 540 nm 改变到 626 nm。

1999 年 Murazaki 等成功地研制出新一代红色长余辉材料 RE_2O_2S：Eu, Mg, Ti (RE=Y 和 Gd)，其余辉亮度和余辉时间与传统商业红色长余辉材料 CaS：Eu, Tm 相比，提高了数倍，成为目前已知的最好的商业红色长余辉粉末材料[129]。

苏锵和王静等对单掺及多掺杂 Y_2O_2S：Eu 荧光体进行了系统光谱与缺陷性能表征，以及余辉性能优化。图 8-37 所示为 Y_2O_2S：Eu^{3+}, Zn^{2+}, Ti^{4+}的荧光激发、发射光谱和余辉发射光谱。由图可见，其荧光发射与余辉发射基本一致，红色余辉发光主峰位于 625 nm 附近，来源于 Eu^{3+}的 $^5D_0 \rightarrow {}^7F_2$ 跃迁发射，而并没有监测到样品 Y_2O_2S：Eu^{3+}的任何波段的余辉发光。

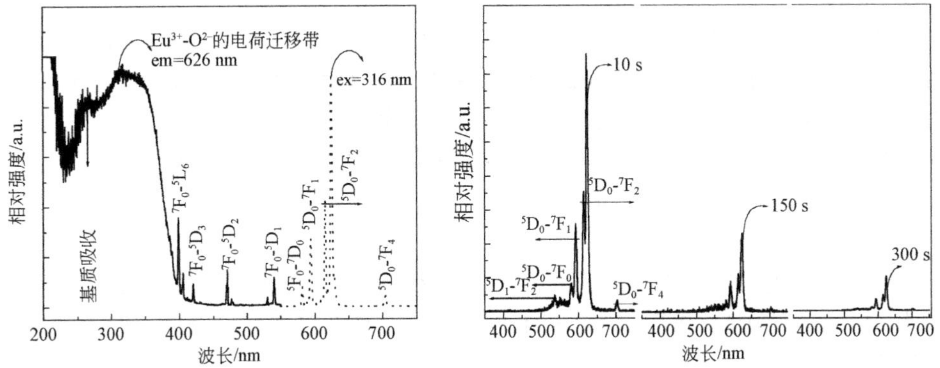

图 8-37　Y_2O_2S：Eu^{3+}, Zn^{2+}, Ti^{4+}的荧光激发(左，实线)与发射光谱(左，虚线)和余辉发射光谱(右)

此外，用紫外灯或可见光激励后，与荧光光谱类似，所有多掺杂铕和钛离子的样品都没有观察到 Liu 和 Zhang 等报道的来自于 Ti^{4+}离子位于 560 nm 和 594 nm 的黄色及橙色余辉发射，这说明缺陷与铕离子余辉发光中心之间的能量传递比与钛离子余辉发光中心更有效。

$Y_2O_2S:Eu^{3+}$, A 和 $Y_2O_2S:Eu^{3+}$, A, B 体系的热释光谱结果表明，不同离子掺杂样品基本呈现一个热释峰。从峰位上看，$Y_2O_2S:Eu^{3+}, Zn^{2+}$的峰温最低，位于 328 K。$Y_2O_2S:Eu^{3+}, Ti^{4+}$和 $Y_2O_2S:Eu^{3+}, Mg^{2+}, Ti^{4+}$的热释峰峰温基本相同，位于 350 K 附近。而 $Y_2O_2S:Eu^{3+}, Zn^{2+}, Ti^{4+}$的热释峰峰温最高，位于 363 K。由热释峰峰温数据可以看到，上述材料中陷阱能级的深浅顺序大致为：$Y_2O_2S:Eu^{3+}, Zn^{2+}$ < $Y_2O_2S:Eu^{3+}, Ti^{4+}$ ≈ $Y_2O_2S:Eu^{3+}, Mg^{2+}, Ti^{4+}$ < $Y_2O_2S:Eu^{3+}, Zn^{2+}, Ti^{4+}$。此外，可以看到热释光强弱为：$Y_2O_2S:Eu^{3+}, Zn^{2+}, Ti^{4+}$ > $Y_2O_2S:Eu^{3+}, Mg^{2+}, Ti^{4+}$ > $Y_2O_2S:Eu^{3+}, Zn^{2+}$ > $Y_2O_2S:Eu^{3+}, Ti^{4+}$。这说明上述不同共激活离子掺杂样品中陷阱浓度和俘获在陷阱中心的电荷密度存在差异，由于引入共激活离子浓度相同，文献［130，131］认为俘获在陷阱中心的电荷密度的差异是导致热释光强度不同的主要原因，而且这种差异与掺杂离子的种类密切相关。结合余辉发光性能可知，对于 Y_2O_2S 体系陷阱能级深度和俘获在陷阱中心的电荷密度是导致材料呈现较高红色余辉发光性能的主要因素，而位于 360 K 左右的热释峰峰温具有合适的陷阱能级深度。

苏锵研究组[132]将红色长余辉材料的研究拓展到稳定的氧化物体系，他们以碱金属离子(Li^+、Na^+、K^+)和碱土金属离子(Mg^{2+}、Ca^{2+}、Sr^{2+}、Ba^{2+})掺杂于 $Y_2O_3:Eu^{3+}$中，研究它们的余辉衰减，其中 $Y_2O_3:Eu^{3+}, Ca^{2+}$以 254 nm 紫外光(3300 lx)激发 10 min，在黑暗中肉眼可辨余辉时间为 4 min，这为红色长余辉材料的研究提供了新的尝试。

Hong 等[133]合成 $Y_2O_3:Ti$, Eu 长余辉材料的结果表明，$Y_2O_3:Ti$, Eu 呈现橙–红色，余辉时间超过 5h。浅红长余辉颜色相当于 Eu^{3+}在低能(540～630 nm)的发射，表明其能量传递过程是来自于黄色 Ti 的余辉发射。

1997 年 Dillo 等报道了 Pr^{3+}离子在 $CaTiO_3$ 中的红色长余辉现象，随后，Martin 发现 Zn^{2+}或 Mg^{2+}离子的共掺杂可以改善 $CaTiO_3:Pr^{3+}$的余辉性能[134, 135]，尽管如此，其余辉时间也只有几十分钟。

发红光的 $CaTiO_3:Pr^{3+}$的色纯度好，余辉较长，激发波长为 323 nm，发射波长为 613 nm，相应于 Pr^{3+}的 $^1D_2 \rightarrow {}^3H_4$ 跃迁。但余辉特性未能符合应用要求，尚有待提高。

Yin 等[136]利用乙醇为溶剂，柠檬酸为络合剂的溶胶–凝胶法合成了 $CaTiO_3:Pr$, Al 红色长余辉荧光粉。此外，Yin 等[137]用尿素作为燃烧剂，硼酸作为助溶剂，用燃烧法合成了红色长余辉材料 $CaTiO_3:Pr$, Al，结果表明，硼酸能改善 $CaTiO_3:Pr$, Al 的发光性能。Zhang 等[138]研究了纳米尺寸 $CaTiO_3:Pr^{3+}$荧光粉的发光性能。观察到发射强度和余辉时间均得到了改进。

Abe 等[139]利用常规的固相反应法制备了 $BaMg_2Si_2O_7:Eu^{2+}, Mn^{2+}$红色的长余辉材料。荧光粉单掺 Eu^{2+}发射 400 nm 紫罗兰光，单掺 Mn^{2+}时发射红光；Eu^{2+}和 Mn^{2+}共掺时 Eu^{2+}将能量传递给 Mn^{2+}发射红光。当 Ba 不足时的非化学计量比共掺时，呈现微红色长余辉发光。

2009 年 Smet 等[140]报道了一种新型红色长余辉发光材料 Ca_2SiS_4：Eu^{2+}, Nd^{3+}，其余辉发射主峰位于 660 nm 左右，然而，同传统硫化物余辉发光材料类似，该体系同样存在化学稳定性差的问题；同年，该课题组报道了在稀土氮化物发光材料 $M_2Si_5N_8$(M=Ca，Sr，Ba) 中 Eu^{2+}的余辉发光现象，分别在 Ca/Sr/Ba 化合物中，产生红色(610 nm)、橙红色(620 nm)和橙色(580 nm)余辉发光[141]。它们的余辉发射光谱与荧光光谱基本一致，如图 8-38 所示，Eu^{2+}离子呈现典型的 4f-5d 跃迁。在单掺杂 Ca/Sr/Ba 系列样品中，Eu^{2+}离子在 Ba 样品中具有最慢余辉衰减趋势，其余辉持续时间大约 400 s；其次为 Ca 样品，余辉持续时间大约 150 s；余辉衰减趋势最快的是 Sr 样品，其余辉持续时间大约 80 s。

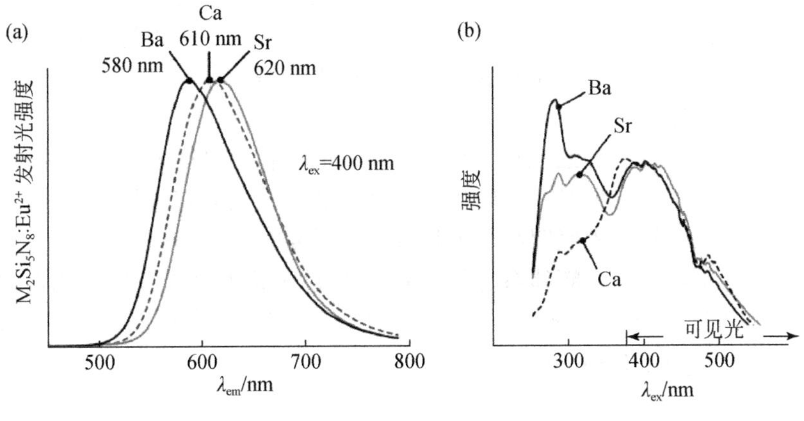

图 8-38　$M_2Si_5N_8$(M=Ca，Sr，Ba)：Eu^{2+}的发射光谱(a)与荧光激发光谱(b)

不等价共掺杂系列三价稀土离子对 Eu^{2+}的余辉性能影响不一，其中，对 Ca 和 Ba 样品的余辉发光性能影响显著，而对 Sr 样品的余辉发光性能影响甚微；对 $Ca_2Si_5N_8$：Eu^{2+}而言，共掺杂离子 Tm^{3+}、Nd^{3+}和 Dy^{3+}显著增强了 Eu^{2+}的余辉发光性能，除此之外，其他共掺杂稀土离子对余辉性能影响不大或者猝灭余辉发光；而在 1000 lx 的 Xe 灯激发 1 min 后，$Ca_2Si_5N_8$：Eu^{2+}, Tm^{3+}的橙红色长余辉发光可持续约 2500 s。部分红色余辉材料余辉性能见表 8-7。

表 8-7　红色余辉材料余辉性能[129]

材料	余辉颜色	余辉峰值/nm	余辉亮度/(mcd/m^2)		余辉时间/min
			10 min 后	60 min 后	
CaS：Eu, Tm	深红	650	1.2	—	约 45
Y_2O_2S：Eu, Mg, Ti	红	625	40	3	约 300
Gd_2O_2S：Eu, Mg, Ti	红	625	15	1	约 100

从三基色的角度考虑，将余辉颜色为红、绿、蓝的三种材料按一定比例混合，就可以得到任意一种颜色的长余辉材料，但是，这要求材料必须具有相类似的化学稳定性、余辉亮度和余辉衰减行为。否则，混合的余辉颜色将在衰减过程中发生变化。目前，商业化最好的三基色长余辉材料有：蓝紫色 $CaAl_2O_4$：Eu^{2+}, Nd^{3+}、蓝绿色 $Sr_4Al_{14}O_{25}$：Eu^{2+}, Dy^{3+}、黄绿色 $SrAl_2O_4$：Eu^{2+}, Dy^{3+}、蓝色 $Sr_2MgSi_2O_7$：Eu^{2+}, Dy^{3+}和红色 Y_2O_2S：Eu, Mg, Ti 等。Yoshinori 等曾尝试按一定比例将蓝紫色 $CaAl_2O_4$：Eu^{2+}, Nd^{3+}、蓝绿色 $Sr_4Al_{14}O_{25}$：Eu^{2+}, Dy^{3+}和红色 Y_2O_2S：Eu, Mg, Ti 混合均匀，得到了发白色余辉的材料。但是，其白色余辉只能保持约 5 min[129]。其主要原因是与铝酸盐或硅酸盐相比，Y_2O_2S：Eu, Mg, Ti 的余辉性能还相差甚远。当然，从色度学的角度讲，在相同辐照通量的情况下，绿光的电磁辐射的亮度是红光或橙光的 3～10 倍。也就是说，为了达到发绿光余辉粉的相同余辉亮度，红色长余辉材料必须有 3～10 倍的辐照量。因此，一般绿色荧光粉最先得到应用，而红色长余辉发光材料的制备和应用的难度更大一些，这也是混合物余辉颜色无法保持的另一个原因[3]。

综上所述，可以看到红色长余辉发光材料的制备难度很大，还需要更进一步大量细致的研究工作，但是，同时也说明开拓新一代高效红色长余辉发光材料，对于实现全色长余辉发光照明和显示具有非常重要的意义。

除上述稀土红色长余辉体系之外，在氧化物、硅酸盐体系和硫氧化物体系中，陆续报道了 Pr^{3+}、Sm^{3+}、Mn^{2+}和 Eu^{3+}的红色长余辉发光[142-145]。但是，其余辉性能都无法超过 Y_2O_2S：Eu, Mg, Ti。

8.6 长余辉玻璃与陶瓷

与多晶粉末相比，玻璃易于加工成各种不同形状的产品。长余辉玻璃和陶瓷有可能在信息产业中获得其更有价值的应用。

林元华等[146]以低熔点硼硅酸盐玻璃为载体，掺杂 $SrAl_2O_4$：Eu^{2+}, Dy^{3+}荧光粉，制备了外观和性能良好的光致发光玻璃。低熔点硼硅酸盐玻璃以二氧化硅、硼酸、钾盐、钠盐及其他添加剂为原料，经球磨混匀，在一定条件下烧成。

由于荧光粉是在还原气氛下合成的，在空气中加热将导致其发光性能的下降，因此温度是影响发光玻璃发光性能的重要因素。温度越高，荧光粉中的 Eu^{2+}越容易被氧化为 Eu^{3+}，Eu^{3+}在 $SrAl_2O_4$ 基质晶格环境中不具备长余辉发光功能，从而使发光玻璃的初始亮度降低；然而，温度越低，玻璃态越不易形成。因此，必须严格控制烧成温度，一般烧成温度控制在 750～800℃左右。

李成宇等[147]研制了 Eu^{2+}和 Dy^{3+}共掺杂硼铝锶长余辉玻璃陶瓷。基质原料的用量(摩尔分数)为 20%B_2O_3、28%Al_2O_3 和 43%$SrCO_3$，激活剂成分 Eu_2O_3 和 Dy_2O_3 用量均为 0.05(摩尔分数)，经混合、磨匀后，在 CO 气氛中于 1550℃熔化，形成

黄绿色透明的 Eu^{2+}和 Dy^{3+}共掺杂硼铝锶玻璃陶瓷。然后经热处理得到黄绿色不透明的 Eu^{2+}和 Dy^{3+}共掺杂硼铝锶玻璃陶瓷。长余辉玻璃陶瓷以日光和紫外灯等光源均可激发，发射峰位于 516 nm 处，为黄绿色。用 12000 lx 的荧光灯照射 20 min，停止激发 10 s 后，余辉亮度为 3.53 cd/m^2。停止激发 30 h 后，在黑暗中仍可观察到余辉。

尽管透明的 Eu^{2+}和 Dy^{3+}共掺杂硼铝锶玻璃与经热处理后的玻璃陶瓷组成相同，但前者并没有长余辉现象。研究者认为，热处理后在玻璃中产生的 $SrAl_2O_4$ 微晶对玻璃陶瓷的发光性质具有显著影响，极有可能在 $SrAl_2O_4$ 微晶的形成过程中，玻璃中的 Eu^{2+}和 Dy^{3+}也同时掺杂进去，形成了 $SrAl_2O_4$：Eu^{2+}, Dy^{3+}微晶，导致玻璃陶瓷的长余辉发光。X 射线粉末衍射分析结果表明，长余辉玻璃陶瓷中的主微晶相是 $SrAl_2O_4$。长余辉玻璃陶瓷在监控波长为 516 nm 时，激发峰位于 366 nm 的宽带；在波长 366 nm 激发下，发射峰均位于 516 nm，归属于 Eu^{2+}的 $5d \rightarrow S_{7/2}$ 跃迁。

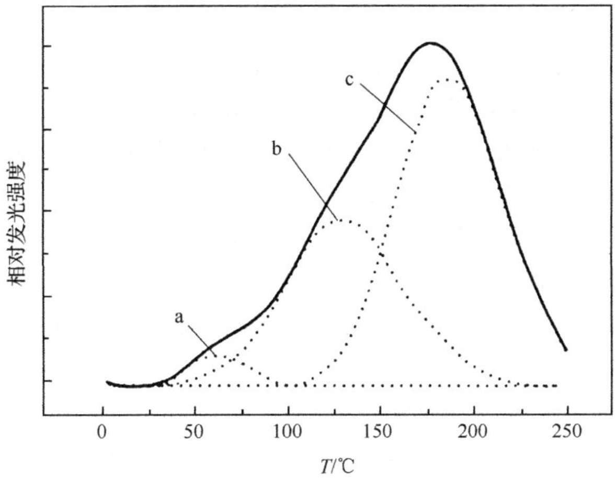

图 8-39　Eu^{2+}, Dy^{3+}共掺杂硼铝锶长余辉玻璃陶瓷的热释光谱

Eu^{2+}和 Dy^{3+}共掺杂硼铝锶长余辉玻璃陶瓷的热释光谱(见图 8-39)谱峰跨度较大，从 186℃一直延续到室温，这与样品具有明亮而持久的余辉密切相关。经高斯分峰拟合，得到 67℃、131℃和 190℃ 3 个峰，说明长余辉玻璃陶瓷可能存在 3 种陷阱能级。

长余辉材料的应用中，其制品的种类很多，不同制品的工艺不同，因此，需考虑材料的应用特性。其中发光涂料、油墨、塑料、纤维等制品的制备方法主要是将长余辉材料作为添加成分掺杂于聚合物基体材料中，工艺比较简单，长余辉材料不经受高温处理。而长余辉发光陶瓷、搪瓷和玻璃制品的制造工艺较为复杂，在这些制品的制造过程中需要进行高温处理，尽管长余辉材料本身就是一种功能陶瓷材料，但它的热稳定性是有一定限度的，温度对长余辉材料的发光性能的影响很大，随着灼烧温度的升高，发光亮度急剧下降，甚至发生荧光猝灭。表 8-8 列出 $SrAl_2O_4$：Eu^{2+}, Dy^{3+}荧光粉经不同温度灼烧后发光亮度的变化[148]。

表 8-8　灼烧温度对荧光粉发光亮度的影响

灼烧温度/℃	亮度初始值/(cd/m^2)	灼烧温度/℃	亮度初始值/(cd/m^2)
—	7.72	800	1.35
600	4.98	900	0.58
700	3.46	1000	0.13

目前，稀土长余辉发光材料的研究与应用取得了长足的进步，并引起了人们的关注。但稀土长余辉发光材料仍存在许多有趣而值得深入研究的问题[149]。主要是开发新型的长余辉材料，深入研究稀土长余辉发光机制，以及拓宽稀土长余辉材料的应用领域是当前研究热点。近年来在稀土长余辉材料的应用方面出现了一些可喜的进展。

将稀土长余辉材料用于改善交流 LED 器件频闪问题。交流 LED 技术由于不需要交直流转换，具有能耗低、寿命长、成本低等优点，成为白光 LED 技术发展的一个新动向，但该技术必须解决交流周期性供电导致的发光频闪问题。韩国首尔半导体公司和我国台湾工业技术研究院等通过集成微芯片加工技术在一定程度上弱化频闪现象，但该路线加工难度大、芯片散热不畅。李成宇等[149]从材料角度出发，通过调控长余辉发光材料的余辉衰减寿命，获得了与交流电周期高度匹配的新型稀土长余辉发光材料，改善了交流 LED 器件频闪问题，但仍有待于进一步提高才具有实用价值。

将稀土长余辉材料用于生物活体检测中。2007 年 Scherman 等开创性地提出可以将长余辉材料用于生物活体成像中[150]。他们将长余辉光学探针在生物体外激发后注入到生物体内，接着长余辉光将缓慢释放出来，通过收集余辉光信号就可以实现生物组织的活体成像了。由于长余辉成像可以有效地避免激发组织自身发光和吸收，从而提高信噪比，实现更深层的生物组织成像，并且在信噪比上具有明显的优势。

邱建荣等[151]认为，Nd^{3+}在 890 nm 和 1064 nm 的近红外特征发光使得 Nd^{3+}掺杂的的近红外长余辉材料在生物活体成像方面有潜在的应用。王笑军等[152]评述了红外波段的长余辉发光。

2012 年张洪武等以介孔 SiO_2 纳米球为模板合成了粒径为 50～500 nm 的蓝色余辉发光的 $SrMgSi_2O_6$：Eu, Dy 纳米颗粒，并将其用于小鼠成像中，由于长余辉成像可以有效地避免激发组织自身发光和吸收，从而获得了较高信噪比的活体小鼠成像效果[153]。

利用稀土长余辉发光材料在阳光照射后能蓄光，并在较长的时间内仍能持续发光，将有可能作为一种太阳能利用的光转换材料。

参 考 文 献

[1] 洪广言，庄卫东. 稀土发光材料. 北京：冶金工业出版社，2016.

[2] 洪广言. 稀土发光材料——基础与应用. 北京：科学出版社，2011.

[3] 肖志国. 蓄光型发光材料及其制品. 北京：化学工业出版社，2002.

[4] 徐叙瑢，苏勉曾. 发光学与发光材料. 北京：化学工业出版社，2004.

[5] 李成宇，苏锵，邱建荣. 发光学报，2003，24(1)：19-27.

[6] 刘应亮，丁红. 无机化学学报，2001，17(2)：181-187.

[7] Kodama N，Tanii Y，Yamaga M. J Lumin，2000，87-89：1076-1078.

[8] Uheda K，Maruyama T，Takizawa H，Endo T. J Alloy Compd，1997，262-263：60-64.

[9] 罗昔贤，段锦霞，林广旭，等. 发光学报，2003，24(2)：165-168.

[10] Yamga M，Tannii Y，Honda M. Phys Rev B，2002，65：5108.

[11] Qiu J R，Wada N，Ogura F，Kojima K，Hirao K. J Phys：Condens Matter，2002，14：2561-2567.

[12] Smet P F，Botterman J，van den Eeckhout K，Korthout K. Opt Mater，2014，36：1913-1919.

[13] 宋春燕，刘应亮，张静娴，等. 暨南大学学报(自然科学版)，2003，24(5)：93-96.

[14] Lin Y H，Nan C W，Cai N，Zhou X S，Wang H F，Chen D P. J Alloy Compd，2003，361：92-95.

[15] Wang X X，Zhang Z T，Tang Z L，Lin Y H. Mater Chem Phys，2003，80：1-5.

[16] Jia D，Yen W M. J Lumin，2003，101：115-121.

[17] Jia D，Meltzer R S，Yen W M. Appl Phys Letter，2002，80(9)：1535-1537.

[18] Dorenbos P，Bos A J J，van Eijk C W E. J Phys：Condens Matter，2002，14：L99-L101.

[19] Jia D，Wang X J，van der Kolka E，Yen W M. Opt Commun，2002，204：247-251.

[20] 杨志平，朱胜超，郭智，王文杰. 中国稀土学报，2002，20：42-45.

[21] Pan Y X，Su Q，Xu H F，Chen T H，Ge W K，Yang C L，Wu M M. J Solid State Chem，2003，174：69-73.

[22] 杨志平，郭智，王文杰，朱胜超. 功能材料与器件，2003，9(4)：473-476.

[23] 雷炳富，刘应亮，唐功本，叶泽人，石春山. 高等学校化学学报，2003，24(2)：208-210.

[24] Zhang J Y，Zhang Z T，Tang Z L，Wang T M N. Ceram Int，2004，30：225-228.

[25] 宋春燕，雷炳富，刘应亮，石春山，张静娴，黄浪欢，袁定胜. 无机化学学报，2004，20(1)：89-93.

[26] Chang C K，Jiang L，Mao D L，Feng C L. Ceram Int，2004，30：285-290.

[27] Chang C K，Mao D L，Shen J F，Feng C L. J Alloy Compd，2003，348：224-230.

[28] Nag A，Kutty T R N. J Alloy Compd，2003，354：221-231.
[29] Jiang L，Chang C K，Mao D L，Feng C L. Mater Sci Eng B，2003，103：271-275.
[30] Lin Y H，Tang Z L，Zhang Z T，Nan C W. J Eur Ceram Soc，2003，23：175-178.
[31] Qiu J R，Jiang X W，Zhu C S，Si J H，Li C Y，Su Q，Hirao K. Chem Lett，2003，32(8)：750-751.
[32] 傅茂媛，邱克辉，高晓明. 中国稀土学报，2003，21：22-24.
[33] Kinoshita T，Hosono H. J Non-Cryst Solids，2000，274：257-263.
[34] Nakagawaa H，Ebisua K，Zhanga M，Kitaura M. J Lumin，2003，102-103：590-596.
[35] Lei B F，Liu Y L，Ye Z R，Shi C S. Chinese Chem Lett，2004，15(3)：335-338.
[36] 雷炳富，刘应亮，唐宫本，叶泽人，石春山. 高等化学学报，2004，24(5)：782-784.
[37] Kang C C，Liu R S，Chang J C，Lee B J. Chem Mater，2003，15：3966-3968.
[38] Li C Y，Su Q，Wang S. Mater Res Bull，2002，37：1443-1449.
[39] Wang J，Wang S B，Su Q. J Solid State Chem，2004，177：895-900.
[40] Kato K，Tsuta I，Kamimura T，Kaneko F，Shinbo K，Ohta M，Kawakami T. J Lumin，1999，82：213-220.
[41] Kowatari M，Koyama D，Satoh Y，Iinuma K，Uchida S. Nucl Instrum Meth Phys Res A，2002，480：431-439.
[42] Aizawa H，Katsumata T，Takahashi J，Matsunaga K，Komuro S，Morikawa T，Toba E. Solid State lett，2002，5(9)，H17-H19.
[43] Akiyama M，Xu C，Liu Y，Nonaka K，Watanabe T. J Lumin，2002，97：13-18.
[44] Li C Y，Yu Y，Wang S，Su Q. J Non-Cryst Solids，2003，321：191-196.
[45] 贾东东，姜联合，刘玉龙，朱静. 发光学报，1998，19(4)：312-316.
[46] 毛向辉，廉世勋，吴振国. 具有不同体色和长余辉的 CaS：Eu，Cl 红色荧光粉：发光研究及应用. 合肥：中国科学技术大学出版社，1992：321-323.
[47] 廉世勋，毛向辉，吴振国. 发光学报，1997，18(2)：166-172.
[48] Jia D D，Zhu J，Wu B Q. J Lumin，2000，90：33-37.
[49] 张兰英，赵绪义，葛中久. 吉林大学自然科学学报，1997，(4)：52-55.
[50] 村崎嘉典，等. 照明学会誌，1999，83(7)：445-446.
[51] 肖志国，罗昔贤. 蓄光型长余辉发光材料. 中国专利：CN00118437.7，2000-06-22.
[52] Guo C F，Chu B L，Su Q. Appl Surf Sci，2004，225：198-203.
[53] Guo C F，Chu B L，Wu M M，Su Q，Huang Z L. J Rare Earth，2003，21(5)：501-504.
[54] Guo C F，Chu B L，Wu M M，Su Q. J Lumin，2003，105：121-126.
[55] Palilla F C，Levine A K，Tomkus M R. J Electrochem Soc，1968，115：642-644.
[56] Abbruscato V. J Electrochem Soc，1971，118：930-932.
[57] Бланк Ю С. Завьялова ид. Журнал Прикладной Слектроскоий，1975，T22(B2)：263-266.
[58] 宋庆梅，黄锦斐，吴茂钧，陈暨跃. 发光学报，1991，12(2)：144-149.

[59] 松尺隆嗣，等. 日本第 248 回荧光体同学会讲演稿，1993：7-13.

[60] 宋庆梅，陈暨耀，吴中亚. 复旦学报(自然科学版)，1995，34(11)：103-106.

[61] 唐明道，李长宽，高志武. 发光学报，1995，16(1)：51-56.

[62] 张天，苏锵，王淑彬. 发光学报，1999，20(2)：170-175.

[63] Kodama N，Takahashi T，Yamaga M，Tanii Y，Qiu J R，Hirao K. Appl Phys Letter，1999，75(12)：1715-1717.

[64] Qiu J，Miura K，Inouye H，et al. Appl Phys Lett，1998，73：1763.

[65] Qiu J，Kodama N，Yamaga M，et al. Appl Optics，1999，38：7202.

[66] Uheda S，MaruyamaT，Takizawa H，et al. J Alloy Compd，1997，262-263：60.

[67] Matsui H，Xu C N，Watanabe T，Akiyama M，Zheng X G. J Electrochem Soc，2000，147(12)：4692-4695.

[68] 刘应亮，冯德雄，杨培慧，陈喜德，雷炳富. 发光学报，2001，22(1)：16-19.

[69] 郑慕周. 中国照明电器，2000，(4)：9-10.

[70] Matsuzawa T，Aoki Y，Takeuchi N，et al. J Electrochem Soc，1996，143(8)：2670-2672.

[71] 吕兴栋，舒万艮. 无机材料学报，2006，22(5)：808-812.

[72] Katsumata T，Toycmane S，Tonegawa A，et al. J Cryst Growth，2002，237-239：361-366.

[73] Zhang T，Su Q. J Soc Inf Display，2000，8(1)：27-30.

[74] Yamamoto H，Matsuzawa T. J Lumin，1997，72-74：287-289.

[75] Jia W Y，Yuan H B，Lu L Z，et al. J Lumin，1998，76&77：424-428.

[76] Katsumata T，Nabae T，Sasajime K，et al. J Crystal Growth，1998，183：361-365.

[77] Katsumata T，Sakai R，Komuro S，et al. J Crystal Crowth，1999，198-199：869-871.

[78] 林元华，张中太，张枫，等. 功能材料，2001，32(3)：325-326，329.

[79] Aitasalo T，Deren P，Holsa J，Jungner H，Krupa J C，Lastusaari M，Legendziewicz J，Niittykoski J，Strek W. J Solid State Chem，2003，171：114-122.

[80] Nakazawa E，Mochida T. J Lumin，1997，72-74：236-237.

[81] 刘应亮，冯德雄，杨培慧. 中国稀土学报，1999，17：462.

[82] Sakai R，Kalsumata T，Komuro S，et al. J Lumin，1999，85：149-154.

[83] 王惠琴，邓红梅. 复旦大学学报(自然科学版)，1997，36(1)：65-71.

[84] 罗昔贤，于晶杰，林广旭，等. 发光学报，2002，23(5)：497-502.

[85] Akiyama M，Xu C，Wang S，et al. J Lumin，2002，97：13-18.

[86] Jia W，Yuan H，Holmstrom S，et al. J Lumin，1999，83-84(1)：465-469.

[87] Kato K，Tsutai I，Kamimura T，et al. J Lumin，1999，82：213.

[88] Jia W，Yuan H，Lu L，et al. J Cryst Growth，1999，200：179.

[89] 张希艳，姜薇薇，卢利平，柏朝晖，王晓春，曹志峰. 无机化学学报，2004，20(12)：1397-1401.

[90] 陈一诚，陈登铭，詹益松. 中国稀土学报，2001，19(6)：503-506.

[91] Kutty T R N，Jannathan R. Mater Res Bull，1990，25：1355-1358.

［92］孙文周，王兵，王玉乾. 中国稀土学报，2008，26(3)：324-330.
［93］林元华，张中太，张枫，等. 材料导报，2000，14(1)：35-37.
［94］Bos A J J，van Duijvenvoorde R M，van der Kolk E，et al. J Lumin，2001，131(7)：1465-1471.
［95］Qiu J，Miura K，Inouye H，et al. J Non-Cryst Solids，1999，244：185-188.
［96］Qiu J，Kawasaki M，Tanaka K，et al. J Phys Chem Solids，1998，59：1521-1525.
［97］Qiu J，Hirao K. Solid State Commun，1998，106：795.
［98］Aitasalo T，Deren P，Holsa J，et al. J Solid State Chem，2003，171：114-122.
［99］Aitasalo T，Holsa J，Jungner H，et al. J Lumin，2001，94-95：59-63.
［100］Yamazaki M，Yamamoto Y，Nagahama S，et al. J Non-Cryst Solids，1998，241：71.
［101］刘阁，梁家辉，邓兆祥，李亚栋. 无机化学学报，2002，18(11)：1135-1137.
［102］Page P，Childiyal R，Murthy K V. Mater Res Bull，2006，41：1854.
［103］崔彩娥，王森，黄平. 物理学报，2009，58(5)：3565-3571.
［104］徐旭，卢佃清，刘学东. 稀土，2015，36(1)：74-78.
［105］胡劲，孙加林，刘建良，施安，徐茂，王开军. 材料与冶金学报，2006，5(2)：109-114.
［106］Singh V，Watanabe S，Gundu Rao T K，et al. Appl Phys B，2011，104：1019-1027.
［107］Dorenbos P. J Lumin，2007，122-123：315-317.
［108］Akiyama M，Xu C N，Taira M，et al. Phil Mag Lett，1999，79(9)：735-740.
［109］郭崇峰，吕玉华，苏锵. 中山大学学报(自然科学版)，2003，42(6)：47-50.
［110］Lin Y H，Zhang Z T，Tang Z L，et al. J Alloy Compd，2003，348(1-2)：76-79.
［111］Lei B F，Liu Y L，Liu J，et al. J Solid State Chem，2004，177：1333-1337.
［112］Wang X J，Jia D D，Yen W M. J Lumin，2003，102-103：34-37.
［113］Ye L. Chem Asian J，2014，9：494-499.
［114］Fei Q，Chang C K，Mao D L. J Alloy Compd，2005，390：133-137.
［115］Jiang L，Chang C K，Mao D L，et al. Opt Mater，2004，27：51-55.
［116］Sabbagh Alvania A A，Moztarzadehb F，Sarabi A A. J Lumin，2005，115：147-150.
［117］Jiang L，Chang C K，Mao D L. Mater Lett，2004，58：1825-1829.
［118］翟永清，孟媛，曹丽利，周建. 材料导报，2007，21(8)：125-128.
［119］毛大立，赵莉，常成康，等. 无机材料学报，2005，20(1)：220.
［120］Lin Y H，Zhang Z T，Tang Z L，et al. J Alloy Compd，2003，348(1-2)：76-79.
［121］Kim J S，Lim K T，Jeong Y S，et al. Solid State Commun，2005，35：21-24.
［122］Sabbagh Alvani A A，Moztarzadeh F，Sarabi A A. J Lumin，2005，114：131-136.
［123］Jiang L，Chang C K，Mao D L. J Alloy Compd，2003，360：193-197.
［124］Kim Y，Nahm S H，Im W B，et al. J Lumin，2005，115：1-6.
［125］Wang Y H，Wang Z Y，Zhang P Y，et al. J Rare Earth，2005，23(5)：625-628.
［126］Chai Y S，Zhang P，Zheng Z T. J Phys-Condens Mat，2008，403(21-22)：4120-4122.
［127］Murazaki Y，Arai K，Ichinomiya K. Jpn Rare Earth，1999，35：41-45(in Japanese).

[128] Wang Y H，Wang Z L. J Rare Earth，2008，24(1)：25-28.

[129] Yoshinori M，Kiyataka A，Keiji I. Rare Earths Jpn，1999，35，41-45.

[130] 黄立辉，王晓君，张晓，刘行仁. 中国稀土学报，1998，16：1090-1092.

[131] Fu J. J Am Ceram Soc，2000，83(10)：2613-2615.

[132] 王静，苏锵，王淑彬. 功能材料，2002，33(5)：558-560.

[133] Hong Z L，Zhang P Y，Fan X P，Wang M G. J Lumin，2007，124(1)：127-132.

[134] Dillo P T，Boutinaud P，Mahiou R. Phys Status Solidi(a)，1997，160：255-258.

[135] Martin R，Tamaki H，Maststuda S. US5650094A，1997-07-22.

[136] Yin S，Chen D H，Tang W J，Yuan Y H. J Mater Sci，2007，42(8)：2886-2890.

[137] Yin S Y，Che D H，Tang W J. J Alloy Compd，2007，411(1-2)：327-331.

[138] Zhang X M，Zhang J H，Zheng X，et al. J Lumin，2008，128(5-6)：818-820.

[139] Abe S，Uematsu K，Toda K，Sato M，J Alloy Compd，2006，408：911-914.

[140] Smet P F. J Electrochem Soc，2009，156(4)：243-248.

[141] van den Eeckhout K. Materials，2011，4：980-990.

[142] Iwasaki M，Kim D N，Tanaka K，Murata T，Morinaga K. Sci Technol Adv Mater，2003，4，137-142.

[143] 雷炳富，刘应亮，叶泽人，石春山. 科学通报，2003，48(19)：2038-2041.

[144] Wang X J，Jia D D，Yen W M. J Lumin，2003，102-103：34-37.

[145] Fu J. Solid State Lett，2000，3(7)：350-351.

[146] 林元华，张中太，陈清明，等. 材料科学与工艺，2000，8(1)：1-4.

[147] 李成宇，王淑彬，于英宁，等. 发光学报，2002，23(3)：233-236.

[148] 张希艳，郭瑜，柏朝晖，等. 材料科学与工艺，2002，10(3)：314-316.

[149] Su Q，Li C Y，Wang J. Opt Mater，2014，36：1894-1900.

[150] Quentin L M D C，Coronne C，Johanne S，et al. PNAS USA，2007，22，104：9266-9271.

[151] Teng Y，Qiu J R. J Electrochem Soc，2011，158(2)：17-19.

[152] 刘峰，杨峰，杨慧，苑佳琪，翁维易，于雅淳，刘娅琳，王笑军. 发光学报，2018，39(11)：1487-1495.

[153] Li Z J，Zhang H W. J Mater Chem，2012，22：24713-24720.

第 9 章　红外变可见上转换发光材料

上转换材料发光与一般材料发光不同，上转换是通过多光子机制将长波辐射转换为短波辐射。不遵循斯托克斯(Stokes)定律，发出光子的能量不是小于而是大于激发光的光子能量。它的发光机理是基于双光子或多光子过程，即发光中心相继吸收两个或多个光子，再经过无辐射弛豫达到发光能级，最终跃迁到基态放出一个可见光子。红外变可见上转换材料是一种能使看不见的红外光变成可见光的新型功能材料，其能将几个红外光子“合并”成一个可见光子，也称为多光子材料。这种材料的发现，在发光理论上是一个新的突破，被称为反斯托克斯(Stokes)效应。按照 Stokes 定律，发光材料的发光波长一般应大于激发光波长，反 Stokes 发光(也称为上转换发光)则是用较长波长的光激发样品，而发射出波长小于激发光波长的光的现象，即用小能量的光子激发而得到大能量的光子发射现象。

为有效实现双光子或多光子效应，发光中心的亚稳态需要有较长的能级寿命。稀土离子能级之间的跃迁属于禁戒的 f-f 跃迁，因而有长的寿命，符合该条件。稀土离子的上转换发光现象的研究起始于 20 世纪 50 年代初，60 年代至 70 年代，Auzel[1] 和 Wright 等[2] 系统地研究了稀土离子掺杂的上转换特性和机制，提出由激发态吸收、能量传递以及合作敏化引起上转换发光，而亚稳激发态是产生上转换功能的前提。80 年代后期，利用稀土离子的上转换效应，已经可获得覆盖红、绿、蓝所有可见光波长范围的上转换激光输出。21 世纪初 Gudel 等[3] 和 Balda 等[4] 对上转换材料的组成与其上转换特性的对应关系进行了系统研究，得到了一些优质的上转换材料。

上转换材料已有上百种，有玻璃、陶瓷、多晶和单晶。上转换发光材料的发光性能、强度和颜色等强烈地依赖于基质晶格、所选择的稀土离子、敏化稀土离子、掺杂方式、原料的纯度、材料的制备方法以及激发光光子能量等[5]。

9.1　稀土离子的上转换发光

大部分的稀土离子都可以用作激活离子，然而实际并非如此，在低功率密度激发下，只有 Er^{3+}、Tm^{3+}和 Ho^{3+}几种稀土离子作为激活离子时才能观察到上转换发光。Yb^{3+}离子因为在 980 nm 附近比其他稀土离子拥有更大的吸收截面，所以常常被用作敏化剂。上转换发射还取决于激发功率密度。如 Zhu 等[6] 对 Tm^{3+}和 Yb^{3+}离子共掺的 NMAG 玻璃上转换荧光进行定量测定，当激发功率密度从 539 W/cm^2

增加到 1482 W/cm^2 时，蓝色(477 nm)波长发射功率从 17.98 μW 增加到 268.61 μW。

利用不同稀土元素的自身能级特点，选择合适的稀土离子的掺杂种类和掺杂配比，使材料在单一波长激发下可以实现高强度的红、绿、蓝三基色的发射。

上转换材料可分为单掺和双掺两种。在单掺材料中，由于利用的是稀土离子 f-f 禁戒跃迁，窄线的振子强度小的光谱限制了对红外光的吸收，因此这种材料效率不高。如果通过加大掺杂离子的浓度来增强吸收，又会发生荧光的浓度猝灭。为了提高材料的红外吸收能力，往往采用双掺稀土离子的方法，双掺的上转换材料以高浓度掺入一个敏化离子。如 Yb^{3+}是上转换发光中最常应用的敏化剂离子。Yb^{3+}的 $4f^{13}$ 组态含有两个相距约 10000 cm^{-1} 的能级，基态是 $^2F_{7/2}$，激发态是 $^2F_{5/2}$。每个能级在晶体场中又劈裂为若干 Stark 能级，其 $^2F_{7/2}$→$^2F_{5/2}$ 跃迁吸收很强，且吸收波长与 950～1000 nm 激光匹配良好，而它的激发态又高于 Er^{3+} ($^4I_{11/2}$)、Ho^{3+} ($^5I_6$)、Tm^{3+} ($^3H_5$) 的亚稳激发态，Yb^{3+}和 Er^{3+}、Tm^{3+}、Ho^{3+}以及 Pr^{3+}之间都可能发生有效的能量传递，可将吸收的红外光子能量传递给这些激活离子，发生双光子或多光子发射，从而实现上转换发光，使上转换荧光明显增强。Yb^{3+}的掺杂浓度可相对较高，这使得离子之间的交叉弛豫效率很高，因此，以 Yb^{3+}作为敏化剂是提高上转换效率的重要途径之一。如用激光激发 Er^{3+}掺杂的材料，可观察到上转换绿光和红光。采用稀土离子共掺，在 Er^{3+}掺杂材料中掺入 Yb^{3+}，则上转换的发光效率将会提高近两个数量级；同样，在 Tm^{3+}和 Yb^{3+}共掺的基质中，可以观察到上转换蓝光。

Er^{3+}也是一种有效的上转换材料激活离子，它具有丰富的可被 800～1000 nm 范围红外光子激发的能级。通常情况下所见到的是 Er^{3+}的强发射位于 0.55 μm 和 0.65 μm，光谱测定表明在某些基质中如 $BaYF_5$，YOCl，YF_3，Y_2O_3S 等，还能见到 Er^{3+}的位于 0.41 μm($^2H_{9/2}$→$^4I_{15/2}$)，0.38 μm($^4G_{11/2}$→$^4I_{15/2}$)，0.32 μm($^2P_{3/2}$→$^4I_{15/2}$)和 0.35 μm($^2K_{13/2}$→$^4I_{15/2}$)跃迁的弱发射，其中 $Y_{0.79}Yb_{0.20}Er_{0.1}F_3$ 0.41 μm 的发射效率最高。

如果加到基质晶格中 Yb^{3+}离子的浓度增加的话，那么传递给 Er^{3+}离子的红外量子的数量就增加，从而引起绿色发光强度增加。在某些浓度下，发光强度达到最大值。然后随着浓度的增加，发光强度逐渐下降，这是由于 Er^{3+}又把大部分能量交给 Yb^{3+}离子而减弱了发光。这种相互作用随邻近的 Er^{3+}和 Yb^{3+}离子浓度的增加而加强，结果使绿色发射强度迅速下降。

稀土离子浓度对发光有很大的影响，如 Er^{3+}浓度逐渐增加，那么发光中心的数量相应增多，发光强度随之增加。在 Er^{3+}浓度不大的时候(2%～4%)，发光就达到最大值，随后明显地下降，这是由于邻近的 Er^{3+}离子之间的相互作用引起的。这种相互作用的强度随 Er^{3+}离子之间的距离的缩短而明显地加强。当 Er^{3+}离子浓度提高的情况下，衰减时间显著降低，可以证明这个问题。对于 Yb^{3+}-Er^{3+}离子对的红色发光而言，使发光强度降低的相互作用要弱得多。因此，在较高 Yb^{3+}-Er^{3+}浓度时，红色和绿色发光强度比显著地增加。

对于 Yb^{3+}-Tm^{3+}和 Yb^{3+}-Ho^{3+}离子对而言，Yb^{3+}的最佳浓度仍是 20%～40%，与 Yb^{3+}-Er^{3+}离子对的情况一样。但另一方面，激活离子 Tm^{3+}和 Ho^{3+}的浓度仅为 0.1%～0.3%，这比 Yb^{3+}-Er^{3+}离子对中 Er^{3+}的浓度低很多，这是因为邻近 Tm^{3+}离子之间和邻近 Ho^{3+}之间的相互作用比邻近 Er^{3+}之间的相互作用要强得多。

实际中应用的 Yb^{3+}敏化 Er^{3+}的材料有：发绿光的 LaF_3，YF_3，$BaYF_4$，$NaYF_4$；发红光的 YOCl，Y_2O_3[7]，还有随着敏化剂 Yb 浓度由低变高，能分别发出黄色和红色光的 Y_2OCl_7。至今 Yb^{3+}-Er^{3+}离子对作为发光中心研究得最多，其次是 Yb^{3+}-Tm^{3+}，Yb^{3+}-Ho^{3+}等。

图 9-1 示出在 Tm 和 Yb 双掺杂的体系中，用 960 nm 红外光激发 Yb^{3+}，出现 Tm^{3+}的 $^1G_4$发射。上转换激发过程包含三步能量传递：(Yb$^2F_{5/2}$，Tm$^3H_6$)→(Yb$^2F_{7/2}$，Tm$^3H_5$)，(Yb$^2F_{5/2}$，Tm$^3F_4$)→(Yb$^2F_{7/2}$，Tm$^3F_2$)，(Yb$^2F_{5/2}$，Tm$^3H_4$)→(Yb$^2F_{7/2}$，Tm$^1G_4$)[1]。在高 Tm 浓度(约 1%)的样品中，通过两个激发的 Tm 间的交叉弛豫($^3F_3$，$^3F_3$)→($^3H_6$，$^1D_2$)，可以出现 $^1D_2$ 的上转换发光。而且，$^1D_2$上的电子也能再接受 Yb 传递的能量，跃迁到更高的能级。这是通过 Yb^{3+}逐次能量传递使它到达能量较高的激发态，产生可见光的一个典型的例子。

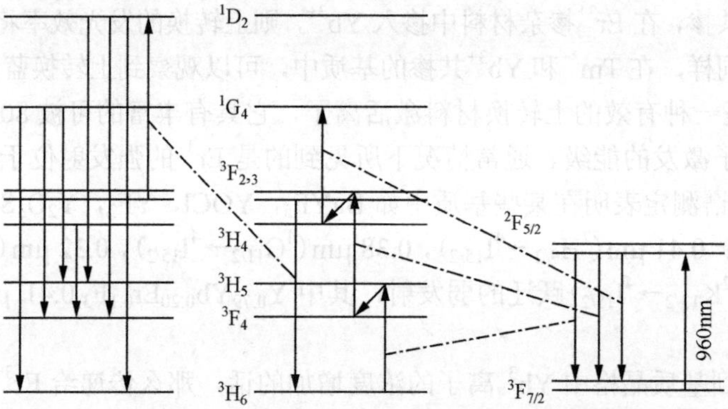

图 9-1 Tm^{3+}和 Yb^{3+}双掺杂体系中的能量传递和上转换发光

目前，作为较成熟的泵浦源如 GaAlAs、AlGaAs 和 InGaAs 发光二极管的发射波长分别位于 979～810 nm、670～690 nm、940～990 nm，这些波长分别处在一些稀土离子，如 Er^{3+}、Tm^{3+}、Nd^{3+}和 Ho^{3+}离子的主吸收带上，因此，上转换材料主要以常见的三价稀土离子如 Er^{3+}、Tm^{3+}、Nd^{3+}、Ho^{3+}等作为激活剂，为了提高上转换发光强度，在材料中常常加入作为敏化剂的 Yb^{3+}离子，而形成 Yb^{3+}-Er^{3+}、Yb^{3+}-Tm^{3+}、Yb^{3+}-Pr^{3+}、Yb^{3+}-Ho^{3+}共激活的发光材料。

Duan 等[8]通过协同敏感率方程模型理论研究了 Tb^{3+}-Yb^{3+}共掺玻璃的上转换量子效率和功率转换效率，发现随着 Yb^{3+}浓度降低，两种效率与泵浦功率密度呈线性关系，量子效率与功率转换效率之比恒定为 0.56，与泵浦功率密度和 Yb^{3+}浓度无关。

直到 20 世纪末，几乎所有的上转换材料都是以稀土掺杂的，过渡元素大多不适宜用作上转换材料。进入 21 世纪，已有研究发现，过渡元素与稀土的共掺杂，尤其是 Yb^{3+}-Mn^{3+}、Yb^{3+}-Cr^{3+}的共掺杂，可产生高效的上转换现象，有些上转换的红外波长范围还超过了单纯掺杂稀土的材料。

合成上转换材料一般原料纯度要达到 5 个至 6 个 9 才能制得高效率的材料。李有谟等[9]研究了 9 个稀土杂质对 $BaYF_5$∶Yb, Er 发光亮度的影响，结果可知，在 $BaYF_5$∶Yb, Er 中掺入 La 或 Gd 对产物发光的影响不显著；Tm 和 Ho 掺入在～0.01at%影响不明显，而 Pr、Nd、Sm、Eu 和 Tb 的掺入，使产物发光明显转劣，其中尤以 Sm 为最甚。这种影响似与这些离子的能级结构有关。La 和 Gd 的最低激发态位于很高的能量处，Pr、Nd、Sm、Eu 和 Tb 在基态到 5000 cm^{-1}的间隔至少有 2 个或更多的能级，密集的能级为无辐射弛豫提供了通道；Ho 和 Tm 的最低激发态位于 5000 cm^{-1}以上处，能级之间的间隔也较大，故它们的影响不显著。

9.2 稀土离子上转换发光材料的基质

人们广泛地研究了掺杂不同稀土离子的晶体、玻璃、陶瓷的红外变可见光的上转换现象。对于基质材料，不仅要求光学性能好，而且要求具有一定的强度和化学稳定性。基质材料虽然一般不构成上转换相关的能级，但能为激活离子提供合适的晶体场，使其产生合适的发射，对阈值功率和输出水平也有很大的影响[10]。寻求合适的基质，以减少材料的声子能量，有利于提高上转换激光的运转效率，理想的基质材料要求拥有较低的声子能量。

目前，已报道的可以作为上转换发光的基质有：YF_3、GdF_3、LaF_3、CaF_2、$LiYF_4$、KYF_4、$NaYF_4$、$NaYbF_4$、$NaGdF_4$、$NaLaF_4$、$BaYF_5$、BaY_2F_8、GdOF、YOF、Y_2O_3、ZrO_2、La_2O_3、Lu_2O_3、$YGaO_3$、$Y_3Ga_5O_{12}$、YSi_2O_3、YSi_3O_7、Y_2SiO_7、$LaPO_4$、YVO_4、$CaWO_4$、CdS、ZnS、Y_2O_2S、Gd_2O_2S、La_2O_2S 等。

上转换发光材料的发光性质随着基质晶格的不同有很大的变化。从表 9-1 中可知，在强度方面，最大的变化有三个数量级，而绿色对红色强度比变化为两个数量级。

表 9-1 掺 Yb^{3+}-Er^{3+}氟化物发光的某些数据

晶格	阳离子(S)	发光颜色	相对强度	绿、红强度比
$Me^{III}F_3$	Me^{III}=La，Y，Gd，Lu	绿色	25～100	1.0～3.0
$BaYF_5$		绿色	50	2.0

续表

晶格	阳离子(S)	发光颜色	相对强度	绿、红强度比
α-$NaYF_4$		绿色	100	6.0
β-$NaYF_4$		黄色	10	0.3
$Me^{II}F_2$	Me^{II}=Cd，Ca，Sr	黄色	1～15	0.3～0.5
$Me^{I}Me^{II}F_3$	Me^{I}=K，Rb，Cs Me^{II}=Cd，Ca	黄色	0.5～1	0.3～0.5
$Me^{II}F_2$	Me^{II}=Mg，Zn	红色	0.1～1	0.05～0.1
$Me^{I}Me^{II}F_3$	Me^{I}=K，Rb，Cs Me^{II}=Mg，Zn	红色	0.1～1	0.05～0.1

$NaYF_4$存在两个相，即低温为六角相(α-$NaYF_4$)，高温为立方相(β-$NaYF_4$)。相转变温度为691℃。α-相的结构类似β-Na_3ThF_6。而β-$NaYF_4$是CaF_2的异构体。结构上的不同，对其发光有很大的影响。β-$NaYF_4$发光光谱比α-$NaYF_4$的光谱宽很多。

表9-2列出掺Yb^{3+}-Er^{3+}在各种基质中用7.5 mW、0.94 μm红外光激发时发光效率的比较。

表9-2　掺Yb^{3+}-Er^{3+}的各种基质发光效率的比较

基质	发红光效率η_R/% (×10^4)	发绿光效率η_G/% (×10^4)	η_R/η_G	发光颜色	基质	发红光效率η_R/% (×10^4)	发绿光效率η_G/% (×10^4)	η_R/η_G	发光颜色
稀土氟化物和复合氟化物					稀土氧化物和复合氧化物				
YF_3	230	540	0.43	绿	Y_2O_3	9.6	0.02	480	红
LaF_3	90	150	0.60	绿	La_2O_3	8.3	0.05	166	红
GdF_3	90	160	0.56	绿	YBO_3	0.7	<0.01	>70	
LuF_3	100	200	0.50	绿	$LaBO_3$	4.8	0.01	480	红
$LiYF_4$	10	60	0.16	绿	$YAlO_3$	4.0	2.7	1.48	
$LiLaF_4$	3	7	0.42		$YGaO_3$	34.0	0.7	48.6	
$NaYF_4$	10	280	0.04	绿	$Y_3Al_5O_{12}$	2.6	0.8	3.25	
$NaLaF_4$	20	30	0.67		$Y_3Ge_5O_{12}$	14.2	2.0	7.1	
$BaYF_5$	140	210	0.67	绿	Y_2GeO_5	8.3	0.2	41.5	
$BaLaF_5$	90	100	0.90		$YTiO_5$	2.3	0.01	230	红
稀土卤氧化物					$Y_2Ti_2O_7$	4.8	0.06	80	
YOF	666	10	6.6		YPO_4	<0.01	<0.01		
YOCl	85	10	8.5		YA_sO_4	<0.01	<0.01		
YOBr	20	<10	>2		YVO_4	<0.01	<0.01		
					$YTaO_4$	6.4	1.4	4.57	
					$YNbO_4$	5.1	7.0	0.73	
					$LaNbO_4$	1.9	5.6	0.34	黄色
					Y_2TeO_6	0.1	0.06	1.67	
					Y_2WO_6	0.6	0.2	3.00	

从表 9-2 可见，对掺 Yb^{3+}-Er^{3+}的各种基质总体看发光效率：稀土氟化物和复合氟化物＞稀土卤氧化物＞稀土氧化物和复合氧化物。同时，可以看到稀土氟化物和复合氟化物主要发绿光，而稀土氧化物和复合氧化物主要发红光。其本质在于稀土离子与氟离子以强的离子键相结合，而稀土离子与氧离子相结合的离子键稍弱。

表 9-3 给出了在 Yb^{3+}-Er^{3+}掺杂的氟化物中，RE^{3+}的环境和红外激发下发光的颜色和相对强度之间关系。从表 9-3 可知，在 RE^{3+}离子附近具有高对称性和强的 RE^{3+}-F^{-}相互作用的晶格，上转换发光强度一般很低，而其发光颜色向长波移动。

表 9-3　掺杂 Yb^{3+}-Er^{3+}氟化物中 RE^{3+}的环境和发光的关系

对称性	相互作用	发光颜色	相对强度
低	弱	绿色	25～100
高	中	黄色	0.1～15
高	强	红色	0.1～1

在氧化物中，发光颜色和强度强烈地依赖晶格中阳离子的电荷和半径的大小。发光颜色主要由阳离子最高电荷决定。

从表 9-4 中可以看出，当阳离子最高电荷从+3 增加到+6 时，发光颜色从红经橙，黄到绿。同样的理由，绿色和红色发光强度比例数的增加，是由于高价电荷的阳离子存在时，O^{2-}和 Er^{3+}之间的相互作用减弱的缘故。因为在增加阳离子电荷的过程中，O^{2-}和这些阳离子产生的键比 O^{2-}和 Er^{3+}之间的键更强，所以 $^4I_{11/2}\rightarrow{}^4I_{13/2}$的跃迁概率减少，因而红色发光的强度相对于绿色发光强度要低。同理可知，氟化物的发光强度要比氧化物的发光强度高很多(见表 9-5)。

表 9-4　掺 Yb^{3+}-Er^{3+}氧化物发光颜色和阳离子最高电荷的关系

最高价阳离子电荷	例子	发光颜色	绿/红的比值
+3	$\underline{Y}_2O_3$	红色	0.0～0.1
+4	$LiY\underline{Si}O_4$	橙黄色	0.2～0.4
+5	$La\underline{Nb}O_4$	黄色	
+6	$NaY\underline{W}_2O_8$	绿色	0.5～5

表 9-5　氟化物和氧化物上转换材料的比较

基质	发光强度	基质	发光强度
α-$NaYF_4$	100	La_3MoO_6	15
YF_3	60	$LaNdO_4$	10
$NaYF_5$	50	$NaGdO_2$	5
$NaLaF_4$	40	La_2O_3	5
LaF_3	30	$NaYW_2O_8$	5

氟化物和氧化物特性上的差别，是由于 O^{2-} 离子和 F^- 离子性质上的差别造成的。因为 O^{2-} 稳定性比 F^- 离子的稳定性差得多，所以 O^{2-} 离子把电荷传递到邻近阳离子容易得多。因而离子之间的键微呈共价性，而氟化物中发生这种传递的机会就少得多，所以离子之间的键呈现出很强的离子键性质。因此，氧化物中 RE^{3+} 离子和基质晶格间相互作用要比氟化物强得多，从而导致两类材料在发光强度上的较大差别。

在氧化物基质类型材料中，可见光发光强度随下列因素增加：① RE^{3+}-O^{2-} 间距离增大；②基质晶格中阳离子价态变高；③ RE^{3+} 离子周围对称性降低。

这些条件既适于绿色发光也适于红色发光。

在氟化物材料中，晶格中的稀土离子处于对称性很低的位置，而且 RE^{3+}-F^- 的相互作用很弱时，则有利于发光强度增强。因为晶体场对称性低，解除了稀土离子中一次禁戒跃迁；相互作用弱则降低了声子频率，这些对发光都是利的。

迄今为止，主要的上转换发光材料按基质可分为四类：①稀土氟化物、碱(碱土)金属稀土复合氟化物，如 LaF_3、YF_3、$LiYF_4$、$NaYF_4$、$BaYF_5$、BaY_2F_8 等；②稀土氧化物和复合氧化物，如 Y_2O_3、$NaY(WO_4)_2$ 等；③稀土卤化物和卤氧化物，如 GdOF、YOCl 等；④稀土硫氧化物，如 La_2O_2S、Y_2O_2S 等。在基质中，一般由 Yb^{3+}-Er^{3+}、Yb^{3+}-Ho^{3+}、Yb^{3+}-Tm^{3+} 等组成敏化剂–激活剂离子对而发光。目前应用得最广泛的基质材料是氟化物和氧化物，其中研究的最多及最有应用价值的是氟化物。

9.2.1　氟化物与复合氟化物

稀土离子掺杂的氟化物材料是上转换研究的重点和热点，这主要是因为氟化物基质的声子能量低(声子能量大约为 350 cm^{-1})，减少了无辐射跃迁的损失，因此具有较高的上转换效率。尤其是重金属氟化物基质的振动频率低，稀土离子激发态无辐射跃迁的概率小，可增强辐射跃迁。研究发现，稀土离子掺杂的重金属氟化物玻璃材料是优良的激光上转换材料，这种材料的声子能量较低，一般在 500～600 cm^{-1} 范围内，上转换效率高。因此，含有三价稀土离子的氟化物可以为发展新型光学材料提供更多的可能性。

稀土离子掺杂上转换材料的研究主要集中在氟化物材料中，如 1987 年 Antipenko 等[11]报道了 BaF_2∶Yb^{3+}, Er^{3+} 晶体在室温下采用双波长 1540 nm 和 1054 nm 泵浦获得了 670 nm 的上转换红光输出。1994 年 Heine 等[12]报道了 $LiYF_4$∶Er^{3+} 晶体在室温下采用 810 nm 泵浦获得了 551 nm 的上转换绿光输出。对于上转换激(发)光效率而言，仅从材料的声子能量方面来考虑，一般认为氟化物＞氧化物。

氟化物玻璃具有从紫外到红外光区(300～700 nm)均呈透明、激活离子易于在其中掺杂和声子能量低等优点，可以用于上转换光纤激光器。玻璃的优势在于：能够较大量地掺杂稀土离子；可制备均匀的大尺寸样品；可制成多种形态。

氟化物玻璃已先后在微珠、光纤和块状形态获得激光振荡，尤其是光纤具有独特的优势。

虽然稀土掺杂的氟化物晶体和玻璃的上转换效率较高，但其化学稳定性和强度差，抗激光损伤阈值低，制作工艺难度大，在一定程度上限制了它的应用。稀土掺杂的氟化物薄膜可以克服晶体和玻璃制备困难、成本高、环境条件要求高等缺点，例如在 CaF_2(Ⅲ)基片上形成 Er^{3+}掺杂的 LaF_3 薄膜，可将 800 nm 的光高效地转换为 538 nm 的可见光。

李艳红等[13]采用水热法制备了 Er^{3+}离子浓度为 3%，Yb^{3+}离子浓度分别为 10%和 20%的 GdF_3：Er^{3+}, Yb^{3+}样品。X 射线衍射的研究结果表明，合成的样品均为正交结构的 GdF_3，由于 Yb^{3+}的离子半径小于 Gd^{3+}的离子半径，晶格常数随着掺入 Yb^{3+}离子浓度的增加而减小。在 980 nm 红外光激发下可以看见明亮的上转换荧光。上转换发射光谱研究表明：它们来自于 Er^{3+}离子的 $^2H_{11/2}$、$^4S_{3/2}\to{}^4I_{15/2}$ 和 $^4F_{9/2}\to{}^4I_{15/2}$ 跃迁。样品中的绿光发射较强，这主要是 GdF_3 基质声子能量小，$^2H_{11/2}$、$^4S_{3/2}$ 能级上的电子居多的原因。Yb^{3+}离子浓度较高时，红光发射强度的相对比例增强，这主要是交叉弛豫过程，$^4F_{7/2}(Er)+{}^2F_{7/2}(Yb)\to{}^4I_{11/2}(Er)+{}^2F_{5/2}(Yb)$ 和晶格畸变共同影响，使 $^4F_{9/2}$ 能级上的电子数增加所致。

李有谟等[9]对稀土红外上转换材料 $BaYF_5$：Yb, Er 的制备工艺作了较广泛的探讨。①观察到添加少量 LiF 于灼烧原料中可以提高产物的发光亮度，并可以降低灼烧所需温度。②在 Na_2SiF_6 分解气氛中灼烧有利于提高产物的发光亮度，并且可允许引入少量空气。③所制得的 $BaYF_5$：Yb, Er 在二极管(0.94 μm)激发下发光亮度超过 α-$NaYF_4$ 体系；这表明它在 1.06 μm 激发的显示上优于 α-$NaYF_4$。

$NaYF_4$ 是在红外激发时可以发出可见光的荧光体，是迄今为止绿色(Yb^{3+}/Er^{3+}共掺杂)和蓝色(Yb^{3+}/Tm^{3+}共掺杂)荧光体中最有效的主体材料。

Güdel 等[14]在 Yb/Er 和 Yb/Tm 掺杂的 $NaYF_4$ 纳米晶体的透明胶体溶液中观察到在红色、绿色和蓝色光谱区域中出现明显的上转换发射，上转换效率较之前报道有了很大提高。

2009 年 Bo 等[15]合成了具有核壳型结构的 LaF_3：Er, Yb-LaF_3 纳米颗粒，制备了掺杂该颗粒的杂化薄膜，在 980 nm 激光激发下杂化薄膜产生强烈的近红外荧光。

9.2.2　稀土氧化物与复合氧化物

氟化物基质材料的上转换效率虽然高，但因其化学稳定性和机械强度差等缺点，应用受到了限制。氧化物上转换材料声子能量相对较高，大约为 600 cm^{-1}，因此上转换效率低。但它的优点是：制备工艺简单，环境条件要求较低，形成玻璃相的组分范围大，熔点高，稀土离子的溶解度高，强度和化学稳定性好。近几年来备受关注，研究也较广泛。

立方相 Y_2O_3 声子能量为 550 cm^{-1}，非常适合用作上转换基质材料。室温下采用 975 nm 激光激发 $Y_2O_3:Er^{3+}$，能观察到非常强烈的绿色和红色发射。在 850 mW 的激发功率下，总亮度为 39000 cd/m^2，相当于 100 mμW 绿光发射和 270 mμW 红光发射[16]。2006 年，De 等[17]设计合成了 Yb^{3+}/Er^{3+}离子共同掺杂的立方相 Y_2O_3 纳米材料，通过调整反应溶液的 pH，合成了三种不同形状的纳米管、纳米球、纳米片，这些材料在 978 nm 激光激发下发射出强烈的可见上转换发光，绿色和红色辐射的相对强度随着具有不同尺寸和形态的三个纳米结构而变化。2010 年 Zheng 等[18]合成了直径约为 10 nm 的超细 Y_2O_3：Pr, Yb 纳米颗粒，这些颗粒因排除了化学残留而导致了更高的衰变时间，拥有比通过溶胶–凝胶法制备的颗粒更高的上转换强度，并观察到了新的 510 nm 发射带。Silver 等[19]研究了 Y_2O_3：Er, Yb 的上转换发光性能。

很多学者对稀土掺杂的纳米氧化物上转换材料进行了系统的研究，其中对 Gd_2O_3[20]和 ZrO_2 基质的研究一直备受关注。Gd_2O_3 的结构与 Y_2O_3 相似，可进行高浓度稀土掺杂，获得更强的上转换发光强度。Li 等[21]采用均相沉淀法制备了不同浓度的 $Gd_2O_3:Er^{3+}, Yb^{3+}$，测定了样品在 980 nm 激发下的上转换光谱，观察到较强的绿色和红色上转换发光，它们分别属于 Er^{3+}的 $^2H_{11/2}$、$^4S_{3/2}\rightarrow{}^4I_{15/2}$ 和 $^4F_{9/2}\rightarrow{}^4I_{15/2}$ 跃迁。

ZrO_2 的声子能量低（～640 cm^{-1}），也是一种很好的基质材料[22]。2003 年 Amitava 等[23]报道了采用 850 mW、980 nm 的红外激光激发 $ZrO_2:Er^{3+}$，在室温下获得了 550 nm 绿光和 670 nm 红光输出，研究发现，颗粒的大小和晶相都会对上转换发光造成影响，不同相的稀土掺杂的 ZrO_2 晶体对称性的降低有利于上转换发光的增强。2005 年，Rosa 等[24]报道了 980 nm 激光激发时，在 $ZrO_2:Yb^{3+}, Ho^{3+}$纳米粉末中观察到了强的绿光（540 nm）、弱的红光（670 nm）以及近红外光（760 nm）发射，上转换是基于 Yb^{3+}受到激发而进行能量转移，表明了 Yb^{3+}浓度会影响能量转换效率，影响 Ho^{3+}绿光发射能级弛豫时间。2008 年，Rosa 等[25]采用溶胶–凝胶法又制备了 $ZrO_2:Yb^{3+}$，用 970 nm 激光激发，可以观察到强烈的上转换绿光。同年，Qu 等[26]通过聚苯乙烯乳胶球模板技术结合溶胶–凝胶法制成了三维有序的大孔 $ZrO_2:Er^{3+}, Yb^{3+}$纳米材料，发现随着激发功率的增加，红、绿光发射强度不断增加。2010 年，黄传海[27]研究了 Li^+与稀土共掺的纳米 ZrO_2 材料的制备和上转换发光现象，发现 Li^+可以增强 Er^{3+}、Yb^{3+}掺杂 ZrO_2 的上转换发光强度。

$Nd_2(WO_4)_3$ 是典型的复合氧化物上转换材料，室温下可将 808 nm 的激光转换为 457 nm 和 657 nm 的可见光，谭浩等[28]研究了 Er^{3+}、Tm^{3+}共掺的 $NaY(WO_4)_2$ 晶体上转换发光。

Er^{3+}掺杂的 YVO_4 可将 808 nm 的激光转换为 505 nm 的可见光。陈晓波等[29]研究了 YVO_4：Ho, Yb 的上转换发光；在 $YAlO_3$ 单晶中 Er^{3+}和 Yb^{3+}共掺时，用

1.52～1.56 μm 波段激发，能产生 510 nm、670 nm、860 nm、995 nm 的上转换发光。

稀土五磷酸盐非晶玻璃可获得紫外上转换发光和蓝绿波段的上转换发光，以溶胶–凝胶法制备的 Eu^{3+}、Yb^{3+}共掺杂的多组分硅酸盐玻璃可将 973 nm 的光转换为橘黄色光等等。

在复合氧化物单晶中也有一些低声子能量的材料，如 $YAl_3(BO_3)_4$(192.9 cm^{-1})、$ZnWO_4$(199.5 cm^{-1})，可以作为激光上转换材料的基质。

在上转换激光器的应用时，对激光束质量的要求较高，单晶中激活离子荧光谱线较窄，增益较高，且硬度、机械强度和热导性能优于玻璃，因此，物化性能稳定的氧化物单晶常作为上转换激光材料的基质。

随着研究的不断深入，以氧化物作为基质的上转换材料的研究已经取得了一定的进展，氧化物有望成为今后上转换材料的主要基质材料，但目前仍然存在着上转换效率低的问题。

9.2.3　卤化物与卤氧化物

卤化物上转换材料主要是以稀土离子掺杂的重金属卤化物，由于它们具有较低的振动能，减少了多声子弛豫的影响，能够提高转换效率。如 Er^{3+}掺杂的 $Cs_3Lu_2Br_9$ 可将 900 nm 的激发光有效地转换为 500 nm 的蓝绿光。

掺 Er^{3+}的 YCl_3-$PbCl_2$-KCl 玻璃中具有较高的发光效率，在 1.5 μm 激发下发出 0.55 μm 和 0.66 μm 两种波长的上转换发光，但其耐水性能较差，限制了其应用，而增加组分中 $PbCl_2$ 和 $BaCl_2$ 的含量，则可以提高其耐水性而不影响其发光效率。

氯化物玻璃对空气中的水分极其敏感，氯化物在空气中发生潮解，因而不可能在空气中制备玻璃和测量其光谱。仅从上转换发光效率而言，一般认为氯化物＞氟化物＞氧化物，这是单纯从材料的声子能量方面来考虑的，这个顺序恰与材料的结构稳定性顺序相反。人们一直在探索，希望能发现既具有氯化物、氟化物那样高的上转换效率，又具有氧化物那样好的稳定性的新型基质材料。

作为上转换材料，氟化物的声子能量小，上转换效率高，但其最大缺点是强度和化学稳定性差，给实际应用带来了很大的困难。而氧化物基质的强度和化学稳定性好，但声子能量大；人们希望综合二者优点，找到既有氧化物、氟化物那样高的上转换效率，又兼有类似氧化物结构稳定性的新基质材料，从而达到实际应用的目的。

1975 年法国 Auzel 率先报道了一种可实现上转换的氟氧化物玻璃陶瓷；1993 年 Wang 和 Ohwaki 发现 Er^{3+}、Yb^{3+}共掺杂的 SiO_2-Al_2O_3-PbF_2-CdF_2 透明玻璃陶瓷可将 980 nm 的光转换为可见光，其效率远高于氟化物。侯延冰等[30]制备了一种单掺 Er^{3+}的氟氧化物陶瓷，在 980 nm 光的激发下，可有效地发射红光和绿光，红光强度大于绿光，且红光强度随 Er^{3+}浓度的增加而减弱，红光发射为双光子过程或双光子和三光子混合过程，绿光发射为三光子过程。

与氟化物玻璃相比，氟氧化物玻璃的激光损伤阈值、化学稳定性和机械强度等指标要优异得多。氟氧化物玻璃陶瓷(微晶玻璃)上转换材料是将稀土离子掺杂的氟化物微晶镶嵌于氧化物微晶基质中，以它作为基体是一种便利而有效的方法。氟氧化物玻璃陶瓷利用成核剂诱发氟化物形成微小的晶粒，并使稀土离子先富集到氟化物微晶中，稀土离子被氟化物微晶所屏蔽，而不与包在外面的氧化物玻璃发生作用，这样掺杂的氟氧化物微晶玻璃既具有氟化物基质的高转换效率，又具有氧化物玻璃较好的机械强度和稳定性，热处理后包埋于氧化物中的氟化物微晶颗粒为几十纳米，避免了散射引起的能量损失，含纳米微晶的氟氧化物玻璃陶瓷呈透明状。

9.2.4 含硫化合物

稀土硫氧化物，如 La_2O_2S、Y_2O_2S 等具有较低的声子能量。它们也是一类较好的上转换材料基质。但制备时不能与氧和水接触，须在密封条件下进行。以 Pr^{3+} 为激活离子、Yb^{3+} 为敏化剂的 Ca_2O_3-La_2S_3 玻璃在室温下可将 1046 nm 转换为 480～680 nm 范围的可见光。

上转换发光研究在最近十多年得到高速的发展，相应的应用技术也取得了很大的进展。但是对上转换波长、上转换效率与材料的结构、组成以及制备条件的关系等，尚缺乏系统的研究，在性能方面还面临着需要进一步完善和提高的问题。

9.3 稀土离子上转换发光及其机制

稀土离子上转换发光机制的研究主要集中于稀土离子的能级跃迁，不同基质材料和激活离子的跃迁机制也有所不同。现将主要发光机制简介如下。

9.3.1 单个离子的步进多光子吸收上转换发光

单个离子的步进多光子吸收(也称为激发态吸收)过程是上转换发光的最基本过程之一。其原理是同一个离子从基态能级通过连续的多光子吸收到达能量较高的激发态能级的一个过程。单个离子的步进多光子吸收可以是两步吸收，即离子吸收一个光子跃迁到激发态，再吸收一个光子，跃迁到更高的激发态，然后产生辐射跃迁而返回基态产生上转换发光；也可以是单种离子的步进多光子吸收，即激活离子吸收一个激发光子，从基态跃迁至激发态，在此激发态又吸收一个激发光子跃迁至较高的激发态。如果满足能量匹配的要求，该激发态还有可能向更高的激发态能级跃迁而形成三光子、四光子吸收，依此类推，最终产生辐射跃迁而返回基态产生上转换发光。

如果该高能级上粒子数足够多，形成粒子数反转，就可实现上转换激光发射。

单个离子的步进多光子吸收，并不依赖于材料中稀土离子的浓度。

用 Kr 离子激光器的 647.1 nm 激发 LaF_3：Tm^{3+}可以观察到来自 $^3H_4$、$^1G_4$、$^1D_2$、$^1I_6$ 的发射[5]。上转换发光是由激发态吸收引起的。激发过程为：第一个光子激发 $^3F_2$ 的声子边带，由于 $^3F_2$、$^3F_3$ 和 $^3H_4$ 相距很近，电子很快弛豫到 $^3H_4$。在这里，电子可能吸收第二个光子跃迁到 $^1D_2$，也可以跃迁到基态发出红外光，或者跃迁到 $^3F_4$。这个能级上的电子吸收第二个光子跃迁到 $^1G_4$。$^1G_4$ 上的电子吸收第三个光子跃迁到 $^3P_1$，然后弛豫到 $^1I_6$(见图 9-2)，然后实现上转换发光。这是典型的单个离子的步进多光子吸收过程的例子。

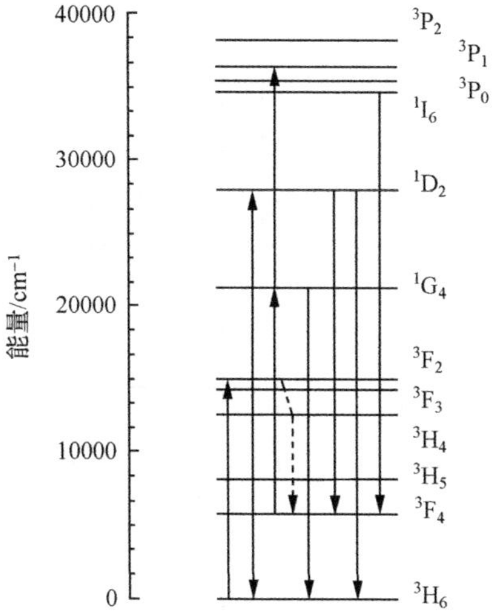

图 9-2　LaF_3 中 Tm^{3+}的能级及 647.1 nm 激发下的上转换发光过程

9.3.2　逐次能量转移上转换发光

逐次能量转移上转换发光一般发生在不同类型的离子之间，处于激发态的施主离子，通过共振能量传递把吸收的能量传递给受主离子，受主离子跃迁到激发态，本身则通过无辐射弛豫的方式返回基态；另一个受激的施主离子又把能量无辐射传递给已处于激发态的受主离子，受主离子跃迁到更高的激发态，然后以一个能量几乎是激发光子能量两倍的光子辐射跃迁回到基态。

图 9-3 所示 Yb^{3+}-Er^{3+}对逐次能量传递上转换发光机理的实例。Yb^{3+}在 970 nm 红外光的激发下由基态 $^2F_{7/2}$ 跃迁到 $^2F_{5/2}$ 激发态，将吸收能量传递给 Er^{3+}，Er^{3+}跃迁到 $^4I_{11/2}$ 激发态，Yb^{3+}返回基态，另一个 Yb^{3+}吸收第二个 970 nm 光子能量，共振传递给已处于激发态的 Er^{3+}，被激发的 Er^{3+}跃迁至发射能级(在向高能级的跃迁过程中，Er^{3+}会以声子形式失去一部分能量)，然后以一定能量的光辐射跃迁回 $^4I_{15/2}$ 基态。这个发射光子的能量几乎是激发光子能量的两倍。Yb^{3+}-Er^{3+}对可得到

550 nm 绿色辐射，如将 Yb^{3+}和 Er^{3+}共掺杂于 YF_3、BaF_2、α-$NaYF_4$、$BaYF_5$ 或 $YAlO_3$；也可得到 660 nm 红的发光，如 Yb^{3+}和 Er^{3+}共掺杂于 Y_2O_3、YOCl。将相应的荧光粉与发射 970 nm 红外光的 CaAs：Si 配合，可制成绿色和红色的发光二极管；这类荧光粉还可将 $Y_3Al_5O_{12}$：Nd^{3+}激光器输出的 1060 nm 红外激光转换为可见光，能显示红外激光的光斑，用于调试和准直激光器。

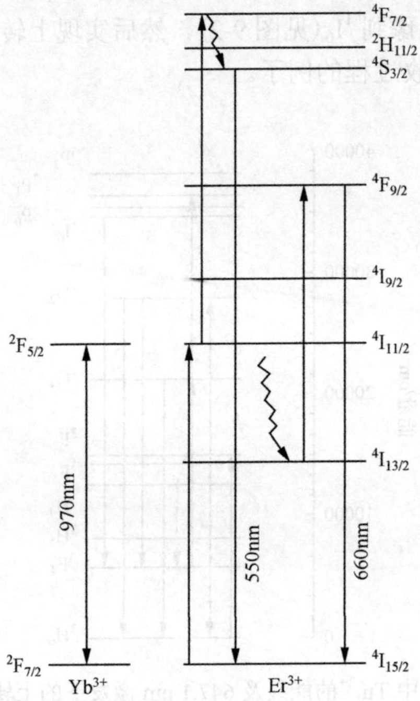

图 9-3　Yb^{3+}-Er^{3+}逐次能量传递上转换发光机理

9.3.3　合作敏化能量转移上转换发光

合作敏化能量转移上转换过程发生在同时位于激发态的同一类型的离子之间，可以理解为三个离子之间的相互作用。首先同时处于激发态的两个离子将能量同时传递给一个位于基态能级的离子使其跃迁至更高的激发态能级，然后产生辐射跃迁而返回基态产生上转换发光，而两个离子则同时返回基态。

如图 9-4 所示，两个处于激发态的 Yb^{3+}将能量同时传递给一个处于基态的受主离子 Tm^{3+}，两个 Yb^{3+}返回基态时，Tm^{3+}可以通过任意一个过渡状态从两个 Yb^{3+}得到其总能量。

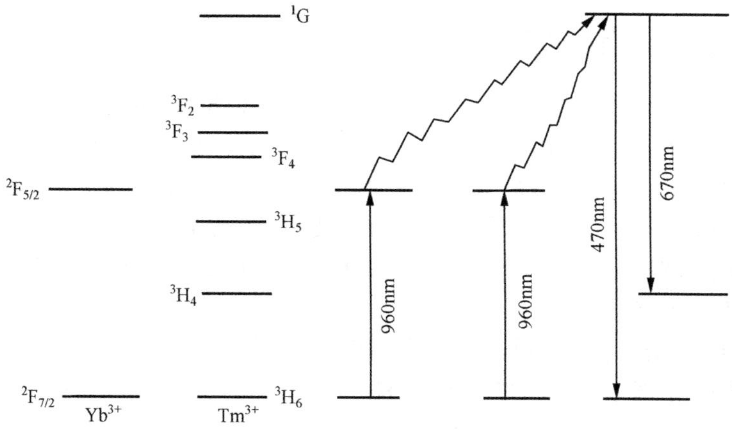

图 9-4　合作敏化能量转移上转换过程

9.3.4　交叉弛豫能量转移上转换发光

交叉弛豫能量转移上转换发光(亦称为多个激发态离子的共协上转换)可以发生在相同或不同类型的离子之间。其原理如图 9-5。当足够多的离子被激发到中间态时，两个物理上相当接近的激发态离子可能通过非辐射跃迁而耦合，一个返回基态或能级较低的中间能态，另一个则跃迁至上激发能级，而后产生辐射跃迁。参与这个过程的离子可以是同种离子，也可以是不同种离子，掺杂敏化剂的(双掺)材料的发光属于这一类。

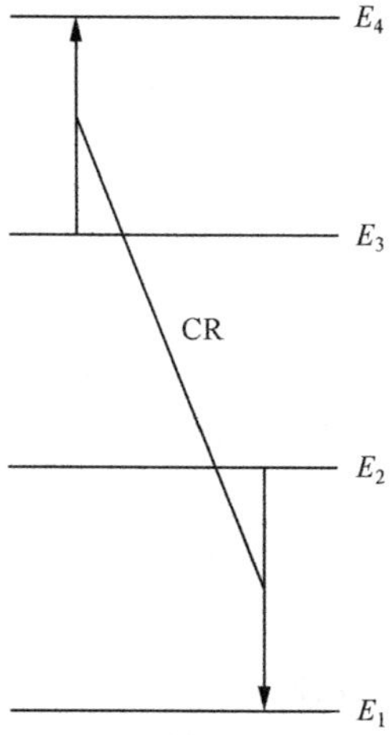

图 9-5　交叉弛豫能量转移上转换过程图解

9.3.5 “光子雪崩”过程

1979 年，Chivian 观察到上转换发光中的“光子雪崩”现象[31]。光子雪崩是激发态吸收和能量转移相结合的过程。光子雪崩的基础是：一个能级上的粒子通过交叉弛豫在另一个能级上产生量子效率大于 1 的抽运效果，激发光强的增大将导致建立平衡的时间缩短，平衡吸收的强度变大，有可能形成非常有效的上转换。光子雪崩过程取决于激发态上的粒子数积累，因此在稀土离子掺杂浓度足够高时，才会发生明显的光子雪崩过程。

在 $LaF_3:Tm^{3+}$中可以观察到光子雪崩现象(图 9-6)[32]。用 635.2 nm 激光激发 $LaF_3:Tm^{3+}$，激发光子的能量高于 $^3H_6\rightarrow{}^3F_2$ 的零声子吸收，而与 $^3F_4\rightarrow{}^1G_4$ Stark 能级间的跃迁波长一致。在激发态吸收使 $^1G_4$ 上具有初始的粒子数后，交叉弛豫过程($^1G_4$，$^3H_6$)→($^3F_2$，$^3F_4$)和($^3H_4$，$^3H_6$)→($^3F_4$，$^3F_4$)使 $^3F_4$ 上的粒子数增加到 3 倍，从而引起了吸收雪崩。

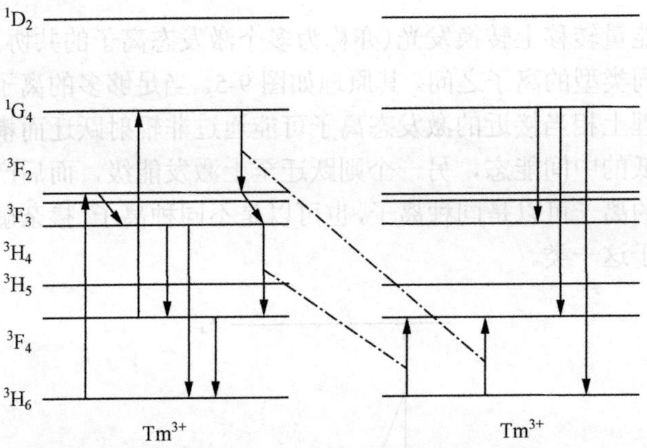

图 9-6　LaF_3 中 Tm^{3+}上转换发光中的光子雪崩过程

值得注意的是不同的稀土离子一般具有不同的上转换发光方式，同一离子在不同的泵浦方式下也具有不同的发光机制。

9.4 稀土上转换纳米发光材料

近年来，稀土上转换纳米发光材料(UCNPs)在生物荧光成像、红外探测、太阳能光伏等领域正日益展示出诱人的应用前景。稀土上转换纳米发光材料的研究已成为热点，已有大量的报道，在理论上探讨表面界面效应和小尺寸效应对光谱结构及其性质的影响；在应用上，从材料的制备入手，寻找材料的应用及功能器件制造的途径。

稀土上转换纳米发光和其他性能结合在一起成为多功能发光材料是国内外研究的热点，纳米技术和分子生物学的交叉促进了稀土上转换纳米发光材料的迅猛发展。如磁光多功能成像，它既具有核磁共振成像组织分辨率及空间分辨率高的优点，又具有荧光成像可视化形态细节成像的优点，因此提高了诊断灵敏度和精确度[33]。

张洪杰等[34]采用微波反应法在不加任何表面活性剂的水中，成功合成了形貌可控、结晶度高、发光性质优良的掺杂 Yb^{3+}、Er^{3+}的 $BaYF_5$ 纳米粒子。在 980 nm 激光激发下得到了 Er^{3+}很强的红光发射。

稀土上转换发光材料纳米化后对发光性能有一定的影响。Capobianco 小组[35]研究了纳米的 Y_2O_3：Er, Yb 的上转换发射。在以 978 nm 为激发波长测得的反 Stokes 发射光谱中，发现在纳米和体材料中红光的发射强度比以 488 nm 为激发波长测得的反 Stokes 发射光谱中有所提高，但在纳米粒子中红光发射强度提高的程度要大。其原因一方面可能来自于交叉弛豫过程($^4F_{7/2}$，$^4I_{11/2}$)→($^4F_{9/2}$，$^4F_{9/2}$)，使位于 $^4F_{9/2}$ 能级上的电子数增加，但研究者认为这并不是影响这一现象的主要原因，其主要影响因素为声子的作用使得在 $^4F_{9/2}$ 能级上的电子数增加增多，因为在纳米颗粒中附加了大量的碳酸根和氢氧根基团，声子能量较体材料的要大，而大的声子能量刚好与 $^4I_{11/2}$ 与 $^4I_{13/2}$ 之间的能量差相近，因此导致红光发射相对强。

Patra 等[36]研究了 ZrO_2：Er^{3+}纳米材料的上转换发光，由于在高温时 ZrO_2 属于单斜晶系，对称性较低，因此，随着温度的提高，晶粒的长大和晶相的转变，不对称的结构导致上转换发射强度随温度的升高而增强。从而也表明上转换发光强度与纳米粒子的晶相和尺寸有一定的关系。

Yi 等[37]研究了纳米 $La_2(MoO_4)_3$：Er, Yb 的上转换发光。虽然体材料和纳米材料结构相同，但以 980 nm 为激发波长测得的发射光谱中，发现纳米材料中绿光发射强度要强于红光，而在体材料中现象刚好相反。其研究者认为，随着粒子的减小，更多的发光中心处在表面上，519 nm 发射来自于表面的发光中心，而 653 nm 的发射来自于内部发光中心，因此，绿光发射更易受纳米尺寸的影响。

金笠飞[38]研究发现，尺寸小于 10 nm 的 $NaGdF_4$：Yb, Er 同时具有上转换发光、温度传感、顺磁性等多重性能，可以同时实现核磁功能成像、光学成像以及温度检测等多功能集成。

为了获得尺寸和形貌可控、发光效率高、生物兼容性好的 UCNPs，目前主要发展了两类合成策略，即一步法和两步法。一步法主要是以多元醇或者聚乙二醇为溶剂直接合成 UCNPs[39, 40]，这样制得的 UCNPs 具有较好的亲水性，但是其尺寸通常不太均一，发光性能不甚理想。两步法是在第一步先合成疏水性的 UCNPs，第二步再通过表面修饰的方法获得生物兼容的 UCNPs。为了获得形貌可控、发光性能好的疏水性 UCNPs。两步法中第一步常用的是水热合成法、三氟乙酸稀土盐热分解法[41]或液相共沉淀法[14]等合成技术。

陈学元等[42]采用了油酸或者亚油酸协助的水热合成法，制备出 UCNPs 的表面通常为疏水的有机配体(例如油酸)，长的烷基链指向外层，导致它们不能溶于水，也难以与生物分子连接。由此，研究了一些表面修饰的方法来将疏水性 UCNPs 转化成水溶性的、表面含有活性基团(例如—COOH、—NH_2或者—SH)的 UCNPs。

李亚栋等[43]用水热法合成 UCNPs，即先将稀土硝酸盐水溶液加入到油酸或者亚油酸、水、乙醇和氢氧化钠的微乳体系中，在搅拌条件下逐渐加入 NaF 的水溶液，然后转移至高压反应釜，调节反应温度和反应时间来控制纳米晶的形貌。他们利用这一方法制备了一系列尺寸可调的、不同形貌(球形、立方块、棒状)、不同成分 UCNPs。

赵东元团队[44]利用水热法合成出了一系列形貌完整的 UCNPs(主要成分为 $NaYF_4$)纳米棒、纳米管和花状纳米盘。当反应温度小于 160℃时，主要生成立方相 $NaYF_4$(α-$NaYF_4$)；随着反应温度的升高和时间的延长，α-$NaYF_4$ 溶解并重结晶成六方相 $NaYF_4$(β-$NaYF_4$)，即由亚稳态的α-$NaYF_4$过渡到稳态的β-$NaYF_4$，这个过程是不可逆的。在β-$NaYF_4$生成的过程中，可以通过调节 NaF 和 NaOH 浓度等反应参数来制备β-$NaYF_4$纳米棒、纳米管和花状纳米盘。

刘晓刚团队[45]研究了 Gd^{3+}掺杂浓度对水热法合成的 $NaYF_4$晶相和发光性能的影响。由于 Gd^{3+}离子极化半径比较大，因此β相比较稳定。而 Y^{3+}的离子极化半径相对较小，倾向于α相；只有在比较苛刻的条件下，比如长时间高温水热条件才能生成β-$NaYF_4$。在 $NaYF_4$晶体中引入 Gd^{3+}，可以促使β-$NaYF_4$的快速生成；同时改善其发光性能。

稀土掺杂上转换纳米粒子具有独特的物理性质和诱人的应用前景，但其量子效率低，发光强度不高直接限制了稀土掺杂上转换纳米粒子的应用。基于此，宋宏伟[46]将制备的 20 nm 左右尺寸均匀的 $NaYF_4$：Yb^{3+}, Tm^{3+}纳米粒子通过自组装的方式生长在不同带隙的 PMMA 蛋白石光子晶体上，通过上转换发光研究发现光子晶体能够显著提高 $NaYF_4$：Yb^{3+}, Tm^{3+}纳米粒子发光强度，并且随着光子晶体带隙的变化而变化；当光子晶体带隙和激发光波长(980 nm)耦合时，可以达到最高增强(32 倍)，同时 $NaYF_4$：Yb^{3+}, Tm^{3+}纳米粒子在 $^1G_4 \to ^3H_6$ 能级寿命出现明显减小。宋宏伟等认为这是由光子晶体和激发场耦合导致局域热效应和非辐射跃迁速率增大引起的。最后，宋宏伟等成功地将 PMMA 蛋白光子晶体应用于共聚焦显微镜下辅助癌细胞成像。

第二步表面修饰方法有多种[47-51]，如 SiO_2 包裹法、配体交换法、聚合物包覆法、静电层层自组装法和配体氧化法等等。其中，配体氧化法是陈志钢等[51]发展的一种新型表面修饰方法，利用 Lemieux-von Rudloff 试剂($KMnO_4$+ $NaIO_4$水溶液)将 UCNPs 表面的油酸配体氧化成壬二酸配体，就可得到亲水性的、羧酸功能化的 UCNPs。氧化过程对 UCNPs 的形貌、晶相、组成和发光性能没有明显的负面作用。FTIR 和 NMR 测试结果表明，UCNPs 表面产生了大量羧酸基团。羧酸基团的存在不仅使 UCNPs 具有良好的水溶性，而且可以和许多生物分子例如链亲和素直接偶联。这种方法适用于本身不会被氧化，但是表面配体含有碳碳不饱和键的纳米材料，例如表面有油酸或者亚油酸的稀土纳米材料。

林君团队[52]用叶酸(FA)作为肿瘤靶向分子，合成了介孔 SiO_2 壳直接包覆上转换发光纳米粒子的复合材料 β-$NaYF_4$∶Yb^{3+}/Er^{3+}@mSiO_2。上转换荧光成像和激光共聚焦显微镜成像表明 FA 修饰后的样品具有明显的肿瘤细胞靶向性；以 $NaYF_4$∶Yb^{3+}/Er^{3+} 作为核，pH 和热双重敏感的聚异丙基丙烯酰胺-丙烯酸[P(NIPAM-co-MAA)]作为壳，设计了一种新型无机-有机杂化微球 $NaYF_4$∶Yb^{3+}/Er^{3+}@SiO_2@P(NIPAM-co-MAA)。此杂化微球在环境 pH 由 7.4 变化到 5.0 的过程中，可以快速释放出抗癌药物 DOX，同时药物的释放可通过上转换发光强度的变化来进行检测。

张家骅[53]研究了 $NaYF_4$∶Er^{3+}/Yb^{3+}@$NaYF_4$ 纳米核壳结构的上转换发光增强机理，考虑了上转换过程各个环节对发光增强的作用，涉及 Yb^{3+}向 Er^{3+}的能量传递、Er^{3+}的第一激发态和第二激发态的无辐射过程、红光发射能级和绿光发射能级的发射效率等。实验观察到，上转换发光起初随壳层厚度的增加而增强，然后下降，分别解释为增强由壳层对表面猝灭中心的抑制而产生，下降由壳层中浓度的减少所致。结果表明，包覆壳显著阻碍了 Yb^{3+}激发态的无辐射过程，从而大幅度提高了 Yb^{3+}相 Er^{3+}的能量传递效率。其次，Er^{3+}的第一激发态的布居数比例发生显著变化，辐射效率也得到提高。

陈学元等[42, 54]采用热分解法，通过高温前驱体逐层注射的方法合成了发光性能优良的 $LiLuF_4$∶Ln^{3+}核壳结构上转换纳米晶。多层核壳包覆显著提高了材料的上转换发光性能，其中 16 层包覆材料的上转换发光绝对量子产率达到了 5.0%(Er^{3+})与 7.6%(Tm^{3+})，为目前已报道稀土掺杂上转换纳米晶的最高值。特别地，该纳米晶表面修饰后可作为上转换荧光探针实现对疾病标志物的高灵敏特异性检测。

目前，关于稀土上转换纳米发光材料的研究尚有诸多问题未解决，上转换发光量子产率不够高，远达不到大规模应用的要求，发光强度比较弱，发光的稳定性也需要再提高。通过对材料进行表面修饰等途径完善材料性能。

9.5　稀土上转换发光材料的应用

1968 年国外利用 LaF_3∶Yb, Er 上转换效应制成发绿光的固体灯，引起广泛的兴趣，一段时间内工作十分活跃。20 世纪 70 年代中由于直接发可见光的固体灯和液晶技术的发展，而使上转换发光的应用趋于冷落。

随着信息、通信、视频显示及表面处理等技术的发展，越来越需要高效率、低价格、高性能的可见光波长的激光光源，尤其是蓝绿光激光。利用稀土上转换材料实现可见与紫外短波长激光器具有如下优点[55, 56]：①可以有效降低光致电离作用引起基质材料的衰退；②不需要严格的相位匹配，对激发波长的稳定性要求不高；③输出波长具有一定的可调谐性。另外，上转换发光更有利于简单、廉价及结构紧凑小型激光器系统的发展。

实现激光上转换是上转换材料很突出的应用，已被广泛用于固体激光材料[57]。最初的上转换激光只能在低温下脉冲工作，1971 年 Johnson 等[58]用 BaY_2F_8：Yb/Ho 和 BaY_2F_8：Yb/Er 在 77 K 下用闪光灯泵浦首次实现了绿色上转换激光。利用上转换过程也可实现连续激光输出，1986 年 Silversmith 等[59]用 $YAlO_3$：Er 首次实现了连续波上转换激光。1987 年，Antipenko 等[60]用 BaY_2F_8：Er 首先实现了室温下的上转换激光。由于对短波长全固态激光器的需求促使对上转换激光材料的研究，从 20 世纪 80 年代后半期以来又出现了一个上转换材料研究的高潮。

尤其是 20 世纪 80 年代末，随着发光二极管的发展，红外激光二极管效率的提高为上转换提供了有效的泵浦源，同时新基质材料的发现也使上转换效率有了较大的提高，利用稀土离子的上转换效应，在可见光范围已获得了连续室温运转和较高效率的上转换激光输出。用包括激光二极管在内的发红光或近红外光的光源激发，上转换材料可得到蓝绿，甚至紫色荧光发射，有望取代非线性光学晶体，也促进了上转换材料的研究和应用的发展。

20 世纪 90 年代中期，在 Pr^{3+}离子掺杂的重金属氟化物玻璃光纤中实现了室温下的上转换连续波激光输出，用 1010 nm（$^3H_4 \to {}^1G_4$）和 835 nm（$^1G_4 \to {}^3P_0$, $^3P_1$, $^1I_6$）两束光激光泵浦，获得了 635 nm（$^3P_0 \to {}^3F_2$）、605 nm（$^3P_0 \to {}^3H_6$）、520 nm（$^3P_1$, $^1I_6 \to {}^3H_5$）和 491 nm（$^3P_0 \to {}^3H_4$）激光，其中 635 nm 激光的输出功率 100 mW 以上，效率达到 16.3%[61]，在 Pr、Yb 共掺杂的光纤中，用 860 nm 激光泵浦，输出功率达到 300 nmW，斜率效率达到 52%[62]。

上转换发光材料已在探测和防伪上获得应用。例如，人们将稀土上转换材料添加于油墨、油漆或涂料中，应用于防伪，其保密性强，不易仿制；在军事上主要应用是和红外激光器或红外发光二极管匹配使用，在红外光的激发下，上转换发光材料发射出绿色、蓝色或红色光。

陈冠英等[63]研究了红外探测器激发下的 Y_2O_3：Yb^{3+}, Tm^{3+}纳米材料的紫外上转换发光。

Chen 等[64]采用 976 nm 的红外激光激发 Tm^{3+}和 Yb^{3+}共掺的玻璃陶瓷中 YF_3 纳米晶，获得强紫外光和蓝光输出。掺杂稀土元素的种类和配比的选择对开发上转换材料至关重要。

马荣梁等[65]介绍了上转换发光材料在疑难背景上手印显现的原理、条件、发展现状以及未来的研究方向。

随着对稀土上转换发光材料的研究不断深入，其应用也在被不断地开发出来，呈现出良好的发展趋势。近几年研究的主要新领域和方向是用于生物标记和活体成像、显示领域以及太阳能电池的开发。

9.5.1　稀土上转换发光材料用于生物标记和活体成像

利用光作为信号源或激发源的分析和诊疗技术在生物医药领域得到了快速发展，特别是光学成像技术在生物成像的应用方面发展迅猛。但是生物组织对光的高散射和高吸收成为制约光学技术在生物体内应用的主要障碍。一般来讲，生物组织对可见光(350～650 nm)和红外光(>1000 nm)具有很强的吸收。相反，生物组织对近红外光(650～1000 nm)的吸收最少，因此近红外光具有较大的生物穿透深度。特别是在近红外光的激发下，生物组织几乎无损伤且不会发光(无背景荧光)。这些优点使近红外光具有广阔的生物应用前景。正是由于生物组织不能有效吸收近红外光，当近红外光应用于生物医学领域时，需要特殊的纳米材料或者器件来吸收光并转换成所需的信号或者能量。

稀土纳米发光材料由于其高光化学稳定性、生物兼容性、长荧光寿命和可调谐荧光发射波长等优点，有望成为替代分子探针的新一代荧光生物标记材料。作为理想的生物探针的稀土发光材料应满足如下要求：①小尺寸(小于 30 nm 为宜)；②高的上/下转换发光效率；③易实现与生物分子的偶联；④低毒或无毒。近年来，国内外学者合成了一些尺寸较小、形貌可控、生物性、吸收近红外光兼容的稀土上转换纳米发光材料(UCNPs)，研究了它们的生物应用，包括 DNA 传感、细胞和小动物成像等。

稀土上转换发光材料用于生物医学的荧光诊断，其主要优点是使用红外光激发，不会激发和破坏天然生物材料，避免被测物本身自荧光的干扰，因而可提高检查的对比度。

荧光标记作为一种非放射性的生物标记技术受到广泛重视，并取得迅速发展。目前用作发光标记物主要有 3 类材料：有机荧光材料、半导体量子点及稀土上转换纳米发光材料(UCNPs)。其中，常规的有机荧光材料和半导体量子点主要吸收紫外光或者高能可见光来发射出低能可见光；而 UCNPs 能吸收近红外光并转化成可见光。

与传统的分子探针如荧光染料和量子点相比，稀土上转换纳米发光材料作为新一代生物荧光标记材料拥有许多优点，例如毒性小、化学稳定性高、光稳定性好、吸收和发射带很窄、寿命长、较大 Stokes 与反 Stokes 位移、抗光漂白。近年来，这类功能纳米材料因在生物检测、成像以及疾病诊疗等领域的潜在应用而引起人们的广泛关注[66, 67]。

UCNPs 用于生物发光标记的前提是：①其尺寸较小；②形貌可控；③发光效率较高；④表面有活性基团(如—COOH、—NH_2 或者—SH)，具有水溶性。UCNPs 的制备已有多年的研究历史，并取得了一些重要的研究成果。

最具有代表性的 UCNPs 为 $NaYF_4$：Yb, Er 和 $NaYF_4$：Yb, Tm 纳米颗粒，在 980 nm 激光的激发下它们可发射出红光和绿光或者蓝光。

稀土上转换发光材料作为一种新型成像材料，具有许多独特的优势，如较深的激发光穿透组织深度、生物组织不会发光(无背景荧光干扰)、光学稳定性好、化学稳定性高、生物毒性小和荧光寿命长等，这就使得其拥有广阔的生物应用前景，已得到了广泛的关注并取得了迅速的发展[68]。

要实现从细胞到小动物层次的多层尺度生物成像，需要构建新型多功能上转换材料。如 Zhang 等[69]合成了约 30 nm 的 Yb、Er 掺杂的 $NaYF_4$上转换发光材料，在没有特异性键联的情况下将该纳米材料用于细胞和活体成像。活体生物成像深度可达 1 cm，这不仅是使用上转换荧光团进行细胞和组织成像的证明，这也意味着在近红外区域激发的上转换荧光技术可用于细胞和小动物的荧光成像。光谱研究表明，在 980 nm 高功率激发激光器下，$NaYF_4$：Yb^{3+}, Er^{3+}纳米材料能产生波长分别为 321 nm、380 nm 和 409 nm 的紫色上转换发光[70]，这给紫外纳米激光器的开发提供了实验支撑。李富友等[71, 72]报道了上转换纳米材料用于 *Z* 轴扫描的共聚焦成像，可以实现 600 μm 深度的组织切片成像。这表明上转换发光成像技术适用于跟踪和标注复杂生物系统的组件，可用于肿瘤识别和药物输送。Wu 等[73]报道了上转换发光材料非常适用于单分子成像。采用 980 nm 连续波激光激发时，可在 Yb^{3+}和 Er^{3+}离子掺杂的六方晶相 $NaYF_4$(β-$NaYF_4$)纳米晶体中观察到上转换发光；单个上转换在连续激发 1h 后，并没有光强度损失。且纳米晶体被内吞到细胞后，没有自发荧光。Yong 等[74]研究显示核壳型上转换纳米颗粒 $NaGdF_4$：Er^{3+}, Yb^{3+}/$NaGdF_4$ 可以用作无背景光学、磁共振的多模式成像探针，上转换纳米颗粒的无闪烁和抗漂白性有助于在长期成像实验中最小化可能的伪像。2011 年 Cheng 等[75]设计合成了一种多功能稀土材料，把叶酸作为靶向基团，实现了通过核磁共振成像和上转换发光进行肿瘤靶向成像。黄春辉课题组[76]在基质 $NaLuF_4$ 中引入 ^{153}Sm 用于肿瘤被动靶向成像，实现了稀土上转换材料的多功能化，为活体成像提供了一种高灵敏度的方法。另外，课题组构建了 $NaYF_4$：Yb, Tm@$NaLuF_4$ 双层结构材料用以改善粒子上转换发光效率，实现了绒毛膜癌细胞血源性转移示踪。

董斌等[77]报道了在 Er(Tm)-Yb 氧化物系统中，通过 Mo 共掺杂部分避免了声子猝灭过程，实现了绿色/蓝色上转换发光效率约四个数量级的非凡增强，并可将材料成功地用于温度感测和体内成像。这种克服稀土氧化物上转换材料中的声子猝灭效应的新型高激发态能量传递途径为开发新材料提供了基础。

在细胞和动物荧光成像方面，许多课题组做了较大贡献。如李富友等将叶酸(FA)连接在一种表面有胺基的 UCNPs 上，随后将叶酸受体表达阳性 FR(+)的宫颈癌(HeLa)细胞放在含 67 μg/mL UCNPs-FA 的培养液中 37℃孵育 1 h[78]。当使用 980 nm 连续激光作为激发源时，可以观察到来自 HeLa 细胞区域的绿色和红色发光，光谱扫描分析表明这种发光来源于UCNPs的发光。HeLa细胞的明场照片能与荧光照片很好地重叠在一起，UCNPs主要分布在细胞膜区域；这是因为HeLa细胞与UCNPs-FA表面的叶酸具有强特异性作用。值得注意的是，当用980 nm激光激发HeLa细胞时，仅仅观察到UCNPs-FA的发光，并没有收集到生物样品自发荧光。由此可知，采用UCNPs作为发光标记能完全消除生物体系自发荧光的干扰，同时也能避免其他染料的串色，拥有极高的灵敏度。随后，将UCNPs-FA溶液通过静脉注入带有HeLa肿瘤的小老鼠上。24 h后，在肿瘤部位可观察到明显的上转换发光信号。

在DNA传感方面，陈志钢等[79]曾经通过形成酰胺键将链霉亲和素(streptavidin)连接在羧酸功能化的UCNPs(成分为$NaYF_4$：Yb, Er)表面，再利用这种UCNPs构建了一种高度灵敏的DNA纳米传感器。在链霉亲和素功能化的UCNPs、捕捉DNA和报告DNA的混合物溶液中，当采用980 nm连续激光器作为激发源时，仅能观察到UCNPs的发光信号，说明了UCNPs与报告DNA之间的距离较远，不能发生有效的荧光共振能量转移。当在以上混合物溶液中加入目标DNA后，可以观察到一个位于约580 nm处的宽发射峰逐渐出现，相应于TAMRA的发射，同时UCNPs的绿色发射峰强度逐渐下降。以上现象说明发生了有效的荧光共振能量转移，这是因为DNA之间的组装促使了UCNPs(能量给体)与TAMRA(能量受体)之间接近，在测量的目标DNA浓度范围(0～50 nmol/L)内，目标DNA浓度与发光峰的强度比(I_{580}/I_{540}或者I_{540}/I_{654})存在线性关系，由于这里目标DNA浓度极低，说明了这个DNA传感器拥有极高的灵敏度。这么高的灵敏度应该归因于在980 nm激光器激发下，没有任何背景荧光，仅有UCNPs能够发光。

任舒悦等[80]评述了基于上转换纳米材料与抗原体的特异性结合而建立的上转换发光免疫层析技术在食品安全检测方面的应用进展情况，为食品安全领域进一步开发和应用提供参考。

Li等[81]利用$NaYF_4$：Yb^{3+}, Er^{3+}和$NaGdF_4$：Yb^{3+}, Er^{3+}的纳米材料制备了多功能上转换多孔硅纳米结构材料，研究了它们的绿色和红色发光以及在生物成像和靶向药物的应用。

周蕾等[82]建立了基于稀土纳米上转换发光技术的生物应急检测系统(UPT-POCT)以及产业化平台。

近红外激发光的高组织穿透深度和低自发荧光背景使得掺杂镧系元素的纳米材料的上转换工艺吸引了广大学者的兴趣。但材料在应用时也存在一些问题，如采用980 nm连续激光进行激发的Yb^{3+}常作为敏化剂掺杂在上转换材料中，然而水对980 nm激光有强吸收，这就使得生物结构中的水强烈吸收并且可能引起严重的过热作用。Wang等[83]通过进一步引入Nd^{3+}作为敏化剂并构建核壳型结构来确保连续的Nd^{3+}→Yb^{3+}→活化剂能量转移可使激光诱导的局部过热效应大大降低。

9.5.2 上转换立体三维显示

利用稀土上转换材料可获得红、绿、蓝三种颜色的可见光并应用于显示，如已用于 1.06 μm Nd^{3+}红外激光的显示，也可用于彩色三维立体显示等[84]。

三维立体显示不受观察者所在位置的影响，可以围绕显示体 360°进行观察。并且三维显示能即时表现物体任何一个角度、任何一个部位的动态信息，其表达的信息量远远超过了平面显示。因此，三维立体显示技术在信息、医疗、国防等领域应用广泛。1994 年斯坦福大学和 IBM 公司合作，开发了上转换新应用——双频上转换立体三维显示，被评为 1996 年物理学最新成就之一。

双频上转换立体三维显示是利用两种频率、两步上转换(TFTS)的技术。TFTS 实际上是属于激发态吸收的上转换过程。通常将光活性粒子掺杂在作为显示体的透明材料中，这些掺杂的原子、分子或者离子在光的照射下可以吸收光子，跃迁到激发态。示意图如图 9-7 所示，利用两束波长不同的红外激光，一束激光将作用点的粒子激发到一个中间态，另一束激光将粒子再进一步激发到更高的能级，在回到基态的过程中发出可见光。荧光强度与两束激光强度的乘积成正比。

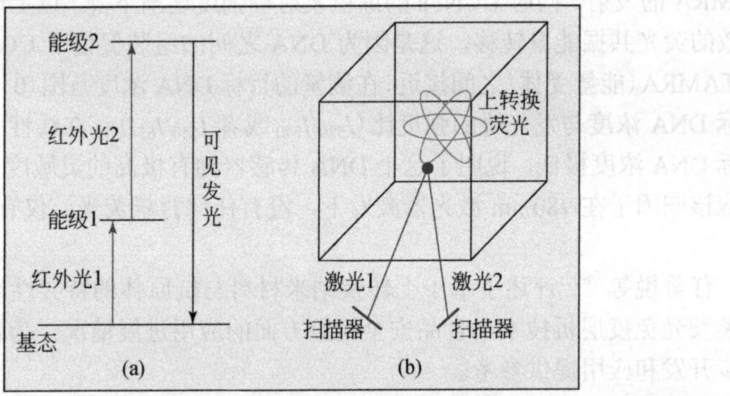

图 9-7　上转换原理及立体显示示意图

(a) 两种频率、两步上转换原理示意图；(b) 利用 TFTS 元素，两束激光在显示体内部交合产生上转换荧光效应进行立体显示的示意图

基于单频多光子上转换的立体显示是在一束激光作用下产生空间选择性上转换荧光，并应用于三维显示技术上。Honda 等[85]在 1998 年观察到只使用一束激光在掺铒摩尔浓度为 0.2%的 ZBLAN 玻璃里即可产生局域上转换荧光现象。激发源激光的波长为 979 nm，正好满足第一步和第二步的能级跃迁所需的能量，受激发的铒离子发出绿色荧光。

Downing 等[86]在 1994 年成功研发了一种三维显示技术。显示体是掺杂了稀土的重金属氟化物玻璃(HMFG)，激发源是 3 种常用的红外激光。为了能达到三色显示，Downing 使用了 3 种不同的掺杂物：镨产生红光，铥产生蓝光，铒产生绿光。为了解决能级不同的 3 种稀土元素混合造成的交叉吸收等问题，取用 100～500 μm 的薄层，薄层之间通过折射率相同的光学黏着剂黏接，薄层掺杂不同的稀土元素。掺杂物摩尔浓度约为 0.5%时可获得最大亮度的发光点。更高浓度会提高单频上转换效率，引入多余的可视线条。每一种掺杂物都要靠波长合适的激光交叉才能激发。通过使用计算机控制的扫描系统，发光点可以在显示体内任何一点显现，从而构成复杂的图像结构。

Downing 等提出的利用稀土离子激发态跃迁的上转换荧光的三维彩色显示意义重大，但仍存在一些不足之处：①显示材料制造非常繁复；②Pr 等离子的发光颜色不纯；③空间分辨率低；④需要两束光汇聚，系统复杂；⑤当上能级荧光寿命(一般为 10 ns～10 ms)较长时，存在幽灵点现象。

刘小刚等[87]在 *Nature Nanotechnology* 发表有关发光纳米粒子助三维立体显示的研究。开创性地设计并制备出一种全色显示纳米材料，这种“全色”发光的透明纳米材料是将多种稀土离子以核壳结构的形式巧妙设计以精确调控它们之间的相互作用，采用两种离子分别吸收 980 nm 和 808 nm 的近红外光，并将能量传递给其他稀土离子，处于内层的离子获得能量后发射蓝光，外层的离子发射红光或绿光；为了促进红光发射，采用了敏化技术；为阻止发光量子之间激发能量的交叉弛豫，在蓝光和红光/绿光发射层之间嵌入夹层；此外，还要在最外层包裹一层保护层，借以降低表面猝灭提高发光效率；整个核壳结构的平均尺寸仅为 30～40 nm。他们通过理论模拟表明，这类材料表现出的特殊光学性质受非平衡态下的光子转移、能量传递和上转换过程等控制，是一类新型发光材料。该材料有别于传统材料的发光行为，可在不同红外激光脉冲的激发下，发出颜色连续可调的全色域可见光，表现出发光颜色的刺激响应性。专家认为，这种新型纳米材料在红外激发下罕见的能量上转换“全色”发光现象，及其超凡的纳米级像素空间极限分辨率，拉开了三维真实立体显示的序幕。

9.5.3　稀土上转换材料用于太阳能的开发

科学家们已经进行了大量的研究将太阳能转换成各种可用的形式。大多数光电极均是利用紫外光和可见光辐射，但仍然有～40%红外能量未转换。稀土上转换发光材料可以将近红外光转换为可见光，提高染料吸收光子的数量。这意味着在现有的光电极材料中添加稀土上转换材料可转换红外光为可见光。

为了能够充分地利用太阳光谱的近红外部分，有人提出 Gd_2MoO_4：Er^{3+}稀土上转换纳米发光材料作为潜在的转换材料，在用低能量近红外光子激发时，可实现高于硅太阳能电池带隙能量的强转换发射，可以增强硅太阳能电池的响应[88]。将太阳光谱的近红外部分向上转换成可见光，从而提高硅基太阳能电池的效率。Gd_2MoO_4：Er^{3+}就成为用于增强硅太阳能电池近红外响应的一种材料[88]。2010 年

Shan 等[89]将 Er^{3+}和 Yb^{3+}共掺到 LaF_3-TiO_2 的纳米复合材料用于染料敏化太阳能电池，该纳米复合材料构成了上转换层，光照时可见光部分可以直接被染料分子吸收并产生光电子，近红外光则会被 LaF_3∶Yb^{3+}, Er^{3+}-TiO_2 复合材料中的 LaF_3∶Yb^{3+}, Er^{3+}上转换材料所吸收发射可见光，可见光再被染料吸收产生光电子。采用光激发时，上转换纳米复合材料发出波长约为 543 nm 的绿光。

Khan 等报道[90]将核壳型($NaYF_4$∶Er, Yb/$NaYF_4$)材料由于纳米颗粒的近红外–可见光谱修饰，可以将其用于染料敏化太阳能电池，这使得总转换效率提高了 11.9%。这一研究结果表明了具有增强近红外可见上转换的核壳型纳米荧光粉在太阳能电池应用中存在巨大潜力。2010 年 Sewell 等[91]将稀土氧化物上转换层沉积在单晶薄膜太阳能电池上，在 1520～1560 nm 的激光辐射下，出现了额外的光电流。这表明了通过稀土离子的组合，太阳光谱的部分可以被上转换为较短波长的光，从而达到提高硅太阳能电池效率的效果。同年，Ahrens 等研究了铵掺杂的氟氯锆酸盐玻璃作为高效太阳能电池的上转换模型系统，样品在 240℃和 290℃之间退火，270℃时出现上转换强度最佳值。研究发现掺杂铵和氯离子而制备的氟锆酸盐玻璃经过热处理能增强上转换的荧光强度。随着掺杂 Er 的玻璃的不断发展，其发光特性使其成为在硅太阳能电池上作为上转换层的一个更好的选择。Ahrens 等[92]提出了具有 $NaYF_4$∶Er^{3+}上变频器的硅太阳能电池的外部量子效率测量，并且进行了理论分析，展示 Er^{3+}跃迁可以选择性增强，提高转换效率。Lahoz 等[93]研究了用于太阳能电池应用的氟酸盐玻璃中 Ho^{3+}和 Yb^{3+}离子之间的电子能量转移，Ho^{3+}离子吸收大约 1150 nm 的红外辐射(低于 Si 太阳能电池的能隙)。Ho^{3+}和 Yb^{3+}离子之间的能量转移在可见光和近红外光谱范围内产生上转换发射(刚好是在 Si 带隙之上)。Zhang 等[94]设计了赤铁矿薄膜和稀土纳米晶体组成的简单基板(RENs)来制备和表征复合材料光电极。发现复合材料中的基板吸收红外辐射(980 nm)并在 550 nm 和 670 nm 处发射。发射的光子被周围的赤铁矿膜吸收，光电流增强，这充分展示了利用 RENs 提高现有的太阳能材料和设备的效率的可行性。Du 等[95]报道了采用 980 nm 激光激发 Er^{3+}和 Yb^{3+}掺杂的 Y_2O_3 荧光纳米颗粒，观察到强烈的绿色和红色发射，并在 350～750 nm 的宽波长范围内产生光散射效应，可用于近红外光收集。将纳米颗粒制成复合光电极，所得太阳能电池因光电流增加，功率转换效率由 5.94%增加到了 6.68%。

稀土上转换材料在太阳能的开发领域的应用近几年不少学者都做了研究，尤其是在染料敏化太阳能电池开发领域，出现了很多新的设计。但是，目前依然有很多问题亟待解决，如上转换材料对近红外光的转换效率低，所发出的可见光的强度有限，另外，目前报道的上转换材料以近红外光转换为主，而中、远红外涉及很少以及上转换材料的发光光谱窄，转换后发射的光以绿光为主，拓宽其发光光谱也是当前研究的难点和热点。

参考文献

[1] Auzel F E. Proc IEEE，1973，61(6)：758.

[2] Wright J C，Zalucha D J，Lauer H V，et a1. J Appl Phys，1973，44(2)：781.

[3] Gudel H U，Pollnau M. J Alloy Compd，2000，303-304：307-315.

[4] Balda R，Lacha L M，Mendiorooz A，et a1. J Alloy Compd，2001，323-324：255-259.

[5] 洪广言. 稀土发光材料——基础与应用. 北京：科学出版社，2011.

[6] Zhu C L，Lin H，Pun E Y B. Quantification of upconversion emission in rare earth doped glasses [C] // Photonics Conference. IEEE，2017：771-772.

[7] 杨建虎，戴世勋，姜中宏. 物理学进展，2003，23(3)：284-298.

[8] Duan Q，Qin F，Wang P，et al. J Opt Soc Am B，2013，30(2)：456.

[9] 李有谟，贾庆新，李继文，洪广言. 中国稀土学报，1994，12(专辑)：421-424.

[10] Chatterjee D K，Rufaihah A J，Zhang Y. Biomaterials，2008，29(7)：937.

[11] Antipenko B M，Voronin S P. Opt Spectrosc，1987，63：768-769.

[12] Heine F，Heumann E，Danger T，et al. Appl Phys Lett，1994，65：383-384.

[13] 李艳红，张永明，张扬，洪广言，于英宁. 无机化学学报，2008，24(10)：1675-1678.

[14] Heer S，Kömpe K，Güdel H U，et al. Adv Mater，2004，16(23-24)：2102-2105.

[15] Bo S H，Hu J，Chen Z，et al. Appl Phys B，2009，97(3)：665-669.

[16] Kapoor R，Friend C S，Biswas A，et al. Opt Lett，2000，25(5)：338.

[17] De G，Qin W，Zhang J，et al. Solid State Commun，2006，137(9)：483-487.

[18] Zheng C B，Xia Y Q，Qin F，et al. Chem Phys Lett，2010，496(4–6)：316-320.

[19] Silver J，Martinez-Rubio M I，Ireland T G，et al. J Phys Chem B，2001，105：948-953.

[20] Guo H，Dong N，Yin M，et al. J Phys Chem B，2005，108(50)：19205-19209.

[21] Li Y H，Hong G Y，Zhang Y M，Yu Y N. J Alloy Compd，2008，456：247-250 .

[22] Chen G Y，Zhang Y G，Somesfalean G，et al. Appl Phys Lett，2006，89(16)：1929.

[23] Patra A，Friend C S，Kapoor R，et al. Appl Phys Lett，2003，83：284-286.

[24] Rosa E D L，Salas P，Desirena H，et al. Appl Phys Lett，2005，87：241912(1-3).

[25] Rosa E D L，Solis D，Diaz-Torres L A，et al. J Appl Phys，2008，104：103508(1-6).

[26] Qu X S，Song H W，Bai X，et al. Inorg Chem，2008，47：9654-9659.

[27] 黄传海. Li^+和稀土离子共掺 ZrO_2 上转换发光增强及温度特性研究. 哈尔滨：哈尔滨工业大学，2010.

[28] 谭浩，宋峰，苏静，等. 物理学报，2004，53(2)：631-635.

[29] 陈晓波，刘凯，庄健，等. 物理学报，2002，51(3)：690-695.

[30] 赵谡玲，侯延冰，孙力，等. 功能材料，2001，32(1)：98-99，102.

[31] Chivian J S，Case W E，Eden D D. Appl Phys Lett，1979，35：124.

[32] Colling B C，Silversmith A. J Lumin，1994，62：271.

[33] Wang S，Su S Q，Song S Y，et al. Cryst Eng Comm，2012，14：4266-4269.
[34] Zhang H J，et al. Cryst Eng Comm，2013，15：7640-7643.
[35] Vetrone F，Boyer J C，Capobianco J A，et al. J Phys Chem B，2003，107(5)：1107-1112.
[36] Patra A，Friend C S，Kapoor R，et al. Appl Phys Lett，2003，83(2)：284-286.
[37] Yi G S，Sun B，Yang F Z，et al. Chem Mater，2002，14：2910-2914.
[38] 金笠飞. 多功能上转换纳米晶的制备与性能研究. 南京：东南大学，2015.
[39] 王松，程晓红，梁桂杰，钟志成. 稀土，2017，38(1)：114-125.
[40] Song Y L，Tian Q W，Zou R J，et al. J Alloy Compd，2011，509(23)：6539-6544.
[41] Mai H X，Zhang Y W，Si R，et al. J Am Chem Soc，2006，128(19)：6426-6436.
[42] Liu Y S，Tu D T，Zhu H M，Chen X Y. Chem Soc REV，2013，42：6924-6958.
[43] Wang G，Peng Q，Li Y. J Am Chem Soc，2009，131(40)：14200-14201.
[44] Zhang F，Wan Y，Yu T，et al. Angew Chem Int Ed，2007，46(42)：7976-7979.
[45] Wang F，Han Y，Lim C S，et al. Nature，2010，463(7284)：1061-1065.
[46] 宋宏伟. 第五届全国掺杂纳米发光材料性质学术会议，哈尔滨，2014.
[47] Li Z，Zhang Y，Jiang S. Adv Mater，2008，20(24)：4765-4769.
[48] Naccache R，Vetrone F，Mahalingam V，et al. Chem Mater，2009，21(4)：717-723.
[49] Yi G S，Chow G M. Chem Mater，2007，19(3)：341-343.
[50] Wang L Y，Yan R X，Hao Z Y，et al. Angew Chem Int Ed，2005，44(37)：6054-6057.
[51] Chen Z G，Chen H L，Hu H，et al. J Am Chem Soc，2008，130(10)：3023-3029.
[52] Dai Y L，Ma P G，Cheng Z Y，et al. ACS Nano，2012，6：3327.
[53] 张家骅. 第五届全国掺杂纳米发光材料性质学术会议，哈尔滨，2014.
[54] Huang P，Zheng W，Zhou S Y，et al. Angew Chem Int Ed，2014，53：1252.
[55] Marie-France J. Opt Mater，1999，11：181-203.
[56] 赵谡玲，侯延冰，董金凤. 半导体光电，2000，20(4)：241-244.
[57] 陈晓波，张光寅，宋增福. 光谱学与光谱分析，1995，(3)：1-6.
[58] Johnson L F，Cuggenheim H. Appl Phys Lett，1971，19：44.
[59] Silversmith A J，et al. Appl Phys Lett，1987，51：1977.
[60] Antipenko B M，Dumbravyanu R V，Perlin Yu E，Raba O B，Sukhareva L K. Opt Spectrosc.(USSR)，1985，59：377.
[61] Shikida A，Yanagita H，Toratani H. J Opt Soc Am，1994，B11：928.
[62] Xie P，Gosnell T R. Opt Lett，1995，20：1014.
[63] Chen G Y，Somesfalean G，Zhang Z G，et al. Opt Lett，2007，32(1)：87-89.
[64] Chen D Q，Wang Y S，Yu Y L，et al. Appl Phys Lett，2007，91：051920.
[65] 马荣梁，黄河，陈江，等. 警察技术，2014，(5)：29-31.
[66] 陈志钢，匡兴羽，宋琳琳，田启威，胡俊青. 无机化学学报，2013，29(8)：1574-1590.
[67] 郑伟，涂大涛，刘永升，罗文钦，马恩，朱浩淼，陈学元. 中国科学：化学，2014，44(2)：

168-179.
[68] Xiong L Q，Chen Z G，Yu M X，et al. Biomaterials，2009，30(29)：5592-5600.
[69] Chatterjee D K，Rufaihah A J，Zhang Y. Biomaterials，2008，29(7)：937.
[70] 王倩，张国海，张静，等. 牡丹江医学院学报，2015，36(1)：12-15.
[71] Yu M，Li F，Chen Z，et al. Anal Chem，2009，81(3)：930.
[72] Xiong L，Chen Z，Tian Q，et al. Anal Chem，2009，81(21)：8687-8694.
[73] Wu S，Han G，Milliron D J，et al. PNAS USA，2009，106(27)：10917-10921.
[74] Yong I P，Kim J H，Kang T L，et al. Adv Mater，2010，21(44)：4467-4471.
[75] Cheng L，Yang K，Li Y，et al. Angew Chem，2011，50(32)：7385.
[76] 孙筠. 多功能稀土上转换发光纳米材料用于活体成像的研究. 上海：复旦大学，2012.
[77] Dong B，Cao B，He Y，et al. Adv Mater，2012，24(15)：1987.
[78] Wang G，Peng Q，Li Y. J Am Chem Soc，2009，131(40)：14200-14201.
[79] Chen Z G，Chen H L，Hu H，et al. J Am Chem Soc，2008，130(10)：3023-3029.
[80] 任舒悦，姜会聪，彭媛，等. 食品安全质量检测学报，2016，7(5)：1858-1863.
[81] Li C，Yang D，Ma P，et al. Small，2013，9(24)：4150.
[82] 周蕾，郑岩. 第八届全国稀土发光材料研讨会暨国际论坛论，昆明，2014.
[83] Wang Y F，Liu G Y，Sun L D，et al. ACS Nano，2013，7(8)：7200.
[84] 曾伟，周时凤，徐时清，邱建荣. 激光与光电子学进展，2007，44(3)：69-73.
[85] Honda T，Doumuki T，Akella A，et al. Opt Lett，1998，23(14)：1108-1110.
[86] Downing E，Hesselink L，Ralston J，et al. Science，1996，273(5279)：1185-1189.
[87] Wang F，Liu X. Nat Nanotechnol，2007，2(7)：435-440.
[88] Liang X F，Huang X Y，Zhang Q Y. J Fluoresc，2009，19(2)：285-289.
[89] Shan G B，Demopoulos G P. Adv Mater，2010，22：4373-4377.
[90] Khan A F，Yadav R，Mukhopadhya P K，et al. J Nanopart Res，2011，13(12)：6837-6846.
[91] Sewell R H，Clark A，Smith R，et al. Silicon solar cells with monolithic rare-earth oxide upconversion layer//Photovoltaic Specialists Conference. IEEE，2010：002448-002453.
[92] Ahrens B，Löper P，Goldschmidt J C，et al. Phys Status Solidi，2010，205(12)：2822-2830.
[93] Lahoz F，Pérez-Rodríguez C，Hernández S E，et al. Sol Energ Mat Sol C，2011，95(7)：1671-1677.
[94] Zhang M，Lin Y，Mullen T J，et al. J Phys Chem Lett，2012，3(21)：3188.
[95] Du P，Lim J H，Leem J W，et al. Nanoscale Res Lett，2015，10(1)：321.

第10章 稀土电致发光材料

电致发光是将电能直接转变成光辐射的一种物理现象，实现这种电–光转换时不经过任何其他(如热、紫外光或电子束等)中间物理过程，电致发光属于主动发光。

10.1 稀土无机电致发光材料[1-4]

10.1.1 电致发光的过程

任何发光过程都包括激发、能量输运和光的发射三个主要环节。

1. 电致发光中的激发过程

固体中的电子被激发的方式主要有四种，即热激发、光激发、高能电子束(包括电子束)激发和电(场或流)激发，其中电激发方式最为复杂。

电致发光(简称EL)的激发机制有3种模式：①发光中心直接被电场离化；②少数载流子注入；③发光中心的碰撞激发或离化。第一种模式，需要的电场强度超过它们的击穿场强，可能性不大，事实上至今尚未发现这类EL现象；其余2种模式在理论和实践上都有可能，但目前大多数人倾向于发光中心的碰撞激发或离化模式。

在电致发光中，激发过程是通过电场的特殊分布和在电场作用下载流子的特殊行径来实现的，主要有两种情况：

(1)高场效应及体内发光。在低电场下，电子的运动符合欧姆定律。电场逐步升高后，电子的能量也相应地升高，直至远远超过热平衡状态下的电子能量而成为过热电子，过热电子的运动已不再符合欧姆定律，此时便产生了高场效应。在高电场下，碰撞离化的概率增大，易形成激发态。如过热电子可以通过碰撞，使晶格离化，形成电子、空穴对；也可以碰撞离化杂质中心；还可以碰撞激发杂质中心。已证明，以稀土离子激活的ZnS：Tb^{3+}及ZnS：Er^{3+}薄膜电致发光都是由于过热电子直接碰撞激发发光中心而产生的分立中心发光。

(2)少数载流子的注入效应及结区发光。与过热电子的高场效应不同，电致发光还可以通过热电子的低场效应获得。但是，这需要特殊的电场分布和载流子分布。能符合这类要求的最简单情况是p-n结。

2. 电致发光中的复合过程

在半导体中，光的发射主要有两类：限于发光中心内部的电子跃迁以及导带电子同价带空穴的复合。

(1) 限于发光中心内部的电子跃迁产生发光。发光中心可以从晶体的其他杂质或从晶格间接获得能量；也可以直接受到载流子的碰撞，使发光中心电离或者使电子从基态跃迁到激发态。处于激发态的电子在电场、热骚动或者它们的联合作用下，可以进入导带，也可使发光中心离化。反之，处于离化状态的发光中心也可以经过激发态再返回基态，而产生发光。

(2) 导带电子同价带空穴的复合产生发光。主要又有两类：①带间跃迁发光。材料按能带结构可分成间接带(Si，Ge)和直接带(GaAs，ZnSe 等)两种。直接跃迁的材料具有以下优点：发光跃迁概率大，发光效率高；即使在电流密度较高时，光输出不饱和，发光强度可以很高；发光波长靠改变材料组成可连续地改变。②通过中间能级的复合发光。

a. 通过杂质中心的复合。

实验证明，选择具有适当离化能的少数载流子的中心是非常重要的；其次发光中心的浓度要大，猝灭中心的浓度要小，例如猝灭中心最好能少于每立方厘米 $10^{15}\sim10^{16}$，如能达到这么高的纯度，发光效率就能大幅度提高。

因此，要得到高效率的电致发光材料要制备高纯度完整性好的晶体，还要掺进少量而又可控的杂质。

b. 施主-受主对的发光。

施主上的电子和受主上的空穴不经过导带或价带而直接复合所产生的光。依靠这种结构获得好的发光是比较困难的，但是对它的研究导致一类新现象的发现，这就是用等电子陷阱提高发光效率。

c. 通过等电子陷阱的复合。

在半导体中一个晶格原子被同一族的另一元素的原子取代时，就属于等电子掺杂。此外，化合物半导体中，若两个不同原子同时被另外两个原子取代，但取代前后电子总数不变，这也叫等电子掺杂。等电子掺杂可能形成等电子陷阱，利用这种陷阱的特殊作用，可以形成高效率的激子复合。从而，即使在间接带材料中也可能获得较高的发光亮度和发光效率。

从发光效率的角度来看，决定发光中心好坏的判据主要有三方面：它在基质中的溶解度(尚未引起浓度猝灭的范围)；辐射寿命；少数载流子的离化能。

许多材料具有电致发光特性，这些材料可分为无机和有机两大类，特别是 20 世纪 90 年代后飞速发展的有机 EL 材料将 EL 的研究和应用推向了一个新的历史阶段。

无机 EL 材料历史较久，并早已进入实用阶段。这类材料从形态上分可分为单晶型、薄膜型和粉末型；从工作方式上可分为交流(AC)型、直流(DC)型和交直流(ADC)型 3 种；按激发条件可分为高场型和低场型 2 种；按发射光谱可分为红、黄、绿、蓝等多种。

10.1.2　无机粉末电致发光材料[5]

无机粉末型 EL 的激发机制与显像管中发生的过程十分相似，也是高场下加速初级电子碰撞激发发光中心而发光。但初级电子来源、高场的形成机制和发光中心的激发和复合过程等众多问题尚难解释，因此至今尚是一个没有定论的复杂问题。

1. 粉末交流电致发光材料

ZnS 是粉末交流电致发光的最主要、性能最优异的基质材料，激活剂除 Cu、Al、Ga、In 外，还有稀土元素，掺杂离子的种类和浓度不同，发光颜色不同。ZnS 系列发光材料的发射光谱覆盖整个可见区，发光效率高，但在亮度、寿命和颜色等方面不令人满意。以稀土离子为激活剂的材料的色纯度较好，例如，ZnS∶Er^{3+}, Cu^{+}，谱带半宽度小于 10 nm。但是，稀土离子半径比锌离子大得多，在 ZnS 中溶解度小，往往得不到好的电致发光效果。稀土电致发光模拟显示器已用于计量仪器和汽车仪表盘，如以 ZnS∶TbF_3 为发光层，$BaTiO_3$ 为绝缘层的绿色电致发光板，交流驱动电压 80 V、1 kHz 时，显示亮度可达 400～500 cd/m^2，使用寿命在 5000 h 以上。

2. 粉末直流电致发光材料

粉末直流电致发光的激发与粉末交流电致发光不同，直流电致发光要求有电流通过发光体颗粒，因此，发光体与电极之间必须具有良好的接触，接触状况不同，激发条件会有差异。粉末直流电致发光板的亮度与外加电压呈非线性关系。发光材料主要是以 ZnS 为基质材料，使用不同的激活剂，可以得到不同颜色的发光。它必须掺杂铜，对灼烧后的发光材料进行包膜处理，使发光颗粒表面形成 p 型高导电层。颗粒表面含有 Cu_2S 的 ZnS∶Mn^{2+}(即 ZnS∶Mn^{2+}, Cu^{+})在直流电流的激发下产生很强的发光，是当前最好的直流电致发光材料。开发稀土激活的碱土硫化物荧光粉，可以获得多种颜色的发光，如绿色的 CaS∶Ce^{3+}, Cl^{-}、红色的 CaS∶Eu^{3+}, Cl^{-}和蓝色的 SrS∶Ce^{3+}, Cl^{-}等荧光粉。但它们在其他性能上尚有差距。

粉末电致发光存在固有缺陷：①发光层对光的散射造成显示的对比度低；②发光层与电极直接接触使发光层承受大电流，器件易老化、易击穿。

主要的彩色无机电致发光荧光粉示于表 10-1。

表 10-1 彩色无机电致发光荧光粉

荧光粉材料	亮度/(cd/m^2)(激励频率/Hz)	色品坐标(x, y)
SrS：Ce^{3+}	L_{60}=317(90)	(0.21, 0.36)
$CaGa_2S_4$：Ce^{3+}	L_{40}=10(60)	(0.14, 0.20)
SrS：Cu^{+}	L_{45}=250(240)	(0.19, 0.29)
CaS：Pb^{2+}	L_{25}=80(60)	(0.15, 0.10)
$BaAl_2S_4$：Eu^{2+}	L_{60}=1681(120)	(0.12, 0.08)
ZnS：Tb^{3+}	L_{60}=3574(120)	(0.320, 0.600)
ZnMgS：Mn^{2+}(经滤光)	L_{60}=625(120)	(0.315, 0.680)
$SrGa_2S_4$：Eu^{2+}	L_{60}=686(120)	(0.226, 0.701)
$CaAl_2S_4$：Eu^{2+}	L_{60}=1700(120)	(0.13, 0.73)
ZnS：Mn^{2+}(经滤光)	L_{60}=830(120)	(0.660, 0.340)
$MgGa_2O_4$：Eu^{3+}	L_{60}=203(120)	(0.652, 0.348)
(Ca, Sr)Y_2S_4：Eu^{3+}		(0.67, 0.33)

10.1.3 无机薄膜电致发光材料和显示器件

1. 无机薄膜电致发光

粉末电致发光器件中必须有有机介质作黏合剂，由于有机介质的存在必然影响发光的亮度、效率、分辨率和寿命等。薄膜电致发光(TFEL)器件中不需任何有机介质，发光物质的密度增加，有望提高发光的亮度和效率，发光薄膜均匀而致密，可以提高发光的分辨率和使用寿命。因此，研制薄膜型的电致发光则成为发展的必然。

20 世纪 70 年代初将稀土离子引入直流电致发光薄膜，替代 Mn 离子，如 ZnS：Er, Cu 为绿色直流电致发光，ZnS：Nd, Cu 为橙红色发光等，它们的发射光谱为三价稀土离子的特征发射，起亮电压低至 3 V 左右，正常发光电压为 10 V 左右，亮度可达到 600 cd/m^2，这些结果为多色或彩色显示提供了基础。

1968 年美国贝尔实验室首先实现了 ZnS：(RE)F_3 薄膜的各色交流电致发光，在钽(Ta)片上先经过阳极氧化形成一层 Ta_2O_5 的氧化物薄膜，在其上真空蒸镀 ZnS：(RE)F_3 薄膜，再蒸镀上透明或半透明电极，在交流电压作用下，获得三价稀土离子的特征发光。

无机薄膜的电致发光取得迅速发展。由于不需要有机介质，薄膜材料致密并有良好的结构，所以无机薄膜的 EL 具有高亮度、长寿命、高分辨率和陡的 *B-V* 特性等。在 20 世纪 80 年代形成了电致发光薄膜终端显示器商品化，在当时处于领先地位。

但是，交流电致发光薄膜存在两个缺点：①驱动电压高，工作电压约 150 V，需要高压集成片，周边驱动器电压高，价格贵；②缺少蓝光，不能实现彩色显示。

进入 20 世纪 90 年代，液晶显示(LCD)技术迅速发展，特别是 TFT(薄膜晶体管)-LCD 在中小型平板显示器领域占据绝对地位，致使电致发光薄膜器件的应用只限于军事、野外等用途。

采用新型双绝缘层结构，ZnS：TbF_3 薄膜 EL 发绿光，主要发射峰位于约 540 mm，发光亮度也接近 ZnS：Mn，可以做成单色器件，也可以作为彩色器件中的绿色成分，ZnS：SmF_3 薄膜 EL 发粉红色光，主要发光峰位于 625 nm 和 575 nm，色纯度较差，发光亮度低，达不到要求。ZnS：TmF_3 薄膜 EL 发蓝光，发射波长位于 488 nm 附近，色品坐标不能完全满足要求，更主要的是由于 Tm^{3+}离子内部的跃迁过程导致红外发射很强而蓝光发射很弱，发光亮度为 10 cd/m^2 左右。用溅射方法制备 CdS：TmF_3 薄膜[6]，使发光亮度提高到 30 cd/m^2。

1984 年日本研制成功碱土金属硫化物薄膜的 EL[7]，SrS：Ce(K)发蓝光的薄膜 EL，发射峰在 460 nm 左右的宽带发射，最高发光亮度达 1700 cd/m^2；CaS：Eu(K)薄膜 EL 发红光，主要发射峰在 625 nm，发光亮度超过 1000 cd/m^2。

为实现彩色显示，三基色中绿色和红色发光基本得到解决，绿色发光可以用 ZnS：TbF_3 薄膜或者用 ZnS：Mn 橙色发光带分解出绿光；红色发光可以用 CaS：Eu(K)薄膜或用 ZnS：Mn 橙色分解出红光。唯独蓝光尚有距离，SrS：Ce(K)薄膜蓝光亮度偏低，色纯度差以及 SrS 材料吸水性强，器件稳定性差。因此，蓝光薄膜是实现彩色化的瓶颈。由此，对蓝光薄膜的改进和探索一直在进行，20 世纪 90 年代，将 Ga_2S_3 加入到 SrS 中，制成 $SrGa_2S_4$：Ce 薄膜，EL 发射带向短波移动，色纯度得到改善，但亮度不足仍是难点。

薄膜电致发光目前可分成两大类：

(1)注入式电致发光。半导体 p-n 结等在较低正向电压之下注入少数载流子，然后少数载流子与多数载流子在结区附近相遇复合而发光或者通过局域中心而发光。典型的例子是发光二极管(LED)、半导体激光器(LD)，以及近年来迅速发展起来的有机薄膜 EL，均是注入式发光。

(2)高场电致发光。粉末电致发光和无机薄膜电致发光均属高场电致发光，又称本征式电致发光。

无机薄膜电致发光的发光中心，最有效的是分立的发光中心：二价 Mn^{2+}、三价稀土离子如 Tb^{3+}、Er^{3+}、Nd^{3+}、Ce^{3+}等，特别是以(RE)F_3 形式掺入基质，构成分子发光中心。

无机薄膜制备方法甚多，如化学气相沉积(CVD)，金属有机化合物气相沉积(MOCVD)，分子束外延(MBE)，原子层外延(ALE)、射频溅射(RF-溅射)、真空蒸发等，其中以真空蒸发最简单、最经济。例如 ZnS：RE^{3+}, Cu 薄膜直流电致发光器件制备。首先，在光谱纯的ZnS粉末原料中加入约1.5×10^{-3} g/g的CuCl溶液，混合均匀并球磨充分，然后在110℃下烘干，再在S或H_2S气氛中1050℃温度中灼烧1h，制成原材料，用于制备薄膜。选择涂有SnO_2和ITO层的导电玻璃为衬底，在真空室中，衬底置于蒸发源的上方，两者距离150～200 mm，为保证薄膜均匀性衬底要转动。将原材料ZnS∶Cu放入钼舟中，并用钼丝缠绕固定。而在真空室中设一小舟放入稀土金属小颗粒(Er，Nd等)，在蒸发ZnS∶Cu的同时蒸发稀土金属，基质ZnS与稀土金属的比例控制在$1:10^{-3}$左右(技术的难点是在蒸发ZnS∶Cu时如何控制稀土金属的均匀蒸发)。当真空度达到约10^{-3}Pa时就可以加热钼舟使原材料蒸发，在衬底上获得ZnS∶RE^{3+}, Cu的薄膜。再利用真空蒸发方法在其上蒸镀银(Ag)或金(Au)作背电极。为延长寿命，器件还要密封防潮。

交流电致发光(ACTFEL)器件具有双层绝缘结构，由衬底玻璃板透明ITO电极、0.2～0.3 μm厚绝缘层、0.5～1 μm厚发光薄膜层、0.2～0.3 μm厚绝缘层和背金属层组成。

ACTFEL器件的发光过程大致是：①在电场的作用下，发光层中的杂质、缺陷和发光层与绝缘层界面能级上束缚的电子通过隧穿进入发光层；②这些电子在电场中被加速；③当被加速电子的能量足够高时，碰撞激发发光中心产生发光；④电子在发光层与另一绝缘层的界面处被俘获。当驱动电压反向时，逆向重复上述过程，从而实现连续发光[8]。发光是一个非常复杂的物理过程，文献［9］作了比较深入的阐述。

交流电致发光之所以有高亮度和长寿命，其主要原因是用了双绝缘层，由于绝缘层的保护作用使发光层内能够承受很高的场强而又不被击穿。

无机薄膜EL的基质局限于Ⅱ-Ⅵ族化合物ZnS、SrS(CaS)，均属于有严重本征缺陷的高阻n型半导体材料，迄今无法制成p-n结，所以它们是高场EL。与之相适应的是分立发光中心的Mn^{2+}和RE^{3+}离子。薄膜处于负电压的一端形成高场区，隧穿进入高场区的电子被迅速加速成为高能过热电子，当它与发光中心发生非弹性碰撞时，将能量交给发光中心并使之激发，激发态的电子返回基态时，产生电致发光。高场区中电子被加速的同时受到杂质或缺陷的散射失去能量，热电子能量分布遵从玻色分布，高能量过热电子的数目随着能量增加越来越少，所以取得激发能的过热电子为数不多，这就是无机薄膜EL发光效率较低的原因(交流EL薄膜的能量效率约10^{-3})。

2. 稀土TFEL材料

ACTFEL显示对发光层材料的要求是覆盖整个可见光区，禁带宽度大于3.5 eV。基质材料主要有ZnS、SrS、CaS、Zn_2SiO_4和$ZnGa_2O_4$等，它们的禁带宽度大于3.83 eV，在可见光区透明。在这些基质材料中掺杂过渡元素Mn或稀土元素Eu、Tb、Ce等构成发光中心。橙色的ZnS∶Mn和绿色ZnS∶Tb单色电致发光薄膜显示屏已实现商品化生产，但它们只能用于特定场合，如军事上应用。

(1) ZnS 系列材料。1968 年贝尔实验室首先研制出稀土掺杂的 ZnS 电致发光薄膜，$ZnS:TbF_3$ 已用于计算机终端显示，$ZnS:TbF_3$ 器件绿色发光亮度可达 6000 cd/m^2，仅次于 ACTFEL 材料中发光性能最好的橙色发光材料 $ZnS:Mn^{2+}$。$ZnS:ErF_3$ 发绿光亮度超过 1000 cd/m^2；$ZnS:SmF_3$ 和 $ZnS:TmF_3$ 发红光，其亮度尚达不到实际应用的水平。在 ZnS 或 ZnSe 基质中掺三价稀土离子氟化物的电致发光材料发射稀土离子特征光谱。图 10-1 为 $ZnS:REF_3$（RE=Pr、Tb、Dy、Tm）的薄膜 EL 光谱，这些材料的发射光谱分布于整个可见光区和近红外区。掺杂各种稀土氟化物的 ZnS 电致发光薄膜的发光颜色列于表 10-2。

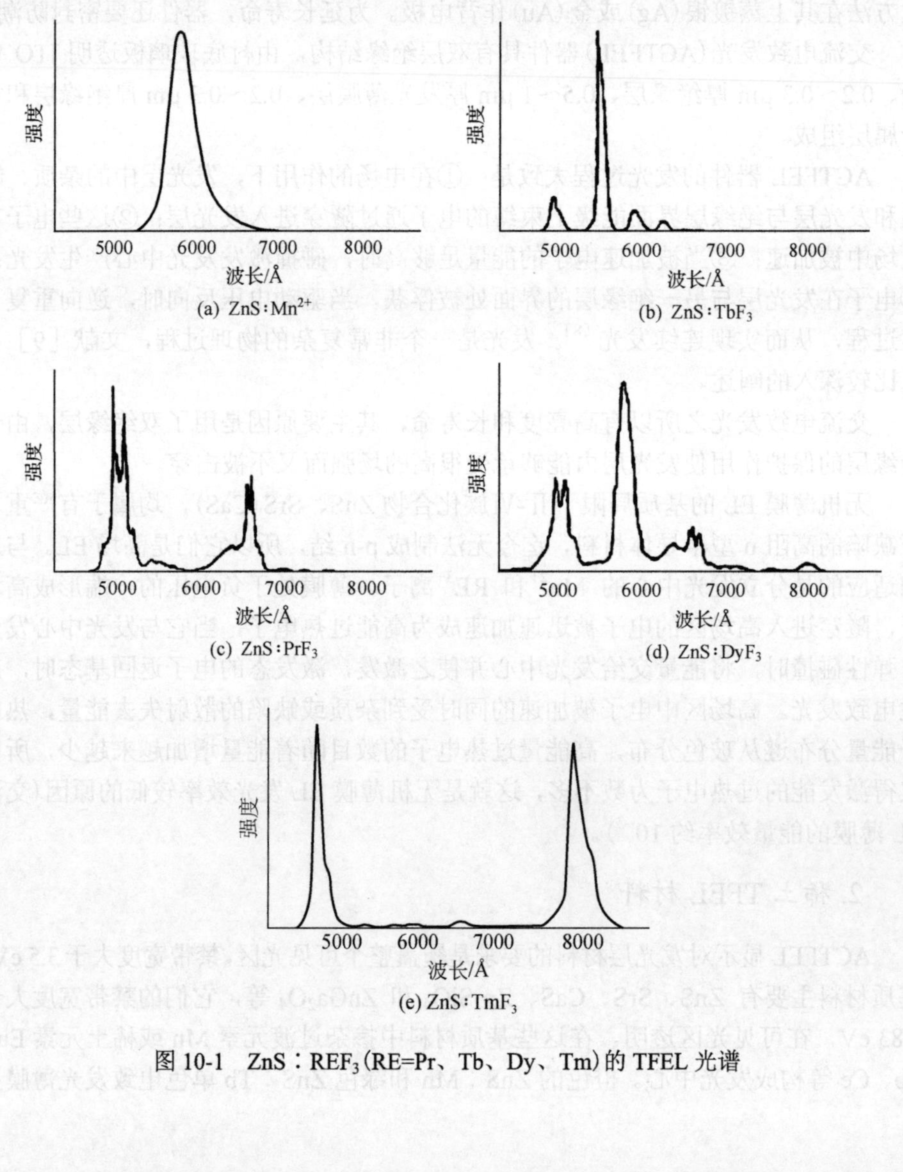

图 10-1　$ZnS:REF_3$（RE=Pr、Tb、Dy、Tm）的 TFEL 光谱

在 ZnS∶Er, Cu 直流薄膜 EL 中[10]光谱主要由绿色来自 $^4S_{3/2}\rightarrow{}^4I_{15/2}$(550 nm)跃迁和红色来自 $^4F_{9/2}\rightarrow{}^4I_{15/2}$(650 nm)跃迁组成。$^4S_{3/2}$ 能级在 $^4F_{9/2}$ 能级之上，则电子从基态 $^4I_{15/2}$ 激发到 $^4S_{3/2}$ 的能量要比激发到 $^4F_{9/2}$ 更大。实验表明，绿色发光强度与红色发光强度之比随外加电压增加而增加。这表明直流 EL 薄膜的激发过程是在高场区中电子被加速成高能的过热电子，然后碰撞 Er^{3+} 离子使基态电子被激发进入激发态，然后电子从激发态返回基态而发光。随着外加电压的增加，高场区中场强增强，有更多的电子被激发而有较高的能量，使过热电子的能量分布向高能方向移动，从而有更多的 Er^{3+} 离子被激发到较高的激发态，导致随外加电压的增加，绿色发光强度与红色发光强度之比增加。

表 10-2　掺稀土氟化物的 ZnS 电致发光薄膜的发光颜色

掺杂的稀土氟化物	蒸发温度/℃		厚度/nm	激发电压峰值/V	频率/kHz	发光颜色
	ZnS	稀土氟化物				
PrF_3	890	1020	100	40	47	绿
NdF_3	930	1020	150	40	47	橙
SmF_3	950	1050	150	45	45	红-橙
EuF_3	970	1000	150	50	47	粉红
TbF_3	930	1050	160	42	41	绿
DyF_3	960	1050	190	50	48	黄
HoF_3	970	1220	105	62	43	粉红
ErF_3	970	1050	190	50	48	绿
TmF_3	950	1010	200	60	47	蓝
YbF_3	940	1100	300	60	48	弱红

ZnS∶Tb 交流薄膜 EL 是发绿光，主要发光峰为 Tb^{3+} 的 $^5D_4\rightarrow{}^7F_6$ 的跃迁，峰值位于 542 nm，当 Tb^{3+} 离子浓度不是很高时，可以观察到 $^5D_3\rightarrow{}^7F_6$ 跃迁的蓝光发射(420 nm 附近)。实验表明，随着外电压增加，蓝光发射与绿光发射的比值也增大，这就证明外加电压增加导致高场区场强增大，过热电子的能量分布移向高能区，有更多的电子获得较高的能量，导致有更多的 Tb^{3+} 离子被激发到较高的激发态，致使短波辐射随外加电压增加而增长较快，证明稀土离子发光中心是被过热电碰撞激发而发光的。

EL 薄膜的发光亮度与发光中心浓度成正比，增加发光中心的数目，有利于提高发光亮度。但发光中心数目的增加，缩小了发光中心之间距离，发光中心的相互作用将导致能量的传递和浓度猝灭。以 ZnS∶TbF_3、ZnS∶ErF_3 和 ZnS∶HoF_3 薄膜为例[11-14]，它们主要发射峰分别为 542 nm、552 nm 和 550 nm，如图 10-1。在浓度较低的范围内，发光亮度随浓度增加而增加，并且达到一个极大值，浓度再增加，发光亮度反而下降，即出现浓度猝灭。ZnS∶TbF_3、ZnS∶ErF_3和 ZnS∶HoF_3薄膜 EL 亮度的极大值分别为 2300 cd/m^2、1100 cd/m^2和 600 cd/m^2，它们对应的最佳掺杂浓度为 1.4×10^{-2} mol、7×10^{-3} mol 和 3×10^{-3} mol，可见发光亮度和极大值与最佳掺杂浓度密切相关(见图 10-2)。

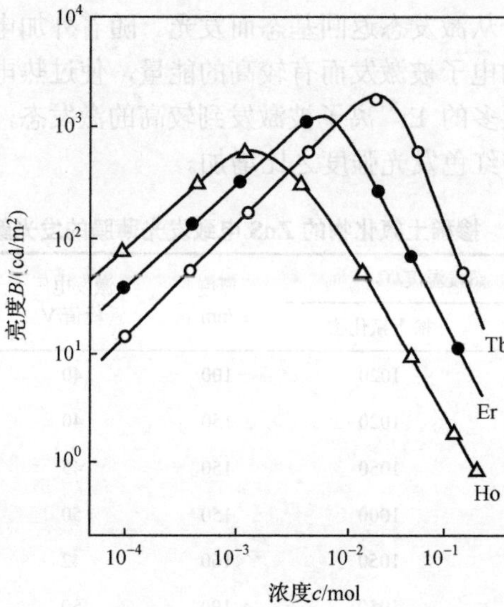

图 10-2 Tb、Er、Ho 掺杂的 ZnS ACTEEL 的亮度与掺杂浓度的关系

图 10-3 示出 ZnS∶TbF_3、ZnS∶ErF_3和 ZnS∶HoF_3薄膜 EL 发射光谱与浓度的关系。从图 10-3 中可知，对于 ZnS∶TbF_3薄膜，随浓度的增加蓝光 $^5D_3\rightarrow{}^7F_6$的跃迁逐渐减小直至消失，这一现象可以用交叉弛豫过程来解释。所以 Tb^{3+}离子在 ZnS 薄膜中有很高的最佳掺杂浓度(1.4×10^{-2} mol)，从而有最高的发光亮度的极大值(2300 cd/m^2)；对于 ZnS∶HoF_3薄膜，随着浓度的增加，红色发射 $^5F_5\rightarrow{}^5I_8$明显增加，而绿色发光峰 $^5S_2\rightarrow{}^5I_8$相对减小，从能级图上看到 $^5S_2$与 $^5I_4$的能级差与基态 $^5I_8$到 $^5I_7$的能级差非常接近，当浓度增加时发生了交叉弛豫过程 $^5S_2\rightarrow{}^5I_4$和 $^5I_8\rightarrow{}^5I_7$，这一过程非常不利于绿色发光，当发光中心 Ho^{3+}离子的基态电子被激发到 $^5S_2$激发态时，其周围有许多未被激发的 Ho^{3+}离子，它们的电子处于基态 $^5I_8$上，因此，交叉弛豫的概率很大，正因如此 Ho^{3+}离子在 ZnS 薄膜中有较低的最佳掺杂浓度(3×10^{-3} mol)和较小的发光亮度的极大值(600 cd/m^2)。

对于 ZnS∶ErF_3薄膜，随着浓度增加，绿色发光($^2H_{11/2}$，$^4S_{3/2}$)→$^4I_{15/2}$相对减小，而红色发光 $^4F_{9/2}\rightarrow{}^4I_{15/2}$相对增大，与此同时，$^4F_{5/2}\rightarrow{}^4I_{15/2}$和 $^4F_{7/2}\rightarrow{}^4I_{15/2}$的发射强度减小了，而 $^4G_{11/2}\rightarrow{}^4I_{15/2}$和 $^2H_{9/2}\rightarrow{}^4I_{15/2}$的发射强度却增大了。这一现象也可能与能级差接近，而产生交叉弛豫有关，但这对绿光发射不利。在 Er^{3+}离子的

ZnS 薄膜电致发光中有中等的最佳掺杂浓度（7×10^{-3} mol）和中等的发光亮度的极大值（1100 cd/m^2）。

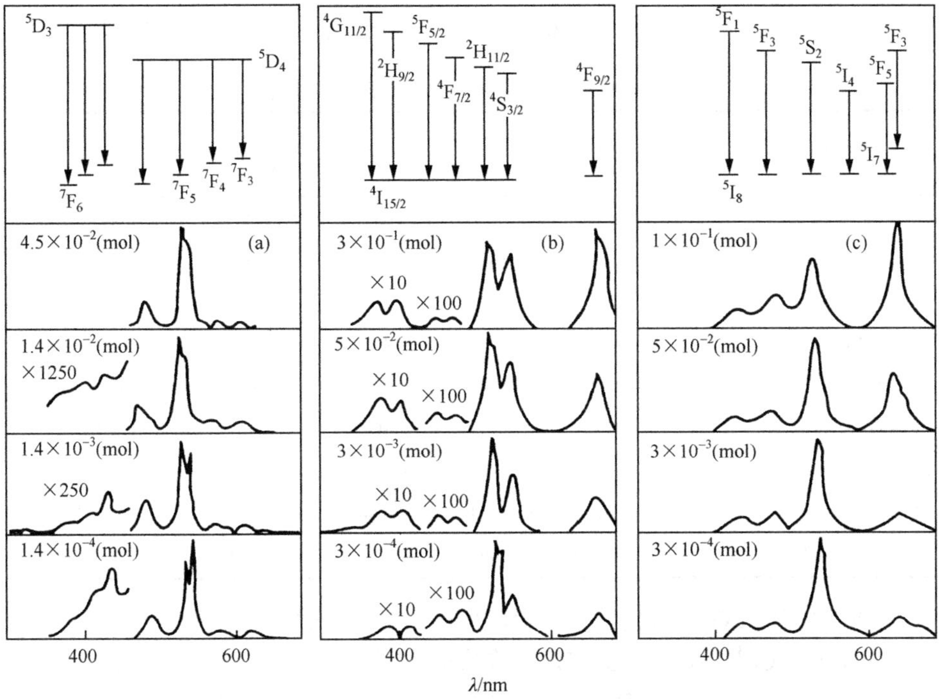

图 10-3　ZnS：TbF_3、ZnS：ErF_3 和 ZnS：HoF_3 薄膜 EL 发射光谱与浓度的关系

(2) 碱土金属硫化物。在 CaS 基质中掺杂 Eu^{2+}和在 SrS 中掺杂 Ce^{3+}的薄膜器件分别发射红光和蓝光，其 EL 是 Eu^{2+}和 Ce^{3+}离子 5d-4f 跃迁的结果。对于 ACTFEL 来说，红色和绿色发光材料已能满足实用化的要求，而蓝光发光材料亮度很低，是个薄弱的环节，成为实现 ACTFEL 全色显示的巨大障碍。

蓝光波长短，需要宽禁带的基质材料，ZnS 难以满足这个要求，CaS 和 SrS 与 ZnS 性质相似，但禁带比 ZnS 宽。SrS：Ce^{3+}是发现最早而且目前仍然是性能较好的蓝色 ACTFEL 材料[15]，其器件在 60Hz 电压驱动下亮度 100 cd/m^2，发蓝绿光。SrS：Ce^{3+}的缺点是色纯度差，基质 SrS 易发生潮解。早期 SrS：Ce^{3+}薄膜主要采用电子束蒸镀法制备，在制备器件时容易造成硫的流失，而在薄膜中产生大量的硫空位，这些硫空位会导致发光的猝灭。最简单的解决方法是在真空室中通硫蒸气或硫化氢来补充硫，但是，这样会使真空系统受到污染和损坏。也可以用共蒸发 Se 的方法，形成 $SrS_{1-x}Se_x$：Ce^{3+}薄膜，Se 不仅可填充硫空位，而且减少污染。随着 Se 摩尔分数 x 的增加，器件的亮度提高，最高可达 10 倍左右，x 增加可使发射波长蓝移到 480 nm。退火处理可改善结晶质量，从而提高发光亮度，经退火处理，器件在 1 kHz 电压驱动下发光亮度 800 cd/m^2，发光效率 0.42lm/W。在 2%H_2S-98%Ar 气氛中退火处理，可使器件发光亮度达 2000 cd/m^2 [8]。

SrS：Pr^{3+}, K^+发射白光，发射峰分别位于 490 nm 和 600 nm 处，相应于 Pr^{3+} 的 $^3P_0 \rightarrow {}^3H_4$ 和 $^3P_0 \rightarrow {}^3F_2$ 跃迁，表 10-3 列出典型的硫化物基质 ACTFEL 材料 [8, 16]。

表 10-3　典型硫化物基质 ACTFEL 材料

发光材料	发光颜色	发射波长/nm	色品坐标		亮度(60 Hz)/(cd/m^2)	发光效率(60 Hz)/(lm/W)
			x	y		
CaS：Eu^{2+}	红	650	0.68	0.31	12/170(1 kHz)	0.2/0.05(1 kHz)
SrS：Eu^{2+}	橙	600	0.61	0.39	160(1 kHz)	0.06(1 kHz)
ZnS：Tb^{2+}	绿	540	0.30	0.60	100	0.6～1.3
SrS：Ce^{3+}, K^+	蓝绿	480	0.27	0.44	650(1 kHz)	0.3(1 kHz)
SrS：Ce^{3+}	蓝	480～500	0.30	0.50	100	0.8～1.6
$SrGa_2S_4$：Ce^{3+}	蓝	—	0.15	0.10	5	0.02
ZnS：Mn^{2+}/SrS：Ce^{3+}	白	—	0.44	0.48	470	1.5
SrS：Ce^{3+}, K^+, Eu^{2+}	白	480/610	0.28/0.40	0.42/0.40	500(1 kHz)	0.15(1 kHz)
SrS：Pr^{3+}, K^+	白	490/660	0.40	0.40	500(1 kHz)	0.1(1 kHz)

在 SrS 中加入 Ga，可使禁带加宽，有利于 Ce^{3+}发射光谱蓝移。人们研究了一系列 MGa_2S_4：Ce^{3+}(M=Ca，Sr，Ba)，在实验室得到了 60 Hz 电压驱动下 10 cd/m^2 的发光亮度，发射波长为 459 nm。材料的亮度、色品坐标和稳定性等性能方面可以基本满足彩色化的要求，而且不易潮解。其缺点是制备困难，薄膜的结晶状态差，发光效率低 [8, 9]。

SrS：Ce 交流 EL 薄膜制备，由于 SrS 极易吸水，在 SrS 粉末中掺入约 5×10^{-4} mol/mol 的 CeF_3 粉末，研磨均匀压成圆柱体，在 H_2S 气流中，1000℃左右灼烧 1 h，取出后用电子束蒸发。蒸发时衬底温度要在 450℃以上，与 ZnS：Mn 蒸发相比，SrS 蒸发的功率要大得多，在蒸发时 SrS 分解相当严重，放气使真空度下降。因此，蒸发时要兼顾蒸发速率和真空度。

10.2　稀土有机电致发光材料 [17]

10.2.1　有机电致发光的基本原理和器件结构

1. 原理与结构

有机电致发光(简称 OLED)具有高亮度，高效率，低功耗、低压直流驱动可与集成电路匹配，超轻薄、全固化、自发光、响应快、可实现柔软显示，易实现彩色平板大面积显示，制作工艺简单，低成本等诸多突出优点。在仪器、仪表、手机、家电、数码相机、手提电脑诸多领域中均有重要应用前景，已成为目前科技发展的热点。

用于 OLED 器件的发光材料主要有两类，即小分子化合物和高分子聚合物。小分子化合物又包括金属螯合物和有机小分子化合物，它们各具特色，互为补充。有机小分子化合物是利用共轭结构的$\pi\rightarrow\pi^*$跃迁产生发射，谱带较宽(100～200 nm)，发光的单色性不好；而金属螯合物，特别是稀土配合物，具有发射谱带尖锐，半峰宽窄(不超过 10 nm)，色纯度高等优点，这是其他发光材料无法比拟的，可用以制作高色纯度的彩色显示器。作为 OLED 器件的发光材料，稀土配合物还具有内量子效率高、荧光寿命长和熔点高等优点。1993 年 Kido 等[18]首次报道了具有窄带发射的稀土配合物 OLED 器件，近年来，国内在稀土 OLED 材料方面取得了令人瞩目的成果。

OLED 器件一般是由正负极、电子传输层、发光层和空穴传输层等几部分构成(见图 10-4)。OLED 器件发光属于注入型发光，正负载流子从不同电极注入，在正向电压(ITO 接正)驱动下，ITO 向发光层注入空穴，同时金属电极向发光层注入电子，空穴和电子在发光层相遇，复合形成激子，激子将能量传递给发光材料，经过辐射弛豫过程而发光。

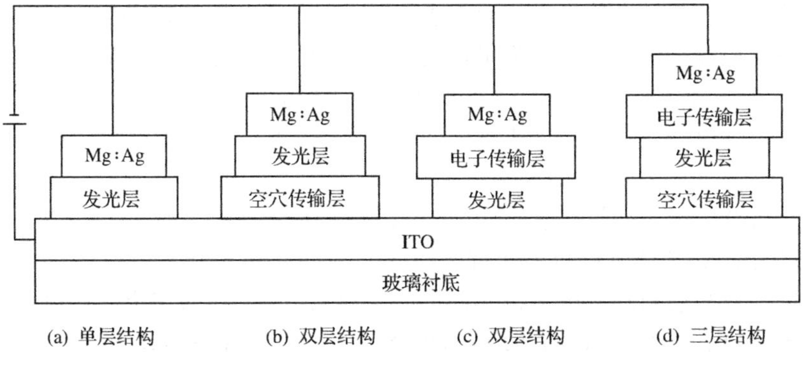

图 10-4　OLED 器件的结构

OLED 器件具有一般半导体二极管的电学性质，增大载流子的浓度和提高载流子的复合概率，有助于增强 OLED 器件的发光亮度，提高发光效率。由于电致发光属于注入式发光，而且只有当电子与空穴的注入速度匹配时，才能获得最大的发光亮度。一般说来，单层结构中电子和空穴的注入速度不匹配，为提高注入发光层的载流子的密度宜采用多层结构，即在阴极或阳极与发光层之间增加电子传输层或空穴传输层。具体采用何种结构应由发光材料的半导体性质决定，若所用的发光材料能够传导电子，即发光层的多数载流子是电子，就应在发光层与 ITO 之间增加一层空穴传输层，以提高空穴的注入密度，反之，则在金属电极与发光层之间增加一层电子传输层，只提高电子的注入密度。

整个器件附着在基质材料(一般为玻璃)上，实际的器件制作过程中，是先将 ITO 沉积在玻璃基质上制成导电玻璃。为控制阳极表面的电压降，要求 ITO 玻璃表面电阻小于 50 Ω，因此必须使用表面光洁、质地优良的玻璃基片。对于小分子 OLED 器件，一般采用真空蒸镀法将有机薄膜镀于 ITO 玻璃上，最后将阴极材料镀于有机膜。制备聚合物 OLED 器件，一般不采用真空蒸镀的方法，而是将聚合物溶解在有机溶剂(如氯仿、二氯乙烷或甲苯等)中，然后再用旋涂或浸涂方法成膜；阴极薄膜以及多层结构中的其他小分子材料仍然采用真空蒸镀的方法制备。制备过程中的工艺条件(如温度、真空度和成膜速度等)会对器件的性能产生影响。OLED 薄膜厚度和载流子传输层厚度一般大约在几十纳米，发光层的厚度对器件的 EL 光谱性质和发光效率都有着明显的影响。加大发光层厚度，将导致驱动电压升高。发光层厚度微小的不均匀或微晶物的形成都会引起电击穿，所以，在成膜过程中应防止各层材料的结晶化。另外，有机材料与电极直接接触，容易与氧气或水分发生化学反应，以致影响器件的寿命，这是当前 OLED 应用中的一个难题。

2. OLED 的电极材料

载流子的注入效率决定激子的生成效率，电极–有机层之间的势垒高度决定载流子的注入机制和注入效率。为了提高载流子的注入效率，阴极和阳极的选择非常重要。一般来说，作为 OLED 器件的电子注入极的阴极材料的功函数较低为好，功函数低可使电子在低电压下比较容易地注入发光层，如 Al、Ca、Mg、In、Ag 等金属就能满足这个要求。但低功函数金属的化学性质活泼，在空气中易氧化，往往采用合金阴极，目前普遍采用 Mg、Ag 合金和 Li、Al 合金等；也有采用层状电极，如 LiF/Al 和 Al_2O_3/Al 等来提高电子的注入效率[19]。

不同的发光层材料应配合以不同的阴极材料，例如李文连等[20]报道了一种稀土配合物 OLED 器件 ITO/TPD/Eu(DBM)$_3$Bath/Mg：Al(DBM 为二苯甲酰甲烷，Bath 为 4, 7-二苯基-1, 10-二氮杂菲)的启亮电压为 2.12 V；若只用铝作电极，采用相同的器件结构和制备工艺，启亮电压为 2.6 V。说明配合物与 Mg：Al 电极的匹配更好。

作为空穴注入极的阳极材料的功函数越高越好，高功函数材料有利于空穴注入发光层，一般采用 ITO。用可溶性聚苯胺代替 ITO 作阳极，可明显改善器件的性能，驱动电压降低 30%～50%，量子效率提高 10%～30%，而且，这种器件可以卷曲折叠，而又不影响发光。

3. 载流子传输材料

(1) 电子传输材料。常用有机小分子电子传输材料有 1, 3, 4-噁二唑的衍生物，如联苯−对叔丁苯-1, 3, 4-噁二唑和 1, 2, 4-三氮唑等；8-羟基喹啉金属螯合物既是很好的小分子发光材料，又是优良的电子传输材料，在 OLED 器件中可用作电子传输层。

8-羟基喹啉铝（Alq_3）本身是荧光量子效率很高的 OLED 材料，同时又是电子传输材料。文献［21］以 Alq_3 作为电子传输层，制备了双层器件 ITO/Eu(TTA)$_m$(40 nm)/Alq_3(20 nm)/Al，发光效率明显提高。而且在器件的光发射中，既有稀土配合物发光材料 Eu(TTA)$_m$ 的发光(最大发射波长 616.0 nm)，又存在 Alq_3 的发光(最大发射波长 520.0 nm)。通过改变各有机层的厚度，可得到不同颜色的 OLED 器件。

(2) 空穴传输材料。芳香族胺类化合物是主要的小分子空穴传输材料，具有较高的空穴迁移率，且离子化势低，亲电子力弱，能带宽。Adachi 等[22]曾对作为空穴传输材料的 14 种芳香族胺类化合物进行比较，结果表明，空穴传输材料的电离能是影响 OLED 器件耐久性的主要因素，用低电离能的材料作空穴传输层，可以显著改善器件的稳定性；同时，他们认为空穴传输层和阳极之间形成的势垒越低，器件越稳定。目前比较常用的空穴传输材料有 *N*, *N*′-二苯基-*N*, *N*′-双(3-甲苯基)-1, 1′-联苯-4, 4′-二胺(TPD)、*N*, *N*, *N*′, *N*′-四(4-甲基苯基)-1, 1′-联苯-4, 4′-二胺(TTB)和 *N*, *N*′-双(1-萘基)-*N*, *N*′-二苯基-1, 1′-联苯-4, 4′-二胺(NPB)。

大多数聚合物发光材料本身又是良好的空穴传输材料，如聚对苯乙炔(PPV)，聚甲基苯基硅烷(PMPS)。聚乙烯咔唑(PVK)是一种很典型的半导体，由于咔唑基的存在，使它具备很强的空穴传输能力，而且 PVK 具有较高的抗结晶化能力和很好的稳定性。

在设计、制作 OLED 器件时，必须注意空穴传输材料的热稳定性，在材料的老化过程中，它可能产生结晶，以致影响器件的寿命。通常空穴传输材料的玻璃化温度 T_g 比电子传输材料低得多，如上述 3 种空穴传输材料(TPD、TTB 和 NPB)的 T_g 分别为 60℃、82℃和 98℃，而最常见的电子传输材料 Alq_3 的 T_g 为 175℃，因此空穴传输层是器件是最薄弱的连接处。

传统的 OLED 器件对温度很敏感，温度升高，器件的稳定性下降。以有机−无机复合材料作为空穴传输层，有可能使这种情况得到改善。

对于指定的发光层材料，采用不同的空穴传输材料，器件可能表现不同的发光性质。文献［23］分别以 TPD 和 PVK 作为空穴传输层，稀土配合物 Tb(acac)$_3$Phen 为发光层，制备了两种器件：ITO/TPD/Tb(acac)$_3$Phen/Al(a) 和 ITO/PVK/Tb(acac)$_3$Phen/Al(b)。图 10-5(a) 为器件发射偏蓝绿的白光的 EL 光谱。在此器件中电子与空穴的复合不但发生在发光层，而且也发生在空穴传输层，550 nm 窄带为稀土配合物 Tb(acac)$_3$Phen 中 Tb^{3+}的 $^5D_4 \rightarrow {}^7F_5$ 跃迁所致，蓝紫光(415 nm)由空穴传输层 TPD 产生，乃是电子越过 TPD/Tb(acac)$_3$Phen 界面势垒在 TPD 层中与空穴复合所导致的发光。图 10-5(b)为器件只呈现绿光发射的 EL 光谱，3 个窄发射带是 Tb^{3+}的特征光谱，说明发光只产生于发光层，载流子的复合主要发生在发光层，PVK 起传输空穴阻挡电子的作用，限制载流子的复合区域。

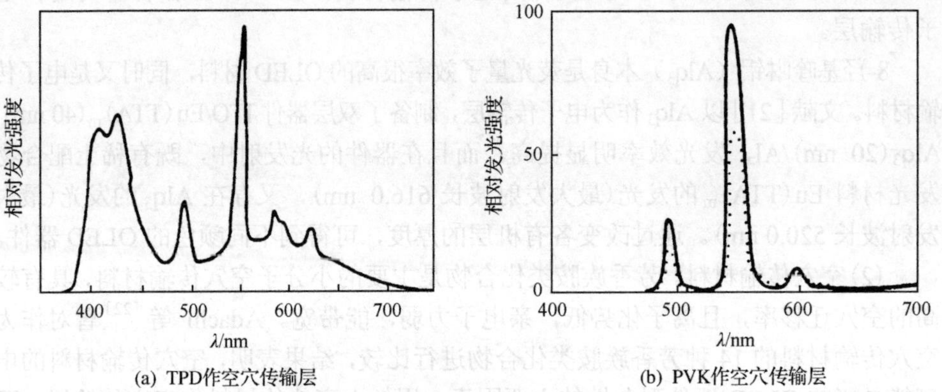

图 10-5 器件(a)和器件(b)的 EL 光谱

4. 发光层材料

发光层材料是 OLED 器件的核心，对它们的选择至关重要，应具有以下几个特点：

(1) 高的荧光量子效率；

(2) 良好的半导体特性，即具有较高电导率或可有效地传递电子和空穴；

(3) 良好的成膜特性和机械加工性能；

(4) 良好的化学稳定性和热稳定性。

用于 OLED 器件的发光层材料可分为两种不同的类型：一种类型是主体发光材料，这种材料既具有发光能力，又具有载流子传输能力，有的可作为电子传输层，称为电子传输发光层材料；有的可作为空穴传输层，称为空穴传输发光层材料；有的则具有双极性。另一种类型是掺杂型发光材料，即为了改变器件的发光光谱，在主体发光层材料中掺杂适当的发光物质，如掺杂小分子荧光材料来改变发光颜色；它可以通过主体发光材料分子的能量传递而受到激发，从而发射不同颜色的荧光。

5. 有机 EL 与无机 EL 的区别

OLED 与无机交流 EL(ACTFEL)都属于电致发光，由于它们的发光机制不同，其器件结构也不同。OLED 属于注入型发光，从阳极注入的空穴和从阴极注入的电子在发光层复合形成激子，激子经去激活而发光。ACTFEL 机制为电场激发下的碰撞离化，从金属电极一侧的绝缘层与发光层界面进入发光层的电子被加速而形成过热电子，过热电子碰撞激发发光中心而产生发光，电子在 ITO 一侧的发光层与绝缘层界面被俘获，在交变电场的作用下实现连续发光。ACTFEL 基质半导体的结晶性能对材料性能，乃至器件性能的影响显著；OLED 器件的性能主要取决于材料的发光性能和电学性能。

从表面上看，OLED 和 ACTFEL 都采用多层结构，但层结构的功能完全不同，ACTFEL 的发光层两侧为绝缘层；而 OLED 的发光两侧为载流子传输层。ACTFEL 的发光层薄膜是多晶薄膜；OLED 的发光层薄膜一般是无定形薄膜(经热蒸发分子在室温极板上以过冷状态形成薄膜)。ACTFEL 的交流驱动电压在 300 V 以上，OLED 的直流驱动电压为几伏到几十伏。ACFEL 发光效率低，最高发光亮度不到 OLED 的 1/10。

10.2.2　稀土配合物 OLED 材料

1. 稀土配合物 OLED 材料的发光机制

(1) 配体传递能量给稀土离子发光。在正向偏压驱动下，由 ITO 注入的空穴和由金属阴极注入的电子在发光层复合为激子，配体吸收激子的能量，再将能量传递给稀土离子而产生发光。大多数稀土配合物 OLED 材料属于这类发光，主要是 Sm^{3+}、Eu^{3+}、Tb^{3+}、Dy^{3+}等稀土离子的配合物，它们发射稀土离子的特征光谱，配体的结构发生变化，或对配体结构进行化学修饰可以改善配合物的发光性能，但并不影响配合物的发射波长。稀土配合物作为 OLED 材料的最显著优势是发射光谱为窄带。

属于这类发光的 OLED 材料，以 Eu(Ⅲ)和 Tb(Ⅲ)配合物为主。前者发红光，最大发射波长大约在 615 nm 附近，相应于 Eu^{3+}的 $^5D_0 \rightarrow {}^7F_2$ 跃迁。在 OLED 材料中，红色发光材料最为薄弱，Eu(Ⅲ)配合物发光效率高，色纯度高，受到人们极大的重视[24]。Tb(Ⅲ)配合物发绿光，最大发射波长在 545 nm 附近，相应于 Tb^{3+}的 $^5D_4 \rightarrow {}^7F_5$ 跃迁。

普遍认为，稀土配合物中稀土离子的发光来自配体向中心离子的能量传递。李文连等[20]对 $Eu(DBM)_3Bath$ 配合物电致发光的研究认为，在电致发光过程中，除了通常的配体向中心离子传递能量的解释外，还存在中心离子被电子直接激发的可能性。

除了 Sm^{3+}、Eu^{3+}、Tb^{3+}、Dy^{3+} 4 种离子的配合物具有较强的发光现象外，Pr^{3+}、Nd^{3+}、Ho^{3+}、Er^{3+}、Tm^{3+}和 Yb^{3+}也有着丰富的 4f 能级，当稀土离子和配体的选择适当时，能够发射其他颜色的光，但强度较弱。

(2)稀土离子微扰配体发光。Y^{3+}、La^{3+}没有4f电子；Lu^{3+}的4f轨道为全充满($4f^{14}$)，不能发生f-f跃迁；Gd^{3+}的4f轨道为半充满($4f^7$)，最低激发态能级太高(约32000 nm)，在一般所研究的配体三重态能级之上。但这类稀土离子具有稳定的惰性电子结构的配合物也可以产生很强的发光，这是稀土离子微扰配体发光的结果。在这类配合物中，由于稀土离子对配体的微扰，分子刚性增强，配合物平面结构增大，π电子共轭范围增大，$\pi \rightarrow \pi^*$跃迁更容易发生(相对独立配体而言)，最终导致分子发光增强。对这类配合物的电致发光研究较少，但近年已开始出现这方面的报道，如发射黄绿光的配合物La(*N*-十六烷基-8-羟基-2-喹啉甲酰胺)$_2(H_2O)_4Cl$，用该配合物的多层LB膜作为发光层的单层OLED器件，在18 V驱动电压下亮度可达330 cd/m^2[25]。

2. 稀土配合物OLED材料的分子结构与器件性能

(1)配体的结构。提高器件发光亮度的关键之一是改善发光材料的性能，而稀土配合物发光材料的OLED性能与配体的结构密切相关，理想的配体应满足以下两个条件：

①一般来说，配体的共轭程度越大，配合物共轭平面和刚性结构程度越大，配合物中稀土离子的发光效率就越高。因为这种结构稳定性大，可以大大降低发光的能量损失。

②按照稀土配合物分子内部能量传递原理，配体三重态能级必须高于稀土离子最低激发态能级，且匹配适当，才有可能进行配体–稀土离子间有效能量传递。

作为OLED材料，人们研究较多的稀土配合物的配体是β-二酮类化合物，如乙酰丙酮(acac)、二苯甲酰甲烷(DBM)、α-噻吩甲酰三氟丙酮(TTA)等。$Tb(acac)_3$、$Tb(acac)_3Phen$、$Eu(DBM)_3Phen$、$Eu(TTA)_3$、$Eu(TTA)_3Phen$、$Eu(TTA)_3Bath$和$Eu(DBM)_3Phen$等是比较常见的稀土配合物OLED材料。但是，上述配合物的EL器件驱动电压都比较高(超过10 V)，而且在使用过程中容易出现黑斑，使器件稳定性下降。

β-二酮的稀土配合物作为OLED材料的优势，在于其发光亮度高，但光稳定性差又是它难以克服的固有缺陷。近年来出现了羧酸类化合物的稀土配合物OLED材料。尽管羧酸类化合物的稀土配合物OLED材料的发光亮度目前尚不及β-二酮的稀土配合物，但是其光稳定性优于后者，亮度可以通过改进设计、合成新型的羧酸类配体和改进器件结构获得提高。电致发光中常用材料几种铕配合物的分子结构，如图10-6及几种铽配合物的分子结构，如图10-7。

(2)第二配体。在发光配合物的结构中引入第二配体，可以明显地提高器件的发光亮度。例如，$Tb(acac)_3$二元配合物双层OLED器件亮度仅为7 cd/m^2(驱动电压20 V)，引入第二配体Phen构成三元配合物$Tb(acac)_3Phen$，双层OLED器件

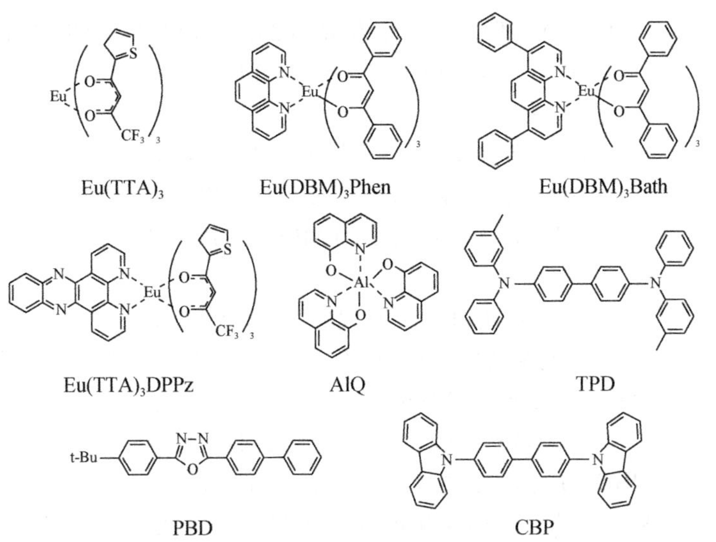

图 10-6　电致发光中常用材料的几种铕配合物的分子结构

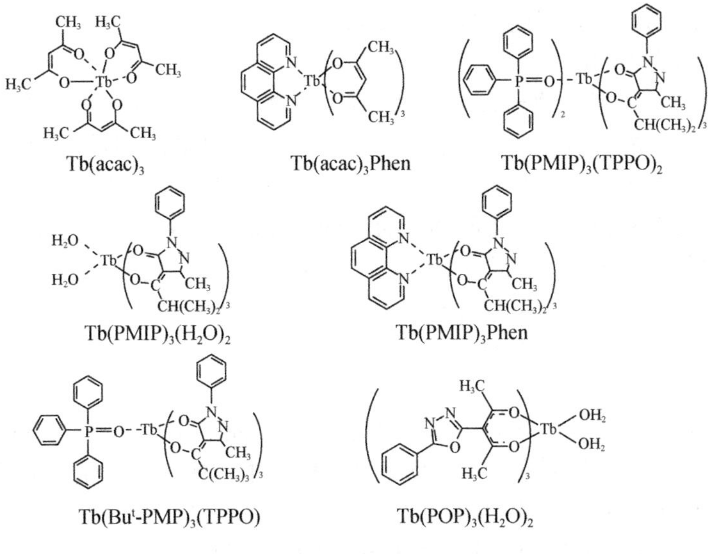

图 10-7　电致发光中常用材料的几种铽配合物的分子结构

最大亮度可达 210 cd/m^2(驱动电压 16 V) [26]；Eu(DBM)$_3$ 二元配合物双层 OLED 器件亮度仅 0.3 cd/m^2(驱动电压 18 V)，而三元配合物 Eu(DBM)$_3$Phen 的双层 OEL 器件亮度为 460 cd/m^2(驱动电压 16 V) [27]。从配合物的结构来看，第二配体的引入可以满足稀土离子趋向于高配位数的要求，从而提高配合物的稳定性；更主要原因是第二配体在提高配合物载流子传输特性方面起着至关重要的作用。而且，第二配体的结构不同，对材料电致发光效率的影响明显不同，如

$Eu(DBM)_3Phen$ 的 OLED 器件发光亮度为 460 cd/m^2，而以 Phen 的结构改性衍生物 Bath 作为第二配体的配合物 $Eu(DBM)_3Bath$，OLED 器件的发光亮度可提高到 820 cd/m^2 [28]。一般来说，同为第二配体，共轭程度越高，所形成的配合物发光的激发能越低，EL 效率就越高。黄春辉等[29]采用 ITO/TPO(40 nm)/$Tb(PMIP)_3(TPPO)_2$(40 nm)/Alg(40 nm)/Al 结构研制出最大亮度可达 920 cd/m^2 的高亮度绿色发光器件。Christon 等报道了新型β-二酮材料 $Tb(PMIP)_3Ph_3PO$ · TPPO，它的最大发光亮度可达 2000 cd/m^2。

Compos 等[30]用邻菲咯啉(Phen)取代配位水，不仅消除了配位水引起的荧光猝灭，而且使生成的三元配合物 $Eu(DBM)_3Phen$ 的成膜性大为改善，所得三层器件 ITO/TPD/$Eu(DBM)_3Phen$/AlQ/Mg：Ag 的最大亮度达到了 10 cd/m^2。考虑到 $Eu(DBM)_3Phen$ 的载流子传输性较差和浓度猝灭问题，Kido 等[31]将其与 1, 3, 4-噁二唑衍生物 PBD 共蒸成膜，制作了器件 ITO/TPD/$Eu(DBM)_3Phen$：PBD/AlQ/Mg：Ag，最大亮度达 460 cd/m^2(16 V)。李文连小组[28]用 4, 7-二苯基-1, 10-邻菲咯啉(Bath)作第二配体，合成了具有一定电子传输性的配合物 $Eu(DBM)_3$ Bath，以此制作的器件 ITO/TPD/$Eu(DBM)_3$ Bath：TPD/$Eu(DBM)_3$ Bath/Mg：Ag 的最大亮度提高到 820 cd/m^2，效率达到 0.4 lm/W，在 40 cd/m^2 的亮度下器件寿命为 200h。

(3) 中心离子。稀土离子最低激发态能级与配体三重态能级的匹配程度，对稀土配合物内部的能量传递效率起着极其重要的作用。因此，对于某一指定配体，必须选择适当的稀土离子与其配合，配合物才有可能产生较强发光。例如，TTA 是一种发光稀土配合物的优良配体，而 Sm^{3+}、Eu^{3+}、Tb^{3+}、Dy^{3+}又都是可以具有较强发光的稀土离子，但 Tb^{3+}、Dy^{3+}的 TTA 配合物几乎不发光。

不同稀土离子形成的配合物所表现的 OLED 性质有所不同。但由于稀土离子的发射属于内层 f-f 跃迁，受配体的影响较小，故稀土离子的特征发射峰位基本保持不变。

铕(Ⅲ)的特征发射位于 541 nm、581 nm、591 nm、615 nm、653 nm 和 701 nm 处，分别对应于4f 电子的 $^5D_1 \rightarrow {}^7F_0$、$^5D_0 \rightarrow {}^7F_0$、$^5D_0 \rightarrow {}^7F_1$、$^5D_0 \rightarrow {}^7F_2$、$^5D_0 \rightarrow {}^7F_3$ 和 $^5D_0 \rightarrow {}^7F_4$ 跃迁，其中以 $^5D_0 \rightarrow {}^7F_2$ 的电偶极跃迁(I_E)最强，$^5D_0 \rightarrow {}^7F_1$ 的磁偶跃迁(I_D)次之，而其他谱峰较弱，所以利用铕配合物的电致发光可得到非常纯正的红光。

目前在有机红、绿、蓝三基色显示材料中，红色发光材料被认为是最薄弱的一环。主要是因为对应于红色发光的跃迁都是能隙很小的跃迁，难以与载流子传输层的能量匹配，从而不能有效地使电子和空穴在发光区复合。

1998 年黄春辉研究组[32]报道了配合物三(1-苯基-3-甲基-4-异丁基-5-吡唑邻酮)二(三苯基氧膦)和 $Tb(PMIP)_3(TPPO)_2$ 的电致发光行为，三层器件 ITO/TPO/$Tb(PMIP)_3(TPPO)_2$/AlQ/Al 的最大亮度达到 920 cd/m^2，流明效率 0.51 lm/W。

李文连研究组[33]以镝配合物 Dy(acac)$_3$Phen 作为发光和电子传输层，PVK 作为空穴传输层，制备双层结构白光发射器件。图 10-8 可见，镝配合物 Dy(acac)$_3$Phen 的 EL 光谱(实线)和 PL 光谱(虚线)十分相似，Dy^{3+}在可见光区有两个主要的发射峰均位于 480 nm 处(黄)和 580 nm 处(蓝)，它们分别相应于 Dy^{3+}的 $^4F_{9/2}\rightarrow{}^6H_{13/2}$ 和 $^4F_{9/2}\rightarrow{}^6H_{15/2}$ 跃迁，在适当的黄、蓝光强度比条件下，Dy^{3+}可产生白光发射。

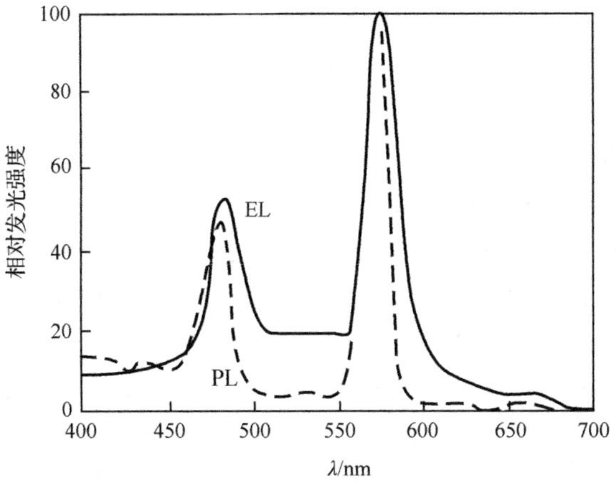

图 10-8　Dy(acac)$_3$Phen 的 EL 光谱和 PL 光谱

李文连等发现厚度在一定范围内的铽配合物 Tb(acac)$_3$Phen 薄膜在 OLED 器件中具有这种激子限制作用，Tb(acac)$_3$Phen 的厚度对载流子复合区域和器件发光颜色有显著的影响。将载流子的复合限制在一定区域，可以人为地控制 OLED 器件的发光颜色。

除了 Sm^{3+}、Eu^{3+}、Tb^{3+}、Dy^{3+}4 种离子的配合物具有较强发光外，最近关于 Pr^{3+}、Nd^{3+}、Ho^{3+}、Er^{3+}、Tm^{3+}和 Yb^{3+}等的 OLED 研究也有报道。如 Tm(acac)$_3$Phen 发蓝光，最大发射波长 482 nm(相应于 Tm^{3+}的 $^1G_4\rightarrow{}^3H_6$ 跃迁)，OLED 器件最大亮度 6 cd/m^2 [34]。近年来发现，这几种离子的配合物还可能产生红外光发射，如 Ndq$_3$(q 为 8-羟基喹啉)配合物得到了 900 nm、1064 nm 和 1337 nm 的红外电致发光[35]，有望用于通信领域。

Katkova 等[36]合成了一基于 SON 配体［2-2(2-苯并噻唑-2-)苯酚］的一系列近红外发射的稀土元素(Pr、Nd、Ho、Er、Tm 和 Yb)配合物，并对其电致发光性能进行了表征。其中最高辐照效率的器件是基于 Nd 和 Yb 的，分别达到了 0.82 和 1.22 mW/W。

Bochkarev 等报道了一系列基于全氟代苯酚作为单齿配体，2,2′-联吡啶等作为中性配体的一系列稀土配合物 Ln(OC$_6$F$_5$)$_3$(L)$_x$，并将其作为发光层制作了一系列器件。他们发现都有 TPD 与发光层之间的界面中电荷对复合物的 580 nm 很宽的发射，同时具有典型的 f-f 跃迁发射[37]。

Gillin 等报道了基于全氟代化合物 Er(F-TPIP)$_3$掺杂在全氟代配体 Zn(F-BTZ)$_2$中作为发光层的器件。由于避免了 C—H 振动对于红外发射的猝灭，器件的量子效率可达 7%，远高于一般非全氟代配体 Er 配合物的效率，展示了稀土红外材料在光通信领域的利用前景。

卞祖强等[38]于 2013 年报道了一种基于吡啶-羟基萘啶的三齿阴离子配体，将其用于三价稀土离子 Nd、Yb、Er 的敏化，并以热蒸镀的方法制备了 OLED 器件。Nd、Er 和 Yb 的最大红外辐射强度和最大外量子效率(EQE)分别为 25 μW/cm^2、0.019%，0.46 μW/cm^2、0.004%，86 μW/cm^2、0.14%。

惰性结构的稀土离子(如 Y^{3+}、La^{3+})，其β-二酮配合物不发光。然而，有文献报道，异双核稀土配合物 EuY(TTA)$_6$Phen 的 OLED 器件的亮度比 Eu(TTA)$_3$Phen 提高了 10 倍[39]。惰性结构的稀土离子与荧光稀土离子共同作为中心离子形成异双核配合物，提高配合物的电致发光强度，可能是由于在这种体系中除了配体向中心离子的能量转移外，还存在不同中心离子之间的能量转移。双核配合物中配体数目是单核的两倍，而能量却集中传递给一个 Eu^{3+}，使 Eu^{3+}获得更多的能量，从而发光强度大大提高。

李文连研究组[40]报道了在电致发光中用 Tb^{3+}增强 Eu^{3+}发光的现象。观察到在双稀土配合物的 OLED 器件中，Eu^{3+}的发光明显强于 Tb^{3+}的发光，而且器件的相对发光强度比单纯 Eu(Ⅲ)配合物 OLED 器件提高了将近一个数量级，这表明 Tb^{3+}的加入的确能够增强 Eu^{3+}的发光。对于这个现象的解释为：激子将能量传递给配体，配体再将能量传递给 Eu^{3+}和 Tb^{3+}，而 Tb^{3+}又把大部分能量转移给 Eu^{3+}，从而增强了 Eu^{3+}的发光。同时，可以认为发生了 Tb^{3+}的荧光猝灭，Tb^{3+}在此主要起敏化剂的作用。

(4) 材料的电致发光(EL)性能与光致发光(PL)性能相关性。一般认为，满足 OLED 材料的基本条件之一，就是要有高的 PL 效率。PL 效率低的材料，不可能用于 OLED 器件。然而，许多事实说明具有高的 PL 效率，也不一定就是优良的 EL 材料。主要原因是 OLED 材料对稀土配合物的要求比相应的 PL 配合物更为苛刻，除了高的荧光量子效率之外，还要考虑：①载流子传输特性；②加工性能，其中包括在真空蒸镀等条件下的热稳定性，可升华性，成膜性(例如在几十纳米的薄膜中不产生针孔)，以及将其分散于特定的高分子材料中是否可以保持原有的发光性能等。

稀土配合物的窄带发射和很高的量子效率，在作为发光层制备高色纯度的全色 OLED 显示器件方面极其有利。但是，作为 OLED 器件的发光层材料，目前，在性能方面尚不及其他小分子材料和聚合物材料，尚存在许多困难。如发光强度不高，载流子传输性较差等，但相信通过对稀土配合物分子结构和发光器件结构的改进将有可能使稀土配合物成功地应用于 OLED 显示器件中。

(5) 载流子传输特性。在稀土铕配合物电致发光器件中，电子和空穴分别分布在稀土铕配合物分子和主体材料分子上，随着电压的提高，从稀土铕配合物分子到主体材料分子的电子传输逐渐增强，导致器件的主导发光机理从载流子俘获转变为能量传递。通过适当降低器件的电子注入，实现了电子和空穴在稀土铕配合物分子上的局部平衡，从而大幅提升了器件的发光效率。选择具有优越电子传输能力的 Alq_3 三元掺杂到器件的发光层，提高了电子注入到发光层的能力并促进了电子在发光层的传输，从而延缓了器件的效率衰减。

在稀土铕配合物电致发光器件中，大量的电子由于势垒的缘故积累在空穴阻挡层中靠近发光层的界面处；另一方面，在外加电场的作用下，积累在发光层中靠近空穴阻挡层界面处的空穴通过稀土铕配合物分子的阶梯作用隧穿进入空穴阻挡层，与积累在其中的电子复合导致空穴阻挡材料电致发光的现象。依据这一结论，通过优化空穴阻挡层和电子传输层的厚度和蒸发速率，实现了对电子注入和传输的有效控制，减少了电子在空穴阻挡层界面处的积累并促进了载流子在发光区间的平衡，最终提高了器件的效率和色纯度。

Li 等[41]通过改性过渡金属配合物发光材料、设计双发光层器件结构并引入稀土配合物作为载流子注入敏化剂，成功制备出一系列蓝、绿、红、白色有机电致发光器件。其中，蓝色器件的最大电流效率为 54.27 cd/A，最大功率效率为 56.59 lm/W；绿色器件的最大电流效率为 119.36 cd/A，最大功率效率为 121.73 lm/W；红色器件的最大电流效率为 65.53 cd/A，最大功率效率为 67.20 lm/W；纯白光器件的最大电流效率为 54.25 cd/A，最大功率效率为 54.95 lm/W；暖白光器件的最大电流效率为 56.27 cd/A，最大功率效率为 57.39 lm/W。

制约稀土配合物电致发光效率的瓶颈是其载流子传输性能相对较差。迄今所得到的较好的稀土配合物电致发光器件大部分都采用了掺杂技术，以克服主体材料的缺陷，特别是改善载流子传输性能。文献［42］将配合 $Eu(TTA)_3(DPPZ)$ 掺杂在空穴传输材料 CBP 中，以 TPD 或 NPB 作为空穴传输层，制作了一系列的器件，其中 ITO/TPD/$Eu(TTA)_3(DPPZ)$ ∶ CBP (4.5%) /BCP/AlQ/Mg ∶ Ag 的效果最好，最大亮度 1670 cd/m^2，外量子效率为 2.1%。功率效率 2.1 lm/W。

改善载流子传输性能的另一个有效方法是对配体进行合理修饰，引入功能基团，优化材料。北京大学黄春辉研究小组在这方面进行了系统研究[43-45]。表 10-4 中列出该研究组修饰第二配体邻菲咯啉后所得到的中性配体 L1、L2、L3 及其相应的铕三元配合物，以及它们的热稳定性、光致发光及电致发光性质。结果表明，对中性配体进行有效修饰，可使配合物的热稳定性、光致发光性能均得到大幅度提高，尤其是咔唑基团的引入使载流子传输性能明显提高，从而显著地改善了器件的电致发光性能。

该研究组还研究了对第一配体β-双酮的修饰，在二苯甲酰甲烷中引入空穴传输性能好的咔唑基团，合成了新的β-双酮 c-HDBM 及其相应的铕三元配合物[45]（图 10-9），由此制作的器件 ITO/TPD/Eu-complex/BCP/AlQ/$Mg_{0.9}Ag_{0.1}$/Ag 发出非常纯正的铕特征光谱，最大亮度在 17 V 时为 1948 cd/m^2，最大功率效率在 10 V 和 64 cd/m^2 时为 0.50lm/W。

表 10-4　三种 Eu(DBM)$_3$L$_N$ 配合物的基本性质

配合物	Eu(DMB)$_3$L$_1$	Eu(DMB)$_3$L$_2$	Eu(DMB)$_3$L$_3$
中性配体(L$_N$)	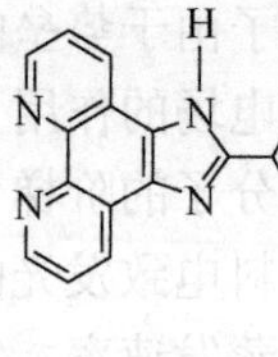	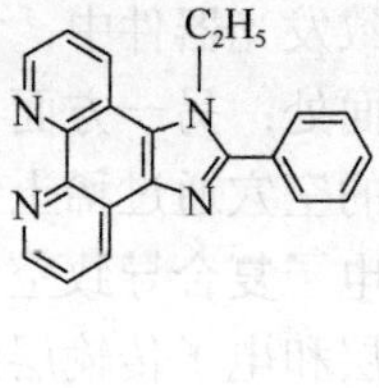	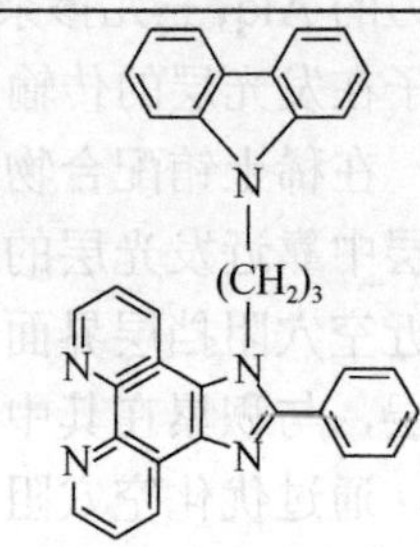
分解温度/℃	358	381	408
固体荧光相对强度	1	5.3	5.2
量子效率(THF)/%	9.98	10.98	11.02
最大亮度/(cd/m^2)*	3.7(17 V)	197(20 V)	561(16 V)

*器件结构：ITO/TPD(50 nm)/Eu(DBM)$_3$L$_n$(50 nm)/Mg：Ag(200 nm)/Ag(100 nm)。

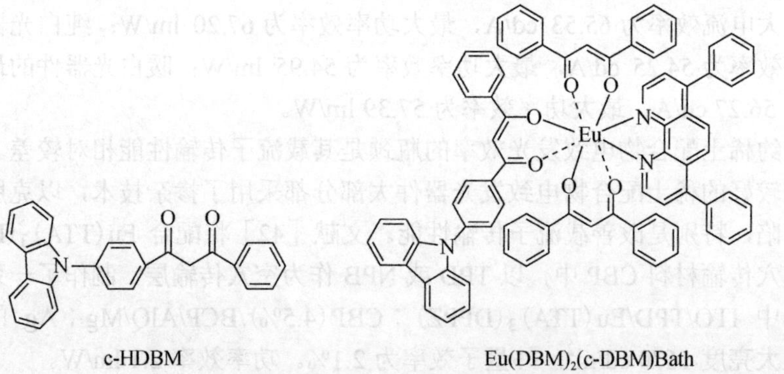

c-HDBM　　　　Eu(DBM)$_2$(c-DBM)Bath

图 10-9　β-双酮 c-HDBM 及其铕三元配合物

为进一步改善发光层的电子传输性能，该研究组采用掺杂技术制备了器件 ITO/TPD/Eu(DBM)$_2$(c-DBM) Bath：PBD(1：1)/PBD/$Mg_{0.9}Ag_{0.1}$/Ag。此器件的最大亮度为 2019 cd/m^2(11 V)，稍高于前述器件，而流明效率有大幅提高，达到 32 lm/W(2.8 cd/m^2，3 V)，8.6 lm/W(19 cd/m^2，4 V)和 3.3 lm/W(85 cd/m^2，5 V)。这是报道的电致发光性能最好的铕配合物。

黄春辉研究组对铽配合物电致发光性质进行了比较[46，47]，发现配合物

$Tb(PMIP)_3(TPPO)_2$(A) 和 $Tb(PMIP)_3(H_2O)_2$(B)［该配合物在蒸镀过程中失去水分子，因此，实际发光物种为 $Tb(PMIP)_3$］表现出不同的载流子传输性质。由配合物 A 制作的器件 Al(ITO/TPD/Tb/AlQ/Mg：Ag)的发光位于 410 nm。主要来自空穴传输材料 TPD，说明配合物 A 具有很好的电子传输性质，而由配合物 B 制作的相同的结构的器件 B1 的电致发光光谱中除了配合物的特征发射外，大部分发光位于 520 nm，主要来自电子传输材料 AlQ，表明配合物 B 具有很好的空穴传输性质。这种载流子传输性能的差别是由于配合物 A 中有两个三苯基氧膦配体，而 B 中没有。为了平衡配合物本身的载流子传输性能，该研究组设计合成了配合物 $Tb(ch\text{-}PMP)_3(TPPO)$(C)，通过增大第一配体中烷基取代基的空间位阻，使中心铽离子只能与一个三苯基氧膦配位，由此制作了相同结构的器件 Cl，其发光主要来自稀土配合物，另有少量分别来自 AlQ 和 TPD，这清楚地表明配合物 C 具有相对平衡的载流子传输性能。为进一步提高效率，在配合物 C 和电子传输层 AlQ 之间加入 20 nm 厚的空穴阻挡层 BCP 制作了器件 C2：ITO/TPD/Tb/BCP/ AlQ/Mg：Ag，在外加电压为 18 V 时，亮度为 8800 cd/m^2，最大效率在 7 V、87 cd/m^2 时达到 9.4 lm/W，与器件 C1 相比，效率提高了近三倍，这主要得益于空穴阻挡层的引入使载流子的复合完全在配合物层发生。以空穴传输材料 NPB 替代 TPD 制作的器件 ITO/NPB/Tb/BCP/AlQ/$Mg_{0.9}Ag_{0.1}$ 的起亮电压为 4 V，18 V 达到最大亮度 18000 cd/m^2，最大功率效率在 6 V、62 cd/m^2 时达到 14.0 lm/W，这一性能的提高可归因于 NPB 比 TPD 有更好的空穴注入能力。

稀土配合物电致发光对材料综合性能要求更高。2010 年，黄春辉课题组[48]报道了一系列含有噁二唑基团的三齿中性配体用于铕配合物电致发光研究。配合物的热稳定性和导电性都得到了很大的改善，其中器件 ITO/TPD(30 nm)/$Eu(TTA)_3$(PhoB)：CBP(7.5%，20 nm)/BCP(20 nm)/AlQ(30 nm)/Mg：Ag 的起亮电压为 4 V，最大电流效率为 8.7 cd/A。2013 年，杜晨霞课题组报道了一种新型的螯合锌离子的席夫碱作为中性配体的锌–铕双金属配合物［$EuZnL(TTA)_2(\mu\text{-}TFA)$］，除了席夫碱外，还有一个三氟乙酸根作为桥联配体来连接锌和铕离子。这种特殊的 3d-4f 结构的双金属配合物可以升华通过真空蒸镀制作器件。由于锌席夫碱结构具有良好的电子传输能力，因此非常有利于电荷注入到铕配合物中。器件 ITO/TPD(30 nm)/［$EuZnL(TTA)_2(\mu\text{-}TFA)$］：CBP(10%，30 nm)/TPBI(30 nm)/LiF/Al 起亮电压 4.3 V，13.8 V 时可以达到较纯的铕特征发光 1982.5 cd/m^2；最大电流效率 9.9 cd/A，功率效率 5.2 lm/W，外量子效率 7.4%；100 cd/m^2 的实用亮度下，电流效率为 5.9 cd/A；300 cd/m^2 时，电流效率仍然可以保持为 3.7 cd/A，器件的效率衰减幅度很小。

稀土铕配合物电致发光报道最好的结果是英国的 Samuel 组[49]的工作。他们将 $Eu(DBM)_3$(Phen) 掺杂在空穴传输为主的 CBP 和电子传输为主的 PBD 混合主体材料中，发光层厚度达 90 nm。通过优化 CBP 与 PBD 的比例，可以很好地调节载流子的平衡传输。最终，经过优化的 CBP 与 PBD 的比例为 30∶70，器件 ITO/PDOT∶PSS(40 nm)/PVK(35 nm)/CBP∶PBD∶Eu(5%，90 nm)/TPBI(35 nm)/LiF/Al 表现出最大电流效率 10.0 cd/A，100 cd/m^2 的实用亮度下，电流效率为 8.2 cd/A，外量子效率 4.3%。稀土铽配合物电致发光最好的结果是北京大学黄春辉课题组 2009 年发表的工作[50]。他们将具备双载流子传输性能的主体材料 DPPOC 与 $Tb(PMIP)_3$ 共蒸作为器件的发光层，主体材料的芳基氧膦基团可以与不饱和的铽离子进行配位，实现有效的能量传递。器件 ITO/NPB(10 nm)/$Tb(PMIP)_3$(20 nm)/$Tb(PMIP)_3$(DPPOC)(30 nm)BCP(10 nm)/AlQ(20 nm)/LiF/Al 最大电流效率为 36 cd/A，功率效率 16.1 lm/W；在 119 cd/m^2 亮度下(11 V)，电流效率为 15.7 cd/A，功率效率 4.5 lm/W。

稀土配合物电致发光材料及器件国内外还有许多报道。

Reyes 等[51]研究了(Sm, Gd)-β-二酮混合物的电致发光，光谱中含有 Sm 的特征发射以及 TTA 配体的磷光峰。在不同电压下，器件的发光颜色会发生变化。

Liu 等[52]以二吡啶吩嗪(DPPZ)作为中性配体，配合物 $Eu(DBM)_3(DPPZ)$ 用于 PLED，最大 EQE 为 2.5%，最大亮度 1783 cd/m^2，为目前基于 Eu 的 PLED 的最好结果。

Lima 等[53]以 4, 4-联吡啶和乙醇为中性配体，研究了(Eu-Tb)-β-二酮混合配合物光致发光光谱从 11 K 到 298 K 下随温度变化的现象，并进一步用旋涂法制作了电致发光器件，得到了白光发射器件。

Liu 等[54]将噁二唑修饰邻菲咯啉得到的中性配体(BuOXD-Phen)，改善了配合物的载流子传输性质以及稳定性，获得的配合物 $Eu(DBM)_3$(BuOXD-Phen) 采用旋涂法制作的器件最大外量子效率为 1.26%，最大亮度为 568 cd/m^2。

Liu 等[55]用三苯胺基团修饰的邻菲咯啉作为中性配体研究其铕配合物的光电性质，PLED 器件最大外量子效率为 1.8%，电流效率 2.6 cd/A，最大亮度 1333 cd/m^2。

谢国华等[56]对二芳基膦氧配体 DPEPO 进行了进一步修饰，引入了咔唑、苯基咔唑、三苯胺等基团，有效调节了分子的能级结构与载流子传输性质。将其用于 $Eu(TTA)_3$ 的中性配体，获得配合物的最大的光致发光量子产率 PLQY 为 86%，采用溶液法制备的电致发光器件的启亮电压为 6 V，最大亮度超过 90 cd/m^2。

几十年来，许多具有很高发光效率的稀土配合物被合成，但是，一直未能作为荧光材料在照明和显示等领域得以应用。在稀土配合物发光材料领域还面临巨大挑战。在真正投入应用之前，这些发光材料和器件的寿命研究还是有待深入开展，实用的材料需要：高的发光效率、发光亮度和量子产率；在近紫外或蓝光激发下，具有大的吸收截面和宽的激发范围；环境友好；良好的紫外光耐受性；而能够应用于 OLED 显示或照明的稀土配合物材料，还需要具有良好的载流子传输性能，有利于将电能高效转化为光能，以及良好的热稳定性、成膜性，以便有效地制作发光器件。

尽管不少稀土配合物，尤其是稀土β-二酮配合物，吸收好，具有很高的发光量子产率，但其稳定性，特别是耐紫外性能较差。而稀土配合物材料能够应用于 OLED 的显示或照明，不仅需要具有高的光致发光量子产率，还需要具有良好的载流子传输性能，有利于将电能高效转化为光能。并且，良好的热稳定性、成膜性也必不可少，以便有效地制作发光器件。

稀土配合物混合于导电高分子制备发光层，存在导电高分子基质与配合物竞争发光的现象，一方面减弱配合物的发光；另一方面高分子基质产生的宽带发射会影响 OLED 器件的色纯度。PVK-Eu(aspirin)$_3$Phen 体系就是一个实例，由于 Eu(aspirin)$_3$Phen 的激发光谱与 PVK 的发射光谱几乎没有重叠，PVK 不能将能量传递给 Eu(aspirin)$_3$Phen，因此从 PVK-Eu(aspirin)$_3$Phen 体系的发光层的光致发光和电致发光光谱都可以看到 PVK 的在 408 nm 附近明显的发射峰，PVK 的发光严重影响器件红光的色纯度，甚至会湮没了红光。

配合物与高分子混合制备发光层的主要缺点是：①稀土配合物在高分子基质中分散性欠佳，导致发光分子之间发生猝灭作用，致使有效发光分子比例减少，发光强度降低；②稀土配合物与高分子基质间发生相分离，影响了材料的性能。而且，混合后高分子基质也往往不能均匀分散。稀土配合物 Tb(aspirin)$_3$Phen 掺杂高分子 PVK 的透射电镜照相表明，稀土配合物在 PVK 中以纳米颗粒形式分散，粒度在 20～30 nm 之间；然而，经混合后高分子 PVK 不能完全均匀分散，被认为这可能是导致 OLED 器件寿命缩短的原因之一。

在国际上报道了钐配合物 Sm(HTH)$_3$Phen 的电致发光性质。在配体中引入了具有合适共轭长度的萘环和全氟化的烷基链，提高了器件的发光效率和稳定性。

参考文献

[1] Yen W M，Shionoya S，Yamamoto H. Phosphor Handbook (Second Edition). Boca Raton：CRC Press Taylor & Francis Group，2006.
[2] 李建宇. 稀土发光材料及其应用. 北京：化学工业出版社，2003.
[3] 徐叙瑢，苏勉曾. 发光学与发光材料. 北京：化学工业出版社，2004.
[4] 洪广言. 稀土发光材料——基础与应用. 北京：科学出版社，2011.
[5] 张兴义. 电子显示技术. 北京：北京理工大学出版社，1995：240-285.
[6] Sun J M，et al. J Appl Phys，1998，6(83)：3374.
[7] Shanker V，et al. Appl Phys Lett，1984，45：960.
[8] 邓朝勇，王永生，杨胜. 功能材料，2002，33(2)：133-135.
[9] 衣立新，李云白，侯延冰，等. 功能材料，2001，32(4)：337-340.
[10] Chong K C，et al. J Lumin，1979，18-19：973.
[11] 李长华. 发光学报，1988，2(9)：25.
[12] 李长华，等. 中国稀土学报，1989，1(7)：23.

［13］孟立建，等. 物理学报，1988，10(37)：1619.
［14］孟立建，等. 中国稀土学报，1988，3(6)：29.
［15］Wauters D，Poelman D，van Meirhaeghe R L，et al. J Crystal Growth，1999，204：97-107.
［16］Christopher N K. J Soc Inf Display，1996，4(3)：153-158.
［17］黄春辉，李富友，黄维. 有机电致发光材料与器件导论. 上海：复旦大学出版社，2005：384-445.
［18］Kido J，Nagai K，Okaonoto Y. J Alloy Compd，1993，192：30-33.
［19］刘式墉，冯晶，李峰. 发光学报，2002，23(5)：425-428.
［20］梁春军，李文连，洪自若，等. 发光学报，1998，19(3)：89-91.
［21］董金凤，杨盛谊，徐征，等. 光电子·激光，2001，12(5)：480-483.
［22］Adachi C，Nagai K，Tamoto N. Appl Phys Lett，1995，66(20)：2679-2682.
［23］邓振波，白峰，高新，等. 中国稀土学报，2001，19(6)：532-535.
［24］Adachi C，Baldo M A，Forrest S R. J Appl Phys，2000，87：8049-8055.
［25］欧阳健明，郑文杰，黄宁兴，等. 化学学报，1999，57：333-338.
［26］孙刚，赵宇，于沂，等. 发光学报，1995，16(2)：180-181.
［27］Kido J，Hayase H，Hoggawa K. Appl Phys Lett，1994，65：2124-2126.
［28］Liang C J，Zhao D X，Hong Z R，et al. Appl Phys Lett，2000，76：67-69.
［29］黄春辉，李富友. 光电功能超薄膜. 北京：北京大学出版社，2001.
［30］Campos R A，Kovalev I P，Guo Y. J Appl Phys，1996，80：7144.
［31］Kido J，Hayase H，Honggawa K，et al. Appl Phys Lett，1994，65：2124.
［32］Gao X C，Cao H，Huang C H，et al. Appl Lett，1998，72：2217.
［33］洪自若，李文连，赵东旭，等. 功能材料，2000，31(3)：335-336.
［34］Hong Z K，Li W L，Zhao D X，et al. Synth Met，1999，104：165-168.
［35］Khreis O M，Curry R J，Somerton M，et al. J Appl Phys，2000，88：777-780.
［36］Katkova M A，Pushkarev A P，Balashova T V. J Mater Chem，2011，21(41)：16611-16620.
［37］Pushkarev A P，et al. J Mater Chem C，2014，2(8)：1532-1538.
［38］Wei H，Yu G，Zhao Z，Liu Z，Bian Z，Huang C. Dalton T，2013，42(24)：8951-8960.
［39］朱卫国，范同锁，卢志云，等. 材料学报，2000，14(1)：50-54.
［40］赵东旭，李文连，洪自若，等. 发光学报，1998，19(4)：370-371.
［41］Li H Y，Zhou L，Teng M Y，Xu Q L，Lin C，Zheng Y X，Zuo J L，Zhang H J，You X Z. J Mater Chem C，2013，(1)：560.
［42］Sun P P，Duan J P，Shih H T，et al. Appl Phys Lett，2002，81：792.
［43］Sun M，Xin H，Wang K Z，et al. Chem Commun，2003，21(6)：702.
［44］Xin H，Li F Y，Guan M，et al. J Appl Phys，2003，94：4729.
［45］黄春辉，卞祖强，关敏，等. β-二酮配体及其铕配合物及铕配合物电致发光器件. 中国专利：CN03142611. 5，2004-02-25.

［46］Xin H，Li F Y，Shi M，et al. J Am Chem Soc，2003，125：7166.

［47］Xin H，Shi M，Zhang X M，et al. Chem Mater，2003，15：3728.

［48］Chen Z，Ding F，Hao F，Guan M，Bian Z. New J Chem，2010，34(3)：487-494.

［49］Zhang S Y，Turnbull G A，Samuel I D W. Org Electron，2012，13：3091-3095.

［50］Chen Z，Ding F，Hao F，Bian Z，Ding B，Zhu Y，Chen F. Org Electron，2009，(10)：939-947.

［51］Reyes R，Cremona M，Teotonio E E S，Brito H F. J Lumin，2013，134(0)：369-373.

［52］Liu Y，Wang Y，He J，Mei Q，Chen K，Cui J，Li C. Org Electron，2012，13(6)：1038-1043.

［53］Lima P P，Paz F A A，Brites C D S，Quirino W G. Org Electron，2014，15(3)：798-808.

［54］Liu Y，Wang Y，Li C，Huang Y，Dang D，Zhu M. Mater Chem Phys，2014，143(3)：1265-1270.

［55］Liu Y，Wang Y，Guo H，Zhu M，Li C，Peng J. J Phys Chem C，2011，115(10)：4209-4216.

［56］Wang J，Han C，Xie G，Wei Y，Xue Q. Chem-Eur J，2014，20(35)：11137-11148.

第11章　稀土磁光材料

11.1 磁 光 效 应

物质由原子、分子、离子组成，有些原子或离子，如 Fe、Co、Ni、Fe^{2+}、Fe^{3+}、Tb^{3+}、Sm^{3+}、Pr^{3+}等具有一定大小的磁矩，由这些磁性原子、离子组成的合金和化合物，通常具有很强的磁性。具有强磁性的物质称为磁性物质。人们发现，在磁性物质内部，有许许多多小区域。在每一个小区域内，由于原子或离子之间具有很强的电和磁的相互作用，所有的原子或离子磁矩都相互平行、整齐地排列起来，我们称这种小区域为磁畴。因为各磁畴的磁矩方向是不相同的，因此对外作用互相抵消，宏观上并不显示出磁性［图 11-1(a)］。若沿物体的某一方向施加一个磁场，物体内的各磁畴磁矩会从各个不同的方向，转到磁场方向或接近磁场方向，因而在磁场方向存在磁矩的联合分量，这样对外就显示出磁性［如图 11-1(b)］，这时我们称物体被外磁场磁化了。单位体积内各个磁畴磁矩的矢量和称为磁化强度矢量，用 $\boldsymbol{M}$ 表示。当施加的外加磁场足够大，以致所有的磁畴磁矩都沿外磁场方向排列［如图 11-1(c)所示］，再增加外磁场也不能增强磁化，这时我们就说物体磁化达到饱和了，$M \to M_s$，M_s 称为饱和磁化强度。

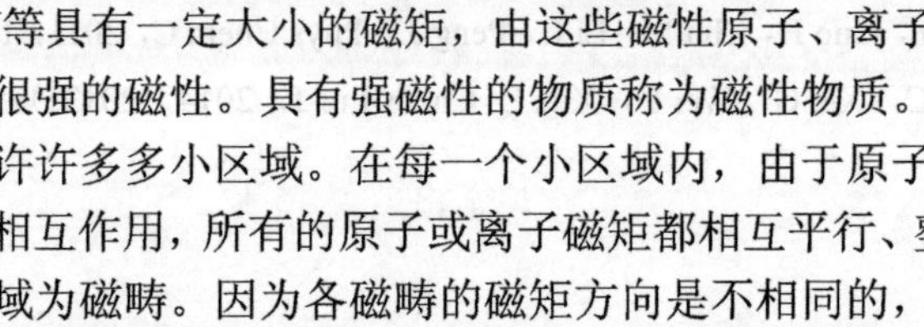

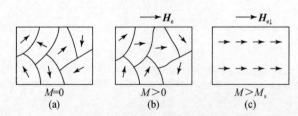

图 11-1　物体在磁场中磁化

外加磁场的方向不同，有些物体沿着不同方向磁化的情形是不同的，我们称这种现象为磁性的各向异性。这主要是由下列三种因素造成的。

(1) 结构上的各向异性。在晶体中，原子的排列是有规律的，在各个方向上排列的状况是不同的。由于结构上的各向异性，磁性晶体磁化时，在磁性上亦会表现出各向异性，这种现象称为磁晶各向异性。

(2) 形状上的各向异性。磁性物体磁化后，在物体的端面会出现 N、S 两个磁极，这样，在物体内部就会产生一种磁场 H_d，其方向与外磁场 H_e 方向相反或接近相反，因而有减退磁化的作用，故 H_d 称为退磁场。

(3) 应力的各向异性。磁性物质被磁化时，要发生伸缩，如果受到限制而不能伸缩，则物体中就会产生应力。

某些顺磁性、磁铁性、反铁磁性和亚铁磁性物质的内部，具有原子或离子磁矩。这些具有固有磁矩的物质在外磁场的作用下，电磁特性(如磁导率、介电常数、磁化强度、磁畴结构、磁化方向等)会发生变化，因而使光波在其内部的传输特性(如偏振状态、光强、相位、频率、传输方向等)也随之发生变化，这种现象称为磁光效应。

简言之，材料在外加磁场的作用下其光传输特性发生变化，使通过材料光波的偏振态发生改变，呈现出光学的各向异性称为磁光效应。

在逆磁性物质内部，没有固有的原子或离子磁矩，但这种物质处于外磁场中时，将使其内部的电子轨道产生附加的拉莫进动。这一进动具有相应的角动量和相应的磁矩，从而亦能使光波在其内部传播的特性发生变化，但这种物质产生的磁光效应远较铁磁性和亚铁磁性物质的微弱。

磁光效应的本质是在外加磁场和光波电场共同作用下产生的非线性极化过程。磁光效应是一种十分奇特的物理效应：任何介质，无论是气体、液体或是固体，无论是晶态、多晶或非晶态，无论是抗磁、顺磁或铁磁物质，它们都具有磁光效应；磁光效应源于磁感生的光学各向异性，它使光波呈现反射率、透过率、偏振态等各种复杂的变化，从而派生出多种子效应。磁光材料具有旋光性，磁致旋光现象具有不可逆性质，这是其与自然旋光现象的根本区别。

磁光效应，包括法拉第效应、克尔效应、磁线振双折射、磁圆振二向色性、磁线振二向色性、塞曼效应和磁激发光散射等，其中最为人们所熟悉，而亦最有用的是法拉第效应。

早在 1845 年法拉第(Faraday)首先发现了平面偏振光通过沿光传输方向磁化的介质时，偏振面产生旋转的现象，后来人们称之为法拉第效应，这就是人类历史上最早发现的一种磁光效应。故法拉第效应就是线偏振光沿外加磁场方向通过介质是偏振而发生旋转的现象。

最早被发现的磁光效应是用一束偏振光通过透明的玻璃材料，当沿着通光方向施加磁场 H 时，透过光波的偏振面就产生磁致偏转。旋转的角度 θ_F 与光在玻璃中的传播距离 L 成正比，比例系数 v 被称为韦尔代(Verdet)常数。

$$\theta_F=vLH$$

法拉第效应是磁致旋光效应，其偏转面旋转方向与磁场的方向有关，因而磁致旋光是非互易的。

另一种重要的磁光效应被称为磁光克尔效应。它描述线偏振光在铁磁材料表面反射后，产生反射的椭圆偏振光，且偏振面旋转一个角度。一束线偏振光在磁化了的介质表面反射时，反射光将是椭圆偏振的，且以椭圆的长轴为标志的“偏振面”相对于入射线偏振光的偏振面旋转了一定的角度，这种磁光效应称为克尔(Kerr)效应。

磁克尔效应依其磁化强度与材料表面及入射面的相对关系又分为极向克尔效应、纵向克尔效应和横向克尔效应等三种情况。

(1) 极向克尔效应。磁化强度 M 与介质表面垂直时的克尔效应(图 11-2a)。

(2) 横向克尔效应。M 与介质表面平行，但垂直于光的入射面时的克尔效应(图 11-2b)。

(3) 纵向克尔效应。M 既平行于介质表面又平行于光入射面时的克尔效应(图 11-2c)。

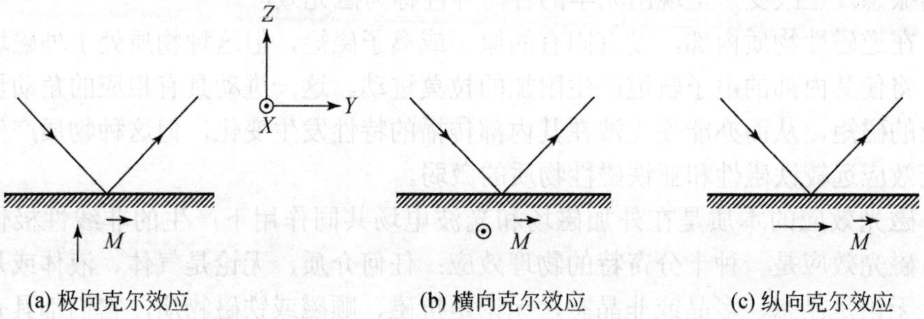

图 11-2　克尔效应

在上述三种特殊情况下，反射光的偏振态以及反射率都有不同的改变，但是它们总是非互易的，即反射光的偏振旋转角和反射系统的变化具有不可逆性。

除上述两种重要的磁光效应外，还有磁双折射效应和塞曼效应等。

置于磁场(约 10^5～10^7A/m，即几千至几万奥斯特)中的光源所发射的各谱线，会受到磁场的影响而分裂成几条，分裂的各谱线间间隔的大小与磁场强度 H_e 成正比，这一磁光现象称为塞曼(Zeeman)效应。

介质的磁致光学各向异性变化还可以表现为其他几种子磁光效应。例如，光波垂直于磁化强度矢量方向透过磁光材料时，将产生类似于普通晶体中的双折射现象，这种效应被称为磁致双折射效应或科顿–莫顿效应。再如在磁光介质中传播的左旋和右旋圆偏振光将会有不同的吸收系数，因而透过光波的偏振态就会有复杂的变化，这种磁光效应被称为磁致圆偏振二向色性。

光束从具有磁矩的物质(以下简称为介质)反射或透射后，光的偏振状态就会发生变化，这是介质与电磁波的电场 E 和磁场 H 相互作用的结果。

不过，目前光电子技术中应用最多的磁光效应是磁光法拉第效应和磁光克尔效应。前者用作隔离器以克服前后两级光学系统之间的反馈串扰。后者主要用于光盘，用于磁光信息存储和读出，因而它并不要求对光波透明，但要求有高的克尔旋转角以及用光盘读写的能力。

11.2 稀土磁光材料[1-3]

磁光材料是指在紫外到红外波段具有磁光效应的光信息功能材料，它是随着激光和光电子学技术的兴起与需要而发展起来的。利用这类材料的磁光特性以及光、电、磁的相互作用和转换，可构成具有光调制、光隔离、光开关、光偏转、光信息处理、光显示、光录像、光存储、光复制、光偏频以及其他光电磁转换功能的磁光器件。

磁光材料是利用物质磁性与光的相互作用即磁光效应而控制光的传输或其他特性的材料，这种材料在磁场的作用下产生克尔(Kerr)效应和法拉第(Faraday)效应。即光束在磁光材料表面反射时偏振面发生转动和光束通过磁光材料偏振面发生转动。利用此两种效应构成写入和读出信息材料，即磁光存储材料。

目前已发展的磁光材料，按物质结构可分成 10 多大类，而每一类按性能及组分又可分成许多种。对于每类磁光材料，可从基本磁光性能、物质结构、组成、材料生长、性能测量、应用等方面进行研究，形成许多课题，从而发展成为磁光材料学分支。

稀土元素由于 4f 电子层未填满，因而产生未抵消的磁矩，这是强磁性的来源，由于 4f 电子的跃迁，这是光激发的起因，从而导致强的磁光效应。

单纯的稀土金属并不显现强磁光效应，这是由于稀土金属至今尚未制备成光学材料。只有当稀土元素掺入光学玻璃、化合物晶体、合金薄膜等光学材料之中，才会显现稀土元素的强磁光效应，例如，掺稀土的硅酸盐或硼酸盐玻璃、EuX 型晶体(X 为 O、S、Se、Te 等硫属元素)、正铁氧体 $REFeO_3$ 晶体(RE 为稀土元素)、Eu_2SiO_4 晶体、$(REBi)_3(FeA)_5O_{12}$ 石榴石晶体(A 为 Al、Ga、Sc、Ge、In 等金属元素)和稀土与过渡金属(TM)的非晶薄膜(TM 为 Fe、Co、Ni、Mn 等过渡族元素)等是目前已发现的稀土磁光材料，但常用的磁光材料是后两种，其次是稀土玻璃，其余几种稀土磁光材料很少见应用。

稀土与过渡金属(TM)的非晶薄膜(RE-TM)信噪比大，制造简便、成本低。

稀土合金非晶磁光盘的特点是可用小于 1μm 的激光束在光盘上记录和读出数据。它的存储密度高，可达 10^8bit/cm^2，易擦除和重写，是一种非接触记录式大容量、高密度存储器。主要用于激光唱盘、激光录像盘以及计算机的存储器等方面。

典型的磁光介质材料性能列于表 11-1 中，其中铅玻璃及 $(YSmLuCa)_3(FeGe)_5O_{12}$ 的温度特性最好，而 $(Tb_{0.19}Y_{0.81})_3Fe_5O_{12}$ 的磁光常数最大，是其中比较常用的材料。

表 11-1 典型的磁光材料的性能

	材料	结晶性	韦尔代常数 /(3.66×10^{-4} rad/A)	旋光性 /(°/mm)	波长 /μm	温度特性
逆磁性	铅玻璃	非晶	0.04	无	0.85	<±0.5% (−25～100℃)
	As_4S_3 玻璃	非晶	0.10	无	0.9	<±1% (−10～80℃)
	ZnSe	立方晶	0.21	无	0.82	±1% (−10～80℃)
	$Bi_{12}GcO_{20}$	立方晶	0.188	9.6	0.85	≈±1% (20～120℃)
顺磁性	FR-5 玻璃	非晶	0.11	无	0.85	≈±1.5% (−25～85℃)
亚铁磁性	YIG	立方晶	9.0	无	1.3	≈±8% (−25～85℃)
	$(Tb_{0.19}Y_{0.81})_3Fe_5O_{12}$	立方晶	15.6	无	1.15	≈±1.5% (−20～120℃)
	$(YSmLuCa)_3(FeGe)_5O_{12}$	立方晶	3.4	无	0.83	<±0.5% (−20～80℃)

21 世纪将是光子时代，稀土磁光材料和器件将随着光子时代的发展而发展，目前，磁光材料和器件的应用已涉及光子各领域，即激光、光电子学、光信息、激光陀螺、光盘等新技术方面。刘湘林等[1]归纳了典型磁光材料及其应用早期的发展概况(见表 11-2)。

表 11-2 典型磁光材料及其应用早期的发展概况

年份	单位	发展情况	材料
1958	Bell	报道近红外磁光特性	YIG 单晶
1966	Bell	磁光调制器	Ga-YIG 单晶
1967	IBM	磁光偏转	YIG 单晶
1968	Bell	磁光非互易器件的研究	YIG 单晶
1971	IBM	磁光泡显示	$Y_3Fe_{3.66}Ga_{1.3}O_{12}$ 单晶片
1972	Bell	磁光波导调制和开关	$Y_3Ga_{1.1}Sc_{0.4}Fe_{3.5}O_{12}$ 单晶薄膜
1975	Philips	6.5×10^7 位磁光存储器	$(GdYb)_2(FeAl)_5O_{12}$ 单晶薄膜
1977	Thomson	磁光波导隔离器	Gd-Ga-YIG 单晶薄膜
1977	Mullard	1.3×10^8 位磁光泡显示器	$(BiYb)_3(FeGa)_5O_{12}$ 单晶薄膜
1979	上海冶金所	薄膜磁光调制器	$(BiTm)_5(FeGa)_5O_{12}$ 单晶薄膜

续表

年份	单位	发展情况	材料
1979	大阪大学	磁光录像	$Bi_{0.3}Y_{2.7}Fe_{3.8}Ga_{1.2}O_{12}$ 单晶薄膜
1979	NTT	磁光隔离器	YIG 单晶
1980	大阪大学	磁光偏转、偏转角大于 20°	$(BiNbYb)_3Fe_5O_{12}$ 单晶薄膜
1981	日本电器公司	光纤隔离器	$(GdY)_3Fe_5O_{12}$ 单晶薄膜
1981	上海冶金所	用于磁镜偏频光陀螺	$(BiPrGdYb)_3(FeAl)_5O_{12}$ 单晶薄膜
1981	Sperry	光纤光开关	$Bi_1Lu_2Fe_5O_{12}$ 单晶薄膜
1982	NHK	磁光存储光盘	Gd-Co 非晶薄膜
1983	松下	光纤电流测试仪	Yb-YIG 电晶
1983	日立	光纤电流测试仪	YIG 系列单晶薄膜
1985	上海冶金所，上海交通大学	磁光旋转测试仪	$(TmBi)_3(FeGa)_5O_{12}$ 单晶薄膜 $(PrGdYbBi)_3(FeAl)_5O_{12}$ 单晶薄膜
1986	TDK	磁光光盘生产线	RE-TM 非晶薄膜
1986	日本大学	磁光光盘介质	$(ReBi)_3(FeGa)_5O_{12}$ 溅射薄膜（<1 μm）
1987	Dyecell	磁光光盘介质	NdDyFeCo 非晶薄膜
1987	上海冶金所，上海交通大学	近红外可调式磁光隔离器	YIG 单晶
1987	上海冶金所	光纤磁光传感器	$(ReBi)_3(FeGa)_5O_{12}$ 单晶薄膜
1987	Sharp	磁光光盘商品化	RE-TM 非晶薄膜
1987	ITT	磁光光盘用于存档	RE-TM 非晶薄膜
1988	富士	YD 型光纤隔离器商品化	YIG 单晶
1990	SMM	磁光隔离器	$(YbTbBi)_3Fe_5O_{12}$ 及 $(GdBi)_3(FeAlGa)_5O_{12}$ 单晶厚膜（>250 μm）
1990	上海冶金所	磁光光盘介质	Bi-DyIG 溅射薄膜（～0.4μm）

11.2.1　磁光玻璃

磁光玻璃是指具有磁光效应的玻璃材料。磁光玻璃是最早被发现的磁光材料，也是目前可供实用的极少数几种磁光材料之一[4]。

磁光玻璃是顺磁性或逆磁性的弱磁材料，它的磁光效应比强磁性材料小几个数量，但由于它制造方便、价格便宜、透明性好、应用历史久，因而有较大的应用范围。其中应用最广的是用作可擦写光盘用磁光玻璃。几种磁光玻璃材料性能如表 11-3 和表 11-4 所示。

表 11-3　几种磁光玻璃材料的性能比较

名称	波长/μm	韦尔代常数/(3.66×10^{-6}Gy/A)	$\mu_0M_s/10^{-4}$T	T_c/℃
重火石玻璃	0.5893	8.82×10^{-2}		
钡冕玻璃	0.5893	2.20×10^{-1}		
石英	0.5893	1.65×10^{-1}		
Pr^{3+}硅酸盐玻璃	0.7	7.2×10^{-2}		
Pr^{3+}硼酸盐玻璃	0.7	3.02×10^{-1}		
$Y_3Fe_5O_{12}$	0.550	8.10×10	1780	185
$(TmBi)_3(FeGa)_5O_{12}$	0.560	5.25×10^3	200	145

表 11-4　稀土磁光玻璃的特性

种类	离子	浓度/(mL×10^{-20})	韦尔代常数/(3.66×10^{-6}Gy/A)		
			0.7 μm	0.853 μm	1.06 μm
硅酸盐	Tb^{3+}	33.7	−0.072	−0.048	−0.027
	Pr^{3+}	37.9	−0.072	−0.047	−0.027
	Nd^{3+}	37.2	−0.025	−0.032	−0.012
	Sm^{3+}	36.2	−0.014	0.01	0.01
	Eu^{3+}	36.1	−0.009		
	Gd^{3+}	35.1	0.014	0.011	0.07
	Dy^{3+}	34.6	−0.067	−0.042	−0.032
	Er^{3+}	32.9	−0.012	−0.007	−0.002
	Tm^{3+}	37.0	0.018	0.013	0.009
	Ho^{3+}	35.0	−0.032	−0.02	−0.01
	La^{3+}	38.8	0.015	0.011	0.004
硼酸盐	Nd^{3+}	94.2	−0.105	−0.09	−0.041
	Pr^{3+}	92.0	−0.203	−0.128	−0.06

一般磁光玻璃在磁场作用下，光通过时产生的法拉第旋转角 θ 用下式表示：

$$\theta = VLH$$

式中，L 是介质的长度；H 是外加磁场强度；V 是用来表征玻璃材料磁光特性的常数，称为韦尔代(Verdet)常数(相当于单位长度试样，在单位磁场强度的作用下偏振面被旋转的角度，严格地说，其值也与波长有关，对应于短波长的光，V 值较大)，磁光玻璃要求高的韦尔代常数，例如，在激光光学系统中，光隔离元件就需要韦尔代常数尽量大或能给出较大法拉第旋转角的玻璃。玻璃的韦尔代常数虽然比单晶要小，但容易制得均匀的各向同向的制品，因此可使试样长度 L 加大，实际法拉第旋转角也就增大。根据经典的电磁场理论，可推导出韦尔代常数表达式为

$$V = \frac{e}{2mc^2}\lambda\frac{\mathrm{d}n}{\mathrm{d}\lambda}$$

式中，e 是电子的电荷；m 是电子的质量；c 是光速；λ是波长；n 是折射系数。

在研究稀土磁光玻璃时，还得出下列简单公式：

$$V=k/(\lambda^2-\lambda_t^2)$$

式中，λ_t 是稀土离子引起 $4f^n$-$4f^{n-1}5d$ 跃迁的波长；λ是照射光的波长。

有时可以下式来研究

$$V=ck_1/(\lambda^2-\lambda_t^2)T$$

式中，c 是激活离子的浓度；T 是温度。在组成为 $4.8SiO_2 \cdot 2ZnO \cdot Na_2O$，其中 CeO_2 占 5%质量百分比的玻璃中，λ_t=322 nm±10 nm，对于磷玻璃中的 Ce，得出λ_t=289 nm。对各种组成的玻璃中的其他稀土元素，计算的λ_t列于表 11-5 中，可见对于某一稀土元素来说，它在各种玻璃中的λ_t值是相近的。

表 11-5　稀土元素在各种玻璃中的λ_t计算值

离子	λ_t/μm		
	硼玻璃	磷玻璃	磷玻璃(光谱纯)
Pr^{3+}	21	21	21.5
Tb^{3+}	22.5	21.5	21.5
Dy^{3+}	18	17.5	18.6

磁光玻璃分为正旋(逆磁性)玻璃和反旋(顺磁性)玻璃两类。正旋玻璃中一般含大量 Pb^{2+}、Te^{+}、Sb^{3+}、Sn^{2+}等抗磁性离子。常用的是重火石玻璃和硫化砷玻璃作基础系统。

反旋玻璃(顺磁玻璃)含顺磁离子(Ce^{3+}、Pr^{3+}、Dy^{3+}、Tb^{3+}、Eu^{2+}等稀土离子)。

在反旋玻璃中，通过增大 C_n(跃迁概率)和 P(与有效磁子数有关的量)，增加色散大的离子和含量，可得到大的韦尔代常数。色散大的 Ce^{3+}、Pr^{3+}、Eu^{3+}或 P 值大的 Tb^{3+}、Dy^{3+}的玻璃，其韦尔代常数都大，而且玻璃中稀土离子含量较大，通常可达 20%～30%(分子)。其中含 Eu^{2+}玻璃是个特殊情况。Eu 呈三价，没有不对称电子，理论上磁矩 P=0，但在强还原气氛下熔制时，玻璃中的 Eu 变成 2 价，具有一定的磁矩，与此同时，在近紫外区产生吸收，有可能得到比其他离子大的韦尔代常数。

反旋玻璃除采用硅酸盐基础玻璃外，还可采用硼酸盐及磷酸盐基础玻璃。表 11-6 表明不同玻璃系统的韦尔代常数与稀土离子种类的关系。

表 11-6　三种玻璃系统的韦尔代常数与稀土离子种类的关系

离子	韦尔代常数与不同成分玻璃中稀土离子浓度的比值 $V/N\times10^{-17}$		
	硅酸盐	磷酸盐	硼酸盐
Ce^{3+}	—	−2.2	—

续表

离子	韦尔代常数与不同成分玻璃中稀土离子浓度的比值 $V/N\times10^{-17}$		
	硅酸盐	磷酸盐	硼酸盐
Pr^{3+}	−1.9	−2.3	−2.2
Nd^{3+}	−0.7	−1.0	−1.1
Gd^{3+}	+0.4	+0.15	
Tb^{3+}	−2.1	−2.8	
Dy^{3+}	−1.9	−2.6	

由表 11-6 可知，表中所列数字属于顺磁旋转，但也包括基础玻璃的逆磁旋转，因此可以认为，顺磁旋转只与稀土离子氧化物浓度有关，而与基础玻璃组成无关，并且韦尔代常数近似正比于稀土离子的浓度。

图 11-3 为含稀土离子的磷酸盐玻璃的韦尔代常数。由图 11-3 可知，韦尔代常数与不同稀土离子种类有关，也与波长有关(波长变短，韦尔代常数增大)。

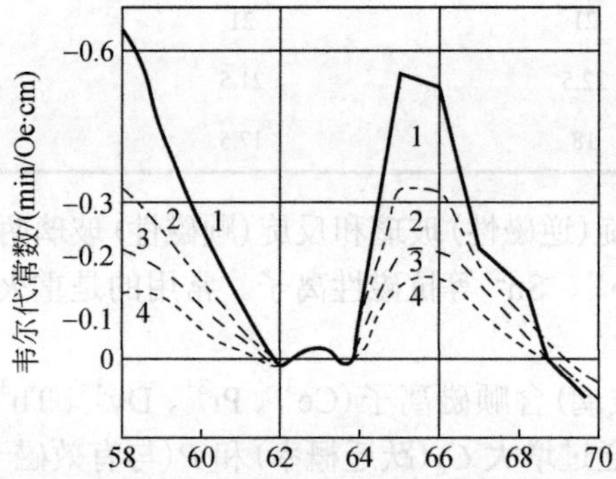

图 11-3 含稀土离子的磷酸盐玻璃的韦尔代常数

(1) λ=4000 Å；(2) λ=5000 Å；(3) λ=6000 Å；(4) λ=7000 Å

图 11-4 示出有较大的法拉第旋转的稀土离子的韦尔代常数与波长的关系。图 11-5 示出三种不同基质，即硅酸盐、磷酸盐和硼酸盐玻璃的韦尔代常数与 Nd^{3+} 及 Pr^{3+}浓度的关系。从图 11-5 中可以看出，韦尔代常数只同稀土氧化物的浓度有关，而与玻璃的组成无关。在上述三种基质玻璃中三价稀土离子 Ce^{3+}、Pr^{3+}、Tb^{3+} 及 Dy^{3+}给出较大的韦尔代常数。

稀土磁光玻璃的实际应用不仅取决于韦尔代常数，还取决于工作波长区的吸收带的存在。三价的 Ce 离子在可见光和近红外光波区没有吸收带。比较硅酸盐玻璃中 Pr^{3+}、Tb^{3+}、Dy^{3+}离子的光吸收及韦尔代常数的波长关系可知，含有 Tb^{3+} 的玻璃具有最佳的光谱特性。

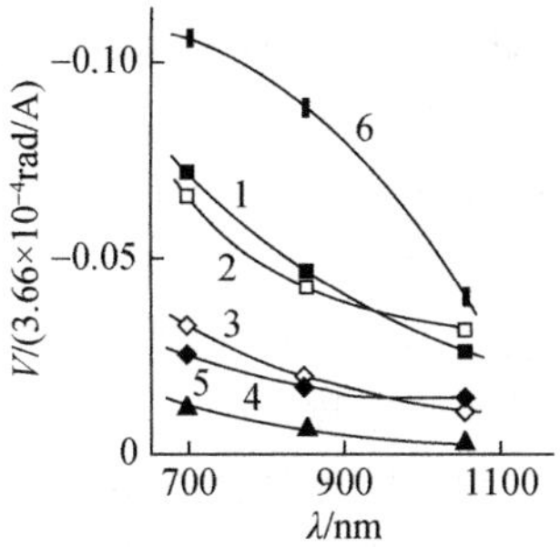

图 11-4　稀土玻璃的韦尔代常数 V 与波长的关系

1—Pr^{3+}, Tb^{3+}; 2—Py^{3+}; 3—Ho^{3+}; 4—Er^{3+}（以上 32wt%硅酸盐）; 5—Nd^{3+}; 6—$60Nd_2O_3$+$40B_2O_3$

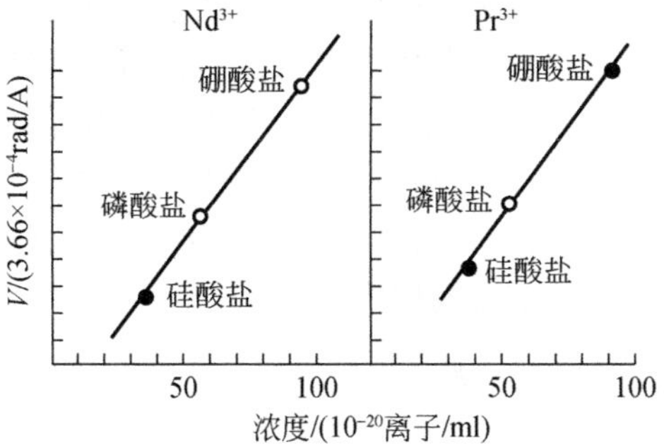

图 11-5　韦尔代常数 V 与稀土离子浓度的关系

在制备稀土顺磁玻璃时，熔制气氛十分重要，一般选用还原气氛，使稀土离子取低价状态存在(如 Eu^{2+}、Ce^{3+})，有利于韦尔代常数的提高。为此，基础玻璃采用酸性介质，酸性愈强，还原性也愈强。三种典型的基础玻璃的酸性强弱顺序为：[磷酸盐] > [硼酸盐] > [硅酸盐]。

应用磁光玻璃具有的磁光效应，可用以制造光闸、调制器和光开关等。

11.2.2　磁光晶体

磁场作用下晶体材料呈现的光学各向异性的种类很多，如法拉第效应、克尔效应、磁双折射效应和塞曼效应等。磁光晶体的主要性能要求是在常温下有大而纯的法拉第效应，对使用波长的低吸收系数，大的磁化强度和高的磁导率。这些要求与晶体的组成、结构和磁性能密切相关。

低对称晶体有复杂的磁性，其磁光性能受自然双折射的干扰，不易获得纯的法拉第效应。目前研究的磁光晶体都属于正交晶系对称性的晶体，而且实用磁光晶体主要为立方晶体和光学单轴晶体。

晶体中未配对的电子自旋、自旋与轨道的相互作用以及磁性原子的有序排列等结构因素，决定了晶体的磁化强度和法拉第效应。铁、钴、镍和铕是强磁性元素，这些磁性元素金属及金属间化合物单晶一般具有比大多数铁氧体大 100 倍的法拉第效应。但是这些晶体有自由电子吸收，对可见和红外波段不透明，从而限制了其磁光应用，磁性金属的氧化物、氟化物和卤化物晶体有强的法拉第旋转以及较好的透光波段，但是居里温度太低，常温时成为顺磁甚至是抗磁体。

磁光晶体的品质因子为法拉第旋转和吸收系数的比值。它随波长和温度而变化，是评价磁光晶体性能的最主要参数。

具有高的磁化强度的铁磁和亚铁磁晶体有很强的法拉第效应，即使在无外场时也有很大的法拉第旋转。它们适于制作光隔器、光非互易元件以及磁光存储器。具有逆磁和顺磁特性的晶体，其磁化强度较低，必须用外磁场来感生法拉第旋转。这些材料只适于制作磁光调制器。

某些含有磁性元素的铁氧体具有较高的法拉第效应，而且有较好的透明波段，是目前最实用的磁光晶体材料。其中尤以稀土石榴石、钙钛矿型和磁铅矿型铁氧体晶体性能较好。如钇铁石榴石（$Y_3Fe_5O_{12}$，简称 YIG）晶体，在近红外波段，其法拉第旋转可达 200°/cm左右，是该波段最好的磁光晶体。

美国贝尔（Bell）公司最早发现钇铁石榴石（YIG）单晶有强磁光效应，钇铁石榴石可制成磁光调制器和其他非互易磁光器件。

稀土石榴石磁光晶体材料

(1) 稀土石榴石的结构。稀土石榴石一般表示为 $RE_3^cFe_2^aFe_3^dO_{12}$ 或 $\{RE_3\}[Fe_2](Fe_3)O_{12}$。其中 RE 为钇（Y）和稀土金属离子，有的还掺入 Ca、Bi 等离子。$[Fe_2]$ 中的 Fe 离子可以为 In、Sc、Cr 等离子所替代，而 (Fe_3) 中的 Fe 离子可为 Al、Ga 等离子所替代。它们均属于体心立方系的 $I_a3_d(O_h^{10})$。每个晶胞有 160 个原子，8 个 $\{RE_3\}[Fe_2](Fe_3)O_{12}$ 分子。阳离子占据三种不同的晶格位置，并在一般式中分别以{}、[]、()的形式来表示，RE 离子占据 24 个十二面体中心间隙，每个 RE 离子周围有 8 个近邻的氧离子；[Fe] 中的 Fe 离子占据 16 个八面体中心间隙，每个 Fe 离子周围有 6 个近邻的氧离子；(Fe) 中的 Fe 离子占据 24 个四面体中心间隙，每个 Fe 离子周围有 4 个近邻的氧离子。以上三种离子晶格位置一般称为 16a（八面体中心）、24c（十二面体中心）和 24d（四面体中心）。图 11-6 给出石榴石晶格中阳离子的排列；图 11-7 给出三种阳离子的相对位置。

石榴石结构的形成严格依赖于电子组态及适当的离子半径。稀土铁石榴石的最大晶格常数是 1.2540 nm。至今已制成的单一稀土铁石榴石有 11 种，其中最典型和常用的是 $Y_3Fe_5O_{12}$。从原子序数 57（La）到 60（Nd）的较轻的稀土元素都不能形成单一的稀土铁石榴石，而只有在这些元素的含量小于一定比例的情况下，才能和其他石榴石形成固溶体。

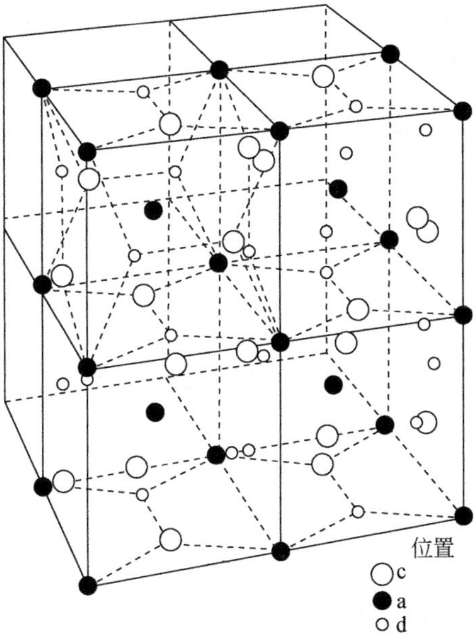

图 11-6　石榴石晶格中阳离子的排列

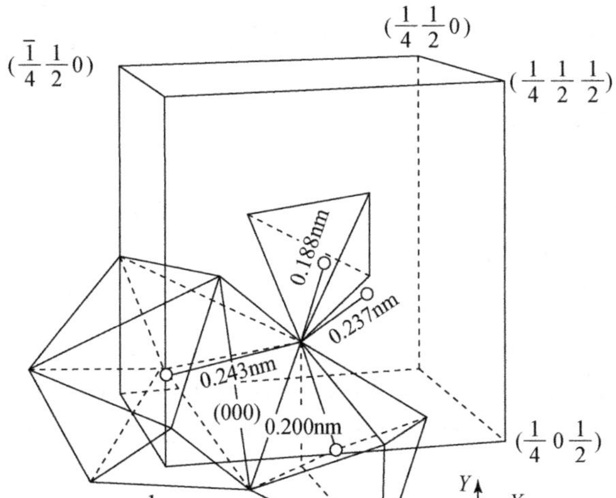

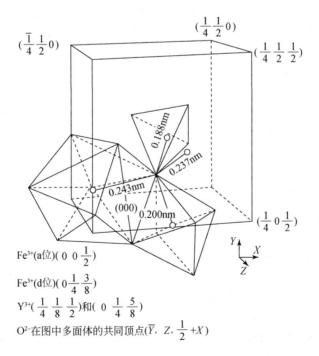

Fe^{3+}(a位)($0\ 0\ \frac{1}{2}$)

Fe^{3+}(d位)($0\ \frac{1}{4}\ \frac{3}{8}$)

Y^{3+}($\frac{1}{4}\ \frac{1}{8}\ \frac{1}{2}$)和($0\ \frac{1}{4}\ \frac{5}{8}$)

O^{2-}在图中多面体的共同顶点($\overline{Y}$, Z, $\frac{1}{2}+X$)

图 11-7　石榴石中三种阳离子的相对位置

通过元素替代可以调节磁性石榴石的$\mu_0 M_s$及磁转变温度(T_c及T_{cmp})。

稀土铁石榴石的$\mu_0 M_s$与温度的关系如图 11-8。

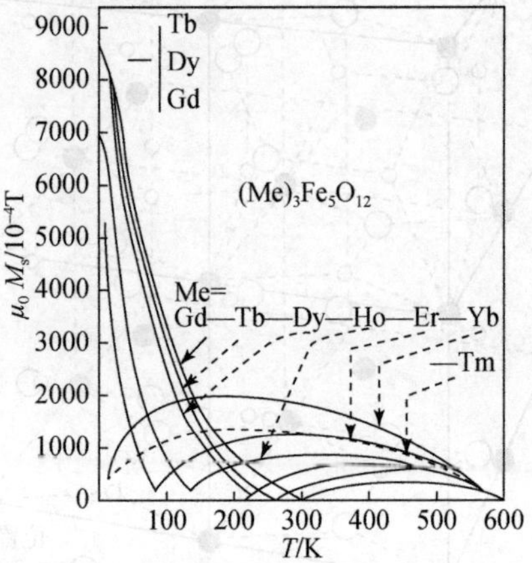

图 11-8　稀土(Gd、Tb、Dy、Ho、Tm 及 Yb)铁石榴石的$\mu_0 M_s$与温度的关系

钇铁石榴石(YIG)及其掺杂的单晶是最典型的磁光材料，它们在磁光器件和微波器件中获得广泛应用，也是磁性研究的典型材料。由于这类材料在空气中达到 1555℃时才熔化，因而必须寻找一种在较低温度下能够生长单晶的方法。最常用的是助溶剂法，在配料中除了生长单晶所必需的熔质材料外，还要配入能降低熔料熔点，而不进入单晶的助溶剂原料，最常用的助溶剂是 $PbO\text{-}B_2O_3$ 或 $PbO\text{-}B_2O_3\text{-}PbF_2$ 系列。

(2)稀土石榴石单晶的磁光性能。石榴石单晶薄片对可见光是透明的，面对近红外辐射几乎是完全透明的。YIG 在λ=1～5 μm 之间是全透明的。这一光波区常被称为 YIG 的窗口。掺入三价的稀土元素或 Bi 离子，对光吸收的影响不大。图 11-9 给出了一些铁石榴石的光吸收系数α与λ之间的关系。由图 11-9 可见掺 Bi 的 YIG 的光吸收系数比纯 YIG 稍大一些，但总小于 BiCaVFe 石榴石。

某些杂质的掺入对铁石榴石的光吸收影响很大，如含有 Pb^{2+}、Ca^{2+}、Si^{4+}等离子。

掺 Bi 的 YIG 是研究的较多的一类材料。Bi 的离子半径较大，一般进入石榴石晶体的十二面体亚晶格位置(c 位)。Bi 的掺入对磁光法拉第旋转系数 θ_f影响很大，当 Bi 取代 YIG 中的 Y 时可以使 θ_f从正值变到负值，而绝对值可增加许多倍。

稀土元素一般也进入石榴石的十二面体亚晶格中，其中 Pr、Nd 对 θ_f的响应较大，它们的法拉第旋转系数也是负数的。几种稀土铁石榴石在 1.064 μm 波长的磁光参数及晶格常数如表 11-7 所示。

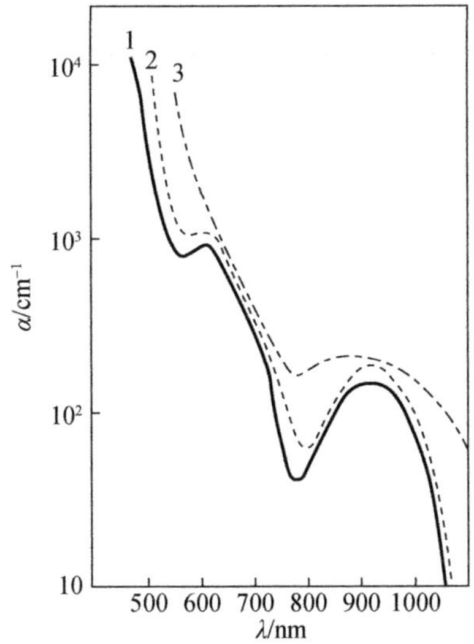

图 11-9　几种铁石榴石的光吸收系数α与波长λ的关系

1-$Bi_xCa_{3-x}V_{3-x}V_{(3-x)}Fe_{(7-x)/2}$ (x=0.65)；2-$Bi_xY_{3-x}Fe_5O_{12}$ (x=0.7)；3-$Y_3Fe_5O_{12}$

表 11-7　几种稀土铁石榴石在 1.064 μm 波长的磁光参数和晶格常数

试样的分子式	α /cm^{-1}	| θ_f | /(°/cm)	α/nm
$Y_3Fe_5O_{12}$	8.0	280	1.23760
$Y_3Ga_{0.9}Fe_{4.1}O_{12}$	10	250	1.23600
$Y_{2.95}La_{0.05}Ga_{0.8}Fe_{4.2}O_{12}$	7.4	256	1.23666
$Y_{2.9}La_{0.1}Ga_{0.6}Fe_{4.4}O_{12}$	6.4	265	1.23717
$Y_{2.62}La_{0.38}Ga_{0.9}Fe_{4.1}O_{12}$	5.8	250	1.24052
$Y_{2.7}La_{0.15}Bi_{0.15}Ga_{0.9}Fe_{4.1}O_{12}$	6.0	170	1.23850
$Gd_{1.8}Pr_{1.2}Ga_{0.6}Fe_{4.4}O_{12}$	4.9	270	1.25270
$Gd_{1.7}Pr_{1.3}Ga_{0.65}Fe_{4.35}O_{12}$	4.6	420	1.25374
$Gd_{1.5}Pr_{1.5}Ga_{0.6}Fe_{4.4}O_{12}$	4.2		1.25440
$Gd_{1.3}Pr_{1.7}Ga_{0.5}Fe_{4.5}O_{12}$	3.8		1.25610
$Gd_{1.7}Pr_{1.15}Bi_{0.15}Ga_{0.65}Fe_{4.35}O_{12}$	5.0	620	1.25379
$Gd_{1.7}Pr_{1.15}Bi_{0.15}In_{0.12}Ga_{0.65}Fe_{4.23}O_{12}$	4.3	680	1.25510
$Gd_{2.2}Bi_{0.8}Fe_5O_{12}$	7.4	1500	1.25155

在 1.064 μm 波长，各种稀土铁石榴石的 θ_F 见表 11-8。

表 11-8　几种稀土铁石榴石在 1.064 μm 的比法拉第旋转

材料	比法拉第旋转 θ_F/(°/cm)
[$Lu_3Fe_5O_{12}$]	[+200]

续表

材料	比法拉第旋转 θ_F/(°/cm)
$Yb_3Fe_5O_{12}$	+12
$Tm_3Fe_5O_{12}$	+115
$Er_3Fe_5O_{12}$	+120
$Ho_3Fe_5O_{12}$	+135
$Y_3Fe_5O_{12}$	+210
$Dy_3Fe_5O_{12}$	+310
$Tb_3Fe_5O_{12}$	+535
$Gd_3Fe_5O_{12}$	+65
$Eu_3Fe_5O_{12}$	+167
$Sm_3Fe_5O_{12}$	+15
［$Nd_3Fe_5O_{12}$］	［−840］
［$Pr_3Fe_5O_{12}$］	［−1730］
$Y_2Pr_1Fe_5O_{12}$	−400
$Eu_{2.5}Pr_{0.5}Fe_5O_{12}$	−125
$Gd_2Pr_1Fe_5O_{12}$	−573
$Gd_1Pr_2Fe_5O_{12}$	−1125
$Gd_1Pr_2Al_{0.5}Fe_{4.5}O_{12}$	−790
$Gd_1Pr_2Ga_{0.5}Fe_{4.5}O_{12}$	−720
$Eu_1Pr_2Ga_{0.5}Fe_{4.5}O_{12}$	−687
$Gd_{1.5}Pr_{1.5}Ga_1Fe_4O_{12}$	−450
［$Gd_1Nd_2Fe_5O_{12}$］	［−530］

注：［］为推算的结果。

(3) 稀土石榴石单晶薄膜。自 1971 年报道了用等温浸渍液相外延法生长石榴石单晶薄膜以来，世界各国相继开展了稀土石榴石薄膜的研究。

磁光单晶膜是随着光通信和光信息处理需要而发展起来的新材料，它被用作小型坚固的非互易元件、光隔离器、磁光存储器和磁光显示器。在钆镓石榴石(GGG)衬底上外延生长的钇铁石榴石(YIG)是最实用的磁光单晶膜。它在 633 nm 波长法拉第旋转角为 835°/cm，制成的光隔离器光路长约半毫米。但作为光集成电路的元件，还必须缩短两个数量级。因而近年来又在研究开发更大法拉第旋转的单晶膜，如在 GGG 衬底上外延生长 $Bi_3Fe_5O_{12}$、$Gd_{.2}Y_{2.8}Fe_5O_{12}$、$(BiGd)_3Fe_5O_{12}$、$(YLa)_3Fe_5O_{12}$ 等石榴石型铁氧单体膜。

生长石榴石单晶薄膜最常用的衬底是(111)晶面的 $Gd_3Ga_5O_{12}$ 单晶片，也有用 $Nd_3Ga_5O_{12}$ 及 $Gd_3Sc_2Ga_3O_{12}$ 单晶作衬底。通常要求晶体缺陷少于 5 个/cm^2，晶向偏差小于 0.5°。

液相外延法常用的助溶剂为 Pb-B_2O_3 系，生长掺 Bi 的石榴石单晶薄膜时，Bi_2O_3既是熔剂，又是熔质。PbO 有强烈的化学腐蚀作用，液相外延所用的器皿、坩埚和样品支架都是耐 PbO 腐蚀的铂制成。熔料选用纯度大于 99.99%的氧化物粉。按配比称好的原料，混匀后放入铂坩埚中，然后开始液相外延生长。熔液在 1100～1200℃均匀化 4～6 h，随后降温至液相外延生长温度以上 10～20℃，保温数分钟后，将衬底放入坩埚中进行液相外延生长，一般恒温生长的时间为 15～30 min，薄膜生长的厚度为 2～30 μm。生长厚膜(大于 100 μm)时，生长时间超过 1 h，为了得到均匀的外延膜，一般使衬底正反向水平旋转，旋转速率为 0～500 min^{-1}。

稀土石榴石单晶薄膜具有优良的磁光性能。稀土铁石榴石在 1～6 μm 波长有很低的光吸收α，而在其他光波区域，由于 Fe^{3+}的跃迁使α大大增加。抗磁掺质(例如 Ga)可以减弱 Fe^{3+}的跃迁而使α降低。但由于抗磁掺质大大减弱交换作用，而会强烈地影响材料的磁性和磁光性能。当材料中掺入可引起跃迁的金属离子时，或由于该金属离子导致新的跃迁，或影响 Fe^{3+}的跃迁，而使石榴石单晶薄膜的α增加，Pb^{3+}的掺入会大大增加α，随 Pb 含量的增加，α不断上升。Bi 对α的影响比 Pb 小得多。

在 YIG 中掺入 Bi，使法拉第旋转系数 θ_f 向负值方向增大，随 Bi 含量的增加，θ_f 可由正值变为负值，同时外延膜可由张应力变为压应力，但易磁化方向都是垂直膜面的。

BiGaDyIG 在结构上属于立方晶系，其饱和磁化强度 M_s 由三个次晶格的磁矩来决定，故 Bi、Ga 的取代量将影响薄膜的 M_s、θ_f、θ_c 和 K_u 等参数。由于石榴石薄膜具有大的法拉第效应、强的抗腐蚀性和近紫外磁光增强，故用于磁光记录具有优良的稳定性。研究表明：Bi 离子可增大在可见光区及紫外区的磁光效应，但 Bi 离子的取代量应控制在 2.5 个原子每分子以下，否则将影响石榴石薄膜的相组成，导致杂相出现。Dy 离子可增大磁致伸缩感生的垂直磁各向异性，而 Ga 离子可取代八面体位和四面体位的 Fe 离子从而降低了居里点。典型的薄膜成分如表 11-9 所列。

表 11-9　典型的薄膜成分(每个分子的原子数)

薄膜类型	Bi	Y(Dy，Ho)	Fe	Ga	(Bi+R)/(Fe+Ga)
YIG：Bi, Ga	2.12	0.97	3.69	1.22	0.63
YIG：Bi, Ga	2.42	0.70	3.65	1.22	0.64
DyIG：Bi, Ga	2.28	0.70	3.91	1.12	0.58
YIG：Bi, Ga	2.89	0.46	3.53	1.11	0.72
HoIG：Bi, Ga	2.62	0.68	3.51	1.15	0.70

掺铈的钇铁石榴石(YIG：Ce)磁光薄膜材料由于具有非常大的法拉第旋转角，从而具有很好的应用前景。关于掺入 Ce^{3+}离子对 YIG 薄膜的磁光效应的影响，文献［5］认为：

(1) YIG∶Ce 的磁光效应主要来源于 $Fe(a)_{3d}$ 和 $Fe(d)_{3d}$ 之间的电荷转移跃迁。

(2) Ce^{3+}离子的掺入极大地增大了费米面两侧部分能态密度的数值，从而增大了电子跃迁的概率，使得 YIG∶Ce 的磁光效应有所增大。

(3) Ce^{3+}离子的 5d 电子和 4f 电子与部分 Fe^{3+}的 3d 电子有较强的耦合作用，形成了杂化轨道。由于 5d 电子和 4f 电子具有很大的自旋-轨道耦合系数，使杂化轨道的自旋-轨道相互作用增大，从而导致了激发态的自旋轨道劈裂增大，这正是 YIG∶Ce 法拉第效应增大的主要原因。

(4) Ce^{3+}的掺入产生了新的跃迁，这可能对 YIG∶Ce 的磁光效应特别是光吸收的影响增大。

20 世纪 70 年代初，液相外延稀土石榴石单晶薄膜及高频溅射稀土-过渡族金属非晶薄膜问世后，使磁光材料的应用扩展到磁泡、磁光光盘、光纤通信、激光陀螺、磁光传感、微波等新兴技术领域，出现了稀土磁光材料发展的新阶段。

铽铝石榴石($Tb_3Al_5O_{12}$，TAG)在可见和近红外波段具有较高的光学透过率和较大的韦尔代常数，被认为是用于法拉第隔离器的最理想材料之一。但由于 TAG 的非一致熔融特性，其晶体制备十分困难，所以一直以来未实现实际应用。而陶瓷的制备可以避免非一致熔融过程，使得 TAG 介质的优良特性得以实现。与单晶相比，TAG 磁光陶瓷还具有易于制备大尺寸、抗热震性好、断裂韧性高等优点，具有良好的应用前景。

中国科学院上海硅酸盐研究所采用反滴共沉淀法成功合成了纯相 TAG 纳米粉体，对粉体性能进行了系统研究和优化，进一步地在 TAG 纳米粉体中添加正硅酸乙酯(TEOS)作为烧结助剂并进行球磨后处理，结合后续的真空及热等静压烧结成功制备了在 1064 nm 波长处直线透过率为 81.4%的 TAG 磁光陶瓷。又采用共沉淀法合成了 TAG∶0.5at%Ho 纳米粉体，再结合真空烧结及热等静压后处理(HIP)技术制备得到了具有优异光学质量和磁光性能的 TAG∶Ho 透明陶瓷，该材料在 1064 nm 波长处的直线透过率达到 81.9%，在 632.8 nm 处的韦尔代常数为 −183.1 rad/(T·m)，比商用 TGG 单晶高 36%。又通过顺磁性稀土离子掺杂对 TAG 陶瓷进行了性能调控。他们以离子半径和 Tb^{3+}接近的 Ce^{3+}和 Pr^{3+}为改性离子，成功制备了高光学质量的 TAG∶Ce 和 TAG∶Pr 磁光陶瓷。研究发现，由于掺杂离子对晶体场的影响以及和 Tb^{3+}之间存在超交换作用，掺杂后 TAG 磁光陶瓷的韦尔代常数均有所提升，其中 TAG∶2.0at%Ce 透明陶瓷在 632.8 nm 处的韦尔代常数达到−196.2 rad/(T·m)，比 TAG 陶瓷和商业 TGG 晶体分别提高了 9%和 46%。

11.2.3　稀土-铁族金属非晶薄膜磁光材料

近年来，各国十分重视对非晶态金属合金的研究。首先，因为它和结晶材料相比，有一系列优异的性能，是近代颇有发展前途的新型合金材料。从结构上看，非晶态合金和液态金属相似，原子分布是一种无序或短程有序的排列。然而，在热力学上是一种亚稳定状态。另外，非晶态合金的独特优点之一是可以制备成连续变化的均匀合金系列，因而特别有利于研究成分变化对均匀合金性能及内部相互作用的影响。对于晶态材料，常常由于某种特定相的出现，不可能得到成分连续变化的均匀合金系。研究这种长程无序的亚稳定结构材料的物理性能是当代固体物理学上很活跃的一大研究课题。

作为非晶态磁性材料的研究对象，可分三大类：①单元金属，如 Fe、Co、Ni 等；②过渡元素和类金属合金 Fe-B-C、Fe-Pd-Si、Fe-Ni-P-B、Fe-B、Co-P 等；③稀土过渡族金属薄膜，如 Gd-Co、Ho-Co、Gd-Fe、Tb-Fe 等。第三类具有大的磁光效应，可应用于磁泡、可擦除光盘和磁复制等器件。

具有垂直磁化的稀土–过渡金属非晶薄膜已用各种蒸发沉积法制备出来，如高频溅射、真空蒸发、磁控溅射。

1973 年用高频溅射法制备的非晶 GdCo 薄膜问世后，稀土–铁族金属非晶薄膜的研究迅速发展，并推动了磁光光盘技术的发展。

稀土–铁族金属非晶薄膜具有优良的磁性能。一般来讲，稀土(RE)及铁族金属(TM)间的交换作用为负，在居里温度以下，自旋反平行，但总磁矩是平行或反平行，要看 RE 是重稀土还是轻稀土，轻稀土元素和铁族金属合金的总磁矩量 $J=J_{RE}+S_{TM}$，而在重稀土元素情况下 $J=J_{RE}-S_{TM}$。

RE–TM 非晶态薄膜的居里温度一般低于晶态的居里温度，但并非都是如此。当 TM 为 Co 时，有时 Tc 要比结晶态的高。

稀土–铁族金属(RE-TM)非晶薄膜表面一般具有大的极向克尔磁光效应。当平面偏振光由不透明的铁磁晶体表面反射时，由于各磁畴的磁化矢量方向不同，偏振面将发生不同的旋转，其旋转角 θ 的大小与磁化强度 M 成正比，称为克尔效应。图 11-10 是极向克尔效应的示意图。

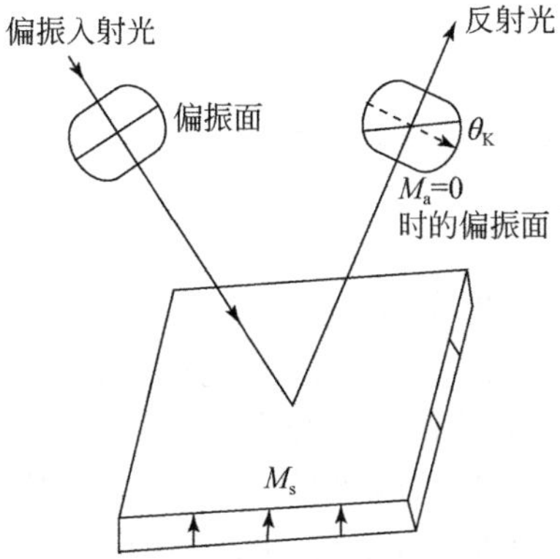

图 11-10　极向克尔效应示意图

RE-TM 非晶态磁性薄膜也具有大的异常霍尔效应，由下式表示：

$$V_H=R_0B+R_1\mu_0M$$

式中，R_0B 为正常霍尔效应，它和磁通密度 B 成正比；$R_1\mu_0M$ 为异常霍尔效应，和磁化强度 M 成正比；R_0、R_1 分别为它们的霍尔系数。因为 $R_1 \gg R_0$，R_1 可以忽略不计，可见非晶态薄膜的霍尔电压（V_H）和磁场的关系与极向克尔磁滞回线相似，在补偿温度附近，R_1 改变符号，当 $T<T_{comp}$ 时，R_1 为负，反之 R_1 为正。

11.2.4　其他磁光材料

1. EuX 型化合物

X 为硫族化合物。这类化合物为 NaCl 型的立方晶系结构，金属离子都是在等效的立方座上，由于这类化合物显示大的磁光效应，立方结构的低各向异性和少有的大饱和磁感应而使得它们具有吸引力。它们的主要磁性和磁光性能见表 11-10。

表 11-10　EuX 的磁性和磁光性能

材料	晶格常数 a/Å	磁性	0 K 饱和磁矩 σ_o /(μ_B/分子)	居里(奈尔)温度 T_c(T_n)/K	法拉第旋转 θ_F/(°/cm)	温度吸收边 /eV
EuO	5.15	铁磁性	6.7	77	520.000	1.12
EuS	5.96	铁磁性	6.87	16	—	1.64
EuSe	6.19	变磁性	6.7	4.6（反铁磁性） 2.8（铁磁性）	95.000	1.85
EuTc	6.60	反铁磁性	—	7.8～11	—	2.0

这些化合物中，EuO 和 EuS 是铁磁体，EuSe 是变磁体，它在数十万 A/m 磁场下变成铁磁体，而 EuTe 是反铁磁体。在可见光范围，靠近吸收带边缘有非常强的磁光效应。

EuO 和 EuS 的纵向克尔效应也是很大的。

2. $RFeO_3$ 型化合物

$RFeO_3$ 型化合物，其中 R 为稀土族元素。这类化合物一般称为正铁氧体。为具有畸变的钙钛石型结构，属正交晶系，空间群为 D_{2h}^{16}-$Pbnm$。它们是成角的反铁磁体，具有弱铁磁性，有比较小的磁化强度及相当复杂的磁化强度–温度和各向异性–温度的关系。如果我们忽略掉磁化强度，那么它们是光学二轴性的。它们的磁旋光与强大的线双折射扭缠在一起。它们在薄片状态下，大多为半透明的。这种晶体也是最早的一种磁泡材料。

3. Eu_2SiO_4

这是一种在极低温度下的大块透明铁磁材料，为正交晶系结构，居里温度 T_c= 7 K，液氦温度下的比法拉第旋转 θ_F=76000°/cm，吸收系数α＜10^2 cm^{-1} (λ=800 nm)，在 30 nm 时，$\alpha\approx250$ cm^{-1}。

11.3　稀土磁光材料的应用

磁光器件是利用材料的磁光效应制作的各类光信息功能器件。利用磁光材料的特性以及光、电、磁的相互作用和转换，可制成具有各种功能的光学器件，如调制器、隔离器、环行器、开关、偏转器、光信息处理机、显示器、存储器、激光陀螺偏频磁镜、磁强计、磁光传感器、印刷机等。

虽在 1845 年就发现了法拉第磁光效应，但在其后的一百多年中，并未获得应用，直到 20 世纪 50 年代，人们广泛应用磁光效应来观察、研究磁性材料的磁畴结构。1958 年 Dilion 首先发现了钇铁石榴石单晶(分子式 $Y_3Fe_5O_{12}$，简称 YIG)能传递红光及近红外光，报道了 YIG 在这些光波范围的法拉第旋转和光吸收特性。1963 年 Anderson 用 YIG 单晶做成法拉第旋转磁光调控器，在室温下用 10GHz 的信号调制 850 nm 波长的光束。

60 年代初，由于激光和光电子学领域的开拓，才使磁光效应的研究向应用领域发展，出现了新型的光信息功能器件——磁光器件。特别是近年来随着激光、计算、信息、光纤通信、激光陀螺、磁泡等新技术的发展，促使人们对磁光效应的研究和应用向深度和广度发展，不断地涌现出许多崭新的磁光器件。

1966 年 LaCraw 在国际磁学会议上报道了第一个实用的磁光器件，他用掺镓的 YIG 晶体研制成室温宽带(大于 200 MHz)的磁光调制器，可在 1.15～5 μm 波长工作，当冷却至 125 K 时，可在 1.06 μm 波长工作。贝尔实验室研制这种器件的目标是供光通信系统使用，它足以同时传送 5 万个电话呼叫或 30 个电视节目。1966 年 Johnson 等用 YIG 中 Ho 离子的本征激发进行磁调激光器的研究；美国 IBM 公司的 Smith 在 1967 年用 YIG 单晶研究磁光偏转；1968 年 Dilion 对磁性晶体中法拉第旋转的原理和应用作出总结，提出了各种非互易磁光器件的工作原理，包括调制器、隔离器(或称单向器)、环形器、旋转器、相移器、锁式开关等等。

因光通信的需要，1966 年起发展了磁光调制器，磁光开关、磁光隔离器、磁光环形器、磁光旋转器、磁光相移器等磁光器件。

在 60 年代后期，因计算机存储技术的发展，刺激人们把磁畴结构和热磁效应与磁感效应相结合，发展了磁光存储技术。后来由于全息磁泡和光盘技术的日趋完善和商品化，从而出现了磁光印刷和磁光光盘系统，利用磁光效应研究圆柱状磁畴(磁泡)面发展了磁泡技术。

70 年代初液相外延石榴石单晶薄膜及高频溅射稀土-过渡金属非晶态薄膜问世后，使磁光材料的应用扩展到磁泡存储、光计算、光显示、光录像、光复制、光纤通信、激光陀螺、光信息处理、磁光记录等更为广阔的尖端技术领域。

由于光纤技术和集成光学的发展，1972 年起又诞生了波导型的集成光磁光器件。

因信息技术的需要，在 70 年代中后期，在磁泡技术的基础上，又发展了磁光信息处理及磁光泡显示器。

磁光器件的发展还有赖于磁光材料的发展，磁光材料的发展促进磁光器件的发展。最早的磁光器件，是用非铁磁性的磁光玻璃做成的，这种材料的光透明性很好，但它们的磁光效应很小，因而有磁光玻璃做成的器件体积大、磁场高、功耗多、均匀性和稳定性差，在应用上受到很大的限制。钇铁石榴石(YIG)单晶的出现，不仅制成了体积小、磁场低、功耗少的磁光器件，而且由于它是强磁性的晶体材料，通过晶体取向的选择和磁路的改进，可以制成高频磁光调制器(调制频率达 200 MHz)；易于设计均匀磁场、磁屏蔽和磁补偿，使器件磁场均匀，抗干扰好、性能稳定、精度高。因而有 YIG 单晶制成的磁光器件种类多、应用广，但因 YIG 单晶在 1～5 μm 波长是透明的，而在其他波长有较大的吸收，因而应用的波长范围受到限制。后来出现掺 Bi 石榴石单晶薄膜，它的法拉第旋转系数几乎比 YIG 大 1～2 数量级，而光吸收的增加不多。在可见光区(如 630 nm)可使大部分光透过薄膜，除可制成常用的磁光调制器外，还可以制成许多可见光区应用的新型磁光器件，例如磁光偏转器、磁光泡显示器、磁光存储器、磁光光信息处理机、磁光印刷机、激光陀螺磁光偏频元件等。唯有这类单晶薄膜可构成波导型磁光集成器件。稀土–铁族金属非晶薄膜的问世，为磁光光盘系统提供了大面积(Φ150～200 mm)、均匀的、高克尔旋转角(θ_K>0.4°)、高信噪比(>45 dB)的磁光介质，是可擦除、随记随录、大容量的磁光光盘存储系统。

在激光应用中，除探索各种新型的激光器和接收器外，激光束的参数，例如强度、方向、偏转、频率、偏振状态等的快速控制也是很重要的问题，磁光器件就是利用磁光效应构成的各种控制激光束的器件。例如，激光陀螺的发展中遇到了“闭锁”问题，一度受挫，后来利用磁光效应，巧妙地克服了“闭锁”，从而发展了一个全固态(无机械部件)的磁光偏频激光陀螺。因此，每一种新型的磁光器件，都是在研究磁光效应的基础上开发成功的。

在实际应用中，目前应用最多的是利用磁光晶体的法拉第旋转，将其用于激光系统制作快速开关、调制器、循环器及隔离器；在激光陀螺中用作非对易元件；同时，可以利用磁光材料作为磁光存储介质制作高密度存储器，目前，应用最实际、最广泛的是制作光隔离器。

1. 磁光调制器

磁光调制器是利用偏振光通过磁光介质发生偏振面旋转来调制光束，其原理如图 11-11。磁光调制器有广泛的应用，可作为红外检测器的斩波器，可制成红外辐射高温计、高灵敏度偏振计，还可用于显示电视信号的传输、测距装置以及各种光学检测和传输系统中。

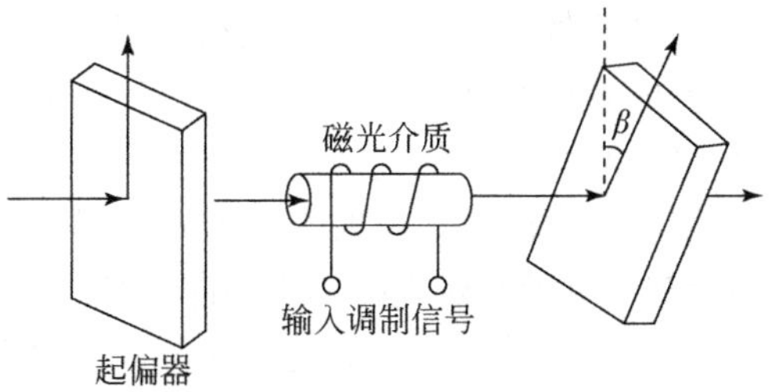

图 11-11　磁光调制器原理图

2. 磁光传感器

用磁光效应来检测磁场或电流的器件称为磁光传感器（图 11-12）。它集激光、光纤和光技术于一体，以光学方式来检测磁场和电流的强弱及状态的变化，可用于高压网络的检测和监控，还可用于精密测量和遥控、遥测及自动控制系统。

用法拉第旋转角的大小或输出光强的强弱来度量电流或磁场的大小，这就是磁光传感器的作用原理。

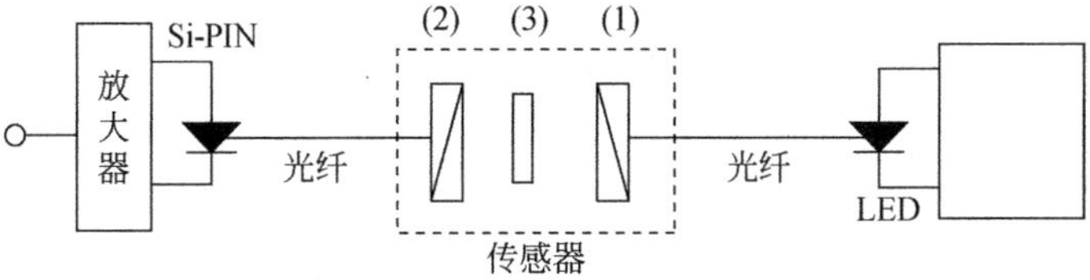

图 11-12　磁光传感器的示意图

1—起偏器；2—检偏器；3—磁光介质

3. 磁光隔离器

在光纤通信、光信息处理和各种测量系统中，都需要有一个稳定的光源，由于系统中不同器件的连接处往往会反射一部分光，一旦这些反射光进入激光源的腔体，会使激光输出不稳定，从而影响整个系统的正常工作。磁光隔离器就是专为解决这一问题而发展起来的一种磁光非互易器件。它能使正向传输的光无阻挡地通过，而全部排除从光纤功能器件接点处反射回来的光，从而有效地消除激光源的噪声。

在光通信系统中由半导体激光器发出的光，在光导纤维的连接部等处被反射。这种反射光(返回来的光)如果返回半导体激光器里，会使激光振荡不稳，产生误差。因此，为了遮挡反射光，获得稳定的光而采用了光隔离器。光隔离器使用磁光石榴石的铁磁体。

光隔离器利用了磁光效应的一种——法拉第效应(图 11-13)。磁法拉第效应是，由外部磁场沿一个方向磁化石榴石等铁磁体，当线偏振光透过的时候，偏振面产生旋转的现象。半导体激光发出的光在起偏器上产生线偏振光，透过法拉第旋转器时旋转 45°从检偏器发射出去。反射光通过检偏器，再透过法拉第旋转器时，因不可逆性又旋转 45°，对于入射光的偏光面即旋转了 90°回到起偏器上。因而，可以遮断返回光。法拉第旋转器偏光面的旋转方向是由光的前进方向和磁化方向决定的，把这个性质称为不可逆性。

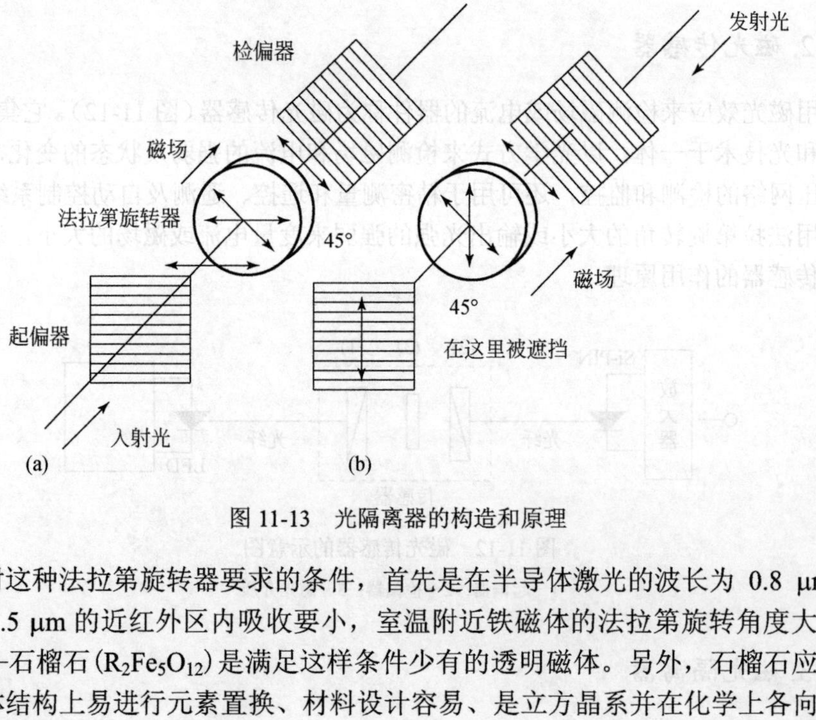

图 11-13　光隔离器的构造和原理

对这种法拉第旋转器要求的条件，首先是在半导体激光的波长为 0.8 μm 和 1.3～1.5 μm 的近红外区内吸收要小，室温附近铁磁体的法拉第旋转角度大。稀土-铁-石榴石($R_2Fe_5O_{12}$)是满足这样条件少有的透明磁体。另外，石榴石应具有在晶体结构上易进行元素置换、材料设计容易、是立方晶系并在化学上各向同性等特征。

作为实用材料所要求的特性为：单位长度的法拉第旋转角要大，法拉第旋转角对温度依赖性要小(253～333 K 为 0.04°/K)，饱和磁场要小(0.1 T 左右)等等。

因为磁体的磁化方向和光的前进方向平行时法拉第旋转效应最大，所以为了使元件小型化必须在小磁场内形成单磁畴，也就是必须饱和磁化小。

满足这些条件实用的是稀土–铁–石榴石、YIG 单晶和一部分稀土用铋置换的铋置换石榴石膜。用铋置换产生的效果是：法拉第旋转角度符号改变、旋转角度变大。

在实用化的材料中有 YIG 单晶、$(BiR)_3Fe_5O_{12}$ 和部分铁被铝、镓置换的 $(BiR)_3(FeAlGa)_5O_{12}$(R=Gd，Tb，Dy，Ho，Yb，Lu，Y 等)。各种材料的优缺点示于表 11-11。

表 11-11　石榴石材料的特征

材料	优点	缺点
YAG 单晶	θ_F 温度依赖性小	元件大
LPE 结晶厚膜		
$(BiR)_3Fe_5O_{12}$	θ_F 温度依赖性小	饱和磁化大
$(BiR)_3(FeAlGa)_5O_{12}$	饱和磁化小	θ_F 温度依赖性大
(R=Gd，Tb，Dy，Ho，Yb，Lu，Y 等)		

4. 磁光记录

磁光记录是近十几年迅速发展起来的高新技术。磁光记录是目前最先进的信息存储技术，它兼有磁盘和光盘两者的优点。磁光盘广泛应用于国家管理、军事、公安、航空航天、天文、气象、水文、地质、石油矿产、邮电通信、交通、统计规划等需要大规模数据实时收集、记录、存储及分析等领域，特别是对于集音像、通信、数据计算、分析、处理和存储于一体的多媒体计算机来说，磁光存储系统的作用是其他存储方式无法代替的。

磁光存储是通过激光加热和施加反向磁场在稀土非晶合金薄膜上，产生磁化强度垂直于膜面的磁畴，利用该磁畴进行信息的写入，利用克尔磁光效应读出。

磁光盘是 20 世纪 80 年代开始应用的产品，光盘共有三大类。一种是只读式的，盘上记录的信号既不能擦除，也不能重写，只能读出，就像“唱片”一样，目前市售的 VCD 光盘即是。第二类是一次写入型，原光盘无记录，有如空白“磁带”，可录入信息和读出，但一旦录入信息就再也不能擦除。第三类是可擦重写的，如磁盘一样，可擦除、重写和读出。由于其写、读写通过材料的磁光效应，与盘无机械接触，故寿命长，反复擦、写可达上百万次(寿命大于 10 年以上，而一般光盘约为 2 年)。而且，磁光盘记录密度是硬磁盘的 50 倍，是普通微机软磁盘的 800～1000 倍以上，因此发展十分迅速。

磁光盘是以稀土元素(RE)铽、镝、钆等与过渡族金属(TM)铁、钴的非晶合金薄膜为记录介质。这种磁光记录薄膜是用 Tb-FeCo 等 RE-TM 合金靶材通过真空溅射沉积而成的，RE-TM 合金靶材是制造磁光盘的关键材料。据报道，2000年仅日本的磁光盘系统市场就达 1 万亿日元。

5. 磁光光盘

用稀土–铁族金属非晶态薄膜作磁光存储介质，大力研制和生产可擦除、大容量的磁光光盘存储系统，磁光光盘具有磁记录和磁盘系统两者的优点，可广泛用于高级录音机、光录像机、计算机和信息存档。

磁光存储兼有磁存储和光存储两种优越性：①可擦除；②不易变；③非接触；④高密度；⑤快速随机存取。磁光存储是用激光束照射，实现热磁记录和擦除信息，而用磁光法拉第或克尔效应来读出信息。这种系统的记录密度只受光性能限制，大多数情况下，容量密度超过 10^8 bit/cm^2。

光盘是 20 世纪 80 年代开发的新型存储器，它用光实现记录和读出信息，与先前使用的靠磁记录和读出的硬盘和软盘相比，信息容量提高了一个多数量级；信噪比高达 55 dB；可用高“飞行高度”的光学头非接触式读写信息，避免了光学头和盘面的磨损、划伤，并能采用多光学头形式和自由地更换光盘，更便于与计算机联机使用。此外，光盘存储的信息保存时间可达 10 年以上，而磁盘一般只有两三年；光盘易于大量复制、容量又大，因而存储每单位信息价格低廉。目前光盘正方兴未艾，呈现广大的应用前景。

这种光盘用热磁法实现信息的写和擦，用磁光克尔效应实现信息的读。按金属玻璃的组分不同，有两种写和擦的方式：居里点记录和补偿点记录。亚铁磁材料的磁化强度和矫顽场随温度的升高而降低，在居里温度时，两者都为零，材料转变为顺磁相。可以改变组分以降低材料的居里温度。这种材料用激光辐照时，光照点温度迅速接近或超过居里温度，因而常温下不会使介质磁化反转的外加磁场，就可以在激光辐照时使光照区磁化反转，实现热磁法信息的写、擦。这种居里点记录方式由于激光束斑点小于一个微米，因而有很高的信息密度。同时可以调节组分，使材料的补偿温度接近于室温，这样的材料在室温时有磁化，而且矫顽场较高，可以长期保存信息；在光照点升温时，矫顽场可以降低很低，容易实现热磁写和擦。这种记录方式就是补偿点记录。

参考文献

[1] 刘湘林，刘公强，金绥更. 磁光材料和磁光器件. 北京：北京科学技术出版社，1990.
[2] 徐光宪. 稀土(第二版). 北京：冶金工业出版社，1995：62-88.
[3] 李言荣，恽正中，曲喜新. 电子材料导论. 北京：清华大学出版社，2001：365-368.
[4] 邱关明，黄良钊，张希艳. 稀土光学玻璃，北京：兵器工业出版社，1989：287-292.
[5] 胡华安，王坚红，段志云，何华辉. 功能材料，2000，31(5)：488-489.

第 12 章　稀土光化学材料

光化学是利用可见光、紫外光或太阳光等作用而引起的所有化学变化过程，而直接参与这些过程的往往是分子的某个电子激发态。因为激发态通常寿命很短，很快就衰变到基态，因此一个光化学反应若要容易被观察到，激发态的初始光化学步骤的速率常数必须较大(例如 10^6～10^9 s^{-1})。光化学反应必须在与这快速的光物理过程相竞争时能够超过它们，才能是有效的。

12.1　稀土光催化材料

太阳能是清洁可再生能源，没有任何污染，储量极其丰富，是取之不尽用之不竭的能源。将太阳能转化为化学能是太阳能利用最主要的形式之一。由于化学能存储方便，便于转化为其他能量，储能物质还能作为其他化工生产的原料，因此，太阳能转化为化学能在太阳能利用形式中最具应用前景。太阳能转化为化学能的方式主要包括光催化分解水、光降解污染物、光催化还原 CO_2 等，这其中最重要的环节就是光催化剂的研发。

12.1.1　光催化过程

光催化是利用光激发引起的化学反应，广泛应用于能源、环境和材料等领域。特别是利用太阳光为光源的光催化具有众多优点，引起人们的极大关注。

不同的光催化反应有着相似的基本过程，如图 12-1 所示，其基本过程有三步：①半导体材料吸收光子，电子从价带跃迁到导带，产生光生电荷；②光生电荷在半导体材料体相分离、迁移到表面；③光生电荷在半导体材料表面活性位点与反应底物发生氧化还原反应。

步骤 1 与半导体光催化材料自身的吸收性质有关。一种半导体光催化材料的光吸收区间，是由半导体材料的带隙宽度所决定的。以传统的催化材料 TiO_2 和 ZnO 为例，它们的带隙宽度都不低于 3.0 eV，所以只有紫外光才能将电子激发，产生电子–空穴对，导致这类材料只能吸收 4%左右的太阳光能量。为了扩大这种宽带系半导体材料对太阳能的利用率，通常会在它们的禁带中引入杂质能级，扩展它们的光吸收区间，元素掺杂是常用的手段。

步骤 2 是光激发产生的光生电荷在光催化材料体相中的传输过程，在这一过程中，绝大部分的光生电子–空穴对发生了复合，这对于光催化反应是极为不利的，

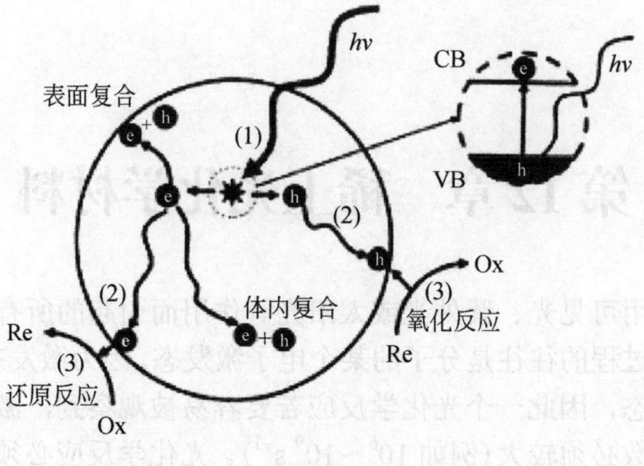

图 12-1　光催化的基本过程

因为光生电子–空穴对的分离和光催化材料表面的氧化还原反应必须在光生电荷的寿命内完成。为了促进光生电荷的分离，延长光生电荷寿命，常用的方法是构筑异质结和同质结，形成界面电场，在电场的作用下促进光生电子–空穴对的分离，延长它们的寿命。

第三步是迁移到表面活性位点上的光生电荷向反应底物注入的过程，为了加快这一过程，常用的办法是对光催化材料表面进行修饰，包括负载助催化剂、钝化不利表面态等方法。

光催化基本过程的三个步骤，表现在光电化学上，表示为如下方程：

$$J=J_{abs}\times\eta_{sep}\times\eta_{inj}$$

式中，J 为实际光电源；J_{abs} 为由吸收效率计算的理论光电源；η_{sep} 为光生电荷的分离效率；η_{inj} 为光生电荷从光催化剂向电解液注入的注入效率。光电流的实际值等于三者的乘积。理论光电流与光催化剂本身固有的吸收属性有关，调控难度很大。因此人们的研究点主要集中在构筑界面电场和表面修饰，提高光生电荷的分离效率和注入效率，获得更大的实际光电流。在实际工作中，利用助催化剂和表面态钝化等技术是提高光电转换效率的有效方法。

1. 助催化剂

光催化反应都是在光催化剂表面进行的，缓慢的表面反应动力学制约了光催化剂潜能的发挥，为了加快表面反应动力学，常用的方法就是引入助催化剂。助催化剂本身不具有吸收光子、产生光生电荷的能力，它的作用是降低电荷从光催化剂表面向电解液注入的势垒，提高电荷的注入效率，从而加快反应的进行。

根据氧化还原反应的类型，助催化剂可以分为三类：

(1) 还原型催化剂。包括 Au、Pt、Co 等，负载在主体催化剂表面捕获迁移到主体催化剂表面的光生电子，作为反应活性位点，加快反应进行。

(2) 氧化型助催化剂。包括 IrO_2、RuO_2、CoO_x、NiO_x、CoPi 和 $Ni(OH)_2$ 等，负载在主体催化剂表面，捕获迁移到主体催化剂表面的光生空穴，降低氧化反应的势垒，促进光生空穴向电解液的注入。氧化型助催化剂有一个共同特点，金属离子在催化反应前后存在价态变化。以 CoO_x 为例，Co 离子在水氧化反应中自身从+4 价被还原到+2 价，+2 价的 Co 离子捕获主体催化剂的空穴，被氧化为+4 价，实现价态循环变化。水的氧化是 4 电子过程，Co 离子可以传递 2 个电荷，可以极大促进水氧化反应的进行。

(3) 同时负载氧化、还原助催化剂。可以将氧化型和还原型助催化剂同时负载在主体催化剂表面，同时发生氧化和还原反应。

2. 表面态钝化

由于成本和制备难度的原因，到目前为止仍然使用多晶态材料作光电极。但是多晶材料表面态过于丰富，这是多晶态材料的弊端。适量的表面态可以提高催化反应的活性，但是过多的表面态会成为光生电荷在表面的复合中心，导致迁移到表面的光生电荷再次复合。为此，钝化表面态成为修饰光电催化剂表面的一种有效手段。

表面态的钝化分为物理方法钝化和化学方法钝化，金属氧化物钝化层和负载助催化剂属于物理方法的钝化，紫外光照射和溶液浸渍等属于化学方法的钝化。

传统光催化材料，例如 TiO_2、ZnO 等，它们的光生电子-空穴对的复合速率快，表面反应动力学较慢，这使得它们的进一步的应用受到了很大的限制。

理想的光电转换半导体材料应具备下列特性：

(1) 可以充分利用光能，即半导体材料的能带间隙能适应光吸收的范围；

(2) 较高的光电转换效率；

(3) 材料光催化性能稳定；

(4) 材料本身无毒无污染。

12.1.2　光解水制氢

氢能是一种非常理想的绿色环保能源。氢普遍存在于水和有机物中，原料丰富，除核燃料外氢的热值最高。①氢燃烧性能好，燃点高，燃烧速度快；②氢无毒，燃烧之后生成 H_2O，不会对环境造成污染；③氢能利用方式较多，一方面可以通过燃烧产生热能，另一方面也可以作为能源材料用于燃料电池等。光解水制氢是光催化的一个重要而有应用价值的典型例子。

1972 年 Fujishima 等[1]发现 TiO_2 电极的光催化分解水的现象以后。人们普遍认为，光催化分解水制氢是一种新的绿色环保的开发途径，并开展了大量的研究。

水的光催化分解半反应方程式如下：

$$2H_2O+4h^+ \longrightarrow O_2+4H^+ \qquad \text{阳极反应}$$

$$2H_2O+2e^- \longrightarrow H_2+2OH^- \qquad \text{阴极反应}$$

光水解中对光生电子和空穴的电位要能达到把电解液中的 H^+还原成 H_2 和把 OH^-氧化成 O_2 的电位，即光催化材料的导带(CB)底的电位要比还原 H^+的电位更负，价带(VB)顶的电位要比氧化 OH^-的电位更正，这样才达到同时按化学比例光催化分解水的要求，如图 12-2 所示为光催化水解氢的反应原理图。

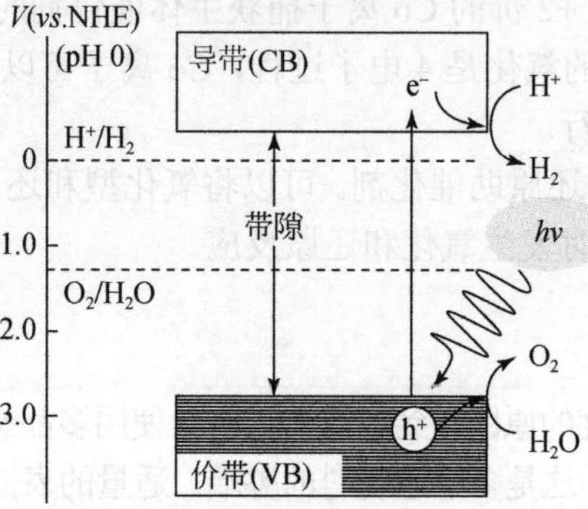

图 12-2 光催化水解氢反应原理图

水的分解反应是能量升高的反应，在热力学上需要施加 1.23 eV 的电势方可进行。以半导体材料为光催化剂催化全分解水，需要光催化剂的导带位置比 H_2O 的还原电位 0 eV 更负，价带位置比 H_2O 的氧化电位 1.23 eV 更正，如图 12-2 所示。但是，满足这样条件的半导体材料的带隙宽度基本比较大，如 ZnO 和 TiO_2 带隙宽度在 3.0 eV 以上，只吸收紫外光，太阳光利率很低。为此，人们在改良 ZnO 和 TiO_2 光催化性能同时，也在探索新的光催化剂。

日本的 Kudo 研究组[2]发现很多钽酸盐具有光解水产氢的活性，这是由于它具有较高的导带电势(Ta5d 轨道组成的)。导带电势越高，更有利于光催化分解水产生氢气。研究发现在掺入 La 的情况下，产氢活性进一步提高。

日本的 Domen 研究小组[3]发现 $A(M_{n-1}Nb_{n-1}O_{3n+1})$ (A=Na，K，Rb，Cs；M=La，Ca，Sr，…)和 H^+离子交换后产氢活性明显提高。

少数能带结构满足全分解水要求的，由于反应的过电势也不能实现水的全分解。大部分的窄带隙半导体材料又只能满足氧化或还原的要求，只能实现分解水的其中一个半反应。解决此种问题的一个方法是将两个分别满足氧化和还原要求的材料“串联”起来，称之为 Z 型结构。两种光催化剂同时吸收光子产生光生电荷，一种材料导带上的光生电子与另一种材料价带上的光生空穴通过介质复合，剩余的价带空穴和导带电子分别发生氧化还原反应。Z 型结构的不足之处在于相比于单一催化剂需要消耗双倍的光子数。

光电催化是基于光催化实现的电催化，实现单一光催化剂的全分解水。相对于电催化，光电催化只需施加很小的电压就可以驱动反应进行。以光催化材料为光阳极驱动的光电化学分解水为例，光阳极被太阳光激发，产生的光生空穴进行水的氧化，对电极不具备光活性，光阳极产生的光生电子在外电压作用下迁移到对电极，进行水的还原反应。以光催化材料为光阴极驱动的光电化学分解水的原理以此类似。

12.1.3　稀土光催化材料——CeO_2

铈(Ce)是地球上含量最丰富并价格低廉的稀土元素。CeO_2具有宽禁带、无毒和高稳定性等特点，而且，由于 Ce^{4+}与 Ce^{3+}之间相应的氧化还原电位和紫外区较强的光吸收能力，使 CeO_2 可能成为替代 TiO_2 的光催化材料，应用于光催化领域。

CeO_2 是一种Ⅱ-Ⅵ族宽禁带隙的半导体材料，属于较为独特的萤石型结构的铈氧化物，这种结构因 CaF_2 而得名。CeO_2 的结构如图 12-3 所示，Ce^{4+}按照面心立方的形式紧密排列，而 O^{2-}则占据了由 Ce^{4+}构成的全部四面体空隙构成了简立方结构，那么每个 Ce^{4+}被 8 个 O^{2-}所包围，而每个 O^{2-}则有 4 个 Ce^{4+}配位，晶格常数 $a=b=c=5.410$ Å。也就是说，CeO_2 的晶体结构中 Ce 的配位常数为 8，氧的配位数是 4，这样的结构就会有许多八面体空位，因此有时也被称为敞型结构，而敞型结构允许离子快速扩散，所以萤石结构也就成为了公认的快离子导体。CeO_2 可根据周围环绕中含氧量的多少，适时地发生氧化还原反应循环，在 CeO_2 与 Ce_2O_3 之间不停相互转换，就形成了亚氧化物 CeO_{2-x} 而仍然保持较稳定的萤石型结构，因此，CeO_2 中极易出现氧空位缺陷，而这些氧空位的出现对 CeO_2 的物理和化学性能有着显著的影响，如催化性能、光吸收性能、燃料电池、气敏传感性能等。

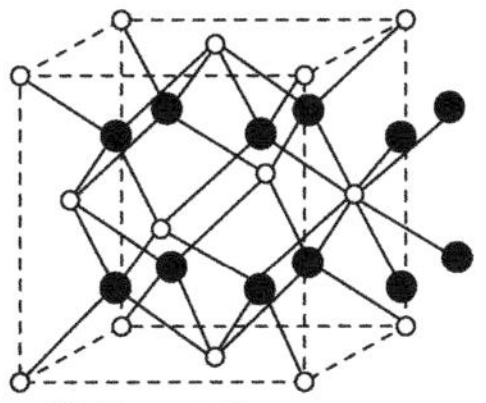

图 12-3　萤石型结构的 CeO_2 的基本单元结构

CeO_2 表面存在大量的氧，并且在一定温度下能够与氢相化合，而这种反应伴随着氧化物发热。二氧化铈具有高速释放氧和储存氧的能力，使得二氧化铈具有优良的催化能力，同时，纳米材料的量子尺寸效应带给二氧化铈较宽的带隙，增强了它的氧化还原能力，纳米颗粒尺寸越小，光生载流子分离概率越高复合概率越小，相应的光催化能力更强，这样，二氧化铈就可作为光催化剂应用于工厂废水和汽车尾气的净化等方面。

由于 Ce^{4+}与 Ce^{3+}是相互转化，使得 CeO_2 具有了独特的释放和储存氧的能力。

释放氧：$2CeO_2+H_2 = Ce_2O_3+H_2O$，

$2CeO_2+CO = Ce_2O_3+CO_2$

储存氧：$Ce_2O_3+1/2O_2 = 2CeO_2$，

$Ce_2O_3+NO = 2CeO_2+1/2N_2$，

$Ce_2O_3+H_2O = 2CeO_2+H_2$

Ji 等[4]采用化学沉淀法制备了 CeO_2 纳米颗粒，并研究了其对非生物降解偶氮染料酸性橙 7(AO7)的降解活性，实验表明，此方法合成的 CeO_2 纳米颗粒对污染物的降解效果显著。Chen 等[5]通过常温下固态化学合成的方法成功地合成 CeO_2 纳米层，并通过实验表明在加入表面活性剂十二烷基硫酸钠(SDS)的情况下，CeO_2 纳米层对亚甲基蓝的降解效率高达 96.5%。此外，Qian 等[6]、Tanaka 等[7]、Xu 等[8]、Zhang 等[9]还分别研究了 CeO_2 纳米材料的光催化活性，实验结果表明，CeO_2 可应用于处理工业废水。

二氧化铈是有效的光催化材料之一，CeO_2 能够表现出类似于 TiO_2 的性能，它们的漫反射吸收光谱示于图 12-4。由于 Ce^{4+} 与 Ce^{3+} 之间相应的氧化还原电位和紫外区较强的光吸收能力，CeO_2 已可能成为 TiO_2 的替代材料而用于光催化，而其存在的问题是，由于其禁带宽度(3.2 eV)较宽，而导致 CeO_2 在可见光范围内只能有很少的吸收并限制了它的光催化应用。因此，很多研究者采用掺杂及复合的方法来提高二氧化铈的光催化活性。

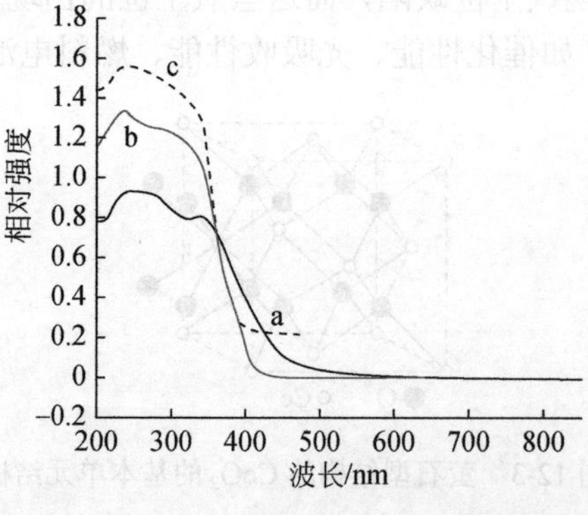

图 12-4　纳米 CeO_2 和 TiO_2 的漫反射吸收光谱

a. 30～40 nm(CeO_2)；b. 35 nm TiO_2(金红石型)；c. 35 nm TiO_2(锐钛矿型)

图 12-4 表明，同样尺寸的纳米氧化铈的吸收带边(485 nm)比 TiO_2 的吸收带边(金红石型 429 nm 和锐钛矿型 407 nm)红移。表明 CeO_2 更有利于太阳光的吸收。

为了拓宽其可见光的吸收以增强光催化活性，在 CeO_2 中掺杂多种金属离子，如 Fe、Co 和 Y 等金属离子的掺杂缩小了其带隙，并使其在可见光的吸收范围红移，增大其比表面积和氧空位，从而增强了光催化活性。金属掺杂是提高二氧化铈半导体纳米光催化剂活性的一种有效的方法，但是掺杂的金属离子浓度过高时会形成载流子的复合中心，不利于提高光催化活性，于是需要探究非金属掺杂对光催化剂的影响。相比于金属掺杂，非金属的掺杂更适合金属氧化物光催化性能增强。Mao 等发现 N 掺杂的 CeO_2 比纯 CeO_2 有更高的可见光光催化活性；此外，C 和 N 共掺的 CeO_2 纳米颗粒相比纯 CeO_2 在紫外和可见光下都有更高的活性。

研究表明非金属 F 的掺杂对 CeO_2 纳米粒子的形貌、粒径尺寸、微光结构和光催化活性均有影响。适量的 F 掺杂可促进(100)晶面 CeO_2 小立方体的形成，并且 F 的掺杂缩小了 CeO_2 的带隙，这也提高了 CeO_2 的光催化活性。

苗慧[10]研究了通过控制不同反应条件如不同氟源、反应物比例等对二氧化铈光催化剂的影响。研究结果表明，适量的 F 掺杂的 CeO_2 样品表现出很强的光催化活性；从实验和理论方面证实了 CeF_3 具有可作为光催化剂的潜在价值。实验结果显示，随着氟量的增加，所得到的样品由二氧化铈和氟化铈两相变为单相的氟化铈。观察到加入磷酸对 CeO_2 改性后可明显提高其光催化活性。

TiO_2 具有化学性质稳定、难溶于水、无毒、成本低以及高效的光催化活性等性质，自 1972 年发现 n-TiO_2 作为阳极材料用于水的光电分解之后，TiO_2 作为一种典型和有前景的催化材料在光催化方面的应用受到广泛关注。但其自身也有局限性：禁带宽度在 3.2 eV 左右，需要紫外光才能激发，产生电子–空穴对；电子–空穴对复合速率很快，一般发生在皮秒、纳秒时间尺度，光催化活性不高；对光的利用率较低，特别是对可见光。因此，研究者们致力于提高 TiO_2 光催化剂的太阳能利用效率，提高其催化活性或探索新的光催化剂以解决环境污染和能源短缺的问题。

为了改善 TiO_2 的光催化效率，掺杂稀土离子对 TiO_2 进行改性，减少电子和空穴的复合，提高量子效率是提高 TiO_2 光催化活性的最有效手段之一[11]。简丽[12]以 $TiCl_4$ 为原料，$Ce(NO_3)_2 \cdot 6H_2O$ 为掺杂剂，制备了铈掺杂 TiO_2 纳米粒子。结果表明，铈掺杂量为 4%(摩尔分数)时样品的光催化活性最好；样品的焙烧温度和时间也对其光催化活性有影响；此外，样品的粒径随制备中的 pH 降低而减小。袁文辉等[13]利用硝酸铈及钛酸丁酯为主要原料，通过溶胶–凝胶法制备纳米掺铈 TiO_2 光催化剂。结果表明，铈的引入降低了纳米级 TiO_2 粒子半径，提高了其比表面积和催化活性。铈掺杂量为 2.3%时 Ce-TiO_2 光催化活性最高。在晶体 TiO_2 中掺杂少量稀土元素，可以在 TiO_2 晶格中产生缺陷或晶格畸变，从而提高其光催化活性。最近有实验表明，CeF_3-TiO_2 是一种在可见光下催化降解更有效的光催化剂。

奚丽荷等[14]采用液相合成法制备 CeO_2 掺杂 TiO_2 光催化粉体，研究了其光催化性能，结果表明，掺杂后的 TiO_2 经 800℃热处理后仍呈锐钛矿型；CeO_2-TiO_2 吸收光谱的阈值波长发生红移，掺 CeO_2 后 TiO_2 的吸收带边红移至 450 nm 左右，增强了催化剂对可见光的吸收。但 Ce 掺杂浓度的增大对粉体的可见光吸收影响不大。光催化降解甲醛的结果表明，粉体在普通日光灯下对甲醛气体的降解率明

显优于 TiO_2 (DegussaP25) 光催化剂。

岳林海等[15]用稀土元素在 TiO_2 中进行掺杂改性，研究了稀土掺杂二氧化钛的相变和光催化活性。

纯 TiO_2 在 360℃时由无定形态转变为锐钛矿晶型，温度超过 700℃，样品中出现金红石相的衍射峰，说明发生了晶相转变。部分锐钛矿相转变为金红石相，800℃时仍为两相共存状态，900℃时才完全转变为金红石相，这说明锐钛矿相向金红石相的转变是一个渐进的过程，转变温度在 700～900℃之间(见表 12-1)。

由表 12-1 可见，铈掺杂均可抑制二氧化钛粒子由锐钛矿相向金红石相的转变，铈掺杂的样品 900℃烧结时还是完全的锐钛矿结构，1000℃时已完全变为金红石相结构，说明铈掺杂不仅使锐钛矿相向金红石相的转变发生于较高的温度，而且使锐钛矿相向金红石相的相变温区范围变窄，即锐钛矿相与金红石相两相共存的温度区间变小，锐钛矿相向金红石相的转变可能不再是一个渐进的过程。铈掺杂对 TiO_2 的相变起抑制作用。在 1100℃以上还未发生锐钛矿相向金红石相的转变。

表 12-1　铈掺杂对 TiO_2 相结构的影响

烧结温度/℃	纯 TiO_2		铈掺杂	
	锐钛矿相	金红石相	锐钛矿相	金红石相
500	100	0	100	0
700	74	26	100	0
800	27	73	100	0
900	0	100	100	0
1000	0	100	0	100
1100	0	100	0	100

纯 TiO_2 粉体和铈掺杂的 TiO_2 粉体的粒径都随着烧结温度的提高而提高，但铈掺杂的 TiO_2 粉体同纯 TiO_2 粉体相比，其衍射峰明显宽化。

掺杂适量的铈可提高 TiO_2 薄膜的光催化活性。铈掺杂都有一最佳掺杂量，少量的掺杂对 TiO_2 光催化性能提高不显著，较多的掺杂反而降低了 TiO_2 的光催化活性。

12.2　稀土光致变色材料

12.2.1　光致变色材料及其变色机理

1. 光致变色

光致变色现象最早是在生物体内发现，距今已有一百多年的历史。随后，20

世纪 40 年代又发现一些有机和无机化合物，在某些波长的光作用下，其颜色发生可逆的变化，这就是光致变色现象。光致变色材料的特异性能给这类化合物带来了广阔而重要的应用前景，尤其是有机光致变色材料与半导体激光信号相配合成为新一代光信息存储材料。

光致变色(photochromism)指化合物 A 在受到波长为λ_1的光照时，可通过特定的化学反应生成结构和光谱性能不同的产物 B，而在波长为λ_2的光照或热的作用下，B 又可逆地生成化合物 A 的现象，其变化过程如下式所示：

$$\mathrm{A} \underset{\text{光照或热}}{\overset{h\nu}{\rightleftharpoons}} \mathrm{B}$$

这一过程的基本特征为：A、B 在一定条件下都能稳定存在，且颜色视差显著不同；A、B 之间的变化是可逆的。其中温度导致的变色材料称为 T(thermal)型，该类材料受到激发后反应速率和褪色速率都比较快；光辐射作用导致的变色材料称为 P(photoactive)型，该类材料的消色过程是光化学过程，有较好的稳定性和变色选择性。

光致变色过程的效率可用量子效率 Φ 来描述

$$\Phi=\text{B 形态的分子数/被 A 所吸收的量子数}$$

显然 Φ 的极限为 1，这说明 B 的逆向变化要伴随一些非可逆的副反应，这就是光致变色材料产生疲劳的原因。

光致变色具有三个主要特点：①有色和无色亚稳态间的可控可逆变化；②分子范围的变化过程；③亚稳态间的变化程度与作用光强度呈线性关系。

大多数有机光致变色物质对紫外光敏感易变色，受热、可见光和红外光又会使其消色。光致变色物质可分为两大类：正光致变色性(normal photochromism)和逆光致变色性(reverse photochromism)。若$\lambda_2>\lambda_1$，此称为(正)光致变色，其中 A→B 为光发色反应，B→A 为光褪色或热褪色反应。若$\lambda_1>\lambda_2$，此称为逆光致变色。

引起光致变色的基本过程可以完全不同，例如金属氧化物或卤化物等无机化合物的光致变色通常是杂质或晶体缺陷所造成。有机化合物的光致变色常起因于化合物结构的改变，即①价键异构化；②键断裂(均裂或异裂)；③二聚或氧化还原。

2. 光致变色存储的工作原理

光盘记录的基本原理都是以记录介质受激光辐射后所发生的物理或化学变化为基础的。光致变色材料用作记录介质时，其具体记录过程是：首先用波长λ_1的光(擦除光)照射，将存储介质由状态 A 转变到状态 B。记录时，通过波长λ_2的光(写入光)作二进制编码的信息写入，使被λ_2的光照射到那一部分由状态 B 转变到状态 A 而记录了二进制编码的“1”；未被λ_2的光照射的另一部分仍为状态 B，它对应于二进制编码的“0”。信息可以用读出透射率变化的方法，也可以用读出折射率变化的方法。

读出透射率变化时利用波长λ_2的光的照射，测量其透射率变化而读出信息。当λ_2的光照射到编码为“0”处(状态 B)时，因吸收大而透射率很小。当λ_2的光照射到编码为“1”处(状态 A)时，因无吸收而透射率大。从而根据透射率的大小能测得已记录的信息。

读出折射率变化时利用波长不在两个吸收谱中的光的照射，测量其折射率的变化而读出信息。这是由于吸收谱的变化必然会产生折射率的变化。但要测出状态 A 和状态 B 的折射率的不同，就要加厚记录介质的厚度。这样写入光的能量密度和功率就要提高数倍。

以光致变色材料作为存储介质应满足以下条件：

(1) 在光存储所使用的光源一般为(Ga-Al-As)小型半导体激光器(光输出波长为 780～940 nm)。因此要求光致变色材料的变色波长要落在半导体激光波长范围内。当然，随着半导体激光器的输出波长的短波长化或者非线性光学元件的开发，对光致变色材料的变色波长的要求也就可以放宽。

(2) 非破坏性读出。采用通过读出透射率的变化而将信息读出的方法时，为了保持探测灵敏度，读出光强不能弱。因此，读出光λ_2必然会引起光致变色反应，在多次读出后，会破坏原先记录的数据，它被称为破坏性读出。为了克服这个缺点，需要开发出具有一定阈值的光致变色化合物，即读出光强在阈值以下时，不会产生光致变色反应。

(3) 节律的热稳定性。在很多光致变色材料的两种状态中，其中一种往往是热不稳定的。而热的不稳定性会使记录的信息丢失，因此作为光存储介质必须具有良好的热以及光、化学稳定性，能长期保存所记录的信息(至少在 10 年以上)。同时要求在介质中能保持光致变色。

(4) 反复写、擦的稳定性。即良好的抗疲劳性，要求光色互变反应具有较高的量子产率。

12.2.2　光敏和光致变色玻璃[16]

光敏玻璃是通过光化学氧化还原反应能使其着色和变色的玻璃，当辐射作用停止后，玻璃颜色或者保持不变或者恢复到未经辐照时的颜色。从这个意义上说，光致变色玻璃也是光敏玻璃的一类。光敏玻璃可以分为三类，即金属着色感光玻璃(亦称光敏玻璃或真正的光敏玻璃)、光敏微晶玻璃和光致变色玻璃(简称光色玻璃，亦称可逆光敏玻璃)。

1. 金属着色感光玻璃

金属着色感光玻璃是在无色透明的玻璃中加入金、银等离子和少量氧化铈，经紫外光照射后，在其内部进行氧化还原反应，使金(银)离子还原成原子状态：

$$Ce^{3+}+h\nu \longrightarrow Ce^{4+}+e$$

$$Ag^{+}+e \longrightarrow Ag$$

热处理后，金(银)原子进行晶核形成和晶体生长过程而产生胶体着色。为了能发生上述反应，原玻璃中铈必须处于三价状态，也就是造成使 Ce^{4+}还原而不使金银还原的条件。往往加入少量 Sb_2O_3 来满足，因为根据氧化还原顺序，Sb_2O_3 对 CeO_2 起还原作用，而对玻璃起氧化作用。由于玻璃中添加这些试剂量浓度很低(千分之几或万分之几)，而且室温下电子和 Ag^{+}的迁移率都很低，即使某些 Ag^{+}俘获了电子而被还原成 Ag，这些很分散的银原子的吸收也不足以强到使玻璃着色。然而将辐照过的玻璃加热到电子和 Ag^{+}的迁移率很高，以至于它们之间互相结合的概率达到一定数值的温度(大约 400℃)，就会形成所谓潜像。这时一直束缚于玻璃无序结构中的许多“陷阱”里的电子就中和了银离子，金属银原子相互聚凝起来形成一种悬浮胶体。随着银的浓度和吸收辐射剂量的不同，这些悬浮胶体使玻璃呈黄色、红色或棕色。

这类玻璃可用于摄影，其热处理过程就是一个显影过程。如用照相底片或其他图案遮蔽在玻璃上，热处理后即可得到具有鲜明颜色照相或图案的艺术玻璃制品。

2. 光敏微晶玻璃

这类玻璃是利用玻璃中敏化剂的光敏效应，促进晶核形成，从而诱导析出微晶而制成的微晶玻璃。其主要组成为 Li_2O-Al_2O_3-SiO_2 系统。以金、银、铜等金属氧化物为晶核剂，以 CeO_2 为敏化剂。光照后经热处理显像时，金属胶体成为晶核，同时使玻璃组成中的 $LiSiO_3$ 结晶化，由于影像部分生成的微细晶体将光散射而呈乳白色，所以称乳白色感光玻璃。由于这个感光部分对稀薄 HF(2%～10%)的溶解度比周围未感光过的透明玻璃部分按体积计量约大十万倍。也就是说，用此 HF 酸浸此种感光显影后的玻璃，感光部分完全溶解，未感光部分剩下来。如此可以利用化学方法任意对玻璃进行穿孔、切割、雕刻等机械加工。这种玻璃也称化学机械加工玻璃。用这种光化学加工可制得图案复杂的制品，广泛用于印刷电路板、射流元件、电荷存储以及光电倍增管屏。

3. 光致变色玻璃

光致变色玻璃受紫外光或日光照射，玻璃由于在可见光谱区产生光吸收而自动变色，光照停止，可逆地自动恢复到初始的透明状态。到了 20 世纪 50 年代，显示这种现象的光色玻璃作为电子学材料引起了人们的关注。含有卤化银胶体感光剂的光色玻璃，目前已作为眼镜片在市场上销售。

1962 年科恩(A.J.Cohen)发现了含有 Eu^{2+}或 Ce^{3+}的硅酸盐玻璃显示出光色互

变现象。这种玻璃含有 Eu^{2+}或 Ce^{3+}，是把高纯原料放在还原气氛中通过熔融而制造的碱硅酸盐玻璃。该玻璃通过 254 nm 或 360 nm 紫外光的照射能够着色，如停止照射则褪色，可以反复着色和褪色，着色能力就逐渐减弱(这个现象称为疲劳)，因此，该材料难以实际使用。

自从 1964 年发现了卤化银光色玻璃特性后，这种具有无疲劳现象性能优异的卤化银光色玻璃受到广泛重视。不论哪一种配方，大都是以 R_2O(R=Li、Na、K)、Al_2O_3、B_2O_3、SiO_2 作为主要成分的碱铝硼硅酸盐作为基础玻璃，并引入卤化银(AgX，X=Cl、Br)产生光色特性，卤素只要其中一种就可以，如果含有两种，则更容易感光。一般引入 F 是为了降低玻璃的熔融温度，它对感光性能没有影响。还可以引入 CuO 来提高析出卤化银的感光灵敏度。引入 PbO、BaO、ZrO_2 等可促进析出着色剂卤化银。

含稀土的光色玻璃有掺入 0.005%～1% Ce_2O_3 和 1%MnO 的硅酸盐玻璃，它在强还原气氛下可以发生光色效应。在紫外光照射下，可激发该玻璃中 Ce^{3+}使 Mn^{2+}激活，转变 Mn^{3+}而使玻璃变暗，其逆过程使玻璃脱色。

目前，光色玻璃作为眼镜镜片已经实用化。把它作为窗玻璃使用可成为新一代平板玻璃，当有太阳照射时由于玻璃暗化而防止了阳光直射，当有云时又变亮，它可用于没有必要进行照明的窗玻璃，这样就可节约能源。如汽车顶部采用光色玻璃，在白天能防止日光，在夜间能照进月光，看见星空。当作为汽车前风挡玻璃使用时，在白天却能防止耀眼的日光，不过在进入隧道时，褪色速度要达到 1 秒左右，否则褪色过慢就难以看清楚前方。此外，光色玻璃适用于图像记录、全息照相材料。在作为情报储存、光记忆、显示装置的元件应用中，如果利用比激发光波长长的光照射(暗化)时，就能够擦去记录，光色玻璃的这个特点值得加以有效地利用。如在黑板上书写时用光调谐袖珍电筒写字，待其自然消除，这样就可不用粉笔，这也许就到了不用擦黑板的时代。为了能用于光阀、照相机镜头、紫外线剂量计等，重要的是褪色速度还需快些。

4. 稀土自动调光玻璃

含银的感光玻璃中添加氧化铈(含量在 1%以下)后它对紫外光就产生敏感，因氧化铈是很好的增光剂，含铈和铕的玻璃做太阳镜在阳光下自动变暗，在遮阴的地方又恢复原来的颜色。

12.3 稀土光降解材料

我国是一个塑料制造及消费大国，塑料在使用中会受到多种因素的影响(如热、光、电、机械、化学、霉菌等)而逐渐老化，失去使用价值，以废弃物形式进入环境。塑料废弃物的产量大(每年的废弃塑料达数百万吨)、品种多、质量轻、体积大、降解困难以及少数的塑料制品含有某些毒害助剂等，因此，塑料废弃物已成为巨大的污染源，即所谓“白色污染”。

为了实现塑料废弃物回归自然，开发可降解塑料，已成为塑料工业界多年来的重点攻关课题。可降解主要包括生物降解、光降解和光–生物降解等。近年来，有关生物降解塑料暴露出不少问题，主要包括：①成本要比普通塑料的价格高 2～5 倍；②技术尚不能实现可控降解；③安全性存在问题，生物降解塑料在降解时可能会产生甲烷，且甲烷对温度效应的危害性比二氧化碳高 21 倍[17]。由此，光降解材料引起人们极大的重视。

光降解材料的研究开始于 20 世纪 70 年代，对解决一次性塑料引起的“白色污染”起到了积极的作用。但由于受地理环境、气温、湿度、光照条件等因素的影响，目前，光降解材料的实际降解性能往往达不到预期要求，使其应用受到极大限制。但是，在一定的地域范围和相对稳定的气候条件下，选择特殊的光敏剂和光敏调节剂进行复配，可满足作物生长的需要，同时保护土壤环境不受塑料废弃物的污染，仍然具有重要意义。

降解塑料必须具备三个基本特征：

(1) 在自然界受阳光、氧、潮湿、微生物等条件的影响，在较短的时间内，其外观发生明显的变化(如从制品袋、制品盒变成粉末，并进一步消失)，力学性能也会明显降低甚至完全丧失；

(2) 在上述条件下，分子量应大幅度下降(由降解前的十几万或几十万下降到一万以下)；

(3) 在上述条件下，化学结构发生重大改变，产生大量含氧化物(如酮、醛、酸、酯、过酸过酯、氢过氧化物)等。

只有出现上述变化，降解后产生的小分子含氧化合物才可能被微生物、菌类吞食，并放出二氧化碳和水，从而达到降解塑料的目的[18]。

光降解材料一般是一类含有光增敏基团或光敏性物质的材料，在日照下，它会因光氧化作用吸收光能(主要为紫外光能)而发生断链反应，即光引发断链反应和自由基氧化断链反应(Norrish 光化学反应)，使高聚物降解成对环境安全的低分子量化合物。

按制备方法光降解塑料可以分为两类：一类为共聚型光降解塑料，它是利用共聚的方式，将光敏感基(如羰基、双键等)导入高分子结构内从而赋予材料光降解的特性，其优点是具有光敏性能，光降解均匀彻底。但缺点是合成条件复杂，成本高，目前推广比较困难；另一类为添加型光降解塑料，它是在普通塑料材料中添加光敏剂，光敏剂吸收紫外光后，产生自由基，诱导高分子材料发生氧化降解作用达到劣化的目的。此法合成简单、光敏剂添加量少、成本低、易于推广。

12.3.1 稀土光敏材料

1. 稀土光敏剂

稀土光降解材料也称为稀土光敏材料，添加到塑料体系中，能有效地引发光敏催化降解，实现塑料的光降解功能。稀土光敏材料具有如下特点：

(1) 合成简单、添加量少、成本低、易于推广。添加型塑料光降解剂，以光敏降解性能而言，二茂铁及衍生物是目前最有效、降解性能最优的种类。稀土类光敏剂光敏化效果虽然次之，但由于其具有避光继续氧化诱发降解的特点，长效性较好，合成条件也简单，批量化生产容易，甚至还可利用共生稀土，不需要元素的分离进行合成，大大降低产品的价格。

另外，稀土光敏剂添加量都极少，通常小于体系质量的 1%，所以一般不会对体系的力学性能产生明显的影响。

表 12-2 列出稀土光敏剂及其分子结构式[19]。

表 12-2 稀土光敏剂及其分子结构式

光敏剂	光敏剂分子结构
硬脂酸铈 $CeSt_3$ 月桂酸铈 $CeLau_3$ 辛酸铈 $CeOct_3$	Ce［OOCR］$_3$ 其中，R=—$C_{17}H_{35}$，R=—$C_{11}H_{23}$ 或 R=—C_7H_{15}
硬脂酸稀土 $RESt_3$ 月桂酸稀土 $RELau_3$ 辛酸稀土 $REOct_3$	RE(La，Ce，Pr)［OOCR］$_3$ 其中，R=—$C_{17}H_{35}$，R=—$C_{11}H_{23}$ 或 R=—C_7H_{15}
二乙基二硫代氨基甲酸稀土 二丁基二硫代氨基甲酸稀土	RE(La，Ce，Pr)［S_2CNR_2］$_3$ 其中，R=—C_2H_5 或 R=—C_4H_9
二甲基二硫代磷酸稀土 REDMP 二乙基二硫代磷酸铁稀土 REDEP 二丁基二硫代磷酸铁稀土 REDBP	RE(La，Ce，Pr)［$S_2P(OR)_2$］$_3$ 其中，R=—CH_3, R=—C_2H_5 或 R=—C_4H_9

硬脂酸铈($CeSt_3$)是低毒、无色、无味的有效光敏剂，可用作可控光降解聚乙烯或聚丙烯食品袋、包装袋、杂货袋、农膜和饮料罐等制品。所以，在稀土光催化降解塑料技术的研究中，硬脂酸铈通常为首选光敏剂。

(2) 有较合适的分解温度。具备适宜的分解温度是对助剂的基本要求，稀土类光敏剂的分解温度(详见表 12-3)一般都高于通用塑料(PE、PP、PS、PVC)的热加工温度(一般为 200～225℃)[19]。这就保证了这些光敏剂在塑料加热工过程中不会因热而分解，可充分发挥光敏剂的光敏作用效果。

表 12-3　光敏剂热分析结果

光敏剂	吸热峰温度/℃	放热峰温度/℃
硬脂酸铈 $CeSt_3$	86.7，114.4	231.2，351.3，391.6，415.2
月桂酸铈 $CeLau_3$	90.3	231.3，338.4，381.3，415.2
辛酸铈 $CeOct_3$	77.5	303.7，324.1，347.5
硬脂酸稀土 $RESt_3$	90.4，116.0	228.0，319.2，375.1，419.5
月桂酸稀土 $RELau_3$	95.2	229.6，309.5，365.6，413.3
辛酸稀土 $REOct_3$	79.0	272.3，307.1，333.6

由表 12-3 可见稀土光敏化剂的热分解温度均高于通用塑料的分解温度，能适应塑料加工的要求。

(3) 能有效引发高分子的光氧化降解。稀土光敏剂能有效引发塑料中高分子的光氧化降解，如硬脂酸铈、辛酸铈对 PE、PP、PS 塑料具有一定的光敏化效果，可以诱导塑料光降解。羧酸共生稀土(如 La、Ce、Pr 等)对 PVC 具有明显的光敏化作用，可以诱导 PVC 光降解，并具有避光继续氧化降解和抑制 PVC 在光照过程中发生交联作用的特性[20]。月桂酸共生稀土配合物($RELau_3$)与硬脂酸铁($FeSt_3$)复配，对诱发 PE 塑料降解具有更为综合的性能，表现出更强的实用性。邻苯二甲酸氢铈与脂肪族稀土光敏剂一样，在含量低时能起着光敏化作用，可以引发塑料的光降解。二硫代氨基甲酸稀土盐光敏剂对 PE 的可控光降解效果，具有初期慢，后期快的特点：相反，二硫代磷酸稀土盐对 PE 的可控光降解效果，却具有初期快，后期趋慢的特点。

(4) 避光继续氧化降解的特性。虽然稀土类光敏剂的光敏化效果不是特别强，但它却具有光诱导后在避光条件下能促使塑料继续氧化降解的性能，会极大地提高废弃塑料在避光条件下降解的彻底性。

羧酸稀土对降解 PE 具有光诱导后避光掩埋能继续氧化降解的功能，大大提高了 PE 降解塑料的降解彻底性(见表 12-4)[21]。

表 12-4　不同 PE 膜避光氧化降解性能

光敏剂	光照 10 天 *CI*	光照 10 天后，避光掩埋一年	
		CI	M_η
$FeSt_3$	20	35	8 650
$RELau_3$	28	70	3 678

另外，羧酸共生稀土(La、Ce、Pr 等)、羧酸稀土复合光敏剂、羧酸共生稀土复合光敏剂等也都具有避光继续氧化降解的效果[20]。

(5) 能与其他光敏催化剂复合起协同效应。稀土光敏化剂能与 TiO_2 等的掺杂制成新型复合光敏化剂[22]。

2. 影响塑料降解效果的因素

(1) 光敏剂种类的影响。不同稀土离子的光敏剂的光敏化降解效果不同。如稀土硬脂酸盐（$CeSt_3$、$NdSt_3$ 及 $PrSt_2$）络合光敏系列中，$NdSt_3$ 与 $CeSt_3$ 光敏化降解效果相近，它们都优于 $PrSt_2$ 的效果[23]。

稀土盐光敏剂的配体不同，光敏化降解效果也不同。光敏剂中的配体主要用于吸收能量、传递能量，配体的选择是很重要的。不同配体在紫外可见光区的吸收系数不同，向稀土离子传能的效率也不同，导致了光敏剂的光敏催化降解效果也不同。如光氧化 LDPE 膜的活性随羧酸铈中饱和的烷基碳链的增长而增加，羧酸铈光敏化活性依次递增如下：辛酸铈（$CeOct_3$）＜月桂酸铈（$CeLau_3$）＜硬脂酸铈（$CeSt_3$）。

(2) 光敏剂用量的影响。光敏剂用量有一个最佳范围值。改变配合体系中的光敏剂的量可以调整光降解诱导期。

在光敏剂中随着金属离子浓度的增大，光降解速率加快，当金属离子浓度增大到一定程度时起不到加速降解作用，反而会起稳定作用。比如，稀土有机配合物如硬脂酸、辛酸、月桂酸稀土配合物是较好的光敏剂。添加量为 0.3%就有较好的光降解性，但添加量大于 1%时反而起到了光稳定剂的作用；邻苯二甲酸氢铈与脂肪族稀土光敏剂一样，含量低时起着光敏化作用，而在含量高时反而起着光稳定剂的作用。

通常光敏剂的浓度会随受光辐射的时间增加而减少，所以可以利用上述实验结果，在使用期较长的光降解塑料中添加一些浓度较高的光敏剂，让它在高浓度时能起热稳定性、抗老化的作用，而在低浓度时起加速光降解、老化的功效。

(3) 光敏剂分散性的影响。良好的分散性将有利于充分发挥光敏剂诱发光降解的功能，分散不均匀常常会造成塑料降解的不完整性。

(4) 气候及塑料曝光时间的影响。塑料光降解的一个必要条件是紫外光的辐射。但由于紫外光的波长范围较广，各地气候不同，紫外光的强度和各波段出现的频率不同，致使目前市售的降解塑料在不同的区域或不同的年份使用时，其降解性能经常会波动较大。开发普适紫外光吸收的复合光敏剂，具有重要的意义。

(5) 体系中其他助剂的影响。抗氧剂残留会明显地降低塑料的光敏化氧化反应速率，可能是因为抗氧剂残留延缓了氧化物的生成，降低了光敏剂的敏化作用。

无机粒子、无机粉体、偶联剂等对塑料的光–热氧降解也会有影响，有的会起到促进作用，而有的会起到阻滞作用。

3. 稀土复合光敏剂

在塑料光降解技术领域中，常将具有光敏性的稀土物质与其他过渡金属化合物进行复配，以制备稀土复合光敏剂。复合光敏剂不仅光敏化效果较好，表现出更为综合的性能，而且还有可能赋予体系更加健全的降解功能。

无论何种光敏催化剂体系，稀土元素都以其特有的性质，发挥着重要的作用，甚至还可起到复合协同效应的作用，尤以稀土与传统光催化剂 TiO_2 复合情况最为典型。

稀土复合光敏剂主要有稀土离子与 TiO_2 等的掺杂(混合)，稀土氧化物与 TiO_2 等的复合以及在稀土元素的参与下构造出非 TiO_2 基的新型光敏催化剂。

如 La_2O_3 与 TiO_2、Y_2O_3 与 TiO_2 的复合光敏化剂都比 TiO_2 的光催化剂活性高[24]；用 Eu、Y、Ce 离子进行活性改造后的微米级 TiO_2 对表面活性剂十二烷基苯磺酸钠(SBS)的光降解活性比不改造要强得多[25]。针对上述现象，有人认为掺杂的稀土元素离子主要分布在 TiO_2 晶粒表面，可使光生的电子和空穴有效分离，并参与光催化反应，从而更有效地提高 TiO_2 的光催化性能[26]。

稀土复合光敏剂还有可能赋予体系更完善的降解功能。具体表现在以下几点：

(1) 可促进塑料焚烧。无机粉体-稀土复合光敏剂中因有无机矿物的存在，在一定程度上起到阻燃剂的作用，且促进焚烧的效果更佳。

(2) 提高生物降解性能。高效的光敏剂一般无促进生物降解性能，如将其与稀土复合，添加到塑料中，光诱导后塑料的废弃物在掩埋或堆肥时，会避光继续氧化降解，这极大促进塑料废弃物的劣化并进入脆变期，脆化产物易被水浸润，从而提高了细菌或微生物在高分子链上繁殖的概率，增强了生物降解性能，促进体系提前进入生物分解。

(3) 提高降解的彻底性。添加稀土复合光敏剂的塑料光诱导后，降解功能更加完善，并且避光还会继续氧化降解，这就将大大提高降解的彻底性。

12.3.2 稀土光降解材料光降解机理[27]

光是电磁辐射，光化学研究的是物质与光相互作用引起的变化，和热化学相比，光化学的特点是：①光是一种非常特殊的生态学上清洁的“试剂”；②光化学反应条件一般比热化学要温和。

光化学常被理解为分子吸收大约 200～700 nm 范围的光，使分子到达电子激发态的化学。光化学反应的基本原理如下。

一个光子的能量 E(以焦耳计)可由普朗克公式给出

$$E=h\nu=hc/\lambda$$

式中，h 为普朗克常数(6.6265×10^{-34} J • s)；ν 为光辐射的频率；c 为光速(2.9979×10^{8} m/s)；λ 为光的波长(m)。

1 mol 光子的能量也被定义为一爱因斯坦。光化学反应的发生，通常要求分子吸收的光能要超过热化学反应所需要的活化能与化学键键能(表 12-5)。光化学与热化学的基础理论并无本质差别。用分子的电子分布与重新排布、空间效应与诱导效应解释化学变化和反应速率等对光化学与热化学都同样适用。

表 12-5　不同波长的能量与不同化学键断键所需能量

波长/nm	能量/(kJ/爱因斯坦)	单键	键能/(kJ/爱因斯坦)
200	598.2	HO—H	498
250	478.6	H—Cl	432
300	398.8	H—Br	366
350	341.8	Ph—Br	332
400	299.1	H—I	299
450	265.9	Cl—Cl	240
500	239.3	Me—I	235
550	217.5	HO—OH	213
600	199.4	Br—Br	193
650	184.1	Me_2N—NMe_2	180
700	170.9	I—I	151

当一个反应体系被光照射，光可以透过、散射、反射或被吸收。光化学反应第一定律(Crotthus-Draper 定律)指出：只有被分子吸收的光子才能引起该分子发生光化学反应。但并不是每一个被分子吸收的光子都一定产生化学反应，其激发可能通过荧光、磷光或分子碰撞等方式失去。图 12-5 表明了分子激发与失活的主要途径。

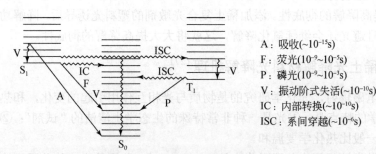

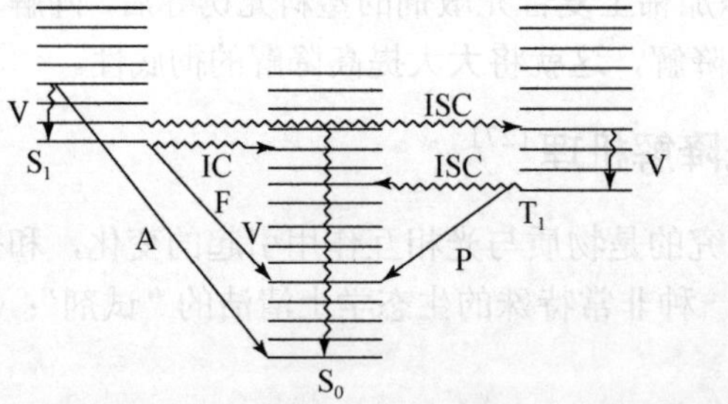

图 12-5　分子激发与失活的主要途径

光降解塑料一般是一类含有光增敏基团或光敏性物质的塑料材料，在日照下，它会因光氧作用吸收光线(主要为紫外光)而发生光引发断链反应和自由基氧化断链反应，即 Norrish 光化学反应而降解成对环境安全的低分子量化合物。

光降解塑料按其制备方法可分为两类：一类为共聚型光降解塑料，它是利用共聚的方式，将光敏感基(如羰基、双键等)导入高分子结构内从而赋予材料光降解的体性，其优点为这种材料本身具有光敏性能，光降解均匀彻底，但缺点是合成条件复杂、成本高，目前推广比较困难；另一类为添加型光降解塑料，它是在普通塑料材料中添加光敏剂，光敏剂吸收紫外光后，产生自由基，诱导高分子材料发生氧化降解作用，达到劣化的目的，此法合成简单、光敏剂添加量少、成本低、易于推广。

现今的稀土降解塑料，按降解机理大体主要分为两类：稀土光降解塑料和稀土光–生物降解塑料。

1. 高分子聚合物的光降解机理

降解是聚合物在外因作用下的内因变化，即聚合物分子在外因作用下分子链的断裂。外因有光、热、水、污染化合物、微生物、昆虫、机械力等。太阳光是影响聚合物降解的最主要外因之一，起对聚合物材料的危害作用，主要是通过紫外光和氧的综合作用，因此光降解，往往是包含着光氧化降解机理。高分子聚合物降解是一种在外因(主要是光)引导下的分子及氧化断键的键反应过程；光氧化经常会引起聚合物的断键或交联，并伴随着生成一些含氧的官能团，如酮、羧酸、过氧化物和醇等。光降解的历程有五个步骤：引发，氧化，氢过氧化物的生成，氢过氧化物的裂解，酮基的化合物的裂解。

(1)引发。在光降解过程中，光起着主要作用。它通过光量子赋予聚合物高分子生成自由基的能量，从而引发了聚合物降解的键反应。然而，很多聚合物在太阳光的照射下并非急剧地发生光降解，主要是因为：其一，各种聚合物只有吸收特定光量子能后，才会引发光化学反应；其二，被吸收后的光能有可能通过一系列的光物理过程被释放出来，使其免遭破坏。如波长为 350～450 nm 的光几乎不能引起纯聚乙烯的降解，量子效率为 0，只有波长为 250～350 nm 的光(主要是紫外光)才能引起聚合物的降解。

(2)氧化。聚合物高分子自由基能与溶解在聚合物中的氧或环境中的氧反应，生成高分子过氧化物自由基。

(3)氢过氧化物的生成。高分子过氧化物自由基能使其他高分子分解生成高分子氢过氧化物及新的高分子自由基。

(4)氢过氧化物的裂解。氢过氧化物是不稳定的，其 O—O 键在光或热的作用下易被切断，生成羰基化合物。

(5)Norrish 反应。羰基类化合物能吸收 230～340 nm 波段的光，这是由于氧原子的非成键 2p-电子向羰基的反键π轨道跃迁($n\rightarrow\pi^*$)所引起的，这类化合物受光激发后，可引起 Norrish Ⅰ型(α-断裂)反应或 Norrish Ⅱ型(分子内光消除)反应。

2. 添加剂稀土光敏剂的 PVC 光降解机理[20]

以含有羧酸稀土光敏剂的 PVC 膜受光照为例，讨论其光降解机理与步骤。

(1)羧酸稀土吸收紫外光，光量子使稀土元素的 4f 亚电子层发生电子转移，引发生成二价的羧酸稀土配合物和羧酸自由基。羧酸自由基脱羧后生成烷基自由基。

(2) 烷基自由基引发 PVC 高分子转化成 PVC 自由基。

(3) PVC 自由基在光氧和热氧作用下形成氢过氧化物—CH(Cl)CH(OOH)CH(Cl)CH_2—，并进一步生成酮和醛。

(4) 生成的酮按 Norrish Ⅰ和 Norrish Ⅱ机理发生断链，形成自由基链式反应。

继续氧化降解或脱氯化氢形成含氯代丙基酮、醛、羧酸、酯、醇等含氧的共轭烯键链段，其中含羧酸的链段可与二价羧酸稀土配合物反应生成三价大分子羧酸稀土光敏剂，在紫外光光照下重复上述反应自动加速 PVC 的光氧化降解。

光、热、氧化降解机理是以光氧化反应机理为基础的，自然界中有阳光和氧存在的地方都有光氧化反应的发生。在光敏剂的存在下，又会使得光氧化反应更加丰富多彩。

12.3.3 稀土光-生物降解材料

光-生物降解材料是一类兼具光和生物双重降解功能，能实现较完全降解目的的塑料。它结合了光氧降解与生物降解等多方面降解作用，降解功能更完善，又比生物降解的价格便宜，正受到国内外普遍的关注，是当今主要研究方向之一[28, 29]。

(1) 光-生物降解塑料。光-生物降解方法不仅克服无光或光照不足的不易降解和降解不彻底的缺陷，还克服了生物降解塑料加工复杂、成本太高、不易推广的弊端。

光-生物降解具有更强的可控性。生物降解塑料的降解行为必须在具有生物活性的环境介质中才能进行，若适量地添加光敏剂，可以使塑料同时具有光和生物双重降解性能，在一定条件下，能明显提高降解速率的可控性[30]。

光-生物降解机理比较复杂，目前还没有比较系统、普遍认可的理论。

合成塑料的光-生物降解过程分为两个阶段：第一阶段，以光降解为主，聚合物经过光照降解后，在过渡金属和紫外光强催化作用下，大量的烷氧基及氢氧化自由基不断生成，促使光降解反应在聚合物表面发生，随着聚合物分子量降低，逐渐侵入聚合物本体，最终使整个聚合物体系变成低分子量的降解产物，这些降解中间产物含有较多量的羧酸类化合物；第二阶段，以生物降解为主，聚合物表面在水性介质中膨胀，低分子量的羧酸降解中间产物在生物作用下进一步降解，或被微生物除去，最终为环境消纳。

(2) 稀土光-生物降解塑料及其种类。稀土光-生物降解塑料主要有光-生物崩坏型降解塑料和光-生物全降解塑料。它们分别是在生物破坏性塑料和完全生物降解塑料[31]的基础上添加稀土光催化剂而得到的。

稀土光–生物降解塑料要实现光–生物降解功能，在配方体系中除了要有稀土光敏剂外，还需要生物降解助剂，如碳酸钙[32]、滑石粉[33]等天然矿物质类，其自身不可生物降解，但能在一定程度上起帮助加速生物降解的作用。生物降解助剂在塑料体系中的分量不同，塑料制品的生物降解功能也就不同。光–生物崩坏型降解塑料和光–生物全降解塑料的主要区别就在于它们的生物降解机理。完全生物降解机理是塑料基材能在自然界微生物，如细菌、霉菌和藻类的作用下，可完全分解为 CO_2、H_2O 或氨等低分子化合物。崩坏型降解机理是利用微生物降解助剂的可降解性，将其与合成塑料共混或共聚改性，在保证一定力学性能的基础上，制成塑料制品，并使塑料被废弃以后，生物降解助剂完全降解，整个体系被崩坏，进而加速塑料的降解。

参 考 文 献

[1] Fuijishima A. Nature，1972，238：37-278.
[2] Kato H，Asakura K，Kudo A. J Am Chem Soc，2003，125(10)：3082-3089.
[3] Domen K，Kondo J，Hara M，Takata T. B Chem Soc Jpn，2000，73(6)：1307-1331.
[4] Ji P F，Zhang J L，Chen F，et al. Appl Catal B-Environ，2009，85(3-4)：148-154.
[5] Chen F J，Cao Y L，Jia D Z. Appl Surf Sci，2011，257(21)：9226-9231.
[6] Qian J C，Chen Z G，Liu C B，et al. Mat Sci Semicon Proc，2014，25：27-33.
[7] Tanaka A K，Hashimoto H. J Amchem Soc，2012，134(35)：14526-14533.
[8] Xu L J，Wang J L. Environ Sci Technol，2012，46(18)：10145-10153.
[9] Zhang N，Fu X Z，Xu Y J. J Mater Chem，2011，21(22)：8152-8158.
[10] 苗慧. 氧化铈及其改性材料的制备和光催化性能研究：硕士学位论文. 长沙：湖南大学，2016.
[11] 吴玉程，宋林云，李云，李勇，李光海，郑治祥. 人工晶体学报，2008，37(2)：427-420.
[12] 简丽. 稀土，2004，25(2)：29-31.
[13] 袁文辉，胡云睿，毕怀庆，等. 水处理技术，2006，32(4)：23-26.
[14] 奚丽荷，江海军，朱中其，张瑾，柳清菊. 功能材料，2007，38(7)：1146-1148.
[15] 岳林海，水淼，徐铸德，等. 浙江大学学报，2000，(1)：1-4.
[16] 邱关明，黄良钊，张希艳. 稀土光学玻璃. 北京：兵器工业出版社，1989.
[17]黄旭方，肖荔人，刘欣萍，钱庆荣，陈庆华. 福建师范大学学报(自然科学版)，2011，27(2)：70-75.
[18] 宋昭峥，赵密福. 精细石油化工进展，2005，6(3)：13-19.
[19] 陈庆华，钱庆荣，赵钦. 塑料工业，2000，28(1)：34-41.
[20] 陈庆华，钱庆荣，肖荔人. 结构化学，2001，20(6)：508-511.
[21] 林宜超. 高分子学报，1997，(2)：230-234.
[22] 陈崧哲，徐盛明，徐刚. 稀有金属材料与工程，2006，35(4)：505-508.

［23］廖明义，杨玉涛. 稀土，2003，24(3)：68-70.
［24］Lin J，Yu J. J Photochem Photobio A：Chem，1998，116：63-67.
［25］张俊平，王艳，戚慧心. 中国稀土学报，2002，20(5)：478-480.
［26］许珂敏，杨新春，李正民. 中国有色金属学报，2006，16(5)：847-852.
［27］张宝文，程学新，曹怡，等. 光感科学与光化学，2001，19(2)：138-147.
［28］杨明. 塑料助剂，2005，(2)：23-27.
［29］杨明. 塑料添加剂实用手册. 南京：江苏科技出版社，2002.
［30］黄发荣，陈涛，沈学宁. 高分子材料的循环利用. 北京：化学工业出版社，2000.
［31］Kaplan D L，Mager J M，Greenberger M R. Polym Degrad Stabil，1994，45(2)：165-172.
［32］肖荔人，陈庆华，钱庆荣. 包装工程，2003，24(1)：22-25.
［33］陈庆华，钱庆荣，肖荔人. 环境污染治理技术与设备，2003，4(4)：11-14.

第 13 章　稀土激光材料

13.1　激光与激光器

激光的诞生渊源于 1916 年，爱因斯坦(A. Einstein)提出的感应辐射的概念。1954 年经过巴索夫(N. G. Basov)、汤斯(C. H. Townes)以及普罗霍洛夫(A. M. Prokhorov)等人的努力，将这一概念应用到微波放大与振荡。1958 年，A. L. Schawlow 等分析了通过受激发射进行光频和近光频区域电磁波振荡与放大的可能性，提出了选择激活介质和激励方法的具体设想。1960 年 T. H. Mainman 研制成功了世界第一台人造红宝石(Al_2O_3：Cr)脉冲激光器，标志着人们将受激辐射推广至光频领域。从此，人们开始了有关激光以及激光材料方面的研究和探索。在 60 多年的时间里，激光器以及激光工作物质方面的研究都取得了长足的进展，激光器的种类、光束质量、波长范围、转换效率等方面都有很大提高，激光器的应用也取得了巨大的进展，并给人类生活带来越来越大的变化，同时促成了激光材料科学迅猛地向前发展[1, 2]。

受激发射光(light amplification by stimulated emission of radiation)是由激光器发射出来的特殊的光，简称为激光(laser)。激光的主要特性如下：

(1) 具有极高的光源亮度，其数值甚至比太阳表面的发光亮度还要高 10^{10} 倍；

(2) 具有极高的方向性，其光束发散角可以比探照灯光束发散角小几千倍；

(3) 具有极高的单色性，其单色程度至少比现有的最好的单色光源好几千倍。

13.1.1　激光产生原理

1. 物质发光的一般过程

一般说来，组成物质的粒子可以分别处于不同能量的状态，粒子可能占有的能态的分布不是连续的，而是分立的，所以粒子能量状态的变化只能采取跃变的方式，即从一个能态跃迁至另一个能态。跃迁过程中总伴随着物质与外界能量的交换过程。当物质吸收外界能量(光能、热能、动能等)之后，组成物质的粒子将从较低的能态跃迁至较高的能态(或称激发态)，反之当这些粒子从较高的能态(激发态)跃迁回到较低的能态时，将放出光能和热能等。如果跃迁时放出光能，则称为辐射跃迁，如果跃迁时发出其他形式的能量(如热能)，则称为非辐射跃迁。

在一般情况下，组成物质的粒子大多数处于能量最低的基态，而只有少数粒子处于较高的激发态，处于高激发态的粒子，有自发地回到基态或较低能态的趋势，在粒子由高能态自发地跃迁到低能态的过程中，将同时发射出一个光子(即组成光的基本单元)。这个光子的能量等于高能态与低能态之间的能量差，$E_{光子}=E_{高}-E_{低}$，而具有一定能量的光子对应着一定的波长或频率(即一定的颜色)，这种对应光子的波长或频率为$\lambda=hc/E_{光子}$或$\nu=E_{光子}/hc$，(式中，ν表示光的频率；λ表示波长；c表示光速；h为普朗克常数)。粒子的高能态自发地跃迁到低能态时所发射出来的光子，称为自发辐射光子，而这种辐射过程，称为自发辐射跃迁［图 13-1(a)］。在一般情况下，所有光源的发光过程，均为自发辐射跃迁。

自发辐射光源存在着一些不足之处：首先是在一般情况下，通过激励作用(如热激励或电激励)时能聚集在高激发能态上的粒子数总是很有限的，因此决定了光源的发光能力也是很有限的；其次，由于自发辐射的光子是在所有的方向上杂乱分布的，所以决定了光源发光的方向性很差；最后，一般光源的发光是当粒子分别从许多不同高激发态向基态或低能态跃迁，由于自发辐射的光子不属于同一个光子态，故所发射出光子的能量也互不相同，因而ν或λ也互相不同，意味着光辐射中包含着多种颜色，因而限制了光源的单色性。

普通光源的光是由构成该光源的为数极多的原子或分子发射的光所合成的光，如太阳光。

爱因斯坦认为辐射场与物质作用时包括自发辐射跃迁、受激吸收和受激发射三种过程。当处于低能级的粒子吸收光子跃迁至高能级时，这一过程称为受激吸收；自发辐射是指物质中处于高能级E_j的粒子向低能级E_i跃迁，同时释放能量为E_j-E_i的光子的过程。自发辐射与外场无关，只与物质本身有关。自发辐射的光子在相位、偏振态等方面都是随机的，不属于同一个光子态，不相干，则为普通光源。处于高能级的粒子以碰撞的形式将能量传递给晶格，而到达低能级的过程为无辐射跃迁；而在外场的诱导光子作用下，高能级粒子跃迁至低能级并发射出能量为$h\nu$光子的过程，则为受激发射过程，受激发射与外场有关，并可能使介质中传播的光得以放大。受激发射的光子与外场的诱导光子的相位以及偏振态相同，这些光子属于同一光子态，相干性好，这便是激光形成的基础。图 13-1 为这三种过程的示意图。

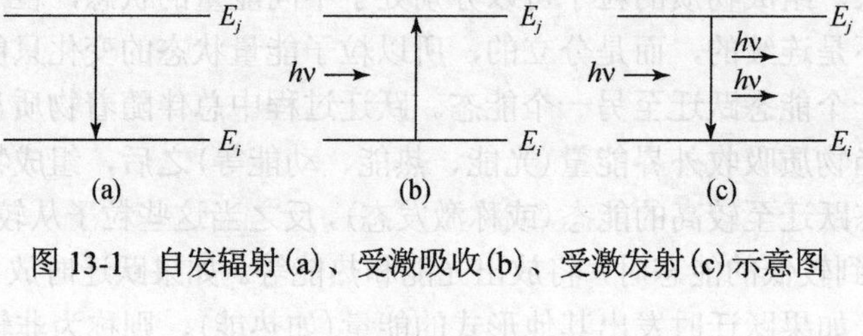

图 13-1　自发辐射(a)、受激吸收(b)、受激发射(c)示意图

为了描述吸收和发射过程，一般需引入吸收截面和发射截面的概念。截面的单位为 cm^2。

2. 发光物质的粒子数反转和受激发射

通常，在光频范围内($\nu \sim 10^{14}$Hz)，自发辐射系数大于受激辐射系数，所以要实现激光运转，必须使受激发射占主要地位，换言之，使受激辐射概率远远大于自发辐射概率。当增大外场光密度时，可使受激发射概率远远大于自发辐射概率。

在常温下，物质中的粒子是按能量最低原理来填充到各个能级的，即按玻尔兹曼分布的。要得到粒子数的反转，必须有外界的泵浦源。泵浦抽运是指施加一个外场，将处于基态的粒子受激吸收后激发至激发态的过程。在激光器中，一般由聚光腔或汇聚透镜将泵浦光汇聚从而得到很强的泵浦光密度，有效地将基态的粒子大量泵浦至激发态。

激光器要实现自激振荡，除了具备粒子数反转和受激辐射概率远远大于自发辐射概率，即受激辐射占主导以外，还需增益大于损耗。

处于基态的粒子也可以吸收入射的光子而跃迁至高激发态，这种过程称为物质对入射光的共振吸收跃迁［图 13-1(b)］。

假设借助于某种人为的手段，使多数粒子不是聚集在基态而是聚集在高激发能态，这种特殊的状态称为粒子数分布的反转状态。在存在粒子数反转的情况下，当能量为 $E_{光子}=h\nu$ 的光子入射后，处于激发态的粒子，将在入射光子的激发下跃迁至基态，并同时发射出大量的光子，这种受激跃迁过程所发出大量的光子的特性(颜色、进行方向、位相和偏振)与入射光子完全相同，人们把处于粒子数反转状态的工作物质的上述行为，称为光的受激发射［图 13-1(c)］。受激发射的光子数目，与入射光子的数目和反转粒子数(高能态和低能态的粒子数之差)成正比。

处于粒子数反转状态的工作物质，可以产生雪崩式的光放大作用(所谓奔马效应)，即具备一定特征的光子入射后，可得到大量的特征相同的光子的受激发射。如采用适当的方法和装置，使受激发射这种放大过程以一定方式持续下去，就能形成一种光的受激发射的振荡器，从这种装置中可以持续发射出大量的特征一致的光子，这就是激光，而这样的装置，就是光的受激发射器，简称为激光器。

某种发光物质只要具备了亚稳态和能在亚稳态上建立粒子数反转的内因，再加上适当的外因，就能产生激光。

3. 实现粒子数反转的方法

为实现光的受激发射作用，首先要找到合适的工作物质，其次要通过一定的方式来实现特定能级间的粒子数反转，从而在这样的能级之间产生有效的受激发射作用。适合于作产生受激发射的工作物质的特点是：在组成物质的激活粒子的某些特定能级之间，比较容易实现粒子数反转，从而可以产生有效的受激发射作用。如何实现粒子数反转有多种有效的途径，首先，以外界光激励的方法把处于基态的大量粒子激发到较高的能态，然后这些粒子就自动地聚集到一个特定的较低的高能态上，当该能态上的粒子数不断增大并超过基态上的粒子数时，在上述两个能级之间就形成了粒子数反转，从而可产生相应的受激发射。外界光激励的作用相当于把低能态上的大量粒子“抽运”到高能态而实现粒子数反转，因此把这种激励方式形象地称为“光泵浦”或称为“光泵”。

另外一种主要的方式是采用电激励，例如以气体放电的方式激励工作物质。即以快速运动的电子来撞击发光粒子，使大量的粒子被激发并聚集到一个特定的高能态上，从而实现粒子数反转。

此外，还有一些其他的方法，例如，以化学反应放出的能量或者以外界热量来激励工作物质的发光粒子，使其在一定的能级之间产生粒子数反转。

4. 光学共振腔(或谐振腔)

如果我们通过一定的方式，使工作物质对入射光的受激发射起放大作用，不是单次，而是多次地重复进行，则在一定条件下，可以形成一种持续的受激发射状态。实现上述状态是采用所谓的光学共振腔的装置。光学共振腔的作用，是使引起受激发射的光子多次通过置于腔内的工作物质，以产生持续的受激发射；此外，腔的另一个作用是把腔内的一部分受激发射光子不断输出腔外。最简单而又最普遍的共振腔结构，是由两块高度平行的平面反射镜组成的，其中一个镜面对激光是全反射的，另一个镜面对激光是部分透过的。在两个反射面之间放置工作物质，在一定的激励方式下，工作物质获得粒子数反转并产生受激发射。垂直于两个镜面的方向上进行的受激发射光子，由于两镜面轴多次反射作用，使得沿上述方向进行的光不间断地往返于二镜面之间，并多次经历受激发射放大作用。在腔内的每一次往返过程中，有一部分受激发射光子经过部分透过的镜面输出腔外。如果这样的多次往返中，每次由镜面透过所引起的腔的光子数的减少，正好可以由受激发射所引起的光子数的增加来弥补，这样就可以建立稳定和持续的受激发射状态。而这样的状态称为受激发射的振荡状态。共振腔还可以起到限制光子的振荡方向的作用，那些不垂直于镜面方向进行的光子，它们在两镜面间往返几次后，便会逸出腔外。因而不能形成有效的持续振荡状态，正是由于采用了光学共振腔，才保证了激光器的输出光具有较高的方向性。此外，受激发射产生于工作物质的一对或少数几对特定能级之间，在采用了光学共振腔之后，由于共振腔对振荡光子的频率(或波长)有一定限制，因而输出的激光就具有极高的单色性。

为使激励光源发出的光束都通过工作物质以利于吸收，要求有完善的聚光系统。

5. 激光器的基本结构

任何一种激光器，其基本结构都可以分为三部分：①工作物质，用来产生受激发射；②激励(泵浦)装置，用来激励工作物质以获得粒子数反转；③光学共振腔，用来维持受激发射的持续振荡，并限制产生振荡的光子的特性(行进方向、波长等)。图 13-2 示出一般固体或液体激光器的简图。

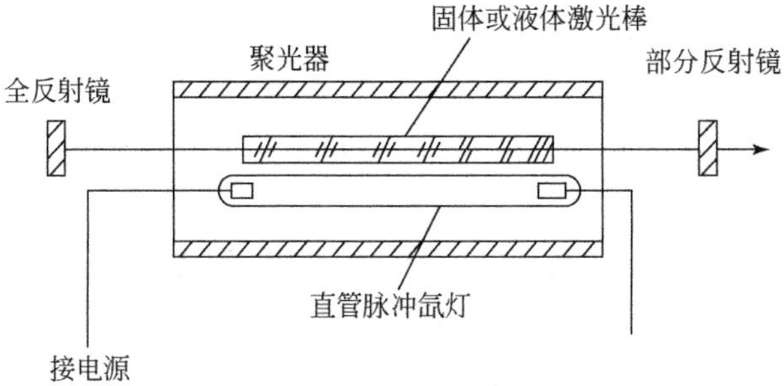

图 13-2 一般固体或液体激光器的简图

13.1.2 激光器的分类

激光器进行分类可以是多种多样的，现进行简要介绍。

1. 按输出水平分类

(1) 大能量激光器。如以钕玻璃作为工作物质，其脉冲激光输出能量达千焦耳数量级以上，可击穿相当厚的金属板。

(2) 大功率激光器。采用所谓 Q 突变技术，其脉冲激光输出功率水平可达万兆瓦数量级以上，经聚焦后，可使任何物质进入等离子体状态。

(3) 高功率连续气体激光器。采用 CO_2 作为工作物质的气体激光器，其连续激光输出功率水平可达万瓦数量级以上，可使许多金属或非金属材料熔化或燃烧。

(4) 中低功率激光器。中低功率激光晶体的代表是掺 Nd^{3+}的钒酸钇晶体(YVO_4∶Nd)。其激光发射截面大，是 YAG∶Nd 的 4 倍多，有利于获得高效率低阈值的激光输出，可实现 1340 nm 和 1060 nm 激光连续运转。适合作为小型化的二极管纵向泵浦的激光器。

中等水平器件的激光脉冲输出能量可达几十焦耳上下，效率 1%～2%。

2. 按工作方式分类

(1) 单次脉冲式。工作物质的激励以及激光发射，均是一个单次的脉冲过程。一般用高功率脉冲氙灯为激励光源的固体激光器，工作状态多半是单次脉冲式的。如钕玻璃激光器，发射波长 1.06 μm(近红外光)，脉冲激光输出能量可达几百焦耳以上，器件效率可达 2%～6%。

(2) 重复脉冲式。采取重复脉冲的方式进行激励，可获得相应的重复脉冲激光输出。

(3) 连续方式。工作物质的激励和激光输出均是连续的。

掺钕钇铝石榴石(YAG：Nd)激光器，其优点是激光发射效率较高，光泵激励值(阈值)较低，晶体的导热性较好，温度变化对激光发射的影响较小。故特别适合制成以连续方式或高重复率脉冲方式工作的晶体激光器。晶体中产生受激发射的 Nd^{3+}，发射波长 1.06 μm，器件效率 2%。

(4) 单波型稳频激光器。采用波型限制和频率自动控制技术获得相应的激光输出。

(5) Q 突变式(Q 开关)。这是一种特殊的获得超短脉冲工作方式。其特点是将单次脉冲的激光能量压缩在极短的振荡时间内输出共振腔外，从而获得极高的脉冲输出功率；当激光器在这种状态下工作时，通常在工作物质和组成共振腔的一块完全反射镜之间放置一种特殊的快速光开关——“快门”，当激励过程开始后，“快门”处于关闭状态，切断了腔内光子的振荡回路，这时工作物质虽然处于粒子数反转状态，但不能形成有效的振荡。只有当工作物质的粒子数反转增大到一定程度之后，“快门”才迅速打开，从而接通了腔内光子振动的回路，在极短的时间内形成极强的受激发射并输出腔外。

常用 Q 开关(Q 突变)固体激光器主要有如下几种：

(1) 机械 Q 开关，一般采用高速电动机，使组成共振腔的一块全反射镜高速旋转。

(2) 电-光开关，一般采用克尔盒光开关，这是一种具有特殊电-光物质(如硝基苯)的光开关，当未施加外电场时，其作用是切断共振腔的光子振荡回路，只有当突然施加强电场时，克尔盒才迅速“开启”，从而接通腔内的光子振荡回路，在极短时间内形成极强的受激发射振荡。

(3) 被动式 Q 开关，这是根据某些物质的饱和吸收现象而制成的一种被动式光开关。一般采用某些具有饱和吸收特性的染料溶液。

3. 按激励方式分类

主要有光激励(光泵)式、电激励式、化学反应机理式和热激励式等。其中光激励式最为常见。光激励式中又分为紫外光泵浦、氙灯泵浦、激光或发光二极管泵浦。

近年来，随着激光二极管(LD)的迅速发展，LD 泵浦的固体激光器由于其高效率、高质量、长寿命、小型化、高可靠性以及导致激光器实现全固化等优越性引起了各方高度重视，作为泵浦源的大功率的 LD 已商品化，LD 泵浦的晶体激光器的研制和生产已成为高新技术及其相关产业的一个热点。LD 泵浦对激光晶体材料要求具有：

(1) 较宽的吸收峰。常用的 LD 泵浦源 GaAlAs、AlGaIn 和 InGaAs 的发射波长分别处于 797～810 nm、670～690 nm 和 940～990 nm，它们分别处在 Nd^{3+}、Tm^{3+}、Ho^{3+}、Er^{3+}和 Cr^{3+}的主吸收带。它们的半峰宽为 2～3 nm，波长随温度变化率为 0.2～0.3 nm/℃。所以较宽的吸收带不仅有利于激光晶体对泵浦的吸收，而且降低了对器件的温度控制的要求。

(2) 长的荧光寿命 (τ)。荧光寿命长的晶体能在上能级上积累起更多的粒子，增加了储能，有利于器件输出功率或能量的提高。

(3) 大的发射跃迁截面 (σ)。因为脉冲和连续激光的阈值分别与 σ 和 $\sigma \cdot \tau$ 成反比，使 σ 和 $\sigma \cdot \tau$ 大的晶体容易实现激光振荡，并在相同的输入下能得到较大的输出，这对连续激光器是非常重要的。但对大能量和大功率的脉冲激光器来说，σ 大器件容易起振，不利于储能，从而限制了器件功率和能量的提高。

随着这种小型轻便而泵浦光线宽的 LD 泵浦源的进一步发展，探索和重新评价过去 30～40 年里研究过的许多激光晶体已成为研究的热点，也必然要求研制大量性能优良的适合于 LD 泵浦的激光晶体。与传统灯泵浦相比，LD 泵浦可以使用小尺寸的晶体。由于 LD 泵浦减少灯泵浦时高能量存储和随后带来的激光棒的内在热，使激光棒只有很低的热负荷。

特别是 Yb^{3+}离子作为激活离子，其激光运转中的量子缺损很小，能级简单、转换损耗小，可以掺入较高浓度的激活离子又有较长的荧光寿命和一定的调谐宽度。近十年来，半导体激光泵浦的 Yb^{3+}激光器的输出功率指数式地提高，已经超过 kW 水平。这种材料可以利用来研制出高效的小型化的微片激光器，也可以研制在一定的波长范围内调谐和超短脉冲 (fs) 激光器以及复合功能 (包括自倍频和自拉曼频移) 激光器。

4. 按输出波长来分类

根据激光的波段，可分为红外和远红外激光器、可见光激光器、紫外激光器和 X 射线激光器。工作物质产生受激发射的波长范围，从<200 nm (0.2 μm) 左右的紫外区开始，遍及整个可见区 (0.4～0.7 μm) 和红外区 (20.7 μm) 直至几百微米的远红外区，与无线电波谱范围内的亚毫米波段相连接。长期以来激光波长范围不断地扩展，新的激光跃迁不断地出现。

2 μm 波段超快激光器在激光医疗、激光雷达、遥感探测以及环境监测等领域有非常广阔的应用前景，是目前激光器领域的主流研究方向之一。红外超快激光器由于具有脉冲时间短、峰值功率高、重复频率高等特点，对包括生物医学、化学、物理以及信息科学等领域的研究和发展都具有重要意义[3]。20 世纪 80 年代钛宝石晶体的问世引起人们对超快激光晶体的广泛关注，促进了超快激光晶体的发展，而 90 年代掺镱激光晶体的出现[4]，使超快激光技术进入的新的阶段。

在已运行的固体激光器中，Ce^{3+}晶体输出波长最短，一般位于紫外波段。

激光输出波长在一定范围内可连续变化的激光器称为可调谐激光器，如气体激光器在真空紫外区可调，不同染料激光器可从 340～1200 nm 可调，半导体激光器可从 600 nm 至中红外可调，固体激光器的可调谐范围相对较窄。利用 Ce^{3+}的宽带的 $5d \rightarrow {}^2F_{7/2}$ 允许跃迁，可实现激光波长在紫外范围内的调谐。

5. 按工作物质进行分类

激光器进行分类可以是各种各样的，但从本质上看按激光器的工作物质来分类才是最恰当的。用于激光器的激光材料种类很多，根据激光工作物质状态，激光器可分为气体激光器(原子气体、分子气体和电离化气体等)、液体激光器(有机和无机液体)、固体激光器(晶体、玻璃陶瓷和半导体等)和化学激光器等。简要介绍如下。

(1)气体激光器。气体激光器所使用的气体工作物质，可以是原子气体、分子气体或电离化气体。

气体激光器所采用的激励方式包括气体放电、光泵、化学反应和热激励等。

①原子气体激光器：可分为惰性气体原子激光器和金属蒸气原子激光器两类。

惰性气体激光器产生受激发射作用的工作物质是没有发生电离的原子气体，其中主要是几种惰性气体 He、Ne、Ar、Kr、Xe。这类激光器的发射波长主要位于 1～3 μm 的近红外区，它们与产生受激发射的气体原子的特定电子能级间的跃迁相对应。如氦–氖激光器(He-Ne)输出波长：0.6328 μm、1.15 μm、3.39 μm；氙(Xe) 激光器输出波长：160 nm。

氦–氖混合系统是人们第一次实现受激发射作用的气态工作物质。在由这两种气体组成的混合物中，起受激发射作用的是氖的原子，而氦原子则起着传递、激励能量的作用。

在正常情况下，混合气体中绝大多数 He 原子和 Ne 原子均处于基态，当放电时，在高速的自由电子的碰撞下，大量的 He 原子被有效地激励至高激发能态，处于激发态的 He 原子，又可以同处于基态的 Ne 原子发生碰撞，并把自己的激发能量传递给后者。从而使大量的 Ne 原子被间接地激励至高能态。上述两种粒子通过碰撞交换激发能量的过程，称为能量的共振转移过程。这种过程的发生是有条件的，即两种粒子的两个相应的高能级必须十分接近。由于 Ne 原子在自己的高能级激发态上有较长的停留“寿命”，加上上述共振转移过程不断地进行，结果使得产生粒子数反转和受激发射，其效率约为 0.1%。

金属蒸气原子激光器的工作物质是一些金属如铯、铅、锌、锰、铜和锡等，在高温下产生蒸气发射激光。它们利用氦作辅助气体。输出激光大多在可见光，如 Cu 蒸气输出波长：510.6 nm。

②分子气体激光器：主要工作物质有 CO_2、CO、N_2、HF 和水蒸气等。在这些工作物质中，粒子数反转和受激发射是在气体分子的振动–转动能级之间发生的。这些能级之间的间距较小，所以相应的受激发射波长处于红外和远红外区。

在分子气体激光器中最具有代表性的器件是二氧化碳(CO_2)激光器，其输出功率最高，输出波长为 10.6 μm，正好落在大气窗口。

③电离气体激光器(或离子气体激光器)：电离气体激光器以电离化的气体为工作物质而产生受激发射。这种电离化气体可以在惰性气体或某些金属蒸气(如汞、锌蒸气)中通过强电流放电激励而获得。电离气体激光器发射波长，主要分布在紫外区和可见区，只有少数在较近的红外区。它们是与电离化气体中离子(失去一个或几个电子的原子)的特定能级间的跃迁所产生的。因此，这类激光器称为离子气体激光器。

在离子激光器中，目前使用较普遍的是氩离子激光器。它的工作物质是氩离子。电离氩(Ar^+)激光器输出波长最强的是 488.0 nm 和 514.5 nm。它的增益较高，目前每立方厘米的输出功率可达 500 mW(氦-氖激光器只有 5 mW)，最大输出功率约为 150 W，是可见光谱区中连续输出功率最大的气体激光器，能量转换效率为千分之几。氩离子激光器的构造与氦-氖激光器的构造基本相似。氩离子激光器主要在彩色电视、全息照相、信息存储、快速排字、物理化学、医学等方面应用。

气体激光器的主要优点是：易于实现连续和重复脉冲运转；可以获得高连续输出和较高的器件效率；输出的单色性和方向性良好；激光发射波长分布很广(从紫外到红外)。

(2)液体激光器。激光工作物质是液体的激光器，称为液体激光器。按工作物质的性质，可分为：无机液体激光器和有机液体激光器。有机液体激光器又可分为有机螯合物液体激光器和有机染料液体激光器等；无机液体激光器又可分为单一体系(三氯氧化磷体系、二氯氧化硒体系)和混合体系(三氯氧化磷体系–二氯亚砜混合体系)。早期的液体激光器主要是有机螯合物液体激光器，近期主要是无机液体激光器和有机液体激光器。

有机螯合物液体激光器，其工作物质是稀土元素的β-二酮螯合物的有机溶液。这类激光器的优点是：无毒、无腐蚀性，制备容易，造价低廉。

无机液体激光器，由于使用的溶剂属于无机溶剂，所以称之为无机液体激光器。无机液体激光器是掺钕的二氯氧化硒体系，由于毒性太大，后来改进为掺钕的三氯氧化磷体系。这种激光器的缺点是：发散角大，工作物质具有毒性及腐蚀性。目前无机液体激光器由于毒性及腐蚀性较大，因而尚未得到广泛应用。

液体激光器的器件及泵浦方式与固体激光器相似。但是，液体激光器可以循环操作，这是其主要特点。与其他激光器相比，液体激光器有下列优点：液体激光工作物质的光学均匀性好；无炸裂及损伤问题；体积大小不受限制；造价低廉、制备容易，通过循环操作，还能减小热畸变。

(3) 化学激光器。化学激光器的工作物质可以是气体，也可以是液体，但目前大多数用气体。化学激光器的结构和气体激光器相似。人们不把化学激光器归并入气体激光器或液体激光器，是因为化学激光器在激发方法及建立粒子数反转等方面有它的特殊性。

化学激光器有下面几个特点：

①把化学能直接转化成激光：原则上化学激光器不需要外加的激发源，而利用化学反应中释放出来的能量作为它的激发源。现有的大部分化学激光器工作时，要用氙灯或放电式供给它一些能量，然而，这些能量仅仅为了引发化学反应而不是作为直接激发源的。

实质上，化学激光器的工作物质本身，就是一个蕴藏有巨大能量的激发源。例如氟–氢激光器，每千克氟、氢燃料反应时就能释放出 1.3×10^{7} J 的能量。因此，化学激光器是最有希望获得巨大功率输出的一种器件。

②激光波长丰富：对于化学激光器来说，在反应过程中能产生新的原子、分子、活泼的自由原子、离子或不稳定的多原子自由基等都可能作为工作物质。因此，化学激光器的工作物质实际上是多种多样的，产生的激光波长也就相当丰富，从紫外到红外，一直进入微米波段。

化学激光器是在化学反应过程中建立粒子数反转的，它的激发能源是化学反应中释放出来的化学能。利用化学反应的能量激发反应产物(原子或分子)，并建立粒子数反转。化学反应的产物也具有一些亚稳态能级，而且，它们之中有的被化学反应能激发的概率比它低的能级还高，结果就形成粒子数反转。下面以置换放热反应为例来说明这一原理。

例如氟(F_2)和氢(H_2)的混合气体在光或放电引发下会形成氟化氢分子，化学反应的形式是：

$F+H_2\rightarrow HF^*(\nu\leqslant3)+H$　并释放出 31.6 kcal/mol 的能量(1 cal=4.1868 J)；

$H+F_2\rightarrow HF^*(\nu\leqslant6)+F$　并释放出 98 kcal/mol 的能量。

其中，F 和 H 分别表示氟原子和氢原子；HF^*表示激发态的氟化氢分子。

根据测定，在上式表示的化学反应过程中，振动能级 $\nu=2$ 被激发的概率是振动能级 $\nu=1$ 的 5.6 倍，也就是说，这两种原子在化学反应过程中生成的氟化氢分子，处在高能级 $\nu=2$ 的分子数目比处在能级 $\nu=1$ 的数目多，因而实现了粒子数反转。这就是氟化氢化学激光器的工作原理。H_2-F_2 输出波长 2.6～3.5 μm。

化学激光器中建立粒子数反转的另一途径如下。例如液态氧(或空气)和一氧化碳混合，引起爆炸燃烧，得到的产物是二氧化碳气体。由于化学反应是放热的，因此，反应得到的二氧化碳气体温度比较高。如果这时候迫使它迅速地通过一个喷嘴(或窄缝)做绝热膨胀，膨胀后的二氧化碳气体温度骤然下降，由于高能级的寿命随温度变化比较快，在这个能级上的粒子数相应于突然“冻结”下来，而低能级上的粒子数还在不断往下落，结果就在高能级和低能级之间实现了粒子数反转。

为了形成所需要的化学反应，一般都是需要一定的引发能量。引发方法有如下三种：光引发、放电引发和化学引发。

化学激光器也存在一些缺点，例如：粒子数按能级分布比较分散，激发能的利用率比较低，而且目前的输出功率还不够高。

(4)固体激光器。固体激光器主要分为半导体激光器、晶体和玻璃激光器及微片激光器等。

①半导体激光器：半导体激光器是以一定的半导体材料作工作物质而产生受激发射的器件，其原理是通过一定的激励方式，在半导体工作物质的能带(导带与满带)之间，或者半导体的能带与杂质(受主或施主)能级之间，实现非平衡载流子(电子与空穴)的粒子数反转，当处于粒子数反转状态的大量电子与空穴复合时，便产生受激发射。半导体激光器二极管的结构如图 13-3。

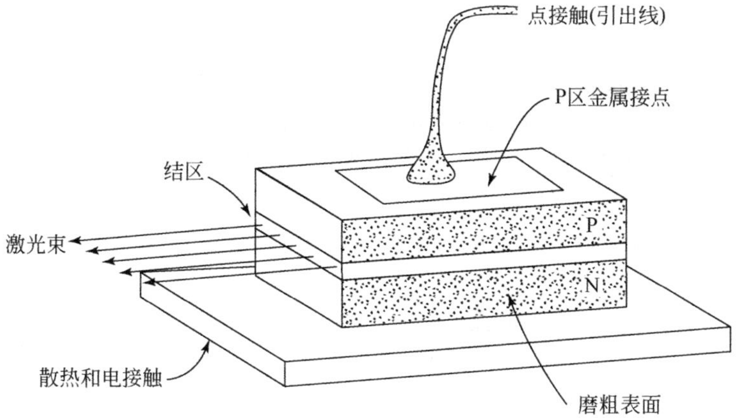

图 13-3　半导体激光器二极管的结构

半导体激光器按激励方式主要有三类，即电注入式、光泵式和高速电子束轰击式。

电注入式 p-n 结二极管激光器：在 p-n 结二极管上施加一正向电压，当注入的正向电流密度超过阈值时，沿着 p-n 结平面的方向，将出现半导体受激发射。室温下的激光脉冲输出功率可达千瓦以上，器件效率可达 50%以上。

光泵式(光激励)半导体激光器：用光来激励 GaAs、InAs、InSb 等半导体材料，并获得激光。如 GaAs 输出波长 0.910 μm、0.04 μm；GaAlAs 输出波长 0.9040 μm。

高速电子束激励式半导体激光器：一般用 n 型或 p 型半导体单晶(如硫化铅、硫化镉、氧化锌等)作工作物质。

目前，半导体激光器的激射波长从 0.33～34 μm。激光器的工作物质可以是两元化合物，也可以是三元化合物和元素半导体。目前比较成熟、应用较广的半导体激光器是砷化镓 p-n 结注入式激光器。和其他激光器相比较，半导体激光器的主要特点是：体积小、结构简单、质量轻；器件效率高；有些半导体激光器可通过温度、掺杂量、磁场、压力等实现调谐，调制比较容易；输出功率较小；激光发散角大，单色性、相干性都较差；输出特性受温度影响明显。

目前半导体激光器发展很快，主要用于光通信、光电自动控制、集成光学和测距等方面。

半导体激光泵浦的固体激光材料是激光晶体的主要发展趋势和优先发展方向。

②晶体和玻璃激光器：通常，固体激光器是指以固体物质(晶体或玻璃)为工作物质的激光器，是一类研究最早的激光器。第一台固体激光器是红宝石激光器。目前固体激光器技术发展十分迅速，能实现激光振荡的固体物质已达数百种，激光光谱线已达数千条。固体激光器具有多种工作方式，输出能量大，峰值功率高，光束质量好，结构紧凑牢固耐用等特点。

固体激光器一般采用光激励。传统上使用氪灯或氙灯泵浦，由于其发射谱线与工作物质的吸收不相配，所以泵浦效率一般较低。近年来，随着半导体激光器的发展，利用半导体激光器作为泵浦源形成的全固态激光器成为目前激光器发展的主流。半导体激光器作为泵浦源使得泵浦源能与工作物质有效吸收耦合，所以泵浦效率较高。而通常采用的泵浦方式有纵向泵浦和侧向泵浦两种方式(如图 13-4a，b)。固体激光器一般由工作物质，泵浦源，聚光腔或汇聚镜，光学谐振腔和冷却、滤光系统组成，若为调 Q 输出，腔内还有调 Q 器件。

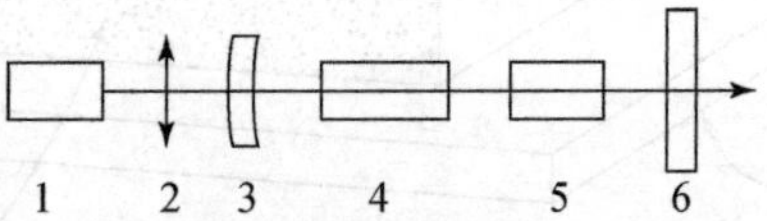

(a) 纵向泵浦

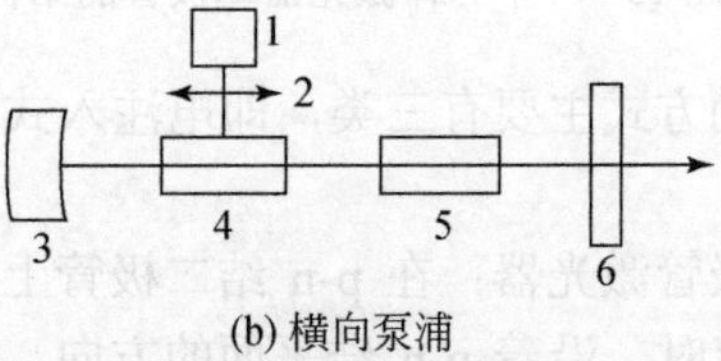

(b) 横向泵浦

图 13-4　激光器泵浦示意图

1—泵浦源；2—透镜；3、6—谐振腔镜片；4—工作物质；5—其他器件

③微片激光器[5]：作为未来电子产业的核心器件之一，全固态激光器的一个发展趋势是小型化。

微片激光器是一种激光晶体厚度一般在 1 mm 以下，两端面直接镀上满足激光运转条件下的介质膜的小型激光器。可以利用半导体激光器作为泵浦源进行端面泵浦，将光束质量和单色性都差的半导体激光转变成为高光束质量(TEM_{00}基横模)和单色性好(单纵模，线宽小于 5 kHz)的固体激光输出，是目前最为紧凑的半导体泵浦固体激光器。图 13-5 为这种激光器的基本构造。在此基础上，可以添加调 Q 元件和非线性光学晶体，对固体基波激光进行调 Q 和倍频，得到可见和紫外波段的激光输出。这种器件具有低泵浦阈值、高转换效率、器件紧凑、使用方便等优点，在信息、交通、电子、测量、医疗等许多领域有着广阔的应用前景。而且，这种激光器便于大批量生产，在价格上极具竞争力。

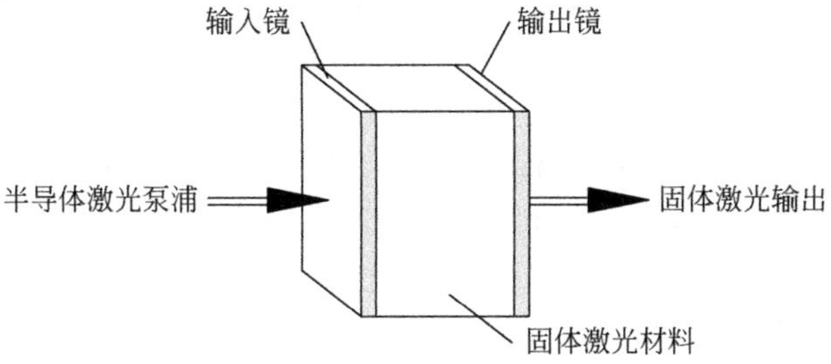

图 13-5　微片激光器的基本构造

激光学术界已经采用 Nd^{3+}离子掺杂 YAG、YVO、$GdVO_4$、$LaSc_3(BO_3)_4$、YCeAG、$LaMgAl_{11}O_{19}$、MgO：$LiNbO_3$ 和自激活的 $LiNdP_4O_{12}$、$NdAl_3(BO_3)_4$ 晶体实现了 1.06 μm 或 1.32 μm 微片激光输出；采用 YAG：Yb^{3+}实现了 1.05 μm 微片激光输出；采用 Er^{3+}-Yb^{3+}共掺的玻璃材料实现了可应用于光通信的 1.5 μm 微片激光；采用掺杂 Tm^{3+}和 Ho^{3+}的晶体材料实现了可应用于遥感的 2 μm 波长的微片。除了稀土离子外，还采用 LiSAF：Cr^{3+}制成了在 0.8 μm 到 1.0 μm 波长范围可调 Q 和倍频，还得到了 671 nm、532 nm、473 nm、355 nm、266 nm 和 213 nm 等可见和紫外激光输出。

6. 按激活离子进行分类

固体激光器工作物质中产生激光的粒子，一般为离子，称为激活离子，构成晶体晶格的物质称为基质。在固体中产生受激发射的金属离子主要有四类：过渡金属离子，如 Cr^{3+}；三价稀土离子，如 Nd^{3+}；二价稀土离子，如 Sm^{2+}、Dy^{2+}等；锕系金属离子，如 U^{3+}。

根据激活离子的工作原理可以将固体激光器分为基于电子能级的激光器，基于电子–振动跃迁的激光器。

(1)基于电子能级的激光器。

①Al_2O_3：Cr^{3+}(红宝石)激光器：红宝石(Al_2O_3：Cr^{3+})是首次实现受激发射作用的晶体工作物质，晶体呈暗红色，在室温下的受激发射波长为 694.3 nm(红光)。

中等水平器件的激光脉冲输出能量可达几十焦耳，效率 1%～2%。Al_2O_3：Cr^{3+}晶体是一种优良的激光晶体。

红宝石激光器是典型的三能级激光器。Al_2O_3：Cr^{3+}(红宝石)是由 Cr^{3+}取代 Al_2O_3晶体中的部分 Al^{3+}从而形成的单晶。在 Al_2O_3：Cr^{3+}晶体中，Cr^{3+}具有很宽的吸收带，荧光谱线较少，只有两条辐射跃迁通道，所以荧光效率较高，激光上能级的寿命较长，当 Al_2O_3：Cr^{3+}吸收泵浦光时，紫光将基态的 Cr^{3+}激发至 $^4F_1$ 能级，绿光将其激发至 $^4F_1$ 和 $^4F_2$ 能级。处于 $^4F_1$ 和 $^4F_2$ 两个能级上的 Cr^{3+}不稳定，一般以无辐射跃迁的形式跃迁至 ^2E 能级。^2E 能级是个亚稳态(寿命约为 3×10^{-3}s)，它由两个子能级 2A 和 E 组成，能级间隔为 29 cm^{-1}。由这两个子能级可以向基态 $^4A_2$ 辐射跃迁，发出 R_1(694.3 nm)和 R_2(692.9 nm)两个波长的激光。

②掺 Nd^{3+}的激光器：Nd^{3+}是一种非常好的四能级系统的激活离子。目前常用的 Nd 激光器中工作物质主要有 YAG：Nd、YVO_4：Nd、YIG：Nd 及钕玻璃等。尽管工作物质的基质不同，但 Nd 激光器的发光原理基本相同。

Nd 激光器中，基态 Nd^{3+}吸收不同波长的泵浦光被激发至 $^4F_{3/2}$、$^4F_{5/2}$、$^4F_{7/2}$ 等激发态能级。这些能级上的 Nd^{3+}以非辐射跃迁的形式跃至亚稳态 $^4F_{3/2}$ 能级(寿命约为 0.2 ms)。从 $^4F_{3/2}$ 可辐射跃迁至 $^4I_{9/2}$、$^4I_{11/2}$、$^4I_{13/2}$ 能级，分别发出 0.914 μm、1.06 μm 和 1.34 μm 的激光。Nd^{3+}的辐射跃迁三条通道中，在激光产生过程中，将发生竞争。由于 $^4F_{3/2}\to{}^4I_{11/2}$ 通道的荧光分支比最大，即产生荧光的概率最大，所以一般 Nd 激光器以发出 1.06 μm 波长的激光为主，次之为 1.34 μm 的激光，而由于 $^4I_{9/2}$ 能级距基态很近，故 0.914 μm 激光一般需在低温工作。

Nd^{3+}激光工作物质的晶体和非晶态玻璃，它们的工作原理一致。但在吸收谱方面，由于非晶态导致的 Nd^{3+}吸收中心不同，吸收谱叠加加宽，所以一般 Nd 玻璃的吸收谱比以晶体为基质的 Nd 激光工作物质吸收谱强，另外 Nd 玻璃的抗光伤值非常高，但 Nd 玻璃的导热性差，所以 Nd 玻璃一般用于脉冲激光器中。

钕玻璃激光器的工作物质是掺 Nd^{3+}的优质光学玻璃，透明呈淡紫色。发射波长 1.06 μm(近红外光)，脉冲激光输出能量可达几百焦耳以上，器件效率可达 2%～6%。

掺钕钇铝石榴石(YAG：Nd)激光器：工作物质为掺 Nd^{3+}的钇铝石榴石晶体，表示式 $Y_3Al_5O_{12}$：Nd^{3+}。其优点是激光发射效率较高，光泵激励值(阈值)较低，晶体的导热性较好，温度变化对激光发射的影响较小。故特别适合制成以连续方式或高重复率脉冲方式工作的晶体激光器。晶体中产生受激发射的 Nd^{3+}，发射波长 1.06 μm，器件效率 2%。

(2)基于电子–振动跃迁的激光器。固体激光工作物质的辐射跃迁下能级为晶体晶格振动形成的声子能级，被称为终端声子激光器。一般对于声子激光器在辐射跃迁时，不仅激活离子电子能量改变，而且晶体基本振动模也改变。以 MgF_2：Ni^{2+}晶体为例，在 Ni^{2+}的能级中，基态为 $^2A_2$ 能级，在 MgF_2 晶体场作用下分裂。

$^3T_2$能级为激光上能级，在晶体场作用下分裂。在 Ni^{2+}吸收泵浦光后将被激发至 $^3T_2$以及 $^3T_2$ 以上的激发态能级，这些激发态上的 Ni^{2+}无辐射跃迁至 $^3T_2$ 能级。由于基态 $^2A_2$ 能级分裂很小(ΔE=6 cm^{-1})，所以实现电子能级间跃迁很困难。而由于晶体的振动能级距基态能级较远(约 340 cm^{-1})，所以实现辐射跃迁较为容易，所以一般 MgF_2：Ni^{2+}晶体实现辐射跃迁的下能级为“声子”能级。值得说明的是作为这类激光器增益线型的基于电子-振动谱带的形状及强度取决于电子–声子耦合特性，亦取决于振荡离子的各电子能态的感应性质。

13.1.3　激光材料的基本要求

激光材料是激光技术发展的核心和基础，是现代高技术和激光技术发展的先导材料，有着重要的科学意义和应用价值。1960 年 T. H. Mainman 研制成功第一台人造红宝石晶体激光器(Al_2O_3：Cr)，标志着量子电子学进入了光频阶段。20 世纪 70 年代生长了钇铝石榴石晶体(YAG：Nd)，使激光技术及其应用得到进一步发展；80 年代掺钛蓝宝石晶体(Al_2O_3：Ti)问世，发展了可调谐(调谐范围为 660～1100 nm)激光器，同时也为超短、超快和超强激光提供了基础，飞秒(fs)激光科学技术蓬勃发展、并渗透到各学科领域；80 年代后期激光二极管(LD)飞速发展，进一步促进了激光晶体研究和发展；90 年代掺钕钒酸钇晶体(YVO_4：Nd)研制成功，使全固态激光器的发展和实用化进入新时期。

经过 60 多年发展，激光器的应用已渗透到各个学科与国民经济各个部门，为适应现代激光器向高功率、短脉冲、复合化、微型化发展的要求，作为基质材料的激光晶体也由“三大基础激光晶体”(YAG：Nd、YVO_4：Nd 和 Al_2O_3：Ti)向氟化物、硫化物等非氧化物或混合组合成基质拓展，激活离子从常用的 Nd 离子扩展到 Yb 和 Ho、Tm、Pr 离子等，也发展了更多种过渡金属离子为激活离子的激光晶体；迄今为止，已研究过的激光晶体有几百种以上，其中包括氟化物、复合氟化物、氧化物、复合氧化物、无机盐类、自激活、自倍频和色心等系列激光晶体。激光晶体的尺寸向大型化和微型化两极化发展，复合功能激光晶体得到更多重视和应用。同时，人们对光学质量和性能的极致化、成本低廉化等方面提出了更高的要求[6-9]。

一种优良的激光工作物质应该具有以下特点：

1. 良好的荧光和激光性能

为了获得较小的阈值和尽可能大的激光输出能量，一般要求材料在光源辐射区波段有较强的有效吸收，而在激光发射波段上应无光吸收。要有强的荧光辐射，高的量子效率，适当的荧光寿命和受激发射截面等。具体要求为：

(1)要求尽量高的荧光量子效率(η)，多而宽的激发吸收带$\Delta\nu_P$ 和高吸收系数 K_P。

(2) 要求有大的能量转换效率(η=辐射光子数/吸收光子数)，也要求激光线的荧光分支比较大，使吸收的激发能量尽可能多地转化为激光能量。

(3) 要求无辐射弛豫快(无辐射跃迁概率大)，则发射声子数少，无辐射跃迁概率就大。

(4) 要求基质的内部损耗σ要小，首先要求基质在光泵光谱区内的透明度要高，其次要求在激光发射的波段上无光吸收。目前使用光泵的辐射谱带大部分位于可见区、近紫外及红外区域，因此必须选择在该区域透明的材料。

(5) 若材料的荧光线宽($\Delta\nu$)窄，则光泵浦阈值(E_0)小，这对连续器件有利。但对大功率大能量输出的器件反而希望$\Delta\nu$要宽，以便减少自振，增加储能。因为谱线加宽会使阈值提高，但对同样粒子数反转，谱线加宽减少了放大的自发辐射损耗，在使用锁模技术时就得到较短的巨脉冲。

(6) 对荧光寿命τ的要求较复杂，故不同状态的激光器，对τ值的要求也就不同。但亚稳态的τ值必须比其他能级的寿命长许多，否则不成为亚稳态，粒子数反转就不能建立。

具体评价激光晶体的光谱性能主要从吸收截面、发射截面、荧光寿命、激光中心波长以及吸收和发射带宽等方面来考虑。

2. 优良的光学均匀性

晶体内的光学不均匀性不仅使光通过介质时波面变形，产生光程差，而且还会使其振荡阈值升高，激光效率下降，光束发射度增加。晶体的静态光学均匀性好，即要求内部很少有杂质颗粒、包裹物、气泡、生长条纹和应力等缺陷，折射率不均匀性最小。晶体的动态的光学均匀性要好就要求该材料在激光作用下，不因热和电磁场强度的影响而破坏晶体的静态均匀性。

3. 良好的物理化学性能

激光晶体还必须具有很好的热学稳定性。激光器在工作时，由于激活离子的无辐射跃迁和基质吸收光泵的一部分光能而转化为热能，同时由于吸热和冷却条件不同，在激光棒的径向就会出现温度梯度，从而导致晶体光学均匀性降低。激光晶体还要求热膨胀系数小，弹性模量大，热导率高，化学价态和结构组分要稳定，以及有良好的光照稳定性等。

4. 易制得大尺寸、光学均匀性好的单晶，易于加工

当然要获得符合以上所有要求的激光晶体是困难的，只能按照激光器件的实际运转要求，选择与主要条件相符的晶体或其他材料。

13.2　稀土激光材料[2-12]

激光与稀土激光材料是同时诞生的。自从 1960 年在红宝石中出现激光以来，同年就发现用掺钐的氟化钙(CaF_2：Sm^{2+})可输出脉冲激光。1961 年首先用掺钕的硅酸盐玻璃获得脉冲激光，从此开辟了具有广泛用途的稀土玻璃激光器的研究。1962 年首先使用 $CaWO_4$：Nd^{3+}晶体输出连续激光，1963 年首先研制出稀土螯合物液体激光材料，使用掺铕的苯酰丙酮的醇溶液获得脉冲激光，1964 年又找出了在室温下可输出连续激光的掺钕钇铝石榴石晶体($Y_3Al_5O_{12}$：Nd^{3+}，简称 YAG：Nd^{3+})，它已成为广泛应用的固体激光材料，1973 年首次实现铕–氦的稀土金属蒸气的激光振荡。由此可见，稀土的固态、液体和气体都实现了受激发射。

稀土固体激光材料可分为晶体激光材料、化学计量激光材料、玻璃激光材料、光纤激光材料和透明陶瓷激光材料等。稀土激光晶体是品种最多、使用最广泛的激光材料，是激光技术发展的重要基础。

稀土激光晶体是指稀土离子掺杂到基质晶体中或基质中含有稀土离子形成的激光材料。掺杂型稀土激光晶体是稀土激光材料的主要形式，它是由稀土离子和基质晶体两部分组成。稀土离子的加入既可作为激活离子，也能作为基质组分。

13.2.1　稀土激光材料的激活离子[6-12]

稀土元素作为激活离子已经在晶体和无定形固体、金属有机化合物和无机质子惰性溶液、中性和离子化气体以及分子气体等所有介质中应用。稀土激光器已经发射从红外(6 μm)到紫外(0.17 μm)等各种波段的激光，能进行连续和微秒脉冲运转，激光输出已超过 100 kJ 和 100 TW。尽管稀土液体和气体激光器的应用受到一定的限制，但稀土作为掺杂离子在固体激光器领域中占有绝对优势，已经在超过 250 种不同的离子晶体中和无数的玻璃中获得激光。应用最广泛的固体激光器是掺钕钇铝石榴石(YAG：Nd^{3+})和钕玻璃；而最大的激光器是用于研究惯性约束核聚变的钕玻璃激光器。

目前，除 Y^{3+}、La^{3+}、Gd^{3+}、Lu^{3+}外，其他大多数稀土离子都可以用作激光激活离子。

稀土中已实现激光输出的有 Ce^{3+}、Pr^{3+}、Nd^{3+}、Sm^{3+}、Eu^{3+}、Tb^{3+}、Dy^{3+}、Ho^{3+}、Er^{3+}、Tm^{3+}、Yb^{3+}共 11 个 3 价离子和 Sm^{2+}、Dy^{2+}、Tm^{2+} 3 个 2 价离子，但只利用了 48 个 f-f 跃迁，激光波长的范围从约 0.45 μm 至 5.15 μm；近来又实现了 d-f 跃迁的激光输出，使激光波长的范围扩展至真空紫外(约 0.17 μm)。

稀土激光材料的应用发展非常迅速，据统计，目前已知的激光晶体约有 320 种，主要是氟化物或氧化物，其中约 290 种是掺入稀土作为激活离子，也就是说稀土激光晶体约占 90.6%。掺入其他过渡离子，如 V^{2+}、Ni^{2+}、Co^{2+}、Ti^{3+}、Cr^{3+}

和 U^{3+}的只占约 10%，可见稀土在发展激光晶体材料中的重要作用。

在激光材料中，稀土已成为激光工作物质中的最重要的元素。这都与它具有特殊的电子组态、众多可利用的能级特性有关。

稀土离子丰富的 $4f^n$ 能级对激光作用而言，存在有用的光泵浦吸收带，具有长寿命和高量子效率的一个或多个荧光能级，许多低阈值能级的激光作用模式，以及从液氮到 1000 K 温度的激光运转。4f-4f 跃迁具有窄的线宽，对于激光作用有足够大的受激发射截面，有从红外到近紫外范围极其丰富的光学跃迁；稀土离子的 4f-5d 跃迁的特点是宽带，斯塔克位移吸收和在可见–紫外范围适合于激光作用的发射带以及有一个小的可调谐范围。稀土离子的激光作用的 4f-4f 和 4f-5d 跃迁的光谱特性汇集于表 13-1。

表 13-1　固体中 300 K 时稀土离子的 4f-4f 和 4f-5d 跃迁的光谱特性比较

性质	4f-4f	4f-5d
振荡强度/cm	10^{-5}～10^{-3}	10^{-1}～10^{-2}
峰横截面/cm^2	10^{-18}～10^{-22}	10^{-18}～10^{-21}
荧光波长/μm	0.2～5	0.15～1
荧光线宽/cm^{-1}	～10～20	～1000
荧光寿命/s	10^{-5}～10^{-2}	10^{-8}～10^{-5}
离子–晶格耦合	弱	中等～强

表 13-2 列出用于固体激光器的稀土离子及其激光发射的典型跃迁和波长。其中除 Pm 没有稳定的同位素而未列入外，大部分二价和三价稀土离子和 f-f、f-d 跃迁都包括在内，如对于 Ho^{3+}能在 13 种不同的 J 组态对之间发射激光。

稀土离子加入既可作为激活离子，也可作为基质组分。在大多数激光器中稀土离子为了避免荧光自猝灭而以杂质形式存在，而有一些激活离子如 Pr^{3+}、Nd^{3+}、Ho^{3+}和 Er^{3+}也能够作为基质成分。高激活离子浓度的好处在于使每单位长度有更高的增益。

表 13-2　稀土离子不同组态之间激光发射的典型跃迁和波长

离子	跃迁	激光波长/μm
Ce^{3+}	5d-4f	0.29～0.32
Pr^{3+}	4f-4f	0.49，0.53，0.62，0.64，1.04，4.9
Nd^{3+}	4f-4f	0.93，1.06，1.35，1.85
Nd^{3+}	5d-4f	0.17
Sm^{2+}	4f-4f	0.697
Sm^{2+}	5d-4f	0.708
Sm^{3+}	4f-4f	0.59

续表

离子	跃迁	激光波长/μm
Eu^{3+}	4f-4f	0.61
Gd^{3+}	4f-4f	0.31
Tb^{3+}	4f-4f	0.54
Dy^{2+}	4f-4f	2.36
Dy^{3+}	4f-4f	3.02，4.34
Ho^{3+}	4f-4f	0.55，0.75，0.98，1.01，1.21，1.40，1.49，1.67，2.05，2.37，2.9，3.4，3.9
Er^{3+}	4f-4f	0.55，0.56，0.67，0.70，0.85，1.3，1.6，1.7，2.8
Tm^{2+}	4f-4f	1.12
Tm^{3+}	4f-4f	0.45，1.95，2.35
Yb^{3+}	4f-4f	1.03

图 13-6 是利用一些稀土离子的三能级或四能级体系产生激光的原理图。

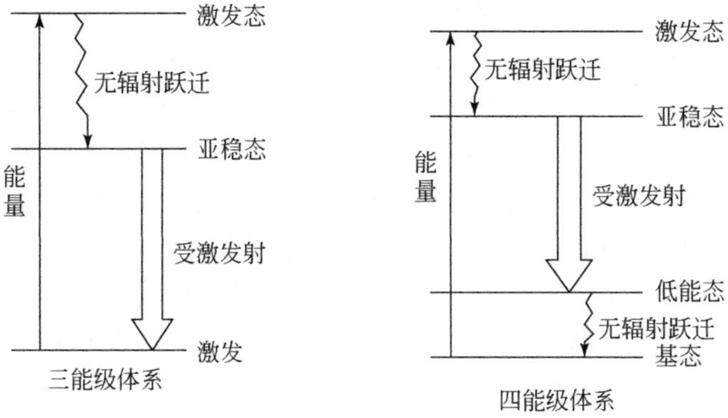

图 13-6　稀土离子产生激光的三能级和四能级体系

在稀土激光材料中常用的激活离子是 Nd^{3+}，它输出的 1.06μm 激光是 $^4F_{3/2}\rightarrow{}^4I_{11/2}$ 跃迁。此激光跃迁属于四能级系统，因此称为具有四能级结构的工作物质。对于四能级结构的激活离子，由于低能态上的粒子数远小于基态上的粒子数，所以在亚稳态与低能态之间更容易实现粒子数反转。这意味着，在外界光激励水平较低的情况下，就很容易实现受激发射作用，这是四能级结构比之于三能级结构的一个重要优点。因 Nd^{3+}较好地符合四能级系统的要求，而较易产生激光。

稀土离子中 Yb^{3+}和 Tm^{3+}的激光运转属于典型的三能级系统。例如 YAG：Yb 晶体的激光下能级为 612 cm^{-1}，只是室温热能的 3 倍，这使得 Yb^{3+}离子激光下能级上的粒子热布居数高达 5.3%，因此导致高的激光阈值。

Nd^{3+}在可见区近红外区有很多吸收谱带，有利于提高光泵的效率。Nd^{3+}的激光末端能级($^4I_{11/2}$)比基态($^4I_{9/2}$)高约 2000 cm^{-1}，远大于室温时的 KT 值(约 270 cm^{-1})，故在 $^4I_{11/2}$ 能级上由于热反转而产生的粒子数很少(约 10^{-4})。而且大部分材料中，从 $^4I_{11/2}$ 至基态 $^4I_{9/2}$ 的无辐射弛豫速率很快，有利于受激后在 $^4F_{3/2}$ 能级实现粒子数的反转。在 $^4F_{3/2}\rightarrow{}^4I_J$ 的各种辐射跃迁中，以 $^4F_{3/2}\rightarrow{}^4I_{11/2}$ 的辐射跃迁概率和荧光分支比最大，后者约为 0.5，受激发射截面也较大。由于 Nd^{3+} 具备了这些易产生激光的条件，故掺 Nd^{3+} 在稀土激光材料中成为目前研究的最多、最活跃和最重要的，可产生激光的基质也最多、应用最广的一类固体激光材料。已实现激光运转的掺 Nd^{3+} 晶体达 140 多种。其中最常用的激光材料是掺钕的钇铝石榴石(YAG∶Nd^{3+})和铝酸钇(YAP∶Nd^{3+})，它们具有硬度大、光学性能优良、机械和导热性能以及化学性能稳定等优点，是当前最为流行的一种在室温下可以得到连续大功率输出的激光材料。

掺钕钒酸钇(YVO_4∶Nd)是一种重要的激光晶体。1.064 μm 受激发射截面为 YAG∶Nd 的 2.7 倍；1.34 μm 受激发射截面与 YAG∶Nd 在 1.064 μm 处的相近；0.809 μm 附近有一宽约 20 nm 的强吸收带。适用于低阈值、高效率、小型化的二极管纵向泵浦的激光器。

除了 Nd^{3+} 以外，研究得较多的还有 Er^{3+} 和 Ho^{3+}，它们实现激光输出的通道比钕还多，其中掺铒的激光晶体及其输出的 1.73 μm 的激光($^4S_{3/2}\rightarrow{}^4I_{9/2}$)和 1.55 μm 的激光($^4I_{13/2}\rightarrow{}^4I_{15/2}$)对人的眼睛安全，大气传输性能较好，对战场的硝烟穿透能力较强，保密性好，不易被敌人探测，照射军事目标的对比度较大，已制成便携式的对人眼安全的激光测距仪。铒激光器输出的 2.94 μm 的激光($^4I_{11/2}\rightarrow{}^4I_{13/2}$)和钬激光器输出的 2.91 μm 的激光($^5I_6\rightarrow{}^5I_7$)可被 H_2OOH^- 等分子吸收，更适用于激光手术，在表面脱水和生物工程等方面也将获得应用。钬激光器(激光波长 2.1 μm)对人眼无害，可透过大气窗口；Er^{3+}、Tm^{3+} 敏化的钬激光器可用于测距及目标指示器、补牙和不出血的外科手术等。

1965 年贝尔实验室用闪光灯泵浦 YAG∶Yb 晶体获得了 Yb^{3+} 的激光输出，由于高的泵浦阈值和低的转换率未引起人们的重视。进入 20 世纪 90 年代，随着高亮度的窄带泵浦源 InGaAs LD 的发展和成本的降低，掺 Yb^{3+} 激光晶体的研究引起了人们的重视。

与其他稀土激活离子比，Yb^{3+} 离子的能级结构最简单，仅有一个基态 $^2F_{7/2}$ 和一个激发态 $^2F_{5/2}$，不存在激发态吸收和上转换，光转换效率高，荧光寿命长。除此之外，Yb^{3+} 的吸收带在 0.9～1.1 μm 范围内能与 InGaAs LD 泵浦源有效耦合，且吸收线宽，无须严格的温度控制即可获得相匹配的 LD 泵浦源的泵浦波长；量子缺陷低、泵浦波长与激光输出波长非常接近，可导致大的本征激光斜率效率；在许多晶体中可实现高浓度掺杂而不出现荧光浓度猝灭；在吸收和发射谱之间有较小的斯托克斯频移(约 650 cm^{-1})，从而在激光器运转过程中降低材料的热负荷。Yb^{3+} 的这些优点使得在一些应用上明显优于 Nd^{3+} 激光晶体。

可见区的激光中，波长约为 480 nm 的可透过海水的蓝绿色波段最引人注意。在稀土激活离子中，Pr^{3+}的 $^3P_0\rightarrow{}^3H_4$、Tb^{3+}的 $^5D_4\rightarrow{}^7F_6$ 和 $^5F_{9/2}\rightarrow{}^6H_{15/2}$ 等有可能实现蓝绿色激光的输出。铽激光器的激光波长 0.45 μm，也能透过海水。

长期以来激光波长范围不断地扩展，新的激光跃迁不断地出现。在已运行的固体激光器中，5d-4f 跃迁的稀土离子 Ce^{3+}晶体输出波长最短，Ce^{3+}离子的 5d-4f 宇称允许跃迁概率大，有接近 1 的量子效率，Ce^{3+}离子的激光态 5d 电子对晶格场变化特别敏感，可选择基质改变 Ce^{3+}离子激光特性的可能性。这短波长的终端将取决于激发和发射波长处基质的透明度。

可调谐的稀土晶体激光材料同样是很引人注目的。Ce^{3+}离子掺杂的晶体又常被作为紫外可调谐激光材料，如利用 YLF：Ce 和 LaF_3：Ce^{3+}晶体中 Ce^{3+}的宽带的 $5d\rightarrow{}^2F_{7/2}$ 允许跃迁，可实现激光波长在紫外范围内的调谐。

掺铈的六氟铝酸钙锂 $LiCaAlF_6$：Ce^{3+}和六氟铝酸锶锂 $LiSrAlF_6$：Ce^{3+}是目前性能最好的紫外固体可调谐激光材料。由 LiCAF：Ce 和 LiSAF：Ce 晶体组成的全固化可调谐激光系统具有结构紧凑、效率高、稳定性好及寿命长等特性，非常适用于紫外差分吸收雷达，这两种激光器的输出波长覆盖着大气臭氧层的强吸收带，因此可以进行大气和遥感的研究，又由于这两种晶体能提供 280～320 nm 调谐激光，是探测生物蛋白质中的氨基酸的关键波长，因此可用来检测和监控违禁药剂加工过程释放出来的化学污染物质和溶剂，应用于环境科学中的现场污染检测。LiCAF：Ce 和 LiSAF：Ce 这种宽调谐激光，可以作为基础科学中分子、原子及凝固态光谱的荧光激发，还可以扩展至诸如化学探测、立体光刻术、新型聚合物的刻蚀以及 DNA 基因医学等研究领域。全固化 LiCAF：Ce 和 LiSAF：Ce 激光器由于不存在荧光猝灭现象，性能稳定、体积小、质量轻，可以取代工作在这一波段的倍频染料激光器、OPO 光参量振荡器以及和频-混频结构的激光器。

Nd^{3+}输出的 1.06 μm 红外激光经倍频后可得到波长为 0.53 μm 的绿色激光，其需使用铌酸锂或磷酸二氘钾等倍频晶体，倍频所得的 0.53 μm 的绿色激光已广泛用于激光光谱仪及各种研究工作中。有些掺稀土的没有对称中心的铁电晶体同时具有激光和倍频的性能如 $LiNbO_3$：Nd^{3+}，称为自倍频晶体。

许多复合功能的 Nd^{3+}激光晶体，如 $Nd_xY_{1-x}Al_3(BO_3)_4$ 等，由于其本身具有非线性光学性质，因而在受激发的同时也可实现自倍频、自锁模等多功能，可用于紧凑的、高效率、低成本的微小型激光器。我国自行研制的 NYAB 已应用于半导体激光泵浦的微小型激光器。

为使长波长的激光转变为短波长的激光，除倍频技术以外，还可利用上转换激光材料的反斯托克斯效应。例如，利用 $YAlO_3$：1%Er^{3+}或 YAF：Er^{3+}晶体具有上转换的性能，用镓铝砷激光二极管或连续波的染料激光器发射的 815 nm 激光泵浦，先使 Er^{3+}从基态 $^4I_{15/2}$ 激发至长寿命的中间能级 $^4I_{11/2}$，再经此激发态吸收而激

发至 $^4S_{3/2}$ 能级。当从此能级辐射跃迁返回基态时则输出可见的 549.8 nm 绿色激光。也可使用两束波长不同的染料激光泵浦，先用波长为 792 nm 的激光使 Er^{3+} 从基态激发至中间能级 $^4I_{9/2}$，无辐射弛豫至 $^4I_{11/2}$，再用波长 839.8 nm 的激光使铒从 $^4I_{11/2}$ 激发至 $^4F_{5/2}$，再从 $^4F_{5/2}$ 无辐射弛豫至 $^4S_{3/2}$，当从此能级辐射跃迁返回基态时则输出可见的 549.8 nm 绿色激光，这是第一个可输出连续激光的稀土上转换激光器，但需在低温下操作，最佳温度为 30 K。

为了提高激光晶体的效率，人们采用了多种方法，其中掺杂敏化方法占有特殊的地位。在宽带光激励条件下，敏化离子吸收能量，传递给激活离子能够更有效地利用激发光，从而降低激励阈值，提高激活离子的效率，近年来对此有较多的研究。如 YAG：Nd 激光晶体通过加入 Ce 敏化的 YAG：Nd, Ce 新激光晶体，提高脉冲效率，比优质 YAG：Nd 平均提高 55%。

13.2.2　稀土激光晶体

可作为稀土激光晶体的基质很多，目前已研究过的基质有如下几类：氟化物、复合氟化物、无序的复合氟化物、卤化物、简单氧化物、硫氧化物、铍酸盐、硼酸盐、钪酸盐、铝酸盐、石榴石、硅酸盐、锗酸盐、磷酸盐、钒酸盐、铌酸盐、钨酸盐、钼酸盐等 18 类，但符合上述对激光材料各方面要求的却不多。

尽管基质材料种类繁多，目前用于稀土激光晶体基质的主要为三大类：氧化物，如 Al_2O_3、Y_2O_3、Se_2O_3 等；氟化物，如氟化钙（CaF_2）、LaF_3、$LiYF_4$（LYF）、BaY_2F_8 等；复合氧化物，如钇铝石榴石（YAG）、$Gd_3Al_5O_{12}$（GAG）等；含氧酸盐，如 $YAlO_3$（YAP）、$Ca_5(PO_4)_3F$、Y_3SiO_5（YSO）、YVO_4、$YAl_3(BO_3)_4$、钨酸钙（$CaWO_4$）、钼酸盐等。

通常随着基质的变化稀土离子电子能级的位置变化不太大，因此，确定的稀土离子的激光发射波长在许多不同的基质中将变化不大。例如，三价钕离子在超过 150 种晶体及许多液体和分子气体中获得激光发射波长均为～1.06 μm。现对主要基质介绍如下。

1. *石榴石型*（$A_3B_5O_{12}$）

(1) 掺钕钇铝石榴石晶体（YAG：Nd）。钇铝石榴石激光晶体是三大“基础激光晶体”之一。YAG：Nd^{3+} 是最好的激光晶体。YAG：Nd^{3+} 晶体还具有良好的机械强度和导热性能，在晶体中 Nd^{3+} 只能取代 $\{Al\}_3$ 一种格位（见图 13-7），故吸收和发射谱线都是均匀增宽的，荧光谱线很窄，因而阈值低。用于重复频率高的脉冲激光器，重复频率可高达每秒几百次，每次输出功率可达百兆瓦以上，同时，它也是唯一能在常温下可连续工作，并有较大功率输出的激光晶体，连续输出功率已超过 1000 W，国内外现已广泛将 YAG：Nd^{3+} 激光晶体用于激光制导、目标指示、激光测距、激光打孔与焊接、激光医疗机、激光光谱仪和激光微区分析仪等方面。

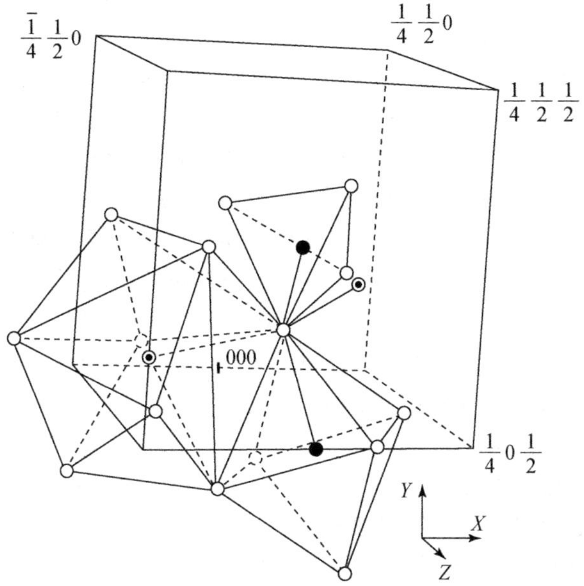

图 13-7　YAG 的结构

最近随着大功率热熔激光器的迫切需求，更高功率的 YAG：Nd 激光器(万兆瓦级和连续超千瓦级)又成为开发热点。研究更大尺寸高品质晶体的生长和器件装配方面成为重点。如能突破 YAG：Nd 晶体生长中心无应力集中区“核心”，即可长出更大尺寸的 YAG：Nd 晶体。

目前美国 VLOC 和 Synoptics 公司能够生产尺寸达到 Φ120 mm×250 mm 的 YAG：Nd 激光晶体，其光学均匀性为 0.1λ/in(1 in≈2.54 cm)，浓度均匀性控制在±10%以内，采用 YAG：Nd 板条结构获得 100 kW 的高能激光输出。Nrthrop Grrumman 公司基于 YAG：Nd 键合晶体板条的固体激光器实现了超过 100 kW 的激光输出。

(2) 掺铒钇铝石榴石晶体(YAG：Er)。YAG：Er 能产生高效近红外激光，可输出 1.54 μm 或 2.94 μm 激光，激光效率为 1%；其中 1.54 μm 激光最突出的优点是对人眼安全，并且是光纤及大气通信的低衰减窗口，可用于激光测距、医疗整形手术、激光雷达；2.94 μm 波段对应水分子的最强吸收波段(～3.0 μm)及组成骨骼的主要物质羟基磷灰质中 OH 基团的最强吸收波段(～2.8 μm)，因此能被人体组织强烈吸收，导致组织的瞬间气化和精确剥离。故目前 YAG：Er 激光器在生物医学和医疗美容方面具有广泛用途，主要用于骨外科、牙科修补手术。

(3) 掺铥钇铝石榴石晶体(YAG：Tm)。YAG：Tm 和 YAG：Cr, Tm 是两种很重要的 2 μm 波段激光晶体，早在 1965 年 Johnson 等就实现了闪光灯泵浦 YAG：

Tm 激光器的脉冲和连续运转[13]，但由于激励阈值高、工作温度低极大地限制了 YAG∶Tm 激光器的进一步发展和应用。1990 年，Stoneman 等[14]首次用钛宝石激光(785 nm)泵浦 YAG∶Tm 晶体获得了室温可调谐激光输出(1.87～2.162 μm)。随后，Suni 等用激光二极管泵浦 YAG∶Tm 晶体分别实现了连续和调 Q 激光输出，连续运转时输出功率 530 mW，阈值 220 mW，斜率效率 49%。调 Q 运行时脉冲能量 1.05 mJ，重复频率 100Hz，激光波长 2.02 μm，减小晶体热效应，激光能量可达到 10～20 mJ[15]。1992 年，Pinto 和 Esterowitz 获得了钛宝石激光泵浦 YAG∶Tm 锁模激光，激光波长 2.01 μm，重复频率 300 MHz，激光脉宽仅 35 ps，平均输出功率 700 nW[16]。另外，用钛宝石激光(785 nm)和染料激光(638 nm)同时对 YAG∶Tm 晶体实施泵浦，在低温下获得 70 μW 的蓝光输出，这是首次在氧化物晶体中实现 Tm^{3+}的上转换激光[17]。YAG∶Cr, Tm 是在 YAG∶Tm 基础上发展起来的一种敏化激光晶体。YAG∶Tm 激光晶体可用于激光医学、激光相干雷达和遥感等。

(4) 掺铥钬钇铝石榴石激光晶体(YAG∶Tm, Ho)。2010 年，Yang 等首次报道了 YAG∶Tm, Ho 激光的被动锁模激光运行情况[18]。他们利用掺杂量子阱的子带间跃迁(ISBTs)的饱和吸收现象，将其作为饱和吸收体，实现了脉宽 60ps、平均输出功率为 160 mW 的 2091 nm 激光[19]。2013 年，他们对比了基于 GaInAs 的半导体可饱和吸收镜(SESAMs)和基于 GaSb 的 SESAMs 的 YAG∶Tm, Ho 锁模激光，指出用 GaSb 的 SESAMs 可以获得相比 GaInAs 的 SESAMs 更短脉冲的激光，脉宽为 21.3 ps，平均输出功率 63 MW[20]，并认为这是由于 GaSb 的 SESAMs 具有更短的弛豫时间和更强的非线性特性。

(5) 掺镱钇铝石榴石激光晶体(YAG∶Yb 或 YbAG)。YbAG 晶体($Yb_3Al_5O_{12}$)呈蓝色，退火后无色。在室温下，YbAG 晶体吸收谱带在 900～1050 nm 范围内，主要吸收峰为 938 nm，吸收截面为 0.64×10^{-20} cm^2，FWHM 为 23 nm，吸收带宽较宽，有利于与 InGaAs 泵浦耦合。用二极管泵浦该晶体可以获得稳定的高能激光输出，主要发射峰值为 1025 nm 和 1036 nm，在 1036 nm 处的发射截面为 1.96×10^{-20} cm^2，荧光寿命为 70μs。YbAG 是一种比较理想的具有化学计量比的激光晶体[21]。

随着发射为 942 nm 的高功率 InGaAs 激光二极管的商品化，YAG∶Yb 激光器的潜力逐渐为人们所认识。Yb^{3+}离子相对于 Nd^{3+}离子有很多优点，如可实现高掺杂浓度不发生猝灭，光转换效率更高等，这对实现激光器微小型化、集成化意义重大。美国、德国等将其视为发展高功率激光的一个主要途径。短短十年间在输出功率方面，YAG∶Yb 激光器就赶上了在固体激光器领域一直占垄断地位的 YAG∶Nd 激光器，从最初的毫瓦量级增加到现在的千瓦量级。如德国 Trump 公司继 2002 年成功推出 1.5 kW 的工业用 YAG∶Yb 盘片激光器，2004 年又推出 4 kW 的工业用 YAG∶Yb 盘片激光器。目前，该公司采用 YAG∶Yb 盘片结构已获得

1.5 kW 高功激光输出，并应用于激光加工系统。

目前我国生产的大尺寸YAG：Yb晶体直径可以达到100 mm、长度大于200 mm，采用 YAG：Yb 板条结构获得了 10 kW 以上的高能激光输出。YAG：Yb 晶体的研制方面基本保持了与国外同步发展，利用自己生长的 YAG：Yb 晶体获得了千万瓦级的激光输出。在脉冲激光器方面，已经报道的脉冲宽度 13 fs 平均输出功率超过 3 W 的锁模激光是当今得到的最短的 YAG：Yb 脉冲激光。

(6) 掺钕钆镓石榴石(GGG)激光晶体。$Gd_3Ga_5O_{12}$(GGG)是重要的激光基质。GGG晶体的密度为7.09g/cm^3，熔点为1720℃，莫氏硬度为7.5，晶格常数为1.2383 nm。GGG 作为激光基质的优点在于：①GGG 容易在平坦固-液界面下生长，不存在杂质、应力等集中的核心，整个截面都可有效利用，由此容易得到应用于大功率激光器的大尺寸板条 GGG 晶体。同时，GGG 有较宽的相均匀性，可在较高拉速下(5 mm/h)生长出尺寸大、光学均匀性好的晶体。②GGG 中的 Nd^{3+}分凝系数为 0.52，故 Nd^{3+}在 GGG 中容易实现高浓度掺杂，有利于提高泵浦效率，这在大功率情形下是非常重要的。而 Nd^{3+}在 YAG 中的分凝系数仅为 0.1～0.2，很难得到掺杂浓度高、质量好的 YAG：Nd 晶体。③Nd^{3+}取代 Gd^{3+}属于同类取代，Nd^{3+}的激光上能级没有显著的发光猝灭。被美国选为固体热熔激光器的激光工作介质。

(7) 掺钕和铬的钆钪镓石榴石(GSGG：Nd^{3+}, Cr^{3+})。GSGG：Nd^{3+}, Cr^{3+}是近年引起重视的一种新激光晶体，其中 GSGG 代表 $Gd_2Sc_2Ga_3O_{12}$。它的效率比 YAG：Nd^{3+}高一倍，故可缩小激光系统的尺寸，减轻质量，但它的热透镜效应和双折射都比 YAG 大，但目前还不能取代 YAG。

(8) 钙锂铌镓石榴石晶体(CLNGG)。由于 Nb^{3+}和 Ga^{3+}离子在晶格位上的随机分布，钙锂铌镓石榴石晶体［CLNGG，$(CaLi)_3(NbGa)_5O_{12}$］具有非均匀展宽的发光光谱，适合用作锁模激光器的基质。对 CLNGG 无序晶体的研究目前主要集中在 1μm 波段，已经在 CLNGG：Nd^{3+}上取得飞秒级别的激光输出[22]，而 2 μm 波段的 CLNGG 激光晶体研究则处于初步阶段。2012 年，Gao 等首次报道了 CLNGG：Tm 连续激光器的运作情况，最大功率输出 1.17 W，斜率效率为 42%，激光的可调谐范围可达 1896～2069 nm，显示了在 CLNGG：Tm 飞秒激光器方面的巨大潜能[23]。同年，Ma 等报道了用 AlGaAs 激光二极管泵浦的 CLNGG：Tm 飞秒激光器被动锁模激光输出，最短脉宽 479 fs，平均输出功率 288 mW[24]。之后，Ma 等又利用石墨烯作为 SEASAM，在 CLNGG：Tm 晶体中实现了被动锁模飞秒激光输出，以最短脉宽 729fs 工作时，平均输出功率 60.2 mW[25]。

2. 铝酸钇(YAP)

正铝酸钇晶体 $YAlO_3$(YAP)具有与 YAG 晶体接近的高硬度、高热导率等特点，但不同于各向同性的 YAG 晶体，YAP 晶体具有强烈的各向异性，因此其发射带宽较宽，适合作为可调谐的超快激光晶体介质。YAP 晶体为双轴晶体，属于正交晶系，晶格常数分别为 a=5.329 Å，b=7.370 Å，c=5.179 Å。其固有的双折射即使在高功率工作情况下依然强于热致双折射，有利于产生高输出功率的激光，且输出的激光也会具有各向异性的特征[26]。

YAP 晶体是一种典型的各向异性材料，不同轴向的热膨胀系数差异大(沿 a、b、c 轴分别为 4.2×10^{-6}/℃、11.7×10^{-6}/℃、5.1×10^{-6}/℃)在生长过程中晶体易出现炸裂、孪晶、云层、气泡和散射颗粒，不易获得大尺寸优质单晶。现已生长出 30 nm×180 nm 优质大单晶。

(1) 掺钕铝酸钇(YAP：Nd)。YAP：Nd 晶体是一种优良的激光基质材料，该晶体除了具有与目前公认最优秀激光晶体 YAG：Nd 相似的特性外，掺钕铝酸钇还具有如下的特点：在生长单晶时，Nd^{3+}在 YAP 中的分凝系数比在 YAG 中高，在 YAP 约为 0.8，在 YAG 为 0.21，生长中有效的液-固转换率高(～80%)，故 YAP：Nd 晶体中掺入浓度比在 YAG 中高且增益可调，有利于吸收光能；同时 YAP 晶体的生长速度比 YAG 快 3～5 倍，大尺寸晶体生长周期短、成本低；又因 YAP 属钙钛矿型的正交晶系，是各向异性的，输出的是偏振光，故可利用晶体的不同取向而得到不同的激光特性，b 轴取向时具有高增益的特性已用于连续激光操作：c 轴取向时具有高储能的特性，因而可减少在调 Q 或倍频时的插入损失，宜用于调 Q 的操作；与 YAG：Nd^{3+}相比，输出功率不易饱和，尤其是 1.34 μm 激光发射截面为 YAG 的 2.4 倍，在高功率、倍频以及 1.3 μm 波段的应用比 YAG：Nd 更为优越。

因此 YAP：Nd 晶体可为 1.079 μm 和 1.34 μm 两种波段的连续大功率、准连续高平均功率激光器及其倍频器件提供优良的激光工作物质，在激光打孔、焊接、切割、热处理以及激光手术刀等方面都有广泛的应用前景；尤其是 YAP 1.34 μm 激光对光纤具有特别低的损耗和接近零的色散区，特别适合于海底传输、激光通信以及色心激光器和声子终端激光的泵浦源等方面的应用。其缺点是在高温下存在相不稳定性，热膨胀系数是各向异性的，致使晶体在生长过程中易出现开裂、色心和散射颗粒的等缺陷。

(2) 掺铥铝酸钇晶体(YAP：Tm)[27]。2014 年，南京大学的 Cheng 等首次报道了利用级联二阶非线性锁模技术(CSM)实现掺铥铝酸钇晶体(YAP：Tm)的 2 μm 波段的脉冲激光输出。激光器采用 PPLN 作为倍频晶体，在 6.5ps 和 4.7ps 的脉宽下分别具有 1.67W 和 1.05W 的输出功率[28]。

3. 氟化物晶体

氟化物是优良的激光基质，在其中很多稀土激活离子都实现了激光输出，并得到应用。

$YLiF_4$：RE(RE=Nd，Yb)是一种优良的激光基质，在其中很多稀土激活离子都实现了激光输出，并已得到应用的一种激光晶体。它的优点是受光辐射后不因产生色心而变色。基质吸收的截止波长移向短波，故可用波长较短、能量较高的富紫外光的脉冲光泵激励而不损坏。掺钕的 YAG、YAP 和 YLF 激光晶体的性能列于表 13-3，从表 13-3 可见，其中的 YLF：Nd^{3+}与 YAG：Nd^{3+}相比，前者作为超短脉冲激光器的增益介质具有如下的优点：①荧光线宽比 YAG：Nd^{3+}宽一倍，有利于产生超短脉冲；②上能级寿命比 YAG：Nd^{3+}长一倍，有利于储能，用于调 Q 操作时输出高；③折射率随温度的变化小，折射率的温度系数是负的，可进行热透镜的补偿，因而在光泵的作用下的热聚焦少，故光束的特性改变较小；④抗紫外的能力强，不产生色心，可省去滤光元件。目前存在的问题是在晶体中仍有散射颗粒，成品率还较低。

表 13-3　掺钕的 YAG、YAP 和 YLF 激光晶体的性能

性能	YAG：Nd^{3+}	YAP：Nd^{3+}	YLF：Nd^{3+}
晶系	立方	正交	四方
折射率	1.823	n_a=1.97 n_b=1.96 n_c=1.94	n_0=1.46 n_e=1.48
激光波长/μm	1.064	1.0796	(π) 1.0471 (σ) 1.0530
受激发射截面/10^{-19} cm^2	8.8		(π) 6.2 (σ) 1.8
密度/(g/cm^3)	4.55	5.35	3.99
热导率/［W/(cm・℃)］	0.13	0.11 (*ac* 平面上偏 *c* 轴 45℃)	0.06
比热容/［J/(g・K)］	0.59		0.79
热扩散系数/(cm^2/s)	0.048	0.049	0.019
热膨胀系数/(10^{-6}/℃)	6.9	9.5 // *a* 轴 4.3 // *b* 轴 10.8 // *c* 轴	14.75 // *a* 轴 9.5 // *c* 轴
折射率温度系数/(10^{-6}/℃)	7.3		(π) −2.0 (σ) −4.3
非线性折射率/(10^{-13} esu)	4.09		0.59
发光寿命/10^{-4} s	2 (1%Nd)	1.8 (1%～3%Nd)	4.8 (1.5%Nd)
荧光带宽/cm^{-1}	6.5	11	12.5
破坏阈值/(GW/cm^2)	10.1		18.9

氟化钇锂晶体是高功率激光器中常用的调 Q 工作振荡器的工作物质，能够提供高稳定、高光束质量的纳秒脉冲种子光源。而且，它具有比 YAG：Nd 更宽的发射谱线(＞1.35 nm)，在锁模激光器方面有着很好的应用前景。美国 VLOC 公司能够生产的 YLF：Nd 晶体直径达 60 mm、长度达 150 mm。美国通用航空技术公

司(GA-ASI)采用将多片浸入折射率匹配液的 YLF∶Nd 晶体腔内串技术实现了 60 kW、光束质量为 2 倍衍射极限的激光输出。

YLF∶Nd 激光器发射波段可以从大约 920 nm 达到 1080 nm，由于其发射谱线较宽，近几年的研究主要集中在调谐激光器方面。意大利 Matteo Vannini 等在掺杂 30%调制范围为 1022～1075 nm 的激光输出，其连续输出功率达到了 1.15 W，准连续输出功率达到了 4 W，这是迄今为止 YLF∶Nd 输出的最大功率。

YLF∶Yb 的同系物，如 LuLF∶Yb、LuLF∶Tm, Ho 也具有和 YLF∶Yb 相似的性质。在 2004 年，Bensalah 等报道了 Yb 的同系物 $LuLiF_4$∶Yb（LLF∶Yb）的生长。其发射和吸收光谱表明 LLF∶Yb 具有较大的发射截面。该晶体的荧光寿命与 YLF∶Yb 相似，预计 LLF∶Yb 也应该有较好的激光特性。

国际上对 YLF 晶体研究的另一个热门课题是键合掺铥氟化钇锂(YLF∶Tm)晶体，该晶体是红外 OPO 固体激光器的主流选择，在武器装备中得到了应用。然而在高功率激光注入下，由于 YLF∶Tm 热负荷较重，较低的热导率制约了准三能级的 YLF∶Tm 激光运转，并且晶体容易被激光破坏。为了解决该问题，国外进一步采用了键合 YLF∶Tm 晶体作为增益介质，即在 YLF∶Tm 晶体两端通过扩散键合技术复合上不掺杂 YLF 晶体，不仅能够有效提高 YLF∶Tm 晶体的导热能力，而且可以明显提高其抗激光损伤能力。因而国外高功率中红外 OPO 固体激光器大部分都采取了键合 YLF∶Tm 激光晶体。目前美国、俄罗斯国为代表的国家实现了键合 YLF∶Tm 激光晶体的产品化，典型代表包括美国 Synoptics、Onyx 公司和俄罗斯 Polyus 研究所等单位。他们不仅具备 YLF∶Tm 晶体生产能力，而且掌握了各向异性的 YLF 扩散键合技术，并且在武器装备中得到应用。

我国在“神光”工程的需求牵引下，大力研发了掺钕氟化钇锂(YLF∶Nd)晶体，目前研制的 YLF∶Nd 晶体直径达到 35 mm、长度 100 mm 以上，已经应用于“神光”装置中，中国工程物理研究院应用电子学研究所计划采用上述 GA-ASI 的 YLF∶Nd 晶体方案，实现高能固体激光器小型化，获得数十千瓦的高能激光输出。近年来，在相干多普勒测风雷达项目牵引下，国内进一步开展了双掺钬铥氟化钇锂的研制工作，获得晶体样品在“2 μm、3～5 μm 固体激光器”科研项目中成功应用，作为单频连续波种子源，实现了温室下温度激光输出，解决了该晶体材料以前依赖进口问题，但是各向异性的 YLF 扩散键合技术研究在国内尚处于空白。

掺铈的六氟铝酸钙锂 $LiCaAlF_6$∶Ce^{3+}(简称 LiCAF∶Ce)和六氟铝酸锶锂 $LiSrAlF_6$∶Ce^{3+}(简称 LiSAF∶Ce)[29]，是迄今所报道的高效率、可调谐、掺稀土的紫外激光材料。

LiCAF∶Ce 和 LiSAF∶Ce 为三方晶系，空间群 *P*31*c*，氟铝钙锂石结构，每一个单胞含有两个基元，这两种晶体呈现无色透明状，在强紫外光照射下，稳定性好，折射率为 1.44。

两种晶体宽吸收带为紫外区 230～285 nm，LiCAF∶Ce 和 LiSAF∶Ce 的π偏振吸收中心波长分别为 267 nm 和 266 nm，与 YAG∶Nd 激光的四次谐波波长能很好地重合，两者的荧光带十分宽，为 275～330 nm，增益峰值波长为 290 nm。激光上能级的寿命在 LiCAF∶Ce 中是 25 ns，在 LiSAF∶Ce 中是 28 ns。由于晶体结构上的原因，Ce^{3+}离子从 5d 激发态到导带的跃迁存在着吸收，这种激发态吸收同样也表现出各向异性；LiCAF∶Ce 晶体的π和σ激光态吸收截面分别为 5.5×10^{-18} cm^2 及 9.9×10^{-18} cm^2。

Dubinskii 等首先报道 LiCAF∶Ce 紫外全固化可调谐激光特性[30]，实现了 281～297 nm 范围内的调谐，半峰宽约 0.9 nm，阈值 32 mJ/cm^2，斜率效率 8.7%。Pinto 开发了 YAG∶Nd 四倍频泵浦的 LiSAF∶Ce 激光器[31]，可获得从 285～295 nm 的连续可调谐紫外激光输出，其能量为 1.3 mJ，斜率效率为 17%，峰值波长为 290 nm。

4. 钒酸盐晶体

掺钕钒酸钇(YVO_4∶Nd)是一种重要的激光晶体。1.064 μm 受激发射截面为 YAG∶Nd 的 2.7 倍；1.34 μm 受激发射截面与 YAG∶Nd 在 1.064 μm 处的相近；0.809 μm 附近有一宽约 20 nm 的强吸收带。目前 LD 泵浦的 YVO_4∶Nd^{3+}激光器效率已达到 50%以上；吸收系数大，使得较小尺寸的晶体就能充分吸收泵浦光，有利于器件的小型化；基质 YVO_4 是单轴晶体，它的吸收及发射光谱具有强烈的偏振性，这与 LD 泵浦的偏振性相一致，为设计高效率激光器提供了有利条件，是制作 LD 泵浦小型全固化激光器的好材料。

钒酸钇的晶体生长是属于同成分熔化的简单化合物，熔点 1840℃，但高温时 V_2O_5 挥发使熔体化学比偏离，同时 V_2O_5 放氧变价，给晶体生长带来较大困难。

在室温下，$LaVO_4$∶Nd 晶体的最强吸收峰为 807.7 nm，FWHM 沿 π 偏振方向和沿σ偏振方向分别为 2 nm 和 3.6 nm，适合用二极管泵浦。发射谱中主要发射峰在 1064 nm 处，FWHM 沿着π偏振方向和σ偏振方向分别为 5.3 nm 和 4.8 nm。

用波长为 808 nm 的二极管泵浦该晶体，在 1064 nm 和 1340 nm 处分别得到 1.18 W 和 671 mW 的激光输出，各自的泵浦阈值及斜率分别为 80 mW、267 mW 和 42.8%、28.5%。而且经过倍频以后，还可到波长为 532 nm、功率为 206 mW 的绿光以及波长为 670 nm、功率为 42 mW 的红光[32]。

$GdVO_4$∶Tm 晶体的发射谱线在 1900～2100 nm 范围内，最大峰值为 1916 nm；吸收谱线在 800 nm 左右有一个较强的吸收峰，吸收系数为 6 cm^{-1}，对应的能级跃迁为 $^3H_6\rightarrow{}^3H_4$，较适合用激光二极管泵浦。最大吸收峰在 798.6 nm，吸收系数为 21.9 cm^{-1}，FWHM 为 6.3 nm。它的最大斜率为 47%，最低阈值可达 380 mW。荧光衰减时间将随着 Tm 的浓度的增加而从 2.1 ms 减小到 0.5 ms，这对激光振荡器来讲已经足够了[33]。

$GdLaVO_4$：Nd（$Gd_xLa_{1-x}Vo_4$：Nd）晶体具有吸收带较宽易于与泵浦源匹配的优点。

$LuVO_4$：Nd 是锆石英结构的钒酸盐晶体，属四方晶系。首次实现 LD 泵浦激光输出。该晶体的突出优点在于吸收截面大、热性能好以及具有较高的损伤阈值。该晶体的主要吸收峰在 807 nm 处，且吸收截面为 6.6×10^{-19} cm^2；最大发射峰值在 1060 nm 左右，发射截面为 14.6×10^{-19} cm^2，这在掺 Nd 的稀土激光晶体中是非常大的。$LuVO_4$：Nd 可以用于高效的二极管泵浦激光系统[34]。用 2.76W 波长 807 nm 的半导体激光激发，该晶体在 1064 nm 波长处得到最大输出功率 530 mW 的激光，斜率为 23.1%，光转换效率为 19.3%。

5. 硅酸盐

YSO：Yb 晶体（Y_2SiO_5：Yb）是单斜正二轴晶，属 C_{2h}^6 空间群，热导率为 3.7 W/mK。Yb 在其中的掺杂浓度为 5%原子分数。该晶体具有同质熔化、热性能好、能级分裂大和荧光寿命长等优点。Y_2SiO_5：Yb 晶体的主要吸收峰在 978 nm 处，发射谱带在 1018～1086 nm 范围内，发射峰值有 1042 nm、1058 nm、1082 nm[35, 36]。

6. 双钨酸盐晶体

双钨酸盐晶体 $MT(WO_4)_2$ 属于四方晶系，其中 M 表示一价碱金属离子（Li，Na），T 代表三价稀土阳离子（Y，Gd，Lu，La 等）。M 和 T 离子将随机地分布在晶体的 2*b* 和 2*d* 位置[37]。由于离子在晶格位置中的这种随机分布，每个掺杂离子将处于不同的晶体场环境之中，从而导致了其光谱线的非均匀展宽。这个特性一方面可以使得晶体的激光下能级劈裂增大，很大程度上降低了激光阈值，提高激光输出功率；另一方面，宽带宽的特性有利于锁模，产生持续时间短的激光脉冲。

$NaY(WO_4)_2$ 晶体的晶胞参数为 $a=b=5.205$ Å，$c=11.251$ Å，属于 $I41/a$ 空间群。2010 年，Lagatsky 等首次报道了 $NaY(WO_4)_2$：Tm, Ho 晶体的锁模激光运行情况。激光器采用 N^+离子植入的 SESAM，激光波长在 2060 nm 附近，最大平均输出功率为 155 mW，对应 258fs 的激光脉宽，脉宽最小可达 191fs，平均输出功率 82 mW，通过进一步改进，脉宽还可缩短至 100fs 以内[37, 38]。

$KRE(WO_4)_2$ 类晶体是很好的自拉曼激光晶体材料。

$KY(WO_4)_2$（KYW）晶体属于单斜晶系，其空间群为 $I2/c$，晶胞参数为 $a=8.05$ Å，$b=10.35$ Å，$c=7.54$ Å，$\beta=94°$，密度为 6.5g/cm^3 [39]。$KY(WO_4)_2$ 具有强烈的各向异性，这导致晶体有较大的吸收和发射截面以及较宽的发射谱，适合作为超快可调谐激光晶体。

掺 Nd 的双钨酸盐晶体有 $KY(WO_4)_2$：Nd（KYW：Nd）、$KGd(WO_4)_2$：Nd（KGW：Nd）和 $KLu(WO_4)_2$：Nd（KLuW：Nd）等，这类晶体激光输出对人眼安

全，显示了良好的应用前景。

掺 Yb 的钨酸盐晶体有 $KY(WO_4)_2$：Yb(KYW：Yb)、$KGd(WO_4)_2$：Yb(KGW：Yb)和 $KLu(WO_4)_2$：Yb(KLuW：Yb)等晶体，这类材料都是很好的自拉曼激光晶体。对于掺 Yb 的晶体，具有吸收系数大(可达 40 cm^{-1})和发射截面大的特点，其吸收峰的中心波长位于 980 nm 附近，荧光谱的带宽也比较宽，用钛宝石和 LD 泵浦 KYW：Yb 和 KGW：Yb 斜率分别高达 86.9%和 78%。该类晶体在输出功率和脉冲宽度等方面已经达到了飞秒激光器的使用要求，显示了良好的应用前景。

2007 年 Troshin 等对 $KY(WO_4)_2$：Tm^{3+}晶体的光谱以及激光特性进行了详细研究[39]。图 13-8 为他们测得的 $KY(WO_4)_2$：Tm^{3+}在室温下的吸收光谱，图 13-9 为在 1800 nm 附近沿着 N_m 方向偏振的吸收截面以及用倒易法计算得到的受激发射截面[39]。他们还测得 $KY(WO_4)_2$：Tm^{3+}的激光上能级的寿命为 1.1 ms，与理论计算一致。在被动锁模方面，Gaponenko 等在 2008 年利用 PbS 量子点作为饱和吸收体进行被动调 Q 实验，实现了 1.9 μm 处 110 mW 平均功率的 2.5 kHz 重复频率的纳秒级别激光输出[40]，2010 年他们用类似结构取得了 185 MHz 的重复频率的激光输出[41]。2011 年，英国圣安德鲁斯大学的 Lagatsky 等利用 InGaAsSb 量子阱作为半导体可饱和吸收镜(SESAM)首次实现了在 $KY(WO_4)_2$：Tm^{3+}晶体上亚皮秒级别的可调谐激光输出，其调谐范围为 1979～2074 nm。在 1986 nm 附近的平均输出功率可达 411 mW，脉宽为 549 fs，以 2029 nm 波长输出可得到最短的 386 fs 的脉冲，平均功率为 235 mW[42]。

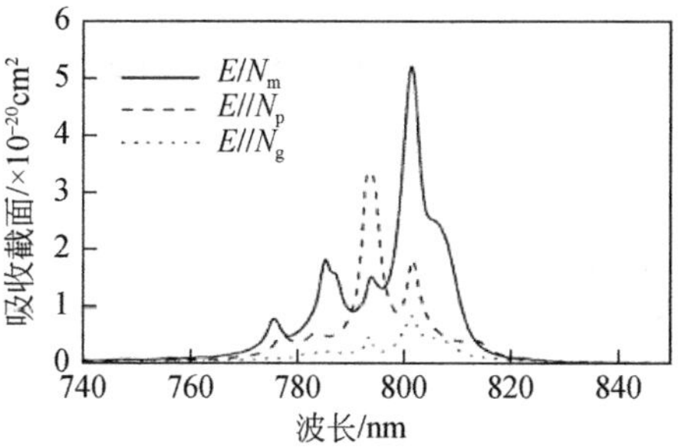

图 13-8　KYW：Tm^{3+}晶体在 800 nm 附近的吸收截面[39]

2009 年，Lagatsky 研究报道了新型 $KY(WO_4)_2$：Tm, Ho 激光晶体的生长、光谱特性以及激光性能[43]。图 13-10 为他们测得的 $KY(WO_4)_2$：Tm, Ho 在室温下的吸收光谱[43]，图 13-11 为测得的沿 N_m 方向偏振的晶体中 Ho^{3+}离子的吸收和受激发射截面[43]，从中可以看出 Ho^{3+}在 1961 nm 和在 2056 nm 处都有较大的发射截面，这利于低阈值稳定锁模激光的获得。在同年，他们又报道了利用 SESAM

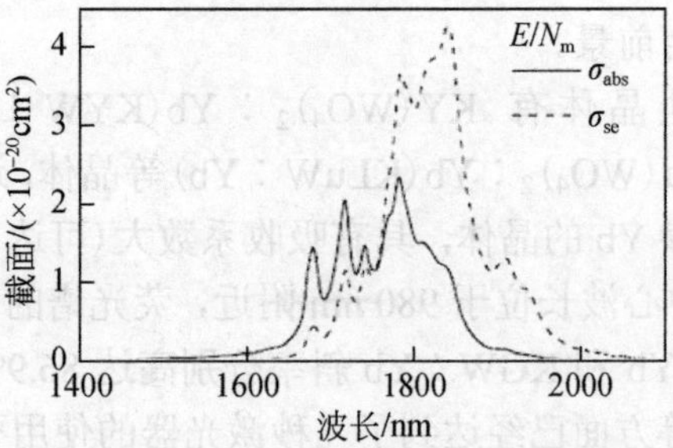

图 13-9　KYW：Tm^{3+}晶体在 1800 nm 附近的吸收和发射截面[39]

的锁模 $KY(WO_4)_2$：Tm, Ho 激光器情况，输出波长在 2000～2060 nm 可调，最小脉宽 3.3 ps，平均输出功率可达 315 mW[44]。2010 年，他们对之前使用的 SESAM 进行处理，在其中植入一定量的 As^+离子，在 2055 nm 处实现了 570fs 的激光脉冲，平均输出功率为 130 mW[45]。

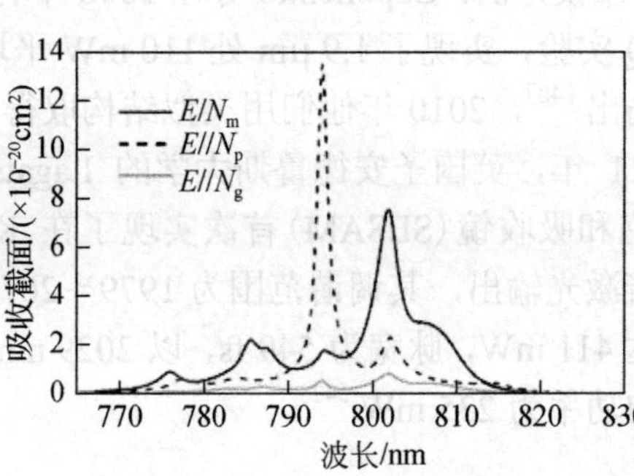

图 13-10　KYW：Tm, Ho 晶体在 800 nm 附近的吸收截面[43]

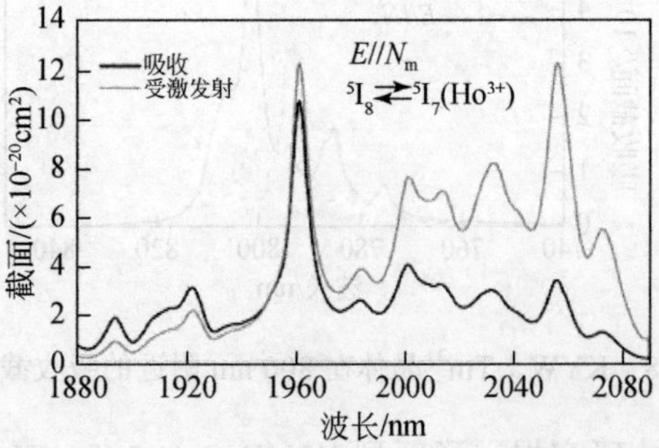

图 13-11　KYW：Tm, Ho 晶体在 2000 nm 附近的吸收和发射截面[43]

7. 钼酸盐晶体[46]

钼酸盐晶体是 20 世纪 70 年代 Kaminskii 等最早开始研究的，主要集中在 $KY(MoO_4)_2$：Nd^{3+}、$LiLa(MoO_4)_2$：Nd^{3+}、$LiGd(MoO_4)_2$：Nd^{3+}等晶体的受激发

射特性方面。

钼酸盐自身具有高度无序结构以及自双折射可调谐输出特点，尤其是 20 世纪 90 年代后期超快激光的快速发展，使人们又重新开始关注对钼酸盐晶体的研究。

钼酸盐晶体作为激光材料使用主要分为两类：一类是具有类似白钨矿结构的、化学式为 $AX(MoO_4)_2$ 的晶体，其中 A 代表碱金属离子(Li、Na)，X 是三价过渡族元素或稀土元素(Y、La、Gd 等)；另一类是具有钾钠铅钒型［$K_2Pb(SO_4)_2$］结构的化学式为 $A_5X(MoO_4)_4$(其中 A=K，Rb；X=Bi，Y，Re)结构的晶体。

在 2007 年 Zhu 等[47]成功地使用提拉法生长出 $BaGd_2(MoO_4)_4$：Nd 晶体，利用钛宝石激光器作为泵浦源实现了 1061 nm 和 1337 nm 激光输出，出光斜率分别达到 51%和 16%，激光阈值分别达到 3 mW 和 45 mW，证明该类型晶体是研究微片激光器的可选材料。黄艺东等[48]生长了掺 Yb 离子的 $BaGd_2(MoO_4)_4$ 晶体[48]，使用 980 nm 半导体激光器端面抽运 $BaGd_2(MoO_4)_4$：Yb 晶体，实现了 1.16W 的 1050 nm 准连续激光输出，斜率达到 20%，这一实验结果与 YAG：Yb 晶体对比具有可比拟的优势，因此认为，$BaGd_2(MoO_4)_4$ 类掺稀土晶体作为潜在的实现微片激光或超快激光输出的晶体是可行的。

8. 磷灰石结构晶体

具有磷灰石结构的晶体中，目前各国研究最多的是掺 Yb^{3+}晶体，主要包括 SFAP：Yb、FAP：Yb 和 SBFAP：Yb 等。它们的光谱性能优良，具有泵浦阈值低、增益大和效率高等优点。美国、法国和日本等正在设计用其作为新一代巨型激光器热核聚变固体激光增益介质。其中，美国的 Lawrence Livemor 实验室多年来对这类晶体进行系统的研究，并希望它们能成为惯性约束核聚变的增益介质。

从 1992 年起，Krnpke 等陆续报道了 FAP：Yb、SFAP：Yb 和 SVAP：Yb 等晶体的生长和激光性能；用连续钛宝石激光泵浦 FAP：Yb 晶体，最低泵浦阈值为 21.3 mW，最高斜率为 79.1%；连续钛宝石激光泵浦 SFAP：Yb 晶体，最低泵浦阈值为 30.1 mW，最高斜率为 71.5%；连续钛宝石激光泵浦 SVAP：Yb 晶体，最低泵浦阈值为 46 mW，最高斜率为 61.4%；用 LD 泵浦 SFAP：Yb 获得了 75 mW 的 CW 激光输出，斜率为 78%。美国在“水星”激光器(Mercury Laser)计划中，使用 SFAP：Yb 晶体作为激光工作物质，计划产生 100 J 的激光输出，目前已经取得了 50 J 以上的基频激光输出和 22.7 J 的倍频激光输出，显示出良好的前景。美国中佛罗里达大学的研究人员也报道了用 LD 泵浦 SVAP：Yb 晶体的激光实验结果。

9. 氧化镥晶体

在一般的激光晶体中，高的 Tm^{3+}离子掺杂浓度往往导致热导率的下降，这会对准三能级系统激光器的运作产生不利的影响。而在 Lu_2O_3：Tm 晶体中，由于

Tm^{3+}离子和 Lu^{3+}离子的质量相差极小，所以 Lu_2O_3：Tm 中声子的传播不会受到明显的阻碍。另外，Lu_2O_3：Tm 晶体具有宽吸收谱和宽发射谱，有较大的发射截面和低声子能，是一个理想的红外超快激光晶体材料。2012 年，Schmidt 等报道了利用单壁碳纳米管为饱和吸收体的被动锁模激光器运作情况。在 1.35W 的 798 nm 激光二极管泵浦下，脉宽为 175fs，平均输出功率 36 mW[49]。2013 年，Lagatsky 等又报道了利用单层石墨烯为饱和吸收体的锁模激光。脉宽为 410 fs，最大平均输出功率 270 mW[50]。另外，Koopmann 等在先前对 Lu_2O_3：Tm 晶体的光谱性质研究中指出该晶体的宽调谐范围在理论上可以支持 50 fs 的脉冲激光[51]，相信在将来会得到更短的激光脉冲。

10. 硼酸盐晶体

$NdAl_3(BO_4)_4$ 晶体是无对称中心的，故有压电性，能实现电光效应和非线性光学效应。$NdAl_3(BO_4)_4$ 的晶体中 Nd 处于六个氧近邻的三角棱柱内，形成 NdO_6。由于它反演对称偏差显著，虽然发射截面相对地增加，但形成大的奇宇称 f-d 杂化，使得在低浓度下［$Nd_{0.01}Gd_{0.99}Al_3(BO_4)_4$］所测得的荧光寿命仅为 50 μs，在最大的 Nd 浓度时荧光寿命为 19 μs。

NYAB 晶体［$Nd_xY_{1-x}(BO_3)_4$］是一种复合功能激光晶体，既有高的非线性系数、很大的受激发射截面，又有优良的物化性能的自倍频激光晶体。它很好地把激光工作物质和非线性光学材料合为一体，它既可以输出基频光（1.32 μm 和 1.06 μm），又可以输出倍频光（0.66 μm 和 0.531 μm），总效率 9.5%，斜率效率为 24%。

YAB：Yb, Ho 晶体［$YAl_3(BO_3)_4$：Yb, Ho］具有优良的光谱性能。在常温下，测得了可见光及红外波段的吸收光谱，Ho^{3+}的几个主要吸收峰在 362 nm、458 nm、540 nm、646 nm、885 nm、1177～1286 nm 和 1920～2016 nm，另外还有一个 Yb^{3+}的较强吸收峰在 976 nm 处。用波长为 976 nm 的光来激发 YAB：Yb, Ho 晶体，得到发射谱最强峰在 1966 nm 处。此外还有两个较强的上能级转换发射峰在 625 nm（红光）和 570 nm，分别对应 Ho^{3+}的 ${}^5S_2 \rightarrow {}^5I_8$ 和 ${}^5F_5 \rightarrow {}^5I_8$ 的跃迁[52]。

BOYS：Yb 晶体［$Sr_3Y(BO_3)_3$：Yb］具备较好的热性能，热导率 1.8W/MK。室温下 BOYS：Yb 晶体的主要吸收峰在 975 nm 处，FWHM 为 6 nm，吸收截面为 7.3×10^{-21} cm^2；最大发射峰在 1062 nm 附近，FWHM 为 60 nm，发射截面为 2×10^{-21} cm^2，荧光寿命为 1.33 ms。

用 975 nm 的高能双光纤二极管泵浦 BOYS：Yb 晶体，已获得 880 mW 激光输出，其中心波长为 1061 nm，吸收泵浦为 2.75 W，泵浦阈值为 750 mW，斜率效率 55%[53]。

CaBOYS：Yb 晶体［$(Sr_{1-x}Ca_x)_3Y(BO_3)_3$：Yb］，其中 Yb 的掺杂浓度为 15% 原子分数，该晶体突出的优点是热性能好、荧光寿命较长。室温下，该晶体的主要吸收峰在 975 nm 处，FWHM 为 8 nm，吸收截面为 6×10^{-21} cm^2；适合用二极管泵浦。发射谱线较宽，主要发射峰在 1066 nm 处，FWHM 为 50 nm，发射截面 3×10^{-21} cm^2。用发射波长为 970 nm、强度为 12.5W 的激光二极管作为泵浦源泵浦该晶体，已得到 4.1W 的激光输出，其斜率效率为 70%[54]。

该晶体的热性能良好，热膨胀系数的各向异性不很明显，且沿 c 轴的热膨胀系数不大，这使得晶体较易生长，不易破裂。该晶体的热导率为 1.2 W/mK。

GdYCOB：Nd 晶体［$GdYCaO(BO_3)_3$：Nd］属低对称性晶体，折射率为 1.69，晶胞参数为 a=8.08 nm，b=16.02 nm，c=3.54 nm，β=101.18°，点群 m。该晶体具有分凝系数大(为 0.71，易实现高浓度掺杂)，没有显著发光猝灭，发射截面宽(为 12.5×10^{-20} cm^2)等优点。

在室温下，GdYCOB：Nd 晶体最强的吸收峰在 812 nm 处，吸收截面为 1.77×10^{-20} cm^2，FWHM 为 2 nm，适合用二极管泵浦。用 812 nm 激光激发该晶体得到最主要的发射峰在 1063 nm 处，发射截面为 3.1×10^{-19} cm^2。光谱显示 GdYCOB：Nd 晶体是一种很有潜力的 RGB(red，green，blue) 自倍频激光晶体。另外，掺杂 4%和 5%原子分数的 GdYCOB：Nd 荧光寿命分别为 105 μs 和 100 μs[55]。

CYB：Tm 晶体［$Ca_3Y_2(BO_3)_4$：Tm］属于正交晶系，该基质的特点是硬度适中、化学性质稳定、不含水分。室温下，CYB：Tm 晶体吸收谱的范围很宽，为 500～1500 nm，FWHM 为 33.9 nm，适合用二极管泵浦，较宽的吸收带有利于泵浦源耦合。最大吸收峰值在 800 nm 附近，吸收系数为 0.604 cm^{-1}，吸收截面为 1.47×10^{-20} cm^2。用 800 nm 激光激发 CYB：Tm 晶体得到发光谱位于 1333～1429 nm，其 FWHM 为 63.6 nm。此种晶体是一种红外可调激光晶体[56]。

YCOB：Yb, Er 晶体［$YCaO(BO_3)_3$：Yb, Er］在 976 nm 处具有高的泵浦吸收效率，且在 1537 nm 处的激光效率高，这使得该晶体非常有前途。在室温下，从紫外到红外波段测量了 YCOB：Yb, Er 的吸收，得出五个主要的吸收峰，分别为 380 nm、520 nm、900 nm、1537 nm 和 976 nm，在 976 nm 处 Yb 的吸收系数为 12 cm^{-1}，吸收截面为 3.6×10^{-21} cm^2，吸收能量约占总泵浦能的 91%。用 976 nm 的光来泵浦 YCOB：Yb, Er 晶体，在 1510～1580 nm 范围内得到较强激光输出，峰值 1537 nm 处的发射截面为 4.2×10^{-21} cm^2，得到最大输出功率为 110 mW。另外，Er 的能级 $^4I_{11/2}$ 有较长的寿命，为 1.2 ms[57]。

GdCOB：Yb, Er 晶体［$GdCa_4O(BO_3)_3$：Yb, Er］的基质 GdCOB 属单斜晶系，C_m 空间群。该晶体与 YCOB：Yb, Er 相比的优点在于熔点较低，约为 1480℃(GdCOB：Yb, Er 熔点为 1510℃)，易于生长。该晶体的输出光波长为 1540 nm，这个波长的光对人眼来说是安全的。用能量为 3.7W、波长为 975 nm 的光激发 GdCOB：Yb, Er 晶体，吸收能量约为 2W，最大输出能量为 80 mW，斜率效率为 7%。如果用波长为 902 nm 的掺钛蓝宝石激光泵浦，最大的输出为 67 mW，斜率效率为 15%[58]。

国内经过几十年的研究，形成了一系列适用的激光晶体，包括 YAG：Nd、YAP：Nd、钒酸盐晶体等。这些晶体在相当大程度上能够满足国内激光装备的需求。例如；我国研制的 YAG：Yb 晶体已经获得了数千瓦的激光输出；我国 YVO_4：Nd 晶体批量生产技术的突破促进了 YVO_4/KTP：Nd 光胶技术的发展和小型全固态倍频激光器产业化及其广泛应用；自倍频激光晶体研究获得很大进展，采用 976 nm LD 倍频硼酸铝镱（YAB：Yb）晶体获得 1.1W 连续绿光输出，自倍频输出光-光转换效率是 10%；采用 LD 泵浦 $La_2CaB_{10}O_{19}$（LCB）：8%Nd 晶体获得大于 100 mW 自倍频输出绿光；采用 LD 泵浦 GdCOB：Nd 晶体中获得超过瓦级连续自倍频绿光输出；我国在 2～3 μm 中红外激光晶体方面也获得较大进展，YLF：Tm 晶体在 2 μm 处获得近 100 W 的激光输出，斜率效率大于 35%。

我国激光晶体的研究和发展具有很好的基础，并有一支很好的研发队伍，在国家的支持下，一定可以获得大的发展，满足我国科技、国防和国民经济发展的需求。但是，相当一部分特殊的、高性能激光材料仍然需要从国外进口。尤其新波段和新概念方面缺乏自主创新，与美国、日本、法国以及俄罗斯等国家在新材料制备技术方面存在较大差距。一些大功率激光器用基础材料（如大尺寸、高光学质量的 YAG 晶体和红外激光晶体）基本从国外进口。广泛应用和大量生产的 YAG 晶体的激光效率与美国约有 15%的差距；调 Q 材料的抗激光损伤和构型应用还有较大差距，新型调 Q 材料（如铝酸镁镧：Co、尖晶石：Co 等）刚跟踪国外开始预研。

根据激光晶体领域发展趋势，目前对激光晶体材料的研究大多集中于：

(1) 高功率激光晶体。高功率激光晶体又分为高平均功率激光晶体和高峰值功率激光晶体。前者主要应用于先进制造技术、激光加工、激光武器等；后者主要应用于超快激光器件、超强超短激光大工程、激光聚变点火过程等。

①高平均功率激光晶体：高平均功率晶体中以石榴石型含氧酸盐晶体最为重要，包括掺钕或掺镱的钇铝石榴石晶体和钆镓石榴石晶体。其中，掺钕钇铝石榴石（YAG：Nd）和掺镱钇铝石榴石（YAG：Yb）晶体，由于其激光性能和物理化学性能均十分优异，且易于生长大尺寸、高光学质量的晶体，适宜用作高功率固体激光器的工作介质，一直是各发达国家激光晶体材料发展的重点，并不断向着大尺寸、高光学质量方向发展。目前，美国已实现了大尺寸 YAG：Nd、YAG：Yb 晶体的规模化生产，已实现规模化生产尺寸大于 Φ100 mm×300 mm 的 YAG 激光晶体。晶体光学质量优异，产品质量一致性好，处于世界领先水平。

钆镓石榴石 GGG 系列晶体 $Gd_3Ga_3O_{12}$（GGG）、$Gd_3Sc_2Ga_3O_{12}$（GSGG）是另外一组重要的激光基质，被美国选为固体热熔激光器的激光工作介质。

②高峰值功率激光晶体：高峰值功率激光是指脉冲宽度短、峰值功率高的脉冲激光。随着激光材料和激光技术的发展，激光脉冲宽度由 ns 量级减小到 ps，甚至 fs 量级；而峰值功率由 kW、MW 提高到 TW、PW 量级。其中，大瓦（1TW=10^{12}W）

级以上的超强超短激光为人类开展科学研究提供了全新的实验手段与极端的物理条件，是当前非常重要的科学前沿领域之一。

进入 21 世纪，具有宽光谱性能的稀土离子掺杂氟化物激光材料在全 LD 泵浦超强超短激光领域的应用受到人们关注。

(2) 红外和可调谐激光晶体。红外激光晶体的研究是一项具有重大价值的工作。要获得红外(～2 μm)、中红外(3～5 μm)、远红外(8～12 μm)波长的激光，常用的手段主要分为两类：一类为直接激射中远红外激光晶体，一类为中远红外非线性晶体，依靠非线性光学效应获得波长为 27～45 μm 和 8～12 μm 等。激光波长位于这一段的激活离子主要有 Tm^{3+}、Er^{3+}、Ho^{3+}等，通常采用的激光基质材料有 YAG、YAP 和 LYF 等。对不同激光基质、不同掺杂稀土离子的激光晶体的研究有助于提升红外激光器的性能，扩大其用途。

2 μm 波段激光处在水分子的强烈吸收带，具有在人体组织中穿透深度小的特点，在眼部激光手术和组织切除等医疗领域发挥重要作用[59, 60]。图 13-12 为电磁波在水或其他生物组织成分中的吸收系数和穿透深度图[61]，在 2 μm 处仅约 500 μm 的穿透深度可以确保组织的精确切除。而其大气透过性能好等特点，在激光雷达、遥感探测以及环境监测等领域也有广阔应用前景[43]。另外，2 μm 波段激光还是获得中远红外激光光学参量振荡器的理想抽运源[62]。

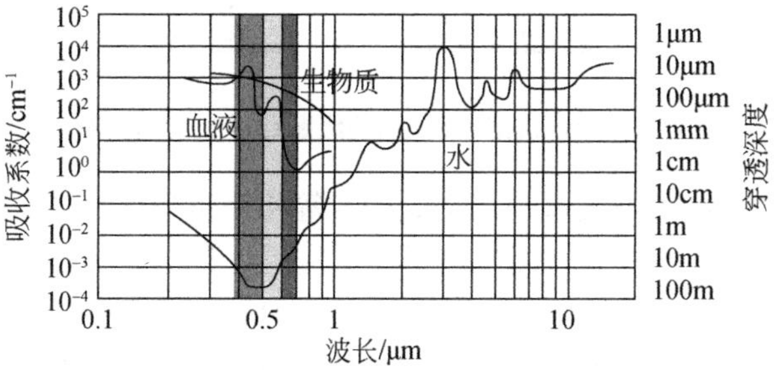

图 13-12 电磁波在水或其他生物组织成分中的吸收系数和穿透深度[61]

目前，掺 Tm^{3+}/Ho^{3+}(包括单掺 Tm^{3+}离子、单掺 Ho^{3+}离子以及双掺 Tm^{3+}离子和 Ho^{3+}离子)的激光晶体是超快 2 μm 波段激光器的研究热点。掺 Tm^{3+}的激光晶体由于其重复频率高、调谐范围大、离子对交叉弛豫其量子效率接近和荧光寿命长等特点，非常适合被用来产生 2 μm 波段的超快激光(约 1800～2000 nm)，其激光输出对应于 Tm^{3+}的 $^3F_4 \rightarrow ^3H_6$ 能级跃迁，而且因为掺 Tm^{3+}的激光晶体在 800 nm 附近有强吸收带，可以利用 AlGaAs 激光二极管进行高效泵浦[63]。掺 Ho^{3+}固体激光器，其 2 μm 波段激光输出(约 2000～2150 nm)对应于 Ho^{3+}的 $^5I_7 \rightarrow ^5I_8$ 能级跃迁。与 Tm^{3+}相比，有更大的荧光寿命和发射截面，同时更长的激光波长在大气中穿透性能更好，在遥感应用方面有更大的优势。但由于其在 800 nm 附近无吸收峰，无法用商品化的半导体激光二极管进行泵浦，所以往往只能用 Tm^{3+}激光器在 1900 nm 处进行泵浦。为了解决 Ho^{3+}的泵浦问题，人们提出了共掺 Tm^{3+}和 Ho^{3+}的激光增益介质。其机理是利用 Tm^{3+}作为敏化剂，Ho^{3+}作为激活剂，将 AlGaAs 激光二极管的泵浦光通过 Tm^{3+}的 $^3F_4$能级与 Ho^{3+}的 $^5I_7$能级之间的能量传递到 Ho^{3+}的激发态[64]，实现 2 μm 波段激光输出。图 13-13 为 Tm^{3+}, Ho^{3+}离子的能级跃迁图以及两种离子间的能量转移示意图[52]。Tm^{3+}离子的电子在 AlGaAs 的泵浦下从 $^3H_6$能级跃迁到 $^3H_4$能级，之后将以非辐射跃迁的方式回到亚稳态 $^3F_4$能级，或者通过与另一个处于 $^3H_6$的电子发生交叉弛豫，形成两个处于 $^3F_4$能级的电子。这些 $^3F_4$电子的能量能够以共振转移的方式传递给 Ho^{3+}，从而使其从 $^5I_8$激发至 $^5I_7$能级。为了获得高能、稳定的超快 2 μm 波段激光和宽波长调谐，人们不断地寻找具有高 Tm^{3+}, Ho^{3+}掺杂浓度及良好热学性能的基质。

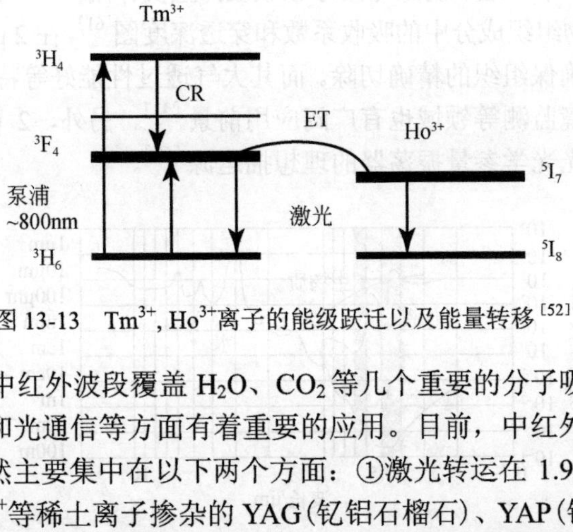

图 13-13　Tm^{3+}, Ho^{3+}离子的能级跃迁以及能量转移[52]

2～5 μm 的中红外波段覆盖 H_2O、CO_2等几个重要的分子吸收带，在医学、遥感、激光雷达和光通信等方面有着重要的应用。目前，中红外激光材料和相关器件研究方面仍然主要集中在以下两个方面：①激光转运在 1.9～3.0 μm 附近的 Tm^{3+}、Ho^{3+}和 Er^{3+}等稀土离子掺杂的 YAG（钇铝石榴石）、YAP（铝酸钇）、YLF（氟化镥锂）、GaF_2等激光晶体材料及其激光器件；②Cr、Fe 等掺杂 ZnSe 等Ⅱ-Ⅵ族半导体材料及其激光器，其激光波段主要在 2～5 μm。

2 μm 波段 Ho^{3+}、Tm^{3+}离子单掺或共掺的 YLF、LiF 以及 YAP 等激光晶体是国外重点发展的对象。

3 μm 波段激光是长波红外光参量振荡器的泵浦源，在医疗上有着非常重要的应用，国外重点发展了 YAG：Er、YSGG：Er、GSGG：Er 等晶体。

面向人眼安全、遥感、光通信、医疗等应用领域，重点发展近红外区 690～1800 nm 波长范围的可调谐激光晶体。

可调谐的稀土晶体激光材料同样是很引人注目的。利用 YLF：Ce 和 LaF_3：Ce^{3+}晶体中 Ce^{3+}的宽带的 5d→$^2F_{7/2}$ 允许跃迁，可实现激光波长在紫外范围内的调谐。

(3)二极管泵浦激光晶体。随着这种小型轻便而泵浦光线宽的 LD 泵浦源的进一步发展，探索和重新评价过去 30～40 年里研究过的许多激光晶体已成为研究的热点，也必然要求研制大量性能优良的适合于 LD 泵浦的激光晶体。特别是 Yb^{3+} 离子作为激活离子，其激光运转中的量子缺损很小，能级简单、转换损耗小，可以掺入较高浓度的激活离子又有较长的荧光寿命和一定的调谐宽度。近十年来，半导体激光泵浦的 Yb^{3+} 激光器的输出功率指数式地提高，已经超过 kW 水平。这种材料可以利用来研制出高效的小型化(微片)激光器，也可以研制在一定的波长范围内调谐和超短脉冲(fs)激光器以及复合功能(包括自倍频和自拉曼频移)激光器。目前对 Yb^{3+} 离子激活的多种激光材料还研究得很不够，其中还有许多未开垦的处女地。

(4)新波段、多波长激光晶体。深化发展面向全色显示、光刻等应用的蓝绿紫和可见光激光晶体。目前，采用激光晶体产生可见光激光的主要途径有：泵浦的腔内倍频 1 μm 波段激光；自倍频激光晶体；近红外 LD 泵浦上转换可见光激光等。

(5) 自拉曼激光晶体。Nd^{3+}、Yb^{3+} 掺杂的双钨酸激光晶体如 $KY(WO_4)_2$(KYW)、$KGd(WO_4)_2$(KGW)和 $KLu(WO_4)_2$(KLuW)等是典型的自拉曼激光晶体。Nd 掺杂的双钨酸晶体在人眼安全的自拉曼激光输出方面取得了很好的结果，显示出良好的应用前景。掺 Yb 的晶体具有吸收系数大(可达 40 cm^{-1})和发射截面大的特点，其吸收峰的中心波长位于 980 nm 附近，其荧光光谱的带宽也比较宽。用钛宝石和 LD 泵浦 KYW∶Yb 和 KGW∶Yb 的斜率效率分别高达 96.9%和 78%。该类晶体在输出功率和脉冲宽度等方面已达到了飞秒激光器的使用要求，显示了广阔的应用前景。

13.2.3　化学计量比激光晶体

在激光晶体发展过程中，主要存在着两个问题：一是在高功率下晶体容易破碎；二是效率较低，由此影响着晶体激光器的发展。人们曾努力改进现有的晶体质量和采用敏化等方式提高能力转换效率，虽然进行了大量的工作，但未见重大突破。在积极探索新的晶体激光材料的进程中，1972 年 Daniemeyer 等提出具有高钕浓度和低浓度猝灭的五磷酸钕(NdP_5O_{14})，引起人们的重视，并相继出现了四磷酸钕锂($LiNdP_4O_{12}$)、硼酸钕铝［$NdAl_3(BO_3)_4$］、磷酸钕钾［$K_3Nd(PO_4)_2$］、$K_5NdLi_2F_{10}$ 和五磷酸镨(PrP_5O_{14})等一系列激光晶体，形成一支具有一定特色的高稀土浓度激光材料[65]。

这类晶体的一个重要特点是激活离子并非掺杂，而是以化合当量比作为晶体的组成，故也称为化学计量比激光材料。该特点对研究激活离子的光谱、能量转移或发光行为等提供了有利的条件，更引起人们的兴趣。

在一般激光材料中，当激活离子的浓度增高时，由于他们彼此之间的间隔减小而易引起离子对之间的相互作用或交叉弛豫，从而发生浓度猝灭。

在化学计量比激光材料中，稀土激活离子不是以掺杂的形式加入，而是作为基体的组分之一。其激活离子浓度高，故有时也称为高稀土浓度激光材料，稀土激活离子被 La^{3+}或 Y^{3+}等光学惰性离子所稀释。

这类材料的激活离子浓度高、荧光猝灭小，适用于制成光泵浦、低阈值的微小型激光器。对含 Nd^{3+}的晶体，在近红外有较强的吸收峰，可用发光二极管泵浦，得到 1.06 μm 或 1.3 μm 的激光输出，该波段是光导纤维损耗最小的波段，适用于光通信和集成光学。

第一个报道的化学计量比激光材料是输出激光波长为 2 μm 的 HoF_3，随后是 $PrCl_3$，接着出现了五磷酸钕 NdP_5O_{14}，致使在 20 世纪 70 年代曾掀起了对化学计量比激光材料的兴趣。

1. 五磷酸钕（NdP_5O_{14}）[66]

NdP_5O_{14}是这类材料的代表，它发现得最早和研究得最详细。NdP_5O_{14}的晶体生长已有不少报道，高质量的晶体均采用蒸发溶液法生长。

在 NdP_5O_{14}中，由于激活离子之间被$(PO_4)^{3-}$等基团所隔离（图 13-14），使激活离子之间的间隔增大至 50～60pm（见表 13-4），减少了离子之间的多极相互作用及交换作用，从而减少了浓度猝灭。NdP_5O_{14}的最主要特征之一是荧光猝灭小，荧光寿命是 110～120 μs。

NdP_5O_{14}晶体结构的特点是每个 Nd^{3+}周围有 8 个原子，形成孤立的 NdO_8 十二面体。相邻的 Nd 离子不共用相同的氧原子，而通过十字形的平带磷酸盐基连接，即 Nd—O—P—O—Nd 连接。这种结构使 Nd 离子之间的相互影响减小和荧光猝灭减弱。

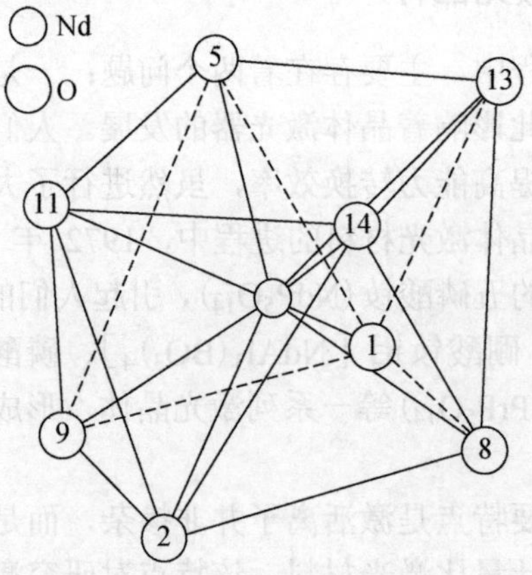

图 13-14　NdP_5O_{14}中钕和氧的配位构型图

表 13-4　化学计量比和高稀土浓度激光材料

材料	离子	激活剂浓度/10^{21} cm^{-3}	间隔/pm	跃迁	激光波长/μm	荧光寿命/μs	量子效率
化学计量晶体							
$PrCl_3$	Pr^{3+}	9.81		$^3P_0 \rightarrow {}^3F_2$	0.6451	10	
NdP_5O_{14}	Nd^{3+}	3.96	52	$^4F_{3/2} \rightarrow {}^4I_{11/2}$	1.051	115	0.37
				$^4F_{3/2} \rightarrow {}^4I_{13/2}$	1.32		
$NdLiP_4O_{12}$	Nd^{3+}	4.37		$^4F_{3/2} \rightarrow {}^4I_{11/2}$	1.048	135	0.36
				$^4F_{3/2} \rightarrow {}^4I_{13/2}$	1.319		
$NdKP_4O_{12}$	Nd^{3+}	4.08		$^4F_{3/2} \rightarrow {}^4I_{11/2}$	1.1052	100	0.38
				$^4F_{3/2} \rightarrow {}^4I_{13/2}$	1.319		
$NdK_y(PO_4)_2$	Nd^{3+}	5.01		$^4F_{3/2} \rightarrow {}^4I_{11/2}$	1.06	21	0.05
$NdK_3(BO_3)_4$	Nd^{3+}	5.34	59.2	$^4F_{3/2} \rightarrow {}^4I_{11/2}$	1.064	19	0.38
				$^4F_{3/2} \rightarrow {}^4I_{13/2}$	1.3		
$NdK_y(MoO_4)_4$	Nd^{3+}	2.32	59.8	$^4F_{3/2} \rightarrow {}^4I_{11/2}$	1.06	60	0.33
$NdK_y(WO_4)_4$	Nd^{3+}	2.6	60.2	$^4F_{3/2} \rightarrow {}^4I_{11/2}$	1.06	85	0.36
HoF_3^2	Ho^{3+}	20.8		$^5I_7 \rightarrow {}^5I_6$	2	2600②	0.29
$Er_3Al_3O_2$	Er^{3+}			$^4I_{11/2} \rightarrow {}^4I_{13/2}$	2.9367	70	
$ErLiF_4$	Er^{3+}			$^4S_{3/2} \rightarrow {}^4I_{9/2}$	1.732		
高稀土浓度混晶							
$Nd_xLa_{1-x}P_5O_{14}$	Nd^{3+}			$^4F_{3/2} \rightarrow {}^4I_{11/2}$		320③	
$Nd_xLa_{1-x}LiP_4O_{12}$	Nd^{3+}			$^4F_{3/2} \rightarrow {}^4I_{11/2}$		325①	
$Nd_xGd_{1-x}KP_4O_{12}$	Nd^{3+}			$^4F_{3/2} \rightarrow {}^4I_{11/2}$		275①	
$Nd_xGd_{1-x}Al_y(BO_3)_4$	Nd^{3+}			$^4F_{3/2} \rightarrow {}^4I_{11/2}$		50③	
$Nd_xGd_{1-x}Na_y(WO_4)_4$	Nd^{3+}			$^4F_{3/2} \rightarrow {}^4I_{11/2}$		220①	
YAG：Ho^{3+}	Ho^{3+}			$^5I_6 \rightarrow {}^5I_7$	2.94		
YAG：Er^{3+}	Er^{3+}	>1		$^4I_{11/2} \rightarrow {}^4I_{13/2}$	2.94	100	
高稀土浓度玻璃							
Li—Na—Nd—磷酸盐	Nd^{3+}	3	>45	$^4F_{3/2} \rightarrow {}^4I_{11/2}$	1.054	80	0.24
Al—Nd—磷酸盐	Nd^{3+}	2.7		$^4F_{3/2} \rightarrow {}^4I_{11/2}$	1.052	50	0.11

①x=0.01；②温度 77 K；③温度 90 K。

Nd^{3+}：$^4F_{3/2}-{}^4I_{15/2}={}^4I_{15/2}-{}^4I_{9/2}$；

Er^{3+}：$^4I_{13/2}={}^4I_{13/2}-{}^4I_{15/2}$。

文献中报道了 NdP_5O_{14} 的吸收光谱，并与 YAG：Nd 作了比较，结果表明：在相当厚度的条件下，NdP_5O_{14} 在 7400 Å、8000 Å 和 8700 Å 三个主要吸收峰的吸收量为 YAG：Nd 的 60 倍，而吸收截面(σ_a=2.1×10^{-20} cm^2)与 YAG：Nd(1.97×10^{-20} cm^2)很相近。

NdP_5O_{14}的受激发射截面是各向异性的。在研究NdP_5O_{14}中Nd^{3+}的$^4F_{3/2}$态荧光寿命时，发现在高激励速率时寿命缩短，这将限制NdP_5O_{14}的光学增益。

对于NdP_5O_{14}晶体的激光特征已进行了广泛的研究。激光器均用光泵浦，所用的光源有染料激光器、Ar 离子激光器、Kr 离子激光器或毫微秒脉冲红宝石倍频激光器。近年来由于高质量、大晶体的生长有所突破，闪光灯泵浦的NdP_5O_{14}激光器有很大的发展。已制成氙灯泵浦的超小器件，这将有助于开辟高稀土浓度激光器材料的新应用途径。模拟发光二极管泵浦的NdP_5O_{14}激光器也已有研究。工作方式包括连续、准连续和脉冲等形式。激光波长已从 1.05 μm 扩展到 1.32 μm。

NdP_5O_{14}的吸收系数比 YAG：Nd^{3+}高 30～50 倍，故可减小激光材料的体积而制成微小型激光器。其潜在的应用是用于集成光学、光通信、测距、光计算机、频率标准等。

2. $MNdP_4O_{12}$(M 为 Li、Na、K)[67]

(1) 四磷酸钕锂($LiNdP_4O_{12}$)的晶体结构类似于NdP_5O_{14}有 Nd—O—P—O—Nd 键，但结构上的主要差别是磷酸盐基的螺旋形连接，而不像NdP_5O_{14}是十字形的平带连接。每个 Nd 离子周围有 8 个氧离子，形成孤立的NdO_8的十二面体。$LiNdP_4O_{12}$属于单斜晶系，晶体的分解温度为 965℃。

$LiNdP_4O_{12}$的最强吸收带位于 8000 Å 附近，8009 Å 吸收峰的吸收系数为 130 cm^{-1}。在 1.048 μm 和 1.317 μm均有较强的荧光发射。1.317 μm的荧光线宽在 300 K 时为 40 Å，相当于 1.048 μm 的二倍。从晶体结构得知，$LiNdP_4O_{12}$所发出的荧光是各向异性的，测得沿 *b* 轴方向发出的荧光最强。

(2) 四磷酸钕锂($KNdP_4O_{12}$)也类似于$LiNdP_4O_{12}$，它具有孤立的NdO_8十二面体和螺旋形磷酸盐基的连接，但由于钾离子半径大，使晶体发生畸变，使它成为一种无中心对称空间群的高钕浓度激光材料。由于它无反演对称性，故可用于二次非线性光学过程(如二次谐波)或直接用于激光晶体中实现线性电光调制。

(3) 四磷酸钕钠($NaNdP_4O_{12}$)和 $KNdP_4O_{12}$ 的吸收光谱和荧光光谱与$LiNdP_4O_{12}$基本相同。对不同碱金属离子而言，随着碱金属离子半径的增大，它们的荧光寿命缩短($LiNdP_4O_{12}$为 120 μs＞$NaNdP_4O_{12}$为 110 μs＞$KNdP_4O_{12}$为 100 μs)和激光跃迁截面减小($LiNdP_4O_{12}$为 3.2×10^{-19} cm^2＞$NaNdP_4O_{12}$为 2.1×10^{-19} cm^2＞$KNdP_4O_{12}$为 1.5×10^{-19} cm^2)。对于同一个碱金属离子用不同稀土离子稀释时，虽然其荧光光谱、发射截面不变，但荧光寿命随稀释离子浓度的增加而增加，并且表现出稀土离子半径越大，荧光寿命增加越大。例如$LiNd_{0.5}La_{0.5}P_4O_{12}$的荧光寿命为 192 μs，而$LiNd_{0.5}Gd_{0.5}P_4O_{12}$的寿命为 179 μs。

$MeNdP_4O_{12}$的激光特性有较多报道，它们都能输出偏振的激光。目前所得到的$LiNdP_4O_{12}$激光器的斜率效率最高达 43%。

3. 硼酸钕铝 [$NdAl_3(BO_4)_4$]

$NdAl_3(BO_4)_4$ 晶体是最早发现的非磷酸盐的高稀土浓度激光材料。该晶体是无对称中心的，故有压电性，能实现电光效应和非线性光学效应。它的另一特点是能够共掺 Cr^{3+} 并实现能量转移，将可用于太阳光泵浦。

$NdAl_3(BO_4)_4$ 的晶体中 Nd 处于六个氧近邻的三角棱柱内，形成 NdO_6。由于它反演对称偏差显著，虽然发射截面相对地增加，但形成大的奇宇称 f-d 杂化，使得在低浓度下 [$Nd_{0.01}Gd_{0.99}Al_3(BO_4)_4$] 所测得的荧光寿命仅为 50 μs，在最大的 Nd 浓度时荧光寿命为 19 μs。

值得注意的是当 $NdAl_3(BO_3)_4$ 中掺杂了其他惰性稀土离子后荧光光谱发生明显的变化，观察到加入 Gd 后谱带宽度变窄和产生偏离。这可能是因为晶格稍微不同而产生的畸变。

NYAB 晶体 [$Nd_xY_{1-x}(BO_3)_4$] 是一种既有高的非线性系数、很大的受激发射截面又有优良物化性能的自倍频激光晶体。它很好地把激光工作物质和非线性光学材料合为一体，它既可以输出基频光(1.32 μm 和 1.06 μm)又可以输出倍频光(0.66 μm 和 0.531 μm)，总效率 9.5%，斜率效率为 24%，因此，随着激光技术和非线性光学的迅速发展，作为复合功能材料的 NYAB 晶体应用越来越广泛。NYAB 晶体在激光二极管泵浦下平均输出功率的大幅度上升，正引起国际激光学术界的极大兴趣。预计 LD 泵浦的 NYAB 全固化绿色激光器将在激光电视机、彩色复印机、印刷机、全息照相、高速摄影、激光医疗、激光通信和激光计算机等许多高技术领域得到广泛的应用。

4. PrP_5O_{14} [68]

PrP_5O_{14} 是第一个在可见波段发射激光的高稀土浓度激光材料。空间群 $P2_1/c$，激活离子浓度 $3.88\times10^{21}/cm^3$，激光跃迁截面 $0.09\times10^{-19}\ cm^2$，密度 3.3 g/cm^3。

PrP_5O_{14} 的几条吸收带(445 nm、460 nm 和 480 nm)都在蓝绿光区，这将提供用闪光灯泵浦的可能性。用 476 nm 的 Ar 离子激光器激发小晶体，室温下可见光区的荧光谱线由四条(641.7 nm、637.3 nm、635.3 nm 和 610.0 nm)组成。用 445 nm 的 mμs 光脉冲测定 Pr^{3+} 在 $^3P_0$ 的荧光寿命为 70 mμs。

高稀土浓度激光材料的主要性质见表 13-5。

表 13-5　高稀土浓度激光材料的主要性质

晶体(缩写)	空间群	密度/(g/cm³)	激活离子浓度/($10^{21}/cm^3$)	荧光寿命/μs			激光跃迁截面/$10^{-19}\ cm^2$	荧光线宽/Å(室温)	Nd-Nd 最近距离/Å	光增益比
					X=0.01	X=1				
NdP_5O_4(NPP)	$P2_1/c$	3.5	3.96	La	320	115	1.1	30	5.19	9
$LiNdP_4O_{12}$(LNP)	$C2/c$	3.4	4.42	La	320	135	3.2	17	5.62	29

续表

晶体（缩写）	空间群	密度/(g/cm³)	激活离子浓度/(10^{21}/cm³)	荧光寿命/μs X=0.01	荧光寿命/μs X=1	激光跃迁截面/10^{-19} cm²	荧光线宽/Å（室温）	Nd-Nd 最近距离/Å	光增益比
$NaNdP_4O_{12}$(NNP)	$P2_1/m$	3.45	4.24		110	2.1		5.72	1.7
$KNdP_4O_{12}$(KNP)	$P2_1$		4.08	Gd 275	100	1.5	50	6.66	10
$K_3Nd(PO_4)_2$(KNOP)	$P2_1/m$		5.0	La=0.995 458	21	0.6～0.8		4.87	
$Na_3Nd(PO_4)_2$(SNOP)	*Pbcm*		4.2	La=0.995 359	23			4.65	
$NdAl_3(BO_3)_4$(NAB)	R_{32}		5.43	Gd 50	19	8.0	25～30		11
$Na_5Nd(WO_4)_4$(NST)	$I4_1/a$		2.6	La 220	85±5	5～10		6.45	
$K_5Nd(MoO_4)_4$(NPM)	*R*3*m*		2.6	La=0.94 290	70	0.7			
$CsNdCl_6$(CSNC)	*Fm*3*m*		3.2	Y 4100	1230	0.012		7.7	0.8
$Na_2Nd_2Pb_6(PO_4)_6Cl$ (CLAP)		1.98	3.4		110	0.57	90		
$K_5NdLi_2F_{10}$(KNLF)	*Pnma*		3.61	Ce 500	～300	1.2	25cm^{-1}	6.73	

13.2.4　稀土玻璃激光材料[69，70]

激光晶体和激光玻璃二者的主要区别在于激光晶体中，激活离子处于有序结构的晶体中；而在玻璃中，激活离子则处于无序结构的网络中。由于激活离子所处的环境和基质材料的物理和化学性质的不同，使得激活离子的光谱特性和激光性能不同。晶体和玻璃在稀土激光器应用方面是相互补充的基质：前者用于低阈值和高平均功率的运转，后者用于高储能和高峰值功率的运转。由于在玻璃中格点与格点在物理环境上的差别，造成受激发射截面分布状态不同，由此降低了能量转换效率。

稀土玻璃激光材料的优点是：利用热成型和冷加工工艺易制得不同大小尺寸和各种形状的玻璃，灵活性比晶体大，既可拉成直径小至微米的光学纤维，又可制成几厘米直径和几米长的棒或直径高达 46 cm 的圆盘；稀土玻璃激光器的特点是玻璃组分可在很大的范围内变化，可根据不同用途改变不同组分，从而可改变玻璃对激光波长的折射率，并可调节折射率和温度系数、应力光学系数、热光常数和非线性折射率等光学性质，获得光学质量和光学均匀性好的激光材料；玻璃中稀土离子的荧光线宽较大，宜用于高能脉冲和放大，大能量的钕玻璃激光器可用于受控热核反应的研究；稀土激光玻璃的价格便宜，而且又易于加工，它的中小型激光器也用于打孔或焊接等方面。

稀土玻璃激光材料的缺点是：热导率比晶体低，因此不能用于连续激光的操作和高重复率的操作，只有当尺寸小至ϕ(1～2 mm)×(30～50) mm或成玻璃纤维时可以获得连续振荡；玻璃基质的光谱线具有不均增宽的性质，故阈值比晶体高，但谱线宽又有利于高储能，使用于短脉冲Q开关和放大的操作，存储的能量密度高达约0.5 J/cm^3。因此，稀土玻璃是目前输出脉冲能量最大、输出功率最高的固体激光材料，它的大型激光器用于热核能聚变的研究中。

激光玻璃的基质材料是玻璃，由于玻璃的化学组成可以在很宽的范围内改变，可以制备出各种性质不同的激光玻璃，而且玻璃具有优良的光学均匀性、高透明度等特点，再者玻璃较晶体制备容易，可任意形成大口径激光棒或激光圆盘以及玻璃中掺入的激活离子的种类和数量限制比较小，因此，国内外都一直在系统地进行相关基础研究，如选择合适的基质和激活离子、确定掺杂浓度、提高玻璃激光性能和制造工艺以及精密测试方法等方面。当然由于其热稳定性及热传导性比晶体差，而且其结构为无序非晶态，荧光线宽度大，用于连续振荡及高重复脉冲时，棒的直径受到限制，因此，玻璃激光较适于光量开关巨脉冲激光器。再者，玻璃基质对激活离子的影响不像晶体基质那样决定于晶格场作用，而是取决于玻璃介质的极化作用。由于玻璃介质中的激活离子与配位之间不仅存在离子键作用，还存在共价键作用，使极大部分3d过渡金属离子在玻璃中实现激光的可能性很少。而稀土离子由5s和6p外层电子对4f电子的屏蔽作用，使其电子云尺寸小，与周围基质离子的电子轨道不发生重叠，使它在玻璃中仍保持与自由离子相似的光谱特性，容易获得较窄的荧光，所以在玻璃基质中最适合于作激光离子的是稀土离子。因此，很多3价稀土离子(如Nd^{3+}、Sm^{3+}、Gd^{3+}、Tb^{3+}、Ho^{3+}、Er^{3+}、Tm^{3+}和 Yb^{3+}等)在玻璃中可产生激光。在玻璃中可产生激光的稀土激活离子比在晶体少。玻璃中的3价稀土激活离子见表13-6。

激光玻璃对激活离子的要求是：激活离子的发光机构必须有亚稳态，形成三能级或四能级机构，在光泵区域有较多和较强的吸收带，而在近红外区有较窄和较集中的荧光线，能在室温下工作，因此Nd^{3+}是最佳的激活离子，掺钕玻璃的研究是发展的方向。

目前常用的是钕玻璃激光器。钕玻璃激光器是在$4F_{3/2}$亚稳态和$4I_{11/2}$终态之间的跃迁，发出1.06 μm波长的激光。然而，在Nd^{3+}发光波长范围内存在具有宽广吸收带的Fe^{2+}、Cu^{2+}、Ni^{2+}、Co^{2+}、V^{3+}以及Pr^{3+}、Dy^{3+}、Sm^{3+}等杂质是有害的。

当激励光中含有大量紫外光辐射时，为防止激光棒老化，用掺Ce^{3+}的滤光管保护，或在玻璃棒中掺少量(1%～5%) Nb、Mo、Ta 氧化物中的一种或和 Sb_2O_3共用等方法都是有效的。

表 13-6　玻璃中的 3 价稀土激活离子

激活离子	激光波长/μm	跃迁	玻璃基质
Nd^{3+}	0.93	$^4F_{3/2}\rightarrow{}^4I_{9/2}$	钠钙硅酸盐玻璃
	1.05～1.08	$^4F_{3/2}\rightarrow{}^4I_{11/2}$	各种玻璃和光纤
	1.35	$^4F_{3/2}\rightarrow{}^4I_{13/2}$	各种光纤及硼酸盐玻璃
Sm^{3+}	0.65	$^4F_{5/2}\rightarrow{}^6H_{9/2}$	石英光纤
Gd^{3+}	0.3125	$^6P_{7/2}\rightarrow{}^8S_{7/2}$	锂镁铝硅酸盐玻璃
Tb^{3+}	0.54	$^5D_4\rightarrow{}^7F_5$	硼酸盐玻璃
Ho^{3+}	0.55	$^5S_2\rightarrow{}^5I_8$	氟化物玻璃光纤
	0.75	$^5S_2\rightarrow{}^5I_7$	氟化物玻璃光纤
	1.38	$^5S_2\rightarrow{}^5I_5$	氟化物玻璃光纤
	2.08	$^5I_7\rightarrow{}^5I_8$	氟化物玻璃光纤 石英光纤
	2.90	$^5I_6\rightarrow{}^5I_7$	氟化物玻璃光纤
Er^{3+}	0.85	$^4S_{3/2}\rightarrow{}^4I_{13/2}$	氟化物玻璃光纤
	0.98	$^4I_{11/2}\rightarrow{}^4I_{15/2}$	氟化物玻璃光纤
	1.55	$^4I_{13/2}\rightarrow{}^4I_{15/2}$	多种玻璃和光纤
	2.71	$^4I_{11/2}\rightarrow{}^4I_{13/2}$	氟化物玻璃光纤
Tm^{3+}	0.455	$^1D_2\rightarrow{}^3H_4$	氟化物玻璃光纤
	0.480	$^1G_4\rightarrow{}^3H_6$	氟化物玻璃光纤
	0.82	$^3F_4\rightarrow{}^3H_6$	氟化物玻璃光纤
	1.48	$^3F_4\rightarrow{}^3H_4$	氟化物玻璃光纤
	1.88	$^3H_4\rightarrow{}^3H_6$	氟化物玻璃光纤
	2.35	$^3F_4\rightarrow{}^3H_5$	氟化物玻璃光纤
Yb^{3+}	1.01～1.06	$^2F_{5/2}\rightarrow{}^2F_{7/2}$	多种玻璃和石英光纤

注：工作温度为 77 K，其余均为室温。

根据稀土激光玻璃基质的不同，又可分为硅酸盐玻璃、磷酸盐玻璃、氟磷酸盐玻璃、氟铍酸盐玻璃、氟锆酸盐玻璃、锗酸盐玻璃、碲酸盐玻璃、硼酸盐玻璃和硼硅玻璃等。

用作玻璃基质的稀土激光材料主要是优质硅酸盐光学玻璃。硼酸盐玻璃不常用作钕激光玻璃，因为在这种玻璃中无辐射跃迁概率高，使钕的 $4F_{3/2}$ 能级的寿命减少至 100 μs 以下。

钕玻璃基质系统中最常用的除硅酸盐系统玻璃和硼酸盐系统玻璃外，还有硼硅酸盐系统玻璃和磷酸盐系统玻璃，后者的荧光寿命较短，荧光谱线窄，Nd^{3+}在其中的近红外吸收较强，有利于光泵能量的充分利用，而且该玻璃发射激光的效率比硅酸盐玻璃高，有取代硅酸盐钕玻璃的趋势。但由于制造工艺上的困难和化学稳定性及光学均匀性差等，限制了它的广泛应用。通过调整组成可获得热光系数很小的磷酸盐玻璃，已用于重复频率器件上。此外，还有其他的一些玻璃系统，如氟化物玻璃、氟磷酸盐玻璃等。氟磷酸盐玻璃的非线性折射率低，可以减小自聚焦，属于发展中的激光玻璃。它们还存在光学均匀性和析晶上的问题需要解决。

激光在核聚变方面被利用的理由是，由于激光光谱宽度极小(单色性好)，位相一致，在小面积上聚光后在该点上能够获得极大的能量密度。

核聚变用激光必须能输出强光，为此，激光器件必须大。如果使用玻璃就能够比较容易制造大尺寸器件，这对晶体来说是不可能的。另外，激光器件必须是均质的，对于制造无缺陷的均质器件来说玻璃比单晶容易。激光特性也必须优异，用 Nd^{3+}掺杂的玻璃适合于高效率地集中发射能量的脉冲振荡。玻璃虽然有这些特性，但是随着对效率更高的激光器的需求，需要能制造增益系数大、聚光效率高的玻璃以及由强光的作用不会引起破坏的玻璃。激光玻璃在强激光的作用下，玻璃的本体或表面将被损伤。

磷酸盐激光玻璃具有受激发射截面大、非线性折射率低和热光系数小等优点，可作为激光核聚变装置所使用的激光玻璃。目前，基质玻璃组成已从硅酸盐玻璃变为磷酸盐玻璃或氟磷酸盐玻璃。这是由于初期使用的硅酸盐玻璃的荧光光谱宽度大，受激辐射截面积不太高，而磷酸盐玻璃的受激辐射截面积大而使增益系数高的缘故。再者，如果使用高输出功率，由于高强度激光的电场 E 的作用，产生了玻璃折射率的变化。

折射率的这种变化对玻璃激光会发生不利影响。这是因为折射率的变化导致了波面向靶自聚光效率恶化，从而核聚变效率变低。另外，由折射率的变化，产生了自聚焦的作用，在通光时对玻璃产生损伤。为了避免这些问题，有必要选择非线性折射率小的玻璃。因为磷酸盐玻璃比硅酸盐玻璃的非线性折射率值小，所以从这点来说，它是一种优异激光材料。作为 n_2 值更小的玻璃来说，已开发了氟磷酸盐玻璃。

13.2.5　上转换激光器[12, 62, 71]

众所周知，蓝绿波段的激光器在高密度光存储、彩色激光显示、海洋水色和海洋资源探测等诸多方面有良好的应用前景。所谓上转换激光，是指使用发红光或近红外光的光源激发工作物质，无须非线性光学晶体即可得到蓝绿波段甚至紫色波段的激光。工作物质中的晶体材料称为上转换激光晶体。在激光技术中上转换效应可以直接产生比泵浦波长短的新波长激光，有利于器件的小型化，将极大扩展激光器的应用范围，推动激光技术发展。

早在 1971 年第一台红外激励的 Er^{3+}和 $Ba(Y, Yb)_2F_8$：Ho^{3+}晶体上转换激光器被研制成功。上转换激光器是备受人们关注的激光器。上转换激光已经在许多种晶体和玻璃材料中实现。上转换发光的关键是如何用一个能量较小的光子去激发离子，使之跃迁到比激发光子能量大的激发态，这种激发方式一般有如下三种：

(1)激发态吸收。激发态吸收(ESA)的原理是1959年由Bloembergen首先提出的。上转换发光是由一个激活离子完成。如Er^{3+}吸收一个红外光子跃迁至一个激发态，然后再吸收一个红外光子，继续向上跃迁，即形成一种串级的能量转移，最后由高能级无辐射跃迁至激光上能级，辐射跃迁至激光下能级，发出可见光(图13-15)。由于两次光跃迁牵涉的能级间距往往不同，依靠这类激发机制实现上转换发光或激光的一个缺点是需要两种波长的激发光源，其中一种用来从基态激发到中间激发态，另一种激发光源用作第二步激发。如果两次激发的吸收光谱由于材料中的光谱线加宽而互相重叠，则只需一种激发光源。这往往是一些无序材料(如玻璃)中的情况。由于激发态吸收是一种单粒子过程，采用低激活离子浓度以避免激活离子间能量传递产生的损耗并加大介质长度来增加其增益是比较合适的做法。这就是为什么激发态吸收往往为单掺上转换玻璃光纤维激光器激发的合适机制。

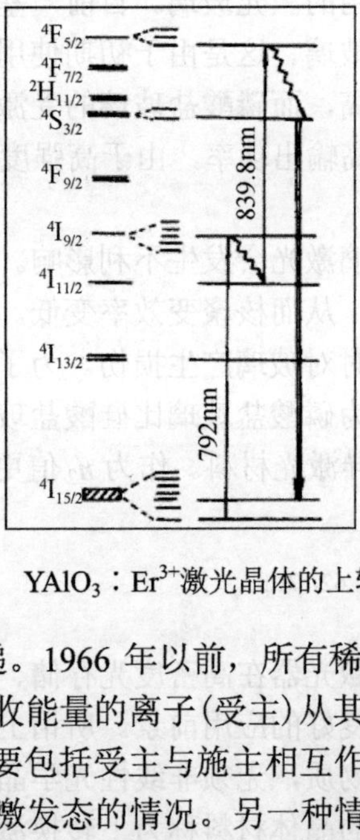

图13-15　$YAlO_3$：Er^{3+}激光晶体的上转换过程

(2)离子之间的能量传递。1966年以前，所有稀土离子之间能量传递(ET)的研究都只考虑传递过程中接收能量的离子(受主)从其基态跃迁到激发态。1966年Auzel提出能量传递过程还要包括受主与施主相互作用跃迁到其第一激发态上，再作激发态吸收跃迁到更高激发态的情况。另一种情况是激活离子(受主)和敏化离子(施主)在能量传递过程发生前都在其相应的激发态上，经过能量传递后，受主跃迁到更高的激发态——上转换荧光能级。如利用Yb^{3+}吸收红外光由基态$^2F_{5/2}$跃迁至激发态$^2F_{7/2}$能量级，然后两个Yb^{3+}作用，将能量积累至一个Yb^{3+}，再将能量传递给Ho^{3+}或Er^{3+}，Ho^{3+}或Er^{3+}离子发出可见光(图13-16)。比起激发态吸收过程来，能量传递过程用于上转换发光的激发往往只要用一种激发光源，这在技术上就简单得多。

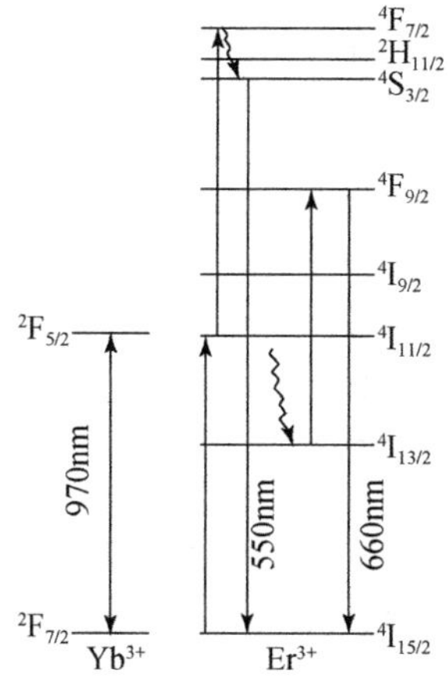

图 13-16　Yb^{3+}-Er^{3+}逐次能量传递上转换发光机理

(3) 光子雪崩过程。光子雪崩 (PA) 现象首先在 Pr^3 红外量子计数器上发现。这种过程如图 13-17 所示。非共振声子边带基态吸收将离子从能级 1 激发到能级 2 (亚稳态)，然后通过共振吸收使离子跃迁到能量较高的吸收带 4，无辐射弛豫使之落入高激发态 3，借助于离子间的相互作用(能量传递过程)，高激发态 3 上的离子到达能级 2，同时有一个离子从基态跃迁到能级 2。这样产生的能级 2 上的两个离子再吸收两个激光光子并经同样的过程产生 4 个光子。此时，二变四、四变八、八变十六……由于过程的不断重复，雪崩式地在亚稳态 2 上建立客观的粒子数分布。有了这种较大的粒子数分布，激发光能高效地把粒子泵浦到上转换发光所需的高激发态上。在稀土离子浓度足够高的情况下，光子雪崩过程是上转换发光和激光最强有力的激发方式。这种过程发生的必要条件是亚稳态 2 的寿命要足够长并有一个有效的交叉弛豫机制使粒子数能在亚稳态 2 雪崩式地积累起来。当然，粒子激发到能级 2 的速率要足够快，足以补偿由能级寿命决定的自发辐射和无辐射损耗。因此，光子雪崩过程有一定的阈值，阈值之下上转换发光的强度很弱，材料对激发光基本透明，阈值之上上转换发光强度突然增加几个数量级，而材料变得对激光不透明。

上转换发光机制都要求有一个寿命足够长的中间激发态，因此，声子频率比较低的氟化物特别适用于作为上转换激光材料的基质。氧化物基质由于声子频率比较高，其激发态的无辐射跃迁概率大，从而寿命比较短。虽然在室温可以观察到上转换发光，但是只有在低温下才能有满足上转换激光所要求的中间态荧光寿命。即使在低温下，稀土离子在氧化物中的上转换激光效率也比它们在氟化物中低很多。典型的块状晶体上转换激光材料是 $LiYF_4$：Er^{3+}和 $LiYF_4$：Tm^{3+}。LiYF：Er^{3+}晶体在 300 K 温度实现了绿色激光 551 nm 和 561 nm 的脉冲上转换激光发射。其激发机制使激发态吸收，或称为二次吸收。所用的激发光是波长 810 nm 和 812 nm

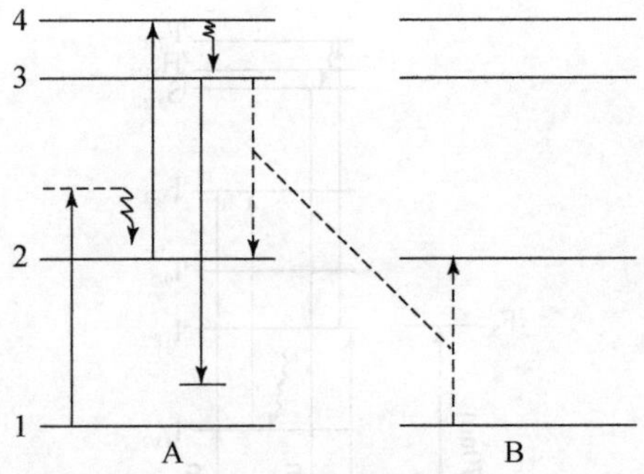

图 13-17　三能级及离子的光子雪崩上转换示意图

竖直的实线表示辐射跃迁，波浪线表示弛豫，虚线表示相邻离子对 A 和 B 之间的能量传递

的脉冲半导体激光。用 810 nm 脉冲激光激励时输出 551 nm 上转换激光脉冲，用 812 nm 激光激励输出 561 nm 的上转换激光脉冲，分别对应于跃迁 $^4S_{3/2}\to{}^4I_{9/2}$ 和 $^2H_{9/2}\to{}^4I_{9/2}$。$LiYF_4$∶Tm^{3+} 晶体也可以在室温下发射蓝色 453 nm 上转换激光脉冲。在此，激发光源是两种，即波长分别为 781 nm 和 648 nm 的脉冲激光，激光跃迁是 $^1D_2\to{}^3F_4$。上述掺 Er^{3+} 和 Tm^{3+} 的氟化钇锂也可以实现连续的上转换激光。以 $LiYF_4$∶Er^{3+} 为例，用波长为 653.2 nm 的染料激光泵浦，在 35 K 以下可发射 649.7 nm 的蓝色激光，相应于跃迁 $^2P_{3/2}\to{}^4I_{11/2}$，上转换机制是：653.2 nm 的激光首先把粒子激发到 $^4F_{9/2}$，然后粒子弛豫到寿命长达 8 ms 的 $^4I_{11/2}$，接下去通过两个能量传递过程，第一步是两个处于 $^4I_{11/2}$ 能级的 Er^{3+} 相互作用实现 $^4S_{3/2}$ 的分布，第二步是 $^4S_{3/2}$ 上的 Er^{3+} 离子与 $^4F_{9/2}$ 的 Er^{3+} 相互作用实现 $^2P_{3/2}$ 的分布(它直接激发到更高的能级然后弛豫到 $^2P_{3/2}$)。在这个例子中，输入 130 mW 的 653.2 nm 泵浦染料激光，可以得到 6 mW 的 469.7 nm 蓝色激光。利用 969.3 nm 和 796.9 nm 激光激励。也可以得到 469.7 nm 的蓝色激光。969.3 nm 激光激励相应于跃迁 $^4I_{15/2}\to{}^4I_{11/2}$，而 796.9 nm 激光激励相应于跃迁 $^4I_{15/2}\to{}^4I_{9/2}$，$^4I_{9/2}$ 上的粒子也弛豫跃迁到 $^4I_{11/2}$，然后 $^4I_{11/2}$ 和 $^4I_{13/2}$ 上的粒子通过离子间相互作用激发一个离子到 $^4F_{9/2}$。因此，需要激发 4 个 Er^{3+} 离子的泵浦能量，才能使一个离子跃迁到 $^2P_{3/2}$ 能级，因此上转换激光的起振阈值高、效率低。在这个例子中，当用 700 mW 的泵浦光激励时得到的最大蓝色激光只有 2 mW。用 969.3 nm 激光把离子激励到 $^4I_{11/2}$ 或者用 796.9 nm 把离子激励到 $^4I_{9/2}$ 还可以实现 560.6 nm 的上转换激光发射。

Er^{3+} 离子能级结构丰富，可以用 650 nm、808 nm、970 nm 三种波长的半导体 LD 泵浦，其掺杂的上转换晶体是实现短波长、全固化激光器的理想材料。从 Er^{3+} 离子的能级结构来看，$^4S_{3/2}$ 能级同相邻的下能级 $^4F_{9/2}$ 之间，能量间隙大，不容易发生无辐跃迁，能级寿命较长，是非常重要的激发态能级，掺 Er^{3+} 的晶体很多都发生 $^4S_{3/2}{}^4\to I_{15/2}$ 跃迁，对应的上转换荧光波长为 550 nm 左右。比如用 808 nm 左右的光泵浦 $LiYF_4$∶Er^{3+} 晶体时，上转换荧光峰为 551 nm($^4S_{3/2}\to{}^4I_{15/2}$)，虽然同时可以观察到 470 nm 的光，但强度相比 551 nm 弱很多。

研究表明，氟化物基质声子能量较低，上转换发光效率较氧化物高，是材料研究的重点。掺 Er^{3+}的氟化物晶体如：$LiYF_4$：Er^{3+}[3]、$LiKYF_5$：Er^{3+}[72]、$LiLuF_4$：Er^{3+}[73]、BaY_2F_8：Er^{3+}等，其上转换荧光可以有 410 nm、470 nm、550 nm 等，但最强的一般为 550 nm 左右的绿光，对应于 $^4S_{3/2}\rightarrow{}^4I_{15/2}$ 跃迁。其中 $LiYF_4$：Er^{3+}、$LiKYF_5$：Er^{3+}、$LiLuF_4$：Er^{3+}等已经实现室温下绿色上转换激光振荡[72-74]，氧化物晶体的声子能量虽然较高，但相对氟化物物理性能稳定，其上转换发光研究也较多。如 $YAlO_3$：Er^{3+}、YAG：Er^{3+}、YVO_4：Er^{3+}等[75]，其中 YAG：Er^{3+}在室温实现了 561 nm 绿色脉冲激光振荡，但强度很弱[76]。

$YAlO_3$：Er^{3+}晶体是声子能量较小的一种氧化物，泵浦光处于 785 nm 到 840 nm 之间时，可以得到 550 nm 绿色上转换荧光，使用不同波长的光泵浦 $YAlO_3$：Er^{3+}时其上转换过程有 3 种不同的能量转换机制[75]。

使用 974 nm LD 泵浦 $NaY(WO_4)_2$：Er^{3+}, Yb^{3+}晶体，可以观察到 Er^{3+}离子的 552 nm($^4S_{3/2}\rightarrow{}^4I_{15/2}$) 和 530 nm($^4H_{11/2}\rightarrow{}^4I_{15/2}$) 绿色上转换荧光，荧光强度的对数与泵浦功率对数之间成线性关系，斜率分别为 1.99 和 2.05；而 407 nm、650 nm、796 nm 的荧光很弱。其中 552 nm 和 530 nm 上转换荧光都属于双光子吸收过程。

在常温下，测得了 YAB：Yb, Er［$YAl_3(BO_3)_4$：Yb, Er］晶体在可见光及红外波段的吸收光谱。Er^{3+}的主要吸收峰在 1525 nm、806 nm、651 nm、550 nm、450 nm、410 nm、390 nm 和 378 nm，另外在 976 nm 还有一个较强吸收峰，它对应的是 Yb^{3+}的 $^2F_{7/2}\rightarrow{}^2F_{5/2}$ 跃迁和 Er^{3+}的 $^4I_{15/2}\rightarrow{}^4I_{11/2}$ 跃迁。用波长为 976 nm 的光来激发 YAB：Yb, Er 晶体，得到最强峰在 1548 nm 处 Er^{3+}的发射。此外还有两个较强的上能级转换发射峰在 551 nm(绿光) 和 650 nm(红光)，分别对应 Er^{3+}的 $^4S_{3/2}(^2H_{11/2})\rightarrow{}^4I_{15/2}$ 和 $^4F_{9/2}\rightarrow{}^4I_{15/2}$ 跃迁。YAB：Yb, Er 晶体比 YAG：Yb 能吸收更多的能量[77]。

Ho^{3+}离子的能级结构也比较丰富，其上转换过程中的激发态能级主要有 $^5F_3$、$^5S_2$、$^5F_5$ 等，这些能级对基态跃迁分别发出蓝色、绿色、红色上转换荧光。但它们的上转换效率依赖基质性质。对相同基质，基态吸收和激发态吸收截面、发射能级和亚稳态能级寿命、多声子弛豫概率同泵浦波长和掺杂浓度有关。

$YAlO_3$：Ho^{3+}晶体，使用 754 nm 光泵浦，获得强的 538 nm 绿色上转换荧光和 496 nm 弱的蓝色上转换荧光[78]，分析出上转换过程为强的激发态吸收($^5I_7\rightarrow{}^5S_2$)跃迁。

YAB：Yb, Ho 晶体［$YAl_3(BO_3)_4$：Yb, Ho］具有优良的光谱性能。在常温下，测得了可见光及红外波段的吸收光谱。Ho^{3+}的几个主要吸收峰在 362 nm、458 nm、540 nm、646 nm、885 nm、1177～1286 nm 和 1920～2016 nm，另外还有一个 Yb^{3+}的较强吸收峰在 976 nm 处。用波长为 976 nm 的光来激发 YAB：Yb, Ho 晶体，得到发射谱最强峰在 1966 nm 处。此外还有两个较强的上能级转换发射峰在 570 nm(绿光) 和 625 nm(红光)，分别对应 Ho^{3+}的 $^5S_2\rightarrow{}^5I_8$ 和 $^5F_5\rightarrow{}^5I_8$ 的跃迁[79]。

很多稀土掺杂的晶体上转换发光材料，在低温下都实现了激光运转。但室温下，其上转换激光运转要困难一些。这是由于在室温下，基质材料的声子比低温下大，声子无辐跃迁概率增大，激光上能级的寿命减小，粒子数减少，使得激光振荡较为困难。但经过很多人的不懈努力，上转换激光器获得了很大的发展，数种以单晶为基质的上转换材料在室温下实现激发光运转。

Heumann 和 Huber 等在 1998 年实现了室温下 $LiYF_4$∶Er^{3+}, Yb^{3+}的晶体的上转换激光运转。在 2000 年 Bur 等实现了 $LiYF_4$∶Pr^{3+}, Yb^{3+}的晶体的上转换激光运转，输出光在可见光的蓝绿光波段。Smith 等[72]分别使用 Ar^+离子激光器、651 nm 半导体激光器和 808 nm 半导体激光器在室温下泵浦 $LiKYF_5$∶Er^{3+}晶体(Er^{3+}掺杂为 1%)，获得了 550 nm 左右的绿光输出。

Huber 等认为，在室温下大块的体单晶上转换激光运转困难的原因有两点[73]：①上转换激光要求很高的泵浦阈值，大约为 50～100 kW/cm^2，一般只有钛宝石激光器可以达到如此高的亮度，所以一般使用钛宝石激光器来泵浦；②如果发光中心的掺杂浓度稍高，会导致相关能级的寿命猝灭；而如果掺杂浓度太低，工作物质对泵浦源的吸收就变得很弱。这一对矛盾的存在使得室温下上转换激光在晶体里运转比较困难。然而，Huber 等分析光纤中上转换激光运转较易的原因，指出是因为泵浦光被约束在光纤内部，可以进行长距离泵浦，于是他们提出了腔内多次折叠泵浦的方案来提高晶体对泵光的吸收，并分别使用钛宝石激光器和半导体激光器泵浦 $LiLuF_4$∶Er^{3+}晶体，都获得了连续的绿色上转换激光。

13.2.6 稀土光纤激光材料

光纤通信是通信领域革命性的突破，它使长距离、大容量、高速率的通信成为可能。光纤通信技术中稀土掺杂的光学材料起了主导作用。稀土元素在光纤中主要以掺杂及组成物相的形式被应用。对石英系光纤稀土元素是作为一种掺杂成分；对氟化物光纤稀土元素可作为一种组成物相成分，并起着玻璃稳定化的作用。

目前把稀土元素作为玻璃构成材料的主要是氟化物玻璃光导纤维，氟化物玻璃光导纤维是最有希望成为具有超低损耗、红外光纤通信中的关键元件[80]。

氟化物玻璃与常用的石英玻璃相比，存在热稳定性差及容易析晶等缺点。结晶的析出，容易产生光纤断裂和引起光的散射，而稀土元素在此能起到不析晶的稳定化作用。

多数稀土离子在紫外到近红外波长范围内，存在未充满的 4f-4f 跃迁电子层所产生的光的吸收带。特别是在红外光导纤维中，其损耗最小的波长区域与 f-f 跃迁所引起的光的吸收带一致，因此为了降低光纤中的光损耗，除掉这些稀土元素杂质是非常重要的。稀土元素离子中 Ce^{4+}、Pr^{3+}、Nd^{3+}、Sm^{3+}、Eu^{3+}、Tb^{3+}和 Dy^{3+}七种离子在 2～5 μm 的波长范围内具有大量吸收带，对光导纤维的传播损耗有很大的影响，而 La 和 Gd 是光纤中必不可少的组成材料，所以这些材料的提纯技术是非常重要的。而另一方面，也可以利用这种电子跃迁，给光纤一种新的功能，即在石英体系单模光纤的芯部掺稀土元素，由于掺在光纤中的稀土元素的受激发作用，很容易实现产生激光及光的放大作用。为此用掺 Nd、Er、Sm、Tm 等稀土元素的光纤可以制作光纤激光器、光纤放大器、光纤传感器等器件。

随着集成光学和光纤通信的发展，需要有微型的放大器和激光器。

1. 光纤放大器

对于远距离的光通信，必须对衰减的光信号进行放大。从前是通过光电转换、电子放大和电光转换的方法实施光信号的放大，而 20 世纪 80 年代后发明的 EDFA（掺铒光纤放大器，Erbium-Doped Fiber Amplifier，简称 EDFA）则可以进行光的直接放大。EDFA 在 1530～1560 nm 光谱窗口上向一根光纤上的 32 个信道同时提供高增益、低噪声的光信号直接放大。

掺杂光纤放大器的优点是与通信光纤有很好的相容性，插入损耗和接头反馈都很小，可避免接头反馈干扰，还有高增益和低噪声，工作波长适中等优点，因此在远距离光纤通信等许多领域中有重要的用途。

掺杂光纤放大器是一种利用光纤中掺杂物质所引起的激活机制，实现光放大的光放大器。目前最引人注目的是掺 Er^{3+}和掺 Pr^{3+}的光纤放大器，它们的工作波长分别为 1.31 μm 和 1.55 μm，恰好与光纤通信的最佳窗口吻合。掺 Er^{3+}石英光纤适用于 1.55 μm 波长放大器；掺 Pr^{3+}光纤适用于 1.3 μm 波长放大等。近年来，对掺铒的光纤放大器的研制取得了很大的进展。

光纤放大器是由一段掺 Er^{3+}的光纤所组成，其工作原理是来自激光器的光照到掺 Er^{3+}区域，把 Er 原子周围的电子激发到高能态上。当沿着光纤传导的光进入该区时，引起电子向低能态跃迁并发射增强信号的光，信号强度增大＞1000 倍。

掺 Er 光纤放大器是能直接增强光信号而不必与以前的电子放大器一样，把光信号先变为电信号加以放大后，再变为光信号。所以它将使每对光纤每秒携带的信息量达 25 亿比特，接近于目前电子放大器光缆容量的 5 倍。

石英光纤在 1550 nm 附近的红外光谱波段有着最小的光衰减，因此 EDFA 能高效低噪放大的波段是光通信的最佳波段。

EDFA 的增益大小决定于放大器中 Er 离子的总数，石英光纤的基质材料是 SiO_2，但它只能溶解非常少的 Er_2O_3，而且在 SiO_2 中的 Er^{3+}的发射光谱线比较窄。Al_2O_3（如 SiO_2+3% Al_2O_3）能大大增加 Er_2O_3 在 SiO_2 中的溶解度且显著展宽 Er^{3+}的发射光谱。现在通用 EDFA，其 Er^{3+}离子浓度为 10^{19} 个/cm^3，光纤长 20～50 m，信号增益 25dB。Er^{3+}的发射光谱是由 $^4I_{13/2}$ 亚稳态跃迁至 $^4I_{15/2}$ 基态所形成的，$^4I_{13/2}$ 有 7 个子能级，$^4I_{15/2}$ 有 8 个子能级，所以共有 56 种不同子能级之间的跃迁而形成一个宽带光谱。

Clesca 等[81]研究了掺 Er^{3+}ZBLAN(ZrF_4-BaF_2-LaF_3-AlF_3-NaF)光纤放大器，它比商用的石英光纤放大器有更宽的频带和更平坦的光谱响应，可能成为下一代的EDFA。Suzuki 等[82]使用石英光纤和氟化物玻璃光纤组合成的多信道 EDFA 具有76 nm 的频带宽度和 25Gbit/s 的通信能力。

新型的多组分硅酸盐玻璃被用来制作 EDFA，它能提供比 ZBLAN 更宽的频带和更平坦的光谱响应，同时仍然保持着硅酸盐玻璃纤维的低噪声和可靠性。这种多组分硅酸盐玻璃 EDFA 在 40 nm 宽的频带上的增益偏差比现在商用的石英光纤和 ZBLAN 光纤改善了 2.5 倍至 3 倍。

早期的光通信网络都操作在 1310 nm，且使用电放大。1310 nm 的光在石英光纤中传输器损耗也比较小。对此可考虑采用如下掺杂离子。

Nd^{3+}的 $^4F_{3/2}\rightarrow{}^4I_{13/2}$ 跃迁发出 1340 nm 的光子，因此 Nd^{3+}可能成为 1310 nm 波段放大器的掺杂离子。

掺 Dy^{3+}的光纤也可能成为 1310 nm 波段的光纤放大器，但是 $^6H_{9/2}$ 与 $^6H_{11/2}$ 的能级差仅 2000 cm^{-1}，其在石英光纤基础中的多声子吸收弛豫比 Pr^{3+}还灵敏，而在声子能量较低的氟化物基质中 Dy^{3+}的 $^6H_{9/2}\rightarrow{}^6H_{15/2}$ 辐射概率也很低。

Tm^{3+}在 1460 nm 波段有受激辐射($^3F_4\rightarrow{}^3H_5$)。而 1460 nm 波段也是一个光通信领域很需要的窗口，于是掺 Tm^{3+}的光纤放大器也受到研究开发者的关注。

2. 光纤激光器

光纤激光器是一种小型器件，可以直接连到普通光纤上，插入损耗很小。由于它能有效利用泵浦能量，故可用低功率和易得到的激光二极管作泵浦源。

光纤激光器的结构原理和一般的固体激光器的一样。光纤激光器由激光介质和光学谐振腔组成。此时激光介质为掺杂光纤。谐振腔是由介质镜 M1 和 M2 组成的谐振腔。当泵浦光通过掺杂光纤时，光纤中的激活离子被激活，随之出现受激辐射过程。

现在用于上转换光纤激光器中的主要类型是利用稀土离子的激发态吸收，用低能量的泵浦光把离子激发到能量高于泵浦光能量的能级，然后向能量比较低的下能级跃迁，可以产生波长比泵浦光波长短的激光。

掺稀土光纤在稀土离子的吸收带内，光纤的光传输损耗很大，由此该吸收带可作为光纤激光器的泵浦波段，掺稀土光纤在稀土离子的受激辐射带内，光传输损耗小，因此该受激辐射带可作为激光工作波段。掺杂稀土元素的光纤激光器，最早是由 Sintzer 等提出来的[82]。

掺稀土离子的上转换光纤激光器是目前研究得非常多的一种光纤激光器。利用稀土离子在氟化物光纤中的上转换特性，可以获得许多廉价的、可在室温下工作的、并可以连续输出紫外光、可见光或红外光的光纤激光器。

稀土光纤激光器易于与光纤通信线路连接和耦合，且激光器的阈值功率低，一般采用半导体激光器作为泵浦即可，无需冷却。

目前，在光纤激光器中作为激活离子掺杂的稀土主要有 Nd^{3+}、Er^{3+}以及 Pr^{3+}、Ho^{3+}等。在光纤中掺杂的稀土浓度一般在 10^{-6}～0.25%(质量)。

玻璃光纤具有便于聚焦泵浦光强、相当长的作用距离和很大的面积/体积比使得散热快等优点，在室温下可以得到较大的上转换激光效率，已经成为目前唯一有实用价值的上转换激光介质。光纤的基质材料一般是石英、氧化物、磷酸盐和氟化物。其中氟化物由于声子能量小，具有较长的中间态寿命，更适合于作为上转换光纤激光材料。

稀土的光纤激光材料通常用钕玻璃纤维作为工作物质，芯部直径约 100 μm，掺 1%～2%钕，外面包一层折射率较低的玻璃。用注入式激光器泵浦。1973 年实现了用脉冲染料激光器或氩离子激光器输出的 590 nm 或 514.5 nm 激光从一侧的端面泵浦掺钕和 Al_2O_3 的石英玻璃纤维，获得波长为 1.06 μm 的连续激光输出。Nd^{3+}在石英玻璃中的溶解度很低，只有万分之几。为改善其折射率和热学性质，常在其中加入少量的 Al_2O_3、GeO_2 或 P_2O_5。Nd^{3+}的 1.33 μm 和 Er^{3+}的 1.55 μm 激光波长与纤维通信最佳窗口相匹配。

20 世纪 70 年代中期发现的锆系氟化物玻璃(由 ZrF_4、BaF_2、LaF_3、AlF_3 和 NaF 五种氟化物组成，简称 ZBLAN)，具有很好的上转换发光性能，为上转换光纤激光器的迅速发展提供了坚实的基础。1990 年，Allain 等用 ZBLAN∶Ho^{3+}在 77 K 温度下实现了波长 455 nm 和 488 nm 的蓝色上转换激光发射。其后，在这种氟化物光纤中加入三价的 Er^{3+}、Ho^{3+}、Pr^{3+}、Nd^{3+}等激活剂和敏化剂三价 Yb^{3+}，在近红外和可见光区的红、绿、蓝和紫外波段都实现了上转换激光发射，而一般都是在室温下运转的。

1994 年 Dennis 等用掺钕钇铝石榴石激光器输出的 1064 nm 激光泵浦 ZBLAN ∶Tm^{3+}光纤，可输出 1.2W 的上转换激光，斜率效率达到 37%。同样是用 ZBLAN∶Tm^{3+}光纤，1995 年 Sanders 等用半导体激光器的 1130 nm 激光泵浦得到 106 mW 的 480 nm 蓝色上转换激光，光-光转换效率达 12%。使用的光纤长 2.5 m，芯径 3 μs，掺以 0.1%浓度的三价 Tm^{3+}。1995 年 Xie 等用钛宝石的 860 nm 激光泵浦 Pr^{3+}和 Yb^{3+}掺杂的 ZBLAN 光纤，得到 630 nm 红色激光 300 mW、615 nm 橙色激光 45 mW、520 nm 绿色激光 20 mW、493 nm 蓝色激光 4 mW。

光纤上转换激光器的进一步发展目标是提高输出功率，这有赖于发展一种技术使之能把泵浦光更有效地耦合到光纤芯中。近年来包层泵浦技术的出现是这方面的一个突破。所使用的光纤是一种所谓双包层光纤，它由光纤芯、内包层、外包层和保护层组成。激光的产生在光纤芯中完成，内包层的作用是把激光辐射限制在光纤芯中，泵浦光在内包层和外包层之间来回反射，多次通过光纤芯，提高了泵浦效率，它不要求泵浦光是单模的，可以对光纤的全长度进行泵浦。德国的 Zellmer 等采用这一技术，已取得十分可喜的进展。例如以 17%的斜率效率得到

440 mW 的 635 nm 红色激光输出，另外采用 Yb^{3+}(2%浓度)和 Pr^{3+}(0.3%浓度)激活的 ZBLAN 光纤，利用 1.6W 和 840 nm 钛宝石激光泵浦得到 165 mW 的 491 nm 蓝色上转换激光。

在氟化物玻璃中，能拉制成性能良好纤维的玻璃系统为氟锆酸盐玻璃，它作为激光基质材料具有很多优点：①氟化物玻璃从紫外到红外(0.3～0.7 μm)都是透明的；②作为激活剂的稀土离子能很容易地掺杂到氟化物玻璃基质中去；③与石英玻璃相比，氟化物玻璃具有更低的声子能量(～500 cm^{-1})。在石英玻璃中由于基质具有高的声子能量，使稀土离子发生无辐射跃迁的概率增大，能级寿命减小，所以要发生辐射跃迁，能级间距一般不小于 4000 cm^{-1}，然而氟化物玻璃中这一间距减小到 2500～3000 cm^{-1}。因此，稀土离子的能级在氟化物中具有较长的寿命，形成更多的介稳能级，有丰富的激光跃迁。由于氟化物玻璃具有以上的优良光学性质，所以，现在的上转换光纤激光器的研究主要集中在氟化物玻璃中。光纤的几何结构也使得激光输出变得很容易：光纤的芯径很小，仅微米量级，在光纤中可以产生很高的光泵能量密度。目前，氟化物光纤激光器一般在室温下就可以输出激光，而要在晶体中产生上转换激光，大都要在低温下进行[83]。光纤柔软，可以弯曲，可以把很长的光纤安装在一个很小的容器内，使整个激光器的几何体积很小[84]。

掺 Tm^{3+}的氟化物上转换光纤激光器：根据所选用的泵浦波长和激光谐振腔的不同，掺 Tm^{3+}的氟化物通过上转换可以输出两条蓝光(0.445 μm 和 0.48 μm)以及两条红外光(0.81 μm 和 1.47 μm)[85]。

掺 Pr^{3+}的氟化物上转换光纤激光器：掺 Pr^{3+}的上转换氟化物光纤激光器是令人感兴趣的。在室温下，在同一根光纤中可以得到红、橙、绿和蓝色的激光(0.635 μm、0.605 μm、0.520 μm 和 0.491 μm)，这在全光彩色显示、医疗仪器和数据的存储等方面都有很重要的应用。四条激光跃迁的泵浦过程是相同的，它们的激光上能级为能量相近的 ^3P 系列(0.520 μm 为 $^3P_1$，其他的为 $^3P_0$)[86]。

与在石英玻璃中相比，氟化物玻璃中 Er^{3+}具有比较多的介稳能级。Er^{3+}在氟化物光纤中通过上转换产生的激光跃迁有三条：0.544 μm、0.85 μm 和 1.7 μm[87]。

掺 Ho^{3+}的氟化物上转换光纤激光器：Ho^{3+}在氟化物玻璃中的上转换激光跃迁有两条，分别为 0.55 μm 和 0.57 μm[88]。

Yb^{3+}掺入的光纤激光器具有比较高的效率，它可以由半导体二极管激光器泵浦产生 976 nm 激光，可用作 EDFA 的光泵。Yb^{3+}与 Er^{3+}共掺入的光纤激光器可产生 10W 功率的 1550 nm 激光[89]，可作为光通信的光源。Yb^{3+}的 $^2F_{5/2}$ 激发态能量很容易传递给 Er^{3+}的 $^4I_{11/2}$ 能级，因此 Yb^{3+}与 Er^{3+}共掺入的光纤激光器比仅掺 Er^{3+}的光纤激光器有大得多的吸收截面，激光器的效率就比较高。

掺 Nd^{3+}的氟化物光纤是目前唯一能用上转换方法产生紫外激光跃迁的光纤激光器。利用上转换，在常温下用 0.59 μm 的光泵浦，可产生 0.38 μm 的激光跃迁，最大输出功率为 0.074 mW[83, 90]。

表 13-7 列出部分掺稀土离子的上转换氟化物光纤激光器的主要参数和输出特性。

表 13-7　掺稀土离子的上转换氟化物光纤激光器的主要参数和输出特性

激光离子	激光离子浓度/%	激光跃迁波长/μm	光纤芯径/μm	光纤长度/m	泵浦光源及泵浦光波长/μm	激光阈值/mW	最大输出功率/mW	斜率效率/%	激光波长调谐范围/μm
Tm^{3+}	0.1	0.48	…	2	YAG：Nd(1.12)	46	57	32	0.478～0.483
	0.1	0.48	3	2.5	1.13	80	106	30	…
	0.1	0.45	3	1.5	染料激光器(0.645+1.064)	90	0.4	…	…
	0.2	1.47	11	9	YAG：Nd(1.064)	175	1000	29	1.445～1.510
	1.0	0.81	12	0.35	YAG：Nd(1.064)	1500	1200	37	0.803～0.806
Pr^{3+}	$0.3Pr^{3+}$+$2Yb^{3+}$	0.635	3	0.60	蓝宝石：Ti 0.840～0.875	42	3000	52	0.635～0.637
		0.615		0.60		29	44	11.5	0.605～0.622
		0.520		0.42		21	20	12.4	0.517～0.540
		0.491		0.26		60	4	3	0.491～0.493
	0.05	0.492	3	0.85	蓝宝石：Ti 1.017～0.835	165	9	13	…
Er^{3+}	0.05	0.546	…	2.4	蓝宝石：Ti 0.801	100	23	11	…
	0.1	0.544	2.1	1.5	二极管激光器 0.971	18	11.7	29	…
	0.05	0.85	9	12	二极管激光器 0.801	40	23dB	…	…
	0.5	1.70	6.5	0.82	蓝宝石：Ti 0.791	227	4.7	1.8	…
Ho^{3+}	0.12	0.55	2.7	1	Krion 激光器 0.6471	140	＞10	20	0.540～0.553
Nd^{3+}	0.1	0.381	2.2	0.45	染料激光器(0.59)	＜187	0.074	…	…

3. 光纤温度传感器

利用含有稀土离子的光纤，可以在很宽的温度范围内进行精确的温度测量，在光纤中掺杂的稀土主要有 Eu、Sm、Nd 及 Pr 等。

其工作原理是当温度变化时，稀土离子的未充满的电子层 f-f 之间的电子跃迁将引起对光的吸收强度变化。在绝对零度时，所有的离子都处在基态，在绝对零度以上的温度时，处于基态的离子数减小，根据玻尔兹曼分布，处于激发态能级的离子数增加。这说明，在一定温度下基态电子跃迁对光的吸收减弱，而处于激发态的电子跃迁对它的吸收增强，因此，根据温度变化时其吸收光谱的变化或其光强度的变化，可以进行温度测量。

用含 Nd^{3+} 的石英光纤温度传感器，根据 0.84 μm 和 0.86 μm 处的透射光强度比，可以在 0～800℃温度范围内进行温度测量。含有 Eu^{3+} 的氟化物光纤温度传感器，根据在 2.2 μm 处的透射光强度，可以在 77～150 K 温度范围内以 0.5 K 的精度进行温度测量，在 150～220 K 温度范围内可以以 1 K 的精度进行温度测量。

光纤温度传感器的特点是，根据选择系统离子的种类、添加量和光纤长度，可以控制其温度测量范围和测量精度。

13.2.7 透明陶瓷激光材料 [91]

透明陶瓷是在 20 世纪 50 年代末 60 年代初开始发展起来的。1959 年由美国 GE 公司 R. L. Coble 制出世界上第一块透明氧化铝陶瓷——Lucalox，这改变了陶瓷不透明的观念。几十年来，透明陶瓷得到迅速发展，先后研制出了氟化钙、硫化锌、氮化铝等非氧化物透明陶瓷和氧化铝、氧化钇、氧化镁等氧化物透明陶瓷。

最近十几年，随着纳米制粉技术以及陶瓷制备工艺日趋成熟，透明陶瓷的光散射损耗降到了令人满意的程度，陶瓷激光器的激光性能已经完全可以与单晶激光器相媲美，有望取代单晶成为新的固体激光器工作物质。

由于透明陶瓷既具有单晶耐高温、抗腐蚀、高绝缘、高强度等特性，又具有良好的光学性能，因此得到了广泛的应用和迅速的发展，主要应用于：

(1) 激光透明陶瓷。基质主要是石榴石 $RE_3Al_5O_{12}$ 以及稀土倍半氧化物 RE_2O_3，发光中心以 Nd、Er 和 Yb 为主，目前在透明度、热物性、光致发光效率和发光寿命等方面与单晶持平，在光散射等涉及介观–宏观激光的性质方面综合相比仍存在着改善的空间。近期的研究表明在激光输出功率和效率上有突破，与单晶基本一致，同时与单晶相比陶瓷具有相对较高的机械性能。

(2) 闪烁透明陶瓷。目前是以石榴石 $RE_3Al_5O_{12}$ 及稀土倍半氧化物 RE_2O_3 为主。

(3) 白光 LED 透明陶瓷。主要成果是将黄粉 YAG∶Ce 透明陶瓷化，从而与芯片组合成白光 LED，由于陶瓷内部的光路传输与粉末内部是不一样的，因此，这种组合结构实现了全立体发光。采用 YAG∶Ce^{3+} 晶体或透明陶瓷材料来取代粉体用于场发射显示和制备 LED 等，以改善的器件的性能。

透明陶瓷用作激光材料是在近十几年中蓬勃发展起来的，激光透明陶瓷具有很多单晶和玻璃所不具备的优点。

陶瓷激光材料与单晶相比的优势如下：

(1) 大尺寸的陶瓷很容易产生，且易于加工成各种形状，应用于激光器时，对输出功率的提高也会有所贡献。

(2) 透明陶瓷的制备周期比生长单晶短得多，成本低，质量可控性强，烧结温度低。由于制备工艺简单，设备成本低且来源广泛，使其适合于工业化规模生产。而比起制备高熔点单晶需要的铱坩埚和高频电源加热的苛刻条件，激光陶瓷的制备由于不需要使用坩埚，所以不存在原料被污染和贵金属气化的风险。

(3) 相对于晶体掺杂浓度提高很多，掺杂均匀性好，大幅提高输出功率可减小器件尺寸。

(4) 相比于单晶只能实现单一的功能，可以实现多层多功能激光器，陶瓷更适合发展多功能激光材料。

陶瓷激光材料与激光玻璃相比的优势如下：

(1) 陶瓷基质热导率要高得多，所以散热性更好。

(2) 陶瓷高温下才能熔化，通常高于玻璃软化温度，因而能承受的辐射功率比玻璃高得多，具有更强的抗热冲击性能。

(3) 在光的输出方面，广泛使用的钕玻璃激光器单色性好，但目前仍停留在只能实现脉冲输出的阶段。而 YAG∶Nd 陶瓷激光器既可以实现脉冲输出，又可以实现激光的连续输出，所以激光陶瓷比玻璃应用的领域更广泛。此外，激光陶瓷具有结构组成更为理想，可承受的辐射功率高等优点。

1. 稀土激光透明陶瓷

稀土激光陶瓷材料的发展始于 20 世纪 60 年代初，1966 年第一块稀土 Dy^{2+} 的 CaF_2 透明陶瓷实现激光振荡，该陶瓷采用热压法制备得到。但高性能激光陶瓷是日本的 Ikesue 等[92]在 1995 年研究的 YAG∶Nd 激光陶瓷。1996～1999 年，他们对影响陶瓷显微结构及激光器性能的因素进行了讨论，预测了透明激光陶瓷的美好前景。2006 年，该公司的 YAG∶Nd 陶瓷被美国 Lawrence Livemore 国家实验室应用于高性能激光器。此后，掺镱钬掺铥的 YAG、$Y_3ScAl_4O_{12}$、Y_2O_3、$YGdO_3$、Lu_2O_3、Sc_2O_3 等透明陶瓷材料也不断涌现。

随着陶瓷烧结技术的发展，低散射损失的透明陶瓷的 2 μm 波段也被报道。关于被动调 Q 和锁模激光陶瓷应用的报道近年也渐渐出现，如 Hazama 将 YAG∶Tm, Ho 激光陶瓷应用于调 Q 的中红外可调谐泵浦源等。

目前最具有代表性的激光透明陶瓷包括石榴石型的晶体 YAG 和稀土倍半氧化物 Re_2O_3(Re=Y，Lu，Sc 等)，这也是目前研究得最为广泛的两种透明陶瓷激光材料。目前只有日本的 YAG 和 Y_2O_3 等透明陶瓷实现了产业化。

(1) YAG∶Nd 透明陶瓷[93, 94]。YAG∶Nd 晶体是重要的固体激光材料，具有稳定的物理化学性能，导热系数高，对可见光和红外光有良好透光性，应用于工业、军事和科研等领域。但是 YAG∶Nd 单晶材料的生产过程复杂，要求的条件也很高，Y^{3+}和 Nd^{3+}的离子半径不同，产生空间位置效应，Nd^{3+}离子取代 Y^{3+}离子比较困难，造成掺 Nd^{3+}量较低，难以达到较高的功率。YAG 单晶采用提拉法生长，生长比较缓慢，难以得到较大的尺寸，生产的成本也比较高，这些都限制了 YAG∶Nd 单晶在大功率固体激光器的应用。

YAG 透明陶瓷与同组成的 YAG 单晶具有相同的晶体结构和物化性能，YAG 透明陶瓷完全可以获得与单晶一致的发光和激光性能。研究表明透明陶瓷激光材料显示出很好的光学和激光性能，2.3%原子比浓度的 Nd^{3+}离子激活的钇铝石榴石透明陶瓷的损耗系数和 0.9%原子比浓度的 Nd^{3+}离子激活的钇铝石榴石单晶一样低，而这种透明陶瓷与单晶的浓度猝灭参数是相同的。较高的激活离子浓度使其在泵浦波长有较大的吸收系数。一片 847 μm 厚的 3.4%原子比浓度的 YAG∶Nd^{3+}透明陶瓷的输出功率是一片 719 μm 厚的 0.9%原子比浓度的 YAG∶Nd^{3+}单晶的 2.3 倍。文献报道了 4.8%原子比浓度的 YAG∶Nd^{3+}透明陶瓷的输出功率是 1.0%原子比浓度的 YAG∶Nd^{3+}高光学质量商品单晶的 4.8 倍。

尽管，陶瓷比起单晶来生产成本低、生产周期短、可以获得更大尺寸的材料，更适合于批量生产，但关键是制定适合的工艺，要使陶瓷的晶粒是大小基本上均匀的纳米颗粒。这种形态下的陶瓷材料有相当好的光学均匀性、高的泵浦光吸收系数和低的热光效应等，将有利于它应用于更高性能的器件，例如单频微片激光器和连续输出功率超过千瓦的高功率激光器。

对 YAG∶Nd 透明陶瓷的研究始于 20 世纪八九十年代。1984 年 With 等用固相法制备了 YAG 粉体，采用真空烧结制得了相对密度近 100%的透明 YAG 陶瓷，但没有实现激光输出。1995 年 Ikesue 等[92]采用固相法制出透光率很高的 YAG∶Nd 的陶瓷，通过对其热导率等性能的测试表明，YAG∶Nd 陶瓷与单晶相似，并且实现了激光输出；透明 YAG∶Nd 陶瓷的激光阈值比单晶略高，激光最大输出功率达 70 mW，斜率效率为 28%。2004 年 YAG∶Nd 激光透明陶瓷的性能第一次超过了同等掺杂量的 YAG∶Nd 单晶，最大输出功率为 110W，比相同掺杂量的 YAG∶Nd 单晶提高了大约 7%。四年后，日本 Konoshima 化学公司采用 NTVS 技术(Nanocrystalline Technology Vacuum Sinering)也成功制备出大尺寸、高质量的 YAG∶Nd 透明陶瓷，首先将两块厚度为 1 cm 的陶瓷片在真空气氛中较低温度下烧结，然后在氩气气氛和几百兆帕压力下热压烧结，使两块陶瓷片合为一体，采用这种方法制出大尺寸的透明陶瓷。Konoshima 公司这种 YAG∶Nd 陶瓷具有更低的散射损耗(仅 0.002 cm^{-1})，其光学性能与单晶几乎一致，激光输出斜率效率达到 53%。基于这项技术，2002 年，在日本 Toshiba 公司的协助下，YAG∶Nd 陶瓷棒首次突破了千瓦级的激光输出。由于陶瓷具有掺杂浓度高的优势，因此在高效率激光器中有很好的应用前景。

目前 Nd^{3+}掺杂量为 6.8at%(原子比浓度)的 YAG 陶瓷激光器的斜率效率达到 20%。由于高掺杂的陶瓷样品具有吸收长度短、热性能好等优点，因此可以作为微片激光器。

2006 年美国 Lawrence Livemore 国家实验室用 Konoshima 化学公司提供的尺寸为 10 cm×10 cm×2 cm 的 YAG∶Nd 透明激光陶瓷研制出高功率固态热容激光器，在 LD 泵浦下获得了 67 kW 的激光输出。这种激光器可以在几秒钟内就可以把一快厚 2.5 cm 的钢板击穿。目前，一些国家已开始研究兆瓦级 YAG∶Nd 陶瓷激光器，这种激光器需要尺寸更大的 YAG∶Nd 透明陶瓷板，由此可以看出，为了满足大功率激光器的需要，制备大尺寸透明陶瓷材料是一个重要的发展方向。

近年来，国内许多研究机构也对 YAG∶Nd 透明陶瓷进行了大量研究，取得了显著的成果。2006 年潘裕柏等用高纯氧化钇、氧化铝和氧化钕为原料，在 1600～1780℃真空条件下，制备了高质量的 YAG∶Nd 透明陶瓷，而且样品实现了激光输出；2007 年孙旭东等制备的 YAG∶Nd 多晶陶瓷最大输出功率接近国际先进水平，报道的连续输出在国内尚属首次。

制备 YAG 透明陶瓷的前提是需要制备出高质量的纳米粉体。2008 年刘文斌等以金属硝酸盐作原料，正硅酸乙酯为添加剂，碳酸氢铵为沉淀剂，制备了 YAG∶Nd 粉体，用制得的粉体成型后在高温下煅烧，获得了高透光性的 YAG∶Nd 透明陶瓷。研究表明制得的透明陶瓷没有气孔和杂质，透明陶瓷在 1064 nm 处透光率为 83%。2011 年，中国科学院上海硅酸盐研究所采用无水乙醇注浆成型的透明陶瓷，可见光透过率为 79%，近红外透过率为 80%。

(2) YAG∶Yb^{3+}透明陶瓷。YAG∶Yb^{3+}透明陶瓷以其良好的光谱性能，优异的热学、光学和机械性能，使其在高功率、高效率和超短超快脉冲激光的应用中有着巨大的潜力。目前 Yb^{3+}掺杂的 YAG 透明陶瓷在 1030 nm 处的斜率效率已高达 79%；2007 年在 YAG∶Yb^{3+}透明陶瓷微片激光器中实现了 414W 的高功率连续激光输出；2009 年该陶瓷获得了脉宽 233 fs 的锁模脉冲飞秒激光。YAG∶Yb^{3+}透明陶瓷已成为新一代优良的固体激光增益介质。

(3) 掺 Er^{3+}或 YAG∶Ho 激光透明陶瓷。掺 Er^{3+}离子的激光透明陶瓷发射波段位于 1.54 μm 和 2.94 μm，其中 1.54 μm 激光最突出的优点是对人眼安全，并且是光纤及大气通信的低衰减窗口，可用于激光测距、医疗整形手术、激光雷达。2.94 μm 波段对应于水分子的最强吸收波段(～3.0 μm)及组成骨骼的主要物质羟基磷灰质中 OH 基团的最强吸收波段(～2.8 μm)，因此能被人体组织强烈吸收，导致组织的瞬间气化和精确剥离。故目前 YAG∶Er 激光器在生物医学和医疗美容方面具有广泛用途，主要用于骨外科、牙科修补手术。Er 与 Yb 共掺 YAG 的则可以利用 Yb^{3+}离子在 900～1000 nm 波段的强烈吸收，以 Yb^{3+}离子作为 Er^{3+}离子的敏化剂，提高 Er^{3+}在 LD 泵浦下的发光强度，因此 Er^{3+}单独或 Er^{3+}与 Yb^{3+}共掺杂的 YAG 透明陶瓷都能取代相应掺杂的 YAG 单晶材料，应用于医疗手术及光通信。

Ho^{3+}掺杂的激光透明陶瓷在 2 μm 波段有发射峰，该波段与 Er^{3+}掺杂的材料基本相似，也位于水的一个吸收峰，是对人眼安全的范围，因此 2 μm 激光在大气遥感、光学通信、激光雷达以及医疗设备等方面具有重要的应用。YAG∶Ho 透明陶瓷可以取代 YAG：Ho 单晶用于 2 μm 激光材料。

(4) YAG：Sm 透明陶瓷。用高纯氧化物粉体为原料，采用固相反应和真空烧结技术制备了 1at%和 2at%YAG：Sm 激光透明陶瓷，研究了激光透明陶瓷的微观结构与光谱参数，YAG：Sm 透明陶瓷在 808 nm 处不存在吸收，透过率可以达到 83%以上(未镀膜)，在 1064 nm 处存在着明显的吸收，并且为非饱和吸收。所以 YAG：Sm 激光透明陶瓷非常适用于高功率激光透明陶瓷的包边材料，对于抑制激光工作过程中的 ASE 具有非常好的应用。

(5) 稀土倍半氧化物。Re_2O_3 (Re=Y，Lu，Sc) 是立方晶系的稀土氧化物，Re_2O_3 的熔点高达 2430～2480℃(比 YAG 高 400℃左右)，其中 Y_2O_3 在 2280℃附近还会发生立方相到高温六方相的晶型转变。这对拉制高质量的 Re_2O_3 单晶造成相当大的困难，而通过陶瓷制备技术则可以在远低于熔点的温度下制备出大尺寸的倍半氧化物透明陶瓷，因此对于倍半氧化物透明陶瓷的研究具有非常重要的意义。采用纳米粉体，Re_2O_3 透明陶瓷的烧结可以降到 1700℃左右，比其熔点低 700℃。

第一块透明陶瓷 Y_2O_3 (“Yttalox”) 于 1959 年由美国 GE 公司斯卡奈塔第研发中心研制成功。透明 Y_2O_3 陶瓷具有很好的光学、热学、化学和物理特性，包括耐火性高、稳定性好、强度高而且在很宽的光谱范围内都光学透明，可以用作高温红外窗口材料。同时又可以作为三价稀土离子的基质，而不被复杂电荷补偿所影响。

2001 年 LD 泵浦下实现 Y_2O_3：Nd 透明陶瓷的激光输出。2003 年，楼祺洪等报道了输出功率 5.48W、斜率效率为 25%的激光连续输出，所采用的激光介质为直径 10 mm 的 Y_2O_3：Yb 陶瓷，陶瓷长度 2.01 mm，输出波长 1077.6 nm，掺杂 Yb^{3+}原子分数为 0.1。2009 年 Er^{3+}掺杂陶瓷实现了 1.5 μm 波段激光输出，次年 Y_2O_3：Er 实现了 2.7 μm 波段激光输出。

另外，Ba(Mg, Zr, Ta)O_3 (BMZT) 透明陶瓷具有无序类玻璃结构，掺杂稀土激活离子 Nd^{3+}，其吸收和发射谱都得到展宽，尤其是在发射谱中，其半峰宽达到 30 nm，远远高于 Nd^{3+}在 YAG 中的发射谱半峰宽(仅 0.8 nm)，因此 BMZT：Nd 是一种非常好的高功率和超短脉冲激光材料。

2. 激光透明陶瓷烧结技术

(1) 真空烧结。真空烧结是烧结 YAG 透明陶瓷常用的烧结方法，将坯体在真空条件下烧结，坯体内所有气体在完全烧结前就会从气体中逸出，使样品不含气孔，提高样品的致密度。石云等采用高纯金属氧化物为原料用固相法制备了 YAG：Nd 透明陶瓷。陶瓷素坯在 1750℃真空烧结 10 h，真空度 10^{-3} Pa，双面抛光后陶瓷在可见光的直线透过率达 80%左右。

(2) 热压烧结。热压烧结是素坯在高温下通过外加压力使素坯致密化的过程，由于加压和加热同时进行样品处在热塑性状态有助于粉体颗粒的扩散，所需的烧结温度比传统烧结方法低，烧结时间短，烧结温度降低有助于抑制晶粒长大，可得到致密度高、晶粒小的透明陶瓷。但热压烧结的成本高、设备复杂，对模具材料要求高、能耗大、效率低。

(3) 放电等离子烧结。放电等离子烧结是将样品装入模具内，利用上下模冲和通电电极将特定烧结电源和压力施于烧结样品，在样品间通入脉冲电流进行烧结来制备材料的一种烧结技术。放电等离子烧结技术主要用在一些新型材料和传统工艺难以制备的材料，如多孔材料、氧化物超导材料、纳米材料等。放电等离子烧结技术具有烧结时间短、温度控制准确、致密度高等优点，可以在几分钟内使粉末烧结致密，并且能抑制样品颗粒的长大，提高材料的性能。孟庆新等采用放电等离子烧结制备了 YAG 陶瓷，在 1500℃能获得了致密的 YAG 瓷陶，陶瓷几乎没有气孔。

(4) 微波烧结。微波烧结是一种新的烧结方法，它与传统的烧结方式不同。微波烧结是在微波作用下发生偶极转向极化、电子极化等，将微波的电磁能转化为热能，使材料整体加热至烧结温度而实现致密化的方法。微波烧结可显著降低样品的烧结温度，烧结时间短，能耗低，可有效抑制晶粒的长大，烧结的产品致密度高、晶粒均匀、易于控制和无污染；样品中温度分布均匀，温度梯度大幅降低，内应力随之减小，防止样品在加热过程中变形或裂开。

陶瓷材料的烧结是一个复杂的过程，影响陶瓷透光性的因素包括以下几点：

(1) 原料。原料的纯度对陶瓷的透光性有很大的影响，要制得高透光率的透明陶瓷就需用高纯度的陶瓷粉体作为原料。原料中含有的杂质会在烧结的过程中形成光散射中心，影响陶瓷材料的均匀性，降低陶瓷的透光性。高纯度的原料可减少光的散射，提高陶瓷的透光性。

(2) 气孔率。气孔是影响陶瓷透光性能最主要的因素，即使采用高纯度的原料，用传统的烧结方法制得的陶瓷往往也不透明，其原因是陶瓷中存有气孔，气孔会使光产生散射，从而降低陶瓷的透光性，导致陶瓷不透明。制备透明陶瓷的关键是把气孔从陶瓷中排出，减少陶瓷中的气孔率。

(3) 烧结制度。烧结透明陶瓷时，必须准确控制烧结过程的烧结温度、升温速率、冷却速率、保温时间等。烧结过程中气孔与粉体颗粒形状发生改变，使粉体的颗粒致密化。陶瓷粉体晶粒的尺寸随着温度的升高而增大，当温度过高时，会导致晶粒的异常长大，晶粒的异常长大过程中会将气孔留在大晶粒内，影响致密化程度。烧结完成后应控制适合的冷却速率，防止陶瓷变形和开裂。

透明陶瓷的烧结与普通陶瓷烧结工艺不同，透明陶瓷的烧结要在真空、氢气或其他气氛中进行。在真空气氛中，陶瓷烧结体在负压环境下，内部的气体向外扩散，使陶瓷内的气孔排出，从而提高陶瓷的致密化程度。

(4) 添加剂。在陶瓷烧结过程中加入适量的添加剂，添加剂在烧结过程中形成液相，有助于降低陶瓷的烧结温度，烧结温度的降低可以抑制晶粒的长大，从而制备出透光性良好的透明陶瓷。但过量的添加剂会使陶瓷产生第二相，反而降低陶瓷的透光性。

(5) 表面加工光洁度。透明陶瓷的透明程度还与陶瓷的表面加工有关，没有经过表面处理的透明陶瓷的表面比较粗糙，光线入射到粗糙的表面会发生反射，陶瓷的表面越粗糙其透明程度就越低。为了使陶瓷表面的粗糙度降低，要将烧结后的陶瓷进行研磨和抛光处理。通常研磨处理后的陶瓷的透光率可以提高10%以上，经过抛光处理后透光率可能达到80%以上。

13.2.8　液体激光器

产生受激发射作用的是液体工作物质的这类激光器统称为液体激光器。液体激光器有两类：无机液体激光器和有机液体激光器。前者利用稀土材料的离子能级受激发射，后者利用有机分子的电子能级发出激光。液体激光器可分为有机液体激光器和无机液体激光器。有机液体激光器又分三类：有机螯合物激光器、有机染料激光器与有机玻璃和塑料激光器。

液体激光器的工作物质主要是：①有机染料的溶液；②稀土金属离子(Eu^{3+}、Tb^{3+}等)的有机螯合物溶液；③稀土金属离子(Nd^{3+})的无机液体($SeOCl_2$、$POCl_3$)等，这些工作物质一般都以光泵方式进行激励以实现粒子数反转和产生有效的受激发射。

1. 液体激光器特点与存在问题

液体激光器的特点如下：

(1) 固体工作物质通常在高温情况下制造，会出现很多缺陷，严重影响其光学特性；固体工作物质在高能最大功率工作状态下容易褪色、碎裂使激光输出特性恶化。

(2) 固体容易炸裂或破碎，而液体按其本性是具有不可破裂性。液体为工作物质的显著特点之一是可以流动，因此在工作过程中，一旦遇到“损坏”，本身会恢复原状，在内部不会出现固有的裂纹或气泡。

(3) 固体工作物质随着温度的变化常常引起折射率以致激光特性发生很大变化。在连续态或重复脉冲工作时，固体工作物质由于发热而引起升温，从而使器件的效率下降，或使输出功率不稳定，所能应用的冷却方法也有一定的局限性，但液体则可以靠循环流动来克服以上缺点，因为液体不断流动进行热交换可以使工作液体维持在一定的温度。尽管液体特别容易由于温度变化而引起折射率很大的变化，但使液体循环可以有效地消除这种温度梯度和由此而引起折射率的变化。因为液体是不可压缩的，故循环流动不会使密度变化，而引起光学性质变坏。

(4) 固体工作物质的尺寸受到制造方法的限制，其价格随着它的体积增大而提高很快。而液体激光器没有这种固定的限制。无论是晶体或玻璃工作物质，制备工艺和设备都比较复杂，而液体工作物质就要简单得多、成本低，困难较易得到解决。

(5) 液体激光器的输出激光在一段波长范围内是连续可调的。通过变化溶液中染料的浓度、种类、染料盒的长度等使振荡波长可调。如有机染料液体激光器波长可连续调节，这在某些应用中意义是很大的。

(6) 可振荡的波长范围宽，从紫外到红外都可能振荡，放大增益高、效率也高，并可作常温振荡。

(7) 绝大部分气体体系具有高度的光学完整性，这是因为气体的密度均匀，而且在低压时期折射率对温度的变化不灵敏，但与气体工作物质相比，液体工作物质的粒子密度高得多，能获得较大功率能量输出。

液体激光器存在问题：液体工作物质的热膨胀系数都比较大，折射率随温度的变化也很显著，激光的发散角大，当工作物质在静态工作时，在一定程度上会影响输出激光的特性如功率、发散角等。因此，每输出激光一次它的光学均匀性就受到很大的破坏，需要较长一段时间（10～30 min）才能恢复均匀。因而在应用中受到某些限制。有些液体工作物质具有毒性和腐蚀性，对应用也带来一定的麻烦。

有机染料激光器目前研究得比较多，染料在强光的作用下，部分离子被抽运到激发态 S_1、S_2……上，在各激发态上的粒子数绝大部分很快（约 10^{-12} s）集中到 S_1 激发态上，S_1 与 S_0 之间就产生了粒子数反转。图 13-18 是典型的染料能级图。

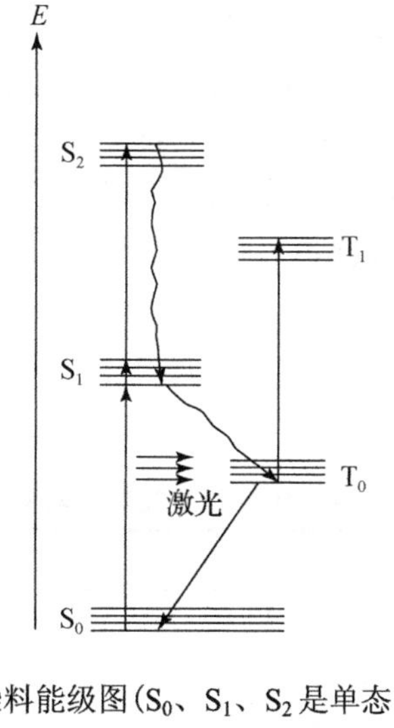

图 13-18　典型的染料能级图（S_0、S_1、S_2 是单态；T_0、T_1 是三重态）

因为形成粒子数反转的时间极短，氢原子的振动吸收来不及产生，所以不必考虑。但由于染料还存在三重态的激发 T_0，T_1…，处于 S_1 态的粒子将有一部分以无辐射跃迁，落到三重态 T_0，再从 T_0 缓慢地回到基态 S_0，发出磷光。三重态的存在对受激辐射有很大的影响，因为 T_0 至 T_1 的间距与 S_0 至 S_1 的间距是相同的，当在 T_0 上积累一定粒子时，它会吸收 S_1 到 S_0 跃迁产生的辐射，使腔的 Q 值变坏，影响激光的产生。解决的办法是采用时间极短（小于 0.5×10^{-6}s）的激发光源，使在 S_1 的粒子数来不及到 T_0 上，就产生了 $S_1\rightarrow S_0$ 态的受激辐射跃迁。这种光源虽然困难，总还是可以解决的。由于染料激光器的光束发散角小，输出的谱线宽度可以改变，波长的范围也可以改变，就使其具有重要的应用前景。

2. 稀土液体激光工作物质

稀土液体激光材料主要分为两类，一类是使用稀土螯合物的有机液体激光材料，另一类是使用非质子溶剂的稀土无机液体激光材料。

(1) 稀土螯合物液体激光材料。稀土螯合物激光器是最早出现的液体激光器，它的工作物质一般是由稀土离子与某些分子结构为笼状的有机基团相结合而构成的。

1963 年 Liempicki 与 Samelson 首次报道了 Eu 与苯甲酰丙酮的液体激光器。这是第一个液体激光器，实际上，Liempicki 的液体激光器 Eu-苯甲酰丙酮 3∶1 的乙醇∶甲醇混合溶剂中，工作温度在−170℃，它是一种如同蜂蜜的玻璃态物质。而后，又发表了 Eu-二苯甲酰甲烷的液体激光器，工作温度为−120℃，随后，有大量的工作研究稀土螯合物（以稀土与β-二酮螯合物为主）的发光及激光性能并逐步改进以提高工作温度。

目前可用作稀土螯合物液体激光材料的稀土离子有三价的 Eu、Tb、Gd 和 Nd。有机配体主要是β-二酮类的螯合物，如苯酰丙酮（AB），二苯甲酰甲烷（DBM），噻吩甲酰三氟丙酮（TTA），三氟乙酰丙酮（TFA）和苯酰三氟丙酮（BTFA）等。如铕离子掺入三苯酰丙酮的螯合物的乙醇溶液（也称为吡啶和苯酰丙酮的加合物），二甲酯甲酰胺的铕二苯酰甲基螯合物，噻吩甲酰三氟丙酮（TTA）螯合物加入到聚甲醛乙丙烯塑料中。

一些稀土β-二酮配合物可作为液体激光工作物质实现激光的输出的结果见表 13-8。

表 13-8　稀土配合物激光器及其发射条件

物质	溶剂	温度/℃	阈值/J	激光波长/nm
$Eu(BA)_4$·哌啶	乙醇∶甲醇=3∶1	−150	100	611.1—613.1
$Eu(BA)_4\cdot NH_3$	乙醇∶甲醇=3∶1	−150	280	
$Eu(BTA)_4$·哌啶	乙腈	25	1700	611.9
$Eu(TTA)_4\cdot NH_3$	乙醇∶甲醇=3∶1	−150	670	612.5
$Eu(BA)_4$·乙二胺	乙醇，甲醇	−140	—	
$Eu(BA)_4$·吗啉	乙醇，甲醇	−140	—	

续表

物质	溶剂	温度/℃	阈值/J	激光波长/nm
$Eu(BA)_4 \cdot Na$	乙醇：甲醇：二甲基酰胺=1∶5∶5∶2	−140	1000	
$Eu(DBM)_4$	乙醇，甲醇加二甲基酰胺	−140	1500	612.0
$Tb(TFA)_3$	二氧六环，乙腈	30	1500	547.0

有机配体吸收了光泵的能量后，被激发至单态，再将能量转移至它的三重态。等此三重态的能级位置高于稀土激活离子的激发态时，则可将能量传递给稀土离子，使稀土离子发光。图 13-19 是这种稀土有机配合物发光的过程。三重态位置的高低取决于所使用的有机配体。

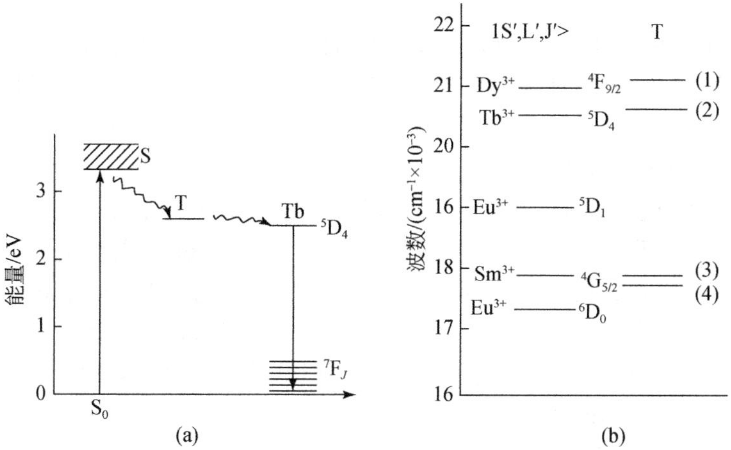

图 13-19　稀土有机配合物的发光过程及其三重态与稀土激发态的位置(S—单态；T—三重态)

(1)乙酰丙酮；(2)苯酰丙酮；(3)1, 10-邻菲咯啉，TTA，DMB；(4)8-羟基喹啉

由于在这类激光材料中含有氢等具有振动频率高的原子，可消耗大量的激发能，因此阈值很高，虽然材料经过氘化以后，可减小荧光猝灭，但阈值仍高。而且所用的有机螯合物对紫外光的吸收很大，使光泵的能量不易透入液体中，只能透入几微米的深度，故只能用很薄层的液体装入小直径(约 1 mm)的管子中使用，效率很低，未能获得大的发射功率。

但由于有机螯合剂对光泵的光吸收过强，只有溶液表面的稀土离子起激活剂的作用，光泵的光不易透入溶液内部激发其他更大量的稀土离子，器件做不大；再由于配合物中的氢原子质量很轻，由于它形成的 O—H 等键具有很大的振动能，特别当它位于稀土中心离子的近邻时，由于氢的振动而消耗能量，导致稀土荧光效率降低，甚至引起荧光的猝灭。因此，这类稀土有机配合物液体激光工作物质的激光阈值很高，大部需要在低温操作而未被采用。

有机螯合物激光体系虽然通过分子笼的形式把激活离子与氢原子隔开，解决了氢原子对激活离子能量的振动吸收问题。因为振动能量与原子量的平方根成反比，越是轻的原子振动能量越大，分子的振动能量取决于成链基团中最轻的原子。对有机分子来说，氢原子总是存在的，因此，分子的振动能量大，这就消耗了激活离子的能量，使溶剂发热。若采用螯合物体系，氧原子把氢原子与激活离子隔开，氧原子原子量比氢大 16 倍，振动能量比氢小 4 倍，故基本解决了振动吸收问题。

稀土螯合物液体激光的存在问题是稀土螯合物的吸收区是紫外区(2000～4000 Å)，这样与一般 Xe 灯光谱分析也不相匹配；吸收严重，阈值高；传递过程有能量损失，无辐射跃迁的损失也相当大，输出量低。大部分的稀土螯合物激光材料都在低温操作，所以目前螯合物体系并无多大实用价值。

(2)稀土无机液体激光材料。1964 年 GT&E 实验室研制成功第一个无机液体激光器。这是一种铕螯合物激光器，当时只能在低温下工作，后来不断改进并得到了循环液体激光器，但由于阈值高效率低，因此输出功率和能量都很小，无法实际应用，从而使螯合物激光器的研究实际上处于停顿状态。

1966 年 Hellev 总结了大量的研究成果，提出氢原子高能振动的猝灭作用是关键问题。在这种思想指导下，他转向无机体系，并在 1966 年首次提出了第一个无机液体激光体系(Nd-$SeOCl_2$ 体系)，从而为稀土络合物激光打开了新的局面。这种“重原子”体系避免了氢原子的非辐射弛豫，获得增益高、阈值低的室温激光输出。它比有机螯合物体系有了较大进展，但这种溶剂除价格昂贵外，毒性与腐蚀性都很强，对液体循环工作带来很大困难。

1967 年姚克敏等[95, 96]探索新溶剂三氯氧磷，发现它与四氯化锡能溶解氧化钕，并获得激光输出。

Nd^{3+}在无机液体中的线宽和光谱结构介于玻璃和晶体之间，因而，其激光性能也在两者之间。比起 YAG 晶体激光器，液体激光器的阈值能较高，较难连续工作；而相比玻璃激光器它的能量存储能力低，难以获得千焦耳激光脉冲，但它比玻璃和 YAG 激光器在中等能量/脉冲和中等重复频率时，其输出脉冲的平均功率较高。

无机液体激光器有静止式和循环式两种。循环式无机液体激光器的性能主要取决于泵的设计和光管的损耗。

要使液体实现激光输出的基本条件是要允许粒子在介稳态积累，并要没有或减少非辐射弛豫的损失。许多实验证明，如能从离子周围消除具有高能振动能量的键后就会使三价 Nd^{3+}在液体中的发光量子效率上升到类似晶体或超过玻璃激光的水平。如最轻原子氢的键就具有最高的振动能量。可以用两种化学方法达到此目的：一种是用一定配位体包围离子以减少电子能量转变成振动能量，如过去的有机螯合物体系，就是利用这种原理；另一种是采用质子惰性的溶剂，所谓质子惰性溶剂即指没有氢、氘及其他轻原子的溶剂。选择溶剂的条件：①没有氢原子特别是没有氢及氘，没有超过 2000 cm^{-1} 振动频率的其他原子的键。例如水的 $\nu=3600\ cm^{-1}$，重水的 $\nu=2600\ cm^{-1}$。若以重水代替水它的发光量子效率就增加 5 倍。②沸点要高，冰点要低，沸点需要超过 60℃，冰点要低于 30℃，但从实际应用看来，沸点和冰点之间的温差要越大越好。③溶剂要具有高的介电常数及良好的给质子性质。换言之，要有良好的溶剂化 Nd^{3+} 的能力。④溶液需要透明，具体说溶剂须在 Nd^{3+} 的光泵范围，5000～9000 Å 透明；在 Nd^{3+} 的发射范围 10000～14000 Å 透明。⑤溶液的黏度希望要小。激光溶液的黏度在循环激光液体实验中十分重要，但是溶液的黏度不是单纯决定于溶剂，黏度往往随质子惰性溶剂浓度、酸的浓度、稀土浓度增加而增加。

为降低稀土液体激光材料的阈值，化合物中必须不含振动频率高的原子，为此，必须探找含有重原子溶剂作为液体激光材料。1966 年首先发现 $SeOCl_2$-$SnCl_4$ 可作为非质子溶剂，它可将 Nd_2O_3 或 $NdCl_3$ 溶解制成无机液体激光材料。由于采用了含重原子的非质子溶剂作为激光材料，使阈值大大降低。

稀土无机液体激光材料的优点是容易制备。存在的缺点是目前所用的 $POCl_3$ 体系的毒性和腐蚀性仍很大，循环泵的材料只能用镍和聚四氟乙烯等，不易加工；使用玻璃泵又易破损，而且所有这些非质子溶剂都易与水作用，由于水解后的溶液中含有原子量轻的氢原子，其高能振动使激光性能消失，故要求严格的气密以防止进水分。此外，液体的折射率随温度的变化较大，一般比固体大 100～1000 倍。当管内的液体激光材料被光泵的强光照射后，由于产生不均匀的温度梯度而使液体的光学质量变差，发生热畸变，其效应相当于形成一个透镜而发生自聚焦，这些缺点限制了它们的广泛使用。

Eu^{3+}、Tb^{3+}、Gd^{3+}、Nd^{3+}在液体中可产生激光，Eu^{3+}、Tb^{3+}、Gd^{3+}主要是在β-二酮类螯合物的有机溶液中实现受激发射。这些激光物质由于效率低，阈值高，大都还需要低温操作。研究得比较多的是无机液体激光器，常用的稀土无机液体激光工作物质有 $POCl_3$-$SnCl_4$-Nd^{3+}和 $POCL_3$-$ZrCl_4$-Nd^{3+}两种体系，这两种体系的特点是阈值低，放大系数大，可作放大器，利用循环使液体冷却和高抽运密度时，可作平均功率大和重复频率的激光器。

目前能出激光的无机液体只有两种，即掺钕离子的氧氯化硒加四氯化锡($SeOCl_2$+$SnCl_4$：Nd^{3+})体系和掺钕离子的氧氯化磷加四氯化锆($POCl_3$+$ZrCl_4$：Nd^{3+}或 $POCl_3$+$SnCl_4$：Nd^{3+})体系。掺钕的氧硒体系毒性和腐蚀性较大，价格也比较贵。氧磷体系毒性和腐蚀性小，价格便宜，制备方便。

掺钕离子的氧氯化硒加四氯化锡($SeOCl_2$+$SnCl_4$：Nd^{3+})液体激光器中 $SeOCl_2$+$SnCl_4$：Nd^{3+}的特性见表 13-9。

表 13-9　$SeOCl_2+SnCl_4$：Nd^{3+}的特性

相对密度	～2.5
沸点	114～180℃
折射率	～1.65
线膨胀系数	2.9×10^{-4}
荧光寿命	～0.2 ms
发射波长	1.06 μm

液相工作物质中 $SeOCl_2$ 是溶剂，$SnCl_4$ 是助溶剂。选择这两种液体作溶剂主要有下面几个原因：①氧化钕、氯化钕等化合物能溶解于其中，而且钕在溶液中是以三价钕离子(Nd^{3+})存在的，它的能级结构、光谱特性与在固体中的钕离子基本一致；②$SeOCl_2$ 和 $SnCl_4$ 的分子都没有很轻的原子，因此处于激发态的钕离子的能量不容易由于碰撞而转移到溶剂中。③$SeOCl_2$ 和 $SnCl_4$ 在钕离子对激光有贡献的吸收带的波段和荧光线(产生受激辐射的线，1.06 μm)处有很高的透明度。

还有两个优点：一是发散角小，一般为 1 mrad；另一个是增益高、阈值低，它的阈值低于玻璃，阈值可低于 5 J。

激光器的输出能量已达数十焦耳，效率略低于 1%。使用调 Q 装置，输出峰值功率已达数十兆瓦。

液体受光照后，由于温升不均匀，引起液体各部分折射率不同，不能立刻恢复工作。为了克服这个缺点，液体激光器可以做成循环流动的形式。

液体受光照后，因温度升高而引起折射率不均匀的液体从激光液槽内流出，进入交换器进行降温，然后由一个防腐的电动机械泵送回激光液槽内。这样液体就可以循环流动，目前实验流速一般在 3～15 cm/s。

液体在流动过程中难免有些湍流，这会在一定程度上影响工作物质的光学均匀性，与静态工作时相比，流动态工作时的能量转换效率要降低，阈值增高，方向性变坏。

POCl：Nd^{3+}无机液体激光工作物质也可以用 $SnCl_4$ 作助熔剂，输出波长为 1.06 μm。能量转换效率比 $SeOCl_2$：Nd^{3+}液体激光工作物质低，阈值也相当高，约 3300 J。唯一的优点是毒性和腐蚀性较小，易于操作。两种含钕的无机液体激光材料的光谱性质见表 13-10。

表 13-10　两种含钕的无机液体激光材料的光谱性质

性质	$POCl_3$-$ZrCl_4$-Nd(CF_3COO_3)	$POCl_3$-$SnCl_4$-Nd^{3+}
计算的荧光寿命/μs	362	317
测得的费光寿命/μs	330～370	260～280
计算的量子效率/%	0.91～1.0	0.82～0.88

续表

性质	$POCl_3$-$ZrCl_4$-Nd (CF_3COO_3)	$POCl_3$-$SnCl_4$-Nd^{3+}
测量的荧光线宽/cm^{-1}	185	1.85
发射截面/10^{-20} cm^2	5.15	5.69
激发态吸收强度 ($^4F_{3/2}\to{}^2G_{9/2}$) /10^{-20} cm^2	0.25	0.28
荧光强度 ($^4F_{3/2}\to{}^2I_{11/2}$) /10^{-20} cm^2	3.17	3.52

钕无机液体体系的光谱特性介于晶体和玻璃之间，钕在无机液体激光体系中的吸收光谱和荧光光谱类似于非晶态的钕玻璃，都具有宽的谱带，吸收截面比在玻璃中还大，量子效率也很高(表 13-11)。

表 13-11　钕无机液体体系的光谱特性与晶体和玻璃的比较

	工作基质	荧光量子效率/%	吸收截面 /10^{-20} cm^2	相对受激截面 /10^{-19} cm^2	输出波长 /μm	荧光寿命 /μs	粘度
晶体	YAG	0.99	30-90	8.8	1.0640	240	
	$CaWO_4$	0.99		4.1±0.3		165	
液体	$SeOCl_2$+$SnCl_4$		8			280	12
	$POCl_3$+$SnCl_4$		6			310	10
	$POCl_3$+$ZrCl_4$	0.49	～6	0.78	1.0525	360 (330)	5
玻璃	ED-2g	0.43	0.3-30	0.45	1.06	310	
	LG-55g	0.43		0.21		560	

13.2.9　稀土气体激光工作物质

稀土气体激光材料可分为两类，一类是稀土金属蒸气激光材料，另一类是稀土分子蒸气激光材料。

1. 稀土金属蒸气激光材料

使用 Sm(Ⅰ)、Eu(Ⅰ)、Tm(Ⅰ)、Yb(Ⅰ)中性原子或一次电离的 Eu(Ⅱ)和 Yb(Ⅱ)的金属蒸气放在具有窗口的气体发电管内，金属蒸气中混入 He、Ne、Ar 等惰性气体。将气体发电管放在谐振腔中，用几百安培的脉冲电流进行激励而产生激光。表 13-12 列出稀土金属蒸气激光材料及其激光波长。

表 13-12　稀土金属蒸气激光材料及其激光波长

RE	激光波长/nm
Sm(Ⅰ)	1912.0～4865.6 (8 根线)
Eu(Ⅰ)	1759.6～6057.9 (11 根线)
Eu(Ⅱ)	1002，1016.6，1361
Tm(Ⅰ)	1304.0～2385.0 (14 根线)

续表

RE	激光波长/nm
Yb(Ⅰ)	1032.2～4801.1(8 根线) 1478.7～1797.7
Yb(Ⅱ)	1649.8，2437.7 1271.4，1345.3，1805.7
Yb(?)	2148.0

2. 稀土分子蒸气激光材料

已实现激光输出的只有使用 $NdCl_3$-$AlCl_3$ 体系的分子蒸气，用闪光灯泵浦的染料激光器输出的 587 nm 的激光激发。

铕-氦的蒸气激光器等气态稀土激光工作物质已在研制和开发中。

参 考 文 献

[1]《激光》编写组. 激光. 上海：上海人民出版社，1971.

[2] 中国科学技术协会. 晶体学科学发展报告(2012—2013). 北京：中国科学技术出版社，2014：101-111.

[3] Keller U. Nature，2003，424：831-838.

[4] Lacovara P，Choi H K，Wang C A，et al. Opt Lett，1991，16(14)：1089-1091.

[5] 罗遵度，黄艺东. 固体激光材料光谱物理学. 福州：福建科学技术出版社，2003.

[6] Weber M J. Lanthanide and Actinide Lasers. Washington：ACS Publications，1980.

[7] Kaminskii A A. Laser Crystals. Berlin：Springer-Verlag，1981.

[8] Kaminskii A A. Phys Status Solidi(a)，1985，87(1)：11-57.

[9] 徐光宪. 稀土. 北京：冶金工业出版社，1995：186-196.

[10] 倪嘉缵，洪广言. 稀土新材料及新流程研究进展. 北京：科学出版社，1998：134-174.

[11] Kaminskii A A. Physica Status Solidi(a)，1995，148：9.

[12] 洪广言. 稀土发光材料-基础与应用. 北京：科学出版社，2011.

[13] Johnson L F，et al. Appl Phys Lett，1965，7：127.

[14] Stoneman R C，et al. Opt Lett，1990，15(9)：486.

[15] Suni P J，et al. Opt Lett，1991，16(11)：817.

[16] Pinto T P，et al. Opt Lett，1992，17(10)：173.

[17] Scott B P，et al. Opt Lett，1993，18(2)：113.

[18] Fan T Y，Huber G，Byer R. J Quantum Elect，1988，24：924-933.

[19] Yang K J，Bromberger H，Rufl H，et al. Opt Express，2010，18(7)：6537-6544.

[20] Yang K J，Heinecke D，Paajaste J，et al. Opt Express，2013，21(4)：4311-4318.

［21］Xu X D，Zhao Z W，et al. J Cryst Growth，2003，257：272-275.
［22］Xie G Q，Tang D Y，Tan W D，et al. Opt Lett，2009，34：103-105.
［23］Ma J，Xie G Q，Gao W L，et al. Opt Lett，2012，37：1376-1378.
［24］Gao W L，Xie G Q，Ma J，et al. Laser Phys Lett，2013，10：055809.
［25］Ma，J，Xie G Q，Lv P，et al. Opt Lett，2012，37：2085-2087.
［26］Massey G A. Appl Phys Lett，1970，17：213-215.
［27］Lu Y，Dai Y，Yang Y，et al. J Alloy Compd，2008，453：482-486.
［28］Cheng H，Jiang X D，Hu X P，et al. Opt Lett，2014，39(7)：2187-2190.
［29］Marshall C D，Speth J A，Quarles G J. J Opt Sx Am B，1994，11：2054.
［30］Dubinskii M A，et al. J Mad Opt，1993，40：1.
［31］Pinto J F，et al. Electron Lett，1994，30：240.
［32］Zhang H J，Wang J Y，et，al. Opt Mater，2003，23：449-454.
［33］Higuchia M，Kodairaa K，et al. J Cryst Growth，2004，265：487-493.
［34］Zhao S R，Zhang H J，et al. Opt Mater，2004，26：319-325.
［35］Jacquemet M，Balembois F，et al. Appl Phys B，2004，78：13-18.
［36］Chenais S，Balembols F，et al. IEEE Xplore，2003：10.
［37］Lagatsky A A，Han X，Serrano M D，et al. Opt Lett，2010，35(18)：3027-3029.
［38］Sun C L，Yang F G，Cao T，et al. J Alloy Compd，2011，509：6987-6993.
［39］Troshin A E，Kisel V E，Yasukevich A S，et al. Appl Phys B，2007，86：287-292.
［40］Gaponenko M S，Denisov I A，Kisel V E. Appl Phys B，2008，93：787-791.
［41］Gaponenko M S，Kisel V E，Kuleshov N V，et al. Laser Phys Lett，2010，7(4)：286-289.
［42］Lagatsky A A，Calvez S，Gupta J A，et al. Opt Express，2011，19(10)：9995-10000.
［43］Lagatsky A A，Fusari F，Kurilchik S V，et al. Appl Phys B，2009，97：321-326.
［44］Lagatsky A A，Fusari F，Calvez S，et al. Opt Lett，2009，34(17)：2587-2589.
［45］Lagatsky A A，Fusari F，Calvez S，et al. Opt Lett，2010，35(2)：172-174.
［46］韩永飞，李景照，陈振强，林浪，李真，王国富. 人工晶体学报，2009，38(1)：188-196.
［47］Zhu H M，Chen Y J，Lin Y F，et al. J Appl Phys，2007，10(6)：1-8.
［48］Zhao D，Lin Z B，Zhang L Z，et al . J Phys D：Appl Phys，2007，40(4)：1081-1021.
［49］Schmidt A，Koopmann P，et al. Opt Express，2012，20(5)：5313-5318.
［50］Lagatsky A A，Sun Z，Kulmala T S，et al. Appl Phys Lett，2013，102：013113.
［51］Koopmann P，Peters R，Petermann K，et al. Appl Phys B，2011，102：19-24.
［52］Lagatsky A A，Sibbett W. https：//www. st-andrews. ac. uk/wsquad/publications/Presentation-Lagatsky. pdf. 2011-10-08.
［53］Druon F，Ch'enais S，et al. Appl Phys B，2002，74：201-203.
［54］Gaum R，Viana B，et al. Opt Mater，2003，24：385-392.
［55］Zhang Y，Hu Z S，et al. J Cryst Growth，2004，267：498-501.

［56］Tu C Y，Wang Y，et al. J Alloy Compd，2004，368：123-125.
［57］Dawes J M，Dekker P. IEEE Photonic Tech Lett，2002，14：1677-1679.
［58］Denkerl B，Galaganl B，et al. Appl Phys B，2004，79(5)：577-581.
［59］Jansen E D，Motamedi M，Welch A J，et al. IEEE J Quantum Elect，1994，30(5)：1339-1347.
［60］Wang J，Sramek C，Paulus Y M，et al. J Biomed Opt，2012，17(9)：095001.
［61］Pal B. Frontiers in Guided Wave Optics and Optoelectronics，Croatia：InTech，2010：674.
［62］Chaitanya K S，Ebrahim-Zadeh M. Opt Lett，2011，36(13)：2578-2580.
［63］Moncorgk R，Garnier N，Kerbrat P，et al. Opt Commun，1997，141：29-34.
［64］Frecnch V A，Petrin R R，Powell R C，et al. Phys Rev B，1992，46(13)：8018-8026.
［65］洪广言. 激光科学与技术，1984，7(1)：1-11.
［66］洪广言，越淑英. 硅酸盐学报，1983，11(2)：173-180.
［67］洪广言，刘书珍，越淑英，陈明玉. 硅酸盐学报，1986，14(2)：212-218.
［68］白云起，洪广言. 激光，1982，9(6)：409-411.
［69］干福熹，邓佩珍. 激光材料，上海：上海科学科技出版社，1996.
［70］邱关明，黄良钊，张希艳. 稀土光学玻璃. 北京：兵器工业出版社，1989.
［71］单秉锐，邹玉林，刘燕行，臧竟存. 人工晶体学报，2004，33(5)：813-816.
［72］Smith A，Martin J P D. Sellars M J，Manon N B，et al. Opt Commun，2001，188：219.
［73］Heumann E，Bar S，et al. Opt Lett，2002，27(19)：1699-1701.
［74］Tkachuk A M，Razumova I K，Malyshev A V，et al. J Lumin，2001，94-95：317-320.
［75］Xu H L，Zhou L，Dai Z W. Physica B，2002，(324)：43-48.
［76］Brede R，Heumann E，Koqtke J，et al. Appl Phys Lett，1993，63(15)：2030-2031.
［77］Li J，Wang J. Mater Res Bull，2004，39：1329-1334.
［78］Osiac E. J Alloy Compd，2002，341：263-266.
［79］Li J，Wang J. J Cryst Growth，2003，256：324-327.
［80］李毛和，胡和方，林凤英. 功能材料，1997，28(4)：350-355.
［81］Clesca B，Bayart D，Beylat J L. Opt Fiber Tech，1995，1：135.
［82］Suzuki K，Masuda H，Kawai S，et al. Optical Apmlifies and Their Applications. Victoria，BC，Canada：Optical Society of America，1997.
［83］Macfarlane R M，Tong F，et al. Appl Phys Lett，1988，52(16)：1300-1302.
［84］Piehler D，Craven D. Electron Lett，1994，30(21)：1759-1761.
［85］Percival R W，Williams J R. Electron Lett，1994，30(22)：1684-1685.
［86］Xie P，Gosnell T R. Opt Lett，1995，20(9)：1014-1016.
［87］Whitley T J，Miller C A，et al. Electron Lett，1991，27(2)：184-186.
［88］Allain J Y，Monerie M，Poignant H. Electron Lett，1990，26(4)：261-263.
［89］Minelly J D. IEEE Photon Tech Lett，1993，5(3)：301.
［90］Funk D S，Carlason J W，Eden J G. Electron Lett，1994，30(22)：1859-1860.

[91] 杨秋红. 硅酸盐学报，2009，37(8)：476-483.
[92] Ikesue A，Kamata K，Yoshida K. Am Ceram Soc，1996：1921-1926.
[93] 李霞，刘宏，王继杨，等. 硅酸盐学报，2004，32(4)：485-489.
[94] 刘文斌，寇华敏，潘裕柏，等. 无机材料学报，2008，23(5)：1037-1040.
[95] 吉林应用化学研究所. 吉林科技，1973，(3)：12-22.
[96] 洪广言，越淑英. 激光，1978，(5-6)：112.

第 14 章　稀土非线性光学材料

14.1　非线性光学材料

14.1.1　非线性光学[1, 2]

非线性光学是在激光出现以后发展起来的一门崭新的学科，作为一门新的学科分支获得了飞速发展。这种与强光有关的、不同于线性光学现象的效应称为非线性光学效应，具有非线性光学效应的材料则称为非线性光学材料。

非线性光学领域的研究大致可分为以下几个阶段。

(1) 1961 年至 1965 年是非线性光学的创立时期，许多重要的非线性光学现象，如和频与差频的产生、谐波振荡、参量放大和振荡、多光子吸收、自聚焦、受激散射现象，都相继在实验中观察到并进行了深入的研究，非线性光学理论日臻完善。

自从 20 世纪 60 年代激光出现后，其相干电磁场的功率密度可达 10^{12} W/cm^2，相应电场强度可与原子的库仑场强度(约 3×10^8 V/m)相比较。因此，其极化率 P 与电场的二次、三次甚至更高次幂相关。

1961 年 Franken 首次将红宝石(Al_2O_3：Cr^{3+})晶体所产生的激光束入射到石英晶体(α-SiO_2)，实验过程中发现两束出射光，一束是原来入射的红宝石激光，其波长为 694.3 nm；而另一束是新产生的紫外光，其波长为 347.2 nm，频率恰好为红宝石激光频率的两倍，从而确认了它是入射光的二次谐波，这就是国际上首次发现激光倍频效应的实验，从此以后，便开辟了非线性光学及其材料发展的新纪元。

1962 年，Bloembergen 等对上述现象作了解释，指出在描述光与介质相互作用的 Maxwell 方程中，如果考虑由二次非线性项所感生的极化强度，则很容易理解 Franken 等观察到的现象，从理论上奠定非线性光学的基础。几乎与此同时，Giordmaine 和 Maker 等相继独立地提出了使在非线性介质中传播的基频和倍频波相速度匹配的创造性方法。利用这一技术，激光辐射频率转换的效率逐渐提高到百分之几十，从而使非线性光学及其材料得以实用化。从此，非线性光学及非线性光学材料获得飞速发展。除倍频外，相继发现了和频、差频参量振荡、参量放大等二次非线性光学现象。

1965 年，Maker 用红宝石激光照射苯溶液，发现一种三次非线性光学现象，随后 Gerristen 又实现了光学位相共轭，他引入两束入射光使其在介质中相干而形成光强的周期性调制，证实了三次非线性光学现象的存在。

(2) 1965 年至 1970 年是非线性光学的发展时期，许多新的非线性光学现象被发现，如相干瞬态现象，实现高分辨的各种非线性激光光谱方法、光学击穿等。特别是 1967 年，New 和 Ward 观察到许多质子和分子气体的三次谐波辐射。

在非线性光学发展的同时，非线性光学晶体也得到长足发展。除了石英、磷酸二氢钾等传统非线性光学晶体外，1964 年生长了铌酸锂晶体，1967 年发现的铌酸钡钠和淡红银矿，促进了非线性光学的发展。

(3) 自 1970 年至今是非线性光学发展的成熟阶段，由于激光器的不断发展和完善，为非线性光学的研究提供了强有力的工具，这就使人们能够去研究高阶非线性光学效应。而 1976 年，磷酸氧钛钾($KTiOPO_4$，KTP)晶体的问世，则标志着非线性光学晶体走向成熟。

非线性光学现象的产生是由于电磁场与物质体系中带电粒子相互作用的结果。在光波场(一般是在强激光场)作用下，介质中粒子的电荷分布将发生畸变，以致电偶极矩不仅与光波场的线性项有关，而且与光波场的二次及高次项有关，这种非线性极化场将辐射出与入射场频率不同的电磁辐射。

当光波在非线性介质中传播时，会引起非线性电极化，导致光波之间的非线性作用，采用激光作光源时，其强度较普通光的强度大几个数量级，高强度的激光所导致的光波之间的非线性作用更为显著。

当光通过晶体传播时，会引起晶体的电极化，若光强度不太大，电极化强度 P_i 与光频电场 E_j 之间成线性关系

$$P_i = \sum_j X_{ij} E_j$$

式中，X_{ij} 为线性极化系数；i，j=1，2，3。

激光出现后，由于它的光频电场极强，这时，光频电场的高次项便对晶体的电极化强度 P_i 起到了重要作用，晶体的电极化强度 P_i 与光频电场 E_j 之间的相互关系成正幂级数关系，即

$$P_i = \sum X_{ij}^{(1)} E_j(\omega_1) + \sum X_{ijk}^{(2)} E_j(\omega_1) E_k(\omega_2) + \sum X_{ijkl}^{(3)} E_j(\omega_1) E_k(\omega_2) E_l(\omega_3) + \cdots$$

一般光源的光频电场强度 E_j 较小，只用上式中的第一项就足以描述晶体的线性光学性质，诸如：光的折射、反射、双折射和衍射等。激光是一种具有极强光频电场的光，式中的第二、三项等非线性项就可产生重要作用，可观测到不同的非线性光学现象。

从量子系统的能量守恒关系 $\omega_1+\omega_2=\omega_3$，我们可以得到非线性光学晶体实现激光频率转换的几种类型。

当 $\omega_3=\omega_1 \pm \omega_2$ 时，光波参量作用由 ω_1 和 ω_2 产生 ω_3 的和频激光，和频产生的二

次谐波频率大于基频光波频率(波长变短)，我们称之为激光上转换。激光上转换有其特例，即如果$\omega_1=\omega_2=\omega_3$，则$\omega_3=\omega_1+\omega_2=2\omega$，光频非线性参量相互作用即产生倍频(波长为入射光的一半)激光；如果$\omega_2=2\omega_1$，则$\omega_3=\omega_1+2\omega_1=3\omega_1$，是基频光和倍频光产生基频光三倍数(波长为基频光三分之一)激光的过程。同样我们还可以利用倍频光之间的相互作用实现基频光的四倍、五倍乃至六倍频等。

而当$\omega_1-\omega_2=\omega_3$时，所产生谐波频率变小(波长变长)，从可见或近红外激光可获得红外、远红外乃至亚毫米波段的激光这一过程，称作差频或激光下转换。

非线性光学现象基本上可以分为三类：

(1) 非线性介质中传播的各光波间相互耦合呈现的倍频、和频、差频及四波混频等现象。

光混频包括和频和差频两种效应。当角频率分别为ω_1和ω_2的两束光波在非线性光学介质内发生角频率为$\omega_3=\omega_1\pm\omega_2$的极化波，并辐射出相应频率的第三种光波，这一过程称为三波混频。光混频和倍频一样，也是二阶非线性光学效应。

(2) 介质在光场作用下由于折射率的变化，而引起光束的自聚焦、光束自陷及光学双稳和感生光栅效应等现象。

晶体的折射率随光频电场作用而发生变化的效应，称为光折变效应。光折变效应是一种更复杂的非线性光学效应。

光折变晶体是指光致折射率变化的晶体。光折变现象是一种非局域效应，可以在 mW 级的激光作用下表现出来。光折变晶体材料可用于全息存储、光学图像处理、光学相位共轭等许多方面。光折变效应可归结为以下三个过程：①光频电场作用于光折变晶体时，光激发电荷并使之转移和分离；②电荷在晶体内的转移和分离引起了电荷分布的改变，建立起空间电荷场，强度约为10^5V/m；③空间电荷场通过晶体线性电光效应，致使晶体的折射率发生变化。

晶体在受到光入射的同时，若在受到外加电场的作用，所引起的晶体折射率的变化现象称为电光效应。

(3) 当共振介质在窄激光脉冲作用下，将产生类似于磁共振中的光子回波、光学振动、自由感应衰减等瞬态相干现象。

当基频光入射非线性光学晶体后，在光路的每一点均将产生二次极化波，并因此发射与其频率相同的二次谐波即倍频光波。由于晶体折射率色散，倍频光波的传播速度与基频光波及二次极化波的传播速度不再相同。因此，在晶体中传播的倍频光波与二次极化波即时产生的倍频光波之间存在位相差，不同时间、不同位置之间将产生相干现象，最终可以观察到的倍频光的强度取决于相干的结果。因此，只有注意到倍频波的位相即位相匹配条件，才能使倍频效率大大提高，为非线性光学晶体的实用化奠定基础。

一般来说，只有折射率较大而色散较小的晶体才能实现位相匹配。实际上大多数负单轴晶都能满足位相匹配条件，而正单轴晶一般因为折射率差不足以抵消其色散差，基频光的折射率曲面均落在倍频光的折射率曲面之内而无交点，从而不能满足位相匹配角。例如，石英和铌酸锂都不存在位相匹配问题。双轴晶有三个不相等的主折射率，折射率面是复杂的双层曲面，位相匹配面及位相匹配角的计算远比单轴晶复杂，但其基本原理与单轴晶相同，而且许多性能优良的非线性光学晶体都是双轴晶。

入射激光激发非线性晶体的非线性化，发生光波间的非线性参量相互作用。基于二次非线性极化的材料光频率转换由三束相互作用的光波的混频来决定。

非线性光学材料按其非线性效应来分可以分为二阶非线性光学材料和三阶非线性光学材料。二阶非线性光学材料主要有：

(1) 无机倍频材料，如三硼酸锂 (LBO)、铌酸锂 ($LiNbO_3$)、碘酸锂 ($LiIO_3$, LI)、磷酸氧钛钾 ($KTiOPO_4$，KTP)、β-偏硼酸钡 (β-BaB_2O_4，BBO)、α-石英、磷酸二氢钾 (KDP)、磷酸二氢铵 (ADP)、砷酸二氢铯 (CDA)、砷酸二氢铷 (RDA) 等。

(2) 半导体材料，如硒化镉 (CdSe)、硒化镓 (GaSe)、硫镓银、硒镓银、碲 (Te)、硒 (Se) 等。

(3) 有机倍频材料，如尿素、*L*-磷酸精胺酸 (LAP)、醌类、偏硝基苯胺、2-甲苯-4-硝基苯胺、羟甲基四氢吡咯基硝基吡啶、氨基硝基二苯硫醚、硝苯基羟基四氢吡咯以及它们的衍生物。

(4) 金属有机化合物，如二氯硫脲合镉、二茂铁类化合物、苯基或吡啶基过渡金属羰基化合物。

(5) 高聚物，如二元取代聚乙炔等具有大π共振体系的聚合物。

三阶非线性光学材料的研究目前主要集中在分子中具有容易移动的π电子体系的有机染料和高聚物上。

(1) 有机染料，如共轭染料、醌类染料、酞菁类等。

(2) 高聚物，如聚双乙炔、聚对苯基苯并双噻唑、聚苯胺、反式聚乙炔。

当前，直接利用激光晶体所获得的激光波段有限，从紫外到红外谱区，尚存有激光空白波段。利用频率转换晶体，可将有限激光波长的激光转换成新波段的激光，这是获得新激光光源的重要手段。实现激光波长的高效率转换的关键问题是能否获得高质量、性能优良的频率转换晶体。

严格说来，理想的非线性光学晶体是不存在的，一种晶体的适用性，取决于所采用的非线性过程、所要制备的器件特点及所采用的激光波段。人们从大量的实践中总结出有价值的非线性光学晶体应当具备的基本条件。

(1) 非线性光学晶体必须具有大的非线性光学系数。晶体的非线性光学系数与其带隙密切相关，衡量晶体非线性光学效应大小时，常用 KDP 晶体的 d_{36} 作标准。在可见光区域，一个优良的非线性光学晶体应为其 10 倍；而在红外区 (1～10 μm)，则应为其 30～50 倍；在紫外区(200～350 nm)具有 3～5 倍 KDP 的 d_{36} 晶体已经是很好的非线性光学晶体。

(2) 晶体能够实现相位匹配，最好能够实现 90°最佳相位匹配；非线性光学晶体应当具备适当的双折射率，能够在应用的波段区域内实现位相匹配，而且还希望位相匹配的角度宽容度和温度宽容度大，如果能够实现非临界位相匹配或通过温度调谐等方法实现非临界位相匹配则更好。

(3) 透光波段要宽，透明度要高。

(4) 晶体的激光损伤阈值要高。非线性光学晶体必须具备足够高的抗光损伤阈值，以保证能长期有效地用于适当功率的激光器或其他器件中。

(5) 晶体的激光转换效率要高。

(6) 物化性能稳定、硬度大、不潮解、温度变化带来的影响也要小；要求晶体具有良好的化学稳定性，不易风化，不易潮解，在较宽的温度范围内无相变、不分解，以保证能在没有特殊保护的条件下长期使用。良好的力学性能使晶体易于切割抛磨，镀覆各种化学膜层，制作各种器件，故也十分重要。

(7) 可获得光学均匀的大尺寸晶体、生长工艺稳定；晶体易于加工，价格低廉等。

评价和选用激光频率转换晶体时，对晶体性能要进行综合分析。

我国在无机非线性光学晶体的研制方面，先后发现了几种被公认为“中国牌”的性能优异的非线性光学晶体，如无机晶体三硼酸锂、偏硼酸钡、高掺镁铌酸锂、有机晶体磷酸精胺酸等。一些具有较大应用价值但难于生长的晶体，如磷酸氧钛钾、钛酸钡、铌酸钾等生产技术也在我国得到突破。我国在新型无机非线性光学晶体的研究中，处于国际先进的地位。

非线性光学晶体的一个重要应用是激光频率转换，用于频率转换的非线性光学晶体已经取得重大进展。激光频率转换光学晶体通常按其转换频率种类分为倍频晶体，频率上转换晶体，频率下转换晶体，参量放大或参量振荡晶体材料。按应用激光的特性又分为强激光频率转换晶体，中激光频率转换晶体，低激光频率转换晶体，参量振荡晶体和超短脉冲激光频率转换晶体材料。

一般对于非线性光学晶体的要求是根据中功率激光频率转换的实际需要而定的。通常用的 KTP、LBO、BBO、KDP 等都可用于中功率激光频率转换。特别是 KTP 晶体是目前中小功率激光频率转换的首选倍频材料。

自 20 世纪 60 年代初实现激光运转以来，激光的功率日益提高。出自和平利用原子能的考虑，为发展激光惯性约束核聚变(ICF)，即受控激光核聚变，开展了强激光频率转换晶体的研究。适用于强激光频率转换的候选晶体材料还不多，目前符合条件的只有 KDP，其他的候选材料有 LAP、LBO 和 CLBO 晶体。

低功率激光频率转换晶体主要是指对低功率半导体激光器进行直接频率转换或对半导体泵浦的钕激光器进行频率转换的晶体材料。主要有 KN、KTP 晶体。

这类光源多为连续光源。此类激光频率转换材料可制作小型、长寿命的可见光激光源，用于高密度光盘存储、彩色显示等领域。

通过频率转换器件可以得到各种频率的高功率的激光，波长范围可从红外至紫外。除以脉冲方式工作外，已经获得高功率全固态连续可调谐激光器。由于器件结构简单，使用安全可靠，寿命也大大延长，已经广泛应用于各种类型的激光系统中，如大口径的非线性频率转换器件用于强激光核聚变；高平均功率器件用于激光通信、光学雷达、医疗器件、材料加工、X 射线光刻技术等；低平均功率器件用于光信息处理、激光打印、全息术光存储、光盘等方面。随着高技术的发展和产业领域的扩展，又对非线性光学晶体的应用提出更多更高的要求，也对非线性光学晶体的研究及其应用提供了更为广阔的研究天地和应用前景(表 14-1)。

表 14-1　各种非线性光学效应及其应用

次数	效应	应用
$1\chi^{(1)}$	折射率	光纤、光波导
$2\chi^{(2)}$	二次谐波发生($\omega+\omega\rightarrow2\omega$)	倍频器
	光整流($\omega-\omega\rightarrow0$)	杂化双稳器
	光混频($\omega_1+\omega_2\rightarrow\omega_3$)	紫外激光器
	参量放大($\omega\rightarrow\omega_1+\omega_2$)	红外激光器
	Pockels 效应($\omega+0\rightarrow\omega$)	电光调制器
$3\chi^{(3)}$	三次谐波发生($\omega+\omega+\omega\rightarrow3\omega$)	三倍倍频器
	直流二次谐波发生 (dc SHG) ($\omega+\omega+0\rightarrow2\omega$)	分子非线性电极化率(β)测定
	Kerr 效应($\omega+0+0\rightarrow\omega$)	超高速光开关
	光学双稳态($\omega+\omega-\omega\rightarrow\omega$)	光学存储器，光学运算元件
	光混频($\omega_1+\omega_2+\omega_3\rightarrow\omega_4$)	拉曼分光

14.1.2　稀土非线性光学材料

对稀土非线性光学材料虽然有一些研究，但真正实用材料并不多，目前处于探索阶段。

20 世纪 60 年代末期，人们就开始对激光非线性光学复合功能晶体开始了研究，已经发现有些掺稀土的没有对称中心的铁电晶体同时具有激光和倍频的性能。1969 年 Johnson 等曾试图在 $LiNbO_3$ 晶体中掺加 Tm^{3+}激活离子，以此来研制激光非线性光学晶体。1979 年 Dmitriev 等也在 $LiNbO_3$ 晶体中掺入 Nd^{3+}激活离子，并首先获得了复合功能效应，但由于这种复合功能晶体的光学均匀性差、抗光损伤阈值低，掺入晶体中的 Nd^{3+}的浓度小，转换率甚小，因而没有达到使用要求。目前，$LiNbO_3:Nd^{3+}$这种自倍频晶体，倍频所得的 0.53 μm 的绿色激光已应用于激光光谱仪及各种研究工作中。

在 $LiNbO_3$ 中掺入 CeO_2 生长出 $LiNbO_3$：Ce 晶体，将有效提高其光折变灵敏度。而且，$LiNbO_3$：Ce 晶体具有优异的位相共轭效应以及光束在空间分布均匀的特点，扩大了 $LiNbO_3$：Ce 晶体光学图像及信息处理、全息存储等方面的应用。

早在 1971 年人们[3]用 Maker fringe 方法测定过稀土钼酸盐晶体 $Gd_2(MoO_4)_3$(GMO)和 $Tb_2(MoO_4)_3$(TMO)的非线性光学(NLO)性质。1974 年 Hong 等[4]发现 GMO：Nd^{3+} 晶体是很有希望的自倍频激光材料。1977 年 Bonneville 等[5]为了研究稀土阳离子对 GMO 晶体 NLO 性质的影响，测定了几个混合稀土钼酸盐晶体 $Re_{2x}Gd_2(MoO_4)_3$(Re=Nd，Sm，Gd，Tb，Ho，Yb)的线性和非线性电化率，结果发现掺杂有 10%Yb 的 GMO 晶体的某些 NLO 系数有很大程度增强。最近，人们又开始关心 GMO 这一 NLO 晶体材料了[6, 7]。

1975 年 Hong 等[8]认为 $KNdP_4O_{12}$ 具有孤立的 NdO_8 十二面体和螺旋形磷酸盐基的连接，但由于钾离子半径大，晶体发生畸变，使它成为一种无中心对称空间群($P2_1$)的高钕浓度激光材料。由于它无反演对称性，故可用于二次非线性光学过程(如二次谐波)或直接用于激光晶体中实现线性电光调制。

1974 年 Hong 等[9]发现的 $NdAl_3(BO_4)_4$(简称 NAB)晶体是最早发现的稀土非线性光学材料。$NdAl_3(BO_4)_4$ 晶体中含有孤立的 BO_3 原子团，Nd 处于六个氧近旁的三角棱柱内，形成 NdO_6。由于它反演对称偏差显著，虽然发射截面相对地增加，但形成大的奇宇称 f-d 杂化，使得在低浓度下［$Nd_{0.01}Gd_{0.99}Al_3(BO_4)_4$］所测得的荧光寿命仅为 50 μs，在最大的 Nd 浓度时荧光寿命为 19 μs。该晶体是无对称中心的，故有压电性，能实现电光效应和非线性光学效应。

值得注意的是，当 $NdAl_3(BO_3)_4$ 中掺杂了其他惰性稀土离子后荧光光谱发生明显的变化，观察到加入 Gd 后谱带宽度变窄和产生偏离。这可能是因为晶格稍微不同而产生的畸变。

当四硼酸铝钇［$YAl_3(BO_3)_4$］(简称 YAB)晶体中的 Y^{3+} 被 Nd^{3+} 离子部分取代时，便形成了 NYAB 晶体。YAB 晶体是一种非线性光学晶体，而 NYAB 晶体是一种自激活光学晶体。从原理上讲，NYAB 晶体应具有激光晶体和非线性光学晶体的双重性质，只要能使激光输出方向和倍频光相位匹配方向一致，就应能实现自激活自倍频的复合功能。故 NYAB 晶体可视为四硼酸铝钇［$YAl_3(BO_3)_4$］和四硼酸铝钕［$NdAl_3(BO_3)_4$］(简称 NAB 晶体)的复合晶体。

四硼酸铝钇钕［$Nd_xY_{1-x}Al_3(BO_3)_4$］晶体简称 NYAB 晶体，又称 NYAB 自倍频激光晶体。NYAB 晶体属于三方晶系，点群为 D_3-32，空间群为 D_3^7-$R32$，晶胞参数为 $a=b=9.293$ Å，$c=7.245$ Å，Nd^{3+} 格位的点群为 D_3，$Z=4$，三价钕离子(Nd^{3+})取代 Y 的位置，BO_3 基团的共轭π电子既对这种晶体的非线性光学系数做出重要贡献，又提供给 Nd^{3+} 离子以较强的奇晶格场分量和 Nd^{3+} 离子配位体电荷分布对圆柱形对称性的较大偏离，从而产生较强的辐射跃迁，这是 NYAB 晶体具有特别大

的 $^4F_{3/2}$-$^4I_{11/2}$ 跃迁截面的重要微观机制，另一方面，NYAB 晶体偶晶格场分量较弱，使 Nd^{3+}离子之间的相互作用减弱，这不但降低了浓度猝灭效应，还使泵浦区的能量不至于显著地传给非泵浦区， NYAB 晶体由于具有这些优点，因此成为一种具有较广泛应用前景的自倍频激光晶体。

$Nd_xY_{1-x}(BO_3)_4$(简称 NYAB)晶体是一种既有高的非线性系数、很大的受激发射截面又有优良的物化性能的自倍频激光晶体。它很好地把激光工作物质和非线性光学材料合为一体，既可以输出基频光(1.32 μm 和 1.06 μm)又可以输出倍频光 0.66 μm 和 0.531 μm)，总效率为 9.5%，斜率效率为 24%。因此，随着激光技术和非线性光学的迅速发展，作为复合功能材料的 NYAB 晶体具有较广泛应用前景。

1981 年 Dorozhkin 等报道了四硼酸铝钇钕［$Nd_xY_{1-x}Al_3(BO_3)_4$］晶体中实现了从 1.32 μm 到 0.66 μm 波长的激光非线性光学复合功能效应，并指出用这种晶体制成的微小型复合功能器件在许多领域中有着广泛的应用前景，与此同时，他们还指出，由于 Nd^{3+}激活离子对 0.532 μm 波长激光的吸收，故难以实现从 1.064 μm 到 0.532 μm 的激光非线性光学效应。

随着 NYAB 晶体在激光二极管泵浦下平均输出功率的大幅度上升，正引起国际激光学术界的极大兴趣。预计 LD 的泵浦的 NYAB 全固化绿色激光器将在激光电视机、彩色复印机、印刷机、全息照相、高速摄影、激光医疗、激光通信和激光计算机等许多高技术领域得到广泛的应用。

NYAB 晶体属于非同成分熔化化合物，因此，不宜采用熔体提拉法或熔体坩埚下降法来生长，通常采用高温溶液法来生长，这种生长方法最关键的一步就是要选择适宜的溶剂。

随着光电子技术的发展，人们对激光非线性光学复合功能晶体及其器件的研究产生了极大的兴趣，现已研制出一批新型的复合功能晶体，诸如 $LiNbO_3$∶Nd, Mg，$Er_xY_{1-x}Al_3(BO_3)_4$ 和 $Nd_xY_{1-x}Al_3(BO_3)_4$ 等晶体。在研制激光非线性光学复合功能晶体材料时，对于激光基质的晶体而言，应具备以下条件：

(1)要具有较大的非线性光学系数；

(2)激活离子最好是晶体本身组成之一，或以取代方式进入基质晶体晶格位，这样更可保持晶体的光学均匀性，同时也可提高掺入的激活离子的浓度；

(3)激活离子进入晶格后，不改变原有的基质晶体的结构特点，同时尽可能使激活离子之间的间距增大，以避免发生浓度猝灭；

(4)基质晶体的对称性不应太低，以便有利于激光基频光在相位匹配方向上实现自倍频效应，同时也使晶体易于加工。

1992 年 Shirk 等[10]研究了双酞菁稀土金属化合物的光学三价非线性，双酞菁稀土金属化合物的结构见图 14-1，它们是两个酞菁环与一个三价(+3)金属离子配位的夹心化合物，两个酞菁之间互相错开 45°，每个酞菁环都有轻微的变形。

由于双酞菁稀土金属化合物具有一个奇数的电子，这个不成对电子大部分离域于两个酞菁环之间，所以双酞菁稀土金属化合物是混价化合物(mixed-valence or intervalence compound)，混价化合物具有一个特征的电荷跃迁——价态浮动(intervalence transition)，价态浮动将引起相当大的转移。因此这种混价化合物除了具有高度离域的电子结构以外，价态浮动也能在光场中提供电荷重新分布的新的自由度。因此这种混价化合物在非线性光学材料中引起人们相当大的兴趣。

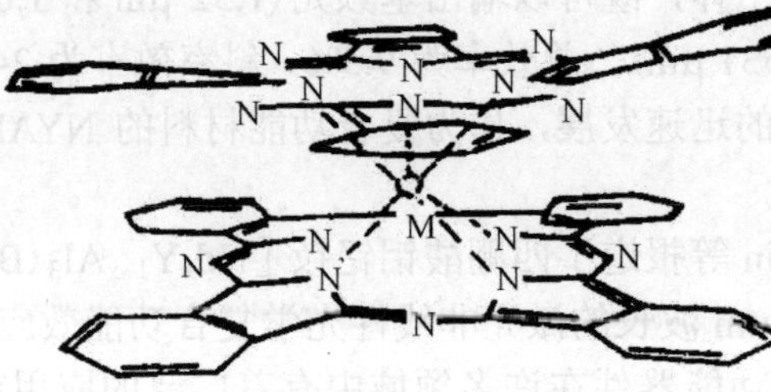

图 14-1 双酞菁稀土金属化合物的结构

1993 年，Ebbers 等[11]对结构中含有平面形的 NO_3^- 原子团的 $K_2Ce(NO_3)_5 \cdot 2H_2O$(KCN)和 $K_2La(NO_3)_5 \cdot 2H_2O$(KLN)晶体的非线性光学性质的测定结果表明，二者的 NLO 系数约是 KDP 晶体的三倍大。KCN 和 KLN 都属于正交晶系，空间群为 *Fdd*2，*Z*=2。二者的晶胞参数分别是：在 KCN 中，*a*=11.244Å，*b*=21.420 Å，*c*=12.299 Å；在 KLN 中 *a*=11.336 Å，*b*=21.621 Å，*c*=12.355 Å[11, 12]。如图 14-2 所示，由这两个晶体的结构可以看出，晶体的格位分别被 K^+、三价稀土离子、硝酸根离子(NO_3^-)以及结晶水占据，因此二者可以被看作是具有典型的复杂晶体结构的 NLO 材料的一个代表。

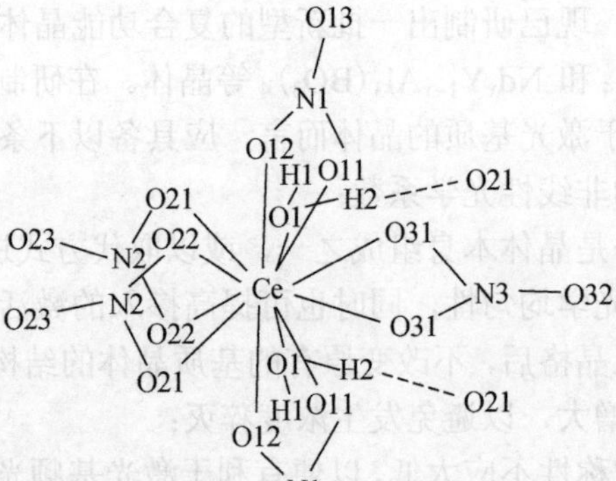

图 14-2 $[Ce(NO_3)_5 \cdot 2H_2O]^{2-}$的络合物结构

$K_4Ln_2(CO_3)_3F_4$(Ln=Pr，Nd，Sm，Eu，Gd)是一类新型的自倍频化合物，晶体结构中由于缺少 F 原子面在 K(2)原子的格位上产生了这样两个多面体［$K(2)O_6F_2(1)_2F(2)$］和［$K(21)O_6F_2(1)_2$］，在晶体中它们的比率是 2/1。$K_4Ln_2(CO_3)_3F_4$(Ln=Pr，Nd，Sm，Eu，Gd)系列化合物的结构由它们的粉末 SHG 强度 I_2 确认为非中心对称的。Mercier 等[13]也发现了 $K_4Eu_2(CO_3)_3F_4$ 粉末呈现出与 KTP 晶体相类似的倍频效率。

1998 年薛冬峰等[14]从晶体的组成化学键角度研究了 $K_2Ce(NO_3)_5 \cdot 2H_2O$ 和 $K_2La(NO_3)_5 \cdot 2H_2O$ 的非线性光学特性。

1996 年 Aka 等[15]发现的 $Ca_4ReO(BO_3)_3$(CReOB，Re=Gd，La，Y)等是很有意义的非线性光学晶体材料。用 Nd^{3+} 作激活离子的 CGdOB：Nd 晶体曾被报道为自倍频激光晶体。

14.2　稀土光限幅材料(激光防护材料)

14.2.1　光限幅材料

光限幅材料，也称为激光防护材料。光限幅是指当入射光能量较低时，材料具有较高的透过率，随着入射光强度增加，透过光强度也随之线性增加，而当入射光强度超过一定阈值后，由于材料的非线性光学特性，使其透过率下降，限制透过光强度的非线性光学现象[16]。

随着现代激光技术的发展，各种各样的激光光源不仅广泛应用于科研、工业和军事领域中，而且越来越多地应用在人们的日常生活中。激光的光辐射很强，它对人体、环境及装备系统中光电传感器构成严重的危害，特别是在防护和对抗激光武器(laser weapon)时更为重要，因此，对激光防护越来越受到人们的重视。激光防护的关键是光限幅材料，防护性光限幅材料的研究逐渐成为当今国际非线性光学材料研究热点之一。

光限幅材料研究的发展可以分为两个主要阶段：自 1967 年 Leite 等[17]观察到光限幅现象至 20 世纪 90 年代以前，光限幅材料研究主要以半导体材料为主，是光限幅材料的发现和理论发展阶段。90 年代后，含有大π共轭体系有机聚合物的研究逐渐引起人们的广泛兴趣。其原因是这类光限幅材料具有大的三价非线性光学系数、快的响应速度、高的激光损伤阈值、易于分子设计、易于成型加工等显著特点。

在非线性光限幅材料出现以前，人们多用基于线性光学原理的激光防护材料来实现激光防护。用线性光学原理构成的激光防护玻璃的特点是激光防护玻璃只对光波波长敏感，对光波强度不敏感，对同一波长的强光和弱光的入射不加区分地平等吸收或平等反射。在阻止某一波长强激光引起破坏的同时也阻止了该波长弱光的接受。因而对同一波长光的高光学密度（对强光的阻止本领）和高透明度（对弱光的透过能力）两个指标不能同时兼顾。

随着非线性光学基础研究的发展，从 20 世纪 80 年代开始，科学家们逐渐认识到采用非线性光学原理实现激光防护在原理上可以克服线性光学方法的缺点。根据非线性光学原理，只有强光与物质相互作用才能产生非线性光学效应，而弱光不能产生非线性光学效应。非线性光学材料对强光和弱光的入射是区别对待的，产生的效果是不同的。因此，用非线性光学原理构成的激光防护玻璃在原理上可以实现在同一波长处，对强光的高光学密度和对弱光的高透明度两个指标的统一和兼顾。

1. 光限幅材料的分类[16, 18-20]

实现激光防护（光限幅）可用多种途径，包括材料对激光束的反射、偏转（三阶非线性效应、光折变效应）和吸收（线性吸收、反饱和吸收、双光子吸收效应）。目前已使用的激光防护器件主要有吸收型、发射型和折射型，吸收型又包括线性吸收和非线性吸收。

近年来，光限幅材料的研究有了迅猛的发展，各种新型光限幅材料日益成为科学家研究的热点。目前光限幅材料主要有：半导体材料、金属纳米粒子、有机小分子、高聚物及其复合材料或掺杂材料等。掺稀土元素的光限幅材料是近年发展起来的新型激光防护材料[21]。稀土掺杂光限幅材料主要是稀土玻璃和稀土配合物。

目前，激光防护材料可分为线性激光防护材料和非线性激光防护材料。

线性激光防护材料包括：①吸收型激光防护材料；②干涉型激光防护材料；③复合型激光防护材料。

非线性激光防护材料即光限幅材料，包括：①非线性吸收光限幅；②非线性折射光限幅；③非线性散射光限幅；④非线性反射光限幅。

非线性吸收光限幅材料是最主要的光限幅材料，其作用机理也最受人关注，其包括饱和吸收、反饱和吸收、双光子吸收、多光子吸收以及自由载流子吸收等。

其中，反饱和吸收非线性激光防护材料是目前各种非线性防护材料中研究最多和最深入的一种。反饱和吸收的特点是吸收系数随入射光强的增加而增大。其发生条件是分子系统的激发态吸收截面σ_2大于基态吸收截面σ_1。材料的反饱和吸收性质可被用来限制激光的穿透强度，具有这类性质的材料可被制成护目镜，用以保护贵重光学组件，使其免遭强光毁损。

双光子吸收是当频率为ω_1和ω_2的两束光波通过非线性介质时，如果$\omega_1+\omega_2$与介质的某个跃迁频率接近，就会发现两束光都衰减，这是因为介质同时吸收两个光子所致，这种现象称之为双光子吸收，即指介质的原子或分子同时吸收两个光子向高能级跃迁的现象。

非线性折射光限幅的自聚焦型是通过光致变折射率效应，使通过介质的光束会聚，来降低入射到目标上的光功率密度。由激光在物质中传输时，介质的折射率公式 $n=n_0+n_2I$，式中，n_0 为介质的线性折射率；n_2 为非线性折射率系数；I 为入射激光强度。介质的非线性折射率越大，光限幅效果越好。

非线性光学材料按其非线性效应来分可以分为二阶非线性光学材料和三阶非线性光学材料。三阶非线性光学材料的范围很广。由于不受是否具有中心对称的限制，这些材料可以是气体、液体、原子蒸气、等离子体、液晶以及各类晶体、光学玻璃等，其产生三阶非线性极化率的机制各不相同。有些来源于原子或分子的电子跃迁或电子云形状的畸变；有些来源于固体的能带之间或能带以内的电子跃迁；有些来源于分子的转向或重新排列；有些来源于固体中的各种元激发，如激子、声子、各种极化激元等的状态改变[22]。

2. 光限幅原理

非线性光限幅效应是指激光激发介质时，在低光强下介质具有较高的线性透射率，输出光强随入射光强的增加而线性增加；而在高光强下，由于介质的非线性光学效应使透射率下降，当入射光强达到一定的阈值后，输出光强被限制在一定的范围内而不改变的非线性光学现象，简称光限幅效应。图 14-3 为理想光限幅效应的示意图。在低光强下，输出能量随输入能量的增加而增加；当输入光强达到某一阈值(E_{th})后，随着输入光强增加，输出光强增加缓慢或不再增加，输出能量被限制在一定的光限幅值(E_d)后，透射率迅速增加导致材料损伤，E_d 为限幅器的损伤阈值[19]。

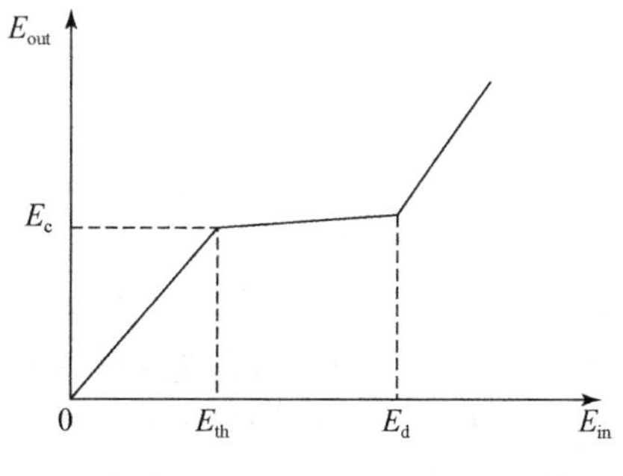

图 14-3　光限幅效应示意图

3. 光限幅材料的性能要求[18-20]

用非线性光学原理实现激光防护的关键是制备性能优良的非线性光学材料，即光限幅材料。对光限幅材料的主要要求是：

(1) 合适的防护波长。任何防护材料都有特定的防护波长。一般情况下，一种基于线性光学原理的防护材料只能防护一个或有限几个波长的激光，不能对所有波长激光都进行有效衰减。

(2) 大的光密度。常用光密度(D_λ)描述激光的衰减程度。光密度与透过率的关系为 $D_\lambda=\lg(1/T_\lambda)$，$T_\lambda$为激光的透过率，理论上光密度越大越好。

(3) 高的可见光透过率。在达到防护效果的前提下，应尽量提高可见光透过率。由于防护材料会吸收或反射一定波长的可见光，所以一般可见光透过率不会很高，尤其是多波段防护材料更是如此。一般情况下，可见光透过率随光密度增加而降低。激光防护材料应能衰减激光能量的同时，并保证具有一定的可见光透过率。

(4) 大的非线性光学系数，特别是大的三阶非线性极化率和吸收系数。

(5) 快的非线性响应时间，以便适应对调 Q 和锁模激光的防护。

(6) 高的抗激光损伤阈值。高能量激光连续照射防护材料时，必然会使防护材料吸热，会出现龟纹、破裂、漂白脱色等损伤，致使防护材料减弱或失去防护能力。防护阈值是指防护材料在不出现肉眼可见损伤时可承受的最大激光能量密度。

(7) 稳定的物理化学性能，以保证各种环境下使用的可靠性。

(8) 材料容易制备，价格低廉。

14.2.2　稀土元素掺杂的光限幅材料[21]

材料的光学非线性效应源于电子云畸变效应，从而导致极化强度不仅与光波场的线性项有关，而且与光波场的二次项乃至高次项有关，产生的非线性电极化场辐射出各种与入射场频率不同的电磁辐射，从而产生各种各样的非线性光学现象。有关非线性光学材料的机理前面已作了详细的介绍。

稀土元素 4f 电子层的不同排布产生不同的能级，4f 电子在不同能级之间的跃迁，产生大量的吸收和荧光光谱。因此不同的稀土元素以及不同稀土元素的浓度将有不同的吸收峰位置及吸收强度，故有不同的非线性特征。

稀土离子对材料的光学非线性有明显的影响。稀土离子的加入可提供大量基于 4f 电子层的跃迁，这些跃迁电子在回到基态能级时就有可能发射谐波光子而产生非线性光学效应，从而提高材料三阶非线性光学性能[23]。对于稀土玻璃主要是基于非线性吸收效应的反饱和吸收型和非线性折射效应的自聚焦型防护材料[24]。稀土配合物主要是基于反饱和吸收和双光子吸收。

反饱和吸收型是当材料的激发态吸收截面大于基态吸收截面时，在强激光作用下，激发态吸收起主要作用，材料呈强吸收、低透射性，出现反饱和吸收效应。弱光入射时基态吸收起主要作用，材料呈弱吸收、高透射性[25, 26]。

1. 稀土掺杂的光限幅玻璃[27-29]

近些年，掺稀土元素的激光防护玻璃在三阶光学非线性特征方面有很大的突破。

各向同性的玻璃具有较高的三阶非线性极化率、较高的化学稳定性和热稳定性，具备可见光透过率高、易于加工等特点，是较好的非线性光学材料，同时具有易于掺杂的特点，使其成为稀土掺杂三阶光学非线性很好的基质材料，稀土掺杂的玻璃液将具有较强的光限幅性能，适合作为激光防护材料应用。林健等[30]在性能优良的三阶非线性碲铌锌系统光学玻璃中引入了稀土离子，结果显示：532 nm 附近玻璃的光吸收明显增加，使由相同波长激光激发的光学非线性呈线性增长。掺入 Ce^{3+}、Ho^{3+}、Y^{3+}的玻璃三阶非线性极化率最高。孙丽等[28]研究了掺Ho^{3+}的硼硅酸盐玻璃的非线性光学特性，随着Ho^{3+}的掺入，该硼硅酸盐玻璃的三阶非线性折射和吸收系数较基质玻璃有明显的增大，研究结果认为：基质玻璃的光限幅机制主要源于非线性折射自聚焦效应，而掺Ho^{3+}玻璃光限幅机理主要源于非线性折射自聚焦效应和反饱和吸收。所有的实验结果表明Ho^{3+}的掺入提高了硼硅酸盐玻璃在 532 nm 处的激光防护性能。

稀土元素的 4f 轨道电子部分填充，4f 电子亚层被 5s5p 电子亚层覆盖，使得外力的影响受到有效屏蔽，因此由不同 $4f^n$ 组态所产生的各种状态受配位场的影响很小，在宏观上表现为同一稀土元素在不同基质玻璃中吸收曲线很相似。稀土离子能级是多重态分裂，能级和谱线比一般元素复杂得多，它可以吸收紫外、可见、红外区的各种波长的光。这类玻璃的透过率曲线有尖锐的吸收峰，因此在使用时可见光透过率较高，但由于峰位固定，不容易产生位移，所以防护波长应和稀土元素固有的吸收峰接近。

实际应用上只是测量 n_2。理论上，材料的非线性折射率 n_2 和线性折射率 n_0、$\chi^{(3)}$之间有 $n_2=12\pi\chi^{(3)}/n_0$ 关系。在所有的均质玻璃中，或多或少存在三阶非线性光学效应。但在可见和红外区，根据公式 $\chi^{(3)}=[\chi^{(1)}]^4\times10^{-10}$ 和 $\chi^{(1)}=n_0^2-1/4\pi$可知，通过调整玻璃的折射率 n_0 而改变 n_2，n_0 越大(极化率越大)，n_2 越大[7]，即可得到大的非线性光学系数材料。因此可向玻璃中添加高折射率或易极化的重金属氧化物[26]，如 PbO、TeO_2、稀土氧化物 Re_2O_3(Re 为 La、Pr、Nd 等)。

2. 稀土配合物的光限幅[31]

稀土配合物中稀土离子增强三阶非线性光学效应主要是由于①稀土离子的三价电荷引起大π电子云发生畸变；②稀土离子引起两个配体之间产生耦合；③稀土离子使配体单重能态和多重能态之间相互作用增强；④在配位场作用下稀土金属离子 La^{3+}的电子能级产生分裂，形成丰富的单光子跃迁允许和多光子跃迁允许能态，有利于三阶非线性光学效应的单光子离共振和多光子近共振增强。

三阶非线性有机光学材料的研究主要集中在具有大共轭π电子的有机高分子材料[32]。近年来，金属有机配位化合物也引起人们重视，主要是除了离域的大π电子对三阶非线性光学效应有贡献外，中心金属离子可进一步增强三阶非线性光学效应。其中稀土离子具有高的电荷和丰富的能级(特别是具有 d 电子轨道和 f 电子轨道)，易与具有离域π电子共轭体系的有机配体形成化合物，并对配体电子结构产生影响；与此同时，在配位场作用下其本身电子能级易发生分裂[33]。这些都有利于该类有机配位化合物非线性光学效应的增强。孙真荣等[31]合成了系列的稀土金属离子 La^{3+}与具有两维共轭π电子体系的 1, 10-二氮杂菲形成的有机配位化合物，运用 Z-Scan 技术首次测量并研究其三阶非线性光学效应，得到了 La^{3+}对 1, 10-二氮杂菲的三阶非线性光学效应具有增强作用，可望在非线性光学领域中得到应用。邵华伟等[34]合成了稀土配合物 $Eu(TTFA)_3$，结果显示此 $Eu(TTFA)_3$ 具有较大的非线性光学特性，合理解释了该材料的非线性吸收为双光子吸收。

参 考 文 献

[1] 张克从，王希敏. 非线性光学晶体材料学科. 北京：科学出版社，1996.

[2] 生瑜，章文贡. 功能材料，1995，26(1)：1-14.

[3] Singh S，Potopowicz J R，Bonner W A，et al. Handbook of Lasers. Cleveland：CRC Press，1971：497-498.

[4] Hong H Y P，Dwight K. Mat Res Bull，1974，9：1661.

[5] Bonneville R，Auzel F. J Chem Phys，1977，67：4597.

[6] Kim S L，Kim S C，Yum S I，Kwon T Y. Mater Lett，1995，25：195.

[7] Nishioka H，Odajima W，Tateno M，et al. Appl Phys Lett，1977，70：1366.

[8] Chinn S R，Hong H Y. Opt Commun，1975，15(3)：345.

[9] Hong H Y，et al. Mat Res Bull，1974，9：775.

[10] Shirk J S，Lindle J R，et al. J Phys Chem，1992，96(14)：5847-5852.

[11] Ebbers C A，Deloach L D，Webb M，et al. IEEE J Quantum Electron，1993，29：497.

[12] Eriksson B，Larson L，Ninisto L，Valkonen J. Acta Chem Scand，1980，A34：567.

[13] Mercier N，Lebalnc M，Durand J，Eur J. Solid State Inorg Chem，1997，34：241.

[14] Xue D F，Zhang S Y. Mol. Phys，1998，93：4-11.

[15] Aka G，Kahn-Hanrari A，Vivicn D，et al. Solid State Inorg Chem，1996，33：727.

[16] 彭蕊，辛晶，康开斌，等. 兰州大学学报(自然科学版)，2013，49(6)：854.

[17] Leite R C C. Appl Phys Lett，1967，10(3)：100-105.

[18] 孟献丰，陆春华，张其土，等. 激光与红外，2005，35(2)：71.

[19] 宋瑛林，李淳飞. 物理，1996，25(6)：354.

[20] 常青，叶红安. 黑龙江大学自然科学学报，2002，19(4)：70.

[21] 付剑，宋昭远，刘晓东，等. 电子技术，2008，(2)：73.

[22] 许银生. 铟基硫卤玻璃及稀土掺杂氧氟玻璃的形成和光学性能：博士学位论文. 上海：华东理工大学，2010.
[23] 张希艳，卢丽平，等. 稀土发光材料. 北京：国防工业出版社，2005.
[24] 潘科君，王筱梅，闻获江. 功能材料，2002，34(2)：143.
[25] 马德跃，李晓霞，郭宇翔，赵纪金. 激光与红外，2014，44(6)：593.
[26] 杜艳秋，尚春雨. 激光与红外，2009，39(4)：363-366.
[27] 刘光华. 稀土材料学. 北京：化学工业出版社，2007.
[28] 孙丽，付剑，刘晓东，等. 中国稀土学报，2009，27(1)：51.
[29] 姜中宏. 新型光功能玻璃. 北京：化学工业出版社，2008.
[30] 林健，黄文，孙真荣，等. 功能材料，2004，35(6)：745.
[31] 孙真荣，王深义，黄燕萍，等. 科学通报，1998，43(3)：255.
[32] Bredas J L，Adant C，Tackx P，et al. Chem Rev，1994，94(1)：243-278.
[33] 洪广言. 稀土发光材料——基础与应用. 北京：科学出版社，2011.
[34] 邵华伟，向梅，贾振红，等. 激光杂志，2009，30(2)：34.

第 15 章　稀土光学玻璃

15.1　稀 土 玻 璃

玻璃的制造已有约五千年的历史，光学玻璃的生产也有近二百年的历史，但稀土元素应用于玻璃制造却只有近百年。19 世纪末，国外开始有人研究用氧化铈作玻璃脱色剂。1925 年美国人 Morey 首先开始研究稀土硼酸盐玻璃。1938 年美国首先制造了具有高折射率、低色散特性的含镧光学玻璃，从而扩大了光学玻璃的光学常数范围。第二次世界大战后，随着光学事业和稀土工业的发展，稀土元素在玻璃工业中的应用日益扩大，各国相继把稀土氧化物引入玻璃，从而获得镧冕(LaK)、镧火石(LaF)和重镧火石(ZLaF)等一系列稀土光学玻璃。目前，利用一些稀土元素的高折射率、低色散性能等特点，生产的稀土光学玻璃品种已有近百种，被广泛地用作航空摄影、高级照相机、摄像机和其他光学仪器中的光学元件。稀土光学玻璃的发展对于提高成像质量、简化镜头设计、扩大相对孔径具有十分重要的意义。利用一些稀土元素的防辐射特性，可生产防辐射玻璃。50 多年来由于信息、通信、原子能、电子工业和空间技术的发展，促使各种功能的新型光学玻璃得以研制和开发。稀土元素氧化物已成为激光玻璃、磁光玻璃、光学纤维、耐辐射玻璃等光功能玻璃的重要成分。

此外，稀土在玻璃工业中被用作澄清剂、脱色、着色和玻璃抛光粉等，起着其他元素不可替代的作用，玻璃陶瓷工业是稀土应用的一个重要的传统领域。

15.1.1　稀土玻璃的形成与特征[1]

1. 玻璃形成

传统玻璃是通过在凝固点以下冷却液体而获得的，这已被认为是玻璃态定义的一部分。对于玻璃形成的传统解释是当液体被冷却时，它的流动度(即黏度的倒数)减小，在低于凝固点的一定温度下流动变为零，则该液体变为硬固体。

玻璃这个术语一般习惯于表示某些熔融无机物被冷却到硬固体而不析晶的状态。然而，已经制造出的成百种玻璃，每一种都具有特殊的性能和化学组成，而且也不一定要由无机物组成。由于不同化学组成的物质已形成玻璃，这可使我们认识到玻璃形成的性质一般不是原子或分子的性质，而是一种聚集状态，也称为玻璃体。因此，玻璃这个词是个通称。

晶体、液体和玻璃体之间的关系可以通过体积–温度图(图 15-1)加以解释。从图上原始状态 A 冷却液体，体积将沿着 AB 稳定下降。如果冷却速度很慢而产生晶核，则在熔点温度 T_f 处发生析晶，体积就突然从 B 降到 C，此后，固体将沿着 CD 随温度下降而收缩。但冷却速度足够大，则可能在 T_f 处不发生析晶，过冷液体的体积将沿着 BE 下降。BE 线是 AE 线的平滑延长线。当达到一定温度 T_g 时，体积–温度曲线经历一段有特殊意义的变化，然后沿几乎与晶态收缩曲线 CD 平行的线段收缩。T_g 被称为转变点或转变温度，只有在 T_g 温度以下才是玻璃物质。与 T_g 温度相对应的 E 点位置也随冷却速度变化，因此，转变温度不是固定的温度点，而是有一定转变温度范围。在转变温度 T_g 附近物质的黏度非常大，大约为 10^3 Pa·s。

如果玻璃温度被固定在 T 不动，T 稍低于 T_g，则体积 G 将连续缓慢下降，最终达到点划线上 G' 处。点划线是过冷液体的收缩曲线 BE 的延长线。玻璃的其他性质也在 T_g 附近随时变化。玻璃从亚稳状态达到稳定状态随进行的过程为稳定化。在 T_g 温度以上这种性质–时间的依从关系观察不到。由于存在稳定化效应，玻璃的性质在一定程度上取决于冷却速度，特别是在通过转变温度时尤为如此。

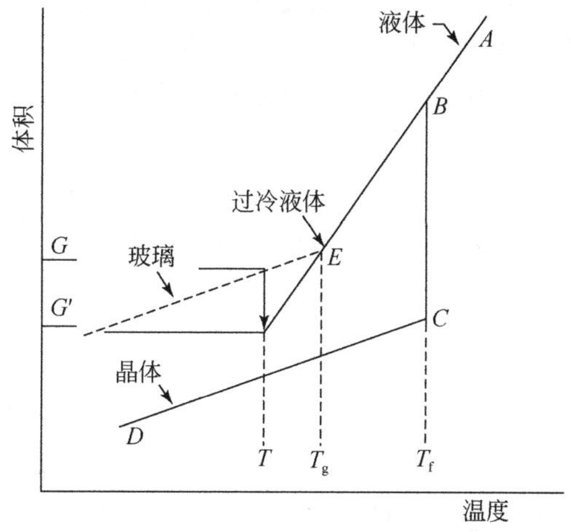

图 15-1　液态、玻璃态和固态之间的关系

从某种意义来定义玻璃，即玻璃是物质的一种状态，它可以保持液体的能量、体积和原子排列，但它的能量和体积随温度和压力的变化在数值上与晶体的变化是相似的。

物质形成玻璃能力不完全取决于任何特殊化学或物理性质，而只要冷却速度足够快，虽然很多物质存在析晶的实际影响，但都可获得玻璃态。

稀土玻璃中绝大多数制品都是采用传统的熔体冷却法制备的，但由于稀土属于网络外体离子，玻璃中引入稀土时，稀土在玻璃中含量范围较窄，而且稀土离子因半径大、场强高，具有强烈的积聚作用，极易分相或析晶，使稀土玻璃的制备较为困难。然而，稀土玻璃有许多优异性能(如磁性、着色性等)，所以不得不采用某些非传统方法来制备。随着稀土玻璃各种性能的开发(光学性质、电磁性质)，各种相应的制备方法会不断地应用在稀土玻璃上。

化学气相沉积(CVD)法是有机化合物气体在高温下热分解或水解来制备高纯度玻璃的重要方法。其特点是把原料气体导入加热区域中，使之发生化学反应，结果在基体上析出膜状或板状沉积物(基体亦可称为衬底)。CVD 法的机理比较复杂，可能发生的反应有分解、氧化还原反应和歧化反应等。析出的沉积物，其形貌和结构取决于各工艺参数，如温度、压力、气相组成、浓度和流速等。一般说来，在低的析出温度和高的过饱和条件下，比较容易形成非晶态物质。

在石英玻璃制备时，气炼法或热分解法也可归入 CVD 范畴。它把 $SiCl_4$、$SiHCl_3$ 或 SiH_4 等硅的卤化物、氢化物作为原料在氢氧焰中进行热分解，使气相生成物 SiO_2 淀积在石英玻璃基板上，然后进一步熔化成高纯的石英玻璃。其反应式为：

$$SiCl_4(g)+2H_2(g)+O_2(g) \longrightarrow 4HCl(g)+SiO_2(s)$$

$$SiCl_4(g)+2H_2(g)+2O_2(g) \longrightarrow 2H_2O(g)+SiO_2(s)+2Cl_2(g)$$

这种方法可以使石英玻璃的熔制温度大大降低，得到石英玻璃纯度很高，可达六个 9(6N)，全部为特级，紫外光谱透过性能远远胜过其他方法制备的玻璃，而且可以节约大量宝贵的水晶粉。因此这是石英玻璃和其他玻璃生产中大有前途的一种工艺方法。

用 CVD 法淀积后的 SiO_2 或掺杂的 SiO_2 可以制备光学纤维。由于制品纯度高、缺陷少、充分保证长的光学纤维并具有较高的透光效率，美国用 CVD 法生产非晶硅太阳能电池。

2. 玻璃态物质结构的主要特征

(1) 晶体结构的根本特点是它的周期性，即通过点阵平移操作可以与自身重合。但在玻璃态中这种周期性消失了，像“格点”“晶格常数”这些概念在玻璃态中也就失去了意义。玻璃态的这种结构特征一般称之为远程无序性。在液体中，这种无序是质点可以比较自由运动的结果。在玻璃态物质中，质点的运动主要是在平衡位置附近的热振动。它的结构无序性是在玻璃形成过程中保存下来的。

(2) 玻璃态物质(或液态)的密度一般与同成分的晶体相差不大。这就是说，原子间的平均距离在液体、晶体和玻璃体中都是相近的。

玻璃态物质中各原子与其最近邻原子之间的关系就与晶态相类似，即存在一定的有序结构，人们常常称之为近程有序性。例如石英玻璃中硅氧四面体中的 Si—O 键长和 O—O 键长近似于晶态石英中的相应键长，分别为 0.162 nm 和 0.265 nm。不过，在玻璃中，四面体与四面体之间结构上等同键的角度(即 Si—O—Si 键)则不像晶体中那样为常数，而是在某一范围内随机取值。键角的这种不规则性引起原子间距离的经常变动，使晶态物质失去对称性而成为玻璃态的远程无序性。

(3) 液体在温度接近熔点时也会有近程有序结构，但它与玻璃态的近程有序仍有一定差别。

一般液体的近程有序范围约为 4 个原子间距，而玻璃的近程有序范围为 5 至 6 个原子间距或更大些。本来液体与玻璃态物质之间的界限不是很分明的，习惯上按黏度η大致以某个人为的数值(约 10^{13}Pa · s) 作为分界。但是从原子的微观运动情况看是有明显差异的，液体中质点容易做大于其质点间距的扩散迁移，而玻璃态物质中质点主要做运动距离甚小于质点间距的热运动。因此，液体与玻璃态应被视为不同的物质形态，它们的结构是有质的差别的。

(4) 玻璃态结构常被看作是均匀的，各向同性的，这与晶体有显著的各向异性有根本差别。这里所说的均匀是对宏观而言的，任何物质在小到原子尺寸时都不均匀。各向同性也是宏观的，而且主要是对原子的相对排列而言。

(5) 玻璃态结构的另一个重要特点是亚稳定性。熔点以下晶态是自由能最低的状态，玻璃态总有向晶态转化的趋势。有的玻璃如某些种类的氧化物玻璃很难晶化。玻璃态结构的亚稳定性不仅在理论上具有一定的重要性，对于玻璃态物质的实际应用更是关键问题。

一般认为，玻璃态向晶态转化的过程常常是很复杂的，有时要经过若干个中间阶段。

3. 稀土在玻璃结构中的特点

根据玻璃生成规律，不同氧化物在玻璃结构中所起作用不同，可以分成三类，第一类是玻璃生成体，它们能单独生成玻璃，其阳离子处于玻璃结构网络内，称为网络形成离子；第二类是网络外体，或称网络修饰体，它不能单独形成玻璃，但能改变玻璃的性质，其阳离子处于玻璃结构网络外，称为网络修饰离子；第三类是网络中间体，其作用介于玻璃生成体和网络外体之间，其阳离子称为网络中间离子。

从单组分玻璃生成理论来分析，稀土离子很难作为玻璃生成离子进入网络，而比较大的可能是以高配位数(6 或 8 以上) 处于较高网络空隙中起网络修饰离子作用。这与玻璃结构分析的数据基本一致。

在玻璃中镧系元素都以通常的三价出现，其他价态是个别的和不稳定的。Pr 和 Tb 已知有四价，而 Sm、Eu 和 Yb 已知有二价形式，然而，它们都极易被转变为三价态。

镧系元素氧化物是类质同象的，它们具有高的化合热和高的熔点(CeO_2 为 2600℃、Sm_2O_3 为 2350℃、La_2O_3 约为 2000℃)，因此它们具有高的化学稳定性。然而，它们也具有强烈促进玻璃的熔融能力(如 CeO_2 常作为玻璃的有效澄清剂)，这显然归因于镧系元素氧化物的强碱性，镧系元素离子的高变能力以及相对较低的键强。

由于镧系氧化物的密度随原子序数增加而增大，从 La_2O_3 的 6.5 g/cm^3 经 CeO_2 的 7.39/cm^3 到 Yb_2O_3 的 9.17/cm^3；且引入到玻璃中，镧系元素离子填入网络空隙，并且有集聚作用，因而镧系氧化物可增大玻璃密度。

镧系元素同三价铝相比较，其有效半径大两倍以上，而且与氧的结合键强相对较弱，因此，反映出镧系氧化物和氢氧化物不溶或微溶于水，而对玻璃的化学稳定性有改善作用。

镧系元素由于本质特征差别不大，而且在玻璃中的配位状态及所起的结构作用基本一致，因此，其组成对玻璃性质的影响是非常相似的，它们在对密度、折射率、色散、电阻、热膨胀和化学稳定性等性质的影响与镧相似。但对玻璃的着色的影响却有很大不同。这里是由于镧系元素外层 4f 电子排布不同而引起的，其中 4f 电子属于全空、半充满和全充满或接近全空、半充满和全充满的状态难于被可见光激发，例如 La^{3+}、Gd^{3+}、Lu^{3+}、Ce^{3+}、Eu^{3+}、Tb^{3+}、Yb^{3+}离子都是无色的，而其他具有 f^n 电子的镧系元素，可被可见光激发而着色，而且显示出与其他着色元素不同的特征尖锐吸收带。同时，当这些着色镧系元素移入玻璃中时，只处于网络空隙中，外电子壳层可以屏蔽周围离子的影响，因此这种着色稳定，不易受基质玻璃和熔炼条件的影响。镧系元素在玻璃中的着色是它们在玻璃工业中的又一个重要的应用方面。

15.1.2 稀土光学玻璃简介

1. 光学玻璃[2, 3]

光学玻璃是光学仪器中使用的最多的一种光学材料，绝大部分光学零件如透镜、棱镜、滤光镜、反射镜、窗口等都由光学玻璃制成的。光学玻璃与其他玻璃不同，它作为光学系统的一个重要组成部分，必须满足光学传递和成像的要求。光学玻璃的主要特征是具有高度的透明性、物理及化学上的高度均匀性、消除内应力、一定的化学稳定性、一定的机械性质以及特定的精确光学常数。光学玻璃最基本的光学性质(一般称为光学常数)为折射率和阿贝数(用以表示透明介质色散能力的指数)。光学玻璃品种发展与光学系统的要求相关。为消除光学系统的各种误差，要求具有折射率和阿贝数不同的一系列光学玻璃。

光学玻璃包括从短波高能射线、X 射线、紫外、可见到红外等电磁波区域，用于光的传输、透射、反射、折射、光学成像、像传递和增强的玻璃材料，同时还包括在电、电磁场、磁场、力、声的作用下，玻璃光学性质出现变化，利用这些变化而发展的能探测和转换这种性质的玻璃，即光学功能玻璃。

最早用于光学零件的光学材料是天然晶体，16 世纪开始玻璃成为光学零件的主要原材料。到了 17 世纪，在玻璃中引入氧化铅，赫尔得到了第一对消色差透镜，从此，光学玻璃就被分为冕牌和火石玻璃两个大类。19 世纪，贝尔和肖特研究钡系玻璃，在玻璃中引入 BaO、B_2O_3、ZnO、P_2O_3 等，发展了钡冕、硼冕及锌冕等类型玻璃，并开始试制特殊的、相对部分色散的火石玻璃。20 世纪 30 年代研制成一系列重冕玻璃。第二次世界大战前后，出现了稀土光学玻璃。

常用光学玻璃，包括冕类和火石两大类数十种光学玻璃。

冕类光学玻璃，包括轻冕、冕牌、钡冕和重冕等四种类型，它们全都属于硼硅酸盐与铝硼硅酸盐玻璃体系。这些体系玻璃的性质主要决定于硼在玻璃中的配位状态。

(1) 轻冕玻璃的特点是折射率及色散小，由此决定了玻璃中必须含有大量 SiO_2 及 B_2O_3，不含具有高折射率的氧化物，碱金属的含量不能太多，化学组成基础是碱铝硼硅酸盐体系。

(2) 冕牌玻璃的基础体系是碱金属硼硅酸盐体系 (R_2O-B_2O_3-SiO_2) 及碱金属铝硼硅酸盐体系 (R_2O-Al_2O_3-B_2O_3-SiO_2)。

(3) 重冕玻璃的折射率高、色散小、阿贝数大。

重冕玻璃属无碱金属硼硅酸盐玻璃，RO-B_2O_3-SiO_2 是重冕玻璃的基础系统，RO 主要是 BaO，可部分引入其他碱金属化合物。

(4) 钡冕玻璃的光学常数介于冕及重冕玻璃之间，相应的化学组成也在它们之间，属 R_2O (Na_2O, K_2O) -BaO (ZnO, CaO) -B_2O_3-SiO_2 体系。

火石玻璃是铅硅酸盐玻璃，折射率及阿贝数变化范围很广，按其化学组成分为两类；以 R_2O-PbO-SiO_2 系统为主的不含 BaO 的火石玻璃；以 R_2O-BaO-PbO-SiO_2 为主的钡火石玻璃。

火石玻璃光学常数的特点是阿贝数小、色散大、折射率变化范围大。

2. 稀土光学玻璃[4, 5]

稀土光学玻璃是指含有较多稀土和稀有元素氧化物 (如 La_2O_3、Y_2O_3、Ta_2O_5、Nb_2O_5 等) 的硼 (或硼硅) 酸盐系统玻璃。这类玻璃具有高折射率、低色散的特点，是制造大孔径、宽视场摄影物镜、长焦距、变焦距镜头以及高倍显微镜头不可缺少的光学材料，它对于改善某些光学仪器，特别是照相物镜的成像质量和简化设计有重要意义，广泛用于高空摄影、望远镜、潜望镜、电影、显微镜及高级照相机等方面，是目前新品种光学玻璃中研究得最广的一类。

20 世纪 20 年代后期，摩莱 (Morey) 开始研究含稀土元素氧化物的硼酸盐玻璃，以后各国都进行了镧系硼酸盐光学玻璃的研究。研究初期引入了大量的 La_2O_3 和 ThO_2，这两种氧化物在玻璃中的部分性质均具有高折射率、低色散的特点。ThO_2 具有良好的性能，可显著地改善玻璃的析晶性能和工艺性能，扩大玻璃生成范围，但由于 ThO_2 具有强烈的放射性，使用上不得不加以限制，对于在光学玻璃中的使用存在异议，目前不少制造厂已取消了含钍的玻璃牌号，我国也基本不予采用。La_2O_3 也具有高折射率、低色散的性质，因此是制造高折射率、低色散光学玻璃不可缺少的原料。然而，由于 La_2O_3 中的 La^{3+}离子场强较高，积聚能力强，易使玻璃分相析晶，因而其引入量受到限制。特殊需要时，可采用特殊工艺加工来加大 La_2O_3 的引入量。为了改善 La_2O_3 玻璃的析晶性能，可加一定量稀土元素氧化钇(Y_2O_3)和氧化钆(Gd_2O_3)来代替氧化镧(La_2O_3)，使组成复杂化，提高玻璃的高温黏度，改善稀土光学玻璃的析晶性能，因此，目前的稀土光学玻璃系统大都是含有 La_2O_3、Y_2O_3、Gd_2O_3 等稀土氧化物，还含有 Th、Ta、Nb、W、Zr、Cd 等，还可加入 Al、Pb、Zn、Ca、Ba 等使玻璃具有不同折射率和散射，并增加玻璃稳定性。

玻璃析晶是指在均匀的各向同性的熔体或玻璃体中产生晶体的过程。这些晶态物质会引起玻璃的光散射，这是导致玻璃失去透明性(失透)的主要原因。

稀土光学玻璃极易析晶，因而致使玻璃失透，这主要决定于该玻璃的结构特征。以硼酸盐为基础的系统本身就具备了黏度小的特点，再引入高价、高场强的稀土氧化物，更造成玻璃的高温黏度小，离子积聚强而易于析晶。

影响结晶速度的因素较多，如界面情况，熔体结构，非化学计量，添加剂，介稳晶相的析出等。

稀土光学玻璃的化学稳定性较一般硅酸盐玻璃的化学稳定性差得多。

玻璃成分是决定玻璃物理化学性质的主要因素。实际上，人们往往以改变玻璃的成分来调整和控制玻璃性质。成分设计时主要考虑以下几方面：

(1)成分与性质的关系；

(2)所设计的成分必须能够形成玻璃，具有较小的析晶倾向和分相倾向；

(3)满足熔制、成型等工艺条件的要求。

就稀土光学玻璃而言，其属于氧化物玻璃系统，因此，应首先根据玻璃所要求的物理性质和光学性质及工艺性能选择适宜的氧化物。决定主要性质的氧化物一般为三至四种。然后再加入一些尽量不使玻璃的主要性质有大的改变，而又能赋予玻璃具有其他必要性质的氧化物。稀土光学玻璃要求较高的折射率和较低的色散，这也是稀土氧化物所具有的特殊性质，因此组成中必须含有一定量的 La_2O_3、Y_2O_3，同时还必须引入一定量的重金属氧化物，如 Nb_2O_5、Ta_2O_3。玻璃生成体主要应选择 B_2O_3(或 B_2O_3-SiO_2)。为了减小玻璃析晶倾向，降低熔制温度，组成应趋于多组分。相图和玻璃形成图可以作为确定组成的参考和依据。

光学玻璃由于要求具有高透明度，对其原料的纯度也提出了高的要求。影响稀土光学玻璃透过率的主要杂质有：过渡元素如铁、铬、铜、锰、钴、镍等和稀土元素铈、镨、钕等。关于稀土元素杂质的含量，中国科学院长春光学精密机械与物理研究所(简称长春光机所)曾给出允许含量：$CeO_2<5\times10^{-4}\%$；$Pr_6O_{11}<5\times10^{-3}\%$，$Nd_2O_3<5\times10^{-3}\%$，$Sm_2O_3<1\times10^{-2}\%$。过渡族元素杂质中主要控制铁，

因为它可能混入玻璃的途径较多，主要原料都有严控铁的要求。

添加稀土可以制得不同用途的特种玻璃，例如通过红外线的玻璃、能吸收紫外线的玻璃、能耐 X 射线的玻璃、耐酸及耐热玻璃以及有特种光学性能的玻璃。目前主要是添加 La_2O_3、Y_2O_3 和 Gd_2O_3。日本用的光学玻璃要求添加的稀土氧化物的纯度规格见表 15-1。

表 15-1　光学玻璃用 La_2O_3、Y_2O_3 和 Gd_2O_3 规格

原料	纯度/%	Fe_2O_3	CeO_2	Pr_2O_3	Nd_2O_3	Cr_2O_3	烧失量/%
La_2O_3	>99.995	$<3\times10^{-6}$	$<3\times10^{-6}$	$<5\times10^{-6}$	$<5\times10^{-6}$	$<1.5\times10^{-6}$	<0.4
Y_2O_3	>99.9	$<10\times10^{-6}$	$<10\times10^{-6}$	$<10\times10^{-6}$	$<10\times10^{-6}$	$<1.5\times10^{-6}$	<0.4
Gd_2O_3	>99.9	$<10\times10^{-6}$	$<10\times10^{-6}$	$<10\times10^{-6}$	$<10\times10^{-6}$	$<1.5\times10^{-6}$	<0.4

稀土光学玻璃的主要制备方法如下：

(1) 熔体冷却法。

(2) 液相析出法。如通过化学反应得到属于无定形形态的沉淀，如溶胶–凝胶法。

(3) 气相凝聚法。如化学气相沉积制薄膜，真空蒸发法，溅射法。

(4) 晶体能量泵入法。如辐射法，离子注入法。

15.2　稀土光学玻璃的主要应用领域

15.2.1　高折射率的稀土光学玻璃

稀土光学玻璃是含有稀土或稀土氧化物，具有高折射率、低色散的光学玻璃。这类玻璃是目前新品种光学玻璃中研究得最广的一类。1925 年美国摩莱(Morey)开始研究稀土硼酸盐玻璃；1938 年美国柯达公司首次制造出具有高折射率、低色散、化学稳定性较好、热膨胀系数小特性的含镧光学玻璃，从而扩大了光学玻璃的光学常数范围。

光学玻璃按阿贝数的大小分为冕牌玻璃和火石玻璃，在冕牌及火石两种玻璃之下按照折射率从低到高分为“轻”“重”[2]。稀土光学玻璃目前根据折射率和阿贝数的不同可分为镧冕、镧火石、重镧火石玻璃等三个系列。镧冕、镧火石及重镧火石玻璃均属于高折射率、低色散光学玻璃，它们的折射率比重冕及重钡火石的高，色散小于重火石玻璃。

高折射率、低色散玻璃对改善光学仪器，特别是照相物镜的成像质量有重要意义。这类玻璃都以 La_2O_3 为主要成分，所以我国用 LaK、LaF、ZLaF 来代表。

摩莱曾以 B_2O_3 为玻璃生成体，添加原子序数大于 47 的各种氧化物，得出下列几点结论：

(1) 过分稀少而无实用价值的氧化物：Ga_2O_3、Sc_2O_3、Al_2O_3、In_2O_3、HfO_2等。

(2) 使玻璃严重着色的氧化物：V_2O_5、CeO_2、UO_3、WO_3、MoO_3等。

(3) 挥发严重的氧化物：As_2O_3、Sb_2O_3。

(4) 化学稳定性甚差的氧化物：Tl_2O_3、Bi_2O_3。

(5) 显著提高色散的氧化物：TiO_2、PbO。

最后，在镧冕、镧火石及重镧火石玻璃中值得推荐的氧化物有La_2O_3、ThO_2、ZrO_2、Ta_2O_5等数种。

我国用高折射率、低色散玻璃 LaK、LaF、ZLaF 等三个品种。在化学成分方面都属于镧硼酸盐系统，但各个品种及每一品种内，因光学常数的不同，化学成分也不一样。

在确定玻璃成分时，必须综合考虑玻璃的光学常数、失透性能及化学稳定性。

1. 镧冕玻璃

镧冕玻璃是指折射率 $n_D>1.65$，阿贝数ν大于 50 的稀土光学玻璃。镧冕玻璃根据折射率的高低可分为三个区域，每一区域内玻璃的化学成分各不相同。

(1) 折射率在 1.70 以下的玻璃。这类玻璃大部分是在原重冕玻璃的基础上发展起来的。其化学成分基本上与重冕玻璃相同。在原重冕玻璃的基础上引入部分 La_2O_3，早期的玻璃则引入部分 ThO_2。主要有 B_2O_3-La_2O_3-BaO ($n_D<1.70$，ν=50～60)。

(2) 折射率 1.70 以上的玻璃。这类玻璃都是含大量稀土氧化物的硼酸盐玻璃。

对折射率在 1.70 以下的玻璃，基本体系是含 La_2O_3 较少的 B_2O_3-La_2O_3-BaO 体系。折射率在 1.70～1.72，$\nu>50$ 的玻璃可采用 B_2O_3-La_2O_3-RO (RO=CaO, ZnO, ZrO, PbO 等) 体系。B_2O_3-La_2O_3-CdO 体系的玻璃生成范围很大，化学稳定性好，曾作为镧冕及镧火石玻璃的主要体系。由于 CdO 是有害物质，最近已逐渐被其他二价氧化物所代替。

折射率在 1.72 以下的镧冕玻璃，如 LaK_7、LaK_2 采用了含多种二价氧化物的 B_2O_3-La_2O_3-RO 体系，并引入一定量的 ZrO_2。镧冕玻璃的基础系统通常为 B_2O_3-La_2O_3-BaO-Ta_2O_5 和 B_2O_3-La_2O_3-Y_2O_3-CdO-ZrO_2 ($n_D>1.72$，$\nu>50$) 等，如表 15-2。

表 15-2　折射率在 1.72 以下的 LaK 玻璃的化学成分

玻璃牌号	化学成分/%(质量)							
	SiO_2	B_2O_3	Al_2O_3	La_2O_3	ZnO	CaO	ZrO_2	PbO
LaK 713/539	10.6	55.7	0.5	15.0	10.7	5.3	2.1	—
LaK 720/503	—	58.4	9.7	9.7	2.3	21.8	4.9	2.8

折射率在 1.72 以上的镧冕玻璃，早期都采用含 ThO_2 的玻璃。

中国科学院曾在镧冕玻璃成分方面，尤其是在除去 ThO_2 成分方面做了不少工作。从各种氧化物在玻璃中的部分性质出发，结合我国的矿物资源，研究了氧化钇在玻璃中的作用，引入氧化钇，制得无 ThO_2、不含 Ta_2O_5 或减少含 Ta_2O_5 的玻璃。氧化钇在玻璃中的部分折射率为 2.23，色散为 2100×10^{-5}，相应的阿贝数为 58.6。氧化镧的部分折射率为 2.47，色散为 3800×10^{-5}，阿贝数为 38.6。可以看出，对镧冕玻璃，折射率不是最高，要求阿贝数大，引入氧化钇以制得折射率高于 1.72 的镧冕玻璃是合理的。

2. 镧火石玻璃

镧火石玻璃的折射率及阿贝数的变化范围较大，化学成分的差别也较大。镧火石玻璃是指折射率 n_D 大于 1.70 小于 1.80，阿贝数 ν 小于 50 的稀土光学玻璃，如 SiO_2-B_2O_3-La_2O_3-BaO-ZnO_2-CdO-ZrO_2-PbO 和 SiO_2-B_2O_3-La_2O_3-CdO-ZrO 等。

与镧冕玻璃一样，也可按折射率的高低进一步划分，表 15-3 列出折射率在 1.75 以下的镧火石玻璃成分。

表 15-3　折射率在 1.75 以下的 LaF 玻璃的化学成分

玻璃牌号	化学成分/%(质量)						
	SiO_2	B_2O_3	La_2O_3	PbO	CaO	ZrO_2	ZnO
LaF 694/492	—	59.6	8.1	5.1	21.2	6.1	—
LaF 717/749	7.8	52.4	6.8	4.9	18.4	5.8	4.9

折射率大于 1.75 的镧火石玻璃，大部分玻璃都含有氧化铌和氧化钽。阿贝数较小的玻璃，可以采用 B_2O_3-La_2O_3-PbO 或 B_2O_3-La_2O_3-CdO 体系。

表 15-4 列出折射率大于 1.75 的镧火石玻璃成分。

表 15-4　折射率大于 1.75 的 LaF 玻璃的化学成分

玻璃牌号	化学成分/%(质量)										
	SiO_2	B_2O_3	La_2O_3	CdO	ZrO_2	BaO	ZnO	PbO	WO_3	Ta_2O_5	Y_2O_3
LaF 757/478	9.9	42.3	15.5	25.4	5.6	—	—	—	1.1	—	—
LaF 769/337	41.3	19.5	3.4	—	—	14.9	—	27.7	—	—	—
LaF 787/481	—	65.0	22.2	—	11.1	—	—	—	—	1.4	—
LaF 788/474	7.9	55.3	19.7	2.6	7.9	—	2.6	—	0.1	2.6	1.2

3. 重镧火石玻璃

重镧火石玻璃是折射率 n_D 大于 1.80，阿贝数小于 50 的稀土光学玻璃。在这类玻璃中，Ta_2O_5 与 Nb_2O_5 成为不可缺少的成分。重镧火石玻璃以 B_2O_3-La_2O_3-Ta_2O_5-ZrO_2 与 B_2O_3-La_2O_3-Ta_2O_5-ThO_2 两系统为最佳[6]。光学常数在重镧火石区域内的一些简单系统中的变化范围，表示在图 15-2 中。

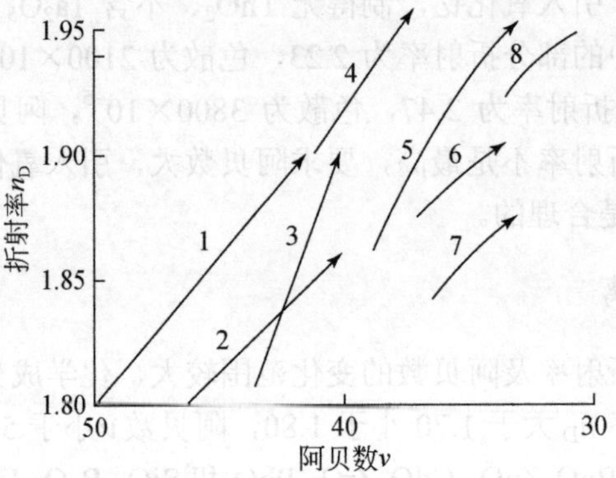

图 15-2　折射率在 1.8 以上的各系统玻璃光学常数变化

1—B_2O_3-La_2O_3-Ta_2O_5-ThO_2；2—B_2O_3-La_2O_3-Ta_2O_5-ZnO；3—SiO_2-B_2O_3-La_2O_3-Ta_2O_5-Al_2O_3；4—B_2O_3-La_2O_3-Ta_2O_5-Nb_2O_5-ThO_2；5—B_2O_3-La_2O_3-Ta_2O_5-Nb_2O_5-ThO_2-Al_2O_3；6—B_2O_3-La_2O_3-WO_3；7—SiO_2-B_2O_3-La_2O_3-CdO-Nb_2O_5；8—SiO_2-B_2O_3-La_2O_3-Ta_2O_5-WO_3

特高折射率玻璃主要指折射率在 1.9 以上的重火石玻璃。

折射率超过 1.9（ν 不大于 35）的重镧火石中除含 Ta_2O_5 外还必须包括 Nb_2O_5。

4. 稀土在高折射率光学玻璃中的作用及应用特性

透明介质的折射率等于光在真空的速度与光在媒质中的速度之比，其主要取决于媒质中原子的极化率及其堆积密度。

La_2O_3 具有高折射率、低色散的性质，且含 La_2O_3 玻璃化学稳定性亦较好，不着色，并且资源丰富，是制造稀土光学玻璃的主要成分[5, 6]，在光学玻璃中的含量可达 60%左右。为此，常常将稀土光学玻璃称为镧系光学玻璃。根据化学成分，玻璃主要有硅酸盐玻璃、硼酸盐玻璃、磷酸盐玻璃、锗酸盐玻璃等。其中硼酸盐系统对稀土氧化物（特别是 La_2O_3 等）溶解能力大，玻璃生成范围相对宽，是稀土光学玻璃的主要组成系统[7, 8]。

稀土氧化镧加入到玻璃中，一般以 La^{3+} 状态存在。La^{3+} 离子半径（0.12 nm）较大，与氧离子具有高的配位数（8）。它不能进入玻璃网络，而是处于网络空隙中成为网络外体氧化物。位于网络空隙，又具有较高的配位数的 La^{3+}，提高玻璃的填充度，有助于网络结构变得紧密[9]。同时较大的离子半径将具有大的极化率。由此 La^{3+} 的加入将提高玻璃的折射率。另外 La^{3+} 有比较紧密的电子层结构，使得含 La_2O_3 玻璃色散并不大。故可制成高折射率、低色散的玻璃。镧的加入还可以提高玻璃的化学稳定性，防止玻璃表面因水和酸而引起的表面变质，增强硼酸盐玻璃的寿命，增大玻璃的硬度，提高软化温度[6]。La^{3+}在其他体系玻璃中密度增加的研究也有相应报道[10]。

La_2O_3虽然是制造高折射率、低色散光学玻璃不可缺少的原料。但过量La_2O_3的引入，从化学结构角度看，由于作为网络外体离子La^{3+}电场强度较大，在结构中产生局部聚集作用，扩大了玻璃的近程有序的范围；从动力学观点看，玻璃结晶取决于玻璃中晶核形成和晶体长大速度，两个速度均与玻璃黏度成反比。大量的La^{3+}离子引入会使玻璃结构中共价键比例降低，离子键比例增高，黏度变小，增加了玻璃析晶倾向[11, 12]。

为改善含La_2O_3玻璃的析晶问题，过去典型高折射率镧系光学玻璃系统多含有ThO_2和CdO组分，但随着环保的需求，研究出光学常数符合要求，且工艺性能较好的新型的无钍、无镉的稀土光学玻璃已成为主要科研方向。朱满康通过在La_2O_3-ZnO-B_2O_3系统玻璃中加入BaO来提高系统玻璃的形成能力[13]。

为改善含La_2O_3玻璃的析晶问题，人们相继开展用Y_2O_3和Gd_2O_3取代La_2O_3稀土光学玻璃[14]。Y_2O_3和Gd_2O_3与La_2O属于同族氧化物，物理化学性质与晶体结构比较相近，Y_2O_3和Gd_2O_3也具有高折射率、低色散的部分光学性质，但在玻璃中的配位状态不同。在玻璃形成过程中，利用玻璃组成复杂化，降低积聚程度，降低近程有序度，提高了抗结晶能力。在玻璃中，如用Y_2O_3和Gd_2O_3代替一部分La_2O_3既可以保证高折射率、低色散的光学性质，又可降低玻璃结构的局部聚集度，进而降低玻璃的析晶倾问。如赵东来[11]研制了各项性能指标符合要求的B_2O_3-La_2O_3-Y_2O_3-Ta_2O_5-ZrO_2系统玻璃；张希艳等[15]研究得到适量的Y_2O_3和Gd_2O_3降低了La_2O_3硼酸盐玻璃析晶倾向。但由于玻璃网络中不同配位空隙比例有一定数量，Y_2O_3和Gd_2O_3/La_2O_3比例也不是无限的[9]。另有研究，Y_2O_3添加能提高玻璃稳定性[16]。

在硼硅酸盐或硼酸盐体系中加入10%～50% La_2O_3、Y_2O_3等可制得高质量的镧系光学玻璃。

王拓等[17]在$B_2O_3+SiO_2+Al_2O_3$的质量百分含量为15%的高折射率、低色散光学玻璃组成中，探讨了Nb_2O_5、Gd_2O_3、Y_2O_3、La_2O_3对玻璃性能的影响，确定了Nb_2O_5与La_2O_3的比例，Gd_2O_3、Y_2O_3分别取代La_2O_3的取代量对玻璃析晶上限的影响。

姜中宏等研究了B_2O_3-La_2O_3-ThO_2-CdO及B_2O_3-SiO_2-BaO-CdO两个高折射率、低色散光学玻璃系统，分别作为含稀土及不含稀土超重冕玻璃的基础。研究了玻璃成分对性质的影响以及添加各种氧化物的作用，并对其中某些规律性进行了初步讨论。

高折射率、低色散玻璃是发展新型光学玻璃的主要方向之一，利用这类玻璃更有利于消除大相对孔视光学系统的色差与球差。目前国外生产的高级照相机及航空摄影仪器都普遍采用了这类玻璃来代替重冕玻璃。它已成为商品定型牌号的超重冕稀土玻璃。

5. 玻璃微珠

玻璃微珠是近年来发展起来的一种用途广泛、性能特殊的一种新型材料。玻璃微珠由硼硅酸盐原料经高科技加工而成，粒度：10～250 μm，壁厚：1～2 μm，密度：2.4～2.6 g/cm^3，堆积密度：1.5 g/cm^3，莫氏硬度：6～7 莫氏。玻璃微珠化学成分：SiO_2＞67%，CaO＞8.0%，MgO＞2.5%，Na_2O＜14%，Al_2O_3 0.5%～2.0%，Fe_2O_3＞0.15%，其他 2.0%。少量的稀土元素掺杂有利于提高折射率。

玻璃微珠具有质轻、低导热、较高的强度、良好的化学稳定性等优点，其表面经过特殊处理具有亲油憎水性能，非常容易分散于有机材料体系中。

玻璃微珠应用于航空航天机械的除锈中，城市交通道路的斑马线、禁停线、双黄线的夜间反光和交通标志牌的夜间反光装置中。

空心玻璃微珠是一种尺寸微小的空心玻璃球体，属无机非金属材料。典型粒径范围 10～180 μm，堆积密度 0.1～0.25 g/cm^3，具有质轻、低导热、隔声、高分散、电绝缘性和热稳定性好等优点，是 2008 年以来发展起来的一种用途广泛、性能优异的新型轻质材料。

空心玻璃微珠现已广泛应用于人造玛瑙、大理石、玻璃钢保龄球等复合材料及高档保温隔热涂料中，具有明显减轻制品质量和良好的保温隔热效果。

空心玻璃微珠是民用乳化炸药性能优异的敏化剂，可显著提高乳化炸药的起爆性能，延长储藏期。此外，空心玻璃微珠还可以增加体积，改善打磨性能，提高耐酸碱性能。

20 世纪 90 年代国内在微珠型的反光材料方面取得了长足的进步，相继研制出了广告级反光膜、工程级反光膜、高强级反光膜等微珠内藏型反光材料，同时反光布、反光皮革、反光熔断、反光热贴膜也相继推出，到 20 世纪 90 年代末玻璃微珠型产品在我国基本成熟。

防滑玻璃珠是在普通道路反光玻璃珠内按比例添加一部分防滑骨料，增加反光带的阻力，具有良好的耐水、止滑性能。

道路用反光玻璃微珠分为三种：①用作常温及热熔标准施工时做表面撒布，起到及时反光的作用；②作为预混材料，在生产热熔型道路涂料时预混在涂料中，可保证标线在寿命期限内长期反光；③此种玻璃微珠宜作常温溶剂型涂料标线的面撒玻璃珠。

暴露型反光材料理论上应该用折射率为 2 的玻璃微珠，但由于受球面像差的影响，通过周边的光线被折射得很大，所以对于通过离中心处的光来说，在 n_D=1.93 时，它的焦点聚在微珠的背面，这时才能呈现完整的回归反射特性。而埋入型或胶囊型反光材料的生产要使用 2.2 的玻璃微珠，主要是为了抵消耐久性透明塑料

(保护层)对折射的影响。

宋广智等[18]制备了掺有稀土发光材料的高折射率玻璃微球，并用 XRD、SEM 等进行了表征。实验结果表明，该玻璃微球粒径分布范围窄，光学性能好，其折射率为 1.93。用改造的显微拉曼光谱仪测量了微球上转换发光光谱，在其荧光光谱上发现了很强的形貌共振，并用光学微腔理论进行了解释。

15.2.2　稀土红外光学玻璃

红外光学材料的最重要的物理性质之一，是在某特定红外波段内有较高的透过率。一般说来，只有透过率大于 50%时，这种材料才可以被用作透射材料。通常，任何红外光学材料都不可能在整个红外波段均具有透明性，而只能在红外光谱的某一波段具有透明性。其透射波段及透过率与材料的结构，特别是化学键和组分元素原子量有密切的关系。对于纯的结晶态材料，若不考虑杂质吸收的话，其透射短波限决定于电子吸收，即引起电子从价带激发到导带的光吸收。因而一般说来，短波截止波长大致相当于该晶体禁带宽度能量对应的光频率。其透射长波限主要取决于声子吸收，即晶格振动吸收。它可以是一次谐波振动吸收，也可以是高次谐波振动吸收。声子吸收和晶体结构与构成晶体的元素平均原子量及化学键特性有关。在晶格结构类型相同的情况下，平均原子量越大，则声子吸收出现的波长越长，材料的红外透射长波截止波长也越长。因而碱卤化合物中具有最大平均原子量的碘化铯单晶具有很宽的红外透射范围，它在 60 μm 处才开始吸收。对于金刚石结构，它没有在红外光谱区域活跃的一次谐波晶格振动，而高次谐波导致的吸收较弱，因而金刚石、锗、硅等具有金刚石结构的材料是一类优秀的红外光学材料。

由于稀土元素的原子量比较大，使含稀土的光学材料具有较宽的红外透射范围。加上稀土元素具有熔点高、化学稳定性较好等优点，因而在红外光学材料中应用日趋广泛。

含稀土的红外光学玻璃发展很快。如 1968 年 Sadagopan 等报道了掺氧化镧 (La_2O_3)、氧化铈 (Ce_2O_3) 和氧化钕 (Nd_2O_3) 等对磷钒酸盐玻璃透过特性的影响。这种玻璃的基础成分是 V_2O_5-P_2O_5，同时添加一定摩尔比的稀土元素氧化物。图 15-3 和图 15-4 分别给出用通常 KBr 压片的方法测得的含 5%Nd_2O_3 或 10%CeO_2 的磷钒酸盐玻璃的透过特性。

由图可见，添加稀土氧化物改善了磷钒酸盐玻璃的透过特性。表明稀土金属氧化物是红外光学玻璃组分的一种有益的添加剂。

含有 ZrO_2 和稀土氧化物 La_2O_3 的锗酸盐玻璃具有优良的性能。美国专利报道一种含有 ZrO_2 和 La_2O_3 的锗酸盐玻璃，其红外透射性能示于图 15-5，它的组分为 BaO-TiO_2-GeO_2-ZrO_2-La_2O_3。在波长小于 6 μm 的近红外波段，它有良好的透过率，其熔点为 1345℃，软化点高于 700℃，可以在较高的温度下使用，其具有良好的

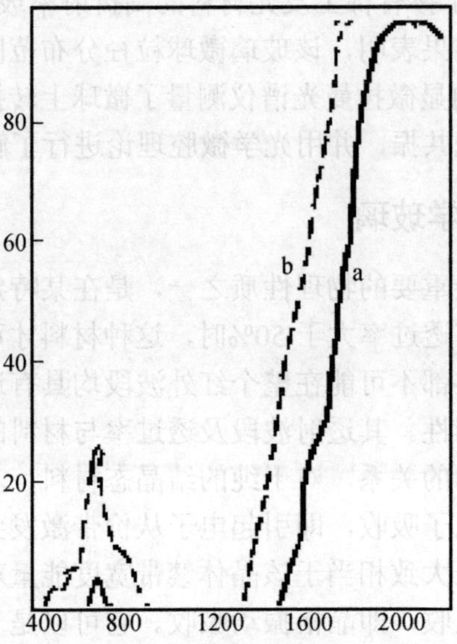

图 15-3　含 Nd_2O_3 的磷钒酸盐玻璃的透过率

a. 1∶1 的 V_2O_5 和 P_2O_5 的红外光谱；b. 含 5%Nd_2O_3 的 1∶1 的 V_2O_5 和 P_2O_5 的红外光谱

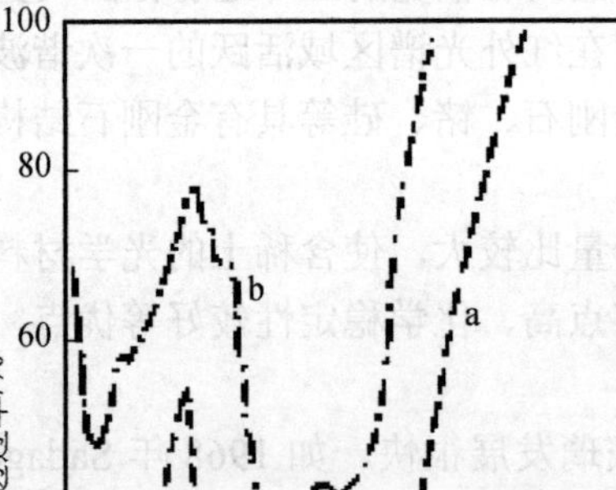

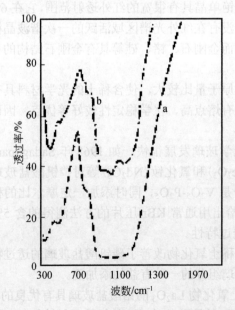

图 15-4　含有 CeO_2 的磷钒酸盐玻璃的透过率

a. 1∶1 的 V_2O_5 和 P_2O_5 的红外光谱；b. 含 10%CeO_2 的 1∶1 的 V_2O_5 和 P_2O_5 的红外光谱

化学稳定性和热稳定性，可供红外火炮控制系统和红外航空摄影系统使用。

通常氧化物玻璃的主要有害杂质是水分。水分的存在(OH^-离子)使得玻璃在 2.9～3.1 μm 处出现严重的吸收峰，在 3～5 μm 区域也出现较次的吸收峰。因此，凡是用于红外光学材料的玻璃，为了消除杂质水，一般均在真空中熔融和浇铸。

由于元素氧的化学键能引起强烈的吸收，所以通常氧化物玻璃不能透过长于 7 μm 的红外辐射。为了扩展玻璃的红外透过波段，近年来各国都在研究和发展非氧化物玻璃，如硫系化合物玻璃、卤化物玻璃，前者包括硫化物、硒化物和碲化物玻璃；后者包括氟化物、氯化物、溴化物和碘化物玻璃。含稀土的非氧化物玻璃主要是后一类。其中 ZrF_4 为基础的玻璃和以 ThF_4 为基础的玻璃中往往加入稀土金属氧化物以降低其失透速率。

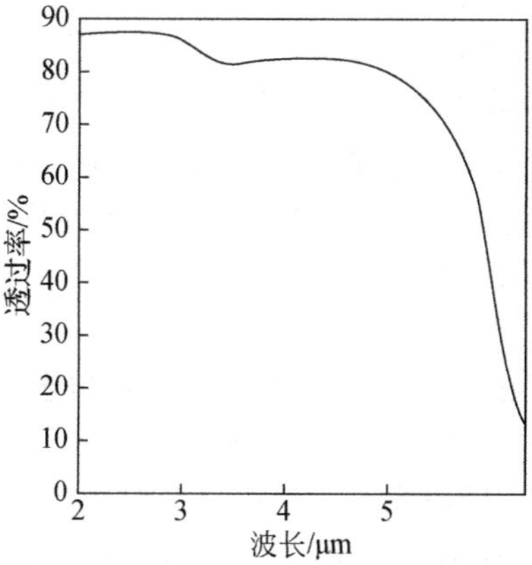

图 15-5　含有 La_2O_3 的锗酸盐玻璃红外透过特性(样品厚度为 2.03 mm)

氟化锆是人们十分感兴趣的玻璃生成体之一，它本身可成无定形微晶材料而不是玻璃，但它与 BaF_2 结合可得到玻璃。$BaF_2 \cdot 2ZrF_4$ 最容易成玻璃，只要中度淬冷就能得到稳定的玻璃材料。为了降低失透速率，必须引入第三种氟化物，但比例不能超过 10%，最有效的氟化物为镧系或锕系，LaF_3 或 ThF_4 最合适。 Lucas 提出制备光学质量好的大块样品的一个最简单的组成，即 $54ZrF_4 \cdot 36BaF_2 \cdot 6LaF_3 \cdot 4AlF_3$。少量 AlF_3 的加入可降低液相线温度，对熔体的聚合过程有明显影响，并能得到较高的转变温度值和析晶下限温度值，这对于防止退火过程中析晶是有利的。

含稀土的氟化物系统红外玻璃已被人们重视。Mitachi 等提出的某些体系玻璃如 ZrF_4-LaF_3-BaF_2、ZrF_4-ThF_4-LaF_3 体系等已得到发展，并主要作为红外透过材料。

15.2.3　稀土的有色光学玻璃

有色光学玻璃又称滤光玻璃，它是指对特定波长的光(可见、不可见)具有选择性吸收或透过性能的光学玻璃。由于原子的4f层结构，在可见光区有狭而锐的吸收和/或发射谱线，这些谱线可以从各种途径加以利用。

有色光学玻璃是用途广泛的重要摄影显示材料。在彩色电影摄影中，有色光学玻璃滤光器用来改变景物的色调、明暗反差和制造某种气氛。如采用红色滤光器可创造出晨曦、黄昏的气氛，采用蓝色滤光器可创造出夜景或风暴风雨气氛，采用黄色滤光器可增强反差和表现云彩。资源卫星、气象卫星用的高级彩色摄影机，遗传学中研究细胞内部结构用的荧光显微镜、激光全息摄影装置、各类光谱仪器及仪器表显示装置等等，都需要特殊性能的有色光学玻璃，因此有色光学玻璃是照相机、电影、电视、光学仪器等工业的重要光学材料。

有色光学玻璃按其光谱特性分为选择性吸收型、截止型和中性灰色三类；按着色剂着色机理可分为离子着色、胶体着色和硫硒化物着色三类；按其基础玻璃系统可分为硅酸盐玻璃、硼酸盐玻璃和磷酸盐玻璃等。

离子着色玻璃中着色物质很多，如钛、钒、铬、锰、铁、钴、镍、铜、铀和稀土元素铈、镨、钕、钬等，它们在玻璃中以离子态存在，其价电子在不同能级(基态和激发态)间的跃迁引起选择性光吸收。稀土虽不能代替其他所有着色剂，但用它制成的有色玻璃色调正、透光性好、光泽强，常是普通离子和胶体着色剂所不能及的。

稀土元素中La^{3+}及Lu^{3+}分别具有0和14个4f电子，是无色的。具有7个4f电子的Gd^{3+}特别稳定，难以激发，也是无色的。具有1个和13个4f电子的Ce^{3+}和Yb^{3+}由于接近f^0和f^{14}，所以也是无色的，其他稀土离子都是有色的。

由于4f轨道受到5s、5p层的屏蔽，与核的结合较好，所以f-f激发能受外场的影响较小。它们对可见光的吸收峰形较尖锐，而且几乎不受外界的影响。因此，稀土离子着色的玻璃重现性好，不随熔炼气氛的变化而变化。这点与具有d电子的过渡金属离子很不相同。稀土离子具有复杂的吸收光谱，使它们的颜色在不同的灯光下变化多端，再加上制品的厚度不同和多变的外形，可呈现不同的色彩，这种独特的双色效应是它们的另一特点。例如Nd^{3+}离子，其吸收曲线如图15-6所示。由图可见，钕在5900 Å处有一强的特征吸收带，使玻璃呈蓝色。此外，它在可见光区其他一些谱带也具有一定的吸收，因此随光照的不同，可呈现不同的颜色。

在Nd_2O_3中加入Pr_2O_3可以改变颜色。Nd_2O_3的浓度不同，颜色也不同。Ce^{4+}和Ce^{3+}本身都是无色的，但含Ce^{4+}的玻璃呈淡黄色，这可能与形成络离子有关。其他一些稀土金属离子的着色，如Pr的着色与Cr相近，Er呈桃红色。

由于稀土金属离子的着色较浅，价格又贵，在有色光学玻璃中应用受到限制。如无色吸收紫外玻璃是能完全吸收360 nm以下的紫外线而透过全部可见光的玻璃。它要求在铅硅玻璃中引入二氧化铈并在氧化气氛中熔制而成。它主要用于照明、电视、电视摄影、文物保护等方面滤去紫外线。又如可吸收紫外线和部分蓝紫光和绿光，略带红粉色的滤光片，它是在钠钙硅玻璃组成中加入氧化铈、氧化钴和硒粉熔制而成，可用于彩色照相和摄影中。

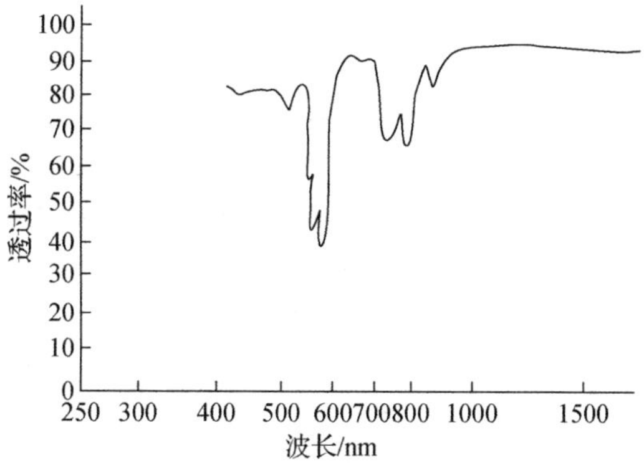

图 15-6　Nd_2O_3 在 Nd_2O-CaO-SiO_2 玻璃中的光透过率

钬玻璃是含氧化钬的玻璃，它在紫外和可见光区域中的一些波长位置上具有陡峭而稳定的吸收峰。可用作分光光度计的波长定标元件。镨钕玻璃是含镨钕氧化物的玻璃。该玻璃在一些波长位置上具有陡峭而稳定的吸收峰。可用作分光光度计的波长定标元件。它引入的是氧化钕和氧化镨的混合稀土氧化物。

此外，还有用于片状激光器大口径含铈的滤紫外玻璃管和用于 YAG 激光器的含铈滤紫外玻璃。

15.2.4　稀土的光学眼镜玻璃

光学眼镜玻璃是用于制造能矫正视力，保护眼睛的各种镜片的玻璃。它属于初级光学玻璃。折射率一般为 1.523 或 1.53。光学眼镜玻璃按照使用要求，大体上可分为三类，即矫正视力眼镜玻璃(能良好地吸收紫外线和一定量的红外线，但在可见光波段有高的透射率。主要用于各种近视、远视和散光度眼镜片。它还可细分为克罗克斯眼镜玻璃、克罗赛脱眼镜玻璃和无色眼镜玻璃三种)，遮阳眼镜玻璃(又称太阳镜玻璃，要求可见光的平均透射率约为 20%，对紫外线和红外线吸收较好，起到在强光下护目的作用。有淡绿、淡灰、淡茶等多种颜色，用于制造遮阳眼镜和雪地护目镜。当需要更多地减弱光亮度时，可在晶片表面镀上一层铬的薄层，称镀膜遮阳眼镜)和工业防护眼镜(在各种生产和科研操作场合下保护眼睛免受各种光波刺激和伤害的镜片材料，包括蓝色目镜、电焊护目镜、电焊辅助工护目镜、X 射线护目镜、激光防护镜、微波防护镜等)。现代眼镜还是一类美化人们的装饰品和艺术品，因此不仅要求良好的光谱特性，而且还要求一定色泽和式样，使佩戴者舒适美观。

眼镜玻璃可采用各种着色剂来满足要求，其中稀土着色剂是重要的一类。在眼镜玻璃生产中，铈–氧化钛复合物与锰联合使用可产生能吸收紫外线的粉红色玻璃。锰常产生的紫色被黄色中和成一种带黄色的粉红色。另外，铈的紫外吸收能力是这种玻璃的一个重要性能。

1. 无色眼镜玻璃

俗称白托镜片玻璃。它是最常用于矫正视力和护目的眼镜片。它要求全部吸收 320 nm 以下的紫外波段，而且可见光透过率达到 90%以上。通常采用钠钙硅玻璃系统，还可采用 B_2O_3-K_2O(Na_2O)-CaO-SiO_2 系统。为了使玻璃吸收紫外线，引入 CeO_2 和 TiO_2。铈钛在玻璃中是变价离子，它们与周围氧离子之间有电荷跃迁，产生电荷移吸收，在紫外和近紫外区有强烈吸收。

铈在玻璃中可以 Ce^{3+}和 Ce^{4+}两种状态存在。在硅酸盐玻璃中，Ce^{3+}在 320 nm 处有强烈吸收，而 Ce^{4+}则在整个紫外区有强烈吸收。在中性及氧化气氛中熔炼玻璃时，都有 Ce^{4+}存在。Ce^{3+}和 Ce^{4+}在可见光区均无特征吸收，透过较好。但铈的引入量不宜过多，否则紫外吸收带常进入可见光区，使玻璃产生淡黄色，图 15-7 为白托片中单独引入 0.2%CeO_2 的光谱特性曲线(曲线 b)。

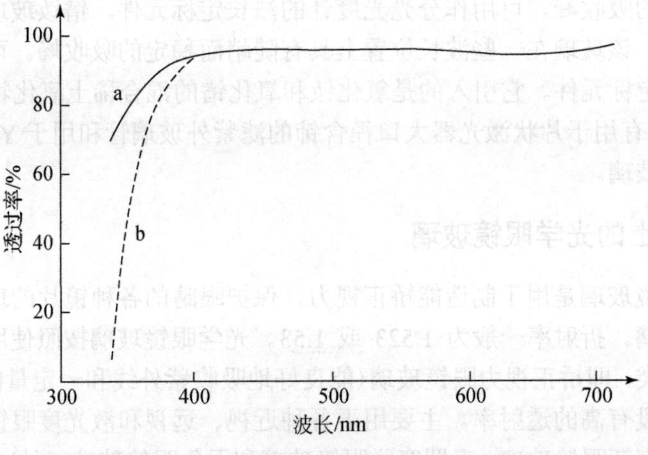

图 15-7　无色眼镜玻璃的光谱特性曲线(a.加 TiO_2；b.加 CeO_2)

钛在玻璃中可以 Ti^{3+}和 Ti^{4+}两种价态存在，但稳定氧化态是 Ti^{4+}。在硅酸盐玻璃中，钛一般以 Ti^{4+}存在。Ti^{4+}的 3d 轨道是空的，不能发生 d-d 跃迁，因此是无色的，但它能强烈吸收紫外线(见图 15-7 中曲线 a)。在玻璃中加入 TiO_2 可提高玻璃的折射率。

同时引入钛和铈可使玻璃具有良好的紫外吸收性能，对 345 nm 以下的紫外线强烈吸收，并且有较高的可见光透射率(大于 92%)。

2. 克罗克斯眼镜玻璃

克罗克斯(W. Crookes)早在 1914 年发现含铈的玻璃对紫外线高吸收，而在可见光区透过率又很高，根据此特性制成了对眼睛有保护作用的眼镜片，即克罗克斯眼镜。它主要用于矫正视力。以钠钙硅酸盐或冕玻璃为基础玻璃。其光谱特征为全部吸收 345 nm 以下的紫外线；在 580 nm 处有一个显著的吸收峰；在近红外处有两个小的吸收峰。玻璃有鲜明的双色效应，即在日光下呈淡紫蓝色，而在钨丝灯下呈淡紫红色。该玻璃采用钕、谱和铈作为着色剂。

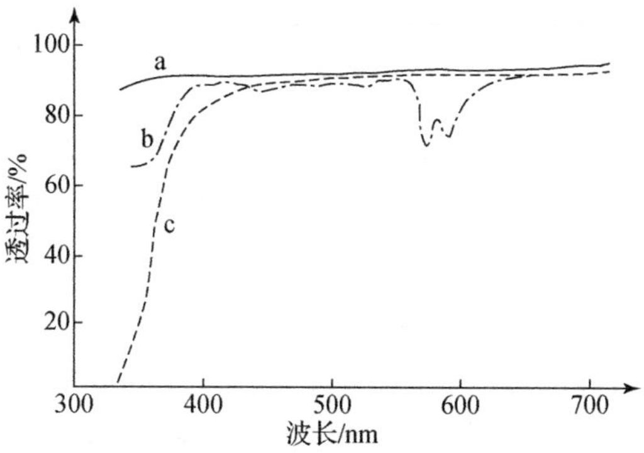

图 15-8　克罗克斯玻璃的光谱特性曲线(a. 不加 Pr、Nd 和 Ce；b. 加 Pr 和 Nd；c. 加 Ce)

钕在玻璃中以 Nd^{3+}离子存在，它的 4f 轨道有单个价电子，当接受光能激发时，有一系列吸收峰。当富于紫蓝色的太阳光和荧光灯照射时，玻璃呈紫蓝色；而短波光较少的白炽灯照射时，玻璃呈紫红色，这就是含钕玻璃的双色效应。

镨的 4f 轨道也有三个自由电子，它在玻璃中以三价离子存在，当接受光能激发时，主要吸收 450～480 nm 波长的光，使玻璃呈绿色。采用镨钕混合物着色，不仅降低成本，而且由于 Pr^{3+}、Nd^{3+}的共同作用，使玻璃在 580 nm 处吸收带更锐，加强了双色效应。此外引入铈可增加对紫外线的吸收，达到令人满意的色调效果。

玻璃组成中的熔剂采用 K_2O 而没有采用 Na_2O，这是因为 K_2O 的分子折射度高，而且它比 Na_2O 有更高的碱性，此外 K^+比 Na^+的离子半径大，K—O 键强较弱，给出游离氧的能力较大，有利于铈保持高价态，同时 K_2O 以硝酸盐形式引入，这就保证了 Ce^{4+}的存在，加强了紫外吸收。图 15-8 表示了克罗克斯玻璃的基本组成及分别引入 Nd-Pr 和 Ce 的光谱特性曲线。

光学克罗克斯玻璃组成：SiO_2 63.66%，B_2O_3 3.21%，K_2O 13.45%，ZnO 4.92%，BaO 14.76%，Pr-Nd 0.80 %，CeO_2 0.50%。

3. 克罗赛脱眼镜玻璃

克罗赛脱眼镜玻璃是一类用以制作矫正视力的含硒淡红色眼镜片玻璃。其光谱特征为全部吸收 200～340 nm 波段的紫外线，而可见光的平均透过率约为 85%。其基础组成为 K_2O-RO(BaO、ZnO)-B_2O_3-SiO_2 系统，着色剂为 CeO_2 和 Se(或 MnO_2)，玻璃呈淡粉红色(图 15-9)。

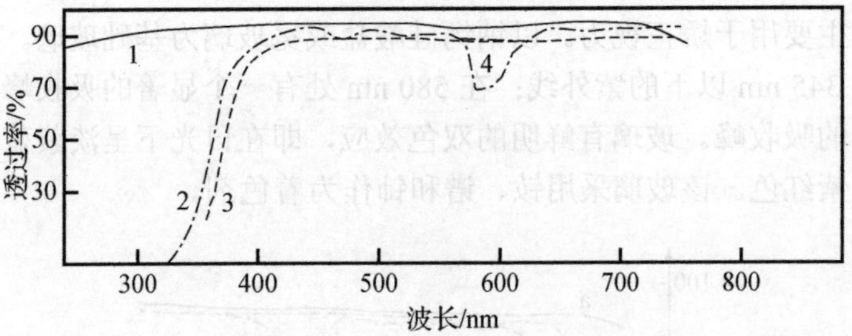

图 15-9　矫正视力镜片玻璃光谱透过曲线

1—克罗赛脱玻璃基体；2—加 CeO_2；3—加 Se；4—加 MnO_2

锰是多变价元素，能形成 2 价到 7 价的多种氧化物，但它在玻璃中主要以 Mn^{2+}和 Mn^{3+}两种价态存在，其他高价锰的氧化物在玻璃熔化过程中一般分解为 Mn^{2+}和 Mn^{3+}。Mn^{2+}的着色能力很弱，Mn^{3+}则强得多。在玻璃中 Mn^{3+}一般以六配位状态存在，对 500 nm 波长光有强烈吸收，而且随周围氧离子极化状态的不同，吸收峰可在 470～520 nm 间波动，所以锰着色色调不易稳定。Mn^{3+}在紫外和红外光谱部分有较高透射率，使玻璃呈淡粉红色。

由于锰没有吸收紫外及紫光的能力，因此需在克罗赛脱玻璃中引入较大量的 CeO_2。CeO_2 是一种强氧化剂，为保证 Mn 以 Mn^{3+}存在，可引入 2.5%的 CeO_2。

光学克罗赛脱玻璃组成：SiO_2 64.69%，B_2O_3 3.27%，K_2O 13.27%，ZnO 5.00%，BaO 13.67%，CeO_2 2.50%，MnO_2 0.40%。

4. 电焊用护目镜玻璃

吸收式电焊用护目镜玻璃呈绿色或黄绿色，以钠钙硅玻璃为基础，引入氧化铁、氧化钴、氧化铬等着色剂，并引入一定量的氧化铈，以增强对紫外线的吸收。该玻璃的光谱特性应能全部阻截紫外线和红外线，可见光的透过率约为 0.1%。因为电焊弧光在 3800℃以上时产生的可见光强度达到 1000～1500 lx（距离焊点 1 m 处），超过人眼生理能忍受的强度约 10000 倍，可导致视网膜损坏；电焊产生的紫外线对眼球的短时间照射就会引起眼角膜和结膜组织损伤（以 288 nm 的辐射为最严重）；电焊产生的近红外线容易引起眼球晶状体混浊。该玻璃适用于保护电焊、氩弧焊等离子切割操作人员的眼睛。对于电焊辅助工用的护目镜玻璃，则要求全部吸收 200～375 nm 波段的紫外线，制成的护目镜，既能减弱刺目强光，又能看清焊件。

该玻璃是以钠钙硅酸盐玻璃的淡黄色玻璃为基础，引入适量的氧化铈及铁、锰、钴、铬等的氧化物为着色剂而制成。

电焊镜片玻璃组成：SiO_2 70.39%，B_2O_3 0.51%，Na_2O 14.54%，CaO 3.93%，As_2O_3 0.28%，CeO_2 2.00%，MnO_2 0.48%，$K_2Cr_2O_7$ 0.94%，Fe_2O_3 6.29%，NiO 0.59%，CoO 0.05%。

电焊辅助工镜片组成：SiO_2 71.08%，Na_2O 17.17%，CaO 3.97%，As_2O_3 0.31%，Sb_2O_3 0.15%，CeO_2 1.97%，MnO_2 0.07%，$K_2Cr_2O_7$ 1.32%，Fe_2O_3 3.89%，CoO 0.05%。

此外，如激光防护镜中吸收式一类的玻璃，对于防护某些波长激光可以引入稀土化合物来制备，例如用氧化铒等稀土氧化物引入磷酸盐玻璃可防护 530 nm 激光，而且在可见光的其他区域仍有较好的透光率。

光学眼镜玻璃的熔制方法有坩埚炉熔炼和池窑熔炼法。前者为间歇生产，多采用闭口坩埚生产批量不大的颜色眼镜玻璃。先由人工料吹制成一定曲率的球，然后切片进行检验选材加工。这种方法劳动强度大，效率较低。池窑连续生产工艺中，池窑各部分的热工制度如炉温、窑压、液位等采用自动控制，工料槽和料盆内采用搅拌工艺，大大提高了玻璃的均匀度。成型方面采用供料机滴料，由压机直接压成镜片毛坯，玻璃利用率和劳动生产率大幅度提高。供料槽内添加着色剂还可以生产各种颜色镜片玻璃。

15.3　稀土在玻璃着色中的应用

多数稀土元素在光谱的紫外、可见和红外区域都有明显的吸收带，而且其吸收光谱带窄，在可见光谱区域能呈现出强烈的色调。因此，可加入到配合料中制备各种颜色的玻璃。

稀土元素的共性是着色能力较弱，欲获得鲜艳的深色，需着色剂用量大，必须增加成本，因此利用过渡金属离子较强的着色能力和多种色调进行合成，将进一步扩大稀土在玻璃中着色的色阶。

15.3.1　玻璃器皿的稀土着色

由于稀土元素的光谱特征是多吸收带且边缘陡度极高，以致在不同的光源照射下显示不同的颜色，如氧化钕着色的玻璃，在日光下是紫蓝色，在钨丝灯下却为紫红色，具有柔和优美的双色效应。稀土因价电子处于内层，为外层电子壳层所屏蔽，所以稀土着色能力虽不算强，但却稳定，生产中受基质玻璃组成、熔制温度、熔制时间等条件的影响较小，颜色比较纯正，故在玻璃皿中稀土作为着色剂愈来愈受重视。

氧化钕是一种最强的玻璃着色剂，可产生由蓝到酒红色的美丽色调。同时还具有美丽的双色效应。三价钕离子的特征吸收峰为 505 nm、525 nm、589 nm 和 740 nm，其中 589 nm 峰值最大。在器皿玻璃中用 Nd_2O_3 着色成玫瑰紫色。

掺铒玻璃在 380 nm、400 nm、470 nm、495 nm、530 nm、670 nm 处有吸收峰，其中 380 nm、530 nm 处吸收峰很尖锐，因而含铒玻璃一般呈粉红色，其色调柔和美丽，别具一格，而且这种颜色用其他方法难以实现。在器皿玻璃中氧化铒作为着色剂的含量在 0.5%～1%之间。

含镨玻璃在 445 nm、470 nm、485 nm 处有特征吸收峰，玻璃呈黄绿色。当玻璃比较薄时，颜色较黄，玻璃厚时颜色较绿。可熔制成高级艺术玻璃和仿制宝石。在器皿玻璃中它用作着色剂的含量在 1%左右。

赛里茨卡杰(Z. M. Siridskaja)试验了磷酸镨、硫酸镨以及氯化镨的着色，提出混合镨钕中 Nd_2O_3 含量不得超过 10%，在所有的含镨原料中只有纯度不低于 99%Pr_6O_{11} 时，才适用于取代纯的氧化镨作着色剂。

含 1% CeO_2 可使玻璃着成黄色。

以上的 Ce、Pr、Nd、Er 的氧化物作为着色剂，已用于器皿玻璃的生产，此外的含钬玻璃(呈黄色)和含铕玻璃(呈橙红色)由于价格较贵而很少在普通器皿玻璃中使用。

混合稀土能产生很醒目的颜色，如 1%Nd_2O_3 与 1%Er_2O_3 可使玻璃着成紫色，在铒红玻璃(含 Er_2O_2%)中加入 0.1% Nd_2O_3，则玻璃具有微红紫的新颜色层次，增添了色调效果。图 15-10 为铒钕着色玻璃的透光曲线。

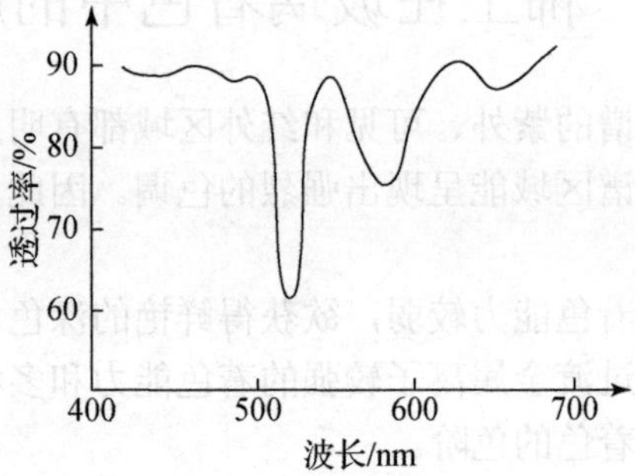

图 15-10 铒钕着色玻璃的透光曲线

每种氧化物都要达到 3%才能产生满意的颜色。

在含铈的黄色玻璃中加镨后变为绿色制品，且颜色可因光源不同而异。

稀土与其他着色剂可组合着色，如玻璃中加入适量的氧化铈和氧化钛可熔制铈钛着色玻璃。铈和钛均能强烈吸收紫外线。根据铈、钛比例和基础玻璃成分的不同，可以制成淡黄色、黄、金黄、棕红等一系列颜色。如组成为 2%CeO_2 和 TiO_2 相配合，玻璃呈华丽的黄色；组成为 6%CeO_2 和 12%TiO_2 相配合，玻璃呈橙色。在铈钛着色玻璃中引入少量 CuO(如组成为 1%CeO_2、3%TiO_2 和 0.2%CuO)，则玻璃呈嫩绿色，称为铈钛铜色。其色调与镨绿色(孔雀绿)和铬黄均不同，别具一格。图 15-11 为铈钛铜着色玻璃的透光曲线。在铈钛着色玻璃中引入少量 CoO［如组成为 1%CeO_2、3%TiO 和 0.0004%CoO］，则玻璃呈特有的宝石蓝色，玻璃晶莹透明，色调柔和，称为铈钛钴着色。

玻璃中用氧化钕着色的同时引入少量硒(如组成为 1.5%Nd_2O_3 和 0.15%Se)，可得到钕红宝石玻璃特有的玫瑰红，着色效果较佳。若采用 $Nd_2(CO_2)_3$ 原料(纯度

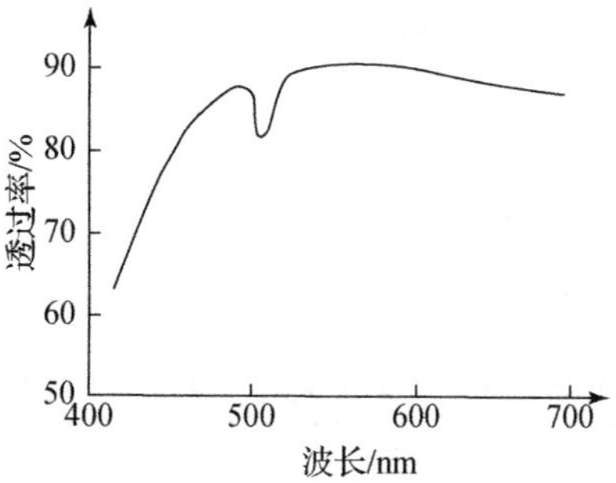

图 15-11　铈钛铜着色玻璃的透光曲线

85%)代替纯 Nd_2O_3 作为着色剂［如组成为 2.35%$Nd_2(CO_2)_3$ 和 0.05%Se］，价格可降低几十倍。

在镨绿玻璃中引入少量硒(如组成为 2%的 Pr_6O_{11} 和 0.07%Se)，玻璃呈柔和的茶黄色，称为镨硒着色。

此外还有锰钕着色(组成为 0.5%Nd_2O_3 和 0.2%MnO_2 的玻璃可着成丁香紫色)；钕镍着色(组成为 0.4%Nd_2O_3 和 0.1%NiO 的玻璃可着成浅红色)；铈钛硒着色(组成为 2.4%CeO_2、9.6%TiO_2 和 0.15%Se 的玻璃可着成橙色；铈钛铬着色(组成为 1.5%CeO_2、4.5%TiO 和 0.06%$K_2Cr_2O_7$ 的玻璃可着成浅绿色)；钕锰硒着色(组成为 1%～3% Nd_2O_3、～0.1%MnO_2 和～0.5%Se 的玻璃可呈红紫色到玫瑰色或丁香色到玫瑰色)；铈钛铜钒着色(组成为 2%～3%CeO_2、3%～4%TiO、～3%CuO 和～0.45%V_2O_5 的玻璃可着成金黄色和绿色)等。

表 15-5 是利用稀土着色剂的部分实际器皿玻璃配方。

表 15-5　部分稀土着色的器皿玻璃配方(用量/斤)

名称	石英粉	纯碱	硼砂	硝酸钠	氧化锌	氧化铝	碳酸钙	红丹	白砒	着色剂
钕玫瑰紫 1	100	33.32	7.8	4	2.08	1.04	8.80	5.68	1	氧化钕 2.52
钕玫瑰紫 2	100	33.32	7.8	4	2.08	1.04	18.85	—	1	氧化钕 3.60
铒玫瑰红	100	33.32	7.8	4	20.8	1.04	18.85	—	1	氧化铒 4.20
铈钛黄	100	33.32	7.8	4	2.08	1.04	18.85	—	1	氧化铈 4.40 氧化钛 10.40
硒红宝石	100	33.32	7.8	4	2.08	1.04	18.85	—	1	氧化钕 2.80 硒粉 0.20

15.3.2　人造珠宝玻璃的稀土着色

理想的颜色、光泽、折射率和化学稳定性等是人造珠宝必备的性能，人造珠宝玻璃制品经过熔制、成型、研磨、抛光和镀膜而制成，使外表具有金刚石、红宝石、蓝宝石、黄玉、纯绿宝石、紫水晶、贵重橄榄石或海蓝宝石的颜色和光泽。

小型连续熔化炉的熔化面积 1.05 m^2，熔化温度 1460～1480℃，每 24h 可制成直径 2～20 mm，各种形状和尺寸的胚料约 400 kg。基础玻璃成分（质量分数/%）：SiO_2 64、PbO 20、K_2O 12.5、NaO_2 2、ZnO 1、As_2O_3 0.5。人造珠宝玻璃采用稀土着色情况和产品性能见表 15-6。

表 15-6　人造珠宝玻璃着色情况和产品性能

玻璃颜色	着色剂成分(kg/100 kg 玻璃液)	色调波长/nm	透过率/%	折射率	反射系数/%	密度/(g/cm^3)	显微硬度/(kg/mm^2)
黄色	CeO_2 2.0，TiO_2 6.0	585	87.1	1.5678	4.7	2.8826	486
橙黄色	CeO_2 6.0，TiO_2 12.0	587	65.1	1.6100	4.9	2.9737	772
黄色	CeO_2 1.5，TiO_2 4.5，Se 0.05	600	64.3	1.5613	4.7	2.8811	480
橙黄色	CeO_2 2.4，TiO_2 9.6，Se 0.15	610	74.7	1.6390	4.93	2.963	720
浅绿色	CeO_2 1.5，TiO_2 4.5，$K_2Cr_2O_7$ 0.05～0.07	566～569	80.1～84.2	1.5627	4.7	2.9	523
海蓝色	CeO_2 1.5，TiO_2 3.0，CuO0.16	511	80.2	1.5577	4.47	2.88	480
浅紫色	Nd_2O_3 0.5，MnO_2 0.2	411	77.3	1.534	4.3	2.81	460
浅紫色	Nd_2O_3 2.5	485	77.7	1.5388	4.31	2.8	466
紫色	Nd_2O_3 1.0，Fe_2O_3 1.0	575	79.3	1.536	4.29	2.86	467
粉红色	Er_2O_3 2.0	508	86.1	1.533	4.3	2.82	460
粉红色	Er_2O_3 4.0	508	85.3	1.533	4.3	2.82	461

N. A. Jugin 应用氧化镨合成人造宝石。

在玻璃脱色方面，四价铈的氧化效应与少量钕/镨的吸收作用是互相结合的。因此，常使用含有某些镨和钕的铈富集物加入玻璃熔体中。铁被氧化成三价态，达到化学脱色，而镨和钕通过光学补偿有选择吸收，达到物理脱色。

15.3.3　稀土着色陶瓷釉

陶瓷釉是覆盖在陶瓷制品表面的无色玻璃薄层。它是用矿物原料(如长石、方解石、石英、滑石、高岭土等)和化工原料(如着色剂、乳浊剂等)按一定比例配合(部分原料可先制成熔块)经过细磨制成釉浆，涂覆在胚体上，经煅烧制成。釉层中除玻璃体外还含有少量气泡，未熔融的石英颗粒以及冷却时析出的晶体。釉层可使制品不透水，表面光润，不易沾污，并在一定程度上提高制品的机械强度、电性能以及热稳定性、化学稳定性等。颜色釉还有美观、装饰的作用。

稀土氧化物作用陶瓷釉中彩料或颜料具有较长的历史。稀土在陶瓷釉中的应用，开始主要集中于镨黄颜料的研究和使用。1898 年 P. Chapay 等研究了混合镨钕紫色釉下彩(Pr_2O_5：Nd_2O_3=5：1)。1907 年 H. Hernhof 发表了稀土陶瓷釉彩的综合研究报告，发展了以磷酸钕为基础的、稳定的紫色釉和铈–钛混合亮黄釉。

在釉上白颜料中掺入氧化镧、氧化铈，其呈色效果超过了英国布莱克公司的“王牌白颜色”。

一些陶瓷釉品种中稀土的应用简介如下。

(1) 乳浊釉。又称盖地釉，是陶瓷胚体上不透明的玻璃状覆盖层。它可以掩盖住胚体的颜色和缺陷。乳浊釉是在普通透明釉中添加乳浊剂而形成。乳浊剂或者完全不熔于透明釉中，或者在高温下熔化，但冷却时又形成大量的微晶晶粒，这些微粒称为乳浊粒子，它对光折射率与透明釉的玻璃体折射率不同，使投射到釉上的光散射形成乳浊。玻璃体与乳浊剂之间的折光指数差别愈大，乳浊程度愈高。通常采用的乳浊剂有：锆英石、二氧化锡、二氧化钛、氧化锶和稀土化合物(如二氧化铈)。另一种乳浊作用是在釉层中偏析(偏聚)出一种与基础玻璃质不相混溶的玻璃相(分散的微粒)。两种玻璃的化学组成和折射率是不同的，因而也产生光散射而形成乳浊，称为乳光。此外，釉层中含有大量微细气泡时也可形成乳浊。

(2) 颜色釉。简称色釉，通体一色者为单色釉，多色相间者为花釉。常以自然界中的景物、动植物命名，如天青、豆青、梅子青、孔雀绿、鹧鸪斑等。也有按用途、产地等命名的，如祭红、祭蓝、广均、宜均等。釉中着色剂(或称色釉料)类型很多，近年来稀土色料的应用受到重视。如唐山建筑陶瓷厂 1973 年开始应用稀土作色料，并投入生产使用。20 世纪 80 年代以来，该厂先后研制成功镨黄(包括镨锆黄、铈镨黄和镧铈镨黄)和镨绿等陶瓷色料。利用这些色料的陶瓷产品，除了满足国内工程(如北京饭店等)之外，还远销 50 多个国家和地区。

在建筑陶瓷中的绿色料有两类：含铬的色料(引入氧化铬或重铬酸钾或钠)和用稀土镨黄、钒锆镧合成的新型色料。

利用镨绿新型色料，制造工艺简便、稳定呈色、美观，对各种基础釉适应性良好，显著提高了产品质量，而且降低了成本。

(3) 高温颜色釉。一般指成熟温度在 1200℃以上的颜色釉。釉料中含黏土、石英及助溶剂(长石、石灰石、滑石、白云石、氧化锌等)。着色剂主要有含铁、铜、钴、锰等的化合物或含稀土的化合物。这类颜色釉具有较好的理化性能。由于该类色釉的焙烧温度较高，因此要求着色金属氧化物或由着色金属氧化物、着色硅酸盐、硅铝酸盐等制成的色剂，既能耐高温，又不易受釉料的作用。鉴于上述原因，虽然陶瓷色釉的品种、色调非常丰富，但高温颜色釉的品种所占的比例却很小。

稀土元素由于其独特的原子结构，电子层中没有充满电子的 4f 电子层。4f 电子层可表现出对光的选择性吸收和反射，或者吸收一种波长的光后，又放出另一种波长的光，可以利用稀土的这种特性为制备釉下高温颜色及高温颜料釉的新品种提供了可能性。

含稀土的高温颜色釉的配制方法多采用基础釉加色剂，再加辅助原料。辅助原料一般不参与发色，而起助色作用，能使色釉呈色效果更佳。

稀土元素在高温颜色釉中的应用有利于提高现有高温颜色釉产品的质量，并为增加高温颜色釉的新品种提供了可能性。稀土高温颜色釉具有色泽鲜艳、稳定、呈色均匀、釉面晶莹、光泽度好等特点。镨黄、镨绿高温色釉，由于镨的着色能力强，用量少，所以成本低廉。它对基础釉料的适应性强，无论是钙质釉还是镁质釉，均能达到满意效果。且工艺制作简便，特别是镨绿釉的制作，只要调节镨黄与钒锆蓝的比例，便能获得从浅绿到深绿及一系列中间色调，为高温颜色釉产品的配套生产及创造更多、更新颖的色调开拓了广阔的前景。

(4)变色釉。又称异光变彩釉。其釉色随光源不同而不同。它是以高级细瓷的白釉釉料作为基础，而以金属氧化物、非金属氧化物以及钕、铈、铽、镨、钐、铕、镧、镱、钬等混合稀土氧化物为着色元素，按比例配成后，经过一定的工艺处理，精制成着色剂，然后掺入基础釉，制成釉浆，施于坯体表面，经干燥，入窑，适当的烧成温度下，使它产生物理与化学变化，生成一种新的固溶体。该固溶体能在不同的光源照射下改变颜色。如在太阳光下呈淡紫色；在普通灯光下是玫瑰色；在日光下呈天青色；在水银灯下显深绿色；在高压汞钠灯下呈橙红色；在钪钠灯下呈深蓝色。

稀土变色釉，特别是钕变色釉是一种新型的分相釉，这种不单是在艺术形象上具有魅力，而且在物理化学理论方面引起人们的关注。因为钕变色釉是继铁红釉(经过结构分析曾认为是目前唯一的现代分相艺术釉)之后，又一种以液相分离为机理的现代艺术瓷釉。

除钕以外的其他稀土变色釉(如铒等)因价格较贵，尚未大量应用于实际中，其变色机理使用的扩展受到重视。

15.4 功能性稀土玻璃

15.4.1 玻璃光学纤维

光学纤维是指由透明材料(如玻璃)制成的能导光的纤维，它可以单根使用(用来传输激光)，也可用来构成各种光学纤维元件，用于沿复杂通道传输光能、图像、信息。

光学纤维传光束是由许多光学纤维集束而成的传递光能的一种纤维光学元件，用于摄谱技术、穿孔卡片读出器等；激活光学纤维是由发光材料或激光材料拉制而成的能产生自发放射或受激发的光学纤维；光学纤维传像束是由许多直径很细的光学纤维规则排列而成的可传送图像的一种纤维光学元件；光学纤维面板是由许多复合玻璃纤维经规则排列、加热、加压，使包皮玻璃软化熔合成整体，然后在垂直于纤维轴方向切片、研磨、抛光制成的一种刚性的光学纤维传像元件，它广泛应用于各种像增强器、摄像管、显像管、记录管、平像场器等；光波导纤维，又称光通信纤维，是光通信中用作光信息传输介质的光学纤维，这是现今和未来发展最快、最受重视的一类光学纤维。

利用光波导纤维取代铜导线进行光通信的研究是从20世纪60年代开始兴起，至今已成为近代光学技术的一个重要分支。光波导通信有如下几个优点：①没有电通信线路中串线、噪声和干扰现象，不必担心短路；②能进行多路通信；③如果玻璃光学纤维的成本变得比铜线还低时，可降低通信成本。因此不仅有可能进行 50 km 以上的远距离通信，而且也使用于通信线错综复杂的工厂、船舶、无线电发射、办公室之间的电话及通信等。

光通信之所以可能，是由于高纯化玻璃，使光在光学纤维中传输至数百里远也不能被完全吸收掉。通常玻璃或光学玻璃的透明性只是适用于数 mm 厚的眼镜片玻璃和窗玻璃，或者只适用于 1～20 cm 厚的光学零件。对于像电话线那样以数公里为单位的长距离，用一般方法制备的玻璃几乎是完全不透明的，如对于最优质的光学玻璃，光通过 10 m 距离时减少到四分之一，通过 100 m 时减少到百万分之一。与此相反，作为光通信用的光学纤维的损耗，即使通过 1000 m，也有 50%～90%的光可以保留下来。

光在纤维中的传播是通过内部全反射来实现的，套层光学纤维是由纤维芯和纤维包皮组成，为此必须满足芯折射率大于皮折射率，而且为提高纤维的数值孔径 N.A.(由纤维芯、纤维包皮折射率决定的反映光学纤维集光能量的一个物理量，对于套层型光学纤维子午光线的数值孔径 $\mathrm{N.A.}=\sqrt{n_1^2-n_2^2}$ ，式中，n_1、n_2 分别为纤维芯和纤维包皮的折射率)，必须使纤维芯玻璃的折射率尽量高，而纤维包皮材料的折射率尽量低，这对光学纤维面板来说尤为重要，因为光在光学面板中通过的光程相对较短，芯玻璃采用高折射率玻璃所带来的光吸收与数值孔径相比，已降为次要矛盾。因而，采用具有高折射率的稀土光学玻璃作芯料，同时使用低折射率的玻璃作皮料，两者匹配后可获得高的数值孔径，使 N.A.的数值大于 1 或接近于 1。

如果按照结构对传输光学纤维进行分类，有阶跃型和梯度型(亦可接近折射率分布分类)。阶跃型光学纤维是由芯子和包覆芯子的包层组成，其中芯子是由高折射率玻璃制造，包层由低折射率玻璃制造，这就使芯与包皮间折射率有一突变；梯度型光学纤维，折射率在芯部最高，随着向外，折射率呈抛物线形式减小，或者说折射率沿径向按梯度分布；如果按传输模式不同可分为单模纤维和多模纤维(电磁波模式)；如果按照纤维材料组成可分为石英掺杂纤维、多组分玻璃纤维和石英单材料纤维。

制造光学纤维常希望芯和皮玻璃有相同的基本成分，为提高芯的折射率，在芯玻璃中添加入镧、铅等氧化物成分。

对用作激光纤维的玻璃则在芯或皮玻璃中引入钕、钛和镱等稀土氧化物。对于作为荧光玻璃(即纤维用紫外、X 射线或高能粒子激发后能发射荧光)的玻璃，则芯玻璃中要引入荧光活化剂(如铈、锰、铊等)。

普遍要求光学纤维透过的光谱范围扩展至紫外线(200～300 nm)与红外线(3～14 μm)。目前，透过紫外线和红外线的光学纤维已研制成功。高折射率透紫外玻璃可用于制造紫外光学纤维面板，在近代电子光学技术中广泛应用，如制造超高分辨率的阴极射线管大屏幕显示和印刷管等。B_2O_3-La_2O_3-ZnO 系统玻璃可以满足 n_D=1.71，透过率(380 nm) 85%的要求。但因镧在玻璃中易引起分相失透，使玻璃的拉丝性能差。可通过添加 BaO 有效地控制镧在玻璃中所引起的失透，使玻璃形成范围扩大，制成透紫外光学纤维面板所需的芯玻璃。

红外光学纤维中能在 2～5 μm 范围的更长长波段区使用的光学纤维，可以考虑氟化物。在光通信方面所使用的氟化物玻璃与以前所知道能形成玻璃的氟铍系统玻璃不同，它以化学稳定性极好的氟化锆为基础的玻璃或者与以氟化锆具有相同稳定性的玻璃为基础玻璃。M. Poulain 等在 1975 年发表了 ZrF_4-BaF_2-NaF 体系玻璃，其后他们又开展了不含碱的 ZrF_4-ThF_2-BaF_2 体系玻璃的研究工作。A. Lecoq 等研究了 ZrF_4-BaF_2-LaF_3 体系玻璃，他们测定了 0.62ZrF_4-0.30BaF_2-0.08LaF_3 玻璃的透过率。大约从 0.2 μm 到 6.0 μm 的光谱区间几乎没有吸收。由此，可考虑把氟化物玻璃作为 2～5 μm 范围的光学通信纤维加以发展。

目前稀土元素作为玻璃构成材料的主要是氟化物玻璃光导纤维，氟化物玻璃光导纤维是最有希望成为具有超低损耗、红外光纤通信的关键元件[19]。

为了制备石英光学纤维，可利用 CVD 法把 $SiCl_4$ 和 $POCl_3$ 或 $GeCl_4$ 用 O_2 作为载流气体，一边流过石英管，一边经高温加热，于是，氯化物气体通过气相反应生成氧化物微粒子，之后在石英管内壁沉积形成了玻璃膜层。

氟化物玻璃与常用的石英玻璃相比，存在热稳定性差及容易析晶等缺点。晶体的析出，容易产生光纤断裂和引起光的散射，而稀土元素在此能起到不析晶的稳定化作用。

多数稀土离子在紫外到近红外波长范围内，存在未充满的 4f-4f 跃迁电子层所产生的光的吸收带。特别是在红外光导纤维中，其损耗最小的波长区域与 f-f 跃迁所引起的光的吸收带一致，因此为了降低光纤中的光损耗，除掉这些稀土元素杂质是非常重要的。稀土元素离子中 Ce^{4+}、Pr^{3+}、Nd^{3+}、Sm^{3+}、Eu^{3+}、Tb^{3+} 和 Dy^{3+} 七种离子在 2～5 μm 的波长范围内具有大量吸收带，对光导纤维的传播损耗有很大的影响，而 La 和 Gd 是光纤中必不可少的组成材料，所以这些材料的提纯技术是非常重要的。而另一方面，也可以利用这种电子跃迁，给光纤一种新的功能，即在石英体系单模光纤的芯部掺稀土元素时，由于掺在光纤中的稀土元素的受激发作用，很容易实现产生激光及光的放大作用。为此用掺 Nd、

Er、Sm、Tm 等稀土元素的光纤可以制作光纤激光器、光纤放大器、光纤传感器等器件。

光纤通信是通信领域革命性的突破，它使长距离、大容量、高速率的通信成为可能。光纤通信技术中稀土掺杂的光学材料起了主导作用。稀土元素在光纤中主要以掺杂及组成物相的形式被应用。对石英系光纤稀土元素是作为一种掺杂成分；对氟化物光纤稀土元素可作为一种组成物相成分，并起着玻璃稳定化的作用。

随着集成光学和光纤通信的发展，需要有微型的激光器和放大器。

光纤放器、光纤激光器和光纤传感器相关内容参见第 13 章。

15.4.2　稀土玻璃激光材料[7]

稀土激光玻璃的基质是玻璃，由于玻璃的化学组成可以在很宽的范围内改变，可以制备出各种性质不同的激光玻璃，而且玻璃具有优良的光学均匀性、高透明度等特点，再者玻璃较晶体制备容易，可任意形成大口径激光棒或激光圆盘，以及玻璃中掺入的激活离子的种类和数量限制比较小，因此，国内外都一直在系统地进行相关研究，如选择合适的基质，选择激活离子，确定掺杂浓度，提高玻璃激光性能、制造工艺以及精密测试方法等方面。

相关内容可参见第 13 章 13.2.4 小节。

15.4.3　磁光玻璃

磁光玻璃是具有磁光效应的一类玻璃，即它在磁场作用下，通过光时能产生偏转面旋转的现象，其旋转角 $\theta=V_eLH$，其中 L 为试样长度；H 为磁场强度；V_e 为韦尔代常数(相当于单位长度试样，在单位磁场强度的作用下偏振面被旋转的角度，严格地说，其值也与波长有关，对应于短波长的光，V 值较大)。磁光玻璃要求高的韦尔代常数，例如，在激光光学系统中，光隔离元件就需要韦尔代常数尽量大或能给出较大法拉第旋转角的玻璃。玻璃的韦尔代常数虽然比单晶要小，但容易制得均匀的各向同向的制品，因此可使试样长度 L 加大，实际法拉第旋转角也就增大。

磁光玻璃分为正旋(逆磁性)玻璃和反旋(顺磁性)玻璃两类。

反旋玻璃(顺磁玻璃)含顺磁离子(Ce^{3+}、Pr^{3+}、Dy^{3+}、Tb^{3+}、Eu^{2+}等稀土离子)。在反旋玻璃中，通过增大 C_n(跃迁概率)和 P(磁矩)，增加色散大的离子和含量，可得到大的韦尔代常数。色散大的 Ce^{3+}、Pr^{3+}、Eu^{3+}或 P 值大的 Tb^{3+}、Dy^{3+}的玻璃，其韦尔代常数都大，而且玻璃中稀土离子含量较大，通常可达 20%～30%(分子)。其中含 Eu^{2+}玻璃是个特殊情况。Eu 呈三价，没有不对称电子，理论上磁矩 $P=0$，但在强还原气氛下熔制时，玻璃中的 Eu 变成 2 价，具有一定的磁矩，与此同时，在近紫外区产生吸收，有可能得到比其他离子大的韦尔代常数。

反旋玻璃除采用硅酸盐基础玻璃外，还可采用硼酸盐及磷酸盐基础玻璃。表 15-7 表明不同系统玻璃的韦尔代常数与稀土离子种类的关系。

由表 15-7 可知，表中所列数字属于顺磁旋转，但也包括基础玻璃的逆磁旋转，因此可以认为，顺磁旋转只与稀土离子氧化物浓度有关，而与基础玻璃组成无关，并且韦尔代常数近似正比于稀土离子的浓度。

表 15-7　不同系统玻璃的韦尔代常数与稀土离子种类的关系

离子	韦尔代常数与不同成分玻璃中稀土离子浓度的比值 $V/N\times10^{-17}$		
	硅酸盐	磷酸盐	硼酸盐
Ce^{3+}	—	−2.2	—
Pr^{3+}	−1.9	−2.3	−2.2
Nd^{3+}	−0.7	−1.0	−1.1
Gd^{3+}	+0.4	+0.15	
Tb^{3+}	−2.1	−2.8	
Dy^{3+}	−1.9	−2.6	

图 15-12 为含稀土离子的磷酸盐玻璃的韦尔代常数。由图 15-12 可知，韦尔代常数与不同稀土离子种类有关，也与波长有关(波长变短，韦尔代常数增大)。

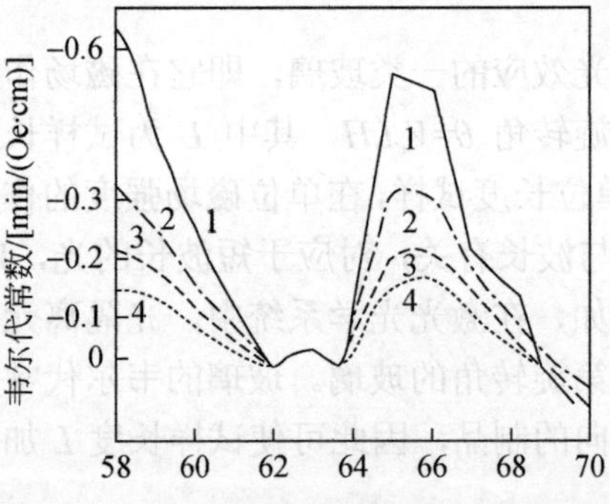

图 15-12　含稀土离子的磷酸盐玻璃的韦尔代常数

(1) λ=4000 Å；(2) λ=5000 Å；(3) λ=6000 Å；(4) λ=7000 Å

在制备稀土反旋玻璃时，熔制气氛十分重要，一般选用还原气氛，使稀土离子取低价状态存在(如 Eu^{2+}、Ce^{3+})，有利于韦尔代常数的提高。为此，基础玻璃采用酸性介质，酸性愈强，还原性也愈强。三种典型的基础玻璃的酸性强弱顺序为：［磷酸盐］＞［硼酸盐］＞［硅酸盐］。

应用磁光玻璃具有的磁光效应，可制成各种磁光功能器，如制造光闸、调制器和光开关等。

可控制磁光保偏光纤(可提高光纤通信质量，信息处理实现自动测量，如磁光电流互感器)，在大功率激光核聚变装置中用于制作隔离反向激光的隔离器，用作全息光弹仪、环形激光隔离器等。

15.4.4 发光玻璃

发光玻璃是指由于外界的激励，使玻璃物质中电子由低能态跃迁至高能态，当电子回复时，以光的形成产生辐射的发光过程的一类玻璃。根据辐射的长短，一般分为荧光和磷光。所谓辐射期间是指停止激励后辐射延续的时间，即余辉持续时间。发光按激励方式可分为：光致发光、阴极射线发光、电致发光、高能粒子发光、化学发光、生物发光和摩擦发光。发光玻璃的性能通常用发光光谱、发光寿命、发光的量子效率等参数来表达。

荧光和磷光(phosphorescence)是从历史上沿用下来的两个名词，它们的区别至今还没有公认的划分标准。有些人把激发停止后约 10^{-3} s 内的发光称为荧光；而把激发停止后＞10^{-3} s 仍延续的发光称为磷光。也有人从另一个角度来区分：把分立中心的发光称为荧光，而把物质中的复合发光称为磷光。

稀土发光玻璃是在基质玻璃中以少量稀土元素作为激活剂(掺杂)的发光材料，大多数稀土以三价离子的形式形成发光中心。不同的稀土激活剂可以发出不同颜色的光。为了提高发光亮度，一方面改进现有玻璃并探索新的对人眼比较灵敏的绿光材料；另一方面则设法把发光效率高的玻璃发出的红光或红外线转换成高亮度的光。如双掺杂 Yb^{3+}+Er^{3+}的玻璃属于前者，它吸收近红外线而发出绿光，这是由于这两个稀土离子的激发态之间发生了能量传递过程，Yb^{3+}起敏化作用，吸收红外线，并将能量传递给 Er^{3+}离子。干福熹等研究了在 Ce^{3+}+Tb^{3+}和 Ce^{3+}+Tm^{3+}双掺玻璃中产生的 Ce^{3+}对 Tb^{3+}和 Tm^{3+}发光的敏化作用，并提出 Ce^{3+}+Tb^{3+}玻璃的能量转换过程。其磷酸盐基质玻璃的化学成分为 $75P_2O_5 \cdot 17La_2O_3 \cdot 3Al_2O_3 \cdot 2ZnO \cdot 3K_2O$(分子百分数)，少量掺杂的稀土氧化物是以质量百分数外加的。为了保证玻璃中的铈离子处于低价态(Ce^{3+})，玻璃样品是在强还原性条件下熔制的。其结果表明，Ce^{3+}离子向 Tb^{3+}和 Tm^{3+}离子的能量转移过程是一种无辐射过程，它可能是一种能量间隔匹配的交叉弛豫的共振转移，也可能是一种声子协助的两个不匹配能量间隔的非共振转移，干福熹等认为主要是前者，并且这种转移是单向的，玻璃中不存在 Tb^{3+}和 Tm^{3+}离子向 Ce^{3+}离子的反向能量转移过程。其转移的速度很快；在 100 ns 左右已完成转移，而转移的效率也是较高的。

含稀土的发光玻璃很多。现对一些主要的含稀土的发光玻璃作简要介绍。

(1)荧光玻璃。这是一种在电磁辐射和离子射线的激发下，能发出荧光的玻璃。它分为透明荧光玻璃和半透明荧光玻璃两种。产生荧光可以是玻璃中的离子(如铈、锰、铊等)或晶体(硫化镉、硒、银等)。可应用于示波器荧光屏和荧光剂量标准等。

(2) 热致发光剂量玻璃。是用作较灵敏地反映和记录辐射场强度的剂量探测元件玻璃的一种。它是借玻璃加热后的释光量来反映射线照射量的探测元件。该玻璃在射线作用下产生亚稳态的荧光中心，此类中心在加热时发出可见荧光。由于荧光量和照射量在一定范围内成正比，因此采用合适的升温速率加热玻璃元件，同时记录玻璃发射的荧光曲线，根据发光量可计算出玻璃所在辐射场的强度。品种很多，通常采用铈、锰、铜、银、钴、锡等激活的磷酸盐系统玻璃。其测量范围约为 10^{-2}～10^{4} R（1 R=2.58×10^{-4} C/kg）。其特点是玻璃可以重复使用，但有能量响应，在多种能量辐射场中，必须进行能量补偿。

(3) 中子剂量玻璃。这是用以测量、记录中子流的剂量探测元件。可用于测量热中子、中能中子、快中子的剂量和通量。它的品种很多，通常采用银、钆、铽等激活的磷酸盐系统玻璃。其组成特点是含有大量中子核反应截面大的元素，如硼、锂、银等。用于测量热中子时，玻璃组分中应引入对热中子核反应截面大的浓缩的 6 Li 和 10 B，测量范围约为 10^{-3}～10^{7} rem（1 rem=10^{-2} Sv）。

(4) 荧光参考玻璃。俗称荧光标准玻璃，是一种用于校正光致发光荧光测试仪工作状态的“永久荧光体”玻璃。它在紫外线激发下所发出的可见荧光相当于受一定量核辐射照射后的剂量玻璃。荧光量的大小和玻璃中荧光剂的含量成正比，与温度、湿度、辐照等其他条件无关。由于此种玻璃发光性能稳定，所以利用不同含量的荧光剂制成的参考系列，可用来估计未知剂量。它由基础玻璃加适当的荧光剂制成。基础玻璃有硅酸盐系统玻璃、磷酸盐系统玻璃等，荧光剂有钐、锰等。

(5) 闪烁玻璃。是在闪烁计数器上用作闪烁体的玻璃。它是将核辐射能量转变成光子的能量的转换元件。与光电倍增管等组成闪烁计数器使用，可以探测各种射线的能谱和强度。闪烁玻璃由基础玻璃，如 SiO_2-BaO-Li_2O-Ba_2O_3 玻璃加适当的激活剂，如 CeO_2 制成。与其他闪烁体如 NaI 晶体相比，具有化学稳定性好、耐温度变化、耐潮湿等优点，体积和组成均可在相当大范围内变动以适应各种不同的探测需要。如探测α射线和β射线可制成薄片；探测γ射线可引入某些重元素并制成厚片以增加γ射线在玻璃中的有效射程，提高能量转换效率；探测中子可引入如锂、硼等中子核反应截面大的元素。

制成用铈激活的 SiO_2-Al_2O_3-Li_2O 系玻璃闪烁体，其发光效率为 NaI(Tl) 晶体的 12%，最强发射光谱约 4000 Å，发光衰减时间为 100 μs，在−180～+25℃的温度范围内，光输出基本不变，并能在 100℃左右的高温情况下使用，除 HF 酸外，能耐一切有机酸和无机酸，容易制成球形、杯形、丝状、薄片等各种形状。它主要用于热中子探测，选择较好的配方和较好的工艺条件，可制成性能优良的 6Li 玻璃探测器。其不足是脉冲幅度分辨较差。这种探测器用于石油上的中子−中子测井和农业上土壤中水分的测量，并取得良好的效果。

(6) 长余辉发光玻璃利用太阳能、日光灯或白炽灯等光源，经过短时间辐照后存储能量在暗处发出可见光，具有发光亮度高、发光余辉长等特点，可将印有文字、图像及信息的纸张等放在该透明玻璃上，然后用短波紫外线等高能电磁波辐射，玻璃就能自动记忆纸张等上面的文字、图像，再用长波照射时原存储在该玻璃上的信息(文字、图像等)会再现出来。

15.4.5　光色玻璃及其应用

光致变色玻璃是能在光的激发下发生变色反应的玻璃，它能自行调解透光性能，是一种智能玻璃，可作为眼镜、高级汽车挡风玻璃、窗玻璃等。光色玻璃俗称变色玻璃，它在蓝紫或紫外等短波长光照射下，能够在可见光波段产生光吸收而着色，着色的深度一般会受光照的强度而改变；一旦去除光照，它又会较快地恢复其原先的透过率。从结构来看，光色玻璃因短波长光照而变色的特性是由其含有光辐照所致的亚稳态色心而产生的；这种可逆亚稳态色心可以与基质玻璃相同，称为均相型光色玻璃；也可以与基质玻璃不相同，称为异相型光色玻璃。

均相型光色玻璃中亚稳态色心与基制玻璃具有相同的相，它是由玻璃组分中一些类似于碱卤晶体中 F 色心那样的结构缺陷形成的。例如掺有氧化铈和氧化镁的硅酸盐玻璃中，能变价的铈离子在紫外线辐照下产生 4f-5d 的电子跃迁，形成能吸收蓝色光波的亚稳态色心，使玻璃在太阳光照射下逐渐由浅黄色变深褐色；这种变暗了的光色玻璃在弱光照射时，室温的热运动就能使铈离子色心恢复原来的电子态，使玻璃恢复高透明状态。

异相型光色玻璃中亚稳态色心是由与玻璃基质不同的光敏物质形成的。卤化银光色玻璃就是典型代表。组成中含有卤化银的玻璃在从熔融态冷却时，在其转变温度和软化温度这段温度内控制一定的冷却速度，卤化银成分就会在玻璃中析出亚微观尺度的晶相，成为亚稳态色心。没有光照时，微观晶相相对光的散射极小，玻璃呈现高度透明状态；在光照下，卤化银可以由紫外到蓝紫波段很宽范围的光照所激发，产生光化学反应而析出游离态银离子。光照析出的银离子数与光照强度有关，因而在长期强光照射下，玻璃由于众多游离态银的散射而着色。去除光照后，室温热激发使其发生可逆化合作用，又形成透明的亚微观晶相卤化银，玻璃又恢复透明。

光色玻璃在民用中常用来制作太阳眼镜，是一种规模不小的民用商品。此外，光色玻璃还可用作汽车、飞机、船舶的前向玻璃或观察窗玻璃用于防眩。光色玻璃的可逆着色效应还可作为光信息存储介质，光色玻璃如卤化银，由于亚稳态晶相尺寸小，在玻璃基质内分布均匀，因而有较高的分辨率，它可用于三维全息照相的记录介质，实现可重复存储，是无损读出存储材料，有广泛的应用。

光色玻璃能用于文字、图像储存光记忆显示，可擦除光调制元件等。光敏微晶玻璃利用感光化学腐蚀方法可以使该种玻璃形成各种复杂的图案，可广泛用于元件、电荷存储管、光电信增管荧光屏等方面。在玻璃中掺杂 Nd、Er、Dy、Tb、

Ho、Ce、Eu、Yb 及 Pr 等稀土元素，利用稀土元素的光谱特性，可用于分布式传感器、光纤激光器和超亮度光源的有源增益介质及其他非线性器械。

15.4.6 防辐射、耐辐射和耐高温玻璃

通常把辐射射线分为三类：①由带电粒子组成的射线，例如由电子组成的β射线和由氦原子核组成的α射线；②由电磁波组成的γ射线和 X 射线；③由中子组成的射线。为了防止辐射对材料的损伤和发射泄漏，需要防辐射材料和耐辐射材料，其中玻璃材料是重要的一类。

(1) 防辐射玻璃。这类玻璃对射线有较大吸收能力，它是原子能反应堆窥视窗上的必需材料。它要求能够吸收各种辐射线，防止射线穿透并使之降低到人体无害的水平。它也可以用在核医学、同位素实验室等方面。其品种有防γ射线玻璃、防 X 射线玻璃和防中子玻璃等。

防γ射线玻璃中一般含有大量原子序数较高的重金属氧化物，如 PbO、BiO_3、WO_3 等，工业上常用铅硅酸盐玻璃，即重火石系列。

防 X 射线玻璃中含有较多量的 PbO 和 BaO 等重金属氧化物，工业上采用铅硅酸盐，由于 X 射线穿透能力比γ射线低，故组成中 PbO 含量要少。

防中子射线玻璃中含有大量对慢中子和热中子吸收截面大的氧化物。吸收慢中子最好的元素是 B、Gd、Eu、Dy、Sm 和 Pm 等，后五种属稀土元素。快中子一般使其慢化为慢中子和热中子，然后再被吸收。

由于吸收中子的过程中常放出α、β和γ射线，所吸收中子的玻璃通常与吸收γ射线的玻璃联合使用。吸收慢中子的基础玻璃可用 La_2O_3-CdO-B_2O_3、Gd_2O_3-CdO-B_2O_3、Eu_2O_3-CdO-B_2O_3 的系统。

铈在稳定玻璃防止日晒作用和辐照变暗方面起着主要作用。在日晒情况下，玻璃是因吸收了太阳光的紫外线而改变颜色，而玻璃变暗则源于高能辐照。

日晒作用是一种光–化学反应，导致玻璃颜色改变。这是玻璃长时间受太阳光的紫外线照射的结果。当某些多价离子或复合离子存在时，辐照电离作用能改变它们的价态。

(2) 耐辐射玻璃。这是一类在γ射线、X 射线照射后，可见光透过率下降较小的玻璃。由于原子能工业、核设施、核动力装置、高能物理及放射性试验的应用等方面的发展，就要求所使用的各种材料在放射性辐射作用下具有稳定的性能。在反应堆、热室及各种强放射性辐照的场合下作观察检验用的光学仪器、摄影机、观察窗。如采用普通光学玻璃，就会很快使玻璃变成棕色，甚至黑色，失去透光能力。

大部分玻璃在 X 射线、γ射线、中子射线、α射线和β射线的辐射下，即将引起色泽和透光能力的变化，这一变化及其深度与玻璃的组成和辐射剂量有关。由于 X 射线、α射线和β射线粒子带有电荷，所以在玻璃中透过深度很小，只引

起玻璃表面层改变颜色，而γ射线和中子射线则能穿透很厚的玻璃，使其全程变颜色。

各种放射性辐射都将在玻璃中引起高能自由电子，而这些自由电子将使玻璃中的阳离子改变价态或还原，也可被玻璃中的网络结构点阵中的负离子缺位所捕获而形成色心，这是射线引起玻璃透明度显著下降的根本原因。强辐射的作用还可以使玻璃中原子核位移，出现网络结构空位，原有键的断裂和新键的形成，使化合物遭到破坏，玻璃变质。辐射引起着色的玻璃可通过加热至接近转化温度或用阳光和灯光照射使其褪色。对每一种玻璃都有一个最大照射剂量值，再增大剂量时并不再引起颜色的增加。当玻璃中存在着可变价的多价离子时，辐射引起的自由电子首先与离子反应，使其价态改变，而不产生色心。例如在玻璃中含有 Ce^{4+}、As^{5+}、Sb^{5+}、Pb^{2+}、Cr^{3+}、Mn^{4+}和 Fe^{3+}等离子时，有防止辐射着色的作用。Ce^{4+}、As^{5+}、As^{5+}、Sb^{5+}和 Pb^{2+}本身及其价态改变都是无色的，而 Cr^{3+}、Mn^{4+}和 Fe^{3+}因本身着色，故在光学玻璃中不能采用。耐辐射玻璃中最常用的是 CeO_2。

关于铈的作用曾有各种见解。早在 1925 年 R. T. Montgomerg 就提出，Ce^{4+}接受电子而变成 Ce^{3+} ($C^{4+}+e \rightarrow Ce^{3+}$)，由于 CeO_2 和 Ce_2O_3 在可见区无吸收峰，只在紫外区有吸收峰，故其价态改变并不引起颜色的变化。

在硅酸盐、硼酸盐或铅酸盐中，加入 CeO_2(>2%) 作稳定剂，可制得耐辐射玻璃。含 CeO_2 玻璃在γ射线作用下，其透明度不受影响，因而可用于制造阴极射线管和反应堆的玻璃罩及防核辐射光学仪器，美国还用锆钛酸镧(PLZT)制成核闪光护目镜。

就γ射线而言，1955 年 N. J. Kreidl 等指出玻璃γ射线照射产生可见吸收峰，组分中引入物质如 Ce 等则可制得在辐射下工作的各种透镜。两年后又指出普通光学玻璃在 10^4R 或低于 10^4R 即发生着色，在 10^6 R 下是不能用的。但含铈的玻璃可在高达 10^6R 的γ射线照射下，直至 5×10^8 R 都是可用的。1958 年 W. Jahn 提出 X 射线、α射线、β射线和中子照射对 CeO_2 的稳定作用和理论，并就铈的氧化和还原反应等进行了讨论，J. S. Stroud 也于 1965 年从光学及顺磁共振吸收实验判明其机理。他们认为，Ce^{3+}起强的空穴俘获中心的作用，而 Ce^{4+}起电子俘获中心的作用。辐射所产生的电子和空穴为玻璃网络缺陷被 Ce^{3+}及 Ce^{4+}所俘获。Ce^{3+}在一定范围内起空穴俘获中心的作用，CeO_2 达到 1.0%～2.0%(质量分数)时，所有的电子和空穴被 Ce^{3+}、Ce^{4+}所俘获而不为网络缺陷所俘获。由于俘获空穴的 Ce^{3+}及俘获电子的 Ce^{4+}的吸收带处于紫外区，可见区不产生着色。Ce^{3+}、Ce^{4+}分别俘获空穴和电子，因康普顿效应而引起玻璃中形成空间电荷并产生电场。实验证实，与不存在铈时有网络缺陷俘获电子或空穴所产生的空间电荷相比较，引入 Ce 的玻璃的空间电荷要多 2～4 倍，这就是发生放电的原因。最好的解决办法是使空间电荷在玻璃中中和，可采用添加 Na_2O 以增加导电的方法。

由于 Fe、Ti 等对可见区的透明度很敏感，因而应尽可能减少 Fe、Ti 等杂质，以增加透明度。

在耐辐射玻璃中，二氧化铈的引入量一方面要考虑耐辐射能力与 CeO_2 含量成正比，另一方面还要考虑 CeO_2 引入量愈高，玻璃愈容易着成黄色，影响其透过率。CeO_2 的着色首先是由于 CeO_2 本身在紫外区有强烈的吸收峰，紫外吸收延伸到可见光区使玻璃着色；其次，CeO_2 与玻璃成分中其他离子缔合形成 R［CeO_4］，使玻璃着色；此外又因 CeO_2 的引入而带入一些与 CeO_2 共存的钕、镨等稀土元素，它们在可见区有特征吸收峰，使玻璃着色，因此要综合考虑上述两个因素。

美国专利中有利用 SiO_2-K_2O-PbO-CeO_2 系统玻璃，所用的 CeO_2 不含 Nd_2O_3 和 Pr_2O_3。CeO_2 的加入量为 0.8%～1.8%，还有将 SiO_2 与铈的水可溶盐混合，在非氧化气氛下熔炼而成的石英玻璃，含 CeO_2 量 0.1%，经紫外、X 射线、α射线、β射线、γ射线和中子照射后仍保持透明。

G. O. Parapetyan 研究了含铈玻璃的吸收光谱与单晶体(CaF_2、SrF_2、BaF_2)和氧化物，硫酸盐或高氯酸盐的溶液中铈离子相似，并研究了含铈玻璃的γ射线照射的作用，认为完全阻止着色，需要较高浓度的铈。

中国科学院上海光学精密机械研究所研究了射线照射玻璃色心的形成及其避免方法。含 2%CeO 的玻璃结果良好，磷酸盐玻璃较硼酸盐玻璃为好。1967 年美国专利提出 K_2O-PbO-SiO 系统含少量 CeO_2 可用作耐γ射线辐射窗玻璃用。

1970 年 A. A. Margaryyan 发现含 SmF_2、YbF_2 的氟铍酸盐玻璃对耐辐射性有改进，但含铈后反而会降低耐辐射性。

若用 SiO_2-Nd_2O_3-K_2O-PbO 系统，含 0.9%CeO_2 可作辐射屏蔽玻璃。还有人研究了含铈的 BaO-Al_2O-B_2O_3 系统玻璃照射时色心生长和衰减。

B. McGrath 等在 1976 年用 20 种类型含 0.5%～4% CeO_2 的玻璃，在六个γ辐射源小室和一个原子反应堆的混合中子和γ场进行试验，根据试验结果选出几种适用于加速器应用的玻璃类型。

1979 年美国一项动态研究人造卫星计划中需要测定宇宙射线对一些光学玻璃透过率的影响时，找到铈掺杂的石英玻璃和肖特 BK-7C 玻璃，在 306～700 nm 区域，剂量小于 10^8R 时很少或没有透过衰减。

一般说，CeO_2 引入量为 0.1%～0.6%时，可制得 10^5R γ射线的耐辐射玻璃；引入 0.6%～1.2%时，可制得耐 10^6R γ射线的辐射玻璃；引入 1.2%～1.6%时，可制得耐 10^7 R γ射线的耐辐射玻璃。

(3) 稀土耐高温光学玻璃。氧化钇中掺入 10%氧化钍，经冷压成型后制成玻璃，从它的可见部分到 700 nm 红外部分是透明玻璃，并且可在 1900℃高温下使用，可用于火箭，高温炉等方面。

参 考 文 献

[1] 洪广言. 无机固体化学. 北京：科学出版社，2002.

[2] 干福熹，等. 光学玻璃(中册). 第二版. 北京：科学出版社，1982.

[3] 蒋亚丝. 玻璃与搪瓷，2010，38(1)：46.

[4] 洪广言. 稀土信息，2007，(1)：20.

[5] 黄良钊. 稀土，1989，(3)：67.

[6] 郑国培.玻璃与搪瓷，1973，(3)：13.

[7] 邱关明，黄良钊，张希艳. 稀土光学玻璃. 北京：兵器工业出版社，1989.

[8] 刘光华. 稀土材料与应用技术. 北京：化学工业出版社，2005.

[9] 李梅，杨佳，王觅堂，等. 稀土，2017，38(6)：64.

[10] 韩建军，尹鹏，谢俊，等. 硅酸盐通报，2017，36(1)：156.

[11] 赵东来. 光学机械，1980，(5)：32.

[12] 西北轻工业学院. 玻璃工艺学. 北京：中国轻工业出版社，2006.

[13] 朱满康. 中国建材科技，1998，7(1)：12.

[14] 邵祖奎，刘颖慧，邢卫权. 光学工程，1980，(6)：10.

[15] 张希艳，杨魁盛，曹志峰. 光学玻璃，1996，(6)：3.

[16] 李雄伟，王觅堂，李梅，等. 稀土，2016，37(6)：39.

[17] 王拓，戎俊华，张卫，霍金龙. 四川稀土，2012，(3)：22-23.

[18] 国伟林，杨岩峰，林志明，宋广智，王吉有. 感光科学与光化学，2002，(5)：377-382.

[19] 李毛和，胡和方，林凤英. 功能材料，1997，28(4)：350-355.